Der Drehstrommotor

Ein Handbuch für Studium und Praxis

Von

Professor Julius Heubach
Direktor der Elektromotorenwerke Heidenau G. m. b. H.

Zweite, verbesserte Auflage

Mit 222 Abbildungen

Springer-Verlag Berlin Heidelberg GmbH
1923

ISBN 978-3-662-00263-6 ISBN 978-3-662-00283-4 (eBook)
DOI 10.1007/978-3-662-00283-4

Ursprünglich erschienen bei Julius Springer in Berlin. 1923

Aus dem Vorwort zur ersten Auflage.

In bezug auf das eigentliche Thema des Buches habe ich mich bemüht, so zu schreiben, daß auch dem, der noch nie einen Drehstrommotor gesehen hat, die Darlegungen verständlich sind. Insbesondere war ich bestrebt, den mathematischen Hilfsapparat so einfach als möglich zu gestalten, damit auch allen, denen nur die elementare Mathematik zur Verfügung steht, eine ersprießliche Lektüre des Buches ermöglicht ist. Manchen meiner Herren Fachgenossen, insbesondere den Spezialisten auf diesem Gebiete werden vielleicht einige der Abhandlungen zu elementar und breit erscheinen. Ich bitte aber diese Herren um Nachsicht in Anbetracht der jüngeren Kollegen, denen die Materie fremd ist.

Trotz der einfachen Darstellungsweise, deren ich mich befleißigt habe, war ich bestrebt, eine streng wissenschaftliche Exaktheit in jeder Hinsicht einzuhalten. Wenn Näherungsmethoden, Vernachlässigungen oder Vereinfachungen zur Anwendung gekommen sind, ist dies stets ausdrücklich betont.

Vorwort zur zweiten Auflage.

Bei der Behandlung des Stoffes ist, wie in der vorhergehenden Auflage, das Hauptgewicht auf die diagrammatische Darstellung gelegt. Da über die Benennung der verschiedenen Diagrammkreise und vollständigen Diagramme keine Einheitlichkeit besteht — manche Autoren verstehen unter Heyland-Diagramm die Konstruktion, die andere als Ossanna-Diagramm bezeichnen —, so habe ich, um mich mit dem Leser unbedingt klar verständigen zu können, folgende Bezeichnungen gewählt:

Bei einem streuungsfreien, verlustlosen Idealmotor ist das Stromdreieck rechtwinklig. Führt man die Streuung ein, so geht das rechtwinklige Stromdreieck in ein schiefwinkliges über, dessen Spitze bei steigender Belastung auf dem „Streuungskreis" wandert. Diesen Kreis hat Heyland seinem Diagramm, das populär geworden ist, zugrunde gelegt (ETZ 1896, Seite 632), und daher verstehe ich unter Heyland-Diagramm den Streuungskreis mit den Hilfskonstruktionen, durch die der Einfluß der Ohmschen Widerstände des Rotors und des Stators in Berücksichtigung gezogen wird (Diagramm für konstante EMK).

Das erwähnte Heyland-Diagramm mit dem Streuungskreis stellt die Verluste im Statorwiderstand nicht ganz genau dar. Wird der Einfluß des Statorwiderstandes vollkommen in Rechnung gezogen (Ossanna, Wiener Z. f. Elektrotechnik 1899), so tritt an Stelle des Streuungskreises der Kupferverlustkreis, abgekürzt „Kupferkreis“, und die Berücksichtigung des Rotorwiderstandes führt zum Ossanna-Diagramm (Diagramm für konstante Klemmenspannung).

Werden endlich im Ossanna-Diagramm die Eisenverluste des Stators nicht als konstant, sondern unter Berücksichtigung des Spannungsverlustes in der Statorwicklung als variabel eingeführt, so geht der Kupferkreis über in den Eisenverlustkreis, abgekürzt „Eisenkreis“, der zuerst von Sumec (ETZ 1910, Seite 111) angegeben wurde. Durch Einführung des Rotorwiderstandes erhält man dann das Sumec-Diagramm, das das wirkliche Verhalten des Motors am besten darstellt.

Die Anordnung des Stoffes ist im allgemeinen unverändert geblieben, nur hat der Inhalt des Buches teilweise eine beträchtliche Erweiterung erfahren, so insbesondere:

Die ausführliche Ableitung des Ossanna- und Sumec-Diagramms, die sehr eingehende Behandlung der doppelt verketteten Streuung, die ich aus den auf Seite 201 angegebenen Gründen „Spulenstreuung“ genannt habe.

Vollkommen neu aufgenommen ist das elfte Kapitel über die Zerlegung der Felder in eine Grundschwingung und höhere harmonische Schwingungen. Es wird gezeigt, daß man die magnetischen Flüsse, die Feld- und Spulenfaktoren auf diese Weise ableiten kann, aber weit höhere Bedeutung kommt den höheren Harmonischen zu, um die Frage zu lösen, warum manche Kurzschlußanker schlecht oder gar nicht anlaufen.

Im fünfzehnten Kapitel sind die Fragen behandelt, wie sich ein Motor unter veränderten Bedingungen verhält: Umwickeln, Anlaßapparat, Gegenschaltung, Sterndreieckschaltung, Veränderung der Drehzahl sind dort besprochen. Bei der Kaskadenschaltung sind in einfacher Weise die beiden Kreise abgeleitet, die der Kurve 4. Ordnung, die man bei analytischer Behandlung des Problems erhält, am nächsten kommen.

Wesentlich eingehender als in der vorhergehenden Auflage ist die experimentelle Untersuchung der Motoren und der Einphasenmotor behandelt.

Ein breiter Raum ist den Beispielen eingeräumt, und in der Schlußbemerkung auf Seite 595 findet man eine Zusammenstellung, aus der hervorgeht, daß ein und derselbe Motor unter 20 verschiedenen Annahmen bzw. Betriebsbedingungen durchgerechnet ist.

Die Kollektormotoren konnten leider mit Rücksicht auf den Umfang des Buches nicht mehr Aufnahme finden, wenn sie mit der gleichen Gründlichkeit wie der normale asynchrone Motor besprochen werden sollten. Vielleicht werden sie in einem zweiten Bande behandelt werden.

Als Mitglied des Ausschusses für Einheiten und Formelgrößen (AEF) habe ich mich besonders verpflichtet gefühlt, die von ihm eingeführten Symbole anzuwenden und soweit noch nicht definitive Beschlüsse vorliegen, wenigstens Vorschläge des AEF zu berücksichtigen. Mein Bestreben brachte als Konsequenz mit sich, daß ich an Stelle des bekannten Q_l für den Querschnitt des Luftfeldes das Symbol F_l anwenden mußte, da F allgemein das Zeichen für eine Fläche, also auch für einen Querschnitt sein soll. Die Periodenzahl ist nach dem Entwurf XV vom Januar 1914 mit f bezeichnet.

Bei der Stilisierung habe ich weniger Wert auf möglichste Kürze als auf Einfachheit und Klarheit der Darstellung gelegt. Bei meiner Tätigkeit an der Technischen Hochschule in Dresden in Vertretung Küblers während des Krieges und der Revolution konnte ich stets beobachten, daß den Studierenden das Verständnis beim Eindringen in ein neues Gebiet oder beim Nachschlagen durch eine gewisse Ausführlichkeit erleichtert wurde. Den Studenten gilt aber meine vorliegende Arbeit in erster Linie, und über nichts habe ich mich mehr gefreut als über die freundlichen Briefe, die ich von meinen Lesern aus ihrem Kreise erhalten habe; — nur einen anderen Brief muß ich dazu nehmen, den von einer Kriegersfrau, die mutig das Geschäft ihres Mannes weiterführte und die mir mitteilte, daß sie einen Drehstrommotor reparieren müsse, daß sie mein Buch vollkommen durchstudiert habe und trotzdem sich noch nicht ganz zurechtfinde. Sollte auch die Neuauflage den einen oder anderen Studenten in seinem schweren, gegen früher so freudlosen Dasein zu einem erfolg- und genußreichen Studium anregen, so wäre es mein schönster Lohn!

Heidenau, Bez. Dresden, im November 1922.

Julius Heubach.

Inhaltsverzeichnis.

Bezeichnungen.

Ist einem Symbol ein Index beigefügt, so bedeutet der Index:

1 = Stator, Primärsystem, z. B. I_1 = Statorstrom.
2 = Rotor, Sekundärsytem, z. B. I_2 = Rotorstrom.
0 = Leerlauf, z.B. I_0 = Leerlaufstrom.
m = Magnetisierung, z. B. I_m = Magnetisierungsstrom.
bs = Rotorstrom im Heyland-Diagramm (Streuungskreis).
$\overline{B_0 S_0}$ = Rotorstrom im Ossanna-Diagramm (Kupferkreis).
$B_e S_e$ = Rotorstrom im Sumec-Diagramm (Eisenkreis).

Kleine Buchstaben.

a = Phasenzahl.
b = Ankerbreite, Ankerlänge in axialer Richtung.
c = Feldfaktor.
d = Drahtdurchmesser.
f_1 = Periodenzahl des Statorstromes.
f_2 = Periodenzahl des Rotorstromes.
h = Amplituden- und Spulenfaktor der höheren Harmonischen, Seite 304.
k = Spulenfaktor.
l = Drahtlänge.
m = Anzahl der Nuten einer Spulenseite.
n_1 = Drehzahl im Synchronismus.
n_2 = Drehzahl des Rotors
p = halbe Polzahl, Polzahl daher $2p$.
q = Drahtquerschnitt.
s = Schlüpfung v. H.
t = Nutenteilung.
v = Geschwindigkeit.
z = Zahnkopfbreite.

Große Buchstaben.

A = Erregende Kraft in Amperewindungen $= \frac{S}{2}$.

B = Konstante des Ossannakreises (Kupferkreises).

$\mathfrak{B}_l$ = magnetische Felddichte, magnetische Induktion, Kraftlinien auf 1 cm².

C = Diagrammkonstante.

C_E = Diagrammkonstante der EMK.

C_{I_1} = Diagrammkonstante des Statorstromes.

C_{I_2} = Diagrammkonstante des Rotorstromes.

C_{L_1} = Diagrammkonstante der Leistung in Watt.

C_{L_2} = Diagrammkonstante der Liestung in mech. Einheiten PS.

C_M = Diagrammkonstante des Drehmomentes.

C_Φ = Diagrammkonstante der magnetischen Flüsse.

D = Ankerdurchmesser.

E = Klemmenspannung (Effektivwert.)

E_1 = EMK des Stators (Effektivwert)

E_2 = EMK des Rotors (Effektivwert).

F_l = Querschnitt des Luftfeldes.

G_l = Leitwert, Leitfähigkeit des Luftfeldes.

H = Konstante des Sumec-Kreises (Eisenkreises).

I = Stromstärke (Effektivwert).

K = Konstante des Ossannakreisses (Kupferkreises).

L = Leistung.

M = Drehmoment.

N = Anzahl der Drähte einer Phase.

N_K = Totale Stabzahl des Kurzschlußankers.

R = Ohmscher Widerstand.

R_K = Scheinbarer Widerstand eines Stabes des Kurzschlußankers.

R_S = Widerstand eines Stabes des Kurzschlußankers.

R_R = Widerstand eines Ringsegmentes des Kurzschlußankers.

R_l = magnetischer Widerstand des Luftfeldes.

S = Durchflutung in Amperestäben $= 2A$.

T = Polteilung.

U = Umfang.

V = Verlust.

Y = konstante Höhe der Feldkurve der einphasigen Einlochwicklung, Seite 287.

Z = Nutenzahl.

Griechische Buchstaben.

δ = Länge des Luftzwischenraumes.

ε = Koeffizient der Nutenstreuung bei Berücksichtigung der Eisenwiderstände.

ζ = Zahnstegbreite.

η = Wirkungsgrad.

$\varkappa$ = Koeffizient der Kopfstreuung.

λ = Koeffizient der Linienstreuung.

μ = Koeffizient der Nutenstreuung bei Berücksichtigung der Eisenwiderstände

ν = Koeffizient der Nutenstreuung.

σ = Koeffizient der Spulenstreuung.

τ_1 = Streuungskoeffizient des Stators.

τ_2 = Streuungskoeffizient des Rotors.

τ = Streuungskoeffizient des Motors.

Φ = magnetischer Fluß (totale Kraftlinienzahl).

φ = Phasenverschiebungswinkel.

ψ = Phasenkoeffizient.

ω_1 $= 2 \cdot \pi \cdot f_1$ = Kreisfrequenz = elektrische Winkelgeschwindigkeit.

ω $= 2 \cdot \pi \cdot \frac{n}{60}$ = mechanische Winkelgeschwindigkeit.

Mathematische Zeichen.

$\div$ bis.

$=$ gleich.

$\neq$ nicht gleich.

$\approx$ nahezu gleich.

$<$ kleiner als.

$>$ größer als.

$\parallel$ parallel.

$\#$ parallel und gleich.

$\perp$ rechtwinklig zu.

$\triangle$ Dreieck.

$\cong$ kongruent.

$\sim$ ähnlich, proportional.

$\sphericalangle$ Winkel.

bd Strecke bd.

$\widehat{bd}$ Bogen bd.

Einleitung.

Wenn der Feldmagnet *M* im Anker *K* (Abb. 1) mit gleichförmiger Geschwindigkeit gedreht wird, so entsteht in der Wicklung I ein einphasiger Wechselstrom, dessen Frequenz der sekundlichen Umdrehungszahl des Feldmagneten gleich ist. Wird der Anker mit einer weiteren Wicklung II versehen, die zu der Wicklung I senkrecht steht, so wird in der zweiten Wicklung ebenfalls ein einphasiger Wechselstrom erzeugt, der die gleiche Frequenz hat wie der erstere. Charakteristisch für die beiden Ströme ist, daß der zweite Strom gegenüber dem ersten um $^1/_4$ Periode zeitlich verschoben ist, entsprechend dem räumlichen Abstand von 90^0 beider Wicklungen.

Fassen wir einige besonders ausgezeichnete Momente ins Auge, so finden wir, daß in der Stellung Abb. 1

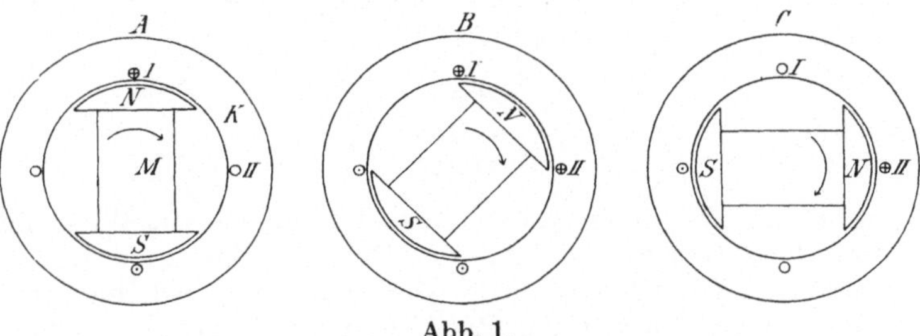

Abb. 1.

A: Strom I = max.; Strom II = 0,
B: Strom I = Strom II,
C: Strom I = 0; Strom II = max.

Die Richtung der induzierten Ströme ist aus der Abbildung ersichtlich, da Kreuze einen in die Papierebene eindringenden, Punkte einen aus der Papierebene heraustretenden Strom bezeichnen.

Führt man Leitungen von jeder der beiden Wicklungen des beschriebenen Generators zu einem Anker, der wie der Anker des Generators ausgeführt und bewickelt ist, so müssen durch die im Generator verursachten Ströme in diesem Anker Kraftlinien hervorgerufen werden, die sich zu magnetischen Flüssen zusammensetzen.

In Abb. 2 *A*, *B*, *C* sind für die drei gleichen Momentanwerte der Ströme die von ihnen erzeugten magnetischen Flüsse dargestellt, wobei die Flüsse lediglich durch einen Pfeil markiert sind.

Wie aus der Abbildung zu ersehen ist, rotiert das von den beiden Strömen hervorgerufene Feld synchron mit dem Feldmagneten des Generators und infolge der Eigenschaft, daß eine derartige Vorrichtung imstande ist, ein Drehfeld zu erzeugen, hat man Mehrphasenströmen die Bezeichnung „Drehstrom“ gegeben.

Experimentell läßt sich ein Drehfeld sehr einfach nachweisen. Man braucht nur in den Hohlraum des Eisenkörpers Abb. 2 eine frei bewegliche Magnetnadel zu bringen, sie wird sich sofort in Drehungen versetzen und synchron mit dem Drehfelde rotieren.

Je nach der Verwendung von zwei oder drei in der Phase um 90^0 bezw. 120^0 verschobenen Strömen unterscheidet man zweiphasigen und dreiphasigen Drehstrom und beide haben die Eigen-

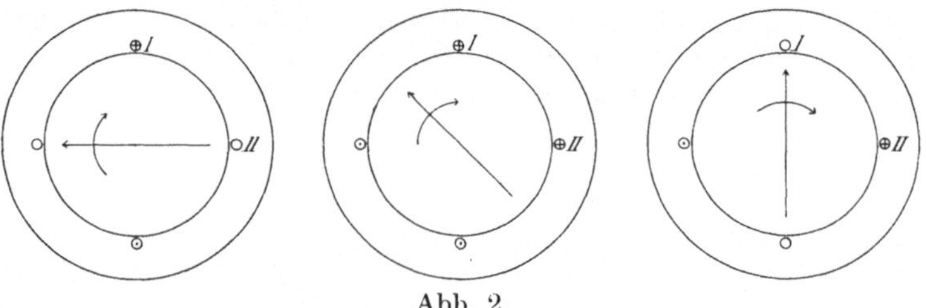

Abb. 2.

schaft, in einem Wicklungssystem, das ähnlich wie die Wicklung des Generatorankers ausgeführt ist, ein Drehfeld hervorzurufen. Die Phasenzahl des Drehstroms ließe sich natürlich beliebig erhöhen, aber in der Praxis ist nur der Zwei- und Dreiphasenstrom von Bedeutung und daher erstreckt sich der im vorliegenden Buch behandelte Stoff nur auf diese beiden Arten von Mehrphasenströmen.

Der magnetische Fluß der in Abb. 2 dargestellten Anordnung läßt sich, gleiche Ströme in den Wicklungen I und II vorausgesetzt, bedeutend erhöhen, wenn das Drehfeld nicht in Luft, sondern in Eisen hervorgerufen wird. Wir bringen daher in den Hohlraum des Eisenkörpers Abb. 2 einen Anker, dessen Durchmesser beinahe so groß ist wie die Bohrung und nur einen ganz kleinen Luftspalt übrig läßt, so daß sich beide Eisenkörper nicht direkt berühren.

In bezug auf das durch die zugeführten Mehrphasenströme hervorgerufene magnetische Feld bringt die Einfügung des zweiten Eisenkörpers nur insofern eine Veränderung mit sich, als die totale Kraftlinienzahl dieses Feldes infolge der Verringerung des magnetischen Widerstandes ganz bedeutend erhöht wird; die Rotation des Drehfeldes bleibt unverändert.

Nehmen wir nun den inneren Eisenkern als feststehend an, so wissen wir, daß er den Wirkungen eines rotierenden magnetischen Feldes ausgesetzt ist, und da es vorläufig gleichgültig ist, ob das Drehfeld von Mehrphasenströmen oder von einem rotierenden Feldmagneten hervorgerufen wird, können wir uns den feststehenden, von Mehrphasenströmen erregten Eisenring durch einen rotierenden mit Gleichstrom erregten Feldmagneten ersetzt denken (Abb. 3).

Vergleichen wir die Abb. 3 mit der Abb. 1, so sehen wir, daß wir jetzt wieder eine Generator-Anordnung vor uns haben, die sich von der früheren nur dadurch unterscheidet, daß das ursprüngliche Innenpol-System nun zu einem Außenpol-System geworden ist. Dieser Unterschied ist jedoch ganz unwesentlich, er ist nur dadurch hervorgerufen, daß wir die Mehrphasenwicklung auf dem äußeren Eisenring untergebracht haben, wir hätten sie natürlich ebensogut auf dem inneren Eisenkern anordnen können und dadurch hätten beide Eisenkörper ihre Rolle vertauscht. Von Wichtigkeit ist jetzt nur der Hinweis darauf, daß die Anordnung der Abb. 3 tatsächlich sofort zu einem Generator ausgebildet werden kann, wenn der innere Eisenkern wieder mit einer Wicklung versehen wird.

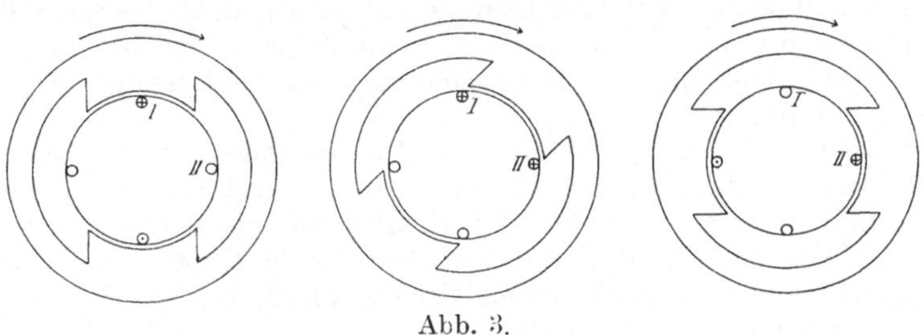

Abb. 3.

Wenn wir dem vorläufig als feststehend angenommen inneren Zylinder ebenfalls eine Zweiphasenwicklung geben, so ist es nun leicht festzustellen, in welcher Weise in ihr Ströme entstehen müssen. Es wird nämlich genau so wie beim Generator Abb. 1 gezeigt nun in Abb. 3

A: Strom I = max.; Strom II = 0,
B: Strom I = Strom II,
C: Strom I = 0; Strom II = max.

Es ist nun aus dem Lenzschen Gesetz bekannt, daß ein induzierter Strom stets auf das ihn erzeugende Feld eine derartige Wirkung ausübt, daß er die Bewegung des induzierenden Feldes zu hindern bestrebt ist. Diese widerstrebende Kraft ist — wie aus der Mechanik bekannt — der Kraft gleich, die aufgewendet werden muß, um das erregende magnetische Feld zu drehen. Auf den inneren Eisenkern wirkt daher ein Drehmoment, das ihn in der Drehrichtung des rotierenden Feldes zu bewegen sucht.

Bis hierher hatten wir angenommen, daß der Eisenkern festgehalten und an der Drehung verhindert wird, und wir haben gesehen, daß durch das Schneiden der Kraftlinien des Drehfeldes Ströme induziert werden, die in Wechselwirkung mit dem induzierenden Feld ein Drehmoment auf den inneren Eisenzylinder ausüben. Wenn wir diesen Eisenkörper nicht mehr festhalten, sondern freigeben, so wird er sich in Bewegung setzen und in gleicher Richtung wie das Drehfeld rotieren; er wird unter dem Einfluß des auf ihn ausgeübten Drehmomentes vom Zustande der Ruhe aus in Bewegung versetzt und so lange beschleunigt, als in seinen Windungen Ströme induziert und ein Drehmoment aufrechterhalten wird. Da wir augenblicklich, wo es uns nur darauf ankommt, das Prinzip des Drehstrommotors zu erläutern, von Verlusten aller Art, also auch der Lagerreibung und dem Luftwiderstand des rotierenden Körpers absehen wollen, so ist es leicht, anzugeben, wie lange der rotierende Teil beschleunigt wird, und welchen stationären Zustand er endlich erreichen muß.

Solange nämlich die Drehzahl des inneren Ankers hinter der Drehzahl des Feldes zurückbleibt, wird notwendigerweise ein Schneiden der Feldkraftlinien mit der Ankerwicklung eintreten und die hierdurch verursachten Ströme wirken beschleunigend auf die beweglichen Massen. Die beschleunigende Kraft wird demgemäß erst dann aufhören zu existieren, wenn die Ströme im bewegten Teil gleich Null sind, und es fragt sich nun, ob und wann dieser Fall eintreten kann.

Dieser Fall kann nun in der Tat eintreten, denn wenn der innere Anker mit gleicher Geschwindigkeit rotiert wie das erregende Feld, so tritt kein Schneiden der Kraftlinien mit den Ankerdrähten ein: die Ankerströme und die beschleunigende Kraft sind Null und das ganze System erreicht einen Grenzzustand, es befindet sich mit dem Drehfeld im Synchronismus.

Im Synchronismus kann der Anker aber nur dann rotieren, wenn er keine widerstehende Kraft zu überwinden, also keine Zugkraft auszuüben hat. Sobald ein Widerstand zu überwinden ist und der Eisenzylinder Zugkraft entwickeln muß, müssen in seinen Windungen Ströme zirkulieren, die nur dadurch hervorgerufen werden können, daß seine Windungen von Kraftlinien geschnitten werden, und dies kann nur dann eintreten, wenn der Anker langsamer als das erregende Feld rotiert. Je größer der Unterschied zwischen der Drehzahl des Feldes und der Drehzahl des Ankers ist, um so größer ist die Anzahl der in der Zeiteinheit von den Wicklungen geschnittenen Kraftlinien, um so größer werden auch die dadurch hervorgerufenen Ströme und das erzeugte Drehmoment.

Das Zurückbleiben des Ankers relativ zum rotierenden Feld wird Schlüpfung genannt und ihre Größe wird gewöhnlich in Prozenten der Felddrehzahl angegeben.

Infolge der Eigenschaft, daß die Drehzahl des Ankers nicht konstant ist, sondern je nach der Größe der ausgeübten Zugkraft kleiner wird, als dem synchronen Lauf entspricht, hat man Motoren, die auf diesem Prinzip beruhen, als asynchrone Motoren bezeichnet, im Gegensatz zu den Synchronmotoren, die auf der Umkehrbarkeit eines Generators beruhen, die daher auch bei allen Belastungen mit absolut gleicher Geschwindigkeit wie das Drehfeld laufen müssen.

Wir hatten (Abb. 3) uns ein Drehfeld dadurch entstanden gedacht, daß ein mit Gleichstrom erregtes Feldmagnetsystem in Rotation versetzt ist, aber diese Hilfsvorstellung wurde nur deshalb angewandt, um zu erleichtern, mittels der in der Gleichstromtechnik vorkommenden und allgemein bekannten Verhältnisse einen zwanglosen Übergang in das Gebiet der Asynchronmotoren zu schaffen. Soweit wir im Prinzip das Verhalten der Asynchronmotoren betrachtet haben, ist es nun ohne weiteres zulässig, daß wir uns der Wirklichkeit wieder dadurch nähern, daß wir das rotierende, durch Gleichstrom erregte Feldsystem wieder durch ein von Mehrphasenströmen erzeugtes Drehfeld ersetzen.

Ein Asynchronmotor besteht demnach:

1. Aus einem Feldmagnetsystem, das mit einer Wicklung versehen ist, die an eine Stromquelle angeschlossen und von Mehrphasenstrom durchflossen wird und dadurch ein Drehfeld hervorruft.

2. Aus einem Anker, der ebenfalls mit einer mehrphasigen Wicklung versehen ist, die jedoch an keine Stromquelle angeschlossen ist.

Das Feld stellt den primären, der Anker den sekundären Teil des Motors dar, und die Berechtigung dieser Bezeichnungsweise wird besonders dann klar, wenn man bei erregtem Feld den stillstehenden Anker untersucht. Im Anker wird in diesem Fall Drehstrom von der Frequenz des Erregerstromes erzeugt, der Motor wirkt dann einfach wie ein Transformator, dessen Primärspulen auf dem Feld, dessen Sekundärspulen auf dem Anker angeordnet sind.

Es ist im Prinzip gleichgültig, ob man den äußeren, feststehenden, oder den inneren, rotierenden Eisenzylinder zum primären Teil des Motors macht. Als die ersten Drehstrommotoren (1890 und 1891) gebaut wurden, hielt man es für vorteilhaft, den rotierenden Teil an die äußere Stromquelle anzuschließen, trotzdem dadurch das Anbringen von Schleifringen zur Stromzuführung unbedingt erforderlich wurde. Man glaubte den Hysteresisverlust des Motors dadurch reduzieren zu können, daß man nur die kleinere Eisenmasse des inneren Zylinders der raschen Ummagnetisierung aussetzte, und man maß diesem Vorteil so viel Bedeutung bei, daß man die mit dieser Anordnung verknüpften Nachteile dadurch aufgewogen betrachtete. Bei allen modernen Motoren ist aber das primäre System der äußere, feststehende Eisenring, und die hauptsächlichsten Gründe, die dieser Anordnung zum Sieg verhalfen, sind folgende:

Da der sekundäre Teil des Motors an keine Stromquelle angeschlossen wird, sind Schleifringe dann nicht erforderlich, wenn der rotierende Anker zum Sekundärsystem gewählt und seine Wicklung in sich kurzgeschlossen wird (Kurzschlußanker). Es stellt ein auf diese Weise gebauter Motor die einfachste und betriebsicherste Maschine vor, die nach dem derzeitigen Stand der Elektrotechnik hergestellt werden kann. Der weitere Vorteil, daß die Primärwicklung sich auf dem stillstehenden Teil des Motors befindet, kommt hauptsächlich dann zur Geltung, wenn die Klemmenspannung des Motors sehr hoch ist. Endlich nimmt selbst bei niederer Klemmenspannung die primäre Wicklung mehr Raum ein als die sekundäre, da die primäre Wicklung mehr Amperewindungen zu führen hat, und deshalb ist es günstig, die Primärwicklung auf dem äußeren, größeren Eisenzylinder anzuordnen.

Es dürfte demnach gerechtfertigt sein, daß im nachstehenden die Bezeichnungen Stator und Rotor stets in dem Sinne gebraucht werden, daß unter Stator der primäre, unter Rotor der sekundäre Teil des Motors verstanden ist.

Wir können nunmehr auf Grund unserer einfachen bis jetzt gemachten Betrachtungen schon folgende Sätze aufstellen:

1. Die von einem Mehrphasengenerator erzeugten Ströme rufen in einem dem Generatorinduktor ähnlich gewickeltem Stator ein Drehfeld hervor.

2. Das genannte Drehfeld wirkt auf die Wicklung des Rotors wie das Erregerfeld eines Drehstromgenerators auf seine Ankerwicklung und vermag in der Rotorwicklung Ströme zu erzeugen.

3. Die Rotorströme rufen in Wechselwirkung mit dem vom Stator erzeugten Feld ein Drehmoment hervor, das bestrebt ist, den Rotor im gleichen Sinne wie das Statorfeld zu drehen.

4. Beim Stillstand des Rotors ist das unter 3 genannte Drehmoment vorhanden und deshalb geht der Motor unter Last an.

5. Beim Synchronismus ist das unter 3 genannte Drehmoment Null, da auch die Rotorströme Null sind, weil zwischen den vom Stator erzeugten Kraftlinien und den Rotorwindungen ein Schneiden nicht mehr eintritt. Der Rotor kann daher nur dann synchron laufen, wenn er absolut kein Drehmoment zu entwickeln braucht, und dieser Zustand kann selbst bei leerlaufendem Motor nur dann eintreten, wenn im Rotor keinerlei Verluste auftreten. In Wirklichkeit läuft daher niemals ein derartiger Motor synchron.

6. Sobald der Rotor ein Drehmoment entwickeln muß, kann er nicht synchron mit dem Erregerfeld laufen, sondern er muß hinter ihm zurückbleiben: er arbeitet mit Schlüpfung. Durch dieses Zurückbleiben wird das Entstehen der Rotorströme und dadurch das Auftreten eines Drehmomentes ermöglicht. Also: Ein Drehmoment kann nur bei Schlüpfung entstehen.

7. Der Rotor kann mechanische Arbeit leisten. Mechanische Leistung ist gleich dem Produkt aus Kraft mal Geschwindigkeit; die Kraft (Drehmoment) wird durch die Wechselwirkung zwischen Erregerfeld und Rotorstrom hervorgerufen, die Geschwindigkeit durch das Drehen des Erregerfeldes, das eine nur um die Schlüpfung verringerte Rotation des Rotors verursacht.

I. Der streuungsfreie Motor.

1. Feld- und Stromdiagramm des verlustlos arbeitenden Motors.

In der Einleitung haben wir gezeigt, daß durch die dem Stator zugeführten Mehrphasenströme ein Drehfeld erzeugt wird. Wir können dieses Feld graphisch durch eine Gerade $\overline{ad}$ Abb. 4 darstellen, von der wir annehmen, daß sie sich im Drehsinne des rotierenden Feldes um den Punkt a dreht. Greifen wir einen einzelnen Moment heraus, beispielsweise den in Abb. 4 dargestellten, in dem das Feld $\overline{ad}$ eben den Leiter II in der Richtung von links nach rechts schneidet, so fällt das magnetische Feld $\overline{ad}$ mit der Achse der Wicklung I zusammen, und wir können daraus schließen, daß in diesem Moment lediglich die Spule I stromführend ist. Die Größe dieses Stromes können wir berechnen, denn um das Feld $\overline{ad}$ hervorzurufen, müssen wir eine ganz bestimmte Anzahl von Amperewindungen aufwenden. Die Amperewindungen können wir ebenfalls durch eine Gerade graphisch darstellen, und diese Gerade muß in die Richtung des Feldes fallen, das von den erregenden Amperewindungen erzeugt wird. Wir können also in Abb. 4 durch $\overline{ab}$ die in dem betrachteten Moment nötigen A-Windungen darstellen, und da die A-Windungszahl dem Produkt aus Stromstärke mal Windungszahl gleich ist, die Windungszahl aber eine für jeden Motor konstante Größe hat, können wir $\overline{ab}$ auch als die Darstellung des Statorstromes auffassen.

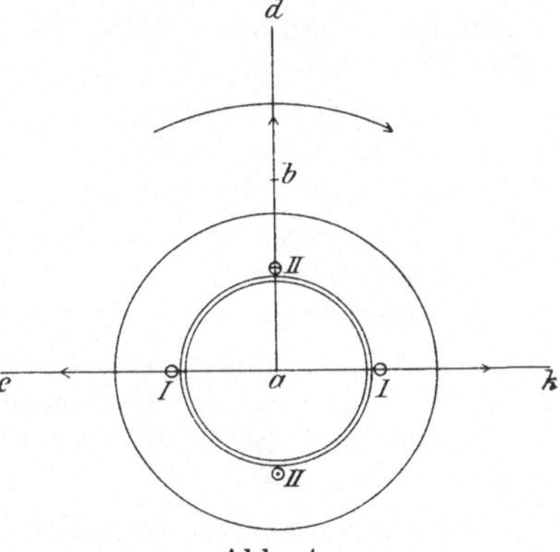

Abb. 4.

Dadurch, daß das Feld $\overline{ad}$ in dem in Abb. 4 dargestellten Augenblick die Windungen der Spule II schneidet, muß in diesen Windungen eine EMK induziert werden, deren Richtung sich sehr leicht bestimmen läßt. In der Abbildung ist die Richtung der induzierten EMK durch die Zeichen ⊕ und ⊙ angedeutet, wobei das erstere einen senkrecht in die Zeichenebene eindringenden, das zweite einen senkrecht aus der Zeichenebene austretenden Pfeil markieren soll. Wir können diese EMK noch in anderer Weise zur Darstellung bringen, nämlich durch eine Gerade $\overline{ae}$, die wir von a aus nach links ziehen.

Wir haben nun folgende Vorgänge klargelegt: Die Statorwicklung (Spule I) wird von einem Strom $\overline{ab}$ durchflossen, der den Motor in der Weise magnetisiert, daß hieraus ein Feld ad resultiert. Dies letztere ruft seinerseits in den Statorwindungen (Spule II) eine EMK $\overline{ae}$ hervor, die wir als EMK der Selbstinduktion bezeichnen können, da sie durch die Induktion der Statorwicklung auf sich selbst erzeugt wird. Nach der in der Gleichstromtechnik üblichen Bezeichnungsweise müssen wir $\overline{ae}$ als elektromotorische Gegenkraft auffassen, denn sie entspricht genau der EMK, die in den Ankerwindungen eines leerlaufenden Gleichstrommotors durch das Magnetfeld erzeugt wird. $\overline{ae}$ ist daher im nachfolgenden stets als EMGK bezeichnet.

Eine wichtige Größe haben wir im Diagramm Abb. 4 noch nicht zur Darstellung gebracht, nämlich die Klemmenspannung des Stators. Da wir bei unseren jetzigen Untersuchungen davon absehen, daß die Statorwicklung Ohmschen Widerstand besitzt, können wir die Klemmenspannung auch als eine EMK betrachten, die auf den Motor wirkt, und wir müssen sie im Diagramm durch eine Strecke $\overline{ak}$, die an Größe $\overline{ae}$ gleich, der Richtung nach entgegengesetzt ist, darstellen. Die Richtigkeit dieser Konstruktion läßt sich durch folgende Überlegungen beweisen.

Der Strom $\overline{ab}$ hat lediglich die Magnetisierung des Motors, d. h. die Erzeugung des Statorfeldes $\overline{ad}$ zu bewirken; $\overline{ab}$ ist daher Magnetisierungsstrom und zu dessen Hervorrufung ist keine elektrische Leistung aufzuwenden. Die Klemmenspannung ak muß daher senkrecht zum Magnetisierungsstrom $\overline{ab}$ stehen, denn nur in diesem Falle wird die Leistung, die durch die Gleichung

$$L = E\,I \cos\varphi$$

ausgedrückt wird, Null. Der Winkel bak muß daher ebenso wie der Winkel bae ein rechter sein. Da wir ae als eine EMGK auffassen können, die der Klemmenspannung das Gleichgewicht hält, muß $\overline{ak}$ von gleicher Größe aber entgegengesetzter Richtung sein wie ae. Der Magnetisierungsstrom eilt daher der Klemmenspannung um 90^0 nach, der EMGK dagegen um 90^0 voraus. Daß der Magnetisierungsstrom der ihn hervorrufenden Klemmenspannung nacheilen muß, folgt auch daraus, daß die Statorwindungen Stromkreise bilden, die mit Selbstinduktion behaftet sind.

Wir haben somit die Richtigkeit des Diagramms Abb. 4 für den Moment, in dem $\overline{ad}$ die Windung II schneidet, bewiesen. Bevor wir dazu übergehen, zu untersuchen, wie sich das Diagramm dann gestaltet, wenn $\overline{ad}$ eine andere relative Lage gegenüber den Windungssystemen I und II annimmt, wollen wir uns vergegenwärtigen, daß wir vorläufig alle unsere Untersuchungen unter der Annahme machen, daß elektromotorische Kräfte, Ströme und Felder nach einer Sinusfunktion variieren. $\overline{ad}$ stellt daher den Maximalwert eines sinoidal angeordneten Feldes dar und eine Windung, die im Diagramm um einen Winkel β von $\overline{ad}$ absteht, wird daher nur von einem Feld von der Größe

$$ad \cdot \sin(90 - \beta)$$

geschnitten, wenn die Windung um den Winkel β hinter der rotierenden Geraden $\overline{ad}$ absteht, dagegen wenn die Windung um den Winkel β der Geraden ad voraussteht, von dem Feld

$$\overline{ad} \cdot \sin(90 + \beta).$$

In Abb. 5 sind die beiden Windungssysteme I und II dargestellt, wenn sie beide von $\overline{ad}$ um $\beta = 45^0$ abstehen. Es ist daher

$$\overline{ad_I} = \overline{ad_{II}} = 0{,}707 \cdot \overline{ad}.$$

Stellen wir diesen Zustand durch ein der Abb. 4 entsprechendes Diagramm dar, so erhalten wir in Abb. 6[1]) die Gerade $\overline{ad}$ in einer

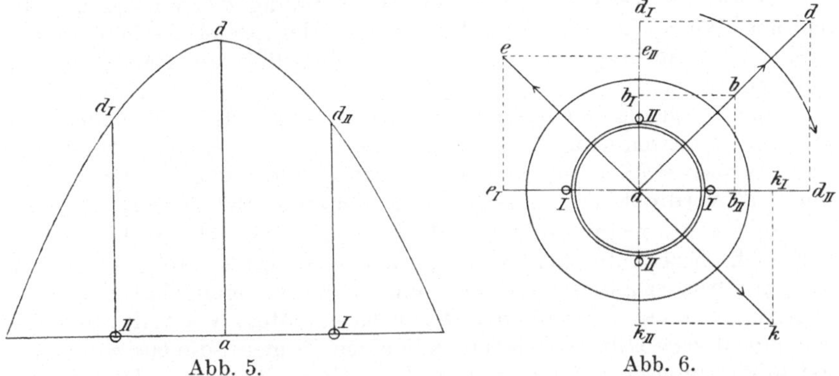

Abb. 5. Abb. 6.

solchen Lage, daß der von den beiden Windungen I und II gebildete Winkel halbiert wird. Nach der soeben gemachten Ableitung wird deshalb sowohl die Spule I als die Spule II von einem Feld von der Größe 0,707 $\overline{ad}$ geschnitten und diese durch $\overline{ad_I}$ bzw. $\overline{ad_{II}}$ dargestellten Felder setzen sich nach dem Kräfteparallelogramm zu dem rotierenden Statorfeld ad zusammen.

Um das Feld ad zu erzeugen, muß in der Richtung von ad eine erregende Kraft von der Größe ab wirken und diese Amperewindungen müssen in den beiden Windungssystemen I und II ihren Sitz haben. Da wir $\overline{ad}$ bereits in zwei senkrecht zu den Spulen I und II gelegene Komponenten zerlegt haben, können wir die Größe der von jeder Spule zu leistenden erregenden Kraft angeben, denn es muß sich offenbar verhalten

$$\overline{ad} : \overline{ad_I} : \overline{ad_{II}} = \overline{ab} : \overline{ab_I} : \overline{ab_{II}}$$

und im Diagramm brauchen wir nur $\overline{ab}$ in analoger Weise in seine Komponenten ab_I und ab_{II} aufzulösen, wie wir es mit $\overline{ad}$ gemacht

[1]) In der Abb. 6 ist e_I mit e_{II}, k_I mit k_{II} zu vertauschen.

haben. Das Einzeichnen der elektromotorischen Gegenkräfte in das Diagramm ist nun sehr einfach, da wir festgestellt haben, von welchen Feldern die Windungen geschnitten werden. Die Windung II wird von $\overline{a\,d}_{I}$ geschnitten und in ihr wird daher die EMGK $\overline{a\,e}_{II}$ erzeugt, dagegen wird Windung I von $\overline{a\,d}_{II}$ geschnitten und die EMGK $\overline{a\,e}_{I}$ induziert. Die auf die Spulen wirkenden Klemmenspannungen müssen daher durch $\overline{a\,k}_{I}$ und $\overline{a\,k}_{II}$ dargestellt werden.

Die Klemmenspannungen $a\,k_{I}$ und $a\,k_{II}$ sind tatsächlich im betrachteten Moment in den Windungssystemen I und II wirksam, aber es läßt sich zeigen, daß die gleiche Wirkung von einer fiktiven Klemmenspannung $\overline{a\,k}$ ausgeübt würde, die nach Größe und Richtung durch die Resultante von $a\,k_{I}$ und $a\,k_{II}$ gebildet ist. Die Richtigkeit dieser Überlegung ergibt sich sofort, wenn wir die an Hand der Abb. 5 gemachten Untersuchungen wiederholen und an Stelle des Feldes $\overline{a\,d}$ die resultierende Klemmenspannung $a\,k$ einsetzen. Auf dieselbe Weise können wir die beiden elektromotorischen Gegenkräfte $\overline{a\,e}_{I}$ und $\overline{a\,e}_{II}$ zu der resultierenden fiktiven EMGK $\overline{a\,e}$ zusammensetzen.

Ein Vergleich der Abb. 4 mit Abb. 6 zeigt, daß die beiden Diagramme identisch sind, indem das letztere die einzelnen im Diagramm dargestellten Größen genau ebenso enthält und nur gegen das frühere um 45^0 verdreht ist, entsprechend der um 45^0 fortgeschrittenen Drehung des konstanten Drehfeldes $a\,d$. Für wieviel einzelne Stadien wir auch diese Untersuchungen vornehmen werden, stets werden wir dies Resultut erhalten; und wir können daher sagen, daß Abb. 4 das Diagramm eines leerlaufenden Mehrphasenmotors vorstellt, und daß wir mit dessen Hilfe für jeden beliebigen Moment die Größe der von jedem Windungssystem zu erzeugenden Felder, die erregenden Amperewindungen, die Größe der Klemmenspannungen und EMGKK angeben können, indem wir das Diagramm der momentanen Lage des Drehfeldes entsprechend auf den Motor projiziert denken.

Statt das Diagramm in Übereinstimmung mit dem Drehfeld zu drehen, können wir uns auch das Diagramm und das Drehfeld stillstehend, dagegen den Stator drehbar denken, und um nun die Größe der in jedem Windungssystem herrschenden Felder, A-Windungen usw. zu bestimmen, brauchen wir nur den Motor auf dem feststehenden Diagramm so zu drehen, daß er in die relative Lage zum Feld $a\,d$ kommt, die wir zu untersuchen wünschen. Wir können sogar noch einen Schritt weiter gehen und uns ganz und gar von der Vorstellung emanzipieren, daß das Feld $a\,d$ und der Stator in jedem Moment ihre gegenseitige Lage ändern; denn da wir kein Interesse daran haben, die Momentanwerte der Ströme und Spannungen zu kennen, sondern uns damit begnügen, deren Effektivwerte zu berechnen, brauchen wir nur nach einer Methode zu suchen, die es uns ermöglicht, aus dem Diagramm den Effektivwert der Spannung und des Stromes für jedes Windungssystem, d. h. für jede Phase zu bestimmen. Diese Methode wird in den späteren Kapiteln bei Einführung der numerischen Werte der einzelnen Größen (Felder, Ströme, Spannungen bzw. EMKK) entwickelt werden.

Wir haben bisher stillschweigend angenommen, daß der Rotor des Motors stromlos ist, und dieser Zustand läßt sich praktisch dadurch herbeiführen, daß der Rotor nicht mit einer Wicklung versehen ist, oder daß seine Wicklung unterbrochen ist, und keinen geschlossenen Stromkreis darstellt, so daß also keine Ströme in ihr entstehen können, und es ist in diesen beiden Fällen gleichgültig, ob wir den Rotor als stillstehend oder als rotierend annehmen. Wir können jedoch den genannten Zustand auch bei einem mit geschlossener Wicklung versehenen Rotor herbeiführen, wenn wir den Rotor als synchron mit dem Drehfeld rotierend annehmen, eine Voraussetzung, die beim leerlaufenden Motor nahezu erfüllt ist. Vollkommen synchron dreht sich selbst beim leerlaufenden Motor der Rotor nicht, da infolge der Lager- und Luftreibung ein ganz geringes Drehmoment hervorgerufen werden muß, und das bedingt, daß der Rotor von Strömen, allerdings sehr kleiner Intensität, durchflossen sein muß. Wenn wir daher das Diagramm Abb. 4 als das Leerlaufdiagramm des Motors bezeichnen, so erlauben wir uns eine kleine Ungenauigkeit, indem wir die geringen Rotorströme vernachlässigen und gleich Null setzen.

Wir wollen nun dazu übergehen, zu untersuchen, wie sich das Diagramm des Motors dann gestaltet, wenn der Rotor von Strömen durchflossen wird. Damit das eintreten kann, muß der Rotor mit einer in sich geschlossenen Wicklung versehen sein, und diese Windungen müssen von den Kraftlinien des Drehfeldes geschnitten werden. Es wäre zwar möglich, einen Rotor nur mit einem einzigen Windungssystem, also nur mit einer Einphasenwicklung auszustatten, aber dieser Fall hat wegen seiner schlechteren Wirkung keine praktische Bedeutung, und wir wollen daher annehmen, daß der Rotor mit einer Mehrphasenwicklung und zwar einer zweiphasigen ausgerüstet ist. Damit die Rotorwicklung von Kraftlinien geschnitten wird, muß eine Relativbewegung zwischen dem Drehfelde und dem Rotor vorhanden sein, und das ist stets der Fall, wenn der Rotor sich langsamer als das Drehfeld dreht, wenn der Rotor also mit Schlüpfung arbeitet. Die Geschwindigkeit, mit der die Rotorwindungen von den Kraftlinien des Drehfeldes geschnitten werden, ist also nicht konstant, sondern mit der Drehzahl des Rotors variabel, und sie bewegt sich zwischen zwei Extremfällen: Bei Synchronismus ist diese Geschwindigkeit Null und sie erreicht ein Maximum beim Stillstand des Rotors.

Vom stillstehenden Motor wollen wir ausgehen, um zu untersuchen, wie ein Strom im Rotor zustande kommt, wie dieser Strom im Diagramm dargestellt werden kann und welche Veränderungen in bezug auf den Stator eintreten, wenn die Rotorwindungen stromführend sind. Wir wählen für unsere Betrachtungen den Motor, für den wir in Abb. 4 bereits das Leerlaufdiagramm dargestellt haben, und wir nehmen an, daß die Rotorwicklung identisch mit der Statorwicklung ausgeführt sei, daß sie also auch aus zwei aufeinander senkrechten Spulen 1 und 2 besteht, deren Seiten in je einer Nut untergebracht sind. Schließlich wollen wir noch annehmen, daß der Rotor sich in der in Abb. 7 gezeichneten Stellung befindet, in der die Statorspulen I und II sich in Koinzidenz mit den Rotorspulen 1 und 2 befinden.

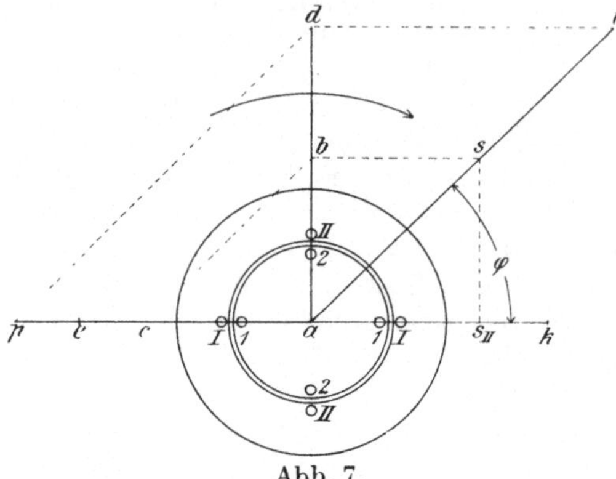

Abb. 7.

Wir haben bei der Entwicklung der Abb. 4 gezeigt, daß im dargestellten Moment, wenn das Drehfeld $\overline{a\,d}$ die Windungen der Spule II schneidet, in ihr eine EMK $\overline{a\,e}$ induziert wird, die wir als elektromotorische Gegenkraft des Stators bezeichneten. Wenn wir den Rotor (Abb. 7) als stillstehend betrachten, so wird seine Wicklung 2 offenbar von denselben Kraftlinien $a\,d$ geschnitten und zwar mit der gleichen Geschwindigkeit, mit der die Statorwicklung II geschnitten wird. Wenn wir annehmen, daß die Spule 2 ebenso viele induzierte Drähte enthält als die Spule II, so wissen wir, daß die in 2 induzierte EMK von der gleichen Größe sein muß, wie die in II induzierte, und ferner, daß die Richtung dieser EMK in beiden Spulen dieselbe ist, da die Spulen 1 und 2 im gleichen Sinne von den Kraftlinien geschnitten werden. Wir können daher durch $a\,e$ nicht nur die in der Statorspule II induzierte EMGK der Größe, Richtung und Lage nach darstellen sondern auch gleichzeitig die in der Rotorspule 2 induzierte EMK.

Wenn die Rotorwindungen geschlossene Stromkreise darstellen, so wird infolge der in Spule 2 induzierten EMK $a\,e$ in dieser Spule ein Strom hervorgerufen werden, dessen Größe

$$I_2 = \frac{E_2}{R_2}$$

sein muß, wenn wir mit R_2 den Ohmschen Widerstand der Spule 2 bezeichnen. Den Rotorstrom können wir im Diagramm durch eine Gerade $\overline{a\,c}$, die in der Richtung $a\,e$ liegt, darstellen, und welche Länge die Strecke $\overline{a\,c}$ haben muß, können wir durch folgende Überlegung feststellen.

Bei Ableitung des Leerlaufdiagramms (Abb. 4) haben wir gezeigt, daß $\overline{a\,b}$ in erster Linie die Amperewindungen darstellt, die im betrachteten Augenblick im Stator wirksam sind, und der Schluß, daß $\overline{a\,b}$ auch den Statorstrom J_m ausdrücken kann, resultierte erst aus der Überlegung, daß die Statoramperewindungen dem Statorstrom direkt proportional sind.

Den umgekehrten Weg müssen wir jetzt einschlagen; an Stelle des Stromes J_2 müssen wir die von ihm gebildeten Amperewindungen berechnen und diese letzteren im Maßstabe der Amperewindungen in das Diagramm eintragen. Wenn mit N_1 die Drahtzahl der Spule I bezeichnet wird, so ist die Amperewindungszahl des Stators bei Leerlauf

$$\frac{N_1}{2} \cdot I_m .$$

Die Amperewindungszahl auf dem Rotor ist in dem in Abb. 7 dargestellten Zustande

$$\frac{N_2}{2} \cdot I_2 ,$$

und da der Amperewindungsmaßstab für Stator und Rotor derselbe sein muß, so erhalten wir die Länge $\overline{a\,c}$, durch die wir die Rotoramperewindungen darstellen wollen, aus der Proportion

$$\frac{\overline{a\,c}}{\overline{a\,b}} = \frac{I_2 \cdot N_2}{I_m \cdot N_1}$$

und unter der Voraussetzung, daß $N_1 = N_2$ ist,

$$\frac{\overline{a\,c}}{\overline{a\,b}} = \frac{I_2}{I_m} .$$

Durch die in der Rotorspule 2 wirkenden Amperewindungen, die, wie eben gezeigt wurde, im Diagramm durch $\overline{a\,c}$ repräsentiert sind, muß ein magnetisches Feld in der Richtung $\overline{a\,c}$ erzeugt werden, dessen Größe wir sehr leicht feststellen können. Der magnetische Widerstand, auf den die Rotoramperewindungen $\overline{a\,c}$ wirken, ist offenbar derselbe, in dem die Magnetisierungsamperewindungen $\overline{a\,b}$ das Feld $a\,d$ erzeugen, und es muß daher das von $a\,c$ hervorgerufene Feld $a\,p$ der Bedingung genügen:

$$\frac{\overline{a\,p}}{\overline{a\,d}} = \frac{\overline{a\,c}}{\overline{a\,b}} .$$

$\overline{a\,p}$ stellt das vom Rotor erzeugte Feld im gleichen Maßstabe dar, in dem wir das Statorfeld bei Leerlauf $\overline{a\,d}$ gezeichnet haben. Die Rotorspule 1 ist im betrachteten Augenblick stromlos, da ihre Windungen nicht von Kraftlinien geschnitten werden, denn das Feld $\overline{a\,d}$ hat an der Stelle, wo die Nuten 1 und I liegen, die Größe Null. Es sieht allerdings so aus, als müßte in den Windungen 1 und I eine EMK durch die Kraftlinien des Rotorfeldes $\overline{a\,p}$ induziert werden, und diese EMK würde natürlich auch einen Strom in diesen Spulen hervorrufen, allein diese Anschauung würde auf einem zweifachen Trugschluß basiert sein: 1. Das Feld $\overline{a\,p}$ kann in den Windungen I und 1 keine EMK erzeugen, wenn der Rotor stillsteht (und diese Voraussetzung haben wir gemacht), da die Windungsebene der Spulen I und 1 der Kraftlinienrichtung $\overline{a\,p}$ parallel ist. 2. Selbst wenn der Rotor und mit ihm das Feld $\overline{a\,p}$ in Rotation wäre, könnte doch durch das Rotorfeld keine EMK induziert werden, da $\overline{a\,p}$ ein Feld darstellt, das nur in unserer Vorstellung existiert, in Wirklichkeit aber im Motor nicht vorhanden sein kann; $\overline{a\,p}$ ist ein „fiktives Feld".

Zur Begründung dieser Bemerkung müssen wir uns nochmals vergegenwärtigen, daß wir unsere Untersuchungen unter der Voraussetzung machen, daß der Motor mit konstanter Klemmenspannung arbeitet. Die Konstanz der Klemmenspannung $a\,k$ bedingt die Konstanz der EMGK $\overline{a\,e}$, und da die EMGK von dem im Motor wirklich vorhandenen Feld $\overline{a\,d}$ induziert wird, muß im Stator unter allen Umständen, beim Stillstand bis hinauf zum synchronen Lauf, ein Feld von der konstanten Größe $\overline{a\,d}$ vorhanden sein. Nur durch ein Statorfeld von der konstanten Größe $a\,d$ kann die konstante Klemmenspannung balanciert werden.

Wenn wir daher konstatiert haben, daß bei stillstehendem Rotor in ihm $\overline{a\,c}$ Amperewindungen und dadurch ein Feld $\overline{a\,p}$ hervorgerufen wird, so können wir nunmehr den Schluß ziehen, daß dennoch das wirkliche Motorfeld $\overline{a\,d}$ sein, und daß daher $\overline{a\,d}$ eine Resultante sein muß, von der $\overline{a\,p}$ eine Komponente darstellt. Die Auffindung der zweiten Komponente ist nicht schwer, denn mit Hilfe des Kräfteparallelogramms erhalten wir, wenn wir $\overline{d\,i}$ gleich und parallel $\overline{a\,p}$ ziehen, die Komponente $\overline{a\,i}$. $a\,i$ ist das Feld, das, mit $\overline{a\,p}$ zusammengesetzt, als Resultante das konstante Erregerfeld $a\,d$ ergibt.

Am das Feld $\overline{a\,i}$ hervorzurufen, müssen Amperewindungen in der Richtung $\overline{a\,i}$ wirken, und die Größe dieser Amperewindungen können wir mit Hilfe der Proportionen feststellen:

$$\overline{a\,i}:\overline{a\,d}:\overline{a\,p} = \overline{a\,s}:\overline{a\,b}:\overline{a\,c}.$$

Es fragt sich nun, wie die Amperewindungen $a\,s$ hervorgerufen werden können. Da im ganzen im Motor zwei Windungssysteme vorhanden sind, das eine auf dem Stator, das andere auf dem Rotor, wir von letzterem aber bereits festgestellt haben, daß es die Amperewindungen $\overline{a\,c}$ führt, so muß die erregende Kraft $\overline{a\,s}$ vom Stator ausgeübt werden. Es muß daher die Spule I $a\,b$, die Spule II $\overline{a\,s_{II}}$ Amperewindungen erzeugen, denn $\overline{a\,s}$ läßt sich in die beiden Komponenten $\overline{a\,b}$ und $\overline{a\,s_{II}}$ zerlegen, und nur auf die so dargestellte Weise kann im Stator eine erregende Kraft $\overline{a\,s}$ und dadurch ein fiktives Feld $\overline{a\,i}$ erzeugt werden. Wie man sieht, ist $\overline{a\,s_{II}}$ an Größe $\overline{a\,c}$ gleich, der Richtung nach entgegengesetzt, und beide erregenden Kräfte heben sich dadurch auf, sodaß als einzige erregende Kraft, die ein Feld erzeugen kann, die Komponente $\overline{a\,b}$ der Statoramperewindungen übrig bleibt. $\overline{a\,b}$ ist aber stets von der Größe wie die Magnetisierungs-Amperewindungen des Stators bei Leerlauf, und infolgedessen ist auch bei allen nur denkbaren Betriebsstadien des Motors $\overline{a\,d}$ das einzige wirklich im Motor vorhandene Feld.

Wir haben in Abb. 7 folgende 6 Größen graphisch dargestellt:

$\overline{a\,b}$ = Magnetisierungs-A.-W. (Magnetisierungsstrom),
$\overline{a\,c}$ = Rotor-A.-W. (Rotorstrom),
$\overline{a\,s}$ = Stator-A.-W. (Statorstrom),
$\overline{a\,d}$ = Erregerfeld,
$\overline{a\,p}$ = fiktives Rotorfeld,
$\overline{a\,i}$ = fiktives Statorfeld,

von denen die 3 letzteren mit den 3 ersteren der Richtung nach zusammenfallen. Zwischen diesen 6 Größen besteht die Eigentümlichkeit, daß von je zwei in der gleichen Richtung liegenden immer nur die eine tatsächlich existiert, während die andere fiktive Bedeutung hat. Wir können daher folgende Tabelle aufstellen:

Reale Größen	Fiktive Größen
$a\,d$	$a\,b$
$a\,c$	$a\,p$
$a\,s$	$a\,i$

$a\,c$ und $\overline{a\,s}$ bilden die fiktive Resultante $a\,b$, die fiktiven Felder $\overline{a\,p}$ und $a\,i$ die reale Resultierende $a\,d$.

Die Phasenverschiebung zwischen Klemmenspannung und Statorstrom, die bei Leerlauf 90^0 betrug, wird durch den $\sphericalangle\, k\,a\,s = \varphi$ dargestellt, und φ ist nun stets kleiner als 90^0, woraus wir schließen müssen, daß der Stator elektrische Leistung aufnimmt, sobald der Rotor Strom führt. Der Winkel $\varphi = \sphericalangle\, k\,a\,s$ wird in unserem Diagramm von dem konstanten sich drehenden Vektor der Klemmenspannung $a\,k$ und dem ebenfalls konstanten sich drehenden Vektor der Statoramperewindungen $\overline{a\,s}$ eingeschlossen; in Wirklichkeit ist jedoch die auf die Spule I und II wirkende Klemmenspannung ebensowenig konstant, wie die in den Spulen fließenden Ströme, da beide Größen nach einer Sinusfunktion variieren. Wir müssen daher noch untersuchen, welche Phasenverschiebung zwischen den beiden auf die Spulen I und II wirkenden Klemmenspannungen E_I und E_{II} und den in den Spulen fließenden Strömen I_I und I_{II} herrscht.

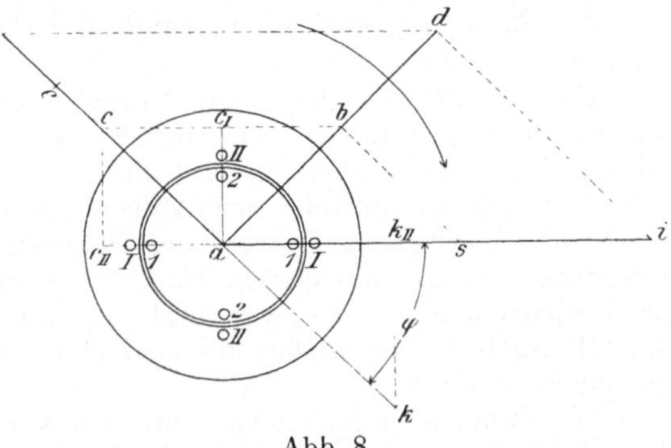

Abb. 8.

Wir wählen zu dieser Untersuchung die Lage des Vektors der Statoramperewindungen $\overline{a\,s}$ (Abb. 8), in der $\overline{a\,s}$ Amperewindungen von einer Spule allein ausgeübt werden. Da die Vektoren $a\,s$, $a\,b$, $\overline{a\,c}$ und $\overline{a\,i}$, $\overline{a\,d}$, $\overline{a\,p}$ von konstanter Größe sind und bei dem angenommenen Belastungsstadium in gegenseitig konstantem Winkelabstand voneinander stehen, können wir sie ohne weiteres der Abb. 7 entnehmen und in Abb. 8 so eintragen, das $\overline{a\,i}$ in die Achse der Spule II fällt. $\overline{a\,s}$ Amperewindungen werden in diesem Moment von der Spule II allein ausgeübt, und in diesem Augenblick muß der Strom in dieser Spule seinen Maximalwert, den wir ebenfalls mit $\overline{a\,s}$ bezeichnen wollen, besitzen. In dem Moment, der in Abb. 7

dargestellt ist, wurde die Spule II vom Maximum des rotierenden Erregerfeldes geschnitten, es wurde daher in diesem Augenblick in II die maximale EMGK $\overline{ae}$ induziert, mithin mußte die auf II wirkende Klemmenspannung durch $\overline{ak}$ horizontal nach rechts aufgetragen werden. In Abb. 8 hat das Drehfeld $\overline{ad}$ gegenüber der Abb. 7 eine Drehung von 45° vollzogen, und um den gleichen Winkel muß auch das Maximum der Klemmenspannung vorwärts geschritten sein, denn der Vektor der Klemmenspannung steht stets senkrecht auf dem Felde $\overline{ad}$. Da unserer Voraussetzung gemäß in den Abb. 7 und 8 die Winkel sad gleich sind, ferner ak senkrecht auf $\overline{ad}$ steht, müssen auch die Winkel

$$\sphericalangle sak = \varphi$$

in beiden Abbildungen gleich sein, und φ stellt daher auch für jede Phase des Stators die Verschiebung zwischen Klemmenspannung und Strom dar. Den Momentanwert der auf Spule II wirkenden Klemmenspannung erhalten wir durch Projektion von $\overline{ak}$ auf $\overline{as}$, nämlich $\overline{ak_{II}}$.

Für die Spule I liegen die Verhältnisse genau ebenso, und um das zu zeigen, brauchen wir nur $\overline{as}$ so zu drehen, daß as in die Richtung der Achse der Spule I fällt.

Wir können mittels der Abb. 8 noch zeigen, daß durch die Größe des konstanten Vektors der Rotoramperewindungen resp. des Rotorstromes $\overline{ac}$ auch dessen Momentanwerte feststellbar sind, denn die Projektionen von $\overline{ac}$, $\overline{ac_I}$ und $\overline{ac_{II}}$ auf die Achsen der Spulen I und II ergeben unmittelbar die Größe der momentan in den Spulen fließenden Ströme.

Wir können daher genau so, wie wir es schon für den Fall des Leerlaufs getan haben, die Vorstellung, daß die Vektoren des Diagramms rotieren, ganz aufgeben, und es genügt daher für alle unsere Betrachtungen das feststehende Diagramm Abb. 7.

Dies Diagramm läßt sich noch vereinfachen.

Da

$$\overline{ac} = \overline{bs}$$
$$\overline{ap} = \overline{di}$$
$$\overline{ae} = \overline{ak}$$

mithin dieselben Strecken zweimal im Diagaramm vorhanden sind, können wir sie einmal weglassen, und die Abb. 7 geht dadurch in das einfache Diagramm Abb. 9 über.

Das Diagramm enthält:

$\overline{ad}$ = konstantes Erregerfeld des Motors,
$\overline{ai}$ = fiktives Statorfeld bei Stillstand,
$\overline{id}$ = fiktives Rotorfeld bei Stillstand,
$\overline{ab}$ = Magnetisierungs (Erreger-) A.-W.,
$\overline{as}$ = Stator-A.-W.,
$\overline{sb}$ = Rotor-A.-W.,
$\overline{ak}$ = Klemmenspannung,
φ = Phasenverschiebungswinkel.

Unter gewissen Voraussetzungen, wenn nämlich Stator und Rotor identisch gewickelt sind, kann

$\overline{a\,b}$ = Magnetisierungsstrom (Leerstrom),
$\overline{a\,s}$ = Statorstrom,
$\overline{s\,b}$ = Rotorstrom

gesetzt werden, und infolgedessen wird $a\,b\,s$ häufig Stromdreieck genannt. Wenn Stator und Rotor verschiedenartig gewickelt sind, ist die Bezeichnung Stromdreieck, streng genommen, nicht mehr zulässig, man dürfte dann nur noch von einem Amperewindungsdreieck sprechen, allein es wird, um dieses unbequeme Wort zu vermeiden, häufig die Bezeichnung Stromdreieck auch in diesem weiteren Sinne angewandt.

In Abb. 9 haben wir vorläufig nur für zwei Stadien das Diagramm des Motors festgelegt, nämlich für Leerlauf in Synchronismus und für Stillstand, und wir müssen noch feststellen, wie sich für die zwischenliegenden Stadien das Diagramm gestaltet. Die Beantwortung dieser Frage ist außerordentlich einfach.

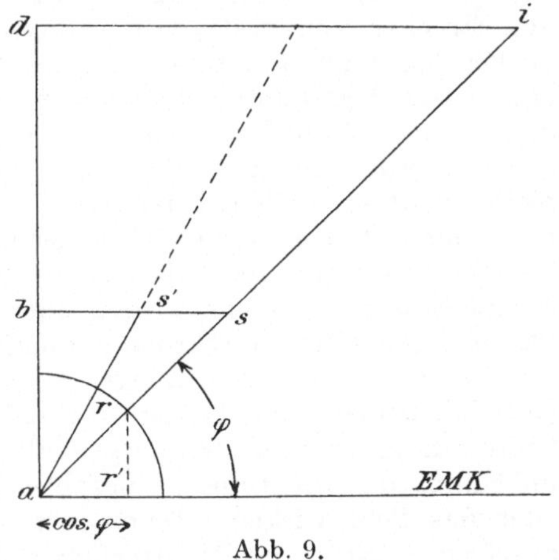

Abb. 9.

Wie wir gesehen haben, werden die Rotorwindungen bei Synchronismus vom Feld $\overline{a\,d}$ gar nicht, bei Stillstand dagegen mit einer maximalen Geschwindigkeit geschnitten. Wir haben ferner konstatiert, daß bei Stillstand in einem Rotor, der genau so wie der Stator gewickelt ist, eine EMK E_2 von gleicher Größe wie die Klemmenspannung induziert wird, und wir haben daraus den Rotorstrom

$$\overline{s\,b} = I_2 = \frac{E_2}{R_2}$$

definiert. Die Größe der induzierten EMK E_2 hängt nun von der Geschwindigkeit, mit der die Rotorwindungen vom Feld $\overline{a\,d}$ geschnitten werden, ab, da das Feld $\overline{a\,d}$ von konstanter Größe ist, und infolgedessen muß auch der Rotorstrom dieser Geschwindigkeit direkt proportional sein. Die genannte Geschwindigkeit ist die Schlüpfung, und es entspricht daher der Rotorstrom $\overline{b\,s}$ einer Schlüpfung von $100\,^0/_0$, der Rotorstrom 0 einer solchen von $0\,^0/_0$. Wenn wir daher die Strecke $\overline{b\,s}$ in 100 Teile teilen, so stellt eine beliebige Länge $\overline{b\,s'}$ nicht nur die prozentuale Schlüpfung, sondern auch den Rotorstrom resp. die Rotoramperewindungen dar, die in diesem Betriebszustand im Rotor vorhanden sind. Die Statoramperewindungen haben in diesem Fall die Größe $\overline{a\,s'}$, und Statorstrom $\overline{a\,s'}$ und Rotorstrom $\overline{s'\,b}$

ergeben bei jeder Belastung als Resultante den konstanten Magnetisierungsstrom $\overline{ab}$. Es ist somit durch die Abb. 9 das Amperewindungs-, das Strom- und das Felddiagramm für alle Belastungsstadien des Motors festgelegt.

Im Interesse der Einfachheit wurden die Ableitungen lediglich an einem Zweiphasenmotor gemacht, die Resultate haben jedoch ganz allgemeine Gültigkeit, denn es ist offenbar gleichgültig, ob die Amperewindungen $\overline{ab}$ usw. und das Feld $\overline{ad}$ von einem Windungssystem von zwei oder mehreren Phasen hervorgerufen werden, und auch in bezug auf die Ströme muß die Proportionalität mit den das Dreieck abs bildenden Geraden bestehen bleiben.

Eine wichtige Bemerkung, die für das abgeleitete Diagramm und für alle im weiteren Verlaufe unserer Betrachtungen behandelten Diagramme von prinzipieller Bedeutnng ist, haben wir noch nachzuholen. Die einzelnen Linien der Diagramme stellen nämlich nicht nur Strecken von bestimmter Länge dar, denen eine physikalische Bedeutung zukommt, sondern jede Strecke der Diagramme ist in einer ganz bestimmten Richtung wirkend aufzufassen. Strecken, denen außer ihrer Länge auch noch eine besondere Richtung beigelegt werden muß, nennt man Vektoren im Gegensatz zu den Skalaren, d. h. solchen Strecken, denen lediglich die Bedeutung einer bestimmten Länge ohne Richtungssinn innewohnt. Stellen wir z. B. Temperaturen graphisch dar, so ist die Strecke, die eine bestimmte Temperatur in absoluter Größe oder in Celsius-Graden darstellt, ein Skalar. Eine EMK, ein Strom, ein magnetisches Feld ist aber durch eine Strecke von bestimmter Länge noch nicht eindeutig graphisch dargestellt, sondern die Länge der betreffenden Strecke gibt nur die Größe, die Quantität des dargestellten Begriffes an, und es ist noch unbedingt die Richtung zu beachten, in der die EMK, der Strom oder das Feld wirken. Wenn wir z. B. zwei gleich große Ströme durch zwei gleich große Strecken auf einer Geraden graphisch darstellen, so entscheidet die Richtung, die wir diesen Strecken zulegen, darüber, ob die Resultante beider Strecken gleich ihrer Summe, also gleich der doppelten Strecke oder gleich ihrer Differenz, also Null ist.

Im Diagramm Abb. 9 müssen wir die Richtung des von der Statorwicklung allein erzeugten Feldes unbedingt von a nach i wirkend denken, damit dieser Vektor mit dem von der Rotorwicklung allein erzeugten, in der Richtung i nach d wirkenden Felde das konstante Erregerfeld des Motors, das in der Richtung von a nach d wirksam ist, als Resultante ergibt.

2. Die im Stator induzierte EMK.

Obwohl das Diagramm Abb. 9 mit dem rechtwinkligen Stromdreieck abs noch weit davon entfernt ist, das Verhalten eines Drehstrommotors vollkommen richtig darzustellen, wollen wir dennoch die wichtigsten im Motor wirkenden Größen schon jetzt zahlenmäßig berechnen. Die Gleichungen, deren wir hierzu bedürfen, werden wir mit ganz geringen Modifikationen auch später benötigen, wenn die Streuung berücksichtigt und das Stromdreieck nicht mehr rechtwinklig, sondern schiefwinklig ist.

Dadurch, daß wir schon jetzt anfangen, wirklich zu rechnen, wird nicht nur das Verständnis der Theorie für die Anfänger sehr erleichtert, sondern es wird die Möglichkeit einer exakteren Wortbenennung (Nomenklatur) der physikalischen Größen herbeigeführt, und es läßt sich im nächsten Kapitel das Kreisdiagramm viel leichtverständlicher ableiten, wenn die wichtigsten Formeln bereits als bekannt vorausgesetzt werden können.

Um die ganzen Entwicklungen so einfach als möglich zu gestalten, sollen vorläufig folgende Annahmen gemacht werden:

1. Elektromotorische Kräfte und Ströme folgen der Sinusfunktion.
2. Die Vektoren der elektromotorischen Kräfte, der Ströme und der Felder lassen sich nach dem Kräfteparallelogramm zu Resultierenden zusammensetzen.
3. Im Diagramm wird nur der Maximalwert der erregenden Kraft graphisch dargestellt und nicht zum Ausdruck gebracht, daß die erregende Kraft inkonstant ist und zwischen bestimmten Grenzen variiert.
4. Der magnetische Widerstand des Eisens ist Null.
5. Der Widerstand der Wicklungen ist Null.

Die folgenden Ausführungen werden diese Punkte näher erläutern.

Wie im vorigen Abschnitt gezeigt wurde, muß das die Statorwindungen schneidende Drehfeld in diesen Windungen eine elektromotorische Gegenkraft erzeugen, die die gleiche Größe hat wie die Klemmenspannung. Die induzierte elektromotorische Gegenkraft ist der Drahtzahl der Statorwicklung und der Kraftlinienzahl resp. der magnetischen Induktion des Statorfeldes proportional. Die magnetische Induktion bestimmt ihrerseits wieder die Zahl der Amperewindungen, die nötig sind, um diese magnetische Induktion in einem magnetischen Widerstand, der unter unserer Annahme, daß der Eisenwiderstand Null ist, lediglich aus dem Luftweg besteht, hervorzurufen. Wie man hieraus sieht, stehen also die Größen: induzierte elektromotorische Gegenkraft, magnetische Induktion, Drahtzahl, erregende Kraft resp. Magnetisierungsstrom in einem sehr engen Zusammenhange, und durch die Annahme eines dieser Werte sind alle übrigen bestimmt. Welche Größe man annehmen will, ist selbstverständlich willkürlich, in der Praxis geht man jedoch fast immer von der magnetischen Induktion aus, für deren Größe sich allmählich günstige Erfahrungswerte ergeben, haben und unter diesem Gesichtspunkte werden auch die folgenden Ableitungen gemacht.

Die in der Statorwicklung induzierte elektromotorische Kraft ist:

$$E_1 = 2{,}22 \cdot k_1 \cdot N_1 \cdot \Phi \cdot f_1 \cdot 10^{-8} \quad \ldots\ldots\ldots \quad (1)$$

In dieser Gleichung bedeutet:

E_1 = die in jeder Phase der Statorwicklung induzierte EMK, die unter der Voraussetzung, daß der Ohmsche Widerstand der Statorwicklung Null ist, gleich der Phasenspannung ist.

$2{,}22 = \sqrt{2}\,\frac{\pi}{2}$ ist ein Zahlenfaktor, der das Verhältnis des Effektivwertes zum Mittelwert von EMK oder Strom ausdrückt, wenn ihre zeitliche Änderung nach einer Sinusfunktion erfolgt. Mit anderen Worten können wir dies so ausdrücken, daß der Faktor 2,22 geändert werden müßte, wenn wir die Annahme machen, daß die Klemmenspannung und die dem Motor zugeführten Ströme sich nicht sinoidal zeitlich änderten.

k_1 = ein Zahlenfaktor, dessen numerischer Wert von der Nutenzahl des Stators abhängig ist. Die Anzahl der Nuten einer Spulenseite wird mit m bezeichnet und der zugehörende Wert von k kann der nebenstehenden Tabelle entnommen werden.

Anzahl der Nuten pro Spulenseite m	c	k	Anzahl der Nuten pro Spulenseite m	c	k
Zweiphasenwicklungen			Dreiphasenwicklungen		
1	0,707	1,000	1	0,667	1,000
2	0,530	1,000	2	0,583	1,000
3	0,550	0,905	3	0,593	0,958
4	0,530	0,917	4	0,583	0,964
5	0,537	0,895	5	0,587	0,955
6	0,530	0,901	6	0,583	0,958
∞	0,530	0,889	∞	0,583	0,952

N_1 = die Zahl der in Serie geschalteten Drähte (nicht Windungen) einer Phase der Statorwicklung.

Φ = die Totalzahl der Kraftlinien eines Poles und wird magnetischer Fluß genannt.

f_1 = Frequenz, das ist Periodenzahl des zugeführten Wechselstromes in der Zeiteinheit.

10^{-8} = Verhältnis zwischen den absoluten Einheiten und den Einheiten des praktischen Maß-Systems.

Die Gleichung (1) zeigt uns noch keinen Zusammenhang zwischen der induzierten elektromotorischen Kraft und den erregenden Amperewindungen, die aufgewendet werden müssen, um das induzierende Feld zu erzeugen. Um diesen Zusammenhang herbeizuführen, müssen wir die totale Kraftlinienzahl Φ des Feldes durch die maximale Induktion $\mathfrak{B}_l$ (magnetische Dichte oder Kraftlinienzahl pro Flächeneinheit) in der Weise ausdrücken, daß wir schreiben

$$\Phi = c_1 \cdot F_l \mathfrak{B}_l \quad \ldots \ldots \ldots \quad (2)$$

wobei F_l die Fläche eines Poles, d. h. den Luftquerschnitt pro Pol in cm², c einen der beigedruckten Tabelle zu entnehmenden Koeffizienten bezeichnet. Die Koeffizienten c hängen ebenso wie die Koeffizienten k von der Anzahl der Nuten m pro Spulenseite ab und sie berücksichtigen die Form des Feldes. Die Ableitung dieser Koeffizienten wird im sechsten Kapitel gegeben.

Bei der praktischen Berechnung eines Motors verfährt man in der Weise, daß ein Erfahrungswert für die maximale Luft-Induktion $\mathfrak{B}_l$ angenommen und hieraus die Drahtzahl pro Phase des Stators berechnet wird, wozu man sich der aus den Formeln (1) und (2) kombinierten Gleichung bedient

$$N_1 = \frac{E_1 \cdot 10^8}{2{,}22 \cdot k_1 \cdot c_1 \cdot \mathfrak{B}_l \cdot F_l \cdot f_1} \quad \ldots \ldots \ldots \quad (3)$$

Für E_1 ist die Spannung pro Phase einzusetzen und diese ist bei einem Zweiphasenmotor stets gleich der Leitungsspannung pro Phase. Bei einem Drehstrommotor ist nur dann die Spannung pro Phase gleich der Leitungsspannung, wenn die Statorwicklung im Dreieck geschaltet ist. Ist die Statorwicklung aber im Stern geschaltet, so ist die Spannung pro Phase nur der $\sqrt{3}$te Teil der Leitungsspannung.

3. Berechnung des Magnetisierungsstromes.

Wenn wir mit Hilfe der Gleichung (3) die Drahtzahl N_1 pro Phase des Stators und die maximale Luft-Induktion $\mathfrak{B}_l$ festgelegt haben, können wir den Magnetisierungsstrom berechnen.

Wird eine Spule von $\frac{N}{2}$ Windungen vom Strom I durchflossen, so erzeugt die Spule in einem Luftspalt von der Länge δ eine magnetische Induktion $\mathfrak{B}_l$:

$$\mathfrak{B}_l \cdot \delta = 0{,}4 \cdot \pi \cdot I \cdot \frac{N}{2},$$

wenn der Eisenwiderstand gleich Null gesetzt wird. Besitzt der Motor $2p$ Pole — p ist also die halbe Polzahl —, so müssen die Kraftlinien den Luftspalt von der Größe δ $2p$-mal durchdringen und die Gleichung für die Induktion erhält dann die Form

$$\mathfrak{B}_l \cdot 2p \cdot \delta = 0{,}4 \cdot \pi \cdot I \cdot \frac{N}{2}$$

oder

$$I \cdot \frac{N}{2} = 1{,}6 \cdot p \cdot \delta \cdot \mathfrak{B}_l \quad \ldots \ldots \ldots \ldots \quad (4)$$

Das Produkt $I \cdot \frac{N}{2}$ = Stromstärke mal Windungszahl, nennt man erregende Kraft und ihre Einheit ist die Amperewindung.

Das Produkt $I \cdot N$ = Stromstärke mal Stabzahl (Drahtzahl) heißt Durchflutung und die Einheit der Durchflutung ist der Amperestab oder Amperedraht.

Der Ausdruck Durchflutung ist erst im Jahre 1911 vom Ausschuß für Einheiten und Formelgrößen (AEF) eingeführt worden. Der AEF definiert den Begriff folgendermaßen:

„Die algebraische Summe aller elektrischen Ströme durch eine beliebige Fläche heißt elektrische Durchflutung.“

Da der Begriff Durchflutung noch nicht Gemeingut der Technik geworden ist, mag es angezeigt erscheinen, die Begründung, die Emde und Rößler für die Einführung des Begriffes gegeben haben, hier im Wortlaut anzuführen:

„Es ist in der Physik und in der Elektrotechnik üblich geworden, unter „Strom“ nur den Strom durch einen Querschnitt eines einzelnen leitenden Körpers zu verstehen, nicht aber den Strom durch eine beliebige Fläche. Die Zahlenwerte für solche Ströme im weiteren Sinne des Wortes werden aber täglich gebraucht. Meist stellen sie sich dann als Summen von Strömen (im engeren Sinne) dar, und da oft diese einzelnen Ströme gleich sind, als Produkte aus Strom und Leiterzahl.

So ist in einer Dynamomaschine der magnetische Zustand des Eisens bestimmt durch die Gesamtzahl der erregenden Amperedrähte der Schenkel und des Ankers. Dabei bedeutet z. B. die Zahl der erregenden Amperedrähte der Schenkel den Strom, welcher durch die gesamte Querschnittfläche dieser Drähte hindurchfließt. Bei der Angabe eines durch eine Fläche fließenden Stromes durch die Zahl der Amperedrähte ist der Amperedraht die Einheit dieses Stromes. Für den Begriff dieses Stromes selbst fehlt aber eine Bezeichnung, solange man unter „Strom“ nur den durch einen einzelnen Leiter fließenden Strom versteht. In einer wissenschaftlichen Kultursprache darf aber eine Bezeichnung für einen so wichtigen Begriff ebensowenig fehlen, wie für eine Meterzahl die Bezeichnung Länge, eine Sekundenzahl die Bezeichnung Zeit, Voltzahl Spannung usw. Man darf mit ebensowenig sprachlichem Recht sagen, die Schenkel einer elektrischen Maschine hätten eine große Amperewindungszahl, wie man sagen darf, eine Strecke habe eine große Meterzahl statt eine große Länge, oder ein Körper habe eine große Kilogrammzahl, statt ein großes Gewicht. Für die fehlende Bezeichnung der Größe, deren Einheit der Amperedraht ist, wird vorgeschlagen, das Wort Durchflutung zu wählen. Die Durchflutung kann danach definiert werden als der Strom, der eine beliebige (mehrere Leiterquerschnitte enthaltende) Fläche durchströmt. Wie man sagt, eine Maschine habe eine Spannung von soundso viel Volt, so hätte man also zu sagen, die Maschine (nämlich eine mittlere Kraftlinie der Maschine) habe eine Durchflutung von soundso viel Amperedrähten, oder, wenn man will, auch eine Durchflutung von soundso viel Ampere.

Nach dieser Definition gilt für die Durchflutung des weiteren das folgende.

Das eine der beiden Grundgesetze der Elektrodynamik läßt sich in die Worte kleiden:

„Die elektrische Durchflutung durch eine beliebige Fläche steht in einem festen, nur von der Wahl der Maßeinheiten abhängigen Verhältnis zu der zugehörigen magnetischen Umlaufspannung“, wenn unter Umlaufspannung das Randintegral der Tangentialkomponente der magnetischen Feldstärke verstanden wird.

Wenn die Durchflutungen durch zwei Flächen mit gemeinsamem Rand gleich sind, wie im stationären Feld, so kann man auch von der Durchflutung einer geschlossenen Kurve statt von der Durchflutung einer Fläche sprechen, z. B. von der elektrischen Durchflutung einer magnetischen Kraftlinie. Um dies allgemein tun zu können, muß man mit Maxwell zur ‚wahren‘ Durchflutung übergehen.“

Ein Symbol gibt der AEF weder für die Durchflutung, noch für die erregende Kraft. Viele Jahre lang war es üblich, die erregende Kraft nach dem Vorgang von Kapp mit X zu bezeichnen. Gegen Beibehaltung dieses Symbols spricht der auch vom AEF gewürdigte Grund, daß die Buchstaben x, y ausschließlich als Koordinatenbezeichnungen reserviert werden sollen. In der Tat führt es auch zu großen Unzuträglichkeiten, wenn die erregende Kraft X bei der Magnetisierungskurve richtig in die Abszisse, bei der Rechnung mit höheren Harmonischen aber in die Ordinatenrichtung fällt.

Arnold bezeichnet die erregende Kraft mit AW (Amperewindungen) und die Durchflutung mit AS (Amperestäbe). Die Verwendung eines aus zwei Buchstaben bestehenden Symboles für einen Begriff nach Analogie von PS (Pferdestärken) ist sehr unbequem und in Formeln unter Umständen direkt irreführend.

Da sich der Begriff Durchflutung vielleicht bald in der Literatur einbürgern wird, sind die wichtigsten Gleichungen sowohl für Amperewindungen als für Durchflutungen im nachstehenden angegeben, und es bezeichnet künftig

$$\left.\begin{aligned} S &= \text{Durchflutung in Amperestäben} \\ A = \frac{S}{2} &= \text{Erregende Kraft in Amperewindungen} \end{aligned}\right\} \quad . \quad . \quad (5)$$

Kehren wir nach dieser Abschweifung zu unserem eigentlichen Thema zurück, so wird unsere nächste Aufgabe sein, festzustellen, wie groß die erregende Kraft bzw. wie groß die Durchflutung eines Stators ist, und zwar müssen wir den Maximalbetrag dieser Werte feststellen. Durchflutung und erregende Kraft sind offenbar eine Funktion der in der Statorwicklung fließenden Ströme, der Drahtzahl des Stators N_1 und außerdem der Phasenzahl a_1, da die N_1 Drähte a_1-mal auf dem Stator vorhanden sind. Wegen des letzteren Umstandes müssen wir die Untersuchungen für Zwei- und Dreiphasenmotoren getrennt vornehmen, und der Vollständigkeit halber soll der Einphasenmotor auch gleich mit behandelt werden.

Da bei einem Einphasenmotor die Statorwicklung nur aus N_1 Drähten besteht, ist es sehr einfach, die maximale erregende Kraft der Statorwicklung anzugeben. Ist der effektive Statorstrom I_1, so ist der Maximalwert des Statorstromes

$$\sqrt{2}\, I_1 = 1{,}414\, I_1$$

und die maximale erregende Kraft daher beim Einphasenmotor:

$$A = \sqrt{2} \cdot I_1 \cdot \frac{N_1}{2} = 0{,}707\, I_1 \cdot N_1 .$$

Die maximale erregende Kraft herrscht in einem Zweiphasenmotor dann, wenn die Ströme in beiden Phasen gleich und $\sin 45^0$ mal dem Maximalwert $\sqrt{2} \cdot I_1$ sind. Die Windungszahl einer jeden Phase ist gleich $\frac{N_1}{2}$, folglich ist im betrachteten Moment die erregende Kraft einer Spule

$$\sqrt{2} \cdot I_1 \cdot \sin 45^0 \cdot \frac{N_1}{2} = \frac{I_1 N_1}{2} .$$

Auf diejenigen Teile des Feldes, die der Summenwirkung aus den erregenden Kräften der beiden Phasen ausgesetzt sind, wirkt die doppelte erregende Kraft wie in einer Phase, und dieser Betrag stellt dann das Maximum der erregenden Kraft dar:

$$A = \frac{S}{2} = I_1 N_1 .$$

In einem Dreiphasensystem ist die maximale erregende Kraft dann vorhanden, wenn der Strom in einer Phase gleich seinem Maximalwert, in jeder der beiden anderen Phasen gleich der Hälfte des Maximalwertes ist. Die maximale erregende Kraft wird dann in bezug auf den Kraftlinienweg, der der additiven Wirkung der drei Wicklungssysteme ausgesetzt ist,

$$\sqrt{2} \cdot I_1 \frac{N_1}{2} + 2 \cdot \sqrt{2} \frac{I_1}{2} \frac{N_1}{2},$$

und daher ist die maximale erregende Kraft des Dreiphasenmotors

$$A = \frac{S}{2} = \sqrt{2} \cdot I_1 \cdot N_1 = 1{,}414 \cdot I_1 \cdot N_1 .$$

Damit wir für Zwei- und Dreiphasensysteme eine gemeinsame Gleichung benützen können, um ihre erregende Kraft darzustellen, soll dem Gang der Ableitung insofern etwas vorgegriffen werden, als schon jetzt diese allgemeine Gleichung, deren Ableitung sich im 48. Abschnitt findet, mitgeteilt werden. Diese allgemeine Gleichung lautet

$$A = \frac{S}{2} = a_1 \cdot \psi_1 \cdot \frac{I \cdot N_1}{\sqrt{2}},$$

worin a_1 die Phasenzahl und ψ_1 einen Koeffizienten bedeutet, der sich aus der Phasenzahl nach folgender Gleichung entwickeln läßt:

$$\psi = \frac{1}{a_1 \cdot \sin \frac{\pi}{2 a_1}} = \frac{1}{a_1 \cdot \sin \frac{90^0}{a_1}} .$$

Die allgemeine Gleichung für die maximale erregende Kraft eines a-phasigen Systems lautet daher:

$$A = \frac{S}{2} = \frac{I_1 N_1}{\sqrt{2} \cdot \sin \frac{90^0}{a_1}} .$$

Eine Probe ergibt die Richtigkeit der allgemeinen Gleichung, denn wir erhalten für die erregende Kraft eines Zweiphasensystems

$$A = \frac{S}{2} = \frac{I_1 N_1}{\sqrt{2} \sin 45^0} = \frac{I_1 N_1}{1{,}414 \cdot 0{,}707} = I_1 N_1$$

und für die eines Dreiphasensystems

$$\frac{S}{2} = \frac{I_1 N_1}{\sqrt{2} \cdot \sin 30^0} = \frac{I_1 N_1}{\sqrt{2} \cdot 0{,}5} = \sqrt{2} \cdot I_1 \cdot N_1 ,$$

also dieselben Werte, die soeben abgeleitet wurden.

Der Übersichtlichkeit halber sind die Gleichungen nochmals in eine Tabelle zusammengestellt. Es ist die maximale erregende Kraft

$$\left.\begin{array}{ll} A=\frac{S}{2}=\frac{\sqrt{2}}{2}\,I\,N=0{,}707\,I\,N & \text{bei Einphasenstrom}\\ A=\frac{S}{2}=I\,N & \text{„ Zweiphasenstrom}\\ A=\frac{S}{2}=\sqrt{2}\cdot I\,N=1{,}414\,I\,N & \text{„ Dreiphasenstrom}\\ A=\frac{S}{2}=\frac{I\,N}{\sqrt{2}\cdot\sin\frac{\pi}{2a}}=\frac{I\,N}{1{,}414\cdot\sin\frac{90^0}{a}} & \text{„ } a\text{-Phasenstrom} \end{array}\right\}\quad(6)$$

Amperewindungen.

Es bedarf wohl kaum einer besonderen Erwähnung, daß die Durchflutung aus diesen Gleichungen ohne weiteres erhalten werden kann, wenn der Nenner 2 auf der linken Seite dieser Gleichungen als Faktor auf die rechte Seite gesetzt wird. Es ist daher

die maximale Durchflutung

$$\left.\begin{array}{ll} S=\sqrt{2}\cdot I\cdot N=1{,}414\cdot I\cdot N & \text{bei Einphasenstrom}\\ S=2\cdot I\cdot N & \text{„ Zweiphasenstrom}\\ S=2\cdot\sqrt{2}\cdot I\cdot N=2{,}828\cdot I\cdot N & \text{„ Dreiphasenstrom}\\ S=\frac{2\cdot I\cdot N}{\sqrt{2}\sin\frac{\pi}{2a}}=\frac{1{,}414\,I\,N}{\sin\frac{90^0}{a}} & \text{„ } a\text{-Phasenstrom} \end{array}\right\}\quad(7)$$

Amperestäbe.

Den Magnetisierungsstrom I_m eines Motors können wir berechnen, wenn wir uns erinnern, daß die linke Seite der Gleichung (4) die erregende Kraft vorstellt, die nötig ist, um die Luftinduktion $\mathfrak{B}_l$ hervorzurufen. Da wir für die Luftinduktion ihren Maximalwert einsetzen, benötigen wir selbstverständlich auch den Maximalwert der erregenden Kräfte, und wir brauchen daher für $I\frac{N}{2}$ in Gleichung (4) nur die für $\frac{S}{2}$ in den Gleichungen (6) erhaltenen Ausdrücke einzusetzen. Man erhält dann den

Magnetisierungsstrom

$$\left.\begin{array}{ll} I_m=\frac{1{,}6\cdot\sqrt{2}\cdot p\cdot\delta\cdot\mathfrak{B}_l}{N_1} & \text{bei Einphasenstrom}\\ I_m=\frac{1{,}6\cdot p\cdot\delta\cdot\mathfrak{B}_l}{N_1} & \text{„ Zweiphasenstrom}\\ I_m=\frac{1{,}6\cdot p\cdot\delta\cdot\mathfrak{B}_l}{\sqrt{2}\,N_1} & \text{„ Dreiphasenstrom}\\ I_m=\frac{1{,}6\cdot\sqrt{2}\cdot p\cdot\delta\cdot\mathfrak{B}_l\cdot\sin\frac{90^0}{a}}{N_1} & \text{„ } a\text{-Phasenstrom} \end{array}\right\}\quad(8)$$

Ampere

4. Die im Rotor induzierte EMK.

In einem Motor ohne Streuung durchsetzt bei stromlosem Rotor der magnetische Fluß des Stators den Luftzwischenraum und die Rotorwicklung in genau der gleichen Kraftlinienzahl wie die Statorwicklung. Die Form des Feldes bleibt hierbei natürlich ungeändert und es ist daher, wenn wir mit Φ_l, Φ_1, Φ_2 die magnetischen Flüsse des Luft-, des Stator- und Rotorfeldes und mit $\mathfrak{B}_l$ die maximale Induktion in der Luft bezeichnen,

$$\Phi_l = \Phi_1 = \Phi_2 = c_1 \cdot \mathfrak{B}_l F_l,$$

wobei der Koeffizient c_1 aus der Tabelle lediglich der Nutenzahl des Stators entsprechend zu entnehmen ist, da das Feld ja ausschließlich von der Statorwicklung hervorgerufen wird.

Zur Berechnung der von diesem Feld im stillstehenden stromlosen Rotor induzierten EMK benötigen wir aber auch die Kenntnis des Koeffizienten k, und es läßt sich nicht ohne weiteres angeben, ob für die Größe des Wertes von k die Anzahl der Nuten pro Spulenseite m_1 im Stator oder m_2 im Rotor maßgebend ist. Nur in dem Fall, daß der Rotor gleiche Nuten- und Phasenzahl wie der Stator besitzt, wenn also m_1 gleich m_2 ist, ist die Entscheidung dieser Frage vollkommen klar, da unter dieser Voraussetzung auch k_1 gleich k_2 sein muß.

Wir erhalten daher für die im stillstehenden Rotor induzierte EMK die Gleichung

$$\left.\begin{array}{l} E_2 = 2{,}22 \cdot k_2 \cdot N_2 \cdot \Phi_l \cdot f_1 \cdot 10^{-8} \\ \text{wobei} \quad m_2 = m_1; \quad k_2 = k_1 \end{array}\right\} \quad \ldots \ldots \quad (9)$$

Ist die Nutenzahl im Rotor verschieden von der des Stators, so können wir mittels der auf Seite 20 angegebenen Koeffizienten-Tabelle E_2 überhaupt nicht mit mathematischer Genauigkeit berechnen. Wie nämlich später im siebenten Kapitel gezeigt wird, tritt bei verschiedener Nutenzahl eine besondere Art von Streuung auf, die zuerst von Ragowski und Simons in der E.T.Z. 1909, Heft 10 und 11 eingehend untersucht und doppeltverkettete Streuung genannt worden ist. Wir machen aber nur einen kleinen Fehler, der bei den in der Praxis üblichen Wicklungen nur von der Größenordnung weniger Prozente ist, wenn wir für die in der Rotorwicklung induzierte EMK den Koeffizienten k_2 benützen, der der Anzahl der Nuten pro Spulenseite im Rotor m_2 entspricht. Wir können daher schreiben

$$\left.\begin{array}{l} E_2 \approx 2{,}22 \cdot k_2 \cdot N_2 \cdot \Phi_l \cdot f_1 \cdot 10^{-8} \\ m_2 \lesseqgtr m_1; \quad k_2 \lesseqgtr k_1 \end{array}\right\} \quad \ldots \ldots \quad (10)$$

wobei wir an Stelle des Gleichheitszeichens das Zeichen $\approx$ benützen, das nahezu, rund, etwa bedeutet.

Auch dann, wenn die Phasenzahl des Rotors eine andere als die des Stators ist, können wir uns dieser Gleichung bedienen, wobei allerdings der Näherungswert noch um eine Wenigkeit, aber auch nur um wenige Prozente, unsicherer wird.

Für die praktische Berechnung der Motoren genügt die Genauigkeit der Gleichung (10) aber vollkommen, nur muß man sich hüten, die Gleichung zu besonderen theoretischen oder experimentellen Untersuchungen über die Streuung zu benützen. Da nämlich die Streuung bei guten Motoren an und für sich nur wenige Prozente beträgt, würde der durch die genannte Gleichung verursachte Fehler schon von derselben Größenordnung sein wie die Streuung selbst.

5. Die Größe des Rotorstromes.

An Hand der Abb. 9 ist gezeigt worden, daß das Diagramm eines streuungsfreien belasteten Motors ein rechtwinkliges Dreieck ist. Wir sind nun in der Lage, in einem derartigen Diagramm mittels der in diesem Kapitel abgeleiteten Formeln die numerischen Werte aller vorkommenden Größen zu berechnen bis auf die Größe des Rotorstromes I_2. Im Diagramm Abb. 10 ist der Rotorstrom durch sb dargestellt. Es wäre aber vollständig unzulässig, etwa die Proportion aufzustellen

$$\frac{I_2}{I_1} = \frac{\overline{sb}}{as},$$

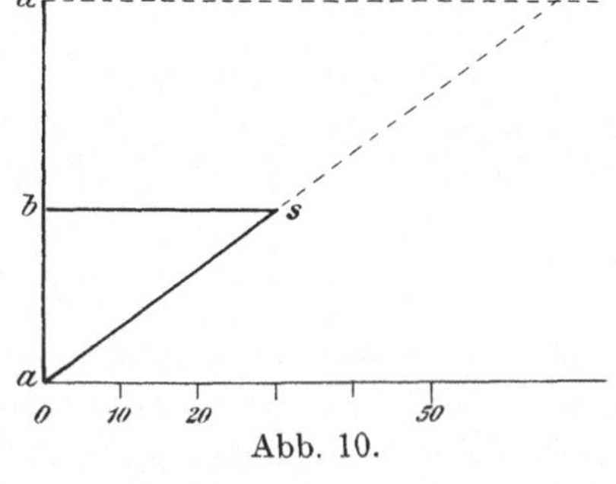

Abb. 10.

wenn mit I_1, I_2 die wirkliche Stator- und Rotorstromstärke in Ampere bezeichnet wird; denn die Rotorwicklung besitzt im allgemeinen eine ganz andere Drahtzahl N_2 als die Statorwicklung N_1, sogar die Phasenzahl kann im Rotor eine andere sein als im Stator.

Um die gesuchte Beziehung zu finden, wollen wir nochmals kurz rekapitulieren, wie das Diagramm Abb. 10 zu deuten ist.

Es bedeutet $$ad = \Phi_1$$

den gesamten Kraftlinienfluß, der sowohl Stator als Rotor durchsetzt und auch bei Belastung unter allen Umständen konstant bleibt. Im Synchronismus oder bei offenem stromlosen Rotor wird dies Feld allein vom Magnetisierungsstrom $\overline{ab}$ hervorgerufen, während bei Belastung, wenn der Statorstrom $\overline{as}$ und der Rotorstrom sb geworden ist, der konstante Fluß $\overline{ad}$ als Resultante des vom Statorstrom erzeugten fiktiven Feldes ai und des vom Rotorstrom erzeugten fiktiven Feldes id erscheint.

Da wir den Motor nicht nur als streuungsfrei, sondern auch als verlustlos angenommen haben, sind wir in einiger Verlegenheit, wenn wir angeben sollen, welchem Betriebszustand das Diagramm Abb. 10 entspricht. Wenn nämlich die Rotorwicklung keinen Ohmschen Widerstand besitzt, würde schon eine unendlich kleine Schlüpfung genügen, um jeden beliebigen Strom $\overline{sb}$ im Diagramm hervorzurufen.

Das Diagramm ist daher in bezug auf Drehzahl bzw. Schlüpfung unbestimmt.

Um diese Schwierigkeit zu umgehen, wollen wir annehmen, daß der Rotor festgehalten und an der Drehung verhindert wird. Die Rotorwicklung stellt unter dieser Annahme die Sekundärwicklung eines Transformators vor, dessen Primärwicklung sich auf dem Stator befindet. Wir können nun den Rotor in beliebiger Weise dadurch belasten, daß wir die Rotorwicklung auf — natürlich induktionsfreie — Widerstände arbeiten lassen. Im stillstehenden Rotor wird unter diesen Umständen infolge der Konstanz des resultierenden Feldes $\overline{ad}$ eine bei allen Belastungsstadien konstant bleibende elektromotorische Kraft E_2 induziert, die einfach nach Gleichung (10) berechnet werden kann. Durch Division der Gleichung (10) durch Gleichung (1) erhalten wir die elektromotorische Kraft des Rotors als Funktion der im Stator induzierten EMK, nämlich

$$E_2 = \frac{k_2 \cdot N_2}{k_1 \cdot N_1} \cdot E_1 . \quad \ldots \ldots \ldots \ldots (11)$$

Den Magnetisierungsstrom I_m können wir mittels Gleichung (8) in Ampere berechnen. Da sich $\overline{ab}$ und $\overline{as}$ nur auf den Stator beziehen, ist unbedingt die Proportion richtig

$$\frac{I_1}{I_m} = \frac{\overline{as}}{\overline{ab}} .$$

Der Statorstrom $\overline{as}$ läßt sich auffassen als die Resultante aus dem Blindstrom (Magnetisierungsstrom, wattlosen Strom) $\overline{ab}$ und dem Wirkstrom (Wattkomponente des Stromes) $\overline{bs}$. Bezeichnen wir den Wirkstrom I_{W1}, so gilt auch unbedingt die Proportion

$$\frac{I_{W1}}{I_m} = \frac{\overline{bs}}{\overline{ab}} .$$

Da wir I_m in Ampere kennen und die in Millimeter gemessenen Längen $\overline{ab}$ und $\overline{bs}$ dem Diagramm entnehmen können, ist der Wirkstrom in Ampere

$$I_{W1} = I_m \frac{\overline{bs}}{\overline{ab}} .$$

Die vom Motor primär aufgenommene Leistung in Watt ist

$$L_1 = a_1 \cdot E_1 \cdot I_{w1} = a_1 \cdot E_1 \cdot I_m \cdot \frac{\overline{bs}}{\overline{ab}} .$$

Wenn wir uns ins Gedächtnis zurückrufen, daß der Motor nicht nur als streuungsfrei, sondern auch als verlustlos angenommen wurde, so folgt aus dem Prinzip der Erhaltung der Energie, daß die sekundär, also vom Rotor auf seine Belastungswiderstände abgegebene Leistung

$$L_2 = a_2 \cdot E_2 \cdot I_2$$

gleich sein muß der vom Stator aufgenommenen Leistung L_1. Durch Gleichsetzen der beiden für L_1 und L_2 erhaltenen Ausdrücke bekommen wir die gesuchte Beziehung

$$I_2 = \frac{a_1 \cdot E_1}{a_2 \cdot E_2} \cdot \frac{s\,b}{a\,b} \cdot I_m = s\,b \left(\frac{a_1 \cdot k_1 \cdot N_1}{a_2 \cdot k_2 \cdot N_2}\right) \cdot \frac{I_m}{a\,b} \quad \ldots \ldots (12)$$

aus der sich I_2 in Ampere aus der in Millimetern gemessenen Länge $s\,b$ berechnen läßt.

Die EMK E_2 ist bei allen Belastungsstadien konstant, daher ist die vom stillstehenden Rotor abgegebene elektrische Leistung

$$L_2 = a_2 \cdot E_2 \cdot I_2 = s\,b \cdot \left(a_2 \cdot E_2 \cdot \frac{a_1 \cdot k_1 \cdot N_1}{a_2 \cdot k_2 \cdot N_2} \cdot \frac{I_m}{a\,b}\right)$$

und wir können im Diagramm daher durch $s\,b$ nicht nur den Rotorstrom, sondern auch die abgegebene Leistung darstellen.

Halten wir den Rotor nicht mehr fest, so wird er sich in Umdrehung versetzen, bis er dem Synchronismus sehr nahe gekommen ist. Wir schließen nun die vorher in den Rotorstromkreis geschalteten Widerstände kurz und bremsen den Motor so stark, daß der Stator denselben Strom $\overline{a\,s}$ aufnimmt, wie vorher beim stillstehenden Rotor. Das Diagramm sagt uns, daß der Statorstrom nur dann die Größe $\overline{a\,s}$ besitzen kann, wenn der Rotorstrom die Größe $s\,b$ angenommen hat. Bei stillstehendem Rotor wurde die sekundäre Leistung L_2 elektrisch abgegeben, während nun der Motor die gleiche Leistung L_2 im mechanischen Äquivalent abgibt.

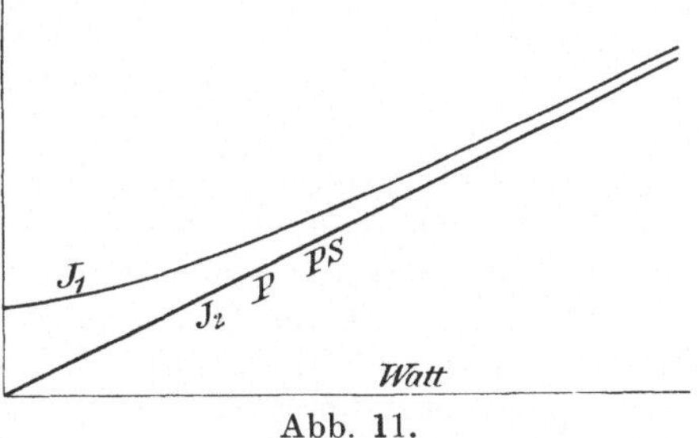

Abb. 11.

Nach dem Vorschlag des AEF ist die technische Einheit der Leistung das Kilowatt oder Großpferd, und es kann daher auch mechanische Leistung einfach in kW ausgedrückt werden. Wir können daher sagen: In dem Abb. 10 dargestellten Belastungszustand gibt der stillstehende Rotor $b\,s$ elektrische kW, der laufende Rotor $b\,s$ mechanische kW ab.

Endlich können wir $s\,b$ im Diagramm als die Darstellung der Zugkraft oder des Drehmomentes auffassen. Da beim widerstandslosen Rotor eine unendlich kleine Schlüpfung genügt, um den Rotorstrom $\overline{s\,b}$ hervorzurufen, muß die Drehzahl des verlustlos arbeitenden Motors als konstant und gleich dem Synchronismus angenommen werden. Das vom Motor entwickelte Drehmoment bzw. die von ihm ausgeübte Zugkraft ist daher der abgegebenen Leistung proportional und kann wie diese durch $s\,b$ dargestellt werden.

Abb. 11 stellt in rechtwinkligen Koordinaten das Verhalten des Motors dar. Rotorstrom I_2, Drehmoment oder Zugkraft P, Nutzleistung in kW oder PS sind im Diagramm 10 der Strecke $\overline{bs}$ proportional, werden also im Diagramm 11 durch eine vom Nullpunkt ausgehende Gerade dargestellt. Der Statorstrom I_1 besitzt für den Abszissenwert Null die Größe des Magnetisierungsstromes $\overline{ab}$ und wächst mit steigender Belastung so an, daß er sich asymptotisch der zuerst erwähnten Geraden nähert. Die Leistungsfähigkeit eines streuungsfreien und verlustlos arbeitenden Motors ist daher unendlich groß. Es ist klar, daß die Leistungsfähigkeit nicht mehr unendlich groß werden kann, sobald irgendein im Motor auftretender Verlust Berücksichtigung findet. Es mag aber schon hier erwähnt werden, daß die Leistungsfähigkeit auch dann sofort begrenzt ist, sobald die Streuung berücksichtigt wird, selbst wenn Verluste im Eisen und in den Wicklungen vernachlässigt werden.

6. Beispiele.

Gegeben sei ein vierpoliger Motor von den Dimensionen

$$\begin{aligned} D &= 20 \text{ cm} \\ b &= 10 \text{ cm} \\ \delta &= 0{,}1 \text{ cm} \\ 2p &= 4 \end{aligned}$$

Es soll die Drahtzahl des Stators und der Magnetisierungsstrom berechnet werden, unter der Annahme, daß der Stator dreiphasig für eine Phasenspannung von 110 Volt gewickelt werden soll. Die Frequenz des zugeführten Drehstromes sei 50, betrage also 50 Perioden in der Sekunde. Die maximale Luftinduktion soll ca. 5000 Kraftlinien pro 1 cm² betragen. Also

$$\begin{aligned} E_1 &= 110 \text{ Volt} \\ f_1 &= 50 \\ \mathfrak{B}_l &\approx 5000 \end{aligned}$$

Ferner sei die totale Nutenzahl des Stators $= 36$, pro Pol daher 9, die Anzahl der Nuten pro Spulenseite $m_1 = 3$. Wir entnehmen der Tabelle Seite 20:

$$\begin{aligned} m_1 &= 3 \\ c_1 &= 0{,}593 \\ k_1 &= 0{,}958 \end{aligned}$$

Der Querschnitt des Luftfeldes pro Pol beträgt:

$$F_l = \frac{D\pi b}{2p} = \frac{20 \cdot \pi \cdot 10}{4} = 157 \text{ cm}^2.$$

Nach Gleichung (3) wird die Drahtzahl pro Phase der Statorwicklung:

$$N_1 = \frac{E_1 \cdot 10^8}{2{,}22 \cdot k_1 \cdot c_1 \cdot \mathfrak{B}_l \cdot F_l \cdot f_1} = \frac{110 \cdot 10^8}{2{,}22 \cdot 0{,}958 \cdot 0{,}593 \cdot 5000 \cdot 157 \cdot 50} = 222.$$

Die 222 Drähte müssen in 12 Nuten des Stators untergebracht werden. Damit die Wicklung möglichst symmetrisch wird, müssen wir in jede Nute gleichviele Drähte bringen. Die Zahl 222 ist daher auf einen „möglichen", d. h. einen durch 12 teilbaren Wert abzurunden und wir wählen

$$N_1 = 216,$$

also pro Nut 18 Drähte. Nach Kenntnis der genauen Drahtzahl können wir nach Gleichung (1) den Gesamtfluß pro Pol ermitteln, und erhalten

$$\Phi_1 = \frac{E_1 \cdot 10^8}{2{,}22 \cdot k_1 \cdot N_1 \cdot f_1} = \frac{110 \cdot 10^8}{2{,}22 \cdot 0{,}958 \cdot 216 \cdot 50} = 478\,900$$

Kraftlinien. Weil wir die Drahtzahl nach unten abgerundet haben, muß die Luftinduktion etwas größer geworden sein als 5000, wie ursprünglich angenommen. Wir erhalten nach Gleichung (2):

$$\mathfrak{B}_l = \frac{\Phi_1}{c_1 \cdot F_l} = \frac{478\,900}{0{,}593 \cdot 157} = 5143 \text{ Kraftlinien/cm}^2.$$

Nach Gleichung (8) (Dreiphasenstrom) ist die Größe des Magnetisierungsstromes

$$I_m = \frac{1{,}6 \cdot p \cdot \delta \cdot \mathfrak{B}_l}{\sqrt{2} \cdot N_1} = \frac{1{,}6 \cdot 2 \cdot 0{,}1 \cdot 5143}{1{,}414 \cdot 226} = 5{,}39 \text{ Ampere.}$$

Der Magnetisierungsstrom I_m besitzt gegenüber der Phasenspannung und gegenüber der EMGK, die durch das Feld Φ_1 in der Statorwicklung induziert wird, eine Phasenverschiebung von 90^0, der Leistungsfaktor ($\cos\varphi$) ist daher Null und I_m ist ganz reiner Blindstrom (wattloser Strom). Der Stator konsumiert daher auch keine wirkliche, sondern nur eine scheinbare Leistung von

$$110 \cdot 5{,}39 = 593 \text{ Volt-Ampere}$$

pro Phase, total daher

$$3 \cdot 593 = 1779 \text{ Volt-Ampere.}$$

Schalten wir die Statorwicklung im $\triangle$, so entspricht der Motor einer Klemmenspannung von 110 Volt, schalten wir aber die Wicklung im Y, so ist er für 190 Volt Klemmenspannung geeignet. Die zur Magnetisierung nötige scheinbare Leistung ist natürlich in beiden Fällen dieselbe, nämlich 1779 Volt-Ampere. Im ersteren Fall ist die Spannung zwischen zwei Leitungen 110 Volt, der Strom in jeder Leitung $\sqrt{3} \cdot 5{,}39$ Ampere; dagegen ist im zweiten Fall die Spannung zwischen zwei Leitungen $\sqrt{3} \cdot 110 = 190$ Volt, der Strom in jeder Leitung aber nur 5,39 Ampere.

In bezug auf den Rotor soll das Beispiel zweimal durchgerechnet werden, einmal unter der Annahme eines dreiphasigen, dann unter der Annahme eines zweiphasigen Rotors.

a) Dreiphasiger Rotor.

Der Rotor besitzt 48 Nuten, pro Pol also 12, und die Anzahl der Nuten pro Spulenseite m_2 ist 4. In jeder Nute sind 14 Drähte untergebracht, und da pro Phase 16 Nuten zur Verfügung stehen, beträgt die Drahtzahl pro Phase der Rotorwicklung

$$N_2 = 14 \cdot 16 = 224.$$

Der Tabelle Seite 20 entnehmen wir:

$$m_2 = 4$$
$$k_2 = 0,964.$$

Die im stillstehenden Rotor pro Phase bei offener Wicklung induzierte EMK ist nach Gleichung (10):

$$E_2 \approx 2,22 \cdot k_2 \cdot N_2 \cdot \Phi_1 \cdot f_1 \cdot 10^{-8} = 2,22 \cdot 0,964 \cdot 224 \cdot 478900 \cdot 50 \cdot 10^{-8}$$
$$= 114,8 \text{ Volt.}$$

Wie bei der Einführung der Gleichung (10) gesagt wurde und auch hier durch das $\approx$-Zeichen ausgedrückt ist, entspricht das Resultat nur einem — allerdings recht brauchbaren — Näherungswert. Den absolut richtigen Wert können wir erst später nach Einführung der doppelt verketteten Streuung erhalten; wir müßten nämlich an Stelle $k_2 = 0,964$ einen anderen Koeffizienten $k_{1-2} = 0,945$ einsetzen, und wir würden dann den genauen Betrag erhalten

$$E_2 = 114,8 \cdot \frac{0,945}{0,964} = 112,5 \text{ Volt.}$$

Nun wollen wir das Diagramm Abb. 10 auf den Motor anwenden. Wir messen im Stromdreieck $a\,b\,s$

$$\overline{a\,b} = 22,6 \text{ mm}$$
$$\overline{a\,s} = 37,5 \text{ mm}$$
$$\overline{s\,b} = 30,0 \text{ mm}$$

$\overline{a\,b}$ stellt den Magnetisierungsstrom pro Phase des Stators $I_m = 5,39$ Amp. dar und wir können daher schreiben:

$$\overline{a\,b} \cdot C_{I_1} = 22,6 \cdot C_{I_1} = 5,39 \text{ Ampere.}$$

Die Konstante

$$C_{I_1} = \frac{5,39}{\overline{a\,b}} = \frac{5,39}{22,6} = 0,238$$

gibt uns die Möglichkeit, von jeder den Statorstrom repräsentierenden Strecke des Diagramms sofort ihre wirkliche Größe in Ampere anzugeben, indem wir die in Millimetern gemessene Länge mit C_{I_1} multiplizieren. Im gezeichneten Belastungsstadium ist z. B.

$$\text{der Statorstrom} = \overline{a\,s} \cdot 0,238 = 37,5 \cdot 0,238 = 8,95 \text{ Amp.,}$$
$$\text{der Statorwirkstrom} = \overline{b\,s} \cdot 0,238 = 30,0 \cdot 0,238 = 7,14 \text{ Amp.}$$

Der Rotorstrom I_2, dargestellt durch $\overline{s\,b}$, ist nach Gleichung (12)

$$I_2 = \overline{s\,b} \left(\frac{a_1\,k_1 \cdot N_1}{a_2\,k_2 \cdot N_2} \cdot \frac{I_m}{\overline{a\,b}} \right)$$

und das in Klammer gesetzte Produkt stellt nichts anderes dar als die Konstante C_{I_2}, die den Zusammenhang zwischen der graphischen Darstellung und der wirklichen Größe des Rotorstromes vermittelt.

$$C_{I_2} = \frac{a_1 k_1 N_1}{a_2 k_2 N_2} \cdot \frac{I_m}{ab} = \frac{a_1 k_1 N_1}{a_2 k_2 N_2} \cdot C_{I_1}$$

$$= \frac{0{,}958 \cdot 216}{0{,}964 \cdot 224} \cdot 0{,}238 = 0{,}228\,.$$

Im Diagramm Abb. 10 ist daher der Rotorstrom

$$I_2 = sb \cdot 0{,}228 = 30 \cdot 0{,}228 = 6{,}84 \text{ Ampere.}$$

Die dem stillstehenden Rotor entnommene elektrische Leistung

$$L_2 = a_2 \cdot E_2 \cdot I_2 = 3 \cdot 114{,}8 \cdot 6{,}84 = 2356 \text{ Watt}$$

und die dem Stator zugeführte Leistung

$$L_1 = a_1 \cdot E_1 \cdot I_{W_1} = 3 \cdot 110 \cdot 7{,}14 = 2356 \text{ Watt.}$$

Bis jetzt haben wir angenommen, daß der Rotor festgehalten wird und die Maschine als Transformator betrieben ist, wobei sie im dargestellten Belastungszustand primär 2,356 kW aufnimmt und sekundär die gleiche Leistung von 2,356 kW abgibt. Halten wir den Rotor nicht mehr fest, sondern schließen seine als widerstandslos angenommene Wicklung kurz, so läuft er nahezu synchron mit einer Drehzahl von 1500 pro Minute. Bremsen wir nun den Motor mechanisch so stark, daß der im Diagramm dargestellte Belastungszustand wieder erreicht wird, daß also der Stator 2,356 kW aufnimmt, so gibt der verlustlos arbeitende Motor eine mechanische Leistung von 2,356 kW oder 2,356 Großpferde (GP) ab.

Durch die vom AEF vorgeschlagenen neuen Einheiten Vis und und Kilobar steht uns eine große Anzahl von Möglichkeiten zur Verfügung, die Leistung auszudrücken. Da die neuen Bezeichnungen großenteils noch nicht in die Praxis Eingang gefunden haben und daher die alten Einheiten noch nicht verdrängt sind, werden nachstehend für die Sekundärleistung L_2 alle derzeit möglichen Einheiten angeführt. Eine ausführliche Definition der neuen Einheiten ist im Kapitel XIII Abschnitt 111 gegeben.

Die sekundär abgegebene Leistung des Motors ist

in neuen Einheiten:

$$\begin{aligned} L_2 &= 2{,}356 \text{ kW (mechanische Kilowatt)} \\ &= 2{,}356 \text{ GP (Großpferde)} \\ &= 2{,}356 \text{ vm/s (Vismeter in der Sekunde)} \\ &= \frac{2356}{9{,}81} = 240 \text{ kbm/s (Kilobarmeter in der Sekunde)} \end{aligned}$$

in alten Einheiten:

$$\begin{aligned} L_2 &= \frac{2356}{736} = 3{,}2 \text{ PS (Pferdestärken)} \\ &= \frac{2356}{9{,}81} = 240 \text{ kgm/s (Kilogrammeter in der Sekunde).} \end{aligned}$$

Es läßt sich sehr leicht berechnen, wie groß die vom Motor ausgeübte Zugkraft, bzw. das vom Motor entwickelte Drehmoment ist. Bei der Zugkraft muß natürlich die Länge des Hebelarmes angegeben werden, an dem sie gemessen werden soll. Der Einfachheit halber wollen wir die Zugkraft auf den Ankerdurchmesser beziehen, was gleichwertig ist mit der Annahme, daß die Riemenscheibe des Motors, an der die Bremsung vorgenommen wird, gleichen Durchmesser wie der Anker besitzt, in unserem Fall also 20 cm.

Wir berechnen zuerst die Umfangsgeschwindigkeit in Metern. müssen daher den Durchmesser $D = 0{,}2$ m einsetzen und wir erhalten

$$v = \frac{1500 \cdot D \cdot \pi}{60} = \frac{1500 \cdot 0{,}2 \cdot \pi}{60} = 15{,}7 \text{ m/s}.$$

Die am Ankerumfang wirksame Kraft ist daher

in neuen Einheiten:

$$P = 2{,}356 \text{ vm/s} : 15{,}7 \text{ m/s} = 0{,}15 \text{ v (Vis)}$$
$$= 240 \text{ kbm/s} : 15{,}7 \text{ m/s} = 15{,}3 \text{ kb (Kilobar)}$$

in alten Einheiten:

$$P = 240 \text{ kgm/s} : 15{,}7 \text{ m/s} = 15{,}3 \text{ kg (Kraft)}.$$

Statt die Kraft P, die am Hebel $\frac{D}{2}$ wirksam ist, anzugeben, kann man das Produkt dieser beiden Größen, das Drehmoment M des Motors einführen, was den Vorteil mit sich bringt, daß über die Länge des Hebelarmes keine Angaben gemacht werden müssen. Um aus der Leistung das Drehmoment zu ermitteln, haben wir die Beziehung zu beachten, daß

$$L_2 = M \cdot \omega,$$

wobei ω die mechanische Winkelgeschwindigkeit des Rotors bezeichnet. Das Wort mechanische Winkelgeschwindigkeit ist hier zur Unterscheidung von der elektrischen Winkelgeschwindigkeit gebraucht. Man spricht nämlich bei der Berechnung elektrischer Vorgänge in einer Maschine von elektrischen Graden Theoretische Untersuchungen werden stets an einer zweipoligen Maschine vorgenommen und nur bei einer zweipoligen Maschine ist die Winkeldrehung des Rotors in elektrischen und mechanischen Graden dieselbe. Die elektrische Winkelgeschwindigkeit

$$\omega = f_1 \cdot 2\,\pi = 50 \cdot 2 \cdot \pi = 314$$

wird aus der Frequenz berechnet. Sie hängt daher nur von der Frequenz, nicht von der Polzahl der untersuchten Maschine ab. Die mechanische Winkelgeschwindigkeit des Rotors wird dagegen aus seiner Drehzahl berechnet und sie hängt daher selbstverständlich von der Polzahl des Motors ab.

Da unser Motor wegen seiner widerstandslosen Rotorwicklung nur mit unendlich kleiner Schlüpfung arbeitet, bleibt er bei allen Belastungen im Synchronismus, läuft daher mit der konstanten Drehzahl und seine konstante mechanische Winkelgeschwindigkeit beträgt

$$\omega = \frac{n \cdot 2\pi}{60} = \frac{1500 \cdot 2\pi}{60} = 157.$$

Das Drehmoment des Motors ist daher

$$M = \frac{L_2}{\omega}$$

also in neuen Einheiten:

$$M = \frac{2{,}356 \text{ vm/s}}{157} = 0{,}015 \text{ vm (Vismeter)}$$

$$= \frac{240 \text{ kbm/s}}{157} = 1{,}53 \text{ kbm (Kilobarmeter)}$$

und in alten Einheiten:

$$M = \frac{240 \text{ kgm/s}}{157} = 1{,}53 \text{ kgm (Kilogrammeter).}$$

b) Zweiphasiger Rotor.

Es soll nun noch untersucht werden, wie sich der Motor verhält, wenn er an Stelle des dreiphasigen mit einem zweiphasigen Rotor ausgerüstet wird, und dabei wollen wir annehmen, daß der zweiphasige Rotor dieselbe Nutenzahl, also 48, und dieselbe Drahtzahl pro Nut, also 14, besitzt wie der zuerst untersuchte dreiphasige Rotor.

Auf jede Phase entfallen 24 Nuten und die Drahtzahl des Rotors beträgt daher pro Phase $N_2 = 24 \cdot 14 = 336$. Da insgesamt 48 Nuten vorhanden sind, entfallen auf jeden Pol 12 und die Anzahl der Nuten pro Spulenseite m_2 ist daher 6, und wir entnehmen der Tabelle Seite 20

$$m_2 = 6$$
$$k_2 = 0{,}901.$$

Die im stillstehenden Rotor pro Phase induzierte EMK ist nach Gleichung (10)

$$E_2 \approx 2{,}22 \cdot k_2 \cdot N_2 \cdot \Phi_1 \cdot f_1 \cdot 10^{-8} = 2{,}22 \cdot 0{,}901 \cdot 336 \cdot 478\,900 \cdot 50 \cdot 10^{-8} = 160{,}9 \text{ Volt.}$$

Trotzdem im vorliegenden Fall die Phasenzahl des Rotors eine andere ist als die des Stators, gibt uns die Gleichung (10) einen sehr guten Näherungswert, denn unter Berücksichtigung der doppelt verketteten Streuung würde an Stelle des eingesetzten Wertes für $k_2 = 0{,}901$ der Koeffizient $k_{1-2} = 0{,}888$ zu verwenden sein. Die wirkliche Sekundärspannung beträgt daher

$$160{,}9 \cdot \frac{0{,}888}{0{,}901} = 158{,}6$$

und sie weicht nur um wenige Prozente vom Näherungswert ab.

Wenden wir den im Diagramm Abb. 10 dargestellten Belastungszustand auf den zweiphasigen Rotor an, so bleibt natürlich in Bezug auf den Stator alles ungeändert und wir brauchen, um die durch sb im Diagramm repräsentierte Rotorstromstärke in Ampere ermitteln zu können, nur die Konstante C_{I_2} zu berechnen.

$$C_{I_2} = \frac{a_1 \cdot k_1 \cdot N_1}{a_2 \cdot k_2 \cdot N_2} \cdot \frac{I_m}{a\,b} = \frac{a_1 \cdot k_1 \cdot N_1}{a_2 \cdot k_2 \cdot N_2} \cdot C_{I_1}$$

$$= \frac{3 \cdot 0{,}958 \cdot 216}{2 \cdot 0{,}901 \cdot 336} \cdot 0{,}238 = 0{,}244\,.$$

Es ist ist demnach der Rotorstrom

$$I_2 = C_{I_2} \cdot \overline{s\,b} = 0{,}244 \cdot 30{,}0 = 7{,}32 \text{ Ampere}$$

Die vom stillstehenden Rotor abgegebene elektrische oder vom laufenden Rotor abgegebene mechanische Leistung ist

$$L_2 = a \cdot E_2 \cdot I_2 = 2 \cdot 160{,}9 \cdot 7{,}32 = 2356 \text{ Watt}$$

und natürlich genau so groß, wie im zuerst gerechneten Beispiel.

II. Das Kreis-Diagramm.

(Der Streuungskreis.)

7. Vorläufige Definition der Streuung.

Im ersten Kapitel wurde gezeigt, daß sowohl das Strom- wie das Felddiagramm eines Mehrphasenmotors durch je ein rechtwinkliges Dreieck dargestellt werden kann unter der Annahme, daß jedes der drei im Motor scheinbar vorhandenen Felder — Erregerfeld, Stator- und Rotorfeld — den magnetischen Kreis, der aus Statoreisen, Luft und dem Rotoreisen gebildet wird, in seiner ganzen Größe durchsetzt. Dieser ideale Fall tritt jedoch in Wirklichkeit nie ein, da nur ein Teil der im Stator erzeugten Kraftlinien die Luft durchdringt und in den Rotor gelangt, während ein zweiter, allerdings nur kleiner Teil im Stator verläuft, ohne aus ihm auszutreten. Genau so liegen die Verhältnisse für den Rotor: Nicht alle von den Rotor-Amperewindungen erzeugten Kraftlinien treten in die Luft und in den Stator über, ein Teil derselben verläuft im Rotor, ohne den Stator zu durchsetzen.

Diese Erscheinung bezeichnet man als Streuung und unter Anwendung des Ohmschen Gesetzes auf magnetische Stromkreise ist es sehr leicht, sich ein Bild von diesen Vorgängen zu machen, die Größe der Streuung zu berechnen, ihre Wirkung zu bestimmen und endlich die Streuung präzis zu definieren. Wir wollen unsere diesbezüglichen Untersuchungen zuerst an dem Feldmagnet-System einer Gleichstrommaschine anstellen und unsere hierbei gewonnenen Erfahrungen und Resultate dann auf den Mehrphasenmotor übertragen; und um die Verhältnisse so einfach als möglich zu gestalten, wollen wir vorerst annehmen, der magnetische Widerstand des Eisens sei gleich Null.

Das Feldmagnet-System Abb. 12 hat bekenntlich den einzigen Zweck, auf möglichst vorteilhafte Weise Kraftlinien zu liefern, die den Anker durchsetzen. Es ist aber unmöglich, eine Konstruktion zu finden, bei der alle im Feldmagnet hervorgerufenen Kraftlinien auch den Anker durchdringen. Wir können die Kraftlinien nicht in beliebige Bahnen zwängen, weil es ein absolutes Diamagnetikum nicht gibt. Um das Problem der Rechnung bequem zugänglich zu machen, ist den Polschuhen in Abb. 12 eine möglichst einfache Gestalt gegeben.

Wenn das Feldmagnet-System $A = \frac{S}{2}$ Amperewindungen ($S =$ Durchflutung siehe Abschnitt 3) erregt wird, so wird in dem Luftfelde, das Magnetbohrung und Anker trennt, nach den in Abschnitt 3 angeführten Gesetzen eine magnetische Induktion erzeugt,

$$\mathfrak{B}_l = \frac{A}{0{,}8 \cdot 2 \cdot \delta}$$

und die totale Kraftlinienzahl, der magnetische Fluß, der aus dem Polschuh durch den Luftzwischenraum δ in den Anker übertritt, ist

$$\Phi_l = \mathfrak{B}_l \cdot F_l = A \cdot \frac{F_l}{0{,}8 \cdot 2 \cdot \delta},$$

in welcher Gleichung F_l dem mittleren Querschnitt des Luftfeldes entspricht:

$$F_l = t \cdot b .$$

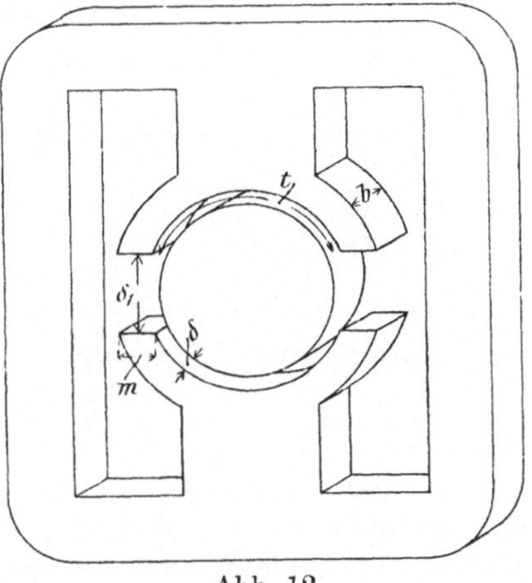

Abb. 12.

Die für Φ_l erhaltene Gleichung ist identisch mit der Gleichung, die das Ohmsche Gesetz für elektrische Stromkreise darstellt:

$$I = \frac{E}{R} = E \frac{q}{cl} .$$

Die Kraftlinienzahl Φ, der magnetische Fluß, entspricht dem Strom I, die erregende Kraft A der EMK E, der Querschnitt F dem Querschnitt q und die Länge $2\,\delta$ der Leiterlänge l. Der Faktor 0,8 endlich vertritt den Widerstandskoeffizienten c.

Wir können daher den Ausdruck

$$\frac{0{,}8 \cdot 2\,\delta}{F_l} = R_l$$

als den magnetischen Widerstand bezeichnen, in dem die erregende Kraft A den magnetischen Fluß Φ_l hervorruft.

Wie man das Reziprokum des elektrischen Widerstandes den elektrischen Leitwert nennt, so kann man auch den reziproken Wert des magnetischen Widerstandes bilden und man nennt

$$G_l = \frac{1}{R_l}$$

den magnetischen Leitwert. Wir können demnach schreiben

$$\Phi_l = \frac{A}{R_l} = A \cdot G_l .$$

Der durch den Widerstand R_l repräsentierte magnetische Stromkreis ist jedoch nicht der einzige, auf den die erregende Kraft A einwirkt, sondern es existiert noch ein zweiter Weg, dessen Luftlänge δ_1 ist. Es wird folglich in diesem Teil des Feldmagneten eine Induktion hervorgerufen:

$$\mathfrak{B}_S = \frac{A}{0{,}8 \cdot \delta_1} .$$

Der Querschnitt, der von dieser Induktion durchsetzt wird, ist

$$F_S = 2 \cdot m \cdot b$$

und der Fluß, der dadurch zustande kommt, ist

$$\Phi_S = \mathfrak{B}_S \cdot F_S = \frac{A \cdot F_S}{0{,}8 \cdot \delta_1} .$$

Wie vorher bilden wir auch hier den Ausdruck für den magnetischen Widerstand

$$R_S = \frac{0{,}8 \cdot \delta_1}{F_S} = \frac{1}{G_S}$$

und könnnen nun schreiben:

$$\Phi_S = \frac{A}{R_S} = A G_S .$$

Φ_S nennt man den Streufluß und das Verhältnis vom Streufluß zu dem magnetischen Fluß Φ_l, der den Anker durchsetzt, bezeichnet man als Streukoeffizient τ_1. Es ist demnach

$$\tau_1 = \frac{\Phi_S}{\Phi_l} \qquad \ldots\ldots\ldots\ldots \quad (13)$$

Der Feldmagnet wird oberhalb der Polschuhe, also an den Stellen, wo sich die Spulen für die Felderregung befinden, sowohl vom Fluß Φ_l als vom Streufluß Φ_S durchflossen und der Gesamtfluß im Feldmagnet ist daher

$$\Phi_1 = \Phi_l + \Phi_S = (1 + \tau_1)\, \Phi_l \qquad \ldots\ldots\ldots \quad (14)$$

Wir können den Streukoeffizienten in noch anderer Weise ausdrücken, was besonders dann von Wert ist, wenn dieser Koeffizient auf rechnerischem Wege bestimmt werden soll. Es ist nämlich

$$\Phi_l = \frac{A}{R_l} = A \cdot G_l$$

und

$$\Phi_S = \frac{A}{R_S} = A \cdot G_S$$

und daher laut Gleichung (13)

$$\tau_1 = \frac{R_l}{R_S} = \frac{G_S}{G_l} \quad \ldots \ldots \ldots \ldots (15)$$

Die durch die letzte Gleichung gegebene Definition der Streuung erweist sich besonders dann vorteilhaft, wenn an Hand einer Zeichnung entschieden werden soll, ob der Entwurf, insbesondere die gewählte Nutenform günstig ist, oder ob Verbesserungen angebracht werden können. Um diese Frage zu entscheiden ist dann nicht einmal die Kenntnis des Magnetisierungsstromes oder die Kenntnis der Größe der magnetischen Felder nötig, denn die magnetischen Widerstände bzw. die Leitwerte der Kraftlinienwege sind lediglich eine Funktion der Dimensionen des Motors, wenigstens solange die Magnetisierungskurve als geradlinig angenommen werden kann und hohe Eisensättigungen vermieden sind.

Gehen wir nun wieder zu einem Drehstrommotor, wir wählen der Einfachheit halber einen zweiphasigen, über, so entspricht dem Feldmagnetsystem Abb. 12 die in Abb. 13 dargestelle Anordnung. Die beiden in der Horizontalen liegenden Nuten enthalten die Windungen der Phase II, die in der Vertikalen die Windungen der Phase I. Wenn wir nun einen Moment betrachten, in dem der Strom in Phase I = Null ist, so muß der Strom in Phase II ein Maximum sein, und die einzige im Motor vorhandene erregende Kraft wird von den Amperewindungen der Wicklung II ausgeübt. Es muß daher zwischen den Zähnen, die die mit II bezeichneten Nuten trennen, ein Streufeld auftreten, und die Größe des magnetischen Widerstandes desselben läßt sich berechnen, genau so wie wir es an dem Gleichstromfeldmagneten gezeigt haben. Der einzige Unterschied zwischen der Abb. 12 nnd der Abb. 13 besteht darin, daß in der letzteren jede Polmitte eine Nute enthält, die zur Aufnahme der Wicklung für die Phase I bestimmt ist. Diese Nuten bilden natürlich auch einen magnetischen Widerstand, in dem unter Umständen ein Streufeld entstehen kann. Im betrachteten Moment, wenn also lediglich die Wicklung II stromführend ist, bedingen die Nuten I jedoch in keiner Weise eine Änderung der Anordnung und Größe weder des Luftfeldes noch des Streufeldes bei II, denn je zwei bei I sich gegenüber stehende Zähne haben gleiches magnetisches Potential.

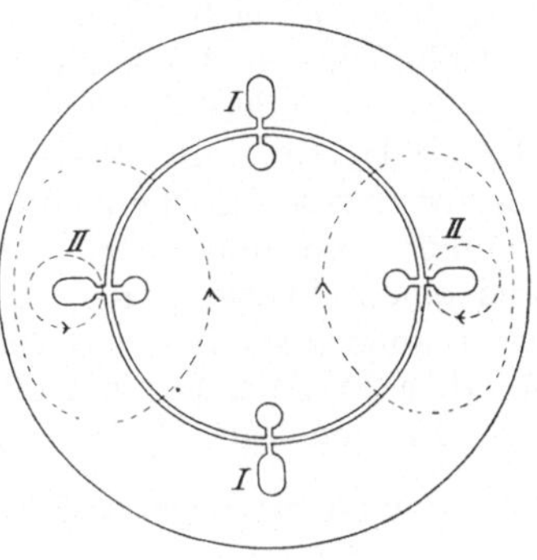

Abb. 13.

Im Prinzip tritt die Streuung im Drehstrommotor Abb. 13 ebenso auf wie im Gleichstromfeldmagnet Abb. 12, nur der Größe nach ist sie bei der Gleichstrommaschine viel erheblicher. Bei einer Gleichstrommaschine spielt die Streuung nur eine sehr untergeordnete Rolle, die wirtschaftlich günstigste Lösung — und diese zu finden ist das angestrebte Ziel jeder Ingenieurtätigkeit — verlangt, daß das Magnetsystem und die Feldwicklung billig werden und man nimmt daher Streuungen von 10 bis 20 % ($\tau_1 = 0{,}1$ bis $0{,}2$) ruhig in Kauf. Wie wir in diesem Kapitel sehen werden, beeinflußt dagegen bei einem Drehstrommotor die Streuung die Leistung, die mit einer bestimmten Eisen- und Kupfermenge erzielt werden kann, auf das empfindlichste und diese Tatsache findet einen überzeugenden Ausdruck in der so sehr verschiedenen Gestaltung der primären Systeme der Maschinen Abb. 12 und Abb. 13. Die Konstrukteure der ersten Drehstrommotoren hatten sehr unter der Wirkung der Streuung (kleinem Leistungsfaktor) und ungünstiger Feldanordnung (großem magnetischen Widerstand des Luftfeldes und daher sehr hohem Magnetisierungsstrom) zu leiden und es erforderte jahrelanges Studium bis die günstigen Nutenanordnungen gefunden wurden, wie man heute Motoren baut.

Bei einem Gleichstromfeldmagnet besitzen wir keine einfache und leicht anwendbare Methode, um die Streuung zu messen, und man begnügt sich daher die Streuung auf rechnerischem Weg zu ermitteln, wie es die Gleichung (15) lehrt.

Ganz anders liegen die Verhältnisse in dieser Beziehung, wenn das Feldsystem mit Wechselstrom erregt werden kann. Wir könnten unsere diesbezüglichen Untersuchungen an dem System Abb. 12 vornehmen und brauchten nur anzunehmen, daß der Feldmagnet nicht aus einem Stück gegossen, sondern aus Blechen aufgebaut ist. Es wird aber noch instruktiver sein, die nachstehenden Untersuchungen an dem in Abb. 13 skizzierten Drehstrommotor vorzunehmen.

In den mit II bezeichneten Nuten sei eine Wicklung von $\frac{N_1}{2}$ Windungen untergebracht, es enthält also jede der beiden Statornuten II $\frac{N_1}{2}$ Drähte, und wir nennen N_1 die totale Drahtzahl der Wicklung. Legen wir nun die Enden dieser Wicklung an eine Wechselstromquelle von der Spannung E_1, so wird die Spule von Wechselstrom durchflossen, der Strom magnetisiert den Motor, das magnetische Feld seinerseits induziert in der Wicklung eine EMK und das ganze System befindet sich in einem uns genau bekannten Gleichgewichtszustande. Wenn wir nämlich annehmen, daß die Wicklung widerstandslos ist, so ist die in der Wicklung induzierte elektromotorische Gegenkraft der Selbstinduktion genau der Klemmenspannung E_1 gleich und wir können die Gleichung (1) Seite 19 sofort anwenden

$$E_1 = 2{,}22 \cdot k_1 \cdot N_1 \cdot \Phi_1 \cdot f_1 \cdot 10^{-8}.$$

Da uns k_1 und N_1 aus der Konstruktion des Motors bekannt sind, die Periodenzahl f_1 und die Spannung E_1 mit Frequenz- und Spannungsmesser bestimmt werden können, sind wir in der Lage, die Kraftlinienzahl des Statorfeldes Φ_1 durch Messung zu ermitteln.

Der Stator besitzt aber, wie wir wissen, Streuung und daher wird der Statorfluß Φ_1 des Motors größer sein als das Luftfeld Φ_l, und zwar muß nach unserer vorher gegebenen Definition sein

$$\Phi_1 = (1 + \tau_1)\,\Phi_l\,.$$

Wir können daher die EMK-Gleichung auch in der Form schreiben

$$E_1 = (1 + \tau_1)\cdot 2{,}22\cdot k_1\cdot N_1\cdot \Phi_l\cdot f_1\cdot 10^{-8} \quad . \; . \; . \; . \quad (16)$$

Wenn wir annehmen, daß das Eisen des Motors so wenig gesättigt ist, daß sein magnetischer Widerstand vernachlässigt werden kann, so wird der Induktionsfluß Φ_l, der den Luftzwischenraum durchdringt, in unveränderter Größe auch das Rotoreisen durchfließen. Selbst dann wird es der Fall sein, wenn wir sogar berücksichtigen, daß die den Statornuten II gegenüberstehenden Nuten eigentlich auch einen Streuwiderstand R_{S2} besitzen müssen; Streuung durch die Rotornuten kann trotzdem nicht entstehen, weil bei widerstandslosem Eisen der ganze Rotor gleiches magnetisches Potential besitzt, da das ganze magnetische Potentialgefälle (die ganze magnetomotorische Kraft der Erregeramperewindungen) zur Überwindung des Luftwiderstandes verbraucht wird.

Besitzt auch der Rotor in seinen beiden den Statornuten II benachbarten Nuten eine Wicklung von N_2-Drähten, so können wir direkt durch Messung den Induktionsfluß Φ_l im Rotor, der, wie erwähnt, von gleicher Größe ist wie im Luftzwischenraum, bestimmen. Wir erhalten laut Gleichung (10)

$$E_2 \approx 2{,}22\cdot k_2\cdot N_2\cdot \Phi_l\cdot f_1\cdot 10^{-8} \quad . \; . \; . \; . \; . \; . \; . \quad (17)$$

Um die Streuung zu bestimmen, brauchen wir aber Φ_l gar nicht auszurechnen, denn durch Division der Gleichungen (16) und (17) erhalten wir direkt

$$1 + \tau_1 \approx \frac{E_1}{E_2}\cdot\frac{k_2\cdot N_2}{k_1\cdot N_1} \quad . \; . \; . \; . \; . \; . \; . \; . \; . \quad (18)$$

Das Zeichen $\approx$ bedeutet, wie auf Seite 26 angegeben ist, daß die Formel nur mit großer Annäherung gültig ist, wenn die Nutenzahlen für eine Spulenseite im Stator m_1 und im Rotor m_2 verschieden sind. (Eine auch in diesem Fall ganz gültige Gleichung werden wir nach Einführung der doppelt verketteten Streuung im Kapitel VII, Abschnitt 52 kennen lernen.)

Besitzt der Stator und der Rotor genau gleiche Nutenzahlen, so ist die Gleichung (18) streng richtig und darf daher geschrieben werden

$$1 + \tau_1 = \frac{E_1}{E_2}\cdot\frac{N_2}{N_1} \quad . \; . \; . \; . \; . \; . \; . \; . \; . \quad (19)$$

Bei verschiedener Nutenzahl im Stator und Rotor gibt daher der Quotient $\frac{k_2}{k_1}$ einen Anhalt für die Genauigkeit, die wir von der Näherungsformel 18 erwarten dürfen.

Ganz richtig ist die Gleichung (19) insbesondere, wenn $k_1 = k_2 = 1$, wenn also der Motor nur mit einer Einlochwicklung (= 1 Loch für die Spulenseite) ausgeführt ist wie der Zweiphasenmotor Abb. 13, und in diesem einzigen Fall decken sich alle in den Gleichungen (13), (15) und (19) für den Streukoeffizienten gegebenen Definitionen.

Zum Verständnis des Gesagten ist es nötig, nochmals auf Gleichung (14) zurückzugreifen,

$$\Phi_1 = \Phi_l + \Phi_S,$$

die besagt, daß der Statorfluß gleich der Summe aus dem Luftfluß und dem Streufluß im Stator ist. Es muß daher auch möglich sein, die der Statorwicklung aufgeprägte EMK als die Summe zweier EMKK auszudrücken, von denen die eine E_{Φ_l} vom Luftfluß, die zweite E_{Φ_S} vom Statorfluß induziert wird. Die Gleichung

$$E_1 = E_{\Phi_l} + E_{\Phi_S} \quad \ldots\ldots\ldots \quad (20)$$

ist auch in der Tat bei einem verlustlosen Motor mit offener Rotorwicklung ganz richtig. Berechnen wir nun die beiden EMKK ihrer Größe, nach, so können wir schreiben

$$E_{\Phi_l} = 2{,}22 \cdot k_1 \; N_1 \cdot \Phi_l \cdot f_1 \cdot 10^{-8}, \quad \ldots\ldots \quad (21)$$

aber wir können leider dieselbe Gleichung nicht für E_{Φ_S} und Φ_S anwenden, denn wir müssen für das Streufeld einen anderen Koeffizienten, k_1, in Anwendung bringen, als für das Luftfeld. Es ergibt sich dies aus folgender Überlegung:

Daß k_1 bei Mehrlochwicklungen (siehe Tabelle Seite 20, $m > 1$) kleiner als 1 ist, hat nämlich den physikalischen Grund, daß nicht die sämtlichen Kraftlinien Φ_1 alle Statorwindungen durchsetzen. Bei Mehrlochwicklungen sind manche Windungen größer, andere kleiner als der Polteilung entspricht, der Induktionsfluß hat aber einen Querschnitt F_l, der genau einer Polteilung entspricht. Die Windungen mit einer Windungsfläche kleiner als F_l werden daher nicht so günstig ausgenützt wie die Windungen einer Einlochwicklung, denn bei einer Einlochwicklung ist die Windungsfläche aller Windungen dieselbe, und sie hat den günstigsten Wert, nämlich F_l, daher ist auch in diesem Fall k_1 ein Maximum $= 1$.

Ein großer Teil des Streuflusses Φ_S umschließt aber auch bei Mehrlochwicklungen alle Statorwindungen, und daher muß zur Berechnung der durch Streuung induzierten EMK E_{Φ_S} ein Koeffizient k_{Φ_S}, der größer ist als k_1, zur Verwendung kommen. Wir müssen daher E_{Φ_S} nach der Gleichung berechnen

$$E_{\Phi_S} = 2{,}22 \cdot k_{\Phi_S} \cdot N_1 \cdot \Phi_S \cdot f_1 \cdot 10^{-8}. \quad \ldots\ldots \quad (22)$$

Durch Addition der Gleichungen (21) und (22) ergibt sich

$$E_1 = 2{,}22 \cdot k_1 \cdot N_1 \cdot \Phi_l \cdot f_1 \left(1 + \frac{k_{\Phi_S} \cdot \Phi_S}{k_1 \cdot \Phi_l}\right) 10^{-8} \quad \ldots\ldots \quad (23)$$

und unter Verwendung dieses Resultates können wir an Stelle der Gleichung (13) schreiben:

$$\tau_1 = \frac{k_{\Phi_S} \cdot \Phi_S}{k_1 \cdot \Phi_l}. \quad \ldots\ldots\ldots\ldots \quad (24)$$

Der Quotient $\frac{k_{\Phi_S}}{k_1}$ stellt eine Korrektur der Gleichung (13) dar, die sich aber glücklicherweise bei allen Motoren, wie sie praktisch ausgeführt werden, nur sehr wenig von der Einheit unterscheidet. Außerdem sei nochmals ausdrücklich erwähnt, daß die Kenntnis von k_{Φ_S} nur bei der Vorausberechnung der Streuung aus den Dimensionen eines Motors an Hand einer Zeichnung nötig ist. Sobald wir die Streuung messen, erhalten wir die Näherungsgleichung (18), die später nach Einführung der doppelt verketteten Streuung auf sehr einfache Weise von ihrem nur sehr kleinen Fehler befreit werden kann.

Wir werden bis zum Kapitel VII über die doppelt verkettete Streuung die unkorrigierte Gleichung (24), also die Gleichungen (13) und (14) benützen, so oft wir im Felddiagramm mit den Induktionsflüssen Φ_1, Φ_l und Φ_S zu tun haben. Wenn wir aber mit elektromotorischen Kräften arbeiten, werden wir uns der Näherungsgleichungen bedienen

$$1 + \tau_1 \approx \frac{E_1}{E_2} \cdot \frac{k_2 \cdot N_2}{k_1 \cdot N_1} \qquad (25)$$

und

$$1 + \tau_2 \approx \frac{E_2}{E_1} \cdot \frac{k_1 \cdot N_1}{k_2 \cdot N_2} \qquad (26)$$

Zur Formel (26) ist zu bemerken, daß dieselben Betrachtungen, die wir für den Fall angestellt haben, daß der Stator erregt und der stillstehende Rotor stromlos ist, auch Gültigkeit haben, wenn wir den Rotor als induzierenden primären, den Stator als induzierten sekundären Teil des Motors betrachten. Die Rotorstreuung wird demgemäß dadurch gemessen, daß man gegenüber der bisherigen Annahme Rotor und Stator ihre Rolle vertauschen läßt. Man schließt also den stillstehenden Rotor an eine Stromquelle von geeigneten Spannungen an, mißt die Rotorspannung E_2 und die in der Statorwicklung induzierte EMK E_1 und verwertet die Resultate laut Gleichung (26).

Mit der Berechnung der Streuungskoeffizienten aus den Dimensionen der Maschine werden wir uns erst im Kapitel IX beschäftigen, bis dorthin nehmen wir bei unseren Untersuchungen τ_1 und τ_2 als gegeben an. Der Leser mußte aber vor Ableitung des Kreisdiagramms einen möglichst umfassenden Begriff von der physikalischen Bedeutung dieser Koeffizienten bekommen, die für die Theorie des Drehstrommotors von so ungeheuerer Bedeutung sind.

Außerdem war es wichtig, darauf hinzuweisen, daß man unter Benützung der Definitionsgleichungen (13), (14), (25) und (26) wohl sehr brauchbare Näherungswerte bekommt, daß aber die erhaltenen Resultate noch kleiner Verbesserungen bedürfen, um bis in die letzten Konsequenzen streng richtig zu sein.

8. Feld- und Stromdiagramm des Motors.

Sowohl das Strom- als das Felddiagramm eines streuungsfreien Motors ist ein rechtwinkliges Dreieck. Stellt Abb. 14 ein solches Stromdiagramm dar, in dem $u b$ den Leerstrom bei Synchronismus,

$\overline{us}$ den Statorstrom bei einer beliebigen Belastung darstellt, so muß der Rotorstrom die Größe $\overline{sb}$ haben, die, nach dem Kräfteparallelogramm mit $\overline{us}$ zusammengesetzt, den konstanten Erregerstrom ub ergibt. Das zugehörige Felddiagramm ist sehr einfach zu konstruieren, denn die von den Strömen erzeugten Felder fallen in die Richtung der erzeugenden Ströme und sind letzteren direkt proportional. Es ist also, wenn C eine Proportionalitätskonstante, die wir vorläufig beliebig groß annehmen können, bedeutet,

$$bd = C \cdot ub$$
$$\overline{bi} = C \cdot \overline{us}$$
$$\overline{id} = C \cdot sb.$$

Hierbei ist der Einfachheit halber angenommen, daß Stator und Rotor gleiche Drahtzahl $N_1 = N_2$ besitzen. Dann können wir $\triangle ubs$, ohne einen Fehler zu begehen, Stromdreieck nennen; wenn Stator und Rotor mit verschiedener Drahtzahl gewickelt sind, müßte man streng genommen $\triangle ubs$ eigentlich Amperewindungsdreieck oder Durchflutungsdreieck heißen.

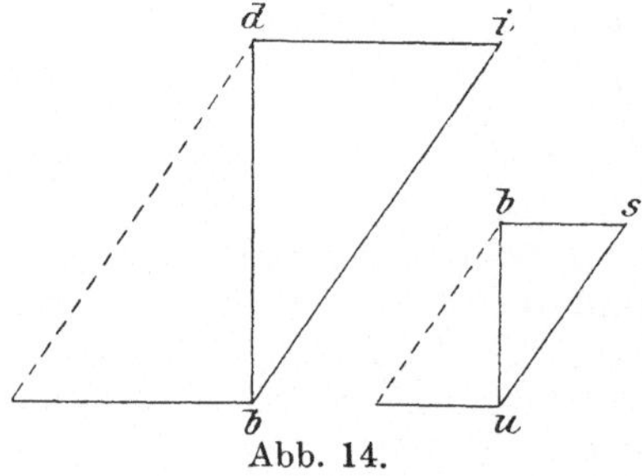

Abb. 14.

Das Feld $\overline{bd}$ ist das einzige im Motor tatsächlich vorhandene, denn die Felder bi und $\overline{id}$, die vom Stator- bzw. vom Rotorstrom erzeugt würden, wenn nur einer derselben allein im Motor bestehen würde, setzen sich eben zu diesem einen Feld zusammen, und dieses muß unter allen Umständen bei jeder beliebigen Belastung konstant bleiben, da durch dieses Feld die elektromotorische Gegenkraft in den Statorwindungen induziert wird, die der Klemmenspannung das Gleichgewicht hält. Die Wicklungen nehmen wir vorläufig als widerstandslos an.

Um zu untersuchen, wie sich die Verhältnisse bei einem mit Streuung behafteten Motor gestalten, wollen wir vorerst annehmen, daß auch in diesem Falle das Stromdiagramm Abb. 14 gültig wäre. Das Felddiagramm bei Leerlauf ist dann sehr leicht zu entwerfen. Das Hauptfeld des Stators Abb. 15

$$\overline{bd} = C \cdot \overline{ub}$$

und das Streufeld des Stators nach den Entwicklungen des vorigen Abschnittes

$$\overline{ab} = C \cdot \tau_1 \cdot \overline{ub}$$

und endlich das gesamte Statorfeld

$$ad = C \cdot (1 + \tau_1)\, ub.$$

Das Hauptfeld ad ist es, das die Windungen des Stators durchsetzt und das bei allen Belastungsstadien konstant bleiben muß, um die konstante Klemmenspannung zu balancieren. $\overline{bd}$ ist derjenige Teil des gesamten Statorfeldes, der die Rotorwindungen schneidet, während der Teil $\overline{ab}$ als Streufeld lediglich im Stator verläuft, ohne nach dem Rotor zu gelangen.

Bei Belastung können wir aus dem Stromdiagramm drei, die einzelnen Felder darstellende Gerade ableiten. Wir erhalten in Abb. 15 das konstante Erregerfeld $\overline{ad}$, das sich, wie schon erwähnt, zusammensetzt aus

$$\overline{bd} = C \cdot \overline{ub}$$

$$\overline{ab} = C \cdot \tau_1 \cdot \overline{ub},$$

deren Summe

$$\overline{ad} = C \cdot (1 + \tau_1) \overline{ub}$$

ist. Die vom Statorstrom $\overline{us}$ bei Belastung hervorgerufenen Felder sind:

$$\overline{ki} = C \cdot \overline{us}$$

$$\overline{ka} = C \cdot \tau_1 \cdot \overline{us}$$

$$\overline{ai} = C \cdot (1 + \tau_1) \overline{us}.$$

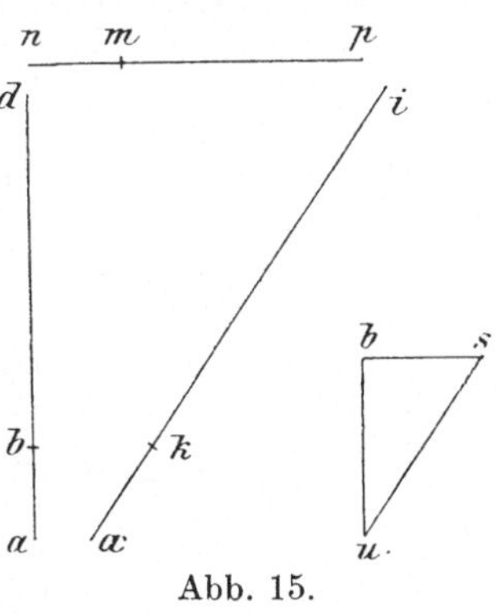

Abb. 15.

$\overline{ki}$ ist nun das Hauptfeld des Stators, das in den Rotor gelangt, $\overline{ak}$ das im Stator allein verlaufende Streufeld, und $\overline{ai}$ das gesamte Streufeld, das vom Strom $\overline{us}$ erzeugt würde.

Im Rotor erhalten wir ebenfalls drei Felder, nämlich:

$$\overline{mp} = C \cdot \overline{bs}$$

$$\overline{nm} = C \cdot \tau_2 \cdot \overline{bs}$$

$$\overline{np} = C \cdot (1 + \tau_2) \overline{bs},$$

von dem $\overline{mp}$ das Hauptfeld des Rotors, das die Luft durchsetzt und die Statorwindungen schneidet, $\overline{um}$ das im Rotor verlaufende Rotorstreufeld, $\overline{np}$ das gesamte Rotorfeld, das von den Rotoramperewindungen allein hervorgerufen würde, darstellt.

Um die in Abb. 15 gezeichneten Felder zu einem Diagramm zusammenzusetzen, müssen wir uns vergegenwärtigen, daß nachstehenden Bedingungen Genüge geleistet werden muß.

1. Das konstante Erregerfeld $\overline{ad}$ muß die Resultante sein aus dem gesamten Statorfeld $\overline{ai}$ und aus dem Teil des Rotorfeldes $\overline{mp}$, der die Statorwindungen schneidet.

2. Das resultierende Rotorfeld, das die Ströme im Rotor hervorruft, ist die Resultante aus dem Teil des Statorfeldes $\overline{ki}$, der die Rotorwindungen schneidet, und aus dem gesamten Rotorfeld $\overline{mp}$.

3. Das resultierende Rotorfeld muß auf der die Rotoramperewindungen repräsentierenden Geraden, mithin auch auf dem vom Rotorstrom allein erzeugten Feld senkrecht stehen.

4. Die elektromotorische Gegenkraft, die in den Statorwindungen durch das resultierende konstante Statorfeld induziert wird, muß senkrecht auf diesem Feld stehen und der darauf ebenfalls senkrecht stehenden Klemmenspannung an Größe gleich, der Richtung nach entgegengesetzt sein.

Wie die Abb. 16 zeigt, ist schon die erste dieser Bedingungen durch die der Abb. 15 entnommenen Felder nicht zu erfüllen, da die Gerade $\overline{mp}$ die beiden in der Richtung des Magnetisierungsstromes $\overline{ub}$ resp. des Statorstromes bei Belastung $\overline{us}$ liegenden Geraden $\overline{ad}$ und $\overline{ai}$ nicht zu einem Dreieck ergänzt, und es war offenbar unsere Voraussetzung, daß das rechtwinklige Stromdiagramm der Abb. 15 auch für einen mit Streuung behafteten Motor gültig sei, unrichtig. Um die drei Felder $\overline{ad}$, $\overline{ai}$ und $\overline{mp}$ zu einem Dreieck zu vereinigen und dadurch der ersten Bedingung zu genügen, müssen wir die Gerade $\overline{ai}$ (Abb. 16) so lange in der Richtung des Pfeiles um den Punkt a drehen, bis der Abstand der Punkte d und i gleich der Strecke $\overline{mp}$ wird, wie es in Abb. 24 durch die ausgezogene Linie di geschehen ist. Das Felddiagramm entspricht nun der Bedingung, und wir stehen nun vor der umgekehrten Aufgabe wie oben; es ist nun zu einem Felddiagramm das zugehörige Stromdiagramm zu bestimmen.

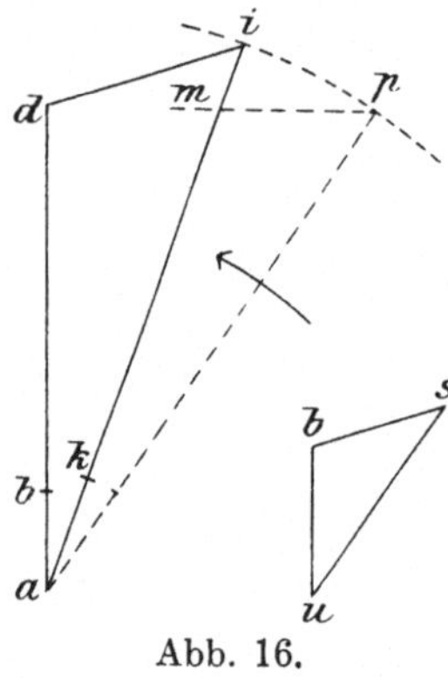

Abb. 16.

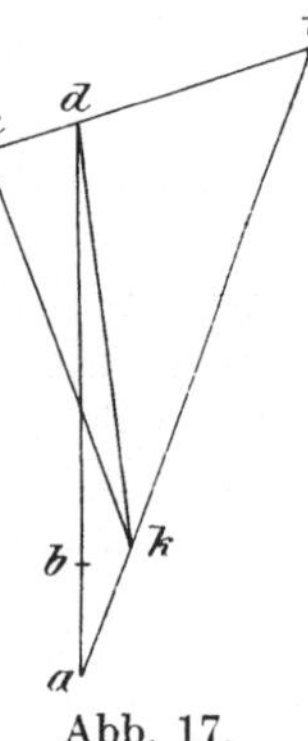

Abb. 17.

Diese Aufgabe ist aber sehr leicht zu lösen, denn wir wissen, daß die erregenden Amperewindungen in die Richtung der von ihnen erzeugten Felder fallen müssen, und infolgedessen muß das Stromdreieck dem Felddreieck adi ähnlich sein; das Stromdreieck wird daher durch ubs repräsentiert und die Größe einer der Seiten des Dreiecks, z. B. ub, läßt sich aus der Beziehung feststellen, daß

$$\overline{ub} = \frac{\overline{bd}}{C}.$$

Es erübrigt noch, die Größe des Rotorstreufeldes zu bestimmen, und dies läßt sich mit Hilfe der zweiten und dritten der obengenannten Bedingungen erzielen. Das Rotorstreufeld liegt unbedingt in der Richtung der Geraden $\overline{id}$. Das gesamte Rotorfeld kn muß sich mit dem Teil des Statorfeldes $\overline{ki}$, der die Rotorwindungen schneidet (Bedingung 2) zu einer Resultierenden zusammensetzen, die auf $\overline{id}$ senkrecht steht (Bedingung 3). Wir müssen also die Gerade $\overline{id}$ so weit über d hinaus verlängern, bis eine im Endpunkt dieser Geraden n errichtete Senkrechte (Abb. 17) den Punkt k schneidet. $\overline{dn}$ stellt nun das Rotorstreufeld dar und der Rotorstreuungskoeffizient ist

$$\tau_2 = \frac{\overline{dn}}{\overline{id}}.$$

Die Strecke $\overline{dn}$ bzw. der Streukoeffizient τ_2 muß eine ganz bestimmte Größe haben, damit der Forderung Genüge geleistet wird, daß der $\sphericalangle\, ink = 90^0$ betragen muß. Es ergibt sich hieraus die Folgerung, daß das Strom- und Felddiagramm Abb. 16 nur für eine bestimmte Größe der sekundären Streuung richtig ist. Mit anderen Worten: Trotzdem in Abb. 16 scheinbar gar keine sekundäre Streuung berücksichtigt ist, hat das Diagramm nur für einen einzigen Wert volle Gültigkeit. Man sieht hieraus, daß die Größe der Veränderung des ursprünglich beim streuungsfreien Motor rechtwinkligen Strom- und Felddreiecks, also die Größe der Schiefwinkligkeit des Dreiecks $u\,b\,s$ Abb. 16 eine Funktion nicht nur der primären, sondern auch der sekundären Streuung ist.

Wir können in Abb. 17 noch eine weitere Strecke $\overline{kd}$ ziehen, und diese, die sich einesteils mit dem Statorstreufeld $\overline{ak}$ zu dem konstanten Erregerfeld $\overline{ad}$, andernteils mit dem Rotorstreufeld $\overline{nd}$ zu dem resultierenden Rotorfeld kn zusammensetzt, stellt das gemeinsame Hauptfeld (= Luftfeld) dar, das Stator und Rotor in gleicher Weise durchdringt. Dieses gemeinsame Feld $\overline{kd}$ muß natürlich auch die Resultante aus dem Teil des Statorfeldes $\overline{ki}$ bilden, der die Rotorwindungen schneidet, und dem Teil des Rotorfeldes di, der zu den Statorwindungen gelangt.

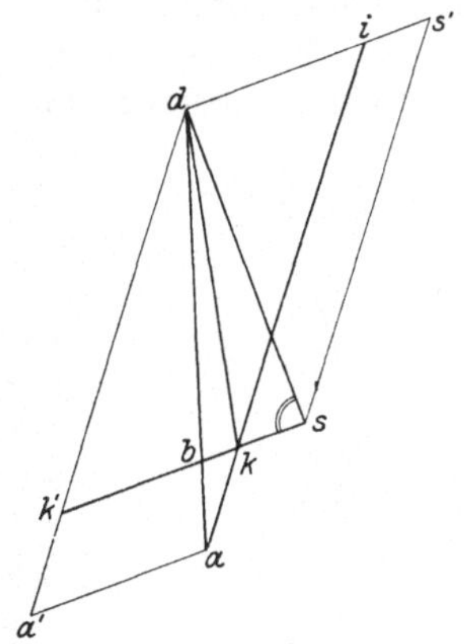

Abb. 18.

Man kann die Entstehung des resultierenden Rotorfeldes $\overline{kn}$ und des Luftfeldes $\overline{kd}$ auch noch in anderer Weise darstellen, indem man das Rotorstreufeld nicht wie in Abb. 17 als Verlängerung der Geraden id nach links bis zum Punkt n einzeichnet, sondern die Gerade $\overline{di}$ Abb. 18 nach rechts um die Größe des Rotorstreufeldes $i\,s'$ verlängert. Zieht man die Gerade $s\,k\,b\,k'$ parallel zur Geraden $d\,i\,s'$ und außerdem $s\,s' \,||\, \overline{a'd} \,||\, \overline{ai}$, so erhält man in Abb. 18:

kd = gemeinsames Luftfeld als Resultante des Statorluftfeldes ki und des Rotorluftfeldes $\overline{id}$ und

sd = resultierendes Rotorfeld als Resultante des gesamten Rotorfeldes $s'd$ und des Statorfeldes $\overline{ki}$, das durch die Luft nach dem Rotor gelangt.

Abb. 18 führt natürlich zu denselben Resultaten wie Abb. 17, sie hat aber für das erste Verständnis der Diagramme gegenüber Abb. 17 gewisse Vorzüge und sie ist außerdem in der Literatur so häufig zu finden, daß sie hier nicht wegbleiben durfte.

Durch die vorstehenden Konstruktionen haben wir für eine einzige Belastung Strom- und Felddiagramm festgelegt, und unsere nächste Aufgabe wird sein, nach einer Methode zu suchen, die es in möglichst einfacher Weise gestattet, für jede beliebige Belastung sofort die einzelnen Größen ohne langwierige Konstruktion zu ermitteln.

Zu diesem Behufe stellen wir die Diagramme Abb. 17 und 18 in etwas anderer Weise dar. Die beiden Geraden abd, aki tragen wir in Abb. 19 unverändert auf, und zur Geraden ndi ziehen wir eine Parallele, die die Punkte b und k schneidet. Daß $\overline{bk}$ wirklich parallel zu $\overline{nd}$ ist, folgt aus nachstehenden Gleichungen:

$$\overline{ab} = \tau_1 \cdot bd$$
$$ak = \tau_1 \cdot ki$$

und daraus

$$\frac{\overline{ab}}{ak} = \frac{bd}{ki}.$$

Auf der Verlängerung der Geraden bk tragen wir nun von k aus $\overline{ks}$ = Streufeld des Rotors und $\overline{sp}$ = Hauptfeld des Rotors auf. An Hand der Abb. 17 haben wir schon gezeigt, daß dk das gemeinsame Luftfeld des Stators und Rotors ist, das sich mit dem Rotorstreufelde zum resultierenden Rotorfeld zusammensetzt; also dk mit ks gibt als Resultante das Rotorfeld $\overline{ds}$, welch letzteres auf $\overline{kp}$, der Richtung des Rotorstromes, senkrecht stehen muß. Der Punkt s muß daher auf einem über $\overline{bd}$ geschlagenen Kreisbogen liegen, und da wir ein ganz beliebiges Belastungsstadium unserer Untersuchung zugrunde gelegt haben, können wir sagen, daß der Schnittpunkt s für alle möglichen Belastungsfälle auf diesem Kreisbogen liegen muß.

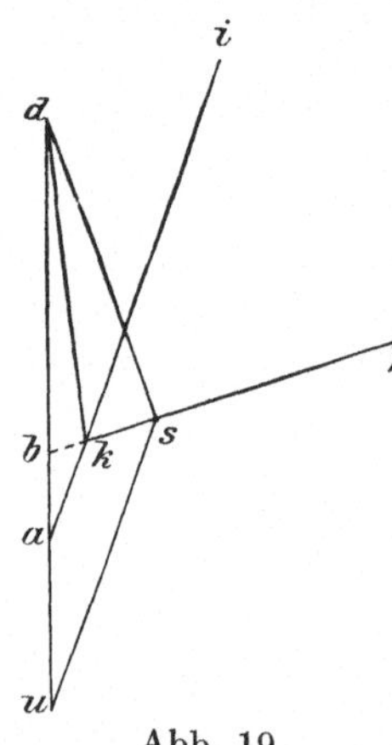

Abb. 19.

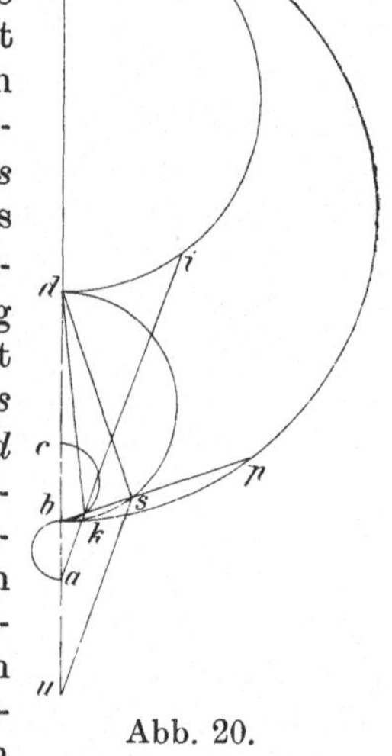

Abb. 20.

Aus Abb. 17 und 19 kennen wir die Lage der drei vom Erreger-, Stator- und Rotorstrom hervorgerufenen Felder und wir können, da diese Felder in der Richtung der sie erzeugenden Ströme liegen müssen, die drei Winkel des Stromdreiecks bestimmen. Wenn zwei Dreiecke aber gleiche Winkel haben, so müssen sie sich ähnlich sein, und daraus folgt, daß das Dreieck abk dem Stromdreieck ähnlich sein muß. Wir können noch ein weiteres ähnliches Dreieck konstruieren, wenn wir Abb. 19 $\overline{us}$ parallel zu $\overline{ai}$ ziehen. Auch das Dreieck ubs muß in irgendeinem Maßstab das Stromdreieck darstellen und die Spitze s desselben muß sich auf einem Kreis bewegen, wie wir gezeigt haben.

Damit haben wir aber gleichzeitig den Nachweis erbracht, daß sich auch die Spitze k des Dreiecks $a\,b\,k$ auf einem Kreis bewegen muß, Abb. 20.

Mit zunehmender Belastung nähern sich die beiden Punkte k und s den beiden in der Geraden $\overline{a\,d}$ liegenden Punkten c und d immer mehr, und in einem bestimmten Belastungszustande müssen k und s mit c und p zusammenfallen.

Auch die Punkte i und p fallen in diesem Grenzzustand in die Verlängerung von $\overline{a\,d}$, und es vereinigen sich die beiden Punkte i und p in dem Endpunkt e der Geraden $\overline{a\,e}$.

Wir wollen nun in Abb. 20 die einzelnen Kreise, die geometrische Örter darstellen, auf denen sich die wichtigen Diagrammpunkte bei wechselnder Belastung bewegen, in ihren gegenseitigen Beziehungen genau ergründen. Wir beginnen mit dem konstanten Erregerfeld $\overline{a\,d}$, dessen beide Teile, das Luftfeld bei Leerlauf $\overline{b\,d}$ und das Statorstreufeld $\overline{a\,b}$ in dem Zusammenhang stehen:

$$\overline{a\,b} = \tau_1 \cdot \overline{b\,d} \quad \ldots\ldots\ldots\ldots \quad (27)$$

Diese Felder werden vom Magnetisierungsstrom $\overline{u\,b}$ hervorgerufen. Nimmt mit steigender Belastung der Statorstrom die Größe $\overline{u\,s}$ an, so würde der Statorstrom allein ein Statorfeld $\overline{a\,i}$ hervorrufen, nämlich ein Luftfeld $\overline{k\,i}$ und ein Streufeld

$$\overline{a\,k} = \tau_1 \cdot \overline{k\,i}.$$

Die Punkte k und i bewegen sich bei zunehmender Belastung des Motors auf Kreisen, während a, b, c, d und e Fixpunkte auf der Grundlinie $\overline{u\,e}$ sind. Nach der Abb. 20 kann die Belastung so weit getrieben werden, bis die Punkte k und i mit den Fixpunkten c und e zusammenfallen. Der Motor befindet sich dann in dem Zustand, daß er natürlich mit kurzgeschlossenem Rotor so stark gebremst wird, daß sich der Rotor überhaupt nicht mehr drehen kann, sondern stillsteht. Man nennt dies den Kurzschlußzustand oder auch nur den Kurzschluß des Motors. Wenn, wie in unserem Fall, die Wicklungen als widerstandslos angenommen sind, spricht man vom idealen Kurzschluß des Motors.

Im idealen Kurzschluß wird der Statorstrom die Größe $\overline{u\,d}$ erreichen und er allein, ohne Berücksichtigung der Wirkung des Rotorstromes, würde ein totales Statorfeld $\overline{a\,e}$ hervorrufen, dessen Teile Streufeld $\overline{a\,c}$ und Luftfeld $\overline{c\,e}$ natürlich immer wieder der Bedingung genügen müssen

$$\overline{a\,c} = \tau_1 \cdot \overline{c\,e} \quad \ldots\ldots\ldots\ldots \quad (28)$$

Das Rotorfeld, das bei einer beliebigen Belastung in Abb. 20 durch $\overline{k\,p}$ dargestellt ist, wobei das Streufeld

$$\overline{k\,s} = \tau_2 \cdot \overline{s\,p}$$

ist, und $\overline{s\,p}$ das Luftfeld darstellt, erreicht im idealen Kurzschluß die Größe $\overline{c\,e}$. $\overline{c\,e}$ läßt sich wieder in das Luftfeld $\overline{d\,e}$ zerlegen und in das Rotorstreufeld

$$cd = \tau_2 \cdot de \quad \text{. . . . . (29)}$$

Addiert man auf beiden Seiten dieser Gleichung de, so erhalten wir

$$\overline{ce} = (1 + \tau_2)\, de \quad \text{. . . . . (30)}$$

Addieren wir in derselben Weise $\overline{ce}$ zur Gleichung (28), so ergibt sich

$$\overline{ae} = (1 + \tau_1)\, \overline{ce} \quad \text{. . . . . (31)}$$

Durch Vereinigung der Gleichungen (30) und (31) finden wir die wichtige Beziehung

$$\overline{ae} = (1 + \tau_1)(1 + \tau_2)\, de \quad \text{. . . . . . . (32)}$$

in der uns zum erstenmal das Produkt der beiden Streukoeffizienten begegnet, das in der Theorie der Asynchronmotoren eine so wichtige Rolle spielt, daß dafür eine besondere Bezeichnung eingeführt ist:

$$\left.\begin{aligned} (1 + \tau_1)(1 + \tau_2) &= 1 + \tau_1 + \tau_2 + \tau_1 \cdot \tau_2 = 1 + \tau \\ \tau &= \tau_1 + \tau_2 + \tau_1 \cdot \tau_2 \end{aligned}\right\} \quad \text{. . (33)}$$

τ nennt man den Streukoeffizienten des Motors.

Subtrahieren wir von Gleichung (32) auf beiden Seiten $\overline{de}$, so erhalten wir

$$\overline{ad} = \tau \cdot de \quad \text{. . . . . (34)}$$

Werfen wir einen Blick auf Abb. 20, so sehen wir, daß bei einer beliebigen Belastung das Felddreieck $a\,i\,d$ dem Stromdreieck $u\,s\,b$ ähnlich ist. Wir könnten auch $\triangle\, a\,i\,d$ als ein Stromdreieck betrachten, dessen Spitze i sich auf dem Kreis $\widehat{de}$ bewegt und dessen Magnetisierungsstrom durch $\overline{ad}$ dargestellt würde. Wir haben aber als Stromdreieck $u\,s\,b$ gewählt, weil wir später nur noch den Diagrammkreis $\widehat{bd}$ benötigen, alle übrigen Kreise aber in Fortfall kommen können. Die soeben angestellte Betrachtung liefert uns aber die wichtige Beziehung, in der die Länge der den Magnetisierungsstrom darstellenden Geraden zum Diagrammkreis steht. Aus Gleichung (34) folgt nämlich

$$\frac{ad}{de} = \frac{\overline{ub}}{bd} = \tau$$

und daraus

$$\overline{ub} = \tau \cdot \overline{bd} \quad \text{. . . . . (35)}$$

Ebenso läßt sich zeigen, daß auch

$$ab = \tau \cdot bc$$

ist. Das vollständige Feld- und Stromdiagramm enthält demnach eigentlich drei vollständige Stromdiagramme mit den Diagrammkreisen $\widehat{bc}$, $\widehat{bd}$, $\widehat{de}$, die alle der Gleichung (35) Genüge leisten, wenn die zugehörigen Magnetisierungsströme durch ab, $\overline{ub}$, ad dargestellt werden. Wie bereits erwähnt, bedienen wir uns künftig aber ausschließlich des Hauptkreises $\widehat{bd}$ und des Stromdreiecks mit der Basis $\overline{ub}$.

Um das vollständige Diagramm Abb. 20 zu zeichnen, wenn τ_1 und τ_2 gegeben und $\overline{b\,d}$ in beliebiger Größe angenommen ist, bedient man sich am bequemsten der Formeln in nachstehender Zusammenstellung:

$$\left.\begin{aligned}
\overline{a\,b} &= \tau_1 \cdot \overline{b\,d} \\
\overline{a\,d} &= (1+\tau_1)\,\overline{b\,d} \\
\overline{d\,e} &= \frac{\overline{a\,d}}{\tau} = \frac{1+\tau_1}{\tau}\,\overline{b\,d} \\
\overline{c\,d} &= \tau_2 \cdot \overline{d\,e} = \frac{(1+\tau_1)\,\tau_2}{\tau} \cdot \overline{b\,d} \\
\overline{c\,e} &= \frac{1+\tau}{\tau} \cdot \overline{b\,d} \\
\overline{u\,b} &= \tau \cdot \overline{b\,d} \\
\tau &= \tau_1 + \tau_2 + \tau_1 \cdot \tau_2
\end{aligned}\right\} \quad \ldots\ldots \quad (36)$$

Die Luftfelder des Stators und des Rotors müssen in jedem Belastungszustand den Stator- resp. den Rotoramperewindungen proportional sein, weil beide Felder in demselben konstanten magnetischen Widerstand, dem Luftzwischenraum, erzeugt werden müssen. Diese Tatsache können wir benützen, um zu prüfen, ob das Stromdreieck in allen Punkten den Anforderungen des Felddiagrammes, dessen Richtigkeit nunmehr erwiesen ist, entspricht. Wir wählen hierzu den Grenzzustand, in dem das Statorluftfeld durch $\overline{c\,e}$, das Rotorluftfeld durch $\overline{d\,e}$ dargestellt ist. Die erregenden Kräfte auf dem Stator und dem Rotor müssen sich dann verhalten wie diese Felder, und wir bekommen die Proportion

$$\frac{\overline{d\,e}}{\overline{c\,e}} = \frac{1+\tau_1}{1+\tau} \quad \ldots\ldots\ldots\ldots \quad (37)$$

Die Statoramperewindungen werden im Grenzfall durch $\overline{u\,d}$, die Rotoramperewindungen durch $\overline{b\,d}$ dargestellt. Wenn das Stromdreieck, wie wir es bisher betrachtet haben (bei mittlerer Belastung $= \sphericalangle\, u\,b\,s$) ganz richtig wäre, müßte das Verhältnis $\frac{\overline{b\,d}}{\overline{u\,d}}$ dasselbe sein wie $\frac{\overline{d\,e}}{\overline{c\,e}}$. Dies ist aber nicht der Fall, denn wie sich aus der Beziehung

$$\overline{u\,b} = \tau \cdot \overline{b\,d}$$

ergibt, ist vielmehr abweichend von Gleichung (37)

$$\frac{\overline{b\,d}}{\overline{u\,d}} = \frac{1}{1+\tau} \quad \ldots\ldots\ldots\ldots \quad (38)$$

Nun haben wir bisher das Schwergewicht bei unseren Ableitungen vollkommen auf das Felddiagramm gelegt und wir dürfen die Überzeugung haben, daß das Felddiagramm absolut richtig ist. Der Statorstrom kann auch unmöglich im Diagramm falsch dargestellt sein, denn in bezug auf den Statorstrom bei Leerlauf $\overline{ub}$ und im Kurzschluß $\overline{ud}$ ergibt sich das gleiche Verhältnis wie bei den zugehörigen Luftfeldern, bei Leerlauf $\overline{bd}$, bei Kurzschluß $\overline{ce}$, denn es ist

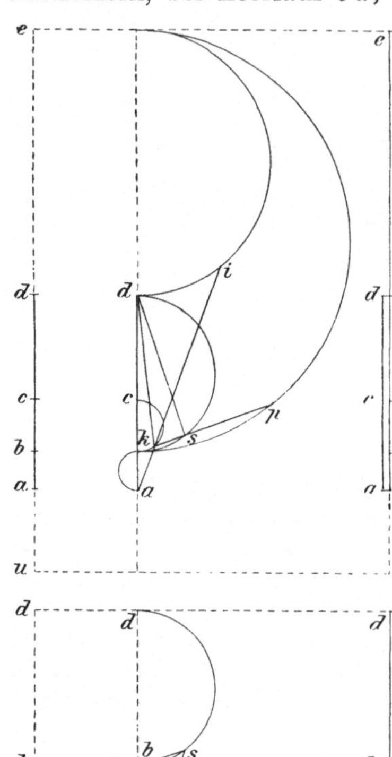

Abb. 21.

$$\frac{\overline{ub}}{\overline{ud}}=\frac{\overline{bd}}{\overline{ce}}=\frac{\tau}{1+\tau}.$$

Ein Fehler kann daher nur in der diagrammatischen Darstellung des Rotorstromes gemacht sein, und seine Größe ist leicht zu ermitteln, denn wir brauchen Gleichung (38) nur mit $(1+\tau_1)$ zu multiplizieren, um den Widerspruch mit Gleichung (37) aufzuheben.

Aus Gleichung (37) und (38) folgt daher

$$\frac{(1+\tau_1)\overline{ub}}{\overline{ud}}=\frac{\overline{de}}{\overline{ce}}.$$

Im Kurzschluß und naturgemäß bei jeder beliebigen Belastung gibt daher das auf dem konstanten Magnetisierungsstrom $\overline{ub}$ er- richtete $\triangle\, ubs$ mit seiner Seite $\overline{ub}$ den Rotorstrom um den Faktor $(1+\tau_1)$ zu klein an.

Dies will besagen, daß wir zur Bestimmung der Rotoramperewindungen zwar das Stromdreieck benützen können, daß wir jedoch die Länge der Stromdreieckseite, die I_2 darstellt, mit $(1+\tau_1)$ multiplizieren müssen, um die Rotoramperewindungen im gleichen Maßstab zu erhalten, wie die Statoramperewindungen.

Diese Multiplikation können wir auch graphisch ausführen, wenn wir über $\overline{ab}$ einen Halbkreis schlagen und den Vektor des Rotorstromes über b hinaus so weit verlängern, bis er diesen Kreis schneidet. Die Richtigkeit der Konstruktion folgt aus der Beziehung

$$\overline{ad}=(1+\tau_1)\,\overline{bd},$$

folglich ist auch in einem beliebigen Belastungsstadium (Abb. 21)

$$I_2 \sim \overline{sv}=(1+\tau_1)\,bs \quad \ldots\ldots\ldots (39)$$

Aus der Berücksichtigung des richtig gestellten Rotorstromes $\overline{sv}$ Abb. 21 ergibt sich die Folgerung, daß der Magnetisierungsstrom $\overline{ub}$ **nicht** die Resultante aus dem Statorstrom $\overline{us}$ und dem Rotorstom $\overline{sv}$ ist, und es entsteht die Frage, welche physikalische Bedeutung die neue Resultante $\overline{uv}$ hat. Aus dem Aufbau des Diagrammes geht hervor, daß $\overline{uv}$ parallel zum resultierenden Luftfeld $\overline{kd}$ liegt. Außerdem verhält sich $\overline{ub}$ zu $\overline{bd}$, wie $\overline{uv}$ zu $\overline{kd}$. $\overline{uv}$ stellt daher den Strom, genauer gesagt die Amperewindungen dar, die nötig sind, um das resultierende gemeinsame Luftfeld $\overline{kd}$ zu erzeugen. Die vom Stator- und Rotorstrom gebildete Resultante $\overline{uv}$ entspricht daher dem Stator- und Rotor gemeinsamen Hauptfeld = Luftfeld des Motors[1]).

Um die Entwicklung der Diagramme möglichst übersichtlich zu gestalten, sind in Abb. 21 für drei Fälle: Leerlauf, beliebige Belastung und Grenzfall, die 3 Felddiagramme nebst den zugehörigen Stromdiagrammen nebeneinander gezeichnet, und es ist dieser Abb. eine Tabelle beigegeben, aus der die Bedeutung und das Zustandekommen der einzelnen in den Diagrammen enthaltenen Längen zu ersehen ist.

Um einen Motor berechnen und sein Verhalten bei den verschiedenen Belastungen angeben zu können, haben wir es nicht nötig, alle in den vorhergehenden Diagrammen dargestellten Felder zu kennen, und wir können das Diagramm wesentlich vereinfachen, wenn wir uns darauf beschränken, nur die wirklich nötigen Felder zu bestimmen.

Tabelle zu Abb. 21.

Gegeben τ_1 und τ_2.

Dargestellte Größe	Leerlauf	Belastung	Grenzwert	Bemerkungen
		1. Felddiagramm.		
Statorluftfeld	bd	ki	ce	$\sim$ Statorstrom
Statorstreufeld	ab	ak	ac	$= \tau_1$ Statorluftfeld
Totales Statorfeld	ad	ai	ae	$= (1 + \tau_1) \cdot$ Statorluftfeld
Rotorluftfeld	O	sp	de	$\sim$ Rotorstrom
Rotorstreufeld	O	ks	cd	$= \tau_2 \cdot$ Rotorluftfeld
Totales Rotorfeld	O	kp	ce	$= (1 + \tau_2)$ Rotorluftfeld
Resultierendes Luftfeld	bd	kd	cd	$\sim$ Result. Magnetis. Strom
Resultierendes Rotorfeld Φ_2	bd	sd	O	$\perp$ zum Rotorstrom
Resultierendes Statorfeld Φ_1	ad	ad	ad	$= (1 + \tau_1)\, \Phi_l \sim E_1 =$ konstant
		2. Stromdiagramm.		
Statorstrom	ub	us	ud	$\sim$ Statorluftfeld
Rotorstrom	O	sv	$\overline{da}$	$\sim$ Rotorluftfeld
Resultierender Magnetisierungsstrom	ub	vu	au	$\sim$ Resultierendes Luftfeld
Konstanter Magnetisierungsstrom	ub	ub	ub	$\sim$ Resultierendes Statorfeld

Um die in den Statorwindungen induzierte elektromotorische Gegenkraft = Klemmspannung E_1 berechnen zu können, brauchen wir das gesamte Statorfeld ad, das bei allen Belastungen konstant

---

[1]) Siehe Briefwechsel in der E. T. Z. 1900. Emde Seite 781, 854, 941; Heubach 815, 895, 1089; Behrend 875, 1090; Kuhlmann 894; Ossanna 1031.

bleibt. Zur Berechnung der erregenden Amperewindungen und des Magnetisierungsstromes, der erforderlich ist, um dies Feld zu erzeugen, ist die Kenntnis des Luftfeldes $b\,d = \frac{a\,d}{1+\tau_1}$ nötig. Damit wir die im Rotor induzierte EMK, den Rotorstrom und das Drehmoment des Rotors bestimmen können, ist schließlich noch die Kenntnis des resultierenden Rotorfeldes erforderlich. Auf die Bestimmung der übrigen Felder können wir verzichten, da das resultierende Stator- und das resultierende Rotorfeld tatsächlich die einzigen im Motor wirklich zustande kommenden Felder sind. Das Luftfeld des Stators bei Leerlauf $\overline{b\,d}$ ist ja eigentlich auch nichts anderes als das resultierende Rotorfeld bei Leerlauf.

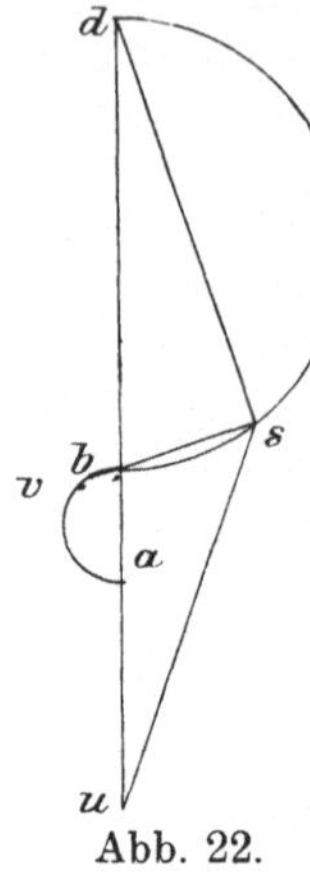

Abb. 22.

Abb. 22 stellt den Teil des Diagrammes aus Abb. 21 dar, den wir benötigen, um das Verhalten des Motors vollständig bestimmen zu können.

Das Diagramm enthält:

das konstante Erregerfeld $= a\,d$,

das Statorluftfeld bei Leerlauf $= b\,d$,

das resultierende Rotorfeld bei beliebiger Belastung $= d\,s$.

Ferner enthält es:

die Magnetisierungsamperewindungen $\overline{u\,b}$,

die Statoramperewindungen bei beliebiger Belastung $\overline{u\,s}$

und die Rotoramperewindungen bei beliebiger Belastung $= (1+\tau_1)\overline{s\,b} = \overline{s\,v}$.

Mit dem Durchmesser des Diagrammkreises $b\,d$ bestehen folgende Beziehungen:

$$\overline{a\,b} = \tau_1 \cdot \overline{b\,d} \quad \ldots \ldots \ldots \ldots \quad (40)$$

$$\overline{u\,b} = (\tau_1 + \tau_2 + \tau_1 \cdot \tau_2)\,\overline{b\,d} = \tau \cdot \overline{b\,d} \quad \ldots \ldots \quad (41)$$

Alle Diagramme, insbesondere das von Heyland und Ossanna sind aus dem in Abb. 22 dargestellten Diagramm entwickelt, und es macht sich deshalb nötig, für die Grundlinie $\overline{u\,d}$ eine besondere Benennung einzuführen. Wir wählen hierfür das Wort Basis oder Diagrammbasis, um das Wort Grundlinie für andere Zwecke frei zu halten. Unter Basis verstehen wir daher die Strecke $\overline{u\,d}$, die lediglich unter Berücksichtigung der Streuung, aber unter Vernachlässigung der Ohmschen Widerstände und überhaupt aller Verluste ermittelt ist.

9. Darstellung der elektromotorischen Kräfte im Kreisdiagramm.

Wir haben uns bisher damit begnügt, festzustellen, in welcher Weise Felder und Ströme im Diagramm graphisch dargestellt werden können. Um die numerische Größe der Felder und Ströme haben wir uns vorläufig nicht gekümmert und bisher haben wir somit nur den Nachweis geliefert, daß Proportionalität zwischen den physikalischen Größen und den zugehörigen Größen im Diagramm besteht. Wir konnten bisher z. B. nur sagen, das Luftfeld ist proportional dem Kreisdurchmesser $\overline{bd}$, also

$$\Phi_l \sim \overline{bd}\,.$$

Es bietet aber gar keine Schwierigkeit, statt der Proportionalität eine Gleichung aufzustellen

$$\Phi_l = C_\Phi \cdot bd \quad \ldots \ldots \ldots \ldots (42)$$

die ermöglicht, die wirkliche Kraftlinienzahl des Flusses Φ_l zu ermitteln, wenn wir die Länge $\overline{bd}$ in Millimetern im Diagramm messen. Zur Bestimmung der Konstanten C_Φ bedienen wir uns der Gleichung (16)

$$E_1 = 2{,}22 \cdot k_1 \cdot N_1 \cdot (1 + \tau_1) \cdot \Phi_l \cdot f_1 \cdot 10^{-8},$$

in die wir Φ_l laut Gleichung (42) einsetzen und wir erhalten

$$C_\Phi = \frac{E_1}{bd \cdot (1 + \tau_1) \cdot 2{,}22 \cdot k_1 \cdot N_1 \cdot f_1 \cdot 10^{-8}} \quad \ldots \ldots (43)$$

Der konstante Stator-Induktionsfluß ist selbstverständlich

$$\Phi_1 = C_\Phi \cdot (1 + \tau_1)\, \overline{bd} = C_\Phi \cdot \overline{ad} \quad \ldots \ldots (44)$$

Bei einer beliebigen Belastung wird das resultierende Rotorfeld, der Rotorinduktionsfluß Φ_2 im Diagramm Abb. 23 durch $\overline{sd}$ dargestellt und es ist die totale Kraftlinienzahl

$$\Phi_2 = C_\Phi \cdot \overline{sd} \quad \ldots \ldots \ldots \ldots (45)$$

Die Gleichung (43) gibt uns aber noch einen anderen Hinweis. Sie enthält nämlich nur konstante Größen, und wenn wir sie nach E_1 auflösen, sehen wir, daß E_1 der Strecke $\overline{bd}$ proportional ist. Wir können daher auch die Klemmenspannung, die bei einem verlustlosen Motor von gleicher Größe ist wie die elektromotorische Gegenkraft des Stators, dem Diagramm entnehmen, denn es ist

$$E_1 = C_{E_1} \cdot (1 + \tau_1)\, \overline{bd} = C_{E_1} \cdot \overline{ad} \text{ Volt} \quad \ldots \ldots (46)$$

und die Konstante C_{E_1} ist

$$C_{E_1} = \frac{E_1}{(1 + \tau_1)\, bd} = \frac{E_1}{ad} = C_\Phi \cdot 2{,}22 \cdot k_1 \cdot N_1 \cdot f_1 \cdot 10^{-8} \quad \ldots (47)$$

In bezug auf den Stator ist die Proportionalität von E_1 mit $\overline{ad}$ bzw. $\overline{bd}$ wenig interessant, dagegen ist es von Bedeutung, wenn wir dieselben Überlegungen für den Rotor anstellen. Die im Rotor induzierte elektromotorische Kraft wird durch die Näherungsformel 17 dargestellt:

$$E_2 \approx 2{,}22 \cdot k_2 \cdot N_2 \cdot \Phi_2 \cdot f_2 \cdot 10^{-8}$$

und wenn wir Φ_2 nach Gleichung (45) einsetzen, bekommen wir das Resultat:

$$E_2 \approx C_\Phi \cdot sd \cdot 2{,}22 \cdot k_2 \cdot N_2 \cdot f_2 \cdot 10^{-8} \quad \ldots \ldots (48)$$

Hierzu ist nun zu bemerken, daß die rechte Seite dieser Gleichung nur Konstante enthält mit Ausnahme der Strecke $\overline{sd}$ und der Frequenz f_2 im Rotor. Die Strecke $\overline{sd}$ entnehmen wir dem Diagramm und sie entspricht einem Belastungszustand, in dem der Statorstrom die Größe $\overline{us}$, der Rotorstrom die Größe $\overline{sv}$ besitzt. Um wegen der sekundlichen Periodenzahl im Rotor f_2 zu einem Resultat zu gelangen, müssen wir uns erinnern, daß wir den gezeichneten Belastungszustand in ganz verschiedener Weise herbeiführen können. Wir können nämlich die Maschine dadurch belasten, daß wir den Motor mit kurzgeschlossenem Rotor laufen lassen und ihn so stark bremsen, bis Stator- und Rotorströme die gewünschte Größe besitzen. In diesem Fall entnehmen wir dem Rotor mechanische Leistung. Die andere Belastungsmöglichkeit besteht darin, daß wir die Maschine als Transformator in der Weise belasten, daß wir dem festgehaltenen und somit stillstehenden Rotor elektrische Leistung entnehmen. Der Rotor ist dann nichts anderes als die Sekundärseite eines Transformators, dessen Primärseite der Stator ist.

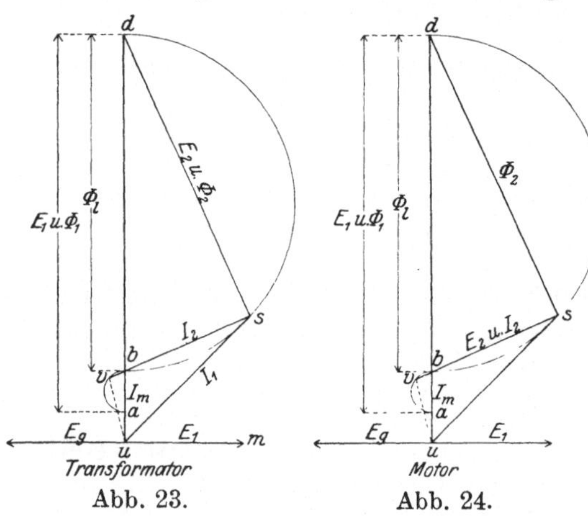

Abb. 23. Abb. 24.

Wir betrachten das Diagramm gesondert für die beiden Belastungsmöglichkeiten:

a) Transformator.

Um die Maschine als Transformator zu belasten, verbinden wir die Schleifringe des stillstehenden Rotors mit induktionsfreien Widerständen .von solcher Größe, daß der Rotorstrom in jeder Phase die Größe $\overline{sv}$ Abb. 23 hat. Wenn der Rotor stillsteht, ist natürlich die Periodenzahl im Rotor dieselbe wie im Stator, also

$$f_2 = f_1$$

und Gleichung (48) geht über in die Gleichung:

$$E_2 \approx C_\Phi \cdot \overline{sd} \cdot 2{,}22 \cdot k_2 \cdot N_2 \cdot f_1\, 10^{-8} \quad \ldots\ldots (49)$$

die auf ihrer rechten Seite mit Ausnahme der dem Diagramm zu entnehmenden Strecke $\overline{sd}$ nur konstante Faktoren enthält. Wir können daher, da E_2 proportional $\overline{sd}$ ist, die Gleichung aufstellen

$$E_2 = C_{E_2} \cdot \overline{sd} \quad \ldots\ldots\ldots (50)$$

und die Kostante C_{E_2} enthält den Wert

$$C_{E_2} = \frac{E_2}{\overline{s\,d}} = C_\Phi \cdot 2{,}22 \cdot k_2 \cdot N_2 \cdot f_1 \cdot 10^{-8}.$$

Diese Konstante läßt sich aber noch bequemer ausdrücken, wenn wir die letzte Gleichung durch die Gleichung (47) dividieren, wir erhalten:

$$C_{E_2} = C_{E1} \cdot \frac{k_2 \cdot N_2}{k_1 \cdot N_1} \quad \ldots \ldots \ldots \ldots (51)$$

Beim Betrieb als Transformator wird daher die Sekundärspannung E_2 im Diagramm durch $\overline{s\,d}$ dargestellt.

b) Motor.

Um die Maschine als Motor zu betreiben, schließen wir den Rotor kurz und er wird eine nahezu dem Synchronismus entsprechende Drehzahl annehmen. Um den in Abb. 24 gezeichneten Belastungszustand herbeizuführen, werden wir den Rotor so stark abbremsen, bis Stator- und Rotorstrom die gewünschten Größen $\overline{u\,s}$ und $\overline{s\,v}$ angenommen haben. Da der Motor fast synchron läuft, ist die Frequenz f_2 sehr klein und die Gleichung (48) wird daher für die im Rotor induzierte elektromotorische Kraft auch nur einen sehr kleinen Wert liefern. Diese kleine elektromotorische Kraft ist aber bei dieser Belastungsweise vollkommen genügend, um den Rotorstrom

$$I_2 = \frac{E_2}{R_2} \quad \ldots \ldots \ldots \ldots (52)$$

hervorzubringen, da ja der kurzgeschlossene Rotor auch nur einen sehr kleinen Widerstand R_2 besitzt.

Der Rotorstrom I_2 ist aber im Diagramm der Strecke $\overline{s\,v}$, aber ebenso der Strecke $\overline{s\,b}$ proportional, denn

$$\overline{s\,v} = (1 + \tau_1) \cdot \overline{s\,b}.$$

Wir können daher gemäß der Gleichung (52) sagen:

$$E_2 = I_2 \cdot R_2$$
$$E_2 \sim \overline{s\,v} \sim \overline{s\,b}.$$

Wir müssen uns augenblicklich damit begnügen, die Proportionalität von E_2 im laufenden Rotor mit der Strecke $\overline{s\,b}$ gezeigt zu haben. Die Konstante, die nötig ist, um an Stelle der letzten Formel eine richtige Gleichung setzen zu können, läßt sich erst durch Einführung der Schlüpfung ermitteln. Hier mag nur noch bemerkt werden, daß die letzte Formel mit Gleichung (48) nicht in Widerspruch steht, denn die Frequenz f_2 ist gerade eine derartige Funktion der Schlüpfung, daß beide Gleichungen zum selben Resultat führen. Wie nämlich später im Abschnitt 17 bei Einführung des Rotorwiderstandes und der Schlüpfung s gezeigt wird, ist

$$f_2 = f_1 \cdot \frac{s}{100}$$

und
$$\frac{s}{100} = \frac{\overline{bs}}{\overline{sd}} \cdot \operatorname{tg} \beta .$$

Setzt man für f_2 den Quotient $\frac{\overline{bs}}{\overline{sd}}$ in Gleichung (48) ein, so ergibt auch diese Gleichung die Proportionalität
$$E_2 \sim \overline{sv} \sim \overline{sb}$$
und
$$E_2 = C_{E_2} \cdot \frac{s}{100} \cdot \overline{sd} \quad \ldots \ldots \ldots (53)$$
wobei C_{E_2} die in Gleichung (51) angegebene Größe hat.

Um Mißverständnisse zu vermeiden, muß noch folgendes bemerkt werden: An Hand der Abb. 23 ist gezeigt, daß bei Transformatorenbetrieb E_1 durch $\overline{ad}$, E_2 durch $\overline{sd}$ dargestellt wird. Man darf die Strecken $\overline{ad}$, $\overline{sd}$ aber nicht als Vektoren der elektromotorischen Kräfte E_1 und E_2 im allgemeinen Sinne auffassen. Der Vektor der Klemmenspannung E_1 ist $\overline{um}$, liegt im Sinne einer Voreilung zum Statorstrom $\overline{us}$, und ist rechtwinklig zur Diagrammbasis $\overline{ud}$ und zum Magnetisierungsstrom $\overline{ub}$. Der Vektor der elektromotorischen Gegenkraft ist von gleicher Größe und in der Phase gegen E_1 um 180^0 verschoben. Der Vektor der elektromotorischen Kraft E_g liegt beim Transformator Abb. 23 und beim Motor Abb. 24 in der Richtung des Rotorstromes $\overline{sv}$, weil der Rotor nicht induktiv belastet ist und daher E_2 und I_2 keine Phasenverschiebung gegeneinander besitzen. Diese Darstellung entspricht auch der Regel, daß die EMK (E_g und E_2) senkrecht zu dem induzierenden Feld (Φ_1 und Φ_2) gezeichnet werden muß.

$\overline{ad}$ und $\overline{sd}$ stellen in Abb. 23 nur der Größe nach E_1 und E_2 dar, nicht der Richtung nach; die beiden Strecken sind in dieser Bedeutung nur Skalaren. keineswegs Vektoren.

10. Berechnung der Ströme, der Leistung und des Drehmomentes mittels des Diagrammes.

In diesem Abschnitt wollen wir Konstante C_{I_1} und C_{I_2} bestimmen, die es uns ermöglichen, sofort anzugeben, wie groß der Statorstrom I_1 und der Rotorstrom I_2 pro Phase in einem beliebigen im Diagramm dargestellten Belastungszustand ist. Die Konstanten müssen daher der Bedingung genügen
$$I_1 = C_{I_1} \cdot \overline{us} \ldots\ldots \text{Ampere},$$
$$I_2 = C_{I_2} \cdot \overline{sv} \ldots\ldots \text{Ampere},$$
wenn die Strecken $\overline{us}$ und $\overline{sv}$ im Diagramm in Millimetern gemessen sind (Abb. 25).

C_{I_1} läßt sich leicht aus dem idealen Leerlauf, wenn der stromlose Rotor synchron läuft und der verlustlose Motor nur Blindstrom aufnimmt, ermitteln. Dagegen läßt sich C_{I_2} einwandfrei nur auf dem Umweg bestimmen, daß wir das Prinzip der Erhaltung der Energie zu Hilfe nehmen und sagen: In einer verlustlos arbeitenden Maschine muß die aufgenommene Leistung der abgegebenen Leistung gleich sein.

Dieser Umweg wird aber gleichzeitig sehr nutzbringend sein, weil er uns eine sehr schöne und einfache graphische Darstellung der Leistung im Diagramm liefern wird.

a) Der Statorstrom I_1.

Die Gleichung (16), die wir hier wiederholen, lehrt uns den Zusammenhang zwischen der auf den Stator wirkenden EMK E_1, der Drahtzahl N_1 jeder Phase der Statorwicklung und dem Induktionsfluß Φ_l des Luftfeldes bei einem mit der Statorstreuung τ_1 behafteten Motor

$$E_1 = 2{,}22 \cdot k_1 \cdot N_1 \cdot (1 + \tau_1)\, \Phi_l \cdot f_1 \cdot 10^{-8}.$$

Laut Gleichung (2) ist die dem Fluß Φ_l entsprechende Luftinduktion

$$\mathfrak{B}_l = \frac{\Phi_l}{c_1 \cdot F_l},$$

wobei F_l den Querschnitt des Luftfeldes eines Poles, c_1 einen von der Wicklungsanordung abhängigen Koeffizienten bezeichnet. Nach Gleichung (8) können wir den Magnetisierungsstrom jeder Phase I_m in Ampere berechnen; es ist

$$\left.\begin{aligned} I_m &= \frac{1{,}6 \cdot \sqrt{2} \cdot p \cdot \delta \cdot \mathfrak{B} \cdot \sin \frac{90^0}{a_1}}{N_1} && \text{bei } a_1\text{-Phasen} \\ &= \frac{1{,}6 \cdot p \cdot \delta \cdot \mathfrak{B}}{N_1} && \text{„ 2-Phasen} \\ &= \frac{1{,}6 \cdot p \cdot \delta \cdot \mathfrak{B}}{\sqrt{2}\, N_1} && \text{„ 3-Phasen} \end{aligned}\right\} \quad \ldots \quad (54)$$

Der Magnetisierungsstrom ist im Diagramm durch $\overline{u\,b}$ dargestellt und es ist daher

$$I_m = C_{I_1} \cdot \overline{u\,b} \quad \ldots\ldots\ldots\ldots \quad (55)$$

und die gesuchte Konstante

$$C_{I_2} = \frac{I_m}{\overline{u\,b}} \quad \ldots\ldots\ldots\ldots \quad (56)$$

In einem beliebigen Belastungszustand ist

$$I_1 = C_{I_1} \cdot \overline{u\,s} \quad \ldots\ldots\ldots\ldots \quad (57)$$

b) Die aufgenommene Leistung L_1.

Den Statorstrom $\overline{u\,s}$, dessen Größe in Ampere uns nun bekannt ist, können wir in zwei Komponenten zerlegen, den Werkstrom

$$I_W = \cdot C_{I_1} \cdot \overline{u\,s} \cdot \cos\varphi = C_{I_1} \cdot \overline{u\,s'}$$

und den Blindstrom

$$I_B = C_{I_1} \cdot \overline{us} \cdot \sin\varphi = C_{I_1} \cdot \overline{ut}.$$

Der Blindstrom interessiert uns zurzeit nicht; dagegen läßt sich der Werkstrom noch bequemer dadurch darstellen, daß wir von s eine Senkrechte $\overline{st}$ auf die Basis $\overline{ud}$ fällen, deren Länge natürlich gleich $\overline{us'}$ sein muß. Wir erhalten daher

$$I_W = C_{I_1} \cdot \overline{ts} \ldots\ldots \text{Ampere} \quad \ldots\ldots\ldots (58)$$

Dies ist der Werkstrom einer jeden Phase. Da die Phasenspannung E_1 Volt beträgt, und a_1 Phasen vorhanden sind, ist die vom Stator aufgenommene Leistung

$$L_1 = a_1 \cdot E_1 \cdot I_W \ldots\ldots \text{Watt} \quad \ldots\ldots\ldots (59)$$

Nun ist laut Gleichung (46)

$$E_1 = C_{E_1} \cdot \overline{ad} = C_{E_1} \cdot (1 + \tau_1)\, \overline{bd} \ldots\ldots \text{Volt}$$

und wenn wir diesen Ausdruck für E_1 und die rechte Seite der Gleichung (56) für I_W in Gleichung (57) einsetzen, erhalten wir:

$$L_1 = a_1 \cdot C_{E_1} \cdot C_{I_1} \cdot (1 + \tau_1)\, \overline{bd} \cdot \overline{ts} \ldots\ldots \text{Watt.} \quad \ldots (60)$$

$\overline{bd}$ ist der Durchmesser des Kreises, also konstant wie alle Faktoren, mit Ausnahme von $\overline{ts}$. $\overline{ts}$ ist daher der Leistung proportional, und die Leistung ist

$$\left.\begin{aligned} L_1 &= C_L \cdot \overline{ts} \ldots\ldots \text{Watt} \\ &= \frac{C_L}{1000} \cdot \overline{ts} \ldots\ldots \text{Kilowatt} \end{aligned}\right\} \quad \ldots\ldots (61)$$

wenn

$$\left.\begin{aligned} C_L &= a_1 \cdot C_{E_1} \cdot C_I \cdot (1 + \tau_1)\, \overline{bd} \\ &= a_1 \cdot C_{E_1} \cdot C_{I_1} \cdot \overline{ad} \\ &= a_1 \cdot E_1 \cdot C_{I_1} \end{aligned}\right\} \quad \ldots\ldots (62)$$

gesetzt wird.

Betrachten wir Gleichung 60 in ihrer rein geometrischen Bedeutung, so bildet $\overline{bd}$ die Grundlinie, $\overline{ts}$ die Höhe des Dreiecks bsd und es ergibt sich die Beziehung, daß die Leistung L_1 der doppelten Fläche dieses Dreiecks proportional ist. Da wir nur von Proportionalität, nicht von Gleichheit sprechen, können wir den Faktor 2 ohne weiteres weglassen und sagen:

$$L_1 \sim \text{Fläche} \triangle bsd \quad \ldots\ldots\ldots\ldots (63)$$

c) Der Rotorstrom I_2.

Wie mehrfach erwähnt, können wir unsere Maschine entweder mechanisch als Motor oder elektrisch als Transformator belasten. Feld- und Stromdiagramm bleibt in beiden Fällen dasselbe. Unser augenblickliches Ziel erreichen wir bequemer, wenn wir eine rein elektrische Belastung, also Transformatorbetrieb, wählen, denn in diesem

Fall können wir dem a_2-phasigen Rotor die elektrische Leistung entnehmen

$$L_2 = a_2 \cdot E_2 \cdot I_2 \ldots\ldots \text{Watt} \quad \ldots\ldots \quad (64)$$

Für die sekundäre EMK E_2 bei Transformatorbetrieb haben wir bereits in Gleichung (50) die Konstante C_{E_2} ermittelt, die E_2 in Volt aus der dem Diagramm entnommenen Strecke $\overline{sd}$ zu berechnen gestattet:

$$E_2 = C_{E_2} \cdot \overline{sd} \ldots\ldots \text{Volt}.$$

Daß $\overline{sv}$ beziehungsweise $\overline{sb}$ dem Rotorstrom proportional ist, wissen wir zur Genüge, daher muß sich eine Konstante C_{I_2} finden lassen, die die Bedingung erfüllt

$$I_2 = C_{I_2} \cdot \overline{sv} = C_{I_2} \cdot (1 + \tau_1)\, \overline{sb} \ldots\ldots \text{Ampere}.$$

Setzen wir diese Werte für E_2 und I_2 in die Gleichung (64) ein, so erhalten wir:

$$L_2 = a_2 \cdot C_{E_2} \cdot C_{I_2} \cdot (1 + \tau_1)\, \overline{sd} \cdot \overline{sb} \ldots\ldots \text{Watt} \quad (65)$$

Betrachten wir die Strecken $\overline{sd}$ und $\overline{sb}$ im Diagramm, so sehen wir, daß wir sie als Seiten eines Rechtecks auffassen können, denn $\sphericalangle\, bsd = 90^0$. Ihr Produkt ist daher die Fläche dieses Rechtecks, daher auch die doppelte Fläche des Dreiecks bsd, dessen Grundlinie $\overline{bd}$ und dessen Höhe $\overline{ts}$ ist. Demgemäß ist

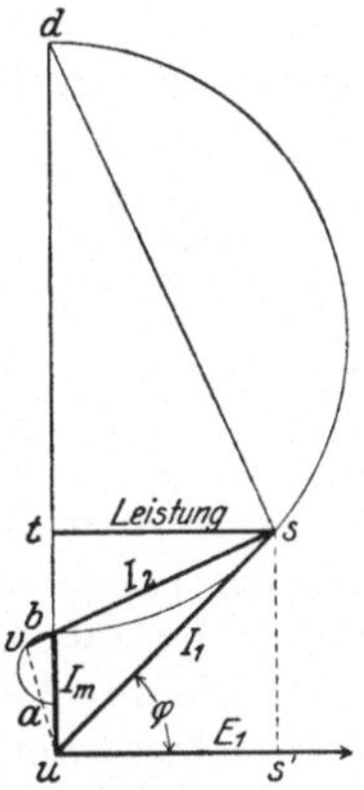

$$\overline{sd} \cdot \overline{bs} = \overline{bd} \cdot \overline{ts}$$

Abb. 25.

und wir können Gleichung (63) auch in der Form schreiben

$$L_2 = a_2 \cdot C_{E_2} \cdot C_{I_2} \cdot (1 + \tau_1) \cdot \overline{bd} \cdot \overline{ts} \ldots\ldots \text{Watt} \quad (66)$$

aus der hervorgeht, daß genau wie bei L_1 auch die Proportionalität besteht

$$L_2 \sim ts$$

$$L_2 \sim \text{Fläche} \triangle\, bsd.$$

Bei einer verlustlosen Maschine muß nach dem Prinzip von der Erhaltung der Energie die abgegebene Leistung der aufgenommenen gleich, also

$$L_2 = L_1$$

sein und wir dürfen daher die Gleichungen (60) und (66) einander gleich setzen. Es ist daher

$$a_1 \cdot C_{E_1} \cdot C_{I_1} = a_2 \cdot C_{E_2} \cdot C_{I_2},$$

und hieraus erhalten wir endlich die gesuchte Konstante

$$C_{I_2} = \frac{a_1 \cdot C_{E_1}}{a_2 \cdot C_{E_2}} \cdot C_{I_1} = \frac{a_1 \cdot k_1 \cdot N_1}{a_2 \cdot k_2 \cdot N_2} \cdot C_{I_1} \cdot \quad \ldots\ldots \quad (67)$$

Der zweite Ausdruck, der den Einfluß der Koeffizienten k_1 und k_2 erkennen läßt, wird aus dem ersten erhalten, wenn C_{E_2} laut Gleichung (51) ausgedrückt wird.

Der Rotorstrom in einem beliebigen Belastungszustand ist

$$I_2 = C_{I_2} \cdot \overline{sv} \ldots\ldots \text{Ampere} \quad \ldots\ldots\ldots (68)$$

d) Die abgegebene Leistung L_2.

Bei Ableitung der Konstanten C_{I_2} haben wir gesehen, daß die zugeführte und die abgegebene Leistung, die bei einer verlustlosen Maschine einander gleich sein müssen,

$$L_1 = L_2 = \frac{C_L}{1000} \cdot st \ldots\ldots \text{Kilowatt}$$

aus der dem Diagramm entnommenen Länge $\overline{st}$ berechnet werden können. Werden die Verluste berücksichtigt, so wird sich das im Diagramm dadurch äußern, daß st in bezug auf die abgegebene Leistung eine den Verlusten entsprechende Verkürzung erfährt. Die Konstante C_{L_1} bleibt auch in diesem Falle für die zugeführte und abgegebene Leistung bestehen.

Bei unserem verlustlosen Motor haben wir im vorhergehenden Absatz 3 die abgegebene Leistung nur als elektrische Leistung

$$L_2 = \frac{a_2 \cdot E_2 \cdot I_2}{1000} = \frac{C_{L_1}}{1000} \cdot st \ldots\ldots \text{Elektr. kw} \quad \ldots\ldots (69)$$

beim Transformatorenbetrieb betrachtet. Gehen wir zum Motorenbetrieb über, so gibt der Rotor mechanische Leistung ab, und ihre Größe ist leicht zu bestimmen. Da Verluste nicht vorhanden sind, muß die mechanische Leistung genau dem mechanischen Äquivalent der elektrischen Leistung gleich sein, wie sich wiederum aus dem Prinzip der Erhaltung der Energie ergibt.

Durch die Einführung der neuen Einheit:

1 Großpferd = 1 mech. Kilowatt

können wir zur Ermittlung der mechanischen Leistung die Konstante C_{L_1} unverändert benützen, denn es ist die mechanische Leistung:

$$L_2 = \frac{C_{L_1}}{1000} \cdot st \text{ Großpferde} \quad \ldots\ldots\ldots (70)$$

Die neuen vom AEF vorgeschlagenen Einheiten bieten aber noch eine weitere Annehmlichkeit. Mechanische Leistung ist bekanntlich

$$L_2 = \text{Kraft} \times \text{Geschwindigkeit},$$
$$= \text{Drehmoment} \times \text{Winkelgeschwindigkeit},$$

und durch Einführung der neuen Krafteinheit Vis ist es sogar möglich geworden, unter Beibehaltung derselben Konstanten C_{L_1} die mechanische Leistung auszudrücken

$$L_2 = \frac{C_{L_1}}{1000} \cdot st \ldots\ldots \text{Vismeter i. d. Sekunde} \quad \ldots\ldots (71)$$

Das Drehmoment M in Vismetern ergibt sich aus der mechanischen Leistung durch Division mit der Winkelgeschwindigkeit

$$M = \frac{L_2}{\omega_m} = \frac{C_{L_1} \cdot s\, t}{1000 \cdot \omega_m} \text{ ...... Vismeter} \quad \text{. . . . . (72)}$$

Hierbei ist unter ω_m die mechanische Winkelgeschwindigkeit des Rotors

$$\omega_m = \frac{2\,\pi \cdot n_2}{60} \quad \text{. . . . . (73)}$$

zu verstehen, nicht die elektrische. n_2 ist die Anzahl der Umdrehungen des Rotors in der Minute unter Berücksichtigung der Schlüpfung.

Die elektrische Winkelgeschwindigkeit = Kreisfrequenz ist dagegen, wenn f_1 die Frequenz bedeutet

$$\omega = 2\,\pi \cdot f_1 \quad \text{. . . . . (75)}$$

und sie ist mit der mechanichen nur bei einer synchron laufenden zweipoligen Maschine identisch.

11. Einfluß des Rotorwiderstandes; Rotorverluste und Schlüpfung.

Bisher haben wir die Wicklungen des Stators und des Rotors als widerstandslos angenommen, und wir wollen nun untersuchen, wie sich das Verhalten des Motors gestaltet, wenn der Ohmsche Widerstand der Rotorwicklung berücksichtigt wird.

Wir werden zuerst den Einfluß des Rotorwiderstandes feststellen, weil sich sein Einfluß viel einfacher darstellen läßt als beim Statorwiderstand. Den Einfluß des Statorwiderstandes werden wir im nächsten Abschnitt betrachten und es mag schon jetzt bemerkt werden, daß der Statorwiderstand das Diagramm ziemlich kompliziert. Das Heyland- und das Ossanna-Diagramm, die den Inhalt der beiden nächsten Kapitel bilden, unterscheiden sich nur dadurch, daß im Heyland-Diagramm der Statorwiderstand nur näherungsweise, im Ossanna-Diagramm aber ganz exakt berücksichtigt wird.

a) Der Kurzschlußzustand.

Bei dem bisher betrachteten ganz verlustlos arbeitenden Motor, dessen Rotorwiderstand als unendlich klein angenommen wurde, genügte eine unendlich kleine Schlüpfung, um einen Rotorstrom beliebiger Größe hervorzurufen. Bei stillstehendem Rotor befand sich der Motor im idealen Kurzschluß, d. h. der Stator- und Rotorstrom fielen mit der Richtung der Diagrammbasis $u\,d$ Abb. 21 zusammen und das resultierende Rotorfeld (siehe die Tabelle zu Abb. 21) war Null.

Hat nun die Wicklung des Rotors in jeder Phase einen Widerstand R_2, so gilt in jedem beliebigen Belastungszustande für den Rotor das Ohmsche Gesetz und es ist

$$I_2 = \frac{E_2}{R_2} \quad \text{. . . . . (76)}$$

Das Ohmsche Gesetz läßt sich unter Benützung der Gleichungen (50) und (68) in Beziehung zum Diagramm bringen, und es liegt der Fall besonders einfach, wenn wir den Punkt s' bestimmen wollen, in dem sich die Spitze des Stromdreiecks im Kurzschlußzustande Abb. 26 befindet. Wir erhalten

$$I_2 = C_{I_2} \cdot \overline{s\,v} = C_{I_2} \cdot (1 + \tau_1) \cdot \overline{s\,b}$$
$$E_2 = C_{E_2} \cdot \overline{s'\,d}$$

und wenn wir diese Ausdrücke in die Gleichung 76 einführen, so wird

$$\operatorname{tg} \beta = \frac{\overline{s'\,d}}{\overline{s'\,b}} = R_2 (1 + \tau_1) \frac{C_{I_2}}{C_{E_2}} \quad \ldots \ldots \quad (77)$$

Das Verhältnis $\overline{s'\,d} : \overline{b\,s'}$ ist durch die Größe des Rotorwiderstandes R_2 durch die beiden Konstanten C_{I_2} und C_{E_2} und durch den primären Streuungskoeffizient τ_1 genau bestimmt, und wir können dieses Verhältnis als die Tangente des in die Abb. 26 eingezeichneten Winkels β auffassen.

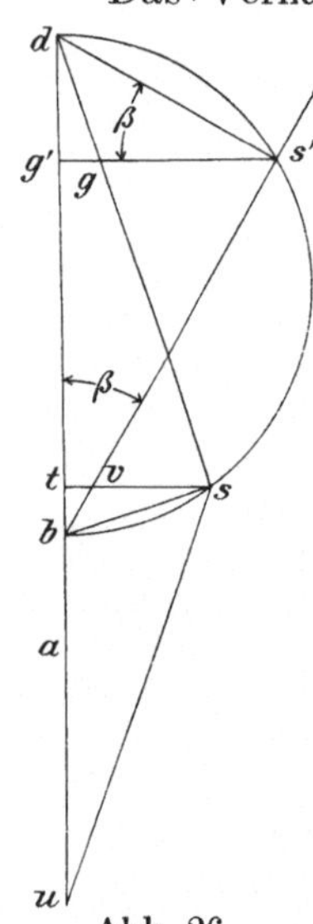

Abb. 26.

Die Gleichung 77 läßt sich noch in anderer Form schreiben, wenn wir laut Gleichung 67 und 56 setzen

$$C_{I_2} = \frac{a_1 \cdot k_1 \cdot N_1}{a_2 \cdot k_2 \cdot N_2} \cdot \frac{I_m}{\overline{u\,b}}$$

Ebenso läßt sich C_{E_2} gemäß den Gleichungen 51 und 47 darstellen in der Form:

$$C_{E_2} = \frac{k_2 \cdot N_2}{k_1 \cdot N_1} \cdot \frac{E_1}{(1 + \tau_1)\,\overline{b\,d}}$$

und wir erhalten daher

$$\operatorname{tg} \beta = R_2 (1 + \tau_1) \frac{C_{I_2}}{C_{E_2}}$$
$$= R_2 \frac{a_1}{a_2} \cdot \frac{I_m}{\tau \cdot E_1} \cdot \left[\frac{k_1 \cdot N_1}{k_2 \cdot N_2} (1 + \tau_1)\right]^2 \quad . \quad (78)$$

Bei Leerlauf wird der Motor trotz des Rotorwiderstandes R_2 im Synchronismus laufen, wenn wir annehmen, daß der Motor gar keine Reibungswiderstände besitzt. Beim reibungslosen Rotor wird ein unendlich kleiner Rotorstrom genügen, um den Synchronismus aufrecht zu erhalten. Wir können daher sagen, daß bei Leerlauf der Statorstrom $\overline{u\,b}$, also gleich dem Magnetisierungsstrom und der Rotorstrom gleich Null ist. Daraus folgt, daß die Einführung des Rotorwiderstandes auf das Felddiagramm und insbesondere auf die Größe des konstanten Statorfeldes $\overline{a\,d}$ ohne jeden Einfluß ist.

Die Einführung des Winkels β und der Geraden $b\,s'$ lehrt uns, daß mit steigender Belastung die Spitze des Stromdreiecks $u\,s\,b$ vom Punkt b aus auf dem Diagrammkreis wandert und bei Stillstand den Punkt s' erreicht, nicht aber bis zum Punkt d gelangen kann, wie beim widerstandslosen Rotor im idealen Kurzschlußzustande.

b) Die Jouleschen Verluste im Rotor.

Die Gerade $\overline{b\,s'}$, die mit der Diagrammbasis den Winkel β einschließt, können wir in einfachster Weise benützen, um den Jouleschen Verlust in der Rotorwicklung in jedem beliebigen Belastungszustande dem Diagramm entnehmen zu können. Es läßt sich nämlich sehr einfach beweisen, daß

$$\overline{t\,v}\cdot C_{L_1} = a_2 \cdot I_2^2 \cdot R_2 \quad \ldots\ldots\ldots \quad (79)$$

Wie wir wissen, ist die vom Motor aufgenommene Leistung

$$L_1 = C_{L_1} \cdot \overline{t\,s}.$$

Die Gerade $\overline{b\,s'}$ teilt nun in jedem beliebigen Belastungszustande die Leistungsgerade $\overline{t\,s}$ in einem Punkt v derart, daß $\overline{t\,v}\cdot C_{L_1}$ gleich dem Jouleschen Verlust im Rotor ist. Andererseits ist der Verlust durch Stromwärme in jeder Phase $I_2^2 \cdot R_2$, und da der Rotor a_2 Phasen besitzt, entsteht die in Gleichung 79 ausgedrückte Bedingung.

Zum Beweis für die Richtigkeit der Gleichung (79) setzen wir

$$I_2 = C_{I_2} \cdot (1 + \tau_1)\, \overline{b\,s}$$

und erhalten

$$\overline{t\,v}\cdot C_{L_1} = R_2 \cdot a_2 \,[C_{I_2} \cdot (1 + \tau_1)]^2 \cdot \overline{b\,s}^2.$$

Aus der Ähnlichkeit der beiden Dreiecke $s\,b\,t$ und $d\,b\,s$ ergibt sich die Proportion

$$\frac{\overline{b\,s}}{\overline{b\,t}} = \frac{\overline{b\,d}}{\overline{b\,s}}$$

und daraus

$$\overline{b\,s}^2 = \overline{b\,t} \cdot \overline{b\,d}.$$

Es ist demnach

$$\operatorname{tg} \beta = \frac{\overline{t\,v}}{\overline{b\,t}} = \frac{R_2 \cdot a_2 \cdot C_{I_2}^2 (1 + \tau_1)^2 \cdot \overline{b\,d}}{C_{L_1}} \quad \ldots\ldots \quad (80)$$

und wenn wir C_{I_2} wie im vorhergehenden Absatz laut Gleichung (67) und (56) und C_{L1} laut Gleichung (62) einsetzen, so erhalten wir für tg β genau denselben Wert, wie wir ihn aus der Gleichung (78) bereits kennen, nämlich

$$\operatorname{tg} \beta = R_2 \frac{a_2 \cdot C_{I_2}^2 (1 + \tau_1)^2 \,\overline{b\,d}}{C_{L1}} = R_2 \frac{a_1}{a_2} \frac{I_m}{\tau \cdot E_1} \cdot \left[\frac{k_1 \cdot N_1}{k_2 \cdot N_2} (1 + \tau_1)\right]^2. \quad (81)$$

Es ist somit die Richtigkeit der angegebenen Konstruktion und gleichzeitig auch die Richtigkeit der Konstanten C bewiesen.

c) Die Schlüpfung.

Im Synchronismus ist die Drehzahl des Rotors n_2 gleich der Drehzahl des Statorfeldes n_1, und sie steht mit der Frequenz des zugeführten Stromes in der bekannten Beziehung

$$\frac{n_1 \cdot p}{60} = f_1 .$$

Hieraus folgt durch eine einfache Überlegung, daß die Frequenz im Rotor

$$f_2 = \frac{(n_1 - n_2) \cdot p}{60}$$

sein muß, wenn der Rotor mit kleinerer Drehzahl n_2 läuft, als dem Synchronismus entspricht. Es ist

bei Synchronismus $n_2 = n_1$; $f_2 = 0$,
bei Stillstand $n_2 = 0$; $f_2 = f_1$.

Es ist üblich, die Schlüpfung s in Prozenten der synchronen Drehzahl oder der Frequenz des zugeführten Stromes anzugeben, und man erhält folgende einfache Beziehungen:

$$\frac{s}{100} = \frac{n_1 - n_2}{n_1} = \frac{f_2}{f_1} \quad \ldots \ldots \ldots \quad (82)$$

Damit ist aber die Bedeutung der Schlüpfung noch nicht erschöpft. Es ist ohne weiteres klar, daß die Schlüpfung einen Verlust bedeutet. Es ergibt sich schon daraus, daß wir bei unseren früheren Betrachtungen, als wir den Motor als verlustlos arbeitend ansahen, eine genaue Angabe über die Größe der Schlüpfung nicht machen konnten; eine unendlich kleine Schlüpfung genügte, um jeden beliebigen Rotorstrom hervorzurufen.

Der Rotorwiderstand bedingt in elektrischer Beziehung einen Wattverlust durch Stromwärme und in mechanischer Beziehung eine Verminderung der Drehzahl und damit einen Verlust an Geschwindigkeit bzw. an Leistung. Die prozentuale Größe dieser Verluste muß daher notwendigerweise gleich der prozentualen Schlüpfung sein, und es ist

$$\frac{s}{100} = \frac{V_2}{L_1} = \frac{L_1 - L_2}{L_1} \quad \ldots \ldots \ldots \quad (83)$$

Im Diagramm wird der Rotorverlust V_2 durch $\overline{tv}$, die aufgenommene Leistung L_1 durch $\overline{ts}$ dargestellt und die graphische Darstellung der Gleichung (83) ist daher

$$\frac{s}{100} = \frac{tv}{ts} \quad \ldots \ldots \ldots \ldots \quad (84)$$

Unter Benutzung der in Gleichung 80 festgelegten Beziehung

$$\overline{tv} = bt \cdot \operatorname{tg} \beta$$

wird

$$\frac{s}{100} = \frac{bt}{ts} \cdot \operatorname{tg} \beta = \frac{\overline{bs}}{sd} \cdot \operatorname{tg} \beta,$$

welch letzterer Ausdruck sich aus der Ähnlichkeit

$$\Delta\, sbt \sim \Delta\, dbs$$

ergibt. Fällen wir nun vom Punkt s', der dem Kurzschluß entspricht, die senkrechte $\overline{s'g'}$ auf die Diagrammbasis, so besteht auch Ähnlichkeit zwischen den Dreiecken

$$\Delta\, bsd \sim \Delta\, gg'd$$

und es wird

$$\frac{s}{100} = \frac{\overline{bs}}{\overline{sd}} \cdot \operatorname{tg} \beta = \frac{\overline{g'g}}{\overline{g'd}} \cdot \operatorname{tg} \beta .$$

Während beim Quotient $\frac{\overline{bs}}{\overline{sd}}$ der Zähler und Nennner bei verschiedener Belastung variabel ist, hat der Quotient $\frac{\overline{g'g}}{\overline{g'd}}$ nur einen variablen Zähler, dagegen einen konstanten Nenner, Dadurch gewinnen wir die Möglichkeit, die Schlüpfung sehr bequem graphisch darstellen zu können, denn wenn wir beachten, daß

$$\sphericalangle g' s' d = \beta ,$$

so können wir $\overline{g'd}$ durch den Ausdruck ersetzen

$$\overline{g'd} = \overline{g's'} \cdot \operatorname{tg} \beta$$

und es ist

$$\frac{s}{100} = \frac{\overline{g'g}}{\overline{g's'}} \qquad (85)$$

Wir brauchen zur diagrammatischen Darstellung der Schlüpfung einfach die Strecke $\overline{g's'}$ in 100 Teile zu teilen, wobei g' dem Nullpunkt dieser Skala entspricht, so ist der von der Geraden $\overline{ds}$ auf $\overline{g's'}$ abgeschnittene Teil $\overline{g'g}$ direkt die prozentuale Schlüpfung

$$s = \overline{g'g} \qquad (86)$$

Bei kleinen Schlüpfungen wird dieser Maßstab unvorteilhaft klein und bietet nicht die wünschenswerte Genauigkeit der Ablesung. Man kann diesem Übelstand abhelfen, wenn man in größerer Entfernung als g' vom Punkt d liegt, also z. B. vom Punkt u aus, eine Parallele zu $\overline{g's'}$ zieht. Der Schlüpfungsmaßstab ist auf dieser Geraden im Verhältnis $\frac{\overline{du}}{\overline{dg'}}$ vergrößert.

d) Die abgegebene Leistung und das Drehmoment.

Wir haben für die Schlüpfung eine ganze Anzahl verschiedener Ausdrücke kennen gelernt, die aber alle eine besondere physikalische Bedeutung haben und die wir benötigen, um das Verhalten des Motors verstehen, messen und berechnen zu können.

Die Beziehung

$$\frac{s}{100} = \frac{n_1 - n_2}{n_1} \qquad (87)$$

brauchen wir, um mit dem Tachometer, die Beziehung

$$\frac{s}{100} = \frac{f_2}{f_1} \qquad (88)$$

um mit dem Frequenzmesser die Schlüpfung zu bestimmen.

Die Formel

$$\frac{s}{100}=\frac{V_2}{L_1}=\frac{L_1-L_2}{L_1} \quad \ldots\ldots\ldots \quad (89)$$

diente uns nicht nur, um einen graphischen Ausdruck für die Schlüpfung

$$s=g'g \quad \ldots\ldots\ldots\ldots \quad (90)$$

und für den Jouleschen Verlust im Rotor

$$V_2=C_{L_1}\cdot \overline{tv} \ldots\ldots \text{Watt} \quad \ldots\ldots\ldots \quad (91)$$

zu finden, sondern sie lehrt auch, daß die vom Motor abgegebene Nutzleistung

$$L_2=\frac{C_{L_1}}{1000}\cdot \overline{vs'} \ldots\ldots \text{Kilowatt} \quad \ldots \quad (92)$$

sein muß.

Endlich ist noch nach einer graphischen Darstellung des Drehmomentes zu suchen. Es ist klar, daß für das Drehmoment nur die Strecken $\overline{ts}$ oder $\overline{vs}$ in Frage kommen können, aber es ist nicht ohne weiteres zu entscheiden, welche dieser Strecken die richtige ist.

Aus den bisherigen Ausführungen ergibt sich sofort, daß

$$\frac{\overline{vs}}{\overline{ts}}=\frac{100-s}{100}=\frac{n_2}{n_1}$$

oder daß

$$\frac{\overline{ts}}{n_1}=\frac{\overline{vs}}{n_2} \quad \ldots\ldots\ldots\ldots \quad (93)$$

Nun ist $\overline{ts}$ die zugeführte und $\overline{vs}$ die abgegebene Leistung, und Leistung dividiert durch Drehzahl bez. Winkelgeschwindigkeit ergibt ein Drehmoment. Wir könnten daher das Drehmoment laut Gleichung 93 durch $\overline{ts}$ oder $\overline{vs}$ darstellen; es unterliegt aber gar keinem Zweifel, daß $\overline{ts}$ den viel bequemeren Maßstab bildet, da in Gleichung 93 $\overline{ts}$ den konstanten Nenner n_1 = synchrone Drehzahl, $\overline{vs}$ aber den inkonstanten Nenner n_2 = Drehzahl des Rotors besitzt.

$\overline{ts}$ stellt in erster Linie die primäre Leistung dar,

$$L_1=\frac{C_{L_1}}{1000}\cdot \overline{ts} \ldots\ldots \text{Kilowatt, Vismeter i. d. Sekunde} \quad . \quad (94)$$

und um das Drehmoment in Vismetern zu erhalten, müssen wir nur diese Leistung durch die mechanische Winkelgeschwindigkeit im Synchronismus

$$\omega_1=\frac{2\cdot\pi\cdot n_1}{60}$$

dividieren.

Es wird mithin das Drehmoment

$$M=C_M\cdot \overline{ts} \ldots\ldots \text{Vismeter} \quad \ldots\ldots \quad (95)$$

und die Konstante

$$C_M=\frac{C_{L_1}}{1000\cdot\omega_1}=\frac{60\cdot C_{L_1}}{1000\cdot 2\cdot\pi\cdot n_1} \quad \ldots\ldots \quad (96)$$

12. Einfluß des Statorwiderstandes.

Die Methode zur Berücksichtigung des Statorwiderstandes, die jetzt beschrieben wird, erhebt auf Eleganz keinen Anspruch; sie bietet aber, bevor das Heyland- und Ossanna-Diagramm abgeleitet wird, zwei große Vorteile. Sie ist erstens absolut richtig und liefert dieselben genauen Resultate wie das Ossanna-Diagramm, und sie läßt zweitens klar die Vernachlässigungen und Ungenauigkeiten erkennen, die im Heyland-Diagramm begangen werden.

Abb. 27 stellt das Kreisdiagramm bei einer beliebigen Belastung, bei der der Statorstrom us ist, dar. Bisher, bei widerstandsloser Statorwicklung haben wir angenommen, daß auf den Stator eine konstante Klemmenspannung uk wirkt, die kompensiert werden muß durch die konstante EMGK $E_1 = \overline{um'}$, die an Größe der Klemmenspannung gleich ist. Besitzt aber die Statorwicklung in jeder Phase einen Ohmschen Widerstand R_1, so verursacht der Statorstrom I_1 einen Spannungsverlust von der Größe

$$e_1 = R_1 \cdot I_1 = R_1 \cdot C_{I_1} \cdot us \text{ ..... Volt,}$$

der auch in der Form ausgedrückt werden kann

$$e_1 = C_e \cdot us \text{ ..... Volt} \qquad (97)$$

Für die Konstante C_e ergibt sich der Wert

$$C_e = R_1 \cdot C_{I_1} \qquad (98)$$

Die Strecke uk, die im Diagramm die auf den Motor wirkende EMK E_1 darstellt, ist bestimmt durch die Beziehung

$$uk = \frac{E_1}{C_e} \qquad (99)$$

Damit auf den Motor eine EMK von der Größe E_1 bzw. uk wirken und gleichzeitig den Spannungsverlust e_1, bzw. $\overline{us}$ gedeckt werden kann, muß die Klemmenspannung des Stators E bzw. $\overline{um}$ gleich der Resultante von E_1 und e_1 sein.

Das Diagramm $ubds$ Abb. 27 entspricht daher nicht dem Betrieb mit einer konstanten Klemmenspannung E, sondern dem Betrieb mit einer konstanten Stator-EMK E_1 und variablen Klemmenspannung E. Um diesen im Diagramm dargestellten Betriebszustand herbeizuführen, müßte für jede einzelne Belastung die Größe der Resultierenden $\overline{um}$ berechnet und der Motor mit der entsprechenden Klemmenspannung E betrieben werden.

Experimentell könnte man diese Belastungszustände ohne Rechnung so herbeiführen, daß man eine in die Statornuten gelegte Hilfswicklung an ein Voltmeter anschließt und bei den verschiedenen Belastungen die Klemmenspannung E so reguliert, daß dieses Voltmeter stets denselben Ausschlag beibehält. Die Hilfswicklung wird nämlich nur vom resultierenden Statorfluß $\overline{ad}$ bei der konstanten Frequenz f_1 induziert, und der konstante Voltmeterausschlag würde beweisen, daß das Statorfeld ad, die elektromotorische Gegenkraft E_g

und die dem Stator aufgeprägte EMK E_1 bei allen Belastungsstadien unverändert geblieben sind.

Alle bisher entwickelten Kreisdiagramme entsprechen der Voraussetzung, daß die Stator-EMK E_1 konstant ist; sie gelten, wie man kurz sagt, für konstante EMK.

Wir werden im nächsten Kapitel sehen, daß auch das Heylanddiagramm, obschon es den Wattverlust in der Statorwicklung annähernd berücksichtigt, dennoch nur für konstante EMK Geltung hat, weil wohl die Joulesche Wärme, nicht aber der Spannungsverlust in der Statorwicklung in Rechnung gezogen wird.

Das Ossannadiagramm gilt dagegen für konstante Klemmenspannung E und berücksichtigt mit vollkommener Genauigkeit

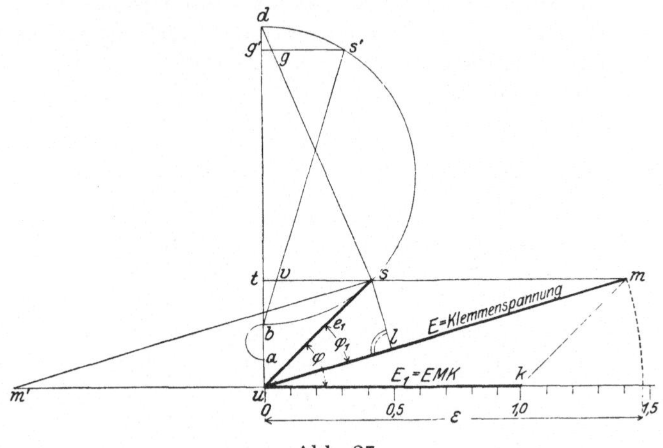

Abb. 27.

die Reduktion der Stator-EMK E_1 infolge des Spannungsabfalls. Das Ossannadiagramm, Abb. 38 und folgende, hat als Abszisse die Gerade $\overline{um}$ der Abb. 27 und der Spannungsverlust $\overline{us}$ bedingt, daß der Ossannakreis gegenüber dem ursprünglichen Diagrammkreis bd einen kleineren Durchmesser hat und andere Mittelpunktskoordinaten besitzt.

Wir können aber auch das Diagramm Abb. 27 sofort benützen, um es für konstante Klemmenspannung brauchbar zu machen. Wir müssen nur bedenken, daß Abb. 27 richtig ist für eine variable Klemmenspannung E bzw. $\overline{um}$, während wir ein Diagramm haben wollen, das richtig ist für eine konstante Klemmenspannung E_1 bez. uk.

Das Diagramm ist daher in jedem Betriebszustand zu groß im Verhältnis

$$\varepsilon = \frac{E}{E_1} = \frac{\overline{um}}{uk} \quad . \; . \; . \; . \; . \; . \; . \; . \quad (100)$$

und wir müssen alle Strecken des Diagramms mit ε dividieren, um Resultate zu erhalten, die nicht für konstante EMK, sondern für konstante Klemmenspannung richtig sind.

Bei konstanter Klemmenspannung ist im gezeichneten Belastungszustand Abb. 27:

der Statorfluß (Gleichung 44)

$$\Phi_1 = C_\Phi \cdot \frac{ad}{\varepsilon} \ldots\ldots \text{Kraftlinien}$$

der Rotorfluß (Gleichung 45)

$$\Phi_2 = C_\Phi \cdot \frac{sd}{\varepsilon} \ldots\ldots \text{Kraftlinien}$$

die Stator-EMK (Gleichung 46)

$$E_1 = C_{E_1} \cdot \frac{ad}{\varepsilon} \ldots\ldots \text{Volt}$$

die Rotor-EMK (Gleichung 53)

$$E_2 = C_E \cdot \frac{s}{100} \cdot \frac{sd}{\varepsilon} \ldots\ldots \text{Volt}$$

der Statorstrom (Gleichung 57)

$$I_1 = C_{I_1} \cdot \frac{\overline{us}}{\varepsilon} \ldots\ldots \text{Ampere}$$

der Rotorstrom (Gleichung 68)

$$I_2 = C_{I_2} \cdot \frac{\overline{sv}}{\varepsilon} = C_{I_2} \cdot (1 + \tau_1) \cdot \frac{\overline{sb}}{\varepsilon} \ldots\ldots \text{Ampere}$$

die Leistungsaufnahme

$$L_1 = C_{L_1} \cdot \frac{\overline{ul}}{\varepsilon} \ldots\ldots \text{Watt}$$

die Leistungsabgabe (Gleichung 92)

$$L_2 = C_{L_1} \cdot \frac{\overline{vs}}{\varepsilon^2} \ldots\ldots \text{Watt}$$

das Drehmoment (Gleichung 95)

$$M = C_M \cdot \frac{\overline{ts}}{\varepsilon^2} \ldots\ldots \text{Vismeter}$$

die Schlüpfung (Gleichung 86)

$$S = \overline{g'g} \ldots\ldots \text{Prozent.}$$

Zu dieser Tabelle ist zu bemerken, daß Rotorleistung und Drehmoment im Verhältnis ε^2 zu verkleinern sind, was sofort einzusehen ist, wenn man bedenkt, daß diese Größen im Diagramm eigentlich durch Flächen repräsentiert sind (Gleichung 63). Ebenso kann man sich vorstellen, daß z. B. die Leistung dem Produkt aus $E \cdot I$ gleich ist, und da E und I im Verhältnis ε zu verkleinern sind, muß die

Leistung natürlich um ε^2 verkleinert werden. Dagegen bleibt die Schlüpfung unverändert, da sie laut Gleichung (89) das Verhältnis zweier Leistungen darstellt und sich daher ε^2 im Zähler und Nenner aufhebt.

Die zugeführte Leistung ist in Abb. 27 natürlich durch die senkrechte Projektion des Stromvektors $\overline{us}$ auf die Klemmenspannung $\overline{um}$, also durch $\overline{ul}$ dargestellt. Noch einfacher wird die primäre Leistung erhalten durch $\overline{sw}$, Fig. 28. Der Punkt w auf der Geraden $\overline{sm'}$ dieser Abbildung liegt bei allen Belastungsstadien auf dem von u nach m' geschlagenen Halbkreis.

Die Größe ε kann man sehr einfach auf graphischem Wege erhalten, indem man in Abb. 27 die Abszisse uk mit einer Teilung versieht, wobei $\overline{uk}$ die Einheit dieser Teilung vorstellt. In einem beliebigen Belastungszustand braucht man nur die zugehörige Strecke $\overline{um}$ auf diesen Abszissenmaßstab abzugreifen, um direkt ε zu erhalten.

Die Methode, überhaupt die Division der dem Diagramm entnommenen Strecken durch ε ist sicher schwerfällig und unbequem. Man wird sich aber dennoch mit Erfolg dieser Methode bedienen, wenn von einem Motor nur das Heylanddiagramm, nicht das Ossannadiagramm vorliegt, und wenn man nur für wenige besondere Belastungszustände (z. B. Anlaufstrom bei Kurzschlußanker, oder wirklicher Leistungsfaktor und Wirkungsgrad bei Normalleistung) möglichst genaue und richtige Werte haben will.

Das Heylanddiagramm kann nämlich bei kleinen Motoren mit schlechtem Wirkungsgrad, besonders bei hohem Widerstand der Statorwicklung beträchtlich falsche Werte liefern, wie durch die Beispiele in den Abschnitten 20 und 35, die allerdings einen extrem schlechten Motor behandeln, zu ersehen ist.

13. Maximaler Leistungsfaktor.

Bei Vernachlässigung des Statorwiderstandes wird $\cos\varphi$ in der Weise graphisch dargestellt, daß Abb. 28 von u aus mit einem beliebigen Radius $\overline{us}$ ein Kreisbogen beschrieben wird. Die Projektion $\overline{us''}$ auf die Abszisse stellt direkt den Wert $\cos\varphi$ dar, wenn $\overline{us'}$ der Einheit gleichgesetzt wird; denn es ist

$$\frac{\overline{us''}}{\overline{us'}} = \frac{\cos\varphi}{\cos o}$$

und daher
$$\cos\varphi = \overline{us''}$$

Von großem Interesse für die Beurteilung dor Güte eines Motors ist die Kenntnis des maximalen Leistungsfaktors, mit dem der Motor zu arbeiten imstande ist. $\cos\varphi$ wird offenbar dann ein Maximum, wenn der Winkel φ seinen kleinsten Wert besitzt, und dies tritt dann ein, wenn $\overline{us}$, der Radiusvektor des Primärstromes, Tangente an den Diagrammkreis wird. In diesem Falle ist der Winkel uso

ein rechter und daher Winkel $u\,o\,s = \varphi$. Bei maximalem $\cos\varphi$ gelten infolgedessen die Beziehungen:

$$\cos\varphi_{\max} = \frac{\overline{o\,s}}{\overline{o\,u}} = \frac{\overline{b\,o}}{\overline{o\,u}}.$$

Es ist nun
$$b\,o = \frac{b\,d}{2}$$

$$\overline{u\,o} = \frac{b\,d}{2} + u\,b,$$

und ferner
$$\frac{\overline{u\,b}}{b\,d} = \tau.$$

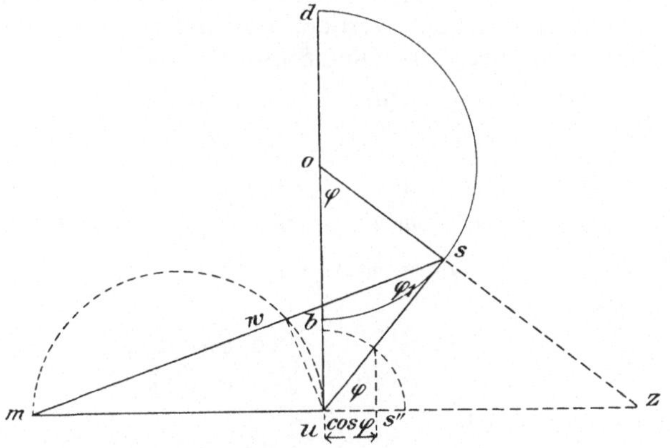

Abb. 28.

Daher ist der maximale Leistungsfaktor:

$$\cos\varphi_{\max} = \frac{1}{1 + 2\,\tau} \quad \text{. . . . . (101)}$$

Das Heylandsche Diagramm vernachlässigt, wie schon mehrfach erwähnt wurde, den Spannungsverlust in der Statorwicklung und es gibt daher für den maximalen Leistungsfaktor denselben Wert wie Gleichung (101), die unter vollständiger Vernachlässigung des Statorwiderstandes abgeleitet wurde.

Die in Abschnitt 12 und in Abb. 27 angegebene Methode zur Berücksichtigung des Statorwiderstandes liefert aber ganz richtige Werte für den Leistungsfaktor, und es soll daher untersucht werden, wie die Gleichung (101) durch den Widerstand der Statorwicklung modifiziert wird.

In Abb. 28 bezeichnet wie in Abb. 27 $\overline{m\,u}$ die auf den Stator wirkende EMK, $\overline{u\,s}$ den Spannungsabfall in der Statorwicklung und $\overline{m\,s}$ die Klemmenspannung des Stators; der Phasenverschiebungswinkel bei Vernachlässigung des Statorwiderstandes ist φ, bei Berücksichtigung desselben φ_1.

Aus dem Sinussatz folgt, daß Abb. 28

$$\overline{m\,u}\cdot\sin\varphi_1=\overline{m\,s}\cdot\sin\varphi.$$

Es ist nun nach Gleichung (101)

$$\frac{\overline{m\,s}}{\overline{m\,u}}=\varepsilon,$$

und daher wird
$$\sin\varphi_1=\frac{\sin\varphi}{\varepsilon}\qquad\text{. . . . . (102)}$$

Eine einfache Beziehung zwischen dem Kosinus der beiden Winkel φ_1 und φ besteht nicht. Es läßt sich aber mit Hilfe dieser Gleichung der Leistungsfaktor φ_1 aus dem Diagramm, das ohne Berücksichtigung des Statorwiderstandes konstruiert ist, berechnen.

Es soll noch festgestellt werden, welche Größe φ_1 besitzt, wenn $\cos\varphi$ ein Maximum ist. Aus dem Sinussatz folgt

$$\frac{\sin(\varphi_1+90)}{\overline{m\,z}}=\frac{\sin(180-\varphi)}{\overline{m\,s}},$$

ferner
$$\frac{\sin\varphi_1}{\overline{m\,u}}=\frac{\sin\varphi}{\overline{m\,s}},$$

und es ist
$$\overline{m\,z}=\overline{m\,u}+\overline{u\,o}\,\mathrm{tg}\,\varphi.$$

Daher wird

$$\frac{\cos\varphi_1}{\overline{m\,u}+\overline{u\,o}\cdot\mathrm{tg}\,\varphi}=\frac{\cos\varphi\cdot\sin\varphi_1}{\overline{m\,u}\cdot\sin\varphi}$$

und hieraus erhalten wir

$$\mathrm{tg}\,\varphi_1=\frac{1}{\frac{\overline{u\,o}}{\overline{u\,m}}+\mathrm{cotg}\,\varphi}$$

Für $\frac{\overline{u\,o}}{\overline{u\,m}}$ kann ein anderer Ausdruck gewählt werden. Es ist nämlich

$$\overline{u\,o}=\frac{1+2\,\tau}{2\,\tau}\cdot u\,b$$

$$\overline{u\,m}=\frac{E_1}{I_m\cdot R_1}\cdot u\,b,$$

daher
$$\frac{\overline{u\,o}}{\overline{u\,m}}=\frac{I_m\cdot R_1}{E_1}\cdot\frac{1+2\,\tau}{2\cdot\tau}$$

und es wird

$$\mathrm{cotg}\,\varphi_1=\frac{I_m\cdot R_1}{E_1}\cdot\frac{1+2\,\tau}{2\,\tau}+\mathrm{cotg}\,\varphi\qquad\text{. . . . . (103)}$$

Diese Gleichung hat nicht allgemeine Gültigkeit, sondern sie gilt nur, wenn φ ein Minimum, also $\cos\varphi$ ein Maximum ist. Wird der Statorwiderstand vernachlässigt, so wird $R_1=0$ und $\varphi_1=\varphi$.

Die Gleichung (103) läßt sich noch etwas umformen. Da für $\cos\varphi$ der Ausdruck nach Gleichung (101) bekannt ist, wird nämlich

$$\operatorname{cotg}\varphi = \frac{\cos\varphi}{\sqrt{1+\cos^2\varphi}} = \frac{1}{2\tau\sqrt{\frac{1+\tau}{\tau}}}.$$

Außerdem läßt sich statt des in Gleichung (103) angegebenen Ausdrucks für $\operatorname{cotg}\varphi_1$ leicht ein Ausdruck für $\cos\varphi_1$ gewinnen nach der Gleichung

$$\cos\varphi_1 = \frac{\operatorname{cotg}\varphi_1}{\sqrt{1+\operatorname{cotg}^2\varphi_1}}$$

und es wird

$$\cos\varphi_1 = \frac{1}{\sqrt{1+\left(\frac{2E_1\cdot\tau\sqrt{\frac{1+\tau}{\tau}}}{I_m\cdot R_1\cdot(1+2\tau)\sqrt{\frac{1+\tau}{\tau}}+E_1}\right)^2}}\,. \quad (104)$$

14. Beispiele.

Als Beispiel sei nochmals der Motor gewählt, den wir bereits im 6. Abschnitt unter der Annahme, daß er streungsfrei sei, untersucht haben. Die mechanischen Dimensionen des Motors sind:

$D = 20$ cm $\qquad p = 2$
$b = 10$ cm $\qquad$ Nutenzahl des Stators $= 36$
$F_l = 157$ cm² $\qquad$ Nutenzahl des Rotors $= 48$
$\delta = 0{,}1$ cm

Stator und Rotor sollen dreiphasig gewickelt werden und die zur Berechnung der Wicklungen nötigen Koeffizienten c und k können der Tabelle Seite 20 entnommen werden. Die elektrischen Daten des Motors sind folgende:

$a_1 = 3 \qquad a_2 = 3$
$m_1 = 3 \qquad m_2 = 4$
$c_1 = 0{,}593 \qquad c_2 =$ wird nicht benötigt
$k_1 = 0{,}958 \qquad k_2 = 0{,}964$
$R_1 = 4{,}5$ Ohm $\qquad R_2 = 0{,}9$ Ohm
$N_1 =$ zu berechnen $\qquad N_2 = 224$
$\tau_1 = 0{,}12 \qquad \tau_2 = 0{,}08$
$\tau = \tau_1 + \tau_2 + \tau_1\cdot\tau_2 = 0{,}21$

Die Frequenz des zugeführten Drehstromes ist

$$f_1 = 50$$

und die Drahtzahl jeder Phase der Statorwicklung soll unter der Annahme berechnet werden, daß die Luftinduktion

$$\mathfrak{B}_l \approx 5000$$

sein soll.

Stator und Rotor sind in Y geschaltet, die Statorklemmenspannung ist daher 190 Volt, und die Phasenspannung

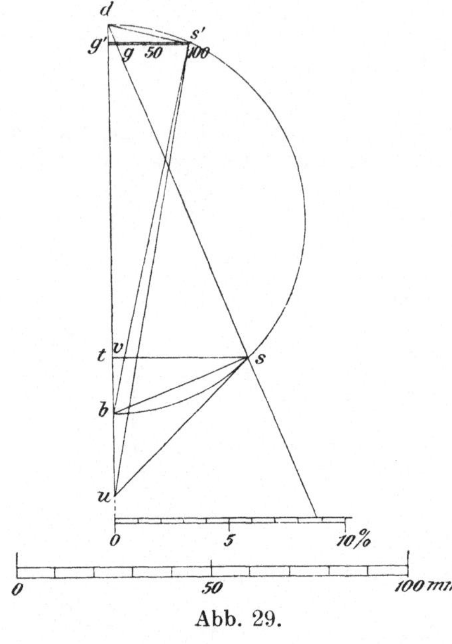

Abb. 29.

$$E_1 = 110 \text{ Volt}.$$

Die Rechnung soll zweimal durchgeführt werden, einmal unter Vernachlässigung des Statorwiderstandes, das zweite Mal unter seiner Berücksichtigung.

a) Statorwiderstand = Null.

Wir können sofort das Diagramm Abb. 29 zeichnen, wenn wir den Durchmesser des Diagrammkreises bd in einer beliebigen Größe, z. B. 100 mm, annehmen. Wir erhalten:

$\overline{bd} = 100$ mm

$ab = \tau_1 \cdot bd = 0{,}12 \cdot 100 = 12$ mm

$ub = \tau \cdot bd = 0{,}21 \cdot 100 = 21$ mm.

Da die Luftinduktion $\mathfrak{B}_l$ ungefähr 5000 betragen soll, wird der gesamte Luftinduktionsfluß in der Luft

(112) $$\Phi_l = c_1 \cdot \mathfrak{B}_l \cdot F_l = 0{,}593 \cdot 5000 \cdot 157 = 465000.$$

Hieraus ergibt sich die Drahtzahl jeder Phase der Statorwicklung nach Gleichung (16)

(111) $$N_1 = \frac{E_1 \cdot 10^8}{(1 + \tau_1)\, 2{,}22 \cdot k_1 \cdot \Phi_l \cdot f_1}$$

$$= \frac{110 \cdot 10^8}{1{,}12 \cdot 2{,}22 \cdot 0{,}958 \cdot 465000 \cdot 50} = 200.$$

Da für jede Phase des Stators 12 Nuten zur Verfügung stehen, muß die berechnete Zahl von 200 auf einen möglichen Wert, d. h. auf ein Vielfaches von 12, abgerundet werden, und wir wählen

$$N_1 = 192.$$

Unter abermaliger Benutzung der Gleichung (16) finden wir. daß der gesamte Induktionsfluß in der Luft

$$\Phi_l = 483000 \text{ Kraftlinien}$$

und die maximale Luftinduktion

$$\mathfrak{B}_l = 5180 \text{ Kraftlinien/cm}^2.$$

Nun können wir nach Gleichung (54) den Magnetisierungsstrom berechnen und erhalten

$$I_m = \frac{1{,}6 \cdot p \cdot \delta \cdot \mathfrak{B}}{\sqrt{2} \cdot N_1} = \frac{1{,}6 \cdot 2 \cdot 0{,}1 \cdot 5180}{1{,}414 \cdot 192} = 6{,}11 \text{ Ampere}.$$

Auf Grund dieser wenigen Vorbereitungen lassen sich jetzt alle konstanten C bestimmen, und wir erhalten nach den Gleichungen

$$(56) \qquad C_{I_1} = \frac{I_m}{u b} = \frac{6{,}11}{21} = 0{,}291$$

$$(67) \qquad C_{I_2} = \frac{a_1 \cdot k_1 \cdot N_1}{a_2 \cdot k_2 \cdot N_2} \cdot C_{I_1} = \frac{3 \cdot 0{,}958 \cdot 192}{3 \cdot 0{,}964 \cdot 224} 0{,}291 = 0{,}248$$

$$(47) \qquad C_{E_1} = \frac{E_1}{a d} = \frac{110}{112} = 0{,}980$$

$$(51) \qquad C_{E_2} = \frac{k_2 \cdot N_2}{k_1 \cdot N_1} C_{E_1} = \frac{0{,}964 \cdot 224}{0{,}958 \cdot 192} \cdot 0{,}980 = 1{,}15$$

$$(62) \qquad C^{L_1} = a_1 \cdot E_1 \cdot C_{I_1} = 3 \cdot 110 \cdot 0{,}291 = 96{,}03$$

$$(96) \qquad C_M = \frac{60}{2 \cdot \pi \cdot n_1} \cdot \frac{C_L}{1000} = \frac{60}{2 \cdot \pi \cdot 1500} \cdot \frac{96{,}03}{1000} = 0{,}000613$$

$$(77) \qquad \operatorname{tg} \beta = R_2 (1 + \tau_1) \frac{C_{I_2}}{C_{E_2}} = 0{,}9 \cdot 1{,}12 \frac{0{,}248}{1{,}15} = 0{,}216$$

Im Diagramm haben wir noch die Gerade $b\,v\,s'$ unter dem Winkel β einzutragen, und außerdem die Punkte $d\,s'g'$ durch Linien zu verbinden, die ebenfalls den Winkel β einschließen. $\overline{g's'}$ müssen wir in hundert Teile teilen, um die Schlüpfung ablesen zu können.

Um das Verhalten des Motors bei Belastung zu studieren, wählen wir den Zustand, in dem sein Leistungsfaktor ein Maximum ist, nämlich

$$\cos \varphi_{\max} = \frac{1}{1 + 2\tau} = \frac{1}{1 + 2 \cdot 0{,}21} = 0{,}705$$

und wir müssen demgemäß $\overline{u s}$ als Tangente an den Diagrammkreis ziehen.

Ferner sind noch die Linien $t s$, $\overline{s d}$ und $\overline{s b}$ zu zeichnen, und wir messen nun im Diagramm

$\overline{u s} = 50$ mm $\qquad \overline{t v} = 3{,}1$ mm
$\overline{b s} = 38$ mm $\qquad \overline{v s} = 32{,}3$ mm
$\overline{t s} = 35{,}4$ mm

und erhalten

Statorstrom	$= C_{I_1} \cdot \overline{u s} = 0{,}291 \cdot 50 = 14{,}55$ Ampere
Rotorstrom	$= C_{I_2} \cdot (1 + \tau_1)\, b s = 0{,}248 \cdot 1{,}12 \cdot 38 = 10{,}55$ Amp.
Leistungsaufnahme	$= C_{L_1} \cdot t s = 96{,}03 \cdot 35{,}4 = 3400$ Watt
Leistungsabgabe	$= C_{L_1} \cdot v s = 96{,}03 \cdot 32{,}3 = 3100$ Watt
Rotorverlust	$= C_{L_1} \cdot t v = 96{,}03 \cdot 3{,}1 = 300$ Watt
Drehmoment	$= C_M \cdot t s = 0{,}000613 \cdot 35{,}4 = 0{,}021$ Vismeter
	$= 0{,}021 \cdot 102 = 2{,}142$ Kilobarmeter (Kilogrammet.).

Die Schlüpfung lesen wir am Schlüpfungsmaßstab bei g ab zu 8,8 %. Um kleine Schlüpfungen mit großer Genauigkeit ablesen zu können, kann man unterhalb u parallel zu $\overline{gs}$ einen vergrößerten Schlüpfungsmaßstab einzeichnen.

Die Drehzahl des Motors ist bei dieser Belastung

$$n_2 = n_1\left(1 - \frac{s}{100}\right) = 1500\left(1 - \frac{8{,}8}{100}\right) = 1370$$

und der Wirkungsgrad des Motors

$$\eta = \frac{L_2}{L_1} = \frac{3100}{3400} = 0{,}91.$$

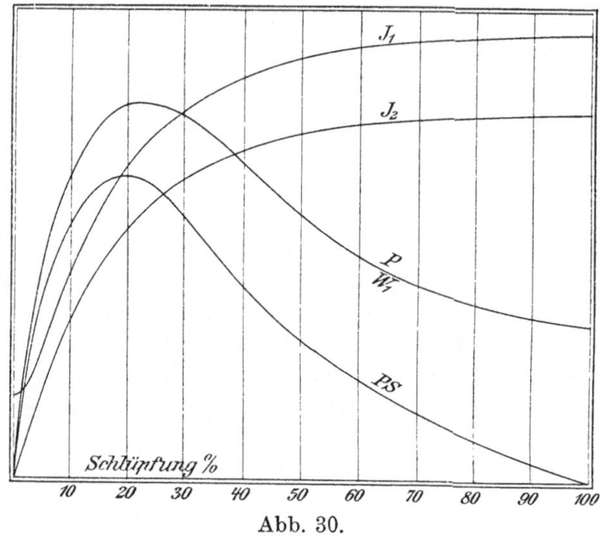

Abb. 30.

Bei Stillstand fällt die Spitze des Stromdreiecks nach s', ts geht dadurch über in $g's'$. Wir messen im Diagramm:

$$\overline{us'} = 119 \text{ mm}$$
$$bs' = 98 \text{ mm}$$
$$s'g' = 20 \text{ mm}.$$

Es wird demnach beim Stillstand

Statorstrom $= I_1 = C_{I_1} \cdot us' = 0{,}291 \cdot 119 = 34{,}7$ Amp.
Rotorstrom $= J = C_{I_2} \cdot (1 + \tau_1)\, bs' = 0{,}248 \cdot 1{,}08 \cdot 98 = 26{,}6$ Amp.
Leistungsaufnahme $= L_1 = C_{L_1} \cdot s'g' = 96{,}03 \cdot 20 = 1920$ Watt
Drehmoment $= M = C_M \cdot s'g' = 0{,}000613 \cdot 20 = 0{,}01226$ Vismeter
$= 0{,}01226 \cdot 102 = 1{,}25$ Kilobarmet. (Kilogrammet.)

In Abb. 30 sind in rechtwinkligen Koordinaten alle Größen des Motors dargestellt als Funktion der Schlüpfung. Auf die Abszisse sind die prozentualen Schlüpfungen aufgetragen.

Es ist noch von Interesse festzustellen, wie groß die im stillstehenden Rotor in der Wicklung jeder Phase induzierte EMK ist, und wir erhalten einfach

$$E_2 = C_{E_2} \cdot b\,d = 1{,}15 \cdot 100 = 115 \text{ Volt}$$

und da die Rotorwicklung im Y geschaltet ist, beträgt die Schleifringspannung $= \sqrt{3} \cdot 115 = 199$ Volt.

Es ist sehr lehrreich, diese Resultate mit dem Beispiel in Abschnitt 6, das denselben Motor unter Vernachlässigung der Streuung behandelt, zu vergleichen. In beiden Fällen ist die Luftinduktion

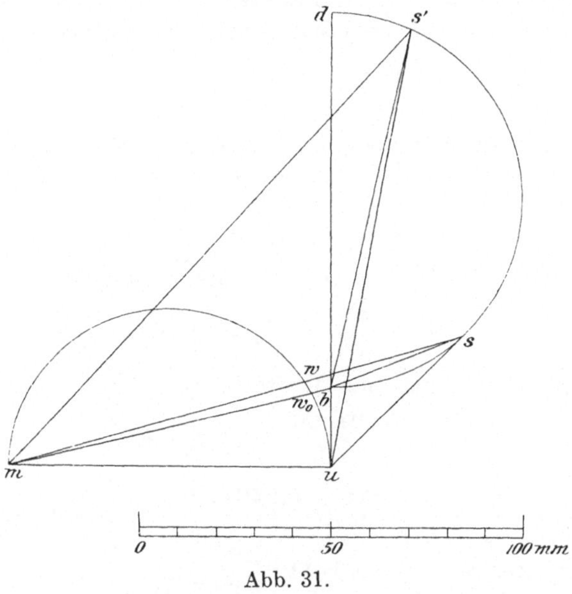

Abb. 31.

fast genau dieselbe und ebenso natürlich die im stillstehenden Rotor induzierte EMK. Unter Berücksichtigung der Streuung müssen wir aber die Drahtzahl der Statorwicklung von 216 auf 192 reduzieren, um dieselbe Luftinduktion wie beim streuungsfreien Motor zu erhalten.

b) Statorwiderstand = 4,5 Ohm.

Um das Verhalten des Motors bei Berücksichtigung des Widerstandes der Statorwicklung festzulegen, könnten wir das Diagramm Abb. 29 benützen. Um diese Figur nicht durch eine zu große Linienzahl unübersichtlich zu gestalten, ist die auf den Statorwiderstand bezügliche Konstruktion in einem besonderen Diagramm Abb. 31 vorgenommen. Wir haben die Linie $\overline{u\,m}$ in solcher Größe zu zeichnen, daß nach den Gleichungen (97—99)

$$\frac{\overline{ub}}{\overline{u\,m}} = \frac{I_m \cdot R_1}{E_1} = C_{I_1} \cdot \overline{ub} \cdot \frac{R_1}{E_1}$$

folglich $$\overline{um} = \frac{E_1}{C_{I_1} \cdot R_1} = \frac{110}{0,291 \cdot 4,5} = 84 \text{ mm}.$$

Bei Leerlauf wird

$$\varepsilon_0 = \frac{\overline{mb}}{\overline{mu}} = \frac{87}{84} = 1,035$$

und der Magnetisierungsstrom

$$I_m = \frac{C_{I_1} \cdot \overline{ub}}{\varepsilon_0} = \frac{0,291 \cdot 21}{1,035} = 5,9 \text{ Ampere}.$$

Die Strecke, die den Wattkonsum bei Leerlauf darstellt, ist $\overline{w_0 b}$, und daher wird der Leerlaufverlust des Motors

$$V_1 = C_{L_1} \cdot \frac{\overline{w_0 b}}{\varepsilon} = \frac{96,03 \cdot 5,1}{1,035} = 470 \text{ Watt}.$$

Dieser Verlust wird lediglich durch den Widerstand der Statorwicklung verursacht, und er muß daher auch in nachstehender Weise zu berechnen sein:

$$V_1 = a_1 \cdot I_m^2 \cdot R_1 = 3 \cdot 5,9^2 \cdot 4,5 = 470 \text{ Watt}.$$

Bei mittlerer Belastung ($\cos \varphi$ = Maximum) wird

$$\varepsilon = \frac{\overline{ms}}{\overline{mu}} = \frac{123}{84} = 1,46$$

und es ergeben sich folgende Werte:

$$I_1 = \frac{C_{I_1} \cdot \overline{us}}{\varepsilon} = \frac{0,291 \cdot 50}{1,46} = 10 \text{ Ampere},$$

$$I_2 = \frac{C_{I_2} \cdot (1 + \tau_1) \overline{bs}}{\varepsilon} = \frac{0,248 \cdot 1,12 \cdot 38}{1,46} = 7,2 \text{ Ampere}.$$

$$L_1 = \frac{C_{L_1} \cdot \overline{ws}}{\varepsilon} = \frac{96,03 \cdot 44}{1,46} = 2900 \text{ Watt},$$

$$L_2 = \frac{C_{L_1} \cdot \overline{sv}}{\varepsilon^2} = \frac{96,03 \cdot 32,3}{2,14} = 1450 \text{ Watt},$$

$$V_1 = C_{L_1} \left(\frac{\overline{ws}}{\varepsilon} - \frac{\overline{ts}}{\varepsilon^2} \right) = 96,03 \left(\frac{44}{1,46} - \frac{35,4}{2,14} \right) = 1310 \text{ Watt}.$$

$$V_2 = \frac{C_{L_1} \overline{tv}}{\varepsilon^2} = \frac{96,03 \cdot 3,1}{2,14} = 140 \text{ Watt},$$

$$M = \frac{C_M \cdot \overline{ts}}{\varepsilon^2} = \frac{0,000613 \cdot 35,4}{2,14} = 0,0197 \text{ Vismeter},$$

$$= 0,0197 \cdot 102 = 2,01 \text{ Kilobarmeter}.$$

Der Wirkungsgrad ist nur

$$\eta = \frac{L_2}{L_1} = \frac{1450}{2900} = 0,5.$$

Natürlich muß man für V_1 und V_2 die gleichen Resultate erhalten, wenn man schreibt:

$$V_1 = a_1 \cdot I_1^2 \cdot R_1 = 3 \cdot 10^2 \cdot 4{,}5 = 1310 \text{ Watt},$$
$$V_2 = a_2 \cdot I_2^2 \cdot R_2 = 3 \cdot 7{,}2^2 \cdot 0{,}9 = 140 \text{ Watt}.$$

Die Schlüpfung $s = 8{,}8\,^0/_0$

ist dieselbe geblieben, wie wir sie bei Vernachlässigung des Statorwiderstandes gefunden haben. Bei Stillstand wird

$$\varepsilon = \frac{\overline{ms'}}{\overline{mu}} = \frac{156}{84} = 1{,}86$$

und es ergeben sich dann folgende Werte:

$$I_1 = \frac{C_{I_1} \cdot \overline{us'}}{\varepsilon} = \frac{0{,}291 \cdot 119}{1{,}86} = 18{,}6 \text{ Ampere},$$

$$I_2 = \frac{C_{I_2} \cdot (1 + \tau_1)\, bs'}{\varepsilon} = \frac{0{,}248 \cdot 1{,}12 \cdot 98}{1{,}86} = 14{,}5 \text{ Ampere},$$

$$L_1 = \frac{C_{L_1} \cdot \overline{w' \cdot s'}}{\varepsilon} = \frac{96{,}03 \cdot 100}{1{,}86} = 5160 \text{ Watt},$$

$$L_2 = 0.$$

$$V_1 = C_{L_1} \cdot \left(\frac{n' s'}{\varepsilon} - \frac{g' s'}{\varepsilon^2}\right) = 96{,}03 \cdot \left(\frac{100}{1{,}86} - \frac{20}{1{,}86^2}\right) = 4600 \text{ Watt}.$$

$$V_2 = C_{L_1} \cdot \frac{g' s'}{\varepsilon^2} = 96{,}03 \cdot \frac{20}{3{,}46} = 560 \text{ Watt},$$

$$M = C_M \cdot \frac{g' s'}{\varepsilon^2} = \frac{0{,}000613 \cdot 20}{3{,}46} = 0{,}00355 \text{ Vismeter},$$

$$= 0{,}00355 \cdot 102 = 0{,}362 \text{ Kilobarmeter (Kilogrammeter)}.$$

$$V_2 = L_1 - V_1 = 5160 - 4600 = 560 \text{ Watt}.$$

Die letzte Beziehung ist deshalb zulässig, weil die Leistung des stillstehenden Motors Null ist; der ganze zugeführte elektrische Effekt wird in den Widerständen der Wicklungen vernichtet, d. h. in Wärme umgesetzt. Natürlich erhält man V_1 und V_2 auch durch die Gleichungen:

$$V_1 = 3 \cdot I_1^2 \cdot R_1 = 3 \cdot 18{,}6^2 \cdot 4{,}5 = 4600 \text{ Watt},$$
$$V_2 = 3 \cdot I_2^2 \cdot R_2 = 3 \cdot 14{,}5^2 \cdot 0{,}9 = 560 \text{ Watt}.$$

In Abb. 32 sind Zugkräfte, Ströme, Leistungen für alle Belastungsstadien als Funktion der Schlüpfung in einem rechtwinkligen Koordinatensystem dargestellt. Ein Vergleich der Abb. 30 und 32 zeigt deutlich die Abnahme der obigen Größen infolge des Statorwiderstandes.

Der maximale Leistungsfaktor des Motors läßt sich in folgender Weise berechnen. Bei Vernachlässigung des Statorwiderstandes ist

$$\cos \varphi_{\max} = \frac{1}{1 + 2\tau} = \frac{1}{1{,}42} = 0{,}707.$$

Daher ist

$$\operatorname{cotg} \varphi = \frac{\cos \varphi}{\sqrt{1 - \cos^2 \varphi}} = \frac{0,707}{\sqrt{1 - 0,707^2}} = 1 .$$

Es ist nun nach Gleichung (103), wenn mit φ_1 der Phasenverschiebungswinkel bei Berücksichtigung des Statorwiderstandes bezeichnet wird,

$$\operatorname{cotg} \varphi_1 = \frac{I_m \cdot R_1}{E_1} \cdot \frac{1 + 2\tau}{2\tau} + \operatorname{cotg} \varphi$$

$$= \frac{6,11 \cdot 4,5}{110} \cdot \frac{1,42}{0,42} + 1 = 1,84 .$$

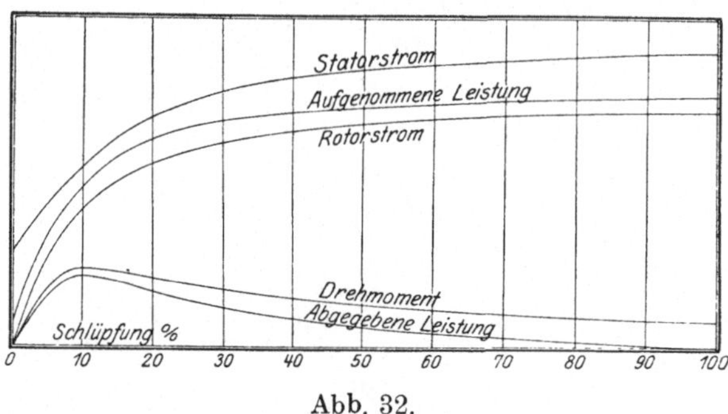

Abb. 32.

Es ist demnach

$$\cos \varphi_1 = \frac{\operatorname{cotg} \varphi_1}{\sqrt{1 + \operatorname{cotg}^2 \varphi_1}} = \frac{1,84}{\sqrt{1 + 1,84^2}} = 0,877 .$$

III. Das Heyland-Diagramm.

(Streuungskreis.)

Das erste und zweite Kapitel behandelt mit erschöpfender Ausführlichkeit die Grundlagen, auf denen die Theorie der Asynchronmaschinen (und Transformatoren) fußt. Das gründliche Studium dieser elementaren Kapitel ist daher allen denen anzuraten, die sich noch nicht eingehend mit diesem Sondergebiet vertraut gemacht haben. Die Leser, die sich schon mit dem Problem des Transformators beschäftigt haben, werden sich mit einem raschen Überlesen dieser Kapitel begnügen können und sie werden ein eingehendes Studium erst bei der Erläuterung der eigentlichen Gebrauchsdiagramme, die die Namen von Heyland und Ossanna tragen. beginnen müssen.

Es erscheint daher angezeigt, daß trotz unvermeidlicher Wiederholungen diese Kapitel so behandelt sind, daß ihr Studium unabhängig vom übrigen Inhalt des Buches und insbesondere unabhängig von den mitunter langwierigen Ableitungen und strengen Beweisen der beiden ersten Kapitel möglich ist. Dieser Standpunkt dürfte um so mehr gerechtfertigt sein mit Rücksicht auf die in der Praxis stehenden Ingenieure, die sich unter Umständen in kurzer Zeit über die Diagramme der Asynchronmotoren informieren wollen.

Um den Lesern die Möglichkeit zu geben, rasch und bequem eine Lücke ihres Wissens auszufüllen oder einen Zweifel zu beheben, ist im nachstehenden immer ein Hinweis gegeben, wo die eingehende Ableitung und Begründung zu finden ist.

15. Beschreibung des Heyland-Diagrammes.

Abb. 33 stellt das Heyland-Diagramm eines Motors dar. Die Basis des Diagrammes ist die Strecke $u\,b\,d$, auf der ein Halbkreis mit dem Durchmesser $\overset{\frown}{b\,d}$ geschlagen ist. Der Maßstab, in dem das Diagramm gezeichnet wird, ist vollkommen beliebig, dagegen ist das Verhältnis des Strecke $u\,b$ zum Kreisdurchmesser $\overline{b\,d}$ durch die Streuungskoeffizienten des Motors genau bestimmt. Bezeichnet man mit τ_1 den Streuungskoeffizient des Stators und mit τ_2 den Streuungskoeffizient des Rotors, so ist

$$a\,b = \tau_1 \cdot \overline{b\,d} \quad \text{. . . . . (105)}$$

$$\overline{u\,a} = \tau_2 \cdot a\,d \quad \text{. . . . . (106)}$$

Aus den beiden genannten Streuungskoeffizienten erhält man den Streuungskoeffizienten des Motors τ nach der Gleichung

$$\tau = \tau_1 + \tau_2 + \tau_1 \cdot \tau_2 \quad \text{. . . . . (107)}$$

und im Diagramm ist

$$u\,b = \tau \cdot b\,d \quad \text{. . . . . (108)}$$

Man kann also den Diagrammkreis auf der Basis $u\,d$ zeichnen, ohne die Spannungen, die Drahtzahlen der Wicklungen oder sonst eine Angabe über den Motor zu kennen; das Verhältnis vom Diagrammkreis zur Strecke $u\,b$ wird einzig und allein durch die Größe des Streuungskoeffizienten bedingt.

Die Strecke $b\,d$ stellt bei stromlosem Rotor der Größe und Richtung nach den Induktionsfluß im Luftzwischenraum eines Poles dar und es ist hierbei gleichgültig, ob der Motor hierbei als leerlaufend und nahezu im Synchronismus befindlich oder als stillstehend mit geöffnetem Rotorstromkreis angenommen wird. Infolge der Statorstreuung ist das Statorfeld größer als das Rotorfeld, es wird im Diagramm durch $a\,d$ repräsentiert und es besteht die Beziehung

$$\frac{a\,d}{b\,d} = \frac{\Phi_1}{\Phi_l} = 1 + \tau_1 \quad \text{. . . . . (109)}$$

$u\,b$ stellt im Diagramm die erregende Kraft oder die Durchflutung oder auch die Stromstärke im Stator vor, die nötig ist, um das Luftfeld $\overline{bd}$ bzw. das Statorfeld ad hervorzurufen. ub nennt man daher kurz den Magnetisierungsstrom.

Wird der Motor belastet, so sind auch die Windungen des Rotors stromdurchflossen und im Diagramm kommt dieser Zustand dadurch zum Ausdruck, daß der Statorstrom von ub auf die Größe $\overline{us}$ angewachsen ist. Der zugehörige Rotorstrom wird im Diagramm durch die Strecke $s\,b\,v$ dargestellt. Der Punkt s fällt mit dem Endpunkt des Statorstromes $\overline{us}$ zusammen, b ist der Fixpunkt auf der Diagrammbasiss $\overline{ud}$ und der Punkt v liegt auf einem über $\overline{ba}$ als Durchmesser beschriebenen Halbkreis. Aus dieser Konstruktion ergibt sich, daß in jedem beliebigen Belastungszustand

$$I_2 = \overline{sv} = (1 + \tau_1)\,\overline{sb} \quad . \; . \; . \; . \; . \; . \; . \; . \; (110)$$

Ursprünglich hatte man die Strecke sb als den Rotorstrom betrachtet und erst weitere Untersuchungen ergaben, daß diese Annahme unrichtig ist, und daß der Rotorstrom durch $\overline{sv}$ darzustellen ist[1]).

In vielen Fällen, so insbesondere bei der Ableitung der Leistung des Rotors, ist es aber zweckmäßig, den Rotorstrom durch $\overline{sb}$ darzustellen, man muß dann dieser Länge in den Gleichungen stets den Faktor $(1 + \tau_1)$ geben, damit die erhaltenen Resultate richtig sind.

Der Statorstrom $\overline{us}$ und die Strecke sb liefern in allen Belastungsstadien als Resultante den konstanten Magnetisierungsstrom ub, der in der Richtung des konstanten Statorfeldes ad gelegen ist.

Statorstrom $\overline{us}$ und Rotorstrom $\overline{sv}$ liefern als Resultante einen Vektor $\overline{uv}$, der in der Richtung des bei dieser Belastung vorhandenen resultierenden Luftfeldes gelegen ist. Siehe Abb. 21 und die dazu gehörende Tabelle. Für die Berechnung werden diese Größen aber nicht benötigt.

Wie bereits erwähnt, ist bei stromlosem Rotor ad der Induktionsfluß im Stator, $\overline{bd}$ der Induktionsfluß im Luftzwischenraum und gleichzeitig der Induktionsfluß im Rotor, da im stromlosen Rotor, wenigstens solange als wir den Eisenwiderstand nicht berücksichtigen, eine Rotorstreuung nicht auftritt. Geradeso wie die Drähte der Statorwicklung vom Statorfeld $\overline{ad}$ mit der Frequenz des zugeführten Mehrphasenstromes induziert werden, so werden die Drähte des stillstehenden, stromlosen Rotors vom Rotorfeld = Luftfeld bd induziert. Wir können daher im Diagramm ad als die Darstellung der auf den Stator wirkenden EMK E_1, $\overline{bd}$ als die Darstellung der im stillstehenden Rotor induzierten EMK E_2 auffassen.

Der eigentliche Vektor der Stator-EMK E_1 ist von u nach rechts gerichtet und besitzt dem Magnetisierungsstrom ub gegenüber eine Voreilung von 90^0. Bei Belastung, wenn der Statorstrom $= \overline{us}$ ist, ist der Phasenverschiebungswinkel $\sphericalangle E_1\,u\,s$ und ist daher kleiner als 90^0.

---

[1]) Siehe Heubach, E.T.Z. 1900, S. 816. Emde, S. 855.

Das Heyland-Diagramm gilt für konstante elektromotorische Kraft: d. h. der Spannungsabfall infolge des Widerstandes der Statorwicklung wird im Heyland-Diagramm nicht berücksichtigt, sondern es wird angenommen, daß die auf den Stator wirkende elektromotorische Kraft bei allen Belastungszuständen konstant $= E_1$ und gleich der Klemmenspannung ist. Infolge dieser Annahme gestalten sich alle Verhältnisse beim Heyland-Diagramm so außerordentlich einfach.

Wegen der Konstanz der Stator-EMK stellt nämlich die von s auf die Diagrammbasis $\overline{ud}$ gefällte Senkrechte $\overline{st}$ nicht nur die Werkkomponente des Statorstromes $\overline{us}$ dar, sondern wir können $\overline{st}$ gleichzeitig als die elektrische Leistung L_1 auffassen, die der Motor in dem gezeichneten Betriebszustande aufnimmt. Es folgt dies sofort aus der Überlegung, daß

$$\overline{ts} = \overline{us} \cdot \cos \varphi .$$

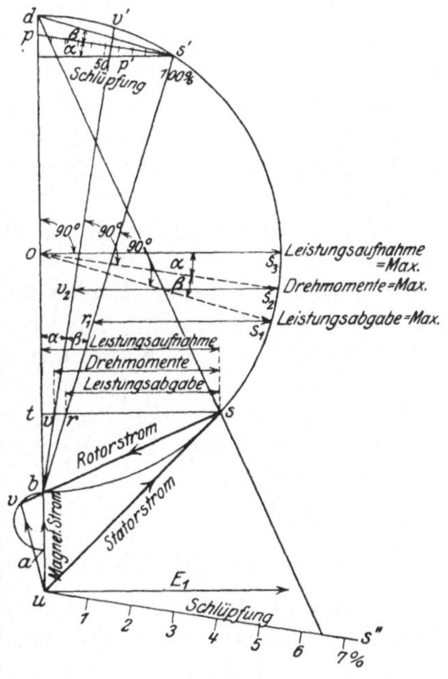

Abb. 33.

Bis hierher gelten ohne Ausnahme alle Betrachtungen, die im zweiten Kapitel unter der Annahme gemacht wurden, daß der Motor vollkommen verlustlos arbeitet. Im Abschnitt 11 haben wir eine sehr einfache Methode kennen gelernt, wie der Rotorwiderstand im Diagramm zu berücksichtigen ist. Im Abschnitt 12 wurde dagegen gezeigt, daß es beträchtlich größere Schwierigkeiten verursacht, den Widerstand der Statorwicklung zu berücksichtigen. Das Charakteristische des Heyland-Diagramms beruht darin, daß in diesem Diagramm der Einfluß des Statorwiderstandes nach derselben einfachen Methode graphisch zur Darstellung gelangt, wie wir sie für den Rotorwiderstand im 11. Abschnitt kennen gelernt haben. Der Kunstgriff, der hierbei zur Anwendung kommt, beruht darin, daß in bezug auf die Jouleschen Verluste in der Statorwicklung nicht der Statorstrom $\overline{us}$ der Rechnung zugrunde gelegt wird, sondern ein Statorstrom von der Größe $\overline{bs}$. Man kann sich das auch so vorstellen, daß man den wirklichen Statorstrom $\overline{us}$ als die Resultante aus dem konstanten Magnetisierungsstrom $\overline{ub}$ und der Komponente $\overline{bs}$ auffaßt. In bezug auf die Jouleschen Verluste berücksichtigt das Heyland-Diagramm nur die Komponente $\overline{bs}$ des Statorstroms und vernachlässigt die Komponente $\overline{ub}$. Das Heyland-Diagramm ist deshalb mit einem prinzipiellen Fehler behaftet, der aber bei Motoren von hohem Wirkungsgrad oder, genauer ausgedrückt, bei Motoren, die einen kleinen Verlust im Statorkupfer haben, nur klein ist, und in Anbetracht der sonstigen Einfachheit des Diagrammes ruhig in Kauf genommen werden kann. Die genaue Berücksichtigung des Statorwiderstandes führt zum Ossanna-Diagramm, das im nächsten Kapitel beschrieben ist.

Die einfache von Heyland angegebene Darstellung des Verlustes im Statorkupfer führt zu folgender Konstruktion im Diagramm: Von Punkt b aus sind zwei gerade Linien so zu ziehen, daß sie den Winkel α bzw. den Winkel $\alpha+\beta$ mit der Diagrammbasis ud einschließen. Die beiden Geraden schneiden die früher erwähnte Strecke $\overline{st}$ in den Punkten v und r.

$\overline{ts}$ stellt, wie wir bereits wissen, die vom Motor aufgenommene Leistung L_1 dar. $\overline{tv}$ ist der Joulesche Verlust im Stator-, $\overline{vr}$ im Rotorkupfer, $\overline{rs}$ daher die vom Motor abgegebene mechanische Nutzleistung L_2, da wir ja vorläufig die Annahme machen, das andere Verluste als in den Ohmschen Widerständen der Wicklungen nicht auftreten.

Die Schlüpfung wird im Diagramm in folgender Weise dargestellt: Vom Punkt s' wird auf die Diagrammbasis eine Senkrechte gefällt und zu dieser Senkrechten um den Winkel α geneigt die Strecke $\overline{s'p}$ eingetragen, Die Strecke $\overline{ps'}$ wird in hundert Teile eingeteilt, wobei p dem Nullpunkt, s' dem Wert 100 entspricht. Die von d nach s gezogene Gerade schneidet auf dem Maßstab ps' eine Strecke $\overline{pp'}$ ab, die der prozentualen Schlüpfung entspricht. Damit ist die Konstruktion des Heyland-Diagrammes vollendet.

Wie die Winkel α und β zu berechnen sind, wird im 17. Abschnitt angegeben.

16. Die Diagrammkonstanten.

Wenn im vorhergehenden Abschnitt gesagt ist, $\overline{us}$ = Statorstrom, $\overline{sv}$ = Roterstrom, so war das eigentlich nur in dem Sinne zu verstehen, daß sich die Rotor-Amperewindungen zu den Stator-Amperewindungen verhalten, wie $\overline{sv}$ zu $\overline{us}$. Diese Proportionalität würde in bezug auf Rotor- und Stator**strom** nur dann bestehen, wenn der Rotor ganz identisch wie der Stator gebaut und gewickelt wäre; wenn also der Rotor gleiche Phasen-, Nuten- und Drahtzahlen besäße wie der Stator. Nur in diesem Falle wäre der Proportionalitätsfaktor = 1. Um einen guten Anlauf des Motors zu erzielen, muß aber insbesondere die Nutenzahl im Rotor anders sein als im Stator. Ebenso wird nur zufällig einmal der Rotor gleiche Drahtzahl besitzen wie der Stator. Die Drahtzahl des Stators muß der Klemmenspannung, für die der Motor bestimmt ist, entsprechend berechnet werden, während die Schleifringspannung und damit die Drahtzahl des Rotors beliebig, d. h. aus irgendwelchen anderen Zweckmäßigkeitsgründen gewählt werden kann.

Durch die verschiedene Ausführung des Stators und Rotors wird es nötig, Verhältniszahlen einzuführen, die den verschiedenen Nuten- und Drahtzahlen (eventuell Phasenzahlen) im Stator und Rotor Rechnung tragen, und man wird diese Konstanten zweckmäßigerweise so bestimmen, daß sie nicht nur relative Beziehungen zwischen Stator und Rotor angeben, sondern daß sie ermöglichen, aus den dem Diagramm entnommenen Längen für Stromstärken, Leistungen usw. auch sofort ihre wahre Größe in praktischen Einheiten, Ampere, Watt usw. anzugeben.

Den Ausgangspunkt für die Bestimmung dieser „Diagrammkonstanten" bildet natürlich der Stator bezw. der innige Zusammenhang zwischen der Statorspannung E_1, der Drahtzahl der Statorwicklung N_1, der maximalen Luftinduktion $\mathfrak{B}_l$ und dem Magnetisierungstrom I_m.

Drahtzahlen, elektromotorische Kräfte, Stromstärken beziehen sich bei allen in diesem Buch angegebenen Formeln auf je eine Phase im Motor. Ist beispielsweise die Statorwicklung im Y geschaltet, so ist E_1 die Spannung zwischen einer Klemme und dem neutralen Punkt, N_1 die Drahtzahl (= 2 mal Windungszahl) zwischen einer Klemme und dem neutralen Punkt. Ist die Statorwicklung im $\triangle$ geschaltet, so ist E_1 natürlich die Spannung zwischen zwei Klemmen, N_1 die Drahtzahl zwischen zwei Klemmen, I_m dagegen der Magnetisierungsstrom einer Phase im Stator, nicht einer Phase in der Zuleitung zum Motor.

Die Drahtzahl N_1 einer Phase der Statorwicklung wird nach der Gleichung berechnet:

$$\left.\begin{aligned} N_1 &= 2{,}22 \cdot k_1 \cdot E_1 \cdot (1+\tau_1) \cdot \Phi_l \cdot f_1 \cdot 10^{-8} \\ &= 2{,}22 \cdot k_1 \cdot E_1 \cdot (1+\tau_1) \cdot c_1 \cdot \mathfrak{B}_l \cdot F_l \cdot f_1 \cdot 10^{-8} \end{aligned}\right\} \quad . \; . \; (111)$$

denn der Induktionsfluß in der Luft ist

$$\Phi_l = c_1 \cdot \mathfrak{B}_l \cdot F_l \quad . \; . \; . \; . \; . \; . \; . \; . \; (112)$$

Die Konstanten c_1 und k_1 hängen von der Anzahl der Nuten m_1, in die jede Spulenseite unterteilt ist, ab und zu können der Tabelle Seite 20 entnommen werden. Für den Rotor benötigen wir nur die Kenntnis des Koeffizienten k_2, der natürlich von der Anzahl der Nuten m_2 einer jeden Spulenseite im Rotor abhängt; die Kenntnis von c_2 ist nicht erforderlich. Es mag noch besonders bemerkt werden, daß wir vorläufig die doppelt verkettete Streuung vernachlässigen. Die Fehler die wir deshalb bei der praktischen Rechnung zu gewärtigen haben, bewegen sich in der Größenordnung von nur 1 bis 2 Prozent, sind also nicht größer als die Fehler, mit denen das Heyland-Diagramm an und für sich behaftet ist.

Da die Gleichungen für 2- und 3-phasige Motoren gelten sollen und da 2-phasige Statoren meistens mit 3-phasigen Rotoren ausgerüstet werden, werden alle Formeln unter Einführung der Phasenzahl angegeben.

Aus der maximalen Luftinduktion $\mathfrak{B}_l$ läßt sich der Magnetisierungsstrom berechnen:

$$\left.\begin{aligned}I_l &= \frac{1{,}6\sqrt{2}\cdot p\cdot\delta\cdot\mathfrak{B}_l\cdot\sin\frac{90^0}{a_1}}{N_1} &&\text{bei } a_1 \text{ Phasen}\\ &= \frac{1{,}6\cdot p\cdot\delta\cdot\mathfrak{B}_l}{N_1} &&\text{bei 2 ,,}\\ &= \frac{1{,}6\cdot p\cdot\delta\cdot\mathfrak{B}_l}{\sqrt{2}\cdot N_1} &&\text{bei 3 ,,}\end{aligned}\right\} \quad . . (113)$$

Die Gleichung liefert natürlich nur die Stromstärke in Ampere die zur Überwindung des Luftwiderstandes im Luftzwischenraum δ nötig ist. Werden zur Magnetisierung des Eisens A_e Amperewindungen für jedes Polpaar benötigt, deren Größe der Magnetisierungskurve der verwendeten Bleche zu entnehmen ist, so muß A_l um den Betrag vermehrt werden.

$$A_m = A_l + A_e$$

und es ist nach Gleichung (6)

$$\left.\begin{aligned}I_m &= \frac{A_m\cdot\sqrt{2}\cdot p\cdot\sin\frac{90^0}{a_1}}{N_1} &&\text{bei } a_1 \text{ Phasen}\\ &= A_m\cdot\frac{p}{N_1} &&\text{bei 2 ,,}\\ &= A_m\cdot\frac{p}{\sqrt{2}\cdot N_2} &&\text{bei 3 ,,}\end{aligned}\right\} \quad . . . . (114)$$

Nun erhalten wir alle nötigen Diagrammkonstanten, wenn die Drahtzahl N_2 jeder Phase der Rotorwicklung und die Ohmschen Widerstände jeder Phase der Stator- und Rotorwicklung R_1 und R_2 bekannt sind, nach den Gleichungen

(56) $$C_{I_1} = \frac{I_m}{ub} \quad . . . . (115)$$

(67) $$C_{I_2} = \frac{a_1\cdot k_1\cdot N_1}{a_2\cdot k_2\cdot N_2}\cdot C_{I_1} \quad . . . . (116)$$

(47) $$C_{E_1} = \frac{E_1}{ad} \quad . . . . (117)$$

(51) $$C_{E_2} = \frac{k_2\cdot N_2}{k_1\cdot N_1}\cdot C_{E_1} \quad . . . . (118)$$

(62) $$C_{L_1} = a_1\cdot E_1\cdot C_{I_1} \quad . . . . (119)$$

(96) $$C_M = \frac{60}{2\cdot\pi\cdot n_1}\,\frac{C_{L_1}}{1000} \quad . . . . (120)$$

(123) $$\operatorname{tg}\alpha = a_1\cdot R_1\cdot\frac{C_{I_1}^2}{C_{L_1}}\cdot\overline{bd} \quad . . . . (121)$$

$$(124)\quad \operatorname{tg}(\alpha+\beta)=[a_1\cdot R_1\cdot C_{I1}^2+a_2\cdot R_2\cdot C_{I2}^2(1+\tau_1)^2]\,\frac{\overline{bd}}{C_{L_1}}\quad . \; . \;(122)$$

$$=\operatorname{tg}\alpha+\frac{a_2\cdot R_2\cdot C_{I2}^2(1+\tau_1)^2}{C_{L1}}\,\overline{bd}\,.$$

Diese Konstanten liefern durch Multiplikation mit den dem Diagramm entnommenen Längen (in Millimetern) die wahren Werte aller Größen, die im Diagramm graphisch zur Darstellung gelangt sind. In dem in Abb. 33 gezeichneten Belastungszustand ist z. B.

Der Statorstrom $I_1=C_{I_1}\cdot\overline{us}$ ...... Ampere

der Rotorstrom $I_2=C_{I_2}\cdot\overline{sv}$ ...... Ampere

$=C_{I_2}\cdot(1+\tau_1)\,\overline{sb}$ ...... Ampere

die Leistungsaufnahme $L_1=C_{L_1}\cdot\overline{ts}$ ...... Watt

$=\frac{C_{L_1}}{1000}\cdot\overline{ts}$ ...... Kilowatt

der Statorverlust $V_1=C_{L_1}\cdot\overline{tv}$ ...... Watt

der Rotorverlust $V_2=C_{L_1}\cdot\overline{vr}$ ...... Watt

die Leistungsabgabe $L_2=C_{L_1}\cdot\overline{rs}$ ...... Watt

$=\frac{C_{L_1}}{1000}\cdot\overline{rs}$ ...... Kilowatt

$=\frac{C_{L_1}}{1000}\cdot\overline{rs}$ ...... Vismeter/Sek.

$=C_{L_1}\cdot\frac{102}{1000}\cdot\overline{rs}$ ......(Kilogrammeter) Kilobarmeter/Sek.

das Drehmoment $M=C_M\cdot\overline{vs}$ ...... Vismeter

$=C_M\cdot 102\cdot\overline{vs}$ ...... Kilogrammeter

die Schlüpfung $s=\overline{p\cdot p'}$ ...... Prozent.

17. Die Jouleschen Verluste und die Schlüpfung.

Im vorhergehenden Abschnitt sind in den Gleichungen (121) und (122) schon die Ausdrücke tg α und tg $(\alpha+\beta)$ angegeben, aber es ist noch die Ableitung dieser Gleichungen nachzuholen. Diese Ableitung ist sehr einfach, denn sie ist im Prinzip schon im Abschnitt 11 für den Rotorwiderstand angegeben und der Statorwiderstand wird im Heyland-Diagramm genau so in Rechnung gezogen, wie wir es für den Rotorwiderstand bereits kennen.

Im Diagramm Abb. 33 stellt $\overline{ub}$ den Magnetisierungs-, $\overline{us}$ den Stator-, $(1+\tau_1)\cdot\overline{bs}$ den Rotorstrom dar. In bezug auf den durch den Statorwiderstand hervorgerufenen Wattverlust nimmt Heyland an, kann der Statorstrom gleich dem Rotorstrom $\overline{bs}$ angenommen werden, und man kann die Komponente ($\overline{us}$ = Resultierende aus $\overline{bs}$ und $\overline{ub}$) $\overline{ub}$ = Magnetisierungsstrom vernachlässigen.

Im Heyland-Diagramm wird der Spannungsverlust in der Statorwicklung überhaupt nicht zum Ausdruck gebracht, sondern die auf den Stator wirkende elektromotorische Kraft wird in allen Belastungsstadien konstant und der Klemmenspannung gleich angenommen. Der Magnetisierungsstrom wird demgemäß ebenso berechnet wie bei einem verlustlos arbeitenden Motor; die Diagrammkonstanten C sind dieselben, gleichgültig, ob der Motor verlustlos arbeitend oder mit Verlust behaftet angenommen wird, denn die Verluste werden im Diagramm graphisch zum Ausdruck gebracht.

In einem beliebigen Belastungszustand hat der Statorstrom die Größe $\overline{us}$, der Rotorstrom $(1+\tau_1)\ \overline{bs}$; in bezug auf den Wattverlust durch den Ohmschen Widerstand der Statorwicklung ist jedoch der Statorstrom nur mit der Größe bs in Rechnung zu ziehen. Wir können daher den Statorverlust genau in der gleichen Weise berücksichtigen, wie wir dies für den Rotorverlust bereits kennen gelernt haben. Wir erhalten nämlich, wenn wir die Wattlinie st senkrecht auf $\overline{bd}$ ziehen:

$$\Delta\, b\, d\, s \sim \Delta\, b\, s\, t$$

daher

$$\frac{bd}{bs} = \frac{bs}{bt}$$

und infolgedessen

$$bd \cdot bt = bs^2.$$

Da bd eine Konstante, ist demnach bt protional bs^2. Nun ist

$$I_1 = C_{I_1} \cdot us$$

in unserem jetzigen Falle aber, da wir den Magnetisierungsstrom vernachlässigen, müssen wir in bezug auf den Statorwiderstand schreiben

$$I_1 = C_{I_1} \cdot bs$$

und demgemäß wird

$$bt = \frac{1}{bd}\left(\frac{I_I}{C_{I_1}}\right)^2.$$

Tragen wir auf der Wattlinie st eine Strecke tv so auf, daß

$$C_{L_1} \cdot tv = V_1 = a_1 \cdot R_1 \cdot I_1^2,$$

wobei C_{L_1} durch die Gleichung (119) definiert ist, so wird, wenn wir den $\sphericalangle\, tbv$ mit α bezeichnen,

$$\operatorname{tg}\alpha = \frac{tv}{bt} = a_1 \cdot R_1 \cdot \frac{C_{I_1}^2}{C_{L_1}} \cdot bd \quad \ldots \ldots \quad (123)$$

In derselben Weise wird der Rotorwiderstand in Rechnung gezogen. Ziehen wir eine weitere Gerade br im Diagramm und nennen wir den $\sphericalangle\, vbr = \beta$, so ist

$$\frac{\overline{tr}}{tb} = \operatorname{tg}(\alpha + \beta)$$

also konstant. Da auch $\frac{tv}{tb}$ konstant ist, muß auch

$$\frac{\overline{vr}}{\overline{tb}} = \text{konstant}$$

sein. Wir erhalten wieder wie vorher

$$\overline{bt} = \frac{\overline{bs}^2}{\overline{bd}}$$

und nach Einführung der Rotorstromstärke

$$I_2 = C_{I_2} \cdot (1 + \tau_1) \overline{bs}$$

wird

$$\overline{bt} = \frac{1}{\overline{bd}} \left[\frac{I_2}{(1 + \tau_1) C_{I_2}} \right]^2 .$$

Es ist ferner

$$\overline{vr} = \frac{a_2 \cdot R_2 \cdot I_2^2}{C_{L_1}}$$

daher

$$\frac{\overline{vr}}{\overline{bt}} = a_2 \cdot R_2 \cdot \frac{[(1 + \tau_1) C_{I_2}]^2}{C_{L_1}} \cdot \overline{bd} .$$

Es wird demnach

$$\operatorname{tg}(\alpha + \beta) = \frac{\overline{tv} + \overline{vr}}{\overline{bt}} = \frac{\overline{bd}}{C_{L_1}} \{a_1 \cdot R_1 \cdot C_{I1}^2 + a_2 \cdot R_2 [(1 + \tau_1) C_{I_2}]^2\} \quad . \quad 124)$$

Es ist nun, wie wir aus Früherem wissen, $\overline{ts}$ dem Wattkonsum, $\overline{vs}$ dem Drehmoment [vgl. Gleichung (93)], $\overline{rs}$ der mechanischen Leistung proportional.

Wir haben uns zur Ableitung des Diagrammes der beiden Geraden bv und br bedient, weil uns diese Konstruktion bereits aus Abschnitt 11 bekannt war. Heyland wählte in seinem Diagramm eine etwas andere Darstellungsweise, die nun beschrieben werden soll. Vom Mittelpunkt des Diagrammkreises o (Abb. 34) ist eine Senkrechte $\overline{om}$ so zu ziehen, daß

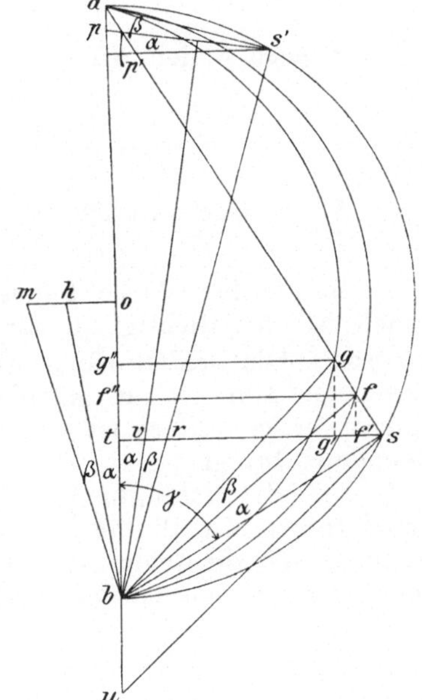

Abb. 34.

$$\frac{\overline{oh}}{\overline{ob}} = \operatorname{tg} \alpha ,$$

$$\frac{\overline{om}}{\overline{ob}} = \operatorname{tg} (\alpha + \beta) .$$

Von den Punkten m und h als Mittelpunkt sind mit den Radien $\overline{hb}$ beziehungsweise $\overline{mb}$ Kreisbogen von b bis d zu ziehen. Diese Kreisbogen werden von der Geraden $\overline{ds}$ in f und g geschnitten.

Zieht man die Linien bf und bg, so ist in jedem beliebigen Belastungsstadium

$$\sphericalangle sbf = \sphericalangle \alpha,$$
$$\sphericalangle fbg = \sphericalangle \beta.$$

Es ist nun, wie sofort bewiesen werden soll,

$$ff'' = \overline{vs},$$
$$\overline{gg''} = \overline{rs},$$

und dies setzt voraus, daß

$$\overline{sf'} = \overline{tv},$$
$$f'g' = vr.$$

Der Beweis hierfür ist leicht zu erbringen. Zunächst sind die Dreiecke einander ähnlich

$$\Delta bts \sim \Delta std \sim \Delta sf'f.$$

Bezeichnen wir den

$$\sphericalangle sbt = \gamma$$

so muß auch

$$\sphericalangle fsf' = \gamma$$

sein. Es ist nun

$$f's = sf \cdot \cos\gamma$$

und

$$sf = bs \cdot \operatorname{tg}\alpha,$$

daher

$$f's = \overline{bs} \cdot \cos\gamma \cdot \operatorname{tg}\alpha.$$

Ebenso finden wir

$$tv = \overline{bt} \cdot \operatorname{tg}\alpha,$$
$$bt = \overline{bs} \cdot \cos\gamma,$$

daher

$$tv = \overline{bs} \cdot \cos\gamma \cdot \operatorname{tg}\alpha.$$

Es ist also wirklich

$$\overline{f's} = tv.$$

In gleicher Weise können wir zeigen, daß $gs = \overline{tr}$, und demnach ist die Richtigkeit der oben aufgestellten Behauptungen bewiesen. Die beiden Konstruktionen: zwei Gerade $\overline{bv}$ und $\overline{br}$ oder zwei von h und m aus geschlagene Kreisbogen sind daher vollständig gleichwertig, und es ist Geschmacksache, welche man lieber in Anwendung bringt.

Um die Schlüpfung im Diagramm zur Darstellung zu bringen, wiederholen wir die im 11. Abschnitt ausführlich begründete Überlegung, daß die Schlüpfung dem Rotorverlust proportional sein muß, oder genauer ausgedrückt, daß

$$\frac{s}{100} = \frac{\overline{vr}}{\overline{vs}} \quad \text{. . . . .} \quad (125)$$

$\overline{vr}$ ist der Verlust im Rotor, $\overline{vs}$ die auf den Rotor übertragene Leistung.

Die Verlustgerade $\overline{br}$ schneidet den Hauptdiagrammkreis im Punkt s', der dem Stillstand des Motors bei kurzgeschlossenem Rotor entspricht. Vom Punkt s' zieht man nun die beiden Geraden $s'd$, $s'p$ so, daß sie mit der von s' auf die Diagrammbasis gefällte Senkrechten die Winkel α und $\alpha+\beta$ einschließen (Abb. 33 und 34).

Wegen der Ähnlichkeit der Dreiecke

$$\varDelta\, b v r \sim \varDelta\, s' p d$$

verhält sich

$$\frac{\overline{v r}}{v b} = \frac{\overline{p d}}{\overline{p s'}}.$$

Setzt man für $\overline{v r}$ den aus dieser Proportion erhältlichen Ausdruck in die Gleichung 125 ein, so wird

$$\frac{s}{100} = \frac{\overline{v b}}{\overline{v s}} \cdot \frac{\overline{p d}}{\overline{p s'}}.$$

Nun besteht außerdem Ähnlichkeit zwischen den Dreiecken

$$\varDelta\, b v s \sim \varDelta\, p' p d,$$

daher ist

$$\frac{\overline{v b}}{\overline{v s}} = \frac{\overline{p p'}}{\overline{p d}}$$

und man erhält die gesuchte Beziehung

$$\frac{s}{100} = \frac{\overline{p p'}}{\overline{p s'}} \quad \ldots\ldots\ldots\ldots (126)$$

Man braucht daher nur die Strecke $\overline{p s'}$ mit dem Nullpunkt in p in 100 Teile zu teilen, dann schneidet die Verbindungslinie $\overline{d s}$ diese Skale in dem Punkt, der der Schlüpfung entspricht:

$$s = \overline{p p'} \quad \ldots\ldots\ldots\ldots (127)$$

Wir haben uns bei der Ableitung der Schlüpfung der Verlustgeraden $b v$ und $b r$ bedient, wir hätten aber das gleiche Resultat erhalten, wenn wir hier die Heylandschen Verlustkreise mit den Mittelpunkten h und m (Fig. 34) zum Ausgangspunkt unserer Betrachtungen genommen hätten. Der Kurzschlußpunkt s' steht mit dem Verlustkreis $b f d$ in der Beziehung, daß $\overline{d s'}$ Tangente an diesen Kreis im Punkt d ist.

Der großen Einfachheit und Bequemlichkeit des Heylandschen Diagrammes stehen die Nachteile gegenüber, daß der Statorverlust und der $\cos\varphi$ nicht streng richtig wiedergegeben werden. Einen wirklichen Nachteil bedingt dies nur dann, wenn der Statorspannungsverlust einen nennenswerten Prozentsatz der Klemmenspannung ausmacht, also bei kleinen und schlechten Motoren. Wie das im Abschnitt 12 beschriebene Diagramm und das im vierten Kapitel abgeleitete Ossanna-Diagramm erkennen läßt, wirkt ein hoher Verlust im Statorwiderstand verbessernd auf den $\cos\varphi$, und das ist bei kleinen Motoren, die naturgemäß viel Streuung besitzen von Wichtigkeit. In solchen Fällen ist daher die Anwendung des Ossanna-Diagrammes dringend zu empfehlen.

18. Maxima und Minima im Heyland-Diagramm.

Den eben geschilderten Nachteilen des Heyland-Diagramms steht der große Vorzug gegenüber, daß das Diagramm sehr einfach und übersichtlich ist und für eine ganze Reihe von Beziehungen sehr einfache Formeln liefert, die zum Teil wesentlich komplizierter werden, wenn der Statorwiderstand ganz korrekt berücksichtigt wird.

Wir werden vom Leerlauf im Synchronismus bis zum Stillstand das Verhalten des Motors einer eingehenden Betrachtung unterziehen und insbesondere die Bedingungen untersuchen, unter denen die charakteristischen Größen des Motors Maximal- und Minimalwerte annehmen.

Der Statorstrom ist offenbar ein Minimum, wenn der Motor leerläuft, denn in diesem Falle ist der Statorstrom gleich dem Magnetisierungsstrom und der Rotorstrom ungefähr gleich Null.

Mit steigender Belastung bewegt sich die Spitze des Stromdreiecks auf dem Diagrammkreis $\widehat{bd}$, der Leistungsfaktor, der bei Leerlauf nahezu Null war, nimmt zu und er erreicht ein Maximum bei dem Belastungszustande, in dem der Vektor des Statorstromes us Tangente an den Diagrammkreis wird (Abb. 28). Im 13. Abschnitt haben wir schon die Formel kennen gelernt, die die Abhängigkeit des maximalen Leistungsfaktors von dem Streukoeffizienten angibt.

$$\cos \varphi_{\max} = \frac{1}{1 + 2\tau}. \tag{129}$$

Diese Gleichung gibt uns die erste Möglichkeit, festzustellen, welche Zahlenwerte die Streukoeffizienten bei den handelsüblichen Maschinen besitzen, denn es ist allgemein bekannt, daß der Leistungsfaktor bei kleinen Maschinen ungefähr die Größe 0,7 hat und selbst bei den größten Motoren 0,9 nicht beträchtlich übersteigt. Es ist für unsere orientierende Rechnung auch sicher zulässig, anzunehmen, daß die Streukoeffizienten des Stators und Rotors gleich groß sind, und wir können daher annehmen, daß sich der Streukoeffizient des Motors nach der Gleichung 107 berechnen läßt

$$\tau = \tau_1 + \tau_2 + \tau_1 \cdot \tau_2 = 2\tau_1 + \tau_1^2 = 2\tau_2 + \tau_2^2 .$$

Die beigedruckte Tabelle enthält in der ersten Spalte die als gleich groß angenommenen Streukoeffizienten, die zweite Spalte enthält den Streukoeffizienten des Motors, die dritte den hieraus berechneten maximalen Leistungsfaktor. Man sieht, daß die Stator- und Rotorstreuung bei kleinen Motoren $10\,^0/_0$ betragen kann, und daß sie bei den allergrößten Motoren bis auf höchstens $2\,^0/_0$ herabgedrückt werden kann. $\tau_1 = \tau_2 = 0{,}02$ entspricht schon einem maximalen Leistungsfaktor von 0,926, und es dürfte wirklich nicht möglich sein, einen Motor so zu dimensionieren, daß dieser Betrag übertroffen werden könnte.

$\tau_1 = \tau_2$	τ	$\cos\varphi$ $=$ Maximum	I_1 bei $\cos\varphi_{max}$ $= I_m \times$	I_1 im idealen Kurzschluß $= I_m \times$
0,1	0,21	0,705	2,40	5,75
0,09	0,19	0,728	2,50	6,27
0,08	0,17	0,750	2,62	6,87
0,07	0,14	0,776	2,86	8,15
0,06	0,12	0,802	3,05	9,3
0,05	0,10	0,830	3,32	11,0
0,04	0,08	0,860	3,68	13,6
0,03	0,06	0,892	4,20	17,7
0,02	0,04	0,926	5,10	26,0
0,01	0,02	0,980	7,14	51,0

Es ist von Interesse zu wissen, wie groß der Statorstrom bei der Belastung ist, die dem maximalen Leistungsfaktor entspricht. Wir wollen diese Stromstärke natürlich nicht ihrer absoluten Größe nach kennen, sondern es genügt uns, ihre Größe relativ zum Magnetisierungsstrom zu berechnen.

Wir gehen zur Ableitung dieses Wertes von der Abb. 28 aus, in der $u\,s$ Tangente an den Diagrammkreis ist und daher senkrecht auf dem eingezeichneten Radius $o\,s$ steht. Wir erhalten nach dem Pythagoräischen Lehrsatz

$$\overline{u\,s}^2 = \overline{u\,o}^2 - \overline{b\,o}^2.$$

Nun ist

$$u\,o = b\,o + u\,b$$

und

$$b\,o = \frac{\overline{u\,b}}{2\,\tau}.$$

Daher läßt sich unsere Ausgangsgleichung in die Form bringen

$$\overline{u\,s}^2 = \overline{u\,b}^2 \left(\frac{1 + 2\,\tau}{2\,\tau}\right)^2 - \overline{u\,b}^2 \left(\frac{1}{2\,\tau}\right)^2,$$

woraus sich sofort ergibt

$$\overline{u\,s} = \overline{u\,b} \sqrt{\frac{1+\tau}{\tau}} \quad \ldots\ldots\ldots \quad (130)$$

Der Ausdruck unter dem Wurzelzeichen ist in der beigedruckten Tabelle in der vierten Spalte enthalten und diese Zahlen geben an, wievielmal größer als der Magnetisierungsstrom der Statorstrom bei der Belastung ist, bei der der maximale Leistungsfaktor erreicht wird.

Wird die Belastung des Motors noch weiter gesteigert, so wird zuerst die abgegebene Leistung, dann das Drehmoment, endlich die zugeführte Leistung ein Maximum. Das geht am einfachsten aus dem Diagramm hervor, wenn man die Verluste durch die Heylandschen Verlustkreise darstellt. Aus Abb. 34 sieht man sofort, daß mit steigender Belastung die Punkte s, f, g nach oben wandern, die abgegebene Leistung $\overline{g\,g''}$ wird ein Maximum, wenn g'' mit dem Mittelpunkte o des Hauptdiagrammkeises zusammenfällt. Das Drehmoment $\overline{ff''}$ wird natürlich erst dann ein Maximum, wenn f'' mit o zusammenfällt, und dasselbe gilt für die aufgenommene Leistung st.

Wählt man an Stelle der Verlustkreise die in Abb. 33 angegebene Konstruktion der Verlustgeraden $\overline{bv}$ und $\overline{br}$, so lassen sich die Belastungszustände, in denen die erwähnten Maxima auftreten, auch sehr leicht ermitteln. Man braucht nämlich nur vom Mittelpunkt o des Diagrammkreises eine Senkrechte und davon im Winkelabstand von α bzw. $\alpha + \beta$ zwei weitere Gerade zu ziehen. Diese drei Geraden stehen senkrecht auf dem Kreisdurchmesser $\overline{bd}$ bzw. den Verlustgeraden $\overline{bv}$ und $\overline{br}$. Es ist nun so leicht einzusehen, daß der Beweis wohl dafür unterbleiben kann, daß die abgegebene Leistung sr den Maximalwert $\overline{s_1 r_1}$, das Drehmoment den Maximalwert $\overline{s_2 v_2}$, und die aufgenommene Leistung $\overline{s_3 o}$ erreicht. Natürlich stimmen die so erhaltenen Werte mit den aus der Heylandschen Kreiskonstruktion bekommenen vollkommen überein.

Wäre der Motor vollständig verlustlos, so würde beim Stillstand der ideale Kurzschluß eintreten, Stator- und Rotorstrom in die Richtung der Diagrammbasis $\overline{ud}$ fallen und die Größe des Statorstromes würde direkt $\overline{ud}$ sein. In Wirklichkeit ist beim Kurzschluß der Statorstrom nur $\overline{us'}$ und dieser Wert ist nicht allzusehr von $\overline{ud}$ verschieden. Der ideale Kurzschlußstrom steht mit dem Magnetisierungsstrom $\overline{ub}$ in der Beziehung, daß

$$\overline{us} = \overline{ud} = \overline{ub} \cdot \frac{1+\tau}{\tau} \quad \ldots\ldots\ldots \quad (131)$$

und die Werte dieser Gleichung sind in die Tabelle Seite 95 in die letzte Spalte aufgenommen. Man sieht aus den ermittelten Zahlen, daß bei ausgezeichneten Motoren, die einen äußerst großen Wirkungsgrad und sehr geringe Streuung haben, der Kurzschlußstrom bis auf das ca. 20 fache des Magnetisierungsstromes ansteigen kann. Beim Stillstand bzw. beim Anlauf befindet sich ein Motor, dessen Rotor kurzgeschlossen ist, in dem erwähnten Kurzschlußzustande, und man sieht, daß sich in bezug auf die Stromaufnahme beim Anlauf ein Motor um so ungünstiger verhält, je besser er sonst ist. Zur Herabminderung des Anlaufstromes schaltet man Widerstände in den Rotorstromkreis, deren Berechnung in den Abschnitten 126 und 127 erläutert ist.

Nur bei den Kurzschlußankern muß man auf die Möglichkeit, einen Rotoranlasser vorzuschalten, verzichten und man muß den Rotorwiderstand entsprechend groß wählen, damit der Anlaufstrom innerhalb zulässiger Grenzen bleibt.

Wenn die Widerstände der Wicklungen und damit die Winkel α und β nach Gleichungen (121) und (122) bekannt sind, so läßt sich sehr leicht berechnen, wie groß der Anlaufstrom im Stator unter Berücksichtigung der Ohmschen Widerstände ist.

Beim Anlauf ist Abb. 34 der Statorstrom us' und man erhält nach dem Kosinussatz

$$us'^2 = ub^2 + bs'^2 - 2 \cdot ub \cdot bs' \cdot \cos(\alpha + \beta).$$

Wenn man die Beziehung einführt

$$bs' = bd \cdot \cos(\alpha + \beta)$$

erhält man

$$us'^2 + ub^2 \cos^2(\alpha + \beta) - \overline{ub}^2 = \cos^2(\alpha + \beta)(ub^2 + 2\overline{ub} \cdot bd + bd^2).$$

Die rechte Seite dieser Gleichung ist ein vollständiges Quadrat, und auf der linken Seite begeht man nur einen sehr kleinen Fehler, wenn

$$ub^2 \cdot \cos^2(\alpha + \beta) - ub^2 = \text{Null}$$

gesetzt wird. Daher kann mit genügender Annäherung

$$us' = \cos(\alpha + \beta)(ub + bd)$$
$$= ub \cdot \cos(\alpha + \beta) \frac{1 + \tau}{\tau} \quad . \; . \; . \; . \; . \; . \quad (132)$$

geschrieben werden. Der Kurzschlußstrom ist daher unter Berücksichtigung der Ohmschen Widerstände der Wicklungen das

$$\cos(\alpha + \beta) \frac{1 + \tau}{\tau}\text{-fache}$$

des Magnetisierungsstromes.

19. Die konstanten Statorverluste.

Das Originaldiagramm von Heyland zieht zur Berechnung des Jouleschen Verlustes in der Statorwicklung nicht den ganzen Statorstrom $\overline{us}$ heran, sondern nur dessen Komponente bs, während die zweite Komponente ub in dieser Hinsicht ganz unberücksichtigt bleibt. Es liegt nahe, das Diagramm dadurch zu verbessern, daß auch die dem Magnetisierungsstrom entsprechende Komponente Berücksichtigung findet, und in Annäherung kann das dadurch geschehen, daß man sagt, der Verlust durch die Komponente $\overline{bs}$ ist durch tv im Diagramm dargestellt, und zu tv, das natürlich mit der Belastung veränderlich ist, ist der durch die zweite konstante Komponente ub verursachte Joulesche Verlust zu addieren.

Das läßt sich im Diagramm sehr einfach bewirken. Der Joulesche Verlust durch den Magnetisierungsstrom ist

$$V_m = a_1 \cdot R_1 \cdot I_m^2 \quad . \; . \; . \; . \; . \; . \; . \; . \quad (133)$$

und unter Einführung der Diagrammkonstanten der Leistung C_{L_1} läßt sich die Strecke uu' berechnen, die dieser Bedingung genügt:

$$C_{L_1} \cdot uu' = a_1 \cdot R_1 \cdot I_m^2 \quad . \; . \; . \; . \; . \; . \; . \quad (134)$$

Von u' aus ist nun eine Parallele zu ud zu ziehen und bei jeder Belastung ist nun der Joulesche Verlust in der Statorwicklung

$$V_1 = C_{L_1} \cdot vt + V_m = C_{L_1} \cdot vt' \quad . \; . \; . \; . \; . \; . \quad (135)$$

Natürlich ist auch bei jeder Belastung die Senkrechte st', die nach der Gleichung

$$L_1 = C_{L_1} \cdot st' \quad . \; . \; . \; . \; . \; . \; . \; . \; . \quad (136)$$

die Leistungsaufnahme darstellt, bis zu der Geraden $\overline{u't'}$ zu messen.

In bezug auf die den Rotor betreffenden Größen ist natürlich keine Veränderung eingetreten; das Drehmoment ist nach wie vor

$$M = C_M \cdot \overline{sv}$$

die abgegebene Leistung

$$L_2 = C_{L_1} \cdot sr .$$

Dagegen ist beim Leerlauf — selbst im Synchronismus — der Statorstrom nicht mehr ub, sondern $u'b$ und die Leistungsaufnahme nicht mehr Null, sondern

$$V_m = C_{L_1} \cdot uu' .$$

Da die Eisenverluste im Stator nahezu konstant sind — im Heyland-Diagramm, das nur für konstante EMK richtig ist, müßten sie sogar als wirklich konstant gelten — lassen sich auch diese Verluste so berücksichtigen, wie die konstanten durch den Magntisierungsstrom verursachten Verluste. Betragen die Eisenverluste im Stator V_{e_1} Watt, die Jouleschen Verluste des Magnetisierungsstromes nach Gleichung (133) V_m Watt, so muß zur Darstellung dieser beiden Leerlaufverluste

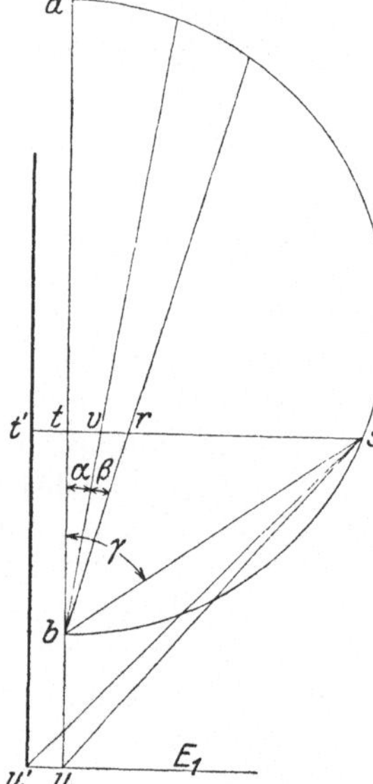

Abb. 35.

$$C_{L_1} \cdot uu' = V_{e_1} + V_m$$

sein, und es ist daher

$$uu' = \frac{V_{e_1} + V_m}{C_{L_1}} \quad . \quad . \quad . \quad (137)$$

Die in bezug auf die Jouleschen Verluste gegebene Darstellung wäre dann streng richtig, wenn das Stromdreieck rechtwinklig wäre, denn dann wäre wirklich

$$\overline{us}^2 = \overline{bs}^2 + \overline{ub}^2 ,$$

wie wir bei der eben beschriebenen Näherungsmethode angenommen haben. In Wirklichkeit ist aber das Stromdreieck schiefwinklig und

$$\sphericalangle\, sbd = \gamma$$

ist kein rechter Winkel. Der Vollständigkeit halber soll auch die streng richtige Ableitung gegeben werden, die aber zu unbequemeren Resultaten führt.

Nach dem Kosinussatz ist

$$\overline{us}^2 = \overline{bs}^2 + \overline{ub}^2 + 2 \cdot \overline{bs} \cdot \overline{ub} \cdot \cos\gamma .$$

Nun ist, wie schon mehrfach u. a. im Abschnitt 17 nachgewiesen wurde,

$$\overline{bs}^2 = \overline{bt} \cdot \overline{bd} .$$

Außerdem ist auch

$$\overline{bs} \cdot \cos\gamma = \overline{bt}$$

und endlich ist nach Gleichung 123

$$bt = \frac{tv}{\operatorname{tg} \alpha}.$$

Unsere Ausgangsgleichung läßt sich daher schreiben:

$$us^2 = \frac{tv}{\operatorname{tg} \alpha} \cdot (bd + 2\,ub) + ub^2$$

$$= \frac{tv}{\operatorname{tg} \alpha} \cdot bd(1 + 2\tau) + ub^2$$

Wenn wir die letzte Gleichung mit

$$a_1 \cdot R_1 \cdot C_{I_1}{}^2,$$

wobei a_1 die Phasenzahl des Stators, R_1 den Statorwiderstand, C_{I_1} die Diagrammkonstante des Statorstromes bedeutet, multiplizieren, so erhalten wir, wenn gleichzeitig $\operatorname{tg} \alpha$ laut Gleichung (123) eingesetzt wird

$$\left.\begin{aligned} a_1 \cdot R_1 \cdot I_1^2 &= C_{L_1} \cdot tv(1 + 2\tau) + a_1 \cdot R_1 \cdot I_m^2 \\ V_1 &= C_{L_1} \cdot tv(1 + 2\tau) + V_m \end{aligned}\right\} \quad . \; . \quad (138)$$

Diese letzte Gleichung unterscheidet sich von der Näherungsgleichung 135 allerdings nur dadurch, daß die Strecke tv mit dem Faktor $(1 + 2\tau)$ behaftet ist. Aber es ist nicht sehr bequem, diesen Faktor graphisch zum Ausdruck zu bringen, denn die Verlustlinien bv und br sind in ihrer ursprünglichen Lage nicht mehr verwendbar, da der Winkel α so geändert werden muß, daß sein Tangens um $(1 + 2\tau)$ größer wird. Will man also nach der genauen Methode rechnen, so dürfen die Winkel α und β nicht nach den Gleichungen 121 und 122 berechnet werden. sondern man muß rechnen:

$$\operatorname{tg} \alpha = a_1 \cdot R_1 \cdot \frac{C_{I_1}{}^2}{C_{L_1}} \cdot (1 + 2\tau)\,bd \quad . \; . \; . \; . \; . \quad (139)$$

$$\operatorname{tg}(\alpha + \beta) = \left(a_1 \cdot R_1 \cdot C_{I_1}^2 \cdot (1 + 2\tau) + a_2 \cdot R_2 C_{I_2}^2 (1 + \tau_1)^2\right) \frac{bd}{C_{L_1}} \quad (140)$$

In bezug auf die Größe $\overline{uu'}$ hat sich nichts geändert, und es kann uu' nach Gleichung 137 oder 134 berechnet werden, je nachdem die Eisenverluste Berücksichtigung finden sollen oder nicht.

Früher, als man nur das Heyland-Diagramm in der Praxis verwendete, da die Handhabung des Ossanna-Diagrammes wegen zu vieler Nebenrechnungen zu umständlich war, hatte es große Berechtigung, daß man am Heyland-Diagramm herum verbesserte, um dessen Fehler soviel als möglich zu beseitigen. Da im nächsten Kapitel das Ossanna-Diagramm in einer leicht verständlichen und praktisch sehr brauchbaren Form behandelt wird, dürfte es sich vielmehr empfehlen, mit dem Ossanna-Diagramm zu arbeiten, wenn es auf genaue Resultate ankommt.

Der größte Vorzug des Heyland-Diagrammes beruht in seiner Einfachhiet, die sich unmittelbar an den einfachen Streuungskreis

(Abschnitte 8 und 11) anlehnt. Nimmt man ihm seine Einfachheit, so nimmt man ihm alles. Das Heyland-Diagramm gibt prinzipiell falsche Werte für den $\cos\varphi$ und die primäre Leistungsaufnahme, und die wirkliche Beseitigung dieser Fehler führt eben zum Ossanna-Diagramm.

20. Beispiele.

Als Beispiel für das Heyland-Diagramm soll wieder der schon mehrmals berechnete Motor dienen. Die Rechnung gestaltet sich bis auf die dem Heyland-Diagramm charakteristischen Größen, nämlich die zur Verlustbestimmung nötigen Winkel α und β identisch mit der im 14. Abschnitt angeführten Rechnung. Der Bequemlichkeit des Lesers halber wird aber hier nochmals die ganze Rechnung durchgeführt, und es werden die Nummern der aus dem 3. Kapitel verwendeten Gleichungen angegeben.

Die mechanischen Dimensionen des Motors sind:

$D = 20$ cm	$p = 2$
$b = 10$ cm	Nutenzahl des Stators $= 36$
$F_l = 157$ ccm	" " Rotors $= 48$
$\delta = 0{,}1$ cm	

Stator und Rotor sollen dreiphasig gewickelt werden und die zur Berechnung der Wicklungen nötigen Koeffizienten c und k können der Tabelle S. 20 entnommen werden. Die elektrischen Daten des Motors sind folgende:

$a_1 = 3$	$a_2 = 3$
$m_1 = 3$	$m_2 = 4$
$c_1 = 0{,}593$	$c_2 =$ wird nicht benötigt
$k_1 = 0{,}958$	$k_2 = 0{,}964$
$R_1 = 4{,}5$ Ohm	$R_2 = 0{,}9$ Ohm
$N_1 =$ zu berechnen	$N_2 = 224$
$\tau_1 = 0{,}12$	$\tau_2 = 0{,}08$
$\tau = \tau_1 + \tau_2 + \tau_1 \cdot \tau_2 = 0{,}21$	

Die Frequenz des zugeführten Drehstromes ist

$$f_1 = 50$$

und die Drahtzahl jeder Phase der Statorwicklung soll unter der Annahme berechnet werden, daß die Luftinduktion

$$\mathfrak{B}_l \approx 5000$$

sein soll. Stator und Rotor sind Y geschaltet, die Statorklemmenspannung daher 190 Volt und die Phasenspannung $E_1 = 110$ Volt.

Wir können sofort das Diagramm Abb. 36 zeichnen, wenn wir den Durchmesser des Diagrammkreises bd in einer beliebigen Größe, z. B. 100 mm, annehmen. Wir erhalten:

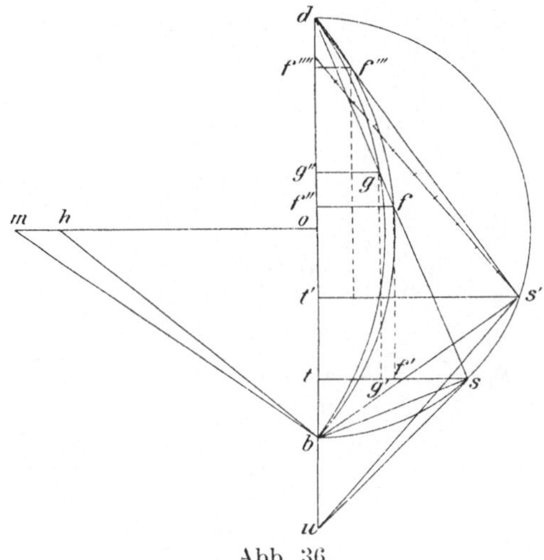

Abb. 36.

$$b\,d = 100\ \text{mm}\,,$$

$$a\,b = \tau_1 \cdot b\,d = 0{,}12 \cdot 100 = 12\ \text{mm}\,,$$

$$u\,b = \tau \cdot b\,d = 0{,}21 \cdot 100 = 21\ \text{mm}\,.$$

Da die Luftinduktion $\mathfrak{B}_l$ ungefähr 5000 betragen soll, wird der gesamte Luftinduktionsfluß

$$(112) \qquad \Phi_l = c_1 \cdot \mathfrak{B}_l \cdot F_l = 0{,}593 \cdot 5000 \cdot 157 = 465\,000\,.$$

Hieraus ergibt sich die Drahtzahl jeder Phase der Statorwicklung nach Gleichung

$$(111) \qquad N_1 = \frac{E_1 \cdot 10^8}{(1+\tau_1) \cdot 2{,}22 \cdot k_1 \cdot \Phi_l \cdot f_1} = \frac{110 \cdot 10^8}{1{,}12 \cdot 2{,}22 \cdot 0{,}958 \cdot 465\,000 \cdot 50}$$
$$= 200\,.$$

Da für jede Phase des Stators 12 Nuten zur Verfügung stehen, muß die berechnete Zahl von 200 auf einen möglichen Wert, d. h. auf ein Vielfaches von 12, abgerundet werden und wir wählen

$$N_1 = 192\,.$$

Unter abermaliger Benützung der Gleichung (111) finden wir, daß der gesamte Induktionsfluß in der Luft

$$\Phi_l = 483\,000 \text{ Kraftlinien}$$

und die maximale Luftinduktion

$$\mathfrak{B}_l = 5180 \text{ Kraftlinien/cm}\,.$$

Nun können wir nach Gleichung (113) den Magnetisierungsstrom berechnen und erhalten

$$I_m = \frac{1{,}6 \cdot p \cdot \delta \cdot \mathfrak{B}_l}{\sqrt{2} \cdot N_1} = \frac{1{,}6 \cdot 2 \cdot 0{,}1 \cdot 5180}{1{,}414 \cdot 192} = 6{,}11 \text{ Ampere}\,.$$

Auf Grund dieser wenigen Vorbereitungen lassen sich jetzt alle Konstanten C bestimmen und wir erhalten nach den Gleichungen

$$(56, 115)\quad C_{I_1} = \frac{I_m}{ub} = \frac{6,11}{21} = 0,291\,,$$

$$(67, 116)\quad C_{I_2} = \frac{a_1 \cdot k_1 \cdot N_1}{a_2 \cdot k_2 \cdot N_2} C_{I_1} = \frac{3 \cdot 0,958 \cdot 192}{3 \cdot 0,964 \cdot 224} \cdot 0,291 = 0,248\,.$$

$$(47, 117)\quad C_{E_1} = \frac{E_1}{ad} = \frac{110}{112} = 0.980\,,$$

$$(51. 118)\quad C_{E_2} = \frac{k_2 \cdot N_2}{k_1 \cdot N_1} \cdot C_{E_1} = \frac{0,964 \cdot 224}{0,958 \cdot 192}\, 0.980 = 1.15\,,$$

$$(62, 119)\quad C_{L_1} = a_1 \cdot E_1 \cdot C_{I_1} = 3 \cdot 110 \cdot 0,291 = 96.03\,.$$

$$C_{L_2} = \frac{C_{L_1}}{736} = \frac{96,03}{736} = 0,131$$

$$(96. 120)\quad C_M = \frac{60}{2 \cdot \pi \cdot n_1} \cdot \frac{C_{L_1}}{1000} = \frac{60}{2 \cdot \pi \cdot 1500} \cdot \frac{96,03}{1000} = 0.000613\,.$$

$$(121)\quad \operatorname{tg} \alpha = a_1 \cdot R_1 \cdot \frac{C_{I_1}^2}{C_{L_1}} \cdot bd = \frac{3 \cdot 4.5 \cdot 0.291^2 \cdot 100}{96,03} = 1,2\,,$$

$$(122)\ \operatorname{tg}(\alpha + \beta) = (a_1 \cdot R_1 \cdot C_{I_1}^2 + a_2 \cdot R_2 \cdot C_{I_2}^2 (1 + \tau_1)^2) \frac{bd}{C_{L_1}}$$

$$= (3 \cdot 4,5 \cdot 0,291^2 + 3 \cdot 0,9 \cdot 0,248^2 \cdot 1,12^2) \frac{100}{96,03} = 1,41\,.$$

Wenn wir die Heyland-Konstruktion des Diagrammes mit den beiden Verlustkreisen Abb. 36 wählen, haben wir die Mittelpunkte dieser Kreise zu bestimmen und wir erhalten

$$om = ob \cdot \operatorname{tg}(\alpha + \beta) = 50 \cdot 1.41 = 70,5 \text{ mm}\,,$$

$$oh = ob \cdot \operatorname{tg} \alpha = 50 \cdot 1,2 = 60 \text{ mm}\,.$$

Endlich haben wir noch die Schlüpfungsgerade $f''' s'$ zu ziehen und in 100 Teile zu teilen.

Bei Leerlauf finden wir den Magnetisierungsstrom

$$I_m = C_{I_1} \cdot ub = 0,291 \cdot 21 = 6,11 \text{ Ampere}\,.$$

Das Diagramm ergibt hierbei $\cos\varphi = 0$ und Leistungsaufnahme $= 0$, während in Wirklichkeit die Leistungsaufnahme

$$3 \cdot 4,5 \cdot 6,11^2 = 503 \text{ Watt}$$

betragen würde.

Um das Verhalten des Motors bei Belastung zu untersuchen, wählen wir den Zustand, in dem sein Leistungsfaktor ein Maximum ist, nämlich

$$\cos\varphi_{\max} = \frac{1}{1 + 2\tau} = \frac{1}{1 + 2 \cdot 0,21} = 0,705$$

und wir müssen demgemäß us als Tangente an den Diagrammkreis ziehen.

Wir messen nun im Diagramm

$$\overline{us} = 50 \text{ mm},$$
$$bs = 38 \text{ ,,}$$
$$ts = 35{,}4 \text{ ,,}$$
$$ff'' = 18 \text{ ,,}$$
$$gg'' = 15 \text{ ,,}$$

und erhalten

Statorstrom $= C_{I_1} \cdot \overline{us} = 0{,}291 \cdot 50 = 14{,}55$ Ampere,

Rotorstrom $= C_{I_2} \cdot (1+\tau_1) bs = 0{,}248 \cdot 1{,}12 \cdot 38 = 10{,}55$ Ampere,

Leistungsaufnahme $= C_{L_1} \cdot st = 96{,}03 \cdot 35{,}4 = 3400$ Watt,

Leistungsabgabe $= C_{L_1} \cdot \overline{gg''} = 96{,}03 \cdot 15 = 1440$,,

$= C_{L_2} \cdot gg'' = 0{,}131 \cdot 15 = 1{,}96$ PS,

Drehmoment $= C_M \cdot ff'' = 0{,}000\,613 \cdot 18 = 0{,}011$ Vismeter,

$= 102 \cdot 0{,}011 = 1{,}122$ Kilogrammeter,

Statorverlust $= C_{L_1} \cdot (st - \overline{ff''}) = 96{,}03 \cdot 17{,}5 = 1670$ Watt,

Rotorverlust $= C_{L_1} \cdot (ff'' - \overline{gg''}) = 96{,}03 \cdot 3 = 290$ Watt.

Am Schlüpfungsmaßstab lesen wir ab:

$$s = 15\,\%,$$

und demnach ist die Drehzahl des Motors

$$n_2 = n_1 \left(1 - \frac{s}{100}\right) = 1500 \left(1 - \frac{15}{100}\right) = 1272 .$$

Der Wirkungsgrad des Motors ist

$$\eta = \frac{1440}{3400} = 0{,}423 .$$

Es ist aus der Ableitung des Diagrammes klar, daß der Wattverlust in der Statorwicklung unrichtig wiedergegeben ist; denn bei $\overline{us} = 14{,}55$ Ampere beträgt der Joulesche Verlust in der Statorwicklung

$$3 \cdot 4{,}5 \cdot 14{,}55^2 = 2850 \text{ Watt},$$

während sich nach dem Diagramm nur 1670 Watt ergeben, da nur die Komponente bs des Statorstromes in Rechnung gezogen, die Komponente ub vernachlässigt ist.

Auch die Leistungsaufnahme von 3400 Watt ist eigentlich nicht richtig. Bei einem Statorstrom von 14,55 Ampere in jeder Phase beträgt der Spannungsverlust, da die Wicklung jeder Phase 4,5 Ohm Widerstand hat,

$$4{,}5 \cdot 14{,}55 = 65{,}5 \text{ Volt}.$$

Das Diagramm hat zur Voraussetzung, daß auf den Motor eine EMK von 110 Volt einwirkt und es vernachlässigt vollständig den hierbei auftretenden Spannungsverlust von 65,5 Volt. In Wahrheit muß daher die auf den Stator wirkende Klemmenspannung viel höher als 110 Volt sein, damit der dargestellte Belastungszustand überhaupt möglich ist.

Bei Stillstand liefert das Diagramm folgende Werte:

$$s w' = 72 \text{ mm}$$
$$\overline{b s'} = 58 \text{ „}$$
$$t' s' = 47 \text{ „}$$
$$f''' f'''' = 8 \text{ „}$$

und man erhält daraus:

Statorkurzschlußstrom $= C_{I_1} \cdot u s' = 0{,}291 \cdot 72 = 21$ Ampere,

Rotorkurzschlußstrom $= C_{I_2} (1 + \tau_1) b s' = 0{,}248 \cdot 1{,}12 \cdot 58$
$= 16{,}1$ Ampere,

Leistungsaufnahme $= C_{L_1} \cdot t' s' = 96{,}03 \cdot 47 = 4500$ Watt,

Anzugsdrehmoment $= C_M \cdot f''' f'''' = 0{,}000613 \cdot 8 = 0{,}0049$ Vismeter
$= 102 \cdot 0{,}049 = 0{,}5$ Kilobarmeter.

Die aus dem Diagramm Abb. 36 gewonnenen Werte sind in Abb. 37 in ein rechtwinkliges Koordinatensystem eingetragen. Ein Vergleich der Abb. 30, 32 und 37 zeigt die großen Abweichungen, die die verschiedenen Diagramme ergeben. Das wirkliche Verhalten

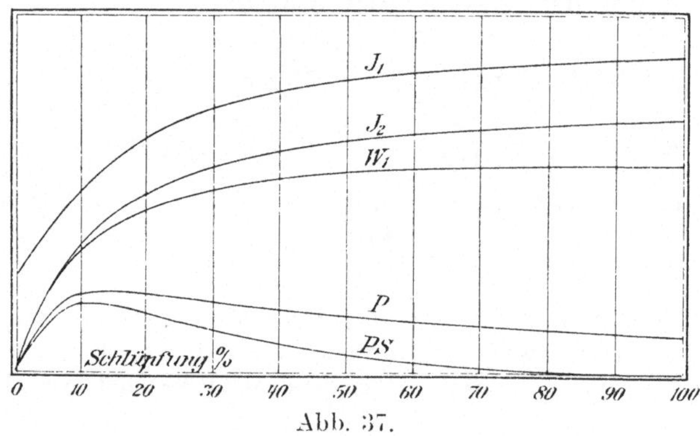

Abb. 37.

des Motors wird nur durch das im Abschnitt 12 beschriebene und am besten durch das Ossanna-Diagramm dargestellt, während das Heylandsche Diagramm und noch mehr die gänzliche Vernachlässigung des Statorwiderstandes sehr unrichtige Werte liefern. Es muß hierzu allerdings bemerkt werden, daß diese großen Unterschiede nur dann auftreten, wenn der Spannungsverlust im Stator so beträchtlich ist, wie bei dem als Beispiel gewählten Motor. Infolge des übermäßig großen Statorverlustes bekommt auch das Heylandsche Diagramm Abb. 36 ein etwas bizarres Aussehen. Es mußte aber ein so schlechter Motor als Beispiel gewählt werden, um zu zeigen, wie groß evtl. die Abweichungen eines nur näherungsweise richtigen Diagrammes sein können, und um zu verhindern, daß der Leser sich ausschließlich an das bequemste Diagramm gewöhnt und es kritiklos auf alle möglichen Fälle anzuwenden sucht.

Bei Motoren mit einer Leistung von einigen kW (PS) bis zu solchen von den größten Leistungen variiert der Verlust in der Statorwicklung zwischen ca. 6 bis 2% der Normalleistung, und bei solchen Motoren kann das Heylandsche Diagramm unbedenklich angewendet werden; man wird stets Resultate von einer für die Praxis genügenden Genauigkeit erhalten. Dagegen muß bei kleinen, schlechten Motoren und bei theoretischen Untersuchungen, aber auch bei einem größeren Motor, wenn besonders strenge Garantien zu leisten sind, das Ossanna-Diagramm Anwendung finden.

IV. Das Ossanna-Diagramm.

(Kupferkreis.)

21. Vorbemerkungen.

Das Ossanna-Diagramm unterscheidet sich vom Heyland-Diagramm in der Hauptsache dadurch, daß es alle durch den Ohmschen Widerstand der Statorwicklung verursachten Verluste vollkommen richtig zur Darstellung bringt. Das Ossanna-Diagramm liefert daher richtige Werte für den Statorstrom, die Leistungsaufnahme und den Leistungsfaktor ($\cos \varphi$) des Motors.

Diesen Vorteilen steht als Nachteil gegenüber, daß das Ossanna-Diagramm nicht nur ungleich schwieriger zu entwickeln und zu verstehen ist als das von Heyland, sondern auch, selbst wenn alle Beziehungen auf die einfachste Form gebracht sind, in der praktischen Handhabung etwas mehr Arbeit verursacht.

Es liegt in der Natur der Sache, daß die Unterschiede der beiden Diagramme um so drastischer zum Ausdruck kommen, je größer die Jouleschen Verluste in der Statorwicklung sind. Bei kleineren Motoren mit relativ geringem Wirkungsgrad ist daher für eine genaue Vorausberechnung dem Ossanna-Diagramm unbedingt der Vorzug zu geben, während man bei der Berechnung großer Motoren im allgemeinen nach der Heylandschen Methode arbeiten kann.

Seine unbedingte Überlegenheit zeigt aber das Diagramm von Ossanna in allen Fällen, in denen das Diagramm fertiger Motoren auf Grund von Meßresultaten entwickelt werden soll, eben weil das Ossanna-Diagramm den wirklichen Verhältnissen entspricht und nicht nur eine Annäherung unter gewissen Voraussetzungen darstellt.

Zum Verständnis des Ossanna-Diagrammes ist die Kenntnis des Heyland-Diagrammes unbedingt erforderlich, und seine Beschreibung erfolgt am besten auf dieser Grundlage.

In Abb. 38 stellt $u\,b\,d$ die Basis des im 2. Kapitel, Abschnitt 8 entwickelten Diagrammkreises dar, wie er im Heyland-Diagramm zur Anwendung kommt. Das Diagramm $u\,b\,d$ ist lediglich unter Berücksichtigung der Streuung in einem beliebigen Maßstab gezeichnet, wobei laut Gleichung (108)

$$ub = (\tau_1 + \tau_2 + \tau_1 \cdot \tau_2)\, bd = \tau \cdot bd \quad \ldots\ldots \quad (141)$$

Das Diagramm ubd wäre richtig, wenn der Widerstand der Statorwicklung

$$R_1 = 0$$

wäre. Unter dieser Voraussetzung würde bei allen Belastungen die EMGK der Selbstinduktion in der Statorwicklung von konstanter Größe und gleich der Klemmenspannung sein. Auf dieser Annahme beruht die Einfachheit des Heyland-Diagrammes. Bei seiner Besprechung konnten wir uns damit begnügen, lediglich die Richtung der Klemmenspannung E, nämlich die Richtung um anzugeben. Für unsere jetzigen Untersuchungen müssen wir aber auch entscheiden, in welcher Größe die Klemmenspannung E zeichnerisch darzustellen ist.

Der Maßstab für die Spannung kann durchaus nicht willkürlich gewählt werden, der Maßstab und damit die Länge um ist vielmehr durch die Größe, in der wir die Basis ubd aufgetragen haben, bereits bestimmt.

Wir brauchen uns nur zu erinnern, daß ub den Magnetisierungsstrom I_m vorstellt. Dieser Strom verursacht in der Statorwicklung einen Spannungsverlust von der Größe $I_m \cdot R_1$, den wir graphisch ebenfalls durch ub darstellen wollen. Damit haben wir einen Spannungsmaßstab gefunden

$$I_m \cdot R_1 = C_E \cdot ub,$$

und wenn wir die Klemmenspannung E in demselben Maßstab einzeichnen wollen, müssen wir nach der Proportion verfahren

$$\frac{I_m \cdot R_1}{ub} = \frac{E}{um}$$

und wir erhalten

$$um = \frac{E}{I_m \cdot R_1} \cdot ub \quad \ldots\ldots\ldots\ldots \quad (142)$$

Ersetzen wir ub durch die Diagrammbasis ud nach der Beziehung

$$ub = \frac{\tau}{1+\tau} \cdot ud,$$

so können wir Gleichung (142) in die Form bringen

$$\frac{ud}{um} = \frac{I_m \cdot R_1}{E} \cdot \frac{1+\tau}{\tau} = \text{konstant} \quad \ldots\ldots \quad (143)$$

In Worten läßt sich die Gleichung folgendermaßen ausdrücken: Das Verhältnis der Diagrammbasis ud zu $\overline{um}$ = der auf die widerstandslose Statorentwicklung wirkenden EMK ist konstant.

Sinkt daher aus irgendeinem Grunde die auf den Stator wirkende EMK, so muß im gleichen Verhältnis die Diagrammbasis ud reduziert werden, damit für das Diagramm die bei Leerlauf ermittelten Maßstäbe für Strom, Spannung usw. gültig bleiben.

Bei einer beliebigen Belastung stelle in Abb. 38 $\overline{us}$ den Statorstrom I_1 vor. Nach unserer Voraussetzung ist dann $\overline{us}$ gleichzeitig der in der Statorwicklung auftretende Spannungsverlust

$$\overline{us} = I_1 \cdot R_1,$$

und von der konstanten Klemmenspannung

$$um = E$$

wirkt nur noch die Komponente

$$\overline{sm} = um' = E_1$$

als EMK, die durch die EMGK der Statorwicklung balanciert werden muß, auf den Stator.

Der Komponente E_1 entspricht ein Heyland-Diagramm mit der Basis $u\,b'\,d'$, wobei nach Gleichung (143)

$$\frac{u\,d'}{s\,m} = \frac{u\,d'}{u\,m'} = \frac{I_m \cdot R_1}{E} \cdot \frac{1+\tau}{\tau} \qquad (144)$$

Die beiden Diagramme $m\,u\,b\,d$ und $m'\,u\,b'\,d'$ sind also ähnlich und stehen im Größenverhältnis

$$\frac{E}{E_1} = \frac{u\,m}{u\,m'} = \frac{u\,d}{u\,d'} \quad . \qquad (145)$$

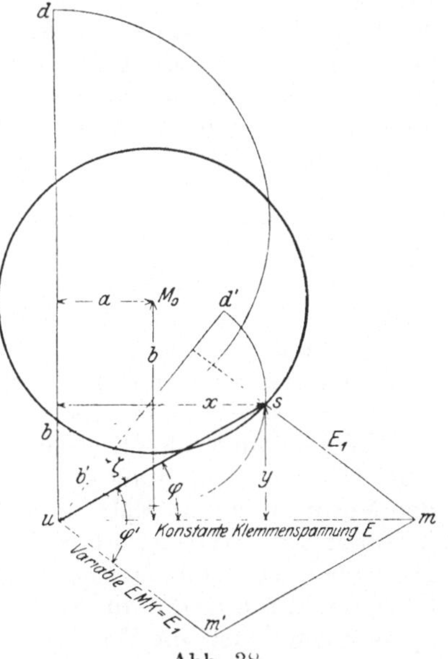

Abb. 38.

Unsere Aufgabe wird nun sein, den geometrischen Ort zu bestimmen, den der Punkt s des Statorstromes $\overline{us}$ beschreibt, wenn der Spannungsverlust in der Statorwicklung genau berücksichtigt wird. Wir sehen aus den bisherigen Darlegungen, daß die Aufgabe dadurch gelöst werden kann, daß die ursprüngliche Diagrammbasis um den Punkt u nach rechts gedreht und gleichzeitig im Verhältnis $u\,m : u\,m'$ [Gleichung (145)] verkleinert wird, so daß das Heyland-Diagramm $u\,b\,d$ mit dem Magnetisierungsstrom $u\,b$ zu $u\,b'\,d'$ mit dem Magnetisierungsstrom $u\,b'$ und dem Belastungsstrom $\overline{us}$ zusammenschrumpft.

Das Problem wird am leichtesten auf analytischem Wege gelöst, sobald aber die Lösung — der Ossanna-Kreis — bekannt ist, lassen sich sehr einfache geometrische Beziehungen aufstellen, die künftighin das Resultat in einfachster Weise auf graphischem Wege finden lassen.

Die Abb. 38 bis 46 sind alle im gleichen Maßstab unter Zugrundelegung desselben Ossanna-Kreises gezeichnet. Der Ossanna-Kreis entspricht dem Motor, den wir als Beispiel für das einfache Kreisdiagramm im Abschnitt 14 Nr. 2 und für das Heyland-Diagramm im Abschnitt 20 untersucht haben. Ebenso ist derselbe Motor als Beispiel für das Ossanna-Diagramm im Abschnitt 35 verwendet worden. Beim Studium lassen sich daher die Diagramme Abb. 38 bis 46 unmittelbar vergleichen.

Die meisten Arbeiten über das Ossanna-Diagramm lassen nur sehr schwer erkennen, wie die numerische Größe der Diagrammkonstanten C_I, C_L usw. zu bestimmen ist, und es macht daher gewisse Schwierigkeiten, aus den dem Diagramm entnommenen Längen deren wirkliche Größe in Ampere, Watt usw. zu berechnen. Es mag daher nicht überflüssig sein, besonders darauf hinzuweisen, daß bei der hier gegebenen Darstellung des Ossanna-Diagrammes alle diese Konstanten unverändert dieselben sind wie beim Heyland-Diagramm.

22. Analytische Ableitung des Ossanna-Kreises.

Von Ossanna wurde zuerst in der Wiener Zeitschrift für Elektrotechnik und Maschinenbau 1899 die sehr interessante Tatsache festgestellt, daß sich der Punkt s der Geraden $\overline{us}$, die den Statorstrom repräsentiert, auch bei genauer Berücksichtigung des Einflusses des Statorwiderstandes auf einem Kreis bewegt[1]).

Wir können diesen Kreis bestimmen, wenn wir das Diagramm Abb. 27 von dem Standpunkt aus konstruieren, daß nicht die auf den Motor wirkende EMK ($\overline{sm}$), sondern die Klemmenspannung ($\overline{um}$) konstant ist. Wir erhalten dann ein Diagramm, wie es in Abb. 38 gezeichnet ist. $\overline{um}$ ist die konstante Klemmenspannung, deren eine Komponente $\overline{us}$, die in der Richtung des Statorstromes liegt, als Spannungsverlust im Widerstand der Statorwicklung verloren geht, so daß nur die zweite Komponente $\overline{sm}$ durch die EMGK der Selbstinduktion der Statorwicklung balanciert werden muß. Die Diagrammbasis $u\,b'd'$ ist bei jedem Belastungsstadium der Komponente $\overline{sm}$ proportional, und $\overline{sm} = \overline{um'}$ steht stets senkrecht auf $\overline{ud'}$. Das Diagramm $u\,b's\,d'$ entspricht daher einem Motor mit widerstandslosem Stator, auf den nur eine Spannung von der Größe $\overline{sm} = \overline{um'}$ wirkt und dessen Phasenverschiebungswinkel φ' ist. Bei Berücksichtigung des Spannungsabfalles $\overline{us}$ muß die Klemmenspannung $\overline{um}$ sein, und der Phasenverschiebungswinkel ist φ. Der vom Statorstrom $\overline{us}$ und dem Magnetisierungsstrom $\overline{ub'}$ eingeschlossene Winkel ist mit ζ bezeichnet.

Es ergibt sich nach dem Kosinussatz

$$\overline{uo}^2 - \overline{so}^2 = 2 \cdot \overline{uo} \cdot \overline{us} \cdot \cos\zeta - \overline{us}^2.$$

Da $\overline{so} = \overline{bo} =$ dem Radius des Diagrammkreises $b'd'$ ist, ist

$$\overline{uo}^2 - \overline{so}^2 = \overline{ub'}^2 \, \frac{1+\tau}{\tau},$$

denn $\overline{ub'} = \tau \cdot \overline{bd'}$. Ferner ist

$$\cos\zeta = \sin\varphi'$$

und nach dem Sinussatz

$$\overline{ms} \cdot \sin\varphi' = \overline{um} \cdot \sin\varphi.$$

[1]) Siehe **Kuhlmann**, ETZ 1901.

daher wird $$\cos \zeta = \frac{u\,m}{m\,s} \cdot \sin \varphi .$$

Die erste Gleichung, von der wir ausgegangen sind, läßt sich daher in die Form bringen:

$$u\,b'^2 \frac{1+\tau}{\tau} = 2 \cdot u\,o \cdot u\,s \frac{u\,m}{m\,s} \cdot \sin \varphi - u\,s^2 .$$

Ersetzen wir $u\,o$ durch den Ausdruck

$$u\,o = u\,b' \frac{1+2\,\tau}{2\,\tau} ,$$

welche Beziehung sich daraus ergibt, daß $u\,b' = \tau \cdot b\,d'$, so erhalten wir

$$u\,b^2 = \frac{\tau}{1+\tau} \left[\frac{u\,b'}{u\,m} \cdot u\,m \cdot u\,s \frac{1+2\,\tau}{\tau} \cdot \sin \varphi - u\,s^2 \right] .$$

Bezeichnen wir die laufenden Koordinaten des Punktes s mit x und y (u ist Nullpunkt des Koordinatensystems), so ist

$$u\,s \cdot \sin \varphi = y$$
$$u\,s \cdot \cos \varphi = x$$
$$u\,s^2 = x^2 + y^2$$

und es wird:

$$u\,b'^2 = \frac{\tau}{1+\tau} \left[\frac{u\,b'}{m\,s} \cdot u\,m \cdot \frac{1+2\,\tau}{\tau}\, y - x^2 - y^2 \right] \quad . \; . \; . \; (146)$$

Wenden wir den Kosinussatz nochmals auf das Dreieck $u\,s\,m$ an, so erhalten wir

$$s\,m^2 = u\,s^2 + u\,m^2 - 2 \cdot u\,s \cdot u\,m \cdot \cos \varphi .$$

Es ist nun, wie schon oben erwähnt, stets das Verhältnis von $s\,m$ zu $u\,b$ konstant, denn bei jedem Belastungszustand entspricht die Diagrammbasis $u\,b'\,d'$ der auf den Motor wirkenden EMK $\overline{s\,m} = E_1$. Demgemäß können wir schreiben [siehe Gleichung (142)]

$$\frac{u\,b'}{s\,m} = \frac{I_m \cdot R_1}{E} = K = \text{konstant} \quad . \; . \; . \; . \; . \; (147)$$

Daher ist $$s\,m = \frac{u\,b}{K}$$

und es wird obige Gleichung übergehen in den Ausdruck

$$u\,b'^2 = K^2 \left[u\,s^2 + u\,m^2 - 2\,u\,m \cdot \overline{u\,s} \cos \varphi \right] .$$

Führen wir, wie früher, die Koordinaten des Punktes s ein, also

$$u\,s \cdot \cos \varphi = x$$
$$u\,s^2 = x^2 + y^2 ,$$

so wird $$u\,b'^2 = K^2 \left[x^2 + y^2 + u\,m^2 - 2\,u\,m\,x \right] \quad . \; . \; . \; . \; . \; (148)$$

Setzen wir die rechten Seiten der Gleichungen (146) und (148) einander gleich, so erhalten wir, wenn wir nachstehende Vereinfachungen einführen:

$$K = \frac{I_m \cdot R_1}{E} = \frac{\overline{ub}}{\overline{um}} \quad \ldots \ldots \ldots \quad (149)$$

$$B = \frac{\tau}{1+\tau} + K^2 \quad \ldots \ldots \ldots \quad (150)$$

$$x^2 + y^2 - 2\frac{K^2}{B}\,\overline{um}\cdot x - \frac{K}{B}\,\frac{1+2\tau}{1+\tau}\,\overline{um}\cdot y + \frac{K^2}{B}\,\overline{um}^2 = 0. \quad (151)$$

Vergleichen wir diesen Ausdruck mit der allgemeinen Gleichung des Kreises

$$x^2 + y^2 - 2\cdot a\cdot x - 2\cdot b\cdot y + P = 0,$$

so finden wir, daß obiger Ausdruck die Gleichung eines Kreises ist mit den Mittelpunktskoordinaten

$$a = \frac{K^2}{B}\cdot\overline{um} = \frac{K}{B}\cdot\overline{ub} \quad \ldots \ldots \ldots \quad (152)$$

$$b = \frac{K}{2B}\cdot\frac{1+2\tau}{1+\tau}\cdot\overline{um} = \frac{1+2\tau}{2B\cdot(1+\tau)}\cdot\overline{ub} \quad \ldots \quad (153)$$

a bezieht sich natürlich auf die X-, b auf die Y-Achse. Der Radius des Kreises wird

$$R_0 = \sqrt{a^2 + b^2 - \frac{K^2}{B}\cdot\overline{um}^2} = \sqrt{a^2 + b^2 - \frac{\overline{ub}^2}{B}} \quad \ldots \quad (154)$$

Es ist somit bewiesen, daß bei ganz genauer Berücksichtigung des vom Statorwiderstande verursachten Spannungsverlustes der Statorstrom I_1 durch eine Gerade us dargestellt werden kann; u ist ein Fixpunkt und der geometrische Ort für den Punkt s (Spitze des Stromdreiecks) ist der soeben ermittelte Ossanna-Kreis.

Aus der Gleichung (154) läßt sich eine sehr schöne Beziehung zwischen den Durchmessern des Heyland- und Ossanna-Kreises gewinnen.

Wir setzen in Gleichung (154) für a und b die Ausdrücke laut Gleichungen (152) und (153) ein und schreiben außerdem laut Gleichung (141)

$$\overline{um} = \frac{\tau}{K}\cdot bd,$$

was sich sofort ergibt, wenn wir für ub Abb. 38 die uns aus Gleichung (36) und (141) längst bekannte Beziehung einführen

$$\overline{ub} = \tau\cdot bd.$$

Wir erhalten dann

$$2R_0 = bd\,\frac{B-K^2}{B} = bd\,\frac{1}{1+K^2\,\frac{1+\tau}{\tau}} = bd\,\frac{\tau}{1+\tau}\cdot\frac{1}{B}.$$

Es ist nun offenbar $2R_0$ = Durchmesser des Ossanna-Kreises und bd = Durchmesser des Heyland-Kreises. Daher ergibt sich die Beziehung

$$\frac{\text{Heyland-Kreisdurchmesser}}{\text{Ossanna-Kreisdurchmesser}} = \frac{B}{B-K^2} = 1 + K^2\,\frac{1+\tau}{\tau} = B\,\frac{1+\tau}{\tau} \quad (155)$$

23. Geometrische Ableitung des Ossanna-Kreises.

Die Gleichung (155) setzt uns in die Lage, den Ossanna-Kreis auf sehr einfache Weise auf graphischem Wege zu finden. Wir entnehmen der Abb. 38 unverändert die Heylandsche Diagrammbasis $u b d$, die Strecke $u m$ und den Ossanna-Kreis mit dem senkrechten Durchmesser $b_0 d_0$, Abb. 39. Die Mittelpunktskoordinaten des Ossanna-Kreises sind a und b.

Es lassen sich nun in Abb. 39 sehr leicht eine Anzahl von Hilfslinien eintragen, die gegenseitig genau der durch Gleichung (155) festgelegten Bedingung entsprechen, und die so gefundenen Beziehungen ermöglichen umgekehrt die erwähnte einfache graphische Lösung.

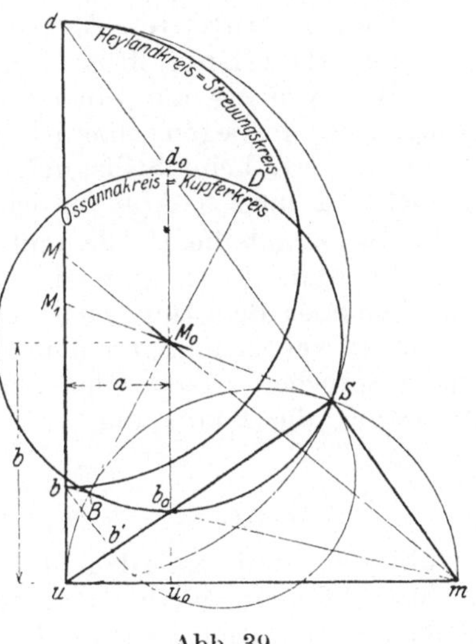

Abb. 39.

Der Abstand des Punktes m von der Heyland-Basis $u d$ ist $u m$. Der Abstand des Punktes m von der Mittelpunktsordinate $u_0 d_0$ des Ossanna-Kreises ist $\overline{u_0 m} = \overline{u m} - a$. Das Verhältnis

$$\frac{u m}{\overline{u_0 m}} = \frac{\overline{u m}}{\overline{u m} - a} = \frac{\overline{u m}}{u m - \frac{K^2}{B} \cdot u m} = \frac{B}{B - K^2} \quad . \; . \; . \; (156)$$

entspricht genau dem in Gleichung (155) für das Verhältnis der Kreisdurchmesser $\frac{b_0 d_0}{b d}$ gefundenen.

Die Hilfslinie dm muß daher den Ossanna-Kreis im Punkt d_0, die Hilfslinie bm entsprechend im Punkt b_0 schneiden.

Der Abstand des Mittelpunktes M des Heyland-Kreises von der Abszisse ist $u M$, der des Mittelpunktes M_0 vom Ossanna-Kreis $u_0 M_0 = b$. Es ist b laut Gleichung (153)

$$b = \frac{K}{2 B} \cdot \frac{1 + 2 \tau}{1 + \tau} \cdot u m,$$

ferner laut Gleichung (149)

$$u m = \frac{u b}{K}$$

endlich laut Gleichung (141)

$$u b = u M \cdot \frac{2 \tau}{1 + 2 \tau}.$$

Nach Ausführung dieser Substitutionen ergibt sich auch das Verhältnis

$$\frac{u\,M}{u_0\,M_0} = \frac{u\,M}{b} = \frac{1+\tau}{\tau}\,B \quad . \; . \; . \; . \; . \; . \; . \; (157)$$

also genau so wie das Verhältnis der Kreisdurchmesser laut Gleichung (155).

Daher muß der Mittelpunkt M_0 bes Ossanna-Kreises auf der Hilfslinie $M\,m$ liegen.

Wir wollen nun einen besonders ausgezeichneten Punkt des Diagramms festlegen. nämlich Lage und Größe des Vektors $u\,s$ des Statorstromes beim Stillstand. Es wird sich herausstellen. daß der gesuchte Punkt S Abb. 39 ist, und daß demnach der Statorstrom beim Stillstand die Größe und Richtung $u\,S$ besitzt.

In Abb. 38 ist gezeigt, wie die ursprüngliche Basis $u\,b\,d$ bei zunehmender Belastung nach rechts gedreht und auf die Größe $u\,b'\,d'$ reduziert werden muß, um dem gezeichneten Belastungszustand $I_1 = u\,s$ zu entsprechen. Laut Gleichungen (143) und (144) muß bei jeder Belastung die Bedingung

$$\frac{u\,d}{u\,m} = \frac{u\,d'}{s\,m} = K\,\frac{1+\tau}{\tau} \quad . \; . \; . \; . \; . \; . \; . \; (158)$$

erfüllt sein, und außerdem muß $u\,d$ auf $u\,m$, $u\,d'$ auf $s\,m$ senkrecht stehen. Steigern wir die Belastung noch weiter. so rückt der Punkt s Abb. 38 auf dem Ossanna-Kreis weiter nach oben, während die Basis $u\,d'$ weiter abnimmt und schließlich fällt der Punkt d' mit s im Punkt S zusammen. Die Heyland-Basis besitzt in diesem Belastungszustand die Größe $u\,b'\,S$ (Abb. 39), die auf den Stator wirkende EMK die Größe $S\,m$, und der von beiden Geraden eingeschlossene Winkel

$$\sphericalangle\, u\,S\,m = 90^0.$$

Die Gleichung (158) gilt daher auch für den Stillstand im idealen Kurzschluß. wobei der Statorstrom

$$I_1 = u\,S.$$

der Rotorstrom $\qquad I_2 = \overline{b'\,S}$

ist. wobei

$$\frac{u\,S}{S\,m} = \frac{u\,d}{u\,m} = K\,\frac{1+\tau}{\tau} \quad . \; . \; . \; . \; . \; . \; . \; (159)$$

Aus den genannten Bedingungen ergibt sich die Ähnlichkeit der Dreiecke

$$\triangle\, u\,S\,m \sim \triangle\, d\,u\,m.$$

Der Punkt S ist daher konstruktiv sehr leicht zu finden: Ein über $u\,d$ und ein über $u\,m$ geschlagener Halbkreis schneiden sich im Punkte S. Außerdem liegt der Punkt S auf der schon früher erwähnten Geraden $d\,m$, und daher ist S auch durch den Schnitt dieser Geraden mit einem der genannten Halbkreise vollkommen bestimmt, Abb. 39.

Endlich ist noch folgende Beziehung von Wichtigkeit: Die vom Punkt S nach dem Mittelpunkt M_0 des Ossanna-Kreises gezogene Hilfslinie $S M_0$ trifft in ihrer Verlängerung den Punkt M_1, der die Diagrammbasis $u d$ halbiert. Die Richtigkeit dieses Satzes ergibt sich ohne weiteres aus der Betrachtung der Dreiecke $u d S$ und $b_0 d_0 S$. da $u d$ und $b_0 d_0$ parallel sind.

24. Einfache graphische Konstruktion des Ossanna-Kreises.

In Abb. 39 stellt $u d$ die lediglich aus dem Streuungskoeffizienten ermittelte Diagrammbasis dar, wobei

$$\overline{u b} = \tau \cdot \overline{b d}$$

und $b d$ der Durchmesser des Heyland-Diagrammkreises in beliebigem Maßstab ist.

I_m bedeutet den Magnetisierungsstrom, wie er nach Gleichung (114) berechnet ist. Um jedes Mißverständnis auszuschließen, sei ausdrücklich darauf aufmerksam gemacht, daß bei der Berechnung des Magnetisierungsstromes nicht etwa der Statorwiderstand zu berücksichtigen ist; gerade der Einfluß des Statorwiderstandes wird ja durch die Einführung des Ossanna-Kreises an Stelle des Heylandschen graphisch dargestellt. In die Gleichung (111) ist daher auch die volle Klemmenspannung für E_1 einzusetzen und nicht der Spannungsverlust durch den Magnetisierungsstrom in Rechnung zu ziehen. Ist in dieser Weise I_m berechnet, so wird die Konstante K nach Gleichung (149)

$$K = \frac{I_m \cdot R_1}{E} = \frac{\overline{u b}}{\overline{u m}}$$

und deshalb

$$\overline{u m} = \frac{\overline{u b}}{K} \quad \ldots\ldots\ldots\ldots \quad (160)$$

Nun verbindet man durch gerade Hilfslinien die Punkte:

$d m$

$M m$

$b m$,

wobei M der Mittelpunkt der Strecke $b d$ ist, also

$$\overline{M b} = \overline{M d}.$$

Sodann beschreibe man entweder einen

Halbkreis über $\overline{u m}$

oder vielleicht bequemer, weil man den Mittelpunkt M_1 dieses Kreises ohnehin benötigt, einen

Halbkreis über $u d$.

Jeder der genannten Halbkreise schneidet die Hilfslinie $d m$ im Punkt S.

Den Punkt S verbindet man mit dem Mittelpunkt M_1 des Halbkreises über $u\,d$, und der Schnittpunkt dieser Linie mit der Hilfsgeraden $M\,m$ liefert den

Mittelpunkt des Ossanna-Kreises $= M_0$,

Nun zieht man durch M_0 eine Parallele $u_0\,d_0$ zu $u\,d$, die von den Hilfslinien $b\,m$ und $d\,m$ in den Punkten b_0 und d_0 geschnitten wird. Es ist nun der senkrechte

Durchmesser des Ossanna-Kreises $= b_0\,d_0$,

und damit ist die Konstruktion beendet.

25. Wichtige geometrische Örter.

Da wir den Ossanna-Kreis aus dem ursprünglichen Diagramm $u\,b\,d$ Abb. 38 abgeleitet haben, wird das Verständnis erleichtert werden, wenn wir die Bahnen bestimmen, die die Punkte b' und d' der Heyland-Basis $u\,b'\,d'$ (Abb. 41) bei wechselnder Belastung beschreiben. Das erhaltene Resultat wird uns später besonders bei der Behandlung des Rotorstromes gute Dienste leisten.

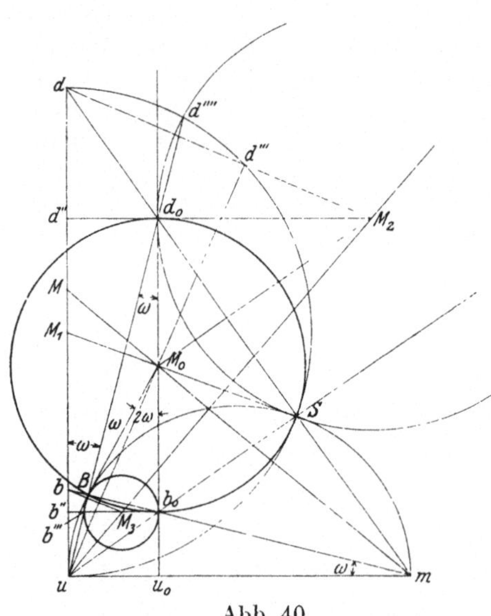

Abb. 40.

Die Lösung der Aufgabe ist sehr leicht und man lasse sich durch den Linienreichtum der Abb. 40 nicht abschrecken. In diese Abb. sind nämlich eine ganze Anzahl von Hilfslinien eingetragen, die wir nie gleichzeitig benötigen, deren Zusammenstellung aber sehr nützlich ist, weil sie zeigt, in welch einfachen geometrischen Beziehungen alle Linien und Kreise der Abb. 40 zueinander stehen.

Bei einer beliebigen Belastung (Abb. 41) hat der Statorstrom die Größe $u\,s$ und der Punkt s liegt auf dem Ossanna-Kreis. $u\,s$ kann aber auch als Statorstrom des Heyland-Diagrammes $u\,b'\,d'$, der Punkt s also auf dem Halbkreis $b'\,s\,d'$ liegend aufgefaßt werden.

Bei wechselnder Belastung wandert der Punkt s auf dem Ossanna-Kreis und der Punkt d' auf einem vom Mittelpunkt M_2 aus beschriebenen Kreis, der die Punkte S und d_0 schneidet.

Aus den Gleichungen (144) und (145) folgt nämlich die Proportion

$$\frac{s\,m}{d'\,u} = \frac{m\,u}{u\,d} \quad \ldots \ldots \ldots \ldots (161)$$

Da ud senkrecht auf sm steht, besteht auch Gleichheit der Winkel

$$\sphericalangle smu = \sphericalangle d'ud$$

und Ähnlichkeit der Dreiecke

$$\triangle usm \sim \triangle dd'u .$$

Der Ossanna-Kreis steht daher zu um in denselben Beziehungen wie der Kreis M_2 zu du. Es müssen daher auch die Dreiecke einander ähnlich sein (Abb. 40)

$$\triangle uM_0m \sim \triangle dM_2u .$$

Die Radien der beiden Kreise $R_0 = M_0d_0$ und $R_2 = M_2d_0$ verhalten sich zueinander wie

$$\frac{M_2d_0}{M_0d_0} = \frac{ud}{um}$$

und der Radius R_2 ist nach Gleichung (158)

$$R_2 = R_0 \cdot K \cdot \frac{1+\tau}{\tau} . \quad (162)$$

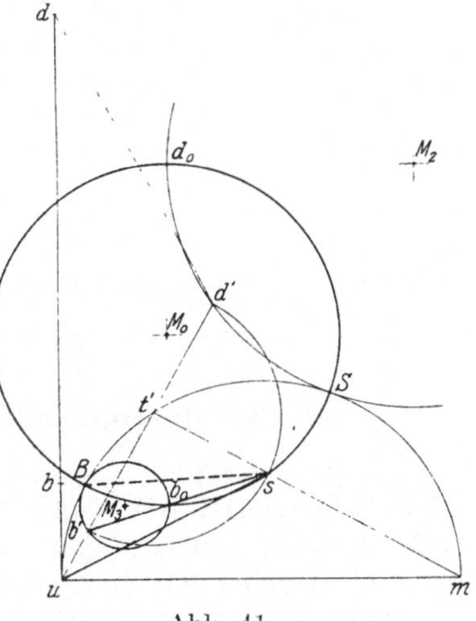

Abb. 41.

Zur Konstruktion des Kreises ist daher nur durch den Punkt d_0 senkrecht auf ud eine Gerade $d''M_2$ zu ziehen und zum Schnitt mit der Geraden uM_2, die auf M_0m senkrecht steht, zu bringen.

Der geometrische Ort des Punktes b' der Diagrammbasis $ub'd'$ (Abb. 41) ergibt sich nun sozusagen von selbst. Er muß natürlich ein Kreis sein, und da das Verhältnis

$$\frac{ub'}{b'd'} = \tau$$

unter allen Umständen bestehen muß, kann der Radius des gesuchten Kreises $R_3 = M_3b_0$ nur die Größe

$$R_3 = \frac{\tau}{1+\tau} \cdot R_2 = K \cdot R_0 \quad . \; . \; . \; . \; . \; . \; . \; (163)$$

besitzen und sein Mittelpunkt ergibt sich aus der Beziehung

$$uM_3 = \tau \cdot uM_2 \quad . \; . \; . \; . \; . \; . \; . \; . \; . \; . \; . \; (164)$$

Der Kreis wird daher konstruiert, indem man von b_0 eine Senkrechte b_0b'' auf ud fällt und ihren Schnittpunkt mit uM_2 bestimmt. M_3 ist der Mittelpunkt, M_3b_0 der Radius des gesuchten Kreises.

Wir werden später den Kreis M_2 nicht mehr benötigen, wohl aber M_3 zur Ermittelung des Rotorstromes. Es mag daher darauf hingewiesen werden, daß sich der Kreis M_3 auch ohne Kenntnis des Kreises M_2 konstruieren läßt:

Die Gerade $u\,d_0$ schneidet die Gerade $b_0 b''$ im Punkt b'''. $b_0 b'''$ ist der horizontale Durchmesser des Kreises M_3, also

$$R_3 = \frac{b_0 b'''}{2} \quad \ldots \ldots \ldots \ldots \quad (165)$$

Der Beweis ergibt sich aus der Eigentümlichkeit, daß die Abb. 40 sozusagen **drei** Ossanna-Kreise mit den Mittelpunkten M_0, M_2, M_3 enthält. Es besteht nämlich Ähnlichkeit zwischen den Dreiecken

$$\triangle u\,M_0\,m \sim \triangle d\,M_2\,u \sim \triangle b\,M_3\,u$$

und außerdem ist

$$\frac{u_0 b_0}{u_0 M_0} = \frac{d'' d_0}{d'' M_2} = \frac{b'' b'''}{b'' M_3} = \frac{2\tau}{1+2\tau} \quad \ldots \quad (166)$$

Der Ossanna-Kreis steht daher zu $\overline{u\,m}$ in denselben Beziehungen wie $\overline{d\,u}$ zum Kreis M_2 und wie $b\,u$ zum Kreis M_3.

26. Statorstrom und aufgenommene Leistung.

Da der Punkt s des Statorstromes $u\,s$ bei allen Belastungen auf dem Ossanna-Kreis liegt, sind alle Fragen bereits geklärt und es dürfte genügen, nur ein paar besonders charakteristische Belastungszustände eingehender zu besprechen.

Den Zustand im idealen Kurzschluß (Stillstand bei widerstandslosem, kurzgeschlossenem Rotor) haben wir bereits kennen gelernt. Der Statorstrom hat Abb. 39 die Größe $u\,S$ und ist genau so groß wie die ganze Länge der zugehörigen Heyland-Basis $u'b\,S$. $u\,b'$ ist der dieser Basis entsprechende Magnetisierungsstrom und daher ist der Rotorstrom beim idealen Kurzschluß $b'\,S$ oder genauer $(1+\tau_1)$ $\overline{b'S}$ (siehe Abb. 22).

Wird der Rotor nicht festgehalten, sondern freigegeben, so kommt er in Rotation, und mit steigender Drehzahl nimmt der Statorstrom rasch ab, bis er im Synchronismus auf die Größe $u\,B$, den Magnetisierungsstrom gekommen ist, denn wir nehmen vorläufig an, daß Eisen- und Reibungsverluste nicht vorhanden sind.

Dem Punkt B entspricht die Heyland-Basis $u\,B\,d''''$ Abb. 40 mit dem Magnetisierungsstrom $u\,B$, der genau in die Richtung der Basis $u\,B\,d''''$ fällt. Von der Klemmenspannung

$$E = u\,m$$

wird vom Magnetisierungsstrom nur die Komponente $u\,B$ als Spannungsverlust in der Statorwicklung verbraucht und die auf den Motor wirkende EMK ist daher

$$E_1 = B\,\overline{m}.$$

Der Magnetisierungsstrom $u\,B$ steht auf der ihn verursachenden EMK $\overline{B\,m}$ senkrecht und es gelten daher nach Gleichung (149) die Proportionen

$$\frac{uB}{Bm} = \frac{ub}{um} = K = \operatorname{tg} \omega ,$$

denn der Winkel ω ist den beiden rechtwinkligen Dreiecken $b\,u\,m$ und $u\,B\,m$ gemeinsam und sie sind daher ähnlich:

$$\triangle b\,u\,m \sim \triangle u\,B\,m .$$

Es mag besonders darauf aufmerksam gemacht werden, das $u\,B$ nicht in der Richtung eines Durchmessers des Ossanna-Kreises, der Punkt B also nicht auf der Geraden $u\,M_0$ liegt (Abb. 40). Ferner darf man nicht annehmen, daß, weil beim Heyland-Diagramm

$$u\,b = \tau \cdot b\,d$$

ist, nun beim Ossanna-Diagramm $u\,B = \tau \times$ Ossanna-Kreisdurchmesser sein müßte. Die Beziehung

$$u_0\,b_0 = \tau \cdot b_0\,d_0$$

gilt natürlich nur für den Vertikaldurchmesser des Ossanna-Kreises während

$$u\,B > \tau \cdot b_0\,d_0 .$$

Da uns das Verhältnis der Durchmesser vom Heyland-Kreis $b\,d$ zum Ossanna-Kreis $b_0\,d_0$ durch Gleichung (155) bekannt ist und nach Abb. 40

$$u\,B = u\,b \cdot \cos \omega ,$$

können wir ohne weiteres die Beziehung aufstellen

$$u\,B = \tau \cdot b_0\,d_0 \cdot \frac{B}{B - K^2} \cdot \cos \omega = b_0\,d_0 \cdot B \cdot (1 + \tau) \cdot \cos \omega \quad . \; (167)$$

Die vom Stator bzw. Motor aufgenommene Leistung

$$L_1 = E \cdot I_1 \cdot \cos \varphi$$

ist, da die Klemmenspannung E als konstant angenommen wird, bei allen Belastungen einfach dem senkrechten Abstand des Punktes s des Statorstromes von der Ordinate $u\,d$ also z. B. $\overline{t\,s}$ (Abb. 45) proportional. Ebenso kann man sagen: die senkrechte Projektion des Statorstromes $u\,s$ auf die Abszisse $u\,m$, oder die laufende Abszisse x des Punktes s ist der Leistungsaufnahme proportional. Um die aufgenommene Leistung in Watt zu erhalten, muß die dem Diagramm entnommene Strecke $t\,s$ (Abb. 45) mit den Leistungskonstanten C_{L_1} multipliziert werden; also

$$L_1 = C_{L_1} \cdot t\,s \quad \ldots\ldots\ldots \quad (168)$$

C_{L_1} ist für das Ossanna-Diagramm von derselben Größe wie für das Heyland-Diagramm, kann daher einfach nach Gleichung (119) berechnet werden.

27. Der Rotorstrom.

Fast in allen in den elektrotechnischen Zeitschriften zerstreuten Artikeln über das Ossanna-Diagramm wird apriori angenommen, daß bei beliebiger Belastung (Abb. 41) der Rotorstrom durch eine vom

Endpunkt s des Statorstromes us nach dem Fixpunkt B gezogenen Strecke, also durch Bs dargestellt werden kann. Ossanna selbst sagt in seinen Originalarbeiten über den Rotorstrom gar nichts.

Bei meinen eigenen Studien war ich kurz nach Veröffentlichung der ersten Artikel über das Ossanna-Diagramm zu der Überzeugung gekommen. daß die erwähnte Annahme unmöglich richtig sein kann: ich hatte aber bei Veröffentlichung der ersten Auflage des vorliegenden Buches noch keinen mich vollkommen befriedigenden Einblick in die wirklich vorliegenden Verhältnisse erlangt. Nur das Problem des Rotorstromes ist schuld daran, daß ich das Ossanna-Diagramm, für dessen sonstige Schönheiten und Vorzüge es mir nicht an Sinn gefehlt hat, etwas sehr stiefmütterlich behandelt habe.

Es scheint übrigens anderen Kollegen ähnlich ergangen zu sein. So beschreibt Grob in einer ausgezeichneten Arbeit ETZ 1904, Heft 22 und 23, ganz richtig den wirklichen Rotorstrom $b's$, Abb. 41. bemüht sich aber dann nachzuweisen, daß $b's = Bs$ ist. und dadurch verliert dieser Teil seiner Arbeit an überzeugender Kraft. Thomälen fußt in seiner Arbeit ETZ 1903, Seite 972, auf einer Veröffentlichung von Grob, ETZ 1901, Seite 88, er übernimmt den richtigen Rotorstrom $b's$, Abb. 41, beweist aber dann auch, daß $b's = Bs$ ist.

Das erlösende Wort wäre gewesen. daß jemand geschrieben hätte: der Rotorstrom ist in Wirklichkeit $b's$, er kann aber mit großer Annäherung in bezug auf seine Größe durch Bs ersetzt werden.

Mir wäre viel Kopfzerbrechen und manche Stunde nutzloser Arbeit erspart geblieben, wenn ich diesen Satz irgendwo gelesen hätte. Durch die immer wiederkehrende Behauptung, daß der Rotorstrom Bs ist, verleitet, habe ich umsonst nach einem Beweis für die Richtigkeit dieser These gesucht.

Für uns ist es sehr leicht, den Rotorstrom bei jeder beliebigen Belastung aus dem Diagramm aufzufinden. Wir haben ja im Abschnitt 25 schon festgestellt, daß der Punkt d' der Heyland-Basis $ub'd'$ auf dem Kreis M_2, der Punkt b' auf dem Kreis M_3 liegen muß. Die Heyland-Basis muß dabei senkrecht auf der EMK $E = \overline{sm}$ stehen, der Punkt t' daher auf dem über $\overline{um}$ geschlagenen Halbkreis liegen. Das Diagramm $ub'sd'$ ist uns aber schon aus dem 2. Kapitel vollkommen geläufig und wir wissen, zum Statorstrom $\overline{us}$ gehört der Rotorstrom

$$I_2 = (1 - \tau_1)\, b's \quad . \; . \; . \; . \; . \; . \; . \; . \; . \quad (169)$$

Nach Vorlage dieses Resultates läßt sich eine Konstruktion zur Ermittlung des Rotorstromes angeben. bei der die Kenntnis des Kreises M_2 überhaupt nicht nötig ist.

Der Rotorstrom $b's$ wird nämlich auch erhalten, wenn man Abb. 41 vom Punkt s durch den fixen Punkt b_0 eine Gerade zieht. bis sie zum Schnittpunkt b' mit dem Kreis M_3 kommt.

Diese Konstruktion hat zur Voraussetzung, daß die Verbindungslinie der Punkte sb_0b' eine Gerade ist, und dies bedingt, daß die Zentriwinkel $\sphericalangle BM_0s$ und $\sphericalangle BM_3b'$ einander gleich sind.

Der Beweis hierfür ergibt sich aus Abb. 42. Es ist nämlich

$$\sphericalangle b' M_3 b_0 = 180^0 - \gamma,$$

daher $$\sphericalangle s b_0 M_0 = \sphericalangle b_0 s M_0 = 90^0 - \frac{\gamma}{2}.$$

Infolgedessen hat jeder der Zentriwinkel die Größe

$$\sphericalangle B M_3 b' = \sphericalangle B M_0 s = 2\omega + \gamma.$$

Wenn auch die zweite zur Bestimmung des Rotorstromes angegebene Konstruktion durch den Fortfall des Kreises M_2 schon beträchtlich vereinfacht ist, so ist doch die Einführung des Kreises M_3 gerade keine Annehmlichkeit, besonders da er bei normalen Diagrammen verhältnismäßig klein ausfällt und dadurch das Zeichnen und Messen im Diagramm erschwert. Es soll daher untersucht werden, ob die von den meisten Autoren gewählte Methode, den Rotorstrom einfach durch sB darzustellen, Berechtigung hat.

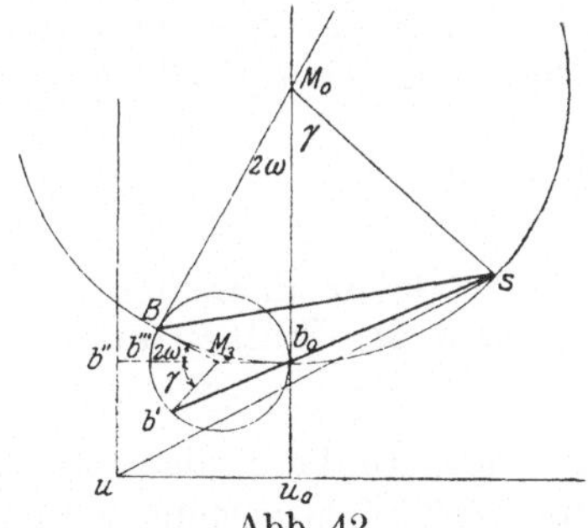

Abb. 42.

Dies ist nun tatsächlich der Fall: man kann Diagramme zeichnen wie man will, stets wird sb mit großer Annäherung sB gleich sein.

Um wenigstens einen zahlenmäßigen Begriff davon zu bekommen, wie groß diese Annäherung ist und wieso sie zustandekommt, wollen wir einen mathematischen Ausdruck für die Vergleichung der beiden Strecken aufstellen. Bezeichnen wir den Radius des Ossanna-Kreises mit R_0, so ergibt sich aus Abb. 42

$$Bs = 2 \cdot R_0 \cdot \sin \frac{2\omega + \gamma}{2}$$

$$= 2 \cdot R_0 \cdot \left(\sin \omega \cdot \cos \frac{\gamma}{2} + \cos \omega \cdot \sin \frac{\gamma}{2}\right) \quad . \quad . \quad . \quad (170)$$

Den Radius des Kreises M_3 bezeichnen wir mit R_3 und erhalten

$$b' b_0 = 2 \cdot R_3 \cdot \sin \frac{180 - \gamma}{2}$$

$$b_0 s = 2 \cdot R_0 \cdot \sin \frac{\gamma}{2}.$$

Die Addition der beiden Gleichungen ergibt, wenn wir gleichzeitig laut Gleichung (163)

$$R_3 = K \cdot R_0 = R_0 \cdot \operatorname{tg} \omega$$

setzen:

$$b' s = 2 R_0 \left(\sin \frac{\gamma}{2} + \operatorname{tg} \omega \cdot \cos \frac{\gamma}{2}\right) \quad . \quad . \quad . \quad . \quad . \quad (171)$$

Die Division der Gleichung 170 durch 171 liefert das Resultat

$$\frac{\overline{Bs}}{\overline{b's}} = \frac{\cos\omega + \sin\omega \cdot \operatorname{cotg}\frac{\gamma}{2}}{1 + \operatorname{tg}\omega \cdot \operatorname{cotg}\frac{\gamma}{2}} \quad \ldots\ldots (172)$$

So einladend die Gleichung aussieht, weil sie sich unter gewissen Annahmen leicht auf den Wert 1 bringen läßt, so hat sie doch die unangenehme Eigenschaft, den variablen Winkel γ zu enthalten, und wir ersehen daraus, daß das Verhältnis $\overline{Bs} : \overline{b's}$ leider nicht konstant, sondern mit der Belastung variabel ist.

Nur bei einer einzigen Belastung ist Zähler und Nenner der Gleichung (172) gleich, also

$$\overline{Bs} = \overline{b's},$$

nämlich, wenn

$$\gamma = 0,$$

cotg γ daher unendlich ist. Dies entspricht dem Betriebszustand, bei dem der Statorstrom

$$\overline{us} = \overline{ub_0}$$

ist, der Punkt s also mit b_0 zusammenfällt und der Rotorstrom durch $\overline{b'''b_0}$ dargestellt wird.

Bei allen anderen Belastungen muß man aber Fehler in Kauf nehmen, die im allgemeinen um so größer werden, je weiter sich der Punkt s des Statorstromes vom Punkt b_0 nach rechts oder links entfernt. Es folgt dies daraus, daß das konstante Glied des Zählers

$$\cos\omega < 1$$

um so mehr an Einfluß zunimmt, je kleiner der numerische Wert der Kotangente von $\frac{\gamma}{2}$ wird. Es ist daher, abgesehen von dem soeben behandelten speziellen Fall, immer in Gleichung (172) der Zähler kleiner als der Nenner und deshalb

$$\overline{Bs} < \overline{b's} \quad \ldots\ldots\ldots\ldots (173)$$

Die Fehler sind aber nur merklich bei Motoren mit großem Statorwiderstand, also bei kleinen Motoren, bei denen überhaupt nur die Verwendung des Ossanna-Diagrammes richtige Ergebnisse zeitigt. Bei großen Motoren mit kleinem Statorwiderstand wird der Winkel ω sehr klein, so daß ohne großen Fehler

$$\cos\omega = 1$$

gesetzt werden darf. Die Gleichung (172) kann dann

$$\frac{\overline{Bs}}{\overline{b's}} \approx \frac{1 + \sin\omega \cdot \operatorname{cotg}\frac{\gamma}{2}}{1 + \operatorname{tg}\omega \cdot \operatorname{cotg}\frac{\gamma}{2}} \approx 1 \quad \ldots\ldots (174)$$

geschrieben werden, denn bei kleinem Winkel ist der Sinus und die

Tangente nahezu gleich. Wird der Statorwiderstand vernachlässigt, ist also

$$R_1 = O,$$

so wird

$$\frac{Bs}{b's} = 1$$

also

$$Bs = b's,$$

und dabei kommt das Ossanna-Diagramm zur Deckung mit dem Heyland-Diagramm ubd, Abb. 38, von dem wir bei der Ableitung des Ossanna-Kreises ausgegangen sind.

Zusammenfassend können wir daher schreiben

$$I_2 = (1 + \tau_1)\,\overline{b's} \approx (1 + \tau_1)\,\overline{Bs},$$

und wenn wir den Rotorstrom in Ampere haben wollen, müssen wir noch die Diagrammkonstante C_{I_2} [Gleichung (116)] als Faktor zufügen:

$$I_2 = C_{I_2} \cdot (1 + \tau_1)\,\overline{b's} \approx C_{I_2} \cdot (1 + \tau_1)\,\overline{Bs} \text{ Ampere} \quad . \quad . \quad (174)$$

Der Näherungswert Bs als Ersatz für $\overline{b's}$ ist natürlich nur zulässig, wenn lediglich die Stromstärke des Rotorstromes ermittelt werden soll; sollte aber aus irgendeinem Grund die Phasenverschiebung zwischen dem Stator- und Rotorstrom bestimmt werden sollen, so muß unbedingt die Strecke $\overline{b's}$ für den Rotorstrom benützt werden. Nur die Strecke $\overline{b's}$ stellt den Rotorstrom der Größe und Lage nach richtig dar; $\overline{Bs}$ ist der Größe nach annähernd richtig, der Lage nach aber immer falsch.

28. Die auf den Rotor übertragene Leistung und das Drehmoment.

In dem in der Abb. 43 dargestellten Belastungszustand nimmt der Stator eine Leistung auf

$$L_1 = a_1 \cdot E \cdot I_1 \cdot \cos\varphi = C_{L_1} \cdot ul' \quad . \quad . \quad . \quad . \quad . \quad (175)$$

Die Leistung wird auf graphischem Wege erhalten, wenn man den Stromvektor $\overline{us}$ senkrecht auf die Klemmenspannung $\overline{um} = E$ projiziert, wobei

$$ul' = \overline{us} \cdot \cos\varphi.$$

Die Konstante C_{L_1} vermittelt den Zusammenhang zwischen Rechnung und Diagramm, und es ist nach Gleichung 119

$$C_{L_1} = a_1 \cdot E \cdot C_{I_1} \quad . \quad . \quad . \quad . \quad . \quad . \quad . \quad . \quad . \quad . \quad (176)$$

Die einzigen Verluste, die wir zur Zeit berücksichtigen, sind die durch den Statorwiderstand verursachten

$$V_1 = a_1 \cdot I_1^2 \cdot R_1.$$

Die auf den Rotor übertragene Leistung ist daher

$$L_{1-2} = L_1 - V_1.$$

Für die graphische Darstellung dieser Vorgänge werden wir aber nicht von dieser Gleichung ausgehen, sondern wir gehen vom Spannungsdreieck ums aus. Von der Klemmenspannung $E = \overline{um}$ geht bei einem Strom $\overline{us}$ als Spannungsverlust ihre Komponente $\overline{us}$ verloren und es bleibt nur noch die Komponente $\overline{sm} = E_1$ für die Felderzeugung und damit für die Wirkung auf den Rotor übrig. Die auf den Rotor übertragene Leistung muß daher auch sein

$$L_{1-2} = a_1 \cdot E_1 \cdot I_1 \cdot \cos \varphi_2 .$$

wobei

$$\varphi_2 = \sphericalangle\, usm$$

Die senkrechte Projektion von $\overline{us}$ auf sm ist fs, also

$$fs = \overline{us} \cdot \cos \varphi_2 ,$$

aber wir dürfen die übertragene Leistung nicht einfach

$$L_{1-2} = C_{L_1} \cdot fs$$

gleichsetzen, denn die Leistungskonstante hat zur Voraussetzung, daß die wirksame Spannung die Größe $um = E$ besitzt. Da aber für die Übertragung auf den Rotor nur die Komponente

$$E_1 = \overline{sm}$$

in Betracht kommt, muß der angegebene Ausdruck für die übertragene Leistung mit dem Quotienten

$$\frac{sm}{um} = \frac{E_1}{E}$$

multipliziert werden. Wir erhalten daher

$$L_{1-2} = C_{L_1} \cdot fs \cdot \frac{sm}{um} = C_{L_1} \cdot \overline{sv} \quad . \; . \; . \; . \; . \; (177$$

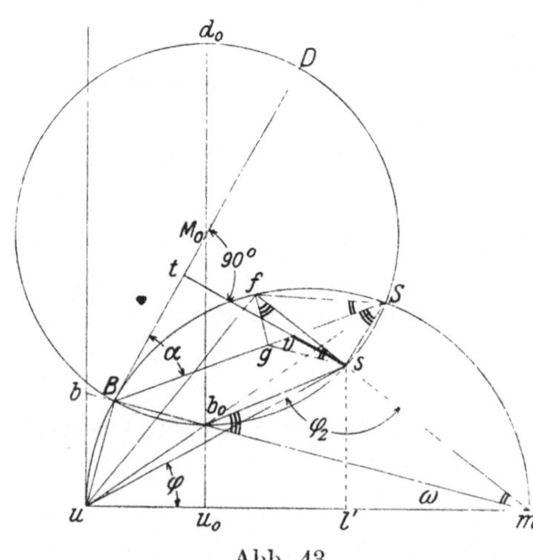

Abb. 43.

Das Resultat ist diagrammatisch sehr leicht darzustellen, man braucht nur von Punkt s auf den Kreisdurchmesser BD eine Senkrechte st zu fällen; dieses Lot wird von der Kreissehne, die den Leerlaufspunkt B mit dem Kurzschlußpunkt S verbindet, im Punkt v geschnitten, und sv ist die gesuchte Strecke.

Der einfachste und leichtverständlichste Beweis für die Richtigkeit der Gleichung (177) ist von Sumec in der ETZ. 1910, Seite 111 (siehe auch Grob, ETZ. 1904, Seite 452) in folgender Weise erbracht worden. Man zieht

$$\overline{sg} \parallel mB .$$

dann ist

$$\sphericalangle\, gsf = \sphericalangle\, b_0 ms \quad . \; . \; . \; . \; . \; . \; . \; . \; . \; (178$$

Ferner ist

$$\sphericalangle Bmf = \sphericalangle BSf,$$

weil die Punkte B, f, S auf einem Kreisbogen liegen.

Da ferner

$$\sphericalangle gsf = \sphericalangle gSf,$$

müssen auch die Punkte g, s, S, f auf einem Kreis liegen, und deshalb ist

$$\sphericalangle sfg = \sphericalangle sSg = 180 - \sphericalangle sb_0B = \sphericalangle sb_0m \quad . \quad . \quad (179)$$

Aus den Beziehungen (178) und (179) folgt die Ähnlichkeit der Dreiecke

$$\triangle sfg \sim \triangle mb_0S \quad . \quad . \quad . \quad . \quad . \quad . \quad . \quad . \quad (180)$$

Da die Neigung des Kreisdurchmessers BD zur Ordinate $u_0d_0 = 2 \cdot \sphericalangle \omega$ und ts senkrecht auf BD steht, ist

$$\sphericalangle gsv = \sphericalangle umb_0 = \sphericalangle \omega \quad . \quad . \quad . \quad . \quad . \quad . \quad (181)$$

Endlich besteht Gleichheit zwischen den Winkeln

$$\sphericalangle sgv = \sphericalangle mBS = \sphericalangle muS \quad . \quad . \quad . \quad . \quad . \quad . \quad (182)$$

und daher folgt aus 181 und 182 Ähnlichkeit zwischen den Dreiecken

$$\triangle sgv \sim \triangle mub_0 \quad . \quad . \quad . \quad . \quad . \quad . \quad . \quad . \quad (183)$$

Es ergeben sich daher die Proportionen

$$\frac{sf}{sg} = \frac{\overline{mb_0}}{ms}$$

und

$$\frac{sg}{sv} = \frac{mu}{mb_0}$$

und nach Multiplikation beider Gleichungen erhält man

$$\frac{sf}{sv} = \frac{\overline{mu}}{\overline{ms}},$$

und das gesuchte Resultat

$$sf \cdot \frac{ms}{mu} = sv \quad . \quad . \quad . \quad . \quad . \quad . \quad . \quad . \quad . \quad (184)$$

entspricht daher tatsächlich der Bedingung, die durch die Gleichung (177) gefordert wird.

Betrachten wir den Kreisdurchmesser BD Abb. 43, mit dem die Strecke BS den Winkel

$$\alpha = \sphericalangle DBS$$

einschließt, so finden wir sofort die außerordentliche Ähnlichkeit mit der Konstruktion, die wir beim Heyland-Diagramm Abb. 34 kennengelernt haben. Auch im Heyland-Diagramm stellt der Abschnitt $\overline{sv}$ einer vom Punkt s auf den Diagrammkreis gefällten Senkrechten st die vom Stator auf den Rotor übertragene Leistung dar, und dort wurde auch nachgewiesen, daß $\overline{sv}$ dem Drehmoment des Rotors entspricht. Wir dürfen deshalb ohne weiteres nach einem Analogieschluß den Satz aufstellen:

Das Drehmoment im Ossanna-Diagramm ist

$$M = C_M \cdot \overline{vs} \quad \text{Vismeter}$$
$$= C_M \cdot 102 \cdot \overline{vs} \text{ Kilogrammeter} \quad \ldots \ldots (185)$$

und die Konstante C_M ist nach Gleichung (120)

$$C_M = \frac{60}{2 \cdot \pi \cdot n_1} \frac{C_{L_1}}{1000} \quad \ldots \ldots \ldots (186)$$

wobei n_1 = Drehzahl im Synchronismus ist.

Die Neigung der Geraden BS, der Drehmomentlinie, haben wir im Heyland-Diagramm durch Berechnung der Tangente des Winkels α aus dem Widerstand der Statorwicklung R_1 bestimmt. Der Statorwiderstand R_1 ist aber im Ossanna-Diagramm bereits graphisch mit vollkommener Genauigkeit in Rücksicht gezogen, und der Punkt S ergibt sich ohne weiteres aus der Konstruktion des Ossanna-Kreises, wie besonders deutlich aus der Abb. 39 hervorgeht.

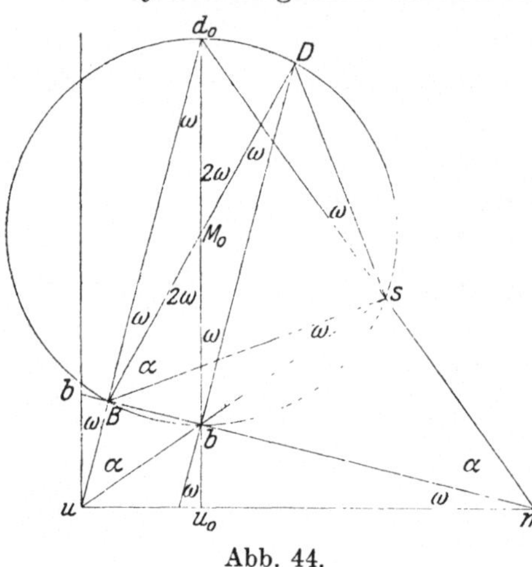

Abb. 44.

Um auch für das Ossanna-Diagramm eine Formel zur Berechnung der Funktion tg α aufstellen zu können, bedienen wir uns der Abb. 44, aus der zu ersehen ist, wie oft die Winkel α und ω im Diagramm vertreten sind. In den meisten Fällen wird dies nach den vorausgegangenen Erläuterungen, insbesondere aus der Abb. 40 selbstverständlich erscheinen, nur darf vielleicht nochmals daran erinnert werden, daß an Hand der Abb. 43 bewiesen worden ist, daß

$$\triangle u b_0 m \sim \triangle u B S,$$

und daraus folgt, daß $\sphericalangle u S B = \omega$.

Da nun $\sphericalangle u S d_0 = \sphericalangle B S D = 90^0$,

weil die Punkte auf einem Halbkreis liegen, muß

$$\sphericalangle D S d_0 = \omega$$

sein. Daraus folgt der Reihe nach die Ähnlichkeit der Dreiecke

$$\triangle B S D \sim \triangle u S d_0 \sim \triangle m B d_0$$

und deshalb ist $\sphericalangle B m d_0 = \alpha$.

Nun können wir unter Benützung der Gleichung (158) sehr leicht die Beziehungen

$$\operatorname{tg}(\alpha + \omega) = \frac{u d}{u m} = \frac{u_0 d_0}{u_0 m} = K \frac{1 + \tau}{\tau} \quad \ldots \ldots (187)$$

aufstellen, aus der sich $\operatorname{tg}\alpha$ berechnen läßt. Man erhält

$$\frac{\operatorname{tg}\alpha + \operatorname{tg}\omega}{1 - \operatorname{tg}\alpha \cdot \operatorname{tg}\omega} = K\frac{1+\tau}{\tau}$$

und da

$$\operatorname{tg}\omega = K$$

wird

$$\operatorname{tg}\alpha = \frac{\frac{K}{\tau}}{1 + K^2\frac{1+\tau}{\tau}} = \frac{K}{B} \cdot \frac{1}{1+\tau} \quad \ldots\ldots (188)$$

denn laut Gleichung (155) ist

$$1 + K^2\frac{1+\tau}{\tau} = B\frac{1+\tau}{\tau}.$$

29. Rotorverluste und abgegebene Leistung.

Wenn wir der Berechnung der Stromwärme im Rotor den wirklichen Rotorstrom

$$I_2 = C_{I_2} \cdot (1 + \tau_1)\, b' s\,,$$

Fig. 42, zugrunde legen, so erhalten wir sehr komplizierte Verhältnisse.

Begnügen wir uns aber mit dem Näherungswert laut Gleichung (174). so bewegen wir uns in bekannten Bahnen, denn die Analogie mit dem Heyland-Diagramm, auf die bei der Bestimmung des Drehmomentes $\overline{vs}$ Abb. 43 bereits hingewiesen wurde, ist dann für die Bestimmung der Kupferverluste im Rotor ebenfalls vorhanden.

Bei Ermittelung des Drehmomentes $\overline{vs}$ gingen wir vom Statorstrom $\overline{us}$ aus, ohne den Rotorstrom überhaupt in Rechnung ziehen zu müssen. Das erhaltene Resultat, daß das Drehmoment $= \overline{vs}$ ist, ist daher mathematisch genau richtig. Wenn wir aber für den Rotorstrom nur den Näherungswert $\overline{Bs}$ statt des richigten Wertes $b's$ unseren weiteren Betrachtungen zugrunde legen, so bringen wir damit die erste Ungenauigkeit ins Ossana-Diagramm. Da im allgemeinen nach der Ungleichung (173) der Näherungswert kleiner ist als der streng richtige, werden wir daher die Kupferverluste im Rotor zu klein, im weiteren Verlauf auch die Schlüpfung zu klein und den Wirkungsgrad zu groß erhalten. Die Fehler sind aber fast durchwegs so gering, daß sie der ungeheueren Vereinfachung des Diagrammes gegenüber in Kauf genommen werden können.

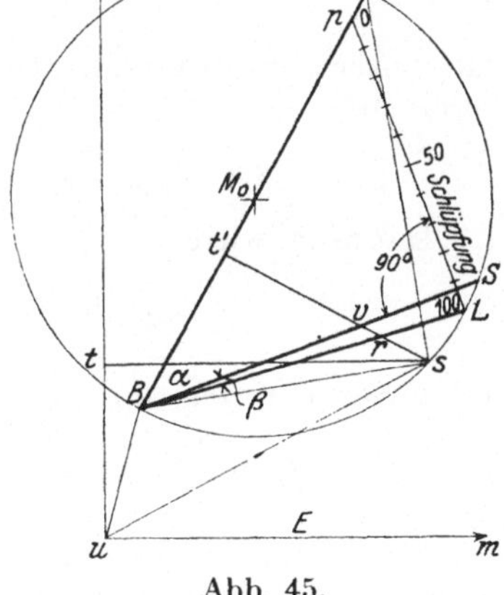

Abb. 45.

Wir schreiben daher von jetzt ab für den Rotorstrom

$$I_2 = C_{I_2} \cdot (1 + \tau_1)\, B s \quad \ldots\ldots\ldots (189)$$

Da der Fixpunkt B im Ossanna-Diagramm dem Fixpunkt b im Heyland-Diagramm Abb. 34 entspricht, können wir wie dort eine Strecke $\overline{vr}$, Abb. 45, bestimmen. die dem Kupferverlust im Rotor V_2 nach der Gleichung entspricht

$$V_2 = C_{L_1} \cdot \overline{vr} = a_2 \cdot R_2 \cdot (1 + \tau_1)^2 \cdot C_{I_2}^2 \cdot \overline{Bs}^2 \quad . \quad . \quad . \quad . \quad (190)$$

worin a_2 die Phasenzahl des Rotors bedeutet.

Wir erhalten wie in Abschnitt 17

$$\overline{Bs}^2 = \overline{Bt} \cdot \overline{BD},$$

woraus wir ersehen, daß die Strecke $\overline{Bt'}$ den Rotorverlusten proportional ist, denn der Kreisdurchmesser $\overline{BD}$ ist natürlich eine Konstante. Die Gleichung (190) läßt sich daher in der Form schreiben

$$\frac{\overline{vr}}{\overline{Bt'}} = a_2 \cdot R_2 (1 + \tau_1)^2 \cdot \frac{C_{I_2}^2}{C_{L_1}} \cdot \overline{BD} \quad . \quad . \quad . \quad . \quad . \quad (191)$$

Für $\operatorname{tg} \alpha$ haben wir schon in Formel (188) den Ausdruck kennen gelernt

$$\operatorname{tg} \alpha = \frac{\dfrac{K}{\tau}}{1 + K^2 \dfrac{1 + \tau}{\tau}}.$$

Der Nenner des Bruches ist [Gleichung (155)] nichts anderes als das Verhältnis des Durchmessers vom Heyland-Kreis $\overline{bd}$ zum Ossanna-Kreis $\overline{BD}$ und daher ist

$$\operatorname{tg} \alpha = \frac{K}{\tau} \cdot \frac{\overline{BD}}{\overline{bd}} = K \frac{\overline{BD}}{\overline{ub}} = \frac{\overline{BD}}{\overline{um}} \quad . \quad . \quad . \quad . \quad . \quad (192)$$

Den Nenner $\overline{um}$ wollen wir für unseren vorliegenden Zweck noch etwas umformen, indem wir nach Gleichung (142)

$$\overline{um} = E \frac{\overline{ub}}{I_m \cdot R_1},$$

dann unter Einführung der Diagrammkonstanten des Statorstromes C_{I_1} schreiben

$$\overline{um} = \frac{E}{C_{I_1} \cdot R_1} = \frac{a_1 \cdot C_{I_1} \cdot E}{a_1 \cdot C_{I_1}^2 \cdot R_1} = \frac{C_{L_1}}{a_1 \cdot C_{I_1}^2 \cdot R_1}.$$

Dadurch wird

$$\operatorname{tg} \alpha = \frac{a_1 \cdot C_{I_1}^2 \cdot R_1}{C_{L_1}} \cdot \overline{BD} = \frac{\overline{t'v}}{\overline{Bt'}} \quad . \quad . \quad . \quad . \quad . \quad . \quad (193)$$

und unter Hinweis auf Gleichung (191)

$$\operatorname{tg}(\alpha + \beta) = \frac{\overline{t'r}}{\overline{Bt}} = \frac{\overline{BD}}{C_{L_1}} \left[a_1 \cdot R_1 \cdot C_{I_1}^2 + a_2 \cdot R_2 \cdot (1 + \tau)^2 C_{I_2}^2\right] \quad (194)$$

Ein Vergleich der Gleichungen (193) und (194) mit den Gleichungen (123) und (124) liefert uns das schöne Resultat:

Im Ossanna-Diagramm sind die numerischen Werte der Funktionen $\operatorname{tg} \alpha$ und $\operatorname{tg}(\alpha + \beta)$ gegenüber ihren Werten im Heyland-

Diagramm im selben Verhältnis geändert wie die Durchmesser der Diagrammkreise.

Im Diagramm brauchen wir nur von B aus unter dem Winkel $(\alpha + \beta)$ zum Kreisdurchmesser geneigt eine Gerade BL, die Leistungslinie, zu ziehen und ihren Schnittpunkt r mit der auf $\overline{BD}$ Senkrechten st zu bestimmen. Der Rotorkupferverlust ist dann, wie schon in Gleichung (190) angegeben

$$V_2 = C_{L_1} \cdot \overline{v\,r'} \ldots\ldots \text{Watt} \quad \ldots\ldots\ldots \quad (195)$$

und da $\overline{v\,s}$ die auf den Rotor übertragene Leistung ist, muß

$$\left.\begin{aligned} L_2 &= C_{L_1} \cdot \overline{r's} \ldots\ldots \text{Watt} \\ &= \frac{C_{L_1}}{1000} \cdot \overline{r's} \ldots\ldots \text{Kilowatt} \\ &= C_{L_2} \cdot \overline{r's} \ldots\ldots \text{PS} \\ &= \frac{C_{L_1}}{1000} \cdot \overline{r's} \ldots\ldots \text{Vismeter/Sek} \\ &= C_{L_1} \cdot \frac{102}{1000} \cdot \overline{r's} \ldots\ldots \text{Kilogrammeter/Sek} \end{aligned}\right\} \quad \ldots \quad (196)$$

die mechanisch abgegebene Nutzleistung des Motors sein.

30. Die Schlüpfung.

Die prozentuale Schlüpfung s ist das Verhältnis der Rotorkupferverluste V_2 zu der nach dem Rotor übertragenen Leistung L_{1-2}. Da wir beide Größen genau wie im Heyland-Diagramm durch die Einzeichnung der Drehmomentlinie $\overline{BS}$ und der Leistungslinie BL gefunden haben, gilt im Ossanna-Diagramm unverändert die Gleichung (125):

$$\frac{s}{100} = \frac{\overline{v\,r}}{\overline{v\,s}} \quad \ldots\ldots\ldots\ldots \quad (197)$$

und wir können unverändert die an Abb. 34 als richtig bewiesene Konstruktion anwenden.

Wir ziehen daher durch den Punkt L Abb. 45 eine Gerade $L\,p$, die senkrecht auf der Drehmomentlinie $B\,S$ steht,

$$L\,p \perp B\,S.$$

p ist der Nullpunkt, L der Punkt 100 des Schlüpfungsmaßstabes und die von D aus nach der Spitze s des Stromdreiecks gezogene Sehne gibt auf diesem Maßstab die prozentuale Schlüpfung an, die bei der betreffenden Belastung herrscht.

31. Der Wirkungsgrad.

Da das Ossanna-Diagramm im Gegensatz zu dem von Heyland den Leistungsfaktor und die primäre Leistungsaufnahme L_1 richtig angibt, muß es sich auch zur Darstellung des Wirkungsgrades der Maschine

$$\eta = \frac{L_2}{L_1} \quad \ldots\ldots\ldots\ldots \quad (197)$$

eignen. Die Leistungsaufnahme ist im Diagramm Abb. 46 dem senkrechten Abstand der Spitze s des Stromdreiecks $u\,B\,s$ von der Basis $u\,d$ gleich (der Rotorstrom $B\,s$ ist der Übersichtlichkeit der Abbildung zuliebe nicht eingezeichnet), also

$$L_1 = C_{L_1} \cdot s\,t$$

und die Leistungsabgabe ist der Strecke $\overline{s\,r}$ proportional und gleich

$$L_2 = C_{L_1} \cdot s\,r .$$

Der Wirkungsgrad ist daher gegeben durch das Verhältnis der Strecken

$$\eta = \frac{s\,r}{s\,t} \quad \ldots\ldots\ldots\ldots \quad (198)$$

Ziehen wir von s aus eine Gerade senkrecht zum Kreisdurchmesser $B\,D$ bis zu ihrem Schnittpunkt n mit der Vertikalen $u\,d$, so wird

$$\eta = \frac{\overline{s\,r}}{\overline{s\,n} \cdot \cos 2\,\omega} \quad \ldots\ldots\ldots\ldots \quad (199)$$

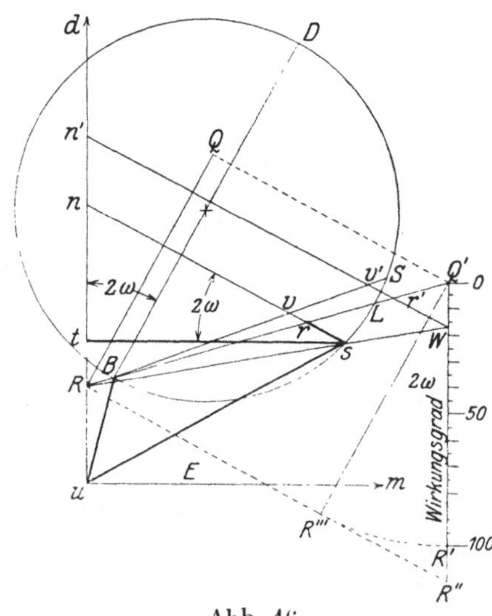

Abb. 46.

denn der $\sphericalangle\, n\,s\,t$ ist dem Winkel zwischen $B\,D$ und $u\,d$ gleich, und dieser ist nach Abb. 40 $= 2\,\omega$.

Wir verlängern nun die Leistungslinie $B\,L$ nach links bis zu ihrem Schnittpunkt R mit der Vertikalen $u\,d$ und nach rechts bis zu einem beliebigen Punkt Q'. Durch Q' legen wir die Gerade $Q'\,R''$ parallel zu $u\,d$ und ferner ziehen wir vom Punkt R durch die Spitze s des Stromdreiecks die Gerade $R\,W$, die $Q'\,R''$ im Punkt W schneidet. Endlich ziehen wir die Gerade $W\,n'$ parallel zu $s\,n$.

Man sieht aus der Abbildung ohne weiteres, daß

$$\frac{r'\,W}{n'\,W} = \frac{\overline{r\,s}}{\overline{n\,s}} .$$

Da $n'\,W = R\,R''$, ist aber auch

$$\frac{Q'\,W}{Q'\,R''} = \frac{r'\,W}{n'\,W}$$

und wir können daher die Gleichung (199) auf die Form bringen

$$\eta = \frac{Q'\,W}{Q'\,R'' \cdot \cos 2\,\omega} \quad \ldots\ldots\ldots\ldots \quad (200)$$

Ziehen wir $Q'R''$ parallel zu QR, so muß

$$\sphericalangle R'''Q'R'' = 2\omega$$

sein. Daraus folgt

$$\cos 2\omega = \frac{Q'R''}{Q'R'}$$

und wir erhalten für den Wirkungsgrad den Ausdruck

$$\eta = \frac{Q'W}{Q'R'} \quad \ldots\ldots\ldots\ldots (201)$$

Im Diagramm machen wir daher

$$Q'R' = Q'R''' = QR,$$

tragen auf $Q'R'$ einen 100 teiligen Maßstab mit dem Nullpunkt in Q' auf und erhalten durch die Lage des Punktes W direkt den Wirkungsgrad in Prozenten.

Bei der Beschreibung dieser Konstruktion haben wir den Punkt Q' auf der verlängerten Leistungslinie BL als beliebig angenommen. Grob macht in seinem schon erwähnten Artikel ETZ 1904, Seite 475, darauf aufmerksam, daß man durch passende Wahl des Punktes Q' möglichst bequeme Intervalle, z. B. Millimeter für den Maßstab $Q'R'$ erhalten kann. Man verfährt dann in folgender Weise:

Man trägt $RQ = 100$ mm (oder einem Vielfachen davon) parallel zum Kreisdurchmesser $\overline{BD}$ auf, errichtet in Q eine Senkrechte, die die verlängerte Leistungslinie BL in Q' schneidet und trägt von Q' aus parallel zu ud den Maßstab $Q'R' = QR$ auf. Die Gerade RsW bezeichnet auf dieser Skala den prozentualen Wirkungsgrad η.

Die ganze geschilderte Konstruktion bleibt auch richtig, wenn der Schnittpunkt R nicht auf der Geraden ud, sondern auf einer zu ud Parallelen liegt, die in einem dem Statoreisenverlust entsprechenden Abstand gezogen ist.

32. Die Diagrammkonstanten.

Aus den Abschnitten 21 bis 31 ging deutlich hervor, daß die Diagrammkonstanten für das Ossanna-Diagramm die nämlichen sind, wie sie für das Heyland-Diagramm im Abschnitt 16 angegeben worden sind. Lediglich die Ausdrücke für $\operatorname{tg}\alpha$ und $\operatorname{tg}(\alpha+\beta)$ haben eine Änderung erfahren, und neu hinzugekommen sind die zur Berechnung des Ossanna-Kreises aus dem Heyland-Kreis nötigen Konstanten.

Zur Bequemlichkeit des Lesers ist eine vollständige Zusammenstellung aller Konstanten gegeben:

Der Magnetisierungsstrom I_m Ampere ist aus der Klemmenspannung E ohne Rücksicht auf den Statorwiderstand, also unter der Annahme $R_1 = 0$ zu berechnen.

Hat der Heyland-Kreis den Durchmesser bd Millimeter, so ist

$$ub = \tau \cdot bd \text{ Millimeter}$$

und es wird im zugehörigen

Ossanna-Diagramm

(149) $$K = \frac{I_m \cdot R_1}{E_1} = \frac{ub}{um} = \operatorname{tg}\omega \quad \ldots \ldots \ldots \ldots (202)$$

(150) $$B = K^2 + \frac{\tau}{1+\tau} \quad \ldots \ldots \ldots \ldots (203)$$

(152) $$a = \frac{K}{B} ub \quad \ldots \ldots \ldots \ldots (204)$$

(153) $$b = \frac{1+2\tau}{2 \cdot B(1+\tau)} \cdot ub \quad \ldots \ldots \ldots \ldots (205)$$

(155) $$R_0 = \frac{BD}{2} = \frac{ub}{2B(1+\tau)} = \frac{b}{1+2\tau} \quad \ldots \ldots \ldots \ldots (206)$$

(115) $$C_{I_1} = \frac{I_m}{ub} \quad \ldots \ldots \ldots \ldots (207)$$

(116) $$C_{I_2} = \frac{a_1 \cdot k_1 \cdot N_1}{a_2 \cdot k_2 \cdot N_2} \cdot C_{I_1} \quad \ldots \ldots \ldots \ldots (208)$$

(142) $$C_E = C_{I_1} \cdot R_1 \quad \ldots \ldots \ldots \ldots (209)$$

(119) $$C_{L_1} = a_1 \cdot E \cdot C_{I_1} \quad \ldots \ldots \ldots \ldots (210)$$

$$C_{L_2} = \frac{C_{L_1}}{736}$$

(120) $$C_M = \frac{60}{2 \cdot \pi \cdot n_1} \frac{C_{L_1}}{1000} \quad \ldots \ldots \ldots \ldots (211)$$

(193) $$\operatorname{tg} a = \frac{a_1 \cdot R_1 \cdot C_{I_1}^2}{C_{L_1}} BD \quad \ldots \ldots \ldots \ldots (212)$$

(194) $$\operatorname{tg}(\alpha+\beta) = (a_1 \cdot R_1 \cdot C_{I_1}^2 + a_2 \cdot R_2 \cdot (1+\tau_1)^2 C_{I_2}^2) \frac{BD}{C_{L_1}} \quad \ldots \ldots (213)$$

$$= \operatorname{tg} a + \frac{a_2 \cdot R_2 (1+\tau_1)^2 C_{I_2}^2}{C_{L_1}} BD.$$

Diese Konstanten liefern durch Multiplikation mit den dem Diagramm entnommenen Längen (in Millimetern) die wahren Werte aller Größen, die im Diagramm graphisch zur Darstellung gelangt sind. In dem in Abb. 46 gezeichneten Belastungszustand ist z. B.

$$I_1 = C_{I_1} \cdot \overline{us} \quad \ldots \ldots \text{ Ampere},$$

$$I_2 = C_{I_2} \cdot (1+\tau_1) Bs \quad \ldots \quad „$$

$$L_1 = C_{L_1} \cdot st \quad \ldots \ldots \text{ Watt},$$

$$L_1 = \frac{C_{L_1}}{1000} \cdot st \quad \ldots \ldots \text{ Kilowatt},$$

$$L_2 = C_{L_1} \cdot \overline{rs} \quad \ldots \ldots \text{ Watt},$$

$$= \frac{C_{L_1}}{1000} \overline{rs} \quad \ldots \ldots \text{ Kilowatt},$$

$$= \frac{C_{L_1}}{1000} \cdot rs \quad \ldots\ldots \text{ Vismeter/Sek.,}$$

$$= C_{L_1} \frac{102}{1000} rs \quad \ldots\ldots \text{ Kilobarmeter/Sek.,}$$

$$= \frac{C_{L_1}}{75} \cdot \frac{102}{1000} rs = \frac{L_{L_1}}{736} rs \quad . \text{ PS,}$$

$$M = C_M \cdot vs \quad \ldots\ldots \text{ Vismeter,}$$

$$= C_M \cdot 102 \cdot vs \quad \ldots\ldots \text{ Kilogrammeter.}$$

Die links stehenden eingeklammerten Zahlen bezeichnen die laufenden Nummern der Gleichungen, bei denen sich an vorausgehender Stelle über ihre Ableitung Näheres nachlesen läßt.

Die beim Heyland-Diagramm angegebenen Konstanten C_{E_1}, C_{E_2}, mittels deren sich die im Rotor induzierte EMK E_2 aus der EMK des Stators E_1 berechnen läßt, sind hier weggelassen, denn das Ossanna-Diagramm eignet sich nicht zur Bestimmung des Übersetzungsverhältnisses $E_2 : E_1$, sondern man muß sich hierzu des Heyland-Diagrammes oder noch besser des einfachen Kreisdiagrammes Abschnitt 9 bedienen. Im Ossanna-Diagramm ist der Kreisdurchmesser BD nicht das Luftfeld bei Leerlauf, denn BD fällt nicht in die Richtung des Magnetisierungsstromes uB. Ebenso ist $\overline{Ds}$ Abb. 45 nicht das resultierende Rotorfeld.

33. Maximaler Leistungsfaktor.

Wie beim Heyland-Diagramm wollen wir auch beim Ossanna-Diagramm ermitteln, welchen günstigsten Wert der Leistungsfaktor annehmen kann. $\cos\varphi$ wird offenbar ein Maximum, wenn der Statorstrom $\overline{us}$ Tangente an den Ossana-Kreis wird und auf dem Radius $M_0 s = R_0$ senkrecht steht (Abb. 47). Der Zentriwinkel $u M_0 s$ ist in diesem Fall $= \varphi + \psi$ und daher wird

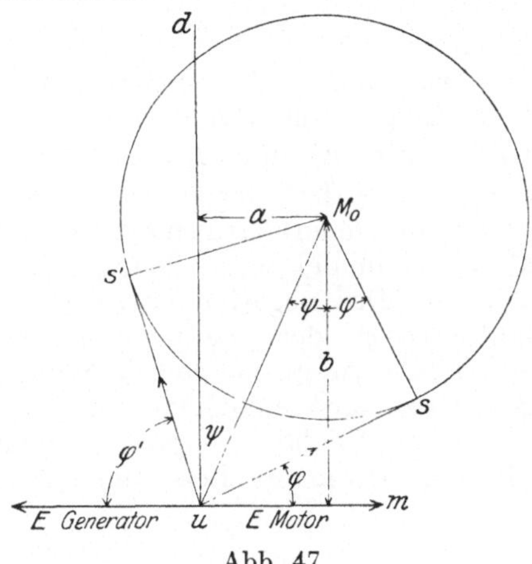

Abb. 47.

$$\cos\varphi_{\max} = \cos(\varphi + \psi) = \frac{\overline{M_0 s}}{\overline{M_0 u}} \quad \ldots\ldots (214)$$

Durch Auflösen der Klammer erhält man

$$\cos\varphi \cdot \cos\psi - \sin\varphi \cdot \sin\psi = \frac{\overline{M_0 s}}{\overline{M^0 u}}$$

und nach Einführung der Ausdrücke

$$\cos\psi = \frac{b}{\overline{M_0 u}}$$

$$\sin \varphi = \frac{a}{M_0 u}$$

ergibt sich
$$b \cdot \cos \varphi - a \cdot \sin \varphi_{\max} = R_0 \quad \ldots \ldots \quad (215)$$
wodurch die Winkelfunktion auf den Radius des Ossanna-Kreises und seine Mittelpunktkoordinaten a und b zurückgeführt ist. Führt man für $\sin \varphi$ die bekannte Beziehung ein

$$\sin \varphi = \sqrt{1 - \cos^2 \varphi},$$

so erhält Gleichung (215) die Form

$$b \cdot \cos \varphi - a \sqrt{1 - \cos^2 \varphi} = R_0$$

und nach $\cos \varphi$ aufgelöst, liefert sie das Resultat

$$\cos \varphi_{\max} = \frac{b \cdot R_0 \pm a \sqrt{a^2 + b^2 - R_0^2}}{a^2 + b^2} \quad \ldots \ldots \quad (216)$$

Da man häufig nur die figürliche, nicht die zahlenmäßige Größe der Koordinaten a und b kennen wird, läßt sich die Gleichung auf eine bequemere Form bringen, wenn man a, b, R_0 nach der Tabelle im vorigen Abschnitt [Gleichungen (204)] bis (206) auf $\overline{ub}$ reduziert. Nach Ausführung dieser Substitutionen erhalten wir aus Gleichung (216) den Ausdruck

$$\cos \varphi_{\max} = \frac{(1 + 2\tau) \pm 4 \cdot K \cdot \sqrt{B} (1 + \tau)^2}{1 + 4 B (1 + \tau)^2} \quad \ldots \quad (217)$$

Das doppelte Vorzeichen der Wurzel hat folgende physikalische Bedeutung: Vom Punkt u aus lassen sich zwei Tangenten an den Kreis legen, $\overline{us}$ und us', die von gleicher Größe sind und zur Linie $u M_0$ symmetrisch liegen. Das positive Vorzeichen in den Formeln (216) und (217) liefert den maximalen Leistungsfaktor $\cos \varphi$, wenn die Maschine in der bisher betrachteten Weise mit Schlüpfung als Motor arbeitet. Das negative Vorzeichen liefert den maximalen Leistungsfaktor $\cos \varphi'$, der sich beim mechanischen Antrieb der Maschine erzielen läßt, wenn sie mit Voreilung als Generator arbeitet, welcher Betriebszustand eingehend im Kapitel XIX beschrieben ist.

Beim Heyland-Diagramm hatten wir nur einen einzigen Wert für den maximalen Leistungsfaktor, nämlich

$$\cos \varphi_{\max} = \frac{1}{1 + 2\tau}$$

kennen gelernt. Das hat auch seine Berechtigung, denn das Heyland-Diagramm liefert für den Betrieb als Generator den gleichen Leistungsfaktor wie beim Motorbetrieb. Wir haben das Ossanna-Diagramm durch Einführung der Konstanten

$$K = \frac{I_m \cdot R_1}{E}$$

aus dem Heyland-Diagramm entwickelt. Schlagen wir nun den umgekehrten Weg ein, indem wir das Ossanna-Diagramm dadurch auf das Heylandsche zurückführen, daß wir den Statorwiderstand vernachlässigen und demnach

$$R_1 = K = 0$$

setzen, so wird das Glied mit doppeltem Vorzeichen in Gleichung (217) Null, und sie liefert ebenfalls nur den einen Wert $\frac{1}{1+2\tau}$.

Da man sich im allgemeinen bemüht, die Motoren so zu bauen, daß sie bei ihrer Normalleistung auch den besten Leistungsfaktor haben, bedient man sich in der Praxis zur oberflächlichen Charakterisierung der Güte eines Motors häufig der Zahl, die angibt, wieviel der Statorstrom bei $\cos\varphi_{\max}$ größer ist als der Magnetisierungsstrom.

Um diese Zahl zu finden, entnehmen wir der Abb. 47 die einfache Beziehung

$$\overline{us}^2 = \overline{M_0 u}^2 - \overline{M_0 s}^2,$$

setzen

$$\overline{M_0 u}^2 = a^2 + b^2$$

$$\overline{M_0 s}^2 = R_0^2$$

und erhalten

$$\overline{us}^2 = a^2 + b^2 - R_0^2 = \frac{\overline{ub}^2}{B}$$

und daraus das gesuchte Verhältnis

$$\overline{us} = \overline{ub}\frac{1}{\sqrt{B}} \quad \ldots\ldots\ldots\ldots (218)$$

In dieser Gleichung ist allerdings der Statorstrom us in Beziehung zum Magnetisierungsstrom ub des Heyland-Diagrammes gebracht; wollen wir ihn als Vielfaches des Magnetisierungsstromes uB im Ossanna-Diagramm ausdrücken, so müssen wir berücksichtigen, daß

$$\overline{uB} = \overline{ub} \cdot \cos\omega,$$

wie sich aus Abb. 40 ergibt.

Nun ist

$$\operatorname{tg}\omega = K,$$

daher

$$\overline{uB} = \frac{\overline{ub}}{\sqrt{1+K^2}}$$

und mithin wird

$$\overline{us} = \overline{uB} \cdot \sqrt{\frac{1+K^2}{B}} \quad \ldots\ldots\ldots (219)$$

Beim maximalen Leistungsfaktor ist daher der Statorstrom $\sqrt{\frac{1+K^2}{B}}$ mal so groß wie der Magnetisierungsstrom. Da K im allgemeinen einen kleinen Wert besitzt, kann man seine Potenz vernachlässigen und die Gleichung (218) liefert fast richtige Resultate.

Setzt man

$$R_0 = K = 0,$$

so gehen die Gleichungen (218) und (219) über in die Form

$$\overline{us} = \overline{ub}\sqrt{\frac{1+\tau}{\tau}},$$

die wir schon bei Besprechung des Heyland-Diagrammes Gleichung (130) auf S. 95 kennen gelernt haben.

Aus Abb. 46 ist ohne weiteres zu ersehen, daß der Wirkungsgrad η dann ein Maximum wird, wenn die Gerade Rs Tangente an den Kreis ist. Will man einen Motor so bauen, daß sein größter Leistungsfaktor gleichzeitig mit dem besten Wirkungsgrad erreicht wird, so muß Rs und $\overline{us}$ gleichzeitig Tangente an den Kreis werden, was nur möglich ist, wenn R mit dem Punkt u zusammenfällt.

Wenn, wie in Abb. 46, der Eisenverlust im Stator vernachlässigt wird, ist diese Bedingung nicht zu erfüllen, wohl aber, wenn der von u aus nach links aufgetragene Eisenverlust uR genau so groß ist, daß R gleichzeitig in der Verlängerung der Leistungsgeraden SBR liegt. Dann ergibt sich die von Grob[1]) aufgestellte Regel:

Leistungsfaktor und Wirkungsgrad erreichen gleichzeitig ihren Maximalwert, wenn der Leerstrom und der Kurzschlußstrom die gleiche Phasenverschiebung gegenüber der Klemmenspannung besitzen.

34. Darstellung der Verluste mittels der Kreispolaren.

Im Ossanna-Diagramm haben wir noch keine Linie kennen gelernt, aus der wir den Kupferverlust V_1 im Stator direkt ermitteln können. Auf indirektem Wege ist uns dies allerdings leicht möglich, denn die Statorverluste sind die Differenz zwischen der Leistungsaufnahme L_1 und der nach dem Rotor übertragenen Leistung,

$$V_1 = L_1 - L_{1-2}$$

und ihre Größe in Watt wird erhalten, wenn wir die Differenz der Strecken $\overline{st} - \overline{sv}$ (Abb. 46) ausmessen und mit der Leistungskonstanten C_{L_1} multiplizieren. Es ist also

$$V_1 = C_{L_1}(\overline{st} - \overline{sv}) \ldots \text{Watt}.$$

Es läßt sich aber eine Konstruktion angeben, die direkt eine Strecke $\overline{sk}$ (Abb. 48) liefert, die dem Verlust V_1 proportional ist. Leider läßt sich aber der Verlust V_1 in Watt nicht durch Multiplikation der Konstanten C_{L_1} mit der Länge sk berechnen, sondern es ist eine andere Leistungskonstante zu diesem Zweck zu ermitteln. Aus diesem Grund — weil die Einheitlichkeit des Wattmaßstabes zerstört wird — ist die Konstruktion der Linie sk nur von bedingtem Wert, und sie wird nur der Vollständigkeit halber hier angeführt, weil man besonders in neuerer Zeit häufig in der Literatur Diagrammen begegnet, die die Verlustlinien in der jetzt zu beschreibenden Weise enthalten.

Das Verfahren läßt sich am leichtesten verstehen, wenn man vom Kupferverlust im Rotor V_2 ausgeht.

Bei Ableitung der Gleichung (191) haben wir gesehen, daß

$$Bs^2 = Bt' \cdot BD$$

[1]) Grob, ETZ 1904, S. 475.

ist (Abb. 48). Da die Kupferverluste V_2 dem Quadrat des Rotorstromes Bs proportional sind und der Kreisdurchmesser $\overline{BD}$ eine Konstante darstellt, folgt, daß Bt' den Verlusten V_2 proportional ist.

$$Bt' \sim V_2.$$

Den von der Drehmomentlinie BS und der Leistungslinie BL eingeschlossenen Winkel β und damit die Strecke $\overline{vr}$, die ihrerseits wieder Bt' proportional ist, haben wir nur ermittelt, damit der für den Stator gültige Wattmaßstab und die Leistungskonstante C_{L_1} in unveränderter Größe auch für den Rotor Geltung haben. Verzichtet man auf den großen Vorteil des unbedingten Geltungsbereiches der einen Leistungskonstanten C_{L_1}, so kann man sich mit der Proportionalität begnügen $Bt' \sim V_2$.

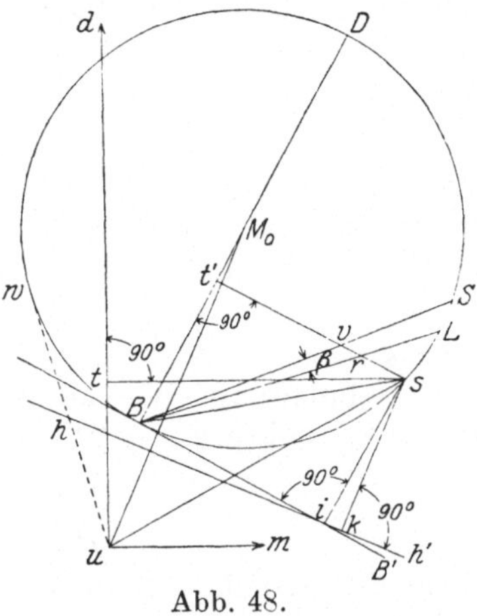

Abb. 48.

Nun kann man aber die Strecke Bt' auch auf andere Weise ermitteln als durch die Projektion des Rotorstromes Bs auf den Kreisdurchmesser BD, wie wir es bisher immer getan haben. Legt man nämlich durch B eine Tangente $B\,B'$ an den Kreis, wobei natürlich BB' senkrecht auf BD steht, so ist der Abstand si des Punktes s von der Geraden BB' natürlich $= Bt'$ und proportional V_2, also

$$si = Bt' \sim V_2.$$

Nun kann man die Gerade BB', die zufällig für den Rotorstrom gleichzeitig Tangente des Kreises wird, allgemein als Halbpolare des Ossanna-Kreises auffassen.

Es läßt sich nun beweisen, daß sich auch eine Halbpolare hh' finden läßt, deren Abstand sk vom Punkt s dem Quadrat des Statorstromes $\overline{us}$ und damit dem Statorkupferverlust proportional ist.

Diese Halbpolare hh' muß selbstverständlich aus Symmetriegründen senkrecht auf der Geraden uM_0 stehen, und damit sie der gewünschten Proportionalität

$$V_1 \sim ks$$

entspricht, muß ihr Abstand vom Kreismittelpunkt M_0 so gewählt werden, daß sie die Tangente $\overline{uw}$ im Punkt h halbiert.

Auch die hier für die Statorverluste V_1 angegebene Konstruktion läßt sich in ähnlicher Weise, wie wir es für die Rotorverluste getan haben, auf Bekanntes zurückführen; denn schon im 19. Abschnitt ist gezeigt, daß durch eine Parallele ut zur Diagrammbasis ud der Statorverlust V_1 gefunden werden kann.

35. Beispiel.

Als Beispiel für das Ossanna-Diagramm wählen wir den in Abschnitt 20, Seite 100 für das Heyland-Diagramm berechneten Motor. Die mechanischen Daten, die Drahtzahlen N_1 und N_2 und der Magnetisierungsstrom I_m bleiben ungeändert:

$$N_1 = 192,$$
$$N_2 = 224,$$
$$I_m = 6{,}11 \text{ Ampere};$$

denn wir haben in der Gleichung (111) zur Berechnung der Drahtzahl des Stators unter Vernachlässigung des Widerstandes R_1 die EMK E_1 gleich der vollen Klemmenspannung

$$E_1 = E = 110 \text{ Volt}$$

einzusetzen.

Nehmen wir, wie auf Seite 101, an, daß wir den Durchmesser des Heylandkreises $= 100$ Millimeter zeichnen wollen, so wird

$$bd = 100 \text{ mm},$$
$$ub = \tau \cdot bd = 0{,}21 \cdot 100 = 21 \text{ mm},$$

denn der Streukoeffizient

$$\tau = 0{,}21 .$$

Unter Einführung des Statorwiderstandes

$$R_1 = 4{,}5 \text{ Ohm}$$

können wir die zum Zeichnen des Ossanna-Kreises nötigen Zahlen berechnen. Es wird nach den Gleichungen auf Seite 110:

$$K = \frac{I_m \cdot R_1}{E} = \frac{6{,}11 \cdot 4{,}5}{110} = 0{,}250,$$

$$B = \frac{\tau}{1+\tau} + K^2 = \frac{0{,}21}{1{,}21} + 0{,}25^2 = 0{,}236,$$

$$a = \frac{K}{B} \cdot ub = \frac{0{,}250}{0{,}236}\, 21 = 22{,}24 \text{ mm},$$

$$b = \frac{1+2\tau}{2B(1+\tau)}\, ub = \frac{1{,}42 \cdot 21}{2 \cdot 0{,}236 \cdot 1{,}21} = 52{,}2 \text{ mm},$$

$$R_0 = \frac{ub}{2B(1+\tau)} = \frac{21}{2 \cdot 0{,}236 \cdot 1{,}21} = 36 \text{ mm},$$

$$BD = 2R_0 = 2 \cdot 36 = 72 \text{ mm}.$$

Will man den Ossanna-Kreis nicht aus seinen Mittelpunktskoordinaten a, b und seinem Radius konstruieren, sondern auf graphischem Wege ermitteln, so braucht a, b und R_0 nicht berechnet zu werden, sondern nur die Länge der Abszisse

$$\overline{um} = \frac{ub}{K} = \frac{21}{0{,}25} = 84 \text{ mm}.$$

Die folgenden Diagrammkonstanten können direkt dem Beispiel zum Heyland-Diagramm Seite 102, entnommen werden.

$$C_{I_1} = 0{,}291 \qquad C_{L_2} = 0{,}131$$
$$C_{I_2} = 0{,}248 \qquad C_M = 0{,}000\,613\,.$$
$$C_{L_1} = 96{,}03$$

Neu zu berechnen sind nur

$$\operatorname{tg} a = \frac{a_1 \cdot R_1 \cdot C_{I_1}^2}{C_{L_1}} \cdot BC = \frac{3 \cdot 4{,}5 \cdot 0{,}291^2 \cdot 72}{96{,}03} = 0{,}864\,,$$

$$\operatorname{tg}(\alpha + \beta) = \operatorname{tg}\alpha + \frac{a_2 \cdot R_2 \cdot (1 + \tau_1)^2 C_{I_2}^2}{C_{L_1}} \cdot BD$$

$$= 0{,}864 + \frac{3 \cdot 0{,}9 \cdot 1{,}12^2 \cdot 0{,}248^2}{96{,}03} \cdot 72 = 1{,}02\,.$$

Da uns die Werte für $\operatorname{tg}\alpha = 1{,}2$ und $\operatorname{tg}(\alpha + \beta) = 1{,}41$ vom Heyland-Diagramm bekannt waren, hätten wir die zuletzt erhaltenen Resultate auf Grund der Bemerkung zur Gleichung (194), Seite 126, viel bequemer bekommen können. Das Verhältnis der Durchmesser vom Ossanna-Kreis ($BD = 72$ mm) zum Durchmesser des Heyland-Kreises ($bd = 100$ mm) ist 0,72 und daher ist

$$\operatorname{tg}\alpha = 1{,}2 \cdot 0{,}72 = 0{,}864\,,$$
$$\operatorname{tg}(\alpha + \beta) = 1{,}41 \cdot 0{,}72 = 1{,}02\,.$$

Wir können nun das Diagramm durch Einzeichnen der Drehmomentlinie BS, der Leistungslinie BL und des Schlüpfungsmaßstabes, der senkrecht zu BS steht und durch L geht, vervollständigen (Abb. 45). Den Maßstab für den Wirkungsgrad $QR = Q'R'$ machen wir 50 mm lang (Abb. 46), damit wir die 100teilige Skala möglichst bequem auftragen können.

Die Abb. 38 bis 48 sind auf Grund der vorstehend berechneten Zahlen konstruiert und sie entsprechen daher alle genau dem Motor, den wir hier als Beispiel behandeln.

Die Abb. 38 bis 48 sind bei der Reproduktion ungefähr ebensoviel verkleinert, wie die Abb. 36, die das Heyland-Diagramm und die Abb. 29 und 31, die das einfache Kreisdiagramm desselben Motors darstellen. Um dem Leser ein Bild davon zu geben, wie groß der Ossanna-Kreis im gleichen Maßstabe wie die Abb. 29, 31 und 36 aus-

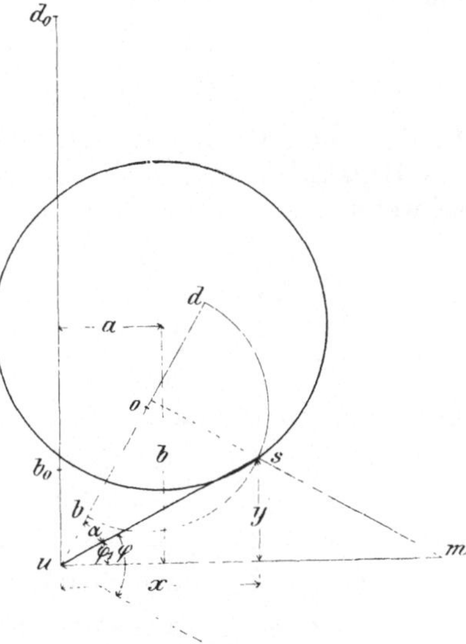

Abb. 49.

sieht, ist die Abb. 49 abgedruckt, die der Abb. 38 der 1. Auflage dieses Buches entspricht.

Kehren wir zu unserem Diagramm, Abb. 46, zurück. Bei Leerlauf im Synchronismus — andere Verluste als die Jouleschen in den Wicklungen berücksichtigen wir ja vorläufig nicht — messen wir im Diagramm den Magnetisierungsstrom

$$uB = 20{,}4 \text{ mm}$$

und ermitteln seine Größe

$$I_m = C_{I_1} \cdot uB = 0{,}291 \cdot 20{,}4 = 5{,}94 \text{ Ampere.}$$

Die Leistungsaufnahme beträgt hierbei, da wir den senkrechten Abstand des Punktes B von ud zu 5 mm messen

$$L_1 = C_{L_1} \cdot 5 = 96.03 \cdot 5 = 480 \text{ Watt}.$$

480 Watt werden ausschließlich in der Statorwicklung in Wärme umgesetzt und wir prüfen daher die Richtigkeit des Resultates, indem wir schreiben

$$V_1 = a_1 \cdot R_1 \cdot I_m^2 = 3 \cdot 4{,}5 \cdot 5{,}94^2 = 476 \text{ Watt}.$$

Die kleine Differenz rührt daher, daß sich die Länge von 5 mm nicht mit einer Genauigkeit von 1 % ablesen läßt.

Schon beim Leerlauf hat der Spannungsverlust eine merkliche Größe, nämlich

$$I_m \cdot R_1 = 4{,}95 \cdot 4{,}5 = 22 \text{ Volt}$$

und dementsprechend ist die auf den Stator wirkende EMK E_1 nicht mehr der Klemmenspannung $E = 110$ Volt gleich, sondern nur noch

$$E_1 = E \cdot \cos\omega = \frac{E}{\sqrt{1 + K^2}} = \frac{110}{103{,}2} = 106.7 \text{ Volt}$$

und es verhält sich (Abb. 43)

$$\frac{E_1}{E} = \frac{Bm}{um} = \frac{uB}{ub} = \frac{106{,}7}{110} = \frac{5{,}94}{6{,}11}.$$

In den Abb. 45 und 46 ist die Lage des Punktes s so gewählt, daß die Hilfslinien sich nicht gegenseitig stören und die Übersicht erschweren. Bei dieser beliebigen Belastung messen wir

$us = 55$ mm	$rs = 8{,}5$ mm
$Bs = 44$ mm	$s = 30$ %
$ts = 49$ mm	$\eta = 17$ %
$vs = 12{,}5$ mm	

und erhalten daraus

$$I_I = C_{I_1} \cdot \overline{us} = 0{,}291 \cdot 55 = 16 \text{ Ampere},$$

$$I_2 = C_{I_2}(1 + \tau_1)\, Bs = 0.248 \cdot 1{,}12 \cdot 44 = 12.2 \text{ Ampere},$$

$$L_1 = C_{L_1} \cdot ls = 96{,}03 \cdot 49 = 4710 \text{ Watt},$$

$$L_{1-2} = C_{L_1} \cdot \overline{vs} = 96{,}03 \cdot 12{,}5 = 1200 \text{ Watt},$$

$$M = C_M \cdot \overline{vs} = 0{,}000\,613 \cdot 12{,}5 = 0{,}00765 \text{ Vismeter}.$$

$$= 102 \cdot 0{,}007\,65 = 0.783 \text{ Kilogrammeter},$$

$$L_2 = C_{L_1} \cdot \overline{rs} = 96{,}03 \cdot 8{,}5 = 815 \text{ mechanische Watt},$$

$$= 815 \cdot \frac{102}{1000} = 83{,}3 \text{ Kilogrammeter/Sek.},$$

$$= \frac{83{,}2}{75} = 1{,}11 \text{ PS}.$$

$$= C_{L_2} \cdot \overline{rs} = 0{,}131 \cdot 8{,}5 = 1{,}11 \text{ PS}.$$

Zur Kontrolle wollen wir folgende Rechnungen ausführen:

Die Leistungsaufnahme des Stators, verringert um die Verluste in der Statorwicklung,

$$V_1 = a_1 \cdot R_1 \cdot I_1^2 = 3 \cdot 4{,}5 \cdot 16^2 = 3480 \text{ Watt}$$

muß die nach dem Rotor übertragene Leistung (Seite 121) ergeben:

$$L_{1-2} = 4710 - 3480 = 1230 \text{ Watt}.$$

Die nach dem Rotor übertragene Leistung, verringert um die Verluste in der Rotorwicklung

$$V_2 = a_2 \cdot R_2 \cdot I_2^2 = 3 \cdot 0{,}9 \cdot 12{,}5^2 = 405 \text{ Watt}$$

muß die Nutzleistung ergeben:

$$L_2 = L_{1-2} - V_2 = 1230 - 405 = 825 \text{ Watt}.$$

Die Schlüpfung muß sein

$$s = \frac{V_2}{L_{1-2}} = \frac{405}{1230} = \frac{32}{100}$$

und der Wirkungsgrad:

$$\eta = \frac{L_2}{L_1} = \frac{825}{4710} = \frac{17{,}5}{100}.$$

Die Abweichungen der auf verschiedene Weise erhaltenen Werte

$$\begin{aligned} L_{1-2} &= 1200 \text{ gegenüber } 1230 \\ L_2 &= 815 \quad \text{,,} \quad 825 \\ s &= 30 \quad \text{,,} \quad 32 \\ \eta &= 17 \quad \text{,,} \quad 17{,}5 \end{aligned}$$

sind als sehr klein zu bezeichnen, besonders wenn man bedenkt, daß sie

1. die Zeichnungs- und Meßfehler in einem nur ca. 100 mm großen Diagramm,
2. beim Rotorstrom den Fehler des Näherungswertes gegenüber dem streng richtigen Wert ($\overline{Bs}$ statt bs),
3. die mit dem Rechenschieber begangenen Fehler

enthalten.

Es wäre leicht gewesen, durch eine Fehlerausgleichsrechnung die dem Diagramm entnommenen Werte zu verbessern und die Fehler zum Verschwinden zu bringen. Ich habe dies mit Absicht unterlassen und auch nur mit dem Schieber gerechnet, gerade um zu zeigen, welch außerordentliche Genauigkeit sich bei Anwendung des Ossanna-Diagrammes mit einfachen Mitteln erzielen läßt.

Der maximale Leistungsfaktor erreicht nach Gleichung (217) die Größe

$$\cos \varphi_{\max} = \frac{(1+2\tau) \pm 4 K \sqrt{B}(1+\tau)^2}{1+4 B(1+\tau)^2}$$

$$= \frac{1{,}42 \pm 4 \cdot 0{,}25 \cdot \sqrt{0{,}236} \cdot 1{,}21^2}{1+4 \cdot 0{,}236 \cdot 1{,}21^2} = 0{,}895,$$

wenn man das positive Vorzeichen benützt. Das negative Vorzeichen liefert den Leistungsfaktor $= 0{,}298$, der beim Betrieb der Maschine als Generator erreicht werden kann, der uns aber augenblicklich nicht interessiert. Den maximalen Leistungsfaktor können wir auch der Abb. 47 entnehmen, wenn wir den Statorstrom $\overline{us} = 43$ mm und den senkrechten Abstand des Punktes s von der Basis ud zu 38,5 mm messen. Wir erhalten

$$\cos \varphi_{\max} = \frac{38{,}5}{43} = 0{,}895$$

also genau den gleichen Wert wie nach Gleichung (217).

Wenn $\cos \varphi = \text{maximum}$, ist laut Gleichung (219) der Statorstrom das $\frac{us}{uB} = \sqrt{\frac{1+K^2}{B}} = \sqrt{\frac{1+0{,}25^2}{0{,}236}} = 2{,}12$-fache des Magnetisierungsstromes uB. Da wir in Abb. 47 $\overline{us} = 43$ mm und in Abb. 46 $\overline{uB} = 20{,}4$ mm gemessen haben, können wir das gleiche Resultat durch die Division erhalten

$$\frac{us}{uB} = \frac{43}{20{,}4} = 2{,}11.$$

Endlich wollen wir noch den Motor bei Stillstand untersuchen. Bei Stillstand fällt die Spitze s des Stromdreiecks mit dem Punkt L zusammen, und wenn auch eine besondere Abbildung hierfür nicht gezeichnet ist, können wir doch leicht der Abb. 46 alle notwendigen Maße entnehmen. Wir messen bei Stillstand $(s = L)$

$$\begin{aligned} uL &= 64 \text{ mm} & rL &= 0 \text{ mm} \\ BL &= 51 \;\; ” & s &= 100 \;\; ” \\ tL &= 54 \;\; ” & \eta &= 0 \;\; ” \\ vL &= 5{,}7 \;\; ” & & \end{aligned}$$

und erhalten daraus

$$\begin{aligned} I_1 &= C_{I_1} \cdot uL = 0{,}291 \cdot 64 = 18{,}5 \text{ Ampere} \\ I_2 &= C_{I_2} \cdot (1+\tau_1) BL = 0{,}248 \cdot 1{,}21 \cdot 51 = 14{,}5 \text{ Ampere} \\ L_1 &= C_{L_1} \cdot lL = 96{,}03 \cdot 54 = 5180 \text{ Watt} \\ L_{1-2} &= C_{L_1} \cdot vs = 96{,}03 \cdot 5{,}7 = 550 \text{ Watt} \\ M &= C_M \; vs = 0{,}000\,613 \cdot 5{,}7 = 0{,}0035 \text{ Vismeter} \\ &= 0{,}0035 \cdot 102 = 0{,}356 \text{ Kilogrammeter} \\ L_2 &= 0. \end{aligned}$$

Die Kontrollrechnung ergibt folgende Werte:

$$V_1 = a_1 \cdot R_1 \cdot I_1^2 = 3 \cdot 4{,}5 \cdot 18{,}5^2 = 4600 \text{ Watt}$$

$$V_2 = a_2 \cdot R_2 \cdot I_2^2 = 3 \cdot 0{,}9 \cdot 14{,}5^2 = \quad 567 \text{ Watt.}$$

Mithin erhält man

$$L_{1-2} = L_1 - V_1 = 5180 - 4600 = 580 \text{ Watt}$$

$$L_2 = L_{1-2} - V_2 = 580 - 567 = 13 \approx 0 \text{ Watt.}$$

Die Übereinstimmung ist daher so groß, wie man sie mit den benützten Hilfsmitteln erwarten kann.

Die bei Stillstand erhaltenen Werte lassen einen direkten Vergleich zu mit den Resultaten, die im 14. Abschnitt beim 2. Beispiel, das denselben Motor behandelt, gewonnen worden sind. Die gute Übereinstimmung liefert einen Beweis dafür, daß die im 12. Abschnitt gelehrte Methode genau wie das Ossanna-Diagramm vollkommen richtige Ergebnisse zeitigt. Das im 12. Abschnitt beschriebene Verfahren ist sogar insofern noch genauer, als es den streng richtigen Wert $b\,s$ für den Rotorstrom (Abb. 41) in Rechnung zieht gegenüber dem Näherungswert $B\,s$. der im Ossanna-Diagramm zur Anwendung gelangt.

V. Die Verluste durch Hysteresis, Wirbelströme und Reibung und ihre Darstellung im Diagramm.

36. Verluste im Statoreisen und ihre Berücksichtigung im Heyland-Diagramm.

Durch die Ummagnetisierung des Statoreisens, die mit f_1 Perioden in der Sekunde erfolgt, wird ein Verlust durch Hysteresis und Wirbelströme verursacht. Der durch Hysteresis hervorgerufene Wattverlust ist der 1,6 Potenz, der durch Wirbelströme hervorgerufene der zweiten Potenz der Eiseninduktion proportional. Beide Verluste treten in praxi nie gesondert, sondern stets gemeinsam auf, und die Eisenverlustkurven, die man gewöhnlich bei der Berechnung von Maschinen zur Hilfe nimmt, stellen die Summenwirkung beider Verluste als Ordinaten dar, während auf der Abszisse die zugehörigen Induktionen aufgetragen sind. Infolgedessen ergibt eine analytische Untersuchung einer derartigen Kurve für den Exponenten der Gleichung $y = x^n$ weder den Wert 1,6 noch den Wert 2, sondern n liegt zwischen diesen beiden Zahlen. Die graphische Darstellung einer Exponentialfunktion mit gebrochenem Exponenten bietet im Ossanna- oder Heyland-Diagramm große Schwierigkeiten, und wenn man bedenkt, daß es sich hier bei der Untersuchung des Einflusses des Eisenverlustes nur um die Berücksichtigung einer Korrektionsgröße handelt, so mag es gerechtfertigt erscheinen, an Stelle des gebrochenen Exponenten, der größer als 1,6, aber kleiner als 2 ist, durchwegs die quadratische Abhängigkeit zu setzen. Wir haben dadurch nicht nur für die Rechnung und das Diagramm große Vereinfachung erzielt, sondern den weiteren Vorteil erreicht, daß wir uns durch eine sehr einfache Hilfsvorstellung die Wirkung des Eisenverlustes ersetzt denken können. Wenn wir nämlich schreiben, der Eisenverlust im Stator V_{e_1}

$$V_{e_1} = \mathfrak{B}_1^2 \times \text{Konstante},$$

so ist die Wirkung desselben ebenso, wie wenn das Eisen verlustlos, auf dem Stator aber außer der eigentlichen Statorwicklung eine kurzgeschlossene, im übrigen mit der Hauptwicklung identische Wicklung von solchem Widerstand angebracht wäre, daß die Stromwärme $I^2 \cdot R$ in dieser Wicklung denselben Verlust hervorruft. Da nämlich die in dieser Wicklung durch das Statorfeld hervorgerufene EMK der Induktion $\mathfrak{B}_1$ proportional ist, so wird

$$\text{Konstante} \times \mathfrak{B}_1^2 = \frac{E^2}{R} = I^2 \cdot R = V_{e_1}.$$

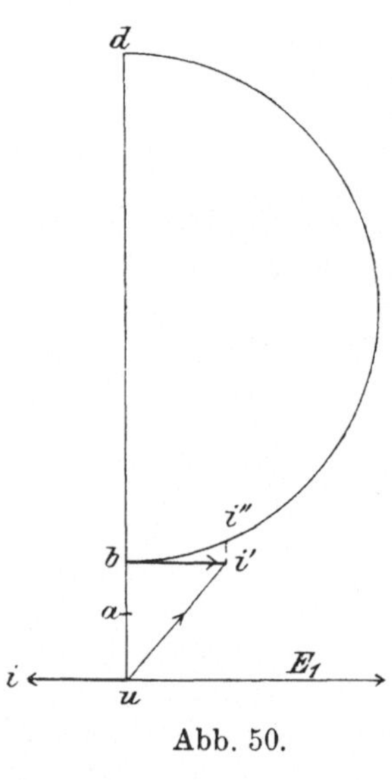

Abb. 50.

Um die Wirkung des Eisenverlustes zu studieren, wollen wir zuerst annehmen, daß in einem Motor mit Ausnahme des Eisenverlustes im Stator keinerlei andere Verluste auftreten. In Abb. 50 stellt ub den Magnetisierungsstrom dieses Motors ohne Berücksichtigung des Eisenverlustes dar, wie er dann im Stator fließt, wenn der Rotor stromlos im Synchronismus läuft. ub ist dann ganz reiner Blindstrom und steht auf der Klemmenspannung = EMK E_1 senkrecht. Wenn wir nun den Eisenverlust in Berücksichtigung ziehen, so ist in erster Linie klar, daß in bezug auf den Rotor dadurch gar keine Änderung eintritt, der Rotor läuft einfach synchron und stromlos weiter. Der Stator muß aber nun so viel Werkstrom I_W konsumieren, daß die Eisenverluste gedeckt werden, also daß

$$a_1 \cdot E_1 \cdot I_W = V_{e1}$$

also

$$I_W = \frac{V_{e1}}{a_1 \cdot E_1} \quad \text{. . . . .} \quad (220)$$

worin a_1 die Phasenzahl des Stators bedeutet. Der Größe nach ist hiermit die Werkkomponente des Statorstromes festgelegt, und auch ihre Richtung können wir angeben: denn da I_W Werkkomponente ist, muß I_W mit der Richtung der EMK E_1 zusammenfallen und auf dem Magnetisierungsstrom J_m senkrecht stehen. Wir können daher in Abb. 50 $\overline{bi'} = J_W$ im selben Maßstab, in welchem $\overline{ub} = J_m$ darstellt, senkrecht auf $\overline{ub}$ einzeichnen. Im ersten Moment könnte man darüber im Zweifel sein, ob diese Komponente des Statorstromes nicht etwa in der Richtung $b\,i''$ zu zeichnen seien, damit der Punkt i'' auf dem Diagrammkreis liegt, aber folgende Überlegung ergibt die Hinfälligkeit dieses Zweifels.

Die Werkkomponente $b\,i'$ bildet nämlich die Kompensation der im Eisen bzw. in unserer Ersatzwicklung zirkulierenden Verlustströme $u\,i$, und beide Ströme $\overline{b\,i'}$ und $u\,i$ sind an Größe einander gleich, der Richtung nach entgegengesetzt, sie heben sich daher gegenseitig vollständig auf. Da $\overline{u\,i}$ im Statoreisen bzw. in der Hilfswicklung, die aber ebenfalls im Stator liegt, fließt, hat die Hauptstatorwicklung bzw. das von $b\,i$ erzeugte Feld keine Streuung gegenüber der Hilfswicklung bzw. dem von $u\,i$ erzeugten Feld. Der Diagrammkreis, der seine Entstehung lediglich den Streuungskoeffizienten τ_1 und τ_2 verdankt, kommt also hierbei gar nicht in Betracht; denn τ_1 stellt die Streuung des Stators gegenüber dem Rotor dar, während der Stator sich selbst gegenüber natürlich streuungsfrei ist.

Es ist demnach die oben angegebene Einzeichnung der Werkkomponente gerechtfertigt und es ist außerdem gezeigt, daß durch die Werkkomponente $b\,i'$ kein Feld im Motor hervorgerufen wird, da $b\,i'$ durch $u\,i$ in jeder Beziehung kompensiert ist. Das Felddiagramm ist daher durch die Berücksichtigung des Eisenverlustes in keiner Weise alteriert worden, sondern $\overline{a\,d}$ ist das konstante Statorerregerfeld geblieben.

Der gesamte Primärstrom des synchron laufenden Motors ist natürlich die Resultante aus dem Magnetisierungsstrom $u\,b$ und der Werkkomponente $b\,i'$, also $\overline{u\,i'}$, beim Rotorstrom Null.

Die für den synchronen Lauf gemachten Betrachtungen gelten für jeden beliebigen Betriebszustand, nur ist an Stelle des Magnetisierungsstromes der Statorstrom, wie er dem Belastungszustand bei Vernachlässigung des Eisenwiderstandes entspricht, zu benützen und um die Werkkomponente zu vergrößern. Es bezeichne in Abb. 51 $u\,b\,s$ das Stromdreieck in einem beliebigen Belastungszustand bei Vernachlässigung des Eisenverlustes. Bei Berücksichtigung desselben muß der Statorstrom $u\,s$ um die Werkkomponente $\overline{s\,s'} = \overline{b\,i'}$ vergrößert werden, um den resultierenden wirklichen Statorstrom $u\,s'$ zu ergeben. Der Rotorstrom, natürlich auch alle vom Rotorstrom abhängigen Größen: Rotorfeld, Zugkraft, Schlüpfung, Leistung bleiben unverändert; I_2 ist daher proportional $\overline{b\,s}$. Der geometrische Ort, auf dem sich die Punkte s des Primärstromes bei wechselnder Belastung bewegen, ist ein Kreis vom gleichen Durchmesser wie

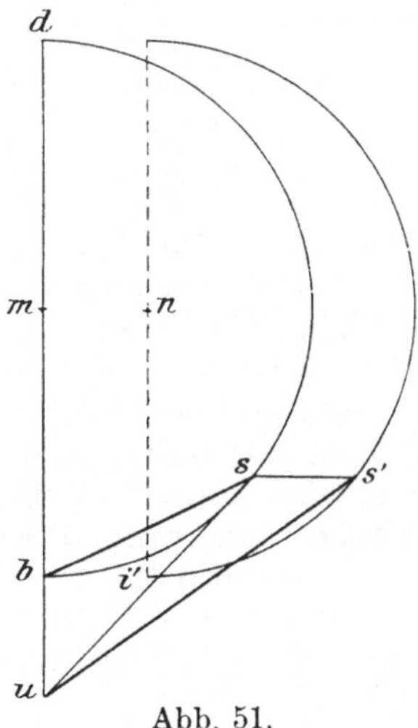

Abb. 51.

der Streuungskreis und die Mittelpunkte beider Kreise haben den Abstand $\overline{mn} = \overline{bi'} = I_W$.

Dies Diagramm besitzt nur Gültigkeit unter der Annahme, daß der Stator widerstandslos ist, also kein Spannungsverlust im Stator auftritt und infolgedessen das Statorfeld ad und der Hysteresisverlust im Statoreisen konstant ist.

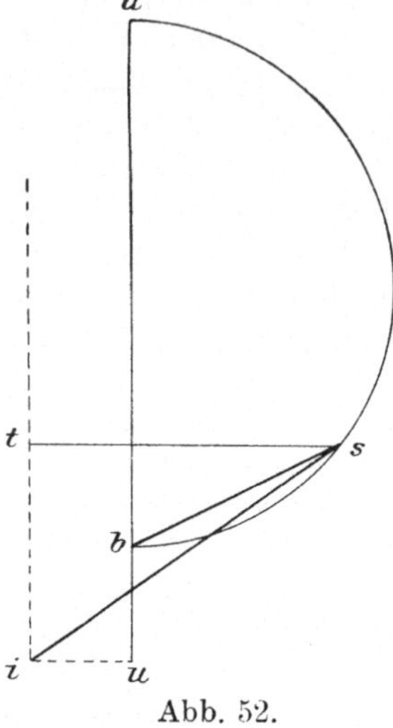

Abb. 52.

Unter dieser vereinfachenden Annahme läßt sich das Diagramm Abb. 51 noch bequemer derart darstellen, daß man ui Abb. 52 gleich der konstanten Werkkomponente nach links senkrecht auf dem Magnetisierungsstrom anträgt. In jedem beliebigen Belastungszustand ist dann der Statorstrom $\overline{is}$, der Rotorstrom bs, und der Punkt s bewegt sich auf dem Streuungskreis.

Da der Eisenverlust aus den Dimensionen des Motors in Watt berechnet wird, kann man sich die Berechnung der Werkkomponente des Statorstromes sparen, wenn man die Strecke iu als Repräsentantin einer Leistung auffaßt. Unter Verwendung unserer Leistungskonstanten C_{L_1} erhalten wir nämlich

$$V_{e1} = C_{L_1} \cdot iu$$

also

$$iu = \frac{V_{e1}}{C_{L_1}} \quad \ldots \ldots \ldots \quad (221)$$

Die Leistungsaufnahme des Motors bei einer beliebigen Belastung wird dann

$$L_1 = C_{L_1} \cdot ts$$

wobei der Punkt t nicht auf der Diagrammbasis ud, sondern auf einer zu ud im Abstand iu Parallelen liegt.

Im Heylandschen Diagramm, das ohnehin nur für konstante EMK E_1 gültig ist, begnügt man sich mit der Berücksichtigung des Eisenverlustes in der hier angegebenen Weise, indem man dieselben als konstant annimmt und auch in dieser Beziehung den vom Statorwiderstand verursachten Spannungsverlust vernachlässigt. In bezug auf seine anderen Wirkungen wird der Statorwiderstand so berücksichtigt, wie es im 3. Kapitel bei Ableitung des Heyland-Diagrammes angegeben wurde.

Wünscht man die Werkkomponente I_W in Ampere zu berechnen, so ergibt sich unter Benützung der Konstanten C_{I_1} des Statorstromes die selbstverständliche Beziehung

$$I_W = C_{I_1} \cdot ui \quad \ldots \ldots \ldots \quad (222)$$

und unter Benützung der Gleichung 221:

$$I_W = \frac{C_{I_1}}{C_{L_1}} \cdot V_{e1} \cdot \quad \ldots \ldots \ldots \quad (223)$$

37. Die Verluste im Statoreisen und ihre Berücksichtigung im Ossanna-Diagramm.

Das Ossanna-Diagramm berücksichtigt den Spannungsverlust und die Kupferverluste im Stator in vollkommen richtiger Weise. Sumec hat in einem Artikel ETZ 1910 Seite 111 gezeigt, daß der geometrische Ort der Spitze s des Stromdreiecks auch dann ein Kreis ist, wenn außer dem Kupferverlust auch der Eisenverlust des Stators ganz genau in Rechnung gezogen wird. Die einzige vereinfachende Annahme, die wir dabei machen müssen, ist die im vorhergehenden Abschnitt als zulässig begründete, daß diese Eisenverluste, also die Summe aus Hysteresis- und Wirbelstromverlust, dem Quadrat der Eiseninduktion, mit anderen Worten dem Quadrat der auf den Stator wirkenden EMK proportional sind. Wir erhalten ein ähnliches Resultat wie Sumec auf folgende Weise:

Wir berechnen genau wie im vorigen Abschnitt beim Heyland-Diagramm die Eisenverluste V_{e1} in Watt, die auftreten, wenn auf den Stator eine EMK = der vollen Klemmenspannung E wirkt. Es ist daher bei der Ermittlung von V_{e1} der Statorwiderstand $R_1 = 0$ und der Magnetisierungsstrom von der Größe $I_m = C_{I_1} \cdot ub$ in Ampere zugrunde zu legen.

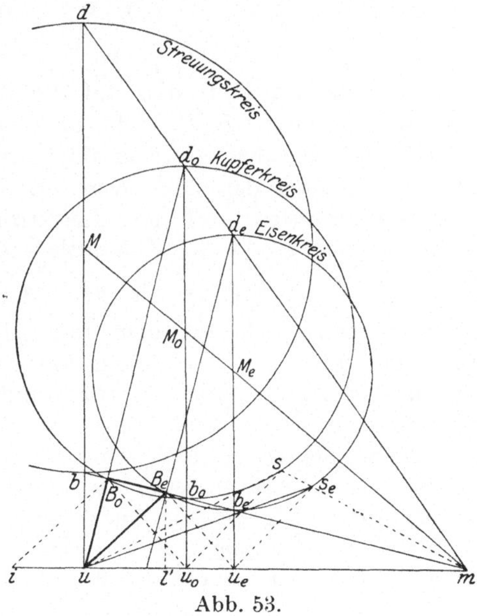

Wir tragen nun in Abb. 53 die Länge iu von solcher Größe ein, daß

$$iu = \frac{V_{e1}}{C_{L_1}}$$

ist, und wir wissen aus Gleichung 222, daß die Werkkomponente

Abb. 53.

$$I_W = C_{I_1} \cdot iu \ldots \text{Ampere}$$

beträgt.

Berücksichtigen wir jetzt den Statorwiderstand, so wissen wir aus den Abhandlungen des 4. Kapitels, daß der Magnetisierungsstrom nicht mehr wie beim Heyland-Diagramm ub, sondern $\overline{uB_0}$ ist.

Wir verbinden i mit B_0 und ziehen

$$uB_e \,//\, \overline{iB_0},$$

dann stellt uB_e den gesuchten Leerstrom dar, dessen Größe

$$I_0 = C_{I_1} \cdot uB_e \ldots \text{Ampere}$$

beträgt.

Zum Verständnis dieses Resultates ist folgendes zu beachten:

Beim Heyland-Magnetisierungsstrom ub ist die auf den Stator wirkende EMK $= \overline{um}$, der vollen Klemmenspannung E. Beim Ossanna-Magnetisierungsstrom ist die auf den Stator wirkende EMK $= \overline{B_0 m}$ und die Komponente $\overline{uB_0}$ geht als Spannungsverlust in der Statorwicklung verloren. Bei Einführung des Eisenverlustes wirkt nur noch die EMK $= \overline{B_e m}$ auf den Stator, denn der Spannungsverlust erreicht die Größe uB_e.

Ob wir die Strecke $\overline{B_0 B_e}$ in der richtigen Größe eingetragen haben, ergibt sich aus der Überlegung:

Bei der EMK $= \overline{um}$ ist ein Werkstrom iu zur Deckung der Eisenverluste V_{e_1} nötig, Sinkt die EMK auf die Größe $B_e m$, so muß im gleichen Verhältnis der Werkstrom $B_0 B_e$ abnehmen und der Proportion entsprechen

$$\frac{B_0 B_e}{iu} = \frac{B_e m}{\overline{um}},$$

und zeichnerisch läuft dies auf die Forderung hinaus, daß iB und $\overline{uB_0}$ parallel sind. $\overline{B_0 B_e}$ stellt daher der Größe und Lage nach den Werkstrom dar, der mit dem Magnetisierungsstrom uB_0 geometrisch zusammengesetzt den Leerstrom uB_e liefert.

Die Projektion ul' des Leerstromes uB_e auf die Klemmenspannung $\overline{um}$ ergibt den Gesamtleerverlust

$$V_{1\,\text{total}} = C_{L_1} \cdot ul' = a_1 \cdot R_1 \cdot I_0^2 + V_{e1}$$

denn er setzt sich aus dem Jouleschen und dem Eisenverlust zusammen. Für den Jouleschen Verlust, der uB_e^2 proportional ist. haben wir keine Linie im Diagramm, wohl aber für den Eisenverlust, denn dieser muß $B_0 B_e$, der Projektion des Leerstromes uB_e auf die zugehörige EMK-$B_e m$ proportional sein. Auf die Strecke $B_0 B_e$ ist aber unser Wattmaßstab nicht anwendbar, da die Konstante C_{L_1} zur Voraussetzung hat, daß der Werkstrom $B_0 B_e$ auf eine EMK von der Größe $\overline{um}$ bezogen wird. Damit der Eisenverlust durch das Produkt $C_{L_1} \cdot \overline{B_0 B_e}$ berechnet werden kann, ist daher BB_e noch mit dem Verhältnis $\frac{E_1}{E} = \frac{B_e m}{\overline{um}}$ zu multiplizieren.

$$V_{e1} = C_{L_1} \cdot B_0 B_e \frac{B_e m}{\overline{u m}}.$$

Bequemer wird die Trennung der Verluste erhalten, wenn man die Eisenverluste durch Subtraktion der Kupferverluste von den Totalverlusten ermittelt, man erhält

$$\begin{aligned} V_{1\,\text{total}} &= C_{L_1} \cdot ul' \\ V_1 &= a_1 \cdot R_1 \cdot (C_{I_1} \cdot uB_e)^2 = a_1 \cdot R_1 \cdot I_0^2 \\ V_e &= C_{L_1} \cdot ul' - a_1 \cdot R_1 \cdot I_0^2. \end{aligned}$$

Die totalen Leerverluste im Stator lassen sich mit dem Wattmeter unmittelbar messen, wenn der Rotor durch einen Hilfsmotor vollkommen synchron angetrieben wird. Die gleichzeitig vorgenommene Strommessung liefert I_0 und damit die Möglichkeit, die Kupferverluste zu berechnen.

Bisher haben wir nur bewiesen, daß bei Leerlauf infolge des Eisenverlustes der Punkt B_0 auf dem von m aus gezogenen Strahl $b B_0 B_e m$ näher nach m rückt bis zum Punkt B_e, wobei

$$\frac{B_e m}{B_0 m} = \frac{u m}{i m}.$$

Bei beliebiger Belastung und Vernachlässigung des Eisenwiderstandes besitzt der Statorstrom die Größe us, und der Punkt s liegt auf dem Ossanna-Kreis mit dem Mittelpunkte M_0. Die auf den Stator wirkende EMK ist bei diesem Betriebszustand $\overline{sm}$ und durch den Eisenverlust muß der Statorstrom um die Werkkomponente $\overline{ss_e}$ vergrößert werden, wobei

$$\frac{\overline{ss_e}}{\overline{s_e m}} = \frac{\overline{iu}}{\overline{um}}$$

sein muß. Daher besteht wieder die Proportion

$$\frac{\overline{s_e m}}{\overline{sm}} = \frac{\overline{um}}{\overline{im}}$$

und daraus folgt:

Auch bei Berücksichtigung des Eisenverlustes wandert s_e auf einem Kreis.

Dieser Kreis ist natürlich dem Ossanna-Kreis ähnlich, und um seinen Durchmesser auf graphischem Weg zu finden, brauchen wir nur die Geraden $B_0 u_0$

$$B_e u_e \,||\, \overline{B_0 u_0}$$

zu ziehen. Wir erhalten so den Punkt u_e, und die in u_e errichtete Senkrechte $u_e b_e d_e$ liefert den Durchmesser $b_e d_e$ des neuen Kreises und die zugehörige Abszisse uu_e.

Der neue Kreis (Eisenkreis) ist daher dem ursprünglichen Ossanna-Kreis (Kupferkreis) gegenüber einfach im Verhältnis $\frac{\overline{um}}{im}$ verkleinert.

Will man den Eisenkreis aus dem Kupferkreis oder dem Streuungskreis rechnerisch ermitteln, so verfährt man folgendermaßen:

$$C_{L_1} \cdot i u = V_{e1}$$
$$C_E \cdot \overline{u m} = E .$$

Die Division beider Gleichungen liefert, wenn

(210) $$C_{L_1} = a_1 \cdot E_1 \cdot C_{I_1}$$

(209) $$C_E = C_{I_1} \cdot R_1$$

gesetzt wird:

$$\frac{\overline{iu}}{\overline{um}} = \frac{V_{e1} \cdot R_1}{a_1 \cdot E^2} \qquad (224)$$

und

$$\frac{\overline{im}}{\overline{um}} = \frac{\overline{iu} + \overline{um}}{\overline{um}} = 1 + \frac{V_{e1} \cdot R_1}{a_1 \cdot E^2} \qquad (225)$$

Daher ist auch

$$\frac{\overline{u_0 m}}{\overline{u_e m}} = 1 + \frac{V_{e1} \cdot R_1}{a_1 \cdot E^2} \qquad (226)$$

und

$$\frac{\overline{u_0 u_e}}{\overline{u_e m}} = \frac{V_{e1} \cdot R_1}{a_1 \cdot E^2} \qquad (227)$$

Der Durchmesser des Kupferkreises $b_0 d_0$ verhält sich zum Durchmesser des Eisenkreises $b_e d_e$ wie

$$\frac{\overline{b_0 d_0}}{\overline{b_e d_e}} = \frac{\overline{u_0 m}}{\overline{u_e m}},$$

und nach Gleichung (226) ist daher das Verhältnis

$$\frac{\text{Kupferkreisdurchmesser}}{\text{Eisenkreisdurchmesser}} = \frac{R_0}{R_e} = 1 + \frac{V_{e1} \cdot R_1}{a_1 \cdot E^2} \qquad (228)$$

Will man den Eisenkreis aus

Mittelpunktsabszisse $= a_e$
Mittelpunktsordinate $= b_e$
Kreisradius $= R_e$

ohne Kenntnis des Kupferkreises bestimmen, so können wir alle diese Größen wie bei den Gleichungen (204), (205), (206) auf Seite 130. die sich auf den Kupferkreis beziehen, auf die Strecke $\overline{ub}$ zurückführen.

Wir gehen von Gleichung (227) aus, schreiben der Einfachheit halber

$$H = \frac{V_{e1} \cdot R_1}{a_1 \cdot E_1^2} \qquad (229)$$

und erhalten

$$\overline{u_e m} = \frac{\overline{u_0 m}}{1 + H}.$$

Nun subtrahieren wir die Gleichung von $\overline{um}$ und bekommen

$$a_e = \overline{um} - \overline{u_e m} = \overline{um} - \frac{\overline{u_0 m}}{1 + H}.$$

Nun ist

$$\overline{um} - \overline{u_0 m} = a$$

der Ordinate des Kupferkreises und wenn wir laut Gleichung (152)

$$a = \frac{K}{B} \cdot \overline{ub}$$

und

$$\overline{um} = \frac{\overline{ub}}{K}$$

setzen, wird

$$a_e = \frac{\overline{ub}}{1 + H} \left(\frac{H}{K} + \frac{K}{B} \right) \qquad (230)$$

Der Radius R_e des Eisenkreises ist laut Gleichung (228)

$$R_e = \frac{R_0}{1+H},$$

und wenn wir nach Formel (206)

$$R_0 = \frac{\overline{u\,b}}{2\,B(1+\tau)}$$

substituieren, wird

$$R_e = \frac{\overline{u\,b}}{1+H} \cdot \frac{1}{2\,B(1+\tau)} \quad \ldots\ldots\ldots (231)$$

Die Mittelpunktsordinaten der beiden Kreise müssen sich verhalten wie ihre Radien, daher muß

$$b_e = \frac{b}{1+H}$$

und nach Gleichung (205)

$$b_e = \frac{\overline{u\,b}}{1+H} \cdot \frac{1+2\,\tau}{2\,B(1+\tau)} \quad \ldots\ldots\ldots (232)$$

sein.

38. Streuungs-, Kupfer- und Eisenkreis.

In Abb. 53 haben wir insgesamt drei Diagrammkreise mit den Durchmessern $b\,d$, $b_0 d_0$, $b_e d_e$ kennen gelernt, denen wir, um sie bequem und eindeutig bezeichnen zu können, kurze und verständliche Namen geben müssen.

Wenn wir einen Motor als verlustlos und streuungsfrei annehmen, so ist sein Stromdiagramm $u\,b\,s$ ein rechtwinkliges Dreieck, Abb. 10, mit der konstanten Kathete $\overline{u\,b} =$ Magnetisierungsstrom.

Betrachten wir den Motor als verlustlos, aber mit Streuung behaftet, so bewegt sich die Spitze s seines Stromdreiecks auf dem Kreis $\overline{b\,d}$, den Heyland seinem Diagramm zugrunde gelegt hat. Da der Kreis einzig und allein aus der Beziehung $\overline{b\,d} = \frac{\overline{u\,b}}{\tau}$ berechnet wird und daher lediglich durch die Größe der Streuung bestimmt ist, nennen wir ihn Streuungskreis.

Führen wir außer der Streuung auch noch den Widerstand des Stators R_1 ein, so erhalten wir als Diagramm den Ossanna-Kreis mit dem Durchmesser $\overline{b_0 d_0}$. Da der Kreis $\overline{b_0 d_0}$ aus dem Streuungskreis $\overline{b\,d}$ lediglich unter Berücksichtigung der Kupferverluste hervorgeht, nennen wir ihn Kupferverlustkreis oder einfach Kupferkreis.

Der Kupferkreis $\overline{b_0 d_0}$ wird unter Einführung der Eisenverluste zum Kupfer- und Eisenverlustkreis $b_e d_e$, den wir der Einfachheit halber nennen wollen: Eisenkreis.

Um eine systematische Übersicht über die Berechnung der wichtigsten Daten dieser drei Kreise zu geben, ist nachstehende Tabelle zusammengestellt:

(55) $$u\,b = \frac{I_m}{C_{I_1}}$$

(41) $$\tau = \tau_1 + \tau_2 + \tau_1 \cdot \tau_2$$

(149) $$K = \frac{I_m \cdot R_1}{E}$$

(150) $$B = \frac{\tau}{1+\tau} + K_2$$

(229) $$H = \frac{R_1 \cdot V_{e1}}{a_1 \cdot E_2}.$$

Streuungskreis.

Mittelpunktsabszisse $= 0$

Mittelpunktsordinate $= \frac{1+2\tau}{2\tau} \cdot u\,b$

Radius des Kreises $= \frac{1}{2\tau} \cdot u\,b$

Größte Ordinate $u\,d = \frac{1+\tau}{\tau} \cdot u\,b.$

Kupferkreis.

Mittelpunktsabszisse $a = \frac{K}{B} \cdot u\,b$

Mittelpunktsordinate $b = \frac{1+2\tau}{2\,B\,(1+\tau)} \cdot u\,b$

Radius $R_0 = \frac{1}{2\,B\,(1+\tau)} \cdot u\,b$

Größte Ordinate $u_0\,d_0 = \frac{1}{B} \cdot u\,b.$

Eisenkreis.

Mittelpunktsabszisse $a_e = \frac{a}{1+H} \cdot \left(1 + \frac{H \cdot B}{K^2}\right) = \left(\frac{K}{B} + \frac{H}{K}\right) \cdot \frac{u\,b}{1+H}$

Mittelpunktsordinate $b_e = \frac{b}{1+H} = \frac{1+2\tau}{2\,B\,(1+\tau)} \cdot \frac{u\,b}{1+H}$

Radius $R_e = \frac{R_0}{1+H} = \frac{1}{2\,B\,(1+\tau)} \cdot \frac{u\,b}{1+H}$

Größte Ordinate $u_e\,d_e = \frac{u_0\,d_0}{1+H} = \frac{1}{B} \cdot \frac{u\,b}{1+H}.$

Die hier vorgeschlagenen Bezeichnungen sind absolut eindeutig. und die Reihenfolge der 3 Kreise läßt sich nicht ändern. Versucht man z. B. den Streuungskreis zuerst durch Einführung der Eisenverluste zu modifizieren, so gelingt dieser Versuch nicht. Der Streuungskreis hat konstante EMK zur Voraussetzung, dementsprechend müssen die Eisenverluste konstant sein und der Streuungskreis bleibt unverändert trotz der Eisenverluste bestehen, wie wir im Abschnitt 36 gesehen haben.

Zur Untersuchung der verschiedenen im Motor vorhandenen magnetischen Felder (Stator-, Rotor-, Luftfeld und Streufelder) eignet sich einzig und allein der Streuungskreis und die an ihm gewonnenen, die Felder betreffenden Konstruktionen lassen sich auf den Kupfer- und Eisenkreis **nicht** übertragen.

Die Konstruktionen, die den Einfluß der Rotorverluste zur Darstellung bringen, liegen sämtlich im Innern des Diagrammkreises. Der Durchmesser der Diagrammkreise — gleichgültig ob Streuungs-, Kupfer- oder Eisenkreis — wird durch die Rotorverluste in keiner Weise beeinflußt.

39. Einfache graphische Konstruktion des Eisenkreises.

Wir tragen in Abb. 54 den Eisenverlust in Watt V_{e1} in solcher Größe iu auf, daß nach Gleichung (221)

$$iu = \frac{V_{e1}}{C_{L_1}}.$$

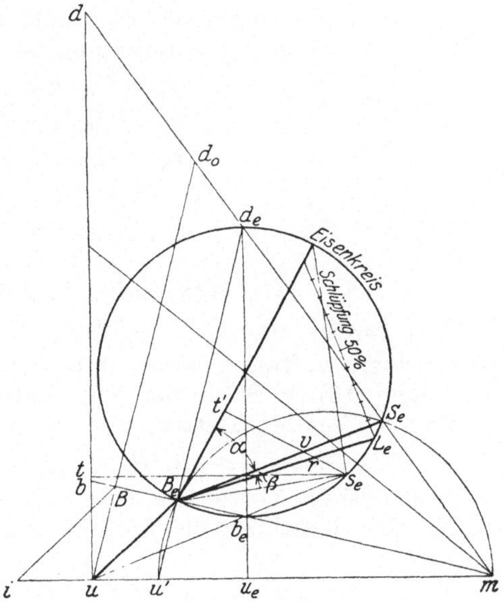

Von u fällen wir die Senkrechte $u B_0 d_0$ auf bm, die uns den Punkt B_0 ($u B_0$ = Magnetisierungsstrom beim Kupferkreis) liefert

$$uB \perp bm.$$

Der Punkt d_0 liegt auf Ordinate $d_0 b_0 u_0$ des Kupferkreises, Abb. 53, interessiert uns augenblicklich aber nicht weiter.

Man verbinde i mit B_0 durch eine Gerade und erhält den Magnetisierungsstrom $u B_e$, wobei

$$u B_e \,//\, i B_0.$$

Durch B_e legt man eine Parallele $u' B_e d_e$ zu $u B_0 d_0$, also

Abb. 54.

$$\overline{B_e d_e} \,//\, \overline{u B_0},$$

wobei d_e auf der Geraden dm liegt. Von d_e fällt man die Senkrechte $d_e b_e u_e$ auf um,

$$\overline{d_e u_e} \perp \overline{um},$$

und es ist der gesuchte

Durchmesser des Eisenkreises $= b_e d_e$,

womit die Konstruktion beendet ist.

Der Eisenkreis schneidet die Gerade dm im Punkte S_e, $B_e S_e$ ist genau wie beim Kupferkreis die Drehmomentlinie und der Durchmesser $B_e D_e$ bildet mit der Drehmomentlinie $B_e S_e$ den Winkel α, dessen Tangente nach Gleichung (212) zu berechnen ist. S_e liegt außerdem auf einem über um geschlagenen Halbkreis.

Aus Gleichung (213) läßt sich der Winkel β bestimmen, den die Leistungslinie $B_e L_e$ mit der Drehmomentlinie $B_e S_e$ einschließt.

Ein Vergleich der Abb. 54 und 45 liefert das Ergebnis, daß

$$\overline{B_e D_e} \parallel \overline{B_0 D}$$
$$\overline{B_e S_e} \parallel \overline{B_0 S}$$
$$\overline{B_e L_e} \parallel \overline{B_0 L},$$

und wir sehen daraus, daß der Eisenkreis dem Kupferkreis gegenüber nur kleiner geworden, sonst aber einschließlich seiner wichtigen Konstruktionslinien $\overline{B_e d_e}$, $\overline{B_e S_e}$, $\overline{B_e L_e}$ ähnlich geblieben ist.

Es gelten daher unverändert die für den Kupferkreis — das Ossanna-Diagramm — im 32. Abschnitt angegebenen Konstanten, ebenso die Konstruktion (Abschnitt 30) für den Schlüpfungsmaßstab und für den Wirkungsgrad (Abschnitt 31).

Bei einer beliebigen Belastung ist daher in Abb. 54:

$$I_1 = C_{I_1} \cdot \overline{u s_e} \;\ldots\ldots\; \text{Ampere}$$
$$I_2 = C_{I_2} \cdot \overline{B s_e} \;\ldots\ldots\; \text{Ampere}$$
$$L_1 = C_{L_1} \cdot \overline{s l} \;\ldots\ldots\; \text{Watt}$$
$$L_{1-2} = C_{L_1} \cdot \overline{v s} \;\ldots\ldots\; \text{Watt}$$
$$L_2 = C_{L_1} \cdot \overline{r s} \;\ldots\ldots\; \text{Watt.}$$

40. Maximaler Leistungsfaktor.

Um den größten Leistungsfaktor, der bei Berücksichtigung der Eisenverluste auftreten kann, zu berechnen, brauchen wir nur in die Gleichung (216) an Stelle der Kupferkreiskonstanten die Konstanten des Eisenkreises einzusetzen, und wir erhalten

$$\cos\varphi_{\max} = b_e \cdot R_e \pm a_e \sqrt{a_e^2 + b_e^2 - R_e^2} \quad \ldots\ldots \quad (233)$$

Das positive Vorzeichen liefert den größten Leistungsfaktor beim Betrieb der Maschine als Motor, das negative beim Betrieb als Generator.

Drücken wir a_e, b_e, R_e als Funktion von ub aus, so erhalten wir:

$$\cos\varphi_{\max} = \frac{\dfrac{1+2\tau}{4B^2(1+\tau)^2} \pm \left(\dfrac{K}{B}+\dfrac{H}{K}\right)\sqrt{\left(\dfrac{K}{B}+\dfrac{H}{K}\right)^2 + \dfrac{(1+2\tau)^2}{4B^2(1+\tau)^2} - \dfrac{1}{4B^2(1+\tau)^2}}}{\left(\dfrac{K}{B}+\dfrac{H}{K}\right)^2 + \dfrac{(1+2\tau)^2}{4B^2(1+\tau)^2}}. \quad (234)$$

Die Gleichung ist sehr unhandlich, da leider für die Wurzel kein einfacher Ausdruck gefunden werden kann. Man berechnet den maximalen Leistungsfaktor daher am besten nach Gleichung (233).

Die Gleichung (216) ließ sich deshalh in die einfache Form (217) bringen, weil

$$\sqrt{a^2+b^2-R^2}=\frac{u\,b}{\sqrt{B}}$$

ist. Für die Wurzel in Gleichung (233) läßt sich aber kaum ein einfacherer Ausdruck finden als

$$\sqrt{a_e^2+b_e^2-R_e^2}=\frac{u\,b}{(1+H)\sqrt{B}}\sqrt{1+2\,H+B\left(\frac{H}{K}\right)^2},$$

bei dessen Verwendung aber kein Vorteil erzielt wird, weil sich in dem ergebenden Ausdruck nicht mehr so viele gleiche Glieder vorfinden wie bei der unter 234 angegebenen Form.

Wenn wir die gleiche Konstruktion anwenden wie in Abb. 47 für den Kupferkreis, so können wir sofort die Größe des Statorstromes bei dem Betriebszustand, in dem der maximale Leistungsfaktor erreicht wird, anschreiben. Es ist nämlich bei $\cos\varphi =$ Maximum

$$u\,s_e=\sqrt{a_e^2+b_e^2-R_e^2}=\frac{u\,b}{1+H}\sqrt{\frac{1}{B}\left[1+2\,H+B\left(\frac{H}{K}\right)^2\right]} \quad (235)$$

Den Magnetisierungsstrom $\overline{u\,B_e}$ beim Eisenkreis finden wir als Funktion des Magnetisierungsstromes $\overline{u\,b}$ beim Streuungskreis in folgender Weise:

Es ist nach Abb. 49

$$\frac{\overline{u\,B_0}}{\overline{B_0 m}}=\frac{\overline{u\,b}}{\overline{u\,m}}=K$$

$$\frac{\overline{B_0 B_e}}{\overline{B_0 m}}=\frac{\overline{i\,u}}{\overline{i\,m}}=\frac{H}{1+H}$$

und deshalb

$$\overline{B_0 B_e}=\frac{H}{1+H}\,\overline{B_0 m}=\frac{H}{K}\,\frac{\overline{u\,b}}{1+H} \quad \ldots\ldots (236)$$

Für den Magnetisierungsstrom $\overline{u\,B}$ beim Kupferkreis erhielten wir schon bei Ableitung der Gleichung (219) den Ausdruck

$$\overline{u\,B_0}=\frac{\overline{u\,b}}{\sqrt{1+K^2}}.$$

Der gesuchte Magnetisierungsstrom $\overline{u\,B_e}$ beim Eisenkreis ist, da er die Resultante aus $\overline{u\,B_0}$ und $\overline{B_0 B_e}$ darstellt

$$\overline{u\,B_e}=\sqrt{\overline{u\,B}^2+\overline{B_0\,B_e}^2}=\overline{u\,b}\sqrt{\frac{1}{1+K^2}\left[1+\frac{1}{(1+H)^2}\left(\frac{H}{K}\right)^2\right]} \quad . (237)$$

Aus der Division der Gleichung (234) durch (236) folgt, daß bei $\cos\varphi = \max.$ der Statorstrom das

$$\frac{\overline{u\,s_e}}{u\,B_e} = \frac{1}{1+H}\sqrt{\left(\frac{1+K^2}{B}\right)\frac{1+2H+B\left(\frac{H}{K}\right)^2}{1+\frac{1}{(1+H)^2}\left(\frac{H}{K}\right)^2}} \quad . \quad . \quad . \quad (238)$$

fache des Magnetisierungsstromes $u\,B_e$ ist.

41. Verluste im Rotoreisen.

Während das Statoreisen fortwährend einer Ummagnetisierung mit der konstanten Frequenz f_1 des zugeführten Wechselstromes ausgesetzt ist und unter Vernachlässigung des Statorwiderstandes sogar die Induktion $\mathfrak{B}_1$ im Statoreisen konstant ist, sind diese beiden Größen f_2 und $\mathfrak{B}_2$ in bezug auf den Rotor variabel.

Die Sache wird dadurch noch etwas komplizierter, daß der Eisenverlust sich aus zwei Teilen zusammensetzt, aus dem Verlust durch Hysteresis und dem durch Wirbelströme. Der Hysteresisverlust ist der 1,6 Potenz der Eiseninduktion und der Periodenzahl proportional, und er läßt sich nach Arnold für die üblichen Dynamobleche ($\eta = 0{,}016$) bezogen auf 1 dm³ durch die Formel darstellen

$$V_{eh} = \left(\frac{f}{100}\right)\left(\frac{\mathfrak{B}}{1000}\right)^{1,6} \text{ Watt.}$$

Der Wirbelstromverlust ist dagegen dem Quadrat der Eiseninduktion $\mathfrak{B}$, dem Quadrat der Frequenz f, dem Quadrat der Blechstärke Δ mm direkt proportional und er ist ebenfalls nach Arnold für 1 dm³ nach der Gleichung zu berechnen

$$V_{ew} = 2{,}5\left(\Delta \cdot \frac{f}{100} \cdot \frac{\mathfrak{B}}{1000}\right)^2 \text{ Watt.}$$

In Anbetracht des Umstandes, daß die Eisenverluste im Rotor eines Asynchronmotors an und für sich nur sehr klein sind, und daß außerdem die Wirbelstromverluste viel kleiner sind als die Hysteresisverluste, dürfen wir unbedenklich wieder die Annahme machen, daß die gesamten Rotoreisenverluste dem Quadrat der Induktion im Rotoreisen $\mathfrak{B}_2$ und der Frequenz im Rotor f_2 proportional sind. Wir schreiben daher

$$V_{e2} \sim \mathfrak{B}_2^2 \cdot f_2 \,.$$

Die in der Rotorwicklung induzierte EMK E_2 ist dem Rotorfeld Φ_2, daher auch der magnetischen Induktion $\mathfrak{B}_2$ des Rotorfeldes und der Frequenz f_2 direkt proportional, daher ist

$$E_2 \sim I_2 \cdot R_2 \sim \mathfrak{B}_2 \cdot f_2 \,.$$

Nach einem bekannten Gesetz ist die auf einen vom Strom I durchflossenen Leiter, der sich in einem Feld von der Induktion $\mathfrak{B}$

befindet, ausgeübte Kraft proportional $I \cdot \mathfrak{B}$ und daher ist das Drehmoment des Rotors

$$M \sim I_2 \cdot \mathfrak{B}_2 \sim \mathfrak{B}_2^2 \cdot f_2 \,.$$

Es ergibt sich hieraus der Satz: „Der Eisenverlust im Rotor ist dem Drehmoment proportional.“ — Er ist also genau wie das Drehmoment bei Synchronismus Null, erreicht bei einer bestimmten Belastung ein Maximum und ist auch bei Stillstand in ziemlicher Größe vorhanden.

Eine genaue Berücksichtigung der Einwirkung des Eisenverlustes im Rotor auf das Verhalten des Motors bietet nicht unerhebliche Schwierigkeiten. Wir können uns dies dadurch klar machen, daß wir annehmen, der Eisenverlust würde nicht im Eisen, sondern in einem Ohmschen Widerstand R_e verursacht, und nun untersuchen, welche Eigenschaften dieser Ohmsche Widerstand R_e besitzen müßte. Der Verlust in einem Ohmschen Widerstande ist $J^2 R$, daher können wir den Eisenverlust dem Ausdruck gleichsetzen

$$V_e \sim I_2 \mathfrak{B}_2 \sim I_2^2 \cdot R_e$$

und hieraus folgt $$R_e \sim \frac{\mathfrak{B}_2}{I_2} \sim \frac{1}{f_2},$$

d. h. durch die Eisenverluste im Rotor wird die gleiche Wirkung hervorgebracht, wie durch einen Widerstand der Rotorwicklung, der sich umgekehrt proportional der Frequenz f_2 ändert.

Da uns genau bekannt ist, in welcher Weise der Rotorwiderstand das Diagramm beeinflußt, können wir sehen, daß der Eisenverlust des Rotors in bezug auf das Feld- und Stromdiagramm keine Veränderungen hervorbringt, daß aber Schlüpfung, Drehmoment beim Anzug und Wirkungsgrad des Motors hierdurch beeinflußt werden. Die genaue Berücksichtigung dieses Verlustes würde, wie erwähnt, unliebsame Komplikationen des Diagrammes bedingen, und wir wollen uns daher mit einem Näherungsverfahren begnügen, dessen Anwendung um so mehr gestattet ist, als die Eisenverluste des Rotors im Verhältnis zu den Gesamtverlusten von verschwindender Bedeutung sind. Wir können uns damit begnügen, daß wir den Ersatzwiderstand R_e nicht zwischen den Grenzen $f_2 = 0$ und $f_2 = f_1$ variabel, sondern als konstant annehmen. Es sieht aus, als sei die hierdurch begangene Ungenauigkeit ungeheuerlich, aber dies ist in Wirklichkeit nicht so schlimm, wie uns ein Blick auf das Diagramm Abb. 26 lehrt. Genau ist der Eisenverlust durch die Strecken $\overline{ts}$ ($\overline{ts}$ = Drehmoment), also durch die Horizontalabstände der Kreispunkte von der Diagrammbasis, dargestellt, während unter der Annahme R_e = konstant die Verluste durch $\overline{tv}$, also durch die korrespondierenden Horizontalabstände der Geraden bd und bs, dargestellt sind. Bei Synchronismus und bei Stillstand gibt die Näherungsmethode den streng richtigen Wert, und die Größe des Fehlers bei einer mittleren Belastung hängt von der Lage des Punktes s auf dem Kreise, also vom Winkel dbs ab.

Um die Sache möglichst einfach zu gestalten, wollen wir annehmen, daß die einzigen im Motor auftretenden Verluste die Eisenverluste im Rotor sind. Wir bedienen uns daher des Streuungskreises, setzen den Widerstand der Statorwicklung R_1, desgleichen den Widerstand der eigentlichen Rotorwicklung R_2 gleich Null und untersuchen, wie groß der Widerstand R_e einer fingierten Rotorwicklung sein müßte, damit in ihr annähernd die gleichen Verluste auftreten wie im Rotoreisen.

Im Diagramm wird der Rotorwiderstand durch die Einführung des Winkels β berücksichtigt, und wie groß β im vorliegenden Fall sein muß, finden wir aus Gleichung (122)

$$\operatorname{tg}(\alpha+\beta) = \operatorname{tg}\alpha + \frac{a_2 \cdot R_2 \cdot C_{I_2}^2 (1+\tau_1)^2}{C_{L_1}} \cdot bd,$$

wenn wir R_1 und damit auch den Winkel α gleich Null und an Stelle des Rotorwiderstandes R_2 unseren Ersatzwiderstand R_e setzen. Wir erhalten für die Tangente des Eisenverlustwinkels β_e den Ausdruck

$$\operatorname{tg}\beta_e = \frac{a_2 \cdot R_e \cdot C_{I_2}^2 \cdot (1+\tau_1)^2}{C_{L_1}} \cdot bd \quad . \; . \; . \; . \; . \; (239)$$

Da diese Gleichung die Phasenzahl a_2 und die Stromkonstante C_{I_2} der eigentlichen Rotorwicklung enthält, entspricht daher der Ersatzwiderstand R_e einer fingierten Wicklung, die gleiche Phasen- und Drahtzahl besitzt, wie die wirklich vorhandene Rotorwicklung.

Wenn wir annehmen, daß die eigentliche Rotorwicklung offen. also $R_2 = \infty$ ist, was bei einem Schleifringanker auch praktisch leicht ausgeführt werden kann, so enthält der Rotor nur die geschlossene fingierte Ersatzwicklung mit dem Widerstand R_e.

Bei stillstehendem Rotor ist der Leerstrom nicht mehr einfach gleich dem Magnetisierungsstrom ub, Abb. 55, sondern infolge des Eisenverlustes im Rotor, bzw. der Jouleschen Verluste in dem Ersatzwiderstand R_e auf us''' angewachsen und der Punkt s''' entspricht dem Zustand bei 100 % Schlüpfung. Es ist daher

$$\beta_e = \sphericalangle\, d\,b\,s''',$$

nur ist infolge des großen Widerstandes R_e der Ersatzwicklung der Winkel β_e viel größer als der Winkel

$$\beta = \sphericalangle\, d\,b\,s',$$

der dem Widerstand R_2 der normalen Rotorwicklung entspricht. In Abb. 55 ist parallel zu der Senkrechten $\overline{s'''t}$ auf $\overline{bd}$ noch die Gerade $\overline{s''''b}$ gezogen und daher ist

$$\sphericalangle\, d\,s'''\,t = \sphericalangle\, d\,s''''\,b = \beta_e.$$

Die Strecken $\overline{s'''t}$ und $\overline{s''''b}$ haben folgende physikalische Bedeutung:

$C_{L_1} \cdot \overline{s''''t}$ ist der Eisenverlust in Watt, der bei einer Frequenz $f_2 = f_1$ auftritt, wenn der Rotor einer Eiseninduktion entsprechend der Feldstärke

$$\Phi_2 = \overline{s'''d}$$

unterliegt. $C_{L_1} \cdot s''' t$ entspricht daher dem Leerverlust eines stillstehenden Motors, der außer dem Rotoreisenverlust keinerlei Verluste aufweist und dessen Leerstrom $\overline{u s'''}$ ist.

$C_{L_1} \cdot s'''' b$ dagegen ist der Eisenverlust im Rotor, wenn das Rotoreisen einer Induktion entsprechend der Feldstärke

$$\Phi_2 = b d$$

mit einer Frequenz $f_2 = f_1$ ausgesetzt ist.

Berechnet man daher den Eisenverlust $V_{e\,2}$ in Watt bei der Induktion ($\Phi_2 = b d$), die herrscht, wenn der Rotor stromlos und der Stator vom Magnetisierungsstrom $u b$ durchflossen wird, so ist

$$b s'''' = \frac{V_{e\,2}}{C_{L_1}} \quad \ldots \ldots \ldots \ldots (240)$$

Für die Tangente des Winkels β_e erhalten wir die Beziehungen

$$\operatorname{tg} \beta_e = \frac{t s''''}{b t} = \frac{t d}{t s'''} = \frac{b d}{b s''''}$$

und daraus $$\operatorname{tg} \beta_e = \frac{b d}{b s''''} = \frac{C_{L_1}}{V_{e\,2}} \cdot b d \quad \ldots \ldots \ldots (241)$$

Durch Gleichsetzen der Gleichungen (239) und (241) finden wir die Größe des Ersatzwiderstandes

$$R_e = \frac{1}{a_2 \cdot V_{e\,2}} \cdot \left[\frac{C_{L_1}}{C_{I_2}(1+\tau_1)}\right]^2 = \frac{a_2 \cdot E_2^2}{V_{e\,2}} \quad \ldots \ldots (242)$$

Der Ersatzwiderstand R_e ist dem wirklichen Widerstand der Rotorwicklung R_2 parallel geschaltet, und daher wird der Eisenverlust im Rotor annäherungsweise berücksichtigt, wenn als Widerstand der Rotorwicklung

$$R_{e\,2} = \frac{R_2 \cdot R_e}{R_2 + R_e}$$

angenommen und im Heyland-Diagramm (Streuungskreis)

(122) $$\operatorname{tg}(\alpha+\beta) = \operatorname{tg}\alpha + [a_2 \cdot R_{e\,2} \cdot C_{I\,2}^2 (1+\tau_1)^2] \frac{b d}{C_{L_1}} \quad \ldots \ldots (243)$$

im Ossanna-Diagramm beim Kupferkreis

(213) $$\operatorname{tg}(\alpha+\beta) = \operatorname{tg}\alpha + [a_2 \cdot R_{e\,2} \cdot C_{I\,2}^2 (1+\tau_1)^2] \frac{B_0 D_0}{C_{L_1}} \quad \ldots \ldots (244)$$

beim Eisenkreis

$$\operatorname{tg}(\alpha+\beta) = \operatorname{tg}\alpha + [a_2 \cdot R_{e\,2} \cdot C_{I\,2}^2 (1+\tau_1)^2] \frac{B_e D_e}{C_{L_1}} \quad \ldots \quad (245)$$

gesetzt wird.

In Abb. 55 entspricht der Punkt s' dem Stillstand des Motors bei kurzgeschlossener Rotorwicklung, wenn der Winkel

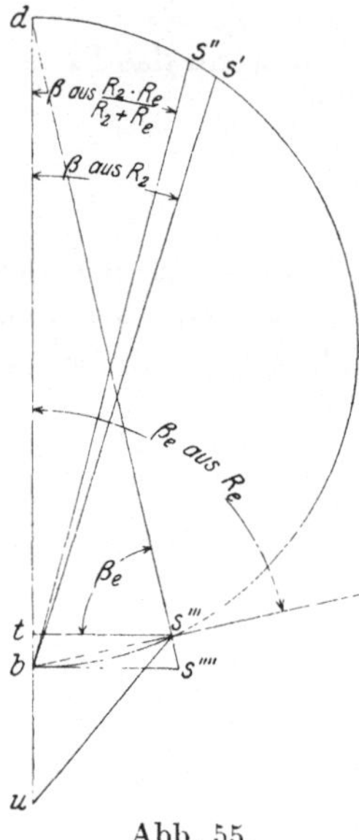

Abb. 55.

$$\beta = \sphericalangle\, d\, b\, s'$$

lediglich aus dem Rotorwiderstand R_2 ohne Berücksichtigung der Eisenverluste berechnet ist.

Ist dagegen bei stillstehendem Rotor die Rotorwicklung offen und beträgt der Eisenverlust

$$V_{e\,2} = C_{L1} \cdot t\, s''' \text{ Watt},$$

so läßt sich aus dem Winkel

$$\beta_e = \sphericalangle\, d\, b\, s'''$$

der Widerstand der Ersatzwicklung R_e berechnen.

Ist die normale Rotorwicklung kurzgeschlossen und wird gleichzeitig der Eisenverlust berücksichtigt, so ist die Ersatzwicklung R_e der Rotorwicklung R_2 parallel geschaltet und der aus dem Widerstand $R_{e\,2}$ beider Wicklungen abgeleitete Winkel ist kleiner als der Winkel. Es ist also

$$\beta_{e\,2} = \sphericalangle\, d\, b\, s'' < \beta_e = \sphericalangle\, d\, b\, s'.$$

42. Reibungsverluste.

Reibungsverluste treten bei einem Motor in den Lagern, evtl. an den Schleifringen und außerdem an der gesamten Berührungsfläche des rotierenden Teiles mit dem umgebenden Medium — der Luft — auf. Man unterscheidet daher Verluste durch Lagerreibung und Luftwiderstand. Die Gesetze, nach denen die Reibungsverluste genau berechnet werden können, sind uns nicht bekannt. Die Annahme, daß die Reibung gleich dem Produkt aus Reibungskoeffizient $\times$ Normaldruck, also unabhängig von der Geschwindigkeit sei, ist nicht einwandfrei. Übrigens würde auch die Ermittlung des Normaldruckes bei einem Motor Schwierigkeiten bieten, da dieser Druck nicht konstant, sondern selbst wieder eine Funktion der Leistung des Motors ist infolge des Riemenzuges. Der Luftwiderstand variiert mit einer höheren Potenz der Geschwindigkeit, aber seine genaue Ermittlung entzieht sich der Berechnung. In angenäherter Weise können wir annehmen, daß der gesamte Reibungswiderstand konstant ist. Er erfordert daher zu seiner Überwindung ein konstantes Drehmoment M_r, das in bezug auf die Nutzleistung des Motors verloren geht.

Den Einfluß des Reibungsverlustes auf das Verhalten des Motors untersuchen wir am einfachsten am Heyland-Diagramm (Abb. 56).

bn ist die Drehmomentlinie, bs' die Leistungslinie, wenn kein Reibungsverlust vorhanden. Ohne Reibung wäre daher bie beliebiger Belastung das Drehmoment

$$M = C_M \cdot vs$$

und die abgegebene Nutzleistung in Watt

$$L_2 = C_{L_1} \cdot \overline{rs}.$$

Wird durch die Reibung ein konstantes Drehmoment $C_M \cdot bR$ absorbiert, so läßt sich das in einfachster Weise durch eine Horizontalverschiebung der Drehmomentlinie bn um diesen Betrag darstellen. Man macht also

$$\overline{bR} \,||\, \overline{vv'}$$

und zieht die neue Drehmomentlinie durch die Punkte R und v'.

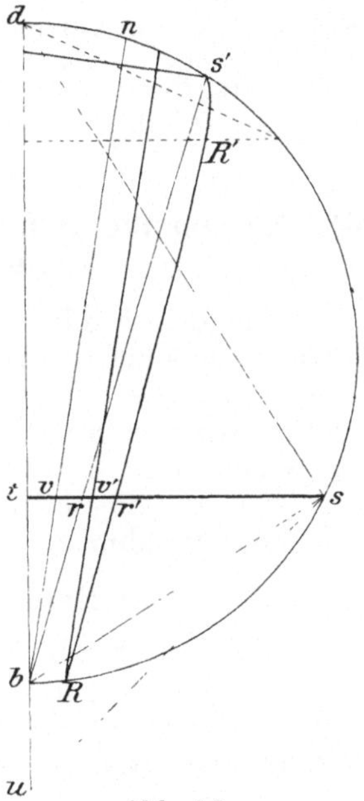

Am Wellenstumpf steht daher unter Abzug des konstanten Reibungswiderstandes nur noch das Drehmoment

$$M = C_M \cdot \overline{v's}$$

zur Verfügung.

Wenn im Motor außer den Reibungsverlusten keine anderen Verluste vorhanden wären, so würde bei Leerlauf der Statorstrom uR, der Rotorstrom bR sein und der durch die Reibung verursachte Leistungsverlust ist demnach

$$V_r = C_{L_1} \cdot bR \ldots . \text{Watt} \qquad (246)$$

Abb. 56.

wenn die Maschine leer, d. h. fast im Synchronismus läuft.

Der Leistungsverlust infolge der Reibung ist unter unserer Annahme, daß der Reibungswiderstand konstant ist, der Drehzahl proportional. Bei $50\,^0/_0$ Schlüpfung ist daher der Reibungsverlust nur halb so groß wie bei Leerlauf. In die Abb. 56 ist durch punktierte Linien der Punkt s, der $50\,^0/_0$ Schlüpfung entspricht, angedeutet und der Abstand des Punktes R' von der ursprünglichen Leistungslinie $\overline{bs}$ ist daher nur $\frac{bR}{2}$ eingetragen. Verbinden wir $RR's'$ durch eine Kurve, so ist der Horizontalabstand dieser Kurve von der Leistungslinie brs' dem Reibungsverlust gleich.

Bei beliebiger Belastung ist daher

das Drehmoment $= C_M \cdot \overline{v's}$,
der Reibungsverlust $= C_{L_1} \cdot \overline{rr'}$,
die Nutzleistung $= C_{L_1} \cdot \overline{r's}$.

Da man an Stelle der Kurve $RR's'$ unbedenklich einfach eine Gerade Rs anwenden darf, erhalten wir die für alle Diagramme (Streuungs-, Kupfer- und Eisenkreis) gültige Regel:

Zur Berücksichtigung der Reibungsverluste ist die Drehmomentlinie senkrecht zum Kreisdurchmesser (bd, BD, $B_e D_e$) um die Strecke $\frac{V_r}{C_{L_1}}$ zu verschieben. Der untere Punkt der Leistungslinie nimmt an dieser Verschiebung teil, während der obere (s', L, L_e) unverändert bleibt. V_r ist der Reibungsverlust bei Leerlauf in Watt.

43. Allgemeine Bemerkungen über den Einfluß der Verluste auf das Verhalten des Motors.

Um den Einfluß der einzelnen in einem Motor auftretenden Verluste möglichst klarzulegen, wollen wir nochmals ihre Wirkungen besprechen. Wir gehen von einem leerlaufenden, absolut verlustlos arbeitenden Motor aus. Der Motor läuft dann vollständig im Synchronismus, konsumiert keine elektrische Leistung, sondern nur den zur Magnetisierung nötigen Blindstrom. Wir machen nun folgende Annahmen:

a) Nur Statorwiderstand ist vorhanden.

Der Stator nimmt schon bei Leerlauf Leistung zur Deckung der Verluste durch Stromwärme $a_1 \cdot R_1 \cdot I_1^2$ auf. Infolge des Spannungsverlustes $I_1 \cdot R_1$ wird die auf den Stator wirkende EMK E_1 kleiner als die Klemmenspannung E, alle Felder im Motor werden im Verhältnis $\frac{E_1}{E}$ kleiner, daher gilt nicht mehr der Streuungskreis, sondern er geht über in den Ossanna-Kreis (Kupferkreis). Schon bei Leerlauf ist $\cos\varphi > 0$. Der verlustlose Rotor läuft bei Leerlauf im Synchronismus.

b) Nur Eisenverlust im Stator ist vorhanden.

Wenn $R_1 = 0$, so ist die auf den Stator wirkende EMK E_1 immer der Klemmenspannung gleich. Demgemäß ist das resultierende Statorfeld Φ_1, also auch die Eiseninduktion $\mathfrak{B}_1$ und der Eisenverlust V_{e1}, der $\mathfrak{B}_1^2$ proportional ist, konstant.

c) Widerstand und Eisenverlust im Stator ist vorhanden.

Unter dem Einfluß des Statorwiderstandes R_1 geht der Streuungskreis in den Ossanna-Kreis und zwar in den Kupferkreis über. Kommt hierzu noch die Wirkung des Eisenverlustes, der der nun variablen Statoreiseninduktion $\mathfrak{B}_1^2$ proportional ist, so geht der Kupferkreis in den Eisenkreis über. Der Eisenkreis ist kleiner als der Kupferkreis und besitzt größeren Abstand vom Koordinatennullpunkt. Bei Leerlauf ist die Werkkomponente des Statorstromes so groß, daß außer der Stromwärme $a_1 \cdot R_1 \cdot I_0^2$ auch noch die Eisenverluste V_{e1} gedeckt werden. Da schon bei Leerlauf ein Spannungsverlust $I_1 \cdot R_1$ vorhanden ist, ist die bei Leerlauf auf den Stator wirkende EMK $E_1 < E$, der Eisenverlust also im Verhältnis $E_1^2 : E^2$ kleiner als unter 2 angegeben ist, als die Statorwicklung widerstandslos angenommen wurde. Der Eisenkreis berücksichtigt die Eisenverluste im Stator mit mathematischer Genauigkeit unter der Annahme, daß diese Verluste dem Quadrat der Eiseninduktion proportional sind. Der verlustlose Rotor läuft natürlich auch beim Eisenkreis im Synchronismus.

d) Der Stator ist verlustlos, die Rotorwicklung besitzt Widerstand R_2.

Wenn Reibungsverluste nicht vorhanden sind, genügt ein unendlich kleiner Rotorstrom, um den leerlaufenden Motor im Synchronismus zu drehen, da hierzu kein Drehmoment und keine Leistung erforderlich ist. Beim Leerlauf benötigt daher auch der Stator trotz des Rotorwiderstandes keinen Werkstrom, sondern er nimmt nur den Blindstrom I_m auf. Bei Belastung muß dagegen in der Rotorwicklung eine EMK $E_2 = I_2 \cdot R_2$ induziert werden, damit ein Rotorstrom I_2 überhaupt entstehen kann. Der Rotor muß daher Relativbewegung zum Rotorfeld Φ_2 besitzen, er muß langsamer laufen als dem Synchronismus entspricht. Der Rotorwiderstand R_2 ist daher die Ursache der Schlüpfung und die Stromwärme $a_2 \cdot R_2 \cdot I_2^2$ geht in der Form an der Nutzleistung des Motors verloren, daß eine Abnahme der Drehzahl, ein Verlust an Geschwindigkeit stattfindet.

e) Nur Reibung ist vorhanden.

Zur Überwindung des Reibungswiderstandes muß der Rotor ein Drehmoment entwickeln, der Rotor muß daher Strom führen, für dessen Zustandekommen bei $R_2 = 0$ aber eine unendlich kleine Schlüpfung genügt. Der widerstandslose Rotor läuft daher synchron und zur Deckung der Reibungsverluste nimmt der Stator einen entsprechenden Werkstrom auf.

f) Der Stator ist verlustlos, die Rotorwicklung ist offen. Rotoreisenverlust ist vorhanden.

Der stillstehende Rotor ist einer dem Rotorfeld Φ_2 entsprechenden Induktion $\mathfrak{B}_2$ bei der vollen Periodenzahl $f_2 = f_1$ ausgesetzt, die Rotoreisenverluste sind daher ein Maximum, der Stator nimmt Leistung zur Deckung dieser Verluste auf und der Leerstrom I_0 ist größer als der Magnetisierungsstrom I_m. Der stillstehende Rotor entwickelt ein Drehmoment (Hysteresisdrehmoment), was besonders dann klar wird, wenn man sich die Eisenverluste in einer Ersatzwicklung von entsprechendem Widerstand entstanden denkt. Ist keine Reibung vorhanden, so wird unter dem Einfluß des Eisenverlustes der stillstehende Rotor anlaufen. Sobald sich aber der Rotor dreht, nimmt die Frequenz f_2 und proportional damit der Eisenverlust $(\mathfrak{B}_2^2 \cdot f_2)$ und das Drehmoment ab. Da in Wirklichkeit selbst bei den besten Kugellagern und abgehobenen Bürsten immer Reibungswiderstand vorhanden ist, wird ein Rotor, selbst wenn seine Eisenverluste bei Stillstand erheblich sind, keine hohe Drehzahl annehmen, weil das Drehmoment mit steigender Drehzahl bald so weit abgenommen hat, daß ein Beharrungszustand eingetreten ist. Bei Synchronismus ($f_2 = 0$) ist das Hysteresisdrehmoment natürlich Null.

g) Der Stator ist verlustlos, die Rotorwicklung besitzt Widerstand, Rotoreisenverlust und Reibung ist vorhanden.

Sehen wir zuerst vom Eisenverlust ab, so wird bei Leerlauf der Rotor mit geringer Schlüpfung laufen, denn der Rotorstrom I_2 braucht nur so groß zu sein, um ein Drehmoment zur Überwindung des Reibungswiderstandes zu entwickeln. Besitzt nun der Rotor gleichzeitig Eisenverlust, so wird der Rotorstrom — allerdings nur unmerklich — kleiner. Es üben nämlich auch Hysteresisverlust und Wirbelströme ein Drehmoment aus, und um eine entsprechende Größe kann daher das vom Rotorstrom I_2 entwickelte Drehmoment kleiner sein. — Bei Stillstand und kurzgeschlossenem Rotor wird das Drehmoment infolge des Eisenverlustes im Rotor kleiner. Der stillstehende Rotor führt nämlich nicht nur den Kurzschlußstrom I_2 in seiner eigentlichen Wicklung, sondern hierzu addiert sich noch der Kurzschlußstrom in der parallel geschalteten Wicklung, die wir als Ersatz des Eisenverlustes angenommen haben. Je größer aber der Kurzschlußstrom, also die Summe der beiden Ströme, um so kleiner das Drehmoment. Durch den Rotoreisenverlust wird daher die Anzugskraft des Motors um einen geringen Betrag verkleinert.

Man kann die Wirkung der Verlustquellen auch in folgender Weise charakterisieren:

Der Statorwiderstand bewirkt, daß sich der Motor ebenso verhält wie ein widerstandsloser Motor, der mit geringerer Klemmenspannung betrieben wird. In diesem Sinn kann man sagen, durch den Statorwiderstand wird Spannung vernichtet.

Der Eisenverlust des Stators erhöht die Werkkomponente des Statorstromes, ohne daß das Anwachsen des Stromes vergrößernd auf die Felder im Motor und auf den Rotorstrom wirkt. Der Eisenverlust des Stators wirkt daher ebenso wie eine zweite auf dem Stator befindliche kurzgeschlossene Sekundärwicklung von entsprechendem Widerstand. Der Statoreisenverlust vernichtet daher Strom.

Der Rotorwiderstand bedingt die Schlüpfung und verringert die Drehzahl. Er vernichtet daher Geschwindigkeit.

Der Rotoreisenverlust wirkt wie eine Verringerung des Rotorwiderstandes.

Die Reibung verkleinert das nutzbare Drehmoment und vernichtet einen Teil der im Motor bereits transformierten mechanischen Leistung.

44. Beispiele.

Als Beispiel zu den Abschnitten 37 bis 40 soll der Eisenkreis für denselben Motor berechnet werden, für den wir den Ossanna-

Kupferkreis bereits im Abschnitt 35 kennen gelernt haben. Wir entnehmen dem Abschnitt 35 die numerischen Werte:

$$\overline{ub} = 21 \text{ mm} \qquad R_1 = 4{,}5 \text{ Ohm}$$
$$\overline{bd} = 100 \text{ mm} \qquad R_2 = 0{,}9 \text{ Ohm}$$
$$\tau = 0{,}21 \qquad I_m = 6{,}11 \text{ Ampere}$$
$$E = 110 \text{ Volt}$$

Für den Kupferkreis hatten wir berechnet:

$$K = 0{,}250 \qquad b = 52{,}2 \text{ mm}$$
$$B = 0{,}236 \qquad R_0 = 36 \text{ mm}$$
$$a = 22{,}24 \text{ mm} \qquad BD = 72 \text{ mm}$$

Ferner sind die Konstanten

$$C_{L_1} = 96{,}03$$
$$C_{I_1} = 0{,}291\,.$$

Zur Ermittlung des Eisenkreises brauchen wir nur eine einzige neue physikalische Größe einzuführen, nämlich den Eisenverlust im Stator V_{e1}, der vorhanden ist, wenn der Stator mit dem Magnetisierungsstrom $I_m = 6{,}11$ Ampere erregt und der Rotor natürlich stromlos ist. Nehmen wir an, daß

$$V_{e1} = 1500 \text{ Watt},$$

denn wir müssen einen großen Verlust zugrunde legen, damit die Zeichnungen deutlicher werden, so erhalten wir nach Gleichung (229) für H den Wert

$$H = \frac{V_{e1} \cdot R_1}{a_1 \cdot E^2} = \frac{1500 \cdot 4{,}5}{2 \cdot 110^2} = 0{,}186 \tag{229}$$

und nach Gleichung (221) für $\overline{iu}$ die Länge

$$iu = \frac{V_{e1}}{C_{L_1}} = \frac{1500}{96{,}03} = 15{,}6 \text{ mm}\,. \tag{221}$$

Nun wird nach der Tabelle auf S. 150 vom Eisenkreis die Mittelpunktsabszisse

$$a_e = \frac{a}{1+H}\left(1 + \frac{H \cdot B}{K^2}\right) = \frac{22{,}24}{1{,}186}\left(1 + \frac{0{,}186 \cdot 0{,}236}{0{,}25^2}\right) = 32 \text{ mm}$$

$$= \left(\frac{K}{B} + \frac{H}{K}\right)\frac{\overline{ub}}{(1+H)} = \left(\frac{0{,}25}{0{,}236} + \frac{0{,}186}{0{,}25}\right)\frac{21}{1{,}186} = 32 \text{ mm},$$

die Mittelpunktsordinate

$$b_e = \frac{b}{1+H} = \frac{52{,}2}{1{,}86} = 44 \text{ mm}$$

$$= \frac{1+2\tau}{2B(1+\tau)} \cdot \frac{\overline{ub}}{(1+H)} = \frac{1{,}42}{2 \cdot 0{,}236 \cdot 1{,}21} \cdot \frac{21}{1{,}186} = 44 \text{ mm}.$$

der Radius

$$R_e = \frac{R_0}{1+H} = \frac{36}{1{,}186} = 30{,}4 \text{ mm}$$

$$= \frac{1}{2\,B(1+\tau)} \cdot \frac{u\,b}{1+H} = \frac{1}{2 \cdot 0{,}236 \cdot 1{,}21} \cdot \frac{21}{1{,}186} = 30{,}4 \text{ mm}.$$

Ermitteln wir den Eisenkreis auf graphischem Wege, so erhalten wir die Abbildungen 53 und 54, die demselben Motor entsprechen, da $i\,u$ in der Größe von 15,6 mm eingezeichnet ist.

Für den maximalen Leistungsfaktor erhalten wir nach Gleichung (253) den Wert

$$\cos \varphi_{\max} = b_e \cdot R_e \pm a_e \sqrt{a_e^2 + b_e^2 - R_e^2}$$

$$= \frac{44 \cdot 30{,}4 \pm 32\sqrt{32^2 + 44^2 - 30{,}4^2}}{32^2 + 44^2}$$

$$= \frac{1335 + 1444}{2959} = +0{,}94$$

$$= \frac{1335 - 1444}{2959} = -0{,}037\,.$$

Beim Betrieb als Motor besitzt die Maschine einen günstigsten Leistungsfaktor von 0,94, beim Betrieb als Generator nur −0,037. Der Leistungsfaktor ist daher beim Generatorbetrieb negativ und das bedeutet, daß die Maschine von außen mit Übersynchronismus betrieben, nicht nur mechanische Leistung aufnimmt, sondern gleichzeitig zur Deckung ihrer Verluste elektrische Leistung konsumiert. In den Diagrammen Abb. 53 und 54 kommt das dadurch zum Ausdruck, daß der Eisenkreis gänzlich rechts der Senkrechten $u\,d$ liegt. Wenn die Maschine keinen Statoreisenverlust besäße, also der Kupferkreis Gültigkeit hätte, so könnte sie als Generator elektrische Leistung abgeben in allen Betriebsstadien, in denen s auf dem links der Senkrechten $u\,d$ befindlichen Teil des Kupferkreises zu liegen kommt.

Wollen wir den maximalen Leistungsfaktor aus dem Diagramm Abb. 54 ermitteln, so messen wir

$$\overline{u\,s_e} = \overline{u\,s_e} = 45{,}7 \text{ mm}$$

$$l\,s_e = l\,s_e = 43 \text{ mm}$$

in dem nicht eingezeichneten Betriebszustand, in dem $\overline{u\,s_e}$ Tangente an den Eisenkreis wird. Wir erhalten

$$\cos \varphi_{\max} = \frac{43}{45{,}7} = 0{,}94$$

beim Betrieb als Motor, und als Generator

$$\overline{u\,s_e} = 45{,}7 \text{ mm}$$

$$l\,s_e = 1{,}7 \text{ mm}$$

$$\cos \varphi_{\max} = \frac{1{,}7}{45{,}7} = 0{,}037,$$

also bis auf das Vorzeichen denselben Wert wie bei der rechnerischen Lösung. Bei der graphischen Lösung bedeutet die Beibehaltung des positiven Vorzeichens $+0{,}037$, daß die Maschine auch in diesem Betriebszustand elektrische Leistung aufnimmt. Würde sie elektrische Leistung abgeben, so müßte ls links von der Senkrechten ud liegen, also negativ sein.

Der Leerstrom des Motors ist

$$I_0 = C_{I_1} \cdot u\,B_e = 0{,}291 \cdot 24 = 7 \text{ Ampere},$$

denn wir messen im Diagramm

$$u\,B_e = 24 \text{ mm}$$

und der Strom ($u\,s = 45{,}7$ mm) bei $\cos\varphi_{\max}$ ist daher das

$$\frac{45{,}7}{24} = 1{,}9\text{-fache}$$

des Leerstromes.

Dasselbe Resultat erhalten wir auf rechnerischem Wege. Es ist nach Gleichung (237) und (238)

$$u\,B_e = u\,b\sqrt{\frac{1}{1+K^2}\left[1+\frac{1}{(1+H)^2}\left(\frac{H}{K}\right)^2\right]}$$

$$= 21\sqrt{\frac{1}{1+0{,}25^2}\left[1+\frac{1}{(1+0{,}186)^2}\left(\frac{0{,}186}{0{,}25}\right)^2\right]} = 24 \text{ mm}$$

und

$$\frac{u\,s_c}{u\,B_e} = \frac{1}{1+H}\sqrt{\frac{1+K^2}{B}\cdot\frac{1+2H+B\left(\frac{H}{K}\right)^2}{1+\frac{1}{(1+H)^2}\left(\frac{H}{K}\right)^2}}$$

$$= \frac{1}{1+0{,}186}\sqrt{\frac{1+0{,}25^2}{0{,}236}\cdot\frac{1+2\cdot 0{,}186+0{,}236\left(\frac{0{,}186}{0{,}25}\right)^2}{1+\frac{1}{(1+0{,}186)^2}\left(\frac{0{,}186}{0{,}25}\right)^2}} = 1{,}9.$$

VI. Die wirklichen Felder des streuungsfreien Motors.

45. Vorbemerkungen.

Im IV. Kapitel haben wir kennen gelernt, wie die Ohmschen Widerstände R_1 und R_2 das Verhalten eines Motors beeinflussen. Das V. Kapitel zeigte die weiteren Veränderungen, die durch die Eisen- und Reibungsverluste bedingt sind. Der Statorwiderstand gibt die Veranlassung zum Ossanna-Kreis, genauer ausgedrückt: zum Kupferkreis, und die Eisenverluste im Stator modifizieren den Kupferkreis derart, daß er zum Eisenkreis umgestaltet werden muß. Kupfer- und Eisenkreis sind mit mathematischer Genauigkeit richtig zu ermitteln, wenn der einfache Streuungskreis bekannt ist.

Den Streuungskreis, das Verhältnis zwischen dem Magnetisierungsstrom $I_m = u\,b$ und dem Kreisdurchmesser $b\,d$, können wir aber vorläufig nicht genau berechnen. Bevor wir aber dazu übergehen, den Streuungskoeffizienten

$$\tau = \frac{u\,b}{b\,d}$$

zu bestimmen — diese Aufgabe wird uns erst im IX. Kapitel beschäftigen —, müssen wir uns bewußt werden, daß wir noch nicht einmal in der Lage sind, die in einem verlustlosen und streuungsfreien Motor tatsächlich auftretenden Verhältnisse zu berechnen.

Im I. Kapitel haben wir den streuungsfreien Motor behandelt und dabei die Gleichungen (1) bis (8) und eine Reihe von Koeffizienten k, c, ψ kennen gelernt, ohne über deren Ableitung etwas Näheres zu erfahren. Das muß nun in erster Linie nachgeholt werden und wird den Inhalt dieses Kapitels bilden.

Ferner wurde im I. Kapitel darauf aufmerksam gemacht, daß die dort mitgeteilten Koefizienten k zwar ein recht brauchbares Resultat ergeben, aber doch nicht unbedingt richtig sind, da sie nur dann ohne Einschränkung gelten, wenn Stator und Rotor gleiche Phasen- und Nutenzahl besitzen.

Wenn eine Theorie aber befriedigen soll, muß sie universelle Gültigkeit haben. Die Lösung des Problems, wie sich die Verhältnisse gestalten, wenn Stator und Rotor verschiedene Nutenzahlen, eventuell gleichzeitig verschiedene Phasenzahlen besitzen, wird den Inhalt des VII. Kapitels bilden.

Bei allen in dieser Einleitung genannten Untersuchungen werden wir annehmen, daß der Motor keine Streuung, genauer gesagt, keine Nuten- und Kopfstreuung besitzt. Wir werden nämlich im VII. Kapitel sehen, daß bei verschiedener Nutenzahl im Stator und Rotor Erscheinungen auftreten, die man notwendigerweise als Streuung bezeichnen muß. Rokowski, der als Erster eine Arbeit hierüber veröffentlicht hat, nannte das neue Phänomen „die doppelt verkettete Streuung“. Der Ausdruck hat sich nicht eingebürgert, ich glaube sogar, er hat verhindert, daß die Erkenntnis Allgemeingut geworden ist, weil man sich unter dieser Bezeichnung unwillkürlich etwas sehr Kompliziertes vorstellt. Ich halte für richtiger, die Erscheinung „Spulenstreuung“ oder einfach „σ-Streuung“ nach Analogie α, β, γ, $\varkappa$-Strahlen zu nennen.

In den folgenden Abschnitten dieses Kapitels haben wir weder mit σ-, noch mit einer anderen Streuung zu tun, wir können daher vorläufig annehmen, daß der Motor vollkommen streuungsfrei und außerdem verlustfrei ist.

46. Form der wirklichen Felder.

Da vielfach große Unklarheit darüber herrscht, in welcher Weise die wirkliche Feldkurve eines Mehrphasenmotors zu bestimmen ist, mag es angezeigt sein, einen Fall möglichst elementar und eingehend zu erörtern. Der Stator eines Mehrphasenmotors ist bekanntlich mit mehreren Windungssystemen ausgestattet, deren Zahl der Phasenzahl des Drehstromes entspricht, und im allgemeinen führen sämtliche Spulen gleichzeitig Strom. Jede dieser Spulen ist daher der Sitz einer erregenden Kraft, deren Größe wir aus Stromstärke und Windungszahl berechnen können, und das im Stator erzeugte Drehfeld muß aus der Summenwirkung der einzelnen erregenden Kräfte resultieren. In einem einzigen Fall, nämlich bei einem Zweiphasenstator in dem Moment, in dem der Strom einer Phase Null ist, ist im Stator nur die erregende Kraft eines Spulensystems vorhanden, und von diesem einfachsten Fall wollen wir ausgehen, um die Größe der erregenden Kräfte und die dadurch hervorgerufenen Felder auch für alle übrigen Möglichkeiten zu bestimmen.

Wenn die Spule ab (Abb. 57) A-Amperewindungen enthält und wir den Eisenwiderstand des ganzen Systems unberücksichtigt lassen, so wird in dem ganzen Luftzwischenraum die gleiche magnetische Induktion hervorgerufen, deren Größe

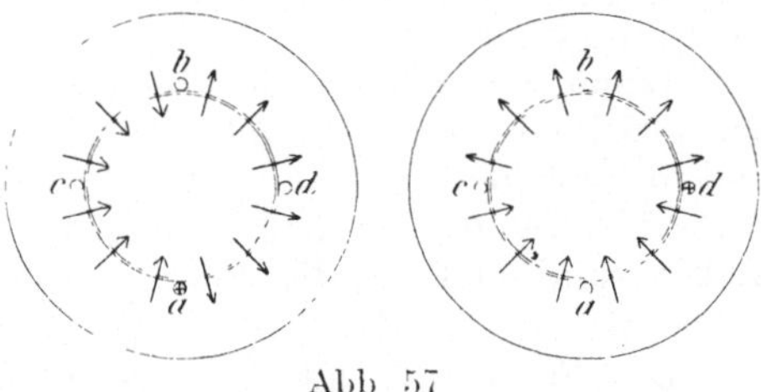

Abb. 57

$$\mathfrak{B}_l = \frac{0{,}4 \cdot \pi}{2 \cdot \delta} A$$

ist, wenn wir mit δ die Länge des Luftzwischenraumes bezeichnen. Ist F_t der totale Querschnitt des Luftspaltes, also die gesamte Zylindermantelfläche des Rotors resp. die Innenfläche des vom Stator gebildeten Hohlzylinders (die beiden Größen sind einander gleich unter der Annahme, daß δ verschwindend klein ist), so ist die totale Kraftlinienzahl pro Pol

$$\Phi = \frac{F_t \cdot \mathfrak{B}_l}{2}.$$

Genau das gleiche Resultat erhalten wir natürlich, wenn die Spule cd mit der gleichen Amperewindungszahl arbeitet und Spule ab stromlos ist. Abb. 57, 2 stellt die Richtung des jetzt erzeugten Feldes dar.

Lassen wir beide Amperewindungssysteme, die der Spulen ab und cd, in unveränderter Größe gleichzeitig auf den Motor wirken, so können wir die neue Anordnung des erzeugten Feldes dadurch erhalten, daß wir die beiden Bilder der Abb. 57 aufeinanderlegen und die einzelnen Induktionen addieren. Wir sehen Abb. 58, daß die Induktionen zwischen ac, bd auf das Doppelte angewachsen sind, wohingegen sich die Induktionen zwischen ad, bc gegenseitig aufheben. Da die Induktionen auf das Zweifache angewachsen sind, der wirksame Querschnitt eines Poles aber auf die Hälfte abgenommen hat, so ist die totale Zahl der Kraftlinien Φ bei jedem Pol dieselbe geblieben wie vorher, als wir nur eine Spule mit A-Amperewindungen erregt hatten. Es ist demnach

$$\Phi = \frac{F_t}{4} \cdot 2\,\mathfrak{B}_l = \frac{F_t \cdot \mathfrak{B}_l}{2}.$$

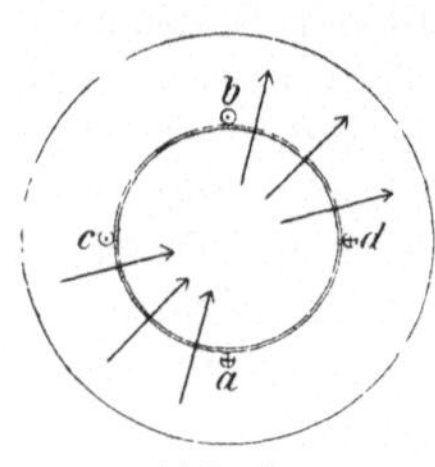

Abb. 58.

Damit die Induktion auf den doppelten Betrag, auf $2\,\mathfrak{B}_l$ anwachsen kann, muß auch die erregende Kraft, die auf den magnetischen Kreis wirkt, die doppelte, also $2\,A$ sein, und daß dies in der Tat der Fall ist, können wir aus Abb. 58 ersehen. Wir können nämlich, ohne an der Wirkung des Systems etwas zu ändern, annehmen, daß die beiden Windungssysteme nicht von a nach b und von c nach d gewickelt sind, sondern daß das eine von a nach c und das andere von b nach d gewickelt ist. Dadurch werden die beiden rechtwinklig aufeinanderstehenden Wicklungssysteme durch ein einziges mit der doppelten Amperewindungszahl ersetzt, dessen beide Spulen konaxial angeordnet sind und deren Achse parallel zu $a\,d$ und $c\,b$ liegt.

Wenn die bisherigen Ableitungen stichhaltig sind, müssen wir das gleiche Resultat wie oben erhalten, wenn wir jede der Spulen $a\,c$ und $b\,d$ einzeln als von A-Amperewindungen erregt betrachten und dann feststellen, wie das Feld jeder einzelnen Spule gestaltet sein müßte, und endlich die beiden so erhaltenen Felder wieder kombinieren.

Die Spule $a\,c$ mit A erregenden Amperewindungen wirkt auf einen magnetischen Kreis, dessen Luftquerschnitt auf der einen Seite

$$\widehat{a\,c} = \frac{F_t}{4}$$

auf der anderen Seite $$\widehat{c\,b\,d\,a} = \frac{3}{4}\,F_t$$

ist. Die magnetischen Induktionen in beiden Querschnitten müssen sich daher umgekehrt verhalten wie die Querschnittte, da der magnetische Fluß (die Kraftlinienzahl), der in die Spule eintritt, offenbar gleich sein muß dem aus der Spule austretenden Fluß. Daß heißt, es ist

$$\mathfrak{B}_{(a\,c)} = 3\,\mathfrak{B}_{(c\,b\,d\,a)}.$$

Wir haben daher

$$A = \frac{\delta}{0{,}4 \cdot \pi}\,\mathfrak{B}_{a\,c} + \frac{\delta}{0{,}4 \cdot \pi}\,\mathfrak{B}_{(c\,b\,d\,a)} = \frac{\delta}{0{,}4 \cdot \pi}\,\mathfrak{B}_{(a\,c)}\left(1 + \frac{1}{3}\right)$$

und hieraus $$\mathfrak{B}_{(a\,c)} = \frac{0{,}4 \cdot \pi}{\delta} \cdot \frac{3}{4} \cdot A.$$

Für die Spule bd, Abb. 59, erhalten wir die gleichen Werte wie für die Spule ac, nur sind die einzelnen Größen entsprechend der relativen Lage der beiden Spulen in der Ebene verschoben. Legen wir die Abb. 59, 1 und 2 aufeinander und addieren wir die einzelnen im Motor vorhandenen Induktionen, so erhalten wir

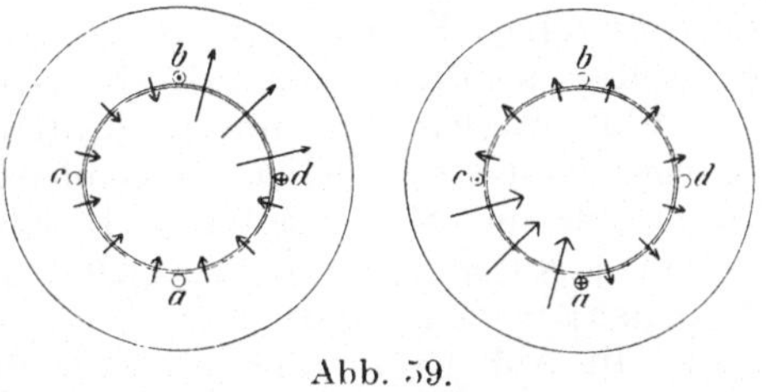

$$\Phi = \frac{F_t \cdot \mathfrak{B}_l}{2},$$

Abb. 59.

also genau den gleichen Wert, den wir vorhin erhalten haben, als wir annahmen, daß die Spulen von a nach b und von c nach d gewickelt seien, Abb. 58.

Unsere Ableitung ist daher richtig und wir können deshalb die Regel aufstellen: um die durch die Summenwirkung mehrerer Windungssysteme hervorgerufenen Induktionen zu bestimmen, müssen die erregenden Kräfte, die auf die einzelnen Querschnittselemente des Feldes wirken, algebraisch addiert werden.

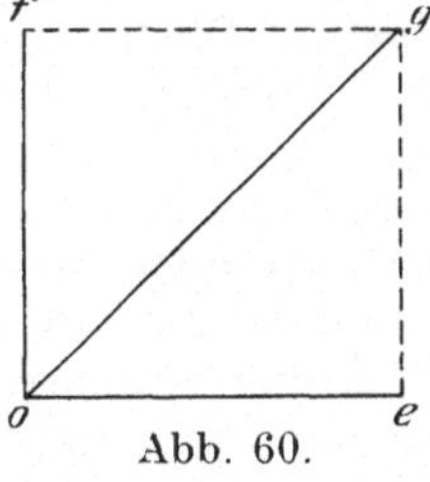

Abb. 60.

Das eben behandelte einfache Beispiel kann noch dazu dienen, um zu zeigen, daß die geometrische Zusammensetzung nichtsinoidaler Felder nach dem Kräfteparallelogramm unzulässig ist. Hätten wir die von den Spulen ab und cd erzeugten Felder ohne Rücksicht auf ihre spezielle Anordnung durch je eine Gerade oe und of dargestellt und das resultierende Feld als Resultante der beiden Komponenten oe und of, also als og aufgefaßt, so würde Abb. 60

$$og = \sqrt{2} \cdot \overline{oe} = \sqrt{2} \cdot of$$

sein. Dieses Resultat ist immer falsch, gleichgültig, ob wir durch die Längen der 3 Geraden magnetische Flüsse, Induktionen, erregende Kräfte oder Druckflutungen ausdrücken; denn die richtige Ableitung verlangt, daß $\overline{og} = \overline{oe} = of$

für den Fall, daß wir durch die 3 Strecken magnetische Flüsse (Kraftlinienzahlen der Felder) darstellen, dagegen

$$\overline{og} = 2\,\overline{oe} = 2\,of,$$

falls wir durch die Geraden Induktionen oder erregende Kräfte (Amperewindungen) oder Durchflutungen (Amperestäbe) ausdrücken.

47. Eigenschaften der wirklichen Felder.

Bei einem Mehrphasenmotor ist die Wicklung einer Phase gewöhnlich nicht in nur einer Nut für jeden Pol untergebracht, und die Festsetzung der erregenden Kräfte, die auf die einzelnen Querschnittselemente (Zähne) wirken, wird dadurch etwas langwieriger.

Mit Hilfe der im vorhergehenden Abschnitt aufgestellten Regel können wir jedoch in allen Fällen zum Ziel gelangen und wir können uns diese Arbeit wesentlich erleichtern, wenn wir Stator und Rotor nicht in Form eines Kreises, wie es eigentlich der Wirklichkeit entspricht, darstellen, sondern wenn wir die Kreise zu Geraden aufrollen.

Wir wählen für unsere Untersuchungen einen zweipoligen Zweiphasenmotor, dessen Spulenseiten auf jedem Pol in 4 Nuten untergebracht sind, der demgemäß also im ganzen 16 Nuten besitzt. In Abb. 61 ist dieser Stator dargestellt und zwar in dem Moment, in dem der Strom einer Phase Null ist, in der anderen dagegen seinen Maximalwert besitzt. Die Stromrichtung in den Nuten 1, 2, 3, 4 tritt senkrecht aus der Zeichnungsebene heraus, dagegen in den Nuten 5, 6, 7, 8 senkrecht in die Zeichnungsebene hinein; die übrigen 8 Nuten, die die Wicklung der Phase II enthalten, sind stromlos.

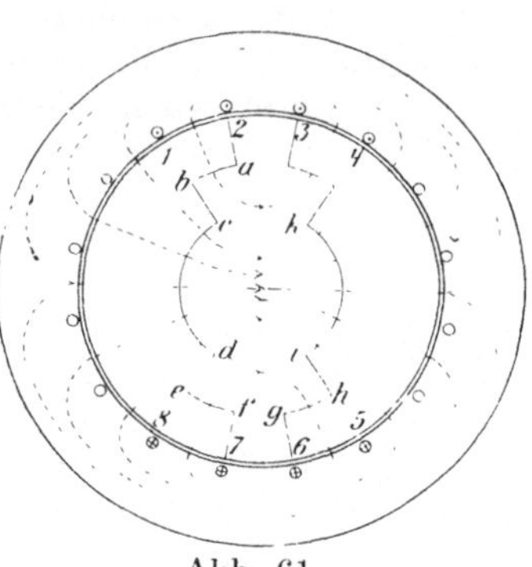

Abb. 61.

Wie man sieht, sind alle zwischen der 4. und 5. resp. der 8. und 1. Nut liegenden Zähne der erregenden Kraft aller 4 Spulen ausgesetzt und in diesen Zähnen muß daher die gleiche Induktion hervorgerufen werden. Der bequemen Darstellung halber ist angenommen, daß die Kraftlinien einen großen Teil des Rotors in radialer Richtung durchsetzen, und diese radialen Strecken sind gleichzeitig benutzt, um graphisch die Größe der Induktionen darzustellen. Die Längen

$$c\,1 = d\,8 = i\,5 = k\,4$$

sollen ausdrücken, daß im Stator von Nut 4—5 und 8—1 ein und dieselbe Induktion herrscht. Auf die Zähne, die zwischen den Nuten 1 und 2, 3 und 4, 5 und 6, 7 und 8 liegen, wirkt nicht die ganze im Stator vorhandene erregende Kraft, sondern es wirken auf diese Zähne nur die in den Nuten 2, 3, 6 und 7 untergebrachten Amperewindungen. Da diese 4 Nuten nur die Hälfte der gesamten Amperewindungen enthalten, kann in den Zähnen zwischen den Nuten 1 und 2, 3 und 4, 5 und 6, 7 und 8 nur die halbe Induktion hervorgerufen werden, wie in den zuerst betrachteten. und wir müssen in unserer Zeichnung die radialen Längen

$$a\,2 = b\,1 = e\,8 = f\,7$$

nur halb so groß zeichnen wie $c\,1$. Die Zähne zwischen den Nuten 2 und 3, 6 und 7 sind überhaupt keiner erregenden Kraft ausgesetzt, und daher ist in ihnen die Induktion Null.

Wenn wir uns den kreisförmigen Stator zu einer Geraden aufgerollt vorstellen, so geht Abb. 61 über in Abb. 62. In letzterer Abbildung ist die Richtung der Kraftlinien durch Pfeile angedeutet und dadurch ist ersichtlich, daß benachbarte Felder stets wechselnde

Polarität haben. In Abb. 62 ist außerdem angegeben, wie die Wicklung ausgeführt werden kann, und es ist eine größere Anzahl von Spulen gezeichnet, wie sie einem 4-poligen Motor entsprechen würde. Die entgegengesetzte Polarität benachbarter Pole kann graphisch noch in anderer Weise dargestellt werden, nämlich dadurch, daß die nordmagnetischen Induktionen als positive, die südmagnetischen als negative Ordinaten gezeichnet werden, wie es Abb. 63 darstellt.

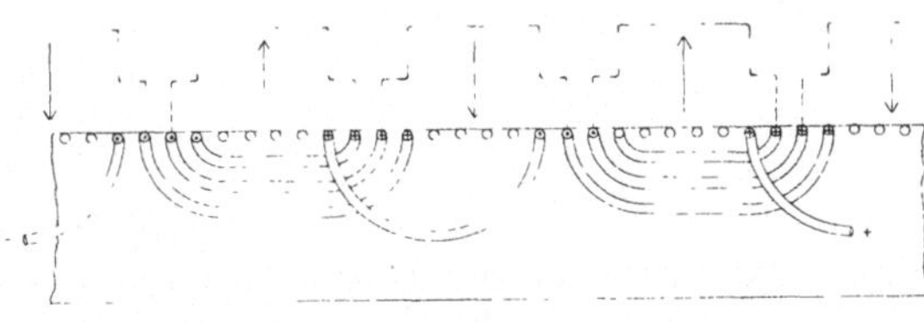

Abb. 62

Die zweite Phase übt genau die gleiche Wirkung aus wie die jetzt untersuchte, nur ist das von dieser letzteren erzeugte Feld räumlich um 90^0 gegenüber dem der ersten Phase verschoben. Wenn wir uns die in Abb. 61 dargestellten Felder um 90^0 im Stator gedreht denken, so enspricht diese Feldanordnung also dem Augenblick, in dem die 8 Nuten der Phase II vom maximalen Strom durchflossen sind, die Phase I dagegen keinen Strom führt. Im allgemeinen fließt aber durch beide Spulensysteme gleichzeitig Strom, und wenn wir annehmen, daß die Ströme nach einer Sinusfunktion variieren, können wir für beliebig viele Momente angeben, wie groß der Strom in jeder Phase ist. Da nämlich die beiden Ströme eines Zweiphasensystems um 90^0 phasenverschoben sind, können wir die momentanen Ströme durch die Gleichungen ausdrücken, wenn I den effektiven, I' maximalen Strom bezeichnet

$$I_I = \sqrt{2} \cdot I \cdot \sin a = I' \cdot \sin a$$

$$I_{II} = \sqrt{2} \cdot I \cdot \cos a = I' \cdot \cos a .$$

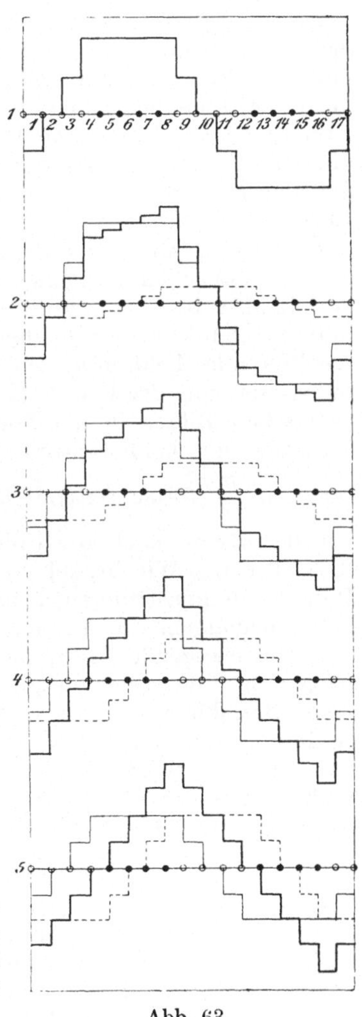

Abb. 63.

In Abb. 63 sind die erregenden Kräfte bzw. die Feldinduktionen unseres Zweiphasenmotors für eine Anzahl von Momenten festgelegt, und zwar für folgende Werte von

α	I_I	I_{II}	Abb. 63
0	1,00	0	1
11,25	0,97	0,195	2
22,5	0,92	0,383	3
33,75	0,83	0,556	4
45	0,707	0,707	5

I' ist dabei $= 1$ gesetzt. Die Nuten der Phase I sind durch Kreise, die zugehörigen Felder durch ausgezogene Linien, die Nuten der Phase II durch Punkte, die zugehörigen Felder durch punktierte Linien dargestellt.

Die Zähne 4—8 sind stets der totalen erregenden Kraft der Phase I ausgesetzt, haben daher unter dem ausschließlichen Einfluß der Phase I immer unter sich gleiche Induktion; auf die Zähne 3 und 9 wirkt nur die halbe erregende Kraft der Phase I, die in ihnen herrschende Induktion ist daher nur halb so groß wie in den Zähnen 4—8. Die Zähne 2 und 10 endlich werden von der Phase I überhaupt nicht magnetisiert. — Ebenso verhalten sich in bezug auf Phase II die Zähne 6—14. Die Zähne 6 und 14 werden von Phase II nicht erregt, die Zähne 7 und 13 mit der halben, die Zähne 8—12 mit der jeweiligen totalen erregenden Kraft.

Die stark ausgezogenen Kurven der Abb. 63 stellen die erregenden Kräfte, bzw. die resultierenden Felder dar, wie sie durch algebraische Addition der beiden Kurven I und II erhalten werden. Die resultierende Feldkurve ändert ihren Charakter in jedem Moment. indem sie von der Form (Abb. 63) allmählich nach Art eines stroboskopischen Bildes in die Form Abb. 63, 5 übergeht. Wenn wir die Variation der beiden Ströme noch weiter verfolgen, indem wir weitere um $\frac{\pi}{16}$ fortschreitende Momentanwerte bestimmen, so erhalten wir der Reihe nach die Spiegelbilder der resultierenden Kurven 4. 3, 2, 1 usw. Wir brauchen daher die Kurven nicht für eine ganze Periode zu konstruieren, sondern wir können uns mit den 5 gezeichneten begnügen, die nur eine Achtelperiode umfassen.

Die erregende Kraft, die von jeder Phase ausgeübt wird, variiert nach dem Sinusgesetz, wenn die Ströme sinoidal verlaufen, und durch diese Beziehung können wir auch feststellen, in welcher Weise die Änderung der resultierenden Feldkurve vor sich gehen muß. Da nämlich die in jedem Zahn hervorgerufene Induktion der Summenwirkung aus den erregenden Kräften der Spulen I und II proportional ist, die erregenden Kräfte aber in der Weise variieren, daß

$$I_I = I' \cdot \sin \alpha$$
$$I_{II} = I' \cdot \cos \alpha,$$

können wir die Gleichungen aufstellen, nach denen die auf jeden Zahn wirkende erregende Kraft mit dem Winkel α variiert. Es ist nämlich, wenn mit Z_1, Z_2 die Nummern der Zähne nach Abb. 63 bezeichnet werden, die Induktion über den Zähnen

$$
\begin{aligned}
Z_2 &= I' \cdot \sin\alpha + 0 &&= I' \cdot \sin\alpha \\
Z_3 &= I' \cdot \sin\alpha + \frac{I'}{2} \cdot \cos\alpha &&= I' \cdot \sqrt{1{,}25} \cdot \sin(\alpha + 26^0) \\
Z_4 &= I' \cdot \sin\alpha + I' \cdot \cos\alpha &&= I' \cdot \sqrt{2} \cdot \sin(\alpha + 45^0) \\
Z_5 &= \frac{I'}{2} \cdot \sin\alpha + I' \cdot \cos\alpha &&= I' \cdot \sqrt{1.25} \cdot \sin(\alpha + 64^0) \\
Z_6 &= 0 + I' \cdot \cos\alpha &&= I' \cdot \sin(\alpha + 90^0) \\
Z_7 &= \frac{I'}{2} \cdot \sin\alpha + I' \cdot \cos\alpha &&= I' \cdot \sqrt{1{,}25} \cdot \sin(\alpha + 116^0) \\
Z_8 &= I' \cdot \sin\alpha + I' \cdot \cos\alpha &&= I' \cdot \sqrt{2} \cdot \sin(\alpha + 135^0).
\end{aligned}
$$

Die Tabelle ist berechnet nach der bekannten Beziehung[1]):

$$A \cdot \sin\alpha + B \cdot \cos\alpha = \sqrt{A^2 + B^2} \cdot \sin\left(\alpha + \operatorname{arctg}\frac{B}{A}\right).$$

Wie man aus der Tabelle sieht, ist die maximale Induktion, der ein Zahn ausgesetzt wird, nicht dieselbe, da die Amplitude $\sqrt{A^2 + B^2}$ von Zahn zu Zahn verschieden ist, und es werden beispielsweise die Zähne 4 und 8 einer $\sqrt{2}$-mal höheren Induktion unterworfen als die Zähne 2, 6, 10. Die maximale Induktion der zwischenliegenden Zähne liegt zwischen den beiden angegebenen Extremwerten. Im übrigen verläuft die zeitliche Änderung der Induktion eines jeden Zahnes nach einer Sinusfunktion, wobei jedoch zu bemerken ist, daß der Phasenabstand der Induktionen benachbarter Zähne nicht aus dem räumlichen Winkelabstand beider Zähne berechnet werden kann. Der Winkelabstand zweier Zähne beträgt bei dem untersuchten Stator 22.5^0, der Phasenabstand zwischen den Induktionen der Zähne 2 und 3 dagegen 26^0, zwischen 3 und 4 nur 19^0 usw. Nur in bezug auf die Zähne 2, 6, 10 . . . stimmt der räumliche Abstand von 45^0 mit dem Phasenverschiebungswinkel der in diesen Zähnen herrschenden Induktionen überein. Diese Zähne nehmen noch in anderer Weise eine bevorzugte Stellung ein. Fällt nämlich die Mittellinie des Feldes mit der Mittellinie eines dieser Zähne zusammen, Abb. 63, 1 und 5, so ist das Feld in bezug auf diese Mittellinie symmetrisch, in jedem anderen Falle unsymmetrisch. Das Drehfeld rotiert daher in bezug auf die Stellungen, in denen es symmetrisch gestaltet ist, mit konstanter Winkelgeschwindigkeit, während es die zwischenliegenden Übergangsstellungen mit inkonstanter Winkelgeschwindigkeit durchläuft.

Würde der dem Stator zugeführte Drehstrom nicht nach einer Sinusfunktion variieren, so würde das Drehfeld nicht einmal in bezug auf seine symmetrischen Stellungen mit konstanter Winkelgeschwindigkeit rotieren, wie sich leicht durch ein Beispiel zeigen läßt. Angenommen, die Ströme verliefen nach einer in Abb. 64 dargestellten Kurve, so würde der Moment, in dem die Ströme I und II einander

[1]) Krantz, J. B.: ETZ 1901, Seite 274.

gleich sind, nicht bei einem zeitlichen Winkel $\alpha = \frac{\pi}{4}$, sondern schon bei $\alpha = \frac{\pi}{8}$ eintreten, das Feld würde sich aber in diesem Augenblick schon um einen räumlichen Winkel $\frac{\pi}{4}$ gedreht haben (Abb. 63, 1—5), die Drehung des Feldes würde daher bis zu diesem Moment rascher erfolgen, als es einer der Periodizität des Drehstromes entsprechen den konstanten Winkelgeschwindigkeit zukommt. Umgekehrt würde dagegen die Drehgeschwindigkeit des Feldes während des restlichen Teils der Viertelperiode zu langsam sein.

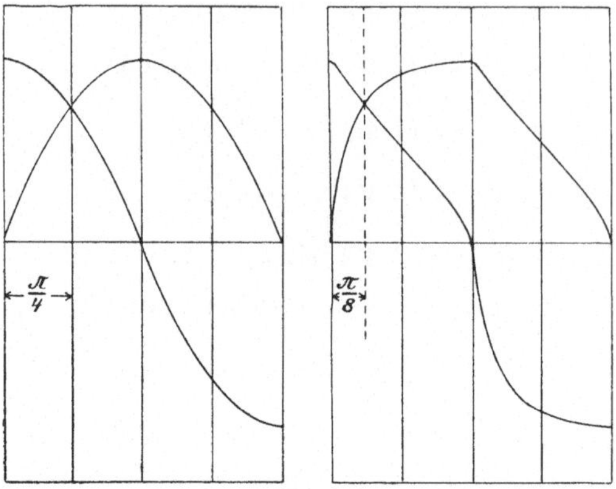

Abb. 64.

Die beiden symmetrischen Stellungen des Feldes, Abb. 63, 1 und 5, sind noch in anderer Beziehung interessant. Die von der Feldkurve eingeschlossene Fläche, die die totale einem Pol entströmende Kraftlinienzahl, den totalen magnetischen Fluß repräsentiert, ist nämlich nicht von konstanter Größe, sondern sie ändert sich von Moment zu Moment. In Abb. 63, 1 ist diese Fläche am größten, in Abb. 63, 5 dagegen am kleinsten. Aus dieser Erscheinung folgt, daß in einem synchron rotierenden Rotor Ströme induziert werden, denn die von einer Rotorspule ab, Abb. 65 eingeschlossene Kraftlinienzahl variiert. Wir können die Größenordnung dieser Variationen angeben, wenn wir dem Gang unserer Ableitung etwas vorausgreifen. Wir werden nämlich im nächsten Abschnitt Koeffizienten c und c_0 kennen lernen, die gestatten, aus der maximalen Luftinduktion $\mathfrak{B}_l$ den gesamten magnetischen Fluß eines jeden Poles zu bestimmen, und es ist

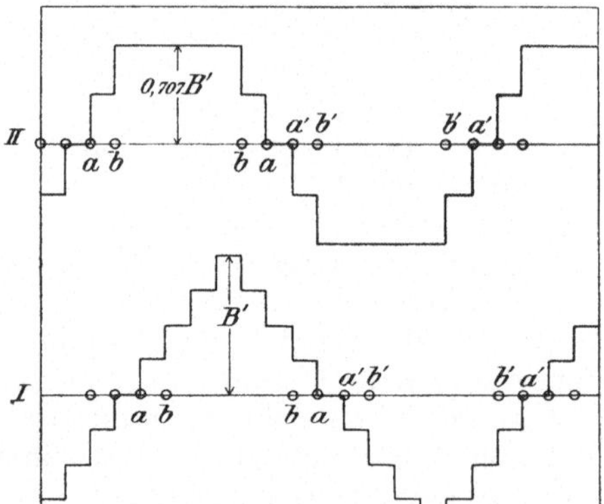

Abb. 65.

$$\Phi_{\max} = c \cdot \mathfrak{B}_l \cdot F_l$$
$$\Phi_{\min} = c_0 \cdot \mathfrak{B}_l \cdot F_l .$$

Der Quotient $\frac{c}{c_0}$ gibt daher ein Maß für die prozentuale Schwankung des magnetischen Flusses eines Drehstromfeldes. Aus der Tabelle ist sofort die Überlegenheit der vielnutigen Wicklungsanordnungen ersichtlich, und außerdem deuten die Zahlen darauf hin, daß Spulen mit gerader Nutenzahl günstiger sind als mit ungerader, sogar günstiger als die nächsthöhere ungerade mit einer Nut mehr pro Spulenseite. Die äußerst ungünstigen Werte, die man erhält, wenn die Spulenseite in nur einer Nut untergebracht ist, zeigen, daß die Minimalzahl der Nuten für einen praktisch brauchbaren Motor mindestens zwei sein muß pro Pol und Phase.

Anzahl der Nuten jeder Spulenseite	$\frac{\Phi_{max}}{\Phi_{min}}$	Anzahl der Nuten jeder Spulenseite	$\frac{\Phi_{max}}{\Phi_{min}}$
Zweiphasenwicklung		Dreiphasenwicklung	
1	1,414	1	1,155
2	1,060	2	1,007
3	1,100	3	1,021
4	1,060	4	1,005
5	1,072	5	1,008
6	1,060	6	1,004
∞	1,060	∞	1,003

Alle in diesem Abschnitt bis hierher angeführten Eigenschaften bzw. Wirkungen des Drehfeldes werden im folgenden vernachlässigt. Es ist dies auch zulässig, da die hierdurch begangenen Fehler nur verschwindend klein sind und das Diagramm, überhaupt die Qualität eines Motors durch diese nebensächlichen Erscheinungen nicht beeinflußt wird. Der Aufwand an Zeit und Mühe für die Berücksichtigung dieser Nebenerscheinungen würde in gar keinem Verhältnis stehen zum daraus erzielten Gewinn an Genauigkeit.

Wir nehmen daher in Zukunft bei Berechnung des Hysteresisverlustes keine Rücksicht darauf, daß manche Zähne nicht ganz mit der maximalen Induktion beansprucht werden, wir berücksichtigen auch nicht, daß das Drehfeld teilweise mit inkonstanter Winkelgeschwindigkeit rotiert, seinen magnetischen Fluß Φ ändert und in einem synchron laufenden Rotor EMKK induziert. Die Erscheinungen wurden hier lediglich der Vollständigkeit halber erwähnt, und aus diesem Grunde mag es auch gerechtfertigt erscheinen, daß diese Vorgänge nur an Hand eines konkreten Beispiels, für einen Zweiphasenanker mit 4 Nuten pro Spulenseite besprochen wurde, dagegen auf die Aufstellung allgemeingültiger Gleichungen verzichtet wurde. Es bietet mathematisch keine Schwierigkeiten, diese allgemeinen Gleichungen aufzustellen, sie werden aber bei der bis jetzt besprochenen Darstellungsweise der Felder so unübersichtlich, daß sicherlich ein schnelleres Verständnis für das Wesen dieser Vorgänge an einem Beispiel zu gewinnen ist als beim Studium langer unübersichtlicher Gleichungen.

Will man aber gerade die hier als nebensächlich behandelten Erscheinungen speziell untersuchen, so ersetzt man zweckmäßigerweise die wirklichen Felder durch sinusförmige Felder. Mit Hilfe der Reihe von Fourier läßt sich nämlich beweisen, daß jede beliebige Feldform. also auch die in den Abb. 63 und 65 dargestellten treppenförmigen Formen, durch eine Summe sinoidaler Felder ersetzt werden kann. Das größte dieser Ersatzfelder nennt man die Grundschwingung, die kleineren heißen die höheren Harmonischen. Die Methode der Zerlegung der Felder in Grundschwingung und höhere Harmonische werden wir im XI. Kapitel kennen lernen.

48. Erregende Kraft eines Systems von beliebiger Phasenzahl.

Aus den Abb. 63 und 65 kann man ersehen, daß die maximale Induktion eines zweiphasigen Drehfeldes keine konstante Größe besitzt, sondern zwischen einem Maximalwert $\mathfrak{B}_l$ und einem Minimalwert $0{,}707 \cdot \mathfrak{B}_l$ schwankt. Um zu ergründen, ob das bei jeder beliebigen Phasenzahl der Fall ist, müssen wir eine allgemeine Gleichung aufstellen, die die Ermittelung der erregenden Kraft eines beliebig vielphasigen Systems gestattet.

Hierzu ist vor allem nötig, festzustellen, in welchem Winkelabstand die einzelnen Ströme eines a-phasigen Systems einander folgen.

Die übliche Bezeichnungsweise ist hierin nicht ganz logisch. Unter Zweiphasenstrom versteht man zwei Wechselströme von 90^0, also $\frac{\pi}{2}$ Phasendistanz, unter Dreiphasenstrom dagegen drei Wechselströme mit 120^0, also $2 \times \frac{\pi}{3}$ Phasendistanz. Um einen allgemeinen Ausdruck aufstellen zu können, hat man sich daher zu entscheiden, ob man den Phasenabstand eines a-phasigen Systems als $\frac{\pi}{a}$ oder $\frac{2\pi}{a}$ bezeichnen will; in der Literatur kommen beide Bezeichnungsweisen vor.

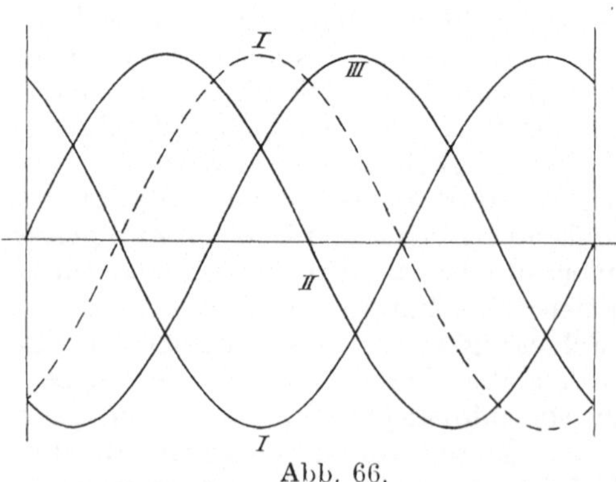

Abb. 66.

Wir wählen den Ausdruck

Winkelabstand der Phasen $= \frac{\pi}{a}$,

weil er aus folgenden Gründen richtiger ist:

Die drei Ströme eines Dreiphasensystems folgen wohl zeitlich aufeinander in einem Abstand von 120^0, wie in Abb. 66 dargestellt ist. Betrachten wir den Augenblick, in dem der Strom der Phase I sein positives Maximum hat, so sehen wir, daß die Ströme der Phasen II und III negative Werte von der Hälfte des Maximums besitzen. In bezug auf die von den Strömen hervorgerufenen erregenden Kräfte liegen aber die Verhältnisse wesentlich anders, denn wie Abb. 67 zeigt, wirken die drei Ströme so auf den Anker, daß sich ihre Wirkungen unterstützen und daß also die erregenden Kräfte aller Phasen mit dem gleichen Vorzeichen erscheinen. Die drei zeitlich und räumlich um 120^0 verschobenen Ströme rufen daher innerhalb der Maschine die gleiche Wirkung hervor. wie drei nur um 60^0 verschobene, wie es in Abb. 67 und in Abb. 66 durch die punktiert eingezeichnete Linie der Phase I dargestellt ist.

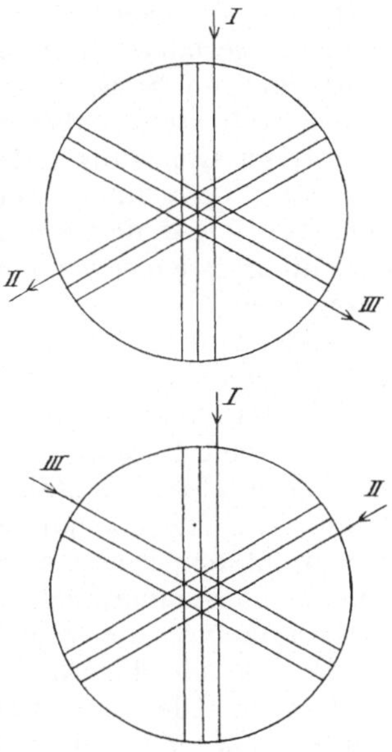

I
II
III

I
III
II

Abb. 67.

Auch die nachstehende Überlegung führt zum Resultat, daß der Phasenabstand $= \frac{\pi}{a}$ gesetzt werden muß:

Betrachten wir einen Kurzschlußanker in einem zweipoligen Stator, so ist nach der für besser erklärten Definition seine Phasenzahl

$$a = \frac{N_K}{2} \quad . \; . \; . \; . \; . \quad (247)$$

wenn mit N_K die Zahl der Kurzschlußstäbe auf dem Rotor bezeichnet wird. Setzt man aber den Winkelabstand zweier Phasen $= \frac{2\pi}{a}$, so wird die Phasenzahl des Rotors

$$a = N_K \quad . \; . \; . \; . \; . \; . \; . \; . \; . \; . \quad (248)$$

Nun ist klar, daß der Rotor offenbar dann als einphasig zu betrachten ist, wenn er 2 Stäbe im Abstand von 180^0 besitzt, die Gleichung (248), die bei $N_K = 2$ den Rotor als zweiphasig bezeichnet, kann nicht als zutreffend erklärt werden.

Einen Rotor mit $N_K = 4$ Stäben wird man richtiger zweiphasig als vierphasig nennen, weil je zwei in einem Durchmesser liegende Stäbe nichts anderes darstellen als die Hin- und Rückleitung ein und derselben Phase. Dasselbe gilt bei einem dreiphasigen Anker mit $N_K = 6$.

Geben wir dem Rotor nur einen einzigen Stab, so ist er 0-phasig. wenn die Kurzschlußringe isoliert sind, weil dann ein Strom überhaupt nicht entstehen kann, weil die Rückleitung fehlt. Sind die Kurzschlußringe nicht isoliert, so bildet die Welle die Rückleitung und der Anker ist $^1/_2$-phasig nach Gleichung (247) und 1-phasig nach Gleichung (248).

Die Anschauung, daß der mit nur einem Stab ausgerüstete Rotor 1-phasig ist, ist aber nicht haltbar. Die eine aus dem einen Stab und der Welle gebildete Windung kann nämlich dem Rotor, auch wenn sie von Strom durchflossen ist, keine ausgeprägten Pole geben, da der ganze von dieser Windung hervorgerufene magnetische Fluß innerhalb des Rotoreisens verläuft, ohne überhaupt in den Luftspalt auszutreten und nach dem Stator zu gelangen. Der Rotor ist unter dem erregenden Einfluß dieser einzigen Windung ein polloser Magnet, geradeso wie ein geschlossener Eisenring, der nur von einer einzigen Spule magnetisiert wird. Ein derartiger Rotor mit nur einem Stab stellt daher einen sehr außergewöhnlichen Fall dar, und dem trägt Gleichung (247) Rechnung, indem sie diesen Rotor als $^1/_2$-phasig bezeichnet, weil nur 1 Pol, nicht beide Pole des Stators gleichzeitig auf den Rotorstab wirken können. Als einphasig, wie es Gleichung (248) verlangen würde, kann man diesen Rotor sicher nicht bezeichnen.

Als Konsequenz ergibt sich, daß ein Rotor mit 3 Stäben als $1^1/_2$-phasig angesprochen werden muß; und auch das ist gerechtfertigt. Unter einem Pol des Stators befinden sich nämlich normalerweise immer 2 Stäbe des Rotors, unter dem anderen Pol nur 1 Stab, im Mittel also $1^1/_2$ Stäbe. Werden die 3 Stäbe dieses Rotors von 3 um 120^0 gegeneinander verschobenen Strömen durchflossen, so erhält wohl der Rotor einen Nord- und einen Südpol, aber beide Pole sind nicht symmetrisch, denn im allgemeinen wird der eine Pol $^2/_3$ des Umfanges, der andere nur $^1/_3$ des Umfanges, niemals werden beide Pole gleichmäßig je die Hälfte des Ankerumfanges einnehmen. Liefert die Gleichung (247) also eine gebrochene Phasenzahl, so bedeutet das stets, daß die Nord- und Südpole verschiedene Feldkurven besitzen.

Aus diesen Darlegungen ergibt sich, daß wir innerhalb der Maschine den räumlichen und zeitlichen Winkelabstand χ der einzelnen Phasen eines Mehrphasensystems

$$\chi = \frac{\pi}{a} = \frac{180^0}{a} \quad \text{. . . . . (249)}$$

anzunehmen haben.

Bezeichnet man die effektive Stromstärke mit I, mit N die Drahtzahl, also mit $\frac{N}{2}$ die Windungszahl einer Phase, so erhält man den Maximalwert der erregenden Kraft dieser Phase in Amperewindungen

$$A = \sqrt{2} \cdot I \cdot \frac{N}{2} \quad \text{. . . . . (250)}$$

und die maximale Durchflutung dieser Phase in Amperestäben ist

$$S = \sqrt{2} \cdot I \cdot N \quad \text{. . . . . (251)}$$

(Siehe Zitat vom AEF auf Seite 22.)

Der Momentanwert der Durchflutung der Phase I ist demnach, wenn χ einen zeitlichen (und räumlichen) Winkel bezeichnet:

$$S_I = \sqrt{2} \cdot I \cdot N \cdot \sin \chi .$$

Zur selben Zeit ist der Momentanwert der Durchflutung der Phase II $S_{II} = \sqrt{2} \cdot I \cdot N \cdot \sin\left(\chi + \frac{\pi}{a}\right)$,

von der nächsten Phase

$$S_{III} = \sqrt{2} \cdot I \cdot N \cdot \sin\left(\chi + \frac{2\pi}{a}\right)$$

und endlich der letzten vorhandenen, also der a-ten Phase

$$S_a = \sqrt{2} \cdot I \cdot N \cdot \sin\left[\chi + (a-1)\frac{\pi}{a}\right].$$

Die totale Durchflutung eines a-phasigen Systems ist daher

$$\left.\begin{aligned} S = \sqrt{2} \cdot I \cdot N \Big[\sin\chi + \sin\left(\chi + \frac{\pi}{a}\right) + \sin\left(\chi + \frac{2\pi}{a}\right) + \dots \\ + \sin\left(\chi + (a-1)\frac{\pi}{a}\right)\Big]. \end{aligned}\right\} \quad (252)$$

Die Reihe läßt sich summieren nach der Formel:

$$\sin\alpha + \sin(\alpha + \beta) + \sin(\alpha + 2\beta) + \dots$$

$$+ \sin[\alpha + (n-1)\beta] = \frac{\sin\frac{n\beta}{2}}{\sin\frac{\beta}{2}} \sin\left[\alpha + \frac{(n-1)\beta}{2}\right]$$

und die totale Durchflutung ist daher, wenn

$$\beta = \frac{\pi}{a}$$

eingesetzt wird

$$S = \sqrt{2} \cdot I \cdot N \frac{\sin\left[\chi + (a-1)\frac{\pi}{2a}\right]}{\sin\frac{\pi}{2a}} \quad \dots\dots (253)$$

Die Durchflutung wird ein Maximum, wenn der Zähler des Bruches $= 1$, χ also so groß gewählt wird, daß

$$\chi + (a-1)\frac{\pi}{2a} = \frac{\pi}{2}$$

wird. Das wird erreicht, wenn

$$\chi = \frac{\pi}{2a} \quad \dots\dots\dots\dots (254)$$

Die Durchflutung wird ein Minimum. wenn der Strom einer Phase, mit anderen Worten

$$\chi = 0 \quad \dots\dots\dots\dots (255)$$

ist.

Setzt man in die Gleichung (253) für χ den Ausdruck (254) ein, so wird die Durchflutung in Amperestäben

$$S = \sqrt{2} \cdot I \cdot N \cdot \frac{1}{\sin \frac{\pi}{2a}} = \text{Maximum} \quad \ldots \ldots (256)$$

und die erregende Kraft im Amperewindungen

$$A = \frac{S}{2} = \frac{I \cdot N}{\sqrt{2}} \cdot \frac{1}{\sin \frac{\pi}{2a}} = \text{Maximum} \quad \ldots \ldots (257)$$

setzt man dagegen $\chi = 0$, so wird die Durchflutung

$$S = \sqrt{2} \cdot I \cdot N \cdot \frac{\cos \frac{\pi}{2a}}{\sin \frac{\pi}{2a}} = \text{Minimum} \quad \ldots \ldots (258)$$

und die erregende Kraft

$$A = \frac{S}{2} = \frac{I \cdot N}{\sqrt{2}} \cdot \frac{\cos \frac{\pi}{2a}}{\sin \frac{\pi}{2a}} = \text{Minimum} \quad \ldots \ldots (259)$$

Es lassen sich an Hand der Gleichungen leicht die Regeln aufstellen:

Die erregende Kraft eines Mehrphasensystems ist ein Maximum, wenn sämtliche Phasen Strom führen und die Ströme mindestens zweier Phasen (zweier Stäbe auf dem Kurzschlußanker) einander gleich sind.

Die erregende Kraft eines Mehrphasensystems ist ein Minimum, wenn der Strom einer Phase Null ist.

Die Gleichungen (256) bis (259) wirken noch instruktiver, wenn man dadurch die Phasenzahl einführt, daß man Zähler und Nenner mit a multipliziert und die Bezeichnung anwendet

$$\psi = \frac{1}{a \cdot \sin \frac{\pi}{2a}} = \text{Maximum} \quad \ldots \ldots \ldots (260)$$

$$\psi_0 = \frac{\cos \frac{\pi}{2a}}{a \cdot \sin \frac{\pi}{2a}} = \text{Minimum} \quad \ldots \ldots \ldots (261)$$

Man erhält dann für die Durchflutungen in Amperestäben die Ausdrücke:

$$S = \sqrt{2} \cdot a \cdot I \cdot N \cdot \psi = \text{Maximum} \quad \ldots \ldots \ldots (262)$$

$$S = \sqrt{2} \cdot a \cdot I \cdot N \cdot \psi_0 = \text{Minimum} \quad \ldots \ldots \ldots (263)$$

und für die erregende Kraft in Amperewindungen

$$A = \frac{S}{2} = \frac{a \cdot I \cdot N \cdot \psi}{\sqrt{2}} = \text{Maximum} \quad . \quad . \quad . \quad . \quad . \quad (264)$$

$$A = \frac{S}{2} = \frac{a \cdot I \cdot N \cdot \psi_0}{\sqrt{2}} = \text{Minimum} \quad . \quad . \quad . \quad . \quad . \quad (265)$$

Die Werte von ψ und ψ_0 desgleichen ihre Produkte mit der Phasenzahl a sind in eine kleine Tabelle zusammengestellt. ψ und ψ_0 nähern sich mit wachsender Phasenzahl dem Grenzwert $\frac{2}{\pi}$, denn bei unendlich großer Phasenzahl wird der Zähler in den Gleichungen (260) und (261) $= 1$ und der Nenner wird $\frac{\pi}{2}$, weil bei unendlich kleinem Winkel der Bogen an Stelle des Sinus gesetzt werden darf.

Phasenzahl a	ψ	ψ_0	$a \cdot \psi$	$a \cdot \psi_0$
1	1	0	1	0
2	0,707	0,500	1,414	1
3	0,667	0,578	2,000	1,734
4	0,652	0,608	2,608	2,432
5	0,648	0,615	3,240	3,075
6	0,642	0,622	3,852	3,732
∞	0,637	0,637	∞	∞

ψ spielt in der Theorie der Asynchronmotoren eine äußerst wichtige Rolle, denn ψ ermöglicht aus der maximalen Feldinduktion die Berechnung der nötigen maximalen erregenden Kraft und daher die Berechnung des Magnetisierungsstromes I_m.

Nehmen wir der Einfachheit halber an, der Eisenwiderstand des Motors sei Null, und es sei nur für den Luftzwischenraum eine erregende Kraft nötig, um eine maximale Luftinduktion $\mathfrak{B}_l$ hervorzurufen, so gestalten sich die Verhältnisse folgendermaßen.

Eine vom Strom I Ampere durchflossene Wicklung von $\frac{N}{2}$ Windungen erzeugt in einem Luftspalt von der Länge δ cm eine Luftinduktion

$$\mathfrak{B}_l = \frac{4 \cdot \pi}{\delta} \cdot \frac{I}{10} \cdot \frac{N}{2}$$

und die nötige erregende Kraft ist daher in Amperewindungen

$$\frac{I \cdot N}{2} = \frac{10}{4 \cdot \pi} \cdot \delta \cdot \mathfrak{B}_l .$$

Besitzt der Motor $2 \cdot p$ Pole, so muß die Luftinduktion $2\,p$-mal erzeugt, mit anderen Worten: der Luftspalt $2\,p$-mal vom magnetischen Fluß durchdrungen werden, und die hierzu nötige erregende Kraft ist insgesamt für alle Pole

$$\frac{I \cdot N}{2} = \frac{10}{4 \cdot \pi} \cdot 2 \cdot p \cdot \delta \cdot \mathfrak{B}_l = \frac{S}{2} .$$

Ist nun ein Stator mehrphasig gewickelt und besitzt jede der a_1-Phasen N_1-Drähte, also $\frac{N_1}{2}$ Windungen, so ist für $A = \frac{S}{2}$ einfach der Ausdruck nach Gleichung (264) einzusetzen und man erhält

$$\frac{a_1 \cdot I_m \cdot N_1 \cdot \psi'_1}{\sqrt{2}} = \frac{10}{4 \cdot \pi} \cdot 2 \cdot p \cdot \delta \cdot \mathfrak{B}_l \quad \ldots \ldots \quad (266)$$

Die linke Seite dieser Gleichung ist das Maximum an erregender Kraft, das von dem betrachteten System ausgeübt werden kann, und daher stellt auch $\mathfrak{B}_l$ den Maximalwert der Luftinduktion dar. Von der speziellen Form des Feldes ist die Gleichung (266) unabhängig; sie stellt den Magnetisierungsstrom nur als Funktion der maximalen Luftinduktion $\mathfrak{B}_l$, nicht als Funktion des magnetischen Flusses Φ_l dar und sie ist unabhängig von der Anzahl Nuten m_1, in denen jede Spule untergebracht ist.

Lösen wir die Gleichung (266) nach I_m auf, so erhalten wir den effektiven Strom in jeder Phase

$$I_m = \frac{10}{4 \cdot \pi} \frac{2 \cdot \sqrt{2} \cdot p \cdot \delta \cdot \mathfrak{B}_l}{a_1 \cdot \psi'_1 \cdot N_1} = \frac{1{,}6 \sqrt{2} \cdot p \cdot \delta \cdot \mathfrak{B}_l}{a_1 \cdot \psi'_1 \cdot N_1} \quad \ldots \quad (267)$$

und wenn wir ψ'_1 nach Formel (260) einsetzen, wird bei Einphasenstrom

$$I_m = \frac{1{,}6 \cdot \sqrt{2} \cdot p \cdot \delta \cdot \mathfrak{B}_l}{N_1} \text{ Ampere} \quad \ldots \ldots \quad (268)$$

bei Zweiphasenstrom

$$I_m = \frac{1{,}6 \cdot p \cdot \delta \cdot \mathfrak{B}_l}{N_1} \text{ Ampere} \quad \ldots \ldots \quad (269)$$

bei Dreiphasenstrom

$$I_m = \frac{1{,}6 \cdot p \cdot \delta \cdot \mathfrak{B}_l}{\sqrt{2} \cdot N_1} \text{ Ampere} \quad \ldots \ldots \quad (270)$$

bei a-phasigem Strom

$$I_m = \frac{1{,}6 \cdot \sqrt{2} \cdot p \cdot \delta \cdot \mathfrak{B}_l}{N_1} \cdot \sin\left(\frac{90^0}{a}\right) \text{ Ampere} \quad . \; . \quad (271)$$

Wir erhalten somit die Ausdrücke, die wir schon im 1. Kapitel unter Gleichungsnummer (8) auf Seite 25 kennen gelernt und bei Berechnung der Beispiele angewandt haben.

49. Der magnetische Fluß der wirklichen Felder.

Um die in einer Wicklung induzierte EMK berechnen zu können, müssen wir den magnetischen Fluß (die gesamte Kraftlinienzahl) des induzierenden Feldes kennen. Da wir bisher nur den Zusammenhang zwischen erregender Kraft beziehungsweise Durchflutung und maximaler Induktion $\mathfrak{B}_l$ festgestellt haben, müssen wir nun nach einer Methode suchen, die die Ermittlung des magnetischen Flusses Φ_l aus der maximalen Induktion $\mathfrak{B}_l$ ermöglicht.

Wäre die Induktion über den ganzen Luftquerschnitt F_l des Feldes konstant $= \mathfrak{B}_l$, so hätten wir die einfache Beziehung

$$\Phi_l = \mathfrak{B}_l \cdot F_l$$

um den gesamten magnetischen Fluß eines Poles zu berechnen. Die Luftinduktion $\mathfrak{B}_l$ ist aber, wie wir gesehen haben, nicht konstant, sondern im allgemeinen von Zahn zu Zahn verschieden, so daß die aus den Induktionen ermittelte Feldkurve eine treppenförmige Gestalt besitzt. Wir können diesem Umstand dadurch Rechnung tragen, daß wir der soeben aufgestellten einfachen Beziehung eine Konstante beifügen, und schreiben

$$\Phi_l = c_1 \cdot \mathfrak{B}_l \cdot F_l.$$

Die Konstante c_1 stellt daher nichts anderes dar als das Verhältnis

$$c_1 = \frac{\text{mittlere Luftinduktion}}{\text{maximale Luftinduktion}}.$$

Nun wissen wir aber bereits, daß der magnetische Fluß Φ_l während einer Periode nicht konstant ist, sondern sich ähnlich wie die erregende Kraft und die Luftinduktion zwischen einem Maximal- und Minimalwert ändert, und wir müßten daher eigentlich von Moment zu Moment die erwähnte Konstante c_1 bestimmen, da auch sie fortwährenden Änderungen unterworfen sein muß. Wir können uns aber damit begnügen, wenn wir wie bei der erregenden Kraft im Abschnitt 48 nur für die 2 Momente die Größe der Konstanten c_1 berechnen, in denen der magnetische Fluß ein Maximum und ein Minimum besitzt. Wir haben also c_1 gemäß den Forderungen zu bestimmen:

$$\Phi_l = c_1 \cdot \mathfrak{B}_l \cdot F_l = \text{Maximum} \quad \ldots \ldots \quad (272)$$

$$\Phi_0 = c_0 \cdot \mathfrak{B}_l \cdot F_l = \text{Minimum} \quad \ldots \ldots \quad (273)$$

Um den numerischen Wert von c_1 und c_0 zu ermitteln, ver-

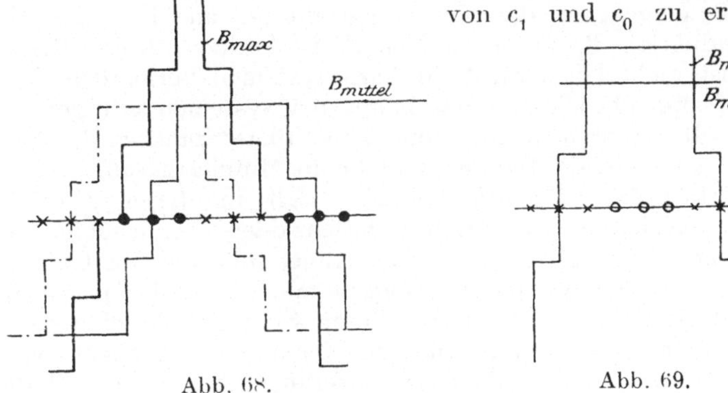

Abb. 68. Abb. 69.

fahren wir am einfachsten empirisch, indem wir die Wicklung, die wir zu untersuchen haben, so aufzeichnen, wie dies in den Abb. 68 und 69 für einen Zweiphasenstator mit 3 Nuten in der Spulenseite geschehen ist. Abb. 68 stellt die Verhältnisse dar, wenn das Maximum der Induktion herrscht, wenn also die Ströme in beiden Phasen gleich groß sind und 0,707 ihres Maximalwertes besitzen. Die durch Kreuze bezeichneten Nuten enthalten die Drähte der einen, die durch Punkte bezeichneten die Drähte der anderen Phase. Es sind nach der früher angegebenea Methode die von jeder Phase erzeugten Induktionen durch feine Linien, die Summenwirkung beider Phasen durch eine kräftige Linie zur Darstellung gebracht. Die von der starken Linie eingeschlossene Fläche stellt den gesamten magnetischen Fluß Φ_0 eines Poles im betrachteten Moment dar.

Φ_0 läßt sich sehr einfach berechnen; man erhält nämlich, da jeder Zahn $\frac{1}{6}$ des Luftquerschnittes F_l besitzt:

$$\Phi_0 = \tfrac{1}{6} F_l \cdot \mathfrak{B}_l + \tfrac{2}{6} F_l \cdot \tfrac{2}{3} \mathfrak{B}_l + \tfrac{2}{6} F_l \cdot \tfrac{1}{3} \mathfrak{B}_l = \tfrac{9}{18} \cdot F_l \cdot \mathfrak{B}_l = 0.5 \cdot F_l \cdot \mathfrak{B}_l ,$$

daher
$$c_0 = 0{,}5.$$

In gleicher Weise läßt sich die Kraftlinienzahl in dem Moment, in dem die Luftinduktion und erregende Kraft ein Minimum ist, der Strom einer Phase also seinen Maximalwert besitzt, der der anderen aber Null ist, berechnen. $\mathfrak{B}_0$ in Abb. 69 hat demgemäß nur die Größe

$$\mathfrak{B}_0 = \frac{\psi_0}{\psi} \cdot \mathfrak{B}_l = \frac{0{,}5}{0{,}707} \cdot \mathfrak{B}_l = \frac{\mathfrak{B}_l}{\sqrt{2}} .$$

Wir erhalten daher für Φ_l den Ausdruck

$$\Phi_l = \left(\frac{4}{6} \cdot F_l \cdot \frac{\mathfrak{B}_l}{\sqrt{2}} + \frac{2}{6} F_l \cdot \frac{\mathfrak{B}_l}{3\sqrt{2}} \right) = \frac{7}{9} \cdot \frac{F_l \cdot \mathfrak{B}_l}{\sqrt{2}} = 0{,}549\, F_l \cdot \mathfrak{B}_l$$

und dies gibt

$$c_1 = 0.549.$$

Bei diesen Resultaten fällt sofort auf, daß die Kraftlinienzahl Φ_l ein Maximum ist, wenn die Induktion $0{,}707 \cdot \mathfrak{B}_l$ ein Minimum ist, und daß umgekehrt die Kraftlinienzahl Φ_0 am kleinsten ist, wenn die Induktion $\mathfrak{B}_l$ ihren größten Wert besitzt. Diese Eigentümlichkeit ist nicht bei allen Mehrphasensystemen vorhanden, sondern nur bei zwei Phasen und überhaupt bei Systemen mit gerader Phasenzahl. Bei Systemen mit ungerader Phasenzahl, z. B. Dreiphasenstrom, fallen beide Maxima und beide Minima zusammen.

Die merkwürdige Eigentümlichkeit, daß in dieser Hinsicht Systeme mit geraden und ungeraden Phasenzahlen ein verschiedenes Verhalten zeigen, hat aber eine große Annehmlichkeit im Gefolge. Ein Vergleich der Abb. 68 und 69 zeigt nämlich, daß der maximale Fluß Φ_l dann vorhanden ist, wenn dieser Fluß gerade eine Spule — in Abb. 69 ist es die mit Sternen bezeichnete — möglichst vollkommen durchfließt, wenn also die Mittellinien des Poles mit der Spulenachse zusammenfallen. Gerade von diesem Moment werden wir aber später im 51. Abschnitt ausgehen, um die in der Spule induzierte EMK zu berechnen. In diesem Moment ist auch der Strom in der betrachteten Spule ein Maximum und wir können den Satz aufstellen:

Wenn eine Spule ihren maximalen Strom führt, wird sie vom magnetischen Fluß Φ_l möglichst vollkommen durchdrungen und der Fluß Φ_l besitzt in diesem Moment gleichzeitig seinen Maximalwert.

Dieser Satz gilt allgemein, für gerade und ungerade Phasenzahl.

Zur Illustration des Gesagten wollen wir noch die Koeffizienten c_1 und c_0 für einen Dreiphasenstator mit 3 Nuten für jede Spulenseite ableiten. Die maximale erregende Kraft wird ausgeübt, wenn der Strom in einer Phase seinen Maximalwert und die beiden anderen die Hälfte desselben besitzen. In Abb. 70 sind die von jeder Phase hervorgerufenen Induktionen wieder durch dünne Linien, die resul-

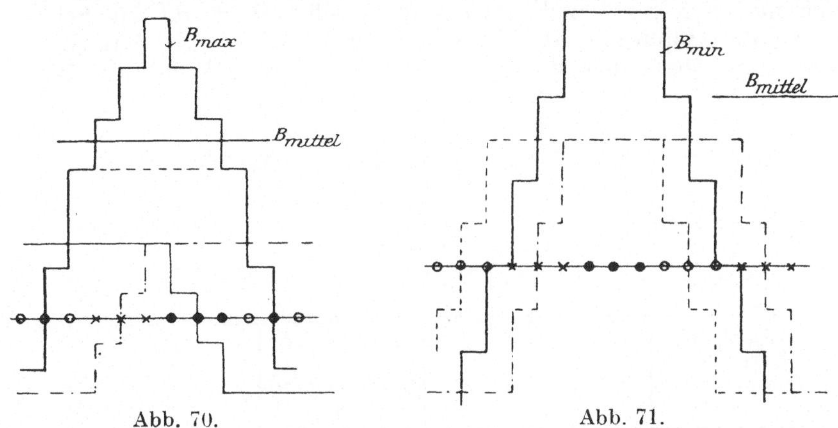

Abb. 70. Abb. 71.

tierenden Induktionen des Drehfeldes durch kräftige Linien dargestellt. Man erhält, da ein Zahn $\frac{1}{9}$ des Luftquerschnittes besitzt,

$$\Phi_l = \tfrac{1}{9}F_l\cdot\mathfrak{B}_l + \tfrac{2}{9}F_l\cdot\tfrac{5}{6}\mathfrak{B}_l + \tfrac{2}{9}F_l\cdot\tfrac{4}{6}\mathfrak{B}_l + \tfrac{2}{9}F_l\cdot\tfrac{3}{6}\mathfrak{B}_l + \tfrac{2}{9}F_l\cdot\tfrac{1}{6}\mathfrak{B}_l = \tfrac{16}{27}F_l\cdot\mathfrak{B}_l$$

und dies gibt

$$c_1 = \tfrac{16}{27} = 0{,}592\,.$$

In Abb. 71 beträgt die Induktion nur

$$\mathfrak{B}_0 = \frac{\varphi_0}{\varphi}\cdot\mathfrak{B}_l = \frac{0{,}578}{0{,}667}\cdot\mathfrak{B}_l = \frac{\sqrt{3}}{2}\,\mathfrak{B}_l = 0{,}866\,\mathfrak{B}_l$$

und man erhält daher

$$\Phi_0 = \tfrac{4}{9}F_l\cdot 0{,}866\,\mathfrak{B}_l + \tfrac{2}{9}F_l\cdot\tfrac{2}{3}\cdot 0{,}866\,\mathfrak{B}_l + \tfrac{2}{9}F_l\cdot\tfrac{1}{3}\cdot 0{,}866\,\mathfrak{B}_l = \tfrac{18}{27}\cdot 0{,}866\,F_l\cdot\mathfrak{B}_l,$$

folglich

$$c_0 = \frac{18}{27}\cdot 0{,}866 = \frac{2}{3}\cdot\frac{\sqrt{3}}{2} = \frac{\sqrt{3}}{3} = 0{,}578.$$

Noch einfacher erhält man dieselben Resultate, wenn man die Feldformen auf karriertes Papier zeichnet und die Zahl der von der Feldkurve eingeschlossenen Quadrate addiert. Der weitere Gang der Rechnung ist wohl selbstverständlich.

Die Koeffizienten c_1 und c_0 sind für verschiedene Nutenzahlen für die Spulenseite in nachstehender Tabelle zusammengefaßt und sind identisch mit den vom Verfasser in der ETZ 1899, Seite 303 angegebenen Zahlen. c_0 brauchen wir in Zukunft nicht mehr, die betreffenden Werte wurden aber in die Tabelle mit aufgenommen, um die Eigentümlichkeit zu zeigen, daß c_0 für jede Phasenzahl konstant ist.

Höhere Phasenzahlen als $a = 3$ werden in der Praxis nicht angewendet, wir brauchen auch die diesbezüglichen Koeffizienten nicht zu bestimmen; dagegen haben wir mit sinoidalen Feldern zu tun, und ein solches kann, wie schon früher erwähnt, nur von einer ∞-phasigen Wicklung erzeugt werden. Für ein Sinoidalfeld ergibt sich natürlich für c und c_0 ein und derselbe Wert, da das Feld ja konstante Amplitude, also konstantes $\mathfrak{B}_l$ besitzt. Die Kraftlinienzahl eines sinoidalen Feldes mit der maximalen Induktion $\mathfrak{B}_l$ ist aber

$$\Phi_l = F_l \cdot \mathfrak{B}_l \cdot \frac{1}{\pi} \int_0^{\pi} \sin \chi \, d\chi = \frac{2}{\pi} \cdot F_l \cdot \mathfrak{B}_l$$

und daher wird

$$c_1 = \frac{2}{\pi} = 0{,}637\,.$$

Anzahl der Nuten für die Spulenseite m	c	c_0	Anzahl der Nuten für die Spulenseite m	c	c_0
Zweiphasenfelder			Dreiphasenfelder		
1	0,707	0,5	1	0,667	0,578
2	0,530	0,5	2	0,583	0,578
3	0,549	0,5	3	0,592	0,578
4	0,530	0,5	4	0,583	0,578
5	0,536	0,5	5	0,588	0,578
6	0,530	0,5	6	0,583	0,578
∞	0,530	0,5	∞	0,583	0,578
			Sinoidalfeld		
			1	0,637	0,637

50. Die Görgesschen Polygone.

Eine wunderschöne Methode zur Konstruktion der Feldkurve hat Görges in der ETZ 1907, Seite 1 angegeben:

Man zeichnet ein a-phasiges System als $2 \cdot a$-eckiges reguläres Polygon, also als Quadrat bei Zweiphasenstrom, als reguläres Sechseck bei Dreiphasenstrom, und trägt auf jeder Polygonseite m Nuten in gleichem Abstand auf. m ist die Anzahl der Nuten für jede Spulenseite, und es ist darauf zu achten, daß an die Ecken niemals Nuten, sondern stets Zähne zu liegen kommen. In jeder beliebigen Stellung des Polygons stellt die Ordinate einer Zahnmitte die über dem Zahn herrschende Luftinduktion dar.

Abb. 72 zeigt z. B. ein Zweiphasensystem in dem Moment, in dem

$$I_I = \sqrt{2} \cdot I$$
$$I_{II} = 0.$$

Über den Zähnen 4 bis 8 und 12 bis 16 herrscht die gleiche Luftinduktion, über den Zähnen 1, 3, 9, 11 eine halb so große Induktion, über den Zähnen 2 und 10 die Induktion Null. Tragen wir die Zähne geradlinig nebeneinander auf die Abszisse auf, so können wir die dazugehörigen Induktionen ohne weiteres dem Polygon entnehmen.

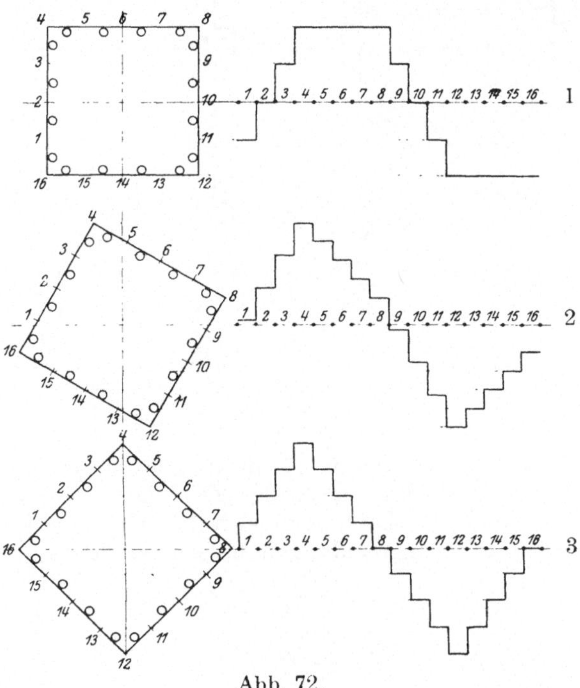

Abb. 72.

nehmen. Drehen wir das Quadrat um 45°, so erhalten wir den in Abb. 72,3 gezeichneten Zustand, in dem

$$I_I = I_{II} = I.$$

Die Feldkurven der Abbildungen 72, 1 und 72, 3 sind identisch mit den in Abb. 63, 1 und 63, 5 gezeichneten Feldern, und wir können bei entsprechender Drehung des Polygons jeden beliebigen Momentanzustand darstellen. Z. B. zeigt Abb. 72, 2 die Gestalt der Felder $\frac{1}{12}$ Periode später als Abb. 72, 1 entsprechend der räumlichen Drehung des Quadrates um 30°.

Abb. 73, 1 zeigt einen 3-phasigen Anker nebst seiner Feldkurve, wenn

$$I_I = \sqrt{2} \cdot I$$

$$I_{II} = I_{III} = \frac{I}{\sqrt{2}},$$

und über die erregende Kraft, die auf jeden einzelnen Zahn wirkt, kann man ein besonders anschauliches Bild gewinnen, wenn man

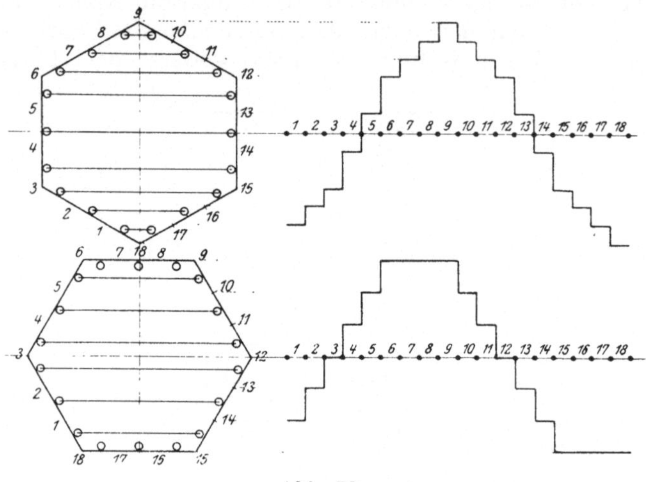

Abb. 73.

sich die Wicklung in diesem Moment aus lauter parallelen Windungen ausgeführt denkt, wie in der Zeichnung dargestellt ist.

In ähnlicher Weise kann man sich die Wicklung nach Abb. 73. 2 ebenfalls aus parallelen Windungen bestehend denken, wenn

$$I_I = I_{II} = \frac{\sqrt{3}}{2} \cdot I$$

$$I_{III} = O.$$

Die Richtigkeit der Görgesschen Methode beruht darauf, daß die Projektion des Polygons auf die Ordinate nichts anderes ist als die graphische Addition der Reihe in Gleichung (252).

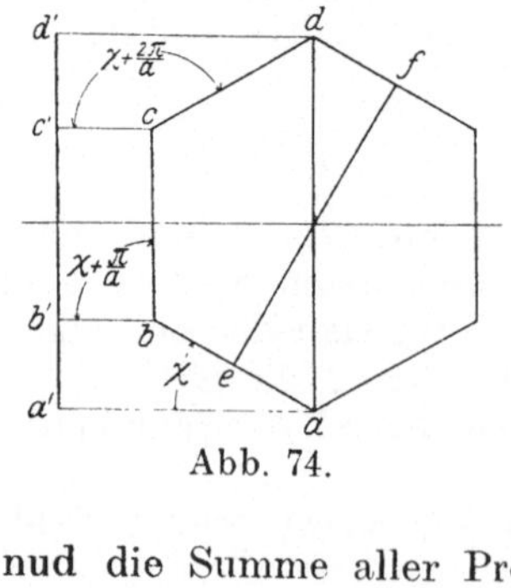

Abb. 74.

In Abb. 74 ist die Projektion der Polygonseiten ab, bc, cd:

$$a'b' = ab \cdot \sin \chi$$

$$b'c' = bc \cdot \sin\left(\chi + \frac{\pi}{a}\right)$$

$$c'd' = cd \cdot \sin\left(\chi + \frac{2 \cdot \pi}{a}\right)$$

nud die Summe aller Projektionen ist je nach Wahl des Winkels χ

ein Maximum-Durchmesser des umschriebenen Kreises ad oder ein Minimum-Durchmesser des eingeschriebenen Kreises ef, und es ist

$$ad = a \cdot \psi \cdot ab = \text{Maximum}$$

$$ef = a \cdot \psi_0 \cdot ab = \text{Minimum}.$$

Wenn wir ab als maximale Durchflutung einer Phase auffassen, also

$$ab = \sqrt{2} \cdot I \cdot N$$

setzen, erhalten wir für ad und ef die Gesamtdurchflutung des Mehrphasensystemes

$$ad = S = \sqrt{2} \cdot I \cdot N \cdot \psi = \text{Maximum}$$

$$ef = S_0 = \sqrt{2} \cdot I \cdot N \cdot \psi_0 = \text{Minimum}$$

und damit vollkommene Übereinstimmung mit den Gleichungen (262) und (263).

Die Polygon-Methode gewährt einen guten Einblick in das Bildungsgesetz der Konstanten c und c_0, und an Hand seiner Polygone hat Görges allgemeine Gleichungen zu ihrer Berechnung aufgestellt. Die Ableitung der Formeln findet sich in dem erwähnten Artikel ETZ 1907, Heft 1, die Gleichungen selbst lauten unter Einsetzung der in diesem Buch gebrauchten Bezeichnungen (m = Zahl der Nuten für jede Spulenseite):

Zweiphasenwicklungen.

$$m = \text{ungerade} \qquad c = \sqrt{2} \cdot \frac{3m^2 + 1}{8m^2} \quad \ldots\ldots \quad (274)$$

$$m = \text{gerade} \qquad c = \sqrt{2} \cdot \frac{3}{8} \quad \ldots\ldots \quad (275)$$

$$m = \text{gerade oder ungerade} \qquad c_0 = \frac{1}{2} \quad \ldots\ldots \quad (276)$$

Dreiphasenwicklungen.

$$m = \text{ungerade} \qquad c = \frac{7m^2 + 1}{12 \cdot m^2} \quad \ldots\ldots \quad (277)$$

$$m = \text{gerade} \qquad c = \frac{7}{12} \quad \ldots\ldots \quad (278)$$

$$m = \text{gerade oder ungerade} \qquad c_0 = \frac{\sqrt{3}}{3} \quad \ldots \quad (279)$$

Die mit diesen Gleichungen berechneten Resultate sind natürlich identisch mit den in der Tabelle auf Seite 20 angeführten Zahlen.

51. Die im Stator induzierte EMK.

Im Abschnitt 47 wurde nachgewiesen, daß die über jedem Zahn erzeugte Luftinduktion nach einer Sinusfunktion variiert. Dies ist von großer Wichtigkeit für die Berechnung der EMK, die von einem Drehfeld in einer Spule induziert wird. Wenn nämlich die Induktionen der einzelnen Zähne nach einer Sinusfunktion variieren, so folgt daraus, daß der von einer Spule eingeschlossene magnetische Fluß ebenfalls nach einer Sinusfunktion variiert. In Abb. 75 ist der Moment dargestellt, in dem die mit Kreuzen bezeichnete Spule

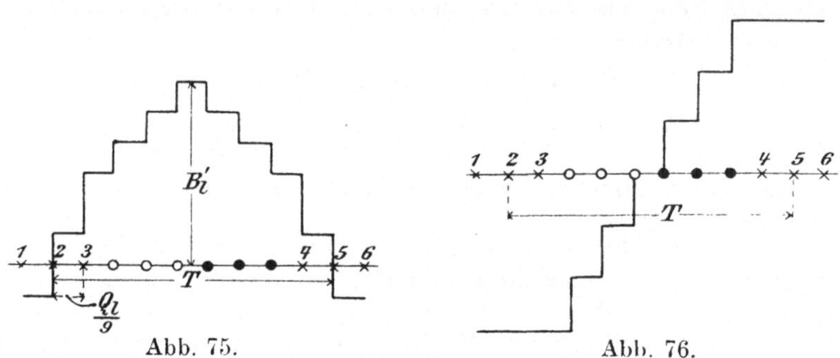

Abb. 75. Abb. 76.

ihren maximalen Strom führt, und in demselben Moment ist die von der Spule eingeschlossene Kraftlinienzahl ein Maximum. Eine Viertelperiode später (Abb. 76) ist der von der Spule eingeschlossene magnetische Fluß = Null, denn es fällt mit der Spulenmitte die Stoßfläche zweier benachbarter Pole zusammen, und die nord- und südmagnetischen Kraftlinien heben sich gegenseitig auf. Bezeichnet man den magnetischen Fluß im Moment, der in Abb. 75 dargestellt ist, mit

$$\Phi_\chi = \Phi_l \cdot \sin \frac{\pi}{2},$$

so wird der Fluß im zweiten dargestellten Moment

$$\Phi_\chi = \Phi_l \cdot \sin \pi$$

und allgemein für jeden beliebigen Augenblick

$$\Phi_\chi = \Phi_l \cdot \sin \chi,$$

wenn mit χ ein zeitlicher Winkel bezeichnet wird. Die induzierte EMK ist demgemäß darzustellen durch

$$E_\chi = \sqrt{2} \cdot E \cdot \cos \chi,$$

denn sie ist Null im Stadium der Abb. 75, ein Maximum (positives resp. negatives) in dem der Fig. 76.

Zur Berechnung der effektiven, in einer Spule induzierten EMK können wir daher die bekannte Gleichung benützen

$$E = \frac{\pi}{\sqrt{2}} \cdot N_1 \cdot \Phi_l \cdot f_1 \cdot 10^{-8} \quad \ldots \ldots \ldots (280)$$

oder, wenn wir für Φ_l die im vorigen Abschnitt abgeleitete Beziehung einführen

$$\Phi_l = c_1 \cdot \mathfrak{B}_l \cdot F_l \quad \ldots \ldots \ldots \ldots (281)$$

so ergibt sich

$$E = \frac{\pi}{\sqrt{2}} \cdot N_1 \cdot c_1 \cdot \mathfrak{B}_l \cdot F_l \cdot f_1 \cdot 10^{-8} \quad \ldots \ldots (282)$$

Nun ist aber zu beachten, daß diese EMK nur dann induziert wird, wenn der ganze Fluß Φ_l von den $\frac{N}{2}$ Windungen eingeschlossen wird. Dies wäre dann der Fall, wenn (Abb. 75) die sämtlichen Drähte lediglich in den Nuten 2 und 5 untergebracht wären, wenn also nur eine Nute für jede Spulenseite vorhanden wäre.

In Wirklichkeit befindet sich in den Nuten 2 und 5 nur $\frac{1}{3}$ der Drahtzahl, während $\frac{2}{3} N$ in den Nuten 1, 3, 4, 6 usw. untergebracht sind. Die EMK, die in $\frac{N}{3}$ in den Nuten 2 und 5 liegenden Drähten induziert wird, ergibt sich ohne weiteres aus Gleichung (282), man erhält, wenn man für c den der Tabelle Seite 186 entnommenen Wert 0,592 einsetzt:

$$E_{(2-5)} = 2{,}22 \cdot 0{,}592 \cdot \frac{N}{3} \cdot F_l \cdot \mathfrak{B}_l \cdot f_1 \cdot 10^{-8}.$$

Um die in den restlichen $\frac{2}{3} N$ Drähten induzierte EMK bestimmen zu können, nimmt man an, daß diese sämtlichen Drähte zu einer Spule vereinigt seien, die von Nut 3 nach Nut 4 gewickelt ist. Diese Spule wird maximal von einer Kraftlinienzahl durchsetzt

$$\Phi_l = 0{,}592 \cdot \mathfrak{B}_l \cdot F_l - \frac{2}{9} \cdot F_l \cdot \frac{\mathfrak{B}_l}{6} = 0{,}556 \cdot \mathfrak{B}_l \cdot F_l.$$

Da auch diese Kraftlinienzahl nach einer Sinusfunktion variiert, haben wir als effektive EMK in der Spule 3 bis 4 von $\frac{2}{3} N$ Drähten

$$E_{(3-4)} = 2{,}22 \cdot 0{,}556 \cdot \tfrac{2}{3} \cdot N \cdot F_l \cdot \mathfrak{B}_l \cdot f_1 \cdot 10^{-8}.$$

Die totale, in der Spule von N Drähten induzierte EMK ist gleich der Summe der einzelnen EMKK, da alle N Drähte in Serie geschaltet sind. Man erhält daher

$$E = E_{(2-5)} + E_{(3-4)} = 2{,}22 \cdot 0{,}568 \cdot N \cdot F_l \cdot \mathfrak{B}_l \cdot f_1 \cdot 10^{-8}.$$

Man nennt die Spule 2 bis 5 oder 3 bis 4 ein Element der aus 3 Nuten pro Pol bestehenden Spulenanordnung, und es ergibt sich somit die Regel:

Um die in einer beliebigen Spulenanordnung induzierte EMK zu bestimmen, zerlegt man die Spule in ihre einzelnen Elemente und berechnet unter Berücksichtigung der auf jedes Spulenelement entfallenden Drahtzahl die in jedem Spulenelement induzierte EMK. Die Summe der so gefundenen EMKK stellt die totale, in der Spulenanordnung induzierte EMK dar.

Um in übersichtlicher Weise den Einfluß der Nutenzahl für jede Spulenseite darzustellen, bildet man den Quotienten

$$k = \frac{E_{(m > 1)}}{E_{(m = 1)}},$$

der das Verhältnis der EMK, $E_{(m>1)}$, die in einer vielnutigen Spule induziert wird, zur EMK $E_{(m=1)}$ darstellt, welch letztere von demselben Feld in der gleichen Drahtzahl induziert wird, wenn alle Drähte in nur einer Nut für jede Spulenseite untergebracht sind. Für eine Dreiphasenwicklung mit 3 Nuten für jede Spulenseite wird somit

$$k = \frac{E_{(m=3)}}{E_{(m=1)}} = \frac{0{,}568}{0{,}592} = 0{,}958.$$

Wenn man viele Koeffizienten für verschiedene Phasen und Nutenzahlen zu berechnen hat, verfährt man nach folgender Methode. die bei einiger Übung rein mechanisch ausgeübt werden kann:

Man zeichnet die Feldkurve auf karriertes Papier. In Abb. 77 ist dasselbe Beispiel gewählt wie in Abb. 75, $a = 3$, $m = 3$. Nun nimmt man an, in jeder der Nuten 1 bis 6 sei nur je 1 Draht untergebracht. Da die Nuten 1 und 6 aber in den benachbarten Polen, die nicht mehr gezeichnet sind, liegen, bezieht man die Nuten 1 und 6 in die voll ausgezeichnete Feldkurve dadurch ein, daß man den in ihnen enthaltenen Draht in die Nuten 3 und 4 dazulegt. Wir kommen zu dem Resultat, daß Nute 2 und 5 je einen, Nute 3 und 4 je zwei Drähte enthält, und daß diese Drähte nur der Wirkung des Feldes mit der ganz ausgezeichneten Feldkurve unterworfen sind.

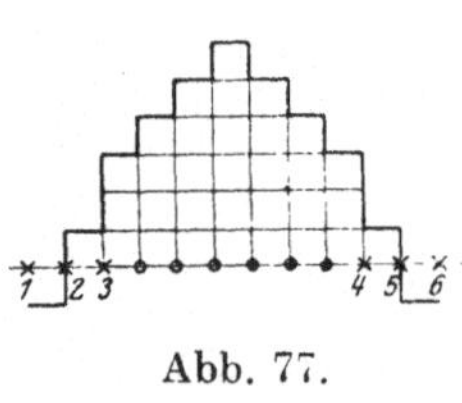

Abb. 77.

Die in einer Spule induzierte EMK setzen wir gleich dem Produkt aus Drahtzahl $\times$ magnetischen Fluß, der durch die Windungen fließt, und den Fluß setzen wir der Fläche der zugehörigen Feldkurve, mit anderen Worten der von der betrachteten Windung eingeschlossenen Quadratzahl gleich.

In Abb. 77 erhalten wir: Die Drahtzahl in der Spule 3 bis 4 beträgt 4, die Fläche der Feldkurve zwischen Nut 3 bis 4 ist 30 Quadrate, die in der Spule induzierte EMK daher $4 \cdot 30 = 120$.

Die Spule 2 bis 5 enthält nur 2 Drähte, sie schließt 32 Quadrate ein und in ihr wird eine EMK $= 2 \cdot 32 = 64$ induziert. Die EMK in der ganzen Spule 1 bis 6 ist daher $120 + 64 = 184$.

Wäre $m = 1$ und lägen daher alle 6 Drähte nur in den Nuten 2 und 5, so wäre die von allen 6 Drähten eingeschlossene Fläche 32 Quadrate groß und die in der ganzen Spule induzierte EMK wäre $6 \cdot 32 = 192$.

Daraus ergibt sich für die betrachtete Wicklung

$$k = \frac{184}{192} = \frac{23}{24} = 0{,}9583.$$

Sobald man diese Rechnungsmethode begriffen hat, braucht man nur die Nuten 1, 2, 3 in Rechnung zu ziehen, denn die Nuten 4, 5, 6 liegen zu diesen symmetrisch und ergeben dieselben Werte. Auf diese Weise lassen sich die Verhältniszahlen für die EMK auf die halbe Größe reduzieren, was zur Vereinfachung der Rechnung beiträgt. Eine weitere Erleichterung kann man dadurch erreichen, daß man die Fläche der Feldkurve nur zur Hälfte, also bis zu ihrer Mittellinie in Rechnung zieht.

Führt man diese Rechnung für alle möglichen Nutenzahlen und für Zwei- und Dreiphasensysteme aus, so erhält man die in der Tabelle vereinigten Werte für k.

Zweiphasenwicklungen		Dreiphasenwicklungen	
Nuten für jede Spulenseite m	k	Nuten für jede Spulenseite m	k
1	1	1	1
2	1	2	1
3	0,905	3	0,958
4	0,917	4	0,964
5	0,895	5	0,955
6	0,901	6	0,958
∞	0,889	∞	0,952

Über die Größe von k bei Sinoidalfeldern finden sich alle Angaben im XI. Kapitel, das die Zerlegung der Felder in Grundschwingung und höhere Harmonische behandelt.

Görges hat in seiner mehrfach erwähnten Arbeit ETZ 1907, Heft 1, auf Grund seiner Polygonmethode auch allgemeine Gleichungen für die Berechnung der Koeffizienten k angegeben. Die Ableitung kann in der Originalarbeit nachgelesen werden. Die Formeln selbst lauten nach Umarbeitung für die in diesem Buch gegebene Darstellungs- und Bezeichnungsweise:

Zweiphasenwicklungen

$$m = \text{ungerade} \qquad k = \frac{4}{3} \cdot \frac{2 \cdot m^2 + 1}{3 \cdot m^2 + 1} \quad \dots\dots \quad (283)$$

$$m = \text{gerade} \qquad k = \frac{4}{3} \cdot \frac{2 \cdot m^2 + 1}{3 \cdot m^2} \quad \dots\dots \quad (284)$$

Dreiphasenwicklungen

$$m = \text{ungerade} \qquad k = \frac{4}{3} \cdot \frac{5 \cdot m^2 + 1}{7 \cdot m^2 + 1} \quad \dots\dots \quad (285)$$

$$m = \text{gerade} \qquad k = \frac{4}{3} \cdot \frac{5 \cdot m^2 = 1}{7 \cdot m^2} \quad \dots\dots \quad (286)$$

Fassen wir die gewonnenen Resultate zusammen, so ergibt sich folgendes:

In einem verlustlos und streuungslos arbeitenden Motor ist die auf den Stator wirkende EMK E_1 der Klemmenspannung E gleich.

Der magnetische Fluß Φ_l durchsetzt Stator. Luftzwischenraum und Rotor in unveränderter Größe und die Feldkurve ist im ganzen Motor unverändert. Ist der Rotor stromlos und der Stator vom Magnetisierungsstrom I_m durchflossen, so ist bei einer maximalen Luftinduktion $\mathfrak{B}_l$ der gesamte magnetische Fluß

$$\Phi_l = c_1 \cdot \mathfrak{B}_l \cdot F_l \quad \ldots \ldots \ldots \ldots (287)$$

Ist die EMK jeder Phase $= E_1$, die Anzahl der in Serie geschalteten induzierten Drähte jeder Phase $= N_1$ (die Zahl der in Serie geschalteten Windungen ist also $\frac{N_1}{2}$), so besteht die Beziehung

$$E_1 = \frac{\pi}{\sqrt{2}} k_1 \cdot N_1 \cdot \Phi_l \cdot f_1 \cdot 10^{-8} \text{ Volt} \quad \ldots \ldots (288)$$

oder wenn man den magnetischen Fluß Φ_l durch die maximale Induktion $\mathfrak{B}_l$ ausdrückt

$$E_1 = \frac{\pi}{\sqrt{2}} c_1 \cdot k_1 \cdot N_1 \cdot \mathfrak{B}_l \cdot F_l \cdot f_1 \cdot 10^{-8} \text{ Volt} \quad \ldots (289)$$

Von dieser Gleichung geht man bei der Berechnung eines Motors im allgemeinen aus, um aus der maximalen Luftinduktion, für deren Größe man einen Erfahrungswert ($\mathfrak{B}_l$ ist ungefähr 6000) einsetzt, die Drahtzahl N_1 zu berechnen, wie schon im 2. Abschnitt Seite 19 angegeben wurde.

Der Magnetisierungsstrom I_m ist nach Gleichung (267)

$$I_m = \frac{1{,}6 \cdot \sqrt{2} \cdot p \cdot \delta \cdot \mathfrak{B}_l}{a_1 \cdot \psi_1 \cdot N_1} \quad \ldots \ldots \ldots \ldots (290)$$

und die Luftinduktion $\mathfrak{B}_l$ läßt sich daher als Funktion des Magnetisierungsstromes ausdrücken

$$\mathfrak{B}_l = \frac{a_1 \cdot \psi_1 \cdot N_1 \cdot I_m}{1{,}6 \cdot \sqrt{2} \cdot p \cdot \delta} \quad \ldots \ldots \ldots \ldots (291)$$

Substituiert man diesen Ausdruck für $\mathfrak{B}_l$ in die Gleichung (289), so ergibt sich

$$E_1 = \frac{\pi}{\sqrt{2}} \cdot c_1 \cdot k_1 \cdot N_1 \cdot F_l \cdot f_1 \cdot \frac{a_1 \cdot \psi_1 \cdot N_1 \cdot I_m \cdot 10^{-8}}{1{,}6 \cdot \sqrt{2} \cdot p \cdot \delta} \quad \ldots (292)$$

eine Beziehung, die uns im nächsten Kapitel gute Dienste leisten wird. Löst man Gleichung (292) nach I_m auf, so erhält man

$$I_m = \frac{1{,}6 \cdot \sqrt{2} \cdot p \cdot \delta \cdot E_1 \cdot 10^8}{2{,}22 \cdot c_1 \cdot k_1 \cdot F_l \cdot f_1 \cdot a_1 \cdot \psi_1 \cdot N_1^2} \quad \ldots \ldots (293)$$

und daraus den Satz:

Der Magnetisierungsstrom ist dem Quadrat der Drahtzahl N_1 umgekehrt proportional.

VII. Die Spulenstreuung

(doppelt verkettete Streuung).

52. Die im stillstehenden Rotor induzierte EMK.

Mit Hilfe der im vorigen Abschnitt berechneten Koeffizienten k können wir die in der Statorwicklung induzierte EMK E für zwei- und dreiphasige Motoren bei allen üblichen Nutenzahlen berechnen.

Wir wollen nun untersuchen, wie groß die im Rotor induzierte EMK E_2 ist, wenn die Rotorwicklung abweichend von der Statorwicklung ausgeführt ist, wenn also der Rotor andere Nutenzahl, evtl. sogar andere Phasenzahl als der Stator besitzt.

Um die Lösung der Aufgabe möglichst zu erleichtern, gehen wir von der Annahme aus, daß der Motor vollkommen streuungsfrei ist, daß der Rotor stillsteht und stromlos, seine Wicklung daher offen ist, daß der Stator vom Magnetisierungsstrom I_m durchflossen und das Statorfeld in unveränderter Form den Luftzwischenraum und den Rotor durchdringt.

Unter diesen Voraussetzungen ist, wenn wir mit Φ_1, Φ_l, Φ_2 den magnetischen Fluß im Stator, in der Luft und im Rotor bezeichnen

$$\Phi_1 = \Phi_l = \Phi_2 = c_1 \cdot \mathfrak{B}_l \cdot F_l \quad \ldots \ldots \quad (294)$$

wobei der Koeffizient c_1 lediglich von der Phasen- und Nutenzahl des Stators, in keiner Weise von der Anordnung der Rotorwicklung abhängt. Im stillstehenden Rotor ist die Periodenzahl natürlich gleich der Periodenzahl f_1 des dem Stator zugeführten Stromes, und die im Rotor induzierte EMK muß sich durch die aus der Gleichung (289) hervorgehende Formel ausdrücken lassen:

$$E_2 = \frac{\pi}{\sqrt{2}} \cdot c_1 \cdot k_{1-2} \cdot N_2 \cdot \mathfrak{B}_l \cdot F_l \cdot f_1 \cdot 10^{-8} \text{ Volt} \quad \ldots \quad (295)$$

N_2 bedeutet natürlich die Anzahl der in Serie geschalteten Drähte in jeder Phase der Rotorwicklung, und wie der Koeffizient k_{1-2} zu bestimmen ist, läßt sich zuerst am besten an einem konkreten Beispiel erläutern.

Wir gehen von der dreiphasigen Statorwicklung mit drei Nuten in jeder Spulenseite aus, die wir schon als Beispiel auf S. 192 behandelt haben. Hätte der Rotor dieselbe Phasen- und Nutenzahl wie der Stator, so würde sich für

$$k_{1-2} = \tfrac{23}{24}$$

also derselbe Wert ergeben, der an Hand der Abb. 77 für k_1 berechnet worden ist. Wenn wir den Rotor an das Netz anschließen und dadurch zum induzierenden, den Stator zum induzierten System machen, so würde auch $k_2 = \frac{23}{24}$ und endlich auch $k_{2-1} = \frac{23}{24}$ sein.

Bei identischer Wicklung (gleiche Phasen- und gleiche Nutenzahl) im Stator und Rotor ist daher

$$k_1 = k_{1-2} = k_2 = k_{2-1} \quad \ldots \ldots \ldots \quad (296)$$

Sobald aber die Nutenzahl im Stator und Rotor verschieden ist, hat im allgemeinen jeder dieser Koeffizienten einen anderen numerischen Wert.

Nehmen wir z. B. an, in dem Stator mit

$$a_1 = 3$$
$$m_1 = 3,$$

dessen Feldkurve in Abb. 77 gezeichnet ist, befindet sich ein dreiphasiger Rotor mit nur zwei Nuten für jede Spulenseite, also

$$a_2 = 3$$
$$m_2 = 2,$$

so bleibt die Feldkurve unverändert wie in Abb. 77. Um aber k_{1-2} für den Rotor bequem bestimmen zu können, zeichnen wir die Feldkurve auf karriertes Papier in der Weise, wie es in Abb. 78 geschehen ist. Ohne am Charakter der Feldkurve etwas zu ändern, wählen wir die Abszissenlänge für einen Pol viermal so groß wie in Abb. 77, damit die auf einen Pol entfallenden Abszisseneinheiten ein Vielfaches der Rotornutenzahl bilden. Nun zeichnen wir den Rotor so ein, daß mit der Mittellinie des Poles die Achse einer Rotorspule zusammenfällt, daß also mit anderen Worten der magnetische Fluß Φ_l möglichst vollkommen die Rotorspule durchfließt.

Nun verfahren wir nach der zu Abb. 77 gegebenen Anleitung: Wir nehmen an, daß jede der Rotornuten 1, 2, 3 und 4 nur einen

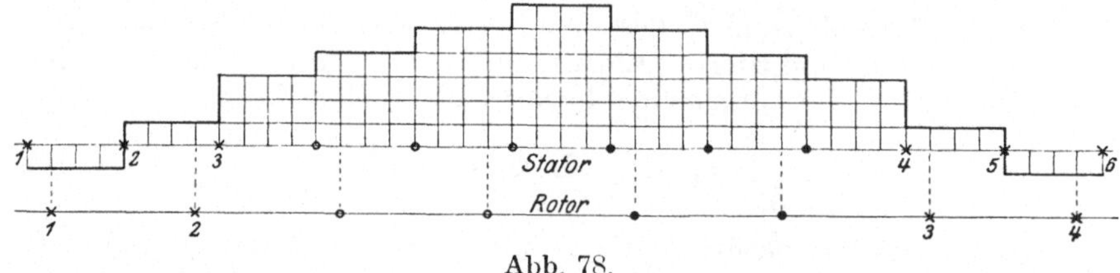

Abb. 78.

Draht enthält und legen, um unsere Untersuchung auf die voll ausgezeichnete Feldkurve beschränken zu können, die Drähte der Nuten 1 und 4 mit in die Nuten 2 und 3. Wir können also die Nuten 1 und 4 unberücksichtigt lassen und annehmen, daß jede der Nuten 2 und 3 je zwei Drähte enthält.

Die Nuten 2 und 3 umschließen 122 Quadrate der Feldkurve, und die in den vier Drähten induzierte EMK kann daher $4 \times 122 = 488$ gesetzt werden.

Würde der Rotor nur eine Nute pro Spulenseite besitzen, so würden sich die vier Drähte in derselben Stellung befinden wie die Statornuten 2 und 5, sie würden die gesamte Feldkurve von

128 Quadraten umfassen und die in den vier Drähen induzierte EMK wäre $4 \times 128 = 512$.

Das Verhältnis dieser beiden EMK k ist

$$k_{1-2} = \frac{488}{512} = \frac{61}{64} = 0{,}953\,.$$

Im Prinzip werden also die gegenseitigen Spulenfaktoren k_{1-2} genau so bestimmt, wie die eigenen Spulenfaktoren k_1, k_2 der Tabelle auf S. 193, nur ist die Berechnung ungleich mühevoller. Nicht nur die Ermittlung des einzelnen Koeffizienten macht mehr Arbeit, sondern es sind auch viel mehr Koeffizienten zu bestimmen; statt der sieben Dreiphasenkoeffizienten in der Tabelle S. 193 müssen $7^2 = 49$ Koeffizienten berechnet werden, damit eine Tabelle, die die gegenseitigen Spulenfaktoren für dreiphasige Rotoren enthält, zusammengestellt werden kann, wie dies im 54. Abschnitt geschehen ist.

Kehren wir zurück zu unserem Beispiel. Wir erhalten, wenn der Stator erregt ist, die EMK des Stators nach Gleichung (289)

$$E_{1p} = 2{,}22 \cdot c_1 \cdot k_1 \cdot N_1 \cdot \mathfrak{B}_l \cdot F_l \cdot f_1 \cdot 10^{-8} \text{ Volt} \quad . \; . \; . \; (297)$$

und wenn wir c_1 nach Tabelle S. 186, k_1 nach Tabelle S. 193 einsetzen

$$E_{1p} = 2{,}22 \cdot 0{,}592 \cdot 0{,}958 \cdot N_1 \cdot \mathfrak{B}_l \cdot F_l \cdot f_1 \cdot 10^{-8} \text{ Volt}\,.$$

Im stillstehenden stromlosen Rotor wird vom erregten Stator eine EMK induziert von der Größe

$$E_{2s} = 2{,}22 \cdot c_1 \cdot k_{1-2} \cdot N_2 \cdot \mathfrak{B}_l \cdot F_l \cdot f_1 \cdot 10^{-8} \text{ Volt} \quad . \; . \; . \; (298)$$

und da wir $k_{1-2} = 0{,}953$ schon berechnet haben, wird

$$E_{2s} = 2{,}22 \cdot 0{,}592 \cdot 0{,}953 \cdot N_2 \cdot \mathfrak{B}_l \cdot F_l \cdot f_1 \cdot 10^{-8} \text{ Volt.}$$

Lassen wir nun Stator und Rotor ihre Rolle vertauschen, indem wir den Rotor an die Stromquelle anschließen, so wird die im Rotor induzierte EMK

$$E_{2p} = 2{,}22 \cdot c_2 \cdot k_2 \cdot N_2 \cdot \mathfrak{B}_l \cdot F_l \cdot f_1 \cdot 10^{-8} \text{ Volt} \quad . \; . \; . \; (299)$$

und nach Einsetzen der den Tabellen S. 186 und 193 entnommenen Zahlenwerte

$$E_{2p} = 2{,}22 \cdot 0{,}583 \cdot 1 \cdot N_2 \cdot \mathfrak{B}_l \cdot F_l \cdot f_1 \cdot 10^{8} \text{ Volt}\,.$$

Der stillstehende erregte Rotor induziert in der offenen Statorwicklung die EMK

$$E_{1s} = 2{,}22 \cdot c_2 \cdot k_{2-1} \cdot N_1 \cdot \mathfrak{B}_l \cdot F_l \cdot f_1 \cdot 10^{-8} \text{ Volt} \quad . \; . \; . \; (300)$$

In den Tabellen im 54. Abschnitt finden wir $k_{2-1} = 0{,}968$, daher wird

$$E_{1s} = 2{,}22 \cdot 0{,}583 \cdot 0{,}968 \cdot N_1 \cdot \mathfrak{B}_l \cdot F_l \cdot f_1 \cdot 10^{-8} \text{ Volt}\,.$$

Um sich die in den Gleichungen (297) bis (300) angewandte Bezeichnungsweise leicht merken zu können, beachte man, daß die Indizes 1, 2, wie üblich, Stator und Rotor bedeuten. Ein beigefügtes p oder s gibt an, ob es sich um eine Größe im primären, induzierenden oder im sekundären, dem induzierten Teil handelt.

In die Gleichungen (297) bis (300) sind als Beispiel die Koeffizienten für einen Motor mit drei Nuten pro Spulenseite im Stator, zwei Nuten pro Spulenseite im Rotor mit ihrem numerischen Wert eingesetzt und man sieht, daß die Größen

$$k_1 = 0{,}958$$
$$k_{1-2} = 0{,}953$$
$$k_2 = 1{,}00$$
$$k_{2-1} = 0{,}968$$

sich nur um wenige Prozente unterscheiden, trotzdem der praktisch mögliche Fall gewählt ist, bei dem diese Unterschiede am größten sind. Einlochwicklungen sind praktisch unzulässig, und je höher die Nutenzahl im Stator und Rotor ist, um so geringer werden die Unterschiede der vier Koeffizienten.

Man sieht daraus, daß man beim praktischen Rechnen, wenn es sich nicht um spezielle Untersuchungen handelt, häufig nur mit den Spulenfaktoren k_1 und k_2 zu arbeiten braucht, wie im 4. Abschnitt angegeben und im 6. Abschnitt an einem Beispiel gezeigt ist.

Die im Rotor induzierte EMK, also auch der Koeffizient k_{1-2}, hängt außerdem — allerdings nur in geringem Maße — von der Relativstellung zwischen Stator- und Rotorwicklung ab, und man könnte für jede Stellung des Rotors einen besonderen Koeffizienten k_{1-2} berechnen. Wir beschränken uns aber darauf, nur einen Koeffizienten k_{1-2} zu berechnen, und zwar den, der der Rotorstellung entspricht, in der die im Rotor induzierte EMK ein Maximum ist.

k_1, k_2 nennt man die eigenen Spulenfaktoren des Stators und Rotors, k_{1-2}, k_{2-1} die gegenseitigen Spulenfaktoren.

Für alle in der Praxis vorkommenden zwei- und dreiphasigen Wicklungen sind die Feldfaktoren c und die eigenen und gegenseitigen Spulenfaktoren berechnet und in den Tabellen im 54. Abschnitt zusammengestellt, wo sich auch die näheren Angaben über ihren Gebrauch finden.

Da allgemeine Gleichungen über die Berechnung von k_{1-2} und k_{2-1} noch nicht gefunden worden sind, mußten alle Werte in der hier beschriebenen Weise mühsam ermittelt werden. Aus der Berechnungsmethode geht hervor, daß man diese Faktoren als gemeine Brüche erhält, und ich hielt es für angezeigt, sie auch in dieser Form in je einer Tabelle zusammenzustellen. Sie sind so nicht nur absolut genau, sondern sie lassen auch eher ihr Bildungsgesetz erkennen, was von Vorteil ist, wenn jemand sich damit beschäftigen will, ihre allgemeine Gleichung zu finden. Die Dezimalbrüche zeigen in dieser Hinsicht keinen Charakter, sind aber bequemer für die Rechnung und daher ebenfalls angegeben.

Rokowski hat als erster einen Teil dieser Faktoren berechnet und in der ETZ 1909, Heft 11 veröffentlicht. Ich habe sie sämtlich nachgerechnet und vollkommen richtig befunden. Da ich mich beim Rechnen einer Rechenmaschine bedient habe, darf ich annehmen, daß die von Rokowski noch nicht angegebenen, in den Tabellen aber enthaltenen Faktoren — es sind dies sämtliche für 2-Phasen und für verschiedene Phasenzahlen im Stator und Rotor — ebenfalls vollkommen richtig sind.

53. Der Koeffizient der Spulenstreuung σ.

Wenn auf den Stator eines verlustlosen, streuungsfreien Motors eine EMK E_1 wirkt, so wird im stillstehenden, stromlosen Rotor eine EMK

$$E_{2s} = E_{1p} \cdot \frac{k_{1-2}}{k_1} \cdot \frac{N_2}{N_1} \quad \ldots\ldots\ldots (301)$$

induziert. wie sich aus der Division der Gleichungen (297) und (298) ergibt. Nehmen wir die Windungszahlen

$$N_1 = N_2$$

an, so wird das Verhältnis der EMK

$$\frac{E_{1p}}{E_{2s}} = \frac{k_1}{k_{1-2}} \quad \ldots\ldots\ldots (302)$$

Wie wir uns aus der Definition und der Ableitung der Spulenfaktoren k erinnern, kann k im Maximum $= 1$ werden, nämlich dann, wenn die Windungen einer Spule den ganzen magnetischen Fluß vollkommen umschließen. Sobald ein Teil der Windungen nicht alle Kraftlinien umschließt, und das tritt fast stets ein, sobald eine Spulenseite in mehreren Nuten untergebracht ist, wird $k < 1$.

Wenn $$k_1 > k_{1-2},$$

so liegt es sehr nahe. den Quotienten in Gleichung (302)

$$\frac{k_1}{k_{1-2}} = 1 + \sigma_1 \quad \ldots\ldots\ldots (303)$$

zu setzen und σ_1 als einen Streukoeffizienten des Stators zu bezeichnen. Es entspricht unserer Erfahrung und dem technischen Instinkt, daß bei gleicher Windungszahl die sekundäre EMK kleiner als die primäre EMK ist.

Da in Wirklichkeit stets Streuung vorhanden ist, ist bei den gewöhnlich angewandten Wicklungen selbst bei gleicher Windungszahl im Stator und Rotor E_2 auch fast immer kleiner als E_1. Nehmen wir aber an, was theoretisch vollkommen zulässig ist, daß weder Nuten- noch Kopfstreuung vorhanden ist, so lassen sich leicht Fälle wählen, in denen

$$k_{1-2} > k$$

$$\frac{k_1}{k_{1-2}} < 1$$

$$\sigma = \text{negativ}$$

wird.

Nehmen wir z. B. einen dreiphasigen Stator, der für jede Spulenseite 3 Nuten hat, der induzierend auf einen dreiphasigen Rotor wirkt, dessen Spulenseiten in einer Nut liegen. Wenn $N_1 = N_2$ ist, ist das Übersetzungsverhältnis der EMKK

$$\frac{E_{1p}}{E_{2s}} = \frac{k_1}{k_{1-2}} = \frac{0{,}958}{1} = 1 + \sigma_1$$

und deshalb $\sigma = -0{,}042$.

Die Abb. 79 zeigt schematisch den Verlauf der Kraftlinien. Der Hauptfluß umschließt alle in den Statornuten 1 bis 3 und 4 bis 6 und alle in den Rotornuten 7 und 8 liegenden Drähte. Der kleine Fluß um die Nuten 2 und 7 wie 5 und 8 umschließt wohl alle Rotordrähte, aber nur $^1/_3$ der Statordrähte, nämlich nur die in den Nuten 2 und 5 liegenden, und deshalb ist k_1 nur 0,958. Statt die EMK des Rotors herabzumindern, wirkt die Streuung im Gegenteil erhöhend auf die Rotor-EMK.

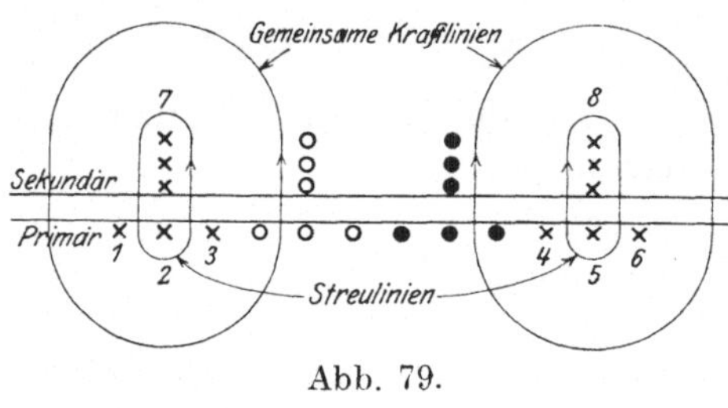

Abb. 79.

Da man notwendigerweise den kleinen Fluß als Streufluß bezeichnen muß, wurde die eigentümliche Bezeichnung „nützliche" Streuung erfunden. Rokowski, der zum Teil gemeinsam mit Simons diese Erscheinuugen am eingehendsten untersucht und mehrere Arbeiten hierüber veröffentlicht hat[1]), nennt den Streufluß die doppelt verkettete Streuung; Streuung, weil dieser Fluß nicht alle Drähte umschließt, doppelt verkettet, weil er dennoch Stator- und Rotordrähte umschließt.

Eine ganz präzise Definition dieser Streuung ist mit Worten schwer zu geben. So schreibt Rokowski ETZ 1910, Seite 1036:

„Nach der üblichen, in der technischen Literatur verbreiteten Ansicht soll eine reine Streulinie nur sekundäre oder nur primäre Windungen verketten. Diese Forderung widerspricht aber unserem Kraftlinienbilde. Unsere Ansichten müssen sich also ändern. Wir müssen reinen Streulinien eine größere Freiheit wie bisher geben. Die einzige Aussage, die sich von ihnen machen läßt, ist die, daß sie niemals sämtliche primären und sekundären Windungen umschließen können."

So vorsichtig sich hier Rokowski ausdrückt, ist die Sache doch noch nicht vollkommen geklärt, wie sich folgendermaßen zeigen läßt:

Wir untersuchen, wie sich in dem 3-phasigen Stator mit 3 Nuten für jede Spulenseite ein identisch gewickelter Rotor verhält. Abb. 80

[1]) Rokowski und Simons, ETZ 1908, Heft 22 und 23, ETZ 1909, Heft 10 und 11, Rokowski, ETZ 1910, Heft 41 und 42, Rokowski, 1910, Heft 51 und 52.

zeigt, daß der Hauptfluß alle Stator- und alle Rotordrähte umschließt, der kleinere Fluß umschließt aber nur die Statornuten 2 und 5 und die Rotornuten 8 und 11. Soll man den kleinen Fluß als Streufluß bezeichnen oder nicht? Nach Rokowski muß er doppelt verketteter Streufluß genannt werden, denn er umschließt nicht sämtliche primären und sekundären Windungen.

Gegen diese Auffassung spricht die Gleichung (303), denn es ist in unserem Fall

$$\frac{k_1}{k_{1-2}} = \frac{0{,}958}{0{,}958} = 1 = 1 + \sigma_1$$

und daher

$$\sigma_1 = 0.$$

Wenn aber die Streuung Null ist, kann auch kein Streufeld vorhanden sein. — Will man Rokowskis Anschauung aufrecht erhalten, so muß man in Abb. 80 den kleinen Fluß auch dann Streufluß nennen, wenn eine Rotorspule gar nicht vorhanden ist. Dies würde zu der erzwungenen und unnatürlichen Vorstellung führen, daß eine Spule sich selbst gegenüber Streuung besitzt. Eine Spule, die sich selbst gegenüber schon Streuung hat, könnte unmöglich in einer Sekundärspule eine EMK mit dem Übersetzungsverhältnis 1 : 1 hervorrufen.

Ich schlage deshalb vor, die geschilderte Erscheinung Spulenstreuung[1]) oder σ-Streuung (zum Unterschied von den anderen Streuungsarten) zu nennen und den Streukoeffizient allgemein zu definieren

$$\sigma_1 = \frac{k_1}{k_{1-2}} - 1 \quad \ldots \ldots \ldots \ldots (304)$$

Nur wenn keine andere Streuung vorhanden ist, ist σ_1 auch

$$\sigma_1 = \frac{E_{1p}}{E_{2s}} \cdot \frac{N_2}{N_1} - 1 \quad \ldots \ldots \ldots \ldots (305)$$

Als selbstverständlich ergibt sich nun

$$\sigma_2 = \frac{k_2}{k_{2-1}} - 1 \quad \ldots \ldots \ldots \ldots (306)$$

und beim Fehlen anderer Streuungsarten gilt auch

$$\sigma_2 = \frac{E_{2p}}{E_{1s}} \cdot \frac{N_1}{N_2} - 1 \quad \ldots \ldots \ldots \ldots (307)$$

Genau so wie $\tau = \tau_1 + \tau_2 + \tau_1 \cdot \tau_2$ ist, erhält man den Koeffizient der σ-Streuung des Motors:

$$\sigma = \sigma_1 + \sigma_2 + \sigma_1 \cdot \sigma_2 \quad \ldots \ldots \ldots \ldots (308)$$

Die Gleichungen (304) bis (307) führen die folgenden Anschauungen über die Spulenstreuung:

1. Eine Spule kann sich selbst gegenüber keine Streuung besitzen. Wenn auch nicht alle von der Spule erzeugten Kraftlinien

[1]) In einem sehr lesenswerten Artikel in der W. Z. El. u. Maschinenb., Heft 19, S. 217, 1922 nennt Siegel diese Streuungsart die Differenzstreuung.

von allen Windungen der Spule umschlossen werden, so dürfen wir doch von einem Streufluß und von Streulinien nicht sprechen, sondern wir müssen einfach sagen, der Selbstinduktionskoeffizient einer Spule ist von der Anordnung der Spule abhängig.

2. Wenn die Sekundärspulen genau wie die Primärspulen angeordnet sind und die Kraftlinien im Primär- und Sekundärsystem vollkommen gleich verlaufen, wenn also das Sekundärsystem ein getreues Spiegelbild des Primärsystems ist (Abb. 80), so ist das Übersetzungsverhältnis $E_{1p} \cdot N_2 : E_{2s} \cdot N_1 = 1$ und die σ-Streuung Null. Die Kraftlinien, die nicht alle Windungen umschließen, tun dies in genau gleicher Weise im Primär- und Sekundärsystem; sie sind also gemeinsame Linien, keine Streulinien. Der Fall kann nur eintreten, wenn keine andere Streuung vorhanden und Phasen und Nutenzahl in Stator und Rotor gleich sind.

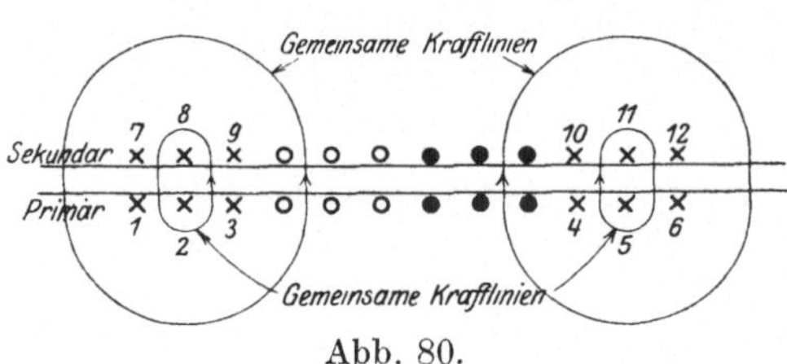

Abb. 80.

3. Sobald die Sekundärwicklung andere Nutenzahl pro Spulenseite odere andere Phasenzahl besitzt als die Primärwicklung, ist das Übersetzungsverhältnis $E_{1p} \cdot N_2 : E_{2s} \cdot N_1$ beziehungsweise $E_{2p} \cdot N_1 : E_{1s} \cdot N_2$ kleiner oder größer als 1 und es ist σ-Streuung vorhanden, auch wenn andere Streuung nicht vorhanden ist. Alle Kraftlinien, die bei $N_1 = N_2$ gleichviele Windungen im Primär- und Sekundärsystem durchfließen, bilden den Hauptfluß. Durchsetzt eine Kraftlinie mehr Primär- als Sekundärwindungen, so gehört sie mit positivem Vorzeichen zum Streufluß. Durchsetzt eine Kraftlinie mehr Sekundär- als Primärwindungen, so gehört sie mit negativem Vorzeichen zum Streufluß. Der Streufluß ist die algebraische Summe aller Streulinien.

54. Tafeln der Feldfaktoren der eigenen und gegenseitigen Spulenfaktoren und der σ-Streuungskoeffizienten.

Die Tafeln I und II enthalten dieselben Werte in Form von gemeinen Brüchen wie die Tafeln III und IV in Form von Dezimalbrüchen. Für theoretische Studien wird man sich mitunter vorteilhaft der Tafeln I und II bedienen, für das praktische Rechnen kommen nur die Tafeln III und IV in Betracht.

Die Spulenfaktoren der Tafeln III und IV sind auf 5 Stellen berechnet, und diese scheinbar übertriebene Genauigkeit ist nötig, damit die σ-Koeffizienten wenigstens auf 3 Stellen genau werden. Es ist nämlich das Verhältnis

$$\frac{k_1}{k_{1-2}} = 1 + \sigma_1,$$

$$\frac{k_2}{k_{2-1}} = 1 + \sigma_2$$

naturgemäß immer fast 1, und weicht häufig erst in der vierten Stelle von der Einheit ab.

Die Einrichtung aller Tafeln ist folgende:

Die Überschrift der ersten Zahlengruppe enthält die Angabe der Phasenzahl der primären, induzierenden Wicklung, die erste Zeile $m = 1, 2, 3$ usw. enthält die Anzahl der Nuten jeder Spulenseite, die zweite Zeile enthält die zugehörigen Werte des Feldfaktors c, die dritte Zeile den eigenen Spulenfaktor k des Primärsystems.

Die Überschriften der beiden anderen Zahlengruppen weisen darauf hin, in welcher Gruppe die gegenseitigen Koeffizienten zu suchen sind, wenn die sekundäre, die induzierte Wicklung 2- oder 3-phasig ausgeführt ist. Die Anzahl der Nuten pro Spulenseite des Sekundärsystems $m = 1, 2, 3$ usw. steht in den Vertikalspalten links untereinander. Jeder Nutenzahl m des Sekundärsystems kommen 7 Werte der gegenseitigen Koeffizienten zu, die in der Horizontalzeile rechts von m aufgeführt sind. Die 7 angegebenen Werte hängen von der Nutenzahl m des Primärsystems ab, und die zugehörige Nutenzahl des Primärsystems findet sich in der ersten Zeile.

1. Beispiel.

Es sind die Koeffizienten zu bestimmen für einen Motor, dessen Stator 3-phasig mit 3 Nuten für die Spulenseite, dessen Rotor 3-phasig mit 4 Nuten für die Spulenseite gebaut ist. Es ist also

$$a_1 = 3 \qquad a_2 = 3$$
$$m_1 = 3 \qquad m_2 = 4.$$

Wir betrachten zuerst den Stator als primäres System und finden auf Tafel IV unter $m = 3$

$$c_1 = 0{,}592\,59$$
$$k_1 = 0{,}958\,33.$$

Den gegenseitigen Spulenfaktor finden wir in der mittleren, zu $a_2 = 3$ gehörenden Zahlengruppe, wenn wir von $m_1 = 3$ in der dritten Vertikalspalte so weit nach abwärts gehen, bis wir in die Horizontalzeile zu $m_2 = 4$ gekommen sind und es ist

$$k_{1-2} = 0{,}945\,31.$$

Nehmen wir den Rotor als Primärsystem, so finden wir auf Tafel IV unter $m_2 = 4$

$$c_2 = 0{,}583\,33$$
$$k_2 = 0{,}964\,29$$

und den gegenseitigen Spulenfaktor k_{2-1} an der Kreuzungsstelle der vierten Vertikalspalte mit der dritten Horizontalzeile der zweiten Zahlengruppe

$$k_{2-1} = 0{,}960\,32.$$

Genau so finden wir auf der VI. Tafel σ_1 an der Kreuzung der dritten Vertikalspalte mit der vierten Horizontalzeile

$$\sigma_1 = 0{,}01377$$

und auf derselben Tafel σ_2 an der Kreuzung der vierten Vertikalspalte mit der dritten Horizontalzeile

$$\sigma_2 = 0{,}00413.$$

Es ist

$$\sigma_1 = \frac{k_1}{k_{1-2}} - 1 = \frac{0{,}95833}{0{,}94531} - 1 = 1{,}01377 - 1 = 0{,}01377,$$

$$\sigma_2 = \frac{k_2}{k_{2-1}} - 1 = \frac{0{,}96429}{0{,}96032} - 1 = 1{,}00413 - 1 = 0{,}00413.$$

2. Beispiel.

Es sind die Koeffizienten zu bestimmen für einen Motor, dessen Stator 3-phasig mit 4 Nuten für die Spulenseite, dessen Rotor 2-phasig mit 5 Nuten für die Spulenseite gebaut ist. Es ist also

$$a_1 = 3 \qquad a_2 = 2$$
$$m_1 = 4 \qquad m_2 = 5.$$

Nehmen wir den Stator als primäres System, so finden wir auf Tafel IV in der vierten Vertikalspalte

$$c_1 = 0{,}58333$$
$$k_1 = 0{,}96429.$$

Den gegenseitigen Spulenfaktor k_{1-2} müssen wir in der letzten Zahlengruppe dieser Tafel suchen, weil der Rotor 2-phasig ist. Wir erhalten in der vierten Vertikalspalte und der fünften Horizontalzeile

$$k_{1-2} = 0{,}93333$$

und auf Tabelle VI am selben Ort

$$\sigma_1 = 0{,}03317.$$

Machen wir den Rotor zum primären System, so müssen wir uns der Tafel III bedienen, da der Rotor 2-phasig ist und wir finden in der fünften Vertikalspalte

$$c_2 = 0{,}53740$$
$$k_2 = 0{,}89474.$$

Den zugehörigen gegenseitigen Spulenfaktor k_{2-1} finden wir in der vierten Horizontalzeile der letzten Zahlengruppe, die sich auf ein 3-phasiges Sekundärsystem bezieht, in der fünften Vertikalspalte

$$k_{2-1} = 0{,}94298.$$

Am selben Ort finden wir auf Tafel V

$$\sigma_2 = -0{,}05116.$$

Es ist

$$\sigma_1 = \frac{k_1}{k_{1-2}} - 1 = \frac{0{,}96429}{0{,}93333} - 1 = 1{,}03317 - 1 = 0{,}03317,$$

$$\sigma_2 = \frac{k_2}{k_{2-1}} - 1 = \frac{0{,}89474}{0{,}94298} - 1 = 0{,}94884 - 1 = -0{,}05116.$$

Tafel I. Gegenseitige Spulenfaktoren.

Primäre 2-phasige Wicklung							
$m =$	1	2	3	4	5	6	∞
$\sqrt{2} \cdot c =$	1	$\frac{3}{4}$	$\frac{7}{9}$	$\frac{3}{4}$	$\frac{19}{25}$	$\frac{3}{4}$	$\frac{3}{4}$
$k =$	1	1	$\frac{19}{21}$	$\frac{11}{12}$	$\frac{17}{19}$	$\frac{73}{81}$	$\frac{8}{9}$
Sekundäre 2-phasige Wicklung							
$m =$	Gegenseitiger Spulenfaktor						
1	1	1	1	1	1	1	1
2	$\frac{3}{4}$	1	$\frac{25}{28}$	$\frac{11}{12}$	$\frac{69}{76}$	$\frac{25}{27}$	$\frac{11}{12}$
3	$\frac{7}{9}$	$\frac{25}{27}$	$\frac{19}{21}$	$\frac{49}{54}$	$\frac{51}{57}$	$\frac{73}{81}$	$\frac{73}{81}$
4	$\frac{3}{4}$	$\frac{11}{12}$	$\frac{7}{8}$	$\frac{11}{12}$	$\frac{135}{152}$	$\frac{97}{108}$	$\frac{43}{48}$
5	$\frac{19}{25}$	$\frac{23}{25}$	$\frac{51}{57}$	$\frac{9}{10}$	$\frac{17}{19}$	$\frac{8}{9}$	$\frac{67}{76}$
6	$\frac{3}{4}$	$\frac{25}{27}$	$\frac{73}{84}$	$\frac{97}{108}$	$\frac{50}{57}$	$\frac{73}{81}$	$\frac{289}{324}$
∞	$\frac{3}{4}$	$\frac{11}{12}$	$\frac{73}{84}$	$\frac{43}{48}$	$\frac{67}{76}$	$\frac{289}{324}$	$\frac{8}{9}$
Sekundäre 3-phasige Wicklung							
$m =$	Gegenseitiger Spulenfaktor						
1	1	1	1	1	1	1	1
2	$\frac{5}{6}$	1	$\frac{13}{14}$	$\frac{35}{36}$	$\frac{109}{114}$	$\frac{26}{27}$	$\frac{26}{27}$
3	$\frac{23}{27}$	1	$\frac{59}{63}$	$\frac{155}{162}$	$\frac{489}{513}$	$\frac{233}{243}$	$\frac{697}{729}$
4	$\frac{5}{6}$	1	$\frac{13}{14}$	$\frac{23}{24}$	$\frac{215}{228}$	$\frac{53}{54}$	$\frac{103}{108}$
5	$\frac{21}{25}$	$\frac{223}{225}$	$\frac{163}{175}$	$\frac{24}{25}$	$\frac{269}{285}$	$\frac{43}{45}$	$\frac{643}{675}$
6	$\frac{5}{6}$	$\frac{80}{81}$	$\frac{13}{14}$	$\frac{155}{162}$	$\frac{967}{1026}$	$\frac{232}{243}$	$\frac{694}{729}$
∞	$\frac{5}{6}$	$\frac{35}{36}$	$\frac{13}{14}$	$\frac{551}{576}$	$\frac{179}{190}$	$\frac{103}{108}$	$\frac{77}{81}$

Tafel II. Gegenseitige Spulenfaktoren.

Primäre 3-phasige Wicklung							
$m =$	1	2	3	4	5	6	∞
$c =$	$\frac{2}{3}$	$\frac{7}{12}$	$\frac{16}{27}$	$\frac{7}{12}$	$\frac{44}{75}$	$\frac{7}{12}$	$\frac{7}{12}$
$k =$	1	1	$\frac{23}{24}$	$\frac{27}{28}$	$\frac{21}{22}$	$\frac{181}{189}$	$\frac{20}{21}$
Sekundäre 3-phasige Wicklung							
$m =$	Gegenseitiger Spulenfaktor						
1	1	1	1	1	1	1	1
2	$\frac{7}{8}$	1	$\frac{61}{64}$	$\frac{27}{28}$	$\frac{169}{176}$	$\frac{61}{63}$	$\frac{27}{28}$
3	$\frac{8}{9}$	$\frac{61}{63}$	$\frac{23}{24}$	$\frac{121}{126}$	$\frac{21}{22}$	$\frac{181}{189}$	$\frac{178}{189}$
4	$\frac{7}{8}$	$\frac{27}{28}$	$\frac{121}{128}$	$\frac{27}{28}$	$\frac{1005}{1056}$	$\frac{241}{252}$	$\frac{107}{112}$
5	$\frac{22}{25}$	$\frac{169}{175}$	$\frac{189}{200}$	$\frac{67}{70}$	$\frac{21}{22}$	$\frac{301}{315}$	$\frac{167}{175}$
6	$\frac{7}{8}$	$\frac{61}{63}$	$\frac{181}{192}$	$\frac{241}{252}$	$\frac{1505}{1584}$	$\frac{181}{189}$	$\frac{721}{756}$
∞	$\frac{7}{8}$	$\frac{27}{28}$	$\frac{89}{96}$	$\frac{107}{112}$	$\frac{167}{176}$	$\frac{721}{756}$	$\frac{20}{21}$
Sekundäre 2-phasige Wicklung							
$m =$	Gegenseitiger Spulenfaktor						
1	1	1	1	1	1	1	1
2	$\frac{13}{16}$	$\frac{13}{14}$	$\frac{117}{128}$	$\frac{13}{14}$	$\frac{969}{1056}$	$\frac{58}{63}$	$\frac{103}{112}$
3	$\frac{5}{6}$	$\frac{19}{21}$	$\frac{43}{48}$	$\frac{19}{21}$	$\frac{119}{132}$	$\frac{19}{21}$	$\frac{19}{21}$
4	$\frac{13}{16}$	$\frac{51}{56}$	$\frac{259}{288}$	$\frac{101}{112}$	$\frac{79}{88}$	$\frac{227}{252}$	$\frac{1637}{1792}$
5	$\frac{21}{25}$	$\frac{159}{175}$	$\frac{357}{400}$	$\frac{98}{105}$	$\frac{197}{220}$	$\frac{472}{515}$	$\frac{157}{175}$
6	$\frac{13}{16}$	$\frac{19}{21}$	$\frac{341}{384}$	$\frac{19}{21}$	$\frac{943}{1056}$	$\frac{679}{756}$	$\frac{301}{336}$
∞	$\frac{13}{16}$	$\frac{19}{21}$	$\frac{255}{288}$	$\frac{7}{8}$	$\frac{2353}{2640}$	$\frac{1017}{1134}$	$\frac{487}{576}$

Tafel III. Gegenseitige Spulenfaktoren.

Primäre 2-phasige Wicklung							
$m =$	1	2	3	4	5	6	∞
$c =$	0,70711	0,53033	0,54997	0,53033	0,53740	0,53033	0,53033
$k =$	1	1	0,90476	0,91667	0,89474	0.90123	0,88889
Sekundäre 2-phasige Wicklung							
$m =$	Gegenseitiger Spulenfaktor						
1	1	1	1	1	1	1	1
2	0,75000	1	0,89286	0,91667	0,90789	0,92593	0,91667
3	0,77778	0 92593	0,90476	0,90741	0,89474	0,90123	0,90123
4	0,75000	0,91667	0,87500	0,91667	0,88816	0,89815	0,89583
5	0,76000	0,92000	0,89474	0,90000	0,89474	0,88889	0,88158
6	0,75000	0,92593	0,86905	0,89815	0,87719	0,90123	0,89198
∞	0,75000	0,91667	0,86905	0,89583	0,88158	0,89198	0,88889
Sekundäre 3-phasige Wicklung.							
$m =$	Gegenseitiger Spulenfaktor						
1	1	1	1	1	1	1	1
2	0,83333	1	0,92857	0,97222	0,95614	0,96296	0,96296
3	0,85185	1	0,93651	0,95679	0,95322	0,95885	0,95610
4	0,83333	1	0,92857	0,95833	0,94298	0,98148	0,95370
5	0,84000	0,99111	0,93143	0,96000	0,94386	0,95556	0,95259
6	0,83333	0,98765	0,92857	0,95679	0,94250	0,95473	0,95199
∞	0,83333	0,97222	0,92857	0,95660	0,94211	0,95370	0,95062

Tafel IV. Gegenseitige Spulenfaktoren.

Primäre 3-phasige Wicklung							
$m =$	1	2	3	4	5	6	∞
$c =$	0,66667	0,58333	0,59259	0,58333	0,58666	0,58333	0,58333
$k =$	1	1	0,95833	0,96429	0,95455	0,95767	0,95238
Sekundäre 3-phasige Wicklung							
$m =$	Gegenseitiger Spulenfaktor						
1	1	1	1	1	1	1	1
2	0,87500	1	0,95313	0,96429	0,96023	0,96825	0,96429
3	0,88889	0,96825	0,95833	0,96032	0,95455	0,95767	0,94180
4	0,87500	0,96429	0,94531	0,96429	0,95170	0,95635	0,95536
5	0,88000	0,96571	0,94500	0,95714	0,95455	0,95556	0,95429
6	0,87500	0,96825	0,94271	0,95635	0,95013	0,95767	0,95370
∞	0,87500	0,96429	0,92708	0,95536	0,94886	0,95370	0,95238
Sekundäre 2-phasige Wicklung							
$m =$	Gegenseitiger Spulenfaktor						
1	1	1	1	1	1	1	1
2	0,81250	0,92857	0,91406	0,92857	0,91761	0,92063	0,91964
3	0,83333	0,90476	0,89583	0,90476	0,90152	0,90476	0,90476
4	0,81250	0,91071	0,89931	0,90179	0,89773	0,90079	0,91350
5	0,82000	0,90857	0,89250	0,93333	0,89545	0,91650	0,89714
6	0,81250	0,90476	0,88802	0,90476	0,89299	0,89815	0,89583
∞	0,81250	0,90476	0,88542	0,87500	0,89129	0,89683	0,84549

Tafel V. σ-Streuungskoeffizienten.

	Primäre 2-phasige Wicklung						
$m=$	1	2	3	4	5	6	∞
$c=$	0,70711	0,53033	0,54997	0,53033	0,53740	0,53033	0,53033
$k=$	1	1	0,90476	0,91667	0,89474	0,90123	0,88889
	Sekundäre 2-phasige Wicklung						
$m=$	Primärer Streuungskoeffizient σ						
1	0	0	−0,09524	−0,08333	−0,10526	−0,09877	−0,11111
2	0,33333	0	0,01333	0	−0,01448	−0,02668	−0,03031
3	0,28571	0,08000	0	0,01020	0	0	−0,01369
4	0,33333	0,09091	0,03401	0	0,10874	0,00343	−0,00775
5	0,31579	0,08696	0,01110	0,01852	0	0,01388	−0,00829
6	0,33333	0,08000	0,04099	0,02062	0,02001	0	−0,00346
∞	0,33333	0,09091	0,04099	0,02326	0,01493	0,01037	0
	Sekundäre 3-phasige Wicklung						
$m=$	Primärer Streuungskoeffizient σ						
1	0	0	−0,09524	−0,08333	−0,10526	−0,09877	−0,11111
2	0,20000	0	−0,02564	−0,05714	−0,06422	−0,06410	−0,07692
3	0,17396	0	−0,03390	−0,04193	−0,06135	−0,06009	−0,07030
4	0,20000	0	−0,02564	−0,04347	−0,05116	−0,08176	−0,06796
5	0,19048	0,00897	−0,02863	−0,04514	−0,05204	−0,05686	−0,06687
6	0,20000	0,01250	−0,02564	−0,04193	−0,05067	−0,05604	−0,06628
∞	0,20000	0,02857	−0,02564	−0,04174	−0,05028	−0,05502	−0,06494

Tafel VI. σ-Streuungskoeffizienten.

	Primäre 3-phasige Wicklung						
$m=$	1	2	3	4	5	6	∞
$c=$	0,66667	0,58333	0,59259	0,58333	0,58666	0,58333	0,58333
$k=$	1	1	0,95833	0,96429	0,95455	0,95767	0,95238
	Sekundäre 3-phasige Wicklung						
$m=$	Primärer Streuungskoeffizient σ						
1	0	0	−0,04167	−0,03571	−0,04545	−0,04233	−0,04762
2	0,14286	0	0,00546	0	−0,00593	−0,01093	−0,01235
3	0,12500	0,03279	0	0,00413	0	0	0,01123
4	0,14286	0,03703	0,01377	0	0,00299	0,00138	−0,00312
5	0,13636	0,03551	0,01411	0,00747	0	0,00221	−0,00200
6	0,14286	0,03279	0,01657	0,00830	0,00465	0	−0,00138
∞	0,14286	0,03703	0,03371	0,00935	0,00600	0,00416	0
	Sekundäre 2 phasige Wicklung						
$m=$	Primärer Streuungskoeffizient σ						
1	0	0	−0,04167	−0,03571	−0,04545	−0,04233	−0,04762
2	0,23077	0,07692	0,04343	0,03847	0,04026	0,04023	0,03560
3	0,20000	0,10527	0,06977	0,06580	0,05914	0,05848	0,05263
4	0,23077	0,09804	0,06563	0,06931	0,06329	0,06314	0,04256
5	0,21951	0,10063	0,07376	0,03317	0,06600	0,04492	0,06157
6	0,23077	0,10527	0,07918	0,06580	0,06894	0,06627	0,06313
∞	0,23077	0,10527	0,08235	0,10205	0,07098	0,06784	0,12642

55. Der Kurzschlußstrom.

Nach Kenntnis der gegenseitigen Spulenfaktoren können wir untersuchen, wie das Verhalten eines Motors durch ihre Einführung beeinflußt wird. Um den Einfluß möglichst klar zu zeigen, nehmen wir an, daß der Motor vollkommen verlustfrei und, abgesehen von der σ-Streuung, streuungsfrei ist, und daß nur zur Überwindung des Luftzwischenraumes δ erregende Amperewindungen aufgewendet werden müssen, nicht aber zur Magnetisierung des Eisens.

Wir erreichen unser Ziel am einfachsten, wenn wir die in den Wicklungen induzierten EMKK in Abhängigkeit von den Strömen, die die Wicklungen durchfließen, darstellen, und wir ersetzen daher in den Gleichungen (297), (298), (299) und (300) die maximale Luftinduktion $\mathfrak{B}_l$ durch den Ausdruck der Gleichung (267).

$$\mathfrak{B}_l = \frac{a \cdot \psi \cdot I \cdot N}{1{,}6 \cdot \sqrt{2} \cdot p \cdot \delta}$$

und erhalten folgende vier Gleichungen:

Wenn die Statorwicklung vom Strom I_1 durchflossen wird und der Rotor stillsteht, ist die induzierte EMK im Stator als Primärsystem

$$E_{1p} = 2{,}22 \cdot c_1 \cdot k_1 \cdot N_1 \cdot F_l \cdot f_1 \cdot \frac{a_1 \cdot \psi_1 \cdot I_1 \cdot N_1}{1{,}6 \cdot \sqrt{2} \cdot p \cdot \delta} \cdot 10^{-8} \quad . \quad . \quad . \quad . \quad (309)$$

und im stromlosen Rotor als Sekundärsystem

$$E_{2s} = 2{,}22 \cdot c_1 \cdot k_{1-2} \cdot N_2 \cdot F_l \cdot f_1 \cdot \frac{a_1 \cdot \psi_1 \cdot I_1 \cdot N_1}{1{,}6 \cdot \sqrt{2} \cdot p \cdot \delta} \cdot 10^{-8} \quad . \quad . \quad (310)$$

Ist der stillstehende Rotor vom Strom I_2 durchflossen, so ist die induzierte EMK im Rotor als Primärsystem

$$E_{1p} = 2{,}22 \cdot c_2 \cdot k_2 \cdot N_2 \cdot F_l \cdot f_1 \frac{a_2 \cdot \psi_2 \cdot I_2 \cdot N_2}{1{,}6 \cdot \sqrt{2} \cdot p \cdot \delta} 10^{-8} \quad . \quad . \quad (311)$$

und im stromlosen Stator als Sekundärsystem

$$E_{1s} = 2{,}22 \cdot c_2 \cdot k_{2-1} \cdot N_1 \cdot F_l \cdot f_1 \cdot \frac{a_2 \cdot \psi_2 \cdot I_2 \cdot N_2}{1{,}6 \cdot \sqrt{2} \cdot p \cdot \delta} 10^{-8} \quad . \quad . \quad (312)$$

Wir untersuchen nun den Motor in zwei für die Rechnung besonders einfachen Zuständen:

a) Rotor stillstehend und stromlos.

Wenn der Rotor stromlos ist, nimmt der Stator nur den Magnetisierungsstrom I_m auf. Bei widerstandsloser Statorwicklung ist die EMK des Stators der Klemmenspannung E gleich und die Gleichung (309) nimmt die Form an

$$E_{1p} = E = 2{,}22 \cdot c_1 \cdot k_1 \cdot N_1 \cdot F_l \cdot f_1 \cdot \frac{a_1 \cdot \psi_1 \cdot I_m \cdot N_1}{1{,}6 \cdot \sqrt{2} \cdot p \cdot \delta} \cdot 10^{-8} \quad . \quad (313)$$

und im Rotor wird eine EMK induziert

$$E_{2s} = 2{,}22 \cdot c_1 \cdot k_{1-2} \cdot N_2 \cdot F_l \cdot f_1 \cdot \frac{a_1 \cdot \psi_1 \cdot I_m \cdot N_1}{1{,}6 \cdot \sqrt{2} \cdot p \cdot \delta} \cdot 10^{-8} \quad . \; . \; (314)$$

Durch Division der Gleichungen (313) und (314) erhält man den einfachen Ausdruck

$$E_{2s} = E \frac{k_{1-2}}{k_1} \cdot \frac{N_2}{N_1} = \frac{E}{1 + \sigma_1} \cdot \frac{N_2}{N_1} \quad . \; . \; . \; . \; . \; . \; (315)$$

b) Rotor stillstehend und kurz geschlossen.

In diesem Zustand werden Stator und Rotor von Strömen durchflossen, die Verhältnisse liegen aber trotzdem sehr einfach, denn wir können sehr leicht die beiden Bedingungen aufstellen:

1. Da die Rotorwicklung widerstandslos ist, genügt schon eine unendlich kleine EMK, um den Kurzschlußstrom I_2 hervorzurufen. Die im Rotor induzierte EMK ist daher beim idealen Kurzschluß Null, denn der Rotorstrom wird so groß, daß er das resultierende Rotorfeld vollkommen zum Verschwinden bringt. Wenn das vom Statorkurzschlußstrom allein hervorgerufene Feld vorhanden wäre, würde im Rotor nach Gleichung (310) die EMK E_{2s} induziert; wenn das vom Rotorstrom allein erzeugte Feld vorhanden wäre, würde im Rotor nach Gleichung (311) die EMK E_{2p} induziert. Damit das resultierende Rotorfeld und die im Rotor tatsächlich induzierte EMK = 0 ist, muß demnach sein

$$E_{2s} = E_{2p} \quad . \; . \; . \; . \; . \; . \; . \; . \; . \; . \; (316)$$

2. Ganz ähnlich liegen die Verhältnisse im Stator. Das Feld des Statorkurzschlußstromes allein würde in der Statorwicklung nach Gleichung (309) eine EMK E_{1p}, das Feld des Rotorkurzschlußstromes allein nach Gleichung 312 eine EMK E_{1s} induzieren. Beide EMKK sind im idealen Kurzschlußzustand um 180^0 phasenverschoben, dürfen daher algebraisch addiert oder subtrahiert werden. Da die im Stator tatsächlich induzierte resultierende EMK unter allen Umständen der konstanten Klemmenspannung E gleich sein muß, ist daher

$$E_{1p} - E_{1s} = E \quad . \; . \; . \; . \; . \; . \; . \; . \; . \; (317)$$

Aus der ersten in Gleichung (316) niedergelegten Bedingung folgt durch Gleichsetzen der Gleichungen (310) und (311)

$$c_1 \cdot k_{1-2} \cdot \frac{a_1 \cdot \psi_1 \cdot I_1 \cdot N_1}{\sqrt{2}} = c_2 \cdot k_2 \cdot \frac{a_2 \cdot \psi_2 \cdot I_2 \cdot N_2}{\sqrt{2}}$$

und wenn wir laut Gleichung (264) die Amperewindungen einführen

$$\frac{a_1 \cdot \psi_1 \cdot I_1 \cdot N_1}{\sqrt{2}} = \frac{S_1}{2} = A_1 \quad . \; . \; . \; . \; . \; . \; . \; (318)$$

$$\frac{a_2 \cdot \psi_2 \cdot I_2 \cdot N_2}{\sqrt{2}} = \frac{S_2}{2} = A_2 \quad . \; . \; . \; . \; . \; . \; . \; (319)$$

erhalten wir im idealen Kurzschluß

$$\frac{A_1}{A_2} = \frac{S_1}{S_2} = \frac{a_1 \cdot \psi_1 \cdot I_1 \cdot N_1}{a_2 \cdot \psi_2 \cdot I_2 \cdot N_2} = \frac{c_2 \cdot k_2}{c_1 \cdot k_{1-2}} \quad . \; . \; . \; . \; . \; (320)$$

Das heißt, im idealen Kurzschluß verhalten sich die Amperewindungen und die Durchflutungen im Stator und Rotor wie $c_2 \cdot k_2 : c_1 \cdot k_{1-2}$.

Aus der zweiten Bedingung $E = E_{1p} - E_{1s}$ folgt durch Subtraktion der Gleichungen (309) und (312) im idealen Kurzschluß:

$$E = \frac{2{,}22 \cdot N_1 \cdot F_l \cdot f_1 \cdot 10^{-8}}{1{,}6 \cdot p \cdot \delta} \left(\frac{c_1 \cdot k_1 \cdot a_1 \cdot \psi_1 \cdot I_1 \cdot N_1}{\sqrt{2}} - \frac{c_2 \cdot k_{2-1} \cdot a_2 \cdot \psi_2 \cdot I_2 \cdot N_2}{\sqrt{2}} \right),$$

und wenn man A laut Gleichungen (318) und (319) substituiert

$$E = \frac{2{,}22 \cdot N_1 \cdot F_l \cdot f_1 \cdot 10^{-8}}{1{,}6 \cdot p \cdot \delta} (c_1 \cdot k_1 \cdot A_1 - c_2 \cdot k_{2-1} \cdot A_2).$$

Setzt man nach Gleichung (320)

$$A_2 = A_1 \frac{c_1 \cdot k_{1-2}}{c_2 \cdot k_2},$$

so wird

$$E = \frac{2{,}22 \cdot c_1 \cdot k_1 \cdot N_1 \cdot F_l \cdot f_1}{1{,}6 \cdot p \cdot \delta} A_1 \cdot 10^{-8} \left(1 - \frac{k_{1-2} \cdot k_{2-1}}{k_1 \cdot k_2}\right) \quad . \; . \; (321)$$

Nun läßt sich die Gleichung (313) sehr schön umformen, wenn man analog (318) und (319) für

$$\frac{a_1 \cdot \psi_1 \cdot I_m \cdot N_1}{\sqrt{2}} = \frac{S_m}{2} = A_m$$

substituiert und man erhält bei $I_2 = 0$

$$E = \frac{2{,}22 \cdot c_1 \cdot k_1 \cdot N_1 \cdot F_l \cdot f_1}{1{,}6 \cdot p \cdot \delta} A_m \cdot 10^{-8} \quad . \; . \; . \; . \; (322)$$

Die Division der Gleichungen (321) und (322) liefert das Resultat: Im idealen Kurzschluß ist die Durchflutung des Stators $\frac{1+\sigma}{\sigma}$-mal so groß wie bei der Magnetisierung

$$S_1 = \frac{S_m}{1 - \frac{k_{1-2} \cdot k_{2-1}}{k_1 \cdot k_2}} = S_m \frac{1+\sigma}{\sigma} \quad . \; . \; . \; . \; . \; . \; (323)$$

Oder in Amperewindungen

$$A_1 = A_m \frac{1+\sigma}{\sigma}.$$

Nach den Gleichungen (304) und (305) ist nämlich

$$\frac{k_1}{k_{1-2}} = 1 + \sigma_1,$$

$$\frac{k_2}{k_{2-1}} = 1 + \sigma_2.$$

daher $$1 - \frac{k_{1-2} \cdot k_{2-1}}{k_1 \cdot k_2}$$

$$= 1 - \frac{1}{(1+\sigma_1)(1+\sigma_2)} = \frac{\sigma_1 + \sigma_2 + \sigma_1 \sigma_2}{1 + \sigma_1 + \sigma_2 + \sigma_1 \cdot \sigma_2} = \frac{\sigma}{1+\sigma} \quad (324)$$

56. Eine wichtige Beziehung zwischen den gegenseitigen Spulenfaktoren.

Die im vorhergehenden Abschnitt gefundenen Resultate zeigen eine so außerordentliche Ähnlichkeit mit den Gesetzen, die wir mittels der Streuungskoeffizienten τ_1, τ_2 und τ im zweiten Kapitel aufgestellt haben, daß wir nun mit Sicherheit sagen können: Das Diagramm eines Motors, der verschiedene Nutenzahlen im Stator und Rotor hat, muß ein Kreisdiagramm sein, selbst wenn nur Spulenstreuung, keine andere Streuung vorhanden ist.

Der Diagrammkreis ist sehr leicht mittels der Gleichung (323) zu bestimmen, denn es ist das Verhältnis

$$\frac{\text{Statorkurzschlußstrom}}{\text{Magnetisierungsstrom}} = \frac{1+\sigma}{\sigma} = \frac{u\,d}{u\,b} \quad \ldots \quad (325)$$

daher der Durchmesser des Diagrammkreises

$$\overline{bd} = \frac{\overline{ub}}{\sigma} \quad \ldots \ldots \ldots \ldots (326)$$

σ ist nach Gleichung (308)

$$\sigma = \sigma_1 + \sigma_2 + \sigma_1 \cdot \sigma_2 \quad \ldots \ldots \ldots (327)$$

und die drei letzten Gleichungen korrespondieren vollkommen mit den in der Tabelle zu Abb. 21 angegebenen Beziehungen.

Wir dürfen daher den Analogieschluß machen, daß auch die der gleichen Tabelle entnommene Beziehung auf die Spulenstreuung anwendbar ist, nämlich

$$\frac{\text{Rotorkurzschlußamperewindungen}}{\text{Statorkurzschlußamperewindungen}} = \frac{\overline{ad}}{ud} = \frac{1+\sigma_1}{1+\sigma} = \frac{1}{1+\sigma_2} = \frac{k_{2-1}}{k_2} \quad (328)$$

Nun ist aber nach Gleichung (320) das Verhältnis

$$\frac{\text{Rotorkurzschlußamperewindungen}}{\text{Statorkurzschlußamperewindungen}} = \frac{c_1 \cdot k_{1-2}}{c_2 \cdot k_2} \quad \ldots \quad (329)$$

Sollen sich die Gleichungen (328) und (329) nicht widersprechen, so muß sein

$$c_1 \cdot k_{1-2} = c_2 \cdot k_{2-1} \quad \ldots \ldots \ldots (330)$$

Diese merkwürdige Beziehung ist in der Tat richtig. Da aber allgemeine Gleichungen der gegenseitigen Spulenfaktoren nicht bekannt sind, läßt sich die Richtigkeit dieser Gleichungen vorläufig nur empirisch, nicht mathematisch beweisen, wie an den Beispielen im nächsten Abschnitt gezeigt wird.

Es wird sich dabei herausstellen, daß bei gleicher Phasenzahl im Stator und Rotor Gleichung (330) absolut genau richtig ist.

Bei verschiedener Phasenzahl im Stator und Rotor gilt sie mit einer Genauigkeit von ungefähr 3 %.

57. Beispiele zu Abschnitt 56.

Zur Kontrolle der Gleichung (330) bedient man sich am besten der Koeffizienten in Form von gemeinen Brüchen aus den Tafeln I und II, S. 205.

Die Beispiele 1 bis 4 behandeln den einfacheren Fall, daß die Phasenzahl im Stator a_1 und Rotor a_2 gleich sind. Die Gleichung (330) wird in diesen Fällen mathematisch genau erfüllt, so feindselig auch auf den ersten Blick die Zahlengruppen aussehen mögen. Man beachte z. B. im zweiten Exempel in den Nennern die Zahlen 175 und 176.

Wenn das Primärsystem zweiphasig ist, darf in der zweiten Zeile der Tafel I im Vordruck $\sqrt{2}\cdot c =$ die Wurzel nicht vergessen werden, sobald Stator und Rotor verschiedene Phasenzahlen haben.

1. Beispiel.

$$a_1 = 3 \qquad a_2 = 3$$
$$m_1 = 3 \qquad m_2 = 5$$
$$c_1 \cdot k_{1-2} = c_2 \cdot k_{2-1}$$
$$\frac{16}{27}\cdot\frac{189}{200} = \frac{44}{75}\cdot\frac{21}{22} \ldots \text{ stimmt.}$$

2. Beispiel.

$$a_1 = 3 \qquad a_2 = 3$$
$$m_1 = \infty \qquad m_2 = 5$$
$$c_1 \cdot k_{1-2} = c_2 \cdot k_{2-1}$$
$$\frac{7}{12}\cdot\frac{167}{175} = \frac{44}{75}\cdot\frac{167}{176} \ldots \text{ stimmt.}$$

3. Beispiel.

$$a_1 = 2 \qquad a_2 = 2$$
$$m_1 = 4 \qquad m_2 = 3$$
$$c_1 \cdot k_{1-2} = c_2 \cdot k_{2-1}$$
$$\frac{1}{\sqrt{2}}\cdot\frac{3}{4}\cdot\frac{49}{54} = \frac{1}{\sqrt{2}}\cdot\frac{7}{9}\cdot\frac{7}{8} \ldots \text{ stimmt.}$$

4. Beispiel.

$$a_1 = 2 \qquad a_2 = 2$$
$$m_1 = 5 \qquad m_2 = 4$$
$$c_1 \cdot k_{1-2} = c_2 \cdot k_{2-1}$$
$$\frac{1}{\sqrt{2}}\cdot\frac{19}{25}\cdot\frac{135}{152} = \frac{1}{\sqrt{2}}\cdot\frac{3}{4}\cdot\frac{9}{10} \ldots \text{ stimmt.}$$

5. Beispiel.

$$a_1 = 2 \qquad a_2 = 3$$
$$m_1 = 3 \qquad m_2 = 2$$
$$c_2 \cdot k_{1-2} = c_2 \cdot k_{2-1}$$
$$\frac{1}{\sqrt{2}} \cdot \frac{7}{9} \cdot \frac{13}{14} = \frac{7}{12} \cdot \frac{19}{21}$$
$$\sqrt{2} = \frac{26}{19} = 1{,}36842 \text{ statt } 1{,}41422.$$

Fehler $= 3{,}2\,^0/_0$.

6. Beispiel.

$$a_1 = 2 \qquad a_2 = 3$$
$$m_1 = 4 \qquad m_2 = 3$$
$$c_1 \cdot k_{1-2} = c_2 \cdot k_{2-1}$$
$$\frac{1}{\sqrt{2}} \cdot \frac{3}{4} \cdot \frac{155}{162} = \frac{16}{27} \cdot \frac{259}{288}$$
$$\sqrt{2} = \frac{1395}{1036} = 1{,}34653 \text{ statt } 1{,}41422.$$

Fehler $= 4{,}8\,^0/_0$.

7. Beispiel.

$$a_1 = 3 \qquad a_2 = 2$$
$$m_1 = 2 \qquad m_2 = 4$$
$$c_1 \cdot k_{1-2} = c_2 \cdot k_{2-1}$$
$$\frac{7}{12} \cdot \frac{51}{56} = \frac{1}{\sqrt{2}} \cdot \frac{3}{4} \cdot \frac{35}{36}$$
$$\sqrt{2} = \frac{70}{51} = 1{,}37255 \text{ statt } 1{,}41422.$$

Fehler $= 2{,}9\,^0/_0$.

8. Beispiel.

$$a_1 = 3 \qquad a_2 = 2$$
$$m_1 = \infty \qquad m_2 = 3$$
$$c_1 \cdot k_{1-2} = c_2 \cdot k_{2-1}$$
$$\frac{7}{12} \cdot \frac{19}{21} = \frac{1}{\sqrt{2}} \cdot \frac{7}{9} \cdot \frac{13}{14}$$
$$\sqrt{2} = \frac{26}{19} = 1.36842 \text{ statt } 1{,}41422.$$

Fehler $= 3{,}2\,^0/_0$.

58. Die Unsymmetrie bei verschiedener Phasenzahl im Stator und Rotor.

Die Eigentümlichkeit, daß die Gleichung (330) bei ungleicher Phasenzahl im Stator und Rotor nicht absolute Gültigkeit besitzt, bietet einen willkommenen Anlaß, auf die allgemeinen Folgen einer Verschiedenheit der Phasenzahl hinzuweisen.

Unter Anwendung der Görgesschen Polygone ist in Abb. 81 ein dreiphasiger Stator und ein zweiphasiger Rotor gezeichnet. Läßt man den Rotor stillstehen, um entweder bei offener Rotorwicklung das Übersetzungsverhältnis der EMKK oder bei kurzgeschlossener Rotorwicklung das Übersetzungsverhältnis der Kurzschlußströme zu messen, so wird man finden, daß weder die sekundären EMKK noch die Sekundärströme in beiden Phasen des Rotors vollkommen gleich sind. Aus der Abbildung ergibt sich das ganz von selbst, denn es läßt sich keine Rotorstellung finden, in der die 2 Rotorphasen von den 3 Statorphasen vollkommen gleichmäßig beeinflußt werden. Ein Quadrat läßt sich in einem Sechseck nicht symmetrisch orientieren.

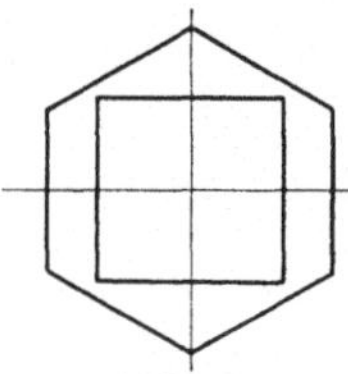
Abb. 81.

Bei der Ermittlung der Spulenfaktoren, und zwar der eigenen wie der gegenseitigen, haben wir stets konaxial liegende Spulen, in Abb. 81 also die mit der vertikalen Achse untersucht, weil sich in dieser Lage die Verhältnisse für die Rechnung am einfachsten gestalten.

Das mit den gegenseitigen Spulenfaktoren berechnete oder gemessene Übersetzungsverhältnis $E_2 : E_1$ gilt daher bei verschiedener Phasenzahl nur für die Phasen, deren Spulen sich in konaxialer Stellung befinden.

Genau so liegen die Verhältnisse in bezug auf die Übersetzungsverhältnisse der Amperewindungen und Ströme, und mit ihrer Hilfe können wir auch die maximalen Abweichungen, die in einem unsymmetrischen System auftreten können, zahlenmäßig bestimmen.

Nach den Gleichungen (362), (364) oder (320) hat das Primär- und Sekundärsystem gleiche erregende Kraft und gleiche Durchflutung, wenn

$$a_1 \cdot \psi'_1 \cdot I_1 \cdot N_1 = a_2 \cdot \psi'_2 \cdot I_2 \cdot N_2 ,$$

daher

$$\frac{I_1}{I_2} = \frac{a_2 \cdot \psi'_2 \cdot N_2}{a_1 \cdot \psi'_1 \cdot N_1} \quad \text{(331)}$$

und bei gleicher Drahtzahl für jede Phase der Stator- und Rotorwicklung $N_1 = N_2$

$$\frac{I_1}{I_2} = \frac{a_2 \cdot \psi'_2}{a_1 \cdot \psi'_1} \quad \text{(332)}$$

ist.

Nun nehmen wir der Einfachheit halber an, daß der Motor nicht nur verlustlos und streuungsfrei, sondern daß auch sein Luftspalt unendlich klein ist. Der Motor benötigt dann zur Erregung nur einen unendlich kleinen Blindstrom, oder mit anderen Worten gesagt, der Stator nimmt nur Werkstrom auf, der stillstehende induktionslos belastete Rotor gibt nur Werkstrom ab und der primäre und sekundäre Leistungsfaktor ist Eins. Diese Verhältnisse sind bei einem sekundär induktionsfrei belasteten Transformator nahezu vorhanden.

Nach dem Prinzip der Erhaltung der Energie muß bei einem streuungsfreien verlustlosen Motor ohne Luft- und Eisenwiderstand die aufgenommene Leistung gleich der abgegebenen, also

$$a_1 \cdot E_1 \cdot I_1 = a_2 \cdot E_2 \cdot I_2 \quad \ldots \ldots \ldots \quad (333)$$

sein. Bei $N_1 = N_2$ wird auch $E_1 = E_2$, und daher

$$\frac{I_1}{I_2} = \frac{a_2}{a_1} \quad \ldots \ldots \ldots \quad (334)$$

Durch Gleichsetzen der Gleichungen (332) und (334) erhält man

$$\psi_1 = \psi_2 \quad \ldots \ldots \ldots \quad (335)$$

und damit den mathematischen Hinweis, daß die Durchflutungsbedingung (331) und die Energiebedingung (333) nur dann gleichzeitig genau erfüllt werden, wenn Primär- und Sekundärsystem gleiche Phasenzahl besitzen.

Bezeichnet man mit *III* ein dreiphasiges, mit *II* ein zweiphasiges System, so erhält man nach Gleichung (332)

$$\frac{I_{III}}{I_{II}} = \frac{2 \cdot \psi_{II}}{3 \cdot \psi_{III}}$$

und wenn man $\psi_{II} = 0{,}707$ und $\psi_{III} = \frac{2}{3}$ nach Tabelle Seite 181 einsetzt

$$\frac{I_{III}}{I_{II}} = \frac{2 \cdot 0{,}707}{3 \cdot 0{,}667} = \frac{\sqrt{2}}{2} \quad \ldots \ldots \ldots \quad (336)$$

Dagegen liefert die Gleichung (334) das Verhältnis

$$\frac{I_{III}}{I_{II}} = \frac{2}{3} \quad \ldots \ldots \ldots \quad (337)$$

Setzt man die Gleichungen (336) und (337) einander gleich, so erhält man

$$\sqrt{2} = \frac{4}{3} = 1{,}333 \text{ statt } 1{,}414 \quad \ldots \ldots \quad (338)$$

und einen Fehler von 5,7 %.

Der aus der Energiebedingung nach Gleichung (333) berechnete Rotorstrom ist $\frac{3}{4} \cdot \sqrt{2}$ größer als der aus dem Übersetzungsverhältnis der Amperewindungen berechnete.

Nun ist das Prinzip der Erhaltung der Energie ein absolut starres, an dem sich nichts rütteln und deuteln läßt; dagegen besitzt das Übersetzungsverhältnis der Ströme eine gewisse Elastizität.

Die Natur hilft sich denn auch bei einem nach Fig. 81 ausgeführten Motor oder Transformator in der Weise, daß weder die 3 Stator- noch die 2 Rotorphasen unter sich vollkommen gleiche Ströme führen. Die Symmetrie ist im Primär- und Sekundärsystem gestört, doch so, daß natürlich das Prinzip der Erhaltung der Energie aufrecht erhalten wird, denn was der einen Rotorphase an EMK oder Strom entzogen ist, wird der anderen Phase zugelegt.

Motoren mit verschiedener Phasenzahl im Stator und Rotor sind daher nicht sehr geeignet, um an ihnen zu theoretischen Zwecken das Übersetzungsverhältnis der EMKK oder der Kurzschlußströme zu messen. Zum mindesten müssen besondere Vorsichtsmaßregeln angewandt und immer gleichzeitig alle Phasen mit besonderer Genauigkeit gemessen werden, sonst hat man eventuell Fehler bis zu $5\,^0/_0$ zu gewärtigen.

Der Fehler von $5{,}7\,^0/_0$ laut Gleichung (338) entspricht einer Einlochwicklung im Stator und im Rotor. Bei Mehrlochwicklungen mildert sich dieser Fehler auf ungefähr $3\,^0/_0$, wie am 5. bis 8. Beispiel des vorhergehenden Abschnittes gezeigt ist.

Es läßt sich nun leicht angeben, wie die Gleichung (330) umgestaltet werden muß, um bei verschiedener Phasenzahl im Stator und Rotor bei den gebräuchlichen Wicklungen mit mehreren Nuten pro Spulenseite einen möglichst kleinen Fehler zu ergeben. Man erhält nämlich bei 3 Phasen im Stator, 2 Phasen im Rotor

$$a_1 = 3 \qquad a_2 = 2$$

$$\frac{4}{3} \cdot c_1 \cdot k_{1-2} = \sqrt{2} \cdot c_2 \cdot k_{2-1} \quad \ldots\ldots\ldots \quad (339)$$

und bei 2 Phasen im Stator, 3 Phasen im Rotor

$$a_1 = 2 \qquad a_2 = 3$$

$$\sqrt{2} \cdot c_1 \cdot k_{1-2} = \frac{4}{3} \cdot c_2 \cdot k_{2-1} \quad \ldots\ldots\ldots \quad (340)$$

Rechnet man die Beispiele 5 bis 8 des vorigen Abschnittes mit diesen neuen Gleichungen nach, so erhält man im

Beispiel 5

$$\sqrt{2} \cdot c_1 \cdot k_{1-2} = \frac{4}{3} \cdot c_2 \cdot k_{2-1}$$

$$\frac{\sqrt{2}}{\sqrt{2}} \cdot \frac{7}{9} \cdot \frac{13}{14} \doteq \frac{4}{3} \cdot \frac{7}{12} \cdot \frac{19}{21}$$

$$\frac{39}{54} \doteq \frac{38}{54}.$$

Beispiel 6.

$$\sqrt{2} \cdot c_1 \cdot k_{1-2} = \frac{4}{3} \cdot c_2 \cdot k_{2-1}$$

$$\frac{\sqrt{2}}{\sqrt{2}} \cdot \frac{3}{4} \cdot \frac{155}{162} \doteq \frac{4}{3} \cdot \frac{16}{27} \cdot \frac{259}{288}$$

$$\frac{4185}{5832} \doteq \frac{4144}{5832}.$$

Beispiel 7.

$$\frac{4}{3} \cdot c_1 \cdot k_{1-2} = \sqrt{2} \cdot c_2 \cdot k_{2-1}$$

$$\frac{4}{3} \cdot \frac{7}{12} \cdot \frac{51}{56} \doteq \frac{\sqrt{2}}{\sqrt{2}} \cdot \frac{3}{4} \cdot \frac{35}{36}$$

$$\frac{34}{48} \doteq \frac{35}{48}.$$

Beispiel 8.

$$\frac{4}{3} \cdot c_1 \cdot k_{1-2} = \sqrt{2} \cdot c_2 \cdot k_{2-1}$$

$$\frac{4}{3} \cdot \frac{7}{12} \cdot \frac{19}{21} \doteq \frac{\sqrt{2}}{\sqrt{2}} \cdot \frac{7}{9} \cdot \frac{13}{14}$$

$$\frac{38}{54} \doteq \frac{39}{54}.$$

Dagegen erhält man bei Einlochwicklungen:

$$a_1 = 3 \qquad a_2 = 2 \qquad \text{und bei} \qquad a_1 = 2 \qquad a_2 = 3$$
$$m_1 = 1 \qquad m_2 = 1 \qquad\qquad\qquad m_1 = 1 \qquad m_2 = 1$$

$$\frac{4}{3} \cdot c_1 \cdot k_{1-2} = \sqrt{2} \cdot c_2 \cdot k_{2-1} \qquad \sqrt{2} \cdot c_1 \cdot k_{1-2} = \frac{4}{3} \cdot c_2 \cdot k_{2-1}$$

$$\frac{4}{3} \cdot \frac{2}{3} \cdot 1 \neq \frac{\sqrt{2}}{\sqrt{2}} \cdot 1 \cdot 1 \qquad \frac{\sqrt{2}}{\sqrt{2}} \cdot 1 \cdot 1 \neq \frac{4}{3} \cdot \frac{2}{3} \cdot 1$$

$$\frac{8}{9} \neq 1 \qquad 1 \neq \frac{8}{9}.$$

Bei Einlochwicklungen erhält man daher mit den Gleichungen (339) und (340) Fehler von 10 % und es kann daher wenig befriedigen, die Gleichung (330) in der beschriebenen Weise zu verbessern; dies um so weniger, als einwandfrei begründet wurde, daß die Gleichung (330) nur bei gleicher Phasenzahl im Stator und Rotor absolute Gültigkeit besitzen kann.

59. Die Feldkurven beim idealen Kurzschluß.

Bei Ableitung der eigenen und gegenseitigen Spulenfaktoren haben wir uns darauf beschränken können, die Feldkurve zu zeichnen, wenn entweder der Stator oder der Rotor als primärer Teil ans Netz angeschlossen und vom Magnetisierungsstrom durchflossen wurde. Es ist aber äußerst interessant und lehrreich, sich über die Form und Größe der magnetischen Felder auch dann vollständige Klarheit zu verschaffen, wenn Stator und Rotor gleichzeitig stromdurchflossen sind.

Der Fall liegt natürlich am einfachsten beim idealen Kurzschluß, weil hierbei Stator- und Rotorstrom um 180° phasenverschoben sind und deshalb die von den Rotoramperewindungen allein erzeugten Felder einfach von den Feldern, die von den Statoramperewindungen allein hervorgerufen sind, subtrahiert werden dürfen. Auch in bezug auf die EMK liegt die Sache beim idealen Kurzschluß besonders einfach, da die EMK des Stators gleich der konstanten Klemmenspannung, die EMK des Rotors gleich Null sein muß.

Um möglichst überzeugend zu zeigen, wie wichtig die richtige Erkenntnis der Spulenstreuung in theoretischer Beziehung ist, nehmen wir natürlich wieder an, daß der Motor außer der Spulenstreuung keine andere Streuung besitzt, daß er verlustlos ist, und außer dem Luftzwischenraum keine magnetischen Widerstände besitzt. Wir können daher die Feldinduktion der erregenden Kraft A oder der Durchflutung S einfach proportional setzen.

Beim idealen Kurzschluß ist das Verhältnis von der Durchflutung bei der Magnetisierung A_m, zur Durchflutung beim Kurzschluß A_1 im Stator nach Gleichung 325

$$\frac{A_1}{A_m} = \frac{1+\sigma}{\sigma}.$$

Das Verhältnis Rotordurchflutung : Statordurchflutung ist beim Kurzschluß nach Gleichung (328)

$$\frac{A_2}{A_1} = \frac{1}{1+\sigma_2} = \frac{k_{2-1}}{k_2}$$

und
$$1+\sigma = (1+\sigma_1)(1+\sigma_2) = \frac{k_1}{k_{1-2}} \cdot \frac{k_2}{k_{2-1}}.$$

Zu unserer Untersuchung wählen wir Motoren, die im Stator und Rotor zweiphasig sind, weil bei dreiphasigen Motoren der Quotient $\frac{1+\sigma}{\sigma}$ größer wird wie bei zweiphasigen, was für die zeichnerische Darstellung nicht so bequem und übersichtlich ist.

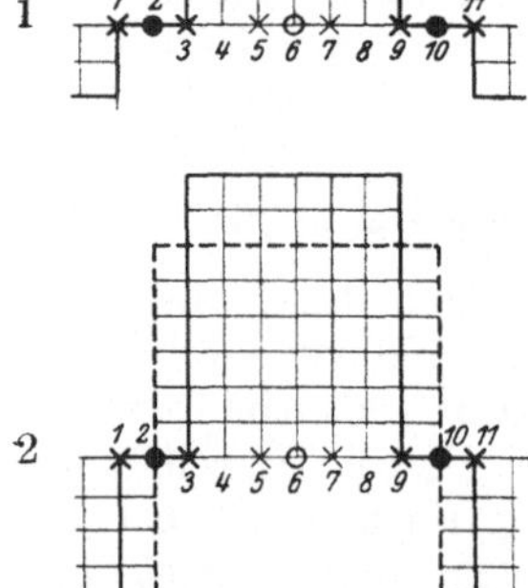

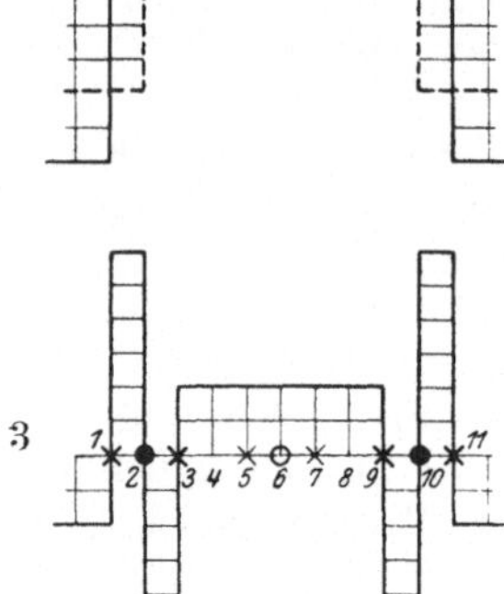

Abb. 82.

Wir werden zuerst einen zweiphasigen Motor betrachten, der im Stator zwei Nuten für jede Spulenseite, im Rotor eine Einlochwicklung hat. In Abb. 82 ist die Statorwicklung durch Kreuze, die Rotorwicklung durch Kreise angedeutet.

Mit Hilfe der Tafel I auf Seite 205 können wir nun leicht folgende Daten zusammenstellen:

$$a_1 = 2 \qquad a_2 = 2$$
$$m_1 = 2 \qquad m_2 = 1$$
$$k_1 = 1 \qquad k_2 = 1$$
$$k_{1-2} = 1 \qquad k_{2-1} = \tfrac{3}{4}$$

$$1+\sigma_1 = \frac{k_1}{k_{1-2}} = \frac{1}{1} = 1$$

$$1+\sigma_2 = \frac{k_2}{k_{2-1}} = 1 \cdot \frac{4}{3} = \frac{4}{3}$$

$$1+\sigma = (1+\sigma_1)(1+\sigma_2) = 1 \cdot \tfrac{4}{3} = \tfrac{4}{3}$$

$$\sigma = \tfrac{4}{3} - 1 = \tfrac{1}{3}.$$

Wenn der Stator nur vom Magnetisierungsstrom durchflossen und der Rotor stromlos ist, stellt Abb. 82, 1 die Feldkurve dar, deren Ordinate beliebig groß gezeichnet werden kann. In der Abbildung ist die Ordinate = 2 Einheiten angenommen, sie stellt in erster Linie die maximale Luftinduktion $\mathfrak{B}_l$ dar, wir können sie aber auch ohne weiteres als Maßzahl für die Magnetisierungsdurchflutung S_m oder A_m annehmen. Wir erhalten dann folgende Werte für die Durchflutungen im Stator und Rotor beim Kurzschluß:

$$A_m = 2$$

$$A_1 = A_m \cdot \frac{1+\sigma}{\sigma} = 2 \cdot \frac{\frac{4}{3}}{\frac{1}{3}} = 8$$

$$A_2 = \frac{A_1}{1+\sigma_2} = 8 \cdot \frac{3}{4} = 6.$$

Die Durchflutung beim Kurzschluß ist im Stator $=8$, also viermal so groß wie bei der Magnetisierung, und daher muß das Statorfeld unter der Einwirkung des Statorstromes allein viermal so groß sein wie bei der Magnetisierung und stromlosem Rotor. In die Abb. 82, 2 müssen wir daher die Feldkurve aus Abb. 82, 1 ohne am Charakter der Kurve etwas zu ändern, mit 4 mal vergrößerten Ordinaten eintragen, wie die ausgezogene Linie zeigt. Beim idealen Kurzschluß ist die Durchflutung im Rotor und die von ihr allein hervorgerufene maximale Luftinduktion $=6$, und weil der Rotor eine Einlochwicklung besitzt, ist diese Induktion über den ganzen Pol konstant. Die Feldkurve des Rotors ist bei Kurzschluß daher das gestrichelte Rechteck der Abb. 82, 2. Die Ordinate dieses Rechtecks müßte eigentlich nach unten, also negativ gezeichnet werden, da ja der Rotorstrom gegenüber dem Statorstrom um 180^0 phasenverschoben ist, mithin entgegengesetztes Vorzeichen hat. Die hier gewählte Darstellung wirkt aber deutlicher, weil sie die Differenz der beiden Feldkurven besser erkennen läßt.

Die Differenz der beiden in Abb. 82, 2 gezeichneten Feldkurven stellt nämlich das resultierende Feld im Motor dar. Dieses Feld, Abb. 82, 3 ist das einzige im Motor wirklich vorhandene, es ist das resultierende Feld und durchsetzt in gleicher Größe und Gestalt den Stator und Rotor, denn wir haben ja die Annahme gemacht, daß außer der Spulenstreuung keine andere Streuung vorhanden sein soll.

Die Spulenstreuung äußert sich eben einfach dadurch, daß bei Kurzschluß das Feld Abb. 82, 3 entsteht, und das, ganz wie es die Theorie verlangt, die Eigenschaft besitzt, in der Statorwicklung die EMK $E_1 = E$, in der Rotorwicklung $E_2 = 0$ zu induzieren.

Beim gewählten Beispiel liegt die Sache besonders einfach, weil das resultierende Feld zwischen den Statordrähten 3 bis 9 genau die gleiche Größe und Gestalt, nämlich 12 Quadrate, besitzt, wie das Magnetisierungsfeld Abb. 82, 1. Man sieht daher auf den ersten Blick, daß das resultierende Kurzschlußfeld in der Statorwicklung die gleiche EMK induzieren muß wie das Magnetisierungsfeld Abb. 82, 1, denn die zwischen den Statordrähten 1 bis 3 und 9 bis 11 liegenden Felder von je 6 Quadraten heben sich gegenseitig auf.

Zwischen den Rotordrähten 2 bis 10 hat das resultierende Feld die Größe Null, denn die 12 positiven und 2×6 negativen Quadrate heben sich vollkommen auf, und im Rotor wird daher die EMK Null induziert.

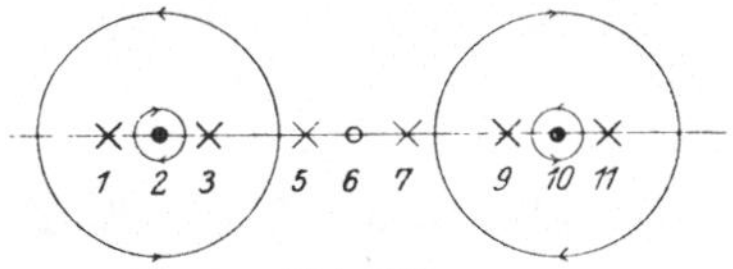

In Abb. 83 ist das resultierende Feld Abb. 82, 3 in anderer Form zur Darstellung gebracht. Jede der eingezeichneten Kraftlinien entspricht einem magnetischen Fluß von 6 Quadraten und man sieht, daß sich alle Kraftlinien in bezug auf die Rotorwicklung aufheben. Die kleinen Kraftlinienkreise umschließen die Statordrähte überhaupt nicht, sind daher für den Stator vollkommen wirkungslos, während die großen

Abb. 83.

Kraftlinienkreise vollkommen die Statordrähte umschließen und eine EMK von der Größe der konstanten Klemmenspannung induzieren.

Um zu zeigen, wie eigentümlich die Kurve des resultierenden Kurzschlußfeldes von der Nutenzahl abhängt, soll derselbe Motor nochmals untersucht werden unter der einzigen Abänderung, daß nun der Stator eine Einlochwicklung, der Rotor 2 Nuten für jede Spulenseite besitzen soll.

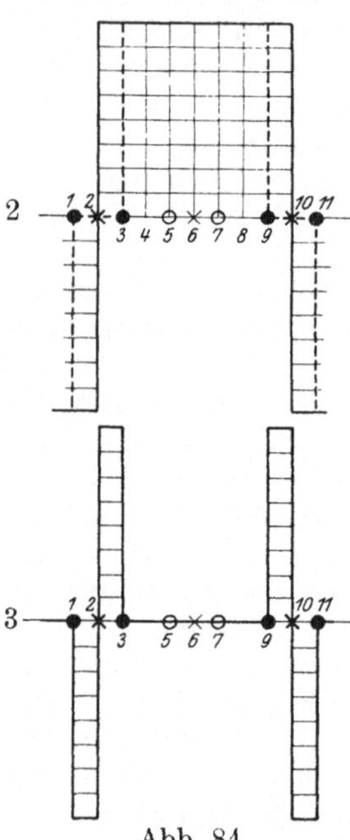

Abb. 84.

Wenn wir die Ordinate des Magnetisierungsfeldes und A_m wieder 2 Einheiten groß annehmen, erhalten wir folgende Zahlen:

$$a_1 = 2 \qquad a_2 = 2$$
$$m_1 = 1 \qquad m_2 = 2$$
$$k_1 = 1 \qquad k_2 = 1$$
$$k_{1-2} = \tfrac{3}{4} \qquad k_{2-1} = 1$$

$$1 + \sigma_1 = \frac{k_1}{k_{1-2}} = \frac{4}{3}$$

$$1 + \sigma_2 = \frac{k_2}{k_{2-1}} = 1$$

$$1 + \sigma = (1 + \sigma_1)(1 + \sigma_2) = \tfrac{4}{3}$$

$$\sigma = \tfrac{4}{3} - 1 = \tfrac{1}{3}$$

$$A_m = 2$$

$$A_1 = A_m \cdot \frac{1 + \sigma}{\sigma} = 2 \cdot \frac{\frac{4}{3}}{\frac{1}{3}} = 8$$

$$A_2 = \frac{A_1}{1 + \sigma_2} = \frac{8}{1} = 8\,.$$

Die Abb. 84 zeigt die auf Grund dieser Zahlen entworfenen Feldkurven, die wohl ohne weitere Erklärung verständlich sein dürften. Das resultierende Feld Abb. 84, 3 hat der Statorwicklung in den Nuten 2 und 10 gegenüber wie das Magnetisierungsfeld 16 Quadrate, daher wird beim Kurzschluß die gleiche EMK im Stator induziert wie bei Leerlauf. In der Rotorwicklung 1, 3, 9, 11 kann das resultierende Feld keine EMK induzieren.

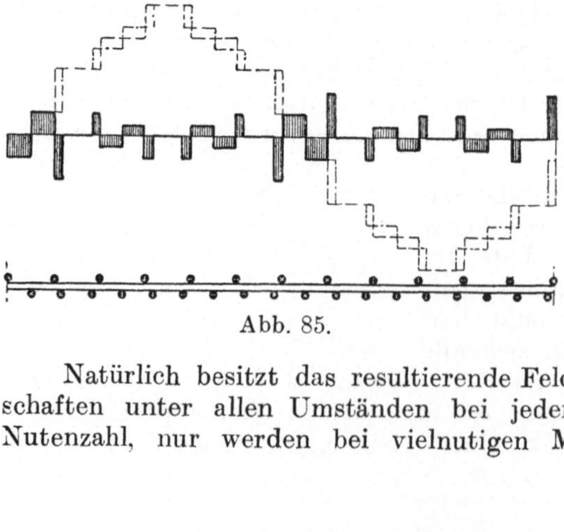

Abb. 85.

Natürlich besitzt das resultierende Feld die geschilderten Eigenschaften unter allen Umständen bei jeder beliebigen Phasen- und Nutenzahl, nur werden bei vielnutigen Motoren die Abbildungen entsprechend komplizierter. Z. B. stellt Abb. 85 die Feldkurven eines Dreiphasen-Stators mit 2 Nuten mit einem dreiphasigen Rotor mit drei Nuten für jede Spulenseite dar, allerdings nicht im idealen Kurzschluß, sondern in einem künstlich herbeigeführten Zustand, in dem die erregende Kraft im Stator und Rotor, mithin auch die maximalen Induktionen des Stator- und Rotorfeldes gleich groß sind. Die Abbildung ist dem mehrfach erwähnten Artikel in der ETZ 1909, Seite 222 von Rogowski und Simons entnommen.

60. Das Kreisdiagramm der Spulenstreuung.

Die Spulenstreuung hat allen übrigen Streuungsarten gegenüber den großen Vorzug, daß sie der Rechnung mit vollkommener Genauigkeit zugänglich ist. Die eigenen und gegenseitigen Spulenfaktoren lassen sich für jede beliebige Spulenanordnung verhältnismäßig leicht mathematisch genau bestimmen, während wir bei allen übrigen Streuungsarten nur unter sehr vereinfachenden Annahmen über die Kraftlinienbahnen angenähert richtige Zahlenwerte gewinnen können.

Den klarsten Einblick in das Verhalten eines Motors und in die Deutung seines Diagrammes müssen wir daher dann bekommen, wenn wir annehmen, daß der Motor nur Spulenstreuung besitzt. Da wir für die Magnetisierung bei stillstehendem Rotor und für den idealen Kurzschluß schon alle Resultate gewonnen haben, können wir sofort das vollständige Kreisdiagramm Abb. 86 entwerfen.

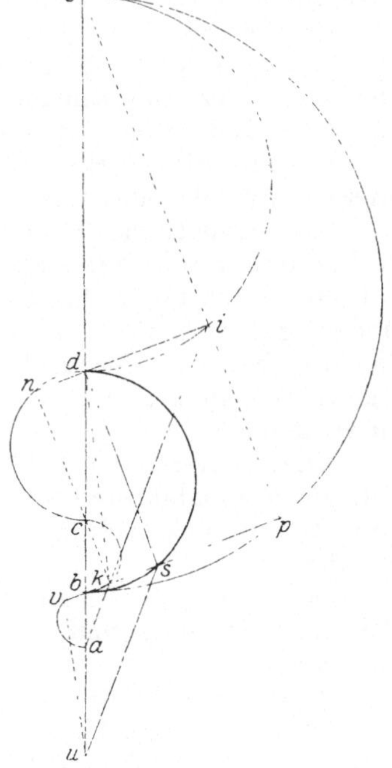

Abb. 86.

Die Abb. 86 entspricht vollkommen der Abb. 20, wenn die Streuungskoeffizienten τ_1, τ_2, τ durch σ_1, σ_2, σ ersetzt werden.

Wir haben früher ohne weiteres angenommen, daß bei einer beliebigen Belastung

$$ad = \text{Statorfeld}$$
$$kd = \text{Luftfeld}$$
$$sd = \text{Rotorfeld}$$

ist, und wir haben absichtlich häufig den unbestimmten Ausdruck „Feld“ gebraucht, um nicht die Frage entscheiden zu müssen: stellen die betreffenden Strecken des Diagrammes erregende Kräfte in Amperewindungen und daher magnetische Induktionen oder Kraftflüsse, also Kraftlinienzahlen dar?

Jetzt können wir dieser Frage nähertreten, und wir wählen zu unseren Untersuchungen zuerst die Strecke sd. Beim idealen

Kurzschluß fällt nämlich die Spitze s des Stromdreiecks mit dem Punkt d zusammen und das „Rotorfeld“ sd wird Null.

Wie ein Rotorfeld beim idealen Kurzschluß aussieht, wissen wir aber aus Abb. 82, 3. Daß dieses Feld die Induktion Null besitzt, kann man keineswegs behaupten, denn nicht einmal die mittlere Induktion ist Null. Die Anschauung, daß die Strecken des „Felddiagrammes“ Induktionen darstellen, ist daher nicht haltbar.

Versuchen wir es mit dem Induktionsfluß (Kraftfluß, Kraftlinienzahl)! In Abb. 82, 3 ist allerdings der mittlere Induktionsfluß des Feldes Null, weil die 12 positiven und 12 negativen Quadrate einander gegenseitig aufheben. Man kann aber trotzdem nicht sagen, daß der Induktionsfluß = Null ist; denn genau dasselbe Feld Abb. 82, 3 induziert ja in der Statorwicklung eine EMK von der vollen Größe der Klemmenspannung. Ein Induktionsfluß Null kann aber keine EMK induzieren.

Man könnte daher nur sagen: Das Feld Abb. 82, 3 hat der Statorwicklung gegenüber einen Induktionsfluß 12, dem Rotor gegenüber einen Induktionsfluß 0.

In Abb. 82, 3 war wenigstens der mittlere Induktionsfluß Null, bei der in Abb. 84, 3 gezeichneten Feldkurve trifft nicht einmal dies zu. Der Induktionsfluß ist bei dieser Abbildung = 16, die maximale Induktion = 8, die mittlere Induktion = 2.

Um aus diesem Heer von Widersprüchen einen Ausweg zu finden, müssen wir folgendes überlegen:

Ein magnetisches Feld ist weder durch seinen Induktionsfluß Φ_l, noch durch seine maximale Induktion $\mathfrak{B}_l$, auch nicht durch seine mittlere Induktion $c \cdot \mathfrak{B}_l$, denn $c \cdot \mathfrak{B}_l \cdot F_l$ ist wieder Φ_l, vollkommen eindeutig bestimmt. Als wesentliches Merkmal fehlt nämlich noch die Angabe, wie der Induktionsfluß über den ganzen Feldquerschnitt verteilt ist; mit anderen Worten: man muß auch die Feldkurve kennen.

Nur an Hand der Feldkurve lassen sich die eigenen und gegenseitigen Spulenfaktoren ermitteln. Umgekehrt bilden die Spulenfaktoren ein ausgezeichnetes Kriterium darüber, wie die Feldkurve gestaltet ist.

Die wichtigste Eigenschaft eines magnetischen Feldes ist seine Fähigkeit, in einer Spule EMKK zu induzieren, und mit Hilfe der Spulenfaktoren kann man aus dieser Wirkung des Feldes seine sonstigen Eigenschaften bestimmen.

Die genaueste Definition eines magnetischen Feldes besteht daher in der Angabe, welche EMK dieses Feld in Spulen von bestimmter Anordnnng induziert.

Wenn wir daher an Stelle des Induktionsflusses Φ_l oder der maximalen Induktion $\mathfrak{B}_l$ eines Feldes, die von ihm induzierten EMKK einführen, können wir alle vorher erwähnten Widersprüche beseitigen. Am einfachsten läßt sich das zeigen, wenn der Motor als Transformator arbeitet, und wir nehmen daher vorläufig an, daß auch bei der in Abb. 86 gezeichneten mittleren Belastung der Rotor stillsteht und auf einen induktionsfreien, an seinen Schleifringen angeschlossenen Widerstand arbeitet.

Der Unterschied unserer jetzigen geläuterten Auffassung der früheren gegenüber äußert sich schon beim Leerlauf mit stromlosem Rotor. Früher hatten wir die Auffassung, daß vom Statorfeld ad nur der Teil bd nach dem Rotor gelangt, während das Statorstreufeld ab im Stator allein verläuft, ohne die Rotorwindung zu umschließen.

Nun können wir die Vorgänge richtig beschreiben: Die erregenden Amperewindungen ub erzeugen ein Feld, das, wenn nur Spulenstreuung, keine andere Streuung vorhanden ist, in unveränderter Größe und Form Stator und Rotor durchsetzt. Wegen der Verschiedenheit der Stator- und Rotorwicklung wird im Rotor eine andere EMK induziert als im Stator, und es ist nach Gleichung (315)

$$\frac{E_{2s}}{E_{1p}} = \frac{k_{1-2}}{k_1} \cdot \frac{N_2}{N_1} \quad \ldots\ldots\ldots\ldots \quad (341)$$

und das Verhältnis der beiden Strecken ad und bd ist einzig und allein durch die Beziehung

$$\frac{ad}{bd} = \frac{k_1}{k_{1-2}} = 1 + \sigma_1 \quad \ldots\ldots\ldots\ldots \quad (342)$$

präzis definiert, keineswegs durch das Verhältnis zweier verschiedener magnetischer Felder.

Ebenfalls aus den EMKK haben wir in Gleichung (323) und (325) das Verhältnis vom Statorkurzschlußstrom ud zum Magnetisierungsstrom ub abgeleitet und es ist

$$\frac{ud}{ub} = \frac{1 + \sigma}{\sigma} \quad \ldots\ldots\ldots\ldots \quad (343)$$

Durch die beiden Gleichungen (342) und (343) ist die Lage der Punkte u, a, b, d und damit das Kreisdiagramm vollkommen bestimmt. Trotzdem in den beiden Gleichungen der sekundäre Streuungsfaktor σ_2 und die Spulenfaktoren k_2 und k_{2-1} gar nicht vorkommen, sind sie doch durch die Lage des Punktes a auf der Strecke ub schon vollkommen und eindeutig bestimmt, denn es läßt sich nur ein einziger Wert von σ_2 angeben, der dem Diagramm genügt, ohne Widersprüche und Unstimmigkeiten hervorzurufen.

Nur auf Grund dieser Erwägungen bin ich darauf gekommen, daß

$$c_1 \cdot k_{1-2} = c_2 \cdot k_{2-1}$$

sein muß, wie in Gleichung (330) angegeben und im Abschnitt 56 erläutert ist. Der hier geschilderte Gedankengang liefert den Beweis für die Richtigkeit, die im 57. Abschnitt nur auf empirischem Wege durch Beispiele belegt werden konnte.

Wenn in den Gleichungen (342) und (343) $1 + \sigma_1$ und $1 + \sigma$ bekannt ist, erhält man natürlich sofort

$$1+\sigma_2=\frac{1+\sigma}{1+\sigma_1} \quad \ldots\ldots\ldots\ldots (344)$$

und das Verhältnis

$$\frac{ud}{ad}=1+\sigma_2 \quad \ldots\ldots\ldots\ldots (345)$$

Wächst der Statorstrom von seinem Minimalwert ub auf us, so würde bei stromlosem Rotor im Stator eine EMK E_{1p} induziert werden, die sich zur Klemmenspannung ad verhält wie

$$\frac{ai}{ad}=\frac{us}{ub}.$$

Die Größe der gleichzeitig im Rotor induzierten EMK ergibt sich aus Gleichung (341), und graphisch ist die Rotor-EMK durch ki dargestellt, wobei natürlich

$$\frac{ai}{ki}=\frac{k_1}{k_{1-2}}=1+\sigma_1.$$

Der Statorstrom kann aber bei konstanter Klemmenspannung nur auf die Größe $\overline{us}$ anwachsen, wenn der Rotor belastet ist und auch Strom führt. Der Rotorstrom muß eine solche Größe besitzen, daß unter seiner Einwirkung allein im Stator eine EMK $E_{1s}=\overline{ps}=\overline{id}$ induziert würde, so daß die Resultante aus E_{1p} und E_{1s} oder aus $\overline{ai}$ und $\overline{ps}=\overline{id}$ die konstante Klemmenspannung ad ergibt.

Dieser Forderung wird Genüge geleistet, wenn die Rotoramperewindungen sv sich zu den Statoramperewindungen verhalten wie

$$\frac{sv}{us}=\frac{\overline{ps}}{ki}=\frac{\overline{id}}{ik} \quad \ldots\ldots\ldots\ldots (346)$$

Es ist von Wichtigkeit, zu beachten, daß

$$\triangle\, aid \sim \triangle\, usb,$$

und daß trotzdem vorstehende Proportionen zu erfüllen sind, bei denen die Dreieckseite ia auf

$$ik=\frac{ia}{1+\sigma_1}$$

verkürzt oder die Dreieckseite sb auf

$$\overline{}=(1+\sigma_1)\cdot sb$$

verlängert werden muß.

Am einfachsten kann man sich von den beschriebenen Verhältnissen ein klares Bild machen, wenn man die 4 Gleichungen (309) bis (312) der induzierten EMKK unter Hinweglassung aller gemeinsamen Faktoren in der Form schreibt

$$\frac{E_{1p}}{N_1}=ai=c_1\cdot k_1\cdot A_1 \quad \ldots\ldots\ldots\ldots (347)$$

$$\frac{E_{2s}}{N_2} = k\,i = c_1 \cdot k_{1-2} \cdot A_1 \quad \ldots\ldots\ldots \quad (348)$$

$$\frac{E_{2p}}{N_2} = p\,k = c_2 \cdot k_2 \cdot A_2 \quad \ldots\ldots\ldots \quad (349)$$

$$\frac{E_{1s}}{N_1} = \overline{ps} = c_2 \cdot k_{2-1} \cdot A_2 \quad \ldots\ldots\ldots \quad (350)$$

Die Forderung der Gleichung (346) ergibt sich dann ohne weiteres aus der Division der Gleichungen (348) und (350)

$$\frac{E_{1s}}{E_{2s}} \cdot \frac{N_2}{N_1} = \frac{\overline{ps}}{k\,i} = \frac{c_2 \cdot k_{2-1} \cdot A_2}{c_1 \cdot k_{1-2} \cdot A_1} = \frac{\overline{s\,v}}{\overline{u\,s}} = (1 + \sigma_1)\frac{\overline{s\,b}}{\overline{u\,s}} \quad . \; . \quad (351)$$

denn

$$c_2 \cdot k_{2-1} = c_1 \cdot k_{1-2}$$

und die Durchflutungen S_2 und S_1 verhalten sich wie die erregenden Kräfte A_2 und A_1.

Die im Rotor induzierte EMK erhält man durch geometrische Addition der Gleichungen (348) und (349), und da sich aus dem Diagramm sofort ablesen läßt, daß die Komponenten ki und pk als Resultante $pi = sd$ ergeben, wird

$$\frac{E_2}{N_2} = \overline{p\,i} = \overline{s\,d} \quad \ldots\ldots\ldots \quad (352)$$

Scheinbar sagt das nun gar nichts Neues, daß man Komponenten geometrisch zu Resultierenden zusammensetzen kann, und dennoch ist das hier mitgeteilte Resultat von prinzipiellster Bedeutung.

Auf Seite 169 wurde nämlich an Hand der Abb. 60 einwandfrei bewiesen, daß man magnetische Felder nicht geometrisch addieren darf, gleichgültig, ob man durch die Diagrammlinien die erregenden Kräfte A, die Durchflutungen S, die Feldinduktionen $\mathfrak{B}$ oder die Induktionsflüsse Φ darzustellen versucht. In diesem Abschnitt wurde mittels der Abb. 82 und 84 der überzeugendste Nachweis geführt, daß man nicht einmal ein einziges Feld, also eine Komponente, eindeutig durch eine Strecke darstellen kann.

Nach diesen unumstößlichen negativen Ergebnissen mußte es im höchsten Maße in Frage gestellt erscheinen, ob überhaupt eine diagrammatische Darstellung möglich und bei einiger Anforderung an die Genauigkeit zulässig ist.

Diese Frage darf glücklicherweise bejaht werden, da es uns gelungen ist, alle „Felder“ aus dem Diagramm zu beseitigen und auf EMKK zurückzuführen. Diese Reduktion ist in einwandfreier Weise nur durch die Einführung der Spulenstreuung möglich, und schon daraus ergibt sich ihre große Bedeutung in theoretischer Beziehung.

Die EMKK dürfen, wenn sie zeitlich der Sinusfunktion folgen, — und das hat zur Voraussetzung, daß auch die mit ihnen in Wechselbeziehung stehenden Ströme reine Sinusströme sind — nach dem Parallelogramm der Kräfte in Komponenten zerlegt oder zu Resultierenden vereinigt werden.

Unsere Untersuchungen in diesem Abschnitt mußten wir auf den Betrieb des Motors als Transformator beschränken, denn nur im stillstehenden Rotor folgen EMKK und Ströme der Sinusfunktion, wenn der Stator von sinoidalen Strömen gespeist wird. Im laufenden Rotor werden dagegen durch die stets vorhandenen höheren Harmonischen gleichzeitig Ströme verschiedener Periodizität hervorgerufen. Die Ströme im laufenden Rotor sind daher überhaupt keine Wechselströme der üblichen Art; der Grundschwingung sind rechts- und linksläufige Oberfelder überlagert, wie im 11. Kapitel über die höheren Harmonischen gezeigt wird. Für die praktische Berechnung und Prüfung der Motoren sind diese Oberfelder bedeutungslos, da nur die Schlüpfung, deren Größe selbst nur wenige Prozente beträgt, um eine Kleinigkeit, die an der Grenze des Meßbaren liegt, beeinflußt werden kann.

Die Auffassung, daß die Strecken ad, bd, sd Felder darstellen, ist nur zulässig unter der Annahme, daß die Feldkurve eine Sinuslinie ist. Man kann zwar Maschinen so bauen, daß sie mit großer Annäherung sinoidale Felder haben, aber ihre Ausführung ist wegen der großen Komplikation der Wicklungen ungebräuchlich. C. Feldmann hat in der ETZ 1901, Heft 39 eine seinerzeit vom „Helios“ für fremde Rechnung gebaute Maschine beschrieben, die fast vollkommen reine Sinoidalfelder besitzt und bei der alle höheren Harmonischen bis zur 59. unterdrückt sind. Die Drahtzahlen jeder Phase variieren von Nute zu Nute nach einer Sinusfunktion, ebenso die Querschnitte der aufeinanderfolgenden Stäbe einer Dämpferwicklung (Amortiseur).

Da die Feldkurven der normalen Wicklungen immerhin eine gewisse Ähnlichkeit mit Sinuslinien haben, führt es nicht zu unsinnigen Resultaten, wenn man Felder graphisch durch Strecken darstellt und nach dem Kräftepolygon zusammensetzt oder auseinanderspaltet. Für oberflächliche Überlegungen ist die Methode sogar sehr fruchtbar, doch ist sie nicht mehr zulässig, wenn man die wirklichen Feldformen berücksichtigen und Zahlenwerte von höchster Genauigkeit erhalten muß. Das ganze Streuungsproblem verlangt aber sehr weit getriebene Genauigkeit, denn die gesamte, von so vielen einzelnen Faktoren abhängige Streuung beträgt nur wenige Prozente.

Ich habe in der ersten Auflage dieses Buches die genannten Schwierigkeiten dadurch zu umgehen gesucht, daß ich an Stelle der wirklichen Felder äquivalente sinoidale Felder, d. h. sinusförmige Felder, die die gleiche Wirkung verursachen wie die wirklichen, eingeführt habe. Die Methode hat den Vorzug, daß die graphische Behandlung der äquivalenten Felder ohne weiteres zulässig ist. Sie liefert Resultate, die wohl bis auf einige Prozente richtig sind, die aber doch wegen dieser scheinbar so geringen Fehler die ganze Methode für Streuungsprobleme ungeeignet erscheinen läßt; denn die Theorie des Drehstrommotors ist in erster Linie ein Streuungsproblem.

VIII. Die gesamte Streuung.

61. Die Linienstreuung.

Den Koeffizienten der Gesamtstreuung eines Motors bezeichnen wir mit τ, und τ setzt sich aus den Streuungskoeffizienten des Stators τ_1 und des Rotors τ_2 nach der Beziehung zusammen

$$1 + \tau = (1 + \tau_1)(1 + \tau_2).$$

Die Spulenstreuung, die wir im vorhergehenden Kapitel eingehend behandelt haben, bildet nur einen Teil der totalen Streuung, und wir müssen nun eine Benennung und ein Symbol vereinbaren, wie der restliche Teil der Streuung bezeichnet werden soll. Dieser restliche Teil zerfällt nun selbst wieder in eine Anzahl von Abarten, nämlich Nuten-, Zickzack-, Kopfstreuung, und es ist nicht leicht, eine treffende Bezeichnung zu finden, da uns leider im Deutschen ein brauchbares Wort für das englische leakage fehlt. Gemeinsam ist den zuletzt genannten Streuungsarten nur das Eine, daß tatsächlich zerstreute Kraftlinien vorhanden sind.

Im Gegensatz dazu kommt bei der Spulenstreuung der Streuungseffekt dadurch zustande, daß zwar der magnetische Fluß den Stator und den Rotor in unveränderter Größe durchsetzt, daß aber die Sekundärwicklung sich nicht an denselben Stellen des Feldes befindet wie die Primärwicklung. Sobald die Sekundärwicklung dieselbe Nutenzahl besitzt wie die Primärwicklung, ist die Spulenstreuung Null.

Da, wie erwähnt, das Wort Leck, ebenso die mit rinnen, rieseln, tröpfeln, lecken zusammengesetzten Hauptwörter nicht gut geeignet sind, schlage ich vor, die im Gegensatz zur Spulenstreuung stehende, durch einen tatsächlichen Verlust an (Kraft-)Linien verursachte Streuung mit dem zusammenfassenden Ausdruck „Linienstreuung“ und den zugehörigen Koeffizienten mit λ zu bezeichnen.

Natürlich zerfällt λ wieder in einen primären Streuungskoeffizienten λ_1 und einen sekundären λ_2.

Bei der Vorausberechnung eines Koeffizienten der Linienstreuung, z. B. des Stators λ_1, müssen wir in der Weise verfahren, daß wir zuerst die Anzahl der gestreuten Kraftlinien, den Streufluß $\Phi_{\lambda 1}$, der im Stator verläuft, ohne nach dem Rotor zu gelangen, berechnen. λ_1 bezeichnet aber nicht etwa das Verhältnis des Streuflusses Φ_{λ_1} zum Hauptfluß Φ_l, der durch die Luft nach dem Rotor gelangt, sondern wir müssen λ_1 als Funktion der EMK, die durch die Linienstreuung induziert wird, darstellen aus Gründen, die im 60. Abschnitt angegeben sind.

Die Einwirkung der Linienstreuung läßt sich am leichtesten verstehen, wenn man den Rotor als stromlos und stillstehend, den Stator vom Magnetisierungsstrom durchflossen annimmt.

Ist keine Linienstreuung vorhanden, so ist die EMK des Stators E nach Gleichung (297)

$$E_{1p} = 2{,}22 \cdot c_1 \cdot k_1 \cdot N_1 \cdot \mathfrak{B}_l \cdot F_l \cdot f_1 \cdot 10^{-8} \text{ Volt} \quad \ldots \quad (353)$$

Im stillstehenden Rotor wird gleichzeitig nach Gleichung (298) induziert

$$E_{2s} = 2{,}22 \cdot c_1 \cdot k_{1-2} \cdot N_2 \cdot \mathfrak{B}_l \cdot F_l \cdot f_1 \cdot 10^{-8} \text{ Volt} \quad \ldots \quad (354)$$

Besitzt nun der Stator Linienstreuung, so geht Gleichung (353) über in den Ausdruck

$$E_{1p} = 2{,}22\,(1 + \lambda_1) \cdot c_1 \cdot k_1 \cdot N_1 \cdot \mathfrak{B}_l \cdot F_l \cdot f_1 \cdot 10^{-8} \quad \ldots \quad (355)$$

Die durch die Linienstreuung allein induzierte EMK ist

$$E_{\lambda_1} = 2{,}22 \cdot \lambda_1 \cdot c_1 \cdot k_1 \cdot N_1 \cdot \mathfrak{B}_l \cdot F_l \cdot f_1 \cdot 10^{-8} \quad \ldots \quad (356)$$

und für die im Rotor induzierte EMK gilt unverändert die Gleichung (354).

Führen wir den Induktionsfluß in der Luft

$$\Phi_l = c_1 \cdot \mathfrak{B}_l \cdot F_l$$

in die Gleichungen (355) und (356) ein, so wird

$$E_{p1} = 2{,}22 \cdot (1 + \lambda_1) \cdot k_1 \cdot N_1 \cdot \Phi_l \cdot f_1 \cdot 10^{-8} \quad \ldots \quad (357)$$

und

$$E_{\lambda_1} = 2{,}22 \cdot \lambda_1 \cdot k_1 \cdot N_1 \cdot \Phi_l \cdot f_1 \cdot 10^{-8} \quad \ldots \quad (358)$$

Es wird sich im IX. Kapitel beim eingehenden Studium der Linienstreuung herausstellen, daß eine Spule dem Streufluß Φ_{λ_1} gegenüber stets den Spulenfaktor $k = 1$ hat, weil die Streulinien stets alle Windungen der Spule umschließen. Die vom Streufluß induzierte EMK E_{λ_1} muß daher auch sein

$$E_{\lambda_1} = 2{,}22 \cdot 1 \cdot N_1 \cdot \Phi_\lambda \cdot f_1 \cdot 10^{-8} \quad \ldots \quad (359)$$

und aus der Division der Gleichungen (358) und (359) ergibt sich, daß der Streukoeffizient λ_1 nicht das einfache Verhältnis $\Phi_{\lambda_1} : \Phi_l$ darstellt, sondern daß

$$\lambda_1 = \frac{1}{k_1} \cdot \frac{\Phi_{\lambda_1}}{\Phi_l} \quad \ldots \quad (360)$$

ist.

62. Das Übersetzungsverhältnis der EMKK.

Bei den folgenden Untersuchungen gehen wir dieselben Wege, die wir im 55. Abschnitt beschritten haben. Die Gleichungen (309) bis (312) waren unter der Annahme aufgestellt worden, daß nur Spulenstreuung vorhanden ist. Wenn außer der Spulenstreuung gleichzeitig Linienstreuung auftritt, nehmen diese Gleichungen die Form an:

$$E_{1p} = (1 + \lambda_1) \cdot 2{,}22 \cdot c_1 \cdot k_1 \cdot N_1 \cdot F_l \cdot f_1 \cdot \frac{a_1 \cdot \psi_1 \cdot I_1 \cdot N_1}{1{,}6 \cdot \sqrt{2} \cdot p \cdot \delta} 10^{-8} \quad (361)$$

$$E_{2s} = 2{,}22 \cdot c_1 \cdot k_{1-2} \cdot N_2 \cdot F_l \cdot f_1 \cdot \frac{a_1 \cdot \psi_1 \cdot I_1 \cdot N_1}{1{,}6 \cdot \sqrt{2} \cdot p \cdot \delta} 10^{-8} \quad (362)$$

$$E_{2p} = (1 + \lambda_2) \cdot 2{,}22 \cdot c_2 \cdot k_2 \cdot N_2 \cdot F_l \cdot f_1 \cdot \frac{a_2 \cdot \psi_2 \cdot I_2 \cdot N_2}{1{,}6 \cdot \sqrt{2} \cdot p \cdot \delta} 10^{-8} \quad (363)$$

$$E_{1s} = 2{,}22 \cdot c_2 \cdot k_{2-1} \cdot N_1 \cdot F_l \cdot f_1 \cdot \frac{a_2 \cdot \psi_2 \cdot I_2 \cdot N_2}{1{,}6 \cdot \sqrt{2} \cdot p \cdot \delta} 10^{-8} \quad (364)$$

Wenn wir den Stator an die Leitung mit einer EMK E_{1p} anschließen, so wird im stillstehenden, stromlosen Rotor eine EMK E_{2s} induziert, wie sich aus der Division der Gleichungen (357) und (358) ergibt,

$$E_{2s} = \frac{E_{1p}}{1+\lambda_1} \cdot \frac{k_{1-2}}{k_1} \cdot \frac{N_2}{N_1} = \frac{E_{1p}}{(1+\lambda_1)(1+\sigma_1)} \frac{N_2}{N_1} = \frac{E_{1p}}{1+\tau_1} \cdot \frac{N_2}{N_1} \quad . (365)$$

Würde man umgekehrt den stillstehenden Rotor vom Netz aus mit einer EMK E_{2p} erregen, so würde in der offenen Statorwicklung induziert

$$E_{1s} = \frac{E_{2p}}{1+\lambda_2} \cdot \frac{k_{2-1}}{k_2} \cdot \frac{N_1}{N_2} = \frac{E_{2p}}{(1+\lambda_2)(1+\sigma_2)} \frac{N_1}{N_2} = \frac{E_{2p}}{(1+\tau_2)} \cdot \frac{N_1}{N_2} \quad . (366)$$

Aus den Gleichungen (304) und (306) ist uns bekannt, daß

$$\frac{k_1}{k_{1-2}} = 1 + \sigma_1$$

$$\frac{k_2}{k_{2-1}} = 1 + \sigma_2 .$$

Da wir unter λ_1, λ_2 alle außer der Spulenstreuung noch vorkommenden Streuungsmöglichkeiten einbegreifen wollen, ist ohne weiteres klar, daß

$$1 + \tau_1 = (1 + \sigma_1)(1 + \lambda_1) \quad . \; . \; . \; . \; . \; . \; . \; (367)$$

$$1 + \tau_2 = (1 + \sigma_2)(1 + \lambda_2) \quad . \; . \; . \; . \; . \; . \; . \; (368)$$

sein muß.

Die Quotienten

$$\frac{E_{1p}}{E_{2s}} = (1+\lambda_1) \frac{k_1}{k_{1-2}} \frac{N_1}{N_2} = (1+\lambda_1)(1+\sigma_1) \frac{N_1}{N_2} = (1+\tau_1) \frac{N_1}{N_2} \quad (369)$$

und

$$\frac{E_{2p}}{E_{1s}} = (1+\lambda_2) \frac{k_2}{k_{2-1}} \frac{N_2}{N_1} = (1+\lambda_2)(1+\sigma_2) \frac{N_2}{N_1} = (1+\tau_2) \frac{N_2}{N_1} \quad (370)$$

die sich aus den Gleichungen (361) und (362) ergeben, nennt man das Übersetzungsverhältnis der EMKK. Da die vier EMKK in einfacher Weise gemessen werden können, lassen sich auf diese Weise aus den bekannten Drahtzahlen N_1 und N_2 sehr leicht experimentell die numerischen Werte der Ausdrücke $1 + \tau_1$ und $1 + \tau_2$ und damit die Streuungskoeffizienten τ_1 und τ_2 ermitteln. Aus der Nutenzahl ergibt sich ferner mit Hilfe der Tabellen über die eigenen und gegenseitigen Spulenkoeffizienten die numerische Größe von $1 + \sigma_1$ und $1 + \sigma_2$, und daher kann durch die vier Spannungsmessungen auch die Größe der Linienstreuungskoeffizienten λ_1 und λ_2 bestimmt werden.

Es verdient besonders darauf hingewiesen zu werden, daß in den Ausdrücken

$$1 + \tau_1 = \frac{E_{1p}}{E_{2s}} \cdot \frac{N_2}{N_1} \quad . \; . \; . \; . \; . \; . \; . \; . \; (371)$$

$$1 + \tau_2 = \frac{E_{1p}}{E_{1s}} \cdot \frac{N_1}{N_2} \quad . \; . \; . \; . \; . \; . \; . \; . \; (372)$$

die rechten Seiten der Gleichungen keine Spulenfaktoren enthalten, denn die Einwirkung der eigenen und gegenseitigen Spulenfaktoren ist schon in den Koeffizienten τ_1 und τ_2 vollkommen in Berücksichtigung gezogen, weil τ_1 und τ_2 nicht nur die Linienstreuung, sondern auch die Spulenstreuung in sich enthält.

63. Der Kurzschlußstrom.

Im 55. Abschnitt wurde gezeigt, daß im idealen Kurzschlußzustand, wenn die Rotorwicklung als widerstandslos angenommen wird, die resultierende, im Rotor induzierte EMK Null, daher

$$E_{2s} = E_{2p}$$

sein muß. Das Gleichsetzen der Gleichungen (362) und (363) liefert das Resultat

$$c_1 \cdot k_{1-2} \cdot \frac{a_1 \cdot \varphi_1 \cdot I_1 \cdot N_1}{\sqrt{2}} = (1 + \lambda_2) \cdot c_2 \cdot k_2 \frac{a_2 \cdot \varphi_2 \cdot I_2 \cdot N_2}{\sqrt{2}}$$

und da die beiden Quotienten die Amperewindungen A_1 im Stator nnd A_2 im Rotor darstellen, ist

$$c_1 \cdot k_{1-2} \cdot A_1 = (1 + \lambda_2)\, c_2 \cdot k_2\, A_2 .$$

Beim Kurzschluß verhalten sich daher die Amperewindungen und Durchflutungen im Stator und Rotor wie

$$\frac{A_1}{A_2} = \frac{S_1}{S_2} = (1 + \lambda_2) \frac{c_2 \cdot k_2}{c_1 \cdot k_{1-2}} = (1 + \lambda_2) \cdot \frac{k_2}{k_{2-1}}$$
$$= (1 + \lambda_2)(1 + \sigma_2) = 1 + \tau_2 \quad \ldots \ldots \quad (373)$$

denn nach Gleichung (330) ist

$$\frac{c_2 \cdot k_2}{c_1 \cdot k_{1-2}} = \frac{k_2}{k_{2-1}} = 1 + \sigma_2 .$$

Im 55. Abschnitt wurde die weitere Kurzschlußbedingung aufgestellt, daß in bezug auf den Stator die resultierende EMK, die in diesem Fall $E_{1p} - E_{1s}$ ist, der konstanten Klemmenspannung E gleich sein muß:

$$E = E_{1p} - E_{1s} .$$

Die Subtraktion der Gleichungen (361) und (364) ergibt

$$E = \frac{2{,}22 \cdot N_1 \cdot F_l \cdot f_1 \cdot 10^{-8}}{1{,}6 \cdot p \cdot \delta} [(1 + \lambda_1)\, c_1 \cdot k_1 \cdot A_1 - c_2 \cdot k_{2-1} \cdot A_2]$$

und nach Substitution laut Gleichung (373)

$$A_2 = \frac{A_1}{1 + \lambda_2} \cdot \frac{c_1 \cdot k_{1-2}}{c_2 \cdot k_2}$$

erhält man

$$E = \frac{2{,}22 \cdot c_1 \cdot k_1 \cdot N_1 \cdot F_l \cdot f_1 \cdot 10^{-8}}{1{,}6 \cdot p \cdot \delta} A_1 (1 + \lambda_1)\left(1 - \frac{k_{1-2}}{k_1} \cdot \frac{k_{2-1}}{k_2} \cdot \frac{1}{1 + \lambda_1} \cdot \frac{1}{1 + \lambda_2}\right).$$

Bei stromlosem Rotor, wenn der Stator nur vom Magnetisierungsstrom I_m durchflossen eine erregende Kraft von A_m Amperewindungen besitzt, nimmt Gleichung (361) die Form an

$$E = \frac{2{,}22 \cdot c_1 \cdot k_1 \cdot N_1 \cdot F_l \cdot f_1}{1{,}6 \cdot p \cdot \delta} \cdot A_m (1 + \lambda_1)\, 10^{-8} .$$

Das Gleichsetzen der beiden letzten Gleichungen liefert das Verhältnis der erregenden Kräfte, der Durchflutungen und der Ströme im Stator beim idealen Kurzschluß gegenüber der reinen Magnetisierung:

$$\frac{A_1}{A_m} = \frac{S_1}{S_m} = 1 - \frac{1}{(1+\sigma_1)(1+\sigma_2)(1+\lambda_1)(1+\lambda_2)} = \frac{1+\tau}{\tau} \quad . \; . \; (374)$$

64. Das vollständige Streuungsdiagramm.

Es macht nun keine Schwierigkeiten mehr, das vollständige Kreisdiagramm eines Motors unter Berücksichtigung aller seiner Streuungskoeffizienten zu entwerfen, Abb. 87.

Wenn der Stator vom Magnetisierungsstrom durchflossen und von $u\,b$ Amperewindungen durchflutet ist, so wird im Stator die EMK E_{1p}, im Rotor E_{2s} induziert, und wir können diese EMK graphisch darstellen, wenn wir die Gleichung (369) in die Form bringen:

$$\frac{E_{1p}}{E_{2s}} \cdot \frac{N_2}{N_1} = (1+\lambda_1)\frac{k_1}{k_{1-2}} = (1+\lambda_1)(1+\sigma_1) = 1+\tau_1 = \frac{a\,d}{b\,d} \quad . \; (375)$$

Da $1+\tau_1$ sich aus den beiden Faktoren $1+\lambda_1$ und $1+\sigma_1$ zusammensetzt, können wir auch eine graphische Unterteilung der Strecke $a\,d$ nach dem Schema vornehmen

$$\frac{a\,d}{b\,d} = \frac{a\,d}{f\,d} \cdot \frac{f\,d}{b\,d} = (1+\lambda_1)(1+\sigma_1)$$

und erhalten

$$1+\lambda_1 = \frac{a\,d}{f\,d} \quad . \; . \; . \; . \; . \; . \; . \; . \; . \; . \; (376)$$

$$1+\sigma_1 = \frac{f\,d}{b\,d} \quad . \; . \; . \; . \; . \; . \; . \; . \; . \; . \; (377)$$

Wie im 60. Abschnitt nachgewiesen wurde, dürfen wir im allgemeinen $a\,d$ nicht als magnetisches Feld, sondern nur als EMK im Stator auffassen. Nur bei einer Einlochwicklung im Stator wird nach Gleichung (360)

$$\lambda_1 = \frac{\Phi_{\lambda 1}}{\Phi},$$

da bei einer Einlochwicklung der eigene Spulenfaktor k_1 und der Spulenfaktor gegenüber dem Streufluß $= 1$ ist. Um die Unterteilungen $\overline{a\,d}$, $f\,d$, $b\,d$ physikalisch bequem erklären zu können, wollen wir für diese Überlegung annehmen, daß der Stator Einlochwicklung besitzt, und daß wir daher die Strecke

$$a\,d = \Phi_1 = \Phi_l + \Phi_\lambda = (1+\lambda_1)\,\Phi_l$$

als Induktionsfluß im Stator, und da

$$\overline{a\,d} = (1+\lambda_1)\,f\,d$$

die Strecke

$$f\,d = \Phi_l$$

als Induktionsfluß in der Luft betrachten dürfen.

Das Rotorfeld $$\Phi_2 = \Phi_l = \overline{fd}$$

ist dem Luftfeld gleich, weil zwischen dem Luftzwischenraum und dem Rotor eine Linienstreuung nicht mehr stattfindet. Die Abnahme von $\overline{fd}$ auf $\overline{bd}$ folgt der Proportion

$$\frac{\overline{fd}}{\overline{bd}} = \frac{k_1}{k_{1-2}} = 1 + \sigma_1$$

und ist physikalisch in der Weise zu erklären, daß in der Rotorwicklung, die den gegenseitigen Spulenfaktor k_{1-2} besitzt, vom Induktionsfluß $\overline{fd}$ dieselbe EMK induziert wird wie von einem Fluß $\overline{bd}$ in einer Wicklung mit dem Spulenfaktor k_1 des Stators, denn

$$\overline{fd} \cdot k_{1-2} = \overline{bd} \cdot k_1 .$$

Von Wichtigkeit ist jedenfalls der Hinweis, daß der Durchmesser des Hauptstreuungskreises $\overline{bd}$ nicht das Luftfeld und nicht das Rotorfeld darstellt.

Die Zustände bei einer beliebigen Belastung lassen sich am einfachsten finden, wenn man die Gleichungen (361) bis (364) unter Hinweglassung aller gemeinsamen Faktoren folgendermaßen schreibt:

$$\frac{E_{1p}}{N_1} = \overline{ai} = c_1 \cdot k_1 \cdot A_1 (1 + \lambda_1) \quad \ldots \ldots \quad (378)$$

$$\frac{E_{2s}}{N_2} = \overline{ki} = c_1 \cdot k_{1-2} \cdot A_1 \quad \ldots \ldots \quad (379)$$

$$\frac{E_{2p}}{N_2} = \overline{pk} = \overline{in} = c_2 \cdot k_2 \cdot A_2 (1 + \lambda_2) \quad \ldots \ldots \quad (380)$$

$$\frac{E_{1s}}{N_1} = \overline{ps} = \overline{id} = c_2 \cdot k_{2-1} \cdot A_2 \quad \ldots \ldots \quad (381)$$

Beim Betrieb als Transformator, wenn der stillstehende Rotor auf einen induktionsfreien Widerstand arbeitet, stellt $\overline{sd}$ die EMK des Rotors, $\overline{sv}$ die Durchflutung des Rotors, $\overline{us}$ die Durchflutung des Stators dar. Die Statordurchflutung $\overline{us}$ allein würde im Stator die EMK

$$\frac{E_{1p}}{N_1} = \overline{ai}$$

im Rotor die EMK
$$\frac{E_{2s}}{N_2} = \overline{ki}$$

induzieren. Dagegen würde die Durchflutung $\overline{sv}$ im Rotor allein in der Rotorwicklung die EMK

$$\frac{E_{2p}}{N_2} = \overline{pk} = \overline{in}$$

in der Statorwicklung
$$\frac{E_{1s}}{N_1} = \overline{ps} = \overline{id}$$

induzieren. Die resultierende EMK im Rotor ist

$$\frac{E_2}{N_2} = s\,d$$

und im Stator
$$\frac{E_1}{N_1} = \frac{E}{N_1} = a\,d.$$

Die Division der Gleichungen (379) und (381) liefert das Verhältnis

$$\frac{i\,d}{k\,i} = \frac{c_2 \cdot k_{2-1} \cdot S_2}{c_1 \cdot k_{1-2} \cdot S_1} = \frac{S_2}{S_1} = \frac{A_2}{A_1} = \frac{\overline{s\,v}}{\overline{u\,s}} = 1 + \tau_1 \frac{\overline{s\,b}}{\overline{u\,s}} \quad \ldots (382)$$

denn nach Gleichung (330) ist

$$c_2 \cdot k_{2-1} = c_1 \cdot k_{1-2}\,.$$

Es besteht Ähnlichkeit zwischen den Dreiecken

$$\triangle\, u\,s\,v \sim \triangle\, k\,i\,d$$

und Proportionalität zwischen den Strecken

$$\frac{\overline{s\,v}}{\overline{u\,s}} = \frac{\overline{i\,d}}{\overline{k\,i}}.$$

Es ist ferner
$$\overline{u\,v} \,//\, \overline{k\,d}.$$

Aber selbst wenn man annimmt, daß die Strecken $\overline{a\,i}$ und $\overline{p\,k} = \overline{i\,n}$ als Felder aufgefaßt werden dürfen, läßt sich das nicht in der Weise deuten, daß die resultierende Durchflutung $\overline{u\,v}$ dem „Luftfeld" $\overline{k\,d}$ parallel ist; den $\overline{k\,d}$ ist gar nicht das Luftfeld, sondern ein physikalisch nicht leicht definierbares Feld: $\overline{k\,d}$ ist nämlich die Resultante von dem Teil $\overline{k\,i}$ des Statorfeldes, das nach dem Rotor gelangt, und von dem Teil des Rotorfeldes $\overline{i\,d}$, das nach dem Stator gelangt.

Als resultierendes Luftfeld kann man nur $\overline{l\,q}$ betrachten. $\overline{l\,q}$ ist die Resultante aus dem Teil $\overline{l\,i}$ des gesamten Statorfeldes $\overline{a\,i}$, der die Luft durchsetzt und von dem Teil $\overline{i\,q}$ des Rotorfeldes $\overline{i\,n}$, der die Luft durchdringt. Gerade die Resultante $\overline{l\,q}$ ist aber nur angenähert, nicht mathematisch genau parallel zu $\overline{u\,v}$. Es ist nämlich

$$\frac{\overline{i\,q}}{1 + \sigma_2} = \overline{i\,d}$$

$$\frac{\overline{l\,i}}{1 + \sigma_1} = \overline{k\,i}.$$

Nach Gleichung (382) ist

$$\frac{\overline{i\,d}}{\overline{k\,i}} = \frac{A_2}{A_1} \frac{\overline{s\,v}}{\overline{u\,s}}$$

folglich ist
$$\frac{\overline{q\,i}}{\overline{l\,i}} = \frac{1 + \sigma_2}{1 + \sigma_1} \frac{\overline{s\,v}}{\overline{u\,s}} \quad \ldots\ldots\ldots (383)$$

Der Parallelismus von ql und $\overline{vs}$ würde verlangen, daß

$$\frac{\overline{qi}}{\overline{li}} = \frac{\overline{sv}}{\overline{us}} \quad \ldots \ldots \ldots \ldots (384)$$

was nur zutrifft, wenn $\sigma_1 = \sigma_2$, also die Nutenzahl und Phasenzahl im Stator und Rotor gleich, und daher Spulenstreuung überhaupt nicht vorhanden ist. Groß sind aber die Abweichungen nicht, denn die Werte $1 + \sigma_1$ und $1 + \sigma_2$ unterscheiden sich nur in der Größenordnung von wenigen Prozenten.

Theoretisch ist die Frage insofern von prinzipieller Bedeutung, weil von verschiedenen Autoren die Ansicht vertreten wurde, daß $\overline{uv}$ — die Resultante der Statoramperewindungen $\overline{us}$ und der Rotoramperewindungen $\overline{sv}$ — die Magnetisierungsamperewindungen für die Luft bei der betreffenden Belastung darstellt. Das Luftfeld $\overline{lq}$ sollte dementsprechend parallel und proportional $\overline{uv}$ sein. Da hier gezeigt wurde, daß der Parallelismus zwischen $\overline{lq}$ und $\overline{uv}$ nicht besteht, ist daher diese Anschauung nicht haltbar.

Wie schwierig es gewesen ist, das Streuungsdiagramm bis in die letzten Folgerungen richtig zu deuten, ergibt sich aus dem Studium des Jahrganges 1900 der ETZ. In Form von Artikeln und Briefen fand im genannten Jahr ein eifriger Meinungsaustausch über die Diagramme des allgemeinen Transformators statt, an dem sich die Herren Behrend, Breslauer, Emde, Heubach, Heyland, Kuhlmann, Ossanna, Sumec beteiligten. Diese gemeinsame Arbeit hat viel zur Klärung der einschlägigen Fragen beigetragen.

Das von mir im Jahre 1900 in der ETZ, Seite 815 und 1089 angegebene Diagramm, das unter Berücksichtigung des Eisenwiderstandes und unter Einführung von fünf magnetischen Widerständen entwickelt wurde, zeigt so große Ähnlichkeit mit dem hier auf Grund der Spulen- und Linienstreuung abgeleiteten, daß es gerechtfertigt erscheint, dies Diagramm im nächsten Kapitel besonders zur Sprache zu bringen.

Die Erläuterung zur Abb. 87 haben wir noch dahin zu vervollständigen, daß wir für alle Belastungen die geometrischen Örter der Punkte l, k, m, q, n angeben. Für Leerlauf liegen die entsprechenden Punkte f, b und d bereits fest. Daß sich l, k, m, q und n bei variabler Belastung auf Kreisen bewegen müssen, ist so selbstverständlich, daß es einer weiteren Begründung nicht bedarf. Die gesuchten Kreise sind durch den Zustand bei Leerlauf und idealem Kurzschluß vollkommen bestimmt.

Beim Leerlauf und Kurzschluß gelten folgende Beziehungen:

$$\frac{\overline{ud}}{\overline{ub}} = \frac{\overline{ac}}{\overline{ad}} = \frac{\overline{ah}}{\overline{af}} = \frac{\overline{ac}}{\overline{ab}} = \frac{1+\tau}{\tau} \qquad \overline{ah} = \frac{1+\tau}{\tau}\overline{af}$$

$$\overline{ub} = \tau \cdot \overline{bd} \qquad \overline{ab} = \overline{ad} - \overline{bd}$$

$$\overline{ud} = \frac{1+\tau}{\tau} \cdot \overline{ub} \qquad \overline{ac} = \frac{1+\tau}{\tau}\overline{ab}$$

$$fd = (1 + \tau_1)\,\overline{bd} \qquad ce = (1 + \tau_2)\,de$$

$$ad = (1 + \lambda_1)\,fd \qquad cd = ce - de$$

$$ae = \frac{1+\tau}{\tau} \cdot ad \qquad gc = (1 + \sigma_2)\,de$$

$$de = ae - ad \qquad gd = gc - de$$

$$af = ad - fd.$$

65. Beispiel zu Abschnitt 64.

Ein wirkliches Verständnis des Diagramms wird nur dann erzielt werden, wenn man die abgeleiteten Gleichungen an Hand eines Beispieles prüft. Damit die Zeichnung möglichst deutlich wirkt, sind die Streuungskoeffizienten übertrieben groß gewählt. Außerdem ist in Abb. 87 der Kreis mit dem Durchmesser dc, der den geometrischen Ort des Punktes i bildet, nur teilweise abgebildet, damit der zur Verfügung stehende Raum möglichst für den interessantesten, zwischen ud gelegenen Teil des Diagramms ausgenützt werden kann. Es empfiehlt sich, zum Studium das Diagramm selbst im angegebenen Maßstab herauszuzeichnen, die Strecke ud wird dann 200 mm, der Durchmesser des Kreises $de = 240$ mm, die gesamte Höhe ue daher 440 mm.

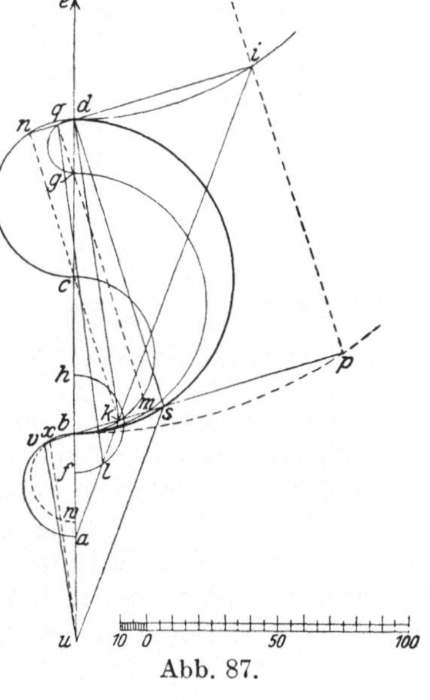

Abb. 87.

Das Diagramm Abb. 87 ist unter Zugrundelegung folgender Streuungskoeffizienten entworfen.

$$\sigma_1 = 0{,}125 \qquad \sigma_2 = 0{,}083$$

$$\lambda_1 = 0{,}185 \qquad \lambda_2 = 0{,}154$$

$$1 + \sigma_1 = 1{,}125 \qquad 1 + \sigma_2 = 1{,}083$$

$$1 + \lambda_1 = 1{,}185 \qquad 1 + \lambda_2 = 1{,}154$$

$$1 + \tau_1 = 1{,}125 \cdot 1{,}185 = 1{,}333 \qquad 1 + \tau_2 = 1{,}083 \cdot 1{,}154 = 1{,}25$$

$$1 + \tau = (1 + \sigma_1)(1 + \lambda_1)(1 + \sigma_2)(1 + \lambda_2)$$

$$= 1{,}125 \cdot 1{,}185 \cdot 1{,}083 \cdot 1{,}154 = 1{,}667.$$

Der Durchmesser bd des Streuungskreises des Motors ist zu 120 mm angenommen, und dann ergeben sich folgende Größen der einzelnen Diagrammstrecken in Millimetern:

$$\overline{bd} = 120$$

$$\overline{ub} = \tau \cdot \overline{bd} = 0{,}667 \cdot 120 = 80$$

$$\overline{ud} = \frac{1+\tau}{\tau} \cdot \overline{ub} = \frac{1{,}67}{0{,}667} \cdot 80 = 200$$

$$\overline{fd} = (1+\sigma_1)\,\overline{bd} = 1{,}125 \cdot 120 = 135$$

$$\overline{ad} = (1+\lambda_1)\,\overline{fd} = 1{,}185 \cdot 135 = 160$$

$$\overline{ae} = \frac{1+\tau}{\tau} \cdot \overline{ad} = \frac{1{,}67}{0{,}667} \cdot 160 = 400$$

$$\overline{de} = \overline{ae} - \overline{ad} = 400 - 160 = 240$$

$$\overline{af} = \overline{ad} - \overline{fd} = 160 - 135 = 25$$

$$\overline{ah} = \frac{1+\tau}{\tau} \cdot \overline{af} = \frac{1{,}67}{0{,}667} \cdot 25 = 62{,}5$$

$$\overline{ab} = \overline{ad} - \overline{bd} = 160 - 120 = 40$$

$$\overline{ac} = \frac{1+\tau}{\tau} \cdot \overline{ab} = \frac{1{,}67}{0{,}667} \cdot 40 = 100$$

$$\overline{ce} = (1+\tau_2) \cdot \overline{de} = 1{,}25 \cdot 240 = 300$$

$$\overline{cd} = \overline{ce} - \overline{de} = 300 - 240 = 60$$

$$\overline{ge} = (1+\sigma_2)\,\overline{de} = 1{,}083 \cdot 240 = 260$$

$$\overline{gd} = \overline{ge} - \overline{de} = 260 - 240 = 20.$$

Zu welchen Widersprüchen es führt, wenn man die Strecken des Streuungsdiagramms als Felder statt als EMKK betrachtet, läßt sich am besten bei mittlerem Belastungszustand zeigen.

Nach der Feldertheorie müßte das vom Stator allein erzeugte Luftfeld $= \overline{li}$, das vom Rotor allein erzeugte Luftfeld $= \overline{iq}$ sein. Da die erregenden Kräfte den Luftfeldern proportional sein müssen, verlangt daher die Feldtheorie, daß

$$\frac{\overline{us}}{\overline{sv}} = \frac{\overline{li}}{\overline{iq}}$$

sein müßte. Es müßte demnach

$$\triangle\, liq \sim \triangle\, usv$$

und

$$\overline{lq} \,/\!/\, \overline{uv}$$

sein. Das ist aber, wie im vorigen Abschnitt gezeigt wurde, nicht der Fall, sondern es besteht vielmehr Ähnlichkeit zwischen den Dreiecken

$$\triangle\, kid \sim \triangle\, usv$$

und Parallelismus zwischen den Strecken

$$\overline{kd} \,/\!/\, \overline{uv}.$$

Felder dürfen eben nicht nach dem Parallelogramm der Kräfte geometrisch zusammengesetzt werden, wenn man es dennoch tut, müssen Fehler entstehen, und die Divergenz der Strecken kd und lq ist ein Maß für die Größe des begangenen Fehlers.

Nur um die Ableitung des Streuungskreises vollkommen unabhängig von den Feldern zu bewerkstelligen, sind die Gleichungen der EMKK (309) bis (312) und (361) bis (364) trotz der komplizierteren und umständlicheren Form auf die Ströme zurückgeführt, und Induktionsflüsse Φ und maximale Induktionen $\mathfrak{B}$ aus diesen Gleichungen vollkommen eliminiert. Unser Ziel bei Ableitung des Diagramms ist, die richtigen Verhältnisse in bezug auf die EMKK, die Ströme und die Leistungen zu finden, die Größe der Felder wollen wir dem fertigen Diagramm gar nicht entnehmen, daher stört es in keiner Weise, daß zur Ermittlung der richtigen Feldgrößen unbequem viele Punkte zu bestimmen sind. Für das praktische Arbeiten können wir alle Hilfskreise weglassen, und es genügt für alle Fälle der eine stark ausgezogene Streuungskreis $\widehat{bd}$.

Es ist sehr lehrreich, sich einmal den Unterschied klar zu machen, der sich ergibt, wenn man statt mit EMKK und Durchflutungen mit Feldern und Durchflutungen, die den Feldern proportional sind, arbeitet. Die diesbezüglichen Untersuchungen können nicht sofort hier vorgenommen werden, sondern müssen auf das nächste Kapitel verschoben werden, denn wir müssen, um das Diagramm Abb. 87 restlos nach der Feldermethode deuten zu können, den Eisenwiderstand einführen und mit 5 magnetischen Widerständen im Motor rechnen, statt wie bisher mit 3 magnetischen Widerständen.

Nur das mag schon jetzt mitgeteilt werden, daß sich graphisch der ganze Unterschied darin äußert, daß der Rotorstrom nicht mehr

$$sv = (1+\tau_1)\cdot sb = (1+\sigma_1)(1+\lambda_1)\,sb$$

ist, sondern

$$sx = (1+\sigma_2)(1+\lambda_1)\,sb.$$

Im Kurzschluß fällt der Punkt x mit w zusammen und

$$dw = (1+\sigma_2)(1+\lambda_1)\,db = 1{,}083\cdot 1{,}185\cdot db = 154\ \text{mm}$$

$$wb = 34\ \text{mm}$$

$$aw = 6\ \text{mm}.$$

Die kleine Veränderung genügt aber, um das Diagramm theoretisch vollkommen falsch zu machen. Die Rotordurchflutung würde dann nämlich nur dw sein, und im Zusammenwirken mit der Statordurchflutung ud wird nicht im Rotor beim idealen Kurzschluß die EMK Null induziert, wie es die richtige Theorie verlangt.

Es ist ein schwacher Trost, daß nach der Feldmethode Proportionalität vorhanden ist zwischen den Durchflutungen und Luftfeldern

$$\frac{he}{ud} = \frac{eg}{dw} = \frac{hg}{uw} = \frac{1+\sigma_1}{\tau},$$

wie sich auch zahlenmäßig aus dem Diagramm Abb. 87 ergibt

$$\frac{337{,}5}{200} = \frac{260}{154} = \frac{77{,}5}{46} = \frac{1{,}125}{0{,}667} = 1{,}685$$

und daß die resultierende Durchflutung $u\,x$ in allen Belastungsstadien dem resultierenden Luftfeld $l\,q$ proportional und parallelel ist.

Beim richtigen Diagramm besteht die Proportionalität zwischen den Luftfeldern und Durchflutungen durchaus nicht, denn es ist

$$\frac{h\,e}{u\,d} = \frac{337{,}5}{200} = 1{,}685$$

$$\frac{e\,g}{d\,a} = \frac{260}{160} = 1{,}625$$

$$\frac{h\,g}{u\,a} = \frac{77{,}5}{40} = 1{,}936.$$

Wie wenig Richtiges sich aus den graphisch ermittelten Feldern schließen läßt, ist im 59. Abschnitt an Hand der Abb. 82 und 84 geschildert worden.

66. Der Magnetisierungsstrom.

Ersetzt man in Gleichung (361) die erregende Kraft durch die Luftinduktion, indem man substituiert

$$\mathfrak{B}_l = \frac{a_1 \cdot \psi_1 \cdot I_1 \cdot N_1}{1{,}6 \cdot \sqrt{2} \cdot p \cdot \delta},$$

so erhält man bei stromlosem Rotor für die EMK des Stators die Gleichung

$$E_{1p} = E = 2{,}22 \cdot (1 + \lambda_1)\, c_1 \cdot k_1 \cdot N_1 \cdot \mathfrak{B}_l \cdot F_l \cdot f_1\, 10^{-8}$$

aus der sich die Luftinduktion berechnen läßt

$$\mathfrak{B}_l = \frac{E}{2{,}22 \cdot (1 + \lambda_1) \cdot c_1 \cdot k_1 \cdot N_1 \cdot F_l \cdot f_1 \cdot 10^{-8}} \quad . \; . \; . \quad (385)$$

Aus der Luftinduktion ergibt sich der Magnetisierungsstrom

$$I_m = \frac{1{,}6 \cdot \sqrt{2} \cdot p \cdot \delta}{a_1 \cdot \psi_1 \cdot N_1}\, \mathfrak{B}_l \quad . \; . \; . \; . \; . \; . \; . \; . \; . \quad (386)$$

Die Diagrammkonstante C_{I_1}, die den Zusammenhang zwischen Rechnung und Diagramm vermittelt, ist

$$C_{I_1} = \frac{I_m}{u\,b} \quad . \; . \; . \; . \; . \; . \; . \; . \; . \; . \quad (387)$$

Es ist bei manchen theoretischen Untersuchungen angenehm, aus den Diagrammlinien $\overline{us}$ beziehungsweise $\overline{sv} = (1 + \tau_1)\, sb$ sofort Amperewindungen im Stator und Rotor ermitteln zu können und daher ist es zweckmäßig, auch eine Diagrammkonstante C_A für die

Durchflutung anzugeben. Diese Konstante muß der Forderung genügen, daß die Statordurchflutung A_1 bei beliebiger Belastung

$$A_1 = C_A \cdot \overline{us}$$

und die Rotordurchflutung A_2 bei beliebiger Belastung

$$A_2 = C_A \cdot \overline{sv} = C_A \cdot (1 + \tau_1)\,\overline{bv}$$

ist. Die Konstante C_A ist für den Stator und Rotor gleich, denn das sogenannte Stromdreieck ubs ist in Wahrheit das Dreieck der erregenden Kräfte und der Durchflutungen.

Die erregende Kraft bei der Magnetisierung ist in Amperewindungen

$$A_m = a_1 \cdot \psi_1 \cdot N_1 \cdot I_m = C_A \cdot ub$$

und daher die Konstante

$$C_A = \frac{A_m}{ub} = \frac{a_1 \cdot \psi_1 \cdot I_m \cdot N_1}{ub} = a_1 \cdot \psi_1 \cdot N_1 \cdot C_{I_1} \quad . \quad . \quad . \quad (388)$$

Die Durchflutungen sind doppelt so groß wie die erregenden Kräfte, denn die Einheit der erregenden Kraft ist die Amperewindung, die Einheit der Durchflutung der Amperedraht.

67. Das Übersetzungsverhältnis der Ströme.

Um die Konstante C_{I_2} für den Rotorstrom, die natürlich von der Konstanten C_{I_1} des Statorstromes verschieden ist, zu bestimmen, gehen wir von Gleichung (373)

$$\frac{A_2}{A_1} = \frac{S_2}{S_1} = \frac{1}{1 + \tau_2},$$

die das Verhältnis der Durchflutungen im idealen Kurzschlußzustand darstellt, aus. Im Diagramm ist beim Kurzschluß

$$A_2 = C_A \cdot ad = C_A \cdot (1 + \tau_1)\, bd$$

$$A_1 = C_A \cdot ud\,.$$

Die Durchflutungen lassen sich aber auch durch die Beziehungen ausdrücken

$$A_2 = a_2 \cdot \psi_2 \cdot I_2 \cdot N_2$$

$$A_1 = a_1 \cdot \psi_1 \cdot I_1 \cdot N_1$$

und es ist deshalb beim Kurzschluß

$$\frac{A_2}{A_1} = \frac{a_2 \cdot \psi_2 \cdot I_2 \cdot N_2}{a_1 \cdot \psi_1 \cdot I_1 \cdot N_1} = \frac{ad}{ud}\,.$$

Nach der Definition der Diagrammkonstanten C_{I_1} und C_{I_2} muß beim Kurzschluß aber auch sein

$$\frac{I_2}{I_1} = \frac{C_{I_2}}{C_{I_1}} \frac{ad}{ud} = \frac{C_{I_2} \cdot (1 + \tau_1)\, bd}{C_{I_1} \cdot ud}$$

und daher ist

$$\frac{C_{I_2}}{C_{I_1}} = \frac{a_1 \cdot \psi_1 N_1}{a_2 \cdot \psi_2 N_2} \quad . \quad . \quad . \quad . \quad . \quad . \quad . \quad . \quad (389)$$

Das Verhältnis $C_{I_2}:C_{I_1}$ nennt man das Übersetzungsverhältnis der Ströme, und es ist, wie die Gleichung (389) lehrt, unabhängig von den Streuungskoeffizienten und unabhängig von den Spulenfaktoren.

Die Unabhängigkeit von den Spulenfaktoren tritt aber erst dann zutage, wenn die gegenseitigen Spulenfaktoren eingeführt, also die Spulenstreuung als wesentlicher Teil der Gesamtstreuung exakt berücksichtigt wird.

Vor Einführung der Spulenstreuung hatten wir das Verhältnis der Diagrammkonstanten der Ströme

$$\frac{C_{I_2}}{C_{I_1}} = \frac{a_1 \cdot k_1 \cdot N_1}{a_2 \cdot k_2 \cdot N_2} \quad \ldots \ldots \ldots \quad (390)$$

in allen früheren Kapiteln notgedrungen annehmen müssen, weil wir nicht in der Lage waren, das Übersetzungsverhältnis der EMKK, das Streuungsdiagramm und das Verhältnis der Kurzschlußströme im Stator und Rotor fehlerfrei zu bestimmen.

Man kann natürlich die Frage aufwerfen, ob es nicht besser unterblieben wäre, unrichtige Diagrammkonstante durch viele Kapitel eines Buches hindurchzuschleppen. Ich habe mir diese Frage reiflich überlegt, bin aber aus didaktischen Gründen zum Entschluß gekommen, die in Gleichuug (390) niedergelegte Beziehung im Anfang beizubehalten, gerade um zu zeigen, welche Konsequenzen eine einzige Ungenauigkeit mit sich bringt. Es wurde übrigens schon im ersten Kapitel darauf aufmerksam gemacht, daß die Gleichung (10) Seite 26 zur Berechnung der im Rotor induzierten EMK nur dann streng richtig ist, wenn Stator und Rotor gleiche Nutenzahlen haben. Außerdem sind die Abweichungen so klein, daß sie praktisch — solange man nicht direkt Streuungserscheinungen behandelt — keine Rolle spielen. Viele Rechner arbeiten sogar heute noch unter gänzlicher Vernachlässigung der Spulenstreuung und benützen stets die im ersten Kapitel angegebenen Gleichungen für die EMKK mit den eigenen, nicht den gegenseitigen Spulenkoeffizienten.

Das richtige Übersetzungsverhältnis der Ströme nach Gleichung (389) wird bei gleicher Phasenzahl im Stator und Rotor

$$\frac{C_{I_2}}{C_{I_1}} = \frac{N_1}{N_2} \quad \ldots \ldots \ldots \quad (391)$$

bei zweiphasigem Stator und dreiphasigem Rotor

$$\frac{C_{I_2}}{C_{I_1}} = \frac{\sqrt{2}}{2} \cdot \frac{N_1}{N_2} \quad \ldots \ldots \ldots \quad (392)$$

bei dreiphasigem Stator und zweiphasigem Rotor

$$\frac{C_{I_2}}{C_{I_1}} = \frac{2}{\sqrt{2}} \cdot \frac{N_1}{N_2} \quad \ldots \ldots \ldots \quad (393)$$

wie sich sofort ergibt, wenn man ψ'_1 und ψ'_2 nach Gleichung (260) oder nach der Tabelle auf Seite 181 einsetzt.

68. Das Übersetzungsverhältnis der Leistungen.

Trotzdem schon im 58. Abschnitt auf die eigentümliche Unstimmigkeit hingewiesen worden ist, die bei verschiedener Phasenzahl im Stator und Rotor infolge der unvermeidlichen Unsymmetrie auftritt, mag es angezeigt erscheinen, die primäre und sekundäre Leistung nochmals im Zusammenhang mit den vorausgehenden Abschnitten zu behandeln.

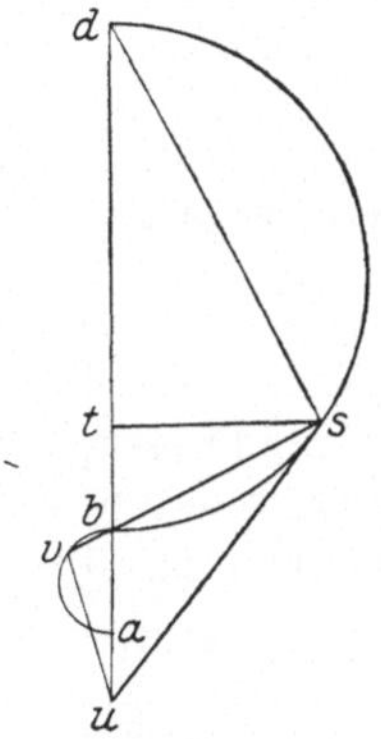

Im nebenstehenden Diagramm, Abb. 88, das sich auf einen vollkommen verlustlos arbeitenden Motor bezieht, stellt st sowohl die primär aufgenommene, als die sekundär abgegebene Leistung graphisch dar. Die Diagrammkonstante C_{L_1} der Leistung gilt für das Primär- und Sekundärsystem, und es ist daher

$$L_1 = L_2 = C_{L_1} \cdot st \text{ Watt} \quad . \; . \; . \; . \quad (394)$$

Abb. 88.

In bezug auf den Stator ist die Sache sehr einfach, denn st ist die Werkkomponente des Statorstromes $\overline{us}$

$$st = \overline{us} \cdot \cos \varphi$$

und die Leistungsaufnahme des Motors ist daher

$$L_1 = a_1 \cdot E_1 \cdot C_{I_1} \cdot st \text{ Watt} \quad . \; . \; . \; . \; . \quad (395)$$

Die Leistungskonstante ist daher

$$C_{L_1} = a_1 \cdot E_1 \cdot C_{I_1} \quad . \; . \; . \; . \; . \; . \; . \; . \quad (396)$$

In bezug auf den Rotor gilt zunächst rein graphisch die Beziehung

$$ts \cdot \overline{bd} = \overline{sd} \cdot \overline{sb} \quad . \; . \; . \; . \; . \; . \; . \; . \; . \quad (397)$$

denn beide Produkte stellen die doppelte Fläche des Dreiecks bsd dar. Um die Gleichung (397) elektrisch umdeuten zu können, betrachten wir den Motor als Transformator betrieben, den Rotor also auf einen induktionsfreien Widerstand belastet. Dann ist $\overline{sd}$ der EMK E_2, $\overline{sv} = (1 + \tau_1) \cdot sb$ dem Rotorstrom proportional. Die vom Rotor abgegebene Leistung ist

$$L_2 = a_2 \cdot E_2 \cdot I_2 \quad . \; . \; . \; . \; . \; . \; . \; . \quad (398)$$

Das Übersetzungsverhältnis der EMKK bei Leerlauf ist nach Gleichung

$$\frac{E_2}{E_1} = \frac{1}{1 + \tau_1} \cdot \frac{N_2}{N_1} = \frac{\overline{bd}}{\overline{ad}} \cdot \frac{N_2}{N_1},$$

also

$$E_2 = E_1 \cdot \frac{N_2}{N_1} \frac{\overline{bd}}{\overline{ad}}.$$

Die EMK des Rotors bei Belastung E_2 verhält sich zur Rotor-EMK bei Leerlauf E_{2s} wie

$$\frac{E_2}{E_{2s}} = \frac{\overline{sd}}{\overline{bd}}.$$

Daher wird durch Kombination der beiden letzten Gleichungen

$$E_2 = E_1 \cdot \frac{N_2}{N_1} \cdot \frac{sd}{ad} = E \cdot \frac{N_2}{N_1} \frac{sd}{(1+\tau_1)\,bd} \quad . \; . \; . \quad (399)$$

Der Rotorstrom ist unter Verwendung der Diagrammkonstanten C_{I_2}

$$I_2 = C_{I_2} \cdot \overline{sv} = C_{I_2} \cdot (1+\tau_1) sb \quad . \; . \; . \; . \; . \quad (400)$$

Setzt man E_2 und I_2 laut diesen Ausdrücken in die Gleichung (398) ein, so wird

$$L_2 = a_2 \cdot E_1 \cdot C_{I_2} \cdot \frac{N_2}{N_1} \cdot sb \cdot \frac{sd}{bd},$$

denn $(1+\tau_1)$ hebt sich im Zähler und Nenner auf. Die drei auf der rechten Seite der Gleichung enthaltenen Strecken sind nach Gleichung (397) ts, daher ist

$$L_2 = a_2 \cdot E_1 \cdot C_{I_2} \cdot \frac{N_2}{N_1} \cdot st \quad . \; . \; . \; . \; . \; . \; . \quad (401)$$

und infolgedessen

$$C_{L_2} = a_2 \cdot E_1 \cdot C_{I_2} \cdot \frac{N_2}{N_1} \quad . \; . \; . \; . \; . \; . \; . \quad (402)$$

Das Prinzip von der Erhaltung der Energie verlangt gebieterisch, daß die beiden Audrücke für die Leistungskonstante C_L, die wir in den Gleichungen (396) und (402) erhalten haben, einander gleich sind. Setzen wir sie einander gleich, so erhalten wir für das Übersetzungsverhältnis der Ströme

$$\frac{C_{I_2}}{C_{I_1}} = \frac{a_1}{a_2} \cdot \frac{N_1}{N_2} \quad . \; . \; . \; . \; . \; . \; . \; . \; . \quad (403)$$

also einen anderen Ausdruck, als wir in Gleichung 398

$$\frac{C_{I_2}}{C_{I_1}} = \frac{a_1 \cdot \psi_1 \cdot N_1}{a_2 \cdot \psi_2 \cdot N_2}$$

gefunden hatten. Diese Unstimmigkeit rührt, wie im 58. Abschnitt auseinandergesetzt ist, daher, daß bei ungleicher Phasenzahl im Stator und Rotor die einzelnen Phasen nicht gleichmäßig belastet sind, wenn der Motor als Transformator betrieben wird. Bei gleicher Phasenzahl im Stator und Rotor verschwindet dieser Widerspruch.

IX. Die Berechnung der Linienstreuung.

69. Die verschiedenen Arten der Linienstreuung.

Unter dem Einfluß der erregenden Kräfte eines Motors entstehen nicht nur die magnetischen Felder, deren Vorhandensein wir wünschen, sondern es entstehen außerdem parasitäre Kraftlinien, deren Existenz dadurch ermöglicht ist, daß der Kraftlinienweg des Hauptfeldes nicht der einzige magnetische Pfad im Motor ist. So treten z. B. nicht alle im Statoreisen erzeugten Kraftlinien durch den Luftzwischenraum in den Rotor über, ein Teil derselben verläuft in den Statornuten, ohne überhaupt den Stator zu verlassen. Diese Erscheinung bezeichnet man als Nutenstreuung.

Von den Kraftlinien, die vom Stator durch den Luftzwischenraum nach dem Rotoreisen übertreten, kehrt unter gewissen Umständen ein Teil nach abermaligem Durchlaufen des Luftfeldes wieder zum Stator zurück, ohne die Rotorwindungen zu schneiden. Auch diese Kraftlinien hat man als Streulinien bezeichnet und das Auftreten derselben die Zickzackstreuung genannt.

Endlich werden von den Statorwindungen auch noch außerhalb des eigentlichen Statoreisens, nämlich in der Luft und den lediglich aus mechanischen Gründen vorhandenen Eisenteilen Kraftlinien deshalb erzeugt, weil es unmöglich ist, die Drähte der Statorwicklung unendlich dicht an das Statoreisen heranzubringen. Da diese Art der Streuung durch die auf beiden Seiten des Stators in die Luft herausstehenden Spulenköpfe hervorgerufen wird, bezeichnet man sie als Kopfstreuung.

Die Ermittlung der Größe der Kopfstreuung bietet für die Rechnung am meisten Schwierigkeiten, denn es bietet sich hier den Kraftlinien die Möglichkeit, äußerst komplizierte Wege einzuschlagen. Die Verhältnisse liegen hierbei ungefähr ebenso verwickelt, wie wenn wir die Entladestromstärke einer Batterie bestimmen sollten, wenn die Batterie in ein mit einem Elektrolyt gefülltes metallenes Gefäß gestellt wird, wenn außerdem die Kontinuität des Elektrolyts durch hineingeworfene Metallteile gestört ist.

Wie wir bereits aus den Diagrammen wissen, äußert sich die Streuung durch eine Verschlechterung des $\cos\varphi$, Leistungsverlust wird durch sie nicht hervorgerufen. Die in bezug auf den Stator angestellten Betrachtungen gelten in gleicher Weise natürlich auch für den Rotor.

70. Magnetischer Widerstand und Leitwert des Luftzwischenraumes.

Die Nutenstreuung berechnet man am einfachsten aus dem Verhältnis des magnetischen Widerstandes des Luftzwischenraumes zum magnetischen Widerstand der Nuten.

Der Luftzwischenraum eines Motors ist einesteils durch den Zylindermantel des Rotors, andernteils durch die Hohlzylinderfläche des Stators begrenzt. Bei manchen Ausführungsformen, wenn nämlich Stator und Rotor mit geschlossenen Nuten versehen sind, kommen die soeben genannten Flächen in bezug auf das Luftfeld ganz zur Wirkung. Im allgemeinen sind aber die Motoren mit offenen Nuten ausgestattet, und es geht dadurch ein gewisser Teil dieser Flächen verloren.

Die totale Nutenzahl des Stators ist

$$2 \cdot p \cdot a_1 \cdot m_1$$

und daher die Statorzahnteilung t_1

$$t_1 = \frac{D \cdot \pi}{2 \cdot p \cdot a_1 \cdot m_1}.$$

Der Rotordurchmesser ist $D - 2\,\delta$, daher die Rotorzahnteilung t_2

$$t_2 = \frac{(D - 2\,\delta)\,\pi}{2 \cdot p \cdot a_2 \cdot m_2}.$$

Der genaue Verlauf der Kraftlinien zwischen den Zähnen des Stators und Rotors läßt sich rechnerisch nicht ermitteln; mit genügender Genauigkeit können wir aber annehmen, daß das Luftfeld des Motors einerseits von der gesamten Oberfläche der Statorzähne, andererseits von der gesamten Oberfläche der Rotorzähne gebildet wird.

Die totale Oberfläche der Statorzähne beträgt pro Pol

$$\frac{D \cdot \pi \cdot b}{2 \cdot p} \cdot \frac{z_1}{t_1}$$

und die der Rotorzähne

$$\frac{(D - 2\,\delta) \cdot \pi \cdot b}{2 \cdot p} \cdot \frac{z_2}{t_2},$$

wenn mit z_1, z_2 die Zahnbreiten des Stators resp. Rotors bezeichnet werden.

Der mittlere Querschnitt des Luftfeldes pro Pol, F_l, muß natürlich dem arithmetischen Mittel aus diesen beiden Ausdrücken gleich sein, und wir erhalten demnach

$$F_l = \frac{\pi \cdot b}{4 \cdot p}\left(D\,\frac{z_1}{t_1} + (D - 2\,\delta)\,\frac{z_2}{t_2}\right) \quad \ldots\ldots (404)$$

Wegen der Kleinheit der Luftlänge δ gegenüber dem Durchmesser D kann man sich wohl in allen Fällen unter Hinweglassung von δ mit der Näherungsgleichung begnügen

$$F_l = \frac{D \cdot \pi \cdot b}{4 \cdot p}\left(\frac{z_1}{t_1} + \frac{z_2}{t_2}\right) \quad \ldots\ldots\ldots (405)$$

Ist Stator und Rotor mit geschlossenen Nuten ausgeführt, so wird der Luftquerschnitt

$$F_l = \frac{D \cdot \pi \cdot b}{2 \cdot p} \quad \ldots\ldots\ldots\ldots (406)$$

Herrscht über den ganzen Luftquerschnitt F_l die gleiche Induktion $\mathfrak{B}_l$, wie z. B. bei einer einphasigen Einlochwicklung, so ist der magnetische Fluß eines Poles

$$\Phi_l = \mathfrak{B}_l \cdot F_l$$

und zur Erzeugung der Luftinduktion $\mathfrak{B}_l$ sind nach der Gleichung

$$\mathfrak{B}_l = \frac{A_l}{0{,}8 \cdot 2 \cdot p \cdot \delta}$$

A_l Amperewindungen aufzuwenden. Wir erhalten daher die Beziehungen

$$\Phi_l = \mathfrak{B}_l \cdot F_l = \frac{A_l \cdot F_l}{0{,}8 \cdot 2 \cdot p \cdot \delta},$$

und da wir analog dem Ohmschen Gesetz den magnetischen Fluß, den Quotienten aus erregender Kraft: magnetischen Widerstand nennen, wird der Widerstand aller $2 \cdot p$ Luftfelder eines $2\,p$-poligen Motors

$$R_l\,\text{total} = \frac{A_l}{\Phi_l} = \frac{1{,}6 \cdot p \cdot \delta}{F_l},$$

und der Widerstand des Luftfeldes pro Polpaar

$$R_l = \frac{A_l}{p \cdot \Phi_l} = \frac{1{,}6 \cdot \delta}{F_l} \quad \ldots\ldots\ldots \quad (407)$$

und der Leitwert des Luftfeldes

$$G_l = \frac{F_l}{1{,}6 \cdot \delta} \quad \ldots\ldots\ldots\ldots \quad (408)$$

denn der Leitwert (früher Leitfähigkeit genannt) ist einfach das Reziprokum des Widerstandes.

Bei Mehrlochwicklungen

$$m > 1$$

und bei Mehrphasenwicklungen herrscht aber unter dem Luftquerschnitt eines Poles durchaus keine konstante Induktion, sondern sie variiert nach der Feldkurve. Die mittlere Luftinduktion ergibt sich aus der Multiplikation der maximalen Luftinduktion $\mathfrak{B}_l$ mit dem Feldfaktor c_1, und daher wird der magnetische Fluß eines Poles

$$\Phi_l = c_1 \cdot \mathfrak{B}_l \cdot F_l = \frac{A_l}{p} \cdot \frac{c \cdot F_l}{1{,}6 \cdot \delta} = \frac{A_l}{p} \cdot \frac{1}{R_l} = \frac{A_l}{p} \cdot G_l \quad \ldots \quad (409)$$

Es ist demnach der magnetische Widerstand des Luftfeldes pro Polpaar

$$R_l = \frac{1{,}6 \cdot \delta}{c_1 \cdot F_l} \quad \ldots\ldots\ldots\ldots \quad (410)$$

und der Leitwert des Luftfeldes pro Polpaar

$$G_l = \frac{c_1 \cdot F_l}{1{,}6 \cdot \delta} \quad \ldots\ldots\ldots\ldots \quad (411)$$

71. Nutenstreuung einer Zweiphasenwicklung.

Da wir schon im VI. Kapitel die wahre Form der magnetischen Felder festgestellt haben, sind wir nun in die Lage versetzt, die Streuung eingehend zu untersuchen. Wir wollen zuerst den einfachsten Fall ins Auge fassen, nämlich einen zweipoligen Zweiphasenmotor mit je einer Nute pro Spulenseite. Abb. 89 stellt einen solchen Motor dar in dem Augenblick, in dem seine Statorwindungen die maximale erregende Kraft ausüben, in dem also Phase I und Phase II den gleichen Strom (0,707 des maximalen Stromes) führen. Wir wissen aus Früherem, daß in diesem Stadium längs der Zähne 1 und 3 die maximal überhaupt auftretende Induktion herrscht, während von den Zähnen 2 und 4 keine Kraftlinien ausgehen, da auf die letzteren keine erregende Kraft einwirkt.

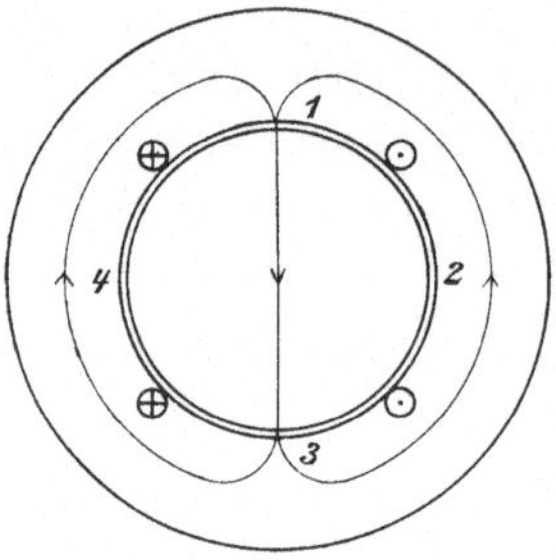

Abb. 89.

Schon früher haben wir von der Anwendung des Ohmschen Gesetzes auf magnetische Stromkreise Gebrauch gemacht, und wenn wir diese Analogie auch auf den vorliegenden Fall anwenden, können wir den in Abb. 89 skizzierten Motor durch Abb. 90 darstellen. Da wir vorläufig das Eisen als widerstandslos annehmen wollen, haben wir die dünn gezeichneten Linien der Abb. 90 als widerstandslos zu betrachten, während die mit *a b c d* bezeichneten dicken Linien den Luftwiderstand pro Zahn des Motors repräsentieren. An Stelle der auf die Zähne 1 und 3 wirkenden erregenden Kräfte haben wir die beiden Elemente *E* gesetzt, deren EMKK sich entsprechend den erwähnten erregenden Kräften der Spulen addieren müssen; die Elemente sind also in Serie geschaltet.

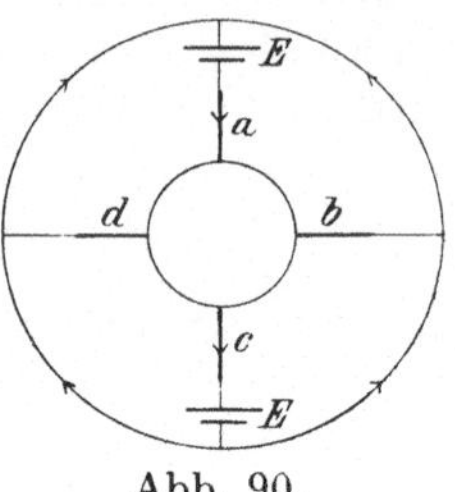

Abb. 90.

Wenn wir den Motor als streuungsfrei annehmen, so setzt dies voraus, daß seine Nuten unendlich großen Widerstand haben, und die vier Widerstände *a b c d* sind dann die einzigen Wege, die das Entstehen eines Stromes ermöglichen. Ein Blick auf die Abb. 90 zeigt uns, daß lediglich die beiden in senkrechter Richtung liegenden Widerstände von einem Strom durchflossen sind, der unserem in Abb. 89 gezeichneten magnetischen Feld entspricht.

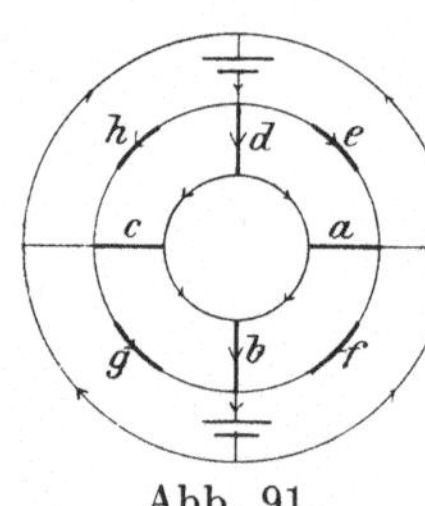

Abb. 91.

Nehmen wir den Widerstand der Nuten nicht mehr als unendlich groß an, so wird durch dieselben ein Streufluß fließen können, und in welcher Weise ein solcher entsteht, läßt sich sehr leicht zeigen, wenn wir in Abb. 90 an den Stellen, die den Nuten entsprechen, Widerstand einfügen, und wenn wir dann untersuchen, welcher Strom in diesen Widerständen entstehen muß. Wir erhalten so die Abb. 91, in der *a*, *b*, *c*, *d* den Widerstand des Luftfeldes pro Zahn, *e*, *f*, *g*, *h* den Widerstand pro Nute vorstellt.

Es ist nun sehr leicht anzugeben, welche Ströme in diesem System zirkulieren werden. Bezeichnet man mit *E* die totale EMK, also die EMK der beiden in Serie geschalteten Elemente, so wird in den Widerständen *d* und *b* ein Strom entstehen von der Größe

$$J = \frac{E}{R},$$

wenn mit R der Luftwiderstand pro Zahnfläche bezeichnet wird. Den Elementen wird aber noch ein weiterer Strom entnommen, der durch die Widerstände e, f, g, h fließt. Die Größe dieses Stromes ist, wenn R_ν den Widerstand einer Nute bedeutet,

$$i = \frac{E}{R_\nu}.$$

Der Stromverlauf in dem ganzen System gestaltet sich nun so, wie es in Abb. 92 dargestellt ist. Die Leiter k und l werden von beiden Strömen J und i gemeinsam durchflossen, die Leiter d und b nur von dem Strom J, die Leiter e, f, g, h nur von dem Strom i.

Wenden wir dieses Resultat auf die magnetischen Kreise des Motors an, so entspricht der Strom J dem Hauptfluß Φ_l des Motors (Abb. 93), der Stator und Rotor gemeinsam durchsetzt; der Strom i stellt den Streufluß Φ_ν dar, der lediglich im Stator verläuft, ohne

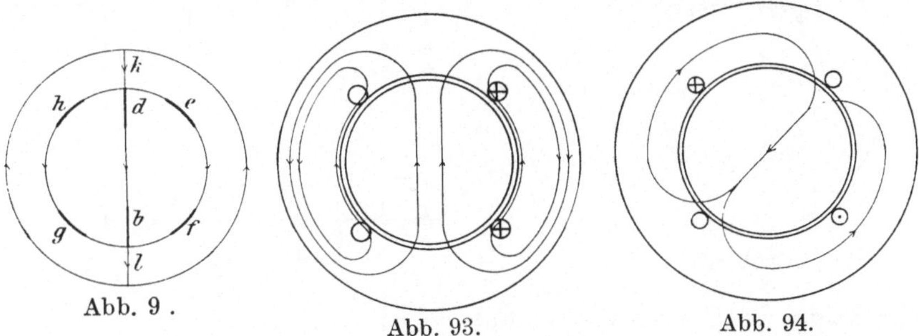

Abb. 9 . Abb. 93. Abb. 94.

nach dem Rotor zu gelangen. Die Windungen des Stators werden daher von beiden Feldern durchflossen, die des Rotors dagegen nur von dem Hauptfelde.

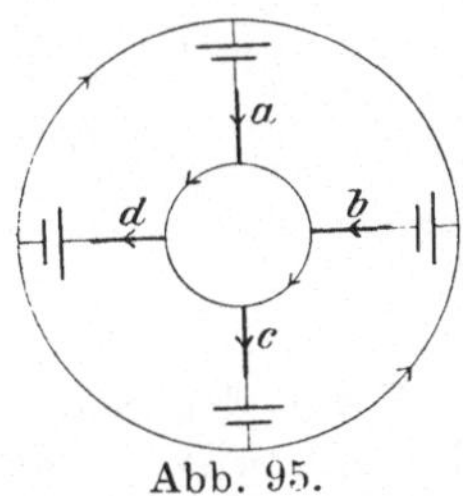

Abb. 95.

Wie wir wissen, ist die erregende Kraft eines Motors nicht von konstanter Größe, sondern sie variiert zwischen einem Maximal- und einem Minimalwert. Bei Untersuchung des streuungsfreien Motors haben wir schon gesehen, daß jedem dieser Extremwerte der erregenden Kraft eine ganz verschiedene Feldkurve entspricht, und wir müssen daher auch prüfen, wie sich die Streufelder in diesen verschiedenen Momenten verhalten.

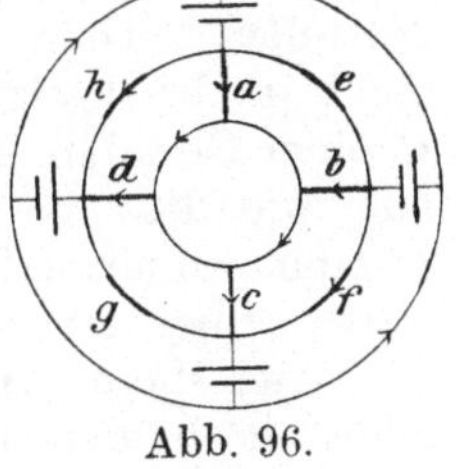

Abb. 96.

Das Minimum der erregenden Kraft herrscht in einem Zweiphasenmotor dann, wenn eine Phase desselben den maximalen Strom führt, die andere stromlos ist und die erregende Kraft ist dann nur 0,707 der maximalen. Abb. 94 stellt den streuungsfreien Motor in diesem Stadium dar, und Abb. 95 zeigt ein elektrisches System, das mit dem magnetischen des Motors korrespondiert.

Wenn wir den Motor als mit Streuung behaftet annehmen, haben wir noch die Widerstände *e*, *f*, *g*, *h* einzufügen, und wir erhalten so die Abb. 96. Der Strom, der aus den Elementen durch die Widerstände *a*, *b*, *c*, *d* fließt, hat die Größe

$$J = \frac{0{,}707 \cdot E}{2\,R}$$

und der durch die Widerstände *f* und *g* fließende

$$i = \frac{0{,}707 \cdot E}{R_v}.$$

Wenn wir die Ströme wieder durch die magnetischen Felder ersetzen, so gelangen wir zur Abb. 97, und wir ersehen, daß alle

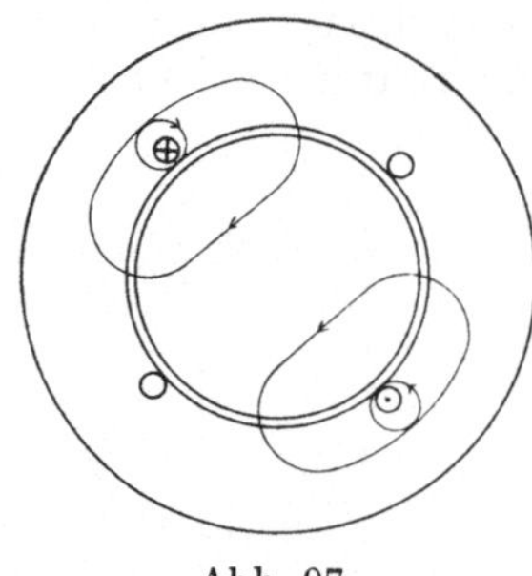

Abb. 97.

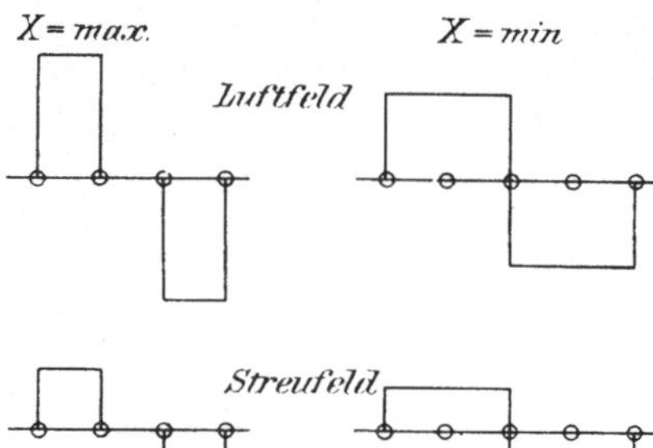

Abb. 98.

vier Zähne des Stators vom Hauptfluß und dem Streufluß durchsetzt werden, während nur ersteres nach dem Rotor gelangt. Wir können die Felder noch in anderer Weise darstellen, wenn wir den Stator nicht mehr kreisförmig, sondern zu einer Geraden aufgebogen zeichnen, wie dies in Abb. 98 für den Zweiphasenmotor für beide Extremwerte seiner erregenden Kraft geschehen ist.

Aus dieser Abbildung ersehen wir, daß die Form des Streufeldes in beiden Fällen genau der des Hauptfeldes entspricht, daß es sich nur in der Größe von demselben unterscheidet. Auf dieses verhältnismäßig einfache Resultat kommen wir aber nur in dem Falle, wenn jede Spulenseite nur in einer Nute pro Pol untergebracht ist. Wenn der Stator mehr Nuten pro Spulenseite enthält, werden die Verhältnisse komplizierter.

Untersuchen wir beispielsweise einen Zweiphasenmotor mit 3 Nuten pro Spulenseite, wie er in Abb. 99 unter Ersatz der erregenden Kräfte durch elektromotorische dargestellt ist, so finden wir, daß die Ströme die in Abb. 99A dargestellte Größe besitzen. Bei Berechnung dieser Stromstärken ist sowohl der Luftwiderstand pro Zahn, als der Widerstand einer Nute = 1, ebenso die EMK eines Elementes = 1 angenommen.

Führen wir an Stelle der Ströme nunmehr wieder die Felder ein, so können wir diese durch Abb. 99 B darstellen. Durch die Totalfläche dieser Abbildung wird der gesamte Statorfluß repräsentiert; der unschraffierte Teil der Fläche ist der auch in den Rotor

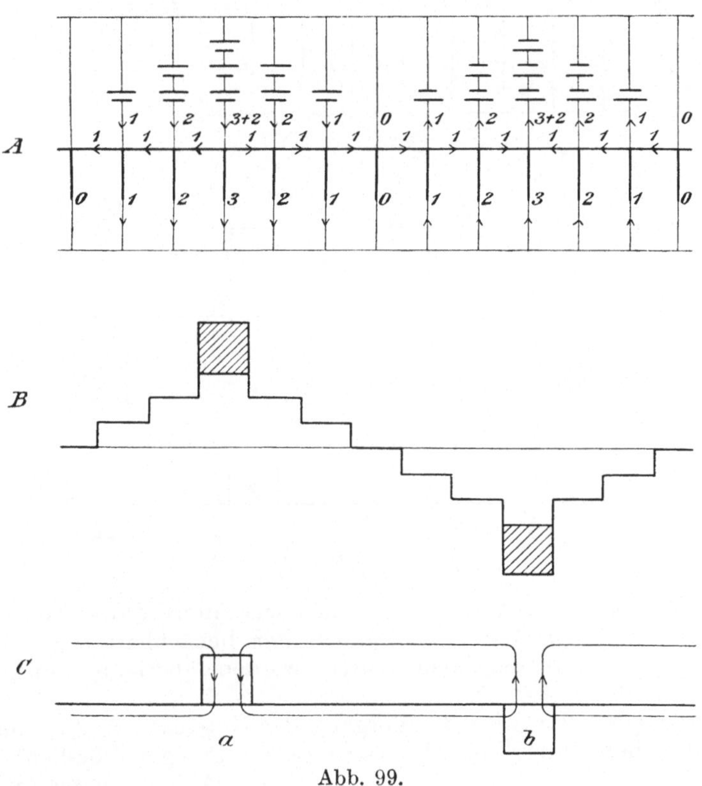

Abb. 99.

übertretende Hauptfluß, der schraffierte Teil der Fläche ist der lediglich im Stator verlaufende Streufluß. Letzterer ist in Abb. 99 C nochmals allein gezeichnet, um so klar als möglich den Verlauf der Streulinien im Stator zu zeigen.

Betrachten wir denselben Motor in dem Moment, in dem eine Phase des Stators stromlos und die erregende Kraft ein Minimum ist, so geht Abb. 99 über in Abb. 100. Entsprechend der Abnahme der erregenden Kraft auf das 0.707fache gegenüber der maximalen, darf die EMK eines Elementes nur noch zu 0,707 Volt angenommen werden, während die Widerstände natürlich ungeändert = 1 Ohm geblieben sind. Die enstehenden Ströme werden daher der Richtung und Größe nach so angeordnet sein, wie dies in Abb. 100 A eingetragen ist, und so gestalten sich demgemäß die Felder nach der Anordnung der Abb. 100 B. Der Streufluß durchsetzt pro Pol nur

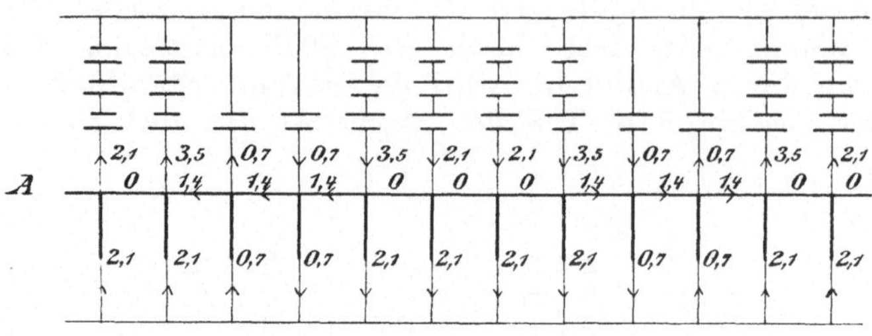

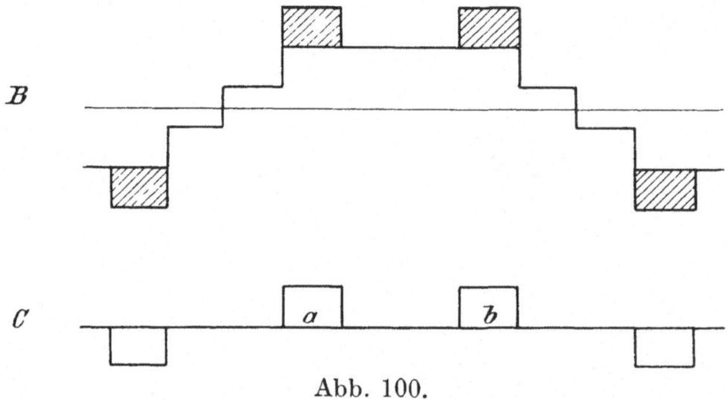

Abb. 100.

je 2 Zähne a, b, und die Streulinien verlaufen durch die Nuten nach den korrespondierenden Zähnen der benachbarten Pole. Die zwischen a und b liegenden Nuten werden überhaupt nicht von Streulinien durchsetzt.

Besonders klar wird der Vorgang der Nutenstreuung, wenn man sich zu seiner Darstellung der Görgesschen Polygone bedient. Die Abb. 101 entspricht dem in Abb. 99, die Abb. 102 dem in Abb. 100 dargestellten Stadium.

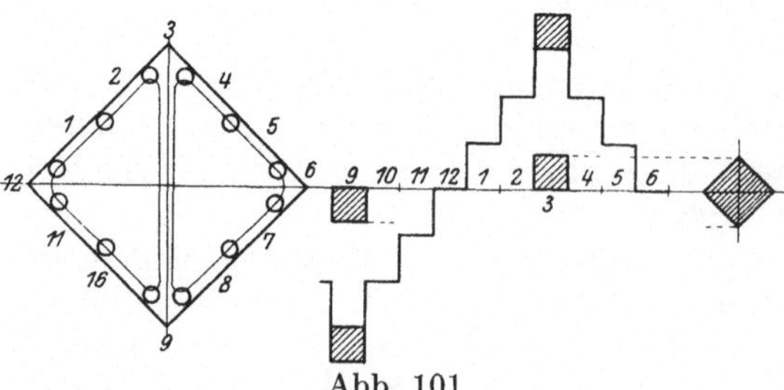

Abb. 101.

Ohne weiteres erkennt man an Hand der Görgesschen Polygone das Gesetz, daß die Nutenstreuung nur an den Eckzähnen I, II, III, IV des Polygons auftritt, oder besser gesagt, nur von Eckzahn zu Eckzahn verläuft. Diese Erkenntnis ist wertvoll, weil sie einen Hinweis darauf gibt, wie viele Nuten von Streufluß hintereinander durchflossen werden, wie oft also der Nutenwiderstand R_ν vom Streufluß überwunden werden muß.

Endlich läßt die erwähnte Darstellungsweise leicht erkennen, daß in der Feldkurve die Ordinaten des Streufeldes genau so wie die des Hauptfeldes nach einer Sinusfunktion variieren.

Hieraus können wir den wichtigen Schluß ziehen, daß auch die Kraftlinienzahl des von einer Spule umschlossenen Streuflusses nach einer Sinusfunktion variiert.

Dadurch sind wir in die Lage versetzt, nicht nur leicht die maximale Kraftlinienzahl des Streuflusses, sondern auch die vom Streufluß induzierte EMK und daraus den Koeffizienten der Nutenstreuung berechnen zu können.

Wir wissen, daß in einer Zweiphasenwicklung der von einer Spule umschlossene Fluß Φ_l in dem Moment ein Maximum ist, in dem der Strom der einen Phase einen Maximalwert $\sqrt{2} \cdot I$, der der anderen den Wert Null besitzt. Die Abb. 100 zeigt, daß in diesem Augenblick der dem Streufluß entsprechende Strom $2 \times 1{,}4 = 2{,}8$ Amp., also ein Maximum erreicht gegenüber $2 \times 1 = 2$ Amp. in Abb. 99. Dasselbe Resultat können wir den Abb. 102 und 101 entnehmen. Der in Abb. 101 eingezeichnete Streufluß läßt aber außerdem erkennen, daß er alle Windungen der in den Nuten 1, 2, 3, 7, 8, 9 untergebrachten Phase vollkommen umschließt. Diese Erscheinung tritt bei jeder beliebigen Nutenzahl auf, und bei der Berechnung der vom Streufluß induzierten EMK haben wir daher zu beachten, daß der Spulenfaktor in allen Fällen $k = 1$ einzusetzen ist.

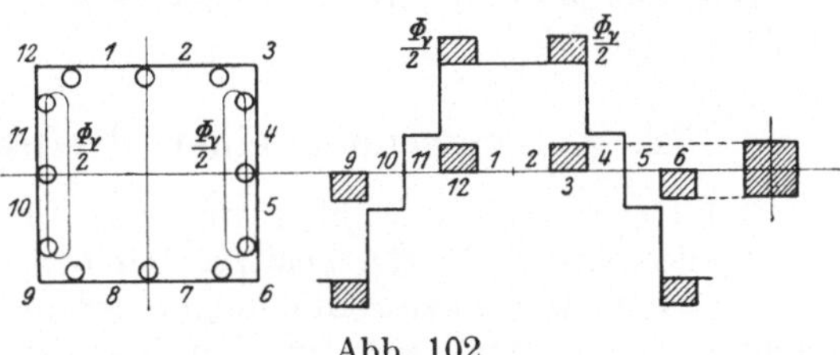

Abb. 102.

Ein allgemeiner Ausdruck für die maximale Kraftlinienzahl Φ_ν des Streuflusses läßt sich durch folgende Überlegung gewinnen:

Da wir mit A_l die maximale erregende Kraft zur Erzeugung des Luftfeldes eines $2\,p$-poligen Motors bezeichnen, beträgt die erregende Kraft pro Polpaar in dem den Abb. 100 und 102 entsprechenden Moment

$$0{,}707 \frac{A_l}{p}.$$

Diese erregende Kraft erzeugt in den m in Serie geschalteten Nuten 1, 2, 3 (Abb. 102), deren jede den magnetischen Widerstand R_ν besitzt, einen Streufluß

$$0{,}707 \cdot \frac{A_l}{p} \cdot \frac{1}{m \cdot R_\nu}.$$

Ein zweiter ebenso großer Streufluß verläuft in den m Nuten 7, 8, 9. Die maximale Kraftlinienzahl des Streuflusses ist daher

$$\Phi_\nu = 0{,}707 \cdot \frac{A_l}{p} \cdot \frac{2}{m \cdot R_\nu} \quad \text{. . . . . (412)}$$

denn die magnetischen Widerstände der beiden Nutengruppen 1, 2, 3 und 7, 8, 9 sind parallel geschaltet.

Die maximale Kraftlinienzahl Φ_l des Hauptfeldes wird von derselben erregenden Kraft

$$0{,}707 \frac{A_l}{p}$$

im magnetischen Widerstand des Luftfeldes pro Polpaar R_l erzeugt und sie beträgt

$$\Phi_l = 0{,}707 \cdot \frac{A_l}{p} \cdot \frac{1}{R_l} \quad \text{. . . . . (413)}$$

Die Division der Gleichung (412) durch (413) ergibt

$$\Phi_\nu = \Phi_l \cdot \frac{2 \cdot R_l}{m \cdot R_\nu} = \Phi_l \cdot \frac{2 \cdot G_\nu}{m \cdot G_l} \quad \text{. . . . . . (414)}$$

Wie aus Φ_ν der Streukoeffizient ν zu berechnen ist, findet man im Abschnitt 74.

72. Nutenstreuung einer Dreiphasenwicklung.

Zur Untersuchung wählen wir eine Dreiphasenwicklung, die für jede Spulenseite 3 Nuten besitzt, bei der also $m = 3$ ist. Wir erhalten, wenn wir wieder die magnetischen Stromkreise durch elektrische ersetzen, Abb. 103 für den Moment, in dem der Strom einer Phase seinen Maximalwert $I_I = \sqrt{2} \cdot I$, die Ströme der beiden anderen Phasen ihren halben Maximalwert besitzen, $I_{II} = I_{III} = 0{,}707\ I$. Die EMK jedes Elementes ist zu 1 Volt, der Widerstand des Luftfeldes über jedem Zahn, ebenso der Widerstand einer Nute zu 1 Ohm angenommen. In Abb. 103 B stellt die schraffierte Fläche den Streufluß, die nichtschraffierte Fläche den Hauptfluß dar, und in Abb. 103 C ist die Feldkurve des Streuflusses nochmals allein herausgezeichnet.

Dieser Abbildung entspricht vollkommen die Abb. 104 in dem Moment, in dem $I_{III} = 0$, $I_I = I_{II} = 0{,}867 \cdot \sqrt{2} \cdot I$ ist. Entsprechend der Abnahme der maximalen erregenden Kraft ist die EMK eines Elementes nur mit 0,867 Volt angenommen.

Die Görgesschen Polygone zeigen, daß auch bei einer Dreiphasenwicklung die Streulinien nur von Eckzahn zu Eckzahn verlaufen, und wir dürfen daher dieser Eigentümlichkeit allgemeine Gültigkeit zusprechen. Ebenso erkennt man, daß der Streuflus Φ_ν nach einer Sinusfunktion variiert. Der äquivalente Streustrom hat in Abb. 103 die Größe $2 \times 2 = 4$ Amp., eine Zwölftelperiode später Abb. 104 die Größe $2 \times 1{,}73 = 3{,}46$ Amp.

Der Streufluß Φ_ν variiert also wie der Hauptfluß Φ_l nach einer Sinusfunktion, und beide magnetische Flüsse besitzen gleichzeitig ihr

Maximum in dem in Abb. 103 dargestellten Moment. Die Spule, die in diesem Moment von der maximalen Kraftlinienzahl des Hauptflusses Φ_l durchsestzt wird, umschließt alle zwischen b und c liegenden Zähne (Abb. 103B), und daraus ergibt sich, daß der Streufluß Φ_r, alle Windungen dieser Spule durchsetzt, sein Feldfaktor daher

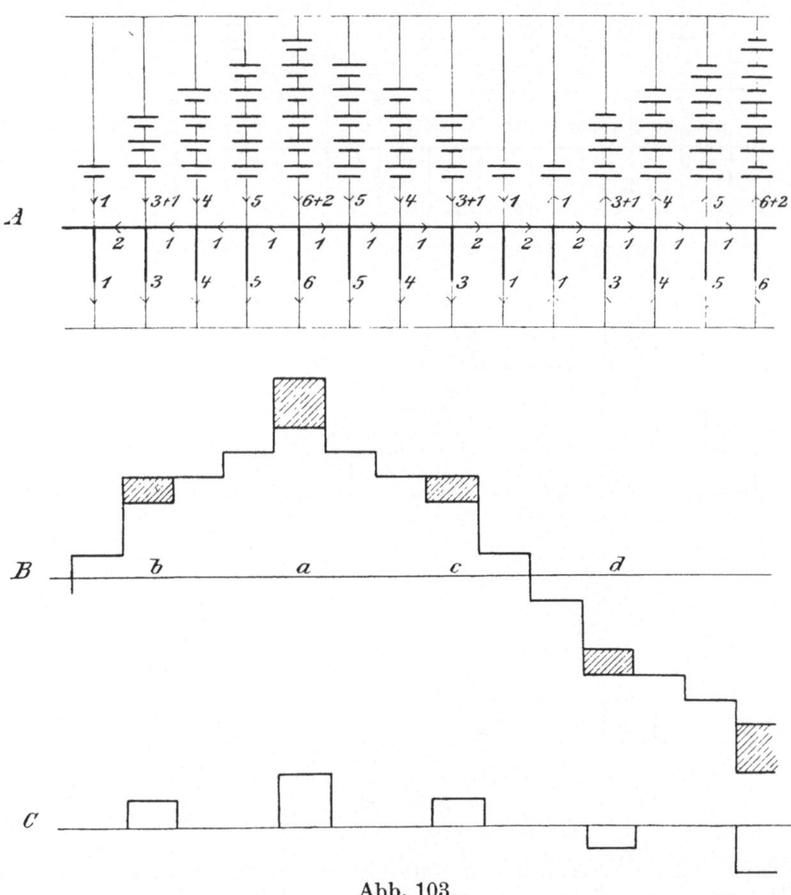

Abb. 103.

$k = 1$ ist. Die 3 in Betracht kommenden Eckzähne, die von den Streulinien durchflossen werden, liegen alle innerhalb sämtlicher Windungen der betreffenden Spule.

Die maximale Kraftlinienzahl des Streuflusses müssen wir an Hand der Abb. 103 bestimmen, und obgleich die Verhältnisse etwas komplizierter sind als bei einer Zweiphasenwicklung, läßt sich doch leicht folgende Gesetzmäßigkeit erkennen:

Die erregende Kraft beträgt pro Polpaar

$$\frac{A_l}{p}$$

Amperewindungen, wenn mit A_l die maximale erregende Kraft zur Überwindung des Luftwiderstandes eines 2 p-poligen Motors be-

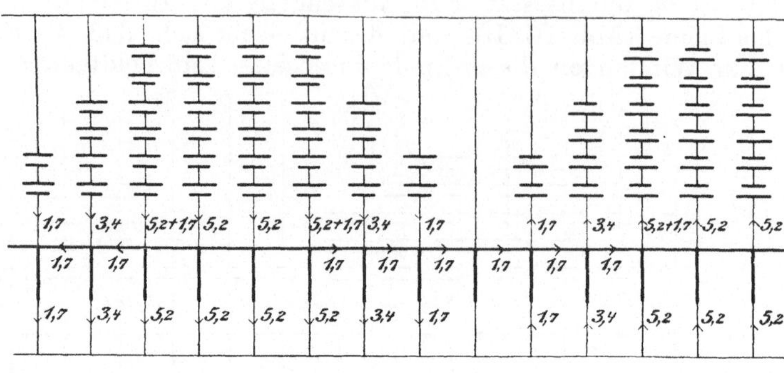

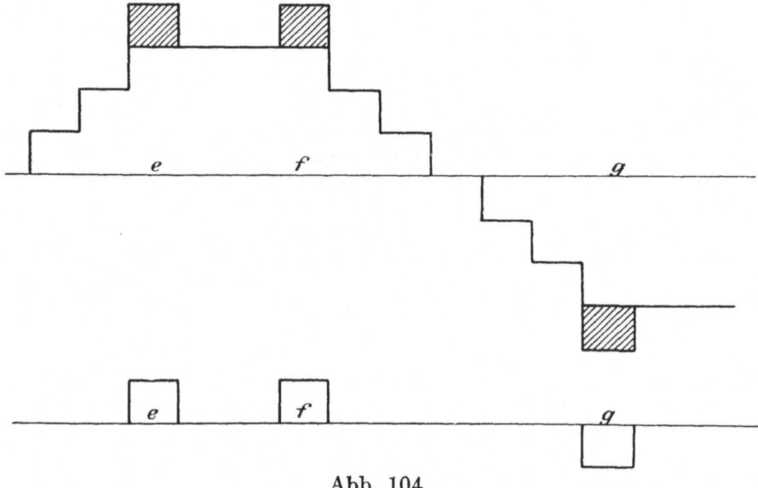

Abb. 104.

zeichnet wird. In Abb. 103 entspricht dieser erregenden Kraft eine EMK von 12 Volt. Auf die mittleren Eckzähne a wirkt diese ganze EMK, der Statorstrom beträgt 2 Ampere, der äquivalente Streufluß dieser Zähne daher

$$\frac{A_l}{p} \cdot \frac{1}{2 \cdot m \cdot R_\nu}.$$

Auf die Eckzähne c, d wirkt nur die Hälfte der maximalen erregenden Kraft (6 Volt), der äquivalente Streustrom ist 1 Amp., der Streufluß durch den Zahn c daher

$$\frac{A_l}{2 \cdot p} \cdot \frac{1}{2 \cdot m \cdot R_\nu},$$

und genau die gleiche Größe hat der durch den Zahn b fließende Streufluß.

Der gesamte maximale Streufluß ist daher

$$\Phi_\nu = \frac{A_l}{p} \cdot \frac{1}{m \cdot R_\nu} \quad \text{. . . . . (415)}$$

Da der Hauptfluß Φ_l natürlich sein muß

$$\Phi_l = \frac{A_l}{p} \cdot \frac{1}{R_l} \quad \text{. . . . . (416)}$$

wenn mit R_l der Luftwiderstand pro Polpaar bezeichnet wird, ergibt sich die Beziehung

$$\Phi_\nu = \Phi_l \cdot \frac{R_l}{m \cdot R_\nu} = \Phi_l \cdot \frac{G_\nu}{m \cdot G_l} \quad \text{. . . . . . . (417)}$$

73. Nutenstreuung einer vielphasigen Wicklung.

Vielphasige Anker kommen in der Praxis nur in der Form von Kurzschlußankern vor, und diese haben im allgemeinen stets nur eine Nute pro Spulenseite. m ist also meistens 1; jedenfalls wollen wir vorläufig diese Annahme machen, um möglichst einfache Verhältnisse zu schaffen. Bei unendlich großer Phasenzahl wird die erregende Kraft und das Feld des Ankers durch die reine Sinuslinie (Abb. 105) dargestellt. Aber auch dann, wenn die Phasenzahl a eine endliche Größe besitzt, werden die Momentanwerte der erregenden Kraft und der Feldinduktion nach einer Sinusfunktion der Zeit variieren.

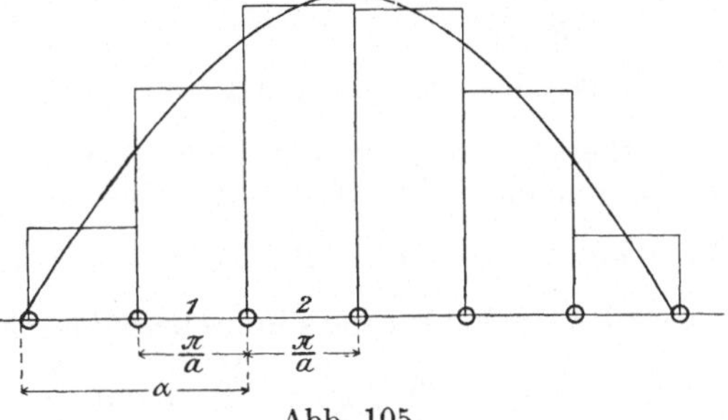

Abb. 105.

Bezeichnet man mit A_l die maximale erregende Kraft, die auf ein Polpaar wirkt, und stellt man sich vor, daß die Zähne und Nuten des vielphasigen Stators stillstehen, daß dagegen das Drehfeld sich nach links bewegt, so ist die auf den Zahn 1 wirkende erregende Kraft

$$A_1 = \frac{A_l}{p} \cdot \sin\left(\alpha - \frac{\pi}{2a}\right),$$

wenn mit α der zeitliche und räumliche Winkel bezeichnet wird, um den die zwischen Zahn 1 und 2 liegende Nute vom Koordinatenanfangspunkt 0 der Sinuslinie absteht. Der Zahn 2 ist einer erregenden Kraft von der Größe

$$A_2 = \frac{A_l}{p} \cdot \sin\left(\alpha + \frac{\pi}{2a}\right)$$

unterworfen. In dieser Weise können wir die auf jeden Zahn wirkende erregende Kraft berechnen, und wir sehen, daß an Stelle der reinen Sinuslinie, die sich bei unendlich großer Phasenzahl ergeben würde, eine gezackte Linie tritt. Dieser Linienzug steht jedoch mit der Sinuslinie in einem recht engen Zusammenhang, denn die Ordinate eines jeden Zahnes ist gleich der mittleren Ordinate der Sinuslinie in bezug auf diesen Zahn.

Die Zahl der Streulinien, die durch die zwischen den Zähnen 1 und 2 liegende Nute fließen, können wir berechnen, wenn wir den Widerstand einer Nute $= R_\nu$ kennen. Da nämlich auf den Zahn 1 die erregende Kraft A_1, auf den Zahn 2 eine solche von der Größe A_2 wirkt, stellt $A_2 - A_1$ die magnetische Potentialdifferenz zwischen den beiden Zähnen dar, und es muß daher die Kraftlinienzahl, die durch die Nute fließt,

$$\Phi_n = \frac{A_2 - A_1}{R_\nu}$$

sein. Wenn wir für A_2 und A_1 die oben gefundenen Ausdrücke einsetzen, erhalten wir

$$\Phi_n = \frac{A_l}{p \cdot R_\nu}\left[\sin\left(\alpha + \frac{\pi}{2a}\right) - \sin\left(\alpha - \frac{\pi}{2a}\right)\right] = \frac{A_l}{p \cdot R_\nu} \cdot 2 \cdot \sin\frac{\pi}{2a} \cdot \cos\alpha.$$

Das Glied $\sin\frac{\pi}{2a}$ hängt nur von der Stabzahl des Ankers ab, ist daher für ein und denselben Anker konstant. Demnach variiert die durch eine Nute fließende Zahl der Streulinien mit dem cos des Winkels α; sie wird Null, wenn $\alpha = \frac{\pi}{2}$, wenn sich also die Nute in der Mitte des Feldes eines Poles befindet, sie wird dagegen ein Maximum

$$\Phi_{n\,\max} = \frac{A_l}{p \cdot R_\nu} \cdot 2 \cdot \sin\frac{\pi}{2a} \quad \text{. . . . . (418)}$$

wenn $\cos\alpha = 1$, α also Null ist und die Nute sich an der Berührungsstelle zweier benachbarter ungleichnamiger Pole befindet. An einer beliebigen Relativstellung zum Hauptfeld ist die Streulinienzahl in der Nute

$$\Phi_n = \Phi_{n\,\max} \cdot \cos\alpha.$$

Fassen wir wieder den Moment ins Auge, der in Abb. 105 dargestellt ist, so finden wir die Linienzahl des Streufeldes in der Nute zwischen den Zähnen 1 und 2 zu

$$\Phi_{n2} = \Phi_{n\,\max} \cdot \cos\alpha$$

und die Linienzahl in der links folgenden Nute

$$\Phi_{n1} = \Phi_{n\,\max} \cdot \cos\left(\alpha - \frac{\pi}{a}\right).$$

Die Differenz zwischen diesen Kraftlinienzahlen muß den Streufluß ergeben, der durch den Zahn 1 fließt. Es wird demnach

$$\Phi_{z1} = \Phi_{n1} - \Phi_{n2} = \Phi_{n\,\max}\left[\cos\left(\alpha - \frac{\pi}{a}\right) - \cos\alpha\right]$$

und allgemein der durch einen Zahn fließende Streufluß

$$\Phi_z = \Phi_{n\,\max} \cdot 2 \cdot \sin \frac{\pi}{2a} \cdot \sin \alpha \quad \ldots \ldots \quad (419)$$

Diese Gleichung ist insofern von Wichtigkeit, als sie uns zeigt, daß die Kurve des Streufeldes Abb. 106a, ebenso wie die des Hauptfeldes b eine Sinuslinie ist.

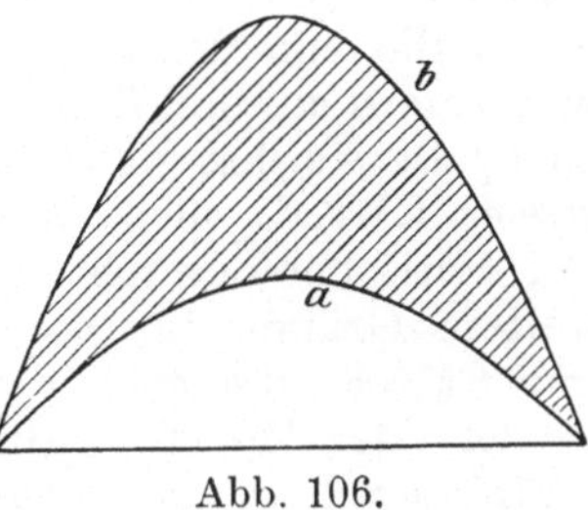

Abb. 106.

Der durch einen Zahn fließende Streufluß wird ein Maximum, wenn $\alpha = 90^0$, wenn der Zahn sich also in der Mitte eines Poles befindet. Der Maximalwert beträgt, wenn in Gleichung (419) für $\Phi_{n\,\max}$ der Ausdruck aus Gleichung (418) substituiert wird

$$\Phi_{z\,\max} = \frac{A_l}{p} \frac{4}{R_\nu} \sin^2 \frac{\pi}{2a} \quad \ldots \ldots \quad (420)$$

$\Phi_{z\,\max}$ stellt die maximale Ordinate der sinoidalen Feldkurve des Streuflusses dar und $\Phi_{z\,\max}$ muß sich daher zur maximalen Ordinate des sinoidalen Hauptfeldes verhalten wie der Streufluß Φ_ν zum Hauptfluß Φ_l. Da der Hauptfluß

$$\Phi_l = \frac{A_l}{p} \frac{1}{R_l}$$

ist, muß

$$\frac{\Phi_\nu}{\Phi_l} = 4 \cdot \sin^2 \frac{\pi}{2a} \cdot \frac{R_l}{R_\nu} \quad \ldots \ldots \quad (421)$$

sein.

Ist eine a-phasige Wicklung nicht als Einlochwicklung, sondern mit m Nuten pro Spulenseite ausgeführt, so ist dem Nenner auf der rechten Seite der Gleichung (421) noch der Faktor m beizufügen, wie sich besonders leicht an Hand der Görgesschen Polygone ersehen läßt.

Man erhält daher als allgemeine Gleichung bei einer a-phasigen Wicklung mit m Nuten pro Spulenseite den Streufluß der Nutenstreuung

$$\left.\begin{aligned} \Phi_\nu &= \Phi_l \cdot \frac{2 \cdot R_l}{m \cdot R_\nu} = \Phi_l \frac{2 \cdot G_\nu}{m \cdot G_l} && \text{bei 2 Phasen} \\ &= \Phi_l \cdot \frac{R_l}{m \cdot R_\nu} = \Phi_l \frac{G_\nu}{m \cdot G_l} && \text{„ 3 „} \\ &= \Phi_l \cdot \frac{R_l}{m \cdot R_\nu} \cdot 4 \cdot \sin^2 \frac{90^0}{a} && \text{„ } a \text{ „} \\ &= \Phi_l \cdot \frac{G_\nu}{m \cdot G_l} \cdot 4 \cdot \sin^2 \frac{90^0}{a} && \text{„ „ „} \end{aligned}\right\} \ldots (422)$$

G_l, G_ν der Leitwert ist das Reziprokum des Widerstandes R_l, R_ν.

Hat ein $2p$-poliger Käfiganker N_k Stäbe, so ist die Phasenzahl des Ankers

$$a = \frac{N_k}{2 \cdot p}.$$

74. Der Koeffizient der Nutenstreuung.

Da wir die magnetischen Flüsse des Hauptfeldes Φ_l und des Streufeldes Φ_ν nicht direkt messen können, sondern nur indirekt durch die von den magnetischen Flüssen induzierten EMKK, können wir, sofern unsere Rechnung überhaupt der experimentellen Prüfung angepaßt werden soll, den Streukoeffizienten nur aus dem Verhältnis zweier EMKK, nicht aus dem Verhältnis zweier Felder definieren. Bei kritischer Betrachtung des Streuungskreises (Abschnitt 64) wurden weitere Gründe für die Richtigkeit dieser Anschauung angeführt: nur EMKK, die nach der Sinusfunktion variieren, nicht magnetische Felder oder Amperewindungen, lassen sich diagrammatisch nach dem Kräfteparallelogram behandeln.

Vom Hauptfeld Φ_l wird in den N_1 in Serie geschaltenen Drähten der Statorwicklung bei stromlosem Rotor eine EMK induziert

$$E = 2{,}22\, k_1 \cdot N_1 \cdot \Phi_l \cdot f_1 \cdot 10^{-8} \text{ Volt} \quad \ldots\ldots \quad (423)$$

Der Feldfaktor k_1 ist bei Mehrlochwicklungen ($m > 1$) meistens kleiner als 1, weil nicht alle $\frac{N_1}{2}$ Windungen der Wicklung einer Phase alle Φ_l Kraftlinien umschließen.

Vom Streufluß Φ_ν wurde dagegen gezeigt, daß er alle Windungen des Stators umschließt, und daß deshalb der Feldfaktor des Streuflusses unter allen Umständen $k_\nu = 1$ ist. Der Statorstreufluß $\Phi_{\nu 1}$ induziert daher in der Statorwicklung die EMK

$$E_{\nu 1} = 2{,}22 \cdot 1 \cdot N_1 \cdot \Phi_{\nu 1} \cdot f_1 \cdot 10^{-8} \text{ Volt} \quad \ldots\ldots \quad (424)$$

Hauptfluß und Nutenstreufluß zusammen induzieren daher

$$E_1 = E + E_{\nu 1} = (1 + \nu_1)\, E \text{ Volt} \quad \ldots\ldots \quad (425)$$

und er ist deshalb

$$\nu_1 = \frac{E_\nu}{E} = \frac{\Phi_{\nu 1}}{k_1 \cdot \Phi_l} \quad \ldots\ldots \quad (426)$$

Setzen wir $\frac{\Phi_{\nu 1}}{\Phi_l}$ laut Gleichung (422) ein, so ergibt sich:

$$\left.\begin{aligned} \nu_1 &= \frac{2 \cdot R_{l1}}{k_1 \cdot m_1 \cdot R_{\nu 1}} = \frac{2 \cdot G_{\nu 1}}{k_1 \cdot m_1 \cdot G_{l1}} && \text{bei 2 Phasen} \\ &= \frac{R_{l1}}{k_1 \cdot m_1 \cdot R_{\nu 1}} = \frac{G_{\nu 1}}{k_1 \cdot m_1 \cdot G_{l1}} && \text{,, 3 ,,} \\ &= \frac{R_{l1}}{k_1 \cdot m_1 \cdot R_{\nu 1}} \cdot 4 \cdot \sin^2 \frac{90^0}{a} && \text{,, } a \text{ ,,} \\ &= \frac{G_{\nu 1}}{k_1 \cdot m_1 \cdot G_{l1}} \cdot 4 \cdot \sin^2 \frac{90^0}{a} && \text{,, } a \text{ ,,} \end{aligned}\right\} \quad \ldots \quad (427)$$

Für den Koeffizienten der Nutenstreuung des Rotors gelten die gleichen Beziehungen, wenn k_2, m_2, $R_{\nu 2}$ und R_{l2} dem Rotor entsprechend eingesetzt werden, was selbstverständlich ist, bis auf den magnetischen Widerstand des Luftfeldes R_{l2}. Daß der magnetische

Widerstand des Luftfeldes, vom Stator und Rotor aus betrachtet, verschieden sein muß, ergibt sich aber aus den Gleichungen (409) bis (411), weil der Querschnitt F_l des Luftfeldes bei Berechnung des Widerstandes und Leitwertes mit dem Feldfaktor c_1 bzw. c_2 multipliziert werden muß.

Die Gleichung (425), die besagt, daß die resultierende EMK E_1 einfach gleich der algebraischen Summe $E + E_{r1}$ ist, gilt natürlich nur bei Leerlauf bzw. bei stromlosem Rotor, wenn Φ_1, Φ_l und Φ_{r1} in Phase sind. Bei Belastung steht der resultierende Statorfluß Φ_1 senkrecht auf der EMK des Stators, der Streufluß Φ_{r1} ist in Phase mit dem Statorstrom I_1, und der gemeinsame Fluß Φ_l resultiert aus den erregenden Kräften des Stators und Rotors. Keiner der 3 Flüsse ist daher mit dem anderen in Phase, aber die restlose und richtige Lösung der verwickelten Aufgabe wird vom Diagramm graphisch ohne weitere Rechnung bewirkt.

75. Zickzackstreuung.

Zickzackstreuung existiert nicht. Wenn ihr hier dennoch ein besonderer Abschnitt gewidmet wird, so geschieht es nur aus dem Grunde, um diese Behauptung zu beweisen, weil von verschiedenen Autoren dieser Streuung eine besondere Bedeutung beigemessen wird und Formeln zu ihrer Berechnung und Berücksichtigung angegeben wurden.

Die Definition, was unter Zickzackstreuung zu verstehen ist, läßt sich am bequemsten an der Hand eines Beispieles geben. Wir wählen hierzu einen 3-phasigen Stator mit einer Nut pro Spulenseite und einen identischen Rotor. Um unnötige Komplikationen zu vermeiden, sehen wir natürlich von der Nutenstreuung ab, nehmen also den Widerstand einer Nut als unendlich groß an.

Betrachten wir den Motor in einem Moment, in dem die erregende Kraft des Stators ein Maximum ist, so ist das Stator- und Rotorfeld sehr leicht zu konstruieren, wenn sich die Zähne und Nuten des Stators und Rotors genau gegenüberstehen (Abb. 107A). In der Abbildung sind die erregenden Kräfte durch Elemente dargestellt, und den Kraftlinienzahlen pro Zahn entsprechen daher die in der Abbildung eingeschriebenen Stromstärken, die unter der Voraussetzung berechnet sind, daß der Luftwiderstand pro Zahn 1 Ohm, die EMK eines Elementes = 1 Volt ist.

Befindet sich dagegen der Rotor dem Stator gegenüber in einer solchen Relativstellung, daß einem Statorzahn eine Rotornute gegenübersteht und umgekehrt (Abb. 107, B), so muß der Luftwiderstand eines jeden Zahnes in zwei parallel geschaltete Widerstände, deren jeder dann natürlich die Größe = 2 Ohm besitzt, zerlegt werden. Konstruiert man abermals die Feldkurve des Stators, so findet man, daß sie unverändert geblieben ist, wie in Abb. 107, A. Dagegen weist die Kurve des Rotorfeldes eine ganz wesentliche Veränderung auf, und sie ist nicht einmal mehr der Kurve des Statorfeldes ähnlich.

Das äquivalente Stromdiagramm läßt dies am deutlichsten erkennen. Statt daß nämlich, wie im zuerst betrachteten Falle, durch drei aufeinanderfolgende Zähne des Rotors die Ströme 1, 2. 1 fließen, werden

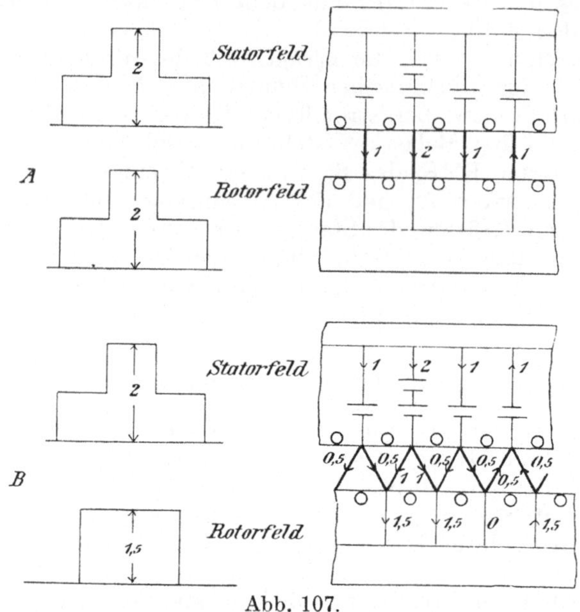

Abb. 107.

jetzt nur noch 2 Rotorzähne pro Pol von einem Strom von der Größe 1,5 durchflossen. Dagegen kehrt der von den Statorzähnen 1 und 3 austretende Strom von der Größe 0,5 in den benachbarten Statorzahn des nächsten Poles zurück, ohne daß er die Rotornuten resp. die in ihnen enthaltenen Rotordrähte umflossen hätte.

Die durch den zuletzt genannten Strom versinnbildlichte Erscheinung bezeichnet man als Zickzackstreuung.

Auf den ersten Blick sieht es in der Tat aus, als ob die maximale Kraftlinienzahl des Stators, die wir uns als die Summe der Zahnströme pro Pol berechnen können und die daher für den Stator

$$\Phi_1 = \sum I_1 = 4 = \text{Max}$$

beträgt, in bezug auf den Rotor auf

$$\Phi_2 = \sum_{I_2} = 3$$

zusammenschrumpfen würde, da

$$2 \cdot 0{,}5\, I_1 = 1\, I_1$$

durch die Zickzackstreuung verloren geht. Bei näherer Betrachtung sieht man jedoch, daß die in Stellung Abb. 107 B in den Rotor übertretende Kraftlinienzahl nicht den Maximalwert des vom Stator nach dem Rotor gelangenden Flusses angibt. Dieser wird vielmehr dann erreicht, wenn die erregende Kraft des Stators ein Minimum ist.

Abb. 108 stellt diesen Moment dar, und es ist aus der Abbildung sowohl die Form und Größe der Felder, als auch die Richtung und Größe der äquivalenten Ströme zu ersehen. Die Kraftlinienzahl des Statorfeldes ist

$$\Phi_1 = \sum_{I_1} = 3{,}46 = \text{Min}$$

und die des Rotorfeldes

$$\Phi_2 = \sum_{I_1} = 3{,}46 = \text{Max}.$$

Das gesamte Statorfeld geht daher in diesem Moment auch nach dem Rotor, ohne daß Kraftlinien durch die Zickzackstreuung verloren gehen.

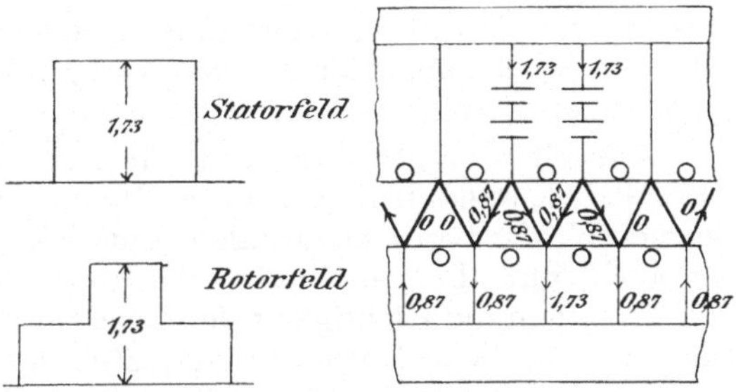

Abb. 108.

Die erhaltenen Resultate erscheinen als absolut selbstverständlich, wenn wir die Vorgänge in etwas anderer Weise darstellen. In Abb. 109 ist das Statorfeld in drei Momenten, die nur je $^1/_{12}$ Periode der erregenden Ströme auseinander liegen, dargestellt. Wie wir bereits wissen, ist die Kraftlinienzahl eines Drehfeldes nicht konstant, sondern sie variiert zwischen einem Maximal- und Minimalwert, die in gleichen Intervallen von $\frac{\pi}{2a}$ aufeinander folgen. Es kommt dies in der Abbildung dadurch zum Ausdruck, daß in den Momenten A und C die von der Feldkurve eingeschlossene Fläche die maximale Kraftlinienzahl

$$\Phi_{1\,\max} = 4,$$

dagegen im Moment B die minimale Kraftlinienzahl

$$\Phi_{1\,\min} = 3{,}46$$

repräsentiert.

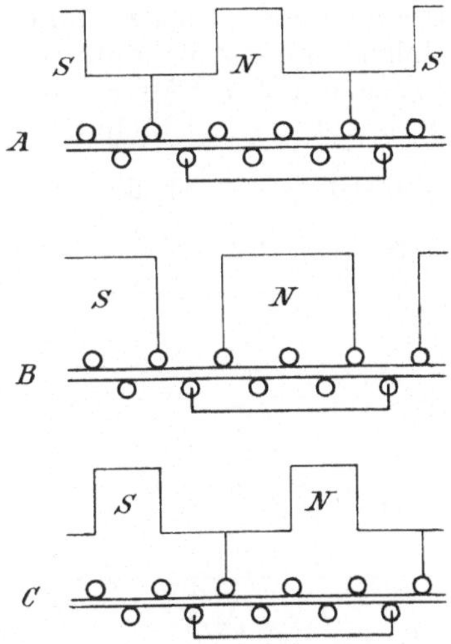

Abb. 109.

Die maximale, von einer Rotorspule eingeschlossene Kraftlinienzahl ist je nach der Stellung der Rotorspule gegenüber dem Stator verschieden: sie kann gleich der maximalen Linienzahl des Statorfeldes sein, wenn die Nuten der Rotorspule mit den Nuten einer Statorspule zusammenfallen; sie ist aber nur gleich der minimalen Linienzahl des Statorfeldes, wenn die Nuten der Rotorspule nicht den Statornuten, sondern den Statorzähnen gegenüberstehen.

Wird daher der Stator mit konstanter Klemmenspannung erregt, so ist die an den Schleifringen des stillstehenden Rotors gemessene Spannung verschieden, je nach der Relativstellung der Rotorspulen gegenüber den Statorspulen. Diese Verschiedenheit ist bei kleinen Nutenzahlen groß, sie ist aber bei den großen Nutenzahlen. mit denen die Motoren im allgemeinen gebaut werden, nur sehr klein. In der auf S. 175 angegebenen Tabelle ist der Quotient $\frac{\Phi_{max}}{\Phi_{min}}$ für verschiedene Wicklungsanordnungen ausgeführt, und diese Zahlen geben zugleich angenähert das Verhältnis der maximalen Rotorspannungen zu den minimalen.

Alle Gleichungen, die wir zur Berechnung der Motoren abgeleitet haben, sind lediglich unter Benutzung der Maximalwerte (erregende Kraft, Kraftlinienzahlen) entwickelt, wir berücksichtigen daher auch nur die maximale, im Rotor induzierte EMK, und wir müssen, wenn die Richtigkeit der Rechnung experimentell kontrolliert werden soll, den Rotor in die Stellung bringen, bei der seine Schleifenringspannung den größten Wert erreicht.

Dies würde in dem Abb. 107 A entsprechenden Fall dann eintreten, wenn Stator- und Rotornuten einander genau gegenüberstehen, und es ist dann die in einer Rotorspule induzierte EMK in Phase mit der EMGK, die in der gegenüberliegenden Statorspule induziert wird. Befindet sich dagegen der Rotor in der Stellung Abb. 107B, so ist die in einer Rotorspule induzierte EMK um $\frac{\pi}{2a}$ gegenüber der in der benachbarten Statorspule induzierten EMGK phasenverzögert.

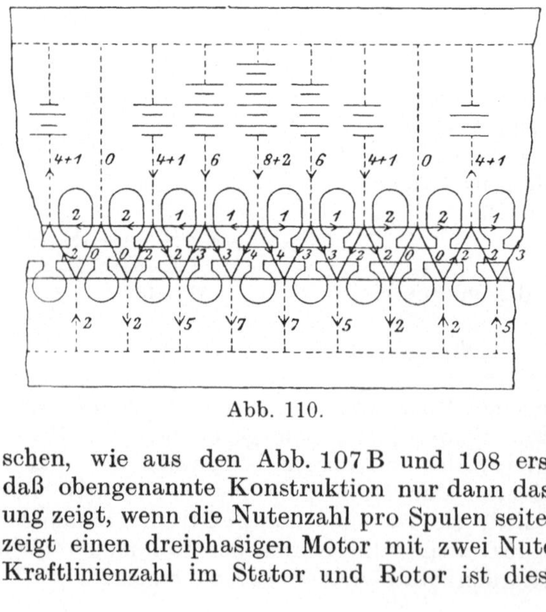

Abb. 110.

Wir haben eingehend gezeigt, daß die in Abb. 107B gegebene Konstruktion überflüssig ist, daß es aber sehr fehlerhaft wäre, anzunehmen, durch die Zickzackstreuung würde das maximale Rotorfeld in der Weise verkleinert, wie es diese Konstruktion ergibt. Ganz interessant ist jedoch die Erscheinung, daß Stator- und Rotorfeld ihre Form vertauschen, wie aus den Abb. 107B und 108 ersichtlich ist, und ferner, daß obengenannte Konstruktion nur dann das Eintreten dieser Streuung zeigt, wenn die Nutenzahl pro Spulen seite ungerade ist. Abb. 110 zeigt einen dreiphasigen Motor mit zwei Nuten pro Spulenseite. Die Kraftlinienzahl im Stator und Rotor ist dieselbe, nämlich

$$\Sigma_{I_1} = \Sigma_{I_2} = 28\,,$$

jedoch hat das Rotorfeld eine andere Feldkurve wie das Statorfeld, wodurch bewirkt wird, daß die im Rotor induzierte EMK in der gezeichneten Stellung kleiner ist als dann, wenn den Statorzähnen die Rotorzähne statt der Nuten gegenüberstehen.

Es wird auffallen, daß zur Besprechung der Zickzackstreuung nur Beispiele gewählt werden, bei denen die Nutenzahl des Stators gleich der des Rotors ist, ein Fall, der gerade bei den in der Praxis gebauten Motoren aus den im Abschnitt 102 angeführten Gründen absichtlich vermieden wird. Für theoretische Betrachtungen ist es aber vorteilhaft, gleiche Nutenzahl im Stator und Rotor deshalb anzunehmen, weil dann der Verlauf der Kraftlinien am einfachsten darzustellen und rechnerisch zu verfolgen ist.

Bei ungleicher Nutenzahl im Stator und Rotor ist es unmöglich, den genauen Verlauf der Kraftlinien zeichnerisch und rechnerisch darzustellen, und es müssen selbst zur angenäherten Lösung der Aufgabe vereinfachende Annahmen gemacht werden.

Untersucht man die Zickzackstreuung zwischen zwei Spulen in der Stellung, in der die beiden Spulen konaxial liegen, so gestaltet sich die Aufgabe genau so, wie wir sie bereits bei Ermittlung der Spulenstreuung im Abschnitt 52 gelöst haben. Will man daher am Begriff der Zickzackstreuung festhalten, so muß man sagen:

Die Zickzackstreuung ist mit der Spulenstreuung (der doppelt verketteten Streuung) identisch.

Abb. 78 zeigt einen Dreiphasenmotor mit drei Nuten im Stator, zwei Nuten im Rotor pro Spulenseite. Zur Berechnung der im Rotor induzierten EMK haben wir, im vollen Bewußtsein eine kleine Ungenauigkeit zu begehen, die vereinfachende Annahme gemacht, daß das Statorfeld mit unveränderter Feldkurve den Rotor durchsetzt, und haben den Feldfaktor des Stators gegenüber der Rotorwicklung

$$k_{1-2} = \tfrac{61}{64}$$

ermittelt. Könnten wir den Kraftlinienverlauf mit mathematischer Genauigkeit in Rechnung stellen, so würde k_{1-2} vielleicht eine etwas abweichende Größe erhalten und wir müßten wiederum sagen: Unter der Voraussetzung, daß k_{1-2} ganz richtig berechnet ist, ist die Zickzackstreung Null.

76. Kopfstreuung.

Es ist nicht möglich, die Wicklungen eines Motors so dicht an das Stator- bzw. Rotoreisen heranzubringen, daß alle von einer Spule erzeugten Kraftlinien im Eisen verlaufen, es werden vielmehr stets die außerhalb der Nuten liegenden Spulenseiten einen gewissen Abstand $\frac{h}{2}$ (Abb. 111) von den Ankerblechen haben. Die Windungsfläche der Spule wird daher nur zum Teil vom aktiven Motoreisen ausgefüllt, oder mit anderen Worten: der Querschnitt des Hauptfeldes (der Luftquerschnitt eines Poles) ist geringer als die Windungsfläche einer Spule. Da nun die gesamte Windungsfläche einer Statorspule von Kraftlinien durchsetzt wird, während nur die den Luftquerschnitt F_l erfüllenden Linien in den Rotor gelangen, muß das gesamte Statorfeld, das auf die Statorwindungen induzierend wirkt, größer sein als das durch die Luft nach dem Rotor gelangende Feld. Es tritt also Streuung ein. Dasselbe gilt in gleicher Weise für das Verhalten einer Rotorspule gegenüber dem Stator.

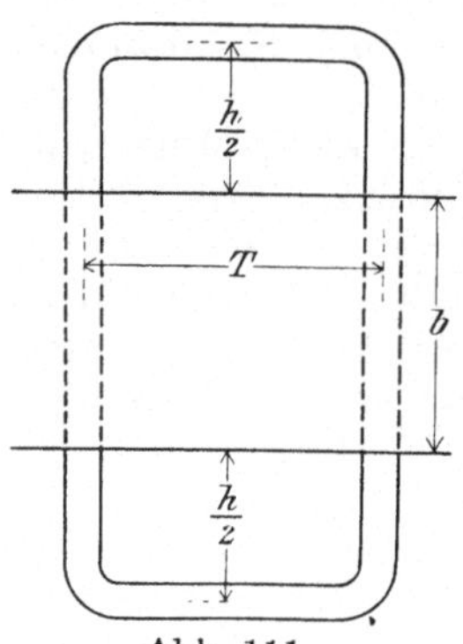

Abb. 111.

Da die Spulenköpfe meistens rechteckige Form haben, muß man zur Berechnung der Streuung eigentlich von der Gleichung ausgehen

$$L = 4\left(\log\text{nat}\frac{l}{r} + 0{,}25\right)10^{-9},$$

die den Selbstinduktionskoeffizienten in Henry für 1 cm Länge zweier paralleler Leitungen, deren Drahtdurchmesser $2r$ und deren Abstand l beträgt, angibt. Auf die in Abb. 110 dargestellten beiden Spulenköpfe angewandt, würde die Ausgangsgleichung den Ausdruck liefern

$$L = 4\left[T\left(\log\text{nat}\frac{h}{r} + 0{,}25\right) + h\left(\log\text{nat}\frac{T}{r} + 0{,}25\right)\right]19^{-9}\ \text{Henry}.$$

Dieser Ausdruck ist unbequem, erstens wegen der zwei Summanden in der eckigen Klammer, zweitens wegen des halben Leiterdurchmessers r im Nenner, denn das Leiterbündel, das den Spulenkopf bildet, hat gewöhnlich nicht runden, sondern rechteckigen Querschnitt.

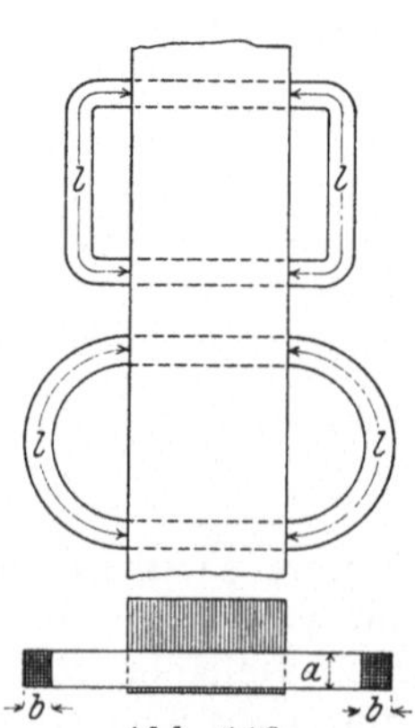

Abb. 112.

Da es sich wegen des äußerst schwer zu verfolgenden Verlaufs der Kopfstreulinien ohnedies nur um die Gewinnung eines Näherungswertes handeln kann, ist die Annahme zulässig, daß die Spulenköpfe halbkreisförmige Gestalt haben. Beide Köpfe einer Spule ergänzen sich daher zu einem Kreis, und man kann daher die Ausgangsgleichung benützen

$$L = 4\pi R\left(\log\text{nat}\frac{R}{r} + 0{,}33\right)10^{-9},$$

die den Selbstinduktionskoeffizienten in Henry eines zu einer kreisförmigen Windung von $2R$ Durchmesser gebogenen Drahtes von $2r$ Durchmesser liefert.

$\pi \cdot R$ kann als die Leiterlänge l eines Spulenkopfes, $\pi \cdot r$ als der halbe Umfang $a + b$ des Leiterbündels eines Spulenkopfes aufgefaßt werden, Abb. 112. Man erhält daher

$$L = 4\,l\left(\log\text{nat}\frac{l}{a+b} + 0{,}33\right)10^{-9}\ \text{Henry}$$

und nach Ersatz der natürlichen Logarithmen durch die dekadischen

$$L = 0{,}96\cdot l\left(\log_{10}\frac{l}{a+b} + 0{,}144\right)10^{-8}\ \text{Henry} \quad \ldots \quad (428)$$

Da dem Maschinenrechner im allgemeinen die Berechnung von Selbstinduktionskoeffizienten aus den linearen Dimensionen von Leitern ungeläufig ist, kann als Bindeglied mit der weiteren Ableitung die allbekannte Gleichung

$$I = \frac{E}{\sqrt{R^2 + (2\cdot\pi\cdot f\cdot L)^2}}$$

benützt werden, die unter der für unsere Betrachtungen zulässigen Annahme $R =$ Null den Selbstinduktionskoeffizienten in Henry liefert

$$L = \frac{E}{2\cdot\pi\cdot f\cdot I}\ \text{Henry} \quad \ldots\ldots\ldots \quad (429)$$

Bevor wir diese Gleichung weiter verarbeiten können, müssen wir die Frage entscheiden, ob die Streulinien der Spulenköpfe eines Mehrphasensystems nur je einen Spulenkopf umschlingen, oder ob sie wegen der relativ großen Nähe der Spulenköpfe der anderen Phasen gleichzeitig Windungen mehrerer Phasen durchdringen. Die zweite Annahme hätte zur Folge, daß auch für die Kopfstreuung die erregende Kraft aus den Amperewindungen mehrerer benachbarter, verschiedener Phasen angehörigen Spulen zu berechnen wäre, wie bei den im Luftzwischenraum erzeugten Hauptfelde des Motors. Eine gegenseitige Beeinflussung der Kopfstreuung der einzelnen Phasen findet zweifellos statt; sie kann aber ohne großen Fehler vernachlässigt werden, da die Luftinduktion $\mathfrak{B}$ des Streufeldes umgekehrt proportional der Entfernung vom Spulenkopf ist, daher rasch abnimmt.

Auf Grund dieser Anschauung können wir die Kopfstreuung in jeder Phase für sich berechnen, ohne auf die anderen Phasen Rücksicht zu nehmen. Bezeichnen wir den Streufluß einer Spule mit $\Phi_\varkappa$, mit N die Drahtzahl der Spule, so wird die in der einen Spule induzierte EMK

$$E = 2{,}22\cdot k\cdot\Phi_\varkappa\cdot N\cdot f\cdot 10^{-8}\ \text{Volt}$$

induziert. Der Feldfaktor k ist 1, weil alle Windungen von sämtlichen Kraftlinien $\Phi_\varkappa$ umschlossen werden.

Wir können daher Gleichung (429) in die Form bringen

$$L = \frac{2{,}22\cdot\Phi_\varkappa\cdot N\cdot f\cdot 10^{-8}}{2\cdot\pi\cdot f\cdot I} = \frac{\Phi_\varkappa\cdot N^2\cdot 10^{-8}}{2\cdot\sqrt{2}\,I\cdot N}.$$

Die Gleichung (428) gilt nur unter der Voraussetzung, daß der Drahtring eine einzige Windung besitzt, wir müssen daher $N = 2$ einsetzen, denn die Windungszahl $= \frac{N}{2}$. Wir erhalten

$$L = \frac{\Phi_\varkappa \cdot 10^{-8}}{\sqrt{2} \cdot I \cdot \frac{N}{2}} = \frac{\Phi_\varkappa}{A_\varkappa} 10^{-8} = G_\varkappa \cdot 10^{-8}.$$

Der Nenner stellt die maximale erregende Kraft $A_\varkappa$ in Amperewindungen dar, die von der Spule ausgeübt wird. Wir erhalten daher für den Leitwert der beiden Köpfe einer Spule die einfache Beziehung

$$G_\varkappa = L \cdot 10^8 = 0,96 \cdot l \left(\log_{10} \cdot \frac{l}{a+b} + 0,144 \right) \quad . \quad . \quad . \quad (430)$$

77. Der Koeffizient der Kopfstreuung.

Unter Benützung des Leitwertes $G_\varkappa$ ist es sehr leicht, den Streukoeffizient der Kopfstreuung, z. B. des Stators, zu berechnen. Wir nehmen die diesbezügliche Untersuchung bei stromlosem Rotor vor, wenn die Statorwicklung nur von dem zur Überwindung des Luftzwischenraumes δ nötigen Magnetisierungsstrom I_m durchflossen wird.

Bei den üblichen Wicklungen sind pro Phase immer p Spulen vorhanden, daher ist, wenn mit N_1 die Anzahl der in Serie geschalteten Leiter pro Phase bezeichnet wird, die maximale, von einer Spule ausgeübte erregende Kraft

$$\sqrt{2} \cdot I_m \frac{N_1}{2\,p}$$

und unter ihrem Einfluß entsteht in der Spule ein Streufluß

$$\Phi_\varkappa = \sqrt{2} \cdot I_m \cdot \frac{N_1}{2\,p} \cdot G_\varkappa .$$

Da p Spulen vorhanden sind, wird in allen N_1 Drähten durch die Streuflüsse insgesamt eine EMK induziert:

$$E_\varkappa = 2,22 \cdot \left(\sqrt{2} \cdot I_m \cdot \frac{N_1}{2\,p} G_\varkappa \right) N_1 \cdot f_1 \cdot 10^{-8} \text{ Volt} \quad . \quad . \quad . \quad (431)$$

Die erregende Kraft des Stators in bezug auf das im Luftzwischenraum δ erzeugte Hauptfeld Φ_l des Motors ist von der Phasenzahl a_1 abhängig und ergibt sich im Maximum für alle Polpaare aus Gleichung (257), S. 180. Sie beträgt daher pro Polpaar

$$\frac{1}{p} \cdot \frac{I_m \cdot N_1}{\sqrt{2} \cdot \sin \frac{90^0}{a_1}},$$

und der magnetische Fluß eines Poles ist daher, wenn der Leitwert des Luftfeldes pro Polpaar nach Gleichung (411), S. 245, mit G_{l1} bezeichnet wird

$$\Phi_l = \frac{I_m \cdot N_1}{p \cdot \sqrt{2} \cdot \sin \frac{90^0}{a_1}} \cdot G_{l1} .$$

In den N_1 Drähten jeder Phase der Statorwicklung wird daher vom Hauptfeld Φ_l eine EMK induziert

$$E = 2{,}22 \cdot k_1 \left(\frac{I_m \cdot N_1}{p \cdot \sqrt{2} \cdot \sin \frac{90^0}{a_1}} G_{l1} \right) \cdot N_1 \cdot f_1 \cdot 19^{-8} \quad . \; . \; . \; (432)$$

Aus den Gleichungen (431) und (432) erhält man den Koeffizient der Kopfstreuung

$$\left.\begin{aligned} \varkappa &= \frac{E_\varkappa}{E} \\ &= \frac{G_\varkappa}{G_l} \cdot \frac{\sin \frac{90^0}{a}}{k_1} \quad \text{bei } a \text{ Phasen} \\ &= \frac{G_\varkappa}{G_l} \cdot \frac{1}{k_1} \quad \text{„ } 1 \text{ Phase} \\ &= \frac{G_\varkappa}{G_l} \cdot \frac{0{,}707}{k_1} \quad \text{„ } 2 \text{ Phasen} \\ &= \frac{G_\varkappa}{G_l} \cdot \frac{1}{2 \cdot k_1} \quad \text{„ } 3 \text{ „} \end{aligned}\right\} \quad . \; . \; . \; . \; . \; (433)$$

78. Der Koeffizient der gesamten Linienstreuung.

Die gesamte Linienstreuung setzt sich aus der Nuten- und der Kopfstreuung zusammen. Die Streuflüsse und Φ_{ν_1} und $\Phi_{\varkappa_1}$ sind stets dem Statorstrom proportional und mit ihm in Phase. Dasselbe gilt für den Rotor.

Da die beiden Streuflüsse Φ_{ν_1} und $\Phi_{\varkappa_1}$ sich gegenseitig nicht beeinflussen, vielmehr vollkommen unabhängig voneinander sind, ist der Koeffizient der gesamten Linienstreuung einfach in folgender Weise zu berechnen

$$\left.\begin{aligned} 1 + \lambda_1 &= (1 + \nu_1)(1 + \varkappa_1) \\ 1 + \lambda_2 &= (1 + \nu_2)(1 + \varkappa_2) \\ \lambda_1 &= \nu_1 + \varkappa_1 + \nu_1 \cdot \varkappa_1 \\ \lambda_2 &= \nu_2 + \varkappa_2 + \nu_2 \cdot \varkappa_2 \end{aligned}\right\} \quad . \; . \; . \; . \; . \; . \; (434)$$

Die Streuungskoeffizienten τ_1 und τ_2 des Stators und Rotors sind nicht nur von der Linienstreuung, sondern auch von der Spulenstreuung abhängig und sie sind gemäß der Gleichung (367) und (368) auf S. 229 zu berechnen:

$$\left.\begin{aligned} 1 + \tau_1 &= (1 + \sigma_1)(1 + \nu_1)(1 + \varkappa_1) \\ 1 + \tau_2 &= (1 + \sigma_2)(1 + \nu_2)(1 + \varkappa_2) \\ \tau_1 &= (1 + \sigma_1)(1 + \nu_1)(1 + \varkappa_1) - 1 \\ &= \sigma_1 + \nu_1 + \varkappa_1 + \sigma_1 \nu_1 + \sigma_1 \varkappa_1 + \nu_1 \cdot \varkappa_1 + \sigma_1 \nu_1 \varkappa_1 \\ \tau_2 &= (1 + \sigma_2)(1 + \nu_2)(1 + \varkappa_2) - 1 \\ &= \sigma_2 + \nu_2 + \varkappa_2 + \sigma_2 \nu_2 + \sigma_2 \varkappa_2 + \nu_2 \varkappa_2 + \sigma_2 \nu_2 \varkappa_2 \\ 1 + \tau &= (1 + \tau_1)(1 + \tau_2) \\ \tau &= \tau_1 + \tau_2 + \tau_1 \cdot \tau_2 \end{aligned}\right\} \quad . \; . \; (435)$$

79. Der magnetische Leitwert der Nuten.

Die Berechnung des Leitwertes der Nuten ist nicht mit mathematischer Genauigkeit möglich, denn wir können nicht genau die Wege angeben, die von den durch die Nuten fließenden Kraftlinien eingeschlagen werden. Wir müssen uns daher mit einer Näherungsmethode begnügen, indem wir die Nuten in einzelne Teile zerlegen und dann annehmen, daß zwischen diesen einzelnen Teilen die Kraftlinien nach einfachen, der Rechnung zugänglichen Gesetzen übertreten. Die auf diese Weise mit den einfachsten Mitteln gewonnenen Formeln geben für die Praxis genügend genaue Resultate.

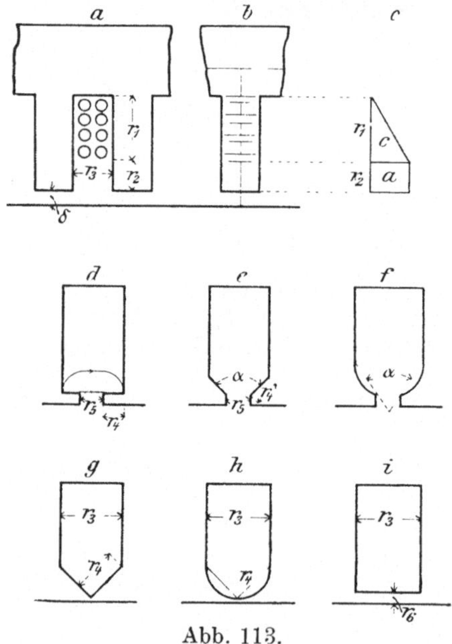

Abb. 113.

Die erreichte Genauigkeit ist sogar in manchen Fällen größer als die, die bei der praktischen Ausführung der Motoren in rein mechanischer Beziehung erreicht werden kann. Werden z. B. zehn Motoren nach ein und denselben Wicklungsangaben und nach denselben Zeichnungen in der Werkstätte angefertigt, so werden sie sich bei der Untersuchung im Probierraum in elektrischer Beziehung nicht identisch verhalten, und besonders in bezug auf die Streuung werden sich zwischen den einzelnen Motoren Abweichungen zeigen. Die nachstehend abgeleiteten Formeln werden im allgemeinen — es soll nicht gesagt werden, in allen Fällen — Werte ergeben, die von den gemessenen mittleren Resultaten nicht mehr abweichen, als der beste bzw. schlechteste der so gut als möglich identisch gebauten Motoren. Daß scheinbar geringfügige mechanische Ungenauigkeiten einen sehr großen Einfluß auf die Streuung und dadurch auf die Güte des Motors haben, erklärt sich leicht aus der Kleinheit der hier in Betracht kommenden Dimensionen und spricht sich auch mit großer Deutlichkeit in den Formeln aus.

Wir beginnen die Berechnung der Leitfähigkeit der Nuten mit dem einfachsten Fall, nämlich mit einer offenen Nute, wie sie in Abb. 113a dargestellt ist. Die Nute ist bis zu einer Höhe r_1 mit Drähten gefüllt, deren Durchflutung sich auf den benachbarten Zahn in der Weise äußert, wie in Abb. 113b durch Elemente angedeutet ist. Die maximale Durchflutung ist daher nur auf den mit r_2 bezeichneten unteren Teil des Zahnes wirksam, und sie nimmt nach oben hin kontinuierlich ab, bis sie an der Zahnwurzel den Wert Null erreicht.

Die Leitfähigkeit des unteren Teiles r_2 der Nute ist sehr leicht zu berechnen; es ist nämlich, wenn mit b die Ankerbreite, d. h. die axiale Länge der Nute bezeichnet wird, der Querschnitt dieses magnetischen Weges

$$r_2 \cdot b$$

und seine Länge r_3. mithin sein Leitwert

$$0{,}4 \cdot \pi \cdot b \cdot \frac{r_2}{r_3}.$$

Die Leitfähigkeit des oberen Teiles r_1 der Nute dürfte nur dann in derselben Weise berechnet werden, wenn die Durchflutung (die erregende Kraft) längs des Teiles r_1 konstant wäre; dies ist aber nicht der Fall, denn sie sinkt auf der Strecke r_1 von ihrem Maximalwert bis auf Null herunter.

Infolgedessen stellt die jeweilige horizontale Entfernung der Hypotenuse von der Basis r Abb. 113c, die an dieser Stelle in der Nute herrschende Luftinduktion, die Dreiecksoberfläche den Streufluß Φ_r in dem untersuchten Teil der Nut dar. Der Streufluß Φ_r umschlingt aber nicht sämtliche in der Nut liegende Drähte, sondern die Drahtzahl nimmt genau wie die Durchflutung von Null an der Zahnwurzel bis zum Maximalwert am Ende des Drahtbündels in der Nut geradlinig zu. Das Dreieck Abb. 113c, stellt daher auch in seiner Fläche die Gesamtdrahtzahl in der Nut, in den Entfernungen der Hypotenusenpunkte von der Basis r_1 den am betreffenden Nutenort zur Wirkung kommenden Teil der Drahtzahl dar. Die vom Nutenstreufeld in den Drähten induzierte EMK ist dem Produkt aus Drahtzahl $\times$ Streulinienzahl proportional, verläuft also von der Zahnwurzel aus nach einer quadratischen Parabel, deren maximale Ordinate r_1, deren maximale Abszisse $N_r \cdot \Phi_r$ ist. Die von der Parabel begrenzte Fläche hat deshalb den Inhalt

$$\frac{r_1}{3} \cdot \Phi_r \cdot N_r .$$

Würden alle N_r Drähte vom ganzen Streufluß umschlungen, so wäre die induzierte EMK dem Rechteck

$$r_1 \cdot \Phi_r \cdot N_r$$

gleich. Die gleichmäßige Verteilung des Drahtbündels längs der Strecke r_1 in der Nut hat daher zur Folge, daß der magnetische Widerstand dieses Nutenteils 3 mal so groß erscheint, wie wenn die Drähte an der Zahnwurzel konzentriert sind.

Der Leitwert der Nute längs der Strecke r_1 ist daher

$$g_1 = 0{,}4 \cdot \pi \cdot b \cdot \frac{r_1}{3 \cdot r_3} \quad \ldots\ldots\ldots \quad (436)$$

Zwischen parallelen Flächen, die der erregenden Kraft aller Drähte ausgesetzt sind, Abb. 112a, ist dagegen der Leitwert

$$g_2 = 0{,}4 \cdot \pi \cdot b \cdot \frac{r_2}{r_3} \quad \ldots \ldots \ldots \quad (437)$$

Dies gilt für parallele Flächen innerhalb der Nute. Grenzen die Flächen aber an den Luftzwischenraum, so werden sich die von r_3 nach dem gegenüberliegenden Zahn strömenden Kraftlinien auch über den Luftzwischenraum ausbreiten, und es ist daher der Dimension r_3 noch δ hinzuzufügen, wodurch gleichzeitig die Spitzenwirkung am Zahnkopf berücksichtigt wird. Die Leitfähigkeit zwischen parallelen Flächen am Zahnkopf wird daher

$$g_3 = 0{,}4 \cdot \pi \cdot b \cdot \frac{r_2 + \delta}{r_3} \quad \ldots \ldots \ldots \quad (438)$$

Konvergierende Flächen, Abb. 112e, besitzen unter der Annahme, daß die Streulinien möglichst in Kreisbögen verlaufen den Leitwert

$$g_4 = 0{,}4 \cdot \pi \cdot \frac{b}{\alpha} \cdot \log \operatorname{nat}\left(1 + \alpha \cdot \frac{r_4}{r_5}\right).$$

Da $\alpha = \pi$, Abb. 112d, ungebräuchlich ist, kann man, um das Logarithmieren zu vermeiden, auch geradlinigen Verlauf der Streulinien unter Einführung der mittleren Entfernung $\frac{r_3 + r_5}{2}$ und der Horizontalprojektion $r_4 \cdot \cos\frac{\alpha}{2}$ der streuenden Flächen einführen und erhält

$$g_4 = 0{,}4 \cdot \pi \cdot b \cdot \frac{2 \cdot r_4 \cdot \cos\frac{\alpha}{2}}{r_3 + r_5} \quad \ldots \ldots \ldots \quad (439)$$

Wenn die Nute nach unten durch Kreisbögen abgerundet ist, Abb. 112f, so läßt sich auch auf diesen Fall die für g_4 gefundene Gleichung anwenden. Die Sehne r_4 ist zwar kürzer als der zugehörige Bogen, aber das wird annähernd dadurch ausgeglichen, daß die beiden Sehnen geringeren Abstand haben, als die beiden Kreisbögen.

Die in Abb. 113g bis i gezeichneten eisengeschlossenen Nuten sind in der ersten Auflage dieses Buches eingehend behandelt. Sie werden aber trotz mancher guten Eigenschaften (Motoren mit solchen Nuten zeigen sehr gleichmäßiges, von der Rotorstellung unabhängiges Anlaufsdrehmoment und machen wenig Geräusch) heute kaum noch angewendet, weil sie sehr empfindlich gegen ungenaue mechanische Ausführung sind und beim Wickeln das Einlegen dünner Drähte durch den Nutenschlitz unmöglich machen. Auf ihre Besprechung kann daher verzichtet werden.

Die zur Zeit gebräuchlichen Nuten lassen sich unter die in Abb. 114 gezeichneten zusammenfassen. Die Formen a und b werden für gewickelte Statoren und Rotoren und zwar für Draht- und Stabwicklungen verwendet, die kreisförmige Nut c wohl ausschließlich für Kurzschlußanker mit Käfigwicklung.

Für die Nuten Abb. 114a und b ergibt sich nach dem Vorausgegangenen der Leitwert

$$G_\nu = 1{,}25 \cdot b\left(\frac{r_1}{3 \cdot r_3} + \frac{r_2}{r_3} + \frac{2 \cdot r_4}{r_3 + r_5} + \frac{r_6 + \delta}{r_5}\right) \quad . \; . \; . \; (440)$$

Es empfiehlt sich sehr, bei Anwendung dieser Gleichung lieber die Dimension r_2 auf Kosten von r_1 groß anzunehmen als umgekehrt, um wenigstens einigermaßen dem Umstande gerecht zu werden, daß in Wirklichkeit viel mehr Streulinien auftreten als wir bei unseren vereinfachenden Annahmen in Rechnung gezogen haben, daß daher in Wahrheit der Leitwert sicher größer, niemals kleiner ist, als die Formeln ergeben.

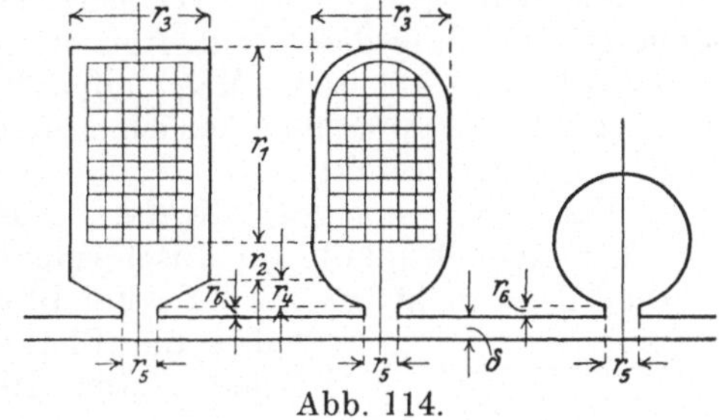

Abb. 114.

Für die runde Nut, Abb. 113c, hat la Cour berechnet, daß der Leitwert der Konstanten 0,623 proportional und unabhängig vom Lochdurchmesser ist. Der Leitwert der geschlitzten runden Nut ist daher

$$G_\nu = 1{,}25 \cdot b\left(0{,}623 + \frac{r_6 + \delta}{r_5}\right) \quad . \; . \; . \; . \; . \; . \; (441)$$

also als unabhängig vom Lochdurchmesser, unter der Annahme, daß die kreisförmige Nute vollkommen mit einer Anzahl voneinander isolierten, in Serie geschalteten Drähten ausgefüllt ist und die Streulinien nur horizontal durch die Nut verlaufen. Befindet sich, wie es bei Käfigankern üblich ist, ein einziger massiver Leiter in jeder Nut, so ist wohl der Leitwert etwas größer anzunehmen; es macht aber Schwierigkeiten, einen genauen Wert zu ermitteln, da in den Querschnittelementen des einzelnen Leiters verschieden große EMKK induziert werden, deren Resultierende infolge der Wirbelstrombildung sehr schwer zu berechnen ist. Man wird daher Gleichung (441) auch für Massivleiter in Anwendung bringen.

Als Beispiel für die Berechnung der Linienstreuung kann der im Kapitel 14 berechnete Motor, insbesondere Abschnitt 115, dienen.

X. Der Einfluß des magnetischen Widerstandes des Eisens.

80. Das Streuungsdiagramm bei Berücksichtigung des Eisenwiderstandes.

Wie bereits auf Seite 237 angedeutet wurde, läßt sich das vollständige Streuungsdiagramm Abb. 87 auch ohne Zuhilfenahme der Spulenstreuung ableiten. Man muß dabei allerdings auf die in Strenge nicht zulässige Annahme znrückgreifen, daß die einzelnen Strecken des Diagramms Induktionsflüsse darstellen, und daß sie dennoch nach dem Parallelogramm der Kräfte zusammengesetzt werden dürfen.

Um den Einfluß des Eisenwiderstandes zu erläutern und die Verhältnisse nicht zu sehr zu komplizieren, wollen wir annehmen, daß die Phasen- und Nutenzahl im Stator und Rotor gleich sind, daß also Spulenstreuung nicht vorhanden ist. Am einfachsten liegt nun der Fall bei einem Zweiphasenmotor mit Einlochwicklung in dem Moment, in dem nur eine Phase Strom führt, die andere aber stromlos ist. Abb. 115 stellt diesen Zustand bei stromlosem Rotor dar. Früher, als wir den Eisenwiderstand vernachlässigten, bzw. als unendlich klein annahmen, konnte eine primäre Streuung nur zwischen den Statorzähnen 1—2, 3—4 auftreten, nicht aber zwischen den Rotorzähnen I—II, III—IV, da keine erregende Kraft erforderlich war, um den magnetischen Fluß durch das Rotoreisen zu treiben. Wenn auch ein Streuungswiderstand zwischen den Rotornuten vorhanden war, so konnten durch ihn doch keine Streulinien verlaufen, da die Rotorzähne durch den unendlich kleinen Eisenwiderstand kurzgeschlossen waren und daher Punkte gleichen magnetischen Potentials darstellten.

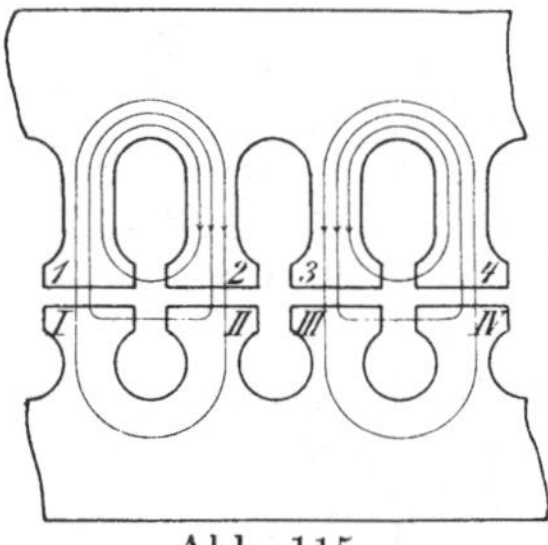

Abb. 115.

Infolge des Eisenwiderstandes im Rotor ist aber eine erregende Kraft erforderlich, um den magnetischen Fluß vom Rotorzahn I um den Rotorstab herum nach dem Rotorzahn II zu treiben. Die beiden Zähne weisen daher eine magnetische Potentialdifferenz auf, und wenn sie auch nur gering ist, genügt sie immerhin, um einen kleinen Streufluß zwischen den Zähnen I—II zu verursachen. Da dieser Streufluß merklich kleiner sein muß als der Streufluß zwischen den Statorzähnen 1—2, nennen wir ihn den primären Streufluß 2. Ordnung. Im Gegensatz dazu ist der Streufluß zwischen den Statorzähnen 1—2 der primäre Streufluß 1. Ordnung, denn die Statorzähne 1—2 weisen gegeneinander die volle magnetische Potentialdifferenz auf, die nötig ist, um den Luftwiderstand zu überwinden.

Wenn wir alle Widerstände auf den Luftwiderstand R_l beziehen, können wir folgende Tabelle aufstellen:

Widerstand der Luft zwischen Stator und Rotor $= R_l$

Widerstand des Streufeldes zwischen den Statorzähnen $= \frac{R_l}{\xi_1}$

Widerstand des Streufeldes zwischen den Rotorzähnen $= \frac{R_l}{\xi_2}$

Widerstand des Statoreisens $= \frac{R_l}{\varrho_1}$

Widerstand des Rotoreisens $= \frac{R_l}{\varrho_2}$

Da der Widerstand der Streufelder wesentlich größer als der Luftwiderstand, der Eisenwiderstand aber wesentlich kleiner als der Luftwiderstand ist, liegt es in der Natur der Sache, daß ξ_1, ξ_2 ihrem numerischen Wert nach kleiner als Eins, ϱ_1, ϱ_2 wesentlich größer als Eins sein müssen.

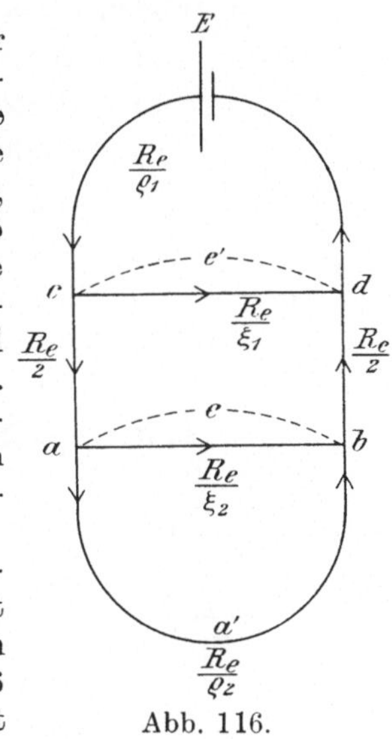

Abb. 116.

Der gesamte magnetische Fluß im Stator setzt sich unter diesen Umständen aus 3 Teilen zusammen: 1. Dem Hauptfluß, der die Stator- und Rotorleiter in gleicher Größe umschließt. 2. Dem Streufluß 2. Ordnung, der die Statorleiter umfließt, die Luft ebenso wie der Hauptfluß durchdringt, aber die Rotorleiter nicht mehr umschlingt. Der Luftzwischenraum wird daher vom Hauptfluß und dem Streufluß 2. Ordnung durchdrungen. 3. Dem Statorstreufluß 1. Ordnung, der lediglich die Statorleiter umschlingt, ohne in den Luftzwischenraum, geschweige nach dem Rotor zu gelangen.

Die Abhängigkeit der genannten einzelnen magnetischen Flüsse von einander läßt sich am leichtesten finden, wenn man den magnetischen Stromkreis wie in Abb. 116 durch einen elektrischen ersetzt. $d\,E\,c$ stellt den Kraftlinienweg im Statoreisen, $c\,d$ in den Statornuten, $c\,a$, $b\,d$ in dem Luftzwischenraum, $a\,b$ in den Rotornuten, $a\,a'\,b$ im Rotoreisen dar. Bezeichnen wir die Spannung zwischen den Punkten a und b mit e, die zwischen den Punkten c und d mit e', so erhalten wir, wenn wir die in den einzelnen Widerständen fließenden Ströme durch I mit einem entsprechenden Index bezeichnen:

$$I_{\varrho 2} = e\,\frac{\varrho_2}{R_l}$$

$$I_{\xi 2} = e\,\frac{\xi_2}{R_l}$$

$$I_{Rl} = I_{\varrho 2} + I_{\xi 2}$$
$$e_1 = e + I_{Rl} \cdot R_l = e + (I_{\varrho 2} + I_{\xi 2}) R_l$$
$$I_{\xi 1} = \xi_1 \left[\frac{e}{R_l} + (I_{\varrho 2} + I_{\xi 2}) \right]$$
$$I_{\varrho 1} = I_{Rl} + I_{\xi 1}.$$

Da wir für die weitere Rechnung nur das gegenseitige Verhältnis der Ströme brauchen, können wir $e = R_l = 1$ setzen und dadurch elimieren und erhalten so:

$$I_{\varrho 2} = \varrho_2$$
$$I_{\xi 2} = \xi_2$$
$$I_{Rl} = \varrho_2 + \xi_2$$
$$I_{\xi 1} = \xi_1 (1 + \xi_2 + \varrho_2)$$
$$I_{\varrho 1} = \xi_1 (1 + \xi_2 + \varrho_2) + (\xi_2 + \varrho_2)$$

Wenn wir die Ströme wieder durch die magnetischen Flüsse ersetzen und in der üblichen Weise auf einer Geraden auftragen, so erhalten wir Abb. 117 in der

ad = gesamter Statorfluß

af = Statorstreufluß 1. Ordnung

fd = Fluß in der Luft

fb = Statorstreufluß 2. Ordnung

bd = Statorfluß, der die Rotorwindungen umschlingt.

Abb. 117.

Die einzelnen Flüsse stehen miteinander in folgenden Beziehungen:

$$\overline{bd} = \varrho_2$$
$$fb = \xi_2 = \frac{\xi_2}{\varrho_2} bd = \varepsilon_1 \cdot bd$$
$$fd = \frac{\varrho_2 + \xi_2}{\varrho_2} bd = \left(1 + \frac{\xi_2}{\varrho_2}\right) bd = (1 + \varepsilon_1) bd$$
$$af = \frac{\xi_1 (1 + \varrho_2 + \xi_2)}{\varrho_2 + \xi_2} fd = \lambda_1 \cdot fd$$
$$\overline{ad} = \frac{(\varrho_2 + \xi_2) + \xi_1 (1 + \varrho_2 + \xi_2)}{\varrho_2 + \xi_2} fd = (1 + \lambda_1) fd = (1 + \lambda_1)(1 + \varepsilon_1) \overline{bd}.$$

In Analogie mit dem Diagramm Abb. 87 ist es nun ohne weiteres klar, daß wir, wie in der Tabelle bereits angedeutet,

$$\mu_1 = \frac{\xi_1 (1 + \varrho_2 + \xi_2)}{\varrho_2 + \xi_2} \quad \ldots \ldots \ldots \quad (442)$$

$$\varepsilon_1 = \frac{\xi^2}{\varrho_2} \quad \ldots \ldots \ldots \quad (443)$$

$$\mu_2 = \frac{\xi_2 (1 + \varrho_1 + \xi_1)}{\varrho_1 + \xi_1} \quad \ldots \ldots \ldots \quad (444)$$

$$\varepsilon_2 = \frac{\xi_1}{\varrho_1} \quad \ldots \ldots \ldots \quad (445)$$

setzen dürfen, und wir können nun ohne weiteres das Diagramm Abb. 118 zeichnen, für das dieselben Beziehungen gelten, wie wir sie in dem im 65. Abschnitt gerechneten Beispiel bereits kennen gelernt haben. Die Abbildung ist konstruiert unter der Annahme, daß

$$\varrho_1 = 5$$
$$\varrho_2 = 4$$
$$\xi_1 = 0{,}3$$
$$\xi_2 = 0{,}2$$

ist. Dementsprechend wird

$$\varepsilon_1 = \frac{\xi_2}{\varrho_2} = \frac{0{,}2}{4} = 0{,}05$$

$$\mu_1 = \frac{\xi_1(1+\varrho_2+\xi_2)}{\varrho_2+\xi_2} = \frac{0{,}3\,(1+4+0{,}2)}{4+0{,}2} = 0{,}371$$

$$\varepsilon_2 = \frac{\xi_1}{\varrho_1} = \frac{0{,}3}{5} = 0{,}06$$

$$\mu_2 = \frac{\xi_2(1+\varrho_1+\xi_1)}{\varrho_1+\xi_1} = \frac{0{,}2\,(1+5+0{,}3)}{5+0{,}3} = 0{,}238.$$

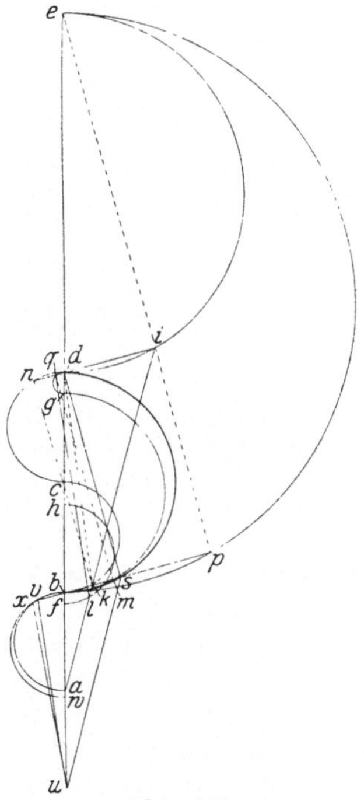

Abb. 118.

Hieraus erhält man wie auf Seite 447

$$1+\varepsilon_1 = 1{,}05 \qquad 1+\varepsilon_2 = 1{,}06$$
$$1+\mu_1 = 1{,}371 \qquad 1+\mu_2 = 1{,}238$$
$$1+\tau_1 = 1{,}05\cdot 1{,}371 = 1{,}438 \qquad 1+\tau_2 = 1{,}06\cdot 1{,}238 = 1{,}313$$
$$1+\tau = 1{,}438\cdot 1{,}313 = 1{,}89$$
$$\tau = 0{,}89\,.$$

Der Durchmesser bd des Streuungskreises des Motors ist zu 100 mm angenommen, und dann ergeben sich folgende Diagrammstrecken in Millimetern:

$$bd = 100$$

$$ub = \tau\cdot bd = 0{,}89\cdot 100 = 89$$

$$ud = \frac{1+\tau}{\tau}\cdot ub = \frac{1{,}89}{0{,}89}\cdot 89 = 189$$

$$fd = (1+\varepsilon_1)\,bd = 1{,}05\cdot 100 = 105$$

$$ad = (1+\mu_1)\,fd = 1{,}371\cdot 105 = 144$$

$$ae = \frac{1+\tau}{\tau}\cdot ad = \frac{1{,}89}{0{,}89}\cdot 144 = 306$$

$$de = \overline{ae} - ad = 306 - 144 = 162$$

$$af = ad - fd = 144 - 105 = 39$$

$$\overline{ah} = \frac{1+\tau}{\tau} \cdot af = \frac{1{,}89}{0{,}89} \cdot 39 = 83$$

$$ab = ad - bd = 144 - 100 = 44$$

$$\overline{ac} = \frac{1+\tau}{\tau} \cdot ab = \frac{1{,}89}{0{,}89} \cdot 44 = 93{,}5$$

$$\overline{ce} = (1+\tau_2) \cdot de = 1{,}313 \cdot 162 = 212{,}5$$

$$cd = \overline{ce} - de = 212{,}5 - 162 = 50{,}5$$

$$ge = (1+\varepsilon_2)\, de = 1{,}06 \cdot 162 = 171{,}6$$

$$gd = \overline{ge} - de = 171{,}6 - 162 = 9{,}6\,.$$

Wir können nun dem Diagramm in jedem beliebigen Belastungszustand alle Induktionsflüsse entnehmen. Von besonderem Interesse ist der resultierende Fluß im Rotor

$$nk = ds,$$

der beim Kurzschluß Null wird, als Resultante des vollständigen durch den Rotorstrom erzeugten Rotorflusses in und des Teiles ki des vom Statorstrom erzeugten Statorflusses. Der gesamte magnetische Fluß im Stator ist bei der gezeichneten Belastung ai, al ist der Statorstreufluß 1. Ordnung, lk der 2. Ordnung, und durch die Luft geht daher der Teil li.

Genau so zerfällt der ganze vom Rotorstrom hervorgerufene magnetische Fluß in in den Teil $id = ps$, der die Statorwindungen umschließt, $dq = sm$ ist der Rotorstreufluß 2. Ordnung, $iq = pm$ durchdringt die Luft, $qn = mk$ ist das zwischen den Rotorzähnen verlaufende Rotorstreufeld 1. Ordnung.

Das resultierende Luftfeld ist daher bei stromlosem Rotor fd, bei mittlerer Belastung lq und beim Kurzschluß hg. Da die Feldtheorie voraussetzt, daß die magnetischen Flüsse den erregenden Kräften proportional sind, muß nicht nur Proportionalität zwischen Stator- und Rotor-Stromwindungen und ihren Luftfeldern bestehen,

also $$\frac{fd}{ub} = \frac{li}{us} = \frac{he}{ud} = \frac{iq}{sx} = \frac{eg}{dw} = \frac{1+\varepsilon_1}{\tau} \quad \text{. . . . (446)}$$

sondern auch die resultierende Erregung ux muß in jedem Belastungszustand dem resultierenden Luftfeld proportional sein. Es muß also auch

$$\frac{lq}{ux} = \frac{hg}{uw} = \frac{1+\varepsilon_1}{\tau} \quad \text{. . . . . (447)}$$

sein.

Diese Proportionalitätsbedingungen laufen auf die Forderung hinaus, daß das von den drei Luftfeldern gebildete Dreieck liq

dem Stromdreieck usx unter allen Umständen ähnlich sein muß. Der Statorstrom $\overline{us}$ liegt seiner Größe und Richtung nach bereits vollkommen fest. Vom Rotorstrom kennen wir seine Richtung sb, und wir müssen seine Länge $\overline{sx}$ so bestimmen, daß der resultierende Strom $\overline{ux}$ stets parallel dem resultierenden Luftfeld lq ist.

Der geometrische Ort, auf dem sich der Punkt x bewegt, ist ein Kreis mit dem Durchmesser bw, und der Punkt w ist leicht zu ermitteln. Im Kurzschluß ist nämlich das Luftfeld des Rotors $\overline{eg}$, der Rotorstrom dw, und das Verhältnis der beiden Strecken laut Gleichung (408)

$$\frac{eg}{dw} = \frac{1+\varepsilon_1}{\tau}.$$

Es ist also

$$dw = \overline{eg}\,\frac{\tau}{1+\varepsilon_1}$$

und nach Subtraktion von db auf beiden Seiten der Gleichung wird

$$bw = \overline{eg}\,\frac{\tau}{1+\varepsilon_1} - db.$$

Nach einigen weiteren Substitutionen, die der Tabelle auf Seite 467 zu entnehmen sind, erhält man

$$bw = [(1+\varepsilon_2)(1+\mu_1) - 1]\,bd$$

und den Rotorstrom beim Kurzschluß

$$dw = (1+\varepsilon_2)(1+\mu_1)\,bd \quad \ldots\ldots\ldots (448)$$

und bei beliebiger Belastung

$$\overline{sx} = (1+\varepsilon_2)(1+\mu_1)\,sb \quad \ldots\ldots\ldots (449)$$

Wenn wir die Strecken des Diagrammes als EMKK auffassen, wie es streng richtig ist, und wir es im 64. Abschnitt bei Abb. 87 gemacht haben, so wird der Rotorstrom bei beliebiger Belastung

$$s\bar{v} = (1+\varepsilon_1)(1+\mu_1)\,sb = (1+\tau_1)\,sb,$$

und der geometrische Ort des Punktes v ist ein über ba geschlagener Halbkreis.

In Abb. 118 ist

$$dw = (1+\varepsilon_2)(1+\mu_1)\,\overline{bd} = 1{,}06 \cdot 1{,}371 \cdot 100 = 145{,}5$$

$$bw = 45{,}5,$$

dagegen

$$ad = (1+\varepsilon_1)(1+\mu_1)\,bd = 1{,}05 \cdot 1{,}371 \cdot 100 = 143{,}8$$

$$ab = 43{,}8.$$

Trotzdem $\xi_1 = 0{,}3$ und $\xi_2 = 0{,}2$ sich um $50\,^0/_0$, $\varrho_1 = 5$ und $\varrho_2 = 4$ sich um $25\,^0/_0$ unterscheiden, ist der Unterschied zwischen $(1+\varepsilon_1) = 1{,}05$ und $(1+\varepsilon_2) = 1{,}06$ nur $1\,^0/_0$, daher zeichnerisch kaum zur Anschauung zu bringen, und wir dürfen daraus den Schluß ziehen, daß der Eisenwiderstand das Diagramm nicht merklich beeinflussen kann. Die Streufelder 2. Ordnung können ja in der Tat nur sehr klein sein, wie auch Jaensch in seiner Doktordissertation: „Beiträge zur vektordiagrammatischen Darstellung der Arbeitsweise des eisenlosen Transformators, des allgemeinen Transformators mit Eisen und des Repulsionsmotors nach Thomson" angibt.

81. Die praktische Verwendung dieses Diagramms.

Um die im vorhergehenden Abschnitt erhaltenen Resultate in eine für das praktische Rechnen brauchbare Form zu bringen, wollen wir in erster Linie einfache Ausdrücke für die magnetischen Widerstände des Stator- und Rotoreisens gewinnen.

Wir berechnen zuerst den magnetischen Fluß Φ_l, der der Gleichung genügt

$$E_1 = 2{,}22\,(1+\tau_1)\,k_1 \cdot \Phi_l \cdot N_1 \cdot f_1 \cdot 10^{-8}$$

und der im Stator eine EMK gleich der Klemmenspannung induziert. Wir erhalten

$$\Phi_l = \frac{E_1 \cdot 10^8}{2{,}22 \cdot k_1 \cdot N_1 \cdot f_1\,(1+\tau_1)} \quad \ldots\ldots \quad (450)$$

Wenn der primäre Streuungskoeffizient τ_1 nicht bekannt sein sollte, so kann $(1+\tau_1)$ geschätzt werden. Nun berechnet man die in den einzelnen Eisenteilen herrschenden Induktionen und die Länge der zugehörigeo Kraftlinien und erhält mit Hilfe einer Magnetisierungskurve die zur Magnetisierung des Stator- und Rotoreisens nötigen erregenden Kräfte A_{e1} und A_{e2}. Ferner berechnet man die zur Überwindung des Luftwiderstandes nötige erregende Kraft A_l und erhält die totale erregende Kraft A_m bei Leerlauf

$$A_m = A_l + A_{e1} + A_{e2} \quad \ldots\ldots\ldots \quad (451)$$

aus der sich der Magnetisierungsstrom eines a-phasigen Motors berechnen läßt nach der Gleichung 257

$$I_m = \sqrt{2} \cdot \frac{A_m}{N_1} \cdot \sin\frac{90^0}{a} \quad \ldots\ldots \quad (452)$$

Der Statorfluß $(1+\tau_1)\,\Phi_l$ unterscheidet sich vom Fluß in der Luft und im Rotoreisen Φ_2 so wenig, daß wir mit Rücksicht auf die überhaupt erreichbare Genauigkeit sie als gleichgroß annehmen und den Satz aufstellen dürfen: Die magnetischen Widerstände im Stator-, im Rotoreisen und in der Luft verhalten sich wie die erregenden Kräfte A_{e1}, A_{e2}, A_l.

ϱ_1, ϱ_2 im vorigen Abschnitt ist nichts anderes als das Verhältnis der Leitwerte des Eisens zu dem der Luft, und es ist daher

$$\left.\begin{aligned} \varrho_1 &= \frac{A_l}{A_{e1}} \\ \varrho_2 &= \frac{A_l}{A_{e2}} \end{aligned}\right\} \quad \ldots\ldots\ldots \quad (453)$$

Ebenso stellt ξ_1 einfach das Verhältnis des Leitwertes der Luft zum Leitwert der Statornuten dar, das uns als Koeffizient der Nutenstreuung ν schon in genauerer Bestimmung (nämlich auf EMKK, nicht auf Felder bezogen) bekannt ist. Da dasselbe für den Rotor gilt, ist also

$$\left.\begin{aligned}\xi_1 &= \nu_1\\ \xi_2 &= \nu_2\end{aligned}\right\} \quad \ldots \ldots \ldots \ldots (454)$$

Es wird daher

$$\left.\begin{aligned}\varepsilon_1 &= \nu_2 \frac{A_{e2}}{A_l}\\ \varepsilon_2 &= \nu_1 \frac{A_{e1}}{A_l}\end{aligned}\right\} \quad \ldots \ldots \ldots (455)$$

Für μ_1, μ_2 erhält man laut Gleichung 442 und 444 die Ausdrücke

$$\left.\begin{aligned}\mu_1 &= \nu_1 \frac{1 + \frac{A_l}{A_{e2}} + \nu_2}{\frac{A_l}{A_{e2}} + \nu_2}\\ \mu_2 &= \nu_2 \frac{1 + \frac{A_l}{A_{e1}} + \nu_1}{\frac{A_l}{A_{e1}} + \nu_1}\end{aligned}\right\} \quad \ldots \ldots (456)$$

Da ν_1 gegenüber $\frac{A_l}{A_{e1}}$, ν_2 gegenüber $\frac{A_l}{A_{e2}}$ verschwindend klein ist — deshalb ist auch der Ausdruck Streuung 2. Ordnung gerechtfertigt —, ist es in allen Fällen zulässig, an Stelle dieser genauen Gleichungen sich der Näherungswerte zu bedienen

$$\left.\begin{aligned}\mu_1 &= \nu_1\left(1 + \frac{A_{e2}}{A_l}\right)\\ \mu_2 &= \nu_2\left(1 + \frac{A_{e1}}{A_l}\right)\end{aligned}\right\} \quad \ldots \ldots (457)$$

Wird der Eisenwiderstand vernachlässigt, also $A_{e1} = A_{e2} =$ Null gesetzt, so wird

$$\begin{aligned}\mu_1 &= \nu_1\\ \mu_2 &= \nu_2\end{aligned}$$

82. Die vollständigen Streuungskoeffizienten.

Im Nachstehenden sollen allgemeingültige Ausdrücke für die Streuungskoeffizienten τ_1 und τ_2 abgeleitet werden, wenn sämtliche im Motor auftretenden Streuungsarten, nämlich die Spulenstreuung, die Nuten- und Kopfstreuung und außerdem der Einfluß der magnetischen Widerstände im Stator- und Rotoreisen berücksichtigt werden.

Wir nehmen die Untersuchungen nur für τ_1 vor und wählen natürlich den Zustand, in dem die Verhältnisse am einfachsten liegen, nämlich den Zustand, in dem der Stator lediglich vom Magnetisierungsstrom durchflossen und der stillstehende Rotor stromlos ist.

Im stillstehenden Rotor, dessen Nuten- und Phasenzahl beliebig sein kann, wird vom magnetischen Fluß Φ_2 unter Berücksichtigung der Spulenstreuung, die den Feldfaktor k_{1-2} bedingt (Abschnitt 53 und 54), eine EMK induziert.

$$E = 2{,}22 \cdot k_{1-2} \cdot \Phi_2 \cdot N_2 \cdot f_1 \cdot 10^{-8} \text{ Volt} \quad . \quad . \quad . \quad . \quad (458)$$

Φ_2 entspricht in Abb. 119 der Strecke bd, also der Kraftlinienzahl, die wirklich in die Rotorwindungen eindringt. Die kleine Feldverzerrung, die das Luftfeld fd infolge der Nutenstreuung

$a \quad a' \qquad f\,b \qquad\qquad d$

Abb. 119.

2. Ordnung fb erleidet, wird durch den Feldfaktor k_{1-2} nicht berücksichtigt; die hierdurch begangene Ungenauigkeit ist so klein, daß ihre Vernachlässigung ohne weiteres zulässig ist.

Das Luftfeld des Motors Φ_l bezw. fd steht mit dem Rotorfeld bd in dem Zusammenhang (Gleichung 455):

$$fd = (1 + \varepsilon_1)\, bd = \left(1 + \nu_2 \frac{A_{e2}}{A_l}\right) bd \quad . \quad . \quad . \quad . \quad (459)$$

wenn ν_2 den Streuungskoeffizienten der Rotornuten, A_{e2} die für das Rotoreisen, A_l die für die Luft nötige erregende Kraft bezeichnet.

Der Statorfluß Φ_1 proportional ad, ergibt sich aus dem Streuungskoeffizienten der Statornuten ν_1 durch die Näherungsgleichung 457

$$a'd = (1 + \mu_1)\, fd = \left[1 + \nu_1 \left(1 + \frac{A_{e2}}{A_l}\right)\right] fd \quad . \quad . \quad . \quad (460)$$

Der Fluß $a'd$ induziert in der Statorwicklung eine EMK von der Größe

$$E_{(a'd)} = 2{,}22 \cdot k_1 \cdot \Phi_1 \cdot N_1 \cdot f_1 \cdot 10^{-8} \text{ Volt} \quad . \quad . \quad . \quad . \quad (461)$$

Hierbei ist aber die Kopfstreuung, die ja sozusagen außerhalb des aktiven Teiles des Motors auftritt, ähnlich, wie wenn einem Stator ohne Kopfstreuung eine kleine Drosselspule vorgeschaltet wäre, noch nicht berücksichtigt. Bezeichnet $\varkappa_1$ den Streuungskoeffizient der Kopfstreuung, so wissen wir laut Gleichung (433), daß die durch die Kopfstreuung im Stator induzierte EMK gleich ist

$$E_\varkappa = \varkappa E_{(a'd)}$$

und wir müssen, um die Kopfstreuung graphisch zum Ausdruck zu bringen, die Strecke $a'd$ auf ad vergrößern. Der Fluß ad induziert im Stator

$$E_1 = E_{(a'd)} \cdot (1 + \varkappa_1) \text{ Volt}$$

Setzen wir in diese Gleichung $E_{(a'd)}$ laut (461) ein und dividieren durch Gleichung (458), so wird

$$\frac{E_1}{E_2} = (1+\sigma_1)(1+\varepsilon_1)(1+\mu_1)(1+\varkappa_1)\frac{N_1}{N_2} \quad . \; . \; (462)$$

und daher $\quad 1+\tau_1 = (1+\sigma_1)(1+\varepsilon_1)(1+\mu_1)(1+\varkappa_1) \quad . \; . \; . \; (463)$

denn

$$\frac{k_1}{k_{1-2}} = 1+\sigma_1$$

und

$$\frac{\Phi_1}{\Phi_2} = (1+\varepsilon_1)(1+\mu_1).$$

Für den Rotor gelten natürlich dieselben Beziehungen, und es ist

$$1+\tau_2 = (1+\sigma_2)(1+\varepsilon_2)(1+\mu_2)(1+\varkappa_2) \quad . \; . \; . \; (464)$$

wobei

$$\varepsilon_2 = \nu_1 \frac{A_{e1}}{A_l} \quad . \; . \; . \; . \; . \; . \; . \; . \; . \; . \; (465)$$

$$\mu_2 = \nu_2\left(1+\frac{A_{e1}}{A_l}\right) \quad . \; . \; . \; . \; . \; . \; . \; (466)$$

Wird der Eisenwiderstand vernachlässigt, so wird in Gleichung (463)

$$1+\mu_1 = 1+\nu_1,$$

wie sich aus Gleichung (460) ergibt. Kopf- und Nutenstreuung zusammen ergeben die Faktoren

$$(1+\nu_1)(1+\varkappa_1)$$

woraus folgt, daß der Koeffizient der gesamten Linienstreuung

$$\lambda_1 = \nu_1 + \varkappa_1 + \nu_1 \cdot \varkappa_1$$

ist. wie schon die Gleichung (434) auf Seite 267 ergeben hat.

Wird der Widerstand des Rotoreisens vernachlässigt, so wird in Gleichung (463), $\varepsilon_1 = 0$, daher

$$1+\tau_1 = (1+\sigma_1)(1+\mu_1)(1+\varkappa_1).$$

Wird außerdem der Widerstand des Statoreisens vernachlässigt, so wird $\mu_1 = \nu_1$, also

$$1+\tau_1 = (1+\sigma_1)(1+\nu_1)(1+\varkappa_1).$$

Ist die Phasen- und Nutenzahl im Stator und Rotor dieselbe, so ist die Spulenstreuung, daher $\sigma_1 =$ Null, und es wird

$$1+\tau_1 = (1+\nu_1)(1+\varkappa_1) = 1+\nu_1+\varkappa_1+\nu_1\cdot\varkappa_1.$$

Wenn endlich die Kopfstreuung nicht berücksichtigt ($\varkappa_1 =$ Null) und der Widerstaud der Statornuten unendlich groß angenommen wird ($\nu_1 = 0$), so wird

$$\tau_1 = \text{Null},$$

und wir kehren, wenn wir die gleichen Voraussetzungen für den Rotor machen, zurück zum streuungsfreien Motor, von dem wir im 1. Kapitel ausgegangen sind.

Ein Beispiel für die Berechnung der Streuungskoeffizienten ist im Abschnitt 115 gegeben.

83. Der Magnetisierungsstrom.

Es ließen sich unschwer an Hand des Stromlaufschemas, Abb. 115, Gleichungen für den Gesamtwiderstand des magnetischen Pfades gewinnen, die aber wegen der mehrfachen Stromverzweigung kompliziert und bei genauer Berücksichtigung der Kopfstreuung noch komplizierter würden. Rechnungsmäßig ließe sich daher die Genauigkeit bei der Ermittlung des Magnetisierungsstromes fast beliebig weit steigern. Praktisch hat das aber keine Bedeutung, da abgesehen von anderen Vernachlässigungen und unvermeidlichen vereinfachenden Annahmen, die wir z. B. in bezug auf die Kraftlinienwege der magnetischen Flüsse machen mußten, niemals die Magnetisierungskurve der verwendeten Eisenbleche mit hinlänglicher Genauigkeit bekannt sein wird.

Es empfiehlt sich daher in allen Fällen, wenn der gesamte Streukoeffizient des Stators bekannt ist, den magnetischen Fluß in der Luft nach der Gleichung (450) zu berechnen

$$\Phi_l = \frac{E_1 \cdot 10^8}{2{,}22 \cdot (1 + \tau_1) \cdot k_1 \cdot N_1 \cdot f_1}$$

und unter Vernachlässigung der Streuung 2. Ordnung anzunehmen, daß er in unveränderter Größe das Rotoreisen durchfließt.

Im Statoreisen ist der magnetische Fluß

$$\Phi_1 = (1 + \tau_1)\, \Phi_l$$

gleichzusetzen, trotzdem auf diese Weise der Fluß im Statoreisen um die Kopfstreuung zu groß ist. Die erregende Kraft für die Magnetisierung ist natürlich

$$A_m = A_l + A_{e1} + A_{e2} \quad \ldots \ldots \ldots \quad (467)$$

und der Magnetisierungsstrom

$$I_m = \sqrt{2} \cdot \frac{A_m}{N_1} \cdot \sin \frac{90^0}{a} \quad \ldots \ldots \ldots \quad (468)$$

Der magnetische Widerstand der Luft und damit die zu seiner Überwindung nötige erregende Kraft ist verschieden, je nachdem diese erregende Kraft vom Stator oder Rotor ausgeht, denn es ist nach Gleichung (410), Seite 245, der magnetische Widerstand des Luftfeldes pro Polpaar

$$R_l = \frac{1{,}6 \cdot \delta}{c_1 \cdot F_l},$$

wenn der Stator erregt wird, dagegen

$$R_l = \frac{1{,}6 \cdot \delta}{c_2 \cdot F_l},$$

wenn der Rotor erregt wird. Letzteren Wert brauchen wir aber nicht eigens zu bestimmen, da das Streuungsdiagramm und die zugehörigen Gleichungen das sozusagen automatisch besorgen. Wenn der Luftwiderstand vom Stator und Rotor aus betrachtet verschieden ist, äußert sich das im Diagramm dadurch, daß die Resultante aus Stator- und Rotorstrom uv (Fig. 87 und 118) dem resultierenden Luftfeld lq weder proportional noch parallel ist, denn ein gemeinsames Luftfeld, dessen Widerstand einen eindeutigen Wert besitzt, ist eben nicht vorhanden. Nur wenn Stator und Rotor gleiche Phasen- und gleiche Nutenzahl besitzen, hat unter allen Umständen R_l einen einzigen Wert und dann ist auch immer $\overline{uv}$ proportional und parallel dem resultierenden Luftfeld.

XI. Zerlegung der wirklichen Felder in eine Grundschwingung und höhere harmonische Schwingungen.

84. Einleitung.

Als bei der Entwicklung der Elektrotechnik Wechselstromprobleme nach einer rechnerischen Behandlung verlangten, nahm man zur Vereinfachung der mathematischen Darstellung an, daß nicht nur EMKK und Ströme zeitlich nach der Sinusfunktion verlaufen, sondern daß auch die räumliche Gestaltung der Felder, also die Feldkurve, durch eine Sinuslinie wiedergegeben werden kann. Für die analytische Behandlung werden dadurch große Annehmlichkeiten erreicht; ist doch die Sinuslinie die wunderbare Funktion, die beliebig oft differenziert immer wieder eine Sinuslinie ergibt; ebenso liefert die Summe oder Differenz, das Produkt und der Quotient zweier Sinuslinien, ferner das Quadrat einer Sinuslinie immer wieder eine Sinuslinie als Resultat.

Das steigende Bedürfnis, die rechnerisch erhaltenen Werte in immer größere Übereinstimmung mit den experimentell gefundenen Ergebnissen zu bringen, zwang dazu, die wirkliche Feldkurve bei der Rechnung zu berücksichtigen.

In bezug auf den Drehstrommotor hat Verfasser in der ETZ 1899, Seite 303, die wirklichen Feldkurven ermittelt, Feld- und Spulenfaktoren für die gebräuchlichsten Wicklungen berechnet. Auf diese Weise ließ sich wohl die Luftinduktion, der Magnetisierungsstrom und der magnetische Fluß mit Genauigkeit berechnen, die erhaltenen treppenförmigen Felder ließen sich aber sicher nicht nach dem Kräfteparallelogramm behandeln, wie es das „Feld“- oder das „Amperewindungsdiagramm“ verlangte.

Zur Beseitigung dieser Schwierigkeit habe ich am genannten Ort und in der ersten Auflage dieses Buches den Weg eingeschlagen, die wirklichen Felder in äquivalente Sinoidalfelder umzuwandeln, denn Sinoidalfelder lassen sich nach dem Kräfteparallelogramm in Resultierende vereinigen oder in Komponenten spalten.

Hierbei ergibt sich die große Schwierigkeit zu definieren, was ein äquivalentes Feld ist: ist es ein sinoidales Feld, das die gleiche EMK z. B. in der Statorwicklung induziert wie das wirkliche, oder das die gleiche maximale Induktion, also den gleichen Magnetisierungsstrom beansprucht, oder das den gleichen magnetischen Fluß besitzt?

Ein als Ersatz für das wirkliche Feld substituiertes Sinoidalfeld kann im allgemeinen nur eine einzige dieser Bedingungen erfüllen, und daraus ergeben sich die Schwächen der erwähnten Substitutionsmethode. Einen Teil dieser Schwierigkeiten suchte ich in der ersten Auflage dadurch zu umgehen, daß ich den Spulenfaktor k für das wirkliche und das äquivalente sinoidale Feld als gleich annahm. Diese Gleichheit ist zwar in vielen Fällen, aber nicht in allen vorhanden, und ich hätte darauf, wenn auch die Abweichungen nur gering sind, unbedingt hinweisen sollen. Rogowski und Simons haben daher vollständig recht, wenn sie in ihrer Arbeit über Streuung von Drehstrommotoren, ETZ 1909, Heft 11, auf diese Ungenauigkeit aufmerksam machen, die auch Görges bemerkt hat.

Mein Versuch, das äquivalente einfache Sinusfeld einzuführen, konnte deshalb nicht restlos befriedigen, weil das äquivalente Feld eben nicht durch eine einfache Sinuslinie, sondern nur durch eine Summe von unendlich vielen Sinuslinien darstellbar ist. Ich hatte nur die Grundschwingung, die erste Harmonische, berücksichtigt und die höheren Harmonischen, die Obertöne, vernachlässigt, worauf ich übrigens auf Seite 184 der 1. Auflage selbst aufmerksam gemacht habe. Einfluß und Eigenschaften der höheren Harmonischen wurde besonders von Bragstad eingehendst untersucht, z. B. in seinem „Beitrag zur Theorie und Untersuchung von mehrphasigen Asynchronmotoren“ 8. und 9. Heft der Voitschen Sammlung elektotechnischer Vorträge.

Die Bezeichnung „Harmonische“ ist in glücklichster Weise der Akustik entlehnt. Es gibt Musikinstrumente, z. B. das Waldhorn, das in seiner ursprünglichen Form als Naturhorn ohne Mechanik und Ventile an den Lippen eines guten Bläsers die sämtlichen ersten 16 Harmonischen erklingen lassen kann, d. h. Töne, deren Schwingungszahlen sich zum Grundton verhalten wie die natürliche Zahlenreihe $1:2:3:4:5:\ldots:16$. Die großen alten Meister haben für das Waldhorn nur diese höheren Harmonischen, die Naturtöne, geschrieben und damit unbeschreiblich schöne Klangwirkungen erzielt.

Bei unserem Problem, z. B. bei einem Zweiphasenmotor, treten nicht alle Harmonischen auf, sondern alle geradzahligen Glieder, also die zweite, vierte usw. Harmonische verschwinden aus der Reihe, und es bleiben nur Harmonische übrig, deren Schwingungszahlen sich wie $1:3:5:7\ldots$ verhalten. Diese Töne kann ein gut geschultes musikalisches Ohr an Wechselstrommaschinen wenigstens zum Teil hören. Es kommt hierbei aber leider keine Symphonie zustande, weil im Gegensatz zu den Kompositionen unserer guten alten Meister alle vorhandenen Harmonischen gleichzeitig ertönen. Das gleichzeitige Erklingen der 1., 3., 5., 7., 9. Harmonischen bildet den einzigen musikalisch verwendbaren, in der Harmonielehre unter der Bezeichnung Nonenakkord bekannten Fünfklang. Die 3. Harmonische entspricht der Quint, die 5. der Terz, die 7. der Septime, die 9. der None.

Unsere Maschinen und Transformatoren, die mit 50 Perioden arbeiten, lassen deutlich das große As (genau entsprechen diesem As 102.6 Doppelschwingungen) ertönen. Die 5 soeben genannten Harmonischen entsprechen daher dem Akkord

und wer sich diesen Klang am Klavier eingeprägt hat und Ohren und eine Spur von musikalischer Gestaltungskraft besitzt, wird bestätigt finden, daß aus dem Geräusch eines Zweiphasenmotors in der Tat dieser Akkord erkennbar ist. Die 11., 13. und die noch höheren Harmonischen verunstalten den Wohlklang des Nonenakkordes zur schrillen Dissonanz, zum Geräusch. Beim Dreiphasenmotor fehlen die 3., 9., überhaupt alle durch 3 teilbaren höheren Harmonischen, daher liegen die musikalisch brauchbaren Töne noch weiter auseinander und sind daher für das Ohr noch schwerer zu analysieren.

Es drängt sich nun die Frage auf, ob man nach Einführung der höheren Harmonischen nicht ganz darauf verzichten kann, die treppenförmigen Feldkurven abzuleiten und weiter zu verarbeiten. Die scharfen Ecken dieser Feldkurven widersprechen ohnedies unserem technischen Instinkt, und wir wissen, daß in Wahrheit die Ecken schon durch den Einfluß der Nutenschlitze deformiert sein müssen.

In dieser Hinsicht bringen uns leider die höheren Harmonischen keine größere Annäherung an die Wirklichkeit. Wenn wir nämlich die höheren Harmonischen, deren Zahl unendlich groß ist, restlos berücksichtigen, so wird ihre Feldkurve nicht äquivalent, sondern identisch mit den treppenförmigen, auf anderem Wege erhaltenen Feldkurven, so überraschend es auf den ersten Blick erscheinen mag, daß eine Summe weicher Sinuslinien bis zu einem treppenförmigen Gebilde degenerieren kann.

Wenn die Summe aller Harmonischen mit der Kurve der wirklichen Felder identisch ist, muß es möglich sein, mittels der höheren Harmonischen die Feldfaktoren c, die Spulenfaktoren k und die Spulenstreuung (doppelt verkettete Streuung) zu berechnen. Gewiß ist das richtig. aber die Methode der höheren Harmonischen bietet auch in dieser Hinsicht keine Vorteile, weil stets unendliche, im allgemeinen unbekannte Reihen zu summieren sind, die noch dazu nur langsam konvergieren, wie an einigen Beispielen gezeigt werden wird.

Die vollständige Unentbehrlichkeit der Methode der höheren Harmonischen wird dokumentiert durch das geradezu rätselhafte

Verhalten mancher Motoren beim Anlauf, das auf keine andere Weise zu erklären ist, als durch den Einfluß der höheren Harmonischen. Wenn es auch heute noch nicht gelungen ist, restlos alle Erscheinungen zu ergründen, so muß doch der Wert der Methode unbedingt anerkannt werden.

Wegen des im XII. Kapitel behandelten Kurzschlußankers mußte an dieser Stelle das Kapitel über die höheren Harmonischen eingeschaltet werden.

85. Die Fouriersche Reihe.

Mittels der Fourierschen Reihe läßt sich jede periodische Funktion darstellen. Wegen dieser fast universellen Verwendbarkeit wird von ihr der umfassendste Gebrauch gemacht, z. B. bei Berechnung von Ebbe und Flut, bei der Bewegung der Himmelskörper unter dem störenden Einfluß benachbarter Massen, bei Ermittlung der Gesetze der Temperaturschwankungen usw.

In ihrer allgemeinen Form lautet die Fouriersche Reihe

$$y = f(x) = a_1 \cdot \cos x + a_2 \cdot \cos 2\,x + a_3 \cdot \cos \cdot 3 \cdot x + \ldots a_n \cdot \cos n x + \\ + b_1 \cdot \sin x + b_2 \sin 2\,x + \ldots b_n \cdot \sin n x \quad \ldots \ldots \quad (469)$$

Wir wollen diese Reihe benützen, um letzten Endes eine Feldkurve beispielsweise von der Form der Abb. 72 oder 73 mit ihrer Hilfe darzustellen. Das gegebene Ziel erleichtert uns die Aufgabe sehr, weil die Kurven, die wir in Form der Reihe ausdrücken wollen, symmetrisch sind. Wären sie unsymmetrisch wie beispielsweise Abb. 64b, so müßten wir alle Sinus- und Kosinusglieder der Reihe beibehalten; eine einfache Überlegung sagt uns aber, daß wir bei einer symmetrischen Kurve entweder nur mit den Sinus- oder nur mit den Kosinusgliedern zu arbeiten brauchen, je nachdem wir den Nullpunkt unseres Koordinatensystems an den Anfang oder die Mittellinie der zu analysierenden Feldkurve legen. Diese Erkenntnis gibt uns einen weiteren Fingerzeig dahin, daß es vorteilhaft sein muß, den Koordinatennullpunkt in die Mittellinie der Feldkurve zu verlegen, da so die Feldkurve auf der negativen Abszissenseite ein getreues Spiegelbild von der Feldkurve auf der positiven Abszissenseite ist, wodurch Erschwerungen wegen der Vorzeichenfrage + oder — bei den bevorstehenden Rechnungsoperationen vermieden werden. Wir entscheiden uns also für Beibehaltung der Kosinusglieder und Abstoßung der Sinusglieder; denn der Kosinus ist eine vom Koordinatennullpunkt aus betrachtet symmetrische, der Sinus eine unsymmetrische Funktion.

Auf Grund dieser Erwägungen dürfen wir daher die Fouriersche Reihe in der vereinfachten Form schreiben

$$y = f(x) = a_1 \cdot \cos x + a_2 \cdot \cos 2\,x + a_3 \cdot \cos 3\,x + \ldots a_n \cdot \cos n x \quad . \quad (470)$$

y bedeutet hierbei natürlich eine beliebige Ordinate, die der Abszisse x, der unabhängigen Variablen, entspricht. Die treppenförmigen Feldkurven Abb. 72 und 73 eignen sich schlecht dazu, die unbekannten Koeffizienten der Reihe zu berechnen, da y von Nute zu Nute sprunghaft seine Größe ändert. Die Aufgabe läßt sich aber weiter vereinfachen und erleichtern, denn wir haben schon bei Aufzeichnung der wirklichen Feldkurven im sechsten Kapitel erkannt, daß sich die Gestalt aller Feldkurven auf die Feldkurve einer einphasigen Einlochwicklung zurückführen läßt.

86. Die Harmonischen der einphasigen Einlochwicklung.

Die Feldkurve einer einphasigen Einlochwicklung ist ein Rechteck mit der Basis π auf der Abszisse und der Höhe y als Ordinate. Untersuchen wir die Feldkurve nur in dem Moment, in dem die erregende Kraft und demgemäß die Luftinduktion ein Maximum ist, so ist die Ordinate $y =$ Maximum $= Y$ und außerdem für den Bereich $-\frac{\pi}{2}$ bis $+\frac{\pi}{2}$ konstant. Nun wollen wir unsere Aufgabe rein mathematisch behandeln und nur die Ordinate $Y =$ konstant einführen. Uns steht es, wenn wir das gewünschte Resultat erhalten haben, jederzeit frei, für Y die maximale erregende Kraft oder die maximale Induktion einzuführen, oder zu berücksichtigen, daß Y nur das Maximum eines mit der Zeit variablen Wertes der einphasigen Wicklung darstellt.

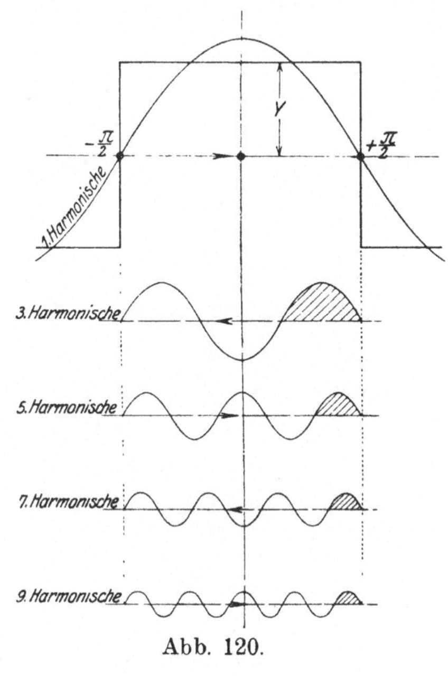

Abb. 120.

Wenn wir uns auf den Moment beschränken, in dem $Y =$ Maximum $=$ konstant ist, und uns vorläufig mit dem Geltungsbereich zwischen $-\frac{\pi}{2}$ und $+\frac{\pi}{2}$ begnügen, können wir die Fouriersche Reihe in der Form schreiben Abb. 120

$$Y = \text{konstant} = f(x) = a_1 \cdot \cos x + a_2 \cdot \cos 2x + \dots a_n \cdot \cos nx \quad . \; (471)$$

Um die Konstanten der Reihe a_1, $a_2 \dots a_n$ zu finden, multiplizieren wir die Gleichung mit $\cos n \cdot x \cdot dx$ und integrieren zwischen den Grenzen $-\frac{\pi}{2}$ bis $+\frac{\pi}{2}$. Wir erhalten

$$Y\int_{-\frac{\pi}{2}}^{+\frac{\pi}{2}} \cos n\,x \cdot d\,x = \int_{-\frac{\pi}{2}}^{+\frac{\pi}{2}} a_1 \cdot \cos x \cdot \cos n\,x \;\; d\,x + \int_{-\frac{\pi}{2}}^{+\frac{\pi}{2}} a_2 \cdot \cos 2\,x \cdot \cos n\,x \cdot d\,x + \ldots$$

$$\ldots + \int_{-\frac{\pi}{2}}^{+\frac{\pi}{2}} a_n \cdot \cos^2 n\,x \cdot d\,x \quad . \; . \; . \; . \; . \; . \; . \; . \; . \; . \; . \; . \; . \; . \quad (472)$$

Alle Glieder auf der rechten Seite werden Null bis auf das letzte, das n-te, das wird nach Ausführung der Integration

$$a_n \int_{-\frac{\pi}{2}}^{+\frac{\pi}{2}} \cos^2 n\,x \cdot d\,x = a_n \cdot \frac{\pi}{2} \,.$$

Daher ist die Lösung der Gleichung 472

$$Y \cdot \int_{-\frac{\pi}{2}}^{+\frac{\pi}{2}} \cos n\,x \cdot d\,x = a_n \cdot \frac{\pi}{2}$$

und wir erhalten für das allgemeine Glied a_n der Fourierschen Reihe den Ausdruck

$$a_n = \frac{2}{\pi} Y \int_{-\frac{\pi}{2}}^{+\frac{\pi}{2}} \cos n\,x \cdot d\,x = \frac{2}{\pi} \cdot Y \left[\frac{\sin n \cdot \frac{\pi}{2}}{n} - \frac{\sin\left(-n\,\frac{\pi}{2}\right)}{n} \right] \quad . \; (473)$$

Setzt man in diese Gleichung für a_n der Reihe nach ein $n = 1,\ 2,\ 3 \ldots$, so wird bei

$$\left.\begin{array}{ll}
n = 1 & \sin 90 - \sin(-90) \quad = 1 - - 1 = + 2 \\[2ex]
n = 2 & \dfrac{\sin 180}{2} - \dfrac{\sin(-180)}{2} = 0 - 0 = 0 \\[2ex]
n = 3 & \dfrac{\sin 270}{3} - \dfrac{\sin(-270)}{3} = \dfrac{-1 - + 1}{3} = - \dfrac{2}{3} \\[2ex]
n = 4 & \dfrac{\sin 360}{4} - \dfrac{\sin(-360)}{4} = 0 - 0 = 0 \\[2ex]
n = 5 & \dfrac{\sin 90}{5} - \dfrac{\sin(-90)}{5} = \dfrac{1 - - 1}{5} = + \dfrac{2}{5}
\end{array}\right\} \quad . \; (474)$$

Es ergibt sich hieraus, daß alle geradzahligen Harmonischen herausfallen, daß also a nur ungerad sein kann, und daß das allgemeine Glied der Reihe nach Herausstellung des gemeinsamen Faktors 2 in der Tabelle (474) in der Form geschrieben werden kann:

$$a_n = \pm \frac{4}{\pi} \frac{Y}{n} \,.$$

Die Amplitude der 1. Harmonischen ist daher $\frac{4}{\pi} Y$ und die Fouriersche Reihe mit den gesuchten Konstanten lautet

$$y = f(x) = \frac{4}{\pi} Y \left(\cos x - \frac{1}{3} \cdot \cos 3x + \frac{1}{5} \cos 5x - \frac{1}{7} \cdot \cos 7x + \ldots \right) \quad (475)$$

Die 3. Harmonische hat nur $\frac{1}{3}$ der Amplitude der 1. Harmonischen, die 5. nur $\frac{1}{5}$ der Amplitude der 1. Harmonischen ... usw. und die Summe aller Harmonischen liefert für jeden Wert des räumlichen Winkels x den konstanten Wert

$$y = Y = \text{konstant} \quad \ldots \ldots \quad (476)$$

Setzt man z. B. in Gleichung (475)

$$x = 0,$$

so werden alle Kosinusausdrücke $= 1$ und es ergibt sich

$$y = \frac{4}{\pi} Y \left(1 - \frac{1}{3} + \frac{1}{5} - \frac{1}{7} + \ldots \right) \quad \ldots \ldots \quad (477)$$

Der Ausdruck in der Klammer ist die bekannte Reihe von Leibnitz, deren Summe $= \frac{\pi}{4}$ ist. Es ist daher wirklich

$$y = Y = \text{konstant}$$

und dies Resultat erhält man für jeden beliebigen Wert von x. Nur wenn $x = 90^0$ oder überhaupt ein ungerades Vielfaches von $\frac{\pi}{2}$ ist, wird der ganze Ausdruck in der Klammer der Gleichung (475) Null, demgemäß wird in den Unstetigkeitspunkten $\pm \frac{\pi}{2}, \ \pm 3 \frac{\pi}{2} \ldots$

$$y = \text{Null}.$$

In Abb. 120 sind die höheren Harmonischen einzeln zur Darstellung gebracht. In Abb. 121 sind 5 Kurven gezeichnet, die deutlich erkennen lassen, wie die Grundschwingung I unter dem Einfluß der höheren Harmonischen sich allmählich zur rechteckigen Feldkurve umgestaltet. Die Annäherung an die wirkliche Feldkurve ist natürlich um so vollkommener, je mehr höhere Harmonische gleichzeitig berücksichtigt werden. Es ist in Abb. 121

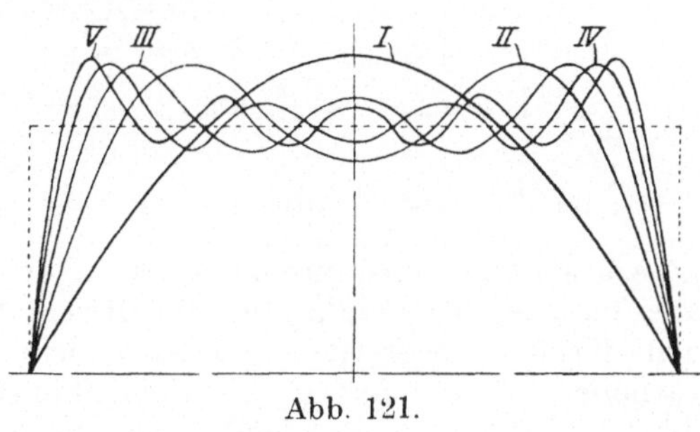

Abb. 121.

Kurve $I = 1.$ Harmonische,
„ $II = 1. + 3.$ „
„ $III = 1. + 3. + 5.$ Harmonische.
„ $IV = 1. + 3. + 5. + 7.$ „
„ $V = 1. + 3. + 5. + 7. + 9.$ Hamonische.

Interessant ist der Vergleich der Abb. 120 und 121 mit den Abb. 122 und 123, die das Zweiphasenfeld in dem Moment darstellen, in dem beide Phasen den gleichen Strom, nämlich 0,707 des maximalen Stromes führen.

87. Einführung einer zeitlichen Variablen.

Mit dem im vorigen Abschnitt erhaltenen Resultat ist die Anwendung der Fourierschen Reihe auf die Einphasen-Einlochwicklung erschöpft, denn die Einphasenwicklung interessiert uns nur in dem Moment, in dem sie, vom maximalen Strom durchflossen, ihre maximale erregende Kraft Y ausübt (Abb. 120). Bei einem Mehrphasensystem haben die einzelnen Phasen aber nicht gleichzeitig ihre maximale erregende Kraft, und wir werden daher, um diese schwierigeren Probleme lösen zu können, zweckmäßig schon für die Einphasenwicklung Ausdrücke schaffen, die die Berechnung ihrer erregenden Kraft bei jedem beliebigen Momentanwert des Stromes ermöglichen. Wir führen daher den zeitlichen Winkel z ein, der durch die bekannten Beziehungen definiert ist

$$z = \omega t = 2\pi \frac{t}{T} = 2 \cdot \pi \cdot f_1 \cdot t \quad \ldots \ldots \quad (478)$$

und erhalten für den Momentanwert der erregenden Kraft den Ausdruck

$$\text{Momentanwert} = Y \cdot \sin z\,.$$

Setzen wir diesen Momentanwert in die Fouriersche Reihe (475) ein, so wird die Ordinate y im räumlichen Winkelabstand x vom Koordinatennullpunkt in dem Moment, der dem zeitlichen Winkel z entspricht

$$\begin{aligned} y &= \frac{4}{\pi} \cdot Y \cdot \sin z \left(\cos x - \frac{1}{3} \cos 3x + \frac{1}{5} \cos 5x \ldots \right) \\ &= \frac{1}{2} \cdot \frac{4}{\pi} Y \left[\sin(z - x) + \sin(z + x) - \frac{1}{3} \left(\sin(z - 3x) + \sin(z + 3x) \right) \right. \\ &\quad \left. + \frac{1}{5} \left(\sin(z - 5x) + \sin(z + 5x) \right) - \ldots \right] \quad \ldots \ldots \quad (479) \end{aligned}$$

Lassen wir bei konstantem z nur x in der Reihe variieren, so liefert y alle Punkte der Feldkurve, die diesem Momentanwert der erregenden Kraft entsprechen. Lassen wir dagegen x konstant und variieren z, so liefert y die Momentanwerte der erregenden Kraft, die im Punkte x während einer Periode auftreten. Bei gleichzeitiger Variation von z und x können wir ohne weiteres für jeden Punkt x die Ordinate y bestimmen, die dem Moment z entspricht.

88. Die Harmonischen der zweiphasigen Einlochwicklung.

Wir wollen nun die Gleichung (479) auf ein Zweiphasensystem anwenden und wollen der Einfachheit wegen die ausführliche Rechnung nur an der 1. Harmonischen durchführen.

In einem beliebigen Moment z übt die 1. Harmonische der Phase I im Punkt x eine erregende Kraft aus

$$y_I = \frac{4}{\pi} Y \cdot \sin z \cdot \cos x = \frac{2}{\pi} Y \left[\sin(z - x) + \sin(z + x)\right].$$

Für Phase II ist im gleichen Augenblick der zeitliche Winkel für die erregende Kraft $z + 90^0$, da der Strom dieser Phase gegenüber der Phase I um 90^0 phasenverschoben ist. Es sind aber auch die Wicklungen beider Phasen räumlich um 90^0 gegeneinander verschoben, und daher kommt dem Punkt x vom Koordinatenanfangspunkt der Phase II aus betrachtet, die Abszisse zu $x + 90^0$. Die erregende Kraft der Phase II im Punkt x ist daher

$$y_{II} = \frac{4}{\pi} Y \cdot \sin(z + 90) \cdot \cos(x + 90) = \frac{4}{\pi} Y \cos z \cdot (-\sin x)$$
$$= \frac{2}{\pi} Y \left[\sin(z - x) - \sin(z + x)\right].$$

Die resultierende Ordinate y ist im Punkt x

$$y = y_I + y_{II} = \frac{4}{\pi} Y \sin(z - x).$$

Führt man dieselbe Rechnung für die höheren Harmonischen durch, so erhält man leicht die vollständige Reihe

$$y = \frac{4}{\pi} Y \left[\sin(z - x) + \frac{1}{3}\sin(z + 3x) + \frac{1}{5}\sin(z - 5x) \ldots\right] \quad (480)$$

Von besonderem Interesse ist es, die Mittelpunktsordinate y der Feldkurve in den Extremfällen zu berechnen, wenn der Strom der Phase $I = \text{Max}$, der Phase $II = \text{Null}$ ist (Abb. 120 und 121), und dann, wenn die Ströme beider Phasen einander gleich sind und 0,707 ihres Maximalwertes betragen (Abb. 122 und 123). Wir haben im ersten Fall $z = 90^0$, $x = 0$; im zweiten Fall $z = 90 + 45 = 135^0$ und $x = 0 + 45 = 45^0$ einzusetzen.

Wir erhalten folgende Tabelle, die im Zusammenhang mit Abb. 122 ein vollkommen klares Bild der ganzen Methode geben wird.

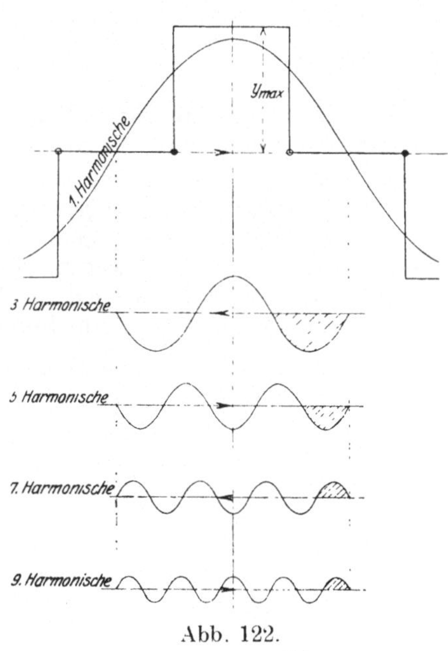

Abb. 122.

Harmonische	Formel	$z = 90^0;\ x = 0$	$z = 135^0;\ x = 45^0$
1	$\sin(z - x)$	$+1$	$+1$
3	$-\frac{1}{3}\sin(z + 3x)$	$-\frac{1}{3}$	$+\frac{1}{3}$
5	$+\frac{1}{5}\sin(z - 5x)$	$+\frac{1}{5}$	$-\frac{1}{5}$
7	$-\frac{1}{7}\sin(z + 7x)$	$-\frac{1}{7}$	$-\frac{1}{7}$
9	$+\frac{1}{9}\sin(z - 9x)$	$+\frac{1}{9}$	$+\frac{1}{9}$
⋮	⋮	⋮	⋮
		Summe $= \frac{\pi}{4}$	Summe $= \sqrt{2}\cdot\frac{\pi}{4}$

Drückt man für Y durch die maximale erregende Kraft in Amperewindungen einer Phase aus, so ist

$$Y = \sqrt{2}\cdot I\cdot\frac{N}{2} \qquad \ldots\ldots\ldots\ldots \qquad (481)$$

wenn mit I der effektive Strom, mit N die in Serie geschalteten Drähte einer Phase bezeichnet werden. Die von der Zweiphasenwicklung ausgeübte erregende Kraft A in Amperewindungen ist für $z = 90$, $x = 0$ nach Gleichung (480) und Spalte 3 der Tabelle

$$y_{\Phi\,\max} = A_{\min} = \frac{4}{\pi}\sqrt{2}\,I\,\frac{N}{2}\left(1 - \frac{1}{3} + \frac{1}{5} - \frac{1}{7}\ldots\right)$$

$$= \frac{\sqrt{2}}{2}\,I\cdot N = \text{Minimum} \qquad \ldots\ldots\ldots \qquad (482)$$

dagegen für $z = 135^0$, $x = 45^0$

$$y_{\Phi\,\min} = A_{\max} = \frac{4}{\pi}\sqrt{2}\,I\,\frac{N}{2}\left(1 + \frac{1}{3} - \frac{1}{5} - \frac{1}{7}\ldots\right)$$

$$= I\cdot N = \text{Maximum} \qquad \ldots\ldots\ldots \qquad (483)$$

Wir erhalten auf diese Weise das uns schon aus Abschnitt 48 bekannte Resultat, daß die Höhe der Feldkurve einer Zweiphasenwicklung nicht konstant ist, sondern im Verhältnis $\sqrt{2}:1$ variiert. Die im Abschnitt 48 angegebenen Gleichungen ermöglichen allerdings eine viel raschere Berechnung dieser Extremwerte, denn die Reihen sind besonders wegen der wechselnden Vorzeichen ihrer Glieder nicht sehr konvergent. Z. B. ergeben die 5 Glieder der 3. Spalte der Tabelle folgende Summen:

1. Harmonische	. . . .	1,00000	
— 3. "	. . . .	0,33333	—
		0,66667	
+ 5. "	. . . .	0,2	+
		0,86667	
— 7. "	. . . .	0,14286	—
		0,72381	
+ 9. "	. . . .	0,11111	+
		0,83492	

und diese Einzelwerte sind von der Endsumme der ganzen Reihe $\frac{\pi}{4} = 0{,}7853982$ noch recht weit entfernt.

Annähernd ebenso schlecht konvergiert die Summe der 4. Spalte der Tabelle:

1. Harmonische	. . . .	1,00000
+ 3. „	. . . .	0,33333 +
		1,33333
— 5. „	. . . .	0,2 —
		1,13333
— 7. „	. . . .	0,14286 —
		0,99047
+ 9. „	. . . .	0,11111 +
		1,10158

Die Summe der ganzen Reihe ist $\sqrt{2} \cdot \frac{\pi}{4} = 1{,}11071$.

Mittels der Reihe Gleichung (480) läßt sich auch der gesamte, einem Pol entströmende magnetische Fluß berechnen. Die mittlere Höhe einer Sinuswelle ist

$$\frac{2}{\pi} \times \text{Amplitude},$$

und die Amplituden aller Harmonischen sind uns für den vorliegenden Fall aus der Tabelle, S. 292, bekannt, denn die in Spalte 3 und 4 angegebenen Zahlen sind nichts anderes als die Amplituden der höheren Harmonischen, bezogen auf die Amplitude der Grundschwingung $= 1$.

Die Berechnung des magnetischen Flusses wird am einfachsten, wenn wir annehmen, daß die Amplituden der Harmonischen die Induktion darstellen, und daß die Polteilung T (unter der Voraussetzung, daß die Breite der Maschine $= 1$ ist) gleichzeitig die Polfläche repräsentiert. Da die Amplitude der 1. Harmonischen

$$\frac{4}{\pi} Y$$

ist, beträgt ihre mittlere Höhe

$$\frac{2}{\pi} \cdot \frac{4}{\pi} \cdot Y$$

und unter unseren vereinfachten Annahmen wird daher der magnetische Fluß Φ_{h1} der 1. Harmonischen

$$\Phi_{h1} = \frac{2}{\pi} \cdot \frac{4}{\pi} \cdot Y \cdot T.$$

Die 3. Harmonische hat nur die Amplitude

$$\frac{1}{3} \cdot \frac{4}{\pi} \cdot Y$$

die mittlere Höhe $\qquad \frac{1}{3} \cdot \frac{2}{\pi} \cdot \frac{4}{\pi} \cdot Y$

und in jeder halben Welle, da deren Länge nur $\frac{T}{3}$ beträgt, den magnetischen Fluß

$$\Phi_{h3} = \frac{1}{3^2} \cdot \frac{2}{\pi} \cdot \frac{4}{\pi} \cdot Y \cdot T .$$

Das Bildungsgesetz für die einzelnen Glieder der Reihe ist damit festgelegt und über die Vorzeichenfrage gibt am klarsten die Abb. 120 Aufschluß. Man sieht aus der Abbildung sofort, daß sich der resultierende Fluß jeder g a n z e n Welle innerhalb der Polteilung aufhebt, und daß daher von jeder höheren Harmonischen nur die Fläche und der ihr entsprechende Fluß einer einzigen Halbwelle, die in der Abbildung schraffiert ist, übrig bleibt. In dem der Abb. 120 entsprechenden Zustand sind die resultierenden magnetischen Flüsse aller höheren Harmonischen positiv und sie tragen zur Vermehrung der Kraftlinienzahl der Grundschwingung bei. Man erhält daher für den Gesamtfluß aller Harmonischen die Funktion

$$\Phi_{\max} = \frac{8}{\pi^2} Y T \left(1 + \frac{1}{3^2} + \frac{1}{5^2} + \frac{1}{7^2} + \frac{1}{9^2} \cdots\right) \quad . \; . \; . \; (484)$$

$$= Y T = \text{Maximum}\,.$$

denn die Summe in der Klammer ist $\frac{\pi^2}{8} = 1{,}233\,701$. Selbst diese Reihe konvergiert langsam, denn die 5 ersten Glieder ergeben nur

	1,0000
$+\frac{1}{9}$	0,1111
$+\frac{1}{25}$	0,0400
$+\frac{1}{49}$	0,0204
$+\frac{1}{81}$	0,0123
	1,1838

Bei dem in Abb. 122 dargestellten Stadium sind die einzelnen Glieder der Reihe gemäß Spalte 4 der Tabelle ihrer absoluten Größe nach genau so groß wie in Gleichung (484), doch ersieht man aus der Abbildung, daß die resultierenden Flüsse, die durch die schraffierten Flächen zur Darstellung gebracht sind, teilweise negativ werden. Der Gesamtfluß wird daher

$$\Phi_{\min} = \frac{8}{\pi^2} \cdot Y \cdot T \left(1 - \frac{1}{3^2} - \frac{1}{5^2} + \frac{1}{7^2} + \frac{1}{9^2} \cdots\right) \quad . \; . \; . \; (485)$$

$$\frac{Y\,T}{\sqrt{2}} = \text{Minimum}$$

denn die Summe der Reihe ist $\frac{\pi^2}{8 \cdot \sqrt{2}} = 0{,}872\,37$. Auch diese Reihe konvergiert unbefriedigend, denn die ersten 5 Glieder ergeben

$$
\begin{array}{rl}
 & 1{,}0000 \\
-\frac{1}{9} & 0{,}1111\ - \\ \hline
 & 0{,}8889 \\
-\frac{1}{25} & 0{,}0400\ - \\ \hline
 & 0{,}8489 \\
+\frac{1}{49} & 0{,}0204\ + \\ \hline
 & 0{,}8693 \\
+\frac{1}{81} & 0{,}0123\ + \\ \hline
 & 0{,}8816\,.
\end{array}
$$

Die Division der Gleichungen (484) und (485) liefert das uns aus Abschnitt 47 bekannte Resultat:

$$\frac{\Phi_{max}}{\Phi_{min}} = \sqrt{2} \quad . \quad . \quad . \quad . \quad . \quad . \quad . \quad . \quad (486)$$

Man kann mit Hilfe der beiden Gleichungen auch die Feldfaktoren c und c_0 berechnen, die Formeln (274) bis (279) liefern aber diese Werte auf sehr viel schnellerem und bequemerem Weg.

Abb. 123 zeigt, wie die 1. Harmonische unter dem Einfluß der höheren Harmonischen allmählich sich immer mehr der wirklichen Feldform Abb. 122 annähert. In Abb. 123 ist die

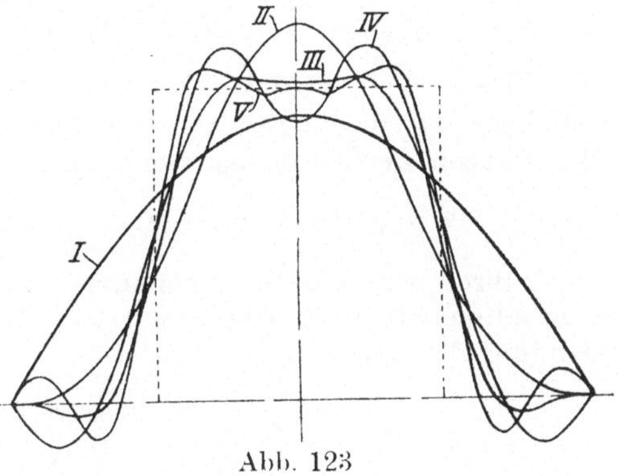

Abb. 123

Kurve I = 1. Harmonische
" II = 1. + 3. Harmonische
" III = 1. + 3. + 5. Harmonische
" IV = 1. + 3. + 5. + 7. Harmonische
" V = 1. + 3. + 5. + 7. + 9. Harmonische.

89. Die Harmonischen der dreiphasigen Einlochwicklung.

Bei einer Dreiphasenwicklung stehen die erregenden Kräfte der einzelnen Phasen in einem zeitlichen Abstand von $\frac{\pi}{a} = \frac{\pi}{3} = 60^0$, und ebensogroß ist der Winkelabstand der Spulen der einzelnen Phasen. Beschränken wir vorläufig unsere Untersuchung auf die 1. Harmonische, so wird die Ordinate y der Phase I nach Gleichung (479)

$$y_I = \frac{4}{\pi} \cdot Y \cdot \sin z \cdot \cos x = \frac{2}{\pi} \cdot Y \cdot [\sin(z - x) + \sin(z + x)] \quad . \quad (487)$$

Im selben Moment beträgt der zeitliche Winkel der Phase II sechzig Grad mehr, und für den Abszissenpunkt x, der zur Ordinate y gehört, ist der räumliche Winkel auf die Spulen der Phase II bezogen ebenfalls um 60 Grad größer. Man erhält daher für die Ordinate y der Phase II den Ausdruck

$$y_{II} = \frac{4}{\pi} Y \cdot \sin(z + 60^0) \cdot \cos(x + 60^0)$$

$$= \frac{2}{\pi} Y [\sin(z - x) + \sin(z + x + 120^0)] \quad . \quad . \quad (488)$$

und natürlich für die Phase III

$$y_{III} = \frac{4}{\pi} Y \cdot \sin(z + 120^0) \cos(x + 120^0)$$

$$= \frac{2}{\pi} Y \cdot [\sin(z - x) + \sin(z + x + 240^0)] \quad . \quad . \quad (489)$$

Wie sich leicht beweisen läßt, ist in allen Fällen

$$\sin(z + x) + \sin(z + x + 120^0) + \sin(z + x + 240^0) = 0 \quad . \quad (490)$$

und daher wird die resultierende Ordinate y der 1. Harmonischen aller Phasen der Dreiphasenwicklung

$$y_{h1} = y_I + y_{II} + y_{III} = 3 \cdot \frac{2}{\pi} \cdot Y \cdot \sin(z - x) \quad . \quad . \quad . \quad . \quad (491)$$

Führen wir dieselbe Rechnung für die 3. Harmonische durch, so erhalten wir nach Gleichung (479) für die 3 Phasen der Reihe nach die Ausdrücke

$$y_I = -\frac{1}{3} \cdot \frac{4}{\pi} \cdot Y \cdot \sin z \cdot \cos 3x$$

$$y_{II} = -\frac{1}{3} \cdot \frac{4}{\pi} \cdot Y \cdot \sin(z + 60) \cdot \cos 3(x + 60)$$

$$y_{III} = -\frac{1}{3} \cdot \frac{4}{\pi} \cdot Y \cdot \sin(z + 120) \cdot \cos 3(x + 120) \quad . \quad . \quad (492)$$

und nach der Ausmultiplikation des Sinus mit dem Kosinus

$$y_I = -\frac{1}{3} \cdot \frac{2}{\pi} \cdot Y \cdot [\sin(z - 3x) + \sin(z + 3x)]$$

$$y_{II} = -\frac{1}{3} \cdot \frac{2}{\pi} \cdot Y \cdot [\sin(z - 3x + 240^0) + \sin(z + 3x + 240^0)]$$

$$y_{III} = -\frac{1}{3} \cdot \frac{2}{\pi} \cdot Y \cdot [\sin(z - 3x + 120^0) + \sin(z + 3x + 120^0)] \quad . \quad (493)$$

Nach der in Gleichung (490) niedergelegten Beziehung ist bei diesen 3 Gleichungen die Summe der 3 ersten und ebenso die Summe der 3 zweiten Summanden immer gleich Null und daraus ergibt sich, daß die 3. Harmonische in einem Dreiphasensystem nicht auftreten kann. Die Gleichungen (493) lassen ohne weiteres erkennen, daß diese Eigentümlichkeit bei allen höheren Harmonischen, die ein

Vielfaches von 3 sind, auftreten muß. Man kann auf Grund dieser Erkenntnis sofort das allgemeine Gesetz aufstellen.

In einem a-phasigen System sind alle höheren Harmonischen, deren Kennziffer ein Vielfaches der Phasenzahl a ist, gleich Null.

In unserem Dreiphasensystem ist dagegen die 5., 7., 11., 13., usw. Harmonische vorhanden, denn man erhält z. B. für die 5. Harmonische aus Gleichung (479), wenn wir die soeben in bezug auf die 3. Harmonische gemachten Ableitungen wiederholen (vergl. Formeln 492):

$$y_I = + \frac{1}{5} \cdot \frac{4}{\pi} \cdot Y \cdot \sin z \cdot \cos 5x$$

$$y_{II} = + \frac{1}{5} \cdot \frac{4}{\pi} \cdot Y \cdot \sin(z + 60) \cdot \cos 5(x + 60)$$

$$y_{III} = + \frac{1}{5} \cdot \frac{4}{\pi} \cdot Y \cdot \sin(z + 120) \cdot \cos 5(x + 120)$$

und nach Ausführung der Addition

$$y_{h5} = y_I + y_{II} + y_{III} = 3 \cdot \frac{1}{5} \cdot \frac{2}{\pi} \cdot Y \cdot \sin(z + 5x).$$

Der allgemeine Ausdruck für eine beliebige Ordinate y wird daher bei der Dreiphasenwicklung

$$y = 3 \cdot \frac{2}{\pi} \cdot Y \cdot \left[\sin(z - x) + \frac{1}{5} \sin(z + 5x) - \frac{1}{7}(z - 7x) \ldots \right]. \quad (494)$$

Mittels dieser Gleichung ist die nebenstehende Tabelle berechnet, bei der die Spalte 3 dem Moment entspricht, in dem der Strom einer Phase seinen Maximalwert $\sqrt{2} \cdot I$ besitzt und die Ströme der beiden anderen Phasen die Hälfte des Maximalwertes führen. Spalte 4 bezieht sich auf den Moment, in dem der Strom einer Phase = Null ist, und die Ströme der beiden anderen Phasen $\frac{\sqrt{3}}{2}$ ihres Maximalwertes betragen.

Harmonische	Formel	$z = 90^0$; $x = 0$	$z = 120^0$; $x = 30^0$
1	$\sin(z - x)$	$+1$	$+1$
5	$+\frac{1}{5}\sin(z + 5x)$	$+\frac{1}{5}$	$-\frac{1}{5}$
7	$-\frac{1}{7}\sin(z - 7x)$	$-\frac{1}{7}$	$+\frac{1}{7}$
11	$-\frac{1}{11}\sin(z + 11x)$	$-\frac{1}{11}$	$-\frac{1}{11}$
13	$+\frac{1}{13}\sin(z - 13x)$	$+\frac{1}{13}$	$+\frac{1}{13}$
		Summe $= \frac{\pi}{3}$	Summe $= \frac{\pi}{3} \cdot \frac{\sqrt{3}}{2}$

Fassen wir Y wieder als maximale erregende Kraft einer Phase auf, indem wir schreiben

$$Y = \sqrt{2} \cdot I \cdot \frac{N}{2},$$

so wird für $z = 90^0$, $x = 0$ die erregende Kraft aller 3 Phasen ein Maximum, nämlich

$$y_{\max} = y_{\Phi_{\max}} = 3 \cdot \frac{2}{\pi} \cdot \sqrt{2} \cdot I \cdot \frac{N}{2} \cdot \left(1 + \frac{1}{5} - \frac{1}{7} - \frac{1}{11} \cdots\right)$$

$$= 3 \cdot \frac{2}{\pi} \cdot \sqrt{2} \cdot I \cdot \frac{N}{2} \cdot \frac{\pi}{3} = \sqrt{2} \cdot I \cdot N,$$

also doppelt so groß, wie die maximale erregende Kraft einer Phase. Die Summe der Reihe

$$1 + \frac{1}{5} - \frac{1}{7} - \frac{1}{11} + \frac{1}{13} \cdots = \frac{\pi}{3}$$

und die Reihe ist infolge des Ausfalls der Glieder $\frac{1}{3}$, $\frac{1}{9}$ etwas besser konvergent als die entsprechende Reihe für Zweiphasenstrom. Die ersten 5 Glieder liefern den Wert

$$\begin{array}{rl}
1 & 1{,}00000 \\
+\frac{1}{5} & \underline{0{,}20000 +} \\
 & 1{,}20000 \\
-\frac{1}{7} & \underline{0{,}14286 -} \\
 & 1{,}05714 \\
-\frac{1}{11} & \underline{0{,}09091} \\
 & 0{,}96623 \\
+\frac{1}{13} & \underline{0{,}07692 +} \\
 & 1{,}04315 .
\end{array}$$

Das Ergebnis stimmt mit dem genauen Wert $\frac{\pi}{3} = 1{,}047198$ schon ziemlich gut.

Für den Moment $z = 120$: $x = 30$ wird die erregende Kraft ein Minimum, nämlich

$$y_{\min} = y_{\Phi_{\min}} = 3 \cdot \frac{2}{\pi} \cdot \sqrt{2} \cdot I \cdot \frac{N}{2} \left(1 - \frac{1}{5} + \frac{1}{7} - \frac{1}{11} + \frac{1}{13} \cdots\right)$$

$$= 3 \cdot \frac{2}{\pi} \cdot \sqrt{2} \cdot I \cdot \frac{N}{2} \cdot \frac{\pi}{3} \cdot \frac{\sqrt{3}}{2},$$

$$= \frac{\sqrt{3}}{2} (\sqrt{2} \cdot I \cdot N),$$

also nur $\frac{\sqrt{3}}{2}$ mal so groß, wie die maximale erregende Kraft einer Phase. Die ersten 5 Glieder der Reihe liefern die Summe

$$\begin{array}{rl}
1 & 1{,}00000 \\
-\frac{1}{5} & \underline{0{,}2 \qquad -} \\
 & 0{,}80000 \\
+\frac{1}{7} & \underline{0{,}14286 +} \\
 & 0{,}94286 \\
-\frac{1}{11} & \underline{0{,}09091 -} \\
 & 0{,}85195 \\
+\frac{1}{13} & \underline{0{,}07692 +} \\
 & 0{,}92887 .
\end{array}$$

welcher Wert von der genauen Summe der Reihe

$$\frac{\pi}{3} \cdot \frac{\sqrt{3}}{2} = 0.906866$$

noch ganz beträchtlich abweicht.

Das Verhältnis

$$\frac{y_{max}}{y_{min}} = \frac{2}{\sqrt{2}} = \frac{\Phi_{max}}{\Phi_{min}}$$

ist uns aus dem Abschnitt 48 längst in viel bequemerer Weise bekannt geworden.

Wir könnten die Gleichung (494) auch benützen, um den magnetischen Fluß Φ eines dreiphasigen Feldes und aus dessen Extremwerten die Feldfaktoren c und c_0 zu berechnen. Auch die Spulenfaktoren k_1 und $k_{1 \cdot 2}$ lassen sich aus der Gleichung ableiten. Die unbefriedigende Konvergenz der Reihen lehrt aber, daß die früher angegebenen Methoden zur Bestimmung dieser Faktoren auch bei 3-phasigen Wicklungen entschieden vorzuziehen sind.

Ein sehr schönes Bild über dem Zusammenhang zwischen der wirklichen Feldkurve und deren Ersatz durch höhere Harmonische gibt Abb. 124, die dem III. Band der Wechselstromtechnik von Arnold entnommen ist.

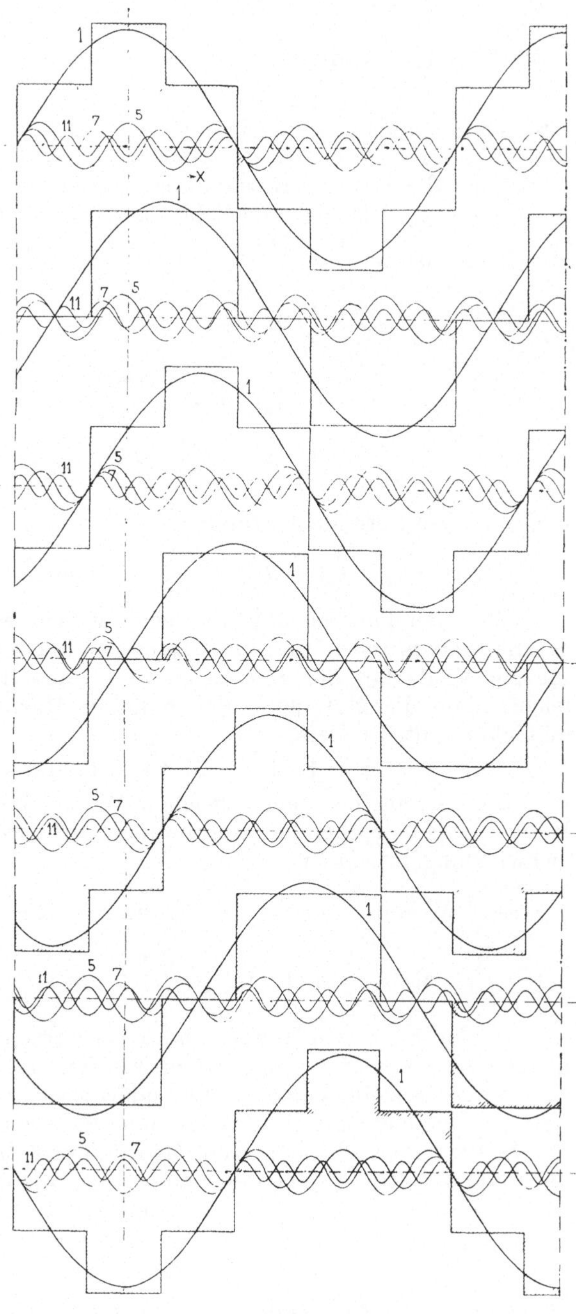

Abb. 124.

90. Die Harmonischen der vielphasigen Einlochwicklung.

Ein allgemein gültiger Ausdruck für die a-phasige Wicklung läßt sich nun nach den Einblicken in das Bildungsgesetz, die uns die Abschnitte 87 bis 89 gewährt haben, leicht gewinnen.

Für die erste Harmonische erhalten wir die Ordinaten $y_I, y_{II}, y_{III}, y_a$, da der zeitliche und räumliche Winkelabstand der einzelnen Phasen $\frac{\pi}{a} = \frac{180^0}{a}$ ist:

$$y_I = \frac{4}{\pi} \cdot Y \cdot \sin z \cdot \cos x$$

$$y_{II} = \frac{4}{\pi} \cdot Y \cdot \sin\left(z + \frac{180}{a}\right) \cdot \cos\left(x + \frac{180}{a}\right)$$

$$y_{III} = \frac{4}{\pi} \cdot Y \cdot \sin\left(z + \frac{360}{a}\right) \cdot \cos\left(x + \frac{360}{a}\right)$$

und die resultierende Ordinate

$$y = y_I + y_{II} + y_{III} + \cdots + y_a = a \cdot \frac{2}{\pi} \cdot Y \cdot \sin(z - x).$$

Von den höheren Harmonischen wissen wir, daß sie erstens ungerade sein müssen, und daß zweitens alle höheren Harmonischen, die ein Vielfaches der Phasenzahl sind, ausfallen. Wir finden daher leicht, daß die Nummern der höheren Harmonischen der Gesetzmäßigkeit entsprechen:

$$2a - 1,\ 2a + 1,\ 4a - 1,\ 4a + 1,\ 6a - 1,\ 6a + 1, \ldots$$

Die allgemeine, dem zeitlichen Winkel z und dem räumlichen Winkel x entsprechende resultierende Ordinate der a-phasigen Einlochwicklung ist daher

$$\left.\begin{aligned} y = a \cdot \frac{2}{\pi} \cdot Y \cdot \Big\{ &\sin(z - x) \pm \frac{1}{2a - 1} \sin[z + (2a - 1)x] \\ &\pm \frac{1}{2a + 1} \sin[z - (2a + 1)x] \pm \frac{1}{4a - 1} \sin[z + (4a - 1)x] \pm \ldots \Big\} \end{aligned}\right\} \quad (495)$$

In der allgemeinen Form muß als Vorzeichen der höheren Harmonischen $+$ oder $-$ angegeben werden, da je nach der Phasenzahl a das einzelne Glied positiv oder negativ werden kann. Wenn wir die Vorzeichenfrage aber in dem Moment entscheiden, in dem der Strom einer Phase seinen Maximalwert besitzt (gleichzeitig ist auch die Kraftlinienzahl des Feldes ein Maximum), also

$$z = 90^0$$

ist und außerdem

$$x = 0^0$$

annehmen, also die resultierende Ordinate y mit der Mittellinie der Feldkurve zusammenfallen lassen, so läßt sich eine sehr einfache Regel über die Vorzeichen feststellen:

Es ist nämlich unter den geschilderten Voraussetzungen die erste Harmonische stets positiv, die

3., 7., 11., 15., ... Harmonische stets negativ,
5., 9., 13., 17., ... „ „ positiv,

wie aus der nebenstehenden Tabelle, die die Amplituden der Harmonischen bei Ein-, Zwei- und Dreiphasenstrom enthält, deutlich hervorgeht.

Harmonische	Formel	$a=1$	$a=2$	$a=3$	Drehsinn
1.	$+\sin(z-x)$	$+1$	$+1$	$+1$	R
$2a-1$	$\pm\frac{1}{2a-1}\sin[z+(2a-1)x]$	$+1$	$-\frac{1}{3}$	$+\frac{1}{5}$	L
$2a+1$	$\pm\frac{1}{2a+1}\sin[z-(2a+1)x]$	$-\frac{1}{3}$	$+\frac{1}{5}$	$-\frac{1}{7}$	R
$4a-1$	$\pm\frac{1}{4a-1}\sin[z+(4a-1)x]$	$-\frac{1}{3}$	$-\frac{1}{7}$	$-\frac{1}{11}$	L
$4a+1$	$\pm\frac{1}{4a+1}\sin[z-(4a+1)x]$	$+\frac{1}{5}$	$+\frac{1}{9}$	$+\frac{1}{13}$	R
$6a-1$	$\pm\frac{1}{6a-1}\sin[z+(6a-1)x]$	$+\frac{1}{5}$	$-\frac{1}{11}$	$+\frac{1}{17}$	L
$6a+1$	$\pm\frac{1}{6a+1}\sin[z-(6a+1)x]$	$-\frac{1}{7}$	$+\frac{1}{13}$	$-\frac{1}{19}$	R
.	.	.	.	.	.
.	.	.	.	.	.

Die Tabelle entspricht dem Zustande, in dem der magnetische Fluß des Feldes Φ ein Maximum ist. Bei Ein- und Dreiphasenwicklungen ist in diesem Zustand gleichzeitig die erregende Kraft ein Maximum, nur bei der Zweiphasenwicklung nicht.

Die Summe der dritten Spalte $a=1$ ist natürlich doppelt so groß wie die Summe der vierten Spalte $a=2$. Trotzdem liefert Gleichung (495), wie es ja in dem betrachteten Moment ($z=90$; $x=0$) auch sein muß, für die Ein- und Zweiphasenwicklung das gleiche Resultat, weil der der Reihe vorausstehende Faktor a im ersten Falle 1, im zweiten Falle 2 ist.

91. Die Harmonischen der Mehrlochwicklungen.

Besitzt eine a-phasige Wicklung nicht nur eine Nute, sondern m Nuten für jede Spulenseite, so können wir jede Phase der Wicklung als eine m-fache Einlochwicklung auffassen. Die maximale, von einer Phase ausgeübte erregende Kraft

$$Y=\sqrt{2}\cdot I\cdot\frac{N}{2}$$

verteilt sich demgemäß auf m Einlochwicklungen, auf deren jede natürlich nur $\frac{Y}{m}$ der maximalen erregenden Kraft einer Phase entfällt. Dafür ist die Wirkung der m Einlochwicklungen zu addieren.

Da in jeder Polteilung $a \cdot m$ Nuten vorhanden sind, ist die räumliche Entfernung benachbarter Nuten im Winkelmaß ausgedrückt

$$\frac{\pi}{a \cdot m} = \frac{180^0}{a \cdot m}.$$

Wenn χ (Abb. 125) einen beliebigen Winkel bedeutet, so ist die Summenwirkung der m-Einlochwicklungen im Punkt x, wenn wir vorläufig nur die 1. Harmonischen in Betracht ziehen,

$$y = \frac{Y}{m} \cdot \sin\chi + \frac{Y}{m} \sin\left(\chi + \frac{\pi}{a \cdot m}\right) + \frac{Y}{m} \cdot \sin\left(\chi + \frac{2\pi}{a \cdot m}\right) \dots$$
$$+ \frac{Y}{m} \sin\left[\chi + (m-1)\frac{\pi}{a \cdot m}\right].$$

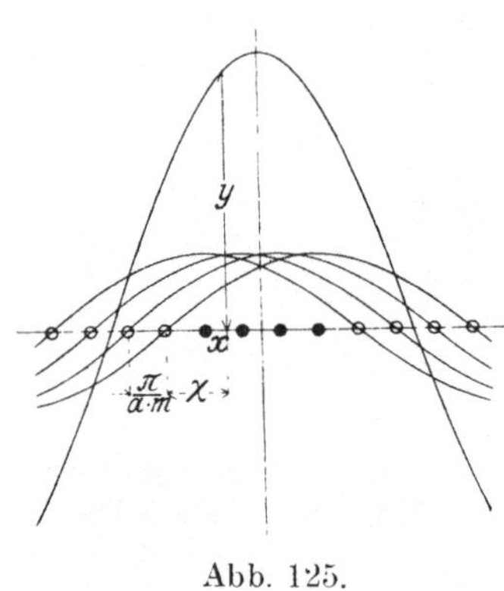

Abb. 125.

Die Summe dieser Reihe ist uns schon aus Abschnitt 48 bekannt; uns interessiert nur ihr Maximalwert und dieser ist

$$Y \cdot \frac{\sin\frac{\pi}{2a}}{m \cdot \sin\frac{\pi}{2 \cdot a \cdot m}} = Y \frac{\sin\frac{90^0}{a}}{m \cdot \sin\frac{90^0}{a \cdot m}}.$$

Die Amplitude der 1. Harmonischen wird daher bei der Mehrlochwicklung

$$y_{\max} = a \cdot \frac{2}{\pi} \cdot Y \cdot \frac{\sin\frac{90^0}{a}}{m \cdot \sin\frac{90^0}{a \cdot m}}.$$

Die Amplitude der 1. Harmonischen wird daher bei der m-Lochwicklung im Verhältnis

$$h_1 = \frac{\sin\frac{90^0}{a}}{m \cdot \sin\frac{90^0}{a \cdot m}} \quad \dots\dots\dots \quad (496)$$

kleiner als bei der Einlochwicklung.

Um für die $(2a-1)$te und die höheren Harmonischen die Faktoren $h_{(2a-1)} \dots$ zu finden, brauchen wir uns nur zu überlegen, daß ihre Wellenlänge nur $\frac{1}{3}, \frac{1}{5}, \frac{1}{7} \dots$ mal so groß ist, wie die Wellenlänge der 1. Harmonischen. Der Winkelabstand benachbarter Nuten, auf die $(2a-1)$-te Harmonischen bezogen, ist daher (Abb. 125)

$$(2a-1)\frac{\pi}{a \cdot m} = (2a-1)\frac{180^0}{a \cdot m}$$

und daher wird der gesuchte Faktor

$$h_{2a-1} = \frac{\sin(2a-2)\dfrac{\pi}{2a}}{m\cdot\sin(2a-1)\dfrac{\pi}{2am}} = \frac{\sin(2a-1)\dfrac{90^0}{a}}{m\cdot\sin(2a-1)\dfrac{90^0}{a\cdot m}} \quad \ldots \quad (497)$$

Für die $(2a+1)$-te Harmonische erhält man natürlich

$$h_{2a+1} = \frac{\sin(2a+1)\dfrac{90^0}{a}}{m\cdot\sin(2a+1)\dfrac{90^0}{a\cdot m}} \quad \ldots\ldots\ldots \quad (498)$$

Der allgemeine Ausdruck für die beliebige Ordinate y der a-phasigen m-Lochwicklung lautet daher

$$\left.\begin{array}{l} y = a\cdot\dfrac{2}{\pi}\cdot Y\cdot\Big\{h_1\cdot\sin(z-x) \pm \dfrac{h_{(2a-1)}}{2a-1}\cdot\sin[z+(2a-1)x] \\ \pm \dfrac{h_{2a+1}}{2a+1}\sin[z-(2a+1)x] \pm \ldots\Big\}. \end{array}\right\} \quad (499)$$

Wenn wir

$$z = 90^0$$
$$x = 0^0$$

in diese Reihe einführen, so erhalten wir die größte Ordinate $y_{\Phi\max}$ der wirklichen Feldkurve in dem Moment, in dem der magnetische Fluß seinen größten Wert besitzt, mit anderen Worten, die Feldkurve die größte Fläche einschließt.

Die Gleichung (499) lautet in diesem Falle für Zweiphasenstrom

$$y_{\Phi\max} = 2\cdot\frac{2}{\pi}\cdot Y\left(h_1 - \frac{h_3}{3} + \frac{h_5}{5} - \frac{h_7}{7}\ldots\right) \quad \ldots\ldots \quad (500)$$

und für Dreiphasenstrom

$$y_{\Phi\max} = 3\cdot\frac{2}{\pi}\cdot Y\left(h_1 + \frac{h_5}{5} - \frac{h_7}{7} - \frac{h_{11}}{11}\ldots\right). \quad \ldots\ldots \quad (501)$$

Bei Dreiphasenwicklungen wird der maximale magnetische Fluß in dem Moment erzeugt, in dem der Strom einer Phase seinen Maximalwert, die Ströme der beiden anderen Phasen die Hälfte ihres Maximums besitzen. Die totale erregende Kraft aller Phasen ist dann doppelt so groß wie die erregende Kraft einer Phase Y. Wir können daher schreiben

$$y_{\Phi\max} = y_{\max} = 2\,Y \quad \ldots\ldots\ldots \quad (502)$$

und erhalten nach Einführung dieser Beziehung in die Gleichung (501) das merkwürdige Resultat, daß die Summe der Reihe für alle Nutenzahlen, also beliebige Werte von m, konstant ist:

$$\frac{\pi}{3} = h_1 + \frac{h_5}{5} - \frac{h_7}{7} - \frac{h_{11}}{11}\ldots \quad \ldots\ldots\ldots \quad (503)$$

Das Ergebnis ist aber verständlich, wenn man bedenkt, daß die von einem Mehrphasensystem ausgeübte erregende Kraft unabhängig von der Nutenzahl ist, wie schon aus Abschnitt 48 hervorgeht.

Zum Beleg für die Richtigkeit der Gleichung (503) soll für $m = 1$ und $m = 2$ die Summe der Reihe berechnet werden. Für $m = 1$ ist uns das Resultat

$$\frac{\pi}{3} = 1 + \frac{1}{5} - \frac{1}{7} - \frac{1}{11} + \frac{1}{13}$$

schon auf Seite 298 bekannt geworden. Für $m = 2$ entnehmen wir die Faktoren h_1, h_5, h_7 ... der nebenstenden Tabelle und erhalten unter aufmerksamer Beachtung der Vorzeichen:

Amplituden- und Spulenfaktoren der Harmonischen bei Dreiphasenwicklungen.

$m =$	1	2	3	4	5	6
h_1	1	+ 0,96598	+ 0,95979	+ 0,95766	+ 0,95668	+ 0,95615
h_5	1	+ 0,25882	+ 0,21757	+ 0,20534	+ 0,20000	+ 0,19720
h_7	1	— 0,25882	— 0,17736	— 0,15756	— 0,14945	— 0,14529
h_{11}	1	— **0,96598**	— 0,17736	— 0,12608	— 0,10944	— 0,10173
h_{13}	1	— **0,96598**	+ 0,21757	+ 0,12608	+ 0,10223	+ 0,09196
h_{17}	1	— 0,25882	+ **0,95979**	+ 0,15756	+ 0,10223	0,08365
h_{19}	1	+ 0,25882	+ **0,95979**	— 0,20534	— 0,10944	— 0,08365
h_{23}	1	+ 0,96598	+ 0,21757	— **0,95766**	— 0,14945	— 0,09196
h_{25}	1	+ 0,96598	— 0,17736	— **0,95766**	+ 0,20000	+ 0,10173
h_{29}	1	+ 0,25882	— 0,17736	— 0,20534	+ **0,95668**	+ 0,14529
h_{31}	1	— 0,25882	+ 0,21757	+ 0,15756	+ **0,95668**	— 0,19720
h_{35}	1	— 0,96598	+ 0,95979	+ 0,12608	+ 0,20000	— **0,95615**
h_{37}	1	— 0,96598	+ 0,95979	— 0,12608	— 0,14945	— **0,95615**
.	.	.	.	.	.	.
.	.	.	.	.	.	.
h_3	1	+ 0,70710	+ 0,66667	+ 0,65328	+ 0,64721	+ 0,64395
h_9	1	— 0,70710	— 0,33333	— 0,27058	— 0,24723	— 0,23570
h_{15}	1	— 0,70710	+ 0,66667	+ 0,27058	+ 0,20000	+ 0,17255
h_{21}	1	+ 0,70710	+ 0,66667	— 0,65328	— 0,24723	— 0,17255
h_{27}	1	+ 0,70710	— 0,33333	— 0,65328	+ 0,64721	+ 0,23570
.						
.						

1. Harmonische			0.96598
+ 5.	„	$= \frac{0,25882}{5}$	0,05176 +
			1,01774
— 7.	„	$= -\frac{0.25882}{7}$	0,03697 +
			1,05471
— 11.	„	$= -\frac{0,96598}{11}$	0,08781 +
			1,14252
+ 13.	„	$= -\frac{0,96598}{13}$	0,07431 —
			1,06821
+ 17.	„	$= -\frac{0,25882}{17}$	0.01522 —
			1.05299.

Die Reihe ist außerordentlich schlecht konvergent und pendelt unregelmäßig um den Grenzwert 1,047198. Aus der Tabelle geht hervor, daß die Faktoren h für höhere Harmonische periodisch in gleicher Größe wiederkehren. Außerdem erkennt man, daß für jede $(2 \cdot a \cdot m \pm 1)$-te Harmonische der Faktor h denselben Maximalwert erreicht wie bei der 1. Harmonischen. Wir müssen daraus schließen, daß die Amplituden der

$(2 \cdot a \cdot m \pm 1)$-ten Harmonischen
$(4 \cdot a \cdot m \pm 1)$-ten "
$(6 \cdot a \cdot m \pm 1)$-ten "

relativ groß sind, und daß sich daher diese Harmonischen in ihren Wirkungen besonders bemerkbar machen werden. Aus der für $m = 2$ durchgeführten Rechnung sieht man, daß in diesem Beispiel die 11. und die 13. Harmonische größere Amplituden haben als die 5. und 7. Harmonische.

Relativ klein sind dagegen die Amplituden der

$a \cdot m \pm 1$,
$3\, a \cdot m \pm 1$,
$5\, a \cdot m \pm 1$ Harmonischen.

Wir benötigen die höheren Harmonischen hauptsächlich, um die Vorgänge beim Anlassen der Motoren ergründen zu können, und es wird sich herausstellen, daß wir für das praktische Rechnen die Amplituden am einfachsten als Induktionen $\mathfrak{B}_l$ auffassen und auf die maximale Luftinduktion beziehen. Die Luftinduktion ist der erregenden Kraft proportional, deshalb können wir schreiben

$$\mathfrak{B}_l = 2 \cdot Y,$$

und wenn wir mit $\mathfrak{B}_l$ wie immer die maximale Luftinduktion des wirklichen Feldes bezeichnen, wird die Luftinduktion der sinoidalen Felder laut Gleichung (501) bei Dreiphasenwicklungen

$$\left.\begin{aligned} \mathfrak{B}_{h1} &= \frac{3}{\pi} \cdot h_1 \cdot \mathfrak{B}_l \\ \mathfrak{B}_{h5} &= \frac{3}{\pi} \cdot \frac{h_5}{5} \cdot \mathfrak{B}_l = \frac{1}{5} \frac{h_5}{h_1} \mathfrak{B}_{h1} \\ \mathfrak{B}_{h7} &= \frac{3}{\pi} \cdot \frac{h_7}{7} \cdot \mathfrak{B}_l = \frac{1}{7} \frac{h_7}{h_1} \mathfrak{B}_{h1} \end{aligned}\right\} \quad \ldots \ldots (504)$$

Nehmen wir an Hand der Gleichung (500) dieselben Betrachtungen für Zweiphasenwicklungen vor, so müssen wir nur besonders beachten, daß bei Zweiphasenstrom der maximale magnetische Fluß (maximale Ordinate der Feldkurve $y_{\Phi\,\max}$) nicht mit der maximalen erregenden Kraft $y_{\max}$ zusammenfällt. Die erregende Kraft ist ein Maximum, wenn der Strom jeder Phase 0,707 seines Maximalwertes besitzt. Der magnetische Fluß ist ein Maximum, wenn eine Phase ihren Maximalstrom führt und die zweite Phase stromlos ist. Es besteht daher die Beziehung:

$$y_{\Phi\,\max} = \frac{y_{\max}}{\sqrt{2}} \quad \ldots\ldots\ldots\ldots (505)$$

Setzen wir in Gleichung (500) ein

$$y_{\Phi\,\max} = Y$$

(Y ist die maximale erregende Kraft einer Phase), so erhalten wir korrespondierend mit Gleichung (503) die interessante Beziehung

$$\frac{\pi}{2a} = \frac{\pi}{4} = h_1 - \frac{h_3}{3} + \frac{h_5}{5} - \frac{h_7}{7} + \ldots = \text{konstant} = 0{,}785\,398.$$

Für $m=1$ wird $h_1, h_3, h_5 \ldots = 1$ und die Summe ist unter dem Namen Reihe von Leibnitz längst bekannt.

Setzen wir in Gleichung (500) $y_{\Phi\,\max}$ laut Gleichung (505) ein, so wird

$$\frac{y_{\max}}{\sqrt{2}} = 2 \cdot \frac{2}{\pi} \cdot \frac{\sqrt{2}\,Y}{\sqrt{2}} \left(h_1 - \frac{h_3}{3} + \frac{h_5}{5} - \frac{h_7}{7} + \ldots\right).$$

$\sqrt{2} \cdot Y$, die maximale erregende Kraft der Zweiphasenwicklung, ist der maximalen Luftinduktion proportional, und wir erhalten daher als Amplituden der Harmonischen die Ausdrücke

$$\left.\begin{aligned} \mathfrak{B}_{h1} &= \frac{4}{\pi} \cdot h_1 \cdot \frac{\mathfrak{B}_l}{\sqrt{2}} \\ \mathfrak{B}_{h3} &= \frac{4}{\pi} \cdot \frac{h_3}{3} \cdot \frac{\mathfrak{B}_l}{\sqrt{2}} = \frac{1}{3}\frac{h_3}{h_1}\mathfrak{B}_{h1} \\ \mathfrak{B}_{h5} &= \frac{4}{\pi} \cdot \frac{h_5}{5} \cdot \frac{\mathfrak{B}_l}{\sqrt{2}} = \frac{1}{5}\frac{h_5}{h_1}\mathfrak{B}_{h1} \end{aligned}\right\} \quad \ldots\ldots (506)$$

Amplituden- und Spulenfaktoren der Harmonischen bei Zweiphasenwicklungen.

$m=$	1	2	3	4	5	6
h_1	1	+ 0,923 88	+ 0,910 72	+ 0,906 13	+ 0,904 03	+ 0,902 89
h_3	1	+ 0,382 68	+ 0,333 33	+ 0,318 19	+ 0,311 51	+ 0,307 96
h_5	1	− 0,382 68	− 0,244 02	− 0,212 61	− 0,200 00	− 0,189 32
h_7	1	**− 0,923 88**	− 0,244 02	− 0,180 24	− 0,156 04	− 0,148 55
h_9	1	**− 0,923 88**	+ 0,333 33	+ 0,180 24	+ 0,143 18	+ 0,127 56
h_{11}	1	− 0,382 68	**+ 0,910 72**	+ 0,212 61	+ 0,143 18	+ 0,118 87
h_{13}	1	+ 0,382 68	**+ 0,910 72**	− 0,318 19	− 0,156 04	− 0,118 87
h_{15}	1	+ 0,923 88	+ 0,333 33	**− 0,906 13**	− 0,200 00	− 0,127 56
h_{17}	1	+ 0,923 88	− 0,244 02	**− 0,906 13**	+ 0,311 51	+ 0,148 55
h_{19}	1	+ 0,382 68	− 0,244 02	− 0,318 19	**+ 0,904 03**	+ 0,189 32
h_{21}	1	− 0,382 68	+ 0,333 33	+ 0,212 61	**+ 0,904 03**	− 0,307 96
h_{23}	1	+ 0,923 88	+ 0,910 72	+ 0,180 24	+ 0,311 51	**− 0,902 89**
h_{25}	1	− 0,923 88	− 0,910 72	− 0,180 24	− 0,200 00	**+ 0,902 89**

92. Der magnetische Fluß der Harmonischen.

Bezogen auf die maximale Luftinduktion $\mathfrak{B}_l$ des wirklichen Feldes lassen sich die maximalen Luftinduktionen der harmonischen Sinoidalfelder nach den Gleichungen (506) für Zweiphasenstrom in der Form schreiben:

$$\frac{\mathfrak{B}_l}{\sqrt{2}} = 2 \cdot \frac{2}{\pi} \cdot \frac{\mathfrak{B}_l}{\sqrt{2}} \left(h_1 - \frac{h_3}{3} + \frac{h_5}{5} \dots \right) \quad . \quad . \quad . \quad . \quad . \quad (507)$$

Aus dieser Beziehung läßt sich die Kraftlinienzahl, die jede Harmonische zum wirklichen Feld beisteuert, in einfacher Weise finden. Zunächst sei daran erinnert, daß von jeder höheren Harmonischen mehrere Halbwellen auf einen Pol entfallen, die sich immer aufheben bis auf eine einzige, und diese ist in dem betrachteten Stadium Φ_l = Maximum immer positiv, wie sich aus den Abb. 120 und 124 ergibt. Bezeichnen wir die Fläche jeder Halbwelle der Harmonischen mit Φ_{h1}, Φ_{h3}, Φ_{h5} usw., so muß die Fläche der wirklichen Feldkurve entsprechend dem maximalen Gesamtfluß Φ_l sein

$$\Phi_l = \Phi_{h1} + \Phi_{h3} + \Phi_{h5} \dots \quad . \quad . \quad . \quad . \quad . \quad . \quad . \quad (508)$$

Unter der Verwendung der im Abschnitt 49 abgeleiteten Feldfaktoren c ist aber auch

$$\Phi_l = \mathfrak{B}_l \cdot c \cdot F_l \quad . \quad . \quad . \quad . \quad . \quad . \quad . \quad . \quad . \quad (509)$$

Wenn wir die Reihe in Gleichung (507) ausmultiplizieren, so ergibt jedes Produkt die Amplitude der betreffenden Harmonischen. Um die Fläche jeder Halbwelle zu finden, haben wir die Amplitude mit $\frac{2}{\pi}$ zu multiplizieren, wodurch wir die mittlere Höhe jeder Sinuslinie bekommen. Die mittlere Höhe muß mit der Wellenlänge der Harmonischen, oder einfacher mit der ihr zukommenden Polfläche multipliziert werden. Die Polfläche ist F_l für die 1., $\frac{F_l}{3}$ für die 3., $\frac{F_l}{5}$ für die 5. Harmonische usw.

Es ist daher

$$\left.\begin{aligned} \Phi_{h1} &= \frac{8}{\pi^2} \cdot \frac{\mathfrak{B}_l}{\sqrt{2}} \cdot F_l \cdot h_1 \\ \Phi_{h3} &= \frac{8}{\pi^2} \cdot \frac{\mathfrak{B}_l}{\sqrt{2}} \cdot \frac{F_l}{3} \cdot \frac{h_3}{3} \\ \Phi_{h5} &= \frac{8}{\pi^2} \cdot \frac{\mathfrak{B}_l}{\sqrt{2}} \cdot \frac{F_l}{5} \cdot \frac{h_5}{5} \end{aligned}\right\} \quad . \quad . \quad . \quad . \quad . \quad . \quad . \quad (510)$$

und der totale magnetische Fluß

$$\Phi = \mathfrak{B}_l \cdot c \cdot F_l = \frac{8}{\pi^2} \cdot \frac{\mathfrak{B}_l}{\sqrt{2}} \cdot F_l \left(h_1 + \frac{h_3}{3^2} + \frac{h_5}{5^2} + \frac{h_7}{7^2} \dots \right) \quad . \quad . \quad (511)$$

Aus dieser Gleichung läßt sich ein neuer Ausdruck für die Feldfaktoren c gewinnen, denn es ist bei Zweiphasenwicklungen

$$c = \frac{8}{\pi^2} \cdot \frac{1}{\sqrt{2}} \left(h_1 + \frac{h_3}{9} + \frac{h_5}{25} + \frac{h_7}{49} \cdots \right) \quad \ldots \ldots (512)$$

für $m = 1$ ergibt die Summe der Reihe

$$1 + \frac{1}{9} + \frac{1}{25} + \frac{1}{49} \cdots = \frac{\pi^2}{8}$$

und es wird daher in diesem Falle

$$c = 0{,}707 .$$

In ähnlicher Weise erhalten wir für Dreiphasenwicklungen aus den in Gleichung (504) niedergelegten Beziehungen

$$\mathfrak{B}_l = \frac{3}{\pi} \mathfrak{B}_l \left(h_1 + \frac{h_5}{5} + \frac{h_7}{7} \cdots \right) \quad \ldots \ldots (513)$$

und hieraus

$$\left.\begin{aligned} \Phi_{h1} &= \frac{6}{\pi^2} \cdot \mathfrak{B}_l \cdot F_l \cdot h_1 \\ \Phi_{h5} &= \frac{6}{\pi^2} \cdot \mathfrak{B}_l \cdot \frac{F_l}{5} \cdot \frac{h_5}{5} \\ \Phi_{h7} &= \frac{6}{\pi^2} \cdot \mathfrak{B}_l \cdot \frac{F_l}{7} \cdot \frac{h_7}{7} \end{aligned}\right\} \quad \ldots \ldots (514)$$

Der gesamte magnetische Fluß ist daher im Maximum

$$\Phi_l = \mathfrak{B}_l \cdot c \cdot F_l = \frac{6}{\pi^2} \cdot \mathfrak{B}_l \cdot F_l \left(h_1 + \frac{h_5}{25} + \frac{h_7}{49} + \frac{h_{11}}{121} + \cdots \right) . (515)$$

Da die Summe der Reihe für $m = 1$

$$1 + \frac{1}{25} + \frac{1}{49} + \frac{1}{121} + \cdots = \frac{\pi^2}{9}$$

ist, wird für $m = 1$ bei einer Dreiphasenwicklung der Feldfaktor

$$c = \frac{6}{\pi^2} \cdot \frac{\pi^2}{9} = \frac{2}{3} = 0{,}667$$

und allgemein

$$c = \frac{6}{\pi^2} \left(h_1 + \frac{h_5}{25} + \frac{h_7}{49} + \frac{h_{11}}{121} + \cdots \right) \quad \ldots \ldots (516)$$

93. Drehrichtung und Drehzahl der Oberfelder.

Die Tabelle S. 301 läßt bei der Einphasenwicklung die Eigentümlichkeit erkennen, daß jede Amplitude jeder Harmonischen zweimal in gleicher Größe und mit gleichem Vorzeichen vorhanden ist. Diese Erscheinung ist der mathematische Ausdruck dafür, daß sich das schwingende Einphasenfeld auffassen läßt als die Resultante zweier gleichgroßer, in entgegengesetzter Richtung rotierender Komponenten (Abb. 210).

Für Einphasenwicklungen ergibt sich daher für den Drehsinn der aufeinander folgenden Glieder der Reihe die einfache Regel, daß stets in strenger Regelmäßigkeit rechts- und linksläufige Vektoren miteinander abwechseln.

Untersuchen wir, ob diese Gesetzmäßigkeit auch für zwei-, drei- und a-phasige Wicklungen gilt, so finden wir diese Vermutung bestätigt, und der Drehsinn aller Oberfelder läßt sich daher so einfach darstellen, wie es in der Tabelle S. 301 in der letzten Spalte zum Ausdruck kommt.

Man kann diese Gesetzmäßigkeit auch so aussprechen: Folgt im Sinusglied (Spalte 1 der Tabelle) hinter z ein $-$-Zeichen, so ist das Feld rechtsläufig, folgt hinter z ein $+$-Zeichen, so ist das Feld linksläufig.

Endlich kann man auch sagen: Das 1., $(2a + 1)$te, $(4a + 1)$te Feld haben gleiche Drehrichtung, das $(2a - 1)$te, $(4a - 1)$te haben entgegengesetzte Drehrichtung.

Besitzt ein Motor $2\,p$ Pole, so hat die erste Harmonische $2\,p$ Halbwellen, also p Nordpole und p Südpole. Dagegen hat die 3. Harmonische $3\,p$, die 5. Harmonische $5\,p$ Nordpole und ebensoviele Südpole. Da die Periodenzahl aller Harmonischen der Periodenzahl des zugeführten Wechselstromes gleich ist, ist die Fortpflanzungsgeschwindigkeit der harmonischen Sinuswellen längs des Ankerumfanges, also die Umfangsgeschwindigkeit der Harmonischen, bei der 1. Harmonischen gleich der Umfangsgeschwindigkeit des wirklichen Drehfeldes, bei der 3. Harmonischen nur $^1/_3$, bei der 5. Harmonischen nur $^1/_5$ davon.

Da die Tourenzahl eines Drehfeldes

$$n = \frac{60 \cdot f_1}{p}$$

ist, erhalten wir für die erste Harmonische die Drehzahl

$$n_1 = \frac{60 \cdot f_1}{p},$$

für die $(2a - 1)$te linksläufige Harmonische die Drehzahl

$$n_{2a-1} = \frac{69 \cdot f_1}{(2a - 1)p} = \frac{n_1}{2a - 1} \quad \ldots \ldots \quad (517)$$

für die $(2a + 1)$te rechtsläufige Harmonische die Drehzahl

$$n_{2a+1} = \frac{60 \cdot f_1}{(2a + 1)p} = \frac{n_1}{2a + 1} \quad \ldots \ldots \quad (518)$$

und so weiter.

Wenn der Rotor stillsteht, ist die Drehzahl der Felder dem Rotor gegenüber ebenso groß wie dem Stator gegenüber. Wenn sich der Rotor dreht, sind verschiedene Möglichkeiten zu unterscheiden.

a) Rotor im Synchronismus zur 1. Harmonischen.

Aus Abschnitt 11 Gleichung (82) kennen wir die Abhängigkeit zwischen Schlüpfung, Drehzahl und Periodenzahl im Rotor. Es ist nämlich, wenn mit n_1 Drehzahl des Statorfeldes, mit n_2 Drehzahl des Rotors, mit f_1 Periodenzahl des Statorstromes, mit f_2 Periodenzahl des Rotorstromes, mit s die Schlüpfung in Prozenten bezeichnet sind

$$\frac{s}{100}=\frac{n_1-n_2}{n_1}=\frac{f_2}{f_1} \quad \ldots \ldots \ldots \quad (519)$$

Bei Synchronismus ist

$$n_2=n_1$$

und es wird die Schlüpfung des Rotors gegenüber der 1. Harmonischen

$$\frac{s}{100}=\frac{n_1-n_2}{n_1}=0 \quad \ldots \ldots \ldots \quad (520)$$

Die Drehzahl des Statorfeldes der $(2a-1)$ten Harmonischen ist laut Gleichung (517)

$$n_{2a-1}=-\frac{n_1}{2a-1}.$$

Der mit n_1 Touren laufende Rotor besitzt diesem Feld, also der $(2a-1)$ten Harmonischen gegenüber eine Schlüpfung von

$$\frac{s}{100}=\frac{-\frac{n_1}{2a-1}-n_1}{-\frac{n_1}{2a-1}}=2a \quad \ldots \ldots \quad (521)$$

Dagegen hat der Rotor der $(2a+1)$ten Harmonischen gegenüber die Voreilung

$$\frac{s}{100}=\frac{\frac{n_1}{2a+1}-n_1}{\frac{n_1}{2a+1}}=-2a \quad \ldots \ldots \quad (522)$$

denn negative Schlüpfung bezeichnet man als Voreilung und sie tritt ein, wenn der Rotor durch eine äußere mechanische Kraft gezwungen wird, schneller als im Synchronismus zu laufen. Näheres hierüber findet sich im XIX. Kapitel über den asynchronen Generator.

Relativ zur Statorwicklung oder zur Wicklung des stillstehenden Rotors haben alle Harmonischen des Statorfeldes die Periodenzahl f_1. Gegenüber der Wicklung des mit der 1. Harmonischen des Stators synchron laufenden Rotors beträgt aber die Periodenzahl

$$f_2=0 \quad \ldots \ldots \ldots \ldots \ldots \quad (523)$$

da

$$\frac{f_2}{f_1}=\frac{s}{100}=0.$$

Für die $(2a-1)$te Harmonische wird nach (521)

$$\frac{f_{2a-1}}{f_1} = \frac{s}{100} = 2a,$$

daher
$$f_{2a-1} = 2a \cdot f_1 \qquad \qquad (524)$$

Für die $(2a+1)$te Harmonische wird nach (522)

$$\frac{f_{2a+1}}{f_1} = \frac{s}{100} = -2a$$

und deshalb
$$f_{2a+1} = -2a \cdot f_1 \qquad \qquad (525)$$

und so fort.

Aus den Gleichungen (523) bis (525) ergibt sich, daß jede Harmonische des Statorfeldes relativ zur Wicklung des synchron laufenden Rotors eine andere Periodenzahl besitzt. Da dies auch bei allen anderen möglichen Drehzahlen des Rotors zutrifft, läßt sich der Satz aufstellen: Das Drehfeld induziert im bewegten Rotor gleichzeitig EMKK verschiedener Frequenz, deren Resultante sich nicht in einfacher Weise definieren läßt und die nicht als Wechselstrom EMK im üblichen Sinne bezeichnet werden darf. Man kann daher auch mittels der höheren Harmonischen nicht ohne weiteres die vom Stator im laufenden Rotor induzierte effektive EMK berechnen.

b) Rotor bei beliebiger Drehzahl.

Läuft der Rotor mit n_2 Touren, so ergibt sich nach dem Vorausgegangenen sofort für die 1. Harmonische die Schlüpfung und Periodenzahl im Rotor

$$\left.\begin{aligned} \frac{s}{100} &= \frac{n_1 - n_2}{n_1} = 1 - \frac{n_2}{n_1} \\ f_2 &= f_1\left(1 - \frac{n_2}{n_1}\right) \end{aligned}\right\} \qquad \qquad (526)$$

für die $(2a-1)$te Harmonische wird

$$\left.\begin{aligned} \frac{s}{100} &= \frac{-\dfrac{n_1}{2a-1} - n_2}{-\dfrac{n_1}{2a-1}} = 1 + (2a-1)\frac{n_2}{n_1} \\ f_{2a-1} &= f_1\left[1 + (2a-1)\frac{n_2}{n_1}\right] \end{aligned}\right\} \qquad (527)$$

für die $(2a+1)$te Harmonische ergibt sich

$$\left.\begin{aligned} \frac{s}{100} &= \frac{\dfrac{n_1}{2a+1} - n_2}{\dfrac{n_1}{2a+1}} = 1 - (2a+1)\frac{n_2}{n_1} \\ f_{2a+1} &= f_1\left(1 - (2a+1)\frac{n_2}{n_1}\right) \end{aligned}\right\} \qquad (528)$$

und so weiter.

c) Rotor im Synchronismus zu höheren Harmonischen.

Die Drehzahl der höheren Harmonischen ist kleiner als die Drehzahl der 1. Harmonischen. Lassen wir daher einen Motor vom Stillstand $n_2 = 0$ bis zum Synchronismus mit der 1. Harmonischen $n_2 = n_1$ laufen, so muß sich der Rotor während dieser Anlaufsperiode bei manchen Drehzahlen im Synchronismus zu den Drehzahlen der höheren rechtsläufigen Harmonischen befinden.

Diese Tatsache kann sich mitunter dadurch sehr störend bemerkbar machen, daß der Motor im Synchronismus mit einer höheren Harmonischen stecken bleibt und den Synchronismus mit der 1. Harmonischen überhaupt nicht erreicht. Die Ursache dieser unwillkommenen Erscheinung besteht darin, daß das von einer höheren Harmonischen bei kleiner Schlüpfung, also nahe ihrem Synchronismus, auf den Rotor ausgeübte Drehmoment größer sein kann als das von der 1. Harmonischen bei großer Schlüpfung entwickelte Drehmoment. Es läßt sich leicht einsehen, daß die Gefahr des Steckenbleibens bei Kurzschlußankern am größten ist. Eingehend wird die Frage in den Abschnitten 99 bis 103 behandelt.

Der Rotor ist synchron gegen die

$$\left.\begin{array}{llll} & \text{1. Harmonische} & \text{bei} & n_2 = n_1 \\ (2a-1)\text{te} & \text{''} & \text{''} & n_2 = -\dfrac{n_1}{2a-1} \\ (2a+1)\text{te} & \text{''} & \text{''} & n_2 = \dfrac{n_1}{2a+1} \\ (4a-1)\text{te} & \text{''} & \text{''} & n_2 = -\dfrac{n_1}{4a-1} \\ (4a+1)\text{te} & \text{''} & \text{''} & n_2 = \dfrac{n_1}{4a+1} \end{array}\right\} \quad \ldots \quad (529)$$

Beim Betrieb als Motor werden negative Drehzahlen nicht durchschritten, Synchronismus mit der $(2a-1)$, $(4a-1)$ten Harmonischen tritt daher nicht ein. Dagegen wird beim Anlauf aus dem Stillstand der Synchronismus mit allen rechtsläufigen höheren Harmonischen $(2a+1)$, $(4a+1)$, $(8a+1)$ ... durchschritten.

Als gefährliche Drehzahlen kommen daher

$$\frac{n}{2a+1}, \quad \frac{n}{4a+1}, \quad \frac{n}{6a+1} \cdots \quad \ldots \quad (530)$$

in Betracht, daher bei Zweiphasenmotoren

$$\frac{n_1}{5}, \quad \frac{n_1}{9}, \quad \frac{n_1}{13} \cdots$$

und bei Dreiphasenmotoren

$$\frac{n_1}{7}, \quad \frac{n_1}{13}, \quad \frac{n_1}{19} \cdots$$

94. Die im Stator induzierte EMK.

Die von einem nach einer Sinusfunktion variierenden Feld Φ_1 in einer Wicklung von N_1 Drähten induzierte EMK ist

$$E = 2{,}22 \cdot k \cdot \Phi_1 \cdot N_1 \cdot f_1 \cdot 10^{-8} \text{ Volt}.$$

Für die wirklichen Felder haben wir die Feldfaktoren k im Abschnitt 51 bestimmt und wir erhalten, wenn wir mit Φ_1 den Fluß des wirklichen Feldes bezeichnen, für die im Stator induzierte EMK

$$E_1 = 2{,}22 \cdot k_1 \cdot \Phi_1 \cdot N_1 \cdot f_1 \cdot 10^{-8} \text{ Volt} \quad . \quad . \quad . \quad . \quad . \quad (531)$$

Von allen Harmonischen sind uns durch die Gleichungen (510) und (514) für Zwei- und Dreiphasenwicklungen die magnetischen Flüsse Φ_{h1}, Φ_{h3}, Φ_{h5} ... bekannt, und um die von jeder Harmonischen induzierte EMK berechnen zu können, müssen wir die Feldfaktoren h_1, h_3, h_5 ... ermitteln. Man sieht leicht ein, daß die Ableitung dieser Faktoren bequemer ist, wenn man nicht von der maximalen, von einer Spule umschlossenen Kraftlinienzahl, sondern von der ebenfalls zulässigen Vorstellung ausgeht, daß die EMK durch das Schneiden der Feldkraftlinien mit den Drähten der Wicklung induziert wird.

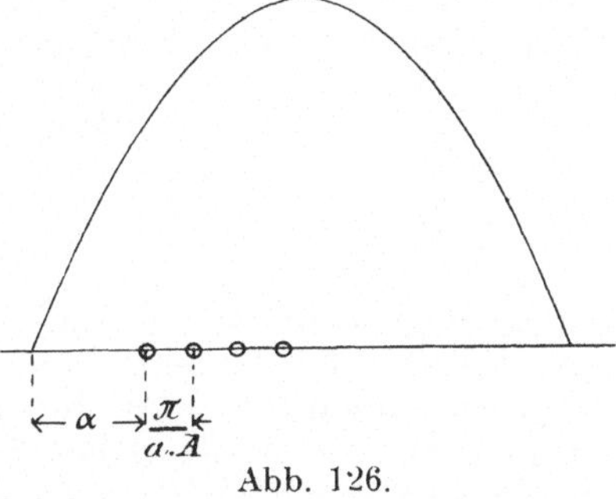

Abb. 126.

In Abb. 126[1]) ist ein sinoidales Feld gezeichnet, das in den in m Nuten untergebrachten Drähten eine EMK induziert, deren Momentanwert wir unter Hinweglassung von Konstanten darstellen können in der Form

$$E_{m>1} =$$

$$= \frac{N}{m} \mathfrak{B} \left[\sin \alpha + \sin \left(\alpha + \frac{\pi}{am} \right) + \sin \left(\alpha + \frac{2\pi}{am} \right) + \ldots \sin \left(\alpha + \frac{(m-1)\pi}{a \cdot m} \right) \right],$$

denn der Abstand zweier benachbarter Nuten ist

$$\frac{\pi}{a \cdot m}.$$

Die Summe der Reihe ist nach Gleichung (252) S. 179

$$\frac{\sin \frac{\pi}{2a}}{m \cdot \sin \frac{\pi}{2 \cdot a \cdot m}} \cdot \sin \left[\alpha + (m-1) \frac{\pi}{2 \cdot a \cdot m} \right]$$

---

[1]) Die Abb. 126 ist der ersten Auflage dieses Buches entnommen. Wegen der geänderten Bezeichnungsweise ist statt des Ausdruckes $\frac{\pi}{a \cdot A}$ in die Zeichnung einzutragen $\frac{\pi}{a \cdot m}$.

und daher erreicht die induzierte EMK den Maximalwert

$$E_{m>1} = \frac{N}{m} \cdot \mathfrak{B} \cdot \frac{\sin\frac{\pi}{2a}}{\sin\frac{\pi}{2a \cdot m}}.$$

Würden alle N Drähte nur in einer Nut untergebracht, so würde eine maximale EMK induziert werden

$$E_{m=1} = N \cdot \mathfrak{B}.$$

Das Verhältnis

$$\frac{E_{m>1}}{E_{m=1}}$$

ist der gesuchte Feldfaktor der ersten Harmonischen, nämlich

$$h_1 = \frac{\sin\frac{\pi}{2a}}{m \cdot \sin\frac{\pi}{2 \cdot a \cdot m}} = \frac{\sin\frac{90^0}{a}}{m \cdot \sin\frac{90^0}{a \cdot m}} \quad \ldots\ldots (532)$$

und es zeigt sich, daß er mit dem in Gleichung (496), S. 302 berechneten Amplitudenfaktor identisch ist.

Diese Identität trifft für alle Feldfaktoren und Amplitudenfaktoren zu, und es ist daher der Feldfaktor für die 3. Harmonische einer m-Lochwicklung

$$h_3 = \frac{\sin 3 \cdot \frac{90^0}{a}}{m \cdot \sin 3 \cdot \frac{90^0}{a \cdot m}} \quad \ldots\ldots\ldots\ldots (533)$$

für die 5. Harmonische

$$h_5 = \frac{\sin 5 \cdot \frac{90^0}{a}}{m \cdot \sin 5 \cdot \frac{90^0}{a \cdot m}} \quad \ldots\ldots\ldots\ldots (534)$$

und so weiter.

Die einzelnen Harmonischen eines Dreiphasenfeldes induzieren daher in der Statorwicklung die EMK

$$\begin{aligned} E_{h1} &= 2{,}22 \cdot h_1 \cdot \Phi_{h1} \cdot N_1 \cdot f_1 \cdot 10^{-8} \ldots \text{Volt} \\ E_{h5} &= 2{,}22 \cdot h_5 \cdot \Phi_{h5} \cdot N_1 \cdot f_1 \cdot 10^{-8} \quad \text{,,} \quad \ldots\ldots (535) \\ E_{h7} &= 2{,}22 \cdot h_7 \cdot \Phi_{h7} \cdot N_1 \cdot f_1 \cdot 10^{-8} \quad \text{,,} \end{aligned}$$

und nach Einsetzen der Ausdrücke für Φ_{h1}, Φ_{h5}, Φ_{h7} ... laut Gleichung (514) erhalten wir die gesamte EMK

$$E_1 = 2{,}22 \cdot \frac{6}{\pi^2} \cdot \mathfrak{B}_l \cdot F_l \cdot N_1 \cdot f_1 \cdot 10^{-8} \left[h_1^2 \pm \frac{h_5^2}{25} \pm \frac{h_7^2}{49} \ldots \right] \text{ Volt} \quad (536)$$

Bei Berechnung der Summe hat man zu beachten, daß die Glieder mitunter negativ werden können; die Summe für den magnetischen Fluß, Gleichung (515), hat unter allen Umständen nur positive Glieder, die Feldfaktoren laut Tabelle Seite 304 und 306 können aber auch negativ sein.

Zerlegen wir in Gleichung (531) Φ in seine Faktoren

$$\Phi_l = c_1 \cdot \mathfrak{B}_l \cdot F_l ,$$

so wird

$$E_1 = 2.22 \cdot c_1 \cdot k_1 \cdot \mathfrak{B}_l \cdot F_l \cdot N_1 \cdot f_1 \cdot 10^{-8} \quad . \quad . \quad . \quad . \quad (537)$$

und durch Gleichsetzen der Gleichungen (537) und (536) erhalten wir einen Ausdruck für das Produkt

$$c \cdot k = h_1^2 \pm \frac{h_5^2}{25} \pm \frac{h_7^2}{49} \quad \ldots \ldots \ldots \quad (538)$$

Da c bereits durch Formeln (512) und (516) bekannt ist, lassen sich daher auf diese Weise auch die Feldfaktoren des wirklichen Feldes mittels der höheren Harmonischen ausdrücken.

Wenn wir untersuchen, wie groß die von den Harmonischen des Statorfeldes im stillstehenden Rotor induzierten EMKK sind, so müssen wir in die Gleichungen (535) die Feldfaktoren h_r der Rotorwicklung einsetzen und erhalten

$$\left.\begin{aligned} E_{h1} &= 2{,}22 \cdot h_{r1} \cdot \Phi_{h1} \cdot N_2 \cdot f_1 \cdot 10^{-8} \\ E_{h5} &= 2{,}22 \cdot h_{r5} \cdot \Phi_{h5} \cdot N_2 \cdot f_1 \cdot 10^{-8} \\ E_{h7} &= 2{,}22 \cdot h_{r7} \cdot \Phi_{h7} \cdot N_2 \cdot f_1 \cdot 10^{-8} \end{aligned}\right\} \quad . \quad . \quad . \quad . \quad (539)$$

Die Felder Φ_{h1}, Φ_{h5}, Φ_{h7} sind aber natürlich ungeändert geblieben, daher wird die im Rotor induzierte EMK

$$E_2 = 2{,}22 \cdot \frac{6}{\pi^2} \cdot \mathfrak{B}_l \cdot F_l \cdot N_2 \cdot f_1 \cdot 10^{-8} \left[h_1 \cdot h_{r1} + \frac{h_5 \cdot h_{r5}}{25} + \frac{h_7 \cdot h_{r7}}{49} \ldots \right] \quad (540)$$

Andererseits ist unter Berücksichtigung der Spulenstreuung bezogen auf die wirklichen Felder die im Rotor induzierte EMK

$$E_2 = 2{,}22 \cdot c_1 \cdot k_{1-2} \cdot \mathfrak{B}_l \cdot F_l \cdot N_2 \cdot f_1 \cdot 10^{-8} \quad . \quad . \quad . \quad . \quad (541)$$

und durch Gleichsetzen der Gleichungen (540) und (541) erhalten wir den Ausdruck

$$c_1 \cdot k_{1-2} = h_1 h_{r1} \pm \frac{h_5 \cdot h_{r5}}{25} \pm \frac{h_7 \cdot h_{r7}}{49} \pm \ldots ,$$

aus denen sich, da c_1 bekannt ist, die Feldfaktoren bei Berücksichtigung der Spulenstreuung k_{1-2} berechnen lassen. Für Zweiphasenstrom ergibt sich natürlich für die im Stator induzierte EMK

$$E_1 = 2{,}22 \cdot \frac{8}{\pi^2} \cdot \frac{\mathfrak{B}_l}{\sqrt{2}} F_l \cdot N_1 \cdot f_1 \cdot 10^{-8} \left[h_1^2 + \frac{h_3^2}{9} + \frac{h_5^2}{25} + \frac{h_7^2}{49} \ldots \right] \quad (542)$$

für die im stillstehenden Rotor induzierte EMK

$$E_2 = 2{,}22 \cdot \frac{8}{\pi^2} \frac{\mathfrak{B}_l}{\sqrt{2}} \cdot F_l \cdot N_2 \cdot f_1 \cdot 10^{-8} \left[h_1 h_{r1} \pm \frac{h_3 \cdot h_{r3}}{9} \pm \frac{h_5 \cdot h_{r5}}{25} \ldots \right] \quad (543)$$

Die Feldfaktoren lassen sich berechnen nach den Gleichungen

$$k_1 = \frac{1}{c_1}\left[h_1^2 \pm \frac{h_3^2}{9} \pm \frac{h_5^2}{25} \pm \ldots\right] \quad \ldots \ldots \quad (544)$$

$$k_{1-2} = \frac{1}{c_1}\left[h_1 \cdot h_{r1} \pm \frac{h_3 \cdot h_{r3}}{9} \pm \frac{h_5 \cdot h_{r5}}{25} \ldots\right] \quad \ldots \quad (545)$$

Endlich können wir noch die Fälle untersuchen, in denen die Phasenzahl im Stator und Rotor verschieden ist.

Ein dreiphasiger Stator induziert in Spulen des zweiphasigen Rotors, die konaxsial zu den Statorspulen liegen, die EMK

$$E_2 = 2{,}22 \cdot \frac{6}{\pi} \cdot \mathfrak{B}_l \cdot F_l \cdot N_2 \cdot f_1 \cdot 10^{-8}\left[h_2 h_{r1} \pm \frac{h_5 \cdot h_{r5}}{25} \pm \frac{h_7 \cdot h_{r7}}{49} \ldots\right] \quad (546)$$

in welche Gleichung natürlich die Spulenfaktoren h_{r1}, $h_{r5} \ldots$ dem zweiphasigen Rotor entsprechend eingesetzt werden müssen. Da der Stator eine 3., 6., 9. und 15. Harmonische nicht erzeugt, gelangen die Rotorfaktoren h_{r3}, h_{r9}, h_{r15} nicht zur Anwendung.

Ist dagegen der Stator zweiphasig, der Rotor dreiphasig, so ist die in einer konaxsial liegenden Rotorspule induzierte EMK

$$E_2 = 2{,}22 \cdot \frac{8}{\pi^2} \frac{\mathfrak{B}_l}{\sqrt{2}} \cdot F_l \cdot N_2 \cdot f_1 \cdot 10^{-8}\left[h_1 h_{r1} \pm \frac{h_3 \cdot h_{r3}}{9} \pm \frac{h_5 \cdot h_{r5}}{25} \ldots\right] (547)$$

und man muß zur Berechnung von E_2 auch die Spulenfaktoren h_3, $h_9 \ldots$ für Dreiphasenwicklungen kennen.

Der Spulenfaktor eines Dreiphasenstators gegenüber einem Zweiphasenrotor ist daher

$$k_{1-2} = \frac{1}{c_1}\left[h_1 \cdot h_{r1} \pm \frac{h_5 \cdot h_{r5}}{25} \pm \frac{h_7 \cdot h_{r7}}{49} \ldots\right] \quad \ldots \quad (548)$$

und der Spulenfaktor eines Zweiphasenstators gegenüber einem Dreiphasenrotor

$$k_{1-2} = \frac{1}{c_1}\left[h_1 \cdot h_{r1} \pm \frac{h_3 \cdot h_{r3}}{9} \pm \frac{h_5 \cdot h_{r5}}{25} \pm \ldots\right] \quad \ldots \quad (549)$$

Von rein mathematischem Standpunkte aus mag die hier angegebene Methode, mittels der höheren Harmonischen die Feld- und Spulenfaktoren zu berechnen, eleganter und wissenschaftlicher erscheinen, als die in den Kapiteln VI und VII angegebene naivere Methode. Trotzdem verdient letztgenannte für das praktische Rechnen bei der Ermittlung der Faktoren k_{1-2}, k_{2-1} den Vorzug, weil Rechenfehler weniger leicht vorkommen können, weil sie unbedingt den richtigen Wert, nicht die Annäherung an einen Grenzwert gibt und dadurch unter Anwendung der in Gleichung (330) auf Seite 211 gefundenen Beziehung eine zuverlässige Probe auf die Richtigkeit gestattet. Daß man zur Berechnung der einfachen Werte von c_1, c_2, k_1, k_2 sich am vorteilhaftesten der Görgesschen Gleichungen (274) bis (279) und (283) bis (286) auf Seite 189 bez. 193 bedient, ist selbstverständlich.

XII. Der Kurzschlußanker.

95. Beschreibung des Kurzschlußankers.

Rotoren, deren zwei- oder dreiphasige Wicklung an Schleifringen angeschlossen ist, so daß die Möglichkeit gegeben ist, den Rotor auf einen äußeren Stromkreis arbeiten zu lassen, bezeichnet man als gewickelte Anker, Phasenanker oder Schleifringanker. Im Gegensatz zu diesen nennt man Rotoren, die eine in sich kurzgeschlossene Wicklung haben, die von außen in keiner Weise umgeschaltet oder sonstwie verändert werden kann, Kurzschlußanker. In der Mitte zwischen diesen beiden stehen die Rotoren, die keine Schleifringe besitzen, wohl aber mit einer Kontaktvorrichtung ausgestattet sind, die es ermöglicht, daß die Rotorwindungen entweder gegeneinander so geschaltet werden können, daß die in den Rotordrähten induzierten EMKK sich teilweise aufheben, oder daß die Rotorwicklung in mehreren Gruppen kurz geschlossen wird. Die zuerst erwähnten Rotoren nennt man Anker mit Gegenschaltung, die zuletzt genannten Stufenanker. Diese Anordnungen werden lediglich angewendet, um die Anzugsbedingungen des Motors günstiger zu gestalten, wie in den Abschnitten 100 und 101 ausführlich angegeben ist. In bezug auf ihr übriges Verhalten haben diese Anker vollständig die Eigenschaften gewöhnlicher Phasenanker, brauchen also hier nicht weiter besprochen zu werden. Dagegen ist es wohl gerechtfertigt, den Kurzschlußankern ein besonderes Kapitel zu widmen, denn sie nehmen den Phasenankern gegenüber eine gewisse Ausnahmestellung ein. Obwohl die im Kapitel II bis VIII abgeleiteten allgemeinen Gleichungen den Kurzschlußanker in sich einschließen, muß doch auf seine verschiedenen Eigentümlichkeiten besonders hingewiesen werden. So ist z. B. eine gewisse Vorsicht bei Bestimmung von N_2, der Anzahl der in Serie geschalteten Rotorstäbe, notwendig. Ein Hauptunterschied zwischen dem Zwei- oder Dreiphasenrotor und dem Kurzschlußanker besteht auch darin, daß eine Vermehrung der Nuten im ersteren Fall eine Vergrößerung von m_2, der Nutenzahl pro Spulenseite bedeutet, die Phasenzahl aber natürlich ungeändert bleibt; im letzteren Fall dagegen ist eine Vermehrung der Nutenzahl gleichbedeutend mit einer Vergrößerung der Phasenzahl a_2, und dies ist für manche Erscheinungen von ganz anderem Einfluß.

Kurzschlußanker lassen sich in verschiedener Weise ausführen. Werden die in den Nuten liegenden Stäbe auf beiden Stirnseiten des Ankers durch je einen leitenden Ring verbunden, so nennt man einen solchen Rotor Käfiganker, Trillerkäfig oder Eichhörnchenkäfig. Man kann aber auch nach Art einer Schleifenwicklung je zwei um ca. die Polteilung T auseinanderstehende Stäbe durch Gitterköpfe zu einzelnen kurzgeschlossenen Windungen vereinigen, oder man kann, vorausgesetzt, daß die Nutenzahl des Rotors ein gerades Vielfaches der Polzahl ist, sämtliche um T abstehende Stäbe in Serienschaltung zu einem Stromkreis (zu einer Phase) vereinigen. Derartige Rotoren wollen wir im nachstehenden mit Schleifen- resp. Serienkurzschlußanker bezeichnen. Der Vollständigkeit halber sei auch noch erwähnt, daß man die Käfigwicklung mit der Schleifenwicklung derart kombinieren kann, daß man einen kurzschließenden Ring nur auf einer Seite des Ankers anbringt, auf der anderen Stirnseite aber die Stabenden durch Gitterköpfe zu Windungen vereinigt. Diese Wicklung ist fast ebenso billig wie die reine Käfigwicklung, bietet aber den Vorteil, daß schlechte Lötstellen nicht in so schädlicher Weise das Feld verzerren können, wie bei reiner Käfigwicklung. Da bei einem Käfiganker die Leiterwiderstände naturgemäß äußerst klein, die Ströme aber sehr groß sind, kann durch den Übergangswiderstand schlechter Lötstellen leicht ein ganz anderer Stromverlauf verursacht werden, als der ideale im nächsten Abschnitt besprochene. Die dadurch verursachten Wirkungen sind sehr kompliziert: es wird der gesamte Stromverlauf ein wesentlich anderer, infolgedessen wird auch der fiktive Ersatzwiderstand der Käfigwicklung geändert, es ist möglich, daß durch einen Leiter, der momentan keinen oder nur geringen Strom führen sollte, ein sehr großer Strom fließt und dadurch eine ganz andere Ankerreaktion — eine schädliche Feldverzerrung — hervorruft. Bei guter Arbeit sind indes so schlechte Lötstellen im allgemeinen nicht zu befürchten, und wenn ausnahmsweise einmal eine solche ausgeführt sein sollte, stellt sich dies eventuell im Probierraum bei einer gründlichen Belastungsprobe heraus. Diese kombinierte Kurzschlußwicklung hat daher verhältnismäßig wenig Anwendung gefunden.

96. Widerstand eines Stabes der Käfigwicklung.

Es würde nicht unerhebliche Schwierigkeiten verursachen, wenn wir das Verhalten einer Käfigwicklung, z. B. den Stromverlauf in den Ankerstäben und Kurzschlußringen, unter der Voraussetzung studieren wollten, daß sich der Anker in einem Feld von der wirklichen treppenförmigen Feldkurve befindet. Unsere Aufgabe wird wesentlich erleichtert, wenn wir das wirkliche Feld nach der im XI. Kapitel angegebenen Methode in seine Grundschwingung und höheren Harmonischen zerlegen. Wir haben dann nur mit sinoidalen Feldern zu tun, und es lassen sich alle Aufgaben mit Leichtigkeit lösen. Es darf vorausgeschickt werden, daß für das normale Verhalten der Motoren, wie es im Kreisdiagramm restlos zur Darstellung kommt, nur die Grundschwingung, die erste Harmonische, in Berücksichtigung gezogen werden muß, da der Einfluß der höheren Harmonischen nur von untergeordneter Bedeutung ist. Manche Motoren zeigen aber ein anormales Verhalten, das sich besonders beim Anlauf äußert, und diese Störungen sind nur mit Hilfe der höheren Harmonischen, die unter Umständen einen größeren Einfluß bekommen können, zu erklären. Vorläufig können wir unsere Untersuchungen auf die 1. Harmonische beschränken.

Bezeichnen wir mit E die effektive, in einem Rotorstabe induzierte EMK, so ist ihr Maximalwert

$$E' = \sqrt{2} \cdot E.$$

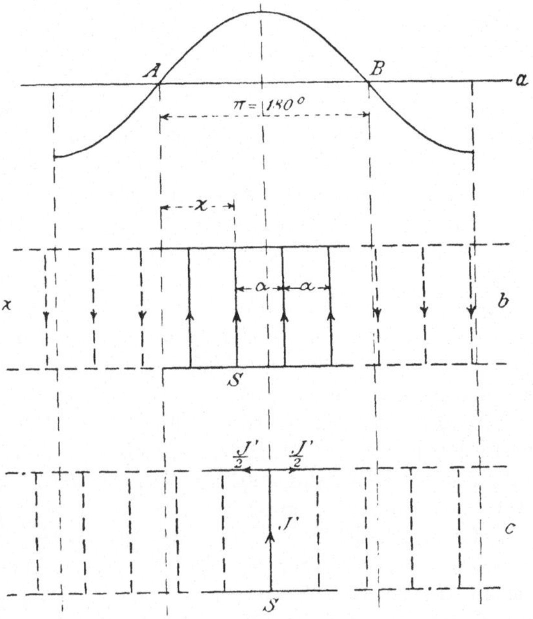

Stellt Abb. 127 das sinoidale Feld der 1. Harmonischen dar, in dem sich der Käfiganker von beliebiger Stabzahl befindet, so können wir die Momentanwerte der in jedem seiner Stäbe induzierten EMKK berechnen. In dem Stabe S ist die induzierte EMK in der gezeichneten Stellung

$$e = E' \cdot \sin \chi$$

in den rechts davon liegenden der Reihe nach

$$E' \cdot \sin (\chi + \alpha)$$

$$E' \cdot \sin (\chi + 2\alpha) \text{ usw.}$$

Abb. 127.

Wir können auf diese Weise um den ganzen Umfang eines Ankers von beliebiger Polzahl und Stabzahl die in den Stäben induzierten EMKK berechnen. Den Ausgangspunkt S, der zweckmäßig durch den Winkelabstand χ dieses Punktes von einem Polanfang A bezeichnet wird, können wir dabei beliebig wählen. Wenn wir die Länge eines Polbogens

$$A B = \pi$$

annehmen, so wird der Ankerumfang eines $2p$-poligen Motors durch das Produkt $2 \cdot p \cdot \pi$ dargestellt, und es wird daher

$$\alpha = \frac{2 \cdot p \cdot \pi}{Z_2} \quad \ldots \ldots \ldots \ldots (550)$$

wenn mit Z_2 die Zahl der Nuten am Ankerumfang bezeichnet wird, die bei Käfigankern gewöhnlich der Stabzahl N_K gleich ist.

Die Stromstärke in den einzelnen Stäben läßt sich berechnen, wenn wir die Verbindungsringe als widerstandslos annehmen. Es ist dann nämlich zwischen zwei benachbarten Stabenden keine Potentialdifferenz nötig, um einen Strom durch das dazwischenliegende Ringstück zu treiben, und es besitzen daher alle Punkte je eines Ringes gleiches Potential. Aber auch die beiden Ringe haben dasselbe Potential, wie sich durch folgende Überlegung zeigen läßt.

Wir wissen zwar vorläufig noch nicht, nach welchem Gesetz die Ströme in den Stäben fließen, aber es läßt sich beweisen, daß bei einer Relativbewegung zwischen Anker und Feld eine Umkehrung der Stromrichtung in jedem Stabe stattfinden muß. Angenommen, das Feld stünde fest und der Anker würde gedreht, so muß es mit dem Feld stillstehende Stellen geben, bei deren Passieren in den Stäben Ströme mit positiven, andere Stellen, bei denen Ströme mit negativen Vorzeichen fließen, falls in dem System überhaupt Ströme entstehen können. Diese letzte Bemerkung ist nötig, denn es sind Systeme denkbar, in welchen kein Strom entstehen kann, trotzdem EMKK induziert werden, z. B. bei einem Kurzschlußanker mit drei Stäben in einem 6-poligen Felde. Sämtliche EMKK besitzen in diesem Falle gleiches Vorzeichen, und die beiden Ringe haben dann natürlich eine Potentialdifferenz gegeneinander.

Wenn daher überhaupt Ströme in dem System entstehen können, muß es solche mit positivem und solche mit negativem Vorzeichen geben, und deren algebraische Summe muß Null sein. Wenn daher ein Stab in einer gewissen Stellung des Ankers Strom führt, so muß dieser Strom während einer Umdrehung mindestens einmal seine Richtung gewechselt haben. Dieser Richtungswechsel bedingt, daß jeder Stab stromlos werden kann, und dies ist natürlich nur möglich, wenn keine Potentialdifferenz zwischen beiden Ringen besteht. Wir haben somit bewiesen, daß alle Teile widerstandsloser Ringe Punkte gleichen Potentials sind.

Diese Forderung kann nur dann erfüllt werden, wenn die ganze in einem Stabe induzierte EMK dazu aufgebraucht wird, um einen Strom durch den Stab zu treiben. Wird daher mit e diese EMK, mit i der Strom in dem Stabe, mit R_S der Widerstand eines Stabes bezeichnet, so muß die gesamte EMK E durch den im Stab auftretenden Spannungsverlust $i \cdot R_S$ verbraucht werden. Es wird daher der Momentanwert des Stabstromes

$$i = \frac{e}{R_S}$$

sein. Die EMK ist in einer beliebigen Stellung des Stabes S (Abb. 127)

$$e = E' \cdot \sin \chi .$$

Daher wird

$$i = \frac{E'}{R_S} \cdot \sin \chi .$$

Die maximale Stromstärke herrscht, wenn $\sin \chi = 1$ ist und wir deshalb

$$I' = \frac{E'}{R_S} \qquad (551)$$

setzen, und wir gelangen schließlich zu dem Ausdruck

$$i = I' \cdot \sin \chi \qquad (552)$$

aus dem wir ersehen, daß der Strom in einem Stabe genau nach dem gleichen Gesetz variiert, wie die in dem Stabe induzierte EMK.

Wir können nun in die Abb. 127b die Ströme in den Stäben der Richtung und Größe nach einzeichnen, dagegen können wir noch nicht angeben, wie sich diese Ströme in den Ringen verteilen, wenigstens nicht, wenn sich der Anker in einer beliebigen Stellung befindet. In einer einzigen besonders ausgezeichneten Stellung können wir von dem Strom eines einzigen Stabes angeben, in welcher Weise sein Verlauf im Ring sein muß. Führt nämlich der Stab S, Abb. 127c, seinen maximalen Strom I', so muß sich I' im Ring in zwei gleiche Teile zerlegen, und es muß also sowohl nach rechts wie nach links $\frac{I'}{2}$ abfließen.

Dieser Schluß ist deshalb gerechtfertigt, weil in dieser Lage des Stabes S die rechte und die linke Ankerhälfte absolut symmetrisch sind, in bezug auf Stabzahlen, EMKK und Ströme. Hat der Anker (von beliebiger Polzahl) eine gerade Anzahl von Stäben, so liegt dem Stab S diametral ein Stab gegenüber, bei ungerader Stabzahl fällt der Diameter genau zwischen zwei Stäbe.

Dieses Resultat ist aber sehr wertvoll, weil es uns gestattet, aus der Größe des maximalen Stabstromes den Strom in einem Ringsegment in jeder beliebigen Ankerstellung zu ermitteln, wenn wir das Gesetz kennen, nach dem der Ringstrom variiert. Um dieses Gesetz zu finden, beschreiten wir denselben Weg, der uns zur Ermittlung der Gleichungen geführt hat, mittels deren wir die Stabströme berechnen können; wir nehmen also an, daß die Stäbe widerstandslos, die Ringe aber mit Widerstand behaftet sind.

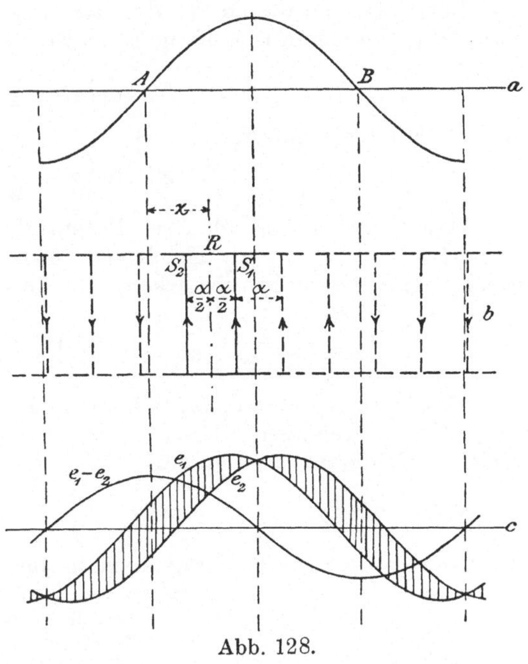

Abb. 128.

Durch dieselben Überlegungen, die wir in bezug auf widerstandslose Ringe machten, gelangen wir unter der Annahme, daß die Stäbe widerstandslos sind, zu dem Resultat, daß alle Stäbe gleiches Potential haben müssen. Da die Stäbe einesteils widerstandslos, andernteils der Sitz der EMKK sind, müssen wir uns die EMKK in den Knotenpunkten, d. h. in den Verbindungsstellen der Stäbe mit den Ringen wirksam denken. Über die Größe der Potentiale an den Knotenpunkten werden wir uns am klarsten, wenn wir annehmen, daß sämtliche Stäbe das Potential Null besitzen. Wird in einem Stab die EMK E induziert, so hat der eine Knotenpunkt des Stabes das Potential $+\frac{e}{2}$, der andere Knotenpunkt das Potential $-\frac{e}{2}$. In diesem Sinne sind die Potentiale in den Knotenpunkten nur von der halben Größe der in den Stäben induzierten EMKK aufzufassen. Diese Vorstellung ist zwar korrekt, sie verursacht aber manche Unbequemlichkeiten für die Rechnung. Wir können diese Unannehmlichkeiten dadurch umgehen, daß wir den einen Ring widerstandslos, den andern aber mit doppeltem Widerstand annehmen. Bezeichnen wir daher den wirklichen Widerstand eines Ringstückes zwischen zwei Stäben mit R_R, so müssen wir für die kommenden Ableitungen diesen Widerstand

$$(2 \cdot R_R)$$

annehmen. Das Potential in den Knotenpunkten ist dann den in den zugehörigen Stäben induzierten EMKK gleich.

Befindet sich die Mitte des Ringsegmentes R, Abb. 128b, im Abstand χ von einem Polanfang A, so ist die EMK im Knotenpunkt S_1

$$e_1 = E' \cdot \sin\left(\chi + \frac{\alpha}{2}\right)$$

und im Knotenpunkt S_2

$$e_2 = E' \cdot \sin\left(\chi - \frac{\alpha}{2}\right).$$

Damit alle Stäbe gleiches Potential haben können, muß die Potentialdifferenz $e_1 - e_2$ gleich sein dem Produkt aus dem Widerstand $(2 \cdot R_R)$ und der Stromstärke i_R, die durch diesen Widerstand fließt.

Daher wird

$$i_R = \frac{E'}{(2 \cdot R_R)}\left[\sin\left(\chi + \frac{\alpha}{2}\right) - \sin\left(\chi - \frac{\alpha}{2}\right)\right].$$

Wenn wir e_1 und e_2 für alle möglichen Werte von χ graphisch darstellen, so gelangen wir zur Abb. 128c, und die schraffierte Fläche stellt die Differenz $e_1 - e_2$ dar. Da

$$\sin\left(\chi + \frac{\alpha}{2}\right) - \sin\left(\chi - \frac{\alpha}{2}\right) = 2 \cdot \sin\frac{\alpha}{2} \cdot \cos\chi$$

ist, kann die letzte Gleichung auch in der Form geschrieben werden:

$$i_R = \frac{2 \cdot E'}{(2 \cdot R_R)} \cdot \sin\frac{\alpha}{2} \cdot \cos\chi.$$

Die einzigen Variablen in dieser Gleichung sind i_R und χ; i_R wird ein Maximum, wenn $\cos\chi$ seinen Maximalwert $= 1$ erreicht, also $\chi = 0$ ist. Bezeichnen wir die maximale Stromstärke im Ring mit I'_R, so erhalten wir demnach

$$I'_R = \frac{2 \cdot E'}{(2 \cdot R_R)} \cdot \sin\frac{\alpha}{2} \quad \ldots\ldots\ldots (553)$$

und für einen beliebigen Momentanwert

$$i_R = I'_R \cdot \cos\chi \quad \ldots\ldots\ldots (554)$$

Wir kennen nun das Gesetz, nach dem der Stabstrom i_S in einem Kurzschlußanker mit widerstandslosen Ringen variiert, und ebenso das Gesetz, nach dem der Ringstrom i_R in einem Kurzschlußanker mit widerstandslosen Stäben variiert. Es ist nämlich

$$\left.\begin{aligned} i_S &= I'_S \cdot \sin\chi \\ i_R &= I'_R \cdot \cos\chi \end{aligned}\right\} \qquad (555)$$

Ob diese Gesetze auch dann gelten, wenn sowohl die Stäbe, als die Ringe Widerstand besitzen, wissen wir noch nicht, denn es wäre möglich, daß der rein sinoidale Charakter der Stab- und Ringströme in diesem Falle alteriert würde. Wir wollen jedoch vorläufig annehmen, daß obige beiden Gleichungen auch dann Gültigkeit haben, wenn Stäbe und Ringe mit Widerstand behaftet sind, und wir werden später an der Hand des Schlußresultates beweisen, daß diese Annahme zulässig ist.

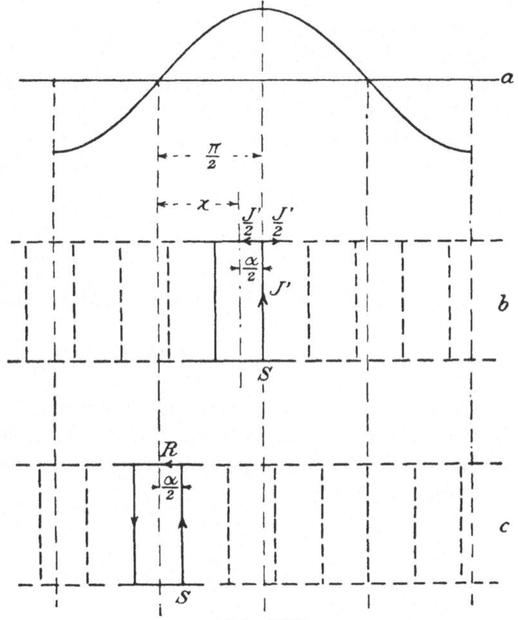

Abb. 129.

Abb. 129 b stellt einen Kurzschlußanker dar, in dem sich ein beliebiger Stab S genau unter einer Polmitte befindet, er führt daher seinen Maximalstrom I, und wir wissen nach Früherem, daß sich dieser Strom in den Ringen in zwei gleiche Teile zerlegt. Es ist daher in dieser Stellung des Ankers

$$i_R = \frac{I'_S}{2}.$$

i_R läßt sich noch in anderer Weise ausdrücken, nämlich durch die Gleichung

$$i_R = I'_R \cdot \cos\chi$$

und da in der gezeichneten Stellung

$$\chi = \frac{\pi}{2} - \frac{\alpha}{2},$$

wird

$$i_R = I'_R \cdot \sin\frac{\alpha}{2}.$$

Durch Gleichsetzen der rechten Seiten der letzten und viertletzten Gleichung erhalten wir schließlich

$$\frac{I'_R}{I'_S} = \frac{1}{2 \cdot \sin \frac{\alpha}{2}} \quad \text{. . . . . (556)}$$

Die maximale Stromstärke I'_S in einem Stabe können wir mittels der am Anfang dieses Abschnittes angegebenen Beziehung für einen Anker mit widerstandslosen Ringen berechnen; besitzen die Ringe Widerstand, so gilt diese einfache Beziehung nicht mehr. Um die jetzt gültige Gleichung aufzustellen, wählen wir folgenden Weg.

Befindet sich der Anker in einer solchen Stellung Abb. 129c, daß die Mitte eines Ringsegmentes R unter einem Polanfang steht, so führt dieses Segment den maximalen Ringstrom I'_R und der Strom in dem Stabe S ist

$$i = I'_S \cdot \sin \frac{\alpha}{2}.$$

Die im Stabe S induzierte EMK, deren Größe

$$e = E' \cdot \sin \frac{\alpha}{2}$$

ist, wird verbraucht, um den Strom i durch den Stab, und den Strom I'_R zweimal durch ein halbes Ringsegment zu treiben. Ist der Widerstand eines Ringsegmentes $= R_R$ und der eines Stabes $= R_S$, so muß demnach

$$e = i \cdot R_S + I'_R \cdot R_R$$

oder

$$E' \cdot \sin \frac{\alpha}{2} = R_S \cdot I'_S \cdot \sin \frac{\alpha}{2} + I'_R \cdot R_R$$

sein. Ersetzen wir I'_R durch den in Gleichung (556) angegebenen Ausdruck, dessen Zähler und Nenner wir außerdem mit $\sin \frac{\alpha}{2}$ multiplizieren, so erhalten wir

$$E' \cdot \sin \frac{\alpha}{2} = R_S \cdot I'_S \cdot \sin \frac{\alpha}{2} + R_R \cdot I'_R \frac{\sin \frac{\alpha}{2}}{2 \cdot \sin^2 \frac{\alpha}{2}}$$

und wenn wir endlich die Maximalwerte des Stromes und der EMK durch deren Effektivwerte ersetzen, wird

$$E_S = I_S \left(R_S + \frac{R_R}{2 \cdot \sin^2 \frac{a}{2}} \right),$$

demnach

$$I_S = \frac{E_S}{R_S + \frac{R_R}{2 \cdot \sin^2 \frac{a}{2}}}.$$

Sind die Ringe widerstandslos, also $R_R = 0$, so wird obige Gleichung

$$I_S = \frac{E_S}{R_S}.$$

Der Quotient

$$\frac{R_S + \dfrac{R_R}{2 \cdot \sin^2 \dfrac{a}{2}}}{R_S} = 1 + \frac{R_R}{2 \cdot R_S \cdot \sin^2 \dfrac{a}{2}}$$

gibt an, um wieviel sich scheinbar der Widerstand eines Stabes erhöht, wenn die Ringe Widerstand besitzen. Ein Kurzschlußanker mit den Stabwiderständen R_S und den Ringsegmentwiderständen R_R verhält sich daher so, wie ein Kurzschlußanker mit widerstandslosen Ringen und den Stabwiderständen

$$R_K = R_S + \frac{R_R}{2 \cdot \sin^2 \dfrac{a}{2}}.$$

Dadurch haben wir auch den Beweis erbracht, den wir vorher schuldig geblieben sind, nämlich, daß auch dann die Ströme in den Stäben und in den Ringsegmenten genau nach einer Sinus- bzw. Kosinusfunktion variieren, wenn sowohl Stäbe als Ringe mit Widerstand behaftet sind.

Wir können in den letzten Gleichungen den Winkel $\frac{a}{2}$ durch die Phasenzahl ausdrücken.

Die Phasenzahl eines Ankers mit Z_2 Nuten ist bezogen auf die 1. Harmonische

$$a_2 = \frac{Z_2}{2 \cdot p}$$

und deshalb wird

$$a = \frac{\pi}{a_2}.$$

Es wird dadurch der mehrfach vorkommende Ausdruck

$$2 \cdot \sin^2 \frac{a}{2} = 2 \cdot \sin^2 \frac{\pi}{2 \cdot a_2}.$$

Trägt man in ein rechtwinkliges Koordinatensystem auf der x-Achse die Phasenzahl a, auf der y-Achse die Werte der Funktion

$$y = \frac{1}{2 \cdot \sin^2 \dfrac{\pi}{2 \cdot a}}$$

auf, so wird man durch den parabelähnlichen Charakter dieser Kurve unbedingt darauf gebracht, zu untersuchen, ob sich y nicht als eine einfache Funktion von a darstellen läßt. Man erhält unschwer, daß mit großer Annäherung gesetzt werden kann

$$y = \frac{1}{2 \cdot \sin^2 \frac{\pi}{2\,a}} \sim 0,2\,(1 + a^2) \quad \ldots\ldots \quad (557)$$

Würden wir statt des Sinus einfach den Bogen einführen, so erhielten wir

$$y = \frac{2 \cdot a^2}{\pi^2} = 0,203 \cdot a^2,$$

aber diese Gleichung liefert wesentlich ungenauere Näherungswerte wie die vorhergehende.

Wir erhalten demnach folgende Gleichungen: Die Phasenzahl

$$a_2 = \frac{Z_2}{2 \cdot p} \quad \ldots\ldots\ldots\ldots \quad (558)$$

Der scheinbare Widerstand eines Stabes des Kurzschlußankers

$$R_K = R_S + \frac{R_R}{2 \cdot \sin^2 \frac{90^0}{a_2}} \approx R_S + 0,2\,(1 + a_2^2) \cdot R_R \quad \ldots \quad (559)$$

Wie gering die Abweichungen der Näherungsformel gegenüber der exakten sind, zeigt nachstehende Tabelle für verschiedene Phasenzahlen. Man kann sich daher für die Praxis für alle Fälle der äußerst bequemen Näherungsformel bedienen.

a	$\frac{1}{2 \cdot \sin^2 \frac{\pi}{2 \cdot a}}$	$0,2\,(1 + a^2)$	Abweichung des Näherungswertes in %
1,5	0,667	0,65	— 2,3
2	1,000	1,000	0
2,5	1,448	1,45	+ 0,1
3	2,000	2,000	0
4	3,416	3,40	— 0,6
15	45,8	45,2	— 1,3
30	183	180,2	— 1,5
45	410	406	— 0,9
90	1632	1620	— 0,8

Die Stromverteilung in einem Kurzschlußanker läßt sich sehr übersichtlich graphisch darstellen. Abb. 130 zeigt einen 13-phasigen Kurzschlußanker, in dem die Anordnung der Stab- und Ringströme eingezeichnet ist. Der maximale Ringstrom ist

$$I_R' = \frac{I_S'}{2 \cdot \sin \frac{90}{13}} = 4,13 \cdot I_S'.$$

Die Gleichung (556) gilt natürlich auch, wenn statt der Maximalwerte des Stab- und Ringstromes ihre Effektivwerte eingesetzt werden. In unserem Beispiel können wir daher auch schreiben

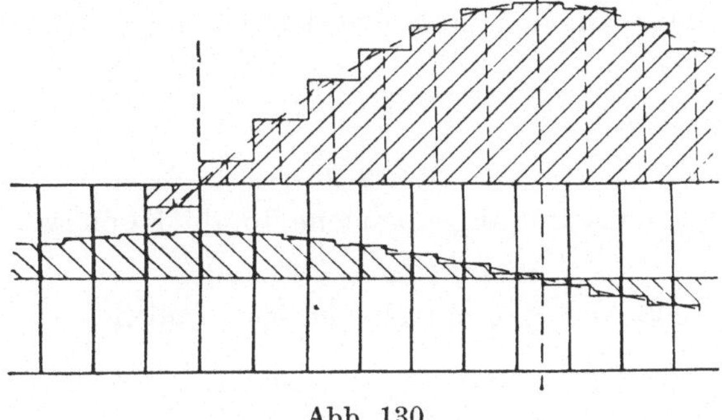

Abb. 130.

$$I_R = \frac{I_S}{2 \cdot \sin \frac{90}{13}}$$

und allgemein ergibt sich das Verhältnis effektiver Ringstrom : effektiver Stabstrom

$$\frac{I_R}{I_S} = \frac{1}{2 \cdot \sin \frac{\pi}{2\,a_2}} = \frac{1}{2 \cdot \sin \frac{p \cdot \pi}{Z_2}} = \frac{1}{2 \cdot \sin \frac{p \cdot 180^0}{Z_2}} \quad . \; . \; . \; (560)$$

97. Günstigste Dimensionierung der Käfigwicklung.

Für die Praxis ist die Frage von Bedeutung: Wie müssen die Stäbe und Ringe einer Käfigwicklung dimensioniert werden, damit bei möglichst geringem Kupferaufwand ein möglichst günstiger Effekt erzielt wird. — Diese Frage läßt sich am leichtesten lösen, wenn man ein gewisses Kupferquantum als gegeben annimmt und nun untersucht, wie es auf Stäbe und Ringe zu verteilen ist, damit der scheinbare Widerstand R_K eines Stabes ein Minimum wird.

Der wirkliche Stabwiderstand ist

$$R_S = \frac{b}{G \cdot q} \quad . \; . \; . \; . \; . \; . \; . \; . \; . \; . \; . \; (561)$$

wenn mit b die Stablänge (Ankerbreite), mit q dessen Querschnitt und mit G der spezifische Leitwert des Kupfers bezeichnet. Bezeichnen wir ferner mit Q den Querschnitt eines Ringes, mit L seinen mittleren Umfang (ungefähr = Ankerumfang und führen wir die Beziehung ein

$$y = \frac{Q}{q},$$

so erhalten wir den Widerstand eines Ringsektors

$$R_R = \frac{L}{G \cdot Z_2 \cdot y \cdot q} \quad \ldots \ldots \ldots \quad (562)$$

Da Z_2 Stäbe auf dem Anker vorhanden sind, wird das Volumen sämtlicher Stäbe

$$= q \cdot b \cdot Z_2,$$

das der beiden Ringe

$$= 2 \cdot q \cdot y \cdot L,$$

mithin das als konstant angenommene totale Kupfervolumen

$$V = q \cdot b \cdot Z_2 + 2 \cdot q \cdot y \cdot L.$$

Hieraus läßt sich q ermitteln, es ist nämlich

$$q = \frac{V}{b \cdot Z_2 + 2 \cdot y \cdot L}.$$

Führt man in die Gleichung

$$R = R_S + \frac{R_R}{2 \cdot \sin^2 \frac{\pi}{2 a_2}}$$

die für R_S und R_R in Gleichung (561) und (562) angegebenen Ausdrücke ein, indem man gleichzeitig für q die rechte Seite der vorletzten Gleichung setzt, so erhält man

$$R_K = \frac{b^2 \cdot Z_2 + 2 \cdot b \cdot y \cdot L}{G \cdot V} + \frac{b \cdot L \cdot Z_2 \cdot + 2 \cdot y \cdot L^2}{2 \cdot G \cdot V \cdot Z_2 \cdot y \cdot \sin^2 \frac{\pi}{2 \cdot a_2}}.$$

Bildet man den Differentialquotienten der beiden Variablen R_K und y und setzt man ihn gleich Null, so wird

$$\frac{d R_K}{d y} = \frac{2 \cdot b \cdot L}{G \cdot V} - y^{-2} \frac{b \cdot L}{2 \cdot G \cdot V \cdot \sin^2 \frac{\pi}{2 a_2}} = 0,$$

daher

$$y^2 = \left(\frac{Q}{q}\right)^2 = \frac{1}{4 \cdot \sin^2 \frac{\pi}{2 a_2}}.$$

Wenn demnach

$$\frac{Q}{q} = \frac{1}{2 \cdot \sin \frac{\pi}{2 \cdot a_2}} \sim \sqrt{0{,}1\,(1 + a_2^2)} \quad \ldots \ldots \quad (563)$$

gemacht wird, ist der scheinbare Widerstand R_K der kleinste, der sich mit dem verwendeten Kupferquantum erzielen läßt. Der unter dem Wurzelzeichen stehende Ausdruck gibt einen Näherungswert. wie im vorhergehenden Kapitel gezeigt wurde.

Ein Vergleich der Gleichungen (560) und (563) ergibt, daß sich die Querschnitte der Stäbe und Ringe verhalten sollen wie die Stabströme zu den Ringströmen. Es ergibt sich daraus die einfache Regel:

Das Material der Käfigwicklung ist am wirtschaftlichsten ausgenützt, wenn die Stromdichte in den Stäben und Ringen gleich groß ist.

Nachdem wir festgestellt haben, in welchem Verhältnis die Querschnitte q und Q stehen müssen, wenn das Material am günstigsten ausgenützt werden soll, können wir das gewonnene Resultat in eine etwas bequemere Form bringen; denn beim praktischen Rechnen bestimmen wir niemals das für den Rotor disponible Kupferquantum, sondern wir berechnen, welchen Widerstand R_K der Käfiganker haben muß, damit der Motor den in bezug auf Anzugsmoment, Anlaufstrom oder Wirkungsgrad (Schlüpfung) gestellten Anforderungen entspricht.

Wenn wir in die Gleichung (559) die unter (561) und (562) angegebenen Ausdrücke einführen, erhalten wir

$$R_K = \frac{1}{G \cdot q}\left(b + \frac{L}{Z_2 \cdot \sin\dfrac{\pi}{2 \cdot a_2}}\right)$$

und es wird der Stabquerschnitt, wenn R_K bekannt ist und wir die mittlere Länge eines Kurzschlußringes

$$L = D \cdot \pi$$

setzen, gefunden

$$q = \frac{1}{G \cdot R_K}\left(b + \frac{D \cdot \pi}{Z_2 \cdot \sin\dfrac{\pi}{2 \cdot a_2}}\right) \sim \frac{1}{G \cdot R_K}\left(b + 2\frac{D \cdot \pi}{Z_2}\sqrt{0{,}1\,(1 + a_2^2)}\right) \qquad (564)$$

Der Ringquerschnitt wird

$$Q = \frac{q}{2 \cdot \sin\dfrac{\pi}{2 \cdot a_2}} \sim q\sqrt{0{,}1\,(1 + a_2^2)} \quad \ldots\ldots \quad (565)$$

98. Die Kupferverluste im Kurzschlußanker.

Um die Stromdichte in den Stäben, die Kupferverluste und die Schlüpfung eines Kurzschlußankers berechnen zu können, müssen wir die bei einer beliebigen Belastung in den Stäben fließenden Ströme kennen. Wir müssen daher die Diagrammkonstante C_{I_2} bestimmen, die durch Multiplikation mit der im Diagramm gemessenen Strecke $b\,s$, die den Rotorstrom darstellt, die in einem Stabe fließende Stromstärke ergibt. Mit anderen Worten: Wir müssen das Übersetzungsverhältnis der Ströme kennen.

Das Übersetzungsverhältnis der Ströme ist laut Gleichung (389), Seite 239

$$\frac{C_{I_2}}{C_{I_1}} = \frac{a_1 \cdot \psi_1 \cdot N_1}{a_2 \cdot \psi_2 \cdot N_2} \quad \ldots\ldots\ldots \quad (566)$$

in welcher Gleichung C_{I_1} die Diagrammkonstante des Statorstromes, a_1, a_2 die Phasenzahlen, ψ_1, ψ'_2 die Phasenkoeffizienten, N_1, N_2 die Drahtzahlen im Stator und Rotor bedeuten.

Besitzt ein Rotor eine kurzgeschlossene Phasenwicklung, wie sie z. B. dann gegeben ist, wenn man einen gewöhnlichen Schleifringanker dadurch zu einem Kurzschlußanker macht, daß man die Schleifringe dauernd kurzschließt, so bezeichnet N_2 die Anzahl der in Serie geschalteten Leiter in jeder Phase des Rotors. Die Ermittlung des Rotorstromes erfolgt daher genau so wie bei einem gewöhnlichen Schleifringanker, wie in den Kapiteln 2 bis 8 eingehend beschrieben ist. Derartige Wicklungen werden bei der Gegenschaltung und bei Stufenankern angewandt.

Im allgemeinen werden aber die Wicklungen der Kurzschlußanker in anderer Weise ausgeführt, und es muß besonders festgestellt werden, was bei diesen Wicklungen unter N_2 zu verstehen ist, damit Gleichung (566) auch auf diese speziellen Kurzschlußanker Anwendung finden kann.

Als spezielle Kurzschlußankerwicklungen kommen außer der Käfigwicklung die Serien- und die Schleifenkurzschlußwicklung in Betracht. Letztere beiden werden gewöhnlich nur angewandt, wenn die Nutenzahl des Rotors Z_2 ein Vielfaches der Polzahl $2\,p$ ist. Bei der symmetrischen Serienkurzschlußwicklung ist das sogar Voraussetzung, während bei der Schleifenkurzschlußwicklung immerhin ein von der Polteilung ein wenig abweichender Wicklungsschritt denkbar wäre.

Die Serienkurzschlußwicklung wird in der Weise ausgeführt, daß immer Stäbe, die um eine Polteilung voneinander entfernt sind, durch Verbindungen an den Stirnseiten des Ankers hintereinander geschaltet werden. Ein derartiger Stromkreis besteht daher stets aus $2\,p$ in Reihe geschalteten Leitern, und die Verbindungsstücke der Stäbe liegen abwechselnd auf beiden Seiten des Ankers. Werden Evolventenverbindungen angeordnet, so kann die Stabzahl gleich der Nutenzahl sein; werden aber Gitterköpfe ausgeführt, bei der die außerhalb der Nuten liegenden Verbindungen in einem Zylindermantel angeordnet sind, so müssen in jeder Nute 2 Stäbe liegen.

Bei der Schleifenkurzschlußwicklung werden immer 2 um die Polteilung voneinander stehende Stäbe zu einem geschlossenen Stromkreis vereinigt. Auch in diesem Falle muß bei Zylindermantelwicklung die Stabzahl in jeder Nute 2 betragen, während bei Evolventenverbindungen die Stabzahl gleich der Nutenzahl sein kann.

Die drei genannten Kurzschlußwicklungen, Käfig-, Serien- und Schleifenkurzschlußwicklung lassen sich unter eine gemeinsame Formel bringen, wenn man N_2, die Anzahl der in Serie geschalteten Leiter in folgender Weise definiert:

Die Phasenzahl eines Kurzschlußankers mit spezieller Kurzschlußwicklung ist nicht durch seine Stabzahl N_2, sondern nur durch seine Nutenzahl Z_2 gegeben nach der Beziehung:

$$a_2 = \frac{Z_2}{2 \cdot p} \quad \ldots \ldots \ldots \ldots (567)$$

Bezeichnet man mit N_K die totale Stabzahl auf dem ganzen Anker, so müssen

$$N_2 = \frac{N_K}{a_2} = 2 \cdot p \frac{N_K}{Z_2} \quad \ldots\ldots\ldots \quad (568)$$

Stäbe auf eine Phase entfallen, und damit ist das ganze Problem gelöst.

Das Resultat wirkt im ersten Augenblick überraschend, da man besonders bei einem Käfiganker anzunehmen geneigt ist, daß die Anzahl der in Serie geschalteten Leiter $= 1$ ist. Nach der Gleichung (568) erhält man aber z. B. bei einem 4-poligen Käfiganker mit 35 Nuten und ebensoviel Stäben

$$a_2 = \frac{Z_2}{2 \cdot p} = \frac{35}{2 \cdot 2} = 8\frac{3}{4} \text{ Phasen},$$

und

$$N_2 = \frac{N_K}{a_2} = \frac{35}{8{,}75} = 4$$

in Serie geschaltete Drähte. Man überzeugt sich aber leicht von der Richtigkeit des Resultates, wenn man bedenkt, daß die Stabzahl für einen einphasigen Rotor 4, für einen zweiphasigen Rotor 8 sein müßte usw. Da es in bezug auf die Stromstärke, besser gesagt auf die Durchflutung des Rotors ganz gleichgültig ist, ob z. B. 8 Stäbe der zweiphasigen Wicklung in zwei Serien von je 4 Stäben, oder in 4 Schleifen von je 2 Stäben geschaltet sind, ergibt sich, daß in der Tat die Gleichung (566) für alle Kurzschlußwicklungen Geltung hat, wenn N_2 nach Gleichung (568) berechnet wird. Es ist daher die Diagrammkonstante des Rotorstromes für Kurzschlußanker wie für Phasenanker

$$C_{I_2} = C_{I_1} \frac{a_1 \cdot \psi_1 \cdot N_1}{a_2 \cdot \psi_2 \cdot N_2} \quad \ldots\ldots\ldots \quad (569)$$

Mißt man im Diagramm bei einer beliebigen Belastung die Strecke $b\,s$ (im Ossanna-Diagramm $\overline{B\,s}$) in Millimetern, so ist der Rotorstrom in einem Stabe des Kurzschlußankers

$$I_2 = C_{I_2}(1 + \tau_1)\overline{b\,s} \ldots \text{Ampere} \quad \ldots\ldots \quad (570)$$

Rechnern, die sich noch nicht vollkommen sicher fühlen und eine Kontrolle über den ermittelten Strom im Kurzschlußanker wünschen, kann folgende Vergleichsrechnung empfohlen werden.

Bei ziemlich großer Belastung sind im Diagramm die Strecken $\overline{u\,s}$ für den Statorstrom und $(1 + \tau_1)\ b\,s$ für den Rotorstrom nicht wesentlich verschieden. Es ist infolgedessen wenigstens der Größenordnung nach

$$\frac{I_2}{I_1} \approx \frac{C_{I_2} \cdot (1 + \tau_1)\, b\,s}{C_{I_1} \cdot \overline{u\,s}} \approx \frac{a_1 \cdot \psi_1 \cdot N_1}{a_2 \cdot \psi_2 \cdot N_2} \approx \frac{a_1 \cdot N_1}{a_2 \cdot N_2} \approx \frac{a_1 \cdot N_2}{N_K} \quad . \ (571)$$

$a_2 \cdot N_2$ ist nach Gleichung (568) gleich N_K, und ψ ist für alle Phasenzahlen der Größenordnung nach konstant. ψ ist laut Gleichung (260), Seite 180

$$\psi = \frac{1}{a \cdot \sin \frac{\pi}{2 \cdot a}},$$

und die Tabelle Seite 181 zeigt, daß ψ für 3 Phasen $\frac{2}{3} = 0{,}667$ ist und mit wachsender Phasenzahl sich dem Grenzwert $\frac{2}{\pi} = 0{,}637$ nähert, in der Tat also für höhere Phasenzahlen nahezu konstant ist.

Der Joulesche Verlust durch Stromwärme im Rotor ist

$$V_2 = a_2 \cdot R_2 \cdot I_2^2 .$$

R_2 ist daher als Widerstand der in Serie geschalteten Stäbe einer Phase aufzufassen. Ist R_K der Widerstand eines Stabes, so wird

$$R_2 = N_2 \cdot R_K \quad \ldots\ldots\ldots \quad (572)$$

wobei N_2 nach Gleichung (368) zu berechnen ist.

Der scheinbare Widerstand R_K eines Stabes ist bei Käfigankern

$$R_K = R_S + \frac{R_R}{2 \cdot \sin^2 \frac{90^0}{a_2}}$$

und die Gleichung kann ohne weiteres auch auf Serien- oder Schleifenkurzschlußwicklung Anwendung finden, in welchen Fällen einfach

$$R_K = R_S$$

ist, weil Kurzschlußringe nicht vorhanden sind, R_R daher Null ist.

Mit Hilfe von R_2 kann der Winkel β der Geraden des Rotorverlustes im Diagramm unter Anwendung der früher für $\operatorname{tg}(\alpha + \beta)$ angegebenen Gleichungen berechnet werden.

99. Das schädliche Drehmoment der höheren Harmonischen.

Das Anzugsmoment der Kurzschlußmotoren ist trotz des hohen Anlaufstromes relativ klein. Es ist vom Widerstand des Kurzschlußankers abhängig und ist um so kleiner, je kleiner der Rotorwiderstand ist. Mit steigender Drehzahl nimmt das Drehmoment nur langsam zu, und es erreicht seinen Maximalwert und auch seine Normalgröße, die der Normalleistung entspricht, bei einer Schlüpfung von wenigen Prozenten, also in der Nähe vom Synchronismus.

Die 7., 13., 19., 25. usw. höhere Harmonische, die bei Dreiphasenstrom gleichsinnig mit der 1. Harmonischen rotieren, entsprechen einem Stator, der 7-, 13-, 19-, 25- ... mal mehr Pole besitzt als der Motor in bezug auf die 1. Harmonische und seine wirklichen Felder hat. Der anlaufende Rotor wird sich daher der Reihe nach im Synchronismus mit der ... 25., 19., 13., 7. Harmonischen bei $\frac{n_1}{25}, \frac{n_1}{19}, \frac{n_1}{13}, \frac{n_1}{7}$ Touren befinden, bevor er seine normale Drehzahl in der Nähe des Synchronismus n_1 erreicht.

Wir wollen nun untersuchen, wie groß das maximale, von einer höheren Harmonischen entwickelte Drehmoment ist, von dem wir der Einfachheit halber annehmen, daß es im Synchronismus des Rotors mit dieser Harmonischen entwickelt wird. In Wirklichkeit wird dies maximale Drehmoment im günstigen Sinne etwas unterhalb des Synchronismus ausgeübt, und es wirkt beschleunigend bis zum Synchronismus. Sobald der Rotor diese Drehzahl überschreitet, tritt das Drehmoment in ungünstigem Sinne in Erscheinung, es wirkt bremsend, der Motor arbeitet in bezug auf die betreffende Harmonische als Generator, wie im Kapitel 19 ausführlich beschrieben wird. Das von der ersten Harmonischen ausgeübte Drehmoment muß größer sein als das Widerstandsmoment der betreffenden höheren Harmonischen; sonst bleibt der Motor — sogar wenn er leer anläuft — bei dieser kritischen Drehzahl stecken und erreicht nicht seine normale Tourenzahl, Wenn der Motor belastet anlaufen muß, tritt dies Kleben an einer unterhalb des Synchronismus gelegenen Drehzahl naturgemäß noch viel leichter ein.

Um die Rechnung möglichst einfach zu gestalten, nehmen wir an, daß der Stator widerstandslos ist, so daß wir vom einfachen Kreisdiagramm, nicht vom Heyland- oder Ossannadiagramm, ausgehen können. Diese Annahme ist zulässig, weil wir nur die relative Größe der Drehmomente von der Grundwelle und den höheren Harmonischen untersuchen. Nimmt infolge des Spannungsverlustes in der Statorwicklung die Amplitude der 1. Harmonischen ab, so nehmen im gleichen Verhältnis auch die Amplituden der höheren Harmonischen ab, und die entwickelten Drehmomente werden alle im gleichen Verhältnis kleiner. Alle anderen Verluste vernachlässigen wir ebenfalls.

Abb. 131 stellt das Diagramm des Motors dar. Der Motor sei in der üblichen Weise berechnet, die Polzahl sei $2\,p$, die Luftinduktion sei $\mathfrak{B}_{h1}$, die Drathzahl pro Phase des Stators N_1, der Magnetisierungsstrom I_m, dann werden die Diagrammkonstanten

$$\left.\begin{aligned}
C_{I_1} &= \frac{I_m}{u b} \\
C_{L_1} &= a_1 \cdot E_1 \cdot C_{I_1} \\
C_M &= \frac{60}{2 \cdot \pi \cdot n_1} \cdot \frac{C_{L_1}}{9{,}81} \\
n_1 &= \frac{60 \cdot f_1}{p} \\
\operatorname{tg} \beta &= R_2 \cdot \frac{a_1}{a_2} \cdot \frac{I_m}{\tau \cdot E_1} \cdot \left(\frac{N_1}{N_2}(1+\tau_1)\right)^2 \\
&= R_2 \cdot \frac{a_2 \cdot C_{I_2}{}^2 \cdot (1+\tau_1)^2 \cdot b d}{C_{L_1}}
\end{aligned}\right\} \quad \ldots\ldots (573)$$

Das Anzugsmoment des Motors ist

$$M_A = C_M \cdot \overline{g' s'}.$$

Um für die weitere Rechnung einen möglichst einfachen Ausdruck zu erhalten, wollen wir die kleine Ungenauigkeit begehen und das Anzugsmoment in Abb. 131 nicht gleich der Strecke $\overline{g' s'}$, sondern gleich der nur wenig größeren Strecke $\overline{d s''}$ setzen. Wir erhalten dann für das Anzugsmoment einen Ausdruck, der eine einfache Funktion des Rotorwiderstandes bzw. des Winkels β ist, nämlich

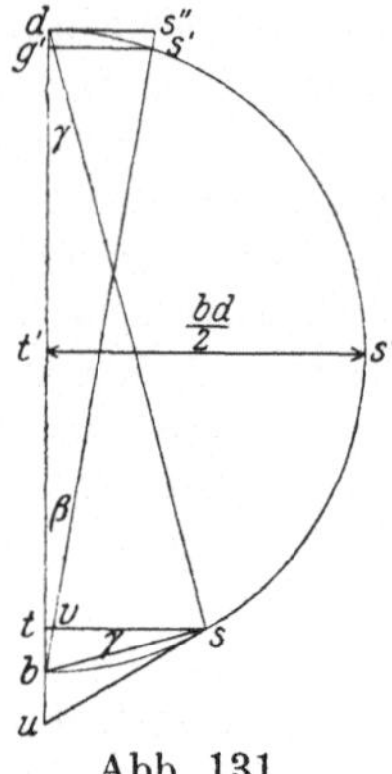

Abb. 131.

$$M_A = C_M \cdot d s'' = C_M \cdot \operatorname{tg} \beta \cdot b d \quad . \quad . \quad (574)$$

Wir wollen nun annehmen, daß bei Drehzahlen die erheblich unterhalb des Synchronismus liegen, das Drehmoment konstant und gleich dem Anzugsmoment ist; wir vernachlässigen also die allerdings nur geringe Zunahme des Drehmomentes solange die Schlüpfung groß ist. (Siehe Abb. 138 bis 141.)

Mit dem Anlaufsdrehmoment wollen wir nun die maximalen Drehmomente vergleichen, die von den höheren Harmonischen entwickelt werden, wenn der anlaufende Rotor sich nahezu im Synchronismus mit diesen höheren Harmonischen befindet.

Wir werden die Ableitung an einem konkreten Beispiel vornehmen, nämlich für die 7. Harmonische eines Dreiphasenmotors.

Den Motor mit $2\,p$-Polen und der Luftinduktion, auf den sich die Formeln (573) beziehen, nennen wir den ursprünglichen Motor, und wir wollen ihn nun so wickeln, daß an Stelle seines ursprünglichen Feldes, also an Stelle der 1. Harmonischen, nur ein Feld erzeugt wird, das ausschließlich der 7. Harmonischen entspricht.

Der Ersatzmotor muß natürlich $7 \cdot 2 \cdot p$ Pole haben und seine Luftinduktion ist nach den Gleichungen (504) und (506), Seite 305 und 306

$$\mathfrak{B}_{h_7} = \frac{1}{7} \cdot \frac{h_7}{h_1} \cdot \mathfrak{B}_{h_1} \quad . \quad . \quad . \quad . \quad . \quad . \quad . \quad . \quad . \quad (575)$$

Die Fläche eines Poles ist nur $\frac{F_l}{7}$ vom ursprünglichen Motor, und der magnetische Fluß eines Poles nur

$$\Phi_{h_7} = \frac{1}{7^2} \cdot \frac{h_7}{h_1} \cdot \Phi_{h_1} \quad . \quad . \quad . \quad . \quad . \quad . \quad . \quad . \quad . \quad (576)$$

wenn mit Φ_{h_1} der Fluß des ursprünglichen Motors bezeichnet wird. Es ergibt sich dies auch aus den Gleichungen (510) und (514) auf Seite 307 und 308. Wenn der ursprüngliche Motor die Drahtzahl N_1 in jeder Phase des Stators hat, wird nun die Drahtzahl

$$N_{h_7} = N_1 \cdot 7^2 \cdot \frac{h_1}{h_7} \quad \ldots\ldots\ldots \quad (577)$$

denn die Drahtzahl ist natürlich dem magnetischen Fluß umgekehrt proportional.

Der Magnetisierungsstrom des ursprünglichen Motors kann proportional gesetzt werden

$$I_m \sim \frac{p \cdot \mathfrak{B}_{h_1}}{N_1},$$

und für den Motor der 7. Harmonischen wird daher der Magnetisierungsstrom

$$I_{m_7} \sim \frac{(7 \cdot p)\left(\frac{1}{7} \cdot \frac{h_7}{h_1} \cdot \mathfrak{B}_{h_1}\right)}{7^2 \cdot \frac{h_1}{h_7} \cdot N_1},$$

daher

$$I_{m_7} = \left(\frac{1}{7} \cdot \frac{h_7}{h_1}\right)^2 I_m \quad \ldots\ldots\ldots \quad (578)$$

Die Diagrammkonstante des Statorstromes ändert sich wie der Magnetisierungsstrom, daher ist

$$C_{I_7} = \left(\frac{1}{7} \cdot \frac{h_7}{h_1}\right)^2 \cdot C_{I_1} \quad \ldots\ldots\ldots \quad (579)$$

Die gleiche Änderung erfolgt bei der Leistungskonstanten

$$C_{L_7} = \left(\frac{1}{7} \cdot \frac{h_7}{h_1}\right)^2 \cdot C_{L_1} \quad \ldots\ldots\ldots \quad (580)$$

Dagegen wird die Diagrammkonstante des Drehmomentes, die uns am meisten interessiert,

$$C_{M_7} = \frac{1}{7} \cdot \left(\frac{h_7}{h_1}\right)^2 C_M \quad \ldots\ldots\ldots \quad (581)$$

Sie ist beim ursprünglichen Motor (Einheit = Kilogrammeter oder Kilobarmeter)

$$C_M = \frac{60}{2 \cdot \pi \cdot n_1} \cdot \frac{C_{L_1}}{9{,}81}$$

und wird beim Motor der 7. Harmonischen, weil dessen synchrone Drehzahl nur $\frac{n_1}{7}$ beträgt

$$C_{M_7} = \frac{60}{2 \cdot \pi \cdot \frac{n_1}{7}} \cdot \frac{\left(\frac{1}{7} \cdot \frac{h_7}{h_1}\right)^2 \cdot C_{L_1}}{1000}.$$

Die Division der beiden letzten Gleichungen ergibt die Formel (581).

Wenn wir die sicherlich zulässige Annahme machen, daß in bezug auf die 7. Harmonische die Streuung ebenso groß ist wie in bezug auf die 1. Harmonische, so können wir das Diagramm Abb. 131 ohne weiteres auch auf unseren für die 7. Harmonische gewickelten Motor anwenden, wenn wir einfach an Stelle der Diagrammkonstanten, die unter (573) zusammengestellt sind, die Diagrammkonstanten (579) bis (581) verwenden.

In Abb. 131 wird das maximale überhaupt erreichbare Drehmoment des ursprünglichen Motors durch die Strecke

$$t' s''' = \frac{b\,d}{2}$$

dargestellt, und es beträgt daher

$$M_{h\,1\,\max} = C_M \cdot \frac{b\,d}{2}.$$

Dagegen beträgt das maximale, von der 7. Harmonischen entwickelte Drehmoment

$$M_{h\,7\,\max} = C_{M_7} \cdot \frac{b\,d}{2} = C_M \cdot \frac{1}{7}\left(\frac{h_7}{h_1}\right)^2 \frac{b\,d}{2} \quad \ldots \ldots (582)$$

Da gleichsinnig mit der 1. Harmonischen die

$2a + 1$. Harmonische
$4a + 1$. „
$6a + 1$. „

rotiert, lautet die allgemeine Gleichung für das maximale, von den höheren Harmonischen ausgeübte schädliche Drehmoment

$$\left.\begin{aligned} M_{(2a_1+1)} &= C_M \frac{1}{2a_1+1}\left(\frac{h_{2a_1+1}}{h_1}\right)^2 \frac{b\,d}{2} \\ M_{(4a_1+1)} &= C_M \frac{1}{4a_1+1}\left(\frac{h_{4a_1+1}}{h_1}\right)^2 \frac{b\,d}{2} \\ M_x &= C_M \frac{1}{x}\left(\frac{h_x}{h_1}\right)^2 \frac{b\,d}{2} \end{aligned}\right\} \quad \ldots \ldots (583)$$

Die numerischen Werte von h_1, h_{2a+1}, h_{4a+1}, h_{6a+1} ... können für Drei- und Zweiphasenstrom den Tabellen Seite 304 und 306 entnommen werden.

Die Gleichung (583) läßt sich in sehr interessanter Weise weiter verarbeiten, wie in den beiden nächsten Abschnitten gezeigt wird.

100. Kleinster zulässiger Rotorwiderstand.

Es ist klar, daß ein Motor nicht bis zu seiner normalen Drehzahl n_1 anlaufen kann, sondern bei ungefähr $\frac{n_1}{x}$ Touren kleben bleibt, sobald das Verhältnis

$$\frac{\text{Maximales negatives Drehmoment der } x\text{ten Harmonischen}}{\text{Anlaufdrehmoment der 1. Harmonischen}}$$

größer als 1 ist.

Das maximale Widerstandsmoment der $x$ten Harmonischen ist nach Gleichung (583)

$$M_x = C_M \cdot \frac{1}{x} \cdot \left(\frac{h_x}{h_1}\right)^2 \cdot \frac{b\,d}{2}$$

das Anlaufdrehmoment der 1. Harmonischen laut Gleichung (574)

$$M_A = C_M \cdot \operatorname{tg}\beta \cdot b\,d.$$

Damit unbelastet der Anlauf ohne Stockung erfolgt, muß daher kleiner als 1 sein

$$\frac{M_x}{M_A} = \frac{1}{2} \cdot \frac{1}{x} \cdot \left(\frac{h_x}{h_1}\right)^2 \cdot \frac{1}{\operatorname{tg}\beta} < 1.$$

Es muß also sein

$$\operatorname{tg}\beta > \frac{1}{2} \cdot \frac{1}{x} \cdot \left(\frac{h_x}{h_1}\right)^2 \quad \ldots\ldots\ldots \quad (584)$$

Nun ist nach Gleichung (573) aber $\operatorname{tg}\beta$ auch

$$\operatorname{tg}\beta = R_2 \cdot \frac{a_1}{a_2} \cdot \frac{I_m}{\tau \cdot E_1} \cdot \left(\frac{N_1}{N_2}(1+\tau_1)\right)^2.$$

Die rechte Seite dieser Gleichung läßt sich für den vorliegenden Fall ganz bedeutend umformen. Zunächst kann man das Glied $(1+\tau_1)^2$ weil es sich von der Eins kaum unterscheidet vollkommen vernachlässigen. Schreibt man nun

$$\operatorname{tg}\beta = \frac{R_2}{a_2 \cdot N_2 \cdot N_2} \cdot \frac{a_1}{\tau_1} \cdot I_m \cdot N_1 \frac{N_1}{E_1},$$

so ist

$$a_2 \cdot N_2 = N_K,$$

also gleich der Gesamtzahl der Kurzschlußstäbe. Ferner ist

$$\frac{R_2}{N_2} = R_K$$

gleich dem Widerstand eines Stabes, bei Käfigankern unter Berücksichtigung des anteiligen Ringwiderstandes.

In bezug auf den Stator ist $I_m \cdot N_1$ die erregende Kraft einer Statorphase nach Gleichung (271) Seite 182

$$I_m \cdot N_1 = 1{,}6 \cdot \sqrt{2} \cdot p \cdot \delta \cdot \mathfrak{B}_l \cdot \sin\frac{90^0}{a_1}$$

und nach der Gleichung der im Stator induzierten EMK ist das Verhältnis

$$\frac{N_1}{E_1} = \frac{10^8}{2{,}22 \cdot c_1 \cdot k_1 \cdot \mathfrak{B}_l \cdot F_l \cdot f_1}.$$

Daher wird

$$\operatorname{tg}\beta = \frac{R_K}{N_K} \cdot \frac{1{,}6 \cdot \sqrt{2} \cdot p \cdot \delta \cdot a_1 \cdot \sin\frac{90^0}{a_1}}{2{,}22 \cdot c_1 \cdot k_1 \cdot F_l \cdot f_1 \cdot 10^{-8} \cdot \tau}.$$

Die Gleichung läßt sich weiter vereinfachen, denn es ist

$$2{,}22 = \sqrt{2} \cdot \frac{\pi}{2} .$$

Bei sinoidalen Feldern ist

$$c_1 = \frac{2}{\pi}$$

der Spulenfaktor $k_1 \approx 1$

und es ist für Zwei- und Dreiphasenstrom angenähert

$$a_1 \cdot \sin \frac{90}{a_1} = 1{,}5 ,$$

daher ist
$$\operatorname{tg} \beta = \frac{R_K}{N_K} \cdot \frac{2{,}5 \cdot p \cdot \delta}{\tau \cdot F_l \cdot f_1 \cdot 10^{-8}} \quad \ldots \ldots \ldots (585)$$

Bei Gleichsetzen der Gleichungen (584) und (585) erhält man

$$R_K > \frac{1}{5} \frac{1}{x} \left(\frac{h_x}{h_1}\right)^2 N_K \frac{\tau}{\delta} \frac{F_l}{p} \cdot f_1 \cdot 10^{-8} \quad \ldots \ldots (586)$$

der Widerstand eines Stabes muß also größer sein als die rechte Seite der Ungleichung, damit der Leeranlauf des Rotors überhaupt erfolgen kann. Macht man

$$R_K \leqq \frac{1}{5} \frac{1}{x} \left(\frac{h_x}{h_1}\right)^2 N_K \frac{\tau}{\delta} \cdot \frac{F_l}{p} \cdot f_1 \cdot 10^{-8} \quad \ldots \ldots (587)$$

so bleibt der Rotor im Synchronismus mit der x ten Harmonischen stecken.

Tabellen über den Ausdruck $\frac{1}{x}\left(\frac{h_x}{h_1}\right)^2$ befinden sich auf Seite 242 und 243. Der Quotient $\frac{\tau}{\delta}$ kann, wenn genauere Werte fehlen, meist gesetzt werden

$$\frac{\tau}{\delta} = 1 .$$

Wenn der Rotorwiderstand unzulässig klein ist, muß der Rotor daher am Anlauf verhindert werden, und durch einen entsprechend kleinen Rotorwiderstand ließe sich das Steckenbleiben im Synchronismus fast mit jeder gleichsinnig rotierenden höheren Harmonischen sogar erzwingen. Daraus folgt, daß ein Kurzschlußanker mit unendlich kleinem Stabwiderstand überhaupt nicht anlaufen kann.

Von großer Wichtigkeit für die Praxis ist es, die Formel (586) daraufhin zu untersuchen, wie ein Motor, der die unerwünschte Eigenschaft des Steckenbleibens zeigt, abgeändert werden muß, damit sein Anlauf verbessert wird.

Wenn die Ungleichung (586) nicht erfüllt ist, der Rotor also stecken bleibt, können wir die Ungleichung durch folgende Maßnahmen erfüllen und den Anlauf verbessern:

1. Wir können N_K, die Gesamtzahl der Stäbe, verkleinern, indem wir eine Anzahl der Kurzschlußstäbe entfernen oder unterbrechen. Der Stabwiderstand R_K wird hierbei fast nicht geändert.

2. Bei Käfigwicklungen läßt sich durch Abdrehen der Kurzschlußringe der Widerstand eines Ringsegmentes und dadurch gleichzeitig der scheinbare Stabwiderstand R_K nach Gleichung (559) Seite 326 erhöhen. Bei dieser Maßnahme bleibt N_K ungeändert. Ähnlich wie das Abdrehen der Ringe wirkt es, wenn der Ringquerschnitt durch eingesägte Schnitte oder durch eingebohrte Löcher geschwächt wird. Die Wirkung dieser Abänderung läßt sich aber rechnerisch nicht so leicht feststellen wie die Querschnittsverminderung durch Abdrehen der Ringe.

3. Eine Vergrößerung des Luftzwischenraums übt auch eine günstige Wirkung aus, da hierdurch die rechte Seite der Ungleichung (586) verkleinert wird. Das Abdrehen des Rotors oder Nachbohren des Stators ist aber insofern nur von geringem Einfluß, als durch diese Maßnahmen gleichzeitig die Streuung etwas vergrößert wird. Der Streuungskoeffizient steht aber im Zähler und der Quotient $\frac{\tau}{\delta}$ nimmt daher nicht proportional mit der Vergrößerung von δ ab, sondern etwas langsamer.

4. Der Anlauf wird um so schwerer, je höher die Periodenzahl f_1 ist. Natürlich kann man in der Praxis nicht die Periodenzahl ändern, um den Anlauf eines störrischen Motors herbeizuführen. Dagegen ist die Änderung der Periodenzahl auf dem Probierstand möglich, und man kann von dieser Möglichkeit Gebrauch machen, um die Richtigkeit der Formel (586) zu prüfen, oder um festzustellen, ob der Motor, nachdem er bei reduzierter Periodenzahl auf Touren gekommen ist, sonst gut arbeitet und keinen weiteren Fehler besitzt als den schlechten Anlauf infolge zu kleinen Rotorwiderstandes. In besonders verzweifelten Fällen kann man den Anlauf mit der Periodenzahl Null beginnend dadurch erzwingen, daß man den Motor mit dem Generator anläßt. Wenn der Motor erst auf Touren gekommen ist, kann er einer Belastungsprobe zur Messung der Schlüpfung und einer Dauerprobe zur Messung der Erwärmung unterworfen werden, und auf diese Weise erhält man wertvolle Unterlagen für die Prüfung der Frage, wieviel Kurzschlußstäbe entfernt oder um wieviel die Kurzschlußringe abgedreht werden müssen, damit einerseits der Anlauf befriedigend ausfällt, andererseits Wirkungsgrad und Erwärmung in zulässigen Grenzen bleiben.

Endlich können wir aus Gleichung (586) noch ersehen, daß bei ein und demselben Modell der Anlauf um so leichter durch die höheren Harmonischen gestört wird, je weniger Pole der Motor besitzt. Die rechte Seite der Formel (586) enthält den Quotienten

$$\frac{F_l}{p} = \frac{D \cdot \pi \cdot b}{p^2}$$

und dieser Quotient ändert sich quadratisch mit der Polzahl.

Vielpolige Motoren laufen daher williger an als solche mit wenig Polen, und letztere müssen einen relativ hohen Rotorwiderstand und daher bei Normalleistung relativ hohe Schlüpfung bekommen.

Die Erfahrung bestätigt vollkommen die Richtigkeit der Formel. Die Anlaufschwierigkeiten treten hauptsächlich bei Schnelläufern, insbesondere bei solchen großer Leistung auf.

Daß die Erhöhung des Rotorwiderstandes durch Entfernen eines Teiles der Kurzschlußstäbe oder durch Abdrehen der Kurzschlußringe den Anlauf erleichtert, ist eine bekannte Sache.

Ebenso, daß man einen störrischen Motor durch Anlassen mit dem Generator hoch bekommt. Weniger bekannt ist, daß der Anlauf bei reduzierter Periodenzahl leichter erfolgt. Ich kenne aber einen Fall, bei dem ein vierpoliger 70 PS-Motor mit Kurzschlußanker bei 40 Perioden gut, bei 50 Perioden absolut nicht anlief.

Zur Vergrößerung des Luftzwischenraumes δ wird man sich im allgemeinen nur sehr ungern entschließen, und wer noch nicht über sehr große eigene Erfahrungen verfügt, wird gut tun, vorher die Abschnitte 124 und 134 zu lesen.

101. Kleinste zulässige Schlüpfung bei Normalleistung.

Im vorigen Abschnitt haben wir für $\operatorname{tg}\beta$ den ersten in Gleichung (573) angegebenen Ausdruck verwendet. Nehmen wir den zweiten Ausdruck, also

$$\operatorname{tg}\beta = \frac{R_2 \cdot a_2 \cdot C_{I_2}^2 \cdot (1+\tau_1)^2 \cdot \overline{bd}}{C_{L_1}} \quad \ldots \ldots (587)$$

und setzen wir ihn in die Ungleichung (584)

$$\operatorname{tg}\beta > \frac{1}{2} \cdot \frac{1}{x} \cdot \left(\frac{h_x}{h_1}\right)^2$$

ein, so muß

$$\frac{R_2 \cdot a_2 \cdot C_{I_2}^2 \cdot (1+\tau_1)^2 \cdot \overline{bd}}{C_{L_1}} > \frac{1}{2} \cdot \frac{1}{x} \cdot \left(\frac{h_x}{h_1}\right)^2 \quad \ldots (588)$$

sein, damit selbst bei Leerlauf der Motor seine normale Drehzahl erreichen kann und nicht bei einer kleineren Drehzahl im Synchronismus mit einer höheren Harmonischen stecken bleibt.

Aus Abb. 131 folgt wegen der Ähnlichkeit der Dreiecke

$$\triangle bsd \approx \triangle bst,$$

daß

$$\frac{\overline{bd}}{\overline{bs}} = \frac{\overline{bs}}{\overline{bt}},$$

und daß daher

$$\overline{bd} = \frac{\overline{bs}^2}{\overline{bt}}$$

ist.

Führen wir diesen Ausdruck in die linke Seite der Ungleichung (588) ein, so wird

$$\frac{R_2 \cdot a_2 \cdot C_{I_2}^2 \cdot (1+\tau_1)^2 \cdot \overline{bs}^2}{C_{L_1} \cdot \overline{bt}} = \frac{a_2 \cdot R_2 \cdot I_2^2}{C_{L_1} \cdot \overline{bt}} = \frac{V_2}{C_{L_1} \cdot \overline{bt}},$$

denn der Rotorstrom ist

$$I_2 = C_{I_2} \cdot (1 + \tau_1) \cdot \overline{bs}$$

und der Verlust durch Stromwärme im Rotor

$$V_2 = a_2 \cdot R_2 \cdot I_2^2,$$

Die Ungleichung (588) läßt sich daher in die Form bringen

$$\frac{V_2}{C_{L_1} \cdot \overline{bt}} > \frac{1}{2} \cdot \frac{1}{x} \cdot \left(\frac{h_x}{h_1}\right)^2 \quad \ldots \ldots \ldots (589)$$

Beseichnen wir in Abb. 131 mit γ den Winkel

$$\gamma = \sphericalangle bst = \sphericalangle bds,$$

so wird $\overline{bt} = \overline{ts} \cdot \operatorname{tg} \gamma$.

Es ist aber $C_{L_1} \cdot \overline{ts} = \text{Leistung},$

die vom Stator auf den Rotor übertragen wird, und daher ist die prozentuale Schlüpfung

$$\frac{s}{100} = \frac{V_2}{C_{L_1} \cdot \overline{ts}}.$$

Wir erhalten daher aus (589) die wichtige Beziehung

$$\frac{s}{100} > \frac{\operatorname{tg} \gamma}{2} \cdot \frac{1}{x} \cdot \left(\frac{h_x}{h_1}\right)^2 \quad \ldots \ldots \ldots (590)$$

Zweckmäßig wählen wir den Winkel γ von solcher Größe, wie er der Normalleistung der Maschine entspricht. Ergibt die Vorausberechnung des Motors, daß hierbei eine Schlüpfung $\frac{s}{100}$ eintritt von der Größe

$$\frac{s}{100} \leqq \frac{\operatorname{tg} \gamma}{2} \cdot \frac{1}{x} \left(\frac{h_x}{h_1}\right)^2,$$

so wird der Motor sicher nicht einmal bei Leerlauf auf seine normale Drehzahl kommen, sondern bei ungefähr $\frac{n_1}{x}$ Touren angenähert im Synchronismus mit der $x$ten Harmonischen stecken bleiben. Der Rechner sieht hieraus, daß der Rotorwiderstand, der Winkel β im Diagramm und die Schlüpfung bei Normallast viel zu klein angenommen sind und ganz bedeutend erhöht werden müssen, damit der Motor mit Sicherheit anläuft.

Die Tangente von γ in Formel (590) läßt sich noch in anderer Weise ausdrücken, nämlich als Funktion des Verhältnisses

$$\frac{\text{Maximales Drehmoment des Motors}}{\text{Drehmoment bei Normalleistung}} = \frac{\frac{\overline{bd}}{2}}{\overline{ts}} = \frac{M_{\max}}{M_{\text{norm}}}.$$

Dies Verhältnis muß mit Rücksicht auf die Überlastungsfähigkeit mindestens 2, besser 3 sein, und es kann bei Motoren mit sehr großem Leitungsfaktor bis auf 4 anwachsen. Berechnet man $\operatorname{tg}\gamma$ für die verschiedenen praktisch vorkommenden Werte des Verhältnisses $\frac{M_{max}}{M_{norm}}$, so erhält man die in der kleinen Tabelle zusammengestellten Werte der zugehörenden Funktionen $\operatorname{tg}\gamma$

$\frac{M_{max}}{M_{norm}}$	$\operatorname{tg}\gamma$
2	0,269
3	0,171
4	0,127
5	0,101

Kleine Motoren bleiben daher beim Anlauf stecken, wenn

$$\frac{s}{100} \leq \frac{0,27}{2} \cdot \frac{1}{x} \left(\frac{h_x}{h_1}\right)^2 \quad \ldots \ldots \ldots (591)$$

ist, und große Motoren, wenn

$$\frac{s}{100} \leq \frac{0,17}{2} \cdot \frac{1}{x} \left(\frac{h_x}{h_1}\right)^2 \quad \ldots \ldots \ldots (592)$$

Damit ein sicherer Anlauf erfolgt, muß daher bei allen Motoren die Schlüpfung bei Normalleistung beträchtlich größer sein als

$$\left.\begin{aligned} \frac{s}{100} &\gg \frac{2}{10} \cdot \frac{1}{x} \left(\frac{h_x}{h_1}\right)^2 \\ \frac{s}{100} &\gg \frac{2}{10} \cdot \frac{1}{2 \cdot a_1 \cdot m_1 + 1} \end{aligned}\right\} \quad \ldots \ldots \ldots (593)$$

Der zweite Ausdruck wird erhalten, wenn man die Untersuchung auf die gefährliche höhere Harmonische beschränkt und sich der unterhalb der Tabellen angegebenen Beziehung bedient.

Tabelle über die numerischen Werte der Funktion $\frac{1}{x}\left(\frac{h_x}{h_1}\right)^2$ bei Dreiphasenmotoren.

$m_1 =$	1	2	3	4	5	6
$x =$ 1	1,0	1,0	1,0	1,0	1,0	1,0
7	**0,1430**	0,0103	0,0049	0,0040	0,0035	0,0033
13	0,0770	**0,0770**	0,0040	0,0013	0,0009	0,0007
19	0,0527	0,0376	**0,0527**	0,0024	0,0007	0,0004
25	0,0400	0,0400	0,0014	**0,0400**	0,0175	0,0004
31	0,0323	0,0231	0,0017	0,0009	**0,0323**	0,0014
37	0,0270	0,0270	0,0270	0,0005	0,0007	**0,0270**

Die fettgedruckten Maximalwerte lassen sich berechnen nach der einfachen Gleichung:

$$\max = \frac{1}{6 \cdot m_1 + 1}.$$

Zweiphasenmotoren.

$m_1 =$	1	2	3	4	5	6
$x = 1$	1,0	1,0	1,0	1,0	1,0	1,0
5	**0,2000**	0,0344	0,0143	0,0110	0,0098	0,0088
9	0,1111	**0,1111**	0,0147	0,0044	0,0028	0,0022
13	0,0770	0,0133	**0,0770**	0,0095	0,0023	0,0013
17	0,0590	0,0590	0,0042	**0,0590**	0,0070	0,0016
21	0,0477	0,0082	0,0063	0,0026	**0,0477**	0,0055
25	0,0400	0,0400	0,0400	0,0016	0,0020	**0,0400**

Die fettgedruckten Maximalwerte lassen sich berechnen nach der einfachen Gleichung

$$\max = \frac{1}{4 \cdot m_1 + 1}.$$

Die ausgerechneten numerischen Werte der Funktion

$$\frac{1}{x}\left(\frac{h_x}{h_1}\right)^2$$

sind für Dreiphasen- und Zweiphasenmotoren für die gebräuchlichsten Nutenzahlen pro Spulenseite m in den vorstehenden Tabellen zusammengestellt.

Man sieht aus der Tabelle, daß z. B. bei Dreiphasenmotoren bei Einlochwickluungen die 7., bei Zweilochwicklungen die 13., bei Dreilochwicklungen die 19. Harmonische die größte bremsende Wirkung beim Anlassen ausübt usw. Die viel verbreitete Ansicht, daß jede folgende höhere Harmonische, weil sie angeblich eine kleinere Amplitude besitzt, nur einen kleineren Einfluß ausüben kann als die vorhergehende, ist daher keineswegs richtig.

Wenn man annimmt, daß die linke Seite der Ungleichung (593) zehnmal so groß sein soll als die rechte, damit das negative Drehmoment der schädlichsten höheren Harmonischen nur ca. 20% des positiven Drehmomentes des Motors ausmacht, so muß die Schlüpfung bei Normalleistung bei kleinen und auch bei großen Drehstrommotoren ungefähr betragen Prozent:

Dreiphasenmotoren.

$m_1 =$	1	2	3	4	5	6
$s =$	14	7,7	6,3	4	3,2	2.7

Zweiphasenmotoren.

$m =$	1	2	3	4	5	6
$s =$	20	11	7,7	5,9	4,8	4,0

Der Rechner darf daher bei großen Drehstrommotoren mit Kurzschlußankern ja nicht einen hohen Wirkungsgrad dadurch herbeizuführen suchen, daß er dem Motor eine sehr kleine Schlüpfung gibt. Er muß dieser Versuchung widerstehen, wenn auch auf dem

Rotor der schönste Platz vorhanden ist, um in einfachster und billigster Weise viel Kupfer unterbringen zu können und dadurch die Ohmschen Verluste klein zu machen. Ein Kurzschlußmotor läßt sich eben mit Rücksicht auf den Anlauf nicht mit beliebig hohem Wirkungsgrad bauen.

In welcher Weise ein hoher Rotorwiderstand den schädlichen Einfluß des negativen Drehmomentes der höheren Harmonischen mildert, zeigt Abb. 132.

Als Funktion der Drehzahl ist das Drehmoment eines vierpoligen Dreiphasenmotors zweimal dargestellt, einmal, wenn der Rotor kleinen Widerstand, kleine Schlüpfung und kleines Anzugsmoment besitzt, und ein zweites Mal, wenn der Rotorwiderstand und die anderen genannten Größen auf das ca. Dreifache erhöht sind.

Um den Einfluß der höheren Harmonischen möglichst drastisch in Erscheinung treten zu lassen, ist angenommen, daß der Stator eine Einlochwicklung besitzt. Unter Zuhilfenahme der Tabelle S. 342 findet man, daß die 7. Harmonische bei 200 Touren ein maximales positives Drehmoment entwickelt, das bei $\frac{1500}{7} = 215$ Touren zu Null wird, und bei 230 Touren in ein negatives Maximum übergeht. Die Maxima betragen 14% des maximalen Drehmomentes der 1. Harmonischen. Genau so äußert sich die 13. Harmonische bei 100, $\frac{1500}{13} = 115$ und 130 Touren mit einem maximalen Drehmoment von 7% bezogen auf das maximale Drehmoment der 1. Harmonischen.

Das resultierende Drehmoment der 1. bis 25. Harmonischen ist in die beiden obersten Kurven der Abb. 132 eingetragen. Beim

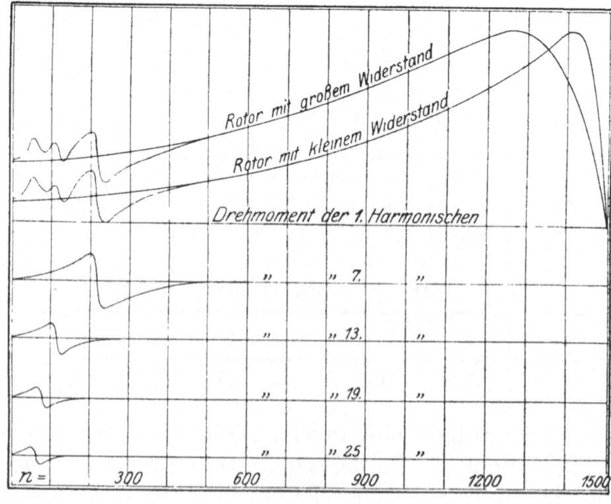

Abb. 132.

Rotor mit kleinem Widerstand wird das Drehmoment bei 230 Touren gerade Null, der Motor kann daher nicht einmal seine eigene Lagerreibung überwinden und bleibt daher bei 230 Touren stecken, selbst wenn er ganz unbelastet anläuft. Beim Motor mit höherem Rotorwiderstand sinkt dagegen das Drehmoment nur auf $\frac{2}{3}$ des Anzugsdrehmomentes, und er wird daher auch belastet gut anlaufen. Eine Illustration dazu, wie empfindlich die Motoren, besonders die einphasigen, in bezug auf den Rotorwiderstand sind, gibt die wohl jedem Praktiker bekannte Erfahrung, daß manche Motoren im Sommer wesentlich besser anlaufen als im Winter. Derartige Motoren bleiben, bei Kälte angelassen, bei einer bestimmten Drehzahl stecken, und wenn man sie eingeschaltet läßt, genügt nach einiger Zeit die Widerstandserhöhung durch Temperaturzunahme, um den Anlauf zur Vollendung zu bringen.

102. Ungünstige Nutenzahlen.

Im vorhergehenden Abschnitt wurde bewiesen, daß jeder Kurzschlußmotor unter dem Einfluß des negativen Drehmomentes bei einer weit unterhalb des Synchronismus liegenden Drehzahl stecken bleiben muß, wenn der Rotorwiderstand unzulässig klein ist. Bei entsprechend hohem Rotorwiderstand wird jeder Motor, sobald er überhaupt angelaufen ist, hoch kommen, aber es läßt sich nicht in Abrede stellen, daß manche Nutenzahlen den Anlauf besonders erschweren und das Steckenbleiben besonders begünstigen.

Einen Fall für sich bildet der Motor mit gleicher Nutenzahl im Stator und Rotor. Er läuft nämlich, wenn sich beim Stillstand gerade Zähne und Nuten gegenüberstehen, überhaupt nicht an. Die Ursache ist leicht zu erklären: Der magnetische Zug der Statorzähne auf die Rotorzähne ist so groß, daß das vom Rotorstrom ausgeübte Drehmoment nicht genügt, um dieses „Kleben" der Rotorzähne zu überwinden. Ich habe eigens einen Schleifenringanker mit gleicher Nutenzahl im Stator und Rotor gebaut, um sein Verhalten experimentell zu untersuchen. In vielen Fällen lief er mit kurzgeschlossener Wicklung tadellos an, wenn nämlich die Zähne einander nicht genau gegenüberstanden, und der erste Ruck genügte, um das Kleben zu verhindern. Der Motor zeigte sonst sogar recht gute Eigenschaften. Er hatte große Überlastungsfähigkeit, was dadurch erklärlich ist, daß seine Streuung besonders klein war. Bei gleicher Nutenzahl im Stator und Rotor kann nämlich keine Spulenstreuung (doppelt verkettete Streuung) auftreten. Außerdem zeigte der Motor auffallend wenig Geräusch. Dennoch wird man Motoren mit den Nutenzahlen

$$Z_2 = Z_1$$

nicht bauen, weil sie eben nicht mit Sicherheit anlaufen.

Auf die Frage, wieviel Rotorzähne mit den Statorzähnen zusammenfallen dürfen, ohne den Anlauf zu gefährden, ist zu erwidern, daß Z_1 und Z_2 ohne Bedenken so gewählt werden dürfen, daß sie den gemeinsamen Teiler

$$2 \cdot p \cdot a_1$$

besitzen. Einen noch größeren gemeinsamen Teiler zu wählen, liegt keine Veranlassung vor, selbst nicht bei Schleifringankern.

Wir kommen nun zu den Ankern, die wohl vom Stillstand aus anlaufen, jedoch eine besondere Neigung zeigen, bei einer bestimmten relativ kleinen Drehzahl hängen zu bleiben. A priori wäre wohl niemand auf die Idee gekommen, in dieser Hinsicht alle Nutenzahlen einer besonderen Untersuchung zu unterziehen; es mußten erst Erfahrungsdaten vorliegen, bevor man überhaupt von der Existenz des Problems erfuhr.

In der Literatur ist die Erscheinung zum erstenmal in der ersten Auflage dieses Buches auf Seite 389 im Kapitel über die experimentelle Untersuchung der Motoren erwähnt:

„Bei dieser Gelegenheit sei es gestattet, ein sehr merkwürdiges Phänomen zu erwähnen. Bei einer Serie von Motoren waren die Rotoren von dem Gesichtspunkte aus konstruiert, daß alle Käfigwicklungen mit demselben Profilkupfer und demselben Nutenschnitt ausgeführt werden sollten. Es konnte demgemäß die Nutenzahl des Rotors nicht willkürlich gewählt werden, sondern sie ergab sich als Funktion des Rotorwiderstandes resp. der zulässigen Stromdichte in den Rotorstäben. Alle Motoren liefen gut mit Ausnahme eines einzigen, der vierpolig, im Stator 48, im Rotor 43 Nuten hatte. Dieser Motor kam nicht hoch, brummte sehr stark und wurde so heftig in Vibrationen versetzt, daß er auf dem Fundament entlang rutschte, wenn er nicht angeschraubt war. Er lief tadellos an, nachdem er mit einem Rotor von 41 Nuten versehen war. Wenn der Motor mit seinem ersten Rotor künstlich hochgebracht wurde, arbeitete er sehr gut, nur war er nicht zum Anlaufen zu bringen.

Dieselbe Erscheinung zeigte ein vierpoliger Einphasenmotor, der im Stator 46, im Käfiganker 41 Nuten hatte. Dieser Motor lief vorzüglich an, nachdem er mit einem Rotor von 39 Nuten versehen war. Der günstige Anlauf wurde nicht etwa dadurch erzielt, daß der Rotorwiderstand durch die Reduktion der Nutenzahl etwas vergrößert wurde, denn es wurde, um diese Möglichkeit zu untersuchen, derselbe Stator mit einem Rotor von 43 Nuten versehen, und auch hierbei lief er vorzüglich an.

Das einzig Charakteristische an den Zahlen 48 und 43, resp. 46 und 41 ist ihre Differenz von 5, wenigstens konnte bisher etwas anderes nicht gefunden werden. Es scheint daher, daß das Auftreten irgendwelcher sekundärer schädlicher Erscheinungen in diesem Falle besonders begünstigt wird, und man wird jedenfalls gut tun, um 5 verschiedene Nutenzahlen zu vermeiden. Es wäre sehr zu wünschen, daß von anderer Seite diesbezügliche Erfahrungen ebenfalls veröffentlicht würden; nur auf diese Weise dürfte es möglich sein, genügend Unterlagen zu schaffen, um die Ursache dieser Erscheinung zu finden. — In allen übrigen Fällen hat es sich vorzüglich bewährt, für die Nutenzahlen des Stators und Rotors relative Primzahlen zu wählen."

Von zwei Ingenieuren[1]) erhielt ich die briefliche Mitteilung, daß ihnen auch je ein Fall vorgekommen ist, in dem ein 4-poliger Drehstrommotor, der im Rotor 5 Nuten weniger als im Stator hatte, absolut nicht angelaufen ist. Ich habe leider die Briefe verlegt, oder besser gesagt, so gut aufgehoben, daß ich sie nicht mehr finden kann, und bin daher zu meinem Bedauern nicht in der Lage, diese beiden Motoren in der Tabelle über schlecht anlaufende Motoren anführen zu können. Ich erinnere mich noch, daß der eine der erwähnten Briefe aus einer englischen Fabrik kam. Die englische Firma baute eine Serie von Motoren, die in Amerika berechnet waren (wenn ich nicht irre von Hobart); alle Motoren liefen gut bis auf den einen mit der Differenz von 5 Nuten. Sollte einer der Absender der erwähnten Briefe diese Zeilen zu Gesicht kommen, so bitte ich dringend darum, mir die Daten nochmals zuzusenden.

Mein dürftiges Erfahrungsmaterial beschränkte sich daher nach dem Erscheinen der 1. Auflage dieses Buches auf drei Stück 4-polige Dreiphasenmotoren und einen Einphasenmotor, von denen ich wußte, daß sie nicht anliefen, wenn sie eine Nutenzahldifferenz

$$Z_1 - Z_2 = 5$$

besaßen. Diese Erfahrung veranlaßte mich, zu untersuchen, was dabei herauskommt, wenn man die üblichen Nutenzahlen der 4-poligen Dreiphasenstatoren um fünf verringert. Man erhält folgende kleine Tabelle

m_1	Z_1	$Z_2 = Z_1 - 5$	m_1	Z_1	$Z_2 = Z_1 - 5$
1	12	7	4	48	43
2	24	19	5	60	55
3	36	31	6	72	67

und daraus das verblüffende Resultat, daß alle auf diese Weise berechneten Werte von Z_2 einer rechtsläufigen höheren Harmonischen entsprechen.

Wenn man aus dieser Erkenntnis schon einen Schluß ziehen will, so kann es nur der sein: Man darf dem Rotor keine Nutenzahl geben, die durch eine rechtsläufige höhere Harmonische teilbar ist.

Bei dem eingangs erwähnten Einphasenmotor mit $Z_1 = 46$, $Z_2 = 41$ ist die Differenz $Z_1 - Z_2 = 5$. Dies ist nur als ein Zufall zu betrachten, denn 46 ist eigentlich keine übliche Nutenzahl für Ein- oder Zweiphasenstatoren. Dagegen ist es offenbar kein Zufall, daß der Motor schlecht anläuft, denn bei Ein- und Zweiphasenstrom gibt es eine rechtsläufige 41. Harmonische!

[1]) Wie ich soeben der am Schlusse dieses Kapitels zitierten Arbeit des Herrn Dr. ing. Wilh. Stiel entnehme, ist der eine dieser Ingenieure Herr M. O. Berthold, Indianopolis, der mir am 8. Dez. 1905 über einen 6-poligen Motor mit $z_1 = 60$; $z_2 = 65$, der nicht anlief, geschrieben hat. Der Motor ist in der Tabelle von Dr. Stiel enthalten.

Daß die übliche Nutenzahl $Z_1 - 5$ eine höhere rechtsläufige Harmonische ergibt, ist kein allgemeingültiges Gesetz, es versagt z. B. bei 4-poligen Zweiphasenmotoren. Es läßt sich aber leicht nachweisen, daß bei allen üblichen Nutenzahlen, wenn also $m_1 =$ ganze Zahl, für Zwei- und Dreiphasenstatoren das Gesetz gilt

$$Z_1 + 1 = \text{höhere rechtsläufige Harmonische} \quad . \quad . \quad . \quad (594)$$

Die Richtigkeit der Gleichung ergibt sich aus der allgemeinen Formel der rechtsläufigen Harmonischen

$$\begin{gathered} 2\,a_1 + 1 \\ 4\,a_1 + 1 \\ 6\,a_1 + 1, \end{gathered}$$

denn Z_1 muß, wenn $m_1 =$ ganze Zahl, stets geradzahlig sein.

Ein Motor, der (bei $m_1 =$ ganze Zahl) im Rotor eine Nute mehr hat als im Stator, wird daher schlecht oder gar nicht anlaufen. Erfahrungsdaten dürften hierüber kaum vorliegen, weil wohl noch niemand eine Rotornutenzahl

$$Z_2 = Z_1 + 1$$

angewandt hat.

Alle Angaben über Motoren, die schlecht oder gar nicht anliefen, deren ich habhaft werden konnte, sind in die Tabelle Seite 352 aufgenommen. Auf Grund dieser Erfahrungsdaten bin ich zur Überzeugung gekommen, daß man

$$\left.\begin{array}{l} Z_2 \text{ nicht gleich } x, \\ Z_2 \text{ nicht teilbar durch } x \end{array}\right\} \quad . \quad . \quad . \quad . \quad . \quad . \quad . \quad (595)$$

machen darf, wenn x eine beliebige rechtsläufige höhere Harmonische bezeichnet. Dasselbe gilt für die Nutenzahl des Stators; es darf auch

$$\left.\begin{array}{l} Z_1 \text{ nicht gleich } x, \\ Z_2 \text{ nicht teilbar durch } x \end{array}\right\} \quad . \quad . \quad . \quad . \quad . \quad . \quad . \quad (596)$$

sein, damit ein möglichst günstiger Anlauf erzielt wird.

Es sei nochmals ausdrücklich daran erinnert, daß durch einen entsprechend hohen Rotorwiderstand auch ein Rotor mit relativ ungünstiger Nutenzahl zum Anlauf gebracht werden kann, während umgekehrt auch ein Rotor mit günstigster Nutenzahl beim Anlauf stecken bleiben wird, wenn sein Widerstand zu klein ist. Dieser Hinweis ist nötig, um die in der Tabelle S. 352 zusammengestellten, an ausgeführten Motoren erhaltenen Erfahrungsdaten richtig bewerten zu können, denn aus den angeführten Gründen muß man darauf gefaßt sein, daß mitunter ein Motor anläuft, trotzdem er gegen die Formeln (595) und (596) verstößt, oder daß ein Motor schlecht anläuft, trotzdem gegen seine Nutenzahlen nach (595) und (596) kein Einwand erhoben werden kann.

Sucht man die Formeln (595) und (596) zu begründen, so läßt sich folgendes sagen: Die x-te Harmonische erzeugt ein Feld von $2 \cdot p \cdot x$ Polen. Es läßt sich leicht einsehen, daß die Entstehung dieses Oberfeldes besonders begünstigt wird, wenn auf je einen Pol des

Oberfeldes ein Statorzahn oder mehrere Statorzähne treffen. Vielleicht wird es besonders schädlich sein, wenn

$$Z_1 = 2 \cdot p \cdot x$$

gemacht wird, weil dann beim Oberfeld der x-ten Harmonischen die Polzahl gleich der Zähnezahl ist. Ebenso ist sehr davon abzuraten bei Schnelläufern mit wenigen Polen, wenn viele Nuten pro Spulenseite angeordnet werden müssen,

$$m_1 = x$$

zu machen. Bei Zweiphasenmotoren wird man also mit Vorteil

$$m_1 = 5$$

$$m_1 = 9,$$

bei Dreiphasenmotoren

$$m_1 = 7$$

$$m_1 = 13$$

vermeiden. Auch bei aufgeschnittenen Gleichstromwicklungen empfiehlt es sich, bei der Wahl der Nutenzahl besonders darauf zu achten, daß nicht

$$\frac{Z_1}{x} = \text{ganze Zahl},$$

damit nicht das x-te harmonische Feld besonders kräftig auftritt.

In bezug auf den Rotor ist am leichtesten einzusehen, daß eine einphasige Rotorwicklung ein ungünstiges Verhalten zeigen muß.

Hebt man bei einem gewöhnlichen Einphasen- oder Drehstrommotor die Bürsten eines Schleifringes ab, so ist der Rotor einphasig oder einachsig, und er zeigt die unter dem Namen Görgessches Phänomen bekannte Erscheinung, daß er nicht nur bei Synchronismus, sondern auch bei halbem Synchronismus stabil läuft. Bei beiden Drehzahlen kann er belastet werden und mechanische Arbeit leisten, wird er mechanisch angetrieben, so arbeitet er umgekehrt als Generator. Besitzt das maximale Drehmoment des normalen Motors mit mehrphasigem Rotor die Größe 1, so ist nach Messungen, die im elektrotechnischen Institnt der Dresdner technischen Hochschule vorgenommen wurden, bei einachsiger Rotorwicklung im Snychronismus das maximale Drehmoment der Größenordnung nach nur $^1/_2$, dagegen bei halbem Synchronismus wieder ungefähr 1. Das in theoretischer Hinsicht äußerst interessante Phänomen wurde von Weidig in seiner Doktorarbeit: „Die Wechselstrominduktionsmaschine mit einachsiger Sekundärwicklung" eingehendst untersucht. Die naheliegende Idee, das Görges-Phänomen zur Tourenregulierung im Verhältnis 1 : 2 zu benützen, ist leider praktisch nicht ausführbar, da infolge der eigenartigen Ankerreaktion der einachsigen Motoren die Primärspannung unduliert und dadurch angeschlossene Lampen flackern.

Da die Polzahl des x-ten Oberfeldes $2 \cdot p \cdot x$ ist, ist demnach die Rotorwicklung in bezug auf dieses Oberfeld einachsig, wenn

$$Z_2 = 2 \cdot p \cdot x \quad \ldots\ldots\ldots \quad (597)$$

ist, und in einem derartigen Falle ist beim Anlauf das Hängenbleiben vielleicht weniger bei

$$\frac{n_1}{x}$$

als vielmehr schon bei

$$\frac{n_1}{2\cdot x}$$

Touren zu befürchten, weil bei der letztgenannten Drehzahl das Drehmoment der einachsigen Rotorwicklung größer ist.

Die ersten bekannt gewordenen Erfahrungen über ungünstige Nutenzahlen wurden an 4-poligen Motoren gewonnen, wenn die Rotornutenzahl

$$Z_2 = x$$

ist. Die Phasenzahl dieser Rotoren ist in bezug auf das x-te Oberfeld

$$a_x = \frac{Z_2}{2\cdot p\cdot x} = \frac{x}{2\cdot p\cdot x} = \frac{1}{4},$$

d. h. es ist ungünstig, wenn sich nur unter jedem 4. Pole des Oberfeldes ein Rotorstab befindet. Eigentlich sollte man annehmen, daß in einem solchen Falle überhaupt keine Wirkung des x-ten Oberfeldes auftreten könnte, weil alle vierten Pole gleichnamig sind. Ein ungefähres Bild, daß die Wicklung in der Tat ungünstig ist, kann man gewinnen, wenn man das Erfahrungsresultat auf einen zweipoligen Motor überträgt. Ein zweipoliger Motor ist ungünstig, wenn

$$Z_2 = x,$$

daher

$$a_x = \tfrac{1}{2}$$

ist. Was unter einem $^1/_2$-phasigen Rotor zu verstehen ist, stellt man sich am leichtesten in bezug auf die Grundschwingung vor. Ein zweipoliger Stator muß in einem 3-phasigen Rotor 6, in einem 2-phasigen 4, in einem 1-phasigen 2, in einem $^1/_2$-phasigen Rotor daher nur 1 Nute haben. Der in dieser einen Nute liegende Stab muß wie bei einer Ringwicklung durch den Hohlraum der Rotorbleche hindurch durch einen Leiter geschlossen sein, damit im Stab überhaupt ein Strom entstehen kann. Wenn wir uns diese eine Rotorwindung vom Strom durchflossen denken, so finden wir, daß das von diesem Strom erzeugte Feld nur im Rotoreisen verläuft, ohne den Luftzwischenraum zu durchdringen. Der Rotor verhält sich daher wie ein polloses Solenoid und muß in Wechselwirkung mit dem Statorfeld eine ungewöhnliche — uns nicht ohne weiteres geläufige — Ankerreaktion erzeugen. Es würde zu weit führen, das Verhalten der $^1/_2$-phasigen Wicklung eingehend theoretisch zu untersuchen; für unseren vorliegenden Zweck genügt es, nachgewiesen zu haben, daß eine höhere Harmonische auf eine zu ihr $^1/_2$- und ebenso $^1/_4$- oder $^1/_6$-phasige Rotorwicklung nicht wirkungslos ist, sondern einen im allgemeinen nicht näher bekannten Einfluß ausübt. Dieser Einfluß ist ungünstig für den Anlauf, und auf diese Anschauung stützt sich die Formel (595).

Die einfache Regel über ungünstige Nutenzahlen lautet daher, Man vermeide im Stator und Rotor Nutenzahlen, die durch x teilbar sind.

Die rechtsläufigen höheren Harmonischen x sind bei

Dreiphasenmotoren				und bei Zweiphasenmotoren			
7	43	79	115	5	29	53	77
13	49	85	121	9	33	57	81
19	55	91	127	13	37	61	85
25	61	97	133	17	41	65	89
31	67	103	139	21	45	69	93
37	73	109	145	25	49	73	97

In anderer Weise zusammengestellt ergeben die höheren Harmonischen x folgende Tabelle:

	Höhere rechtsläufige Harmonische					
bei 2-Phasen	5	17	29	41	53	65
„ 3- „	7	19	31	43	55	67
„ 2- „	9	21	33	45	57	69
„ 2- u. 3-Phasen	13	25	37	49	61	73

Als besonders günstige Nutenzahlen für Kurzschlußanker kann man solche ansehen, die durch die Polzahl $2 \cdot p$ teilbar sind. Bei derartigen Nutenzahlen kann nicht nur ganz symmetrische Serienkurzschlußwicklung angewandt werden, sondern sie ermöglichen auch einen vollkommen symmetrischen Verlauf der Kurzschlußströme in einer Käfigwicklung, denn N_2, die Anzahl der in Serie geschalteten Stäbe, ist auch bei reiner Käfigwicklung laut Gleichung (568), Seite 331, gleich der Polzahl $2 \cdot p$.

Ein Mittel, den Einfluß einer eventuell ungünstigen Nutenzahl zu beseitigen oder herabzumindern, besteht darin, die Nuten im Stator oder Rotor nicht axial, sondern schräg anzuordnen. Diese Bauweise erschwert aber die Herstellung und verteuert die Maschine. Auch die geschlossene Nute bietet für den Anlauf Vorteile, aber auch sie wird wegen ihrer sonstigen Nachteile — sie erfordert äußerst genaue Arbeit, sonst wird die Streuung zu groß, und sie macht das Einlegen der Drähte durch den Nutenschlitz beim Wickeln unmöglich — nicht mehr gerne angewandt.

Ich bin von meiner früheren Vorliebe Z_2 gleich einer absoluten Primzahl oder einer Z_1 gegenüber relativen Primzahl zu machen abgekommen, weil dadurch kein nachweisbarer Vorteil bedingt wird. Punga, der das Problem der ungünstigen Nutenzahlen gut kennt und in der Wiener Zeitschrift für Elektrotechnik und Maschinenbau 1912, Seite 1017, einen sehr interessanten Artikel über das Anlassen von Drehstrommotoren geschrieben hat, kommt auf ganz anderem Wege auch zur Ansicht, daß gerade Nutenzahlen im Rotor nicht ungünstiger sein können als ungerade. Dem erwähnten Artikel sind die Motoren der Tabelle Seite 352 entnommen, die mit dem Namen Punga gekennzeichnet sind.

103. Beispiele von ausgeführten Motoren, die schlecht anlaufen.

Eine Anzahl von Motoren, die in bezug auf den Anlauf besonderes Interesse bieten, sind in nachstehender Tabelle zusammengestellt und sie werden unter der Nummer der Tabelle einer kurzen Kritik unterzogen. Da ich teilweise nur über sehr mangelhafte Daten der Maschinen verfüge, kann nicht jeder der Motoren erschöpfend nach den gleichen Gesichtspunkten beurteilt werden.

Die Maschinen Nr. 1, 6, 10, 11, 12, von denen mir die Dimensionen und der Widerstand R_K eines Stabes der Kurzschlußwicklung bekannt sind, werden besonders benützt, um die Gleichung (586) auf ihre praktische Brauchbarkeit zu prüfen.

Der Motor Nr. 8 ist der einzige, von dem Meßresultate über das Drehmoment bei verschiedenen niedrigen Drehzahlen vorliegen, und dieser Motor wird benützt, um die von Punga angegebene Meßmethode und Pungas Anschauungen über ungünstige Nutenzahlen zu besprechen.

Man kann die Tabelle in 3 Gruppen einteilen:

Die erste Gruppe, Nr. 1 bis Nr. 6, behandelt Maschinen, die eine Stütze für die Berechtigung der Anschauung geben, daß Nutenzahlen im Stator und Rotor, die durch eine rechtsläufige höhere Harmonische x teilbar sind, für den Anlauf ungünstig sind.

Die zweite Gruppe, Nr. 7 bis Nr. 10, enthält Motoren, deren Nutenzahlen keinen Anlaß zur Kritik geben und deren schlechter Anlauf ausschließlich dem Umstand zuzuschreiben ist, daß der Rotorwiderstand zu klein ist.

Die dritte Gruppe, Nr. 10 bis Nr. 12, enthält Motoren, die gut anlaufen, trotzdem ihre Nutenzahl durch eine höhere Harmonische teilbar ist. Sie mindern daher die Beweiskraft der ersten Gruppe etwas herab, — aber doch nur scheinbar, denn die Rotorwiderstände der Maschinen der dritten Gruppe sind relativ groß. Bei entsprechend großem Rotorwiderstand laufen aber auch Motoren mit ungünstigen Nutenzahlen gut an.

Wenn in der Tabelle unter derselben Nummer eine Unterteilung a, b, c angegeben ist, so bedeutet dies, daß ein und derselbe Stator mit verschiedenartigen Rotoren probiert worden ist.

Nr.	PS	a_1	n	$2\cdot p$	Z_1	Z_2	Quelle
1a	65	3	3000	2	66	78	Landau
b	65	3	3000	2	66	77	„
c	65	3	3000	2	66	60	„
2a	6	3	1500	4	48	43	Heubach
b	6	3	1500	4	48	41	„
3a	4	1	1500	4	46	41	„
b	4	1	1500	4		39	„
c	4	1	1500	4		43	„
4	—	2	1000	6	60	65	Punga
5	—	2	750	8	72	59	„

Nr.	PS	a_1	n	$2\cdot p$	Z_1	Z_2	Quelle
6a	4,3	3	600	10	60	49	Landau
b	4,3	3	600	10	60	48	„
7a	60	3	1500	4	60	96	„
b	60	3	1500	4	60	72	„
8	400	3	1500	4	48	83	Punga
9a	—	3	1000	6	54	59	„
b	—	3	1000	6	54	47	„
10	20	3	1500	4	72	84	Landau
11	40	3	1500	4	84	72	„
12	3	3	1500	4	48	37	„

Nr. 1.

Gegen die Nutenzahl im Stator $Z_1 = 66$, $m_1 = 11$ läßt sich nichts einwenden.

Der Rotor a mit 78 Nuten lief sehr schlecht an. $78 = 6 \times 13$ enthält die 13. höhere Harmonische.

Wendet man die Gleichung (586)

$$R_K > \frac{1}{x}\left(\frac{h_x}{h_1}\right)^2 \cdot N_K \cdot \frac{\tau}{\delta} \cdot \frac{F_l \cdot f_1 \cdot 10^{-8}}{5 \cdot p}$$

auf den Motor an, so findet man, daß die Tabelle auf Seite 342 überhaupt gar nicht bis $m_1 = 11$ berechnet ist. Beschränkt man die Gleichung aber auf den praktisch wichtigsten Fall, auf die höhere Harmonische nämlich, die das maximale bremsende Drehmoment ausübt, so ist

$$\frac{1}{x}\left(\frac{h_x}{h_1}\right)^2 = \frac{1}{2 \cdot a_1 \cdot m_1 + 1}$$

und wir erhalten daher

$$R_K > \frac{1}{2 \cdot a_1 \cdot m_1 + 1} \cdot N_K \cdot \frac{\tau}{\delta} \cdot \frac{F_l \cdot f_1 \cdot 10^{-8}}{5 \cdot p} \quad . \; . \; . \; . \; . \; (598)$$

Wenn für den Streukoeffizient des Motors τ kein genauer Wert bekannt ist, darf man annähernd, wenigstens bei großen Motoren,

$$\frac{\tau}{\delta} = 1$$

setzen.

Bei unserem Motor ist

$$R_K = 0{,}0006 \text{ Ohm}$$
$$N_K = 2 \cdot Z_2 = 156$$
$$F_l = 960 \text{ cm}^2$$

$$\frac{1}{2 \cdot a_1 \cdot m_1 + 1} = \frac{1}{2 \cdot 3 \cdot 11 + 1} = \frac{1}{67} = 0{,}015$$

daher
$$0{,}0006 > 0{,}015 \cdot 156 \cdot 1 \cdot \frac{960 \cdot 50 \cdot 10}{5 \cdot 1}$$
$$0{,}0006 > 0{,}00022\,.$$

Der Widerstand eines Stabes ist daher um 2,75 mal größer als die rechte Seite der Ungleichung.

Bei einer zweiten Ausführung wurde die Nutenzahl im Rotor b

$$Z_2 = 77$$

gewählt. Der Rotor lief auch nicht gut an; $77 = 11 \times 7$ enthält die 7. höhere Harmonische. Bei diesem Rotor war

$$R_K = 0{,}000\,32 \text{ Ohm}$$
$$N_K = Z_2 = 77$$

daher
$$0{,}000\,32 > 0{,}015 \cdot 77 \cdot 1 \cdot \frac{960 \cdot 50 \cdot 10}{5 \cdot 1}$$
$$0{,}000\,32 > 0{,}000\,11\,.$$

Der Stabwiderstand ist daher 2,92 mal größer als die rechte Seite der Ungleichung (598).

Um die Anlaufschwierigkeiten endgültig zu beseitigen, wurde bei einer dritten Ausführung die Rotornutenzahl auf

$$Z_2 = 60$$

festgelegt. Trotz der geringeren Nutenzahl wurde das Kupferprofil vom Rotor *a* beibehalten, was gleichbedeutend mit einer Erhöhung des Widerstandes und Vergrößerung der Schlüpfung ist, gegenüber dem Rotor *a*. Es ist beim Rotor *c*

$$R_K = 0{,}0006$$

$$N_K = 2 \cdot Z_2 = 120,$$

daher

$$0{,}0006 > 0{,}015 \cdot 120 \cdot 1 \cdot \frac{960 \cdot 50 \cdot 10}{5 \cdot 1}$$

$$0{,}0006 > 0{,}00017\,.$$

Die Ungleichung ist 3,5 mal erfüllt und der Rotor lief sehr gut an.

Nr. 2.

Der Motor mit der Differenz

$$Z_1 - Z_2 = 48 - 43 = 5$$

ist der erste Motor, an dem ich die Tatsache, daß es ungünstige Nutenzahlen gibt, kennen lernte. Der Motor lief überhaupt nicht an. 43 ist eine höhere Harmonische. Den Motor habe ich seinerzeit beim Helios in Köln gebaut und besitze leider keine weiteren Angaben. Mit einem Rotor von 41 Nuten lief der Motor sehr gut an. Die 41. höhere Harmonische gibt es nur bei Zweiphasen-, nicht bei Dreiphasenmotoren.

Nr. 3.

Dieser Motor wurde gleich dem vorigen beim Helios in Köln gebaut, und auch von ihm habe ich außer den Nutenzahlen keine Unterlagen. Mit dem Rotor *a* von 41 Nuten lief dieser Einphasenmotor überhaupt nicht an, und er hatte mit diesem Rotor die Differenz

$$Z_1 - Z_2 = 46 - 41 = 5$$

in den Zähnezahlen. Die 41. Harmonische gibt es bei Ein- und Zweiphasenmotoren.

Mit dem Rotor *b* von 39 Nuten lief der Motor sehr gut an.

Um zu untersuchen, ob der Rotor *b* nicht wegen der verringerten Nutenzahl, die ja bei gleichem Kupferquerschnitt gleichbedeutend mit einer Widerstandserhöhung ist, besser anlief, wurde derselbe Stator mit einem Rotor *c* von 43 Nuten und wieder gleichen Kupferquerschnitten gebaut. Auch mit diesem Rotor lief der Motor vorzüglich an, trotzdem der Rotor *c* einen kleineren Rotorwiderstand als der Rotor *a* besaß.

Dieser Motor überzeugte mich von der Tatsache, daß es günstige und ungünstige Nutenzahlen gibt.

Die 39. und 43. höhere Harmonische gibt es zwar bei Ein- und Zweiphasenmotoren, sie sind aber linksläufig und kommen daher für den Anlauf nicht als schädigend in Betracht.

Nr. 4.

Dieser Zweiphasenmotor mit

$$Z_1 = 60$$
$$Z_2 = 65$$

lief nach Angabe von Punga schlecht an. Die Nutenzahl im Stator und Rotor enthält die höhere Harmonische 5. Im Stator ist außerdem

$$m_1 = 5$$

und die Rotornutenzahl enthält außer der 5. auch noch die 13. höhere Harmonische.

$$65 = 5 \times 13 .$$

Nach der hier vertretenen Anschauung muß daher dieser Motor besonders schlecht anlaufen.

Nr. 5.

Auch von diesem Zweiphasenmotor, dessen Rotornutenzahl

$$Z_2 = 59$$

nicht zu beanstanden ist, erwähnt Punga, daß er schlecht anlief Bei diesem Motor enthält die Statornutenzahl

$$Z_1 = 72 = 8 \times 9$$

die 9. höhere Harmonische.

Nr. 6.

Dieser Motor weist eine gewisse Ähnlichkeit mit dem Motor Nr. 4 auf, insofern, als seine Nutenzahl im Rotor

$$49 = 7 \times 7$$

das Quadrat der 7. Harmonischen enthält. Der Motor lief überhaupt nicht an, trotzdem die Ungleichung (598) ungefähr 5 mal erfüllt war. Bei der kleinen Leistung von 4,3 PS und der niedrigen Drehzahl von 600, erhält der Stator nur $m_1 = 2$ Nuten pro Spulenseite, was an und für sich schon ungünstig ist und das überhaupt praktisch zulässige Minimum bedeutet. Es ist

$$R_K = 0{,}000\,09 \text{ Ohm}$$
$$N_K = Z_2 = 49$$
$$F_l = 128 \text{ cm}^2$$
$$\frac{\tau}{\delta} = 2$$
$$0{,}000\,09 > \frac{1}{13} \cdot 49 \cdot 2 \cdot \frac{128 \cdot 50 \cdot 10}{5 \cdot 5}$$
$$0{,}000\,09 > 0{,}000\,019 ,$$

also 5 mal größer.

Der Motor lief gut mit einem Rotor *b* von $Z_2 = 48$ Nuten und denselben Kupferquerschnitten wie bei Rotor *a*.

Nr. 7.

An den Nutenzahlen des 60 PS 4-poligen Motors

$$Z_1 = 60$$
$$Z_2 = 96$$

ist nichts auszusetzen. Mit dem Rotor *a* von 96 Nuten lief der Motor bei 50 Perioden überhaupt nicht an. Wenn die Periodenzahl des zugeführten Drehstromes auf 40 herabgesetzt wurde, lief er an, vielleicht noch bei 42, nicht aber bei höherer Periodenzahl. Es ist sehr interessant, auf diesen Motor die Gleichung (598) anzuwenden.

Es ist

$$R_K = 0{,}000\,44 \text{ Ohm}$$
$$m_1 = 5$$
$$F_l = 680 \text{ cm}^2$$
$$N_K = 2 \cdot Z_2 = 192$$
$$\delta = 0{,}08 \text{ cm}$$
$$\frac{\tau}{\delta} = 1{,}0$$

$$0{,}000\,44 > \frac{1}{31} \cdot 192 \cdot 1 \cdot \frac{680 \cdot 50 \cdot 10}{5 \cdot 2}$$
$$0{,}000\,44 > 0{,}000\,21\,.$$

Bei 50 Perioden ist also R_K 2,1 mal größer als die rechte Seite der Ungleichung, und das genügt nicht, daß der Motor die Reibungswiderstände bei Leerlauf überwindet. Bei 40 Perioden wird

$$0{,}000\,44 > 0{,}000\,168\,,$$

R_K also 2,6 mal größer als die rechte Seite der Ungleichung, und diese Zunahme genügt, um den Anlauf zu ermöglichen.

Bei einer späteren Ausführung wurde ein Rotor mit 72 Nuten,

$$R_K = 0{,}000\,39$$
$$N_K = 2 \cdot Z_2 = 144$$

angewandt und er lief gut. Dieser Rotor erfüllte die Ungleichung 2,47fach, denn es ist

$$0{,}000\,39 > \frac{1}{31} \cdot 144 \cdot 1 \cdot \frac{680 \cdot 50 \cdot 10}{5 \cdot 2}$$
$$0{,}000\,39 > 0{,}000\,158.$$

An Hand dieser Resultate kann man leicht einsehen, wie empfindlich der Anlauf auf relativ kleine Änderungen der Ungleichung 598 reagiert. Man kann auf diese Weise verstehen, daß manche Motoren im Sommer oder in betriebsmäßig warmem Zustand viel leichter anlaufen als in kaltem Zustand.

Nr. 8

ist der Motor, den Punga in dem mehrfach erwähnten Artikel, Seite 1017, der Wiener Zeitschrift für Elektrotechnik und Maschinenbau 1912, besonders eingehend behandelt. Punga hat an diesem Motor das Anlaufdrehmoment auf folgende Weise gemessen:

Der Drehstrommotor wurde von einem kleinen Gleichstrommotor angetrieben, dessen Ankerspannung auf jeden gewünschten Wert einreguliert, während dessen Felderregung konstant gehalten wurde. Die Kurve I, Abb. 133, stellt den Ankerstrom des Gleichstrommotors in Abhängigkeit von der Drehzahl des angetriebenen Drehstrommotors dar, wenn der Drehstrommotor vom Netz abgeschaltet, also vollständig leer angetrieben wurde. Die Kurve II ist in gleicher Weise aufgenommen, während der Stator des Drehstrommotors mit Drehstrom von konstanter Stromstärke erregt wurde. Die Differenz der beiden Kurven, also die Kurve III, gibt daher direkt ein Maß für das vom Asynchronmotor erzeugte Drehmoment.

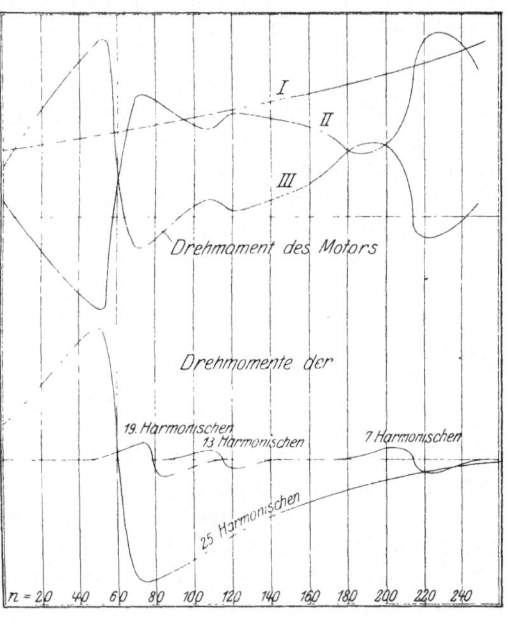

Abb. 133.

Punga zieht aus der Kurve III den Schluß, daß sich drei gesonderte Einflüsse auf das Drehmoment erkennen lassen:

1. „Der Einfluß des 7. Oberfeldes des Stators erzeugt eine Sattelbildung bei 214 Touren.

2. Das 13. Oberfeld erzeugt eine Sattelbildung bei 115 Touren, doch ist die Amplitude sehr klein.

3. Bei weitem den größten Einfluß übt die Sattelbildung bei 62 Touren aus, die von dem Wechselfeld mit 48 Polpaaren herrührt. Die Amplituden dieser 3 Sattelbildungen verhalten sich annähernd wie

8 : 1 : 16.“

Was das Wechselfeld von 48 Polpaaren anbelangt, so vertritt Punga die Anschauung, daß der Stator von 48 Nuten über jedem Zahn ein Feld von relativ hoher, über jedem Nutenschlitz ein Feld von relativ kleiner Luftinduktion hervorruft. In diesem Sinn spricht Punga von einem Wechselfeld, dessen Polpaarzahl gleich der Statornutenzahl ist, und Punga kommt bei seinen weiteren Untersuchungen zu dem Resultat, daß die Wirkungen dieser Wechselfelder sich je nach der Nutenteilung im Rotor in bezug auf die Rotorwicklung aufheben oder in verstärktem Maße äußern können. Als einen günstigen Wicklungsschritt im Rotor betrachtet Punga einen solchen, bei dem der eine Rotorstab genau einer Statornute, der mit ihm in Serie geschaltete zweite Stab genau der Mitte eines Statorzahnes gegenüberliegt.

Es liegt mir fern, Pungas Anschauungen als unrichtig zu erklären, denn ich bin mir bewußt, daß das Problem der ungünstigen Nutenzahlen noch nicht restlos gelöst ist, denn bei einer restlosen Lösung müßte berücksichtigt werden, daß der Widerstand des Luftfeldes mit der Relativstellung von Stator und Rotor variiert. Ich möchte aber zeigen, daß man die Kurve III auch ohne die Vorstellung von dem Wechselfeld von 48 Polpaaren sehr befriedigend erklären kann. Nach meiner Anschauung läßt sich die Kurve III zwanglos auf den Einfluß der 7., der 13., der 19. und der 25. Harmonischen zurückführen. Die Drehmomente der genannten Harmonischen sind in Abb. 133 aus der Kurve III abgeleitet und für sich herausgezeichnet, und die Amplituden dieser Drehmomente verhalten sich mit befriedigender Genauigkeit, wie es die Tabelle auf Seite 342 über die Funktion

$$\frac{1}{x}\left(\frac{h_x}{h1}\right)^2$$

bei $m_1 = 4$ verlangt, nämlich wie

$$0{,}0040 : 0{,}0013 : 0{,}0024 : 0{,}040$$

oder wie $$3 : 1 : 2 : 30.$$

Man sieht deutlich den überwiegenden Einfluß der 25. Harmonischen und erkennt außerdem, daß der Einfluß der 19. Harmonischen in Kurve III fast verwischt ist, weil das positive Maximum der 19. Harmonischen nahezu mit dem negativen Maximum der 25. Harmonischen zusammenfällt.

Nach meinem Dafürhalten sind die Nutenzahlen

$$Z_1 = 48,$$
$$Z_2 = 83$$

nicht zu beanstanden, und das Steckenbleiben des Motors beim Anlauf bei 62 und 215 Touren ist lediglich auf den zu geringen Widerstand des Rotors zurückzuführen. Zahlenmäßig kann ich die Richtigkeit dieser Auffassung nicht belegen, da mir die Unterlagen fehlen. Punga erwähnt aber selbst in seiner Veröffentlichung, daß der Motor anstandslos angelaufen ist, nachdem die Hälfte der Rotorstäbe entfernt war.

Nr. 9.

Auch der Motor Nr. 9 ist der Arbeit von Punga entnommen. Da weder die Nutenzahl von 54 im Stator, noch die Nutenzahl von 59 oder 47 im Rotor zu beanstanden ist, glaube ich, daß das schlechte Anlaufen dieser Motoren lediglich auf zu kleinen Rotorwiderstand zurückzuführen ist.

Nr. 10.

Der Motor Nr. 10 mit 72 Nuten im Stator, 84 Nuten im Rotor lief gut an, trotzdem die Rotornutenzahl

$$84 = 7 \times 12$$

die 7. Harmonische enthält. Bei diesem Motor ist

$$R_K = 0{,}0002 \text{ Ohm}$$
$$F_l = 500 \text{ cm}$$
$$m_1 = 6,$$

daher erhält man

$$0{,}0002 > 0{,}027 \cdot 84 \cdot 1 \cdot \frac{500 \cdot 50 \cdot 10^{-8}}{5 \cdot 2}$$
$$0{,}0002 > 0{,}000057.$$

Die Ungleichung 598 ist daher 3,5 mal erfüllt und der Rotorwiderstand ist daher groß genug, um das schädliche Drehmoment der 7. Harmonischen zu überwinden.

Nr. 11.

Dieser Motor besitzt im Stator 84, dagegen im Rotor 72 Nuten, und daher enthält in diesem Fall die Statornutenzahl

$$84 = 7 \times 12$$

die 7. höhere Harmonische.

Bei diesem Motor ist

$$R_K = 0{,}00044$$
$$F_l = 550$$
$$m_1 = 7$$
$$N_K = 2 \cdot Z_2 = 144,$$

daher $$0.00044 > 0{,}023 \cdot 144 \cdot 1 \cdot \frac{550 \cdot 50 \cdot 10^{-8}}{5 \cdot 2}$$
$$0{,}00044 > 0{,}00009.$$

Die Ungleichung 598 ist daher 5 mal erfüllt und da ist der gute Anlauf trotz der 7. Harmonischen zu erklären.

Nr. 12.

Die Statornutenzahl von 48 ist nicht zu beanstanden, dagegen entspricht die Rotornutenzahl von 37 einer höheren Harmonischen.

Bei diesem Motor ist:

$$R_K = 0{,}00008 \text{ Ohm}$$
$$F_l = 142 \text{ cm}^2$$
$$m_1 = 4$$
$$\delta = 0{,}035 \text{ cm}$$

und in diesem Falle kann das Verhältnis $\frac{\tau}{\delta}$ nicht gleich 1 gesetzt werden, sondern bei einem so kleinen Motor beträgt der Streuungskoeffizient ungefähr 0,1, das Verhältnis $\frac{\tau}{\delta}$ daher ungefähr gleich 3.

$$0{,}00008 > \frac{1}{25} \cdot 37 \cdot 3 \cdot 142 \cdot 50 \cdot 10^{-8}$$

$$0{,}00008 > 0{,}0000314.$$

Der Motor läuft gut an, trotzdem die Ungleichung 598 nur 2,5 mal erfüllt ist.

Als dieses Kapitel längst geschrieben war, erschien im Jahre 1919, im Heft 212 der Forschungsarbeiten auf dem Gebiete des Ingenieurwesens, herausgegeben vom Verein Deutscher Ingenieure, eine sehr interessante Arbeit von Dr. ing. Wilhelm Stiel über „Experimentelle Untersuchung der Drehmomentverhältnisse von Drehstrom-Asynchronmotoren mit Kurzschlußrotoren verschiedener Stabzahl“. (Preis des Heftes M. 6,—, für Mitglieder des Vereins, sowie Lehrer und Schüler technischer Schulen M. 4,—.)

Das Studium dieser Arbeit und der 90 dazu gehörenden Abbildungen kann allen, die sich mit dem Problem der Nutenzahlen eingehend beschäftigen wollen, auf das wärmste empfohlen werden.

Stiel hat selbst Versuche vorgenommen mit einem gewöhnlichen 4-poligen 1 PS-Asynchronmotor der Siemens-Schuckert-Werke, der mit 11 verschiedenen Rotoren ausgestattet wurde. Der Stator hatte 24, also pro Spulenseite 2 Nuten. Die 11 verschiedenen Kurzschlußanker hatten die Nutenzahlen: 18, 19. 20, 22, 25, 27, 28, 29, 2 × 19 (Schleifen-Kurzschlußanker mit 19 Schleifen, Schritt 1—10), 41, 42.

Aus den Versuchsergebnissen sei folgendes angeführt:

Rotor 18. Der Rotor mit 18 Stäben zeigt in bezug auf die Gestalt seiner Drehmomentkurve ein betriebstechnisch sehr gutes Verhalten. Er ist der zweitbeste sämtlicher untersuchter Rotoren. Der Verlauf des Drehmomentes über den ganzen Arbeitsbereich ist glatt und störungsfrei. Der Rotor läuft bei allen Geschwindigkeiten durchaus geräuschlos.

Rotor 19. Gegen das einwandfreie Verhalten des Rotors 18 sticht das des Rotors 19 in scharfer Weise ab. Die Eigenschaften des Rotors erscheinen durch die Hinzufügung des einen Rotorstabes von Grund aus geändert. Die Aufnahme von Anlaufkurven machte Schwierigkeiten infolge der ins Negative hinabgehenden Einsattlung der Momentkurve in der Nähe von 520 Umdrehungen. Es mußte daher ein Hilfsmotor zur Unterstützung herangezogen werden, um über diesen Punkt hinweg zu kommen.

Der Rotor macht ein geradezu unbeschreibliches, wildbrüllendes Geräusch, das beim Stillstand anfängt und erst bei erheblicher Überschreitung von 500 Umdrehungen allmählich verschwindet, bis der Lauf in der Nähe des Synchronismus normal und ziemlich geräuschlos wird.

Bei diesem Rotor 19 liegt ein Fall vor, in dem der Unterschied der Stator- und Rotornutzahlen $= 5$ ist. Es ist bereits seit längerem bekannt (Heubach), daß bei diesen Nutzahlen Schwierigkeiten zu erwarten sind; dies ist indes beim 4-poligen Motor nur für den Fall richtig, daß die Statornutzahl die größere ist (vgl. Rotor 29).

Rotor 20. Die Momentkurve des Rotors 20 zeigt außer dem in seinem genauen Verlauf schwer feststellbaren Höcker bei Stillstand ein deutliches siebentes Moment, dem sich indes andere Unregelmäßigkeiten überlagern. Bei Betrieb mit normaler Spannung wird der Rotor etwas langsam anlaufen, aber immerhin in den meisten Fällen noch verwendbar sein. Hinsichtlich Geräuschlosigkeit des Ganges bei Anlauf und Betrieb verhält sich der Rotor einwandfrei.

Rotor 22. Der Rotor 22 ist in jeder Beziehung einwandfrei. Die Momentkurve verläuft glatt und enthält keinerlei Spuren von Momenten höherer Ordnung. Geräusch verursacht der Rotor nicht.

Rotor 25. Da die Schlucht in der Momentkurve bei diesem Rotor nicht bis auf die Abszissenachse herabreicht, war es möglich, die Kurve in der gewohnten Weise durch einfachen Anlaufversuch aufzunehmen. Der tiefste Punkt der Kurve liegt bei 700 Umdrehungen; eine zweite kleinere Einsattelung bei 930 Umdrehungen. Weitere Unregelmäßigkeiten weist die Kurve bei den ganz niedrigen Geschwindigkeiten auf. Bei diesem Kurvenverlauf ist der Rotor für die Praxis unbrauchbar. In der Nähe der tiefsten Einsattelung zeigt der Rotor sehr laute Geräusche.

Rotor 27. Die Momentkurve zeigt eine kleine Vertiefung in der Nähe von $n = 1000$, sowie einige wenig belangreiche Unregelmäßigkeiten bei den niedrigen Geschwindigkeiten. Der Rotor würde nach seiner Momentkurvenform wohl brauchbar sein; dagegen heben die sehr starken Betriebsgeräusche seine Verwendbarkeit auf.

Rotor 28. Der Rotor 28 verdient insofern besondere Beachtung, als hier von vornherein das Auftreten einer 7. Harmonischen zu erwarten war. Der Rotor geht beim Einschalten von selbst auf rd. 148 Uml/Min. und läuft damit dauernd weiter. Gibt man einen Anstoß mit der Hand, so daß er mit der Drehzahl etwas höher kommt, so beschleunigt er sich selbst weiter und geht langsam bis rd. 190 Uml./Min. hinauf. Dann erfährt er einen plötzlichen Ruck und schießt über den kritischen Bereich hinaus bis auf etwa 230 Uml./Min. hinauf. Von hier aus geht er langsam, aber stetig bis auf rd. 260 Uml./Min. und von hier an schnell hoch auf $n = 1500$ Uml./Min. Der Rotor ist praktisch unbrauchbar, da er bei normaler Betriebsspannung weder belastet noch leer über den kritischen Punkt $n = 214$ hinüber gebracht werden kann.

Rotor 29. Die Momentkurve weist in ihren Anfangsteilen einige Unregelmäßigkeiten auf, der Rotor kann für die Praxis, obwohl die Momentkurve nicht allzu schlecht ist, nicht in Betracht kommen, weil er beim Betrieb recht starke Geräusche macht. (Bei diesem Motor ist die Differenz der Nutenzahlen wiederum 5 und der Motor ist praktisch nicht verwendbar. Daher ist mir der letzte Satz, mit dem

Stiel die Bemerkungen über den Rotor schließt, nicht ganz verständlich. Heubach.)

Rotor 2 × 19. Bei dem Schleifen-Kurzschlußrotor 2 × 19 sollte in Anbetracht des durch die Schleifenwicklung bewirkten Ausgleiches ein glatter Verlauf der Momentkurve erwartet werden. Gleichwohl zeigt die Kurve in der Nähe des Stillstandpunktes einige nicht unbedeutende Unregelmäßigkeiten. Der Rotor ist gut brauchbar, allerdings ist er, obwohl wegen seiner umständlichen Wicklung wesentlich teurer, schlechter als Rotor 22. Wesentliche Geräusche treten bei ihm nicht auf.

Rotor 41 und 42. Die Rotoren 41 und 42 ergeben typische Kurven für Käfiganker hoher Stabzahl. Hier überwuchert das von der Statornutung herrührende Parasitärmoment bei etwa 115 Uml./Min. alle anderen Einflüsse und führt dazu, daß diese Rotoren, obwohl sie hinsichtlich Geräuschlosigkeit einwandfrei sind, infolge des schlechten schleichenden Anlaufes für die meisten Fälle der Praxis unbrauchbar sind.

Geräusche:

Nr.	Rotor	Geräusch Art und Stärke	Geräusch tritt auf bei der Drehzahl
1	18	nicht vorhanden	—
2	19	sehr starkes Brüllen	450 bis 1000
3	20	sehr gering	—
4	22	nicht vorhanden	—
5	25	sehr stark	500 bis 800 bis 1000
6	27	sehr stark	300/500, 700/800, 900/1000
7	28	sehr gering	—
8	29	stark bis mittelstark	400 bis 1250
9	2 × 19	sehr gering	—
10	41	sehr gering	—
12	42	sehr gering	—

Eine Zusammenstellung aller 41 Motoren, die Dr. Stiel in seiner Arbeit erwähnt, ist in der beigedruckten Tabelle enthalten, und Stiel zieht aus seinen Untersuchungen folgende Schlüsse:

Übersicht über die bisher vorliegenden Beobachtungen.

Nr.	Quelle	Art des Motors	Polzahl	Nutzahl Stat.	Nutzahl Rot.	Einsattlung der Momentkurve	Verhalten	Bemerkungen
1	Berthold	Drehstrom	2	24	29	—	gut	verkürzter Wickelschritt im Stator
2	Punga	„	2	36	33	—	„	—
3	do.	„	2	36	43	—	„	—
4	do.	„	2	36	47	—	„	—
5	do.	„	2	36	57	bei unbekannt. Drehzahl	schlecht	—
6	eig. Versuche	„	4	24	18	—	gut	Frequenz 50
7	do.	„	4	24	19	$n = 570$	schlecht	„
8	do.	„	4	24	20	—	mittelgut	„
9	do.	„	4	24	22	—	gut	„

Übersicht über die bisher vorliegenden Beobachtungen (Fortsetzung).

Nr.	Quelle	Art des Motors	Polzahl	Nutzahl Stat.	Nutzahl Rot.	Einsattlung der Momentkurve	Verhalten	Bemerkungen
10	eig. Versuche	Drehstrom	4	24	25	$n = 750$	schlecht	Frequenz 50
11	do.	"	4	24	27	$n = 1000$	mittelgut	"
12	do.	"	4	24	28	$n = 214$	schlecht	"
13	do.	"	4	24	29	—	gut	"
14	do.	"	4	24	38	—	"	"
15	do.	"	4	24	41	$n = 115$	schlecht	"
16	do.	"	4	24	42	$n = 115$	"	"
17	eigene Erfahrungen	"	4	36	28	—	gut	"
18	Punga	"	4	36	33	—	"	—
19	Punga u. eig. Erfahrungen	"	4	36	43	—	"	—
20	Punga	"	4	36	47	—	"	—
21	do.	"	4	36	57	bei unbekannt. Drehzahl	schlecht	—
22	Heubach	"	4 (?) oder 8	48	41	—	gut	Heubach gibt die Polzahl nicht an[1])
23	do.	"	4 (?) oder 8	48	43	bei unbekannt. Drehzahl	schlecht	vgl. Nr. 22
24	Berthold	"	4	48	53	—	gut	—
25	Punga	"	4	48	42	bei $\frac{n}{7}$ gering	—	Motor unsymmetrisch; erhalt. d. Entfernung von 21 Stäben bei dem folgenden Rotor
26	do.	"	4	48	83	bei $\frac{n}{24}$ stark, bei $\frac{n}{7}$ geringer	schlecht	—
27	eigene Erfahrungen	"	6	36	28	—	gut	—
28	private Mitteil.	"	6	36	(?)31	$n = 370$	schlecht	Frequenz = 50
29	eigene Erfahrungen	"	6	54	43	—	gut	—
30	Berthold	"	6	54	53	$n = 152$	schlecht	Frequenz = 60
31	Punga	"	6	54	47	bei unbekannt. Drehzahl	"	—
32	do.	"	6	54	59	"	"	—
33	Berthold	Zweiphasenstrom	4	24	34	—	gut	Frequenz = 60
34	do.	"	4	24	65	bei unbekannt. Drehzahl	schlecht	"
35	do.	"	6	60	65	"	"	"
36	Punga	"	8	72	59	"	"	—
37	Heubach	Einphasenstrom	4	46	41	"	"	—
38	do.	"	4	46	39	—	gut	—
39	do.	"	4	46	43	—	"	—
40	eig. Versuche	Drehstrom	6	36	42	$n = 143$	schlecht	wie Nr. 12
41	do.	"	6	36	41	—	gut	—

[1]) Die Motoren 22, 23, 37—39 waren 4polig. Der Verfasser.

Mit Sicherheit geht aus den vorliegenden Ergebnissen eine Tatsache hervor: Rotoren mit einer erheblich über die Statornutzahl hinausgehenden Stabzahl sind schlecht, und zwar um so schlechter, je größer der Überschuß der Rotorstabzahl über die Statornutzahl ist.

					Überschuß der Rotornutzahl v.H.
Nr. 34.	Zweiphasenmotor,	4-polig,	Stator 24,	Rotor 63 Nuten.	170
„ 26.	Dreiphasenmotor,	„	„ 48,	„ 83 „	73
„ 15.	„	„	„ 24,	„ 41 „	71
„ 16.	„	„	„ 24,	„ 42 „	75
„ 21.	„	„	„ 36,	„ 57 „	58
„ 5.	„	2-polig,	„ 36,	„ 57 „	58

Einfluß des Nutungsfeldes. Die Drehzahl, bei der das hier vorliegende Parasitärmoment durch Null geht, hat bei allen Rotoren, für die sie gemessen wurde, einen Wert, der in der Nähe von

$$n_p = \frac{60 \cdot f_1}{Z_1},$$

wo Z_1 die Statornutenzahl bedeutet. Dies beweist, daß die Ursache der Erscheinung in einem Parasitärfelde mit der Polpaarzahl Z_1 gesucht werden muß. Ein solches Parasitärfeld ist das durch die Nutung des Stators erzeugte Feld. Es entsteht dadurch, daß die Nuten die gesetzmäßige Permeabilität der Kraftlinienpfade im Stator stören.

Wirkung des Nutungsfeldes bei Rotoren hoher Stabzahl. In der Tat ist dieses Nutungsfeld die Ursache der bisher betrachteten Parasitärmomente. Eine genauere Betrachtung seiner Eigenschaften zeigt aber, daß die Synchrondrehzahl für dieses Nutungsfeldmoment nicht den von Punga angenommenen Wert

$$n_p = \frac{60 \cdot f_1}{Z_1},$$

sondern

$$n_p = \frac{60 \cdot f_1}{Z_1 + p}$$

annimmt.

Stiel stellt ferner die Faustregel auf: Das Parasitärmoment, in Hundertsteln des Anzugsmomentes des Grundfeldes ausgedrückt, ist ebenso groß wie der Rotornutzahlüberschuß, in Hundertsteln der Statornutzahl ausgedrückt.

Die Nutzahlunterschiede 5, 3 und 1. Der Rotor 19 gehört mit dem 24-nutigen Stator zu den Nutenpaaren mit einem Unterschied 5, vor denen Heubach zuerst gewarnt hat. Er rechtfertigt diese Warnung vollkommen, nicht dagegen das Nutenpaar 24/29, dessen Verhalten durchaus nicht besonders schlecht ist, und ebensowenig das 6-polige Nutenpaar 36/41, das ausgesprochen gut ist. Es fällt auf, daß bei allen beobachteten Motoren mit gerader Statornutzahl pro Pol und Phase die um fünf niedrigere Rotornutzahl schlecht, die um fünf höhere gut ist, während bei ungerader Statornutzahl das Umgekehrte der Fall zu sein scheint. Die Ursache aller dieser Parasitärmomente bei Nutzahlunterschieden = 1, 3, 5 ... dürfte vielleicht in den Schwankungen der magnetischen Leitfähigkeit, welche durch die wechselnde relative Lage der Rotor- und Statornuten herbeigeführt wird, zu suchen sein.

Wahl der Rotornutzahl. Fassen wir zusammen, so kann man sagen, daß zur Vermeidung der Momentstörungen verschiedener Art die Rotornutzahl nach folgenden Grundsätzen gewählt werden sollte:

1. Die Rotornutzahl soll grundsätzlich kleiner sein als die Statornutzahl;
2. sie soll sich von der Statornutzahl möglichst wenig unterscheiden,
3. sie soll durch die Polpaarzahl teilbar sein,
4. sie soll eine gerade Zahl sein.
5. Die Unterschiede 1, 3, 5 ... sind zu vermeiden.

Diese Grundsätze (von denen unter normalen Verhältnissen 5. bereits in 1. bis 4. enthalten ist) laufen also darauf hinaus, bei Kurzschlußrotoren die Rotornutzahl stets um p (bei gerader Polpaarzahl) bzw. $2\,p$ (bei ungerader Polpaarzahl) niedriger als die Statornutzahl zu wählen.

Hiernach würden also beispielsweise für Drehstrommotoren folgende Zahlen in Betracht zu ziehen sein:

Polpaare p		Nuten pro Pol und Phase 2	3	4	5	6
1	Stator	12	18	24	30	36
	Rotor	10	16	22	28	34
2	Stator	24	36	48	60	72
	Rotor	22	34	46	58	70
3	Stator	36	54	72	90	108
	Rotor	30	48	66	84	102
4	Stator	48	72	96	120	144
	Rotor	44	68	92	116	140
5	Stator	60	90	120	150	180
	Rotor	50	80	110	140	170

In seinen Schlußbemerkungen sagt Stiel, daß die bisher in der Literatur vertretenen Anschauungen über die in Rede stehenden Erscheinungen in manchen Punkten mit den Tatsachen in Widerspruch stehen. Ich kann mich dieser Anschauung durchaus anschließen. Es ist noch sehr viel zu ergründen, bevor wir mit Sicherheit voraussagen können, wie sich ein Motor mit unausprobierten Nutenzahlen verhalten wird. Aus diesem Grunde wäre sehr zu wünschen, daß alle Kollegen, sobald sie eine besonders auffallende Erscheinung an Asynchronmaschinen wahrgenommen haben, entweder selbst wenigstens eine kurze Mitteilung hierüber veröffentlichen oder eine kurze Nachricht darüber an einen der Autoren, die sich eingehend mit dem Studium dieser Fragen beschäftigt haben, gelangen lassen.

XIII. Zusammenstellung der Formeln für den praktischen Gebrauch.

104. Ableitung einer Dimensionierungsformel.

Die Berechnung eines Motors für eine gegebene Leistung beginnt damit, daß seine Dimensionen schätzungsweise angenommen werden müssen. Im Verlauf der Rechnung stellt sich dann heraus, ob die ursprünglich angenommenen Dimensionen beibehalten werden können, oder ob und in welcher Weise sie mit Rücksicht auf Erwärmung, Wirkungsgrad usw. geändert werden müssen. Um eine Gleichung abzuleiten, die die oberflächliche Dimensionierung ermöglicht, gehen wir unter Vernachlässigung der Streuung von der Gleichung aus

$$E_1 = 2{,}22 \cdot k_1 \cdot N_1 \cdot \Phi_l \cdot f_1 \cdot 10^{-8},$$

substituieren

$$\Phi_l = c \cdot \mathfrak{B}_l \cdot F_l$$

$$F_l = \frac{D \cdot \pi \cdot b}{2p}$$

$$f_1 = \frac{n \cdot p}{60}$$

und erhalten

$$E_1 = 2{,}22 \cdot k_1 \cdot c_1 \cdot N_1 \cdot \mathfrak{B}_l \cdot \frac{D \cdot \pi \cdot b}{2 \cdot p} \cdot \frac{n \cdot p}{60} \cdot 10^{-8} \quad . \; . \; . \; . \; (598)$$

Diese Gleichung stellt den Zusammenhang der Klemmenspannung E_1 und der Drahtzahl N_1 für jede Phase der Statorwicklung dar. Sie beruht auf physikalischen Gesetzen und ist unbedingt richtig. Bei unseren weiteren Überlegungen können wir uns nicht mehr auf ein physikalisches Gesetz von strenger Gültigkeit stützen, sondern wir müssen mit Erfahrungsdaten fürlieb nehmen, die auf Grund ausgeführter Maschinen gewonnen sind.

Wir müssen nämlich einen Anhalt dafür gewinnen, wie groß der Raumbedarf ist, den die N_1-Drähte in jeder Phase beanspruchen. Dieser Raumbedarf hängt natürlich von dem Querschnitt ab, den jeder der N_1-Drähte haben muß und wir bekommen dadurch einen Zusammenhang mit der Stromstärke I_1, die in jeder Phase des Motors fließt. Wenn uns die Nutenzahl des Stators schon bekannt wäre, könnten wir weiterhin den Nutenquerschnitt berechnen und unter Berücksichtigung der zulässigen Induktion in den Zähnen könnten wir schließlich den notwendigen Ankerumfang und den Statordurchmesser ermitteln, der nötig ist, um die N_1 Drähte von gegebenem Querschnitt aufzunehmen.

Dieser Weg würde aber sehr unbequem sein. Abgesehen davon, daß wir, wie schon erwähnt, die Statornutenzahl schon kennen müßten, müßten wir weiterhin die Höhe der Spannung in Rücksicht ziehen, denn bei hoher Spannung wird infolge der stärkeren Isolation und der dünneren Drähte der Nutenquerschnitt schlechter ausgenützt wie bei kleineren Spannungen. Um uns von allen diesen schon ins einzelne gehenden Erwägungen unabhängig zu machen, stützen wir uns auf eine rein empirische Gleichung, die zuerst Arnold auf Grund vieler Nachrechnungen von ausgeführten Maschinen angegeben hat. Diese Gleichung lautet:

$$S_{\mathrm{cm}} = u\sqrt{D} \quad \text{. . . . . (599)}$$

und sie besagt, daß die Anzahl der Amperestäbe auf 1 cm Ankerumfang der Wurzel aus dem Ankerdurchmesser proportional ist. Für den Begriff Amperestäbe für 1 cm Ankerumfang hat der AEF das Wort Strombelag in Vorschlag gebracht. Die Konstante u der Gleichung (599) hat die Größe

$$u = 20 \div 30$$

und die Gleichung (599) läßt sich nicht nur auf Drehstrommotoren, sondern auch auf Drehstromgeneratoren, ebenso auch auf Gleichstromgeneratoren und Motoren anwenden.

Bei einem Drehstrommotor ist die Zahl der Amperestäbe einer Phase $N_1 \cdot I_1$, die Zahl der Amperestäbe einer a-phasigen Wicklung daher $a_1 \cdot N_1 \cdot I_1$, und die Anzahl der Amperestäbe einer a-phasigen Wicklung für 1 cm Ankerumfang daher

$$S_{\mathrm{cm}} = \frac{a_1 \cdot N_1 \cdot I_1}{D \cdot \pi}.$$

Setzt man diesen Ausdruck in die Gleichung (599) ein, so erhält man

$$\frac{a_1 \cdot N_1 \cdot I_1}{D \cdot \pi} = u \cdot \sqrt{D},$$

und demnach

$$a_1 \cdot I_1 = \frac{\pi}{N_1} \cdot u \cdot D^{3/2} \quad \text{. . . . . (600)}$$

Die Multiplikation der Gleichungen (599) und (600) liefern das Resultat:

$$a_1 \cdot E_1 \cdot I_1 = \frac{2{,}22 \cdot k_1 \cdot c_1 \cdot \pi^2 \cdot 10^{-8}}{2 \cdot 60} u \cdot \mathfrak{B}_l \cdot D^{5/2} \cdot b \cdot n \quad \text{. . (601)}$$

die auf ihrer linken Seite die elektrische Leistung der Maschine, auf der rechten Seite den Ankerdurchmesser, die Ankerbreite, die Drehzahl und außerdem verschiedene Koeffizienten enthält. An diesen Koeffizienten wollen wir noch folgende Vereinfachungen vornehmen:

Für den bekannten Faktor 2,22 setzen wir den Ausdruck ein

$$2{,}22 = \frac{\pi}{\sqrt{2}}.$$

Der Koeffizient k_1 variiert nur innerhalb enger Grenzen. Seinen kleinsten Wert 0,9 besitzt er bei einem vielnutigen Zweiphasenmotor und er erreicht bei Einlochwicklungen seinen größten Wert 1,0. Wir setzen in obiger Gleichung

$$k_1 = 1.$$

Der Koeffizient c_1 schwankt bei Zweiphasenmotoren am meisten, nämlich je nach der Nutenzahl pro Spulenseite zwischen 0,707 und 0,530. In die Dimensionierungsformel werden wir einen Mittelwert für c_1 einsetzen, und zwar den, der einer sinoidalen Feldanordnung entspricht, nämlich

$$c_1 = 0{,}637 = \frac{2}{\pi}.$$

Wir können daher die Gleichung (601) in der Form schreiben:

$$a_1 \cdot E_1 \cdot I_1 = \frac{\pi^2 \cdot 10^{-8}}{\sqrt{2} \cdot 60} \cdot u \cdot \mathfrak{B}_l \cdot D^{5/2} \cdot b \cdot n = \frac{D^{5/2} \cdot b \cdot n}{C} \quad . \quad . \quad (602)$$

Dieser Ausdruck stellt die gesuchte Dimensionierungsformel dar, mit der wir sofort praktisch arbeiten können, sobald wir uns darüber klar geworden sind, welche Werte wir für u und $\mathfrak{B}_l$ einsetzen wollen. Die maximale Luftinduktion und die Größe des Strombelages sind die beiden besten Kriterien dafür, wie hoch der Motor beansprucht bzw. ausgenützt ist. Der erfahrene Rechner kann aus diesen beiden Zahlen bei der Untersuchung eines Motors sofort eine ganze Reihe wichtiger Schlüsse ziehen, und umgekehrt wird er bei der Neurechnung einer Maschine von diesen beiden Zahlen ausgehen.

Die maximale Luftinduktion schwankt bei den verschiedenen Maschinen zwischen 4000 und 6000, der Koeffizient u — wie schon oben erwähnt — zwischen 20 und 30. Das Produkt $u \cdot \mathfrak{B}_l$ ist aber trotz der bedeutenden Variationen seiner Faktoren ziemlich konstant, wie sich auch leicht einsehen läßt. Je größer nämlich u und damit die Anzahl der Amperestäbe für 1 cm Ankerumfang gewählt wird, um so größer müssen die Nuten werden, um das Kupfer unterzubringen, desto kleiner werden aber die Zahnquerschnitte, und folglich muß $\mathfrak{B}_l$ entsprechend kleiner genommen werden, um eine übermäßig große Zahninduktion zu verhindern. Vom physikalischen Standpunkte aus läßt sich nicht entscheiden, welcher der beiden Faktoren, u oder $\mathfrak{B}_l$, zweckmäßig groß gewählt wird, denn es läßt sich auf die eine oder andere Weise ein guter Motor bauen. Vom wirtschaftlichen Standpunkt aus empfiehlt es sich dagegen, $\mathfrak{B}_l$ möglichst groß zu wählen, denn vom Eisen ganz abgesehen, muß selbstverständlich danach getrachtet werden, möglichst wenig Kupfer zu verwenden, das nicht nur einen sehr hohen Materialwert repräsentiert, sondern auch noch den Aufwand an hohen Wickellöhnen verursacht.

Um uns ein Bild darüber zu machen, in welchen Grenzen die Dimensionen eines Motors für gegebene Leistung schwanken, wollen wir die Konstante C in der Gleichung (602) zweimal ermitteln, und um Extremwerte für reichlich und knapp dimensionierte Motoren zu bekommen, setzen wir für u und $\mathfrak{B}_l$ einmal gleichzeitig die Minimalwerte und das andere Mal gleichzeitig die Maximalwerte ein. Für $u = 20$ und $\mathfrak{B}_l = 4000$ erhalten wir

$$C = \frac{\sqrt{2} \cdot 60 \cdot 10^8}{\pi^2 \cdot 20 \cdot 4000} = 10600,$$

für $u = 30$ und $\mathfrak{B}_l = 6000$ wird

$$C = \frac{\sqrt{2} \cdot 60 \cdot 10^8}{\pi^2 \cdot 30 \cdot 6000} = 4700.$$

Wir können daher Gleichung (602) in der Form schreiben

$$D^{5/2} \cdot b = 4700 \div 10600 \cdot \frac{a_1 \cdot E_1 \cdot I_1}{n}.$$

Der Unterschied der Zahlen 4700 und 10600 erscheint ganz gewaltig, er wird aber bei den meist gebrauchten Dimensionierungsformeln (606) und (608) ganz bedeutend zusammenschrumpfen, da aus diesen Zahlen eine höhere Wurzel gezogen werden muß. Aus dem großen Unterschied der beiden Zahlen ersehen wir aber, daß es zulässig ist, bei der Aufstellung der Dimensionierungsformel die umständlichen Rücksichtnahmen auf die Spannung des Motors und seine Polzahl zu unterlassen. Wir gehen noch einen Schritt weiter und vernachlässigen auch vollständig den Einfluß der Schlüpfung, überhaupt des Wirkungsgrades und des Leistungsfaktors $\cos\varphi$. Wir können daher das Produkt $a_1 \cdot E_1 \cdot I_1$, das wir im Anfang dieser Ableitung auf den Stator bezogen haben, als die Nutzleistung des Motors in Watt auffassen und erhalten so

$$D^{5/2} \cdot b = 4700 \div 10600 \frac{\text{Nutzleistung des Motors in Watt}}{n}. \quad (603)$$

Es soll nicht unterlassen werden, nochmals darauf hinzuweisen, daß die Gleichungen (599) und (600) Faustformeln darstellen, die auf kein physikalisches Gesetz gestützt sind. Wollte man sie z. B. benützen, um aus ihnen die Dimension der Stromstärke im elektromagnetischen absoluten Maßsystem zu bestimmen, so würde man natürlich eine ganz falsche Zentimeter-Gramm-Sekunden-Dimension erhalten.

Ferner ist zu beachten, daß man sich unter den Amperestäben eines Ankers zwei verschiedene physikalische Größen vorstellen kann. Wir wollen uns die Sache an einer Dreiphasenwicklung klar machen.

Die Zahl der Amperestäbe einer dreiphasigen Wicklung ist ein Maximum, wenn der Strom einer Phase seinen Maximalwert, die Ströme der beiden anderen Phasen ihren halben Maximalwert haben. Es ist demnach in bezug auf die erregende Kraft oder in bezug auf die Ankerreaktion bei Generatoren

$$S_{\max} = \sqrt{2} \cdot I \cdot N + 2 \cdot \sqrt{2}\,\frac{I}{2} \cdot N = 2 \cdot \sqrt{2} \cdot I \cdot N.$$

In bezug auf den Querschnitt des Ankerdrahtes, den Platzbedarf der Wicklung und die Jouleschen Verluste ist es aber gleichgültig, welche Phasenverschiebung die drei Ströme zueinander haben und daher sind die genannten Größen abhängig von der Amperestabzahl

$$S = 3 \cdot I \cdot N,$$

und bei einer a-phasigen Wicklung

$$S = a \cdot I \cdot N,$$

und dieser Ausdruck wurde demgemäß der Ableitung der Gleichung (600) zugrundegelegt.

105. Anwendung der Dimensionierungsformel.

a) Ankerdurchmesser und Ankerbreite sind zu berechnen.

Das in Gleichung (603) niedergelegte Resultat können wir praktisch in verschiedener Weise verwerten. Wenn wir, wie bei den listenmäßigen Maschinen, in bezug auf die Wahl von Ankerdurchmesser D und Ankerbreite b vollkommen freie Hand haben, so werden wir die beiden Dimensionen so wählen, daß außer der Einhaltung der vorgeschriebenen Bedingungen für Leistung, Drehzahl, Wirkungsgrad und Leistungsfaktor auch sonst noch möglichst günstige Verhältnisse für die Selbstkosten und die Fabrikation erzielt werden. Es läßt sich z. B. zeigen, daß der Kupferbedarf unter gewissen Voraussetzungen dann ein Minimum wird, wenn die „aktive" Kupferlänge, die der Motorbreite b gleich ist, genau so groß ist wie die „passive" Kupferlänge, die außerhalb des Eisens für den Spulenkopf aufgewendet werden muß. — Stellt man verschiedene derartige Betrachtungen an, so kommt man zu dem Resultat, das sich am einfachsten in die Worte kleiden läßt: In bezug auf den Materialaufwand ist es günstig, wenn wir die Polflächen ungefähr quadratisch wählen; wenn wir also

$$\frac{D \cdot \pi}{2 \cdot p} = b$$

machen. Bezeichnen wir das Verhältnis von Ankerbreite zum Ankerdurchmesser mit λ, so wird

$$\lambda = \frac{b}{D} \quad \ldots \ldots \ldots \ldots (604)$$

und man erhält günstige Dimensionen des Motors, wenn man

$$\lambda = \frac{\pi}{2 \cdot p} \quad \ldots \ldots \ldots \ldots (605)$$

wählt. Falls einem Rechner nicht schon eigene Erfahrungsdaten zur Verfügung stehen, kann er sich nachstehender Tabelle zur ersten Annahme der Werte λ bedienen:

Polzahl $2p$	λ	Polzahl $2p$	λ
2	1,57	8	0,392
4	0,785	10	0,314
6	0,523	12	0,261

Ängstlich braucht man in dieser Hinsicht nicht zu sein, denn selbst bei beträchtlichen Abweichungen von den Werten der Tabelle wird der Materialbedarf nicht wesentlich beeinflußt. Der Materialbedarf in Abhängigkeit von λ dargestellt, ist eine Funktion, die sich in der Nähe ihres Minimums nur sehr langsam ändert.

Setzt man nach Gleichung (604)

$$b = \lambda \cdot D$$

in die Gleichung (603) ein, so wird

$$D^{7/2} = 4700 \div 10600 \frac{\text{Nutzleistung des Motors in Watt}}{n \cdot \lambda}$$

und daher

$$\left.\begin{aligned} D &= 11{,}3 \div 14 \sqrt[3{,}5]{\frac{L_{2\,\text{Watt}}}{n \cdot \lambda}} \\ &= 11{,}3 \div 14 \sqrt[3{,}5]{\frac{736 \cdot \text{PS}}{n \cdot \lambda}} \end{aligned}\right\} \quad \ldots \ldots \quad (606)$$

Durch das Ziehen der 3,5 Wurzel ist die große Differenz der Zahlen 4700 und 10600 auf den kleinen Unterschied der Zahlen 11,3 und 14 zusammengeschrumpft, und wir sehen daraus, daß es tatsächlich zulässig war, die vielen Vernachlässigungen im vorigen Kapitel eintreten zu lassen.

b) Die Ankerbreite ist zu berechnen, der Durchmesser gegeben.

Häufig kann der Durchmesser D nicht beliebig gewählt werden. Es kommen Fälle vor, daß der Motor in einen Raum von gegebenem Durchmesser, z. B. in ein Bohrloch, eingebracht werden muß, und daher dürfen seine Außenmaße eine gegebene Größe nicht überschreiten. In diesem Falle muß also der Rechner und Konstrukteur vom Gehäuse ausgehen, muß dann den Außendurchmesser der Statorbleche ermitteln und kann daraus erst die Bohrung, die wir normalerweise Statordurchmesser D nennen, bestimmen, ganz zuletzt wird die Ankerbreite b berechnet.

Ganz ähnlich liegt der Fall, allerdings aus ganz anderen Gründen, wenn bei einer gewissen Leistung und Drehzahl der Außendurchmesser der Statorbleche über einen Meter groß wird. Die normalen Dynamobleche haben die Größe $1 \times 2\ \text{m}^2$. Bis ca. 1,2 m Breite werden sie zu einem nicht unbedeutenden Mehrpreis geliefert. Überschreitet der Außendurchmesser der Statorbleche 1,2 m, so muß der Stator aus Blechsegmenten zusammengesetzt werden. In der genannten Reihenfolge wird daher die Herstellung der Maschine teurer, und ein Rechner wird daher nur aus ganz zwingenden Gründen Außendurchmesser der Statorbleche wählen, die wenig größer als 1 m oder 1,2 m sind, er wird vielmehr versuchen, die 1 m oder 1,2 m breiten Bleche zu verwenden und wird lieber die Breite des Motors entsprechend vergrößern.

Ähnliche Erwägungen können nötig sein, wenn die Anfertigung eines besonderen Rundschnittes zum Ausstanzen der Bleche sich vermeiden läßt, falls Durchmesser und Breite entsprechend gewählt werden.

Besonders muß sich aber dem Ankerdurchmesser alles andere unterordnen, wenn es sich um Maschinen großer Leistung mit hoher Drehzahl handelt. In solchen Fällen ist der größtmögliche Ankerdurchmesser durch die zulässige Umfangsgeschwindigkeit bzw. die zulässige Beanspruchung durch die Zentrifugalkraft bestimmt.

Bei gegebenem Durchmesser läßt sich die Ankerbreite aus Gleichung (603) berechnen, wenn sie nach b aufgelöst wird, und man erhält

$$\left.\begin{aligned} b &= 4700 \div 10600 \frac{L_2}{D^{5/2} \cdot n} \\ &\simeq 7000 \frac{736 \cdot \mathrm{PS}}{D^{5/2} \cdot n} \end{aligned}\right\} \quad \ldots\ldots (607)$$

c) Der Ankerdurchmesser ist zu berechnen, die Breite gegeben.

In manchen Fällen, wenn der Motor an einen Platz kommen soll, der in der axialen Länge sehr beschränkt ist, muß man bei der Dimensionierung von der Ankerbreite b ausgehen. Bei gegebenem b wird der Ankerdurchmesser nach Gleichung (603)

$$\left.\begin{aligned} D &= 30 \div 40 \sqrt[2.5]{\frac{L_{2\,\mathrm{Watt}}}{n \cdot b}} \\ &= 30 \div 40 \sqrt[2.5]{\frac{736 \cdot \mathrm{PS}}{n \cdot b}} \end{aligned}\right\} \quad \ldots\ldots (608)$$

106. Luftzwischenraum und Nutenzahl.

Sobald D und b mit Hilfe der Dimensionierungsformeln bestimmt sind, ist dadurch auch gleichzeitig die Größe des Luftzwischenraumes δ angenähert festgelegt; denn da δ so klein, als es mechanische Rücksichten zulassen, gemacht werden soll, ist δ eine Funktion der beiden anderen Größen. Einen ungefähren Anhalt für die Größe des δ gibt die Kappsche Gleichung

$$\delta_{(\mathrm{cm})} = 0{,}02 + \frac{1}{1000} \cdot D \quad \ldots\ldots (609)$$

In dieser Gleichung ist auf die Ankerbreite nicht Rücksicht genommen, es muß aber bei im Verhältnis zum Durchmesser sehr breiten Ankern δ etwas größer genommen werden. Der Rechner muß in dieser Beziehung wissen, welche Genauigkeit der Arbeit er von der Fabrik erwarten darf, und er muß sich bemühen, die Betriebsingenieure oder Meister davon zu überzeugen, daß die Qualität der asynchronen Motoren in ungeheuerem Maße von der exakten Arbeit abhängt. Über 2 mm geht man mit δ selbst bei Motoren von 3 bis 4 m Ankerdurchmesser nicht gern, denn diese großen Motoren, die hauptsächlich für Wasserhaltungen und Förderanlagen gebraucht werden, haben gewöhnlich sehr geringe Drehzahl, daher große Polzahl und kleine Polteilung; da sie außerdem gewöhnlich hohe Klemmenspannung haben und deshalb die Nutenzahl pro Pol nur relativ klein sein kann, ist es nicht möglich, δ größer zu machen, wenn noch ein einigermaßen anständiger Leistungsfaktor erreicht werden soll ($\cos\varphi_{max} = 0{,}8$). Bei schnellaufenden großen Motoren kann die Polteilung und demgemäß auch δ größer gewählt werden, was auch mit Rücksicht auf das bei höheren Drehzahlen leicht auftretende Schlagen des Rotors erwünscht ist.

Die Größe der Polteilung, der gewünschte Leistungsfaktor und die Höhe der Klemmenspannung sind maßgebend für die Wahl der Nutenzahl für jeden Pol des Stators. Je höher die Klemmenspannung ist, desto mehr geht an Querschnitt der Nute für die Isolation verloren. Man muß daher mit Steigerung der Spannung entweder die Nutenzahl reduzieren und einen schlechteren $\cos\varphi$ zulassen, oder man muß unter Beibehaltung der höheren Nutenzahl die Leistung des betreffenden Modelles herabsetzen. Wie schon mehrfach erwähnt, ist die minimal zulässige Nutenzahl pro Pol 6, wenn irgend möglich, wird sie aber zweckmäßig höher genommen. Nach oben ist dieser Zahl keine Grenze gesteckt, man wird aber kaum in die Lage kommen, mehr als 18 Nuten pro Pol anzuwenden, entsprechend $m = 6$ bei einem Dreiphasenanker, und es würde hierbei die Polteilung schon ca. 40 cm betragen, was bei 50 Perioden einer Umfangsgeschwindigkeit von 40 m entsprechen würde. Von großem praktischen Vorteil ist es, wenn man die Nutenzahl pro Pol, wenigstens bei den normalen Modellen, so wählt, daß sie ein Vielfaches von 2 und 3 ist (sie also 6 oder 12 macht), damit die Statoren sowohl zwei- als dreiphasig gewickelt werden können.

Die Nutenzahl des Rotors kann bei einem Kurzschlußanker beliebig gewählt werden. Soll ein Rotor mit Schleifringen und Phasenwicklung verwendet werden, so kommt die Rücksichtnahme auf die Spannung, die wir beim Stator in Betracht ziehen mußten, in Fortfall, denn wir können die Rotorspannung beliebig annehmen. Wenn möglich, ist die Anwendung einer Stabwicklung zu empfehlen mit 2 Stäben pro Nut, die Anker werden dann in der Fabrikation billig, bekommen ein schönes, sauberes Aussehen, sind sehr gut ventiliert, haben weniger Kopfstreuung und gestatten ein sehr gutes Ausnützen des Nutenquerschnittes. Ein weiterer Vorteil liegt darin, daß die Nutenquerschnitte auch dann gut passen, wenn eine Kurzschlußwicklung angewendet werden soll. Bei Drahtwicklung sind nämlich wegen der ungünstigen Ausnützung des Nutenquerschnittes viel größere Nuten erforderlich als bei einem Kurzschlußanker, und wenn daher ein für Drahtwicklung gestanzter Rotor, wie es in der Praxis vorkommen kann, plötzlich mit Kurzschlußwicklung versehen werden soll, so muß sehr viel Isolationsmaterial in die Nuten gepackt werden, was die Herstellung der Wicklung verteuert, außerdem höchstens Nachteile, sicher keinen Vorteil hervorruft. Bei großen Rotoren wird die Spannung selbst bei Stabwicklung in Serienschaltung unbequem hoch, so daß sie wegen der besseren Isolation den Motor, insbesondere auch den Anlasser verteuern würde. In diesem Falle muß man durch Parallelschaltung der Rotorwicklung die Rotorspannung innerhalb einer angemessenen Größe halten; man geht selbst bei Motoren bis zu 1000 PS nicht gern über 500 Volt. Umgekehrt ist bei kleinen Motoren die Verwendung der Stabwicklung dadurch begrenzt, daß die Rotorspannung zu klein bzw. der Rotorstrom so groß wird, daß Schleifringe, Bürsten, Leitungen zum Anlasser und der letztere selbst verteuert werden, abgesehen davon, daß dann Übergangswiderstände und Spannungsverlust in den Anlasserleitungen den Wirkungsgrad empfindlich beeinträchtigen könnten. In solchen Fällen ist man natürlich gezwungen, Drahtwicklung zu nehmen. Man kann aber bei kleinen Motoren ganz ruhig bis zu ca. 50 Volt heruntergehen, nur ist es dann angezeigt, dem Installateur anzugeben, wie stark die Zuleitungen zum Anlasser gemacht werden müssen. Bei Rotoren mit Phasenwicklung ist die Sternschaltung der Dreieckschaltung vorzuziehen, sonst kann es vorkommen, daß die Motoren von selbst (bei offenem Rotorstromkreis) anlaufen, wenn sie infolge mangelhafter Fabrikation unsymmetrisch gebaut sind.

Die Nutenzahl des Rotors kann größer oder kleiner sein als die des Stators. Um einen vorgeschriebenen Streukoeffizienten zu erreichen, ist es in bezug auf die Materialausnützung günstig, die Nutenzahl im Rotor höher zu wählen. Man vermeide, daß beide Nutenzahlen viele oder einen zu großen gemeinsamen Teiler haben. Der größte gemeinsame Teiler soll höchstens $3 \cdot p$ sein, sonst tritt leicht „Kleben“ beim Anzug auf. Gleiche Nutenzahl ist natürlich unzulässig. Man beachte den Abschnitt 102 über ungünstige Nutenzahlen.

107. Nutendimensionen, Querschnitt des Luftfeldes.

Die Phasenzahl a_1 und die Klemmenspannung E_1 des Motors sind gegeben, die Dimensionen D und b, ferner δ und die Nutenzahlen festgelegt. Um die Drahtzahl der Statorwicklung N_1 bei der beabsichtigten Luftinduktion $\mathfrak{B}_l$ genau bestimmen zu können, benötigen wir eigentlich schon die Kenntnis des Streuungskoeffizienten τ_1. $1 + \tau_1$ weicht jedoch nur um wenige Prozente von der Einheit ab, daher können wir zur Bestimmung der Drahtzahl N_1 ganz ruhig die uns noch unbekannte Statorstreuung vernachlässigen. Die mittels der Gleichung

$$N_1 = \frac{E_1 \cdot 10^8}{2{,}22 \cdot c_1 \cdot k_1 \cdot F_l \cdot \mathfrak{B}_l \cdot f_1}$$

berechnete Zahl muß ja ohnedies auf einen m ö g l i c h e n Wert, der ein Vielfaches von $a_1 \cdot m_1$ (der Nutenzahl pro Phase) sein muß, gebracht werden, damit alle Statornuten gleichmäßig bewickelt werden, und das bedingt ja auch schon eine kleine Abweichung von der ursprünglich beabsichtigten Luftinduktion. Die Vernachlässigung des Faktors $(1+\tau_1)$ ließe sich dadurch etwas kompensieren, daß man die berechnete Drahtzahl N_1 nach unten auf den nächstmöglichen Wert abrundet. Man kann aber auch einfach die nächstliegende mögliche Zahl wählen, gleichgültig, ob sie nach oben oder unten liegt. Nun ist uns die Drahtzahl pro Phase der Statorwicklung, ferner aus den Dimensionen des Motors die mittlere Windungslänge l_1, die natürlich unter Berücksichtigung der Spulenköpfe gefunden wird, bekannt, und da wir den Statorstrom I_1 bei Normalleistung unter Berücksichtigung des verlangten $\cos\varphi$ annähernd berechnen und den zulässigen Spannungsverlust im Stator aus dem Wirkungsgrad schätzen können, läßt sich mit großer Annähesung der Querschnitt q_1 des Statordrahtes ermitteln. Nun müssen wir uns entscheiden, in welcher Form wir das Statorkupfer verwenden wollen. Kleine Querschnitte bis $q = 20\,\text{mm}^2$ werden gewöhnlich als Runddraht gewickelt; 5 mm-Draht dürfte aber schon als die oberste Grenze zu bezeichnen sein, die sich noch als Massivdraht wickeln läßt. Für stärkere Querschnitte muß man Kabel nehmen, das man der besseren Raumausnützung halber nach einem Profilquerschnitt walzen lassen kann. Auch bei Verwendung der stärkeren Massivdrähte kann es vorteilhaft sein, Profildraht zu verwenden, doch gehören geübte Wickler dazu, um den Draht so in die Nuten einzubringen, daß er stets flach, nie über Eck liegt, denn sonst würde das Gegenteil der beabsichtigten Wirkung erzielt.

Die Bestimmung des Querschnittes eines Profildrahtes oder Kabels geht Hand in Hand mit der Festlegung des Nutenquerschnittes. Die ungefähre Nutenbreite läßt sich berechnen aus dem Zahnquerschnitt, der erforderlich ist, um übermäßig hohe Eiseninduktionen und die dadurch bedingten Verluste und Erwärmung zu verhüten. Es ist Sache der Übung, der Erfahrung und der Geduld, den günstigsten Nutenquerschnitt zu finden; selbst der erfahrene Konstrukteur und Rechner sieht sich häufig veranlaßt, nicht den zuerst angenommenen Querschnitt beizubehalten, sondern wiederholt zu untersuchen, ob sich nicht ein günstigerer finden läßt; gerade er weiß am besten, daß das Wohl und Wehe eines Motors hauptsächlich von der gut dimensionierten Nute abhängt. Alle anderen Fehler lassen sich verhältnismäßig leichter beheben, aber ein in den Nuten verrechneter Motor ist unrettbar Schrott. — Um diese Bemerkung zu begründen, sei angeführt, daß ein Motor, der mit falscher Drahtzahl gewickelt ist, für eine andere Spannung verwendbar bleibt oder sich umwickeln läßt; wird ein Motor zu heiß, so läßt er sich für geringere Leistung verwenden; hat aber ein Motor einen ungenügenden Leistungsfaktor $\cos\varphi_{max}$, also schlechte Nuten, dann ist aus ihm selbst durch Umwickeln nichts zu machen.

Ist z. B. die in Abb. 114 mit r bezeichnete Dimension des Zahnkopfes zu groß, was einem unerfahrenen Rechner oder Konstrukteur passieren kann, so genügt dieser einzige Fehler, um einen Motor, der sonst sehr gut wäre, in jeder Hinsicht zu verderben. Die zu große Höhe des Zahnkopfes verursacht eine zu große Streuung und bedingt dadurch nicht nur einen schlechten Leistungsfaktor, sondern setzt die Belastbarkeit des Motors ganz wesentlich herunter. Ähnliche Mißerfolge können durch fehlerhafte mechanische Herstellung der Nuten in der Werkstatt hervorgerufen werden.

Aus diesem Grunde hat man auch die Anwendung der „geschlossenen" Nute, bei der benachbarte Zähne durch einen möglichst dünnen Eisensteg verbunden sind (in Abb. 114 also r_5 und r_6 nahezu Null sind), vollkommen verlassen. In der ersten Auflage dieses Buches war die geschlossene Nute Abb. 113 eingehend behandelt, da sie aber jetzt vollkommen aus der Mode gekommen ist, soll nicht weiter darauf eingegangen werden. Man verwendet jetzt ausschließlich die „offene" Nute, weil sie gegen Ausführungsfehler in der Werkstatt unempfindlich ist, und weil sie bei dünnen Drähten zuläßt, daß die Wicklung durch die Nutenschlitze eingelegt werden kann und nicht durch die Nutenkanäle eingefädelt werden muß.

Sobald die Schlitzbreite der Nuten festliegt, ist natürlich auch die Breite der Zahnköpfe z_1 und z_2 im Stator und Rotor bestimmt, und wenn mit t_1 und t_2 die Nutenteilungen bezeichnet werden, so ist nach Gleichung (405) der Querschnitt des Luftfeldes oder die wirksame Fläche eines Poles

$$F_l = \frac{D \cdot \pi \cdot b}{4 \cdot p}\left(\frac{z_1}{t_1} + \frac{z_2}{t_2}\right) \quad \ldots \ldots \quad (610)$$

und der Leitwert des Luftfeldes ist nach Gleichung (411)

$$G_{l_1} = \frac{c_1 \cdot F_l}{1{,}6 \cdot \delta} \qquad G_{l_2} = \frac{c_2 \cdot F_l}{1{,}6 \cdot \delta} \quad \ldots \ldots \quad (611)$$

worin c den aus der Tabelle im Abschn. 110 zu entnehmenden Feldfaktor darstellt.

108. Berechnung der Streuungskoeffizienten.

Der Streuungskoeffizient des Motors τ steht mit dem Streuungskoeffizienten des Stators τ_1 und des Rotors τ_2 in dem Zusammenhang:

$$1 + \tau = (1 + \tau_1)(1 + \tau_2) \quad \ldots \ldots \quad (612)$$

Die Streuungskoeffizienten τ_1 und τ_2 wurden früher häufig als das Verhältnis zweier magnetischer Flüsse $1 + \tau_1 = \frac{\Phi_1}{\Phi_l}$, $1 + \tau_2 = \frac{\Phi_2}{\Phi_l}$ aufgefaßt, in diesem Buch werden sie aber aus den im VII. und X. Kapitel angegebenen Gründen definiert als das Verhältnis zweier EMKK.

Wenn der Stator mit einer EMK E_1 erregt wird, so wird im offenen stromlosen Rotor die EMK E_2 induziert, und es ist nach Gleichung (462)

$$1 + \tau_1 = \frac{E_1 \text{ primär}}{E_2 \text{ sekundär}} \cdot \frac{N_2}{N_1} \quad \ldots \ldots \quad (613)$$

Wird umgekehrt der Rotor mit eiuer EMK E_2 erregt, so wird in der stromlosen offenen Statorwicklung die EMK E_1 gemessen, und es ist

$$1 + \tau_2 = \frac{E_2 \text{ primär}}{E_1 \text{ sekundär}} \cdot \frac{N_1}{N_2} \quad \ldots\ldots\ldots (614)$$

Diese Definitionsgleichungen der Streuungskoeffizienten τ_1 und τ_2 sind in theoretischer Hinsicht und zur rechnerischen Ermittlung ihrer Größen von ausschlaggebender Bedeutung. In der viel gebrauchten wichtigen Gleichung

$$E_1 = 2{,}22 \cdot (1 + \tau_1)\, k_1 \cdot N_1 \cdot \Phi_l \cdot f_1 \cdot 10^{-8},$$

finden die beiden Anschauungen über die Streuung denselben Ausdruck. Man kann nämlich diese Gleichung so auffassen, daß man sagt, durch die Streuung wird der Statorstreufluß $1 + \tau_1$ mal so groß wie der Fluß im Luftfeld Φ_l, also

$$E_1 = 2{,}22\, [(1 + \tau_1)\, \Phi_l] \cdot k_1 \cdot N_1 \cdot f_1 \cdot 10^{-8}$$

aber diese Annahme ist, wie sich aus den Kapiteln über die Streuung ergibt, nur angenähert richtig.

Man kann aber die Gleichung auch so interpretieren: Der mit Streuung behaftete Motor verhält sich bei stromlosem Rotor so wie ein streuungsfreier Motor, der nur mit einer EMK von der Größe $\frac{E_1}{1 + \tau_1}$ erregt wird.

$$\frac{E_1}{1 + \tau_1} = 2{,}22 \cdot k_1 \cdot N_1 \cdot \Phi_l \cdot f_1 \cdot 10^{-8}.$$

Nur diese Auffassung ist vollkommen richtig.

τ_1 und τ_2 resultieren aus den verschiedenen im Motor auftretenden Streuungsarten, der Spulenstreuung σ, der Nutenstreuung ν und der Kopfstreuung $\varkappa$ nach den Gleichungen

$$\left.\begin{aligned} 1 + \tau_1 &= (1 + \sigma_1)(1 + \nu_1)(1 + \varkappa_1) \\ 1 + \tau_2 &= (1 + \sigma_2)(1 + \nu_2)(1 + \varkappa_2) \end{aligned}\right\} \quad \ldots\ldots (615)$$

Wird bei der Berechnung der Nutenstreuung ν auch der magnetische Widerstand des Eisens in Rechnung gezogen, so wird

$$\left.\begin{aligned} 1 + \nu_1 &= (1 + \varepsilon_1)(1 + \mu_1) \\ 1 + \nu_2 &= (1 + \varepsilon_2)(1 + \mu_2) \end{aligned}\right\} \quad \ldots\ldots\ldots (616)$$

wie im 81. Abschnitt ausführlich angegeben ist.

a) Die Spulenstreuung σ.

Was hier Spulenstreuung genannt ist, entspricht vollkommen der Streuung, die von Rokowsky und Simons als doppelt verkettete bezeichnet wird. Sie ist immer vorhanden, wenn die Nutenzahlen im Stator und Rotor verschieden sind, was in der Praxis stets der Fall ist, und sie ist in den Abschn. 52 bis 54 ausführlich behandelt. Ihre Größe kann den Tabellen über die Spulenfaktoren und gegenseitigen Spulenfaktoren auf den Seiten 205 bis 207 ohne weiteres entnommen werden, denn es ist nach den Gleichungen (304) und (306)

$$\left.\begin{aligned} 1+\sigma_1 &= \frac{k_1}{k_{1-2}} \\ 1+\sigma_2 &= \frac{k_2}{k_{2-1}} \end{aligned}\right\} \quad \ldots \ldots \ldots (617)$$

b) Die Nutenstreuung ν.

Im 79. Abschnitt ist an Hand der Abb. 114 entwickelt, wie sich nach den Gleichungen (440) und (441) der magnetische Leitwert einer Nute berechnen läßt. Man erhält den Leitwert für die normale Nute

$$G_\nu = 1{,}25 \cdot b\left(\frac{r_1}{3 \cdot r_3} + \frac{r_2}{r_3} + \frac{2 \cdot r_4}{r_3 + r_5} + \frac{r_6 + \delta}{r_5}\right) \quad \ldots (618)$$

und für die runde Nute

$$G_\nu = 1{,}25 \cdot b\left(0{,}623 + \frac{r_6 + \delta}{r_5}\right) \quad \ldots \ldots (619)$$

b bezeichnet natürlich die Ankerbreite, δ die Länge des Luftzwischenraumes, r_1, r_2 usw. die einzelnen Dimensionen der Nute in Zentimetern. Für die runde Nute ist der Leitwert unabhängig vom Lochdurchmesser.

Der Leitwert des Luftfeldes ist nach den Gleichungen (411) und (610), wenn der Stator erregt wird

$$G_{l1} = \frac{c_1 \cdot F_l}{1{,}6 \cdot \delta} \quad \ldots \ldots \ldots (620)$$

und wenn der Rotor erregt wird

$$G_{l2} = \frac{c_2 \cdot F_l}{1{,}6 \cdot \delta} \quad \ldots \ldots \ldots (621$$

in welche Ausdrücke der Querschnitt des Luftfeldes F_l nach Gleichung (609) einzusetzen ist und c_1, c_2 die Feldfaktoren des Stators und Rotors bedeuten.

Der Koeffizient der Nutenstreuung wird nach Gleichung (427) für den Stator

$$\left.\begin{aligned} \nu_1 &= \frac{2\,G_{\nu 1}}{k_1 \cdot m_1 \cdot G_{l1}} && \text{bei 2 Phasen} \\ &= \frac{G_{\nu 1}}{k_1 \cdot m_2 \cdot G_{l1}} && \text{„ 3 „} \\ &= \frac{G_{\nu 1}}{k_1 \cdot m_1 \cdot G_{l1}} \cdot 4 \cdot \sin^2 \frac{90^0}{a_1} && \text{„ } a_1 \text{ „} \end{aligned}\right\} \quad \ldots (622)$$

und für den Rotor

$$\left.\begin{aligned}\nu_2 &= \frac{2\,G_{\nu 2}}{k_2 \cdot m_2 \cdot G_{l2}} && \text{bei 2 Phasen}\\ &= \frac{G_{\nu 2}}{k_2 \cdot m_2 \cdot G_{l2}} && \text{„ 3 „}\\ &= \frac{G_{\nu 2}}{k_2 \cdot m_2 \cdot G_{l2}} \cdot 4 \cdot \sin^2\frac{90^0}{a_2} && \text{„ } a_2 \text{ „}\end{aligned}\right\} \quad . . (623)$$

c) Die Kopfstreuung $\varkappa$.

Der magnetische Leitwert eines Spulenkopfes ist im 76. Abschnitt an Hand der Abb. 112 abgeleitet und er ist

$$G_\varkappa = L \cdot 10^8 = 0{,}96\, l \left(\log_{10} \frac{l}{a+b} + 0{,}144\right) \quad . . . (624)$$

wenn L = Selbstinduktionskoeffizient in Henry, l die mittlere Drahtlänge eines Spulenkopfes, a und b die Seiten des rechteckigen Spulenkopfquerschnittes bezeichnen.

Der Koeffizient der Kopfstreuung wird nach Gleichung (433) für den Stator

$$\left.\begin{aligned}\varkappa_1 &= \frac{G_{\varkappa 1}}{G_{l1}} \cdot \frac{0{,}707}{k_1} && \text{bei 2 Phasen}\\ &= \frac{G_{\varkappa 1}}{G_{l1}} \cdot \frac{1}{2 \cdot k_1} && \text{„ 3 „}\\ &= \frac{G_{\varkappa 1}}{G_{l1}} \cdot \frac{\sin\frac{90^0}{a_1}}{k_1} && \text{„ } a_1 \text{ „}\end{aligned}\right\} \quad . . . . . . (625)$$

und für den Rotor

$$\left.\begin{aligned}\varkappa_2 &= \frac{G_{\varkappa 2}}{G_{l2}} \cdot \frac{0{,}707}{k_2} && \text{bei 2 Phasen}\\ &= \frac{G_{\varkappa 2}}{G_{l2}} \cdot \frac{1}{2 \cdot k_2} && \text{„ 3 „}\\ &= \frac{G_{\varkappa 2}}{G_{l2}} \cdot \frac{\sin\frac{90^0}{a_2}}{k_2} && \text{„ } a_2 \text{ „}\end{aligned}\right\} \quad . . . . . . (626)$$

k_1, k_2 bedeutet natürlich den Spulenfaktor.

d) Die Nutenstreuung bei Berücksichtigung des magnetischen Eisenwiderstandes ε und μ.

Während wir bisher zur Berechnung der Streuungskoeffizienten der Kenntnis des Magnetisierungsstromes nicht bedurften, sondern alle Werte aus den mechanischen Daten des Motors herleiten konnten, müssen wir nun die Anzahl der Amperewindungen kennen, die wir für das Luftfeld, das Statoreisen und das Rotoreisen nötig haben.

Zur genauen Berechnung des Magnetisierungsstromes müßten uns eigentlich schon die Streuungskoeffizienten τ_1 und τ_2 bekannt sein. Für den vorliegenden Zweck genügt es aber vollständig, wenn wir unter Schätzung der Streuungskoeffizienten τ_1 und τ_2 die Amperewindungen für Luft und Eisen berechnen, und es wird auch eine nachträgliche Verbesserung dieser Werte kaum nötig sein. Einesteils ist die Erhöhung der Streuung durch den magnetischen Widerstand des Eisens ohnehin nicht übermäßig groß, anderenteils brauchen wir die Amperewindungen nicht ihrer absoluten Größe nach zu kennen, sondern nur das Verhältnis der Amperewindungen für das Eisen zu denen für die Luft, und dieses Verhältnis darf innerhalb mäßiger Grenzen, wie sie hier in Frage kommen, als konstant betrachtet werden. Haben wir also annähernd — wie im 109. Abschnitt angegeben — die Magnetisierungsamperewindungen für die Luft, das Stator- und das Rotoreisen

$$A_m = A_l + A_{e1} + A_{e2}$$

berechnet, so erhalten wir nach den Gleichungen (459) und (460), da wir die Koeffizienten der Nutenstreuung ν_1 und ν_2 schon kennen,

$$\left.\begin{aligned} 1+\varepsilon_1 &= 1+\nu_2 \frac{A_{e2}}{A_l} \\ 1+\mu_1 &= 1+\nu_1\left(1+\frac{A_{e2}}{A_l}\right) \end{aligned}\right\} \quad \ldots \ldots (627)$$

Wird der Eisenwiderstand vernachlässigt, so wird

$$A_{e1} = A_{e2} = \text{Null}$$

und daher wird $\varepsilon_1 = \text{Null}$

und $\mu_1 = \nu_1$;

die Streuung nimmt daher denselben Wert an, den wir als Nutenstreuung unter Absatz 2 berechnet haben.

Will man die Genauigkeit auf die Spitze treiben, so kann man nun den Rotor als erregt betrachten und die Amperewindungen für Luft und Eisen von neuem berechnen und daraus die Streuungskoeffizienten des Rotors ableiten.

$$\left.\begin{aligned} 1+\varepsilon_2 &= 1+\nu_1 \frac{A_{e1}}{A_l} \\ 1+\mu_2 &= 1+\nu_2\left(1+\frac{A_{e1}}{A_l}\right) \end{aligned}\right\} \quad \ldots \ldots (628)$$

Meistens dürfte es genügen, in die Gleichungen (628) dieselben Werte für A_l, A_{e1} und A_{e2} einzusetzen wie in die Gleichungen (227). Nur bei hohen Eisensättigungen wird man nennenswerte Abweichungen bekommen.

109. Der Magnetisierungsstrom.

Die Drahtzahl für jede Phase des Stators haben wir unter Zugrundelegung einer schätzungsweise angenommenen maximalen Luftinduktion $\mathfrak{B}_l$ berechnet, und da wir nun den Streuungskoeffizienten des Stators kennen, ist eine genaue Berechnung der magnetischen Zustände im Motor möglich.

Nennen wir den magnetischen Fluß im Luftfeld Φ_l, so ist, wie aus den Ausführungen im vorhergehenden Abschnitt Seite 377 hervorgeht, mit großer Annäherung der magnetische Fluß, der die Statorwindungen durchsetzt

$$\Phi_1 = (1 + \tau_1)\,\Phi_l \quad \ldots \ldots \ldots \quad (629)$$

und es ist in aller Schärfe

$$\Phi_l = \frac{E_1 \cdot 10^8}{2{,}22 \cdot (1 + \tau_1) \cdot k_1 \cdot N_1 \cdot f_1} \quad \ldots \ldots \quad (630)$$

Ferner ist

$$\Phi_l = c_1 \cdot \mathfrak{B}_l \cdot F_l \quad \ldots \ldots \ldots \quad (631)$$

daher ist der genaue Wert für die maximale Luftinduktion

$$\mathfrak{B}_l = \frac{E_1 \cdot 10^8}{2{,}22 \cdot (1 + \tau_1) \cdot c_1 \cdot k_1 \cdot N_1 \cdot F_l \cdot f_1} \quad \ldots \ldots \quad (632)$$

Um die Luftinduktion $\mathfrak{B}_l$ in einem $2 \cdot p$-poligen Motor, dessen Luftspalt δ cm Länge hat, hervorzurufen, müssen

$$A_l = \frac{2 \cdot p \cdot \mathfrak{B}_l \cdot \delta}{0{,}4 \cdot \pi} = 1{,}6 \cdot p \cdot \mathfrak{B}_l \cdot \delta \quad \ldots \ldots \quad (633)$$

Amperewindungen aufgewendet werden.

Im Statoreisen ist der magnetische Fluß nicht ganz $(1 + \tau_1)\,\Phi_l$, denn die Kopfstreuung verläuft außerhalb des Statoreisens lediglich in der Luft. Man müßte daher im Statoreisen eigentlich mit einem Fluß

$$\Phi_{e1} = (1 + \sigma_1)(1 + \varepsilon_1)(1 + \mu_1)\,\Phi_l \quad \ldots \ldots \quad (634)$$

also unter Hinweglassung des Faktors der Kopfstreuung $(1 + \varkappa_1)$ rechnen, allein man begeht nur einen verschwindend kleinen Fehler, wenn man die Gleichung (629) auch auf das Statoreisen unverändert anwendet.

Bezeichnet man den Querschnitt des Eisenrückschlusses im Stator mit F_{r1}, so herrscht an dieser Stelle eine Eiseninduktion

$$\mathfrak{B}_{r1} = \frac{(1 + \tau_1) \cdot \Phi_l}{2 \cdot F_{r1}} \quad \ldots \ldots \ldots \quad (635)$$

und wir können nun der Magnetisierungskurve Abb. 134 entnehmen, wieviel Amperewindungen für jeden Zentimeter Kraftlinienlänge aufzuwenden sind, um die gewünschte Eiseninduktion zu erhalten. Die Multiplikation dieser Zahl mit der Länge des Kraftlinienweges von Polmitte zu Polmitte liefert die Amperewindungen für ein Polpaar, und die Multiplikation mit p für den ganzen $2\,p$-poligen Motor:

$$A_{r1} = A_{r\,\mathrm{cm}} \cdot l_r \cdot p \quad \ldots \ldots \ldots \quad (636)$$

Die magnetische Induktion in den Zähnen ist, wie aus den Ausführungen des IV. Kapitels hervorgeht, nicht in allen Zähnen dieselbe, sie erreicht nur in den Eckzähnen (47. Abschnitt, Seite 173) den größtmöglichen Wert. Zur Ermittlung der erregenden Kraft für die Zähne brauchen wir aber gerade diesen Maximalwert. Am

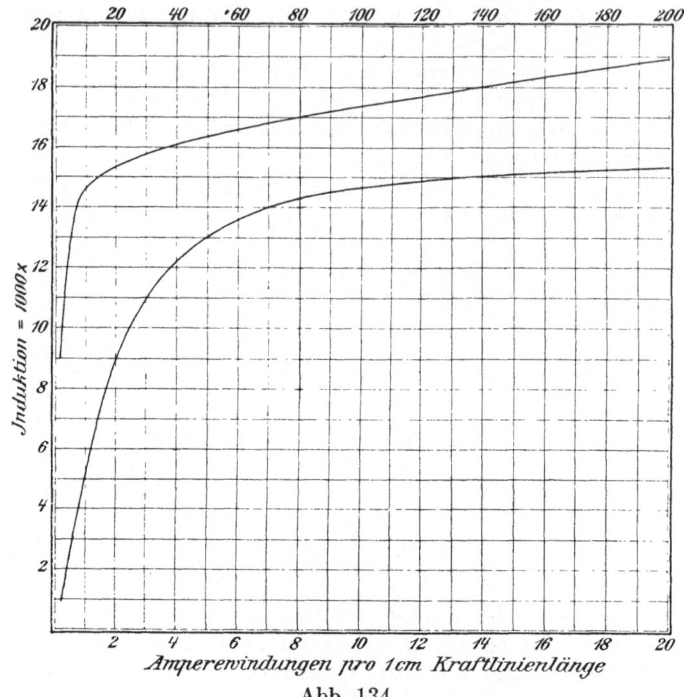

Abb. 134.

bequemsten finden wir die maximale Eiseninduktion in den Zähnen, wenn wir die Zahnstegbreite ζ_1 in Beziehung zur Zahnkopfbreite z_1 bringen und die Zahninduktion $\mathfrak{B}_{\zeta 1}$ berechnen nach der Gleichung

$$\frac{\zeta_1}{z_1} = \frac{\mathfrak{B}_l(1+\tau_1)}{\mathfrak{B}_{\zeta 1}}$$

also

$$\mathfrak{B}_{\zeta 1} = (1+\tau_1)\frac{z_1}{\zeta_1}\cdot\mathfrak{B}_l \quad \ldots \ldots \ldots (637)$$

Wir gehen bei dieser Rechnung besser von der Luftinduktion $\mathfrak{B}_l$ als vom Fluß Φ_l aus, denn mit Φ_l könnten wir ohne weiteres doch nicht arbeiten, da wir erst wieder die Feldkurve berücksichtigen, also den Feldfaktor c_1 einführen müßten. Sobald uns $\mathfrak{B}_{\zeta 1}$ bekannt ist, können wir die Amperewindungszahl für 1 cm Eisenlänge der Magnetisierungskurve entnehmen, und die Multiplikation mit der Zahnlänge l_ζ liefert uns die Amperewindungen, die wir für einen Statorzahn und nach Multiplikation mit $2p$ die Amperewindungen, die wir für die Statorzähne eines $2p$-poligen Motors aufwenden müssen.

$$A_{\zeta 1} = 2\cdot p\cdot A_{\zeta cm}\cdot l_{\zeta 1} \quad \ldots \ldots \ldots (638)$$

Für den Rotor wird die Rechnung genau so durchgeführt, und man erhält die gesamten Magnetisierungsamperewindungen für den Motor:

$$A_m = A_l + A_{r1} + A_{\zeta 1} + A_{r2} + A_{\zeta 2} = A_l + A_{e1} + A_{e2} \quad . \quad . \quad (639)$$

und hieraus läßt sich der Magnetisierungsstrom berechnen:

$$\left.\begin{aligned} I_m &= \frac{A_m}{N_1} && \text{bei 2 Phasen} \\ &= \frac{A_m}{\sqrt{2} \cdot N_1} && \text{„ 3 „} \\ &= \frac{\sqrt{2} \cdot A_m}{N_1} \cdot \sin \frac{90^0}{a_1} && \text{„ } a_1 \text{ „} \end{aligned}\right\} \quad . \quad . \quad . \quad . \quad (640)$$

110. Koeffiziententabelle.

Die gegenseitigen Spulenfaktoren und die Streuungskoeffizienten σ, die zur Berechnung der Streuungskoefffzienten τ_1 und τ_2 benötigt werden, sind in den Tabellen auf den Seiten 205 bis 207 enthalten.

Häufig werden aber dem Rechner die Streuungskoeffizienten τ_1 und τ_2 seiner Maschinen schon bekannt sein, und er wird daher mit den Feldfaktoren c und den Spulenfaktoren k für seine Rechnung auskommen. Um diese stets notwendigen Zahlen bequem zur Hand zu haben, sind sie in der folgenden Tabelle zusammengestellt.

Feld- und Spulenfaktoren.

Phasenzahl a	Nuten pro Spulenseite	Feldfaktor c	Spulenfaktor k
2	1	0,70711	1,00000
2	2	0,53033	1,00000
2	3	0,54997	0,90476
2	4	0,53033	0,91667
2	5	0,53740	0,89474
2	6	0,53033	0,90123
2	.		
2	∞	0,53033	0,88889
3	1	0,66667	1,00000
3	2	0,58333	1,00000
3	3	0,59259	0,95833
3	4	0,58333	0,96429
3	5	0,58666	0,95455
3	6	0,58333	0,95767
3	.		
3	∞	0,58333	0,95238
2	1	0,70711	1,00000
3	1	0,66667	1,00000
4	1	0,65329	1,00000
5	1	0,64721	1,00000
6	1	0,64395	1,00000
.	.		
∞	1	0,63662	1,00000

Die Feld- und Spulenfaktoren lassen sich für jede beliebige in der Tabelle nicht aufgeführte Nutenzahl m für die Spulenseite nach folgenden Formeln berechnen, wie im 50. und 51. Abschnitt gezeigt ist.

Zweiphasenwicklungen.

m = ungerade	m = gerade
$c = \sqrt{2} \cdot \frac{3m^2+1}{8m^2}$	$c = \sqrt{2}\,\frac{3}{8}$
$k = \frac{4}{3} \cdot \frac{2m^2+1}{3m^2+1}$	$k = \frac{4}{3} \cdot \frac{2m^2+1}{3m^2}$

. . (641)

Dreiphasenwicklungen.

m = ungerade	m = gerade
$c = \frac{7m^2+1}{12m^2}$	$c = \frac{7}{12}$
$k = \frac{4}{3} \cdot \frac{5m^2+1}{7m^2+1}$	$k = \frac{4}{3} \cdot \frac{5m^2+1}{7m^2}$.

Kurzschlußanker.

Die Kurzschlußanker besitzen vielphasige Wicklungen mit nur einer Nute pro Spulenseite, m ist daher durchweg = 1. Die Phasenzahl eines $2p$-poligen Kurzschlußankers mit Z_2 Nuten ist nach den Ausführungen im 98 Abschnitt

$$a_2 = \frac{Z_2}{2 \cdot p} \quad \ldots\ldots\ldots\ldots (642)$$

der Spulenfaktor ist stets = 1, und der Feldfaktor c, der in diesem Falle dem Phasenkoeffizienten ψ gleich ist, kann berechnet werden nach der Gleichung

$$c = \psi = \frac{1}{a_2 \sin \frac{90^0}{a_2}} \quad \ldots\ldots\ldots (643)$$

Befinden sich auf dem ganzen Kurzschlußanker N_k Stäbe, so ist die Stabzahl für jede Phase

$$N_2 = \frac{N_K}{a_2}.$$

Der Widerstand einer Phase ist

$$R_2 = N_2 \cdot R_K$$

$$R_K = R_S + \frac{R_R}{2 \cdot \sin^2 \frac{90^0}{a_2}}.$$

R_S = Widerstand eines Stabes in Ohm, R_R = Widerstand eines Ringsegmentes zwischen zwei benachbarten Stäben. Genaueres hierüber findet man im 96. Abschnitt.

111. Der Streuungskreis und das Heyland-Diagramm.

Sobald die Streuungskoeffizienten τ_1 und τ_2 bekannt sind, kann der Streuungskreis gezeichnet werden. Den Durchmesser $b\,d$, Abb. 33, nehmen wir in willkürlicher Größe und erhalten die Strecke $u\,b$, die den Magnetisierungsstrom darstellt durch die Beziehung

$$u\,b = \tau \cdot b\,d = (\tau_1 + \tau_2 + \tau_1 \cdot \tau_2)\, b\,d. \quad . \quad . \quad . \quad . \quad . \quad (644)$$

Da uns der Magnetisierungsstrom I_m durch Anwendung der Gleichung (640) in Ampere bekannt ist, erhalten wir die Diagrammkonstante des Statorstromes, wenn wir $u\,b$ in Millimetern messen:

$$C_{I_1} = \frac{I_m}{u\,b} \quad . \quad . \quad . \quad . \quad . \quad . \quad . \quad . \quad . \quad . \quad (645)$$

Jede im Diagramm in Millimetern gemessene Strecke. die den Statorstrom bei einer beliebigen Belastung repräsentiert. gibt mit der Konstanten C_{I_1} multipliziert die Statorstromstärke in Ampere

$$I_1 = C_{I_1} \cdot u\,s \text{ Ampere.}$$

Den Rotorstrom können wir in einem beliebigen Belastungsstadium laut Abb. 33 entweder durch $v\,s$ oder durch $b\,s$ darstellen. Im Interesse der einfacheren Zeichnung des Diagrammes wählen wir $b\,s$. da wir uns dann die Berechnung und Zeichnung des Kreises $a\,b$ sparen können. wir müssen aber beachten, daß $v\,s = (1 + \tau_1)\, b\,s$. Wenn $I_2 = C_{I_2} \cdot b\,s$ sein soll, ist daher der Faktor $(1 + \tau_1)$ bei Berechnung der Konstanten für den Rotorstrom zu berücksichtigen. Es ist nach der Ableitung im 67. Abschnitt. wenn Stator und Rotor dieselbe Phasenzahl haben.

$$C_{I_2} = (1 + \tau_1)\, C_{I_1} \cdot \frac{N_1}{N_2} \quad . \quad . \quad . \quad . \quad . \quad . \quad . \quad . \quad (646)$$

bei zweiphasigem Stator und dreiphasigem Rotor

$$C_{I_2} = (1 + \tau_1)\, C_{I_1} \cdot \frac{\sqrt{2}}{2} \cdot \frac{N_1}{N_2} \quad . \quad . \quad . \quad . \quad . \quad . \quad . \quad (647)$$

bei dreiphasigem Stator und zweiphasigem Rotor

$$C_{I_2} = (1 + \tau_1)\, C_{I_1} \cdot \frac{2}{\sqrt{2}} \cdot \frac{N_1}{N_2} \quad . \quad . \quad . \quad . \quad . \quad . \quad . \quad (648)$$

bei zweiphasigem Stator und Kurzschlußanker

$$C_{I_2} = (1 + \tau_1)\, C_{I_1} \cdot \frac{\sqrt{2}}{\psi'_2} \cdot \frac{N_1}{N_K} \quad . \quad . \quad . \quad . \quad . \quad . \quad . \quad (649)$$

bei dreiphasigem Stator und Kurzschlußanker

$$C_{I_2} = (1 + \tau_1)\, C_{I_1} \cdot \frac{2}{\psi'_2} \cdot \frac{N_1}{N_K} \quad . \quad . \quad . \quad . \quad . \quad . \quad . \quad . \quad (650)$$

N_K = die Zahl der Kuszschlußstäbe, die in den Z_2 Nuten des Rotors untergebracht sind. Die Stabzahl in jeder Nute ist daher

$$\frac{N_K}{Z_2}$$

und gewöhnlich 1 oder 2. Die Phasenzahl a_2 ergibt sich aus Nutenzahl Z_2 und Polzahl $2\,p$ zu

$$a_2 = \frac{Z_2}{2\,p}$$

und der Phasenkoeffizient ist laut Abschnitt 48

$$\psi_2 = \frac{1}{a_2 \cdot \sin \frac{90^0}{a_2}}.$$

Die Werte für ψ sind in der Tabelle Seite 181 enthalten, und man sieht, daß ψ bei großer Phasenzahl dem Grenzwert $\frac{2}{\pi} = 0{,}63662$ zustrebt.

Man kann daher für Kurzschlußanker folgende Näherungsformeln anwenden:

Bei zweiphasigem Stator und Kurzschlußanker

$$C_{I_2} = (1 + \tau_1)\, C_{I_1} \cdot \frac{\pi}{\sqrt{2}} \cdot \frac{N_1}{N_K} \quad \ldots \ldots \ldots (651)$$

und bei dreiphasigem Stator und Kurzschlußanker

$$C_{I_2} = (1 + \tau_1)\, C_{I_1} \cdot \pi \cdot \frac{N_1}{N_K} \quad \ldots \ldots \ldots (652)$$

Der Rotorstrom ist bei einer beliebigen Belastung

$$I_2 = C_{I_2} \cdot b\,s \text{ Ampere} \quad \ldots \ldots \ldots (653)$$

In den vorhergehenden Kapiteln war die Konstante C_{I_2} so abgeleitet worden, daß der Rotorstrom mit der Formel

$$I_2 = C_{I_2} (1 + \tau_1)\, b\,s \text{ Ampere}$$

berechnet werden mußte. Es geschah dies, um den Leser stets daran zu erinnern, daß der Vektor des Rotorstromes eigentlich nicht $b\,s$, sondern $\overline{v\,s} = (1 + \tau_1) \cdot b\,s$ ist. Nach vollständiger Beherrschung des Diagrammes ist es natürlich praktischer, den Faktor $(1 + \tau_1)$ gleich mit in die Konstante C_{I_2} hereinzunehmen, da man sich so das Mitschleppen dieses Faktors durch alle übrigen Rechnungen erspart, Der Faktor $(1 + \tau_1)$ fehlt nunmehr auch in der Gleichung (665) für tg $(\alpha + \beta)$ im Gegensatz zu der früheren Gleichung (122) Seite 89.

Die Leistungskonstante

$$C_{L_1} = a_1 \cdot E_1 \cdot C_{I_1} \quad \ldots \ldots \ldots (654)$$

liefert durch Multiplikation mit der Diagrammstrecke $s\,t$ Millimeter nicht nur die zugeführte Leistung in Watt, sondern nach Multiplikation mit entsprechenden Diagrammstrecken auch die Ohmschen und die Eisenverluste, überhaupt alle Größen, die sich in Watt messen lassen, also auch die abgegebene Leistung, die Nutzleistung des Motors

$$L_2 = C_{L_1} \cdot s\,r \text{ Watt} \quad \ldots \ldots \ldots (655)$$

Will man aber die Nutzleistung in PS erhalten, so hat man für die abgegebene mechanische Leistung eine neue Konstante zu berechnen, deren Größe natürlich

$$C_{L_2} = \frac{C_{L_1}}{736} \text{ (PS)} \quad \ldots \ldots \ldots (656)$$

sein muß.

In neuerer Zeit wurde die Einheit „Großpferd" = 1 Kilowatt = 102 Kilogrammeter i. d. Sek. = 10^{10} Erg i. d. Sek. eingeführt, und wenn man die Nutzleistung in Großpferden oder Kilowatt erhalten will, muß man sich der Konstanten bedienen

$$C_{L_2} = \frac{C_{L_1}}{1000} \text{ (Großpferde = kW)} \quad \ldots \ldots (657)$$

In der mechanischen Einheit „Kilogrammsekundenmeter" erhält man die Nutzleistung, wenn man die Konstante C_{L_1} mit 9,81 dividiert, denn 1 Kilogrammsekundenmeter ist äquivalent 9,81 Watt. Es wird daher

$$C_{L_2} = \frac{C_{L_1}}{9{,}81} \text{ (Kilogrammeter i. d. Sek.)} \quad \ldots \ldots (658)$$

Der alte Streit, ob das Kilogramm nur als Masseneinheit oder auch als Krafteinheit aufgefaßt werden darf, soll durch den Vorschlag des AEF beendet werden, daß die Kraft, mit der 1 Kilogramm (also die Masse) unter 45° Breite von der Erde angezogen wird, also die Schwere eines Kilogramms, Kilobar genannt wird. Unter Berücksichtigung dieses Vorschlages ist daher die Leistungseinheit für die Konstante C_{L_2} das Kilobarmeter i. d. Sek.

$$C_{L_2} = \frac{C_{L_1}}{9{,}81} \text{ (Kilobarmeter i. d. Sek.)} \quad \ldots \ldots (659)$$

Besonders einfach würde die Beziehung zwischen elektrischer und mechanischer Leistung sein, wenn der Vorschlag von Grübler angenommen würde. Grübler schlägt (Zeitschrift des Vereins deutscher Ingenieure 1892, S. 834) vor, eine Krafteinheit mit dem Namen vis einzuführen von der Größe

$$1 \text{ vis} = 10^8 \text{ Dyn} = \frac{1000}{9{,}81} \text{ Kilobar} \approx 102 \text{ Kilobar},$$

und weist darauf hin, daß bei der Verwendung dieser Einheit die mechanische Leistungseinheit vollkommen mit der elektrischen Leistungseinheit, dem Kilowatt, übereinstimmt:

1 Vismeter i. d. Sek. = 1 Kilowatt.

Wollen wir also aus den Strecken des Diagrammes die Nutzleistung in Vismetern i. d. Sek. erhalten, so muß die Leistungskonstante C dieselbe Größe erhalten wie für die Nutzleistung in Kilowatt

$$C_{L_2} = \frac{C_{L_1}}{1000} \text{ (Vismeter i. d. Sek.)} \quad \ldots \ldots (660)$$

Um das Drehmoment aus der entsprechenden Diagrammstrecke sr mm zu finden, bedürfen wir einer weiteren Konstanten C_M, die sich sofort ergibt, wenn wir die Leistungskonstante C_{L_2} durch die mechanische Winkelgeschwindigkeit bei Synchronismus des Motors dividieren

$$\omega = 2\,\pi \frac{n_1}{60} = 2\,\pi \cdot \frac{f_1}{p} \quad \ldots \ldots \ldots (661)$$

die natürlich nicht mit der elektrischen Winkelgeschwindigkeit, der Kreisfrequenz $\omega = 2 \cdot \pi \cdot f_1$ verwechselt werden darf. Wir erhalten je nach der Einheit, der wir uns für die mechanische Leistung bedient haben, das Drehmoment in folgenden Einheiten:

$$C_M = \frac{C_{L_1}}{9{,}81 \cdot \omega} \text{ (Kilogrammeter oder Kilobarmeter)} \quad . \; . \; (662)$$

oder

$$C_M = \frac{C_{L_1}}{1000 \cdot \omega} \text{ (Vismeter)} \quad \ldots \ldots \ldots (663)$$

Die Schlüpfung darf bei Ermittlung der Winkelgeschwindigkeit nach Gleichung (661) nicht in Rechnung gezogen werden. denn ihren Einfluß berücksichtigt das Diagramm.

Bis jetzt haben wir die Kenntnis der Widerstände von der Stator- und Rotorwicklung nicht nötig gehabt. alle Diagrammkonstanten C sind im Heyland-Diagramm vollständig unabhängig von diesen beiden Größen. Damit wir aber die Jouleschen Verluste in den Wicklungen graphisch darstellen können, müssen wir die Widerstände der Wicklungen einführen.

Dem Einfluß des Statorwiderstandes wird im Heyland-Diagramm, wie im 15. Abschnitt eingehend geschildert ist, nur unvollkommen Rechnung getragen, während das Ossanna-Diagramm in dieser Hinsicht vollkommen exakt ist. In bezug auf den Rotorwiderstand, von dem die wichtige Größe der Schlüpfung abhängt, ist das Heyland-Diagramm richtig.

Der Einfluß der Ohmschen Widerstände der Stator- und Rotorwicklung wird durch das Ziehen der Verlustlinien bv und br oder durch die beiden von h und m aus beschriebenen Halbkreise Abb. 33 und 34 berücksichtigt. Die Winkel α und β sind für beide Konstruktionen dieselben. Man erhält nach den Gleichungen (121) und (122) im 16. Abschnitt

$$\operatorname{tg} \alpha = a_1 \cdot R_1 \cdot \frac{C_{I_1}^2}{C_{L_1}} \cdot bd \quad \ldots \ldots \ldots (664)$$

und

$$\operatorname{tg}(\alpha + \beta) = \frac{a_1 \cdot R_1 \cdot C_{I_1}^2 + a_2 \cdot R_2 \cdot C_{I_2}^2}{C_{L_1}} \cdot bd \quad \ldots \; . \; (665)$$

In der Abb. 33 sind die beiden Verlustlinien durch bv und bs' bezeichnet. Der Schlüpfungsmaßstab ps' steht auf bv senkrecht und endet im Punkt s' mit der Bezifferung 100%. Man kann ihn beliebig vergrößern, wenn man zu ps' eine Parallele, z. B us'', zieht. Die Teilung auf us'' ist gegenüber der Teilung auf ps' im Verhältnis $\frac{du}{dp}$ vergrößert.

Bei einer beliebigen Belastung ist der Statorstrom

$$I_1 = C_{I_1} \cdot \overline{us} \text{ Ampere},$$

der Rotorstrom

$$I_2 = C_{I_2} \cdot bs \text{ Ampere},$$

die aufgenommene Leistung

$$L_1 = C_{L_1} \cdot st \text{ Watt},$$

die Nutzleistung

$$L_2 = C_{L_1} \cdot sr \text{ Watt},$$
$$= \frac{C_{L_1}}{736} \cdot sr \text{ PS},$$

der — nicht genau richtige — Joulesche Verlust in der Statorwicklung

$$V_1 = C_{L_1} \cdot tv \text{ Watt},$$

der genau richtige Joulesche Verlust in der Rotorwicklung

$$V_2 = C_{L_1} \cdot vr \text{ Watt},$$

das Drehmoment

$$M = C_M \cdot vs \text{ Kilogrammeter},$$

die Schlüpfung $\qquad s = pp'$ Prozent.

Die Strecke $\overline{vs}$ ist die nach dem Rotor übertragene Leistung sie ist gleich der Leistungsaufnahme ts minus dem Verlust in der Statorwicklung tv, ebenso ist sie gleich der abgegebenen Leistung rs plus den Verlusten in der Rotorwicklung vr.

Mit steigender Belastung wird (Abb. 33 und 34) zuerst die abgegebene Leistung, dann das Drehmoment, zuletzt die aufgenommene Leistung ein Maximum. Der Leistungsfaktor wird ein Maximum, wenn der Vektor $\overline{us}$ des Statorstromes Tangente an den Streuungskreis wird, er erreicht dabei den Wert

$$\cos\varphi \max = \frac{1}{1 + 2\tau}$$

und der Statorstrom us ist bei diesem Belastungszustand

$$\sqrt{\frac{1+\tau}{\tau}}$$

mal so groß wie der Magnetisierungsstrom ub.

Eine Tabelle über diese Zahlen findet sich auf S. 95.

Wegen der Ohmschen Widerstände der Wicklungen erreicht der Kurzschlußstrom aber nicht die ideale Größe ud, sondern nur die Größe $\overline{us}$ beim Stillstand. us ist daher der Anlaufstrom des Motors.

Es hat eigentlich keinen Zweck, noch weitere Verluste in das Heyland-Diagramm einzuführen, da der Einfluß untergeordneter Größen von den Fehlern, die die ungenaue Berücksichtigung des Einflusses des Statorwiderstandes mit sich bringt, im allgemeinen überdeckt wird. Der Vollständigkeit halber sei aber noch folgendes angeführt:

Wird der Statoreisenverlust V_{e1} als konstant angenommen, so läßt er sich im Diagramm dadurch darstellen, daß vom Punkt u nach links die Strecke ui aufgetragen wird von der Größe

$$\overline{ui} = \frac{V_{e1}}{C_{L_1}} \quad \ldots \ldots \ldots \ldots (666)$$

Der Magnetisierungsstrom ist nun ib, besitzt also schon eine Werkkomponente ui, bei beliebiger Belastung ist der Statorstrom is und der Anlaufstrom ist is'.

Der Rotoreisenverlust V_{e2} übt einen ähnlichen Einfluß aus

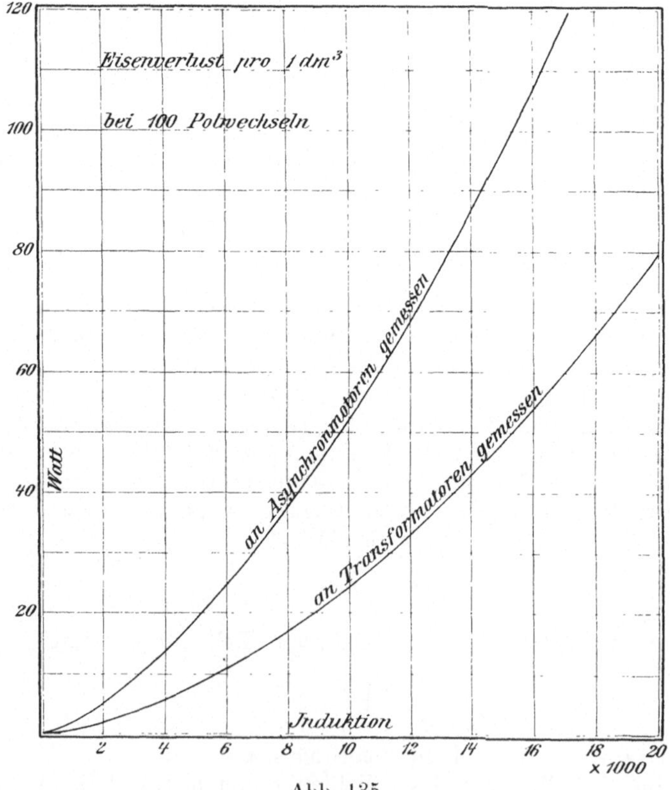

Abb. 135.

(Hysteresisdrehmoment), wie wenn der Rotorwicklung eine zweite Wicklung parallel geschaltet wäre mit einem Widerstand

$$R_e = \frac{1}{a_2 \cdot V_{e2}} \left(\frac{C_{L1}}{C_{I_2}}\right)^2 \quad \ldots \ldots \quad (667)$$

wie im 41. Abschnitt angegeben ist. Bei offener Hauptwicklung ist nur die eben beschriebene Wicklung im Motor wirksam. Bei geschlossener Hauptwicklung des Rotors sind beide Wicklungen parallel geschaltet, verhalten sich daher so, wie wenn die Rotorwicklung den Widerstand besäße

$$R_{e2} = \frac{R_2 \cdot R_e}{R_2 + R_e} \quad \ldots \ldots \quad (668)$$

Die Eisenverluste, die in üblicher Weise aus den Eisendimensionen berechnet werden, lassen sich mit Hilfe der Eisenverlustkurven in Abb. 135 ermitteln. Zu der Abbildung mag bemerkt werden, daß sie im Vergleich mit anderseitig mitgeteilten Eisenverlustkurven ziemlich hohe Verluste ergibt, wie sie aber der Wirklichkeit entsprechen. Die Kurve ist auf Grund von Versuchsdaten, die an ausgeführten Motoren gewonnen sind, entworfen, und sie nimmt daher Rücksicht auf solche Verluste, deren Ursache und Ermittlung sich der Rechnung entzieht[1]).

Die schöne Eigenschaft des Heyland-Diagrammes, seine bestrickende Einfachheit macht es sehr geeignet zu allen Untersuchungen, bei denen es nicht auf die äußerste erreichbare Genauigkeit der Resultate ankommt. Wir werden daher im XV. Kapitel einen umfangreichen Gebrauch vom Heyland-Diagramm machen.

112. Der Kupferkreis und das Ossanna-Diagramm.

Das Ossanna-Diagramm berücksichtigt den Einfluß des Widerstandes der Statorwicklung in vollständig richtiger Weise, und darin besteht sein wesentlicher Unterschied gegenüber dem Heyland-Diagramm.

Aus dem Streuungskreis des Heyland-Diagrammes bd, der mit dem Vektor des Magnetisierungsstromes in dem Zusammenhang steht,

$$\overline{ub} = (1 + \tau_1)(1 + \tau_2)\, bd\,,$$

läßt sich auf zeichnerischem Wege sofort der Kupferkreis des Ossanna-Diagrammes konstruieren, sobald wir eine Strecke $\overline{um}$ rechtwinklig zu ub eintragen von der Größe (Abb. 39)

$$\overline{um} = \frac{E_1}{I_m \cdot R_1} \cdot ub = \frac{ub}{K} \quad \ldots \ldots \quad (669)$$

I_m ist genau so zu berechnen wie beim Heyland-Diagramm, also nach Gleichung (640), ohne den Widerstand der Statorwicklung R_1 und den Spannungsverlust in der Statorwicklung zu beachten.

[1]) Siehe Hissink und Görges, ETZ 1901, S. 227.

a) Graphische Bestimmung des Kupferkreises.

Die Strecken ubd und $\overline{um}$ und der Streuungskreis über dem Durchmesser $\overline{bd}$ mit dem Mittelpunkt M sind gegeben. Nun ziehe man Abb. 39 die Hilfslinien

$$dm,\quad Mm,\quad bm$$

und beschreibe einen

Halbkreis über um,

oder einen Halbkreis über ud,

dessen Mittelpunkt M_1 ist.

Jeder der beiden Halbkreise schneidet dm im Punkt S. Die Verbindungslinie SM_1 schneidet die Gerade Mm im

Mittelpunkt des Ossanna-Kreises M_0.

Die Senkrechte durch M_0 liefert die Schnittpunkte $u_0\ b_0\ d_0$ und es ist der senkrechte

Durchmesser des Ossanna-Kreises $= b_0 d_0$.

b) Rechnerische Bestimmung des Kupferkreises.

Je kleiner der Statorwiderstand R_1 ist, um so weniger unterscheidet sich der Kupferkreis vom Streuungskreis und um so länger wird die Strecke um, was zu Schwierigkeiten bei der graphischen Ermittlung des Kupferkreises führt. In solchen Fällen berechnet man den Kupferkreis in folgender Weise:

Aus der Konstanten

$$K = \frac{I_m \cdot R_1}{E_1} = \frac{ub}{um} = \operatorname{tg} \omega \quad \ldots \ldots \quad (670)$$

die wir schon aus Gleichung (669) kennen, ermittelt man eine weitere Konstante

$$B = K^2 + \frac{\tau}{1+\tau} \quad \ldots \ldots \ldots \quad (671)$$

und erhält nun die Mittelpunkts-Koordinaten a und b des Ossanna-Kreises, nämlich die Mittelpunktsabszisse (Abb. 39)

$$a = \frac{K}{B} \cdot ub \quad \ldots \ldots \ldots \quad (672)$$

und die Mittelpunktsordinate

$$b = \frac{1+2\tau}{2B(1+\tau)} \cdot ub \quad \ldots \ldots \ldots \quad (673)$$

endlich den Radius des Ossanna-Kreises

$$R_0 = \frac{ub}{2B(1+\tau)} = \frac{b}{1+2\tau} = \frac{BD}{2} \quad \ldots \ldots \quad (674)$$

wenn mit BD sein Durchmesser bezeichnet wird.

Die Diagrammkonstanten C_{I_1}, C_{I_2}, C_{L_1}, C_{L_2}, C_M sind genau die gleichen wie beim Heyland-Diagramm, sie sind daher nach den Gleichungen (645) bis (663) zu berechnen.

Nur die Tangenten der Winkel α und $(\alpha+\beta)$ ändern sich und zwar im selben Verhältnis, in dem der Kupferkreis kleiner ist als der Streuungskreis. Es ist demnach

$$\operatorname{tg}\alpha = a_1 \cdot R_1 \cdot \frac{C_{I_1}^2}{C_{L_1}} \cdot BD \quad \ldots \ldots \ldots (675)$$

und

$$\operatorname{tg}(\alpha+\beta) = \frac{(a_1 \cdot R_1 \cdot C_{I_1}^2 + a_2 \cdot R_2 \cdot C_{I_2}^2)}{C_{L_1}} \cdot BD \quad \ldots (676)$$

Die Verlustlinien BS und BL sind (Abb. 45) so in das Diagramm eingetragen, daß sie mit dem Kreisdurchmesser BD die Winkel α bzw. $\alpha+\beta$ einschließen.

Aus dem Diagramm können folgende Größen ermittelt werden:

Der Magnetisierungsstrom

$$I_m = C_{I_1} \cdot uB \text{ Ampere,}$$

der Statorenstrom bei beliebiger Belastung

$$I_1 = C_{I_1} \cdot \overline{us} \text{ Ampere,}$$

der Rotorstrom

$$I_2 = C_{I_2} \cdot Bs \text{ Ampere,}$$

die aufgenommene Leistung, wobei sl parallel um

$$L_1 = C_{L_1} \cdot \overline{sl} \text{ Watt,}$$

die vom Stator auf den Rotor übertragene Leistung, wobei ts senkrecht auf BD

$$L_{1-2} = C_{L_1} \cdot ls \text{ Watt,}$$

die abgegebene Leistung

$$L_2 = C_{L_1} \cdot \overline{rs} \text{ Watt.}$$
$$= C_{L_2} \cdot \overline{rs} \text{ PS,}$$

der Joulesche Verlust in der Statorwicklung

$$V_1 = C_{L_1} \cdot tv \text{ Watt,}$$

in der Rotorwicklung

$$V_2 = C_{L_1} \cdot vr \text{ Watt,}$$

das Drehmoment

$$M = C_M \cdot vs \text{ Kilobarmeter (Kilogrammeter).}$$

Bei Stillstand ist

$$I_1 = u\overline{L}$$
$$I_2 = BL.$$

Der Schlüpfungsmaßstab pL steht senkrecht auf BS.

Da das Ossanna-Diagramm die Jouleschen Verluste richtig angibt, eignet es sich auch zur Darstellung des Wirkungsgrades.

Den Maßstab für den Wirkungsgrad erhält man in folgender Weise: Man verlängert die Verlustlinie LB bis zu ihrem Schnittpunkt R auf der Geraden ud (Abb. 46). Nun zieht man RQ in einer möglichst bequemen, aber beliebigen Größe, z. B. 100 mm, parallel zum Kreisdurchmesser BD, errichtet in Q eine Senkrechte, die die verlängerte Verlustlinie BL in Q' schneidet und trägt von Q' aus parallel zu ud den Maßstab $Q'R' = QR$ auf. Wird $Q'R'$ in 100 Teile geteilt, so bezeichnet bei jeder Belastung eine vom Punkt R durch die Spitze des Stromdreiecks gezogene Linie RsW auf dieser Skala den prozentualen Wirkungsgrad η des Motors.

Aus dem Ossanna-Diagramm erhält man einen allerdings nicht so bequemen, aber dafür wesentlich richtigeren Ausdruck für den maximalen Leistungsfaktor des Motors

$$\left.\begin{aligned} \cos\varphi_{\max} &= \frac{b \cdot R_0 + a\sqrt{a^2 + b^2 - R_0^2}}{a^2 + b^2} \\ &= \frac{(1 + 2\tau) + 4K\sqrt{B(1+\tau)^2}}{1 + 4B(1+\tau)^2} \end{aligned}\right\} \quad \ldots \quad (677)$$

Beim maximalen Leistungsfaktor ist der Statorstrom $\sqrt{1 + \frac{K^2}{B}}$-mal so groß als der Magnetisierungsstrom. Außerdem läßt sich der Satz aufstellen:

Leistungsfaktor und Wirkungsgrad erreichen gleichzeitig ihren Maximalwert, wenn der Leerstrom und der Kurzschlußstrom die gleiche Phasenverschiebung gegenüber der Klemmenspannung haben.

Das ist der Fall, wenn die Punkte uBL auf einer Geraden liegen, wenn also der Magnetisierungsstrom $= uB$ und der Kurzschlußstrom uBL ist. Beim Eisenkreis (im folgenden Abschnitt) müssen zur Erfüllung dieser Forderung die Punkte uB_eL_e (Abb. 54) auf einer Geraden liegen.

Das doppelte Vorzeichen der Wurzel in Gleichung (677) liefert zwei verschiedene Werte für den maximalen Leistungsfaktor. Der größere gilt beim Betrieb der Maschine als Motor, der kleinere beim Betrieb als Generator im Übersynchronismus.

Der Eisenverlust im Rotor kann in derselben Weise in Rechnung gezogen werden wie beim Heyland-Diagramm. Will man aber den Eisenverlust im Stator mit möglichster Genauigkeit berücksichtigen, so bedient man sich statt des Kupferkreises des Eisenkreises, wie im folgenden gezeigt wird.

113. Der Eisenkreis von Sumec.

Unter der Annahme, daß der Eisenverlust durch Hysteresis und Wirbelströme im Stator dem Quadrat der im Statoreisen herrschenden Induktion, demgemäß auch dem Quadrat der auf den Stator wirkenden EMK proportional sei, läßt sich das Ossanna-Diagramm dadurch noch vollkommener machen, daß man den Kupferkreis durch den Eisenkreis ersetzt. Man berechnet zuerst den Statoreisenverlust V_{e1} in Watt, wie er vorhanden ist, wenn — natürlich bei stromlosem Rotor — auf den Stator eine EMK von der Größe der Klemmenspannung E_1 wirkt.

a) Graphische Bestimmung des Eisenkreises.

Man trägt (Abb. 54) den Eisenverlust in Watt V_{e1} in solcher Größe iu auf, daß

$$iu = \frac{V_{e1}}{C_{L_1}} \quad \ldots \ldots \ldots \quad (678)$$

Von u fällen wir die Senkrechte $u\,d_0$, die uns den Punkt B ($u\,B$ = Magnetisierungsstrom beim Kupferkreis) liefert, also

$$u\,B\,d_0 \perp b\,m\,.$$

Nun verbindet man i mit B durch eine Gerade und zieht parallel zu ihr durch u die Linie $u\,B_e$, also

$$u\,B_e \parallel i\,B.$$

$u\,B$ ist der Magnetisierungsstrom im Eisenkreisdiagramm. Durch den Punkt B_e zieht man

$$B\,d_e \parallel u\,B$$

und fällt die Senkrechte

$$d_e\,u_e \perp u\,m\,.$$

Der gesuchte Durchmesser des Eisenkreises ist $b_e\,d_e$.

Die übrige Konstruktion des Diagramms ist genau wie im Ossanna-Diagramm.

b) Rechnerische Bestimmung des Eisenkreises.

Zuerst berechnet man die Konstante H

$$H = \frac{V_{e1} \cdot R_1}{a_1 \cdot E_1^2} \quad \ldots \ldots \ldots \quad (679)$$

und erhält die Mittelpunktskoordinaten des Eisenkreises, nämlich die Mittelpunksabszisse

$$a_e = \frac{a}{1+H}\left(1 + \frac{H \cdot B}{K^2}\right) = \left(\frac{K}{B} + \frac{H}{K}\right)\frac{u\,b}{1+H} \quad \ldots \quad (680)$$

die Mittelpunktsordinate

$$b_e = \frac{b}{1+H} = \frac{1+2\tau}{2\,B\,(1+\tau)} \cdot \frac{u\,b}{1+H} \quad \ldots \ldots \quad (681)$$

und den Radius des Eisenkreises

$$R_e = \frac{R_0}{1+H} = \frac{1}{2\,B\,(1+\tau)} \cdot \frac{u\,b}{1+H} \quad \ldots \ldots \quad (682)$$

a, b, R_0 bezeichnen Mittelpunktsabszisse, Ordinate und Radius des Ossannakreises.

Die Winkel α und $\alpha + \beta$ für die Verlustlinien ergeben sich aus den Gleichungen

$$\operatorname{tg} \alpha = a_1 \cdot R_1 \cdot \frac{C_{I_1}^2}{C_{L_1}} \cdot B\,D_e \quad \ldots \ldots \ldots \ldots \quad (683)$$

$$\operatorname{tg}(\alpha + \beta) = \frac{a_1 \cdot R_1 \cdot C_{I_1}^2 + a_2 \cdot R_2 \cdot C_{I_2}^2}{G_{L_1}}\,B\,D_e \quad \ldots \ldots \quad (684)$$

Alles übrige ist vollkommen unverändert, so wie im Ossanna-Diagramm, insbesondere gelten auch dieselben Diagrammkonstanten C.

Für den maximalen Leistungsfaktor erhält man die Ausdrücke

$$\cos\varphi_{\max} = b_e \cdot R_e \pm a_e \sqrt{a_e^2 + b_e^2 - R_e^2} \quad \ldots \ldots \ldots \ldots (685)$$

$$= \frac{1 + 2\tau}{4B^2(1+\tau)^2}$$

$$\pm \left(\frac{K}{B} + \frac{H}{K}\right)\sqrt{\left(\frac{K}{B} + \frac{H}{K}\right)^2 + \frac{(1+2\tau)^2}{4B^2(1+\tau)^2} - \frac{1}{4B^2(1+\tau)^2}}.$$

In dem Betriebszustand, der dem maximalen Leistungsfaktor entspricht, ist der Statorstrom

$$\frac{1}{1+H}\sqrt{\frac{1+K^2}{B} \cdot \frac{1+2H+B\left(\frac{H}{K}\right)^2}{1+\frac{1}{(1+H)^2}\left(\frac{H}{K}\right)^2}} \quad \ldots (686)$$

mal so groß wie der Magnetisierungsstrom uB.

Eine systematische Übersicht über die Daten des Streuungs-, Kupfer- und Eisenkreises ist im 38. Abschnitt gegeben.

Unter der Annahme, daß das Widerstandsmoment der Reibung konstant ist, läßt sich die Reibung berücksichtigen, indem man das Drehmoment um einen konstanten Betrag verkleinert. Man hat daher die Verlustlinien bv und bs im Heyland-Diagramm, BS und BL im Ossanna-Diagramm, BS_e und BL_e im Sumec-Diagramm parallel mit sich um eine Strecke von der Größe

$$\frac{V_r}{C_{L_1}}$$

senkrecht zum Kreisdurchmesser bd, BD oder BD_e zu verschieben, wenn V_r den Reibungsverlust in Watt beim Leerlauf bezeichnet.

XIV. Beispiel zu Kapitel XIII. Berechnung eines Motors.

114. Dimensionierung des Motors.

Um die praktische Anwendung der im 13. Kapitel zusammengestellten Formeln zu zeigen, soll ein Motor mit möglichster Genauigkeit berechnet werden. Damit das Diagramm deutlich wirkt, müssen wir als Beispiel einen Motor von nicht zu hohem Wirkungsgrad wählen, denn sonst fallen die Strecken, die die Verluste darstellen, so klein aus, daß sie in einer Zeichnung von dem Formate einer Buchseite nicht mit der hier wünschenswerten Klarheit gezeichnet werden können. Damit das Beispiel einem wirklich praktischen Fall entspricht, müssen wir daher einen Motor mit kleiner Leistung wählen, und um die

Aufgabe etwas zu erschweren, wollen wir einen 6-poligen Motor mit Schleifringen berechnen. Die Daten des Motors seien

$$\begin{aligned} \text{Leistung} &= 1{,}5 \text{ PS} \\ \text{Drehzahl} &= 1000 \text{ i. d. Min.}, \\ \text{Spannung} &= 220 \text{ Volt}, \\ \text{Phasenzahl} &= 3, \\ \text{Periodenzahl} &= 50, \\ \text{Polzahl } 2\,p &= 6. \end{aligned}$$

Um die Aufgabe nicht zu sehr zu komplizieren, sollen bestimmte Vorschriften über $\cos\varphi$ und Wirkungsgrad nicht gemacht werden, sondern wir wollen uns damit begnügen, den mittels der Dimensionsformel dimensionierten Motor möglichst gut zu berechnen.

Da uns die Wahl des Ankerdurchmessers und der Ankerbreite vollständig freisteht, wollen wir bei der Dimensionierung von λ, dem Verhältnis der Ankerbreite zum Ankerdurchmesser, ausgehen, und wir wollen λ so wählen, daß die Polflächen quadratisch werden.

Demgemäß wird

$$b = \frac{D \cdot \pi}{6}$$

$$\lambda = \frac{b}{D} = \frac{\pi}{6} = 0{,}523\,.$$

Die Nutenzahl eines Motors wird um so größer, je größer seine Polzahl ist. Wir müssen daher einen 6-poligen Motor so kleiner Leistung verhältnismäßig reichlich dimensionieren, setzen deshalb in die Gleichung (606) den größten Wert für die Konstante = 14 ein, und erhalten

$$D = 14\sqrt[3.5]{\frac{736 \cdot \text{PS}}{n \cdot \lambda}} = 14\sqrt[3.5]{\frac{736 \cdot 1{,}5}{1000 \cdot 0{,}523}} = 14\sqrt[3.5]{2{,}11} = 17{,}3 \text{ cm}\,.$$

daher wird $\quad b = 17{,}3 \cdot 0{,}523 = 9$ cm.

Es wird daher der Umfang U

$$U = 54{,}3 \text{ cm}$$

$$T = \frac{54{,}3}{6} = 9{,}05 \text{ cm}$$

$$v = 9{,}05 \text{ m}\,,$$

denn die Umfangsgeschwindigkeit in Metern einer Maschine von 50 Perioden ist gleich der Polteilung in Zentimetern.

Die Nutenzahlen wollen wir so hoch als möglich wählen, um einen guten Leistungsfaktor zu bekommen, und wir können beim Stator bis auf 9 Nuten pro Pol gehen. Wir erhalten dann eine Nutenteilung

$$t = 1 \text{ cm}\,,$$

und dies dürfte im allgemeinen als die geringst zulässige Nutenteilung betrachtet werden.

Den Rotor wollen wir ebenfalls 3-phasig wickeln, und wir können bei diesem Rotor die Nutenzahl sicher nicht größer als im Stator wählen, denn die Rotornuten konvergieren gegeneinander, und dadurch werden die Verhältnisse in bezug auf die Rotorzähne viel ungünstiger als im Stator, dessen Nuten divergieren. Da wir im Stator die Nutenzahl pro Spulenseite

$$m_1 = 3$$

schon festgelegt haben, sind wir gezwungen

$$m_2 = 2$$

zu machen, und wir kommen dadurch auf die geringste Nutenzahl die überhaupt zugelassen werden kann, denn $m = 1$ gibt so schlechte Resultate, daß praktisch sogenannte Einlochwicklungen nicht anwendbar sind.

Die Länge des Luftzwischenraumes wird nach der Kappschen Gleichung

$$\delta = 0{,}02 + \frac{D}{1000} = 0{,}02 + \frac{17{,}3}{1000} = 0{,}037 \approx 0{,}035 \text{ cm}.$$

Da bei einer Dimension von nur 0,35 mm anzunehmen ist, daß häufig große prozentuale Abweichungen bei der Fabrikation auftreten, wollen wir natürlich die unempfindlichere offene Nutenform wählen, und wir können damit noch einen weiteren Vorteil verbinden. Ein so kleiner Motor erhält eine sehr hohe Drahtzahl, das Wickeln ist sehr mühselig, und die Wickellöhne sind daher unverhältnismäßig hoch. Das Einziehen der Drähte in geschlossene Nuten erfordert viel mehr Zeit als das Einbringen durch offene Nuten, deren Schlitze so groß sind, daß die Drähte durch diese eingelegt werden können. Damit das Wickeln auf diese Weise bei dem Motor auch dann, wenn er nur für 110 Volt ausgeführt wird, nach dieser Methode vorgenommen werden kann, muß die Schlitzbreite ca. 3 mm betragen. Um die übrigen Nutendimensionen festzulegen, müssen wir folgenden Weg einschlagen.

Halten wir an der Schlitzbreite von ca. 3 mm fest so wird der Luftquerschnitt pro Pol

$$F_l \approx T \cdot b \cdot \frac{t - 0{,}3}{t} = 9{,}05 \cdot 9 \cdot 0{,}7 \approx 57 \text{ qcm}.$$

Die Drahtzahl pro Phase können wir angenähert bestimmen, wenn wir uns über die Größe der Luftinduktion schlüssig werden. Wählen wir

$$\mathfrak{B}_l \approx 5500,$$

so wird

$$N_1 \approx \frac{E_1 \cdot 10^8}{2{,}22 \cdot c_1 \cdot k_1 \cdot F_l \cdot \mathfrak{B}_l \cdot f_1}$$

$$= \frac{127 \cdot 10^8}{2{,}22 \cdot 0{,}593 \cdot 0{,}958 \cdot 57 \cdot 5500 \cdot 50} \approx 640,$$

wobei die Phasenspannung

$$E_1 = \frac{220}{\sqrt{3}} = 127 \text{ Volt},$$

denn wir wählen unbedingt Sternschaltung, um die Drahtzahl N_1 möglichst klein zu bekommen. Die Stromstärke in einer Phase wird, wenn wir Wirkungsgrad und Leistungsfaktor auf 0,8 schätzen,

$$I_1 = \frac{736 \cdot 1{,}5}{3 \cdot 127 \cdot 0{,}8 \cdot 0{,}8} = 4{,}5 \text{ Amp.}$$

Wenn wir eine Drahtbeanspruchung auf den Quadratmillimeter

$$\beta_1 \approx 3{,}5 \text{ Amp.}$$

zulassen, erhalten wir einen Drahtquerschnitt von

$$q_1 \approx 1{,}32 \text{ qmm},$$

und dies ergibt einen Drahtdurchmesser von

$$d_1 = 1{,}3 \text{ mm},$$

und der Durchmesser einschl. Isolation wird

$$d_1' = 1{,}7 \text{ mm}.$$

Die totale Drahtzahl einer Phase beträgt ca. 640, und da 18 Nuten pro Phase vorhanden sind, müssen in einer Nute

$$\frac{640}{18} = 36$$

Drähte plaziert werden; wenn wir uns aber überlegen, daß wir in der Gleichung zur Ermittlung der Drahtzahl erstens den Faktor $(1 + \tau_1)$ vernachlässigt, zweitens den Luftquerschnitt zu gering angenommen haben, indem das Verhältnis der Zahnkopfbreite zur Teilung nur in bezug auf den Stator 0,7 wird, in bezug auf den Rotor aber ungefähr

$$\frac{t_2 - 0{,}3}{t_2} = \frac{1{,}5 - 0{,}3}{1{,}5} = 0{,}8$$

wird, dürfen wir die Drahtzahl nach unten auf einen möglichen und bequemen Wert abrunden. Die Frage, in welcher Weise die Drähte angeordnet werden müssen, beantwortet sich von selbst. 4 Drähte würden, abgesehen von der Nutenisolation, schon $4 \cdot 1{,}7 = 6{,}8$ mm Nutenbreite beanspruchen, und die Zahninduktion würde dadurch unzulässig hoch werden. Dagegen ergibt sich aus einer überschlägigen Schätzung, daß 3 Drähte nebeneinander einen genügend starken Zahn stehen lassen. Wir werden daher $3 \cdot 12$ oder, wenn wir aus obigen Erwägungen nach unten abrunden,

$$3 \times 11 = 33 \text{ Drähte pro Nut}$$

also

$$N_1 = 594$$

erhalten, und das Drahtbündel beansprucht einen Querschnitt von $5{,}1 \times 18{,}7$ qmm. Damit ist man aber in der Praxis noch nicht in der Lage, den Nutenquerschnitt endgültig zu bestimmen, denn man muß verlangen, daß ein im Eisen fertiger Motor sich für jede der üblichen Spannungen wickeln läßt. Man muß daher auch untersuchen, wie der Wicklungsraum sich gestaltet, wenn der Motor für 110 bzw. 500 Volt gebaut werden soll. Auf niedrigere Spannungen als die der Rechnung zugrunde gelegte braucht man im allgemeinen weniger Rücksicht zu nehmen, da einesteils der Nutenquerschnitt bei dickeren Drähten vorteilhafter ausgenützt wird, die Nute bei niedrigeren Spannungen also gewöhnlich Überfluß an Platz gewährt und man sich anderenteils immer mit Parallelschaltung der Wicklung helfen kann, wenn die niedere zu der höheren Spannung in einem einfachen Verhältnis steht. Mit Rücksicht auf die schwierige Herstellung der Wicklung muß der Wicklungsraum reichlicher genommen werden, denn die Drähte lassen sich natürlich nicht mit mathematischer Exaktheit aneinanderlegen. Auf Grund dieser Erwägungen wählen wir die in Abb. 136 dargestellte Nutenform.

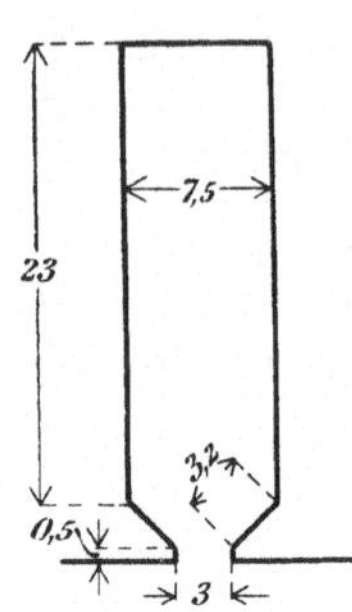

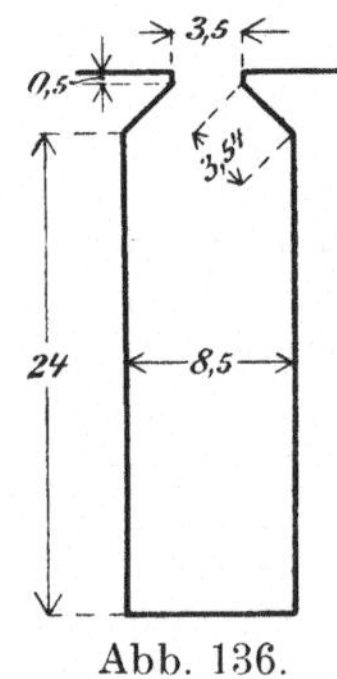

Abb. 136.

In bezug auf den Rotor sind ganz andere Gesichtspunkte maßgebend. Die Wahl der Rotorspannung, daher die Drahtzahl N_2 ist beliebig, und somit können wir die Nute nur mit Rücksicht auf ein und dieselbe Wicklung dimensionieren, und wir können die Rotorspannung so wählen, daß einesteils die Herstellung der Isolation keine Schwierigkeiten bietet, anderenteils der Rotorstrom nicht solche Größe erreicht, daß die Konstruktion der Schleifringe und des Bürstenapparates Schwierigkeiten bereitet und die Maschine unnütz verteuert. Wir können sehr leicht berechnen, wieviel Kupferquerschnitt in einer Rotornute untergebracht werden muß. Bezeichnet nämlich J_n die Rotorstromstärke bei Normalbelastung, E_2 die Rotorspannung bei Stillstand, so muß

$$E_2 \cdot J_n = \frac{736 \cdot \mathrm{PS}}{a_2}$$

sein, wenn wir von den im Rotor auftretenden Verlusten absehen, und diese Beziehung resultiert aus der Tatsache, daß der Rotor als der sekundäre Teil eines Transformators, dessen Primärsytem der Stator ist, aufgefaßt werden kann. Soll der Motor bei Normalleistung um $s\,\%$ schlüpfen, so wird die Rotorspannung

$$E_n = E_2 \cdot \frac{s}{100},$$

der Rotorstrom aber nach obiger Gleichung

$$J_n = \frac{736 \cdot \mathrm{PS}}{a_2 \cdot E_2}.$$

Der Widerstand einer Rotorphase ist, wenn mit l_2 die mittlere Länge eines Drahtes, mit N_2 die Drahtzahl pro Phase, mit q_2 der

Querschnitt eines Drahtes, mit $\frac{1}{50}$ der Widerstandskoeffizient des „warmen" Kupfers bezeichnet wird (der des „kalten" Kupfers ist $\frac{1}{60}$)

$$R_2 = \frac{N_2 \cdot l_2}{50 \cdot q_2} = \frac{a_2 \cdot E_2^2}{736 \cdot \mathrm{PS}} \cdot \frac{s}{100}$$

und hieraus ergibt sich

$$q_2 = \frac{100 \cdot 736 \cdot \mathrm{PS} \cdot l_2 \cdot N_2}{50 \cdot a_2 \cdot s \cdot E_2^2} = \frac{100 \cdot 736 \cdot \mathrm{PS} \cdot l_2}{50 \cdot a_2 \cdot s \cdot N_2} \left(\frac{N_1}{E_1}\right)^2$$

und der letzte Ausdruck ist durch Einführung der Beziehung

$$E_2 = \frac{N_2}{N_1} \cdot E_1$$

gewonnen. Endlich können wir noch schreiben

$$\frac{q_2 \cdot N_2}{2\,p \cdot m_2} = \frac{100 \cdot 736 \cdot \mathrm{PS} \cdot l_2}{50 \cdot a_2 \cdot m_2 \cdot 2\,p \cdot s} \left(\frac{N_1}{E_1}\right)^2$$

und es stellt die linke Seite dieser Gleichung den Kupferquerschnitt dar, der in einer Rotornute untergebracht werden muß. Wir erhalten für unseren Motor

$$\frac{100 \cdot 736 \cdot 1{,}5 \cdot 0{,}22}{50 \cdot 3 \cdot 2 \cdot 6 \cdot 5} \left(\frac{594}{127}\right)^2 = 61 \text{ qmm}$$

Kupfer pro Nut, wenn wir die Länge eines Rotordrahtes zu 0,22 m und die Schlüpfung auf 5% schätzen.

Ein ähnliches Resultat kann man in einfachster Weise auf Grund folgender Überlegung gewinnen:

Wenn wir im Diagramm us und $(1 + \tau_1)\,bs$ als die Zahl der Amperewindungen, die Zahl der Amperestäbe, oder als die Durchflutung im Stator und Rotor auffassen, so finden wir, daß bei der Normalleistung ohne allzugroßen Fehler angenommen werden darf, daß

$$us \approx (1 + \tau_1)\,bs,$$

die Durchflutung im Stator und Rotor also angenähert dieselbe ist. Beträgt der Querschnitt aller Drähte in einer Statornute q_{Z_1} mm². so muß, wenn wir ungefähr gleiche Stromdichte im Stator- und Rotorkupfer zulassen, der Querschnitt aller Rotordrähte in einer Nute

$$q_{Z_2} = q_{Z_1} \cdot \frac{Z_1}{Z_2}$$

sein, wenn die Nutenzahl im Stator und Rotor mit Z_1 und Z_2 bezeichnet wird.

In einer Statornute liegen 33 Drähte von je 1,32 mm² Querschnitt, und daraus ergibt sich der Kupferquerschnitt in einer Rotornute zu ungefähr

$$q_{Z_2} = 33 \cdot 1{,}32 \tfrac{54}{36} = 64 \text{ mm}^2,$$

also beinahe derselbe Wert, den wir vorher auf anderem Wege erhalten haben.

Wenn wir in die Rotorzeichnung die Nuten einskizzieren, so sehen wir, daß die Nutenbreite nicht wesentlich größer als im Stator gemacht werden darf, da sonst wegen der Konvergenz der Rotornuten die Zahnquerschnitte zu schwach ausfallen. Wir werden nach einigem Probieren es als vorteilhaft erkennen, wenn wir in der Nut 2 Drähte nebeneinander und 6 übereinander, also 12 Drähte anordnen. Die Drahtzahl des Rotors wird

$$N_2 = 144$$

und die Rotorspannung

$$E_2 = \frac{N_2}{N_1} E_1 = \frac{144}{594} \cdot 127 = 31 \text{ Volt},$$

der Rotorstrom bei Normalleistung

$$I_2 \approx \frac{736 \cdot \text{PS}}{a_2 \cdot E_2} = \frac{736 \cdot 1{,}5}{3 \cdot 31} \approx 12 \text{ Amp.}$$

und die Schleifringspannung am Rotor, wenn wir die Wicklung im Stern schalten,

$$\sqrt{3} \cdot 31 = 54 \text{ Volt}.$$

Da der Kupferquerschnitt in einer Rotornute etwa 60 mm² sein muß, ist der Querschnitt eines Rotordrahtes

$$q_2 = \tfrac{60}{12} = 5 \text{ mm}^2$$

und der blanke Drahtdurchmesser

$$d_2 \approx 2.5 \text{ mm}.$$

Mit einer Rotorwicklung von 2,5 mm Draht würden wir voraussichtlich in bezug auf Erwärmung, Schlüpfung und Wirkungsgrad auskommen. Stellen wir aber die Forderung, die Schlüpfung so klein als möglich zu machen, so müssen wir noch überlegen, ob wir den Drahtquerschnitt im Rotor nicht noch erhöhen können. Wir finden unschwer, daß wir in der Tat die Rotornute so dimensionieren können, daß auch ein Rotordraht vom Durchmesser

$$d_2 = 3 \text{ mm}$$

und dem Querschnitt $q_2 = 7{,}07 \text{ mm}^2$

noch untergebracht werden kann.

Diese Drahtdimensionen wollen wir auch der weiteren Rechnung zugrunde legen.

Da die Schlüpfung dem Rotorwiderstand direkt, bei gegebener Drahtzahl N_2 daher dem Querschnitt des Rotordrahtes indirekt proportional ist, erreichen wir daher, daß die Schlüpfung bei Verwendung des 3 mm-Drahtes nur

$$\tfrac{5}{7} = 0{,}7$$

von der Schlüpfung beträgt, die der Motor bei Verwendung eines Rotordrahtes von 2,5 mm Durchmesser haben würde. Dieser Vorzug ist aber teuer erkauft, denn der dünnere Draht hätte nur 0,7 des Kupfergewichtes beansprucht wie der dickere Draht. Wir können daraus den Schluß ziehen, daß kleine Schlüpfung, also sehr konstante Drehzahl des Motors bei allen Belastungen wohl erreichbar ist, aber die Maschine verteuert.

Die Wahl der Drahtzahl N_2 ergibt für die Isolation sehr günstige Verhältnisse, ebenso für den Schleifringapparat, und gibt eine einfache billige Wicklung bei günstiger Nutenform. In Abb. 136 ist der Nutenquerschnitt dargestellt, wie wir ihn endgültig wählen wollen. Die Schlitzbreite mußte mit Rücksicht auf den Drahtdurchmesser, der isoliert ca. 3,5 mm beträgt, auf mindestens 3,5 mm erhöht werden.

Der erfahrene Maschinenrechner wird die Nutendimensionen mit großer Sicherheit gleich beim ersten Entwurf richtig feststellen können, dagegen wird der Anfänger erst nach wiederholtem Probieren und oftmaliger Abänderung zu einer Nutenform gelangen, die bei den Untersuchungen des nächsten Abschnittes die gewünschten Resultate liefert.

115. Berechnung der Streuungskoeffizienten.

a) Die Spulenstreuung σ.

Die Spulenstreuung (doppelt verkettete Streuung) ist für den Stator

$$1+\sigma_1=\frac{k_1}{k_{1-2}}=\frac{23}{24}\cdot\frac{64}{61}=\frac{0{,}95833}{0{,}95313}=1{,}00546$$

und sein numerischer Wert wird in folgender Weise gefunden:

Der Tafel II auf Seite 205 entnehmen wir, daß der Spulenfaktor k_1 einer dreiphasigen Wicklung mit $m_1=3$ Nuten pro Spulenseite, also in unserem Falle

$$k_1=\tfrac{23}{24}=0{,}95833$$

ist. Der Dezimalbruch kann der Tafel IV auf Seite 206 ohne weiteres entnommen werden, denn sie enthält dieselben Zahlenwerte wie Tafel II in Form von Dezimalbrüchen.

Den gegenseitigen Spulenfaktor k_{1-2} finden wir in Tafel II, wenn wir in der dritten Vertikalspalte entsprechend $m_1=3$ so lange nach unten suchen, bis wir die Zeile, die einem dreiphasigen Rotor mit $m_2=2$ entspricht, gefunden haben. Wir finden in den Tafeln II und IV den gemeinen und den Dezimalbruch

$$k_{1-2}=\tfrac{61}{64}=0{,}95313.$$

Den Streuungskoeffizient

$$\sigma_1=0{,}00546$$

hätten wir auch direkt der Tafel VI in der dritten Vertikal- und der fünften Horizontalspalte entnehmen können.

In ganz ähnlicher Weise erhalten wir für den Rotor — wenn er als primärer, der Stator als sekundärer Teil aufgefaßt wird — aus den Tafeln II und IV in der zweiten Vertikalspalte für $m_2=2$, in der dritten Zeile

$$k_2=1$$

und in der sechsten Zeile

$$k_{2-1}=\tfrac{61}{63}=0{,}96825,$$

daher

$$1+\sigma_2=\frac{63}{61}=\frac{1}{0{,}96825}=1{,}03279.$$

Die Tafel IV hätte unmittelbar den Wert

$$\sigma_2 = 0{,}032\,79$$

geliefert.

σ kann auch negative Werte annehmen: die Erklärung hierfür findet sich im 53. Abschnitt.

Wie im 56. Abschnitt angegeben ist, muß stets die Gleichung bestehen

$$c_1 \cdot k_{1-2} = c_2 \cdot k_{2-1}$$

und eine Probe ergibt, daß die gefundenen Zahlen dieser Bedingung genügen. In der Tabelle II finden wir

$$c_1 = \tfrac{16}{27}; \qquad c_2 = \tfrac{7}{12}$$

und es ist in der Tat

$$\tfrac{16}{27} \cdot \tfrac{61}{61} = \tfrac{7}{12} \cdot \tfrac{61}{63}.$$

Nur um diesen Nachweis zu erbringen, sind die numerischen Werte für k und σ mit so großer Genauigkeit berechnet, für die Praxis hat es sicher keinen Zweck, mit mehr Stellen zu rechnen als

$$1 + \sigma_1 = 1{,}005.$$
$$1 + \sigma_2 = 1{,}033.$$

b) Die Nutenstreuung ν bei Vernachlässigung des Eisenwiderstandes.

Der Querschnitt F_l des Luftfeldes eines Poles ist

$$F_l = \frac{D \cdot \pi \cdot b}{4 \cdot p}\left(\frac{z_1}{t_1} + \frac{z_2}{t_2}\right)$$
$$= \frac{17{,}3 \cdot \pi \cdot 9}{12}\left(\frac{0{,}7}{1} + \frac{1{,}15}{1{,}5}\right) = 59{,}5 \text{ cm}^2$$

und der Leitwert des Luftfeldes, wenn der Stator erregt wird,

$$G_{l_1} = \frac{c_1 \cdot F_l}{1{,}6 \cdot \delta} = \frac{0{,}593 \cdot 59{,}5}{1{,}6 \cdot 0{,}035} = 630$$

und wenn der Rotor erregt wird

$$G_{l_2} = \frac{c_2 \cdot F_l}{1{,}6 \cdot \delta} = \frac{0{,}583 \cdot 59{,}5}{1{,}6 \cdot 0{,}035} = 620.$$

Der Leitwert einer Statornute ist nach Formel (618)

$$G_{\nu_1} = 1{,}25 \cdot b\left(\frac{r_1}{3 \cdot r_3} + \frac{r_2}{r_3} + \frac{2 \cdot r_4}{r_3 + r_5} + \frac{r_6 + \delta}{r_5}\right)$$
$$= 1{,}25 \cdot q\left(\frac{2{,}3}{3 \cdot 0{,}75} + 0 + \frac{2 \cdot 0{,}22}{0{,}75 + 0{,}3} + \frac{0{,}05 + 0{,}035}{0{,}3}\right)$$
$$= 11{,}25\,(1{,}02 + 0{,}42 + 0{,}28) = 19{,}4$$

und in die Formel ist

$$r_4 = \frac{0{,}32}{\sqrt{2}} = 0{,}22$$

eingesetzt, da die Abschrägung am Zahnkopf 45^0 beträgt.

Es wird daher nach Gleichung (622)

$$\nu_1 = \frac{G_{\nu_1}}{k_1 \cdot m_1 \cdot G_{l_1}} = \frac{19{,}4}{0{,}958 \cdot 3 \cdot 630} = 0{,}0107 .$$

Für den Rotor erhalten wir in gleicher Weise, da

$$r_4 = \frac{0{,}354}{\sqrt{2}} = 0{,}248$$

ist,

$$G_{\nu_2} = 1{,}25 \cdot b \left(\frac{r_1}{3 \cdot r_3} + \frac{r_2}{r_3} + \frac{2 \cdot r_4}{r_3 + r_5} + \frac{r_6 + \delta}{r_5} \right)$$

$$= 1{,}25 \cdot q \left(\frac{2{,}4}{3 \cdot 0{,}85} + 0 + \frac{2 \cdot 0{,}25}{0{,}85 + 0{,}35} + \frac{0{,}05 + 0{,}035}{0{,}35} \right)$$

$$= 11{,}25\,(0{,}94 + 0{,}42 + 0{,}24) = 18{,}0$$

und daraus

$$\nu_2 = \frac{G_{\nu_2}}{k_2 \cdot m_2 \cdot G_{l_2}} = \frac{18{,}0}{1 \cdot 2 \cdot 620} = 0{,}0146 .$$

c) Die Nutenstreuung bei Berücksichtigung des Eisenwiderstandes.

Es wird sich bei Durchführung der Rechnung herausstellen, daß der Einfluß des magnetischen Widerstandes des Eisens so klein ist, daß er die Streuung nicht wesentlich vergrößert. Wir brauchen daher sicherlich nicht die Berechnung der Amperewindungen für Luft und Eisen zweimal durchzuführen — einmal, wenn der Stator und einmal, wenn der Rotor erregt ist — sondern wir können die Amperewindungen für das Eisen A_{e1} und A_{e2} und für die Luft A_l einfach der Tabelle Seite 408 entnehmen. Wir erhalten für den Stator

$$1 + \mu_1 = 1 + \nu_1 \left(1 + \frac{A_{e2}}{A_l}\right) = 1 + 0{,}0107 \left(1 + \frac{103}{915}\right)$$

$$= 1 + 0{,}0107 \cdot 1{,}1125 = 1{,}0119$$

$$1 + \varepsilon_1 = 1 + \nu_2 \frac{A_{e2}}{A_l} = 1 + 0{,}0146 \cdot 0{,}1125 = 1{,}0016$$

und für den Rotor

$$1 + \mu_2 = 1 + \nu_2 \left(1 + \frac{A_{e1}}{A_l}\right) = 1 + 0{,}0146 \left(1 + \frac{92}{915}\right)$$

$$= 1 + 0{,}0146 \cdot 1{,}1100 = 1{,}0162$$

$$1 + \varepsilon_2 = 1 + \nu_1 \frac{A_{e1}}{A_l} = 1 + 0{,}0107 \cdot 0{,}11 = 1{,}0012.$$

Die Koeffizienten der Nutenstreuung haben sich daher bei Berücksichtigung des magnetischen Widerstandes des Eisens beim Stator von

$$1 + \nu_1 = 1{,}0107$$

auf $(1 + \mu_1)(1 + \varepsilon_1) = 1{,}0119 \cdot 1{,}0016 = 1{,}0136$

und beim Rotor von

$$1 + \nu_2 = 1{,}0146$$

auf $$(1+\mu_2)(1+\varepsilon_2) = 1{,}0162 \cdot 1{,}0012 = 1{,}0174.$$

also in beiden Fällen nur ganz unmerklich vergrößert.

d) Die Kopfstreuung.

Das Drahtbündel eines Spulenkopfes besteht beim Stator, da eine Nute $3 \cdot 11 = 33$ Drähte enthält und drei Nuten für jede Spulenseite vorhanden sind, aus $11 \cdot 9$ Drähten. Als Drahtdimension setzen wir den blanken Durchmesser ein, weil wir so einen größeren Wert für die Kopfstreuung erhalten, wie wenn wir mit dem Durchmesser des isolierten Drahtes rechnen würden. Wir tun das, um auf diese Weise wenigstens etwas dem Umstand Rechnung zu tragen. daß die Spulenstreuung infolge der den Spulenköpfen benachbarten eisernen Konstruktionsteile der Maschine sicher größer sein wird. als die Formel ergibt. Die Seiten a und b eines Spulenkopfes sind daher beim Stator

$$a = 11 \cdot 1{,}3 = 14{,}3 \text{ mm}$$

$$b = 3 \cdot 3 \cdot 1{,}3 = 11{,}7 \text{ mm}.$$

Es ist demnach der Leitwert eines Spulenkopfes, wenn dessen Drahtlänge $1 = 16$ cm beträgt

$$G_{\varkappa 1} = 0{,}96\, l \left(\log^{10} \frac{l}{a+b} + 0{,}144\right)$$

$$= 0{,}96 \cdot 16 \left(\log^{10} \frac{16}{1{,}43 + 1{,}17} + 0{,}144\right)$$

$$= 15{,}4\,(0{,}791 + 0{,}144) = 14{,}4$$

und daher

$$\varkappa_1 = \frac{G_{\varkappa 1}}{G_{l1}} \cdot \frac{1}{2 \cdot k_1} = \frac{14{,}4}{630} \cdot \frac{1}{2 \cdot 0{,}958} = 0{,}0132.$$

Im Rotor liegen in jeder Nute 6 Drähte von 3 mm blankem Durchmesser übereinander, daher wird

$$a = 6 \cdot 3 = 18 \text{ mm}.$$

Nebeneinander liegen in einer Nute zwei Drähte, und da nur zwei Nuten zu einem Spulenkopf gehören, wird

$$b = 2 \cdot 2 \cdot 3 = 12 \text{ mm}.$$

Die Drahtlänge eines Spulenkopfes beträgt nur 13 cm und daher wird

$$G_{\varkappa 2} = 0{,}96 \cdot l \left(\log^{10} \cdot \frac{l}{a+b} + 0{,}144\right)$$

$$= 0{,}96 \cdot 13 \left(\log^{10} \cdot \frac{13}{1{,}8 + 1{,}2} + 0{,}144\right)$$

$$= 12{,}5\,(0{,}637 + 0{,}144) = 9{,}75$$

und $$\varkappa_2 = \frac{G_{\varkappa 2}}{G_{l2}} \frac{1}{2 k_2} = \frac{9{,}75}{620 \cdot 2} = 0{,}00788.$$

e) **Die Streuungskoeffizienten und τ_1, τ_2 und τ.**

Wir erhalten nun den Streuungskoeffizienten des Stators

$$1+\tau_1=(1+\sigma_1)(1+\mu_1)(1+\varepsilon_1)(1+\varkappa_1)$$
$$=1{,}005+1{,}0119+1{,}0016+1{,}0132=1{,}032$$

und den des Rotors

$$1+\tau_2=(1+\sigma_2)(1+\mu_2)(1+\varepsilon_2)(1+\varkappa_2)$$
$$=1{,}033\cdot 1{,}0162\cdot 1{,}0012\cdot 1{,}0079=1{,}059$$

und den des Motors

$$1+\tau=(1+\tau_1)(1+\tau_2)=1{,}032\cdot 1{,}059=1{,}093.$$

116. Berechnung des Magnetisierungsstromes.

Sobald die Größe der Statorstreuung bekannt ist, kann die Luftinduktion genau berechnet werden, es ist nämlich

$$\mathfrak{B}_l=\frac{E_1\cdot 10^8}{2{,}22(1+\tau_1)\cdot c_1\cdot k_1\cdot N_1\cdot F_l\cdot f_1}$$
$$=\frac{127\cdot 10^8}{2{,}22\cdot 1{,}032\cdot 0{,}593\cdot 0{,}958\cdot 594\cdot 59{,}5\cdot 50}=5430\,.$$

Zur Berechnung der maximalen Induktion in den Statorzähnen müssen wir die mittlere Zahnbreite bestimmen. und wir erhalten, da die Nutenteilung in der Mitte des Zahnsteges $\dfrac{\pi\cdot(D+\text{Nutenhöhe})}{\text{Nutenzahl}}$ ist, die mittlere Zahndicke

$$\frac{\pi\cdot(17{,}3+2{,}6)}{54}-0{,}75=0{,}4\ \text{cm}.$$

Der mittlere Zahnquerschnitt ist daher $0{,}4\cdot b\cdot 0{,}9$; denn die Ankerbreite wird nur zum 0,9. Teil von Eisen erfüllt, während ca. 10% durch die Isolation der Bleche verloren gehen. Die Induktion in den Statorzähnen wird demgemäß

$$\mathfrak{B}_{z1}=\mathfrak{B}_l(1+\tau_1)\frac{F_l}{a_1\cdot m_1}\,\frac{1}{0{,}4\cdot b\cdot 0{,}9}$$
$$=5430\,(1{,}032)\frac{59{,}5}{3\cdot 3}\cdot\frac{1}{0{,}4\cdot 9\cdot 0{,}9}=11\,500.$$

Die totale Kraftlinienzahl, der magnetische Fluß eines Poles, ist im Stator

$$\Phi_1=(1+\tau_1)\,c_1\cdot\mathfrak{B}_l\cdot F_l$$

und die Eisenhöhe des Joches h_{e1} im Stator ergibt sich, wenn wir hier eine Induktion von 6500 zulassen wollen,

$$h_{e1}=\frac{(1+\tau_1)\cdot c_1\cdot\mathfrak{B}_l\cdot F_l}{2\cdot 0{,}9\cdot b\cdot\mathfrak{B}_{e1}}$$
$$=\frac{1{,}032\cdot 0{,}593\cdot 5430\cdot 59{,}5}{2\cdot 0{,}9\cdot 9\cdot 6500}=1{,}9\ \text{cm}.$$

In bezug auf den Rotor ergibt sich die mittlere Zahninduktion, da die mittlere Zahndicke 0,45 cm ist

$$\mathfrak{B}_{z2} = \mathfrak{B}_l \frac{F_l}{a_2 \cdot m_2} \frac{1}{0{,}45 \cdot b \cdot 0{,}9}$$

$$= 5430 \cdot \frac{59{,}5}{3 \cdot 2} \cdot \frac{1}{0{,}45 \cdot 9 \cdot 0{,}9} = 12\,000,$$

und wenn wir im Rückschluß (Joch) des Rotoreisens eine Induktion von $\mathfrak{B}_{e2} = 8000$ zulassen, wird die Eisenhöhe

$$h_{e2} = \frac{c_1 \cdot \mathfrak{B}_l \cdot F_l}{2 \cdot 0{,}9 \cdot b \cdot \mathfrak{B}_{e2}}$$

$$= \frac{0{,}593 \cdot 5430 \cdot 59{,}5}{2 \cdot 0{,}9 \cdot 9 \cdot 8000} = 1{,}5 \text{ cm}.$$

Abb. 137 zeigt den Querschnitt durch das aktive Eisen des Motors.

Es kann nun ermittelt werden, wie groß die erregende Kraft sein muß, um die gewünschte Luftinduktion $\mathfrak{B}_l = 5430$ hervorzurufen. Die Kraftlinienweglängen eines Poles sind

im Statoreisen	= 5	cm
in den Statorzähnen	= 2,6	„
im Rotoreisen	= 4	„
in den Rotorzähnen	= 2,7	„
in der Luft	= 0,035	„

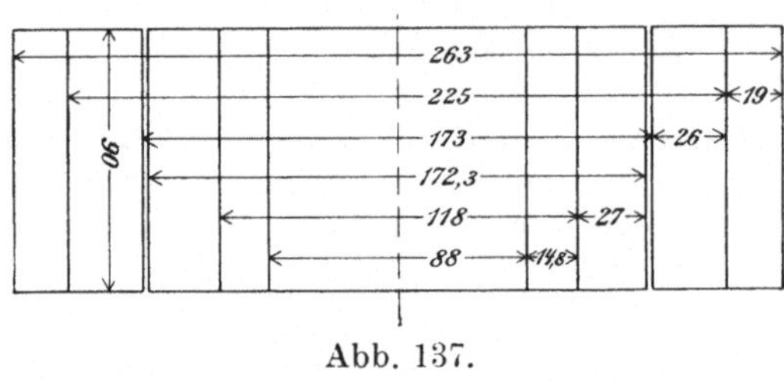

Abb. 137.

Da uns die Induktionen, die an diesen Stellen herrschen, bekannt sind, können wir aus der Magnetisierungskurve ersehen, wie viele Amperewindungen wir für 1 cm Kraftlinienlänge aufwenden müssen. Die totale erregende Kraft ist natürlich $2 \cdot p$-mal so groß als die eines Poles. Wir erhalten daher folgende Werte, die der besseren Übersichtlichkeit halber in eine Tabelle zusammengestellt sind.

	Kraftlinienlänge eines Poles	Induktionen	Amperewindungen für 1 cm	Amperewindungen total
Statoreisen .	5	6500	1,3	6·5·1,3 = 39
Statorzähne .	2,6	11500	3,4	6·2,4·3,4 = 53
Rotoreisen .	4	8000	1,7	6·4·1,7 = 41
Rotorzähne .	2,7	12000	3,8	6·2,7·3,8 = 62
Luft . . .	0,035	5430	—	6·0,035·0,8·5430 = 915
				A_m = 1110

Der Magnetisierungsstrom wird daher nach der Gleichung (640)

$$I_m = \frac{A_m}{\sqrt{2} \cdot N_1} = \frac{1110}{1{,}414 \cdot 594} = 1{,}32 \text{ Ampere.}$$

117. Unterlagen zur Berücksichtigung der Verluste.

Die Widerstände der Wicklungen sind sehr leicht zu berechnen. Wir erhalten eine mittlere Länge eines Statordrahtes von 0,25 m, und da der Drahtdurchmesser 1,3 mm, der Querschnitt daher 1,33 qmm beträgt, wird

$$R_1 = \frac{0{,}25 \cdot 594}{50 \cdot 1{,}33} = 2{,}2 \text{ Ohm}.$$

Für den Rotor haben wir 3 mm Draht gewählt, und da die mittlere Drahtlänge nur 0,22 m beträgt, wird

$$R_2 = \frac{0{,}22 \cdot 144}{50 \cdot 7{,}07} = 0{,}09 \text{ Ohm}.$$

Um die Verluste durch Hysteresis ermitteln zu können, müssen wir die Eisenvolumina der einzelnen unter verschiedener Induktion arbeitenden Motorteile berechnen. Wir erhalten unter Zuhilfenahme der Abb. 137 das Volumen des Statorjoches

$$1{,}9 \cdot 9 \cdot 0{,}9 \cdot \frac{26{,}3 + 22{,}5}{2} \cdot \pi = 1180 \text{ cm}^3 = 1{,}18 \text{ dm}^3.$$

Das Volumen der Statorzähne berechnen wir aus dem Volumen des Eisenringes von der Höhe der Statornuten und subtrahieren hiervon das Volumen sämtlicher Nuten. Wir erhalten für den Ring

$$2{,}9 \cdot 9 \cdot 0{,}9 \cdot \frac{17{,}3 + 22{,}5}{1} \cdot \pi = 1310 \text{ cm}^3,$$

und da der totale Querschnitt einer Nute ca. 2 cm² beträgt, wird das Volumen sämtlicher Nuten

$$2 \cdot 54 \cdot 9 \cdot 0{,}9 = 880 \text{ cm}^3,$$

mithin das Zahnvolumen

$$1310 - 880 = 430 \text{ cm}^3 = 0{,}43 \text{ dm}^3.$$

Im Joch ist eine Induktion von 6500, in den Zähnen von 11500, und aus der Verlustkurve, Fig. 135, können wir ersehen, daß im Kubikdezimeter bei diesen Induktionen 27 bzw. 65 Watt verloren gehen. Der Eisenverlust ist daher

$$\begin{aligned} &\text{im Statorjoch} && = 1{,}18 \cdot 27 = 32 \text{ Watt} \\ &\text{in den Statorzähnen} && = 0{,}43 \cdot 65 = 28 \;\;\text{„} \\ \hline &\text{im Statoreisen } V_{e1} && = \qquad\quad 60 \text{ Watt} \end{aligned}$$

und konstant, wenn der Spannungsverlust in der Statorwicklung vernachlässigt wird.

In bezug auf den Rotor wird das Volumen des Rückschlusses

$$1{,}5 \cdot 9 \cdot 0{,}9 \cdot \frac{11{,}8 + 6{,}8}{2} \cdot \pi = 354 \text{ cm}^3 = 0{,}35 \text{ dm}^3,$$

das Volumen des Ringes von der Nutenhöhe

$$2{,}7 \cdot 9 \cdot 0{,}9 \frac{17{,}2 + 11{,}8}{2} = 1030 \text{ cm}^3.$$

Das totale Volumen der ausgestanzten Nutenabfälle ist

$$36 \cdot 2{,}4 \cdot 9 \cdot 0{,}9 = 700 \text{ cm}^3,$$

da der Querschnitt einer Nute 2,4 qcm beträgt. Das Zahnvolumen ist daher

$$1030 - 700 = 330 \text{ cm}^3 = 0{,}33 \text{ dm}^3.$$

Da im Rotoreisen eine Induktion von 8000, in den Zähnen von 12000 herrscht, ergeben sich unter Zuhilfenahme der Eisenverlustkurve folgende Eisenverluste im Rotor

im Joch $0{,}35 \cdot 36$	$= 12{,}6$	Watt
in den Zähnen $0{,}33 \cdot 75$	$= 25{,}0$	„
Gesamtverlust V_{e2}	$= 38$	Watt.

Der Verlust im Rotoreisen äußert sich sehr ähnlich wie der Joulesche Verlust $a_2 \cdot \frac{E_2^2}{R_{e1}}$, der in einer besonderen Rotorwicklung bei stillstehendem Rotor und erregtem Stator auftreten würde.

Bei Stillstand wird bei offener Rotorhauptwicklung in jeder Rotorphase eine EMK induziert

$$E_2 = \frac{E_1}{1+\tau_1} \cdot \frac{N_2}{N_1} = \frac{127}{1{,}032} \cdot \frac{144}{594} = 30 \text{ Volt},$$

wenn wir die selbstverständliche Annahme machen, daß die fingierte Hilfswicklung die gleiche Drahtzahl besitzt wie die Hauptwicklung des Rotors

Der Widerstand der Hilfswicklung ist

$$R_e = \frac{a_2 \cdot E_2^2}{V_{e2}} = \frac{3 \cdot 900}{38} = 71 \text{ Ohm}.$$

Bei stillstehendem Rotor und offener Hauptwicklung äußert sich der Eisenverlust so. wie wenn bei verlustlosem Rotoreisen eine Rotorwicklung von $N_2 = 144$ und $R_e = 71$ Ohm vorhanden wäre.

Bei kurzgeschlossener Hauptwicklung, also im Betrieb, verhält sich der Motor aber so, wie wenn beide Rotorwicklungen parallel geschaltet wären, und als Rotorwiderstand ist daher der Wert einzusetzen

$$R_{e2} = \frac{R_2 \cdot R_e}{R_2 + R_1} = \frac{0{,}09 \cdot 71}{0.09 \cdot 71} = 0{,}0899.$$

Da wir die rein mechanisch tätigen Teile des Motors nicht berechnen wollen, können wir den Reibungsverlust nicht aus dem Zapfendurchmesser, dem Durchmesser der Schleifringe und dem Bürstendruck usw. ermitteln, sondern wir schätzen denselben einschließlich Luftwiderstand auf 4 % der Leistung, und es wird daher

$$V_r = 0{,}04 \cdot 1{,}5 \cdot 736 = 44 \text{ Watt}.$$

118. Streuungskreis und Heyland-Diagramm des Motors.

Da uns die Größen

$$\tau_1 = 0{,}032 \qquad N_1 = 594$$
$$\tau = 0{,}093 \qquad N_2 = 144$$
$$\mathfrak{B}_l = 5430 \qquad I_m = 1{,}32 \text{ Amp.}$$

bekannt sind, können wir die Konstanten C_{I_1}, C_{I_2} ... sofort berechnen, sobald wir uns entschlossen haben, wie groß wir den Durchmesser bd des Diagrammkreises machen wollen. Nehmen wir $bd = 100$ mm, so wird

$$bd = 100 \text{ mm}$$
$$ub = 9{,}3 \text{ mm}$$
$$C_{I_2} = \frac{I_m}{ub} = \frac{1{,}32}{9{,}3} = 0{,}142$$
$$C_{I_2} = (1+\tau_1)\,C_{I_1}\cdot\frac{N_1}{N_2} = 1{,}032\cdot 0{,}142\cdot\frac{594}{144} = 0{,}605$$
$$C_{L_1} = a_1\cdot E_1\cdot C_{I_1} = 3\cdot 127\cdot 0{,}142 = 54{,}10$$
$$C_{L_2} = \frac{C_{L_1}}{736} = \frac{54{,}10}{736} = 0{,}0737$$
$$C_M = \frac{C_{L_1}}{9{,}81\cdot\omega} = \frac{54{,}10}{9{,}81\cdot 104{,}7} = 0{,}0527$$
$$\omega = 2\cdot\pi\cdot\frac{n_1}{60} = 2\,\pi\cdot\frac{f_1}{p} = 2\cdot\pi\cdot\frac{1000}{60} = 2\cdot\pi\cdot\frac{50}{3} = 104{,}7$$
$$ui = \frac{V_{e1}}{C_{L_1}} = \frac{60}{54{,}1} = 1{,}11 \text{ mm}$$
$$bM = \frac{V_r}{C_{L_1}} = \frac{44}{54{,}1} = 0{,}81 \text{ mm}$$
$$\operatorname{tg}\alpha = a_1\cdot R_1\cdot\frac{C_{I_1}^2}{C_{L_1}}\cdot bd = 3\cdot 2{,}2\cdot\frac{0{,}142^2}{54{,}1}\cdot 100 = 0{,}245$$
$$\operatorname{tg}(\alpha+\beta) = \operatorname{tg}\alpha + \frac{a_2\,R_{e2}\cdot C_{I_2}^2}{C_{L_1}}\cdot bd = 0{,}245 + \frac{3\cdot 0{,}0899\cdot 0{,}605^2}{54{,}1}\cdot 100$$
$$= 0{,}245 + 0{,}183 = 0{,}428$$
$$\cos\varphi_{\max} = \frac{1}{1+2\,\tau} = \frac{1}{1{,}186} = 0{,}843.$$

Das Diagramm Abb. 138 ist in folgender Weise gezeichnet:

Auf der Geraden ubd, deren Länge 109,3 mm beträgt, ist der Streuungskreis von 100 mm Durchmesser $\overline{bd}$ geschlagen. Die Winkel α und β trägt man am einfachsten so ein, daß man auf bd die Senkrechte ds'' errichtet und

$$dv'' = bd\cdot\operatorname{tg}\alpha = 100\cdot 0{,}245 = 24{,}5 \text{ mm}$$
$$ds'' = bd\cdot\operatorname{tg}(\alpha+\beta) = 100\cdot 0{,}428 = 42{,}8 \text{ mm}$$

aufträgt und nun die beiden gestrichelten Verlustlinien $b\,v''$ und $b\,s''$ zieht. Wenn wir den Reibungsverlust als Widerstandsmoment von der Größe

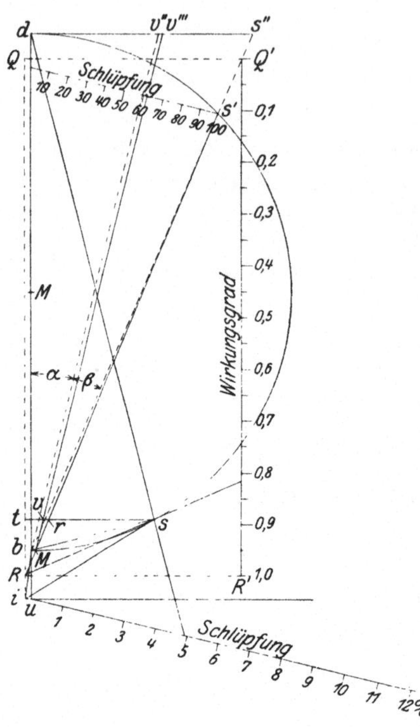

Abb. 138.

$$b\,M = \frac{V_r}{C_{L_1}} = 0{,}81 \text{ mm}$$

in Rechnung stellen wollen, so muß die Gerade $b\,v''$ parallel zu sich selbst nach rechts um die Strecke $b\,M$ verschoben werden, wie die ausgezogene Linie $M\,v'''$ zeigt, und die Leistungsgerade $b\,s'$ wird infolgedessen zur ausgezogenen Linie $M\,s'$.

Zur Darstellung des Eisenverlustes im Stator ziehen wir

$$u\,i = \frac{V_{e1}}{C_{L_1}} = 1{,}11 \text{ mm}$$

nach links senkrecht auf $u\,d$ und erhalten dann den Magnetisierungsstrom

$$I_m = i\,b,$$

der in allen Belastungsstadien die eine Seite des Stromdreiecks $i\,s\,b$ bleibt.

Um auch den Wirkungsgrad graphisch zu ermitteln, wenden wir die in Abb. 46 auf Seite 128 für das Ossanna-Diagramm abgeleitete Konstruktion in folgender Weise auf das Heyland-Diagramm an:

Wir verlängern die Leistungsgerade $s'M$ bis zu ihrem Schnittpunkt R mit der im Punkt i errichteten Senkrechten $i\,Q$. Den Punkt Q können wir beliebig annehmen, wir geben aber zweckmäßig der Strecke $R\,Q$ eine solche Länge, daß die Auftragung des Maßstabes für den Wirkungsgrad möglichst bequem wird. Wir wählen daher die Länge

$$R\,Q = 100 \text{ mm}.$$

Im Punkt Q errichten wir senkrecht zum Kreisdurchmesser $b\,d$ die Gerade $Q\,Q'$ bis zu ihrem Schnittpunkt Q' mit der Leistungslinie $M\,s\,s'$. Von Q' fällen wir das Lot $Q'\,R'$

$$Q'\,R' = Q\,R = 100 \text{ mm}.$$

$Q'\,R'$ ist der Maßstab für den Wirkungsgrad, Q' ist der Nullpunkt und R' entspricht dem Wirkungsgrad 1. Ein vom Punkt R durch die Spitze s eines jeden Stromdreieckes gezogene Linie zeigt auf der Skala den zugehörigen Wirkungsgrad an.

Der Schlüpfungsmaßstab steht auf der Drehmomentlinie $M v''$ senkrecht und geht durch den Punkt s', der 100% Schlüpfung, also dem Stillstand entspricht. $i s'$ ist daher der Kurzschlußstrom des Stators, $b s'$ der des Rotors. Von u aus ist parallel zum genannten Schlüpfungsmaßstab nochmals ein solcher aufgetragen, der die Schlüpfung bei den normalen Belastungszuständen in vergrößertem Maßstabe angibt. Den Zeiger für den Schlüpfungsmaßstab bildet eine vom Punkte d durch die Spitze s des Stromdreiecks gezogene Linie.

Dem Diagramm entnehmen wir, daß der Leistungsfaktor den maximalen Betrag von

$$\cos \varphi_{max} = 0{,}85$$

erreichen kann, und dieser Wert ist etwas größer, als er nach der Formel

$$\cos \varphi_{max} = \frac{1}{1 + 2\tau} = 0{,}843$$

berechnet worden ist. Die Unstimmigkeit rührt daher, daß bei Ableitung der Formel der Verlust im Statoreisen nicht berücksichtigt ist. Die Formel rechnet daher mit einem Statorstrom $\overline{u s}$, das Diagramm aber mit dem Strom $i s$. Nur wenn man mit dem Eisenkreis statt mit dem Streuungskreis arbeitet, verschwindet diese Differenz.

In das Diagramm ist das Stromdreieck eingezeichnet, wie es der Normalleistung des Motors von 1,5 PS entspricht, und wir finden hierbei folgende Werte:

Der Statorstrom $i s = 29{,}5$ mm,

$$I_1 = C_{I_1} \cdot i s = 0{,}142 \cdot 29{,}5 = 4{,}19 \text{ Amp.}$$

Der Rotorstrom $b s = 24{,}5$ mm,

$$I_2 = C_{I_2} \cdot b s = 0{,}605 \cdot 24{,}5 = 14{,}82 \text{ Amp.}$$

Die aufgenommene Leistung $t s = 24{,}9$ mm,

$$L_1 = C_{L_1} \cdot t s = 54{,}1 \cdot 24{,}9 = 1348 \text{ Watt.}$$

Das Drehmoment nach Abzug der Reibung $\overline{v s} = 21{,}5$ mm,

$$M = C_M \cdot \overline{v s} = 0{,}0527 \cdot 21{,}5 = 1{,}132 \text{ kgm.}$$

Die abgegebene Leistung $r s = 20{,}4$ mm.

$$L_2 = C_{L_2} \cdot r s = 0{,}0737 \cdot 20{,}4 = 1{,}5 \text{ PS.}$$

Die Schlüpfung ist $s = 4{,}9\%$.

Der Wirkungsgrad $\eta = 0{,}82$.

Der Leistungsfaktor $\cos \varphi = 0{,}85$.

Das Heyland-Diagramm stellt den Jouleschen Verlust in der Statorwicklung nicht ganz richtig dar. Um ein Bild von der Größe des begangenen Fehlers zu bekommen, berechnen wir den wirklichen Jouleschen Verlust im Stator

$$V_1 = a_1 \cdot R_1 \cdot I_1^2 = 3 \cdot 2{,}2 \cdot 4{,}19^2 = 112 \text{ Watt}$$

und bedenken, daß das Heyland-Diagramm nur die Komponente $b s$ des Statorstromes $i s$ berücksichtigt, die andere Komponente $i b$ aber vernachlässigt. Da

$$b s = 24{,}5 \text{ mm.}$$

ist die fragliche Komponente

$$I = C_{I_1} \cdot b\,s = 0{,}142 \cdot 24{,}5 = 3{,}48 \text{ Amp.}$$

Im Diagramm sind daher nur

$$V_1 = a_1 \cdot R_1 \cdot I^2 = 3 \cdot 2{,}2 \cdot 3{,}48^2 = 80 \text{ Watt}$$

berücksichtigt und

$$112 - 80 = 32 \text{ Watt}$$

vernachlässigt.

Da die ganze vom Motor aufgenommene Leistung 1348 Watt und die abgegebene Leistung in Watt

$$L_2 = C_{L_1} \cdot r\,s = 54{,}1 \cdot 20{,}4 = 1104 \text{ Watt}$$

beträgt, kann der auf dem Diagramm abgegebene Wirkungsgrad

$$\eta = \frac{1104}{1348} = 0{,}82$$

sich bei Behebung des begangenen Fehlers nur auf ungefähr

$$\eta = \frac{1104}{1348 + 32} = 0{,}80$$

verringern.

Diesen Wert werden wir auch bei Verwendung des Eisenkreises an Stelle des Streuungskreises erhalten. Größer als ungefähr 2% ist also selbst bei einem guten Motor so kleiner Leistung der Unterschied im wichtigsten Resultat, dem Wirkungsgrad, zwischen den einzelnen Diagrammen nicht. Wir dürfen daher auch nicht annähernd so große Unterschiede zwischen Streuungs-, Kupfer- und Eisenkreis erwarten, wie in Abb. 53. Dort wurden mit Absicht die

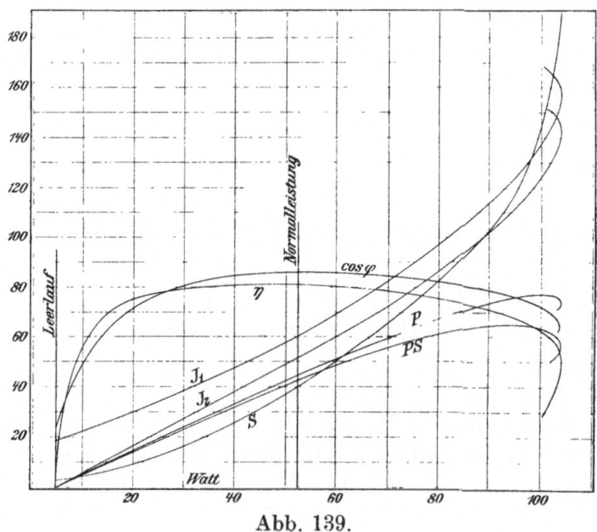

Abb. 139.

Unterschiede so drastisch dargestellt, um eine möglichst große Klarheit der Zeichnungen und der Ableitungen herbeizuführen.

In der Abb. 139 sind die charakteristischen Größen des Motors als Funktion der aufgenommenen Leistung, des Wattkonsums, dargestellt. Der Abszissenmaßstab ist gegenüber dem Ordinatenmaßstab verdoppelt, um die Kurven etwas in die Länge zu ziehen und dadurch deutlicher zu gestalten. Damit nur eine einzige Bezifferung für Abszisse und Ordinate nötig ist, sind die Längen für Stator- und Rotorstrom, für Drehmoment und Leistung dem Diagramm unmittelbar entnommen. Die der Abb. 139 entnommenen Ordinatenwerte entsprechen daher den Strecken des Diagrammes in Millimetern, und um die numerische Größe in Ampere, Watt, Kilogrammetern und PS zu erhalten, muß man die Ordinaten mit den zugehörigen Konstanten C_{I_1}, C_{L_1} usw. multiplizieren.

119. Kupferkreis und Ossanna-Diagramm des Motors.

Um den Ossanna-Kreis zeichnen zu können, berechnet man zuerst die Ausdrücke

$$K = \frac{I_m \cdot R_1}{E_1} = \frac{1{,}32 \cdot 2{,}2}{127} = 0{,}02303$$

$$B = \frac{\tau}{1+\tau} + K^2 = \frac{0{,}093}{1{,}093} + 0{,}023^2 = 0{,}0851 + 0{,}0005 = 0{,}0856$$

und erhält nun die Mittelpunktsabszisse

$$a = \frac{K}{B} \cdot \overline{ub} = \frac{0{,}02303}{0{,}0856} \cdot 9{,}3 = 2{,}50 \text{ mm},$$

die Mittelpunktsordinate

$$b = \frac{1+2\tau}{2 \cdot B(1+\tau)} ub = \frac{1{,}186}{2 \cdot 0{,}0856 \cdot 1{,}093} \cdot 9{,}3 = 59{,}0 \text{ mm}$$

und den Radius des Ossanna-Kreises

$$R_0 = \frac{ub}{2 \cdot B(1+\tau)} = \frac{9{,}3}{2 \cdot 0{,}0856 \cdot 1{,}093} = 49{,}75 \text{ mm}$$

Alle für das Heyland-Diagramm berechneten Konstanten können unverändert beibehalten werden, mit Ausnahme der Werte für

$$\operatorname{tg} \alpha = a_1 \cdot R_1 \cdot \frac{C_{I_1}^2}{C_{L_1}} \cdot BD = 3 \cdot 2{,}2 \cdot \frac{0{,}142^2}{54{,}1} \cdot 99{,}5 = 0{,}244$$

$$\operatorname{tg}(\alpha+\beta) = \operatorname{tg}\alpha + a_2 \cdot R_2 \frac{C_{I_2}^2}{C_{L_1}} \cdot BD$$

$$= 0{,}244 + \frac{3 \cdot 0{,}0899 \cdot 0{,}605^2}{54{,}1} \cdot 99{,}5 = 0{,}425.$$

Aber auch diese Werte ändern sich nur sehr wenig, nämlich im selben Verhältnis, in dem der Durchmesser des Kupferkreises kleiner ist als der des Streuungskreises, im vorliegenden Falle also um $\frac{99,5}{100}$, also um $^1/_2\,{}^0/_0$.

Die Strecke $\overline{um}$, deren wir zur graphischen Konstruktion des Ossanna-Kreises bedürfen, wird

$$u\,m = \frac{u\,b}{K} = \frac{9,3}{0,02304} = 403,9 \text{ mm},$$

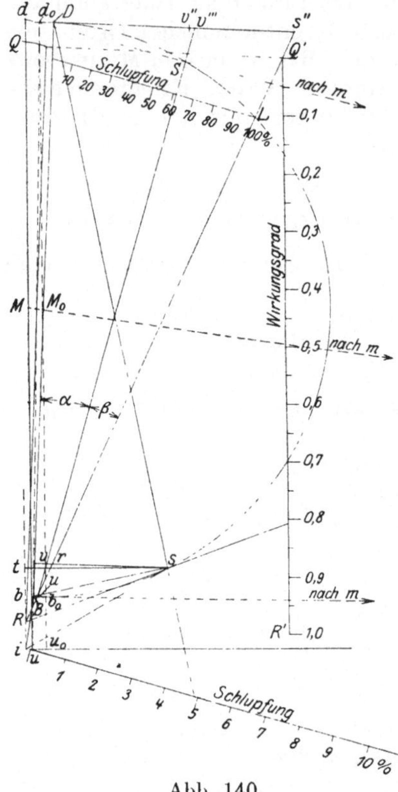

Abb. 140.

also schon so lang, daß die Zeichnung unnütz viel Platz beansprucht. Eine Methode, um den Platzbedarf zu verringern, ist im 121. Abschnitt beschrieben. Hier soll zuerst gezeigt werden, wie das Diagramm ohne Kenntnis des Punktes m gezeichnet werden kann.

In Abb. 140 ist $u\,b\,d$ die Diagrammbasis des Streuungskreises. Im Abstand $a = 2,50$ mm ziehen wir zu $u\,d$ die Parallele $u_0\,d_0$, tragen auf ihr die Mittelpunktskoordinate $b = u_0\,M_0 = 59,0$ mm auf und beschreiben mit M_0 als Mittelpunkt und mit $R_0 = 49,75$ mm als Radius den Kupferkreis, der die beiden Punkte b_0 und d_0 liefert.

Die Punkte b_0, M_0, d_0 liegen auf den Geraden $b\,m$, $M\,m$, $d\,m$, die bei der graphischen Konstruktion des Kupferkreises eine wichtige Rolle spielen. Der senkrechte Kreisdurchmesser $b_0\,d_0$ ist nur eine Hilfslinie, die bei der weiteren Benützung des Diagramms nicht gebraucht wird.

Der für das Diagramm wichtige Kreisdurchmesser ist $B\,D$, und der Punkt B wird in folgender Weise erhalten. Man zieht die Hilfslinie $u\,d_0$ und sie schneidet den Kupferkreis und die Gerade $b\,m$ im Punkt B. Da der Mittelpunkt M_0 schon bekannt ist, läßt sich der Durchmesser $B\,D$ einzeichnen.

Um die Winkel α und β bequem eintragen zu können, errichten wir im Punkt D senkrecht auf dem Durchmesser $B\,D$ die Gerade $D\,s''$ und tragen auf ihr die Strecken ab

$$D\,v'' = B\,D \cdot \operatorname{tg}\alpha \qquad = 99,5 \cdot 0,244 = 24,3$$

$$D\,s'' = B\,D \cdot \operatorname{tg}(\alpha + \beta) = 99,5 \cdot 0,425 = 42,3.$$

Da wir — genau wie beim Heyland-Diagramm — den Reibungsverlust in Rechnung ziehen wollen, tragen wir vom Punkt B und vom Punkt v'' nach rechts die Strecken auf

$$B M = v'' v''' = \frac{V_r}{C_{L_1}} = 0{,}81 \text{ mm}$$

und können nun die beiden Verlustlinien $M v'''$ und $M s''$ einzeichnen, die den Kupferkreis in den Punkten S und L schneiden. Der Punkt S liegt auf der Geraden $d d_0 m$.

Der Schlüpfungsmaßstab geht durch L und steht senkrecht auf $M S v'''$.

Die Berücksichtigung des Eisenverlustes im Stator geschieht genau wie beim Heyland-Diagramm dadurch, daß die Strecke

$$i u = \frac{V_{e1}}{C_{L_1}} = 1{,}11 \text{ mm}$$

aufgetragen wird, wodurch der Magnetisierungsstrom $i B$ und der Statorstrom $i s$ wird, statt $u B$ und $u s$ bei Vernachlässigung des Statoreisenverlustes.

Um den Wirkungsgrad darzustellen, errichtet man im Punkt i eine Senkrechte, die den Schnittpunkt R mit der Verlustlinie $L M R$ liefert. Von R ziehen wir — wie im Heyland-Diagramm — die Strecke

$$R Q = 100 \text{ mm}$$

parallel zum Kreisdurchmesser $B D$, errichten die Senkrechte

$$Q Q' \perp B D$$

bis zu ihrem Schnittpunkt Q' auf der Verlustlinie $s'' L M$ und tragen endlich den Maßstab des Wirkungsgrades

$$Q' R' = 100 \text{ mm}$$

vertikal, also $\quad Q' R' \parallel u d$

in die Zeichnung ein. Damit ist die Konstruktion des Diagrammes vollendet.

In das Diagramm ist, wie in Abb. 138, das Stromdreieck eingezeichnet, wie es der Normalbelastung des Motors bei einer Nutzleistung von 1,5 PS entspricht, und es ergeben sich folgende Werte:

Der Statorstrom $i s = 29$ mm,

$$I_1 = C_{I_1} \cdot i s = 0{,}142 \cdot 29 = 4{,}12 \text{ Amp.}$$

Der Rotorstrom $B s = 24{,}25$ mm,

$$I_2 = C_{I_2} \cdot B s = 0{,}605 \cdot 24{,}25 = 14{,}67 \text{ Amp.}$$

Die aufgenommene Leistung $t s = 25{,}4$ mm,

$$L_1 = C_{L_1} \cdot t s = 54{,}1 \cdot 25{,}4 = 1374 \text{ Watt.}$$

Das Drehmoment nach Abzug der Reibung $v s = 21{,}5$ mm,

$$M = C_M \cdot v s = 0{,}0527 \cdot 21{,}5 = 1{,}132 \text{ kgm.}$$

Die abgegebene Leistung $\overline{rs} = 20{,}4$ mm,

$L_2 = C_{L_2} \cdot \overline{rs} = 0{,}0737 \cdot 20{,}4 = 1{,}5$ PS.

Die Schlüpfung ist $s = 4{,}9\,\%$.

Der Wirkungsgrad $\eta = 0{,}805$.

Der Leistungsfaktor $\cos\varphi = 0{,}875$.

120. Eisenkreis und Sumec-Diagramm des Motors.

Um den Eisenkreis zeichnen zu können, haben wir zuerst die Hilfsgröße zu berechnen

$$H = \frac{V_{e1} \cdot R_1}{a_1 \cdot E_1^2} = \frac{60 \cdot 2{,}2}{3 \cdot 127^2} = 0{,}00273$$

und erhalten die Abszisse des Kreismittelpunktes

$$a_e = \left(\frac{K}{B} + \frac{H}{K}\right) \frac{u\,b}{1+H} = \left(\frac{0{,}0230}{0{,}0856} + \frac{0{,}00273}{0{,}0230}\right) \frac{9{,}3}{1{,}00273}$$

$$= (0{,}269 + 0{,}1187) \cdot 9{,}27 = 3{,}6 \text{ mm}$$

$$= \left(1 + \frac{HB}{K^2}\right) \frac{a}{1+H} = \left(1 + \frac{0{,}00273 \cdot 0{,}0856}{0{,}023^2}\right) \frac{2{,}5}{1{,}00273}$$

$$= (1 + 0{,}440) \cdot 2{,}49 = 3{,}6 \text{ mm}.$$

Die Ordinate des Kreismittelpunktes

$$b_e = \frac{1 + 2\tau}{2B(1+\tau)} \cdot \frac{u\,b}{1+\mathrm{H}} = \frac{1{,}186}{2 \cdot 0{,}0856 \cdot 1{,}093} \cdot \frac{9{,}3}{1{,}00273}$$

$$= 6{,}35 \cdot 9{,}27 = 58{,}9 \text{ mm}$$

$$= \frac{b}{1+H} = \frac{59{,}0}{1{,}00273} = 58{,}9 \text{ mm}.$$

Der Durchmesser des Eisenkreises wird

$$R_e = \frac{1}{2B(1+\tau)} \cdot \frac{u\,b}{1+H} = \frac{1}{2 \cdot 0{,}0856 \cdot 1{,}093} \cdot \frac{9{,}3}{1{,}00273}$$

$$= 49{,}6 \text{ mm}$$

$$= \frac{R_0}{1+H} = \frac{49{,}75}{1{,}00273} = 49{,}6 \text{ mm}.$$

Die Winkel α und β ergeben sich aus der Beziehung

$$\operatorname{tg}\alpha = a_1 \cdot R_1 \cdot \frac{C_{I1}^2}{C_{L1}} \cdot B_e D_e = 3 \cdot 2{,}2 \cdot \frac{0{,}142^2}{54{,}1} \cdot 99{,}2 = 0{,}243$$

$$\operatorname{tg}(\alpha+\beta) = \operatorname{tg}\alpha + a_2 \cdot R_2 \cdot \frac{C_{I2}^2}{C_{L1}} \cdot B_e D_e = 0{,}243 + \frac{3 \cdot 0{,}0899 \cdot 0{,}605^2}{54{,}1} \cdot 99{,}2$$

$$= 0{,}424.$$

Das Diagramm wird in folgender Weise gezeichnet:

Parallel zu der Basis des Streuungskreises $u\,b\,d$ zieht man die Linie $u_e\,b_e\,d_e$ im Abstand $a_e = 3{,}6$ mm. Auf dieser Linie trägt man die Ordinate $b_e = 58{,}9$ mm auf, erhält den Mittelpunkt M_e, und wenn man einen Kreis mit dem Radius $R_e = 49{,}6$ mm beschreibt, die Punkte b_e und d_e. Die Punkte b_e, M_e, d_e liegen auf den Geraden bm, Mm und dm.

Der Magnetisierungsstrom ist beim Eisenkreis

$$I_m = u\,B_e$$

und der Punkt B_e wird folgendermaßen gefunden:

Da uns der Punkt d_0 (Vertikaldurchmesser des Kupferkreises) bekannt ist, kennen wir den Punkt B des Ossanna-Diagrammes, denn B liegt auf der Geraden $u\,d_0$. Wir ziehen nun die Hilfslinie $i\,B$ und durch den Punkt u eine Parallele zu ihr, also

$$u\,B_e \,||\, \overline{i\,B}\,.$$

Der Schnittpunkt dieser Parallelen mit dem Eisenkreis ist der Punkt B_e. Aus der Konstruktion folgt, daß der Horzontalabstand der Punkte d_0 und d_e gleich $i\,u$ ist, und daß

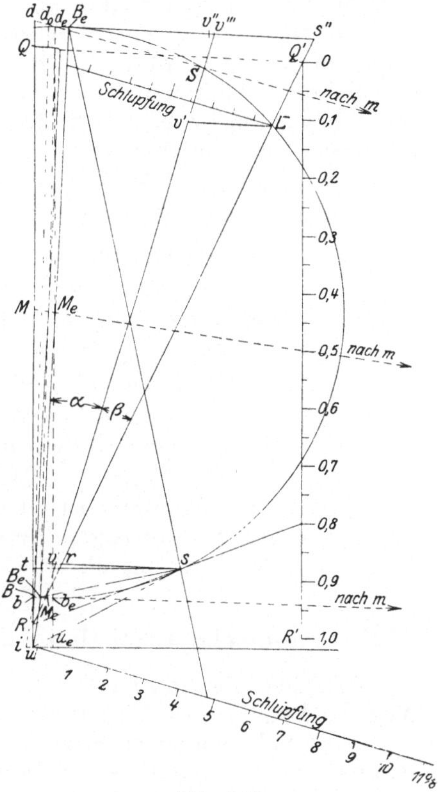

Abb. 141.

$$d_0\,B \,||\, d_e\,B_e$$

sein muß. Man kann den für das eigentliche Diagramm wichtigen Kreisdurchmesser $B_e\,M_e\,D_e$ eintragen.

Auf $B_e\,D_e$ wird senkrecht $D_e\,s''$ errichtet und auf dieser Geraden werden die Punkte v'' und s'' gefunden durch die Beziehung

$$D_e\,v'' = B_e \cdot D_e \cdot \operatorname{tg} a = 99{,}2 \cdot 0{,}243 = 24{,}1 \text{ mm}$$

$$D_e\,s'' = \overline{B_e \cdot D_e} \cdot \operatorname{tg}(\alpha + \beta) = 99{,}2 \cdot 0{,}424 = 41{,}0 \text{ mm}\,.$$

Zur Berücksichtigung der Reibung sind von den Punkten B_e und v'' die Strecken

$$B_e\,M = v''\,\overline{v'''} = \frac{V_v}{C_{L_1}} = 0{,}81 \text{ mm}$$

nach rechts aufgetragen und damit die Punkte $M\,v$ festgelegt, und es können nun die Verlustlinien $M\,S_e$ und $M\,L_e$ eingezeichnet werden.

Die Konstruktion des Wirkungsgradmaßstabes ist genau so wie bei den vorher beschriebenen Diagrammen mit dem einzigen Unterschied, daß der Punkt R auf der Geraden ud liegt und nicht auf einer in i errichteten Senkrechten, da der Statorstrom beim Eisenkreis — trotz der genauen Berücksichtigung der Statoreisenverluste — durch us, nicht durch is dargestellt wird.

In das Diagramm Abb. 141 ist wieder das Stromdreieck bei der Nutzleistung von 1,5 PS des Motors eingezeichnet, und es ergeben sich folgende Werte:

Der Statorstrom $us = 28{,}9$ mm,
$I_1 = C_{I_1} \cdot us = 0{,}142 \cdot 28{,}9 = 4{,}10$ Amp.
Der Rotorstrom $B_e s = 24{,}2$ mm,
$I_2 = C_{I_2} \cdot B_e s = 0{,}605 \cdot 24{,}2 = 14{,}64$ Amp.
Die aufgenommene Leistung $ts = 25{,}5$ mm,
$L_1 = C_{L_1} \cdot 25{,}4 = 54{,}1 \cdot 25{,}5 = 1379$ Watt.
Das Drehmoment nach Abzug der Reibung $\overline{vs} = 21{,}5$ mm,
$M = C_M \cdot \overline{vs} = 0{,}0527 \cdot 21{,}5 = 1{,}132$ kgm.
Die abgegebene Leistung $\overline{rs} = 20{,}4$ mm,
$L_2 = C_{L_2} \cdot rs = 0{,}0737 \cdot 20{,}4 = 1{,}5$ PS.
Die Schlüpfung ist $s = 4{,}9\,\%$.
Der Wirkungsgrad $\eta = 0{,}80$.
Der Leistungsfaktor $\cos\varphi = 0{,}88$.

121. Graphische Ermittlung des Kupfer- und Eisenkreises.

Aus den Abschnitten 118 und 119, in denen auf rechnerischem Weg der Kupfer- und Eisenkreis abgeleitet ist, geht hervor, daß die Rechnung mit ziemlicher Sorgfalt und auf viele Stellen genau durchgeführt werden muß, wenn man verläßliche Endresultate bekommen will.

Es ist daher empfehlenswert, lieber nach einer graphischen Methode zu arbeiten, die schneller zum Ziele führt. Für die Forderungen der Praxis sind die auf graphischem Wege erhaltenen Werte sicherlich von genügender Genauigkeit, besonders wenn man die Diagramme in entsprechender Größe (Kreisdurchmesser ungefähr 200 mm) zeichnet. Bei sorgfältiger Zeichnung ist die Genauigkeit des Diagrammes dann annähernd ebenso groß wie die Genauigkeit der Meßergebnisse, die bei der Prüfung gewonnen werden.

Die Diagramm- und die Meßresultate bekommen sogar dadurch eine besondere Homogenität, daß sie beide nur durch das Ablesen von Maßstäben gewonnen werden, denn die Skalen der Ampere-, Volt- und Wattmeter sind auch nichts anderes als Maßstäbe. Bedenken wir ferner, daß es fast nie möglich ist, die Versuchsbedingungen so konstant zu halten, daß die Zeiger der Meßinstrumente vollkommen stillstehen, so kommen wir zur Überzeugung, daß tatsächlich die Ergebnisse des Diagrammes in bezug auf Genauigkeit den Vergleich mit den Meßresultaten zulassen. Bei sorgfältiger Zeichnung kann man bequem eine durchschnittliche Genauigkeit von 1% erreichen; während es eine Kunst ist, selbst unter günstigen Bedingungen auf 1% genaue Meßergebnisse (z. B. des Wirkungsgrades) zu gewinnen.

Die umständliche Berechnung der Mittelpunktskoordinaten und der Durchmesser des Kupfer- und Eisenkreises läßt sich bei der im Abschnitt 37 angegebenen graphischen Methode vermeiden. Der erwähnten Methode haftet aber der Übelstand an, daß die Strecke $\overline{um}$ so groß wird, daß sie die Herstellung der Zeichnung unliebsam erschwert. Diese Schwierigkeit läßt sich in folgender Weise beheben (Abb. 142):

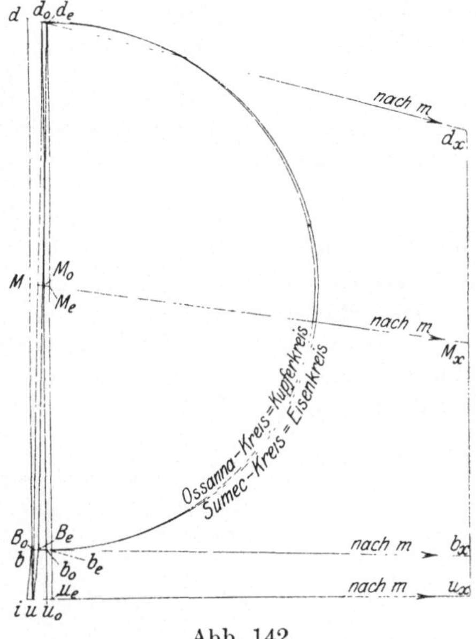

Abb. 142.

Es ist

$$\frac{\overline{ub}}{\overline{um}} = K,$$

daher

$$\overline{um} = \frac{\overline{ub}}{K}.$$

Wenn die Papiergröße die Aufzeichnung von $\overline{um}$ nicht zuläßt, so wählen wir eine Zahl x so, daß die Auftragung von

$$\frac{\overline{um}}{x} = \overline{u u_x}$$

ohne Schwierigkeit möglich ist. Es ist daher

$$\overline{u_x m} = \overline{um} - \overline{u u_x} = \overline{um}\left(1 - \frac{1}{x}\right) = \overline{um}\,\frac{x-1}{x}.$$

Errichten wir im Punkt u_x die Senkrechte $u_x b_x M_x d_x$, so ist

$$\overline{u_x b_x} = \frac{x-1}{x}\,\overline{ub}$$

$$\overline{u_x M_x} = \frac{x-1}{x}\,\overline{uM}$$

$$\overline{u_x d_x} = \frac{x-1}{x}\,\overline{ud}$$

und wir können daher die Strahlen $d\,d_x$, $M\,M_x$, $b\,b_x$ genau so gut ziehen, wie wenn der Punkt m auf der Zeichnung läge.

Ziehen wir $u\,d_0 \perp b\,b_x$

so schneidet $u\,d_0$ die Gerade $b\,b_x$ im Punkt B des Ossanna-Diagrammes.

Die von d_0 aus gefällte Senkrechte $d_0 u_0$ liefert den Durchmesser des Kupferkreises

$$d_0 b_0 = B D$$

und es kann nun der Hauptdurchmesser des Ossanna-Diagrammes $\overline{BD}$ eingetragen werden.

Wollen wir den Eisenkreis konstruieren, so ziehen wir

$$u B_e \,||\, iB$$

und der Punkt B_e bildet gleichzeitig einen Schnittpunkt der Geraden $b b_x$ mit dem Eisenkreis. Durch B_e ziehen wir die Parallele

$$B_e d_e \,||\, B d_0$$

und das von d_e gefällte Lot $\overline{d_e M_e b_e u_e}$ liefert den Mittelpunkt M_e und den Durchmesser $b_e d_e$ des Eisenkreises.

Der Hauptdurchmesser des Eisenkreises ist $B_e M_e D_e$.

In Abb. 142 ist die Konstruktion für den Kupferkreis der Abb. 140 und den Eisenkreis der Abb. 141 durchgeführt unter der Annahme $x = 5$. Es wird

$$\overline{u\,m} = \frac{u\,b}{K} = \frac{9{,}3}{0{,}02303} = 403{,}9 \text{ mm}$$

$$\overline{u\,u_x} = \frac{u\,m}{x} = \frac{403{,}9}{5} = 80{,}8 \text{ mm}$$

$$u_x d_x = u\,d \cdot \frac{x-1}{x} = 109{,}3\,\frac{4}{5} = 87{,}4 \text{ mm}$$

$$u_x M_x = u\,M \cdot \frac{x-1}{x} = 59{,}3 \cdot \frac{4}{5} = 47{,}4 \text{ mm}$$

$$u_x b_x = \overline{u\,b} \cdot \frac{x-1}{x} = 9{,}3 \cdot \frac{4}{5} = 7{,}4 \text{ mm}.$$

122. Berechnung eines Kurzschlußankers.

Zum Schluß dieses Kapitels soll für den Motor ein Kurzschlußanker berechnet werden. Es ist dies nicht früher geschehen, um in die Konstanten der Beispiele, besonders C_{I_2} keinen Wirrwarr zu bringen.

Damit das Beispiel möglichst instruktiv wirkt und einen treffenden Vergleich zwischen Phasenanker und Kurzschlußanker bietet, endlich damit unverändert die entwickelten Diagramme anwendbar sind, wollen wir die Nutenzahl des Rotors unverändert

$$Z_2 = 36$$

beibehalten, ebenso die Winkel α und β. Wir werden daher den Rotorwiderstand als Unbekannte erhalten, und wir müssen ihn so groß machen, daß er dem gegebenen Winkel β Genüge leistet. Dieser Gang der Rechnung ist übrigens der in der Praxis normale, denn den Winkel β zeichnet man bei einem Motor so in das Diagramm ein, daß beim Anlauf die gewünschten Bedingungen in bezug auf Anlaufdrehmoment erfüllt werden.

Zuerst haben wir die Phasenzahl des Rotors zu bestimmen. Die Phasenzahl eines Rotors mit Z_2 Nuten und $2\,p$ Polen ist

$$a_2 = \frac{Z_2}{2\,p} = \frac{36}{6} = 6\,.$$

Ist N_K die totale Stabzahl auf dem Rotor, so ist die Drahtzahl einer Phase

$$N_2 = \frac{N_K}{a_2} = \frac{36}{6} = 6\,,$$

wenn wir eine Käfigwicklung mit nur einem Stab in der Nute anwenden, wenn wir also setzen

$$\frac{N_K}{Z_2} = 1\,.$$

Wir können nun nach Gleichung (650) auf Seite 385 ohne weiteres die Konstante des Rotorstromes berechnen, wenn wir ψ der Tabelle Seite 181 entnehmen:

$$C_{I_2} = (1+\tau_1)\,C_{I_1}\cdot\frac{2}{\psi_2}\cdot\frac{N_1}{N_K} = 1{,}032\cdot 0{,}142\cdot\frac{2}{0{,}644}\cdot\frac{594}{36} = 7{,}5\,.$$

Die Näherungsformel (652) hätte einen ganz ähnlichen Wert ergeben, nämlich

$$C_{I_2} \approx (1+\tau_1)\,C_{I_1}\cdot\pi\cdot\frac{N_1}{N_K} = 1{,}032\cdot 0{,}142\cdot\pi\cdot\frac{594}{36} = 7{,}57\,.$$

Bei Normalleistung ist im Diagramm Abb. 141 der Rotorstrom $= \ddot{B_e s} = 24{,}2$ mm

$$I_2 = C_{I_2}\cdot B_e s = 7{,}57\cdot 24{,}2 = 181{,}5 \text{ Amp.}$$

in einem Stab. Der Strom in einem Kurzschlußring ist nach Gleichung (560) auf Seite 327

$$I_{\text{Ring}} = \frac{I_2}{2\cdot\sin\frac{90}{a_2}} = \frac{181}{2\cdot 0{,}208} = 436 \text{ Amp.}$$

Der gewickelte Phasenanker hat bei derselben Belastung einen Rotorstrom von 14,64 Ampere, und da 12 Drähte in einer Nut liegen, führt eine Nute

$$12\cdot 14{,}62 = 175{,}2 \text{ Amperestäbe}$$

also fast ebensoviel wie der Käfiganker.

Da wir am Stator nichts geändert haben, bleibt der Winkel α ungeändert, und unserer Annahme entsprechend wollen wir auch den Winkel β unverändert beibehalten. Wir müssen daher den Widerstand des Kurzschlußankers so bestimmen, daß er der Gleichung genügt

$$\operatorname{tg}(\alpha+\beta) = \operatorname{tg}\alpha + \frac{a_2\cdot R_2\cdot C_{I_2}^2}{C_{L_1}}\cdot B_e D_e$$

und wir erhalten

$$R_2 = [\operatorname{tg}(\alpha+\beta) - \operatorname{tg}\alpha] \frac{C_{L1}}{a_2 \cdot C_{I2}^2 \cdot B_e D_e}$$

$$= (0,424 - 0,243) \frac{54,1}{6 \cdot 7,5^2 \cdot 99,2} = 0,000\,291 \text{ Ohm}.$$

Das ist der Widerstand einer jeden Phase des Kurzschlußankers. Da jede Phase 6 Stäbe hat, muß der Widerstand eines Stabes einschließlich der dazugehörenden Ringsegmente (572) Seite 332 sein:

$$R_K = \frac{R_2}{N_2} = \frac{0,000\,291}{6} = 0,000\,048\,5 \text{ Ohm}.$$

Nach Gleichung (564) auf Seite 329 ergibt sich der Querschnitt eines Stabes

$$q_K = \frac{1}{G \cdot R_K}\left(b + \frac{D \cdot \pi}{Z_2 \cdot \sin \frac{90}{a_2}}\right)$$

$$= \frac{1}{50 \cdot 0,000\,048\,5}\left(0,09 + \frac{0,17 \cdot \pi}{36 \cdot 0,208}\right) = 66,4 \text{ mm}^2.$$

Diese Gleichung ergibt den Querschnitt eines Stabes unter der Voraussetzung, daß der Kupferaufwand zur Erzielung des vorgeschriebenen Widerstandes ein Minimum ist, und die Bedingung wird erfüllt, wenn die Stromdichte in den Kurzschlußringen so groß ist wie in den Stäben. Der Ringquerschnitt muß sich daher zum Stabquerschnitt verhalten wie der Ringstrom zum Stabstrom, und es ist daher der Ringquerschnitt

$$Q_k = \frac{I_R}{I_S} \cdot q_k = \frac{436}{181,5} \cdot 66,4 = 159 \text{ mm}^2.$$

Die Joulesche Wärme in der Käfigwicklung ist bei Normalbelastung

$$V_2 = N_K \cdot I_S^2 \cdot R_k = 36 \cdot 181,5^2 \cdot 0,000\,048\,5 = 57,5 \text{ Watt}$$

und sie verursacht denselben Verlust wie beim Schleifringanker

$$V_2 = a_2 \cdot I_2 \cdot R_2 = 3 \cdot 14,64^2 \cdot 0,009 = 57,9 \text{ Watt},$$

welch gute Übereinstimmung ein Zeichen dafür ist, daß wir richtig gerechnet haben.

Der Käfiganker ist mit einer Stromdichte beansprucht von

$$\beta_k = \frac{I_S}{q_k} = \frac{181,5}{66,4} = 2,47 \text{ Amp. a. d. Quadratmillimeter},$$

der Schleifringanker bei gleicher Stromwärme nur mit

$$\beta_2 = \frac{I_2}{q_2} = \frac{14,64}{7,07} = 2,07 \text{ Amp. a. d. Quadratmillimeter}.$$

Die Verschiedenheit rührt von dem günstigen Einfluß der höheren Phasenzahl, hauptsächlich aber daher, daß die mittlere Länge eines Drahtes bei dem gewickelten Anker infolge der Spulenköpfe wesentlich größer ist wie bei einem Käfiganker.

Untersuchen wir endlich noch die Frage, ob der Motor trotz seines relativ kleinen Rotorwiderstandes und seines dadurch bedingten geringen Anzugmomentes von nur $v\,L = 14{,}5$ mm (Abb. 141)

$$M = C_M \cdot v\,L = 0{,}0527 \cdot 14{,}5 = 0{,}766 \text{ kgm}$$

gut anläuft oder ob wir Schwierigkeiten zu befürchten haben.

Da der Käfiganker die gleichen Kupferverluste hat wie der gewickelte Anker, ist auch seine Schlüpfung bei Normalleistung ebensogroß, nämlich $4{,}9\,\%$. Die Ungleichung 593 auf Seite 342 ist daher reichlich erfüllt

$$\frac{s}{100} > \frac{2}{10} \cdot \frac{1}{2 \cdot a_1 \cdot m_1 + 1}$$

$$0{,}049 > \frac{2}{10} \cdot \frac{1}{2 \cdot 3 \cdot 3 + 1} = 0{,}01\,.$$

Ebenso ist der Ungleichung (587) auf Seite 340 Genüge geleistet:

$$R_k > \frac{1}{5} \cdot \frac{1}{x} \left(\frac{h_x}{h_1}\right)^2 \cdot N_k \cdot \frac{\tau}{\delta} \cdot \frac{F_l}{p} \cdot f_1 \cdot 10^{-8}$$

$$0{,}0000485 > \frac{1}{5} \cdot 0{,}0527 \cdot 36 \cdot \frac{0{,}032}{0{,}035} \cdot \frac{59{,}5}{3} \cdot 50 \cdot 10^{-8}$$

$$0{,}0000485 > 0{,}00000344\,.$$

Eine Schwierigkeit beim Anlaufen ist daher nicht zu befürchten.

XV. Einfluß der Veränderung seiner Konstanten auf das Verhalten des Motors.

123. Änderung der Klemmenspannung, der Luftinduktion und der Statorwicklung.

Solange wir an der Nutenzahl und Nutengröße eines gegebenen Modelles nichts ändern, kann ein und dasselbe Diagramm zur Untersuchung des Verhaltens des Motors verwendet werden; denn die Streuungskoeffizienten bleiben unter dieser Voraussetzung konstant, und damit auch das Verhältnis

$$\frac{u\,b}{u\,d} = \tau\,.$$

Alle Änderungen, die im Motor auftreten, wenn seine Klemmenspannung oder seine Drahtzahl N_1 geändert wird, können wir leicht an Hand der Gleichung (632) untersuchen

$$\mathfrak{B}_l = \frac{E_1 10^8}{2{,}22\,(1+\tau_1)\,c_1 \cdot k_1 \cdot N_1 \cdot F_l \cdot f_1} \quad \ldots\ldots (687)$$

die wir für unseren vorliegenden Zweck in der vereinfachten Form schreiben können:

$$\mathfrak{B}_l \sim \frac{E_1}{N_1} \quad \ldots\ldots\ldots\ldots (688)$$

Die Amperewindungen für die Luft — auf die für das Eisen wollen wir bei unserer Untersuchung keine Rücksicht nehmen — ergeben sich aus Gleichung (633)

$$A_l = 1{,}6 \cdot p \cdot \mathfrak{B}_l \cdot \delta$$

und es wird der Magnetisierungsstrom nach Gleichung (640)

$$I_m = \frac{A_l}{N_1} \sqrt{2} \cdot \sin \frac{90^0}{a_1}.$$

Der Magnetisierungsstrom ist daher proportional

$$I_m \sim \frac{\mathfrak{B}_l}{N_1} \sim \frac{\mathfrak{B}_l^2}{E_1} \sim \frac{E_1}{N_1^2} \quad \ldots\ldots\ldots (689)$$

Um das Verhalten des Motors bei allen Betriebszuständen angeben zu können, bestimmen wir in ähnlicher Weise, ob die Diagrammkonstanten C_{I_1}, C_{I_2}, C_{L_1} usw. den Größen $\mathfrak{B}_l$, E_1 und N_1 direkt oder indirekt proportional sind. Wir erhalten nach Gleichung (645)

$$C_{I_1} = \frac{I_m}{u b}$$

und da $\overline{ub}$ eine konstante Größe des Diagramms ist, wird

$$C_{I_1} \sim I_m \sim \frac{\mathfrak{B}_l}{N_1} \sim \frac{\mathfrak{B}_l^2}{E_1} \sim \frac{E_1}{N_1^2} \quad \ldots\ldots (690)$$

Die Konstante des Rotorstromes ist

$$C_{I_2} = (1+\tau_1)\, C_{I_1} \frac{N_1}{N_2}$$

und weil wir an der Rotorwicklung nichts ändern, mithin N_2 konstant ist, besteht die Proportionalität

$$C_{I_2} \sim \mathfrak{B}_l \sim \frac{E_1}{N_1} \quad \ldots\ldots\ldots (691)$$

Die Leistungskonstante ist

$$C_{L_1} = a_1 \cdot E_1 \cdot C_{I_1}.$$

sie ist daher proportional

$$C_{L_1} \sim \frac{E_1 \cdot \mathfrak{B}_l}{N_1} \sim \mathfrak{B}_l^2 \sim \frac{E_1^2}{N_1} \quad \ldots\ldots\ldots (692)$$

In gleicher Weise erhält man

$$C_{L_2} \sim \frac{E_1 \cdot \mathfrak{B}_l}{N_1} \sim \mathfrak{B}_l^2 \sim \frac{E_1^2}{N_1} \quad \ldots\ldots\ldots (693)$$

$$C_M \sim \frac{E_1 \cdot \mathfrak{B}_l}{N_1} \sim \mathfrak{B}_l^2 \sim \frac{E_1^2}{N_1} \quad \ldots\ldots\ldots (694)$$

Um den Jouleschen Verlust in der Statorwicklung zu ermitteln, benötigen wir noch die Gleichung

$$\operatorname{tg}\alpha = a_1 \cdot R_1 \cdot \frac{C_{I_1}^2}{C_{L_1}^{\prime}} \cdot b\,d$$

und es ist somit $\operatorname{tg}\alpha$ proportional den Ausdrücken

$$\operatorname{tg}\alpha \sim \frac{R_1}{N_1^2} \sim R_1 \frac{\mathfrak{B}_l^2}{E_1^2} \quad \text{. . . . . (695)}$$

Mit den erhaltenen Resultaten lassen sich leicht folgende Aufgaben lösen.

a) Statorwicklung für eine andere Klemmenspannung.

Soll ein bewährtes Modell, das bei N_1 Drähten in jeder Phase der Statorwicklung beim Betrieb mit der Klemmenspannung E_1 gute Resultate ergibt, für eine andere Klemmenspannung $E_1^{\prime}$ gebaut werden, so wird man natürlich danach trachten, daß die Luftinduktion $\mathfrak{B}_l$ und damit alle Eisenbeanspruchungen unverändert beibehalten werden. Die Drahtzahl der neuen Wicklung $N_1^{\prime}$ muß daher der Proportion genügen

$$\frac{E_1^{\prime}}{N_1^{\prime}} = \frac{E_1}{N_1} \sim \mathfrak{B}_l = \text{konstant}$$

und wir erhalten

$$N_1^{\prime} = N_1 \cdot \frac{E_1^{\prime}}{E_1},$$

ein Resultat, das selbstverständlich ist.

Die Konstante des Statorstromes C_{I_1} war beim ursprünglichen Motor proportional

$$C_{I_1} \sim \frac{\mathfrak{B}_l}{N_1} \sim \frac{\mathfrak{B}_l^2}{E_1} \sim \frac{E_1}{N_1^2}$$

und sie muß für die neue Wicklung proportional sein

$$C_{I_1}^{\prime} \sim \frac{\mathfrak{B}_l}{N_1^{\prime}} \sim \frac{\mathfrak{B}_l^2}{E_1^{\prime}} \sim \frac{E_1^{\prime}}{N_1^{\prime 2}},$$

und daher wird

$$C_I^{\prime} = C_{I_1} \cdot \frac{N_1}{N_1^{\prime}} = C_{I_1} \cdot \frac{E_1}{E_1^{\prime}} = C_{I_1} \frac{E_1^{\prime} \cdot N_1^2}{E_1 \cdot N_1^{\prime 2}} \quad \text{. . (696)}$$

Der Magnetisierungsstrom hat nun die Größe

$$I_m^{\prime} = C_{I_1}^{\prime} \cdot u\,b = C_{I_1} \frac{N_1}{N_1^{\prime}} u\,b = C_{I_1} \frac{E_1}{E_1^{\prime}} u\,b,$$

hat sich also im Verhältnis

$$\frac{N_1}{N_1^{\prime}} = \frac{E_1}{E_1^{\prime}}$$

gegenüber dem ursprünglichen Magnetisierungsstrom I geändert.

Alle übrigen Konstanten C_{I_2}, C_M usw. sind unverändert geblieben, ebenso der Winkel α, wie aus folgender Überlegung hervorgeht.

Wenn wir bei der neuen Statorwicklung dieselbe Stromdichte wählen, also mit anderen Worten die gleichen Jouleschen Verluste zulassen, so wird der Querschnitt des Statordrahtes

$$q_1' = q_1 \frac{N_1}{N_1'} = q_1 \frac{E_1}{E_1'} .$$

Die Länge der Statorwicklung ist im Verhältnis $\frac{N_1'}{N_1}$ geändert, und daher ist der Widerstand R_1'

$$R_1' = R_1 \frac{N_1'^2}{N_1^2} = R_1 \frac{E_1'^2}{E_1} .$$

Die Tangente des Winkels α war beim ursprünglichen Motor nach Gleichung (695) proportional

$$\operatorname{tg} \alpha = \frac{R_1}{N_1^2} \sim \frac{\mathfrak{B}_l}{E_1^2}$$

und sie wird beim neuen Motor proportional

$$\operatorname{tg} \alpha = \frac{R_1'}{N_1'^2} \sim R_1' \frac{\mathfrak{B}_l}{E_1'^2} ,$$

bleibt also in beiden Fällen dieselbe.

Leistungsaufnahme und Abgabe, Drehmoment, Schlüpfung, Wirkungsgrad und Erwärmung sind also genau wie beim ursprünglichen Motor. Es ist ja auch klar, daß man ein und dasselbe Modell für verschiedene Spannungen bei gleicher Leistung bauen kann.

b) Veränderung der Drahtzahl bei ungeänderter Klemmenspannung.

Wesentlich anders gestalten sich die Verhältnisse, wenn wir die Drahtzahl N_1 in N_1' verändern und die Spannung E_1 beibehalten. Wir müssen jetzt in den Proportionen 689 bis 694 E_1 konstant, N_1 und $\mathfrak{B}_l$ als variabel betrachten. Nach der Proportion 688 wird die Luftinduktion

$$\mathfrak{B}_l \sim \frac{E_1}{N_1} ,$$

also

$$\mathfrak{B}_l' \sim \frac{E_1}{N_1'} ,$$

mithin indirekt proportional der Drahtzahl verändert.

Die Konstante des Statorstromes, die ursprünglich

$$C_{I_1} \sim \frac{\mathfrak{B}_l}{N_1}$$

war, wird nun

$$C_{I_1}' \sim \frac{\mathfrak{B}_l'}{N_1'}$$

und deshalb ist

$$C_I' = C_I \frac{N_1^2}{N_1'^2} \qquad (697)$$

Der Magnetisierungsstrom ist demgemäß

$$I'_m = I_m \cdot \frac{N_1^2}{N_1'^2} \quad \text{. . . . . (698)}$$

und wir können den Satz aufstellen:

Bei gegebenem Modell und gegebener Klemmenspannung ist die Luftinduktion der Drahtzahl der Statorwicklung, der Magnetisierungsstrom dem Quadrat dieser Drahtzahl indirekt proportional.

Die Konstante des Rotorstromes war nach Gleichung (691)

$$C_{I_2} \sim \mathfrak{B}_l \sim \frac{E_1}{N_1}$$

und wird, wenn wir die Rotorwicklung ungeändert lassen,

$$C'_{I_2} \sim \mathfrak{B}'_l \sim \frac{E_1}{N'_1}$$

und deshalb ist $$C'_{I_2} = C_{I_2} \cdot \frac{\mathfrak{B}'_l}{\mathfrak{B}_l} = C_{I_2} \cdot \frac{N_1}{N'_1} \quad \text{. . . . . . . (699)}$$

Führen wir diese Untersuchungen für die übrigen Diagramm-Konstanten durch, so finden wir

$$\left.\begin{aligned} C'_{L_1} &= C_{L_1} \left(\frac{N_1}{N'_1}\right)^2 \\ C'_{L_2} &= C_{L_2} \left(\frac{N_1}{N'_1}\right)^2 \\ C'_M &= C_M \left(\frac{N_1}{N'_1}\right)^2 \end{aligned}\right\} \quad \text{. . . . . (700)}$$

und hieraus ergibt sich die Regel:

Bei gegebenem Modell und gegebener Klemmenspannung ist (maximales) Drehmoment und (maximale) Leistung dem Quadrat der Luftinduktion, daher dem Magnetisierungsstrom direkt proportional, dagegen dem Quadrat der Statordrahtzahl indirekt proportional.

Von der Tatsache, daß eine Veränderung der Drahtzahl N_1 die Leistung erheblich beeinflußt, kann man unter Umständen Gebrauch machen, um einen zu knapp berechneten Motor auf Leistung zu bringen, indem man einfach einige Statordrähte abwickelt. Voraussetzung für die Zulässigkeit dieses Hilfsmittels ist, daß der Motor vor seiner Änderung seine zulässige Übertemperatur nicht erreicht; die Erwärmung nimmt ungefähr im gleichen Maße zu, wie die Leistung erhöht wird.

c) Veränderung der Klemmenspannung bei ungeänderter Statorwicklung.

Aus dem Ausdruck (688)

$$\mathfrak{B}_l \sim \frac{E_1}{N_1}$$

ergibt sich, daß bei konstanter Drahtzahl N_1 der Statorwicklung die Luftinduktion sich proportional der Klemmenspannung ändert. Wird daher die Klemmenspannung von E_1 in E_1' verändert, so wird die Luftinduktion

$$\mathfrak{B}_l' = \mathfrak{B}_l \cdot \frac{E_1'}{E_1}.$$

Die Konstante des Statorstromes war ursprünglich

$$C_{I_1} \sim \frac{E_1}{N_1^2}$$

und wird
$$C_{I_1}' \sim \frac{E_1'}{N_1^2},$$

daher
$$C_{I_1}' = C_{I_1} \cdot \frac{E_1'}{E_1}.$$

Hieraus ergibt sich die Regel:

Der Magnetisierungsstrom ist der Klemmenspannung proportional.

Die übrigen Diagrammkonstanten verändern sich, wie sich in analoger Weise zeigen läßt, folgendermaßen:

$$\left.\begin{aligned} C_{I_2}' &= C_{I_2} \frac{E_1'}{E_1} \\ C_{L_1}' &= C_{L_1} \cdot \left(\frac{E_1'}{E_1}\right)^2 \\ C_{L_2}' &= C_{L_2} \cdot \left(\frac{E_1'}{E_1}\right)^2 \\ C_M' &= C_M \left(\frac{E_1'}{E_1}\right)^2 \end{aligned}\right\} \quad \ldots \ldots \ldots (702)$$

Mithin erhält man das wichtige Gesetz:

Bei gegebenem Modell ist das (maximale) Drehmoment und die (maximale) Leistung dem Quadrat der Klemmenspannung proportional.

Der Winkel α bleibt vollkommen unbeeinflußt von der Variation der Klemmenspannung, denn es ist

$$\operatorname{tg} \alpha \sim \frac{R_1}{N_1^2}$$

also konstant. Natürlich bleibt auch der Winkel β unverändert.

Kleine Schwankungen der Klemmenspannung finden in der Praxis sehr häufig statt, denn es ist im allgemeinen schwer, in einem Ortsnetz oder selbst im Prüfraum die Spannung vollkommen konstant zu halten. Bleiben die Schwankungen innerhalb mäßiger Grenzen, so sind sie praktisch belanglos, solange der Motor nicht bis zur äußersten Grenze seiner Belastbarkeit beansprucht ist. Da das Drehmoment im Quadrat der Klemmenspannung abnimmt, kann unter Umständen ein Motor bei besonders großer Abnahme der Klemmenspannung aus dem Tritt fallen.

Aus diesen Gründen hat der Lieferant eines Motors ein berechtigtes Interesse daran, daß bei Abnahmeversuchen die normale Klemmenspannung eingehalten wird. Bei konstanter mechanischer

Leistung nimmt mit fallender Klemmenspannung der Stator- und Rotorstrom zu, während die zugeführte Leistung unverändert bleibt. Soll der Leistungsfaktor aus Werkleistung und Scheinleistung ermittelt werden, so sind daher Volt-, Ampere- und Wattmeter möglichst gleichzeitig abzulesen.

Die Veränderung der Klemmenspannung bietet das einfachste Mittel, die mit Rücksicht auf die zulässige Erwärmung höchstmögliche Leistung eines gegebenen Modelles experimentell festzustellen. Die Normalleistung eines wohldimensionierten Motors entspricht seinem Belastungszustand bei $\cos \varphi_{\max}$. Hat man ermittelt, bei welcher Klemmenspannung bei Belastung mit günstigstem Leistungsfaktor die beabsichtigte Erwärmung eintritt, so läßt sich die größte zulässige Induktion des Motors berechnen.

Es mag besonders darauf hingewiesen werden, daß sämtliche Linien des Diagrammes, die sich auf die Ohmschen Widerstände des Motors stützen, also auch der Schlüpfungsmaßstab ihre Gültigkeit behalten, wenn der Motor mit variabler Spannung und daher variabler Induktion arbeitet. Nur die auf die Eisenverluste bezüglichen Konstruktionen im Diagramm sind nicht mehr genau richtig und daher eventuell abzuändern.

d) Stern-Dreieckschaltung.

Bei Motoren mit Kurzschlußankern macht sich der große Anlaufstrom $\overline{us'}$ sehr störend dadurch bemerkbar, daß infolge der großen Stromentnahme noch dazu bei ungünstigem $\cos \varphi$ die Netzspannung abfällt und hierdurch andere angeschlossene Apparate, besonders Glühlampen, schädlich beeinflußt werden.

Man kann den Stromstoß auf folgende Weise vermindern. Die Statorwicklung wird so berechnet, daß sie im normalen Betrieb im Δ geschaltet ist. Beim Anlassen schaltet man sie im Y.

Bezeichnen wir wie immer die Phasenspannung im Motor mit E_1, mit I_1 den Statorstrom einer Phase, so erhalten wir im normalen Betrieb bei Δ Schaltung

$$E_1 = \text{Spannung zwischen zwei Leitungen}$$

$$I_1 = \frac{1}{\sqrt{3}} \times \text{Strom in einer Leitung.}$$

Aus dem Diagramm entnehmen wir die Länge us' des Anlaufstromes und erhalten den Anlaufstrom in einer Phase der Wicklung

$$I_1 = C_{I_1} \cdot us',$$

den Anlaufstrom in der Leitung

$$I_{\text{Leit}} = \sqrt{3} \cdot C_{I_1} \cdot us'$$

und das Anlaufdrehmoment

$$M = C_M \cdot v's'.$$

Schließen wir dagegen den Motor in Y Schaltung an das Netz an, so wird die

$$\text{Spannung einer Phase im Motor} = \frac{E_1}{\sqrt{3}}.$$

Es wird daher

$$C'_{I_1} = \frac{C_{I_1}}{\sqrt{3}} \qquad (704)$$

$$C'_M = \frac{C_M}{3} \qquad (705)$$

Daher wird der Anlaufstrom in einer Phase des Stators und in einer Leitung

$$I_a = I_{\text{Leit}} = \frac{C_{I_1}}{\sqrt{3}} \cdot u\,s'$$

und das Anlaufdrehmoment

$$M = \frac{C_M}{3} \cdot v'\,s'.$$

Der Motor läuft daher mit einem $\frac{1}{\sqrt{3}} = 0{,}867$ mal kleineren Strom an und entwickelt dabei $^1/_3$ des Drehmomentes, wie wenn er keine Sterndreieckschaltung hätte.

e) Anlaßtransformator.

Mitunter verwendet man einen Transformator, der auf seiner Sekundärseite Anzapfstellen besitzt zum Anlassen von Kurzschlußmotoren. Der Motor, der dann natürlich keine Sterndreieckschaltung haben muß, wird mit einer geringeren Spannung angelassen und erst, wenn er angelaufen ist, auf einmal oder in mehreren Zwischenstufen auf seine normale Klemmenspannung gebracht.

Hat der Motor bei normaler Klemmenspannung E_1 den Kurzschlußstrom $\overline{u\,s'}$ und die Diagrammkonstanten C_{I_1}, C_M, so braucht er bei der Anlaufspannung E_1' den Anlaufstrom

$$I_a = C_{I_1} \cdot \frac{E_1'}{E_1} \cdot u\,s' \qquad (706)$$

und entwickelt dabei das Anlaufdrehmoment

$$M = C_M \left(\frac{E_1'}{E_1}\right)^2 v'\,s' \qquad (707)$$

Der Anlaufstrom ist also $\frac{E_1'}{E_1}$ mal, das Drehmoment $\left(\frac{E_1'}{E_1}\right)^2$ mal kleiner, wie wenn der Motor mit seiner vollen Klemmenspannung angelassen würde.

Hat der Transformator die Primärspannung E_p und die Sekundärspannung E_s, so ist der dem Netz entnommene Strom

$$I_{\text{Leit}} = I_a \cdot \frac{E_s}{E_p} = C_{I_1} \cdot \frac{E_s}{E_p} \cdot \frac{E_1'}{E_1} \cdot u\,s$$

und wenn

$$E_s = E_1'$$

$$E_p = E_1,$$

so wird der Leitungsstrom

$$I_{\text{Leit}} = I_a \cdot \frac{E_1'}{E_1} = C_{I_1} \cdot \left(\frac{E_1'}{E_1}\right)^2 u\,s.$$

Das Drehmoment bleibt wie in Gleichung (707)

$$M = C_M \left(\frac{E_1'}{E_1}\right)^2 v'\,s'.$$

Bei Zwischenschaltung eines Anlaßtransformators nimmt daher der Leitungsstrom und das Drehmoment proportional $\left(\frac{E_1'}{E_1}\right)^2$ ab.

An Stelle eines Transformators mit getrennter Primär- und Sekundärwicklung verwendet man vorteilhaft einen Transformator mit nur einer Wicklung in Sparschaltung (Autotransformator) die mehrere Anzapfstellen für die Sekundärspannung haben kann.

124. Änderung des Luftzwischenraumes.

Eine Veränderung des Luftzwischenraumes δ wird fast immer eine Veränderung der Streuungskoeffizienten τ_1, τ_2, τ in dem Sinne bewirken, daß sie sich mit zunehmendem δ ebenfalls vergrößern und dadurch den Motor verschlechtern. In bezug auf die Streuung gilt daher einzig die Regel, δ so klein als möglich zu machen.

Es können aber auch Fälle vorkommen, bei denen durch das Ausbohren des Stators oder das Abdrehen des Rotors die Streuung tatsächlich verringert wird; dann nämlich, wenn die Zähne bei einer geschlossenen Nut durch einen zu starken Eisensteg verbunden sind und durch die Nachbearbeitung die schädliche Dicke dieses Steges beseitigt wird.

Wenn man genaue Resultate darüber haben will, wie sich eine Vergrößerung von δ äußert, so muß man die ganze Berechnung der Streuung genau durchführen. Durch eine allgemeine Betrachtung können die möglichen Veränderungen nur zwischen zwei Grenzen eingeschlossen werden und es läßt sich sagen, daß das Resultat bei der ersten Annahme zu optimistisch, bei der zweiten zu pessimistisch gefärbt ist.

a) Vergrößerung des Luftzwischenraumes bei ungeänderter Streuung.

Wird δ durch Nachdrehen oder Ausbohren auf δ' vergrößert, während alles übrige am Motor ungeändert bleibt, so ist die Luftinduktion

$$\mathfrak{B}_l = \text{konstant}$$

geblieben, denn von einem Einfluß auf die Streuungskoeffizienten wollen wir bei unseren jetzigen Betrachtungen absehen. Der Magnetisierungsstrom hat aber selbstverständlich eine Zunahme im Verhältnis von $\delta' : \delta$ erfahren, denn für den vergrößerten Luftzwischenraum sind

$$A_l = 1{,}6 \cdot \delta' \cdot p \cdot \mathfrak{B}_l$$

Amperewindungen aufzuwenden. Es hat sich demnach die Konstante des Statorstromes im gleichen Verhältnis vergrößert, und es ist, wenn man die Diagrammkonstanten des veränderten Motors mit C'_{I_1}, C'_{L_1}, die des ursprünglichen mit $C_I \cdot C_{L_1}$ bezeichnet:

$$\left.\begin{aligned} C'_{I_1} &= C_{I_1} \cdot \frac{\delta'}{\delta} \\ C'_{I_2} &= C_{I_2} \cdot \frac{\delta'}{\delta} \\ C'_{L_1} &= C_{L_1} \cdot \frac{\delta'}{\delta} \\ C'_{L_2} &= C_{L_2} \cdot \frac{\delta'}{\delta} \\ C'_M &= C_M \cdot \frac{\delta'}{\delta} \end{aligned}\right\} \quad \ldots \ldots \ldots \ldots (708)$$

Es ändern sich daher alle Konstanten proportional mit δ, und daher gilt der Satz:

Die Leistung usw. eines gegebenen Modells ist δ proportional.

Man könnte glauben, daß es mit Rücksicht auf diese Tatsache vorteilhaft sein müßte, δ groß zu machen. Das ist aber ein Trugschluß, denn die so erzielte Leistungserhöhung ist lediglich durch vermehrten Kupferaufwand erreicht, während sie sich viel billiger durch Erhöhung der Induktion erzielen ließe. Da C_{I_1} und C_{I_2} dem δ direkt proportional sind, nehmen die Stator- und Rotoramperedrähte proportional der erhöhten Leistung zu. Der Kupferaufwand nimmt daher, wenn die Kupferverluste unverändert bleiben sollen, mit δ^2 zu. Um so viel Kupfer unterbringen zu können, müssen die Nuten vergrößert werden, Zahninduktion und Eisenverluste nehmen dadurch zu. Wenn die Zunahme dieser Verluste zulässig ist, so erreicht man die Erhöhung der Leistung aber viel zweckmäßiger und billiger bei unverändertem δ durch Erhöhung der Induktion, also Reduktion der Drahtzahl N_1, wodurch Kupfer gespart wird. Durch Vergrößerung des δ die Leistung erhöhen zu wollen, ist daher das Unrationellste, was man tun kann.

Nur in einem Falle könnte man davon Gebrauch machen, um einen verrechneten Motor auf Leistung zu bringen, wenn die Reduktion der Statordrahtzahl N_1 wegen zu hoher Temperatur des Statoreisens nicht zulässig ist, wenn dagegen das Statorkupfer noch höher beansprucht werden kann. Dieser Fall setzt voraus, daß der Motor ursprünglich schlecht nnd teuer berechnet war; er hätte höhere Induktion $\mathfrak{B}_l$, geringere Drahtzahl und kleinere Nuten, also stärkere Zähne haben müssen. Außerdem muß man sicher sein, daß durch die Nacharbeit am Eisen die Streuung nicht wesentlich vergrößert wird.

b) Vergrößerung des Luftzwischenraumes und gleichzeitige Zunahme der Streuung.

Während wir unter den im vorhergehenden Abschnitt gemachten Voraussetzungen das Diagramm des ursprünglichen Motors unverändert beibehalten konnten, müssen wir, sobald sich die Streuung ändert, ein neues Diagramm zeichnen.

Machen wir die vereinfachende Annahme, daß sich die Streuungskoeffizienten proportional mit der Vergrößerung des Luftzwischenraumes ändern, so muß $u'b$, die Strecke, die den vergrößerten Magnetisierungsstrom darstellt, gegenüber der ursprünglichen Länge ub im Verhältnis größer gezeichnet werden

$$u'b = ub\,\frac{\delta'}{\delta}.$$

Der Magnetisierungsstrom hat, wie im vorigen Kapitel gezeigt wurde, genau im gleichen Verhältnis zugenommen, es ist

$$I_m' = I_m \cdot \frac{\delta'}{\delta}.$$

Daher ist die Diagrammkonstante

$$C_{I_1} = \frac{I_m'}{u'b} = \frac{I_m}{ub}.$$

vollkommen unverändert geblieben und mit ihr alle übrigen Konstanten C_{I_2}, C_{L_1}, C_{L_2}, C_M.

Den Kreisdurchmesser haben wir im Diagramm auch beibehalten, denn die einzige Änderung beschränkte sich auf die Vergrößerung der Strecke ub des Magnetisierungsstromes auf $u'b$.

Wir erhalten daher das trostlose Ergebnis, daß sich in bezug auf die Leistungsaufnahme und -abgabe zwar nichts geändert hat — wenn wir von den Kupferverlusten absehen, die auch größer sind —, daß aber der Statorstrom bei allen Belastungen um den Blindstrom

$$u'b - ub$$

vergrößert und damit durchweg der Leistungsfaktor verschlechtert ist.

125. Änderung der Periodenzahl; Anlassen mit dem Generator.

Es sind drei Fälle zu unterscheiden, die alle praktische Bedeutung haben.

a) Änderung der Periodenzahl bei ungeänderter Klemmenspannung.

Zuerst wollen wir untersuchen, wie sich ein für f_1 Perioden gebauter Motor verhält, wenn er zwar mit der unveränderten Klemmenspannung E_1, aber mit Strom von der Periodenzahl f_1' gespeist wird.

Natürlich wird seine ursprüngliche Drehzahl n_1 sich ändern in die Drehzahl bei Synchronismus

$$n_1' = \frac{f_1'}{f_1} \cdot n_1 .$$

Aus der Gleichung

$$\mathfrak{B}_l = \frac{E_1 \cdot 10^8}{2{,}22\,(1 + \tau_1)\, c_1 \cdot k_1 \cdot N_1 \cdot F_l \cdot f_1},$$

die nur konstante Größen mit Ausnahme von $\mathfrak{B}_l$ und f_1 enthält, ersehen wir, daß die Luftinduktion bei der Periodenzahl f_1'

$$\mathfrak{B}_l' = \mathfrak{B}_l \cdot \frac{f_1}{f_1'}$$

sich umgekehrt proportional mit der Periodenzahl ändert. Demzufolge ändert sich auch der Magnetisierungsstrom im selben Verhältnis und er wird

$$I_m' = I_m \cdot \frac{f_1}{f_1'} .$$

Daher werden die Diagrammkonstanten

$$C_{I_1}' = C_{I_1} \cdot \frac{f_1}{f_1'}$$

$$C_{I_2}' = C_{I_2} \cdot \frac{f_1}{f_1'}$$

$$C_{L_1}' = C_{L_1} \cdot \frac{f_1}{f_1'}$$

$$C_{L_2}' = C_{L_2} \cdot \frac{f_1}{f_1'} .$$

Nur bei Ableitung der Konstanten für das Drehmoment ist einige Vorsicht nötig. Wenn der Motor mit der Periodenzahl f_1 betrieben wird, ist seine Drehmomentkonstante

$$C_M = \frac{C_{L_1}}{9{,}81 \cdot \omega} .$$

Beim Betrieb mit f_1' Perioden wird sie

$$C_M' = \frac{C_{L_1}'}{9{,}81 \cdot \omega'} = \frac{C_{L_1}}{9{,}81 \cdot \omega'} \cdot \frac{f_1}{f_1'} .$$

Nun ist aber
$$\omega = 2\pi \cdot \frac{n_1}{60} = 2\pi \cdot \frac{f_1}{p}$$

$$\omega' = 2\pi \cdot \frac{n_1'}{60} = 2\pi \cdot \frac{f_1'}{p},$$

und daher wird
$$C_M' = C_M \left(\frac{f_1}{f_1'}\right)^2 .$$

Die Leistung eines gegebenen Motors ist daher bei konstanter Klemmenspannung der Periodenzahl f_1 umgekehrt, das Drehmoment dem Quadrat der Periodenzahl umgekehrt proportional. Selbstverständlich ist dagegen die Drehzahl n_1 direkt proportional f_1.

Bei einer bestehenden Kraftübertragungsanlage läßt sich daher die Leistung der Motoren nicht dadurch erhöhen, daß man die Generatoren schneller laufen läßt und die ursprüngliche Spannung beibehält, sondern es würde durch diese Maßnahme die Leistung und das Drehmoment verringert, nur die Drehzahl der Motoren erhöht.

b) Änderung der Periodenzahl und der Klemmenspannung.

Zu einem ganz anderen Resultat gelangt man, wenn mit der Veränderung der Periodenzahl eine proportionale Veränderung der Klemmenspannung vorgenommen wird. Praktisch läßt sich das sehr einfach herbeiführen, indem man den Generator bei konstanter Erregung schneller oder langsamer laufen läßt.

In die Gleichung

$$\mathfrak{B}_l = \frac{E_1 \cdot 10^8}{2{,}22\,(1+\tau_1)\,c_1 \cdot k_1 \cdot N_1 \cdot F_l \cdot f_1} \quad . \; . \; . \; . \; . \; (709)$$

die dem Betrieb mit der normalen Klemmenspannung E_1 bei der normalen Periodenzahl f_1 entspricht, müssen wir nun

$$E_1' = E_1 \cdot \frac{f_1'}{f_1}$$

einsetzen, wenn sie den Zustand beim Betrieb mit f_1' Perioden schildern soll.

Wir erhalten demnach

$$\mathfrak{B}_l' = \frac{E_1 \frac{f_1'}{f_1} 10^8}{2{,}22 \cdot (1+\tau_1)\,c_1 \cdot k_1 \cdot N_1 \cdot F_l \cdot f_1'} \quad . \; . \; . \; . \; . \; (710)$$

und sie ist identisch mit der Gleichung (709), da sich f_1' im Zähler und Nenner heraushebt.

Wenn sich also die Klemmenspannung proportional der Periodenzahl ändert, so sind die Luftinduktion, daher auch der Magnetisierungsstrom und die Konstanten $C_{I_1}\, C_{I_2}$ unabhängig von der Periodenzahl. Dagegen ändern sich die Leistungskonstanten, denn die Konstante

$$C_{L_1} = a_1 \cdot E_1 \cdot C_{I_1}$$

wird, wenn

$$E_1' = E \frac{f_1'}{f_1}$$

gesetzt wird, übergehen in den Ausdruck

$$C_{L_1}' = a_1 \cdot E_1 \cdot C_{I_1} \cdot \frac{f_1'}{f_1} .$$

Daher wird
$$C'_{L_1} = C_{L_1} \cdot \frac{f_1'}{f_1}$$

und ebenso wird
$$C'_{L_2} = C_{L_2} \cdot \frac{f_1'}{f_1}.$$

Die Konstante des Drehmomentes C_M bleibt dagegen wieder vollständig ungeändert, denn
$$C'_M = \frac{C'_{L_1}}{9{,}81 \cdot \omega'}$$

ist identisch mit
$$C_M = \frac{C_{L_1}}{9{,}81 \cdot \omega},$$

weil
$$\frac{C'_{L_1}}{C_{L_1}} = \frac{\omega'}{\omega} = \frac{f_1'}{f_1}.$$

Wird daher ein Motor von einem mit variabler Drehzahl, aber konstanter Erregung arbeitenden Generator gespeist, so ist Luftinduktion und Magnetisierungsstrom und Drehmoment von der Periodenzahl unabhängig, Drehzahl und Leistung aber der Periodenzahl direkt proportional.

Die Leistungen der Motoren und Generatoren einer bestehenden Anlage lassen sich demnach erhöhen, wenn die Generatorerregung konstant gehalten und die Spannung der Drehzahl entsprechend gesteigert wird.

Von hervorragender Bedeutung sind die zuletzt festgelegten Beziehungen, weil sie die Möglichkeit zeigen, einen Motor in folgender Weise in Gang zu setzen: Der stillstehende Generator wird erregt, der Stator eingeschaltet, der Rotor kurzgeschlossen. Wird nun der Generator angelassen, so setzt sich gleichzeitig der Motor in Bewegung und beschleunigt seine Drehzahl in gleicher Weise wie der Generator. Hat der Motor hierbei ein von der Geschwindigkeit unabhängiges Drehmoment zu überwinden, so geht er mit einem Stator- und Rotorstrom an, wie sie diesem Drehmoment bei voller Drehzahl entsprechen, und seine prozentuale Schlüpfung bleibt während der ganzen Anlaufperiode konstant; er läuft also bei 5% Schlüpfung mit 95 statt mit 100, mit 950 statt mit 1000 Synchrontouren. Ein leerlaufender Motor kann so mit einem Statorstrom von der Größe seines Leerstromes hochgebracht werden, wenn die Tourensteigerung so langsam erfolgt, daß die zur Beschleunigung nötige Kraft klein bleibt. — Das Anlaufdrehmoment kann so groß sein wie das maximale Drehmoment bei voller Drehzahl und erfordert denselben Statorstrom, wie er bei voller Drehzahl zur Ausübung des maximalen Drehmomentes benötigt wird. Der Anzug erfolgt so präzis, daß selbst bei ganz großen vielpoligen Motoren die Drehrichtung konstatiert werden kann, wenn der Generator von Hand mit der Klinke bewegt wird.

Wenn es die Betriebsverhältnisse gestatten, ist bei großen Motoren diese Anlaufsmethode allen anderen vorzuziehen, denn sie bietet folgenden Vorteil: Fortfallen der teuren Anlaßwiderstände und der in ihnen auftretenden Verluste; die Möglichkeit, selbst die größten Motoren mit Kurzschlußanker zu bauen; stoßfreies Anlassen und dadurch Schonung der gesamten Anlage.

c) Umwickeln eines Motors für eine andere Periodenzahl.

Da weitaus die meisten Motoren für 50 Perioden gebaut werden, ist dem Rechner natürlich das Arbeiten mit dieser Periodenzahl am geläufigsten. Es kommen aber in vereinzelten Fällen auch Motoren für andere Periodenzahlen vor und wir wollen nun untersuchen, wie der Motor gewickelt werden muß, damit er den geänderten Bedingungen möglichst gut entspricht.

Beim Motor mit normaler Periodenzahl berechnet man die Drahtzahl N_1 unter Zugrundelegung einer praktisch erprobten Luftinduktion nach der Formel

$$N_1 = \frac{E_1 \cdot 10^8}{2{,}22\,(1+\tau_1)\, c_1 \cdot k_1 \cdot \mathfrak{B}_l \cdot F_l \cdot f_1}.$$

Ist dasselbe Modell für eine Spannung E_1' bei der Periodenzahl f_1' bestimmt, so muß die Drahtzahl N_1' werden

$$N_1' = \frac{E_1' \cdot 10^8}{2{,}22 \cdot (1+\tau_1)\, c_1 \cdot k_1 \cdot \mathfrak{B}_l' \cdot F_l \cdot f_1'}$$

und man erhält die Beziehung

$$N_1' = N_1 \frac{E_1'}{E_1} \cdot \frac{\mathfrak{B}_l}{\mathfrak{B}_l'} \cdot \frac{f_1}{f_1'} \quad \ldots\ldots\ldots \quad (711)$$

Nun handelt es sich darum, zu entscheiden, wie groß die Luftinduktion $\mathfrak{B}_l'$ bei der Periodenzahl f_1' gewählt werden darf.

Eine kurze Überlegung ergibt, daß unter der Annahme

$$\mathfrak{B}_l' = \mathfrak{B}_l$$

bei Periodenerhöhung die Eisenverluste zu groß, bei Periodenerniedrigung zu klein ausfallen würden.

Weniger durchsichtig werden die Verhältnisse, wenn man annimmt, daß die Luftinduktion sich umgekehrt wie die Periodenzahlen verhalten, also

$$\frac{\mathfrak{B}_l'}{\mathfrak{B}_l} = \frac{f_1}{f_1'}.$$

Wir können aber sofort überblicken, welche Folgen hieraus entstehen, wenn wir, wie wir das schon mehrmals getan haben, den Eisenverlust dem Quadrat der Eiseninduktion proportional setzen. Die Eiseninduktion kann natürlich bei einem gegebenen Modell der Luftinduktion proportional angenommen werden.

Bei den normalen Perioden hat die Maschine einen Eisenverlust proportional $\qquad \mathfrak{B}_l^2 \cdot f_1.$

Bei der Periodenzahl f_1' und der Luftinduktion $\mathfrak{B}_l'$ dagegen einen Eisenverlust proportional

$$\mathfrak{B}_l'^2 \cdot f_1' = \left(\mathfrak{B}_l \frac{f_1}{f_1'}\right)^2 \cdot f_1' = \mathfrak{B}_l^2 \left(\frac{f_1}{f_1'}\right) f_1 .$$

Der Eisenverlust ändert sich daher im Verhältnis $\frac{f_1}{f_1'}$, wird mithin bei hoher Periodenzahl zu klein, bei niedriger Periodenzahl zu groß. Außerdem würde bei niedriger Periodenzahl auch die Luft- und Eiseninduktion zu sehr zunehmen.

Beide bisher gemachten Annahmen führen zu entgegengesetzten Extremen, die beide praktisch nicht in Frage kommen können, und daher müssen wir einen Mittelweg einschlagen, der die Konstanz der Eisenverluste bei beiden Periodenzahlen voraussetzt. Es muß also sein

$$\mathfrak{B}_l'^2 \cdot f_1' = \mathfrak{B}_l^2 \cdot f_1$$

und demnach

$$\frac{\mathfrak{B}_l}{\mathfrak{B}_l'} = \frac{\sqrt{f_1'}}{\sqrt{f_1}} .$$

Setzen wir diesen Ausdruck in die Gleichung (711) ein, so wird

$$N_1' = N_1 \frac{E_1'}{E_1} \cdot \frac{\sqrt{f_1}}{\sqrt{f_1'}} \quad \text{. . . . . (712)}$$

Machen wir die Annahme, daß

$$E_1' = E_1 ,$$

so wird

$$N_1' = N_1 \frac{\sqrt{f_1}}{\sqrt{f_1'}} \quad \text{. . . . . (713)}$$

Beim Normalmotor ist die erregende Kraft für die Luft

$$A_l = \frac{2 \cdot p \cdot \delta \cdot \mathfrak{B}_l}{0{,}4 \cdot \pi}$$

und der Magnetisierungsstrom bei einem dreiphasigen Motor, wenn wir den Eisenwiderstand vernachlässigen

$$I_m = \frac{A_l}{\sqrt{2} \cdot N_1} = \frac{2 p \delta}{0{,}4 \cdot \pi \cdot \sqrt{2}} \cdot \frac{\mathfrak{B}_l}{N_1} .$$

Der Magnetisierungsstrom wird bei dem für f_1' Perioden gewickelten Motor

$$I_m = \frac{2 \cdot p \delta}{0{,}4 \pi \sqrt{2}} \frac{\mathfrak{B}_l'}{N_1'} .$$

Es ist aber

$$\frac{\mathfrak{B}_l'}{N_1'} = \frac{\mathfrak{B}_l \sqrt{\frac{f_1}{f_1'}}}{N_1 \sqrt{\frac{f_1}{f_1'}}} = \frac{\mathfrak{B}_l}{N_1} ,$$

und daher ist der Magnetisierungsstrom genau so groß wie beim Normalmotor.

Daher sind auch die Diagrammkonstanten C_{I_1}, C_{L_1}, C_{L_2} dieselben wie beim Normalmotor.

Eine Änderung erfährt nur die Konstante des Rotorstromes

$$C'_{I_2} = (1 + \tau_1)\, C_{I_1} \cdot \frac{N_1'}{N_2} = C_{I_2} \cdot \frac{\sqrt{f_1}}{\sqrt{f_1'}}$$

und die Konstante des Drehmomentes

$$C'_M = C_M \cdot \frac{f_1}{f_1'} .$$

Wir erhalten deshalb das Gesetz: Ein Motor läßt sich für eine andere Periodenzahl so wickeln, daß sein Magnetisierungsstrom und seine Leistung ungeändert bleibt. Sein Drehmoment ändert sich umgekehrt proportional der Drehzahl. Die Eisenverluste bleiben unverändert und die Luftinduktionen müssen umgekehrt proportional den Wurzeln aus den Periodenzahlen gewählt werden.

Der Geltungsbereich dieses Gesetzes ist aber begrenzt, und zwar besonders bei abnehmender Periodenzahl, da die Eiseninduktionen zu große Werte erhalten können. Würde man einen Motor von 50 Perioden auf $16\frac{2}{3}$ Perioden umwickeln, so würde $\sqrt{50} : \sqrt{16\frac{2}{3}} = 7{,}07 : 4{,}08 = 1{,}73 : 1$ sein, und es muß daher geprüft werden, ob der Motor selbst bei der niedrigen Periodenzahl eine um 73% höhere Eiseninduktion besonders in den Zähnen vertragen kann. Außerdem kommt in Betracht, daß die Ventilation bei der geringeren Drehzahl schlechter wird.

126. Änderung des Rotorwiderstandes; Anlaßwiderstand im Rotor.

Da der Rotorwiderstand die Schlüpfung verursacht und dadurch Verluste hervorruft, fordern die Rücksichten auf den Wirkungsgrad, daß der Rotorwiderstand so klein als möglich gemacht wird. Der Rotorwiderstand bedingt aber auch eine andere Eigenschaft des Motors, die von nicht geringerer Bedeutung ist, nämlich das Anzugsdrehmoment. Damit es groß bzw. ein Maximum ist, muß R_2 einen ganz bestimmten, und zwar einen ziemlich großen Wert haben. Der Widerspruch dieser beiden Forderungen hat zur Konstruktion der Schleifring- oder Phasenanker geführt, die gestatten, daß mittels der Schleifringe Widerstand in den Rotorstromkreis eingeschaltet wird, damit ein hohes Anzugsdrehmoment erreicht wird. Sobald der Motor in Bewegung ist, wird der Vorschaltwiderstand stufenweise verkleinert und endlich ganz ausgeschaltet, die Ankerwicklung also kurzgeschlossen. In bezug auf die Phasenwicklung des Rotors kann man sich daher an die Regel halten, deren Widerstand so klein als möglich zu machen. Um den Vorschaltwiderstand berechnen zu können, benützen wir das Heyland-Diagramm, Abb. 143, in dem die Winkel α und β laut den Gleichungen

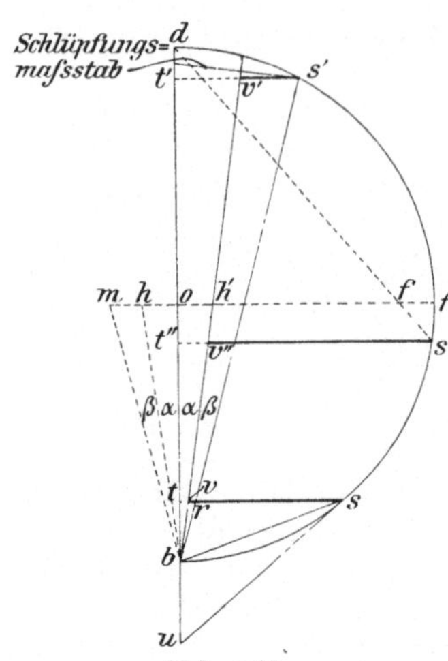

Abb. 143.

$$\operatorname{tg} \alpha = a_1 \cdot R_1 \cdot \frac{C_{I_1}^2}{C_{L_1}} \cdot bd$$

$$\operatorname{tg}(\alpha + \beta) = \operatorname{tg} a + a_2 \cdot R_2 \cdot \frac{C_{I_2}^2}{C_{L_1}} \cdot bd$$

eingetragen sind. Würde der Motor mit kurzgeschlossenem Rotor angelassen, so würde der Statorstrom $C_{I_1} \cdot \overline{us'}$ Ampere betragen und das Anzugsdrehmoment würde nur $C_M \cdot \overline{v's'}$ kg sein.

Stellt ubs das Stromdreieck in einem beliebigen Belastungszustand dar, so ist

$$M = C_M \cdot \overline{vs}$$

$$I_1 = C_{I_1} \cdot \overline{us}$$

$$I_2 = C_{I_2} \cdot bs\,.$$

Wir können diesen beliebig gewählten Zustand beim Anzug des Motors dadurch herbeiführen, daß wir in den Rotor einen Anlaßwiderstand von der Größe R_a einschalten, so daß

$$\operatorname{tg}(\alpha + \beta) = \operatorname{tg} a + a_2 \cdot (R_a + R_2) \frac{C_{I_2}^2}{C_{L_1}} \cdot bd = \operatorname{tg} \sphericalangle dbs.$$

und hieraus erhalten wir

$$R_a = \left[\frac{C_{L_1}}{a_2 \cdot C_{I_2}^2 \cdot bd} (\operatorname{tg} \sphericalangle dbs - \operatorname{tg} \alpha)\right] - R_2 \quad . \; . \; . \; (714)$$

Kann der Spannungsverlust im Stator, ferner R_2 gegenüber R_a vernachlässigt werden, so kann man sich der bequemen Näherungsgleichung bedienen

$$R_a = \frac{C_{L_1}}{a_2 \cdot C_{I_2}^2 \cdot bd} \cdot \operatorname{tg} \sphericalangle dbs \quad . \; . \; . \; . \; . \; . \; (715)$$

Die Wahl des Belastungsstadiums, das wir der Ermittlung des R_a zugrundelegen, hängt von verschiedenen Gesichtspunkten ab. In der Abb. 143 entspricht das Stromdreieck dem günstigsten Leistungsfaktor, also der Normalleistung des Motors, und der auf dieser Grundlage berechnete Anlasser bewirkt, daß der Motor mit seinem normalen Strom und normalem Drehmoment anzieht. Bei mittelgroßen Motoren, die an einem ausgedehnten Kraftnetz hängen und von großen Generatoren gespeist werden, ist das unter Umständen zulässig. Beim Anschluß an städtische Zentralen, überhaupt an Lichtnetze, ist häufig ein so großer Stromstoß nicht erlaubt. Dann muß der Punkt s einem kleineren Belastungszustand entsprechend gewählt, also näher gegen b hin gezeichnet werden. Dies ist ganz besonders nötig bei sehr großen Motoren, denn es ist klar, daß ein z. B. 1000 PS-Motor nicht mit seinem Normalstrom plötzlich eingeschaltet werden darf. Man wird in einem solchen Fall, besonders wenn der

Generator nur von ungefähr gleicher Größe wie der Motor ist, nur mit ca. $^1/_4$ der Normalleistung einschalten. In solchen Fällen berechnet man den Anlasser bequem nach folgender Methode. Da der stillstehende Motor als ein Transformator mit der Sekundärspannung E_2 betrachtet werden kann, muß, abgesehen von Verlusten

$$a_2 \cdot E_2 \cdot J_2 = a_1 \cdot E_1 \cdot I_1 \cdot \cos \varphi$$

oder

$$a_2 \cdot \frac{E_2^2}{R_a} = 756 \cdot \mathrm{PS}$$

sein, und hieraus erhält man

$$R_a = \frac{a_2 \cdot E_2^2}{736 \cdot \mathrm{PS}} \quad \ldots \ldots \ldots \ldots \quad (716)$$

wobei vorausgesetzt ist, daß Rotor und Widerstand in gleicher Weise geschaltet sind, also beide Stern- oder Dreieckschaltung haben, Durch passende Wahl der für PS einzusetzenden Zahl haben wir es in der Hand, den Stromstoß beim Einschalten auf die gewünschte Größe zu reduzieren.

Bei kleinen Motoren kann man unter Umständen einen höheren Anlaufstrom zulassen, als der Normalleistung entspricht. Der Widerstand R_a, der dem maximalen Anzugsdrehmoment, das der Motor ausüben kann, entspricht, wird erhalten, wenn wir in Abb. 143 die Horizontale of' ziehen,

$$\overline{ff'} = oh = oh'$$

machen und dfs'' ziehen. Der Punkt f ist dann nahezu identisch mit dem Punkt, der auf dem Heylandschen 1. Hilfskreis (Fig. 34) liegt und dem Maximum des Drehmomentes entspricht. In unserem vorliegenden Falle (mit Geraden als Verlustlinien) ist das maximale Drehmoment $C_M \cdot \overline{v''s''}$ und das Stromdreieck $u\,b\,s''$. Nach der Näherungsgleichung erhalten wir

$$R_a = \frac{C_{L_1}}{a_2 \cdot C_{I_2}^2 \cdot b\,d} \operatorname{tg} \sphericalangle d\,b\,s'' \quad \ldots \ldots \quad (717)$$

Da der Winkel $d\,b\,s''$, der dem maximalen Drehmoment entspricht, mit großer Annäherung 45^0 beträgt, so ist

$$\operatorname{tg} \sphericalangle d\,b\,s'' \approx 1$$

und man erhält die Näherungsgleichung

$$R_a = \frac{C_{L_1}}{a_2 \cdot C_{I_2}^2 \cdot b\,d} \quad \ldots \ldots \ldots \ldots \quad (718)$$

Wie schon erwähnt, darf bei Kurzschlußankern R_2 nicht unter ausschließlicher Rücksichtnahme auf den Wirkungsgrad sehr klein gewählt werden, sondern es sind die Anzugsbedingungen entsprechend zu berücksichtigen. Ist vorgeschrieben, ein bestimmtes, eventuell das größtmögliche Anzugsdrehmoment zu erzielen, so verfährt man, wie oben gezeigt, — nur ist der Anlaßwiderstand R_a als Widerstand des Kurzschlußankers R_2 bzw. R_K aufzufassen.

Gewöhnlich ist aber für die Wahl des Widerstandes des Kurzschlußankers nicht das Anzugsdrehmoment maßgebend, sondern die zulässige Anlaufstromstärke des Motors. Die Elektrizitätswerke pflegen in den Bedingungen zum Anschluß von Motoren gewöhnlich die Leistung anzugeben, bis zu der Kurzschlußanker zugelassen werden, und gewöhnlich wird noch weiter vorgeschrieben, daß die zulässige Anlaufstromstärke nur das Zwei- bis Dreifache des Normalbelastungsstromes betragen darf. Dann verfährt man zur Bestimmung des R_2 folgendermaßen.

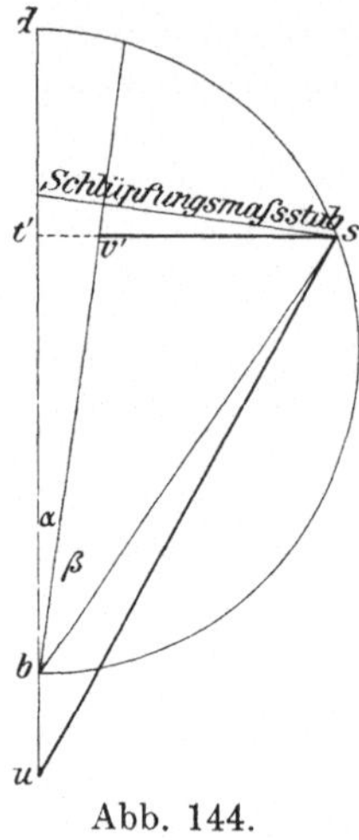

Abb. 144.

Ist I_a die zulässige Anzugsstromstärke in Ampere, so zeichnet man in das Diagramm Abb. 144 us' von der Größe ein

$$us' = \frac{I_a}{C_{I_1}}$$

und man erhält den Widerstand einer Phase des Kurzschlußankers

$$R_2 = \frac{C_{L_1}}{a_2 \cdot C_{I_2}^2} \cdot \frac{\operatorname{tg} \sphericalangle d b s' - \operatorname{tg} \alpha}{b d} \quad . \quad . \; (719)$$

oder näherungsweise

$$R_2 = \frac{C_{L_1}}{a_2 \cdot C_{I_2}^2} \cdot \frac{\operatorname{tg} \sphericalangle d b s'}{b d} \quad . \; . \; . \; . \; . \; . \; . \; (720)$$

Die beiden letzten Gleichungen lassen sich für Kurzschlußanker in eine bequemere Form bringen. Es ist nämlich der Widerstand einer Phase des Kurzschlußankers

$$R_2 = N_2 \cdot R_K,$$

wenn R_K den Widerstand eines Stabes nebst dem Widerstand eines Ringsegmentes bezeichnet (siehe Kapitel XII) und N_2 die Zahl der Stäbe jeder Phase ist

$$N_2 = \frac{N_K}{a_2},$$

wenn N_K = Anzahl aller Stäbe auf dem ganzen Anker. Setzt man diese Ausdrücke in die Gleichungen (719 u. 720) ein, so erhält man

$$R_K = \frac{C_{L_1}}{N_K \cdot C_{I_2}^2} \cdot \frac{\operatorname{tg} \sphericalangle b d s' - \operatorname{tg} a}{b d} \quad . \; . \; . \; . \; . \; (721)$$

und die Näherungsformel

$$R_K = \frac{C_{L_1}}{N_K \cdot C_{I_2}^2} \cdot \frac{\operatorname{tg} \sphericalangle b d s'}{b d} \quad . \; . \; . \; . \; . \; . \; . \; (722)$$

Um die Kosten für den Rotoranlasser zu verringern, baut man hauptsächlich Motoren kleiner Leistung, bei denen wenige Widerstandsstufen genügen, mitunter so, daß die Schleifringe in Wegfall kommen und dafür die Anlaßwiderstände mit ihrer Kontaktvorrichtung am Rotor angebracht sind und demzufolge mit rotieren. Das stufenweise Ausschalten der Widerstände bei steigender Drehzahl läßt sich von Hand oder selbsttätig durch einen von der Fliehkraft beeinflußten Mechanismus bewirken.

Eine andere Ausführungsart ist die, daß man dem Rotor zwei Wicklungen gibt: eine Anlaufwicklung von hohem Widerstand, die zweckmäßig eine Käfigwicklung sein kann, und eine Arbeitswicklung von kleinem Widerstand, die erst nach Erreichung einer gewissen Drehzahl von Hand oder selbsttätig eingeschaltet wird. Im Betrieb sind beide Rotorwicklungen parallel geschaltet.

127. Regulierung der Drehzahl durch Widerstände im Rotor.

Die Anlaßwiderstände im Rotorstromkreis brauchen nur so stark dimensioniert zu sein, daß sie die Stromwärme während der nur nach Sekunden zählenden Anlaufperiode aushalten können. Dimensioniert man aber die Widerstände so stark, daß sie dauernd vom Rotorstrom durchflossen werden dürfen, so kann man sie zur Regulierung der Drehzahl — natürlich nur im Sinne einer Tourenabnahme — benützen.

Diese Art der Regulierung ist aber mit zwei unangenehmen Eigenschaften behaftet.

1. Die ganze in den Regulierwiderständen auftretende Wärme geht für die mechanische Leistung des Motors verloren, und daher ist die Methode sehr unwirtschaftlich. Das Herunterregulieren der Drehzahl bedingt eine Vergrößerung der Schlüpfung und der Wirkungsgrad sinkt proportional der Schlüpfung.

2. Bei unverändertem Regulierwiderstand ist die reduzierte Drehzahl keineswegs konstant, sondern sie ändert sich mit dem Drehmoment, das der Motor zu überwinden hat. Je größer das Drehmoment ist, um so langsamer läuft der Motor bei unverändertem Widerstand. Der Drehstrommotor mit Regulierwiderständen im Rotorstromkreis verhält sich demnach ganz ähnlich wie ein Gleichstromnebenschlußmotor mit Regulierwiderstand im Ankerstromkreis.

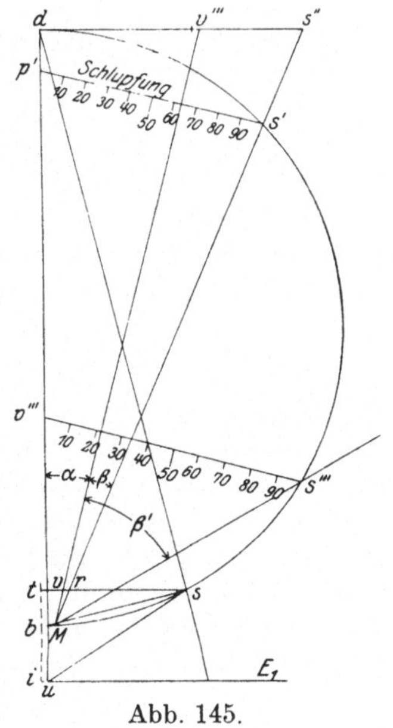

Abb. 145.

Auf dem Diagramm lassen sich diese Verhältnisse sehr gut übersehen, und wir können mit seiner Hilfe auch leicht die beiden in der Praxis in Betracht kommenden Fragen lösen.

1. Wie groß muß der Regulierwiderstand sein, damit der Motor bei einer Leistung L oder bei einem Drehmoment M eine Schlüpfung von s % hat?

Das normale Diagramm des Motors bei kurzgeschlossenem Rotor sei durch Abb. 145 dargestellt und die Diagrammkonstanten des Motors seien bekannt.

Wir ziehen zuerst die Gerade $t v s$ so in das Diagramm ein, daß

$$L_1 = C_{L_1} \cdot t s$$
$$L_2 = C_{L_2} \cdot r s$$
$$M = C_M \cdot v s .$$

den gestellten Bedingungen entspricht. Nun ziehen wir den „Zeiger" für die Schlüpfung, die Gerade $d s$. Endlich zeichnen wir parallel zum normalen Schlüpfungsmaßstab, also senkrecht zur Geraden $b v'$, den gesuchten Schlüpfungsmaßstab $p'' s''$ so ein, daß er vom Schlüpfungszeiger im Punkt p''' im Verhältnis

$$\frac{p'' p'''}{p'' s''} = \frac{s}{100}$$

geteilt wird. Endlich ziehen wir noch die Linie $b s''$ und erhalten den für den Rotorverlust maßgebenden Winkel

$$\beta' = \sphericalangle v'' b s''.$$

Der Winkel α ist ungeändert geblieben und der gesuchte Regulierwiderstand muß die Größe haben

$$R_a = \left[\frac{C_{L_1}}{a_2 \cdot C_{I2}^2} \frac{\operatorname{tg} \sphericalangle d b s'' - \operatorname{tg} \alpha}{b d} \right] - R_2 \quad . \; . \; . \; . \; (723)$$

2. Wie groß ist die Leistung, das Drehmoment und die Schlüpfung, wenn in jede Rotorphase der Widerstand R_a eingeschaltet ist?

Wir ziehen in das Diagramm Abb. 145 die Gerade $b s''$ so ein, daß

$$\operatorname{tg}(\alpha + \beta') = \operatorname{tg} \alpha + a_2 (R_a + R_2) \frac{C_{I2}^2}{C_{L_1}} b d \quad . \; . \; . \; . \; (724)$$

ist, und ziehen durch den Punkt s'' und senkrecht zu $b v'$ den Schlüpfungsmaßstab. Sofort sehen wir nun, daß die gestellte Frage nicht eindeutig, sondern vieldeutig ist, denn die Spitze s des Stromdreiecks kann jede beliebige Lage auf dem Kreis zwischen den Punkten b und s'' annehmen. Die Schlüpfung beträgt $0\,^0/_0$, wenn s mit b zusammenfällt, und wird $100\,^0/_0$ wenn s mit s'' zusammenfällt. Die jeweilige Leistung und das dazugehörende Drehmoment gibt die von s auf $b d$ gefällte Senkrechte $s t$ bzw. $s v$ an, und es ist

$$L_1 = C_{L_1} \cdot s t$$
$$L_2 = C_{L_2} \cdot s r$$
$$M = C_M \cdot s v .$$

Bei Leerlauf erreicht der Motor daher nahezu den Synchronismus, mit steigender Belastung nimmt die Drehzahl ab, und sobald das maximale Drehmoment überschritten wird, fällt der Motor aus dem Tritt.

128. Rotor mit Gegenschaltung.

Um Anlaßwiderstände gänzlich zu vermeiden und doch einen Ersatz für eine Widerstandsanlaßstufe zu erhalten, führt Görges in seiner Gegenschaltung die Rotorwicklung in folgender Weise aus:

In den Rotornuten befinden sich zwei Wicklungen, die gleiche Phasenzahl, aber verschiedene Drahtzahl haben und die so geschaltet sind, daß sich die induzierten EMKK entgegenwirken. Abb. 146.

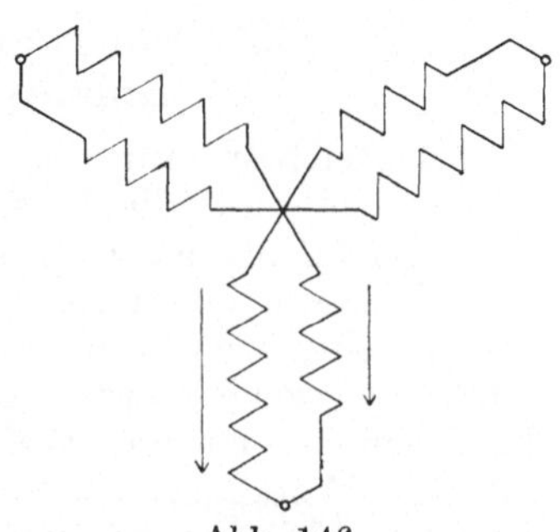
Abb. 146.

Dies ist die Schaltung beim Anlauf. Im Betrieb werden alle Vereinigungspunkte 1, 2, 3 beider Wicklungssysteme in sich kurzgeschlossen, die Gegenschaltung der EMKK ist dadurch aufgehoben und beide Wicklungen sind unter voller Ausnützung der in ihnen induzierten EMKK bzw. Ströme parallel geschaltet, so daß sich ihre Wirkungen addieren.

Die rechnerische Behandlung der Gegenschaltung wird ungemein vereinfacht, wenn man die wohl stets zulässige Annahme macht, daß beide Wicklungen mit Draht von gleichem Querschnitt ausgeführt sind. Unter dieser Voraussetzung verhalten sich nämlich die beiden parallel geschalteten Wicklungen in bezug auf die Jouleschen Verluste genau so wie wenn sie hintereinandergeschaltet wären.

Bezeichnen wir die Drahtzahlen der beiden Wicklungen mit N_a und N_b, ihren Gesamtwiderstand in üblicher Weise mit R_2, so wird in der Anlaufschaltung die wirksame Drahtzahl der Rotorwicklung

$$N_2 = N_a - N_b$$

und daher die Konstante des Rotorstromes

$$C'_{I_2} = (1 + \tau_1)\, C_{I_1} \cdot \frac{N_1}{N_a - N_b} \quad \ldots\ldots (725)$$

und deshalb ist der Winkel β' beim Anlauf zu berechnen nach der Gleichung

$$\operatorname{tg}(\alpha + \beta') = \operatorname{tg} a + a_2 \cdot R_2 \frac{C'^2_{I_2}}{C_{L_1}} \cdot b\, d \quad \ldots\ldots (726)$$

Da die Differenz $N_a - N_b$ klein ist, wird der Winkel β' groß, wie es ein guter Anlauf erfordert.

In der Betriebsstellung können wir dagegen die wirksame Drahtzahl N_2 des Rotors

$$N_2 = N_a + N_b$$

setzen, und deshalb wird die Konstante des Rotorstromes

$$C_{I_2} = (1 + \tau_1)\, C_{I_1} \cdot \frac{N_1}{N_a + N_b} \quad \ldots\ldots (727)$$

Daher wird der Winkel β beim Betrieb klein, wie es die Forderung eines guten Wirkungsgrades und geringer Schlüpfung vorschreibt,

$$\operatorname{tg}(\alpha + \beta) = \operatorname{tg} a + a_2 \cdot R_2 \frac{C_{I_2}^2}{C_{L_1}} \cdot b d \quad . \quad . \quad . \quad . \quad . \quad (728)$$

In den Gleichungen (726) und (728) ist — wie nochmals hervorgehoben werden soll —

R_2 = Gesamtwiderstand beider in Serie geschalteten Wicklungen.

129. Änderung des Statorwiderstandes: Anlaßwiderstand im Stator.

Rücksichten auf den Wirkungsgrad, das maximal erreichbare Drehmoment und die Leistung verlangen, daß der Statorwiderstand möglichst klein gemacht wird. Vergrößerung des Statorwiderstandes verschlechtert den Motor in jeder Beziehung, nur der Leistungsfaktor wird erhöht, wie dies besonders deutlich mittels des Ossanna-Kreises (Abb. 41) gezeigt werden kann. Diese günstige Wirkung wird aber durch ein zu schweres Opfer erkauft, denn sie resultiert nur daraus, daß die Werkkomponente des Statorstromes infolge der erhöhten Verluste $I_1^2 R_1$ vergrößert wird. Nur bei kleinen Motoren von schlechtem Wirkungsgrad kann man das insofern ausnützen, als man trachtet, einen möglichst großen Teil der zulässigen Verluste auf die Statorwicklung zu werfen, wodurch es gelingen kann, cos φ zu verbessern und somit selbst den Verlusten eine günstige Seite abzugewinnen.

Wir haben gesehen, daß das Anlassen von Motoren mit Kurzschlußankern wegen des erforderlichen hohen Anlaufstromes Schwierigkeiten bietet, und es liegt nahe, eine Verminderung des Anlaufstromes durch Vorschaltwiderstände, die in den Statorstromkreis eingeschaltet werden, herbeizuführen. Es läßt sich ohne weiteres entscheiden, daß diese Methode keine günstigen Resultate liefern kann, denn ein Vorschaltwiderstand wirkt genau wie eine Verminderung der Klemmenspannung, und diese ruft bei einer linearen Abnahme des Statorstromes eine quadratische Abnahme des Drehmomentes hervor, wie im 1. Abschnitt dieses Kapitels gezeigt ist. Will man z. B. den Anlaufstrom auf $\frac{1}{3}$ seiner Größe reduzieren, so nimmt das Anlaufdrehmoment auf $\frac{1}{9}$ ab und kann eventuell nicht mehr genügen, um den unbelasteten Motor zum Anlaufen zu bringen, während die Stromaufnahme vielleicht seiner Vollast entspricht.

Zu den Untersuchungen, die wir vornehmen wollen, eignet sich das Ossanna-Diagramm deshalb am wenigsten, weil jede Änderung des Statorwiderstandes eine Änderung des Kupferkreises bedingt; wir müßten daher ebenso viele Diagramme mit verschieden großen Kreisen zeichnen als wir Widerstandsstufen untersuchen wollen, und das wäre sehr mühsam. Das Heylanddiagramm läßt sich zwar verwenden, wenn man für jede Größe des Vorschaltwiderstandes einen anderen Winkel α einzeichnet. Es ist aber für den vorliegenden Fall dann ungeeignet, wenn man ganz richtige Werte haben will; es ist ja gerade eine Eigentümlichkeit des Heyland-Diagrammes, daß es die Jouleschen Verluste im Statorwiderstand nicht richtig wiedergibt.

Am besten eignet sich das Diagramm, das im zwölften Abschnitt an Hand der Abb. 27 besprochen worden ist, und das unter Einführung der Größe ε streng richtige Resultate liefert.

Man trägt senkrecht zur Diagrammbasis $u\,b\,d$ Abb. 147 die Strecke $u\,m$ von solcher Größe auf, daß sie der Bedingung genügt

$$\frac{u\,b}{u\,m} = \frac{I_m \cdot R_1}{E_1} = K \quad \text{. . . . . (729)}$$

wenn K dieselbe Konstante bedeutet, die man beim Ossanna-Diagramm nötig hat. Es wird also

$$u\,m = \overline{u\,b}\,\frac{E_1}{I_m \cdot R_1} = \frac{u\,b}{K} \quad \text{. . . . . (730)}$$

Wird nun dem Stator in jeder Phase ein Widerstand von der Größe R_a vorgeschaltet, so erhält man auf der Geraden $u\,m$ einen neuen Punkt m', der natürlich der Gleichung entspricht

$$u\,m' = u\,b\,\frac{E_1}{I_m\,(R_a + R_1)} = \frac{E_1}{C_{I_1}\,(R_a + R_1)} \quad \text{. . . . (731)}$$

Haben wir in den Streuungskreis $\widehat{b\,d}$ noch den Winkel β gemäß der Formel

$$\operatorname{tg}\beta = a_2 \cdot R_2 \cdot \frac{C_{I_2}^2}{C_{L_1}} \cdot b\,d$$

eingetragen, so können wir für alle Betriebsstadien das Verhalten des Motors angeben, wobei alle Diagrammkonstanten C_{I_1}, C_{I_2} usw. ihre Größen vollkommen beibehalten. Wir haben nur die Größe ε einzuführen, und wir finden ε in folgender Weise: Beim Stillstand ist der Statorstrom $u\,s'$ und ohne Vorschaltwiderstand im Stator

$$\varepsilon = \frac{m\,s'}{m\,u},$$

dagegen wenn der Vorschaltwiderstand eingeschaltet ist,

$$\varepsilon = \frac{m'\,s'}{m'\,u}.$$

Ebenso finden wir in einem beliebigen Belastungszustande, wenn kein Vorschaltwiderstand eingeschaltet ist,

$$\varepsilon = \frac{m\,s}{m\,u},$$

wenn aber der Widerstand vorgeschaltet ist

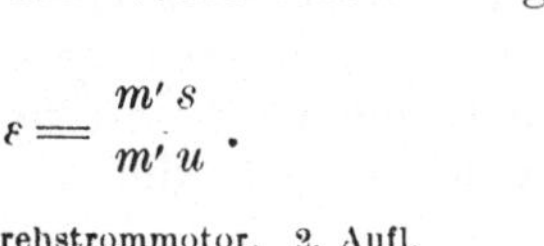

$$\varepsilon = \frac{m'\,s}{m'\,u}.$$

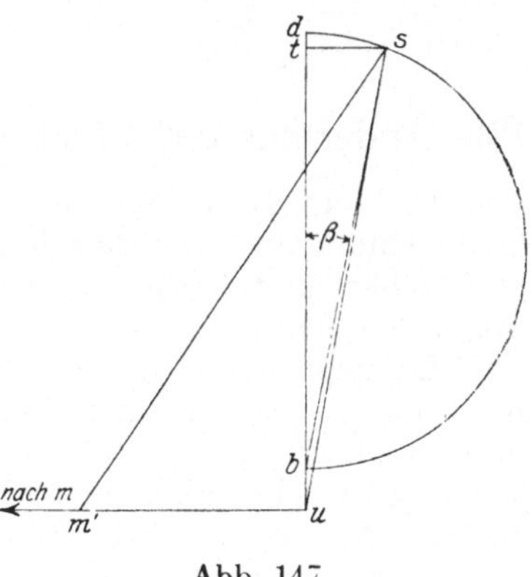

Abb. 147.

Man kann nun alle Größen genau ermitteln, denn es ist

$$\left.\begin{aligned} I_1 &= C_{I_1} \cdot \frac{u\,s}{\varepsilon} \\ I_2 &= C_{I_2} \cdot \frac{b\,s}{\varepsilon} \\ L_1 &= C_{L_1} \cdot \frac{l\,s}{\varepsilon} \\ L_2 &= C_{L_2} \cdot \frac{v\,s}{\varepsilon^2} \\ M &= C_M \cdot \frac{t\,s}{\varepsilon^2} \\ s &= \frac{p\,p'}{p\,s} \cdot 100 \end{aligned}\right\} \quad . \; . \; . \; . \; . \; . \; . \; . \; . \; . \; (732)$$

Der Statorwiderstand ist meist so klein und deshalb $m\,u$ so groß, daß man

$$\frac{m\,s}{m\,u} = 1$$

setzen kann, und man braucht daher häufig die Konstruktion nur für den Punkt m', also für den Betrieb, mit vorgeschaltetem Widerstand auszuführen.

Dann erhält man für die Anlaufstellung

$$\varepsilon = \frac{m'\,s'}{m'\,u},$$

also das Resultat, daß der Statorstrom infolge des Vorschaltwiderstandes auf das

$$\frac{1}{\varepsilon} = \frac{m'\,u}{m'\,s'} \text{ fache,}$$

das Anlaufdrehmoment auf das

$$\frac{1}{\varepsilon^2} = \left(\frac{m'\,u}{m'\,s'}\right) \text{fache}$$

reduziert ist.

130. Änderung der Streuung; Anlassen mittels Drosselspulen.

Daß ein Motor um so besser ist, je kleiner seine Streuungskoeffizienten sind, wurde schon so oft in den vorhergehenden Kapiteln besprochen und bewiesen, daß diese Frage hier nicht nochmals erörtert werden muß.

Es liegt nahe, die in den beiden vorhergehenden Abschnitten besprochenen Anlaßwiderstände durch Drosselspulen zu ersetzen und die Effektverluste beim Anlassen dadurch zu reduzieren. Die Untersuchung, welche Wirkung dadurch verursacht wird, gestaltet sich am einfachsten, wenn wir bedenken, daß eine in den Stator- bzw. Rotorstromkreis eingeschaltete Drosselspule einfach die Streuungskoeffizienten τ_1 und τ_2 vergrößert. Schon bei Besprechung der Kopfstreuung haben wir Streulinien kennen gelernt, die sozusagen außerhalb des eigentlich aktiven Motors verlaufen; wir gehen jetzt noch einen Schritt weiter, indem wir annehmen, daß die in einer vorgeschalteten Drosselspule auftretenden Kraftlinien ebenfalls als Streulinien zu betrachten sind. Unter dem Streufeld z. B. des Stators verstehen wir alle Kraftlinien, die auf den Statorstromkreis, nicht aber auf den Rotorstromkreis induzierend wirken. Es wirkt daher die Selbstinduktion einer langen Fernleitung ebenso wie eine Vergrößerung des τ_1.

a) Drosselspulen im Statorstromkreis.

Nachdem wir uns durch diese Vorstellung ein Bild davon gemacht haben, daß eine dem Stator oder Rotor vorgeschaltete Drosselspule tatsächlich wirkt wie eine Vergrößerung der Streuung, wollen wir nun die Streuungskoeffizienten wieder exakt durch das Verhältnis zweier elektromotorischer Kräfte definieren.

Wenn eine Drosselspule mit einer Selbstinduktion von L Henry vom Magnetisierungsstrom des Motors I_m durchflossen wird, so herrscht an ihren Klemmen eine Spannung

$$E_s = 2 \cdot \pi \cdot f_1 \cdot I_m \cdot L \text{ Volt} \quad . \quad . \quad . \quad . \quad . \quad . \quad . \quad (733)$$

und I_m ist reiner Blindstrom, wenn wir von den Jouleschen und den Eisenverlusten absehen. Unter den gleichen Voraussetzungsn ist auch der Magnetisierungsstrom I_m des Motors reiner Blindstrom und die Netzspannung müßte $E_1 + E_s$ sein, um diesen Zustand hervorzurufen. Der Teil E_s wird von der Drosselspule beansprucht, und für den Stator bleibt nur der Teil E_1 zur Verfügung. Die Wirkung ist daher im Sinne unserer strengen Definition ganz so, als ob der Streuungskoeffizient des Stators um

$$\xi_1 = \frac{E_s}{E_1} \quad . \quad . \quad . \quad . \quad . \quad . \quad . \quad . \quad . \quad . \quad (734)$$

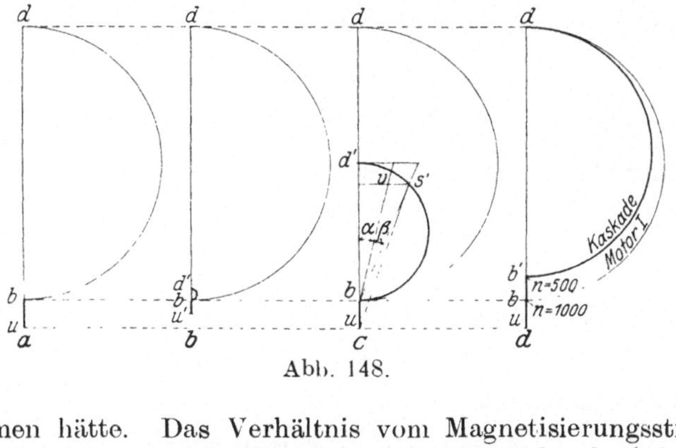

Abb. 148.

zugenommen hätte. Das Verhältnis vom Magnetisierungsstrom zum Kreisdurchmesser, das vor Einschalten der Drosselspule (Abb. 148, a)

$$\frac{u\,b}{b\,d} = \tau$$

gewesen ist, wird deshalb bei vorgeschalteter Drosselspule (Abb. 148 b)

$$\frac{u'\,b}{b\,d'} = \tau + \xi_1 + \tau \cdot \xi_1 \quad \ldots\ldots\ldots \quad (735)$$

und der Magnetisierungsstrom ist kleiner geworden im Verhältnis

$$I_m' = \frac{I_m}{1 + \xi_1} \quad \ldots\ldots\ldots \quad (736)$$

Wenn wir das jetzt gültige Kreisdiagramm zeichnen wollen, so wird es am klarsten wirken, wenn wir seine Dimensionen so wählen, daß die ursprünglichen Diagrammkonstanten C_{I_1}, C_{I_2} usw. unverändert bleiben, daß aber die Strecke $u'\,b$ im selben Verhältnis verkleinert erscheint wie der Magnetisierungsstrom I_m' gegenüber I_m. Wir zeichnen also in Abb. 148 b (siehe Beispiel Seite 487).

$$u'\,b = \frac{u\,b}{1 + \xi_1} \quad \ldots\ldots\ldots \quad (737)$$

und den Durchmesser des Streuungskreises

$$b\,d' = \frac{u'\,b}{\tau + \xi_1 + \tau \cdot \xi_1} \quad \ldots\ldots\ldots \quad (738)$$

Endlich haben wir noch die Winkel α und β zu berechnen, und wir können hierbei auch den Ohmschen Widerstand der Drosseln R_s berücksichtigen, wenn wir schreiben:

$$\operatorname{tg}\alpha = a_1\,(R_1 + R_s)\,\frac{C_{I_1}^2}{C_{L_1}} \cdot b\,d' \quad \ldots\ldots \quad (739)$$

$$\operatorname{tg}\beta = \operatorname{tg}\alpha + a_2 \cdot R_2 \cdot \frac{C_{I_2}^2}{C_{L_1}} \cdot \overline{b\,d'} \quad \ldots\ldots \quad (740)$$

Der Anlaufstrom ist im Verhältnis

$$\frac{u'\,s''}{u\,s'}\,,$$

das Anlaufdrehmoment im Verhältnis

$$\frac{\overline{v''\,s''}}{\overline{v'\,s'}}$$

verkleinert. Der Anlaufstrom ist

$$I_a = C_{I_1} \cdot u'\,s'' \text{ Ampere} \quad \ldots\ldots \quad (741)$$

das Anlaufdrehmoment

$$M = C_M \cdot \overline{v''\,s''} \text{ Kilogrammeter} \quad \ldots\ldots \quad (742)$$

b) Drosselspulen im Rotorstromkreis.

Um den Streuungskoeffizienten ξ_2, der durch Drosselspulen im Rotorstromkreis verursacht wird, zu berechnen, wiederholen wir das soeben angewandte Verfahren, indem wir den Stator als stromlos und den Rotor als primären Teil betrachten.

Ist der Magnetisierungsstrom des Rotors I_{m2} bei einer Klemmenspannung E_2, die ungefähr seiner normalen Schleifringspannung gleich ist, so muß an den Klemmen einer Drosselspule von L Henry eine Spannung von

$$E_s = 2 \cdot \pi \cdot f_1 \cdot I_{m2} \cdot L \text{ Volt} \quad \ldots \ldots \quad (743)$$

herrschen, wenn sie vom Strom I_{m2} durchflossen wird. Die Erregerspannung müßte daher bei vorgeschalteter Drossel $E_2 + E_s$ Volt betragen, und hieraus folgt

$$\xi_2 = \frac{E_s}{E_2} \quad \ldots \ldots \quad (744)$$

Im Diagramm müssen wir die Strecke des Magnetisierungsstromes genau so groß ziehen wie beim ursprünglichen Motor, denn in bezug auf den Statormagnetisierungsstrom hat sich durch das Einschalten der Drosselspulen in den Rotorstromkreis nichts geändert. Es ist daher in Abb. 148a und c

$$\overline{u\,b} = u\,b \quad \ldots \ldots \quad (745)$$

Dagegen hat der Streuungskoeffizient des Rotors und daher auch der des Motors im Verhältnis $1 + \xi_2$ zugenommen, es ist der Durchmesser des Streuungskreises

$$\overline{b\,d'} = \frac{ub}{\tau} \cdot \frac{1}{1+\xi_2} \quad \ldots \ldots \quad (746)$$

Aus der Figur ist sofort der Anlaufstrom

$$I_a = C_{I_1} \cdot u\,s''' \text{ Ampere} \quad \ldots \ldots \quad (747)$$

und das Anlaufdrehmoment

$$M = C_M \cdot \overline{v'''\,s'''} \text{ Kilogrammeter} \quad \ldots \ldots \quad (748)$$

zu ermitteln.

Man kann die Wirkung der Drosselspule im Rotorstromkreis auch so definieren: Der ideale Rotorkurzschlußstrom

$$I_{a2} = C_{I_2} \cdot b\,d$$

wird bei eingeschalteten Drosselspulen reduziert auf

$$I'_{a2} = C_{I_2} \cdot \overline{b\,d'}$$

und es ist

$$\frac{I'_{a2}}{I_{a2}} = \frac{b\,d'}{b\,d} = \frac{1}{1+\xi_2}.$$

Als Beispiel sind im 140. Abschnitt zwei identische Motoren betrachtet, von denen der eine als Drosselspule für den anderen verwendet wird (Abb. 148b, c).

Ganz andere Verhältnisse ergeben sich bei Kaskadenschaltung Abb. 148d. Wenn die Kaskade im Synchronismus läuft und beide Motoren gleich sind, hat der Motor I nahezu den doppelten Magnetisierungsstrom, nämlich

$$u'\bar{b} = (2 + \tau)\, b\, d$$

$$u'b = \frac{2 + \tau}{\tau}\, u b\,.$$

wie im 132. Abschnitt, Absatz 4 und 5, und im zugehörigen Beispiel Abschnitt 142 ausführlich gezeigt wird.

131. Änderung der Phasenzahl.

a) Änderung der Phasenzahl im Stator.

Ein und dasselbe Modell läßt sich natürlich für Dreiphasen-, Zweiphasen- und Einphasenstrom wickeln, und um möglichst günstige Verhältnisse herbeizuführen, macht sich höchstens die Wahl verschiedener Nutenzahlen im Stator für die verschiedenen Stromarten nötig. Aus den Koeffizienten c und k und aus den Formeln für die Streuung geht hervor, daß ein Dreiphasenstator oder -rotor etwas günstigere Eigenschaften zeigt, als wenn er für nur zwei Phasen gebaut ist. Immerhin sind diese Unterschiede nur so gering, daß die Leistungsfähigkeit eines Modelles nur unwesentlich dadurch beeinflußt wird, und man pflegt daher in der Praxis die Leistung eines Modelles nicht zu ändern, wenn es statt für dreiphasigen nur für zweiphasigen Strom gebaut werden muß.

Dagegen vermag das Modell nur $\frac{2}{3}$ seiner Drehstromleistung herzugeben, wenn es für Einphasenstrom gebaut wird. Der Grund hierfür ist ein doppelter: 1. ist der magnetische Fluß nicht konstant wie bei mehrphasigem Stator, sondern variiert zwischen einem positiven und negativen Maximum; es führt deshalb sogar der synchron laufende Rotor Strom, der Magnetisierungsstrom des Stators besitzt annähernd doppelte Größe und an Stelle eines Drehfeldes mit konstantem Radiusvektor entsteht ein elliptisches Drehfeld. 2. Der Wicklungsraum wird viel ungünstiger, ungefähr nur zu $\frac{2}{3}$ gegenüber Drehstrom ausgenützt, teils mit Rücksicht auf den Spulenkoeffizienten k, teils deshalb, weil ungefähr $\frac{1}{3}$ des Wicklungsraumes für die Unterbringung der Hilfsphase zum Anlaufen benötigt wird. Unterbricht man eine Zuleitung zum Stator eines im Stern geschalteten Dreiphasenmotors, so läuft er als Einphasenmotor weiter und es ist, genau wie soeben geschildert wurde, nur noch $\frac{2}{3}$ seiner Statorwicklung von Strom durchflossen und das letzte Drittel ist stromlos.

Im übrigen ist die Theorie des Einphasenmotors zu kompliziert, um in einem Nebenabschnitt behandelt zu werden. Es ist dem Einphasenmotor daher ein besonderes Kapitel gewidmet, auf das hiermit hingewiesen wird.

Nicht um die Anordnung zu empfehlen, sondern nur der Vollständigkeit halber und als Aushilfsmittel soll erwähnt werden, daß man einen Dreiphasenmotor an eine Zweiphasenleitung oder einen Zweiphasenmotor an eine Dreiphasenleitung anschließen kann (Abb. 149). Natürlich finden auf diese Weise Feldverzerrungen statt und die einzelnen Phasen sind ungleich belastet, aber die Motoren lassen sich diese Mißhandlung erstaunlich gut gefallen und behalten beinahe ihre normale Leistungsfähigkeit bei. Als seinerzeit beim Helios in Köln-Ehrenfeld die Zweiphasengeneratoren der Fabrikzentrale in dreiphasige umgebaut wurden, liefen — da der Umbau natürlich ohne Störung des Betriebes erfolgen mußte — wochenlang Zweiphasen- und Dreiphasengeneratoren und -motoren in allen möglichen Kombinationen zusammen, ohne daß dadurch Motordefekte oder sonstige Betriebsstörungen auftraten.

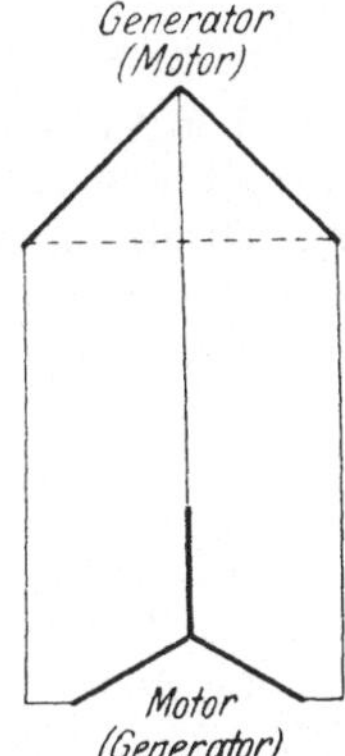

Die Abb. 149b, in der ein Zwei- und ein Dreiphasensystem gleicher Phasenspannung aufeinander gelegt sind, läßt erkennen, daß die Unsymmetrien nicht einmal gar so groß sind, wie man rein gefühlsmäßig anzunehmen geneigt ist.

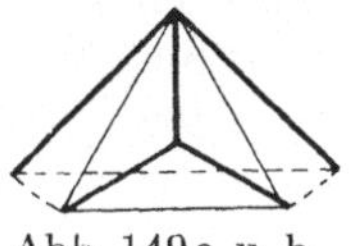

Abb. 149a u. b.

b) Änderung der Phasenzahl im Rotor.

Auch für den Rotor gilt der Satz, daß große Phasenzahl besser ist als kleine, und in dieser Beziehung sind die Kurzschlußanker die besten, denn sie verursachen bei gleichem Kupferaufwand kleinere Verluste wie Phasenanker, dann folgen die dreiphasig und zweiphasig gewickelten Rotoren.

Unterbricht man eine Phase eines dreiphasigen im Stern geschalteten oder eines zweiphasigen Schleifringankers, so ist der Rotor einphasig und zeigt das Görges-Phänomen. Er ist nämlich stabil im Synchronismus und bei der halben synchronen Drehzahl. Im Synchronismus sinkt sein Drehmoment auf die Hälfte des Drehmomentes, das der Motor mit seinem mehrphasigen Rotor auszuüben vermag, wogegen beim halben Synchronismus ein Drehmoment von nahezu gleicher Größe wie von dem mehrphasigen Rotor bei normaler Drehzahl entwickelt wird.

Bei voller Drehzahl wird man daher von der einachsigen Rotorwicklung keinen Gebrauch machen, dagegen kann man die Drehzahl durch Unterbrechung einer Rotorphase auf die Hälfte herabsetzen, wobei die Leistung des Motors ebenfalls auf die Hälfte sinkt. Wegen des stark pulsierenden Rotorfeldes wirkt der Motor aber sehr auf das Netz zurück und die Methode hat daher in der Praxis wohl nur sehr selten Anwendung gefunden.

Mitunter tritt die Unterbrechung einer Rotorphase durch einen Defekt in der Wicklung an den Schleifringen oder im Anlasser unbeabsichtigterweise auf, und wenn ein Motor das rätselhafte Verhalten zeigt, nur auf seine halbe Drehzahl zu kommen, so darf mit großer Wahrscheinlichkeit auf die Unterbrechung einer Rotorphase geschlossen werden.

Die einachsige Rotorwicklung hat Weidig in seiner Doktorarbeit eingehendst behandelt.

132. Veränderung der Drehzahl.

Die Veränderung der Drehzahl läßt sich auf verschiedene Weise herbeiführen. Ein Vorschaltwiderstand im Statorstromkreis setzt das Drehmoment des Motors sehr stark herab, daher ist diese im 129. Abschnitt beschriebene Methode nicht empfehlenswert und man legt den Regulierwiderstand viel zweckmäßiger in den Rotorstromkreis.

a) Widerstand im Rotorstromkreis.

Mit einem an die Schleifringe angeschlossenen Regulierwiderstand läßt sich bei jeder Belastung die Drehzahl zwischen Null und Synchronismus einstellen, sie ist aber nicht konstant, sondern ändert sich mit der Belastung des Motors, wie im 128. Abschnitt angegeben ist. Die Größe des Drehmomentes, das der Motor auszuüben vermag, wird durch den Widerstand nicht geändert, dagegen nimmt natürlich die Leistung proportional mit der Drehzahl ab. Annähernd im selben Verhältnis sinkt auch der Wirkungsgrad, und die Methode ist daher unwirtschaftlich.

b) Einphasige Rotorwicklung.

Durch Unterbrechung einer Rotorphase kann die synchrone Drehzahl auf die Hälfte herabgesetzt werden, wobei das Drehmoment ungeändert bleibt und der Motor daher seine halbe Leistung abgeben kann (Görges-Phänomen). Siehe Abschnitt 131. b und Seite 349.

c) Die Polumschaltung nach Dahlander.

Die Polumschaltung nach Dahlander ist in der Hauptsache ein Wicklungsproblem und zwar ein ziemlich kompliziertes. Die Wicklungen sind ausführlich in dem Buch von Richter: „Ankerwicklungen für Gleich- und Wechselstrommaschinen“ behandelt und hier müssen wir uns damit begnügen, die Grundidee Dahlanders, zu beschreiben.

In Abb. 150a ist die Wicklung einer Phase eines vierpoligen Motors schematisch dargestellt: Besitzt die Wicklung N_1 Drähte, so ist die Amperewindungszahl, wenn sie vom Magnetisierungsstrom I_m durchflossen wird,

$$\frac{N_1}{2} \cdot I_m$$

und sie muß so groß sein, daß sie bei einem Luftweg von insgesamt $4\,\delta$ Länge eine Induktion $\mathfrak{B}_l$ und einen magnetischen Fluß

$$\Phi$$

in jedem Pol hervorruft.

Schaltet man dagegen die Wicklung — wie die Abb. 150b zeigt — in zwei Hälften parallel, so wird der Stator zweipolig, da

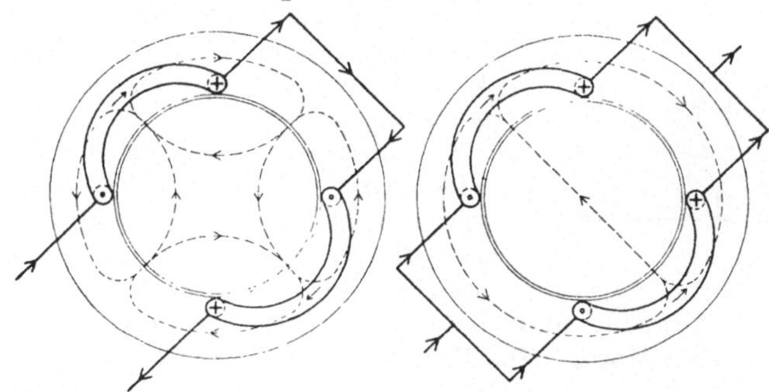

Abb. 150a und 150b.

die Stromrichtung in einer Spule ungeändert geblieben ist, in der anderen aber die Richtung gewechselt hat. Da die Klemmenspannung unverändert geblieben ist, muß nun der magnetische Fluß doppelt so groß sein, weil die Drahtzahl nur halb so groß als ursprünglich ist. Die Polfläche (der Luftquerschnitt) ist aber beim zweipoligen Motor doppelt so groß wie beim vierpoligen, und deshalb ist bei unveränderter Luftinduktion

$$2\,\Phi = \mathfrak{B}_l\,(2\,F_l)$$

und es ist daher, weil der Luftweg nur $2\,\delta$ beträgt, auch nur die halbe Amperewindungszahl

$$\frac{N_1}{2} \cdot \frac{I_m}{2}$$

wie früher beim vierpoligen Motor nötig. Der dem Netz entnommene Magnetisierungsstrom ist also in beiden Fällen derselbe.

In Wirklichkeit werden diese Verhältnisse dadurch etwas modifiziert, daß sowohl die Spulenfaktoren k als die Feldfaktoren c beim zweipoligen Motor anders sind als beim vierpoligen.

Richter gibt in seinem erwähnten Buch diese Faktoren für die verschiedenen Möglichkeiten der Polumschaltung nach Dahlander an, und außerdem, wie oft die Wicklung aufgeschnitten werden muß und wie viele Wicklungsanfänge und Enden umzuschalten sind.

d) Die Kaskadenschaltung.

Die Kaskadenschaltung wurde von Görges erfunden und die grundlegende Idee entsprang dem Wunsch, eine Herabminderung der Drehzahl auf wirtschaftlichere Weise zu erreichen als durch Vorschaltwiderstände im Rotor. Hat ein $2p$-poliger Motor n_1 synchrone Touren, so beträgt sein Wirkungsgrad, abgesehen von anderen Verlusten, nur $50\,^0/_0$, wenn man seine Drehzahl auf $\frac{n_1}{2}$ durch Widerstände im Rotor herabreguliert. $50\,^0/_0$ der aufgenommenen Leistung setzt der Motor bei diesem Betriebszustand in mechanische Leistung um, $50\,^0/_0$ werden als Joulesche Verluste in den Rotorwiderständen vernichtet.

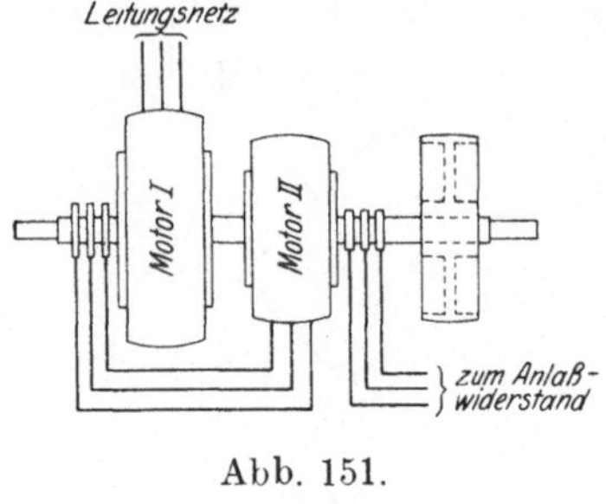

Abb. 151.

Schaltet man aber an Stelle der Rotorwiderstände den Stator eines zweiten Motors ein, wie Abb. 151 zeigt, so müssen sich die Verluste vermeiden lassen, wenn man die Rotoren der beiden Maschinen mechanisch kuppelt, und dem zweiten Motor dieselbe Polzahl gibt wie dem ersten Motor. Die Periodenzahl im Rotor des ersten Motors ist, wenn er mit $n = \frac{1}{2} n_1$ Touren läuft

$$f_2 = \frac{f_1}{2}$$

und daher muß die Statorwicklung des zweiten Motors für f_2 Perioden und außerdem für die Schleifringspannung des ersten Motors passend berechnet sein.

Bei Belastung werden die beiden mechanisch gekuppelten Maschinen statt der halben synchronen Drehzahl noch um eine Wenigkeit, die Schlüpfung der Kaskade, langsamer laufen, und es ist leicht einzusehen, daß das Aggregat einem Zustand zustrebt, in dem der Motor I $(50 + s)\,^0/_0$ Schlüpfung hat und dabei ca. $50\,^0/_0$ der aufgenommenen Leistung mechanisch auf die Welle und die weiteren $50\,^0/_0$ elektrisch auf den Stator des Motors II überträgt, der seinerseits die aufgenommene elektrische Leistung in mechanische Leistung umsetzt und ebenfalls an die gemeinsame Achse abgibt. Der Motor II braucht in diesem Falle nur für die halbe Leistung des Motors I dimensioniert zu sein.

Wenn beide Rotoren auf derselben Achse sitzen und die Drehzahl der Kaskade gleich der Hälfte der Drehzahl des Motors I sein soll, müssen also beide Motoren gleiche Polzahl haben. Man könnte dem zweiten Motor aber auch eine andere Polzahl geben, wenn man beide Motoren durch ein Zahnradgetriebe von entsprechendem Übersetzungsverhältnis mechanisch kuppeln würde. Auf diese Möglichkeit wollen wir aber nicht weiter eingehen, sondern unsere weiteren Untersuchungen auf Motoren beschränken, die auf gemeinsamer Achse sitzen und daher unter sich gleiche Drehzahl haben.

Es verdient aber Erwähnung, daß man unter Umständen mit Vorteil beim Motor II den Rotor zum primären Teil macht. Bei dieser Anordnung fallen alle Schleifringe fort, weil man die entsprechenden Anschlußstellen des Rotors I mit den korrespondierenden des Rotors II direkt verbinden kann und hierbei sogar die Möglichkeit gewinnt, in beiden Rotoren höhere Phasenzahl als 3 anzuordnen.

In erster Linie wollen wir die Einschränkung, daß beide Motoren gleichviele Pole haben, fallen lassen und allgemein untersuchen, welcher Drehzahl n die beiden in Kaskade geschalteten Maschinen zustreben, wenn der Motor I die Polzahl $2 \cdot p_1$ besitzt und die Periodenzahl des zugeführten Drehstromes f_1, die im zweiten Motor f_2 beträgt.

Es ist die synchrone Drehzahl des Motors I

$$n_1 = \frac{f_1}{p_1} \cdot 60$$

und bei n-Touren ist seine Periodenzahl im Rotor

$$f_2 = \frac{(n_1 - n) \cdot p_1}{60}.$$

Die synchrone Drehzahl des Motors II ist bei f_2 Perioden

$$n_2 = \frac{f_2}{p_2} \cdot 60 = (n_1 - n) \frac{p_1}{p_2}.$$

Wenn unsere Voraussetzung, daß die Kaskade einer Drehzahl n zustrebt, richtig ist, so muß demnach sein

$$n_2 = n = (n_1 - n) \frac{p_1}{p_2}$$

und hieraus erhält man die gesuchte Drehzahl der Kaskade

$$n = n_k = \frac{n_1 \cdot p_1}{p_1 + p_2} = \frac{f_1 \cdot 60}{p_1 + p_2} \quad \ldots \ldots \ldots (749)$$

und die Periodenzahl für den Motor II ist hierbei

$$f_2 = \frac{n_1}{60} \cdot \frac{p_1 \cdot p_2}{p_1 + p_2} = f_1 \frac{p_2}{p_1 + p_2} \quad \ldots \ldots \ldots (750)$$

Aus der Gleichung (749) ist ersichtlich, daß die synchrone Drehzahl einer Kaskade gleich der synchronen Drehzahl eines Motors entspricht, der so viel Pole besitzt wie beide Kaskadenmotoren zusammen.

Hat Motor II wie in dem eingangs erwähnten einfachen Beispiel dieselbe Polzahl wie Motor I, so läßt sich nur eine Abstufung der Drehzahl im Verhältnis 1 : 2 durch die Kaskadenschaltung erreichen. Dagegen gewinnt man 3 verschiedene Geschwindigkeitsstufen, wenn beide Motoren verschiedene Polzahlen erhalten. Ist z. B. Motor I 6-polig, Motor II 4-polig, so läuft bei 50 Perioden der Motor II allein mit

$$n_2 = \frac{f_1}{p_2} \cdot 60 = \frac{50 \cdot 60}{2} = 1500$$

und der Motor I allein mit

$$n_1 = \frac{f_1}{p_1} \cdot 60 = \frac{50 \cdot 60}{3} = 1000$$

Umdrehungen. Wenn einer der beiden Motoren allein arbeitet, muß natürlich sein Rotor in sich kurzgeschlossen sein. Als Kaskade läuft der Maschinensatz dagegen mit

$$n_k = \frac{f_1 \cdot 60}{p_1 + p_2} = \frac{50 \cdot 60}{3 + 2} = 600$$

Touren. Die vom Motor I aufgenommene Leistung wird teils mechanisch an die Welle, teils elektrisch an den Motor II abgegeben, und diese beiden Teile verhalten sich

$$\frac{\text{Mech. Leistung d. Mot. I}}{\text{Elektr. Leist. d. Mot. I}} = \frac{\text{Drehzahl}}{\text{geschlüpft. Drehzahl}} = \frac{n_k}{n_1 - n_k} = \frac{p_1}{p_2}.$$

Da die vom Motor I an den Motor II abgegebene elektrische Leistung von diesem in mechanische Leistung umgesetzt wird, ist demnach auch, wenn man von Verlusten absieht,

$$\frac{\text{Mechan. Leistung d. Motors I}}{\text{Mechan. Leistung d. Motors II}} = \frac{n_k}{n_1 - n_k} = \frac{p_1}{p_2}$$

und da bei gleicher Drehzahl n sich die Drehmomente wie die Leistungen verhalten, muß auch sein

$$\frac{\text{Drehmoment des Motors I}}{\text{Drehmoment des Motors II}} = \frac{p_1}{p_2}.$$

Leistungen und Drehmomente beider Motoren verhalten sich daher zueinander wie ihre Polzahlen.

Ist die aus einem 6- und einem 4-poligen Motor bestehende Kaskade für eine Leistung von beispielsweise 50 PS bei $n_k = 600$ Umdrehungen bestimmt, so leistet demnach in Kaskadenschaltung

Motor I . . . . . . 30 PS
Motor II . . . . . . 20 PS.

Der Motor I, der bei $n_k = 600$ eine Leistung von 30 PS abgibt, kann bei gleicher Stromstärke im Stator und Rotor bei $n_1 = 1000$ eine Leistung von

$$30 \cdot \frac{1000}{600} = 50 \text{ PS}$$

abgeben. Der Motor II leistet, wenn er allein mit 1500 Touren betrieben wird, ebenfalls beim gleichen Stator- und Rotorstrom wie in der Kaskadenschaltung

$$20 \cdot \frac{1500}{600} = 50 \text{ PS}.$$

Auf diese Weise kann je nach den gestellten Anforderungen, denen der Maschinensatz genügen muß, die Größe der zu verwendenden Modelle ermittelt werden.

Wenn wir beide Modelle 50pferdig wählen, so bleibt demnach die mechanische Leistung und die elektrische Beanspruchung bei allen drei Drehzahlen $n = 600$, 1000, 1500 dieselbe, und daraus folgt die für manche Betriebszwecke sehr wertvolle Eigenschaft, daß das Drehmoment des Maschinensatzes seiner Drehzahl umgekehrt proportional ist. In dieser Hinsicht ähnelt also eine Kaskade mit ihren einzelnen Motoren einem Gleichstrom-Hauptschlußmotor.

Wenn der Motor II für sich allein arbeiten soll, so muß sein Stator natürlich für die Netzspannung gewickelt werden genau wie Motor I, und daher muß die Rotorspannung des Motors I richtig bemessen sein, damit in der Kaskadenschaltung der Stator II die richtige Klemmenspannung E_2 erhält. Damit im Motor II beim Anschluß ans Netz bei n_2 Touren und in Kaskadenschaltung bei n_k Touren die gleiche Luftinduktion herrscht, muß seine Statorspannung in beiden Fällen der Periodenzahl proportional sein, wie im Abschnitt 135. Absatz 2 gezeigt ist. Es muß also

$$E_{II} = E_1 \cdot \frac{f_2}{f_1} \quad \ldots\ldots\ldots\ldots \quad (751)$$

sein.

Bezeichnet man die Schleifringspannung des Motors I — bei stillstehendem stromlosen Rotor gemessen — mit E_2, so wird die Schleifringspannung bei der Drehzahl n_k, die dem Synchronismus der Kaskade entspricht

$$E_2 \cdot \frac{s}{100} = E_2 \frac{n_1 - n_k}{n_1} = E_{II} \quad \ldots\ldots \quad (752)$$

Durch Gleichsetzen der Ausdrücke (751) und (752) erhält man

$$E_2 \frac{n_1 - n_k}{n_1} = E_1 \frac{f_2}{f_1}$$

und wenn man
$$f_1 = \frac{n_1 \cdot p_1}{60}$$

setzt, wird
$$f_2 = \frac{(n_1 - n_k)\, p_1}{60}$$

$$E_2 = E_1 \quad \ldots\ldots\ldots\ldots \quad (753)$$

Es muß also, wenn auch der Motor II für sich allein an das Netz angeschlossen werden soll, die Schleifringspannung am stillstehenden Motor I der Netzspannung gleich sein. Mit anderen Worten: Das Übersetzungsverhältnis der EMKK im Motor I muß gleich 1 sein. Sein Rotor muß also — gleiche Schaltung vorausgesetzt — angenähert dieselbe Drahtzahl haben wie der Stator.

Eine von Danielson angegebene Modifikation der Kaskadenschaltung besteht darin, daß man das Drehfeld des Motors II in entgegengesetzter Richtung laufen läßt. Es wird dadurch zwar noch eine weitere Geschwindigkeitsstufe.

$$n_k = \frac{n_1 \cdot p_1}{p_1 - p_2}$$

gewonnen, aber die Periodenzahl

$$f_2 = \frac{n_1}{60} \frac{p_1 \cdot p_2}{p_1 - p_2} = f_1 \frac{p_2}{p_1 - p_2}$$

wird so groß, in unserem Beispiel schon

$$f_2 = \frac{1000}{60} \cdot \frac{3 \cdot 2}{1} = 50 \cdot \frac{2}{1} = 100,$$

daß die Eisenverluste eine unzulässige Höhe erreichen. In ähnlicher Weise steigt auch die Spannung im Rotor des zweiten Motors. Die Schaltung hat daher kaum Eingang in die Praxis gefunden.

e) Diagramm der Kaskadenschaltung.

Die Entwicklung eines absolut genauen Diagramms für die Kaskadenschaltung bietet recht erhebliche Schwierigkeiten, wenn es alle möglichen Betriebsstadien umfassen, also Gültigkeit für alle Schlüpfungen von $+\infty$ bis $-\infty$ haben soll. Wie nämlich im V. Band der Wechselstromtechnik von Arnold, La Cour und Fraenckel gezeigt ist, bewegt sich die Spitze s des Stromdreiecks auf einer Kurve 4. Grades, aber die genannten Verfasser geben selbst zu, daß diese Kurve mit großer Annäherung durch zwei Kreise ersetzt werden kann. Zu ähnlichen Ergebnissen war van Cauvenberghe an der Technischen Hochschule in Danzig in seiner Doktorarbeit gekommen. Für alle Forderungen der Praxis ist es daher sicher zulässig, den Weg einzuschlagen, den Breslauer 6 Jahre vorher in seiner Arbeit: „Das Kreisdiagramm des Drehstrommotors und seine Anwendung auf die Kaskadenschaltung“ (Voitsche Sammlung elektrotechnischer Vorträge, IV. Band, Verlag von Enke in Stuttgart) beschritten hat, nämlich von vornherein das Kreisdiagramm zugrunde zu legen.

Bevor man an den Aufbau des Diagramms herantritt, ist es gut, sich erst einmal ein Bild von den Schlüpfungen und Periodenzahlen zu machen, die in den beiden Maschinen herrschen, und um die Sache noch übersichtlicher zu gestalten, wollen wir die allgemeinen Gleichungen sofort auf ein konkretes Beispiel anwenden, nämlich auf eine Kaskade, die aus einem 6-poligen Motor I und einem 4-poligen Motor II gebildet ist.

Es bezeichne:

$n =$ Drehzahl der Kaskade der Motoren I und II,
$n_k =$ synchrone Drehzahl der Kaskade,
$n_1 =$ „ „ des Motors I,
$n_2 =$ „ „ „ „ II,
$s_k =$ Schlüpfung der Kaskade,
$s_1 =$ „ des Motors I,
$s_2 =$ „ „ „ II,
$f_1 =$ Periodenzahl im Stator des Motors I,
$f_2 =$ „ „ Rotor „ „ I,
$f_2 =$ „ „ Stator „ „ II,
$f_3 =$ „ „ Rotor „ „ II.

Dann ist

$$\left.\begin{aligned}
n_k &= n_1 \frac{p_1}{p_1 + p_2} = \frac{f_1 \cdot 60}{p_1 + p_2} \\
\frac{s_k}{100} &= \frac{n_k - n}{n_k} \\
n_1 &= \frac{f_1}{p_1} 60 \\
\frac{s_1}{100} &= \frac{n_1 - n}{n_1} \\
f_2 &= \frac{n_1 - n}{60} \cdot p_1 = f_1 - \frac{n \cdot p_1}{60} \\
n_2 &= \frac{f_2}{p_2} \cdot 60 = \frac{f_1 \cdot 60}{p_2} - n \cdot \frac{p_1}{p_2} \\
\frac{s_2}{100} &= \frac{n_2 - n}{n_2} \\
f_3 &= \frac{n_2 - n}{60} \cdot p_2
\end{aligned}\right\} \quad \ldots\ldots\ldots (754)$$

Für $f_1 = 50$, $p_1 = 3$, $p_2 = 2$ erhält man für Schlüpfungen von $+\infty$ bis $-\infty$ die Werte, die in der beigedruckten Tabelle zusammengestellt sind.

Kaskade		Motor I		Motor II		
n	s_k	s_1	f_2	n_2	s_2	f_3
$-\infty$	$+\infty$	$+\infty$	$+\infty$	$+\infty$	100	$+\infty$
0	100	100	50	1500	100	50
300	50	70	35	1050	71,4	25
600	0	40	20	600	0	0
800	— 33,3	20	10	300	— 167	— 16,7
1000	— 66,7	0	0	0	0	0
1200	— 100	— 20	— 10	— 300	— 500	— 50
1500	— 150	— 50	— 25	— 750	— 300	— 75
$+\infty$	$-\infty$	$-\infty$	$-\infty$	$-\infty$	— 100	$-\infty$

Man sieht aus der Tabelle, daß insbesondere der Motor II ein äußerst kompliziertes Verhalten zeigt: er wird mit Strom von ganz variabler Periodenzahl f_2 gespeist, seine synchrone Drehzahl ist daher ebenfalls sehr variabel, und noch mehr variiert seine Schlüpfung und die Periodenzahl in seinem Rotor. In zwei Betriebsstadien, nämlich bei 600 und 1000 Touren, herrschen aber sehr einfache Verhältnisse, und für diese beiden Zustände muß es leicht sein, das Diagramm zu entwerfen. Wenn wir die vereinfachende Annahme machen, daß beide Motoren widerstandslos sind, so gewinnen wir noch einen dritten wichtigen Punkt für das Diagramm, denn widerstandslose Motoren müssen sich natürlich bei unendlich großer positiver oder negativer Schlüpfung im idealen Kurzschlußzustand befinden.

Der einfachste Zustand herrscht offenbar bei 1000 Touren, denn der Motor I befindet sich im Synchronismus, hat die Schlüpfung 0. sein Rotor ist stromlos und spannungslos und daher spielt es gar keine Rolle, ob seine Schleifringe offen oder an den Motor II angeschlossen sind. Der Motor II übt nicht den geringsten Einfluß aus, und Motor I hat seinen normalen Magnetisierungsstrom $u\,b$ Abb. 152. Der Streuungskreis $b\,d$ des Motors I ist sofort zu zeichnen, wenn der Streuungskoeffizient des Motors I bekannt ist. In der Abbildung ist $\tau_I = 0{,}15$ angenommen, und es ist daher

$$u\,b = \tau_I \cdot b\,d = 0{,}15\,b\,d\,.$$

Damit haben wir schon 3 Punkte des Kaskadendiagrammes festgelegt, denn bei unendlich großer Schlüpfung, wenn der Motor I im idealen Kurzschlußzustand ist, muß sein Statorstrom $u\,d$, sein Rotorstrom $b\,d$ sein.

Bei 600 Touren ist der Motor II im Rotor stromlos, da er synchron läuft, und sein Stator führt den reinen Magnetisierungsstrom, den er dem Rotor I entnimmt. Der Magnetisierungsstrom für Motor II ist, da wir alle Verluste vernachlässigen, reiner Blindstrom, und er muß auch in bezug auf Motor I reiner Blindstrom sein, weil die Kaskade bei 600 Touren keine mechanische Arbeit leistet, sondern mit der Synchrondrehzahl der Kaskade läuft. Dem Rotor I wird daher der Blindstrom $b\,b'$ Abb. 152 entnommen. und der Statorstrom des Motors I muß auf $u\,b'$ anwachsen, damit die Resultante dieser beiden Ströme gleich dem Magnetisierungsstrom $u\,b$ bleibt und im Stator I das konstante Erregerfeld dieses mit konstanter Spannung E_1 erregten Motors aufrecht erhalten bleibt.

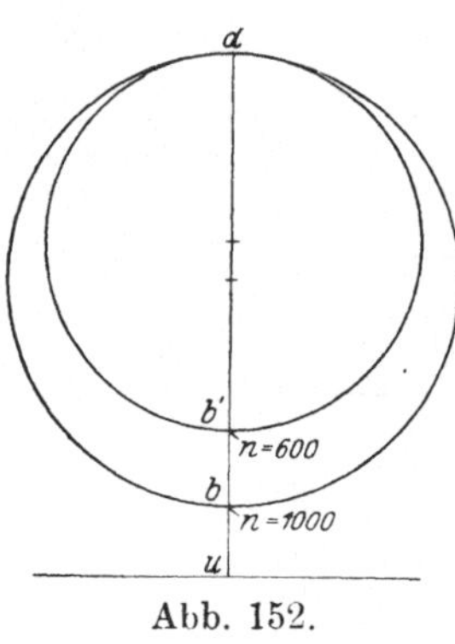

Abb. 152.

Andererseits stellt $b'\,b$ den Magnetisierungsstrom des Motors II dar, und der zugehörige Streuungskreis muß

$$b'\,d = \frac{b\,b'}{\tau_{II}} = \frac{b\,b'}{0{,}2}$$

sein, wenn τ_{II} den Streuungskoeffizienten des Motors II bezeichnet. der auf der Abbildung zu 0,2 angenommen ist.

Wir haben damit einen ueuen Punkt b' des Diagrammes gefunden. Im idealen Kurzschluß muß natürlich auch beim Motor II der Statorstrom auf $b\,d$, der Rotorstrom auf $d\,b'$ anschwellen.

Die beiden Diagrammkreise haben den Punkt d gemeinsam, und das ist von äußerster Wichtigkeit. Das Verhältnis der beiden Kreisdurchmesser ist lediglich durch die Streuungskoeffizienten der beiden Motoren bestimmt

$$b\,b' = \tau_{II} \cdot b'd \quad . \quad . \quad . \quad . \quad . \quad . \quad . \quad . \quad . \quad . \quad (755)$$

$$u\,b = \tau_I \cdot b\,d = \tau_I \cdot (1 + \tau_{II})\,b'd \quad . \quad . \quad (756)$$

und die Größe der beiden Motoren spielt dabei keine Rolle. Das Diagramm 152 gilt daher unverändert, auch wenn beide Motoren gleich groß sind.

Wir wollen nun an der Hand der Abb. 153 und der Tabelle das Verhalten der Kaskade bei den verschiedenen Schlüpfungen besprechen:

Abb. 153, 1. Bei Stillstand und ebenso bei unendlich großer positiver Schlüpfung, wenn der Motor entgegen seiner natürlichen Drehrichtung zwangläufig angetrieben wird, befinden sich beide Motoren im idealen Kurzschluß. Der Motor I führt den Statorstrom $u\,d$ und den Rotorstrom $d\,b$. Genau gleich groß, nur von entgegengesetzter Richtung $b\,d$, ist der Statorstrom im Motor II und sein Rotorstrom ist der Größe und Richtung nach $d\,b'$. Im Diagramm ist stets

Rotorstrom I = Statorstrom II

und ihre Resultante ist daher stets Null. Verlustlose Motoren nehmen im idealen Kurzschlußzustand keinen Wirkstrom auf und entwickeln kein Drehmoment.

Wenn wir die Kaskade anlaufen lassen und angemessen belasten, so wird sie ihren normalen Betriebszustand annehmen, d. h. sie wird

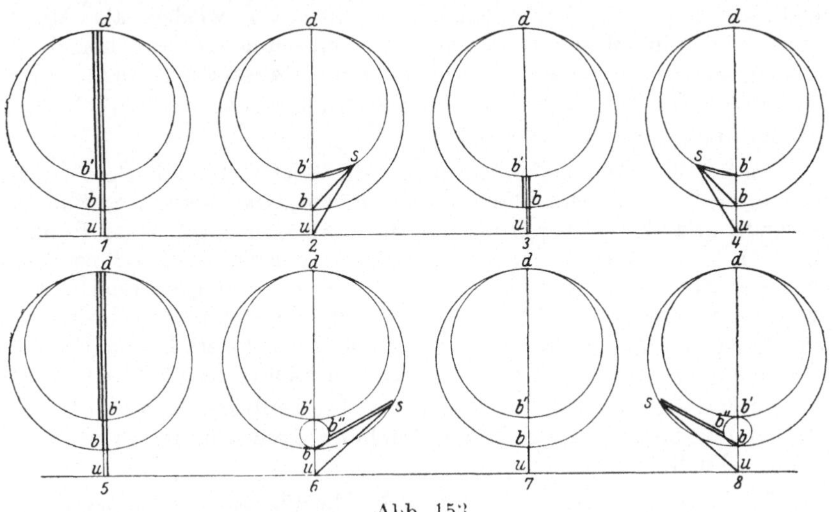

Abb. 153.

mit einer kleinen Schlüpfung, also etwas unterhalb ihrer synchronen Drehzahl, arbeiten. Die Spitze s des Stromdreiecks wird also von d aus den kleinen Diagrammkreis bis zu der in Abb. 153,2 gezeichneten Stellung durchlaufen. Der Strom im Stator ist $\overline{u\,s}$, der im Rotor I ist $s b$, der Strom im Stator II ist $b s$, der im Rotor II $s b'$, die Drehzahl etwas kleiner als 600. Abb. 153,2.

Entlasten wir die Kaskade, so nimmt sie ihre synchrone Drehzahl 600 an, leistet keine mechanische Arbeit und und nimmt im Stator I den Blindstrom $u b'$ auf. Da der Motor I mit bedeutender Schlüpfung, $s_1 = 40\,{}^0/_0$, läuft, hat sein Rotor $40\,{}^0/_0$ seiner Schleifringspannung bei Stillstand und erregt damit den Stator II bei $40\,{}^0/_0$ der Periodenzahl f_1, also mit $f_2 = 20$ Perioden. Abb. 153, 3.

Treiben wir die Kaskade mechanisch so an, daß sie im Übersynchronismus läuft, so arbeitet — bei Berücksichtigung der Verluste zuerst Maschine II, bei kleiner Steigerung der Drehzahl aber auch Maschine I — die Kaskade als Generator. Der Strom im Stator I ist $\bar{u} s$, im Rotor I $= s b$, im Stator II $= b s$, im Rotor II $= s b'$, Abb. 153, 4. Die Schlüpfung der Kaskade ist hierbei negativ sie ist zu einer Voreilung geworden.

Wird die Drehzahl noch etwas weiter erhöht, so durchläuft die Spitze des Stromdreiecks den Punkt d, Abb. 153, 5, des Diagrammes und die beiden Motoren durchlaufen den idealen Kurzschlußzustand. Das Diagramm wird demnach identisch mit Abb. 153, 1.

Wenn wir aber die Drehzahl noch weiter steigern, so tritt eine neue Erscheinung ein. Die Spitze s des Stromdreiecks bewegt sich nun von d aus auf dem großen Diagrammkreis und nimmt unterhalb der synchronen Drehzahl des Motors I die in Abb. 153,6 gezeichnete Lage ein. Die Kaskade läuft also wieder als Motor, wenigstens die Maschine I, während Maschine II annähernd im idealen Kurzschlußzustand verharrt und sozusagen einfach mitgeschleppt wird. Die Ströme sind im Stator I $= u s$, im Rotor I $= s b$, im Stator II $= b s$, im Rotor II $= s b'$.

Im Synchronismus des Motors I fällt Abb. 153,6 die Spitze s des Stromdreiecks mit dem Punkt b zusammen, die beiden Ströme im Motor II und der Rotorstrom des Motors I schrumpfen im Punkt b auf Null ein. Der einzige Strom in der ganzen Kaskade ist demnach der Magnetisierungsstrom des Motors I. Die geschilderten Ereignisse zwischen Abb. 3 und 6, also zwischen dem Synchronismus der Kaskade und dem Synchronismus des Motors I spielen sich innerhalb der relativ geringen Drehzahlerhöhung von 600 auf 1000 ab, der linke Halbkreis $\widehat{b' d}$ und der rechte Halbkreis $\widehat{d' b}$ werden daher bei der besprochenen Tourenerhöhung vom Punkt s verhältnismäßig schnell durchlaufen.

Wird die Drehzahl über den Synchronismus des Motors I gesteigert, so arbeitet die Kaskade abermals als Generator, wobei die eigentliche Leistung dem Motor I obliegt, während Maschine II wieder im idealen Kurzschluß mitgeschleppt wird. Die Ströme sind im Stator I $= \bar{u} s$, im Rotor I $= s b$, im Stator II $= b s$, im Rotor II $= s b'$. Abb. 153,8.

Wird die Drehzahl sehr hoch gesteigert, so nähert sich die Spitze s des Stromdreiecks wieder dem Punkt d, mit dem sie bei unendlich großer Voreilung zusammenfällt, Abb. 153,1.

Es müßte ein ganz nettes und interessantes Bild geben, wenn man den ganzen Vorgang, wie er hier beschrieben ist, kinematographisch darstellen würde.

Durch unsere bisherige Annahme, daß die beiden Motoren vollständig verlustlos arbeiten, haben wir das Problem zwar vereinfacht, aber die erhaltenen Resultate müssen naturgemäß umso mehr von der Wirklichkeit abweichen, je größer die Verluste in der Kaskade, je kleiner also ihr Wirkungsgrad ist.

In Wirklichkeit müssen wir die beiden Streuungskreise in Abb. 152 durch die Eisenkreise der Motoren ersetzen. Um aber die zeichnerische Darstellung nicht zu unübersichtlich zu gestalten, wollen wir uns vorläufig mit einem Näherungsverfahren begnügen, den Ohmschen Widerstand der Statorwicklung vom Motor I einzuführen. Die Streuungskreise der Abb. 152 gehen dadurch in die Kupferkreise (Ossanna-Kreise) der Abb. 154 über.

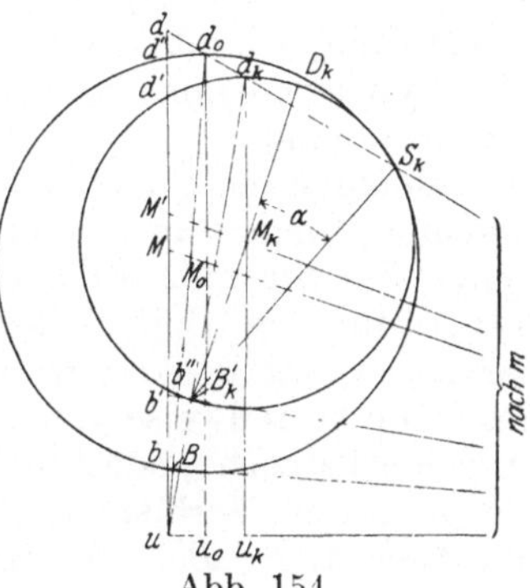

Abb. 154.

$u\,b\,b'd$ ist die Diagrammbasis, und wir ziehen senkrecht zu ihr die Strecke $u\,m$ von solcher Länge, daß sie der Bedingung genügt

$$K = \frac{I_m \cdot R_1}{E_1} = \frac{u\,b}{u\,m}$$

also

$$u\,m = \frac{E_1}{I_m \cdot R_1} \cdot u\,b\,,$$

wenn I_m den normalen Magnetisierungsstrom des Motors I und R_1 seinen Statorwiderstand bezeichnet. Dieselbe Länge für $u\,m$ können wir aus dem Magnetisierungsstrom I_k des Motors I bei Synchronismus der Kaskade berechnen, nämlich

$$u\,m = \frac{E_1}{I_k \cdot R_1} \cdot u\,b\,.$$

In der Abbildung ist

$$\begin{aligned} \tau_I &= 0{,}15 \\ \tau_{II} &= 0{,}20 \\ u\,b &= 18 \text{ mm} \\ b\,b' &= 20 \text{ mm} \\ b\,d &= 120 \text{ mm} \\ b'd &= 100 \text{ mm} \\ u\,m &= 228 \text{ mm} \end{aligned}$$

angenommen.

Nun ziehen wir

$$u\,d_0 \perp b\,m$$
$$d_0\,u_0 \perp \overline{u\,m}$$

und erhalten sofort den Mittelpunkt und den Durchmesser des großen Kupferkreises, außerdem den Punkt B, der dem Leerlauf im Synchronismus des Motors I mit dem Leerlaufstrom $u\,B$ entspricht ($n = 1000$).

Ziehen wir dagegen

$$u\,d_k \perp b'\,m$$
$$d_k\,u_k \perp \overline{u\,m}\,,$$

so erhalten wir den kleinen Kupferkreis und den Punkt B_k, der dem Synchronismus der Kaskade ($n = 600$) mit dem Leerlaufstrom $u\,B_k$ zukommt.

Beide Kreise haben den Punkt S_k gemein, der uns aus dem Ossanna-Diagramm schon wohlbekannt ist. Der Punkt S_k als Spitze des Stromdreiecks entspricht einer Schlüpfung $\pm\infty$.

Wenn die Spitze des Stromdreiecks auf dem kleinen Kreis herunterwandert, so werden vom Punkt B_k an die Verluste in der Maschine II teilweise durch Aufwand mechanischer Leistung gedeckt. Der mechanisch gedeckte Teil wird immer größer und übernimmt die gesamten Verluste im Motor II, wenn der Strom im Stator I in der Richtung $u\,B\,d_0$ zu liegen kommt. Sobald dieser Punkt überschritten ist, läuft Maschine II als Generator, und die Verluste in Maschine I werden allmählich mechanisch gedeckt bis der Vektor des Statorstromes I vertikal steht. Solange die Spitze des Stromdreiecks links von der Basis $u\,d$ liegt, laufen beide Maschinen als Generatoren.

Es erscheint sehr merkwürdig, daß die Maschine I in diesem Betriebszustand als Generator arbeiten kann, da sie doch unterhalb ihres Synchronismus, also mit positiver Schlüpfung, nicht mit Voreilung läuft und sich langsamer als ihr Statorfeld dreht. Es erklärt sich daraus, daß der Strom im Rotor II und der Wirkstrom im Stator II ihre Richtung umgekehrt haben. In bezug auf den Wirkstrom erregt demnach die Maschine II die Maschine I.

Der Punkt d_k entspricht ungefähr der halben Drehzahl ($n = 800$) zwischen den Synchrontouren der Kaskade und des Motors I, also einer Schlüpfung der Kaskade von

$$\frac{s}{100} = -\frac{1}{2}\cdot\frac{p_2}{p_1}\,.$$

Während die Spitze des Stromdreiecks den Bogen von d_k bis S_k bei steigender Drehzahl durchläuft, werden die großen Verluste in den Maschinen teils mechanisch, teils elektrisch gedeckt und erst nach Überschreiten des Punktes S_k entwickelt die Kaskade wieder ein positives Drehmoment, sie vermag mechanische Arbeit zu leisten und kann ohne äußeren Antrieb bis zum Synchronismus des Motors I in ihrer Drehzahl emporkommen.

In der Nähe von B arbeitet nur der Motor I, und der Motor II wirkt nur schädlich sowohl durch seinen Ohmschen Widerstand als durch seine Selbstinduktion. Wünscht man eine Kaskade in der Nähe des Synchronismus des Motors I zu betreiben, so schließt man am besten seine Schleifringe kurz, eventuell unter gleichzeitigem Abschalten des Motors II.

Im Bogen $b d''$ arbeitet die Kaskade wieder als Generator und die Spitze des Stromdreiecks erreicht den Punkt d'' ungefähr bei der synchronen Drehzahl des Motors II ($n = 1500$) und der Schlüpfung

$$\frac{s}{100} = -\frac{p_1}{p_2}.$$

Bei weiterer Steigerung der Drehzahl wird von der Spitze des Stromdreiecks der Bogen d'' bis zum Punkt S_k durchlaufen, der bei unendlich großer Voreilung erreicht wird.

Das Diagramm Abb. 154 läßt sich noch dadurch verbessern, daß man die Widerstände des Rotors I, des Stators II und des Rotors II einführt. Man verfährt dann folgendermaßen.

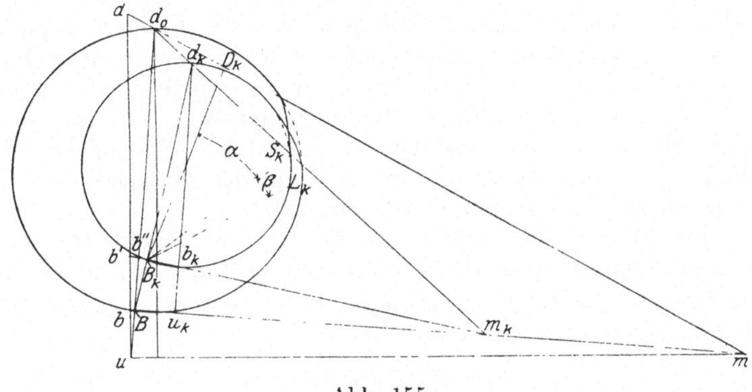

Abb. 155.

In Abb. 155 ist der große Diagrammkreis unverändert aus der Abb. 154 übernommen. $u B$ ist der Magnetisierungsstrom des Motors I bei 1000 Touren oder bei Stillstand und offenem Rotor II. Wir fassen nun den stillstehenden Rotor II als eine Stromquelle mit einer EMK

$$E_2 = b\, m_k = \frac{E_1}{(1 + \tau_1)} \cdot \frac{N_2}{N_1}$$

auf, an die wir den Motor II anschließen wollen. Bei einer EMK $= E_2$ braucht der Motor II einen Magnetisierungsstrom

$$I_{II} = B b''$$

und der Stromkreis, den dieser durchfließt, wird vom Rotor I gebildet, sein Widerstand ist daher

$$R = R_2 + R_3,$$

wenn mit R_2 der Widerstand des Rotors I, mit R_3 der Widerstand des Stators II bezeichnet wird.

Wir betrachten nun $B b'' d_0$ als eine Diagrammbasis mit dem Durchmesser des Streuungskreises $b'' d$ und dem Magnetisierungsstrom

$$B b'' = \tau_{II} \cdot b'' d_0$$

und konstruieren zu diesem Streuungskreis einen Kupferkreis. Es ist

$$\overline{B d_0} \perp B m_k$$

und es muß die Bedingung erfüllt sein

$$K = \frac{I_{II} \cdot (R_2 + R_3)}{E_2} = \frac{B b''}{B m_k}$$

also

$$B m_k = \frac{E_2}{I_{II} \cdot (R_2 + R_3)} \cdot B b''.$$

Wir ziehen die Gerade $d_0 m_k$ und die Gerade

$$B B_k d_k \perp b'' m_k.$$

Von Punkt d_k ziehen wir

$$d_k u_k \parallel \overline{u d_0}$$

und erhalten den gesuchten Durchmesser des kleinen Diagrammkreises $b_k d_k$. Der kleine Diagrammkreis liegt bei Berücksichtigung der Widerstände $R_2 + R_3$ vollkommen innerhalb des großen Kreises und beide haben daher keinen Punkt gemeinsam. Wenn wir beide Kreise durch zwei Übergangskurven verbinden, so erhalten wir das Kreisdiagramm, das sich der am Anfang des Kapitels erwähnten Kurve 4. Grades am besten anschmiegt.

In den kleinen Kreis können wir den wichtigen Durchmesser des Ossanna-Diagrammes $B_k D_k$ eintragen und der Schnittpunkt des kleinen Kreises mit der Geraden $d_k m_k$ liefert den wichtigen Punkt S_k des Ossanna-Diagrammes. Der Winkel

$$\alpha = \sphericalangle D_k B_k S_k$$

berücksichtigt schon die Widerstände R_1, R_2, R_3 des Stators I, des Rotors I und des Stators II, und wir können den Winkel β in bekannter Weise aus dem Widerstand des Rotors II berechnen und eintragen.

Bei $n = 1000$ ist der Magnetisierungsstrom des Motors $\mathrm{I} = u B$. Bei $n = 600$ ist der Magnetisierungsstrom des Motors $\mathrm{I} = u B_k$, der Magnetisierungsstrom des Motors $\mathrm{II} = \overline{B B_k}$ = Strom im Rotor I, der Strom im Rotor II ist Null. Da wir Eisen- und Reibungsverluste nicht in Rechnung gezogen haben, werden die Werkkomponenten der Magnetisierungsströme ausschließlich zur Deckung der Jouleschen Verluste verbraucht.

Bei der hier gegebenen Ableitung des Kaskadendiagrammes wurden in bezug auf die Streuungskoeffizienten und die Widerstände der Wicklungen keinerlei einschränkende Vorbehalte gemacht, das Diagramm ist daher auch gültig, wenn beide Motoren durchaus verschieden sind.

Es ist somit das Kaskadendiagramm auf das Ossanna-Diagramm zurückgeführt, doch läßt sich leider kein Schlüpfungsmaßstab angeben, der allen Ansprüchen bei Schlüpfungen von $+\infty$ bis $-\infty$ genügt. In der Nähe des Synchronismus gibt aber der in üblicher Weise gezeichnete Schlüpfungsmaßstab richtige Werte, und nur dieser Bereich kommt für die Praxis in Betracht, sowohl wegen des Wirkungsgrades als deshalb, weil die Kaskade nur in diesem Bereich stationär arbeitet. Vergleiche Abb. 162.

Will man bei allen denkbaren Schlüpfungen die möglichst genauen Werte ermitteln, so muß man an der kritischen Stelle, wo beide Diagrammkreise ineinander übergehen, punktweise das Stromdreieck einzeichnen, die Verluste ermitteln und hieraus die Schlüpfung berechnen.

XVI. Beispiele zu Kapitel XV.

Allen Beispielen wollen wir den im XIV. Kapitel berechneten Motor zugrunde legen und untersuchen, wie er sich unter den veränderten Bedingungen verhält.

133. Änderung der Klemmenspannung, der Luftinduktion und der Statorwicklung. (Beispiel zu Abschnitt 123.)

a) Statorwicklung für eine andere Klemmenspannung.

Der Motor hat bei einer Netzspannung von 220, also einer Phasenspannung von 127 Volt folgende Statorwicklung

$$N_1 = 594$$

in jeder Nut = 33 Drähte,

Drahtquerschnitt = 1,32 mm²,

sein Magnetisierungsstrom beträgt

$$I_m = 1{,}32 \text{ Amp.}$$

und die Diagrammkonstante des Statorstromes

$$C_{I_1} = 0{,}142.$$

Soll der Motor für 440 Volt Klemmenspannung, also 254 Volt Phasenspannung umgewickelt werden, so muß die Drahtzahl in jeder Phase der Statorwicklung werden

$$N_1' = \frac{E_1'}{E_1} \cdot N_1 = \frac{254}{127} \cdot 594 = 1188$$

mit dem Drahtquerschnitt

$$q_1' = \frac{E_1}{E_1'} \cdot q_1 = \frac{127}{254} \cdot 1{,}32 = 0{,}66 \text{ mm}^2,$$

was einem Durchmesser von

$$d_1' = 0{,}92 \text{ mm}$$

entspricht.

Der Magnetisierungsstrom wird

$$I_m' = \frac{E_1}{E_1'} \cdot I_m = \frac{127}{254} \cdot 1{,}32 = 0{,}66 \text{ Amp.}$$

und die Diagrammkonstante

$$C_{I_1}' = \frac{E_1}{E_1'} \cdot C_{I_1} = \frac{127}{254} \cdot 0{,}142 = 0{,}071.$$

Der Widerstand der Statorwicklung ist

$$R_1' = R_1 \left(\frac{E_1'}{E_1}\right)^2 = 2{,}2 \cdot 4 = 8{,}8 \text{ Ohm.}$$

Damit ist die ganze Rechnung beendet, alle übrigen Konstanten bleiben unverändert und die Diagramme Abb. 138, 140, 141 behalten ihre Gültigkeit.

b) Veränderung der Drahtzahl bei ungeänderter Klemmenspannung.

Wenn wir die Drahtzahl $N_1 = 594$ auf beispielsweise $N_1' = 434$ reduzieren und ihn mit der unveränderten Netzspannung von 220 Volt betreiben, so arbeitet der Motor genau so, wie wenn wir ihn bei unveränderter Statorwicklung, also $N_1 = 594$, mit einer erhöhten Klemmenspannung von

$$\tfrac{594}{434} \cdot 220 = 300 \text{ Volt}$$

betreiben würden.

Da die Ergebnisse vollkommen dieselben sein müssen, untersuchen wir daher den Fall bequemer in folgender Weise.

c) Veränderungen der Klemmenspannung bei ungeänderter Statorwicklung.

Es soll ermittelt werden, wie sich der Motor verhält, wenn er statt mit 220 Volt mit einer Klemmenspannung von 300 Volt betrieben wird. Es entspricht dies einer Erhöhung der Phasenspannung von 127 auf

$$E_1' = 173 \text{ Volt,}$$

und es muß der magnetische Fluß eines Poles und die Luftinduktion im Verhältnis von

$$\tfrac{173}{127} = 1{,}36$$

zunehmen, damit die EMGK des Motors der Klemmenspannung wieder das Gleichgewicht hält. Die erregende Kraft für die Überwindung des Luftwiderstandes steigt ebenfalls genau um das 1,36fache, dagegen nimmt die zur Überwindung des Eisenwiderstandes nötige erregende Kraft in stärkerem Maße zu, da bei den im Eisen, besonders in den Zähnen, herrschenden Induktionen die Permeabilität rasch abnimmt. Wir begehen aber nur einen kleinen Fehler, wenn wir die erregende Kraft einfach proportional der Spannungserhöhung wachsend annehmen, denn gegenüber den für die Luft erforderlichen Amperewindungen sind die für das Eisen erforderlichen nicht allzu bedeutend. Wenn wir uns diese Vereinfachung gestatten, ist aber die Aufgabe sofort gelöst, denn wir brauchen nur die im 118. Abschnitt gefundenen Konstanten C_{I_1}, $C_{I_2}, \ldots$ mit 1,36 bzw. mit $1{,}36^2$ zu multiplizieren, um sofort die jetzt unter Beibehaltung der Diagramme Abb. 138, 140, 141 gültigen zu erhalten. Es wird demnach:

$$C'_{I_1} = 0{,}142 \cdot 1{,}36 = 0{,}193 \qquad C_M = 0{,}0527 \cdot 1{,}36^2 = 0{,}0974$$
$$C'_{I_2} = 0{,}605 \cdot 1{,}36 = 0{,}822 \qquad \operatorname{tg} \alpha = 0{,}245$$
$$C'_{L_1} = 54{,}1 \cdot 1{,}36^2 = 1{,}00 \qquad \operatorname{tg}(\alpha + \beta) = 0{,}428$$
$$C'_{L_2} = 0{,}0737 \cdot 1{,}36^2 = 0{,}136 \qquad \cos \varphi_{\max} = 0{,}843.$$

Die Werte $\operatorname{tg} \alpha$ und $\operatorname{tg}(\alpha + \beta)$ sind unverändert geblieben, was sich sofort aus Gleichung (664) ergibt, denn diese Gleichung enthält die Quotienten $\frac{C_{I_1}^2}{C_{L_1}}$ und $\frac{C_{I_2}^2}{C_{L_2}}$, und da C_{I_1} und C_{I_2} sich direkt proportional 1,36 erhöht haben, diese Größen aber im Quadrat vorkommen, hingegen das in der ersten Potenz vorkommende C_{L_1} sich $1{,}36^2$ fach erhöht hat, bleibt der Quotient ungeändert.

Da die Eisenverluste V_{e1} im Stator ungefähr dem Quadrat der Induktion proportional sind, bleibt auch die Strecke $u\,i$ ungeändert. Dagegen wird

$$b\,M = \frac{V_r}{L_1} = \frac{44}{100} = 0{,}44$$

gegenüber 0,81 beim Betrieb des Motors mit 220 Volt, denn die Reibungsverluste sind natürlich von Spannung und Induktion unabhängig. Der Wirkungsgrad des Motors wird daher bei günstigstem Leistungsfaktor beim Betrieb mit erhöhter Spannung besser, da die Reibungsverluste einen geringeren Prozentsatz der Leistung betragen, während die übrigen Verluste höchstens proportional der Leistung zugenommen haben.

Sehen wir von der kleinen Korrektur bezüglich der Strecke $b\,M$ ab, so können wir Abb. 138, 140, 141 ohne weiteres benützen, um das Verhalten des Motors festzulegen. Wir sehen, daß in der eingezeichneten Stellung des Stromdreiecks in Abb. 141 der Motor nun

$$C'_{L_2} \cdot r\,s = 0{,}136 \cdot 20{,}4 = 2{,}77 \text{ PS}$$

statt 1,5 bei gleicher Schlüpfung und annähernd gleichem Wirkungsgrad von 80 % leistet. Die totalen Verluste betrugen bei 220 Volt Klemmenspannung 260 Watt und sie steigen bei 300 Volt auf 480 Watt. Infolgedessen nimmt die Erwärmung des Motors im Verhältnis von

$$\tfrac{480}{260} = 1{,}36^2 = 1{,}85\,,$$

also nahezu auf das Doppelte zu, und aus diesem Grunde ist eine Leistungserhöhung auf diese Weise für Dauerbetrieb unmöglich. Dagegen kann für kurzzeitigen Betrieb (Krane, Aufzüge usw.) eventuell die Leistung so hoch zugelassen werden, da der Motor bei derartigen

Betriebsarten niemals seine stationäre Endtemperatur erreicht. Motoren für stoßweißen oder kurzzeitigen Betrieb müssen daher aus wirtschaftlichen Gründen mit sehr hohen Induktionen gebaut werden.

d) Stern-Dreieckschaltung.

Da unser Motor bei der Netzspannung von 220 Volt im Y geschaltet ist, können wir an ihm die Stern-Dreieckschaltung nicht vornehmen. Wir erhalten aber genau die gleichen Verhältnisse, wenn wir den Motor statt mit 220 Volt nur mit einer Netzspannung von $\frac{220}{\sqrt{3}} = 127$ Volt anlassen, wie im nächsten Abschnitt gezeigt ist.

e) Anlaßtransformator.

Der Abb. 141 entnehmen wir den Anlaufstrom bei 220 Volt Netzspannung

$$I_a = C_{I_1} \cdot u\,L = 0{,}142 \cdot 99{,}5 = 14{,}1 \text{ Amp.}$$

und das Anlaufdrehmoment

$$M_a = C_M \cdot v'\,L = 0{,}0527 \cdot 14{,}5 = 0{,}763 \text{ kgm.}$$

Schließen wir den Motor nur an eine Netzspannung von beispielsweise

$$\frac{220}{\sqrt{3}} = 127 \text{ Volt}$$

an, so wird der Anlaufstrom reduziert auf

$$I_a' = C_{I_1} \frac{E_1'}{E_1} \cdot u\,L = 0{,}142 \cdot \frac{1}{\sqrt{3}} \cdot 99{,}5 = 10{,}4 \text{ Ampere}$$

und das Anlaufdrehmoment auf

$$M_a = C_M \left(\frac{E_1'}{E_1}\right)^2 \cdot v'\,L = 0{,}0527 \cdot \frac{1}{3} \cdot 14{,}5 = 0{,}254 \text{ kgm.}$$

Wenn der Motor bei seiner Normalspannung von 220 Volt im geschaltet, also $N_1 = \sqrt{3} \cdot 594$ wäre, so würde er beim Anlauf 14,1 Ampere aus der Leistung aufnehmen und ein Drehmoment von 0,763 kgm entwickeln. Schalten wir aber diese Wicklung im Y, so braucht der Motor bei 220 Volt nur 10,4 Ampere zum Anlaufen und sein Drehmoment sinkt auf 0,254 kgm.

Dasselbe ergibt sich, wenn der mit $N_1 = 594$ gewickelte, in Y geschaltete Motor beim Anlassen unter Zwischenschaltung eines Anlaßtransformators nur die kleine Spannung von 127 Volt an seinen Statorklemmen erhält, aber wir erreichen dabei noch einen weiteren Vorteil. Der Transformator hat sekundär 10,4 Ampere bei 127 Volt abzugeben, und er nimmt dabei primär nur

$$10{,}4 \cdot \frac{E_s}{E_p} = 10{,}4 \cdot \frac{127}{220} = 6{,}0 \text{ Amp.}$$

auf. Durch die Verwendung eines Anlaßtransformators wird daher der Netzstrom beim Anlaufen viel mehr verringert als bei der Sterndreieckschaltung.

134. Änderung des Luftzwischenraumes. (Beispiel zu Abschnitt 124.)

Eine Vergrößerung des Luftzwischenraumes hat im allgemeinen eine Vergrößerung der Streuungskoeffizienten zur Folge. Die Koeffizienten der Kopfstreuung müssen unbedingt größer werden, wenn δ zunimmt, dagegen ist eine Zunahme der Koeffizienten der Nutenstreuung dann nicht unbedingt veranlaßt, wenn ein hoher Prozentsatz der Streulinien (also bei Nuten von geringer Höhe) zwischen den Zahnspitzen übertritt. Ist gar die Nute durch einen Eisensteg geschlossen, so kann die Erhöhung des δ eine Reduktion des Stegquerschnittes und sogar eine Abnahme des Streuungskoeffizienten hervorbringen. Bei dem als Beispiel gewählten Motor wird aber die Streuung durch Vergrößerung von δ ganz erheblich erhöht, und wir wollen daher den Einfluß einer Änderung von δ zweimal untersuchen, 1. unter der Annahme, daß die Streuung nicht verändert würde, 2. unter Berücksichtigung der tatsächlich auftretenden Verhältnisse.

a) Vergrößerung des Luftzwischenraumes bei ungeänderter Streuung.

Die Luftinduktion, ebenso die Eiseninduktionen sind unverändert, nur erfordert die Erzeugung der Luftinduktion nunmehr eine größere Anzahl von Amperewindungen, nämlich

$$A_l = \frac{0{,}05}{0{,}035} \cdot 915 = 1310\,.$$

Die Zahl 915 ist der Tabelle auf S. 408 entnommen, und ebendaselbst ersehen wir, daß die für das Eisen erforderliche erregende Kraft

$$39 + 53 + 41 + 62 = 195 \text{ Amperewindungen}$$

beträgt. Die totale erregende Kraft ist daher $310 + 195 = 1505$ Amperewindungen und der Magnetisierungsstrom

$$I_m = \frac{A_m}{\sqrt{2} \cdot N_1} = \frac{1505}{\sqrt{2} \cdot 594} = 1{,}79 \text{ Ampere}$$

und er hat zugenommen im Verhältnis

$$\frac{1{,}79}{1{,}32} = 1{,}36\,.$$

Die Konstanten bekommen nachstehende Werte:

$$\begin{aligned}
C_{I_1} &= 0{,}142 \cdot 1{,}36 = 0{,}193\\
C_{I_2} &= 0{,}605 \cdot 1{,}36 = 0{,}822\\
C_{L_1} &= 54{,}1 \cdot 1{,}36 = 73{,}5\\
C_{L_2} &= 0{,}0737 \cdot 1{,}36 = 0{,}10\\
C_M &= 0{,}0527 \cdot 1{,}36 = 0{,}0716
\end{aligned}$$

$$\begin{aligned} \operatorname{tg}\alpha &= 0{,}245 \cdot 1{,}36 = 0{,}334 \\ \operatorname{tg}(\alpha+\beta) &= 0{,}428 \cdot 1{,}36 = 0{,}582 \\ \overline{ui} &= \frac{60}{73{,}5} = 0{,}82 \text{ mm} \\ \overline{bR} &= \frac{44}{73{,}5} = 0{,}60 \text{ mm}\,. \end{aligned}$$

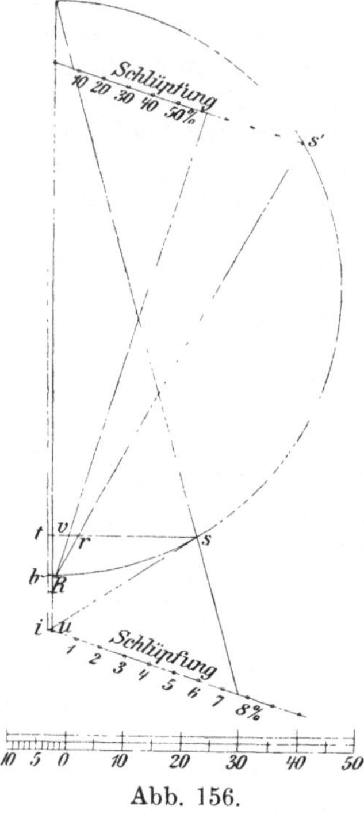

Abb. 156.

Abb. 156 stellt das Diagramm des Motors im gleichen Betriebszustand dar, wie Abb. 138 das Diagramm des ursprünglichen Motors. Wir entnehmen der Abb. 156

$$\overline{ts} = 26 \quad \text{mm}$$
$$\overline{rs} = 20{,}5 \text{ mm}$$

und berechnen daraus die Nutzleistung des Motors zu

$$\overline{rs} \cdot C_{L_2} = 20{,}5 \cdot 0{,}10 = 2{,}05 \text{ PS}$$

und den Wattkonsum

$$\overline{ts} \cdot C_{L_1} = 26 \cdot 73{,}5 = 1910 \text{ Watt}\,,$$

und wir ermitteln hieraus den Wirkungsgrad zu

$$\eta = \frac{20{,}5}{26} = 0{,}79\,.$$

Die Leistung des Motors ist daher im Verhältnis von $\frac{2{,}05}{1{,}5} = 1{,}36$ gestiegen, dagegen hat der Wirkungsgrad von 82 auf 79 $^0/_0$ abgenommen und die Schlüpfung ist von 5,5 auf 7,6 $^0/_0$ gewachsen.

b) Vergrößerung des Luftzwischenraumes und gleichzeitige Vergrößerung der Streuung.

Noch mehr zeigt sich der ungünstige Einfluß einer Vergrößerung des δ, wenn wir die Veränderung der Streuungskoeffizienten, die dadurch verursacht wird, berücksichtigen. Da bei dem vorliegenden Motor die Streuung zwischen den Spitzen der Zähne äußerst gering ist, werden sich die Streuungskoeffizienten nahezu im Verhältnis der Vergrößerung des δ, also auf das

$$\frac{0{,}05}{0{,}035} \sim 1{,}5\text{fache}$$

erhöhen, und es wird

$$\begin{aligned} \tau_1' &= 0{,}032 \cdot 1{,}5 = 0{,}048 \\ \tau_2' &= 0{,}059 \cdot 1{,}5 = 0{,}089 \\ \tau' &= 0{,}093 \cdot 1{,}5 = 0{,}140\,. \end{aligned}$$

Die Luftinduktion wird

$$\mathfrak{B}_l' = \mathfrak{B}_l \frac{1+\tau_1'}{1+\tau} = 5430 \cdot \frac{1{,}032}{1{,}048} = 5350,$$

denn der Statorfluß

$$\Phi_1 = (1+\tau_1)\, c_1\, \mathfrak{B}_l \cdot F_l$$

ist unabhängig von der Veränderung des Luftzwischenraumes δ und konstant. Für die Luft sind erregende Amperewindungen nötig:

$$A_l = 6 \cdot 0{,}05 \cdot 0{,}8 \cdot 5350 = 1282$$

und da für das Eisen eine erregende Kraft von 195 Amperewindungen erforderlich ist, wird

$$A_m = 1282 + 195 = 1477$$

und der Magnetisierungsstrom wird

$$I_m = \frac{1477}{\sqrt{2} \cdot 594} = 1{,}75 \text{ Ampere}.$$

Wählen wir wieder den Durchmesser des Diagrammkreises zu 100 mm, so wird

$$\overline{bd} = 100,$$

$$\overline{ub} = 0{,}14 \cdot 100 = 14,$$

$$C_{I_1} = \frac{1{,}75}{14} = 0{,}125,$$

$$C_{I_2} = 1{,}048 \cdot 0{,}125 \frac{594}{144} = 0{,}540,$$

$$C_{L_1} = 3 \cdot 127 \cdot 0{,}125 = 47{,}6,$$

$$C_{L_2} = \frac{47{,}6}{736} = 0{,}0646,$$

$$C_M = \frac{47{,}6}{9{,}81 \cdot 104{,}7} = 0{,}0466,$$

$$ui = \frac{60}{47{,}6} = 1{,}26 \text{ mm},$$

$$\overline{bR} = \frac{44}{47{,}6} = 0{,}925 \text{ mm},$$

$$\operatorname{tg}\alpha = \frac{0{,}125^2}{47{,}5} \cdot 3 \cdot 2{,}2 \cdot 100 = 0{,}218.$$

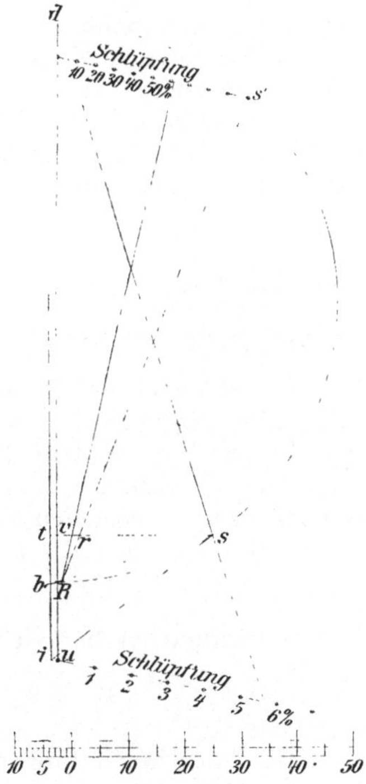

Abb. 157.

$$\operatorname{tg}(\alpha+\beta) = 0{,}218 + \frac{0{,}543^2}{47{,}5} \cdot 3 \cdot 0{,}09 \cdot 100 = 0{,}385.$$

Das jetzige Diagramm des Motors zeigt Abb. 157, und es wird sich am lehrreichsten verwenden lassen, wenn wir in dasselbe den Betriebszustand einzeichnen, der einer Nutzleistung von 1,5 PS entspricht. Da wir die Konstante $C_{L_2} = 0{,}0645$ kennen, haben wir nur die Horizontallinie ts zu suchen, bei der die Teilstrecke $\overline{rs}$ die Größe besitzt

$$rs = \frac{1{,}5}{0{,}0645} = 23{,}3 \text{ mm}.$$

Die Strecke ts wird dann

$$ts = 29 \text{ mm},$$

daher der Wattkonsum des Motors

$$29 \cdot C_{L_1} = 29 \cdot 47{,}5 = 1380 \text{ Watt}.$$

Der Wirkungsgrad ist

$$\eta = \frac{23{,}3}{29{,}0} = 80{,}5\,\%,$$

und der Leistungsfaktor

$$\cos\varphi = 0{,}79$$

gegenüber 0,85 beim ursprünglichen Motor. Hieraus ist zu ersehen, von welch unangenehmen Folgen eine unexakte mechanische Ausführung begleitet sein kann. Eine Abweichung im Luftzwischenraum von 0,5 bis 0,35, also von nur 0,15 mm. genügt im vorliegenden Falle, um den Motor von einem sehr guten in einen nur mittelmäßigen zu verwandeln.

135. Änderung der Periodenzahl. (Beispiel zu Abschnitt 125.)

a) Änderung der Periodenzahl bei ungeänderter Klemmenspannung.

Es gibt noch einige ältere Anlagen, die mit 40 Perioden arbeiten, und daher wollen wir prüfen, wie sich unser Motor verhält, wenn wir ihn mit Strom von 40 Perioden bei 220 Volt betreiben, ohne an seiner Wicklung etwas zu ändern. Seine Drehzahl beträgt bei Synchronismus natürlich nur

$$n_1' = \frac{f_1'}{f_1} \cdot n_1 = \frac{40}{50} \cdot 1000 = 800.$$

Die Luftinduktion hat sich dagegen erhöht und beträgt

$$\mathfrak{B}_l' = \mathfrak{B}_l \cdot \frac{f_1}{f_1'} = 5430 \cdot \frac{50}{40} = 6800.$$

Die Amperewindungen für die Luft müssen im gleichen Verhältnis steigen, und in erhöhtem Maße nehmen natürlich die Amperewindungen für das Eisen zu, da ja sämtliche Eiseninduktionen auch um $25\,\%$ zunehmen müssen.

Wenn wir der Einfachheit halber annehmen würden, die Amperewindungen für das Eisen nähmen auch proportional der Luftinduktion zu, so würden wir den Magnetisierungsstrom bei 40 Perioden sofort berechnen können:

$$I_m' = \frac{f_1}{f_1'} \cdot I_m = \frac{50}{40} \cdot 1{,}32 = 1{,}65 \text{ Ampere}.$$

Das Eisen benötigt aber in Wirklichkeit die Amperewindungszahlen, die sich aus nachstehender Tabelle, die mit der Tabelle auf Seite 408 korrespondiert, ergeben:

	Kraftlinien-länge pro Pol	Induktionen	Ampere-windung pro 1 ccm	Amperewindungen total
Statoreisen .	5	8100	1,7	6·5·1,7 = 51
Statorzähne .	2,6	14400	8,0	6·2,4·8 = 115
Rotoreisen .	4	10000	2,5	6·4·2,5 = 60
Rotorzähne .	2,7	15000	13,5	6·2,7·13,5 = 218
Luft . . .	0,035	6800	—	6·0,035·0,8·6800 = 1140
				1584

Der Magnetisierungstrom steigt daher auf

$$I'_m = \frac{A_m}{\sqrt{2} \cdot N_1} = \frac{1584}{1,414 \cdot 594} = 1,88 \text{ Ampere},$$

$$= I_m \left(\frac{f_1}{f_1'}\right) \cdot (1 + \varepsilon) = 1,32 \cdot 1,25 \cdot 1,14 = 1,88 \text{ Ampere}.$$

ε, in unserem Beispiel $= 14\,^0/_0$, ist eine Korrekturgröße, die angibt, um wieviel Prozent der Magnetisierungsstrom infolge der Vergrößerung des Eisenwiderstandes mehr zunimmt, als der einfachen Proportionalität $f_1 : f_1'$ entspricht.

Zur Ermittlung der Eisenverluste im Stator entnehmen wir der Eisenverlustkurve, daß bei den Induktionen von 8100 und 14400 in 1 dm³ 38 bzw. 90 Watt bei 50 Perioden verbraucht werden. Es ist daher der Eisenverlust

im Statorjoch	$= 1,18 \cdot 38 =$	45 Watt
in den Statorzähnen	$= 0,43 \cdot 90 =$	39 „
		84 Watt

und bei 40 Perioden nur

$$V_{e1} = 84 \frac{f_1'}{f_1} = 84 \cdot 0,8 = 67 \text{ Watt}.$$

Der Eisenverlust ist daher nahezu ungeändert geblieben, denn bei 50 Perioden betrug er 60 Watt.

Nun können wir sofort alle Diagrammkonstanten des Motors berechnen und sein Diagramm mit den Winkeln α und β zeichnen. Man erhält:

$$C'_{I_1} = C_{I_1} \cdot \frac{f_1}{f_1'} \cdot (1 + \varepsilon) = 0,142 \cdot \frac{50}{40} \cdot 1,14 = 0,142 \cdot 1,43 = 0,203$$

$$C'_{I_2} = C_{I_2} \cdot \frac{f_1}{f_1'} (1 + \varepsilon) = 0,605 \cdot 1,43 = 0,865$$

$$C'_{L_1} = C_{L_1} \cdot \frac{f_1}{f_1'} (1 + \varepsilon) = 54,10 \cdot 1,43 = 77,2$$

$$C'_{L_2} = C_{L_2} \cdot \frac{f_1}{f_1'} (1 + \varepsilon) = 0,0737 \cdot 1,43 = 0,105$$

$$C'_M = C_M \cdot \left(\frac{f_1}{f_1'}\right)^2 (1 + \varepsilon)^2 = 0,0527 \cdot 1,56 \cdot 1,14 = 0,0935$$

$$\omega' = \omega \cdot \frac{f_1'}{f_1} = 104{,}7 \cdot \frac{40}{50} = 91{,}6$$

$$\mathrm{tg}'\alpha = \mathrm{tg}\alpha \cdot \frac{f_1}{f_1'} \cdot (1+\varepsilon) = 0{,}245 \cdot 1{,}43 = 0{,}35$$

$$\mathrm{tg}'(\alpha+\beta) = \mathrm{tg}(\alpha+\beta)\frac{f_1}{f_1'}(1+\varepsilon) = 0{,}428 \cdot 1{,}43 = 0{,}61$$

$$\overline{ui} = \frac{67}{77{,}2} = 0{,}88 \text{ mm}$$

$$\overline{bM} = \frac{44}{77{,}2} = 0{,}57.$$

In Abb. 158 ist das Diagramm des Motors in dem Belastungszustand gezeichnet, der einer Nutzleistung von 1,5 PS entspricht. Es ist also

$$L_2 = C'_{L_2} rs = 0{,}105 \cdot 14{,}3 = 1{,}5 \text{ PS}$$

$$L_1 = C'_{L_1} \cdot ts = 77{,}2 \cdot 17{,}6 = 1360 \text{ Watt}$$

$$\eta = \frac{rs}{ts} = \frac{14{,}3}{17{,}6} = 0{,}81$$

$$M = C_M \cdot vs = 0{,}0935 \cdot 15{,}2 = 1{,}42 \text{ kgm}$$

$$I_1 = C'_{I_1} \cdot is = 2{,}03 \cdot 21{,}5 = 4{,}36 \text{ Ampere}$$

$$I_2 = C'_{I_2} \cdot bs = 0{,}865 \cdot 17 = 14{,}7 \text{ Ampere}$$

$$\cos\varphi = \frac{ts}{is} = 0{,}79$$

$$s = 4{,}8\,\%.$$

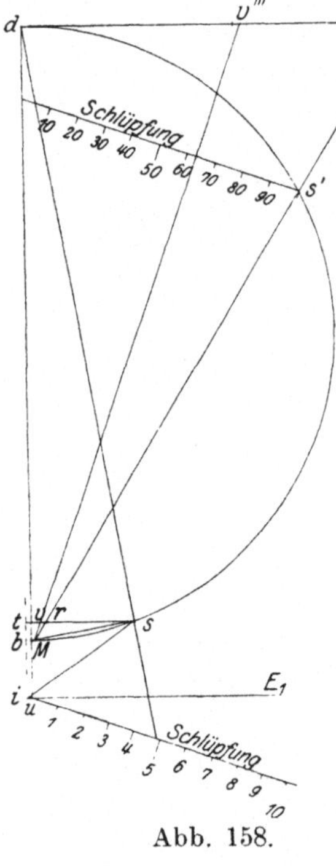

Abb. 158.

Der Leistungsfaktor beträgt bei 40 Perioden nur 0,79 gegenüber 0,85 bei 50 Perioden, und das erklärt sich daraus, daß im Diagramm Abb. 138 die Strecke $ts = 24{,}9$ mm, im Diagramm Abb. 158 aber nur 14,3 mm beträgt. Weil die Diagrammkonstanten bei 40 Perioden wesentlich größer geworden sind, liegt die Spitze des Stromdreiecks s in Abb. 158 viel zu nahe am Punkt b und der Motor arbeitet weit unterhalb seines maximalen Leistungsfaktors.

Man sieht daraus, daß sich ein für 50 Perioden gebauter Motor zur Not auch bei gleicher Nutzleistung für 40 Perioden verwenden läßt, sein Leistungsfaktor wird aber wesentlich verbessert, wenn er eine Statorwicklung mit veränderter Drahtzahl

$$N_1' = N_1 \sqrt{\frac{f_1}{f_1'}} = N_1 \sqrt{\frac{50}{40}} = 1{,}12\, N_1$$

erhält, wie im Abschnitt 3 gezeigt ist. Allerdings verschlechtert sich bei der Neuwicklung der Wirkungsgrad — er geht von 0,81 auf 0,77 zurück —, aber dieser Rückgang macht sich nur bei einem kleinen Motor in so erheblichem Umfang bemerkbar.

b) Änderung der Periodenzahl und der Klemmenspannung.

Wenn sich die Klemmenspannung proportional der Periodenzahl ändert, so bleibt wohl das Diagramm Abb. 138 gültig, aber die Leistung des Motors wird kleiner, weil die Klemmenspannung nur

$$220 \cdot \frac{40}{50} = 176 \text{ Volt}$$

beträgt. Der Statorstrom hat in Abb. 138 seine normale Größe beibehalten

$$I_1 = C_{I_1}\, \overline{i\,s} = 0{,}142 \cdot 29{,}5 = 4{,}19 \text{ Ampere},$$

weil die Konstante des Stator- und Rotorstromes dieselbe geblieben ist, aber die Leistungskonstanten sind nur noch

$$C'_{L_1} = C_{L_1} \cdot \frac{f'_1}{f_1} = 54{,}1 \cdot \frac{40}{50} = 43{,}3$$

$$C'_{L_2} = C_{L_2} \cdot \frac{f'_1}{f_1} = 0{,}0737 \cdot \frac{40}{50} = 0{,}059\,.$$

Daher beträgt die aufgenommene Leistung nur

$$L_1 = C'_{L_1} \cdot t\,s = 43{,}3 \cdot 24{,}9 = 1080 \text{ Watt}$$

und die abgegebene

$$L_2 = C'_{L_2} \cdot r\,s = 0{,}059 \cdot 20{,}4 = 1{,}2 \text{ PS}.$$

Dagegen ist die Konstante des Drehmomentes unverändert geblieben und das Drehmoment ist

$$M = C_M \cdot v\,s = 0{,}0527 \cdot 21{,}5 = 1{,}132 \text{ kgm}.$$

Die Schlüpfung beträgt etwa 5 % wie beim normalen Betrieb mit 50 Perioden, aber die Drehzahl ist natürlich nur

$$n = n'_1 \left(\frac{100 - s}{100}\right) = 800 \cdot 0{,}95 = 760\,.$$

Von Wichtigkeit ist besonders, daß sich die Drehmomentkonstante und die Schlüpfung nicht ändert, wenn die Klemmenspannung proportional der Periodenzahl zu- oder abnimmt, und hierauf beruht das Anlassen mit dem Generator.

c) Umwickeln eines Motors für eine andere Periodenzahl.

Aus den im 125. Abschnitt, Absatz 3, angegebenen Gründen ist es vorteilhaft, beim Berechnen eines Motors für f'_1 statt f_1 Perioden, die Drahtzahl der Statorwicklung

$$N'_1 = \sqrt{\frac{f_1}{f'_1}} \cdot N_1$$

zu wählen. Wenn wir unseren Motor für eine Klemmenspannung von 220 Volt und 40 Perioden wickeln wollen, muß demnach

$$N_1' = \sqrt{\frac{50}{40}} N_1 = 1{,}12 \cdot 594 = 666$$

gemacht werden. Die so erhaltene Zahl ist daraufhin zu prüfen, ob sie „möglich“, d. h. durch die Nutenzahl einer Phase teilbar ist. Zufällig ist in unserem Beispiel diese Bedingung mit recht befriedigender Genauigkeit erfüllt; die neue Wicklung muß 37 Drähte in jeder Nut haben gegenüber 33 bei der Normalwicklung, und es ist

$$37 = \sqrt{\frac{50}{40}} \cdot 33 = 1{,}12 \cdot 33.$$

Wenn der Motor bei 40 Perioden ebensoviel leisten soll wie bei 50 Perioden, so läßt sich diese Forderung nur dadurch erkaufen, daß die Kupferverluste in der Statorwicklung erhöht werden. Wenn nämlich in jede Nute 37 statt 33 Drähte untergebracht werden sollen so muß der Drahtquerschnitt kleiner genommen werden, damit die erhöhte Drahtzahl Platz finden kann. Statt des Drahtes von 1,3 mm Durchmesser und 1,32 mm² Querschnitt müssen wir Draht von 1,2 mm Durchmesser und 1,13 mm² Querschnitt verwenden, und da außerdem die Drahtlänge im Verhältnis 37 : 33 zunimmt, steigt der Widerstand der Statorwicklung von 2,2 Ohm auf

$$R_1 = 2{,}2 \cdot \frac{37}{33} \cdot \frac{1{,}32}{1{,}13} = 2{,}87 \text{ Ohm}.$$

Die Luftinduktion und daher auch die Eiseninduktionen sind im Verhältnis $\sqrt{\frac{f_1}{f_1'}}$ größer, und daher muß eigentlich eine neue Rechnung aufgestellt werden, um die für das Eisen nötige Amperewindungszahl zu ermitteln. Da die Erhöhung der Induktion aber nur 12 % beträgt, ist es zulässig anzunehmen, daß die Amperewindungszahl für die Magnetisierung auch nur um 12 % zunimmt. Im gleichen Verhältnis ist aber auch die Drahtzahl größer geworden, und daher ist bei 40 Perioden der Magnetisierungsstrom genau so groß wie beim Motor für 50 Perioden.

Deshalb sind alle Konstanten vollständig ungeändert bis auf

$$C_{I_2}' = C_{I_2} \cdot \sqrt{\frac{50}{40}} = 0{,}605 \cdot 1{,}12 = 0{,}678$$

infolge des geänderten Übersetzungsverhältnisses $N_1' : N_2$ und bis auf die Drehmomentkonstante

$$C_M' = C_M \cdot \frac{f_1}{f_1'} = 0{,}0527 \cdot 1{,}25 = 0{,}066.$$

Die Winkel α und β sind größer geworden, denn die Kupferverluste haben im Stator durch den größeren Widerstand, im Rotor durch den größeren Strom zugenommen. Es ist

$$\operatorname{tg} \alpha = a_1 \cdot R_1 \cdot \frac{C_{I_1}^2}{C_{L_1}} \cdot b d = 3 \cdot 2{,}87 \, \frac{0{,}142^2}{54{,}1} \cdot 100 = 0{,}32$$

$$\operatorname{tg}(\alpha + \beta) = \operatorname{tg} \alpha + a_2 \cdot R_2 \frac{C_{I_2}^2}{C_L} \cdot b d = 0{,}32 + 0{,}229 = 0{,}549.$$

Abb. 159 zeigt das Diagramm des Motors bei einer Belastung von 1,5 PS. Es ist:

$$L_2 = C_{L_2} \cdot r s = 0{,}0737 \cdot 20{,}4 = 1{,}5 \text{ PS}$$

$$L_1 = C_{L_1} \cdot t s = 54{,}1 \cdot 26{,}4 = 1430 \text{ Watt}$$

$$\eta = \frac{r s}{t s} = \frac{20{,}4}{26{,}4} = 77{,}4$$

$$M = C'_M \cdot v s = 0{,}066 \cdot 22{,}1 = 1{,}46 \text{ kgm}$$

$$I_1 = C_{I_1} \cdot i s = 0{,}142 \cdot 31{,}2 = 4{,}42 \text{ Amp.}$$

$$I_2 = C_{I_2} \cdot b s = 0{,}678 \cdot 26{,}4 = 17{,}9 \text{ Amp.}$$

$$\cos \varphi = \frac{t s}{i s} = \frac{26{,}4}{31{,}2} = 0{,}846$$

$$s = 7{,}3\,\%.$$

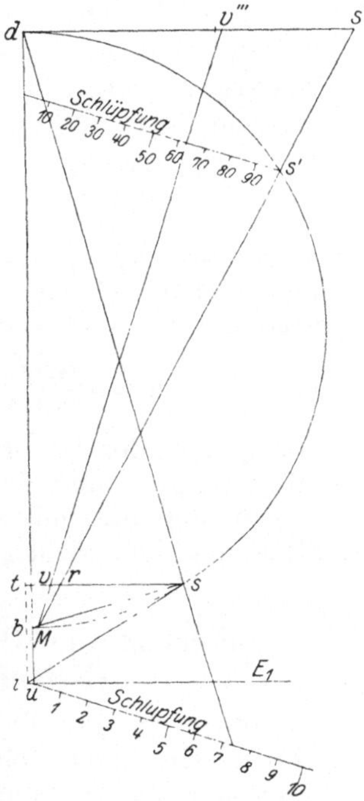

Abb. 159.

Die Veränderungen gegenüber dem Diagramm Abb. 158 sind sehr wesentlich. In Abb. 158 arbeitete der Motor weit unterhalb seines günstigsten Leistungsfaktors und er konnte im Dauerbetrieb mit Rücksicht auf seine Erwärmung gar nicht so hoch — nämlich mit etwa 2,3 PS — belastet werden, als seinem günstigsten Leistungsfaktor entsprach. Im Diagramm Abb. 159 dagegen arbeitet der Motor bei 1,5 PS Leistung annähernd mit seinem günstigsten Leistungsfaktor, dagegen ist seine Schlüpfung schon auf 7,3 % gestiegen und seine Überlastungsfähigkeit hat bedeutend abgenommen.

Gegenüber dem Normalmotor bei 50 Perioden ist auch der Motor mit dem Diagramm Abb. 159 wesentlich verschlechtert aus dem einfachen Grunde, weil wir ihn für eine 25 % höhere Leistung berechnet haben, denn eigentlich sollte dem für 40 Perioden verwendeten Motor entsprechend seiner Synchrondrehzahl von 800 nur eine Leistung von 1,2 PS zugemutet werden.

136. Änderung des Rotorwiderstandes, Berechnung eines Rotoranlassers. (Beispiel zu Abschnitt 126.)

Um nicht einer besonderen Figur zu bedürfen, sondern das Diagramm Abb. 138 ohne weiteres benützen zu können, wollen wir den Rotoranlasser für die Bedingung berechnen, daß der Motor mit seinem Vollbelastungsstrom unter Entwicklung seines normalen Drehmomentes anziehen soll. Der Widerstand des sterngeschalteten Anlassers wird nach Gleichung (714) in jeder Phase

$$R_a = \left[\frac{C_{L_1}}{a_2 \cdot C_{I_2}^2\, b\, d}\,(\operatorname{tg} \sphericalangle d\,b\,s - \operatorname{tg} \alpha)\right] - R_2$$

$$= \left[\frac{54{,}1}{3 \cdot 0{,}605^2 \cdot 100}\,(3{,}73 - 0{,}245)\right] - 0{,}09 = 1{,}63 \text{ Ohm.}$$

Den Winkel $d\,b\,s$ messen wir mit Hilfe eines Transporteurs zu 75^0 und $\operatorname{tg} 75^0 = 3{,}73$.

Bedienen wir uns der Näherungsgleichung (715), so erhalten wir

$$R_a = \frac{C_{L_1}}{a_2 \cdot C_{I_2}^2 \cdot b\,d}\,\operatorname{tg} \sphericalangle d\,b\,s = \frac{54{,}1}{3 \cdot 0{,}605^2 \cdot 100} \cdot 3{,}73 = 1{,}84,$$

also einen nur wenig abweichenden Wert. Selbst die Näherungsgleichung (716), bei der nicht einmal die Kenntnis des Diagrammes vorausgesetzt ist, gibt noch einen brauchbaren Wert, nämlich

$$R_a = \frac{a_2 \cdot E_2^2}{736 \cdot \mathrm{PS}} = \frac{3 \cdot 30^2}{736 \cdot 1{,}5} = 2{,}46 \text{ Ohm.}$$

Je größer der Motor ist, oder, exakter ausgedrückt, je höher der Wirkungsgrad und der Leistungsfaktor eines Motors ist, um so mehr stimmen die mittels der Näherungsgleichungen erhaltenen Resultate mit dem richtigen Wert überein.

137. Regulierung der Drehzahl durch Widerstände im Rotor. (Beispiel zu Abschnitt 127.)

Ist die Frage gestellt: Wie groß muß der Widerstand im Rotorstromkreis sein, damit beim normalen Drehmoment der Motor mit 600 Touren läuft? so findet man die Lösung folgendermaßen:

Das Stromdreieck bei Normalleistung ist $i\,b\,s$ in Abb. 145 und das normale Drehmoment $= \overline{v\,s}$. 600 Umdrehungen entsprechen einer Schlüpfung von $40\,^0/_0$. Es ist nun parallel zum normalen Schlüpfungsmaßstab $\overline{p'\,s'}$ ein neuer Schlüpfungsmaßstab so einzuziehen, daß er vom Schlüpfungszeiger $d\,s$ im Punkt 40 seiner Teilung getroffen wird. Nach kurzem Probieren finden wir den neuen Schlüpfungsmaßstab $p'''\,s'''$, der dieser Forderung entspricht, und wir messen mit Hilfe eines Transporteurs den Winkel

$$\beta' = \sphericalangle d\,b\,s''' = 60^0$$

$$\operatorname{tg} 60^0 = 1{,}73$$

und erhalten nach Formel (723)

$$R_a = \left[\frac{C_{L_1}}{a_2 \cdot C_{I_2}^2}\,\frac{\operatorname{tg} \sphericalangle d\,b\,s''' - \operatorname{tg} \alpha}{b\,d}\right] - R_2$$

$$= \left[\frac{54{,}1}{3 \cdot 0{,}605^2}\,\frac{1{,}73 - 0{,}245}{100}\right] - 0{,}09 = 0{,}730 - 0{,}09 = 0{,}64 \text{ Ohm.}$$

138. Rotor mit Gegenschaltung. (Beispiel zu Abschnitt 128.)

Die normale Rotorwicklung hat für jede Phase eine Drahtzahl

$$N_2 = 144$$

und in jeder Nute liegen 12 Drähte. Wenn wir diese Wicklung zur Gegenschaltung ausbilden wollen, müssen wir sie in zwei Gruppen teilen, deren elektromotorische Kräfte sich beim Anlassen teilweise aufheben. Geben wir der Gruppe N_a und der Gruppe N_b je 6 Drähte in jeder Nut, so würden sich die elektromotorischen Kräfte vollkommen aufheben und der Rotor würde nicht anlaufen. Um beide Gruppen leicht gegeneinander isolieren zu können, wird man vermeiden, jeder Gruppe eine ungerade Drahtzahl pro Nut zu geben und man behält daher die Möglichkeit, der ersten Gruppe 8 oder 10, der zweiten Gruppe 4 oder 2 Drähte in jeder Nut zuzuteilen, und demnach wird

$$N_a = 96 \text{ oder } 120,$$
$$N_b = 48 \text{ oder } 24.$$

Wir wollen für beide Möglichkeiten die Rechnung durchführen und erhalten im ersten Fall

$$N_2 = N_a - N_b = 96 - 48 = 48,$$

$$C'_{I_2} = (1+\tau)\, C_{I_1} \frac{N_1}{N_a - N_b} = 1{,}03 \cdot 0{,}142 \frac{594}{48} = 1{,}81$$

$$\operatorname{tg}(\alpha + \beta'') = \operatorname{tg}\alpha + a_2 \cdot R_2 \cdot \frac{C''^2_{I_2}}{C_{L_1}} \cdot bd = 0{,}245 + 3 \cdot 0{,}09 \frac{1{,}81^2}{54{,}1} \cdot 100 = 1{,}87$$

$$\alpha + \beta'' = 62^0.$$

Wenn der Motor mit seinem normalen kurzgeschlossenen Rotor ohne Gegenschaltung angelassen wird, so ist sein Anlaufstrom Abb. 160

$$I_a = C_{I_1} \cdot \overline{is'} = 0{,}142 \cdot 100 = 14{,}2 \text{ Amp.}$$

und sein Anlaufdrehmoment

$$M_a = C_M \cdot \overline{v's'} = 0{,}0527 \cdot 14{,}5 = 0{,}76 \text{ kgm.}$$

Wenn wir ihn aber in der Gegenschaltung anlassen, so ist der Anlaufstrom

$$I_a = C_{I_1} \cdot \overline{is''} = 0{,}142 \cdot 52 = 7{,}4 \text{ Amp.}$$

und sein Drehmoment

$$M_a = C_M \cdot \overline{v'' s''} = 0{,}0527 \cdot 34{,}5 = 1{,}82 \text{ kgm.}$$

Die Gegenschaltung wirkt daher außerordentlich günstig, sie hat das Anlaufdrehmoment auf das 2,4-fache erhöht und gleichzeitig den Anlaufstrom um die Hälfte verkleinert.

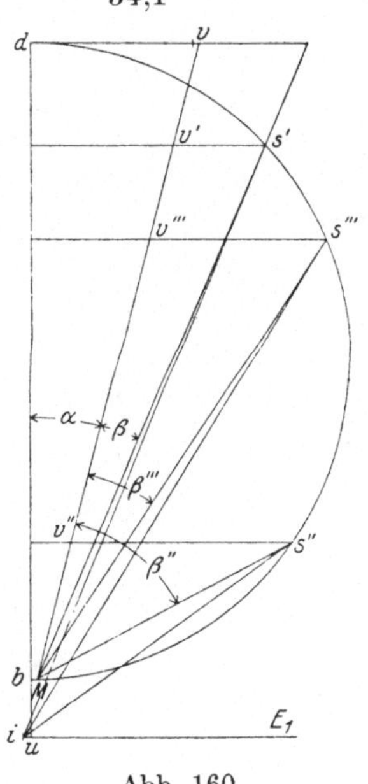

Abb. 160.

Lange nicht so günstig würde sich die Gegenschaltung äußern, wenn wir die andere Gruppeneinteilung vornähmen. Es würde sich ergeben

$$N_2 = N_a - N_b = 120 - 24 = 96$$

$$C''_{I_2} = (1 + \tau_1) C_{I_1} \frac{N_1}{N_a - N_b} = 1{,}03 \cdot 0{,}142 \cdot \frac{594}{96} = 0{,}91$$

$$\operatorname{tg}(\alpha + \beta) = \operatorname{tg}\alpha + a_2 \cdot R_2 \frac{C''^2_{I_2}}{C_{L_1}} \cdot b\,d$$

$$= 0{,}245 + 3 \cdot 0{,}09 \cdot \frac{0{,}91^2}{54{,}1} \cdot 100 = 0{,}658.$$

$$\alpha + \beta''' = 33{,}5^0$$

$$I'''_a = C_{I_1} \cdot \overline{s'''} = 0{,}142 \cdot 91 = 12{,}9 \text{ Amp.}$$

$$M'''_a = C_M \cdot \overline{v''' s'''} = 0{,}0527 \cdot 27{,}5 = 1{,}45 \text{ kgm.}$$

139. Berechnung eines Statoranlassers. (Beispiel zu Abschnitt 129.)

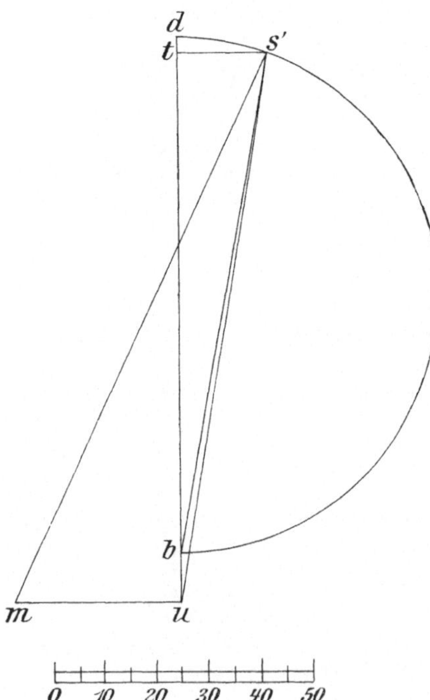

Abb. 161.

Um für unseren Motor einen Anlasser im Stator berechnen zu können, wollen wir annehmen, daß er mit seinem im Abschnitt 122 berechneten Kurzschlußanker ausgerüstet ist und daß der Anlasser so zu dimensionieren sei, daß der Anlaufstrom gleich dem Statorstrom bei Vollbelastung sein, also nur 4,19 Ampere betragen soll. Wir zeichnen in Abb. 161 den Diagrammkreis $b\,d = 100$ mm, tragen den Winkel $d\,b\,s' = \beta$ so auf, daß $\operatorname{tg}\beta = 0{,}183$ ist, und haben nun das Stromdreieck $u\,s'\,b$ des stillstehenden Motors bei widerstandslosem Stator. Wir messen das Diagramm $\overline{u\,s'} = 107{,}5$ mm und erhalten einen Anlaufstrom von

$$I_a = 107{,}5 \cdot 0{,}142 = 15{,}3 \text{ Amp.}$$

Um diesen Strom auf die gewünschten 4,19 Ampere herunterzubringen, muß ε die Größe haben

$$\varepsilon = \frac{15{.}3}{4{,}19} = 3{,}65.$$

Wir suchen nun einen Punkt m, der der Bedingung genügt,

$$\varepsilon = \frac{m s'}{m u} = 3{,}65 = \frac{117}{32}$$

und finden unschwer

$$m s' = 117$$
$$m u = 32 .$$

Nun wird nach Gleichung (731)

$$R_a = \frac{E_1}{C_{I_1} \cdot u m} - R_1 = \frac{127}{0{,}142 \cdot 32} - 2{,}2 = 28 - 2{,}2 = 25{,}8 \text{ Ohm}.$$

Der Gesamtwiderstand einer Statorphase plus Vorschaltwiderstand beträgt 28 Ohm, und daher würden nur $\frac{127}{28} = 4{,}53$ Amp. vom Ohmschen Widerstand des Statorstromkreises durchgelassen und die Selbstinduktion usw. hat lediglich die Reduktion um 0,34 Amp. zur Folge. Die Anzugskraft des Motors ist sehr gering, sie beträgt nämlich nur

$$M_a = \frac{C_M \cdot t s'}{\varepsilon^2} = \frac{0{,}0527 \cdot 17}{3{,}65^2} = 0{,}0673 .$$

Da wir den Reibungsverlust des mit voller Drehzahl laufenden Motors zu 44 Watt angenommen haben, ist die Strecke bM im Heyland-Diagramm $= 0{,}81$ mm. Die Lagerreibung erfordert daher ein Drehmoment von

$$M_r = C_M \cdot bM = 0{,}0527 \cdot 0{,}81 = 0{,}0427 \text{ kgm}$$

und beansprucht beinahe das ganze vom Motor entwickelte Drehmoment.

Beim Stillstand ist allerdings der Luftwiderstand Null, dagegen ist die ruhende Reibung viel größer als die des laufenden Motors, und daher wird der Motor mit diesem Anlasser bei 4,19 Amp. Statorstrom kaum leer anlaufen, nur wenn er von Hand etwas angetrieben wird, wird er hochkommen. Man sieht aus diesem Beispiel deutlich, wie ungünstig ein Statoranlasser wirkt.

Hätten wir mit einem Rotoranlasser den Anlaufstrom auf 4,19 heruntergedrückt, so würde der Motor ein Anzugsdrehmoment von der Größe seines normalen Drehmomentes bei Vollbelastung entwickelt haben.

140. Änderung der Streuung, Anlassen mittels Drosselspulen. (Beispiel zu Abschnitt 130.)

a) Drosselspulen im Statorstromkreis.

Damit ein möglichst einfacher Vergleich mit den folgenden beiden Beispielen ermöglicht wird, wollen wir dem Stator unseres Motors als Drosselspule die Statorwicklung eines zweiten identisch gebauten Motors vorschalten. Wir müssen an dem zweiten Motor natürlich den neutralen Punkt auflösen, damit wir jeder Phase des ersten Motors je eine Phasenwicklung des zweiten Motors vorschalten können.

Natürlich muß die Rotorwicklung des als Drosselspule verwendeten Motors offen sein.

Schließen wir den zweiten Motor an die Netzspannung von 220 Volt an, so verteilt sich die Phasenspannung von 127 Volt zu genau gleichen Teilen auf die beiden in Serie geschalteten Statoren. Wir werden also an jeder Phase sowohl im ersten als im zweiten Motor 63,5 Volt messen, und nach Gleichung (734) wird

$$\xi_1 = \frac{E_s}{E_1} = \frac{63{,}5}{63{,}5} = 1\,.$$

Der Magnetisierungsstrom, der beide Motoren durchfließt, ist nach Gleichung (736)

$$I'_m = \frac{I_m}{1+\xi_1} = \frac{I_m}{2} = \frac{1{,}32}{2} = 0{,}66 \text{ Amp.},$$

ein Resultat, das in diesem einfachen Fall selbstverständlich ist.

Wir müssen also in Abb. 148b gemäß der Gleichung (737)

$$u'b = \frac{u\,b}{1+\xi_1} = \frac{9{,}3}{2} = 4{,}65 \text{ mm}$$

eintragen.

$u'b$ stellt den Magnetisierungsstrom des Motors dar und der zugehörige Diagrammkreis hat nach Formel (735) den Durchmesser

$$\overline{b\,d'} = \frac{u'b}{\tau+\xi_1+\tau\cdot\xi_1} = \frac{4{,}65}{1{,}186} = 3{,}9 \text{ mm.}$$

Schließen wir daher den stillstehenden Rotor des ersten Motors kurz, so erhalten wir, wenn wir die Ohmschen Widerstände vernachlässigen, den idealen Kurzschlußstrom des Motors

$$I_a = C_{I_1}\cdot u'\,d' = 0{,}142\cdot(4{,}65+3{,}90) = 1{,}22 \text{ Amp.}$$

Das groteske Aussehen des Diagrammes Abb. 148b überrascht im ersten Augenblick, die Sache wird aber sofort verständlich, wenn man sich überlegt, daß der Kurzschlußstrom $u'd' = 8{,}55$ mm unbedingt kleiner sein muß als der Magnetisierungsstrom $u\,b = 9{,}3$ mm des normalen Motors. In der großen vorgeschalteten Selbstinduktion würde nämlich beim normalen Magnetisierungsstrom von 1,32 Ampere schon die ganze Phasenspannung von 127 Volt aufgezehrt, und für den Motor bzw. für das kleine Diagramm $u'b\,d'$ bliebe überhaupt keine Spannung zur Verfügung.

Schon beim Strom von 1,22 Ampere wird nahezu die gesamte Phasenspannung von der vorgeschalteten Selbstinduktion absorbiert, denn es muß die Proportion gelten

$$\frac{1{,}32}{127} = \frac{1{,}22}{117{,}5},$$

d. h. wenn bei 1,32 Ampere 127 Volt benötigt werden, so muß die Spannung an der vorgeschalteten Selbstinduktion 117,5 Volt betragen, wenn die Stromstärke 1,22 Ampere beträgt. Für den Motor mit kurzgeschlossenem Rotor bleiben tatsächlich nur 9,5 Volt Phasenspannung übrig.

Daß die Rechnung richtig ist, läßt sich in folgender Weise kontrollieren. Die Spannungen müssen sich auf die beiden Maschinen verteilen wie die magnetischen Flüsse in den Statoren. Der Statorfluß in dem als Selbstinduktion verwendeten Motor ist proportional

$$\Phi \sim a d = b d (1 + \tau_1) = \frac{u d}{1 + \tau_2} = \frac{109{,}3}{1{,}059} = 103{,}2$$

und im Motor mit kurzgeschlossenem Rotor

$$\Phi \sim a' d' = b d' (1 + \tau_1)(1 + \xi_1) = \frac{u' d'}{1 + \tau_2} = \frac{8{,}55}{1{,}059} = 8{,}07 .$$

Es ist auch in der Tat

$$\frac{117{,}5}{103{,}2} = \frac{9{,}5}{8{,}07} .$$

Der Punkt *a* bzw. die Strecke *a d* im Kreisdiagramm ist im II. Kapitel ausführlich behandelt.

Im kurzgeschlossenen Rotor wird natürlich überhaupt kein nennenswertes Drehmoment entwickelt, wenn der Stator eine Phasenspannung von nur 9,5 Volt erhält, und schon aus der Kleinheit des Diagramms Abb. 148 b geht hervor, daß der Motor alle wertvollen Eigenschaften verliert, wenn seinem Stator eine so große Selbstinduktion vorgeschaltet wird. Auch eine kleinere Selbstinduktion wirkt schädlich, und daher verwendet man in der Praxis niemals vorgeschaltete Drosselspulen im Statorstromkreis zum Anlassen.

b) Drosselspulen im Rotorstromkreis.

Lange nicht so ungünstig wirken Drosselspulen im Rotorstromkreis, und um dies zu zeigen, wollen wir nunmehr den Stator unseres Motors wieder an seine volle Klemmenspannung von 220 Volt anschließen und wollen die Schleifringe des Rotors mit den Schleifringen eines identischen zweiten Motors verbinden.

Wenn der Rotor des ersten Motors synchron läuft und stromlos ist, bleibt der Magnetisierungsstrom der normale von 1,32 Ampere, und es ist in Abb. 148c *u b* genau so groß wie in Abb. 148a einzuzeichnen. Bei Belastung macht sich aber die in den Rotorstromkreis eingeschaltete Selbstinduktion bemerkbar, denn wir haben die Rotorstreuung erhöht, und es ist nach Gleichung (744)

$$\xi_2 = 1 ,$$

weil die vorgeschaltete Selbstinduktion gerade so groß ist wie die eigene Selbstinduktion des Rotors.

Der Diagrammkreis erhält nur einen Durchmesser von

$$b d' = \frac{u b}{\tau} \cdot \frac{1}{1 + \xi_2} = \frac{9{,}3}{0{,}093} \cdot \frac{1}{2} = 50 \text{ mm.}$$

Der Anlaufstrom des Motors beträgt

$$I_a = C_{I_1} \cdot \overline{u s'} = 0{,}142 \cdot 55{,}5 = 7{,}9 \text{ Ampere}$$

und das Anlaufdrehmoment

$$M_a = C_M \cdot v s' = 0{,}0527 \cdot 8 = 0{,}422 \text{ kgm.}$$

Die Anlaßmethode ist daher verwendbar. der Anlaufstrom wird heruntergedrückt und es ist auch noch ein in vielen Fällen genügendes Anlaufdrehmoment vorhanden. Für einen rohen Überschlag kann man annehmen, daß die Ströme, das Drehmoment und die Leistung ungefähr im Verhältnis $\frac{1}{1+\xi_2}$ durch die Drosselspulen herabgesetzt sind. Als Nachteil bringt diese Anlaßmethode mit sich, daß der Leistungsfaktor wesentlich verkleinert wird, solange die Drosselspulen eingeschaltet sind.

Die Abb. 148d ist im folgenden Abschnitt behandelt.

141. Kaskadenschaltung. (Beispiel zu Abschnitt 132.)

Zur Vervollständigung soll noch untersucht werden, wie sich der Motor verhält, wenn er genau so — wie im vorhergehenden Abschnitt besprochen wurde — geschaltet ist, wenn er aber als Kaskade arbeitet. Um die Schaltung nochmals zu wiederholen: Wir schließen den Motor I an die Netzspannung von 220 Volt an, verbinden seine 3 Schleifringe mit den 3 Schleifringen des Motors II in solcher Reihenfolge, daß der Drehsinn in beiden Maschinen derselbe ist. Nun kuppeln wir beide Maschinen mechanisch. Im Motor II ist der Rotor der primäre, der Stator der sekundäre Teil.

Zuerst wollen wir berechnen, welche Klemmenspannung E_3 an den Statorklemmen des Motors II bei Stillstand beider Maschinen herrscht. Wenn der Stator I mit der Phasenspannung E_1 erregt wird, hat sein Rotor die Phasenspannung

$$E_2 = \frac{E_1}{(1+\tau_1)} \cdot \frac{N_2}{N_1} = \frac{127}{1{,}03} \cdot \frac{144}{594} = 30 \text{ Volt.}$$

Dieselbe Phasenspannung hat der Motor II auf seiner Primärseite, deshalb beträgt seine Sekundärspannung

$$E_3 = \frac{E_2}{1+\tau_2'} \cdot \frac{N_1}{N_2'},$$

wenn mit τ_2', N_1', N_2' der Streuungskoeffizient des Rotors, die Stator- und Rotordrahtzahl der Maschine II bezeichnet werden. Es ist also

$$E_3 = \frac{E_1}{(1+\tau_1)(1+\tau_2')} \cdot \frac{N_2}{N_1} \cdot \frac{N_1'}{N_2'}$$

und wenn beide Motoren identisch gebaut sind

$$E_3 = \frac{E_1}{1+\tau} = \frac{127}{1{,}093} = 116 \text{ Volt.}$$

Wenn man an die Statorklemmen der Maschine II einen Anlasser anschließt, so wird sich das Aggregat in Bewegung setzen und der synchronen Drehzahl der Kaskade $n_k = 500$ zustreben, denn es ist nach Gleichung (749)

$$n_k = \frac{n_1 \cdot p_1}{p_1 + p_2} = \frac{1000 \cdot 3}{3 + 3} = 500.$$

Bei Stillstand und offener Statorwicklung der Maschine II führt der Motor I denselben Magnetisierungsstrom wie beim Synchronismus der Kaskade, wenn der Stator kurzgeschlossen ist.

Die Ströme im Aggregat lassen sich in folgender Weise berechnen: Der Strom im Stator II $= 0$. Der Rotor II ist mit 30 Volt erregt und daher herrscht im Motor II beim Stillstand eine Luftinduktion

$$\mathfrak{B}_l = \frac{30 \cdot 10^8}{2{,}22\,(1 + \tau_2) \cdot c_2 \cdot k_2 \cdot N_2 \cdot F_l \cdot f_1}$$

$$= \frac{30 \cdot 10^8}{2{,}22 \cdot 1{,}059 \cdot 0{,}583 \cdot 1 \cdot 144 \cdot 59{,}5 \cdot 50} = 5120.$$

Die Koeffizienten c_2 und k_2 können der Tabelle auf Seite 383 entnommen werden. Da 1,32 Ampere im Stator eine Luftinduktion von 5430 erzeugen, muß die Proportion bestehen

$$\frac{5430}{5120} = \frac{1{,}32 \cdot N_1}{I_2 \cdot N_2}$$

und wir finden daher die Rotorstromstärke in der Maschine II

$$I_2 = 1{,}32 \cdot \frac{N_1}{N_2} \cdot \frac{5120}{5430} = 1{,}32 \frac{594}{144} \cdot \frac{5120}{5430} = 5{,}14 \text{ Amp.}$$

In der Maschine I führt demnach der Rotor auch 5,14 Ampere reinen Blindstrom, und zu seiner Kompensation benötigt der Stator

$$I_1 = \frac{5{,}14}{1 + \tau_1} \cdot \frac{N_2}{N_1} = \frac{5{,}14}{1{,}03} \cdot \frac{144}{594} = 1{,}206 \text{ Amp.}$$

Der Faktor $(1 + \tau_1)$ steht deshalb im Nenner, weil ganz allgemein der Rotorstrom die Größe $(1 + \tau_1) \cdot \overline{bs}$ besitzt, wenn $\overline{bs}$ im Diagramm die Rotoramperewindungen, $\overline{us}$ im gleichen Maßstab die Statoramperewindungen darstellt.

Im Motor I löschen sich der Statorstrom von 1,206 Ampere und der Rotorstrom von 5,14 Ampere so vollständig aus, daß beide zusammen das Statorfeld Null ergeben.

Für seine eigene Magnetisierung braucht aber der Motor I seinen **normalen** Magnetisierungsstrom von 1,32 Ampere. Daher ist der ge**samte** Statorstrom, da beide Komponenten reinen Blindstrom enthalten

$$I_k = 1{,}206 + 1{,}32 = 2{,}526 \text{ Amp.}$$

und es ist
$$1{,}206 = \frac{1{,}32}{1 + \tau}.$$

Wenn wir daher den Streuungskreis der Kaskade aus dem Streuungskreis des normalen Motors ableiten wollen, müssen wir bei

$$\overline{bd} = 100 \text{ mm}$$

$$\overline{ub} = \overline{bd} \cdot \tau = 100 \cdot 0{,}093 = 9{,}3 \text{ mm}$$

$$b'd = \frac{bd}{1+\tau} = \frac{100}{1{,}093} = 91{,}5 \text{ mm}$$

groß zeichnen, und es wird

$$\overline{bd'} = \frac{ub}{1+\tau}$$

$$\overline{ub'} = \frac{2+\tau}{1+\tau} \overline{ub} = \frac{2{,}093}{1{,}093} \cdot 9{,}3 = 17{,}8 \text{ mm}.$$

Der Magnetisierungsstrom der Kaskade ist daher beinahe doppelt so groß wie der des normalen Motors, nämlich

$$I_k = C_{I_1} \cdot 17{,}8 = 2{,}526$$

gegenüber 1,32 Ampere.

Hätten wir diese Untersuchung beim Synchronismus der Kaskade vorgenommen, so hätten wir genau die gleiche Luftinduktion von 5120 in der Maschine II erhalten. Bei 500 Touren beträgt allerdings die Spannung E_2 nur halb soviel wie beim Stillstand, also nur 15 Volt, dafür ist aber auch die Periodenzahl des Stromes in den Rotoren nur 25, weil der Motor I mit $50\,^0/_0$ Schlüpfung läuft.

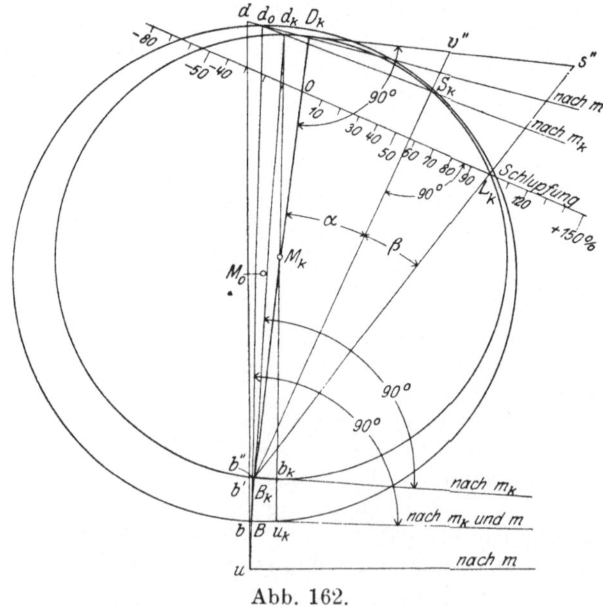

Abb. 162.

Die Abb. 162 stellt die beiden Kreise dar, auf denen sich die Spitze s des Stromdreiecks bewegt, wenn die Kaskade mit Schlüpfungen von $+\infty$ bis $-\infty$ arbeitet. In der Nähe von 1000 Umdrehungen zeigt die Kaskade dasselbe Verhalten wie Motor I allein.

Bei 1000 Touren ist die Maschine I im Synchronismus, ihr Stator führt den Magnetisierungsstrom

$$I_m = 1{,}32 \text{ Ampere},$$

ihr Rotor ist stromlos. Natürlich ist in der Maschine II Stator und Rotor stromlos und spannungslos.

Die Abb. 162 ist in folgender Weise gezeichnet. Es ist

$$\overline{b\,d} = 100 \text{ mm},$$

der Durchmesser des normalen Streuungskreises der Maschine I und

$$\overline{u\,b} = \tau \cdot \overline{b\,d} = 0{,}093 \cdot 100 = 9{,}3 \text{ mm}.$$

Wir bestimmen den zugehörigen Kupferkreis, indem wir

$$u\,m = \frac{E_1}{I_m \cdot R_1}\,u\,b = \frac{127}{1{,}32 \cdot 2{,}2}\,9{,}3 = 408 \text{ mm}$$

groß machen. Der Punkt m liegt rechts außerhalb der Abbildung. Nun ziehen wir

$$u\,d_0 \perp b\,m,$$

fällen von d_0 eine Senkrechte auf $u\,m$ und finden in bekannter Weise den Durchmesser und den Mittelpunkt des Kupferkreises für den Motor I genau wie in Abb. 140.

Um den Kupferkreis für den Motor II zu finden, fassen wir die Strecke $B\,b''\,d_0$ als eine Diagrammbasis auf, die aus dem Magnetisierungsstrom $\overline{B\,b''}$ und einem Streuungskreis mit dem Durchmesser $\overline{b''\,d_0}$ besteht. Da der Motor II mit dem Motor I identisch ist, hat er auch denselben Streuungskoeffizient, und wir finden den Punkt b'' aus der Beziehung

$$b''\,d_0 = \frac{B\,d_0}{1+\tau} = \frac{99}{1{,}093} = 90{,}5 \text{ mm}$$

und es ist

$$B\,b'' = 8{,}5 \text{ mm}.$$

Der Vektor der EMK dieses Diagramms liegt in der Richtung $B\,m$ und wir haben auf dieser Strecke einen Punkt m_k zu bestimmen, der der Bedingung genügt

$$\frac{B\,b''}{B\,m_k} = \frac{I_{II}(R_2 + R_3)}{E_2} = \frac{5{,}14 \cdot 2 \cdot 0{,}09}{30} = 0{,}0308.$$

Es wird daher

$$\overline{B\,m_k} = \frac{\overline{B\,b''}}{0{,}0308} = \frac{8{,}5}{0{,}0308} = 276 \text{ mm}.$$

Nun verbinden wir die beiden Punkte d_0 und b'' mit m_k, ziehen

$$\overline{B\,d_k} \perp \overline{b''\,m_k}$$

$$\overline{d_k\,u_k} \parallel \overline{u\,d_0}$$

und erhalten den Durchmesser des kleinen Kupferkreises $b_k d_k = 89$ mm. Wir können nun diesen Kreis beschreiben und den wichtigen Durchmesser $B_k D_k$ des Ossanna-Diagramms einzeichnen. Der kleine Kreis schneidet die Gerade $d_0 m_k$ im Punkt S_k des Ossanna-Diagramms und der

$$\sphericalangle \alpha = D_k B_k S_k$$

berücksichtigt die Widerstände des Stators I, des Rotors I und des Rotors II. Wir messen den Winkel mit Hilfe eines Transporteurs

$$\alpha = 18^0$$

$$\operatorname{tg} \alpha = 0{,}326,$$

können aber zur Kontrolle $\operatorname{tg} \alpha$ auch berechnen, und erhalten

$$\operatorname{tg} \alpha = a_2 (R_2 + R_3) \frac{C_{I_2}^2}{C_L} B_k D_k = 3 \cdot 0{,}18 \frac{0{,}605^2}{54{,}1} \cdot 89 = 0{,}326 .$$

Endlich erhalten wir

$$\operatorname{tg} (\alpha + \beta) = \operatorname{tg} \alpha + a_1 \cdot R_1 \cdot \frac{C_{I_1}^2}{C_L} (1 + \tau_2)^2 \cdot B_k D_k$$

$$= 0{,}326 + 3 \cdot 2{,}2 \cdot \frac{0{,}142^2}{54{,}1} 1{,}059^2 \cdot 89 = 0{,}326 + 0{,}244 = 0{,}570 .$$

Da durch die angewandte Schaltung der Kaskade beim Motor II der Rotor zum primären, der Stator zum sekundären System geworden ist, müssen in diesen Gleichungen natürlich auch die Indizes 1 und 2 ihren Platz tauschen. Die Konstanten C_{I_2} und C_{L_1} sind unverändert wie beim Motor I, nur für den sekundären Teil der Maschine II mußte die Konstante C_{I_1} um den Faktor $(1 + \tau_2)$ vergrößert werden [s. Gleichung (646) Seite 385].

Wir tragen daher in die Abbildung

$$D_k s'' \perp B_k D_k$$

ein, finden, daß

$$D_k v'' = \operatorname{tg} \alpha \cdot B_k D_k = 0{,}326 \cdot 89 = 29 \text{ mm}$$

ist, und machen

$$D_k s'' = \operatorname{tg} (\alpha + \beta) \cdot B_k D_k = 0{,}570 \cdot 89 = 50{,}7 \text{ mm}.$$

Der Schlüpfungsmaßstab geht durch den Punkt L_k und schneidet die Linie $B_k S_k$ rechtwinklig. Er ist richtig für Punkt S_k mit der Schlüpfung $+\infty$, für Punkt L_k mit $s = 100\,^0/_0$, für B_k mit $s = 0$, für d_k mit $s = -90\,^0/_0$, also überhaupt für den kleinen Diagrammkreis S_k bis d_k. Wenn die Spitze s des Stromdreiecks von links nach rechts den Punkt d_k überschritten hat, fängt der Schlüpfungsmaßstab an zu versagen, weil der kleine Kreis seine Gültigkeit verliert und die Spitze des Stromdreiecks allmählich in den großen Diagrammkreis gleitet.

XVII. Konstruktion der Motoren.

142. Bemerkungen über die Fabrikation.

Bei der Konstruktion der Drehstrommotoren sind im allgemeinen dieselben Gesichtspunkte maßgebend wie bei der Konstruktion der übrigen elektrischen Maschinen; nur einige spezifische Eigentümlichkeiten der Asynchronmotoren bedingen in bezug auf Konstruktion und Fabrikation besondere Rücksichten. Diese Eigentümlichkeiten sind: der kleine Luftzwischenraum und die im Vergleich zu Drehstromgeneratoren im allgemeinen hohe Nutenzahl.

Der geringe Luftzwischenraum verlangt in erster Linie äußerst exakte mechanische Bearbeitung, daher intelligente Leitung des Betriebes, geschickte Arbeiter und gute Werkzeugmaschinen. Insbesondere sind die Drehbänke daraufhin zu kontrollieren, ob die Spindeln in ihren Lagern keine Luft haben, damit es möglich ist. auf der Bank einen wirklichen Rotationskörper zu erzeugen; daß der Support parallel zu den Spitzen läuft, damit nicht die Statorbohrung oder der Rotor konisch werden, wodurch ein axialer Zug im Motor auftritt; ob die Antriebszahnräder richtig eingreifen und die Stähle gut geschliffen sind, damit die Drehfläche glatt und sauber wird und nicht ein Umbiegen eines Bleches gegen das andere stattfindet, so daß die Blechisolation überbrückt und eine kontinuierlich eisengeschlossene Bearbeitungsfläche der Bleche hervorgebracht wird, was natürlich große Verluste des Motors im Gefolge haben würde. Wegen des letzteren Umstandes ist es überhaupt günstiger, die letzte Bearbeitung der Bleche nicht mittels eines Drehstahles, sondern mittels einer rotierenden Scheibe (Schmirgel, Karborundum usw.) vorzunehmen. Auf die gleiche Weise müssen die Lagerzapfen bearbeitet werden, falls sie gehärtet sind. Gehärtete Zapfen haben den Vorteil, Abnützung und Lagerreibung zu reduzieren, sie bringen aber als Nachteil mit sich, daß die Welle leicht durch einen starken Stoß bricht, während eine nicht gehärtete sich nur verbiegen würde und evtl. wieder ausgerichtet werden könnte. Wenn das Härten richtig ausgeführt wird, darf die Härte nur höchstens 1 bis 2 mm unter die Oberfläche gehen, der ganze Kern der Welle muß weich bleiben. Zu den Lagerschalen, besonders zu den kleinen ungeteilten, ist hartes Material, Bronze, harter Rotguß u. dergl. zu verwenden, Weißmetall und ähnliches ist mit Rücksicht auf die zu rasche Abnützung zu vermeiden. Die Lagerschalen müssen leicht, aber mit wenig Luft (0,05 bis 0,1 mm) auf die Zapfen und ganz dicht in ihre gußeiserne Fassung, das Lagerschild, passen. Ebenso müssen die Drehflächen des Lagerschildes, der Statorbohrung und des Statorgehäuses genau konzentrisch und dicht passend sein, wenn die Montage eines Motors glatt von statten gehen soll. Man braucht nur zu bedenken, daß ein gekapselter Motor mit 10 PS oder noch höherer

Leistung mit vollständig geschlossenen Lagerschildern ausgeführt werden muß, daß der Luftzwischenraum allerhöchstens 1 mm beträgt und daß man von außen nicht sehen kann, wo sich evtl. der Rotor klemmt, wenn er sich nicht oder doch nur schwer drehen läßt, ob in den Lagern oder ob der Rotor im Stator schleift.

Die allergrößte Sorgfalt ist auf die Auswahl der Bleche zu verwenden. Gewöhnlich schreibt eine elektrotechnische Fabrik ihren Eisenlieferanten vor, daß das zu liefernde Blech gewissen Bedingungen genügen muß, und alle Hütten- und Walzwerke, die sich mit der Herstellung von Dynamoblechen befassen, verfügen heute über so gut ausgestattete Laboratorien, daß sie die Eigenschaften ihrer Bleche genau zu messen vermögen. Dem Rechner gewährt es aber ein besonderes Gefühl der Sicherheit, wenn zur Kontrolle wenigstens von Zeit zu Zeit die bezogenen Bleche im eigenen Werk einer Gegenprobe unterworfen werden. Gewiß lassen selbst die exaktesten Messungen nur in beschränkter Weise einen Schluß auf die Qualität der Bleche zu; denn es ist einesteils nicht möglich, alle Bleche zu untersuchen, andernteils hat selbst eine einzelne Blechtafel keine so homogene Struktur, daß ihre einzelne Stücke ein gleiches magnetisches Verhalten zeigen. Man muß sich also in der Praxis mit einer gewissen Wahrscheinlichkeit begnügen; aber wie aus der Methode der kleinsten Quadrate bekannt ist, setzt die Wahrscheinlichkeitsrechnung voraus, daß die einzelnen Resultate vom Mittelwert wenig abweichen. Ins Praktische übersetzt, darf man also eine Waggonladung Bleche als gut bezeichnen, wenn 20 (oder besser mehr) verschiedenen Tafeln entnommene Proben ohne große Abweichungen ungefähr das gewünschte Resultat ergeben. Jedenfalls lassen die Abweichungen der einzelnen Proben eher einen Schluß auf die Qualität zu als der Mittelwert aus sehr verschiedenen Einzelwerten der Proben: Blech, das große Verschiedenheit zeigt, ist unbedingt minderwertig, denn es zeigt, daß die Fabrikation nicht einwandfrei ist.

Für den Handgebrauch beim Rechnen arbeitet man wohl stets mit Kurven, die den Eisenverlust in Watt, bezogen auf 1 dm^3, als Funktion der magnetischen Induktion bei 50 Perioden darstellen.

Man kann aber die Blechqualität auch dadurch bezeichnen, daß man die Größe der Koeffizienten η und β in der nachstehenden Gleichung angibt. Der Eisenverlust in 1 dm^3 ist

$$V_e = (\eta \cdot f \cdot \mathfrak{B}^{1,6} + \beta \cdot f^2 \mathfrak{B}^2)\, 10^{-4} \quad . \; . \; . \; . \; . \; . \; (757)$$

und der erste Summand stellt den Hysteresisverlust, der zweite den Wirbelstromverlust dar. Bei den üblichen Blechen von 0,5 mm Dicke hat η die Größe 0,0013 bis 0,002, β die Größe von ungefähr 5.

Wenn es sich darum handelt, die Eisenverluste möglichst herabzudrücken, so kann man „legiertes" Blech — der hauptsächliche Zusatz der Legierung ist Silizium — verwenden. Bei legierten Blechen ist η nur 0,0009 und β nur 1,5. Die Verluste lassen sich noch weiter vermindern, wenn statt 0,5 mm Blech solches von nur 0,35 mm verwendet wird.

Legierte Bleche sind wesentlich teurer als die gewöhnlichen, und man wird sie deshalb nicht anwenden, wenn nicht zwingende Gründe dafür vorhanden sind. Abgesehen von ihrem hohen Preis haben die legierten Bleche noch den Nachteil, daß ihre Permeabilität wenigstens bei hohen Sättigungen kleiner ist, als bei guten gewöhnlichen Blechen.

Das Dynamoblech hat die eigentümliche Eigenschaft zu „altern“, d. h. bei manchen Blechsorten steigt der Hysteresisverlust im Laufe der Zeit bis auf seinen doppelten Anfangswert. Es dürfte seine Ursache in den wiederholten Erwärmungen und Abkühlungen haben, also auf einer Art Härtungsprozeß beruhen, der sich allerdings nur innerhalb einer Temperaturdifferenz von ungefähr 100° C, nicht zwischen Rotglut und Abschrecken, abspielt. Das Altern kommt bei Transformatoren mehr in Betracht, da bei diesen Apparaten die Eisenverluste einen noch bedeutenderen Prozentsatz der Gesamtverluste ausmachen. Bei Motoren findet außerdem die Prüfung, ob die gegebene Garantie erreicht ist, so kurz nach der Inbetriebsetzung statt, daß diese Frage für die Fabrik nur von unterordneter Bedeutung ist.

Bekanntlich hat das Eisen eine weitere unangenehme Eigenschaft, es verschlechtert seine magnetischen Qualitäten beim Stanzen. Die genaue Ursache dieser Erscheinung ist unbekannt; sie wird aber jedenfalls durch die Aufhebung oder Veränderung der „Spannung“ des Bleches und molekularer Umlagerung hervorgebracht. Nach dem Stanzen läßt sich das Blech wieder durch sachgemäßes Ausglühen verbessern. Ob aber eine elektrotechnische Fabrik selbst imstande ist, dies Ausglühen vorzunehmen, kann nicht leicht entschieden werden, denn hierbei spielt besonders die lange Dauer und der allmähliche Abkühlungsprozeß eine große Rolle. Um die Frage entscheiden zu können, ob man dieses Nachglühen selbst besorgen kann oder nicht, ist die experimentelle Untersuchung einer größeren Anzahl von Motoren möglichst derselben Type erforderlich, von denen die eine Hälfte aus selbstgeglühten Blechen gebaut ist, während die Bleche der übrigen vom Eisenlieferanten einem Nachglühprozeß unterworfen wurden.

Die idealste Methode, die Bleche zu stanzen, besteht in der Verwendung eines einzigen Schnittes für ein komplettes Stator- bzw. Rotorblech. Da ein derartiger Schnitt aber selbst für einen Motor geringerer Leistung ein kleines Vermögen kostet, ist die Anwendung dieser Methode sehr beschränkt und sie setzt voraus, daß eine vorzügliche Type vorhanden ist, an der in absehbarer Zeit nichts verbessert werden kann, und die in so vielen Exemplaren abgesetzt wird, daß sich die sehr kostspielige Einrichtung zu einer Massenfabrikation lohnt.

Im allgemeinen werden die Nuten einzeln gestanzt, indem das Blech um einen der Nutenteilung entsprechenden Winkel nach jedem

Schnitt gedreht wird, wobei eine Blechlage des Motors entweder nur aus einem Stück oder aus einzelnen Segmenten bestehen kann. Für die Ausführung dieser Arbeit gibt es eine große Anzahl von Werkzeugmaschinen der verschiedensten Konstruktionen, und bei deren Anschaffung dürfte außer der möglichst raschen Hubzahl des Stanzwerkzeuges auch noch der Umstand maßgebend sein, welche Kosten die Variation der Nutenzahl verursacht. Das Prinzip dieser Stanzmaschinen bringt es mit sich, daß die zentrale Einspannung der Bleche viel leichter vorzunehmen ist als eine peripherische, und deshalb stanzt man meistens auch die Statornuten in ein volles Blech, das nur behufs des Einspannens ein zentrales, nach Maß gestanztes Loch besitzt. Gewöhnlich ist die Nutenteilung der auf diesen Maschinen gestanzten Bleche nicht so genau, daß die Nuten zweier aufeinander gelegter Bleche in allen möglichen Stellungen zur Koinzidenz zu bringen sind. Wenn dieser Teilungsfehler von einer Ungenauigkeit des Teilmechanismus herrührt, so sind die Teilungsfehler konstant und ihre schädliche Wirkung läßt sich beseitigen, wenn bei jedem Blech ein und dieselbe Nute bezeichnet wird, so daß es möglich ist, alle mit gleichen Teilungsfehlern behafteten Nuten aufeinander zu legen.

Da die genaue Einhaltung des Nutenabstandes vom Kreismittelpunkt von äußerster Wichtigkeit ist, empfiehlt es sich, die Einstellung der Stanzmaschinen und des Werkzeuges mittels einer Schablone vorzunehmen, die mit demselben Schnitt gestanzt ist. Nur auf diese Weise wird es möglich sein, jederzeit wieder genau die gleichen Stator- und Rotorbleche herstellen zu können.

Die Form des Schnittes zur Herstellung geschlossener Nuten ist selbstverständlich, dagegen lassen sich offene Nuten auf verschiedene Weise erzeugen. Jede geschlossene Nute läßt sich durch Aufhobeln oder Fräsen eines in axialer Richtung liegenden Schlitzes öffnen, aber dies Verfahren ist im allgemeinen nicht zu empfehlen, denn es werden dadurch leicht die Nuten deformiert und außerdem tritt leicht ein Überbrücken der Blechisolation und Erhöhung der Eisenverluste ein. Man kann aber diese Methode unter Umständen nutzbringend verwerten, um einen Motor zu verbessern, nämlich dann, wenn die Stege der geschlossenen Nuten bei der Fabrikation zu dick ausgefallen sind, so daß übermäßig große Streuung zu befürchten ist. Das Aufschlitzen kann evtl. die Streuung ganz wesentlich reduzieren.

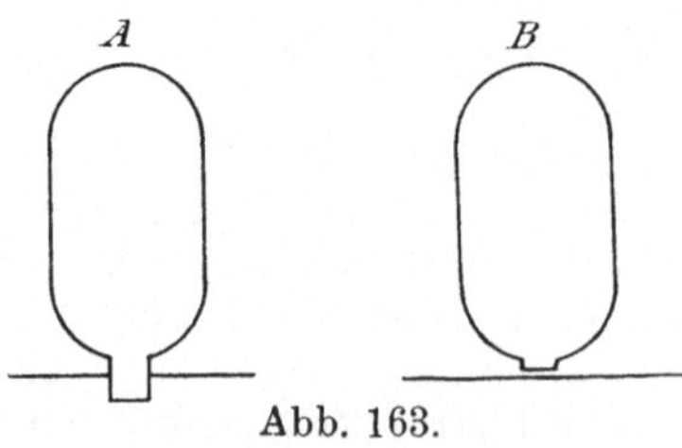

Abb. 163.

Die Schlitze lassen sich gleichzeitig mit der Nute stanzen, wenn die Schnitte einen entsprechenden Ansatz bekommen (Abb. 163). Ist dieser Ansatz etwas groß, so erlischt dadurch die Möglichkeit, den inneren Ausfall des Bleches zum Rotor zu verwenden, da die Peripherie dieser Ausfallscheibe zugestanzt ist. Das läßt sich vermeiden, wenn der Ansatz sehr klein gemacht wird (Abb. 163B), aber es kann dann leicht vorkommen, daß nach dem Ausschneiden der Bleche die Nuten nicht ganz geöffnet, sondern durch einen dünnen Steg geschlossen sind. Die Nuten müssen dann mit einem hochkant gestellten Flacheisen aufgerissen werden. Es macht sich dann ein Nacharbeiten der Schlitze mit der Feile erforderlich, und es tritt fast immer eine Überbrückung der Bleche und ein erhöhter Eisenverlust ein.

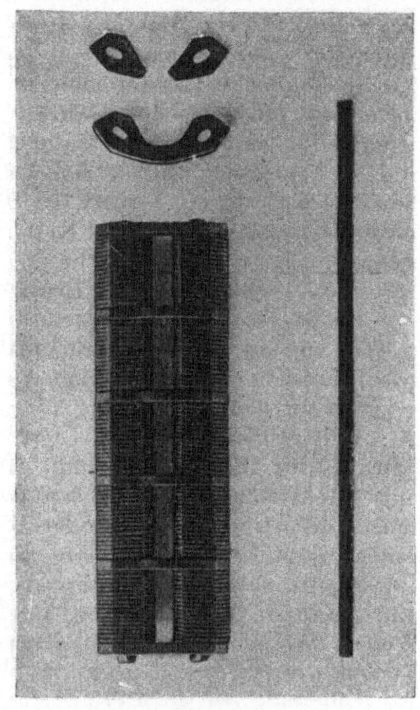
Abb. 164.

Es ist unbedingt erforderlich, die Bleche so sauber zu stanzen, daß ein Nacharbeiten der Nuten am zusammengebauten Eisenkörper nicht erforderlich ist. Insbesondere ist das Ausrichten und Glätten der Nuten mittels Durchschlagens eines Fassonstückes — gleichgültig, ob es glatt oder gezahnt ist — zu vermeiden, denn durch diese Arbeiten können die Eisenverluste auf den doppelten bis dreifachen Betrag anschwellen.

Wenn schon nachgearbeitet werden muß, so ist noch am meisten das Ausfeilen der Nuten, möglichst unter Verwendung besonderer Feilen, deren Querschnitt dem Profil der Nuten angepaßt ist, anzuraten.

Eine eigentümliche Nutenkonstruktion der Siemens-Schuckert-Werke zeigen die Abb. 164 und 165, die der Elektrotechnischen

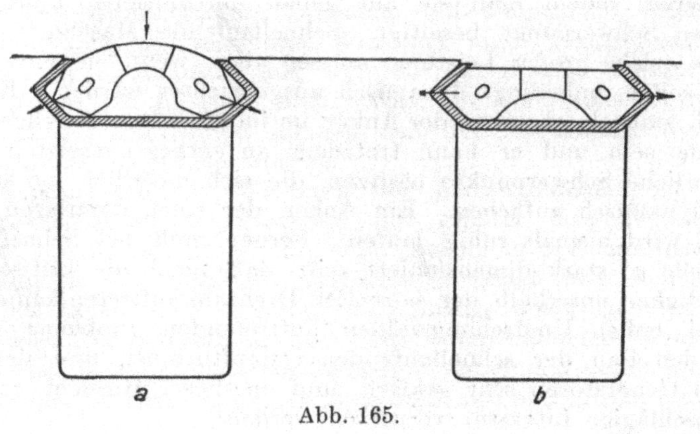

Abb. 165.

Zeitschrift 1922, S. 56, entnommen sind. In die Bleche wird die offene Nute gestanzt und es läßt sich daher eine auf Schablonen hergestellte Wicklung in bequemster Weise in die Nuten einbauen. Wenn die Wicklung vollendet ist, werden die Nuten durch einen sogenannten Spreizkeil mechanisch und magnetisch geschlossen. Der Spreizkeil besteht aus zwei getrennten Blechplatten, die mittels durchgehender Stifte und einiger Stege aus unmagnetischem Material zu einem mechanischen Ganzen vereinigt werden. Vor dem Einbringen in seine Kerbe ist der Spreizkeil brückenförmig gekrümmt und so bemessen, daß er sich leicht von der Seite einschieben läßt. Nach dem Einbringen wird die Brücke durch Hammerschläge durchgedrückt, so daß sich der Keil spreizt und fest in die Kerbe einstemmt. In elektrischer bzw. magnetischer Hinsicht bilden die Spreizkeile vollkommenen Ersatz für die halbgeschlossenen Nuten.

Große Motoren müssen aus einzelnen Blechsegmenten zusammengesetzt werden, und es empfiehlt sich, die Dimension der Segmente mit Rücksicht auf die bedeutenden Kosten des Schnittes nicht zu zu groß zu wählen.

Bei großen Motoren (δ ca. 2 mm) ist bei sehr exakter Ausführung der Blechbearbeitung ein Ausbohren nicht erforderlich, was mit Rücksicht auf die Eisenverluste sehr günstig ist. Allerdings sehen derartige Rotoren oder Statoren wegen ihrer rauhen Oberfläche nicht besonders schön aus. Muß ein Ausbohren stattfinden, so ist sehr darauf zu achten, daß das Statorgehäuse nicht verspannt und dadurch die Bohrung nach dem Abspannen unrund wird. Wegen des Durchganges, überhaupt wegen der leichten Deformierbarkeit des Statorgehäuses ist bei ganz großen Motoren mit einem Durchmesser von mehreren Metern das Ausbohren am besten stehend vorzunehmen und hierbei das Gehäuse nur an den Füßen festzuspannen.

Große Sorgfalt ist auf das Ausbalancieren der Rotoren zu verwenden, und es ist unbedingt nötig, die Rotoren und die Riemenscheiben für sich allein auszubalancieren. Bei kleinen und mittleren Ankern bis zu 1500 Umdrehungen genügt es, sie statisch auszubalancieren, indem man sie auf genau horizontierte Lineale legt und den Schwerpunkt beseitigt. Schnellaufende Maschinen, insbesondere solche großer Leistung, müssen aber, wenn sie einwandfrei laufen sollen, unbedingt dynamisch ausgewuchtet werden. Es kann nämlich statisch scheinbar der Anker im indifferenten Gleichgewichtszustande sein und er kann trotzdem an entgegengesetzten Enden beträchtliche Schwerpunkte besitzen, die sich natürlich nur statisch, nicht dynamisch aufheben. Ein Anker, der einen derartigen Fehler besitzt, wird niemals ruhig laufen. Ferner muß bei Schnelläufern die Welle so stark dimensioniert sein, daß nicht die kritische Geschwindigkeit unterhalb der normalen Drehzahl auftreten kann. Alle die bei hohen Umdrehungszahlen auftretenden Probleme wurden durch den Bau der schnellaufenden Dampfturbinen und der zugehörigen Generatoren sehr geklärt, und in dieser Hinsicht muß auf die einschlägige Literatur verwiesen werden.

Das dynamische Auswuchten erfolgt am besten nach der Methode von Lawaczeck mit den von ihm angegebenen Maschinen.

Große langsamlaufende Anker kann man nicht dynamisch auswuchten, und bei ihnen hat sich nachstehende Methode des Verfassers bestens bewährt.

Der Rotor wird mittels einer Glocke genau zentrisch über eine Säule horizontal gehängt, so daß er sich auf der Kugel (Abb. 166) universell bewegen kann. Mit Libellen wird die Horizontalstellung kontrolliert und mit Hilfsgewichten korrigiert. Die Spindel gestattet, den Schwerpunkt des beweglichen Systems dem Drehpunkt beliebig nahe zu bringen und die Empfindlichkeit beliebig zu regulieren.

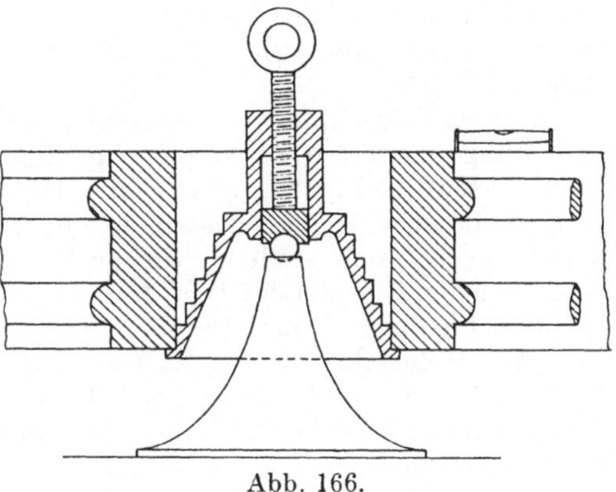

Abb. 166.

In bezug auf die Herstellung der Wicklungen ist zu bemerken, daß insbesondere bei Statorwicklungen für hohe Spannung jede einzelne Spule in zweifacher Hinsicht geprüft werden muß, bevor die Spulen geschaltet und dadurch zu den einzelnen Phasenwicklungen vereinigt werden. Die eine Prüfung bezieht sich auf die Untersuchung, ob die Isolation der Spulen gegen Eisen gut ist, und es werden zu diesem Zwecke die einzelnen Spulen einerseits, das Eisen andererseits an Hochspannung gelegt. Eine zweite Prüfung beantwortet die Frage, ob nicht die einzelnen Windungen einer Spule Schluß gegeneinander haben. Ein passend geformter, hufeisenförmiger Elektromagnet aus lamelliertem Eisen wird so in den Stator gelegt, daß seine Kraftlinien die zu untersuchende Spule durchsetzen müssen. Die Spule des von Wechselstrom erregten Magneten stellt die primäre, die zu untersuchende Spule die sekundäre Wicklung eines Transformators dar, und aus dem Geräusch der erregten Anordnung, eventuell auch durch Strommessung sieht man sofort, ob die Spule gut ist, oder nicht. Unter Umständen können aus der Erwärmung die fehlerhaften Drähte gefunden werden.

In bezug auf die Wicklung der Kurzschlußanker ist es von Wichtigkeit, daß die Lötstellen mit größter Sorgfalt ausgeführt werden, mit Rücksicht auf die sehr großen, in den einzelnen Stäben auftretenden Stromstärken. Manchmal begnügt man sich mit dem einfachen Löten nicht, sondern man bringt außerdem eine Vernietung oder Verschraubung an. Bei entsprechender Konstruktion lassen sich mitunter mehrere Lötstellen auf einmal durch Eintauchen in flüssiges Lötzinn herstellen, man muß sich aber genau überzeugen, ob das Zinn wirklich in die einzelnen Fugen eingedrungen ist und nicht etwa nur die Oberfläche gelötet hat. Unbedingt müssen die Stäbe vorher gut verzinnt werden. — Sehr gut ist es, die Verbindungen durch autogene Schweißung herzustellen.

Eine der wichtigsten Aufgaben des Betriebes ist es, Unterlagen für die Kalkulation neu zu entwerfender Maschinen zu schaffen. Es ist im allgemeinen kein großes Kunststück, eine gute Maschine zu bauen, dagegen ist es sehr schwierig, eine gute und billige Maschine zu entwerfen. Gerade das letztere muß aber von einer Firma erstrebt werden, wenn sie will, daß ihre Fabrikate konkurrenzfähig bleiben.

Um eine Maschine — abgesehen von ihren sonstigen Qualitäten — auch billig entwerfen zu können, genügt es für den Rechner und Konstrukteur nicht, ungefähr die Höhe der Rohmaterialienpreise zu kennen, nein, er muß wissen, wie hoch die Materialpreise inklusive Magazinierung sich stellen, wie groß die Abfälle durch Verschnitt sind, welchen Wert derartige Abfälle besitzen, welche Lieferzeiten die verschiedenen Rohmaterialien beanspruchen usw. Ferner muß ihm die Höhe der Regieunkosten, d. h. die Höhe der Zuschläge, die auf Material und Löhne gemacht werden müssen, bekannt sein, wie überhaupt das Prinzip, das der von der Firma gehandhabten Kalkulationsmethode zugrunde liegt.

Wirtschaftliche Höchstleistungen sind daher nur erreichbar, wenn die Materialpreise, die Löhne, Gehälter und Unkosten einigermaßen stabil sind, wenn sich also das ganze wirtschaftliche Leben in einem gewissen Gleichgewichtszustande befindet.

Es würde uns von unserem eigentlichen Thema zu weit entfernen, sollte in eingehender Weise besprochen werden, wie viele einzelne Momente auf den Entwurf einer Maschine bestimmend oder doch modifizierend einwirken. Nur das mag noch angedeutet werden, wie obenerwähnte Daten vom Rechner und Konstrukteur praktisch verwertet werden können.

Auf Grund von Selbstkosten an Löhnen und Material (unter Gutschrift des Schrottwertes des Abfalles) berechnet man sich Tabellen, die die gesamten Selbstkosten der fertigen Maschine in bezug auf ihre einzelnen wichtigsten Teile darstellt. Für den Rechner kommt bei einem Drehstrommotor hauptsächlich Blech und Kupfer in Frage, und die Tabelle braucht daher nur die vier Größen zu enthalten: Preis für 1 kg Statoreisen, Rotoreisen, Statorkupfer, Rotorkupfer. Man wird finden, daß diese Einheitspreise mit steigender Maschinengröße abnehmen, bei sehr kleinen Maschinen aber, insbesondere was Kupfer anbelangt, stark zunehmen. Man kann nun in zweifacher Weise verfahren:

1. Mathematische Methode. Die Materialeinheitspreise müssen durch eine empirische Gleichung als Funktion der Leistung oder des Ankerdurchmessers ausgedrückt werden. Ferner muß die Dimensionierungsgleichung so umgeformt werden, daß der Durchmesser oder die Leistung als Funktion der Volumina erscheint. Die

Kombination beider Gleichungen ermöglicht D, bzw. λ so zu bestimmen, daß die Selbstkosten ein Minimum werden. Wem dieser Weg zu umständlich erscheint, kann wählen die:

2. Empirische Methode. Es werden die Volumina und Selbstkosten des nach der Dimensionierungsformel berechneten Motors ermittelt. Nun wird D vergrößert und b verkleinert, so daß die Motordimensionen abermals der Dimensionierungsgleichung genügen. Je nachdem die nun berechneten Selbstkosten größer oder kleiner sind als beim ursprünglich angenommenen Motor, sieht man, ob D verkleinert oder vergrößert werden muß, um den Motor billiger zu machen.

In ähnlicher Weise kann man in bezug auf das elektrisch inaktive Material: Lagerschilde, Statorgehäuse, Rotorankerstern verfahren. Es wird sich zeigen, daß mit wachsendem Durchmesser die Kosten des aktiven Materials abnehmen, hingegen die des inaktiven Materials zunehmen. Der definitive Entwurf muß ein Kompromiß dieser beiden Rücksichten sein; der Entwurf ist der beste, bei dem die Summe beider Selbstkosten ein Minimum ist.

Die kurzen Andeutungen mögen genügen, um einen Begriff davon zu geben, wie unendlich schwer es ist, den „möglichst“ billigen Motor zu entwerfen, und wieviel oft gerechnet und geändert werden muß, bis der Motor allen mit Recht gestellten Anforderungen genügt. Man könnte überhaupt an der Lösung dieser Aufgabe verzweifeln, wenn uns nicht der alte Satz „natura non facit saltum“ trösten würde und die Erkenntnis, daß eine stetige Funktion sich in der Nähe ihres Maximums oder Minimums nur sehr allmählich ändert. Wir können und müssen uns daher in der Praxis damit begnügen, wenigstens in die Nähe dieses Minimums gelangt zu sein.

143. Bemerkungen über die Konstruktion.

Im Vergleich zu den Schwierigkeiten, die die Berechnung und Fabrikation der Drehstrommotoren bietet, stellt diese Maschinenart dem Konstrukteur weniger schwierige Aufgaben; er kann daher sein ganzes Augenmerk ausschließlich darauf richten, so zu konstruieren, daß die Fabrikation erleichtert wird. Die wichtigsten diesbezüglichen Gesichtspunkte sind ein derartiger Aufbau, daß die konzentrische Anordnung des Stators und Rotors gewährleistet wird, und die Schaffung von genügendem Raum zur Ausführung und Unterbringung der Spulenköpfe, besonders der Statorwicklung. Die Statorwicklung ist an und für sich nicht leicht auszuführen, und diese Arbeit wird unnütz erschwert und verteuert, wenn am unrichtigen Ort Platz gespart wird.

Kleine Statorgehäuse werden mit Vorliebe nach der Anordnung Abb. 167a ausgeführt; sie werden leicht und vermitteln eine gute Wärmeabgabe von den Statorblechen nach außen, die durch das Anbringen eines Ventilationsschlitzes noch erhöht werden kann. Eine Vergrößerung der Eisenverluste durch das auf dem ganzen Statorumfang aufliegende Gehäuse ist nicht zu befürchten. Bei größeren Durchmessern gibt man dem Gehäuse einen Querschnitt von günstigerem Biegungsmoment (Abb. 167 b), doch sind dann geeignete Durchbrechungen vorzusehen, um eine Stagnation der Luft in den Hohlräumen zu verhindern. Die Ventilationsschlitze wirken am günstigsten, wenn sie im Stator und Rotor genau gegenüberstehen, Abb. 167 c, doch ist diese Anordnung nur zulässig, wenn das durch die Sirenenwirkung der Distanzbleche verursachte Geräusch nicht störend wird. Soll aber der Motor möglichst geräuschlos arbeiten, so müssen die Ventilationsschlitze gegenseitig versetzt werden, Abb. 167 d, was aber eine Reduktion der Ventilationswirkung zur Folge hat. Zur Erhöhung der Ventilation bringt man auch an den Ankerplatten des Rotors vorstehende Rippen oder Schaufeln an.

Bei den Maschinen, die nach der sogenannten Durchzugstype gebaut sind, sind die Ventilatoren so angeordnet, daß sie einen möglichst kräftigen Luftstrom in axialer Richtung erzeugen. Bei derartigen Maschinen lassen sich die Bleche in wirksamster Weise dadurch kühlen, daß man an Stelle der in Abb. 167 dargestellten Ventilationsschlitze eine größere Anzahl von Kanälen, ähnlich der Abb. 168 c, im Jocheisen anbringt. Die Löcher, Abb. 168 c, die rund oder eckig sein können, werden in die einzelnen Bleche gestanzt, genau so wie die normalen, für die Wicklung bestimmten Nuten.

Bei kleinen Motoren können die Stator- und Rotorbleche ohne jede Befestigung in das

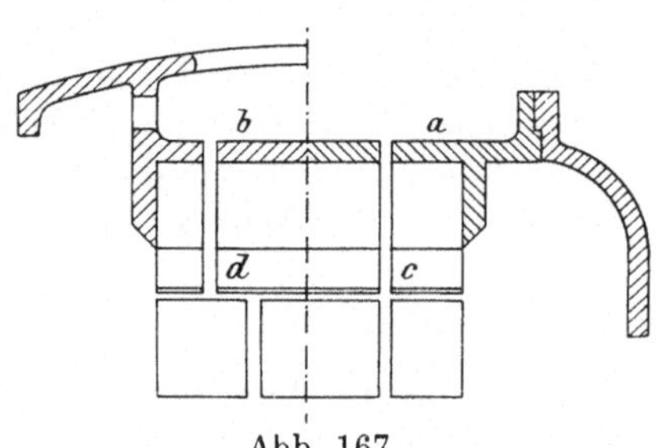

Abb. 167.

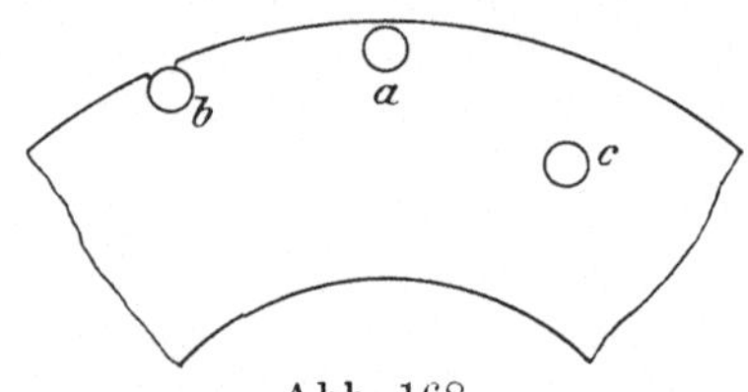

Abb. 168.

Gehäuse oder auf die Welle bzw. den Ankerstern geschoben werden, die Pressung der Endplatten genügt vollständig, um eine Drehung der Bleche zu verhindern. Bei größeren Motoren wird ein Flach- oder Rundkeil eingelegt, oder die zum Pressen verwendeten Schrauben sind durch die Bleche geführt. Die Schrauben können unisoliert bleiben, wenn sie an der Rückseite der Bleche liegen, Abb. 168 a, und es ist außerdem vorteilhaft, diese Löcher zu schlitzen, um zu verhindern, daß in den Bolzen Verluste auftreten, Abb. 168 b. Mitten durch das Blech geführte Bolzen, Abb. 168 c, müssen wenigstens an ihren Enden nebst Beilegscheiben und Muttern isoliert werden. Bei der Verwendung von Bolzen erlischt die Möglichkeit, die Nuten nicht ganz axial, sondern etwas nach einer Schraubenlinie anzuordnen, was man sonst mit Rücksicht auf den schönen Anlauf (Kleben wird dadurch vermieden) gerne tut.

Die Endbleche macht man häufig etwas stärker (2 mm) als die übrigen Bleche (0,5 mm), um ein Auseinanderspreizen der Zähne zu vermeiden; man legt auch häufig noch eine Scheibe aus Isoliermaterial bei, um eine gute Isolation der Nuten an den Ecken zu erzielen. Bei großen Motoren mit langen Zähnen müssen die Deckplatten 3 bis 5 mm, eventuell noch stärker, genommen werden, und man kürzt dann diese Finger (Abb. 169) etwas ab, um zu große Eisenverluste zu vermeiden. Die Verwendung von Endplatten aus Messingguß, die gleichzeitig als Preßplatten dienen, findet sich mit Rücksicht auf ihren hohen Materialpreis nur noch sehr selten.

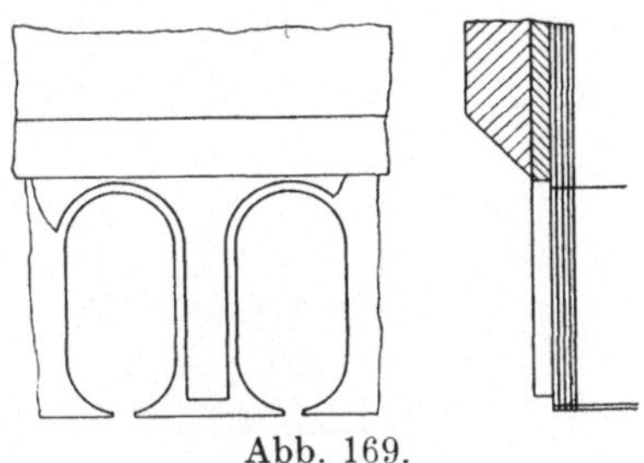
Abb. 169.

Die Preßteller werden nur bei größeren Motoren mit Schraubenbolzen zusammengezogen, bei kleinen Motoren werden sie entweder nach Abb. 170b verschraubt, oder durch Ausgießen mit einem leichtflüssigen Metall, Abb. 170c, oder von einem Springring, Abb. 170a, gehalten. Ebenso sucht man teuere Verschraubungen beim Rotor nach Möglichkeit zu vermeiden, man hält bei kleineren Motoren die

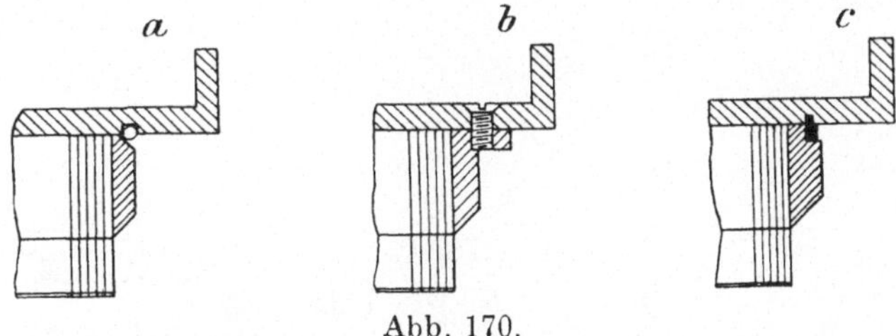

Abb. 170.

Ankerplatten sehr häufig nur durch Schrumpfringe, oder ähnlich wie bei Abb. 170a durch Springringe. Es ist auf diese Weise möglich, Maschinen zu bauen, die — abgesehen von den Lagerschildern und Klemmen — keine einzige Schraube benötigen.

Bedeutend schwieriger als diese kleinen Motoren sind große mit mehrteiligen Statorgehäusen zu konstruieren. Eine Deformation des Stators sucht man auf verschiedene Weise zu verhindern. Manche Konstrukteure geben dem Kastenguß des Stators eine so beträchtliche radiale Höhe, daß der Querschnitt ein sehr großes Biegungsmoment besitzt, Abb. 171; andere bringen zum gleichen Zweck Seitenschilder an, Abb. 172; noch andere verspannen das Gehäuse durch ein System von Stangen, die lediglich auf Zug beansprucht werden.

Die Anordnung Abb. 171 erfordert etwas mehr an Material, gestattet aber eine sehr bequeme Montage und Demontage, da das

Oberteil ohne weiteres abgehoben werden kann. Die Seitenschilder, Abb. 172, bilden gleichzeitig einen Schutz für die Wicklung und

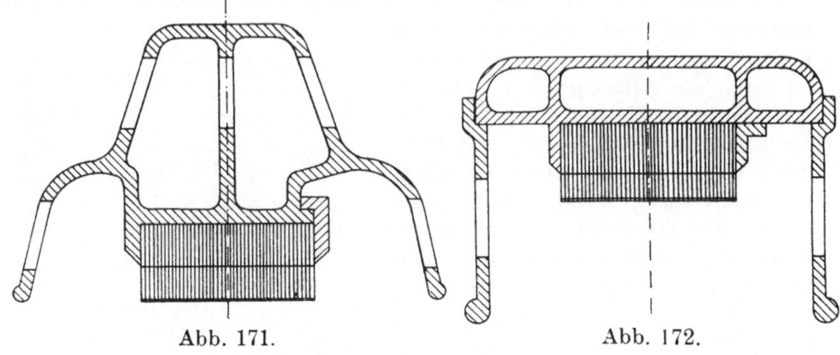

Abb. 171. Abb. 172.

geben der Maschine ein sehr elegantes Aussehen, es erfordert aber die Herstellung der großen Drehflächen viel Zeit. Die letzte Anordnung, Abb. 173, dürfte zwar die billigste sein, sie ist aber nicht so leicht zu montieren und macht es unmöglich, daß der Stator mit

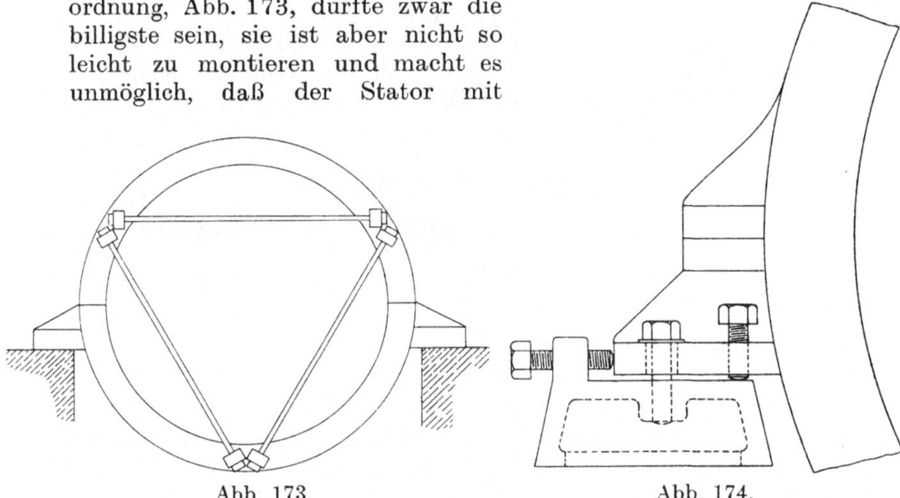

Abb. 173. Abb. 174.

axialer Verschiebungsvorrichtung ausgestattet wird, die ein Ausfahren des Stators ermöglicht und die Wicklungen zugänglich macht. Diese Konstruktion ist auch wieder verlassen worden.

Bei großen Motoren, insbesondere bei direkt gekuppelten, ist es sehr zu empfehlen, das Statorgehäuse zentrierbar auf seiner Fundamentplatte oder den Fundamentschwellen zu befestigen, damit ein genaues Einstellen des Luftzwischenraumes möglich ist. Man stellt zu diesem Zweck die Statorfüße auf Schrauben und ordnet auch noch horizontal wirkende Druckschrauben an, Abb. 174. Noch solider ist es, diese Verstellbarkeit durch Keile zu bewirken. Wenn für den Fall etwaiger Reparaturen die Statorwicklungen zugänglich bleiben sollen, so wählt man bei enger Maschinengrube eine Anordnung, die es ermöglicht, den Stator so weit zu senken, daß er auf dem Rotor aufliegt, und man dreht nun Stator und Rotor zusammen so lange, bis die gewünschte Stelle sich oben befindet. Es ist dann erforderlich, entweder die Statorfüße abnehmbar oder die Fundamentschwellen ausfahrbar anzuordnen.

Die schwierigste Aufgabe für den Konstrukteur ist der Entwurf eines großen, für ein Bergwerk bestimmten Motors, denn in diesem Falle sind die zulässigen Maximaldimensionen der einzelnen Maschinenteile durch den Schachtquerschnitt und das Profil der Querschläge, das zulässige Maximalgewicht durch die Größe der Fördermaschine bestimmt, und es muß dann häufig Stator und Rotor vielteilig ausgeführt werden; die Vereinigung der einzelnen Teile erfolgt durch Schrauben und Schrumpfringe und es dürfen hierbei Prisonstifte nicht gespart werden. Wenn die Maschinenkammer nicht frei von Wettern ist, dürfen Schrumpfringe nicht angewandt werden, und es ist in solchen Fällen auch das Ausführen von Lötstellen nicht möglich; die Verbindungen der Wicklung an den Stoßstellen müssen dann auch durch Schrauben bewirkt werden. Natürlich ist auch der Anlasser (ebenso Schalter und Sicherungen) schlagwettersicher anzuordnen. Um sich vor unangenehmen Überraschungen zu schützen, muß sich der Konstrukteur sehr eingehend über derartige Fragen informieren.

Noch schwieriger kann sich die Aufgabe gestalten, wenn eine Maschine zur Aufstellung in einer unwegsamen Gegend bestimmt ist und das Gewicht der einzelnen Teile die zulässige Traglast eines Pferdes oder Maultieres nicht übersteigen darf.

Häufig werden die freien Öffnungen zwischen den Armen der Lagerschilder durch einsetzbare Deckel verschlossen, um die empfindlichen Teile der Motoren vor Berührung und gegen Tropfwasser zu schützen. Wird die Anbringung derartiger Abschlußdeckel auf die obere Hälfte der Maschinen beschränkt, so erleidet die Ventilation nur eine geringe Einbuße und die Dauerleistung sinkt dadurch nur um 10 bis 15 $^0/_0$. Werden aber die normalen Maschinen allseitig vollkommen geschlossen, so ist die normale Ventilation gänzlich aufgehoben und der Motor kann nur an seiner Oberfläche die Wärme an die im allgemeinen ruhende Luft abgeben und infolgedessen darf er nur mit höchstens 75 bis 50 $^0/_0$ (die zulässige Leistung hängt von der Größe des Motors, seiner Beanspruchung und seinem Wirkungsgrad ab) seiner normalen Dauerleistung beansprucht werden. Es ist günstig, wenn bei derartigen Motoren der Stator seine Wärme so leicht als möglich an die Gehäuseoberfläche ableiten kann, und es ist darauf zu achten, daß nicht Räume vorhanden sind, in denen sich stagnierende Luft halten kann. Der Rotor erhält zweckmäßig eine Ventilationseinrichtung (Rippen, Luftschlitze und Flügel), damit die ganze im Gehäuse eingeschlossene Luft in lebhafter Bewegung ist, sich gleichmäßig erwärmt und dadurch die gesamte Oberfläche des Gehäuses an der Wärmeabführung beteiligt. Wenn es angängig ist, kann dem Motor Kühlluft durch ein in der Nähe der Achse mündendes Rohr zugeführt werden, während das ableitende Rohr sich in der Nähe der Peripherie befindet. Das abführende Rohr wird zweckmäßig tangential in der Drehrichtung, eventuell radial geführt und es soll nicht unmittelbar am Gehäuse scharfe Krümmungen besitzen.

Am besten baut man aber vollkommen gekapselte Maschinen nach der Durchzugstype, bei der der Rotor einen Ventilator trägt, der die Luft in axialer Richtung durch die ganze Maschine bewegt. Die Frischluft tritt durch einen Anguß des einen Lagerschildes in die Maschine ein und verläßt durch einen ähnlichen Anguß (Hose) am anderen Lagerschild die Maschine. Eintritts- und Austrittsöffnung können entweder in den Maschinenraum münden, oder sie stehen mit Kanälen im Fundament in Verbindung, so daß die gegebenenfalls durch einen Staubfilter gereinigte zuströmende Luft und die abströmende mit dem Maschinenraum gar nicht in Verbindung kommen. Vorbildlich für die Durchzugstype waren die Turbogeneratoren, und bei guter Durchbildung läßt sich sogar eine viel wirksamere Ventilation erzielen als bei Maschinen der normalen offenen Bauart.

In bezug auf die Welle ist zu bemerken, daß der geringe Luftzwischenraum eine kräftige Achse und reichlich dimensionierte Lagerzapfen verlangt. Bei kleinen Motoren darf man aber mit der Zapfendicke nicht zu weit gehen, da sich sonst die Reibungsverluste, die der Zapfendicke direkt proportional sind, unangenehm bemerkbar machen. Es fällt dies besonders bei kleinen Motoren mit Kurzschlußankern auf. Wenn ein Kurzschlußanker als ganz glatter Rotationskörper gebaut ist, so ist seine Luftreibung praktisch Null, und Messungen an solchen Motoren zeigen, daß die Lagerreibung unter Umständen — besonders bei dickflüssigem kalten Öl — einen ganz erheblichen Prozentsatz der Leistung beträgt. Aus diesem Grunde ist man mit den Zapfendurchmessern teilweise so weit heruntergegangen, daß die Achsstümpfe sich sehr leicht verbiegen. Bei derart schwachen Wellen darf die Riemenscheibe nicht mit einem Keil befestigt werden, da beim Einschlagen und noch viel mehr beim Herausnehmen derselben zu leicht die Welle verbogen wird. Die Scheibe muß dann auf der Welle festgeklemmt werden. Die angegebenen Erwägungen haben dazu geführt, daß man häufig Motoren mit Kugellagern ausrüstet.

144. Die Wicklung.

a) Die gewöhnlichen Wechselstromwicklungen.

Die einfachste und gebräuchlichste Wicklung, die bei Mehrphasenmotoren Anwendung findet, ist die mit langen Spulen, deren wirksame Seiten im Mittel den Abstand einer Polteilung haben, wie eine solche in Abb. 175a für einen Zweiphasenmotor dargestellt ist. Die Totalzahl der Nuten Z ist bei dieser Wicklung

$$Z = a \cdot m \cdot 2p \qquad (758)$$

Bei einer Zweiphasenmaschine läßt sich die Wicklung auch nach dem Schema Abb. 175b ausführen, wodurch die mittlere Windungs-

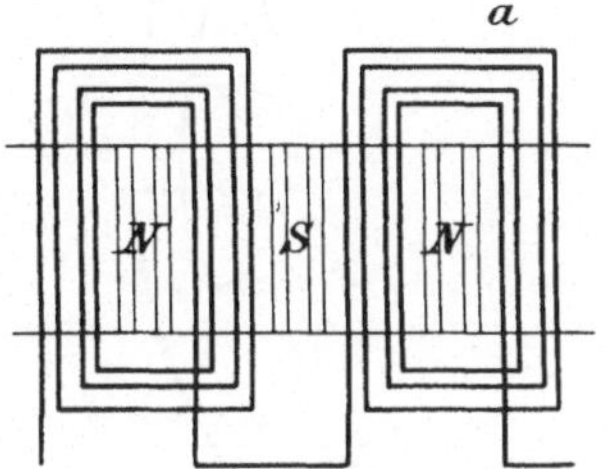

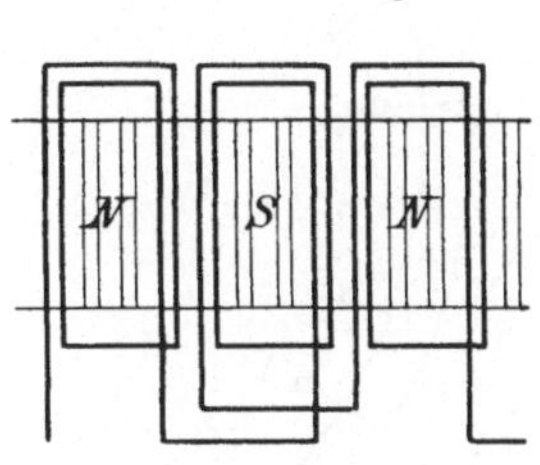

Abb. 175.

länge kürzer, dagegen die Verbindung der einzelnen Spulen wegen der vielen Überkreuzungen unbequemer wird. Dreiphasige Wicklungen lassen sich nach dem Schema Abb. 175b überhaupt nicht ausführen

Ist die Polzahl kein Vielfaches von 4, so läßt sich die Wicklung nicht so symmetrisch ausführen, wie in Abb. 176 für einen 4-poligen Stator gezeichnet ist, sondern zwei Spulen müssen abgekröpft werden, wie in Abb. 177 für einen 10-poligen Anker dargestellt ist. Eine gleichmäßige Form aller Spulenköpfe läßt sich erzielen, wenn man sie insgesamt abkröpft, wie Abb. 178 für denselben 10-poligen Anker zeigt.

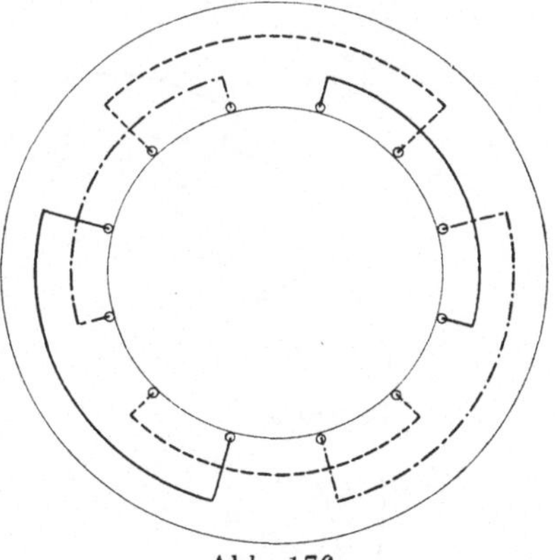

Abb. 176.

Ordnet man die Spulenköpfe in drei verschiedenen Ebenen an (Abb. 179), so kann man erreichen, daß der Stator geteilt werden kann, ohne daß Spulen zu durchschneiden sind. Es lassen sich so die einzelnen Teile des Stators oder Rotors eines großen Motors in der Fabrik fertig wickeln, und es sind bei der Montage nur die Spulenverbindungen an den Stößen auszuführen.

Wenn m, die Nutenzahl für jede Spulenseite, eine ganze Zahl ist, so sind die Amperedrähte jeder Phase gleichmäßig auf jeden einzelnen Pol verteilt. m kann aber auch eine gebrochene Zahl sein, wenn nur die totale Nutenzahl einer Phase geradzahlig ist. Es muß daher die Totalnutenzahl nur der Gleichung genügen

$$Z = 2 \cdot a \cdot x \qquad (759)$$

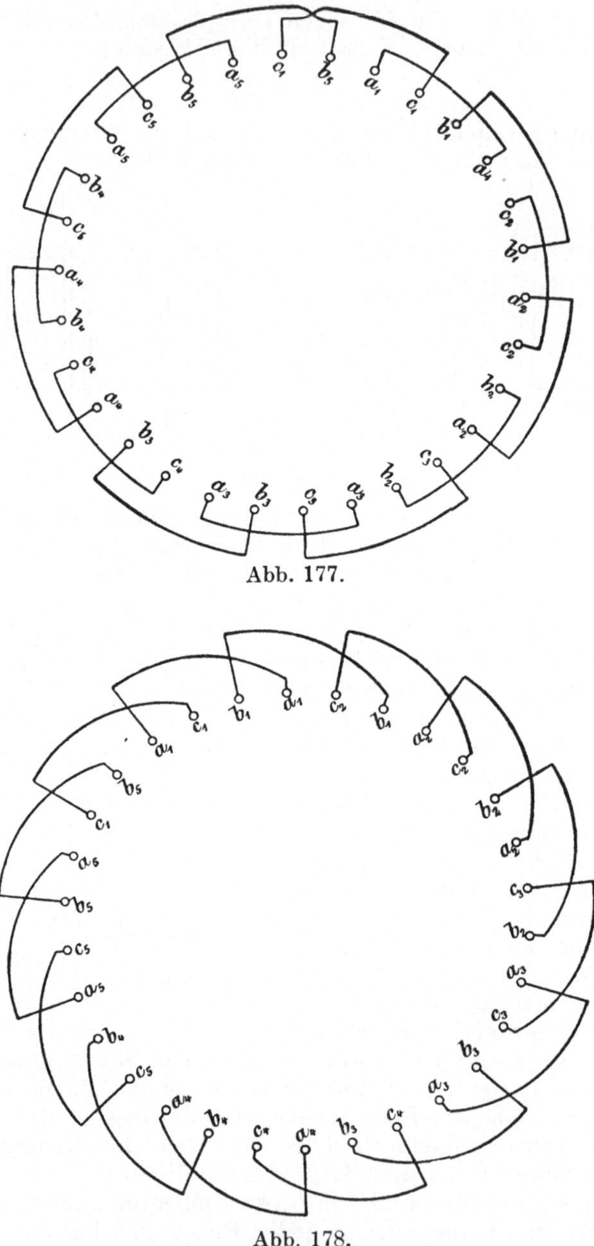

Abb. 177.

Abb. 178.

wobei x jede beliebige ganze Zahl sein kann. Es wird dann

$$m = \frac{Z}{a \cdot 2\,p} = \frac{2\,a\,x}{2\,a\,p} = \frac{x}{p} \quad \ldots \ldots \ldots (760)$$

kann also bei 4-poligen Maschinen die Werte annehmen

$$m = 0{,}5 \quad 1{,}5 \quad 2{,}5$$

bei 6-poligen

$$m = \tfrac{1}{3} \; \tfrac{2}{3} \; \tfrac{4}{3} \; \tfrac{5}{3}.$$

Alle Nutenzahlen, bei denen

$$m < 1$$

sind praktisch unausführbar, dagegen erhält man für

$$m > 1$$

durchaus verwendbare und in bezug auf die einzelnen Phasen vollkommen symmetrische Anordnungen.

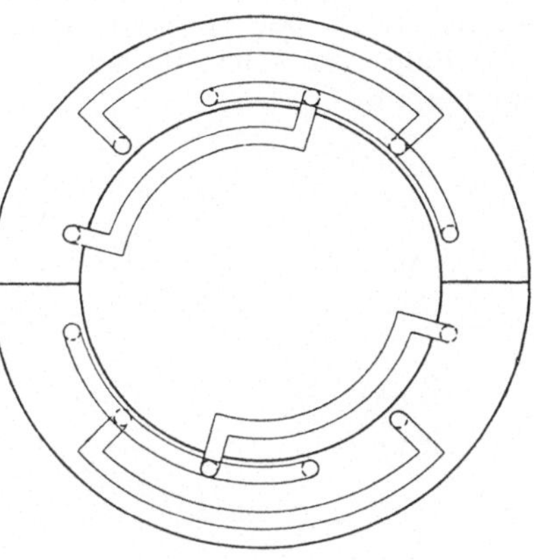

Abb. 179.

Wicklungen mit

$$m = 1, \quad m = 2, \quad m = 3$$

bezeichnet man als Einloch-, Zweiloch-, Dreilochwicklungen, überhaupt als Ganzlochwicklungen, wenn m = ganze Zahl. Ist m dagegen ein Bruch, so spricht man von Bruchlochwicklungen.

Man erhält z. B. für 4-polige Maschinen folgende mögliche Nutenzahlen

$$2p = 4.$$

a	x	m	Z	Nuten pr. Spulenseite
2	1	$\frac{1}{2}$	4	— —
2	2	1	8	1 1
2	3	$\frac{3}{2}$	12	1 2
2	4	2	16	2 2
2	5	$\frac{5}{2}$	20	2 3
3	1	$\frac{1}{2}$	6	— —
3	2	1	12	1 1
3	3	$\frac{3}{2}$	18	1 2
3	4	2	24	2 2
3	5	$\frac{5}{2}$	30	2 3

$$2p = 6$$

a	x	m	Z	Nuten pr. Spulenseite
2	1	$\frac{1}{3}$	4	— — —
2	2	$\frac{2}{3}$	8	— — —
2	3	1	12	1 1 1
2	4	$\frac{4}{3}$	16	1 1 2
2	5	$\frac{5}{3}$	20	1 2 2
3	1	$\frac{1}{3}$	6	— — —
3	2	$\frac{2}{3}$	12	— — —
3	3	1	18	1 1 1
3	4	$\frac{4}{3}$	24	1 1 2
3	5	$\frac{5}{3}$	30	1 2 2

Die Amperedrähte jeder einzelnen Phase sind ungleichmäßig auf die einzelnen Pole verteilt, die **Polpaare** sind aber gleichmäßig erregt; im übrigen sind die Phasen absolut symmetrisch und gleichwertig, auch bei gebrochenem m. Die praktische Ausführung der Wicklung ist sehr einfach, indem man bei jeder Phase immer Spulen mit

$$m + \frac{1}{p} = \text{ganze Zahl}$$

$$m - \frac{1}{p} \quad \text{"} \quad \text{"}$$

Nuten pro Spulenseite wickelt. Abb. 180 zeigt eine Dreiphasenwicklung mit $m = 2{,}5$.

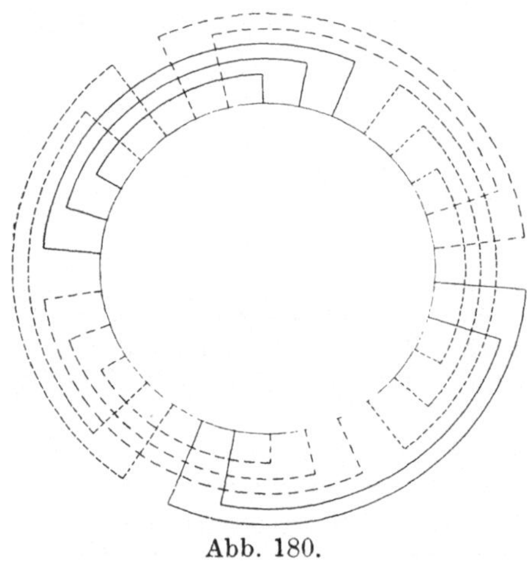

Abb. 180.

Es ließe sich unschwer eine Gleichung aufstellen, die ermöglicht, den Wicklungsschnitt der betrachteten Wicklungen zu berechnen. Die Wicklungen sind aber so einfach und zeigen sich dem Auge so übersichtlich, daß die Handhabung einer Wicklungsformel sicherlich mehr Schwierigkeiten und Umstände verursacht, als die Ausführung nach einfacher Überlegung. Die Bruchlochwicklungen stellen eine Modifikation der Serienspiralwicklung dar.

Eine Bemerkung möge noch Platz finden. Bei einer nach dem Schema Abb. 175 ausgeführten Zweiphasenwicklung oder bei einer nach Abb. 179 ausgeführten Dreiphasenwicklung erhält ein und dieselbe Phase alle großen, die anderen alle kleineren Spulenköpfe, und infolgedessen bekommen wegen der Verschiedenheit der Kopfstreuung die einzelnen Phasen verschieden große Streuungskoeffizienten. Die Folge davon ist ungleiche Belastung der einzelnen Phasen, was sich besonders leicht bei Zweiphasenmotoren nachweisen läßt. Man kann diese schädlichen Wirkungen vermeiden, wenn man die Reihenfolge der Spulenköpfe umkehrt, also beispielsweise bei einem Zweiphasenmotor nicht immer die Spulenköpfe groß — klein — groß — klein anordnet, sondern an geeigneten Stellen groß — klein — klein — groß.

b) Die Stabwicklungen.

Wenn die Drahtzahl in jeder Nute sehr klein und gleichzeitig der Drahtquerschnitt sehr groß wird, so ergibt sich ganz von selbst der Übergang der Drahtwicklung zur Stabwicklung.

Die Abb. 181. 1 stellt ein Wicklungsschema mit Stabspiralwicklung dar. Aus dem Schema, in dem nur die eine Phase einer dreiphasigen Wicklung mit 1 Stab in jeder Nute eingetragen ist, ergibt sich, daß die einzelnen, außerhalb der Nuten liegenden Verbindungsstücke zweier Stäbe verschiedene Längen bekommen, und das ist der Grund, weshalb diese Ausführung selten angewendet wird.

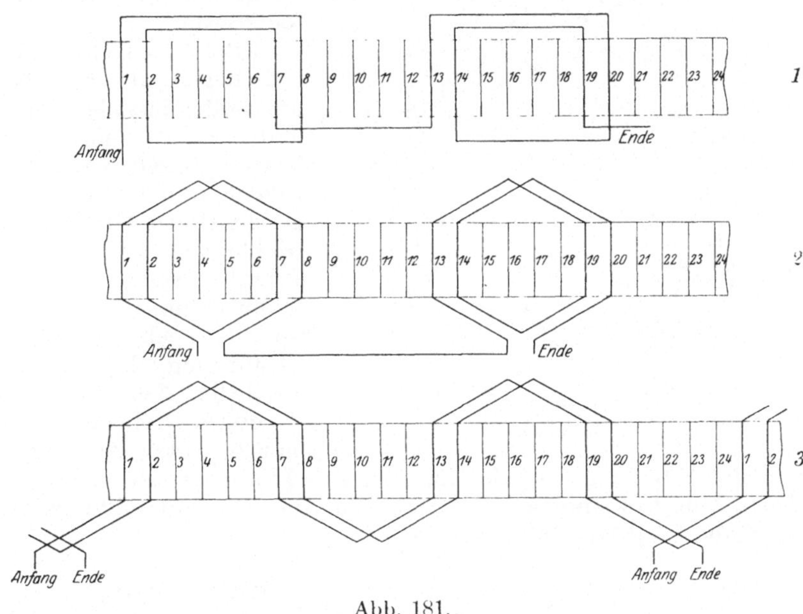

Abb. 181.

Da außerdem von den Gleichstromankern her viel schönere Ausführungsformen bekannt sind, liegt es nahe, diese Konstruktionen auf die Mehrphasenwicklungen zu übertragen. Man kann jede Ganzlochwicklung in Form einer Schleifen- oder Wellenwicklung ausführen, wie in Abb. 181, 2 und 3 gezeigt ist. Diese Wicklungen, insbesondere die Wellenwicklungen, dürfen nicht ohne weiteres als veränderte oder aufgeschnittene Gleichstromwicklungen bezeichnet werden, denn der Wicklungsschritt macht bei der beschriebenen Drehstromwellenwicklung stets einen Sprung, so oft ein Umgang zurückgelegt ist. In der Abb. 181, 3 ist der Wicklungsschritt durchwegs 6, aber nach Vollendung des ersten Umlaufes ist der Schritt von Nute 19 nach Nute 2 nicht 6, sondern 7. Alle drei in Abb. 181 dargestellten Wicklungen haben nur einen Stab in jeder Nut und sie sind in elektrischer Beziehung identisch.

Abb. 182 stellt ein 8-poliges Schema einer derartigen Wellenwicklung dar.

Meistens führt man derartige Wicklungen mit 2 Stäben in jeder Nute aus, und es gleicht dann der fertig bewickelte Anker — abgesehen von den Verbindungsleitungen zwischen den einzelnen Spulengruppen — durchaus einer Gleichstromwicklung. Gegenüber einer Gleichstromwicklung besteht aber der prinzipielle Unterschied, daß sich die einzelnen Gruppen bei Drehstrom in Serie schalten lassen.

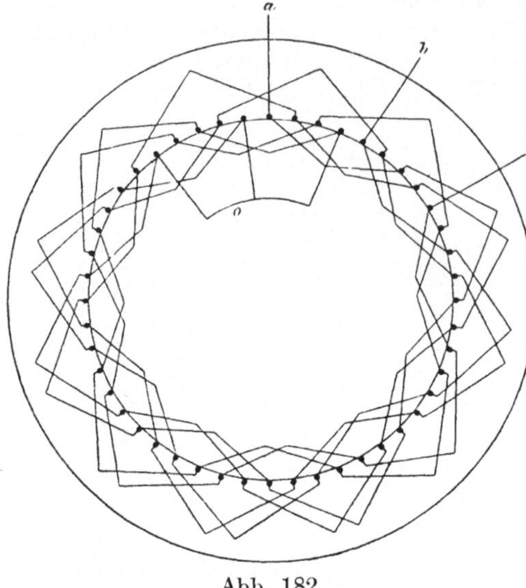

Abb. 182.

Bei Ganzlochwicklungen liegen in einer Nut nur Stäbe derselben Phase, und das ist ein großer Vorteil dieser Wicklungen gegenüber den 6-fach aufgeschnittenen Gleichstromwicklungen. Die Abb. 183, 1 und 2 stellen derartige Stabwicklungen in der weitaus gebräuchlichsten Ausführung mit je 2 Stäben in jeder Nut für einen 4-poligen Dreiphasenmotor mit 24 Nuten dar, und es ist in die Abbildungen wieder nur die eine Phase eingezeichnet. Das Schema Abb. 183 unterscheidet sich von Abb. 181 nur dadurch, daß je 2 Stäbe in jeder Nut liegen.

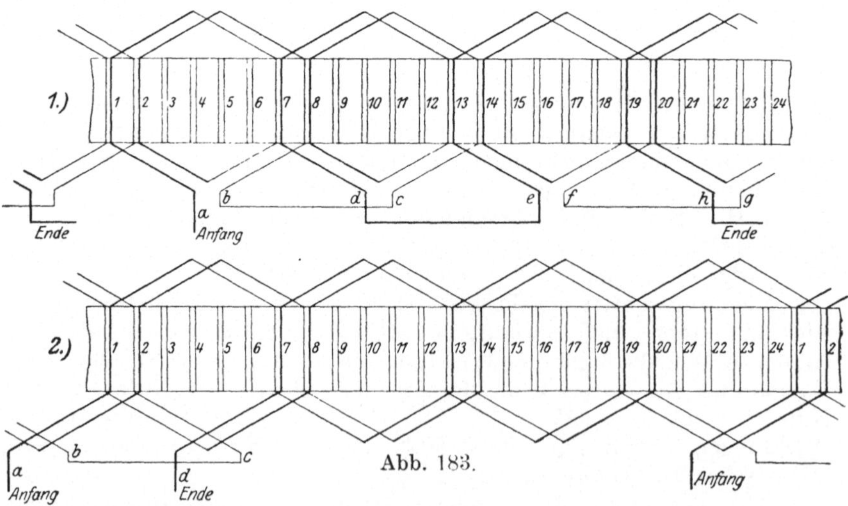

Abb. 183.

Die beschriebenen Stabwicklungen sind viel einfacher, zweckmäßiger und besser als die unter *c* und *d* behandelten aufgeschnittenen Gleichstromwicklungen.

c) Gleichstromschleifenwicklungen.

Da sich jedem Gleichstromanker Mehrphasenstrom entnehmen läßt, muß sich auch ein Mehrphasenmotor mit einer geschlossenen Gleichstromankerwicklung versehen lassen. Diese Wicklungsart ist aber ungebräuchlich, weil sie keinerlei Vorteile bietet. Unter Umständen ist ihre Anwendung sogar unmöglich, z. B. bei zweiphasigem verketteten Linienstrom; denn es ist klar, daß sich die zwei Phasen, die in einer geschlossenen Wicklung geführt werden, nicht verketten lassen. Bei Dreiphasenstrom ergibt eine geschlossene Wicklung natürlich immer Dreieckschaltung. Ein großer Nachteil aller geschlossenen Wicklungen ist, daß sich Wicklungsfehler nur äußerst schwer lokalisieren lassen, während bei allen offenen Wicklungen wenigstens sofort zu konstatieren ist, welche Phase fehlerhaft ist. Die einzelnen Phasen können bei Verwendung einer Gleichstromwicklung getrennt werden, wenn man die Wicklung mehrfach (a'-fach) geschlossen macht; aber auch diese Wicklungen sind ungebräuchlich oder werden wenigstens nur selten verwendet, da die Isolation der Phasen gegeneinander Schwierigkeiten macht.

Die Anwendung derartiger Wicklungen beschränkt sich aus den angedeuteten Gründen auf Rotoren mit Stabwicklung und auf Statoren für geringe Klemmenspannung, die sich ebenfalls mit Stabwicklung ausführen lassen, und man bedient sich bei derartigen Wicklungen mit Vorteil der Arnoldschen Wicklungsformeln.

Aufgeschnittene Gleichstromwicklungen wird man meistens dann anwenden, wenn in einer Nut nur 2 Stäbe angeordnet werden müssen. Enthält eine Nut mehr als 2 Stäbe, also 4, 6 oder 8, so muß besonders bei Wellenwicklungen genau geprüft werden, ob beim Aufschneiden und Vereinigen zu einer Mehrphasenwicklung durchwegs alle nebeneinander liegenden Stäbe einer Nut ein und derselben Phase zugeteilt werden. Sollte das nicht der Fall sein, so ist die Wicklung insofern als ungünstig zu bezeichnen, als sogar die einzelnen nebeneinander liegenden Stäbe ein und derselben Nut gegeneinander sehr hohe Spannung, unter Umständen die volle Klemmenspannung erhalten können. Die übereinander liegenden Drähte gehören nur bei Ganzlochwicklungen zu derselben Phase; es bestehen zwischen der oberen und der unteren Lage also stets hohe Spannungsdifferenzen und ihre Isolation gegeneinander muß unter allen Umständen der vollen Spannung der Maschine genügen.

Das Aufschneiden und Umschalten in eine Mehrphasenwicklung kann man sich am leichtesten vorstellen, wenn man die Lötstellen auf einer Seite als Kollektorlamellen der Gleichstromwicklung betrachtet. Dann braucht man nur mit dem Kollektorschritt zu arbeiten, denn der Schritt auf der anderen Seite des Ankers, also der Schritt eines Wicklungselementes, wird soweit als möglich gleich der Polteilung gemacht, wobei nur zu beachten ist, daß in eine Nut möglichst nur Stäbe ein und derselben Phase kommen.

Der Kollektorschritt einer Gleichstromschleifenwicklung ist

$$y_k = + a' \quad \ldots \ldots \ldots \ldots \quad (761)$$

wenn a' die Anzahl der parallel geschalteten Ankerstromkreise bezeichnet. Ist die Wicklung für $2\,p$ Pole ausgeführt, so ist die Anzahl der parallel geschalteten Ankerstromzweige bei einer Gleichstrommaschine $= 2\,a'\,p$. Prinzipiell verschieden verhält sich dagegen die Wicklung, wenn wir sie aufschneiden, denn die aufgeschnittenen Teile lassen sich nach Belieben parallel oder hintereinander gruppieren. Wir kommen daher wohl in allen Fällen aus, wenn wir den Kollektorschritt der Schleifenwicklung durchwegs

$$y_k = + 1 \quad \ldots \ldots \ldots \ldots \quad (762)$$

annehmen.

Die Kollektorlamellenzahl ist in dieser Gleichung gar nicht enthalten, und daraus geht hervor, daß die Schleifenwicklung für jede beliebige Kollektorlamellenzahl bzw. Nutenzahl der Drehstromwicklung anwendbar ist.

Wir können daher die Nutenzahl nach anderen Gesichtspunkten wählen, und da wir die Ganzlochwicklungen als besonders vorteilhaft erkannt haben, können wir sofort angeben, daß bei Ganzlochwicklungen auch die Gleichstromwicklung unter jedem Pol a Gruppen (a bezeichnet die Phasenzahl), jede zu m Nuten haben muß. Die Nutenzahl eines $2\,p$-poligen Motors muß daher sein

$$Z = 2\,a\,m\,p.$$

Die Schaltung der einzelnen Gruppen ist so einfach und selbstverständlich, s. Abb. 181, 2. daß darüber keine Regeln gegeben werden müssen. Nur darauf mag hingewiesen werden, daß bei Ganzlochwicklungen die einzelnen Gruppen einer Phase ohne weiteres sich parallel schalten lassen, weil sie vollkommen symmetrisch sind.

d) Gleichstromwellenwicklungen.

Lange nicht so einfach liegen die Verhältnisse bei den aufgeschnittenen Gleichstromwellenwicklungen. Würden wir nämlich eine Wellenwicklung nur in a, bei einer dreiphasigen Wicklung also in drei gleiche Teile teilen, so würden die Stäbe jeder Gruppe $\frac{2}{3}$ einer Polteilung umfassen und der Wicklungsfaktor würde sehr klein, also ungünstig sein. Wir müssen daher die Wellenwicklung unabhängig von der Polzahl in $2\,a$ Gruppen, bei einer Dreiphasenwicklung also in 6 Gruppen teilen. Eine symmetrische Wicklung verlangt daher, daß die Kollektorlamellen- bzw. Nutenzahl durch 6 teilbar ist. Das ist meistens aber nicht zu erfüllen wegen der Gleichung des Kollektorschrittes

$$y_k = \frac{K + a'}{p} \quad \ldots \ldots \ldots \ldots \quad (763)$$

worin $2\,a'$ die Anzahl der parallel geschalteten Ankerstromzweige der Gleichstromwicklung, K die Kollektorlamellenzahl bezeichnet.

Wenn wir annehmen, daß in jeder Nut stets 2 Stäbe liegen, so ist die Anzahl der Lötstellen (Kollektorlamellen) K immer der Nutenzahl Z gleich, und wir können daher die Gleichung des Kollektorschrittes in der Form schreiben

$$y_k = \frac{Z + a'}{p} \quad \ldots\ldots\ldots\ldots (764)$$

Beschränkt man sich auf die reinen Serienwicklungen, so wird der Kollektorschritt

$$y_k = \frac{Z + 1}{p} \quad \ldots\ldots\ldots\ldots (765)$$

und es ist schon bei 4-poligen Maschinen die Forderung nicht zu erfüllen, daß gleichzeitig

$$\frac{Z}{6} = \text{ganze Zahl} \quad \ldots\ldots\ldots\ldots (766)$$

Bei 6-poligen Maschinen ist die Anwendung einer symmetrischen Wellenwicklung erst recht unmöglich, denn es kann nicht gleichzeitig

$$\frac{Z}{6} = \text{ganze Zahl}$$

und

$$y_k = \frac{Z + 1}{3} = \text{ganze Zahl} \quad \ldots\ldots\ldots\ldots (767)$$

sein. Erst bei einer 10-poligen Maschine wird die Bedingung erfüllbar, und es ist z. B.

$$\frac{Z}{6} = \frac{24}{6} \text{ oder } \frac{36}{6} = \text{ganze Zahl}$$

und gleichzeitig ist die Schrittgleichung erfüllt

$$y_k = \frac{24 + 1}{5} = 5 \text{ oder } \frac{36 - 1}{5} = 7.$$

In solchen Fällen ist die Aufstellung eines Wicklungsschemas sehr einfach. Zum Beispiel erhält man bei 10 Polen, 36 Nuten und $y_k = 7$ folgende Tabelle:

Anfang	1	8	15	22	29	36	7	Ende	Phase I
„	7	14	21	28	35	6	13	„	„ II
„	13	20	27	34	5	12	19	„	„ III
„	19	26	33	4	11	18	25	„	„ I
„	25	32	3	10	17	24	31	„	„ II
„	31	2	9	16	23	30	1	„	„ III

Der Schritt zwischen zwei Schnittpunkten ist

$$y_s = \frac{K}{6} \cdot y_k = \frac{36}{6} \cdot 7 = 42\ (-36) = 6 \quad \ldots\ldots (768)$$

Die aufgeschnittenen Lötstellen (Kollektorlamellen) sind doppelt in der Tabelle enthalten, einmal als Anfang und einmal als Ende der betreffenden Wicklungsgruppe. Im übrigen wird einfach die

Wicklung im Kollektorschritt durchlaufen. nach je 6 Schritten wird durch einen Schnitt die Unterteilung der Wicklung in die gewünschten 6 Gruppen vorgenommen. Die Schleifringe sind an die Anfänge der Lötstellen 1, 7, 13 angeschlossen, die Anfänge der Lötstellen 19, 25, 31 sind bei Y Schaltung zum neutralen Punkt vereinigt. Ende 7 ist zum Ende 25, Ende 13 zum Ende 31, Ende 19 zum Ende 1 zu führen, um die beiden Gruppen jeder Phase in Serie zu schalten.

Man kann das Anwendungsgebiet für symmetrische Wellenwicklungen dadurch etwas erweitern, daß man sich mit der Forderung begnügt

$$\frac{Z}{3} = \text{ganze Zahl} \quad \text{. . . . . (769)}$$

und

$$y_k = \frac{Z+1}{p} \quad \text{. . . . . (770)}$$

Man muß aber dann die Konzession machen, daß die Spulenzahl einer Gruppe eine gebrochene Zahl ist. Die Stabzahl einer Gruppe wird dadurch eine ungerade Zahl und Anfang und Ende einer Gruppe liegen auf verschiedenen Seiten des Ankers.

Unter dieser Voraussetzung ergeben sich als mögliche Nutenzahlen für 4-polige Maschinen: 9, 15, 21, 27, 33 ... und für 8-polige: 15, 27, 36 ....

Das Wicklungsschema gestaltet sich für

$$p = 2$$
$$Z = 21$$

folgendermaßen:

Wir numerieren die Lötstellen (Kollektorlamellen) auf der einen Seite des Ankers in der üblichen Reihenfolge 1, 2, 3, 4, ... Da die Wicklung auch auf der anderen Seite aufzuschneiden ist, müssen auch die Lötstellen der Rückseite numeriert werden. Der Kollektorschritt ist 11, daher geht von Lamelle 1 der Wicklungsgang zur Nute 1, dann zur rückseitigen Lötstelle $1 + \frac{11}{2} = 6{,}5$ und nach abermaligem halben Kollektorschritt zur Lamelle $6{,}5 + \frac{11}{2} = 12$ auf der

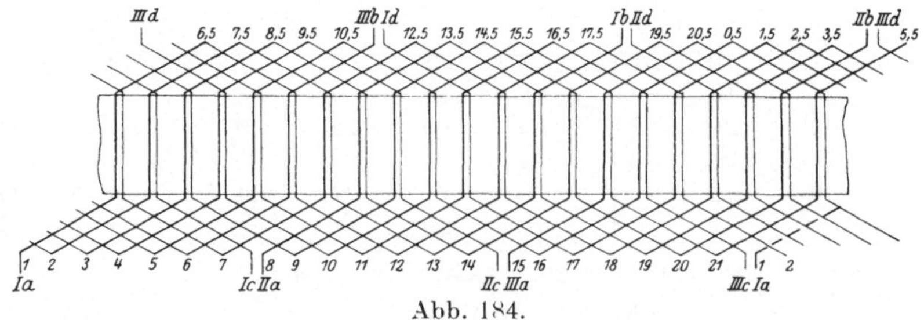

Abb. 184.

Vorderseite. Die Nummer der rückseitigen Lötstelle ist daher das arithmetische Mittel aus den Nummern der Kollektorlamellen, an denen das Wicklungselement angeschlossen ist. Wir erhalten daher folgendes Schema, das mit der Abb. 184 korrespondiert:

1	12	2	13	18,5	I. Phase
18,5	3	14	4	15	II. „
15	5	16	6	11,5	III. „
11,5	17	7	18	8	I. „
8	19	9	20	4,5	II. „
4,5	10	21	11	1	III. „

Um von einem Schnittpunkt bis zum nächsten zu gelangen, ist der Schritt

$$y_s = \frac{K}{6} \cdot y_k = \frac{21}{6} \cdot 11 = 38{,}5\,(-21) = 17{,}5 \quad . \; . \; . \; (771)$$

Die Schaltung der Gruppen ist äußerst kompliziert. Legen wir den Stab 1 als Anfang der Phase I_a an einen Schleifring, so kommen wir über die Lötstellen 12, 2, 13 zur Lötstelle 18,5 auf der Rückseite des Ankers zum Punkt I_b. Dieser Punkt ist mit dem Punkt I_c an der Lötstelle 8 auf der Vorderseite des Ankers zu verbinden, und nach dem Durchlaufen der Lötstellen 18, 7, 17 erreichen wir den Punkt I_d bei Lötstelle 11,5 an der Rückseite des Ankers.

Für Phase II ist Punkt II_a an der Lötstelle 8 zum Schleifring zu führen, Punkt II_b muß mit Punkt II_c verbunden werden und das Ende der Wicklung ist Punkt II_d.

In gleicher Weise ergeben sich für Phase III die Punkte III_a, III_b, III_c, III_d. I_d, II_d, III_d sind zum neutralen Punkt zu vereinigen.

Abgesehen von der entsetzlichen Schaltung hat die Wicklung noch den Nachteil, daß Stäbe verschiedener Phasen in denselben Nuten liegen.

Die Unbequemlichkeit, daß die Wicklung auch auf der Rückseite des Ankers aufgeschnitten werden muß, läßt sich umgehen, wenn man den Schritt von Schnittpunkt zu Schnittpunkt abwechselnd

$$\left.\begin{aligned} y_{s_1} &= \left(\frac{Z}{6} - \frac{1}{2}\right) y_k \\ y_{s_2} &= \left(\frac{Z}{6} + \frac{1}{2}\right) y_k \end{aligned}\right\} \quad . \; . \; . \; . \; . \; . \; . \; . \; . \; (772)$$

ausführt. In unserem Beispiel erhält man

$$y_{s_1} = \frac{21-3}{6}\, 11 = 33\,(-21) = 12$$

$$y_{s_2} = \frac{21+3}{6}\, 11 = 44\,(-2 \cdot 21) = 2.$$

Zur Aufstellung des Wicklungsschemas schreibt man die Schnittpunkte links senkrecht untereinander und erhält: 1, 1 + 12 = 13. 13 + 2 = 15, 15 + 12 = 27 — 21 = 6 usw. Nun füllt man die wagerechten Zeilen aus, indem man immer den Kollektorschritt addiert, bis man auf dieselbe Zahl kommt, mit der die nächste Zeile beginnt. Man erhält daher folgende Tabelle und das Schema Abb. 185:

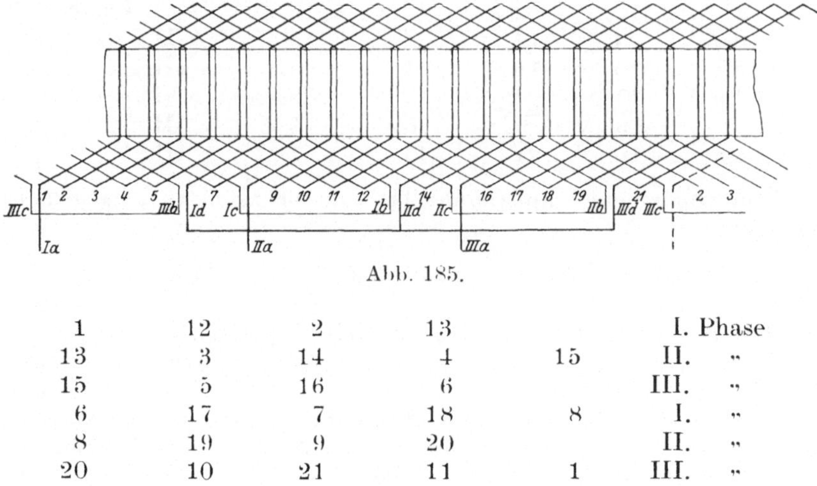

Abb. 185.

1	12	2	13		I. Phase
13	3	14	4	15	II. „
15	5	16	6		III. „
6	17	7	18	8	I. „
8	19	9	20		II. „
20	10	21	11	1	III. „

Man sieht, daß nun die Zahl der Wicklungselemente einer Gruppe abwechselnd 3 und 4 ist, ganz ähnlich wie bei einer Bruchlochwicklung.

Führt man den Punkt I_a zu einem Schleifring, so erreicht man nach Durchlaufen der ersten Gruppe den Punkt I_b an Lötstelle 13, geht nun zu Punkt I_c an Lötstelle 8 und die Wicklung endet am Punkt I_d an der Lötstelle 6.

Die Herstellung der Verbindungen zwischen den Schnittpunkten ist zwar wesentlich einfacher geworden, aber der Fehler, daß Stäbe verschiedener Phasen in ein und derselben Nute liegen, ist nicht beseitigt.

Es gibt noch ein weiteres Mittel, mögliche Zahlen zur Ausführung einer Wellenwicklung zu gewinnen, wenn man nämlich zu Reihenparallelschaltungen übergeht, also in der Gleichung des Kollektorschrittes

$$y_k = \frac{Z \pm a'}{p} \quad \ldots\ldots\ldots\ldots (773)$$

a' größer als 1 macht. Man kann nach dem Aufschneiden trotzdem die einzelnen Gruppen in Serie schalten, ganz so wie bei den aufgeschnittenen Schleifenwicklungen.

Endlich kann man noch dadurch neue Zahlen für die möglichen Wellenwicklungen gewinnen, daß man beim Schalten Wicklungselemente ausläßt, oder Nuten überhaupt unbewickelt läßt, wodurch natürlich Unsymmetrien hervorgerufen werden. Wegen derartiger Wicklungen muß auf die einschlägige Literatur verwiesen werden, insbesondere auf das Buch von Rudolf Richter: „Ankerwicklungen für Gleich- und Wechselstrommaschinen", Julius Springer, Berlin, in dem das Gesamtgebiet der Wicklungen mit größter Ausführlichkeit behandelt ist.

Wenn man bei der Projektierung einer Wellenwicklung auf große Schwierigkeiten stößt, so überlege man, ob nicht die Anordnung einer 6fach aufgeschnittenen Schleifenwicklung einfacher und bequemer ist. Meistens wird das der Fall sein.

e) Wicklungen für Kurzschlußanker.

Bei Käfigankern ist es vorteilhaft, die Ringe so auszubilden, daß sie bequem abgedreht werden können. Man hat es dann in der Hand, die Anzugskraft eines fertigen Motors innerhalb weiter Grenzen auf billige Weise durch Abdrehen zu steigern, und es ist eine sehr hohe Stromdichte in den Ringen mit Rücksicht auf ihre vorzügliche Berührung mit der Luft zulässig. In besonders schlimmen Fällen kann man den Widerstand der Kurzschlußwicklung dadurch vergrößern, daß man die Ringe einsägt und hierdurch ihren Querschnitt vermindert. Bei kleinen Ankern können die Ankerplatten aus Messing oder Kupfer gegossen und so gleichzeitig als Kurzschlußringe verwendet werden, Fig. 186. Es ist zwar nicht nötig. die Stäbe des Kurzschlußankers zu isolieren, es ist aber empfehlenswert, dies zu tun, da sie sonst leicht, besonders beim Anlaufen, in Vibration geraten und durch das Anschlagen an die Nutenwände ein sehr unangenehmes Geräusch verursachen.

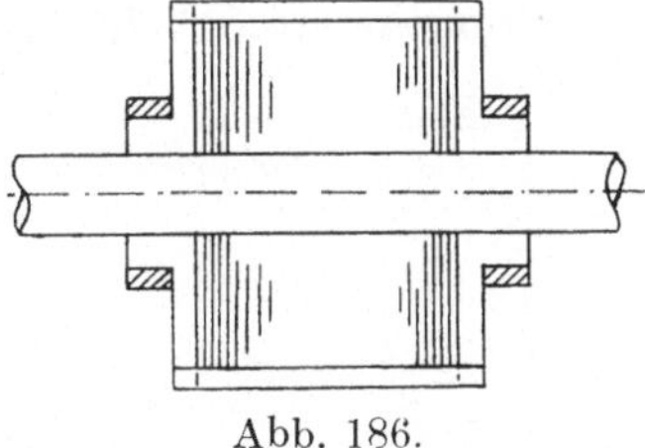

Abb. 186.

Die Anwendung von Kurzschlußankern mit Stabwicklung ist vorteilhaft bei Motoren, die unter sehr schweren Anzugsbedingungen zu arbeiten haben (z. B. Zentrifugenmotoren), die daher einen relativ hohen Rotorwiderstand besitzen und große Rotorverluste während längerer Zeit aushalten müssen. Die Gitterköpfe bewirken eine vorzügliche Kühlung der Rotorwicklung überhaupt, insbesondere der Lötstellen.

Wenn die Nutenzahl des Ankers durch die Polzahl teilbar ist, kann Wellenwicklung mit dem Schritt gleich der Polteilung ausgeführt werden. und es sind dann immer $2\,p$ Stäbe in Reihe geschaltet. Schleifenwicklung ist stets möglich, wenn 2 Stäbe in jeder Nut untergebracht werden, sogar bei ungerader Nutenzahl.

Man kann auch die Stabschleifenwicklung nur auf einer Seite ausführen und die Stäbe auf der anderen Seite durch einen Kurzschlußring vereinigen. Die Gitterköpfe gewähren die vorzügliche Ventilation, der Kurzschlußring die Möglichkeit, den Widerstand durch Abdrehen oder Einsägen zu erhöhen.

145. Die Anlaßwiderstände.

Aus den Abhandlungen des XV. Kapitels geht deutlich hervor, daß es nur zwei günstige Methoden zum Anlassen eines Motors gibt: die Variation der Periodenzahl, d. h. Anlassen mit dem Generator, und die Variation des Rotorwiderstandes, d. h. Anwendung eines regulierbaren Widerstandes im Rotorstromkreis. Es ist klar, daß von der ersten Möglichkeit nur unter ganz besonderen Umständen Gebrauch gemacht werden kann, während die zweite Methode in allen Fällen Anwendung finden kann. Sie ist daher für die Praxis von größter Bedeutung, und die nachfolgenden Betrachtungen beschränken sich ausschließlich auf diese Methode.

Die Verwendung dieser Anlasser setzt natürlich voraus, daß der Motor einen Phasenrotor mit Schleifringen besitzt. Dreiphasige Rotoren müssen drei Schleifringe besitzen, gleichgültig, ob die Rotorwicklung im Stern oder Dreieck geschaltet ist. Der Anlasser muß demgemäß drei Serien von Widerständen besitzen, die stets im Stern geschaltet werden, weil diese Schaltung eine viel einfachere und billigere Konstruktion ermöglicht. Abb. 187 stellt das Schema eines derartigen

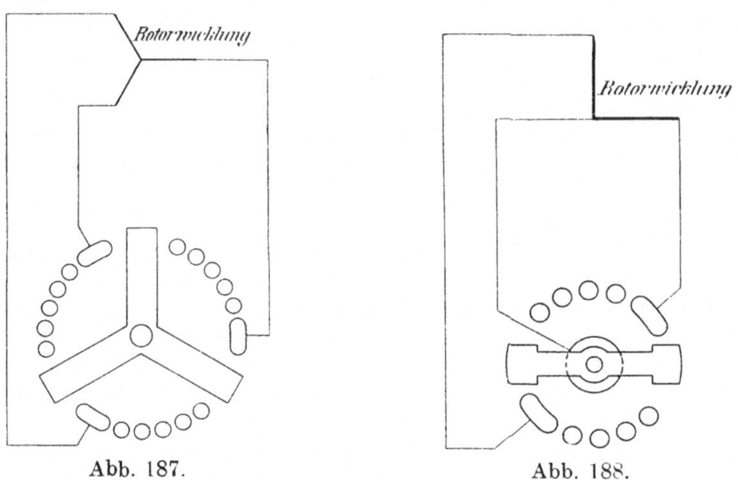

Abb. 187. Abb. 188.

Widerstandes dar, und man sieht, daß die drei Kontaktbürsten unter sich verbunden sein können und so in einfachster Weise den neutralen Punkt des Systemes bilden.

Zweiphasige Rotoren werden wohl niemals mit vier Schleifringen. sondern unter Verwendung der verketteten Zweiphasenschaltung ebenfalls nur mit drei Schleifringen ausgestattet, von denen der eine unter Umständen stärker dimensioniert sein muß, weil er den $\sqrt{2}$-fachen Strom der beiden anderen führt. Die Schaltung muß dann nach dem Schema Abb. 188 ausgeführt werden.

Bezeichnet R_2 den Widerstand einer Rotorphase, R_a den Widerstand pro Phase des Anlassers, K die Anzahl der Widerstandsvariationen (Anzahl der Kontakte pro Phase minus 1). so lassen sich die Widerstände der einzelnen Stufen in einfacher Weise berechnen, wenn man von folgendem Satz ausgeht:

Ein Regulierwiderstand ist dann zweckmäßig abgestuft, wenn von Kontakt zu Kontakt dieselbe prozentuelle Widerstandsänderung herbeigeführt wird. Man erhält die prozentuelle Änderung m

$$\frac{m}{100} = \sqrt[K]{1 + \frac{R_a}{R_2}} - 1 \quad \ldots \ldots \ldots (774)$$

Dies Resultat ergibt sich aus der bekannten Zinseszinsgleichung. Die Aufgabe läßt sich so auffassen: zu m Prozent wächst das Kapital R_2 auf die Höhe $(R_2 + R_a)$ in K Jahren an.

Bezeichnet man die einzelnen Stufenwiderstände vom Kurzschlußkontakt aus gezählt mit R_{a1}, R_{a2}, R_{a3} . . ., so erhält man die Stufen in folgender Weise:

$$\left.\begin{aligned} R_{a1} &= \frac{m}{100} \cdot R_2 \\ R_{a2} &= \frac{m}{100} \cdot (R_2 + R_{a1}) \\ R_{a3} &= \frac{m}{100} \cdot (R_2 + R_{a2}) \\ \text{usw.} & \end{aligned}\right\} \quad \ldots \ldots \ldots (775)$$

Über die zulässige Minimalzahl der Kontakte läßt sich eine allgemein gültige Regel nicht aufstellen; denn sie ist ganz verschieden je nach der Bauart des Anlassers. Bei einem Kontroller kann die Kontaktzahl relativ sehr klein sein, da die guten Funkenlöschvorrichtungen dieser Apparate eine sehr hohe Spannung zwischen zwei aufeinander folgenden Kontakten zulassen. Die Kontaktzahl muß erhöht werden, wenn nur Hilfskontakte als Funkenzieher verwendet werden, und bei einem ganz einfachen Anlasser muß sie noch höher genommen werden. Selbstverständlich ist auch von Einfluß hierauf die Stromstärke des Rotorstromkreises, also die Leistung des Motors, kurz, es sind dieselben Gesichtspunkte maßgebend wie beim Anlasser einer Gleichstrommaschine.

Bei Erwähnung dieser verschiedenen Anlasserkonstruktionen kann die Frage ihre Erledigung finden, ob es besser ist, zwei- oder dreiphasige Rotoren zu bauen. Die beim Anlassen in den Widerständen zu vernichtende Leistung ist in beiden Fällen nahezu dieselbe, die Widerstandsdrähte müssen daher beim zwei- oder dreiphasigen Anlasser gleiche Wärmekapazität haben. Dagegen verhalten sich, gleichviele Regulierstufen vorausgesetzt, die Kontaktzahlen wie $2(K+1)$ zu $3(K+1)$.

Bei Kontrollern für Mehrphasenmotoren ergibt sich häufig eine so große Baulänge der Kontaktwalze, daß die Reduktion der Kontaktzahl auf $\frac{2}{3}$ ausschlaggebend für die Verwendung zweiphasiger Rotoren sein kann. Bei gewöhnlichen Anlassern dagegen wird eine dreiphasige Rotorwicklung vorzuziehen sein, da eine gegebene Motortype mit einem dreiphasigen Rotor sich günstiger in bezug auf Streuung, also $\cos\varphi$, und auf Schlüpfung, also den Wirkungsgrad, verhält. Bei gegebener Kontaktzahl läßt sich die Regulierung des Anlassers verfeinern, wenn die Relativstellung der Kontaktbürsten zu ihren Kontakten so gemacht wird, daß beim Weiterdrehen der Kurbel die Bürsten nicht gleichzeitig die nächsten Kontakte berühren, sondern daß es für die einzelnen Phasen in Aufeinanderfolge geschieht. Abb. 189 zeigt dies Prinzip für einen dreiphasigen Anlasser (*a*-*b*-*c*-Schaltung).

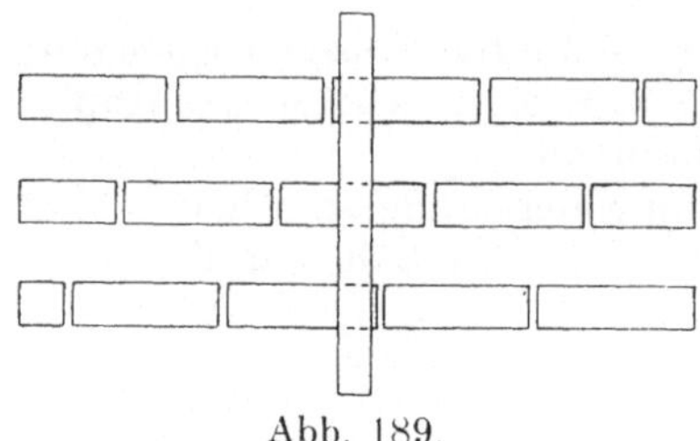

Abb. 189.

Die Anlasser lassen sich so bauen, daß der Rotorstromkreis vollkommen unterbrochen, also ausgeschaltet werden kann, das läßt sich aber auch verhüten, wenn die Bürsten durch einen Anschlag verhindert werden, ihren letzten Kontakt zu verlassen. Bei einem Motor für hohe Klemmenspannung wird man vielleicht die erste Anordnung bevorzugen, wenn der Motor sehr häufig angelassen und abgestellt wird, um den Verschleiß des Hochspannungsschalters zu reduzieren. Im allgemeinen bietet aber die zweite Anordnung mehr Vorteile, denn erstens vermeidet sie einen Unterbrechungsfunken am Anlasser und zweitens verhindert sie, daß der Motor nur am Anlasser ausgeschaltet wird, während der Stator erregt bleibt. Wenn der Stator stundenlang erregt ist, während der Motor stillsteht, kann natürlich sehr leicht ein Verbrennen der Statorwicklung eintreten, da jede Kühlung durch Ventilation fehlt. Die Gefährdung der Maschine läßt sich übrigens auch dadurch beseitigen, daß Anlasser und Hauptschalter zwangläufig gekuppelt werden.

Daß die Widerstandsdrähte relativ sehr hoch belastet werden können, wenn der Anlasser nur zum Anlassen verwendet wird, daß sie dagegen nur gering beansprucht werden dürfen, wenn der Anlasser gleichzeitig zum Regulieren der Tourenzahl Verwendung finden soll und dauernd belastet wird, ist selbstverständlich. Sehr kräftig muß der Kurzschlußkontakt und die an ihm angeschlossene Leitung dimensioniert werden, damit nicht dauernd durch den Anlasser der Widerstand des Rotors vermehrt wird. Diese Rücksicht fällt weg, wenn der Motor mit Kurzschlußvorrichtung versehen ist.

Um Material zu sparen, werden die Widerstandsdrähte mitunter in Öl eingebaut, das gegebenenfalls wiederum durch ein von Wasser durchflossenes Schlangenrohr gekühlt werden kann.

Flüssigkeitsanlasser erhalten je nach der Phasenzahl 2 oder 3 bewegliche Platten und sind stets mit einer metallischen Kurzschlußkontaktvorrichtung versehen. Wegen der durch ihre Inkonstanz bedingten Unzuverlässigkeit finden sie nur beschränkte Verwendung und können niemals dauernd zur Tourenregulierung eingeschaltet bleiben.

Im nachstehenden soll eine Methode angegeben werden, die dem in der Praxis stehenden Ingenieur sehr gute Dienste leisten kann, weil sie es ermöglicht, in sehr angenäherter Weise Anlaß- oder Regulierwiderstände zu berechnen, wenn das Kreisdiagramm des Motors nicht bekannt ist. Die einzigen Daten, deren Kenntnis nötig ist, sind die

Leistung des Motors und die Spannung an den Schleifringen des stillstehenden Rotors, natürlich auch die Phasenzahl des Rotors.

Streng gültig wäre die Methode nur bei einem streuungsfreien Motor mit widerstandslosem Stator, und sie basiert auf der Tatsache, daß der stillstehende Motor als Transformator aufgefaßt werden kann.

Soll ein Motor mit einem Drehmoment angehen, das N Pferdekräften bei seiner normalen Drehzahl entspricht, so müssen beim Anlassen $736 \cdot N$ Watt vernichtet werden. Bezeichnen wir mit

N = Normalleistung des Motors in PS,
a_2 = Phasenzahl des Rotors und des Anlassers,
E_a = Spannung im Anlasser an den Widerständen jeder Phase,

so ist bei einem dreiphasigen Rotor

$$E_a = \frac{\text{Schleifringspannung}}{\sqrt{3}}$$

und bei einem zweiphasigen Rotor

$$E_a = \text{Schleifringspannung einer Phase} = \frac{\text{Verkettete Schleifringspannung}}{\sqrt{2}}.$$

Soll der Motor mit seinem normalen Drehmoment anlaufen, so muß der Rotorstrom $I_{2\,\text{norm}}$ die Größe haben

$$I_{2\,\text{norm}} = \frac{736 \cdot N}{a_2 \cdot E_a} \text{ Ampere} \quad \ldots\ldots\ldots \quad (776)$$

und der Widerstand in jeder Phase des Anlassers muß sein

$$R_{\text{norm}} = \frac{E_a}{I_{2\,\text{norm}}} = \frac{a_2 \cdot E_a^2}{736 \cdot N} \text{ Ohm} \quad \ldots\ldots \quad (777)$$

Das Anlaufdrehmoment ist dem Rotorstrom proportional. Soll das Anlaufdrehmoment daher nur $\frac{x}{100}$ des normalen Drehmomentes bei Vollast betragen, so ist der Rotorstrom beim Anlauf nur

$$I_{2x} = \frac{x}{100} \cdot I_{2\,\text{norm}} \quad \ldots\ldots\ldots \quad (778)$$

und der Anlasser muß in jeder Phase einen Widerstand von der Größe haben

$$R_r = \frac{a_2 \cdot E_a^2}{736 \cdot N} \cdot \frac{100}{x} \quad \ldots\ldots\ldots \quad (779)$$

Will man den Anlasser auch zur Regulierung der Drehzahl verwenden, so ist zu beachten, daß die Schleifringspannung der Schlüpfung proportional ist. Bezeichnet man die Drehzahl in Synchronismus mit n_1, so ist die Spannung im Anlasser, wenn der Motor mit n Umdrehungen läuft, nur

$$E_n = E_a \frac{n_1 - n}{n_1} \quad \ldots\ldots\ldots \quad (780)$$

Soll bei n Touren der Motor ein Drehmoment von $x^0/_0$ seines normalen entwickeln, so muß daher der Anlasser in jeder Phase einen Widerstand haben von der Größe

$$R_{xn} = \frac{E_n}{I_{2x}} = \frac{a_2 \cdot E_a^2}{736 \cdot N \cdot \frac{x}{100} \cdot \frac{n_1 - n}{n_1}},$$

denn es ist im Widerstand nur noch eine Leistung von

$$736 \cdot N \frac{x}{100} \cdot \frac{n_1 - n}{n_1} \text{ Watt}$$

zu vernichten. Die letzte Gleichung läßt sich in der einfacheren Form schreiben

$$R_{xn} = \frac{a_2 \cdot E_a^2}{736 \cdot N} \cdot \frac{100}{x} \cdot \frac{n_1 - n}{n_1} \quad \ldots \ldots \ldots (781)$$

Drückt man die Drehzahl n in Prozenten der synchronen Drehzahl aus, indem man

$$\frac{n}{n_1} = \frac{y}{100}$$

setzt, so erhält man den Ausdruck

$$R_{xn} = \frac{a_2 \cdot E_a^2}{736 \cdot N} \cdot \frac{100 - y}{x} \quad \ldots \ldots \ldots (782)$$

und die Formel läßt sich in die Worte kleiden:

Um ein Drehmoment von $\frac{x}{100}$ des normalen bei einer Drehzahl von $\frac{y}{100}$ der synchronen zu erzielen, muß der Widerstand in jeder Phase des Anlassers der Gleichung (782) genügen.

Die so erhaltenen Werte sind praktisch brauchbar, obwohl sie natürlich nicht absolut richtig sein können. Will man vollkommen richtige Resultate erhalten, so ist die Kenntnis des Kreisdiagramms des Motors nötig, wie im Abschnitt 127 gezeigt ist. Aus den Beispielen in den Abschnitten 136 und 137 kann man ein Urteil darüber gewinnen, welche Genauigkeit man aus den Näherungsgleichungen erwarten kann.

XVIII. Experimentelle Untersuchung der Motoren.

146. Prüfung der Wicklung.

Bei einem fertiggestellten Motor muß in erster Linie geprüft werden, ob die Wicklungen fehlerfrei ausgeführt und richtig geschaltet sind. Die hauptsächlichsten Fehler, die in dieser Beziehung vorkommen können, sind: falsche Drahtzahl, Schluß einzelner Windungen gegeneinander, ungenügende Isolation bzw. Schluß gegen das Eisen, falsche Schaltung der einzelnen Phasen.

Da es selbst bei sorgfältigster Arbeit vorkommen kann, daß die Isolation einer Wicklung durchschlagen wird, empfiehlt es sich, nicht mit der Durchschlagsprobe zu beginnen, sondern erst die anderen Untersuchungen vorzunehmen, denn im Falle die Wicklung noch einen weiteren Fehler aufweisen sollte, können wenigstens durch eine Reparatur alle Übelstände beseitigt werden.

Man beginne also damit, den Motor anlaufen zu lassen. Schon hierbei können sich manche Schwierigkeiten zeigen, da es vorkommen kann, daß der Motor überhaupt nicht anlaufen will. Es kann dies eintreten, wenn mehrere Statorwindungen Schluß miteinander haben, wenn der Rotor im Stator schleift, wenn die Wicklung eines Schleifringankers vollkommen verschaltet ist oder wenn ein Kurzschlußanker relativ zum Stator ungünstige Nutenzahl besitzt, worüber Näheres im Abschnitt 102 zu finden ist.

Wenn nicht vollständig indiskutable Fehler vorliegen, wird es stets gelingen, den Motor durch Anlassen mittels des Generators, wie es im 125. Abschnitt beschrieben ist, hochzubringen, und dies Verfahren ist bei allen Motoren für hohe Spannung sehr zu empfehlen, da man bei dieser Methode Gelegenheit hat, die Wicklungen zu untersuchen, bevor die Spannung so gesteigert wird, daß ein Durchschlagen zu befürchten ist. Ebenso ist es sehr angenehm, wenn man bei sehr rasch laufenden Motoren nicht sofort mit der hohen Tourenzahl beginnen muß, sondern sie allmählich steigern kann. Sollte man auch auf diese Weise den Motor nicht hochbringen, so kann man, wenigstens bei Schleifringankern, noch einen Versuch machen, indem man Stator und Rotor ihre Rolle vertauschen läßt.

Ist der leerlaufende Motor auf Touren, so unterbricht man der Reihe nach immer je eine Zuleitung, so daß der Motor als Einphasenmotor läuft. Nur wenn alle Phasen vollständig symmetrisch gewickelt und schlußfrei sind, wird der Motor mit jeder Phasenwicklung bei gleichem Stromverbrauch (gleiche Spannung vorausgesetzt) arbeiten, und es ist so leicht, festzustellen, ob eine Phasenwicklung weniger Drähte als die andere enthält. Ebenso kann man konstatieren, ob und in welcher Phasenwicklung kurzgeschlossene Windungen vorhanden sind. Sollte man diese Fehlerstelle nicht sofort lokalisieren können, so gelingt dies noch leichter, wenn nicht nur Strom und Spannung der arbeitenden Phase, sondern gleichzeitig die in den ausgeschalteten Phasen induzierten EMKK gemessen werden; es wird kaum nötig sein, auch noch Wattmetermessungen vorzunehmen. Endlich läßt sich am leerlaufenden Motor noch feststellen, ob die Wicklungen eines Dreiphasenmotors richtig geschaltet sind. Ist nämlich bei der Wicklung einer Phase Anfang und Ende miteinander vertauscht, so würde der Motor für einen Dreiphasenstrom, dessen einzelne Ströme 60^0 Phasendistanz haben statt 120^0, geschaltet sein. Sollte dieser Fehler bei einem Stator vorliegen, so läuft der Motor schwer an, macht ein ganz charakteristisches Geräusch, und er wirft in einer Phase Leistung in das Netz zurück, während er in den übrigen entsprechend mehr aufnimmt.

Noch einfacher läßt sich der zuletzt erwähnte Fehler bei einem Motor mit gewickeltem Rotor finden. Wir wollen annehmen, der Stator sei richtig, der Rotor aber in dieser Weise verschaltet, so werden wir an den Schleifringen des stillstehenden Rotors statt der unter sich gleichen Spannungen 1 — 2, 2 — 3, 3 — 1 (Abb. 190), ungleiche Spannungen messen von der Größe 1 — 2', 2' — 3, 3 — 1. und die beiden ersten sind nur der $\sqrt{3}$-Teil der letzteren. In dieser Schaltung würde der Motor nur geringe Zugkraft bei großer Schlüpfung ausüben, da der Rotor ein äußerst ungünstiges, stark pulsierendes Feld erzeugen würde.

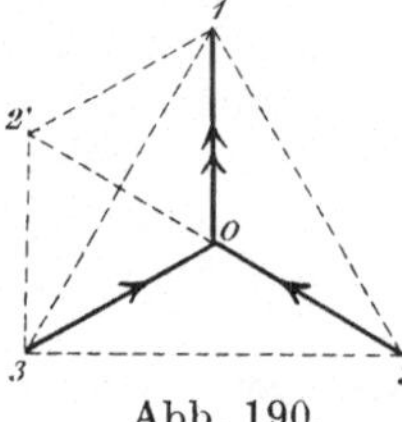

Abb. 190.

Ist der Rotor im Dreieck geschaltet und hierbei eine Phasenwicklung verkehrt angeschlossen, so kann im stillstehenden Rotor ein Strom entstehen, selbst wenn die Schleifringe außen nicht verbunden sind. Der Motor wird daher bei ausgeschaltetem Rotoranlasser angehen, allerdings nur mit geringer Zugkraft, da auch in diesem Falle ein stark pulsierendes Rotorfeld auftritt.

Auch bei Anwendung von mehrfachen Parallelwicklungen auf dem Rotor kann ein Angehen des Rotors bei offenem äußeren Rotorstromkreis auftreten, aber die entwickelte Zugkraft ist nur sehr gering, denn der Rotorstrom kann in diesem Falle nur infolge von kleinen Unsymmetrien der Wicklung zustande kommen.

Ist erwiesen, daß derart grobe Fehler am Motor nicht vorhanden sind, so kann der Magnetisierungsstrom gemessen und durch Vergleich mit der Rechnung untersucht werden, ob die Windungszahlen und der Luftzwischenraum richtig ausgeführt sind. Zur Kontrolle dient schließlich die Messung der Ohmschen Widerstände der Wicklungen.

147. Messung der Schlüpfung.

Ist die Periodenzahl f_1 der Stromquelle bekannt, so ist die Drehzahl eines $2\,p$-poligen Motors im Synchronismus, wenn $p =$ halbe Polzahl

$$n_1 = 60 \frac{f_1}{p} \qquad \ldots\ldots\ldots (783)$$

Macht der Motor in einem beliebigen Belastungszustand n Touren, so wird die prozentuale Schlüpfung s und die Periodenzahl f_2 des Rotorstromes

$$\left.\begin{aligned} s &= \frac{n_1 - n}{n_1} \cdot 100 \\ f_2 &= \frac{n_1 - n}{n_1} \cdot f_1 \end{aligned}\right\} \qquad \ldots\ldots\ldots (784)$$

Bei sehr kleinen Schlüpfungen wird die Differenz $n_1 - n$ sehr klein, und ein kleiner Fehler bei der Ermittlung der Drehzahl n kann einen ganz falschen Wert für die Schlüpfung zur Folge haben. Bei kleinen Schlüpfungen kann daher s nicht durch Messung der Drehzahl mittels des Tourenzählers mit wünschenswerter Genauigkeit bestimmt werden. Man hilft sich dadurch, daß man in den Rotorstromkreis ein Amperemeter einschaltet und aus den Schwingungen seines Zeigers die Periodenzahl f_2 ermittelt. Von der Verwendung eines Amperemeters mit Weicheisen ist hierbei abzuraten, da man besonders bei kleinen Ausschlägen nicht sicher wissen kann, ob der Eisenkern ummagnetisiert wird und die Schwingungszahl des Zeigers Polwechsel anzeigt, oder ob das Eisen konstante Polarität behält und dann die Schwingungszahl des Zeigers Perioden angibt. Man nimmt daher am besten ein Gleichstrom-Amperemeter mit beweglicher Spule im Feld eines permanenten Magneten und zählt die einseitigen Ausschläge des Zeigers, die der Periodenzahl $= f_2$ des Rotorstromes entsprechen. Hat man x einseitige Ausschläge gezählt und gleichzeitig die Zeitdauer t der Messung mittels einer Stoppuhr gemessen, so ist

$$\left.\begin{aligned} f_2 &= \frac{x}{t} \\ s &= \frac{f_2}{f_1} \cdot 100 \\ n &= n_1 \left(1 - \frac{f_2}{f_1}\right) = \frac{60}{p}(f_1 - f_2) \end{aligned}\right\} \quad \ldots \ldots (785)$$

An Stelle des Amperemeters kann man ein Telephon verwenden, das man an zwei Bürstenhalterklemmen des Rotors anschließt. Man hört dann direkt $2 f_2$ Geräusche in der Sekunde, hat man also x Geräusche in t Sekunden gezählt, so wird

$$f_2 = \frac{x}{2t} \quad \ldots \ldots \ldots \ldots (786)$$

und s und n kann nach den Formeln (785) gefunden werden. Bei Motoren mit Kurzschlußankern muß das Telephon mit einer kleinen Induktionsspule verbunden werden, welch letztere man der Stirnseite des Rotors oder dem Achsstumpf nähert. Das Telephon reagiert mit $2 f_2$ Geräuschen in der Sekunde, und die Telephonströme werden dadurch hervorgerufen, daß ein mit der Periodenzahl $2 f_2$ variierendes, stets vorhandenes axiales Streufeld des Rotors auf die Windungen der Meßspule induzierend wirkt. Näheres siehe Rosenberg, ETZ 1901, Seite 246.

Die Schlüpfung kann auch optisch dadurch gemessen werden, daß man auf der Welle des Motors eine dunkle Scheibe mit einem deutlich sichtbaren hellen radialen Streifen anbringt und die Scheibe mit einer Bogenlampe — auch manche Metallfadenlampen sind dazu brauchbar — beleuchtet. Die Lampe muß von derselben Stromquelle wie der Motor gespeist werden. Die Scheibe ist unsichtbar, so oft der Wechselstrom den Wert Null besitzt, und sie ist dann am hellsten beleuchtet, wenn der Wechselstrom seinen positiven oder negativen Maximalwert hat. Für das Auge wirkt daher der helle Strich wie ein Stern mit $2p$ Radien, also bei einem 4poligen Motor wie ein 4strahliger Stern. Ist der Motor im Synchronismus mit n_1 Touren, so steht der Stern scheinbar still, läuft der Motor mit n Touren, so macht der Stern scheinbar $(n_1 - n)$ Umdrehungen, die sich zählen lassen, und die Schlüpfung ist daher

$$s = \frac{n_1 - n}{n_1} \cdot 100 \quad \ldots \ldots \ldots \quad (787)$$

Auch stroboskopisch läßt sich die Schlüpfung messen, man benötigt aber bei dieser Methode außerdem einen synchron laufenden Hilfsmotor, der ebenfalls mit einer geschlitzten Scheibe versehen sein muß. Durch den Schlitz der synchron laufenden Scheibe wird der helle Streifen auf der asynchron laufenden Scheibe beobachtet.

148. Messung der Widerstände und Berechnung der Jouleschen Verluste.

Bei Dreiphasenwicklungen, die im △ geschaltet sind, braucht man, um den Widerstand einer Phase zu messen, nicht die einzelnen Phasen zu trennen, sondern man verfährt bei allen Dreiphasenwicklungen in folgender Weise:

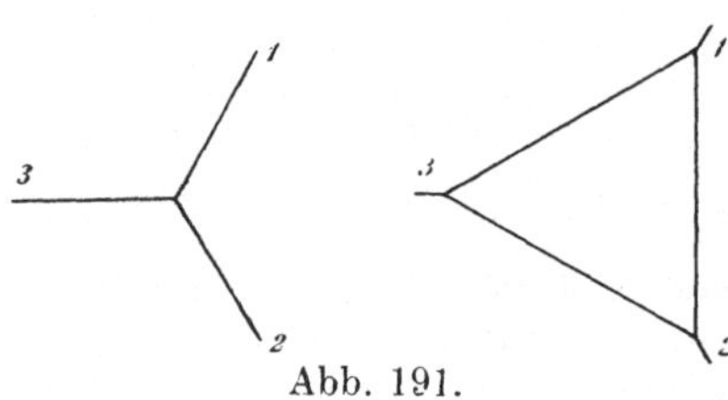

Abb. 191.

Ist der Widerstand einer Phase R, so messen wir bei einer dreiphasigen Sternwicklung zwischen zwei Klemmen, Abb. 191, den Widerstand

$$R' = 2 \cdot R \quad \ldots \ldots \ldots \quad (788)$$

Ist der zugeführte Dreiphasenstrom in jeder Leitung J, so ist der gesamte Joulesche Verlust in der Wicklung

$$V_R = 3 \cdot I^2 R = 1{,}5 \cdot I^2 R' \quad \ldots \ldots \ldots \quad (789)$$

Bei einer Dreieckschaltung messen wir zwischen den Punkten 1 und 2, wenn mit R der Widerstand einer Phase bezeichnet wird,

$$R' = \tfrac{2}{3} R \quad \ldots \ldots \ldots \quad (790)$$

denn die Wicklung besteht in bezug auf die Punkte 1 und 2 aus zwei parallelen Widerständen von der Größe R und $2R$. Bezeichnen wir mit J wieder den effektiven Drehstrom in einer Zuleitung, so ist der Strom jeder Phase in der Wicklung $\frac{J}{\sqrt{3}}$ und der gesamte Joulesche Verlust daher genau wie in Formel (789):

$$V_R = 3 \left(\frac{I}{\sqrt{3}}\right)^2 R = 1{,}5 \cdot I^2 R' \quad \ldots \ldots \ldots \quad (791)$$

Wir erhalten daher die einfache Regel:

Der Linienstrom J ruft in einer dreiphasigen Wicklung, deren Widerstand zwischen zwei Klemmen R' ist, einen Jouleschen Verlust hervor von

$$V_R = 1{,}5 \cdot I^2 \cdot R' \quad \ldots \ldots \ldots \quad (792)$$

149. Ermittlung der Verluste im Statoreisen und durch Reibung.

Die von einem leerlaufenden Motor aufgenommene elektrische Leistung wird ausschließlich zur Deckung der Leerlaufsverluste verbraucht. Diese Verluste setzen sich zusammen aus dem Jouleschen Verlust im Stator V_{R1}, dem Statoreisenverlust V_{e1}, dem Eisenverlust im Rotor V_{e2}, dem Jouleschen Verlust in der Rotorwicklung V_{R2} und dem Reibungsverlust V_r. Es ist daher die Leistungsaufnahme bei Leerlauf

$$L_{o1} = V_{R1} + V_{R2} + V_{e1} + V_{e2} + V_r \quad \ldots \ldots \quad (793)$$

Die Größe dieser Einzelverluste läßt sich in verschiedener Weise bestimmen. Im nachstehenden sind die zwei bequemsten Methoden angegeben.

a) Leerlaufsmethode.

Der Stator wird mit konstanter Periodenzahl f_1 aber mit variabler Spannung E_1 erregt, so daß der kurzgeschlossene Rotor leer und nahezu im Synchronismus läuft. Gemessen wird die Leistungsaufnahme des Stators und die Klemmen- bzw. Phasenspannung des Stators, und die Wattmeterablesungen werden graphisch als Funktion der Spannung aufgetragen, Abb. 192 A. (In den Abb. 193 und 194, die der 1. Auflage entnommen wurden, sind die Jouleschen Verluste mit V_{w1} und V_{w2} statt mit V_{R1} und V_{R2} bezeichnet.) Bei dieser Untersuchung gehe man mit der Spannung soweit als möglich herunter, verbinde die gefundenen Punkte durch eine Kurve und verlängere sie bis zu ihrem Schnittpunkt mit der y-Achse. Die Strecke oy stellt dann den Reibungsverlust V_r des Motors dar.

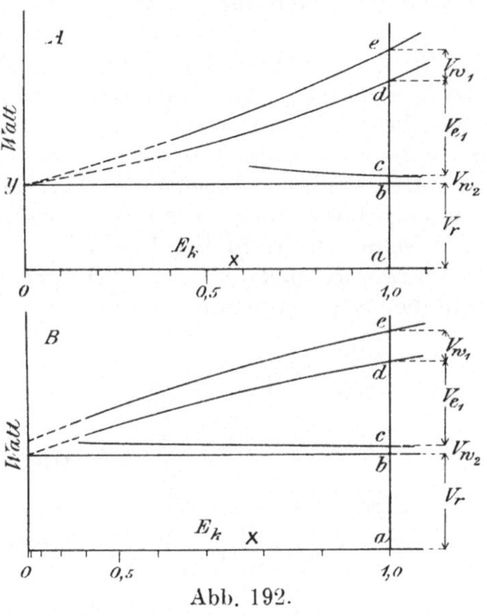

Abb. 192.

Breslauer hat darauf aufmerksam gemacht, daß sich die Unsicherheit der Verlängerung der Kurve bedeutend reduzieren und damit die Genauigkeit der Bestimmung des Reibungsverlustes steigern läßt, wenn auf der x-Achse die Quadrate der Spannung aufgetragen werden, denn der nach Gefühl zu zeichnende Teil der Kurve wird hierdurch wesentlich verkürzt. Abb. 193 B.

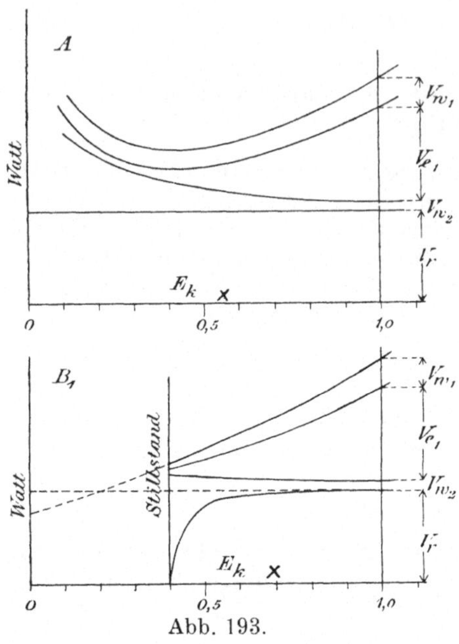

Abb. 193.

Wird außer der Leistung L_{01} und der Spannung gleichzeitig der Statorstrom I_{01} gemessen, so läßt sich der Joulesche Verlust in der Statorwicklung V_{R1} ermitteln. Beim Leerlauf des Motors mit seiner Normalspannung stellt in Abb. 193 ae den gesamten Leerlaufsverlust, ab den Reibungsverlust, de den Jouleschen Statorverlust dar.

Ist auch der Rotorstrom I_{02} gemessen und daraus $V_{R2} = bc$ bekannt, so stellt cd die gesamten Eisenverluste des Motors dar. Der Rotoreisenverlust ist nahezu Null, da der Rotor fast synchron läuft, deshalb ist $cd = V_{e1}$, der Eisenverlust im Stator. Wegen der äußerst geringen Periodenzahl des Rotorstromes muß J_{02} mit einem Hitzdrahtamperemeter gemessen werden: alle übrigen Amperemeter folgen zu rasch den Momentanwerten des Stromes und machen dadurch eine exakte Ablesung unmöglich.

Der Ohmsche Verlust V_{R2} läßt sich unter Umgehung der Strommessung bestimmen, wenn die prozentuale Schlüpfung des Rotors s_0, oder seine Drehzahl bei Leerlauf n_0, oder die Periodenzahl f_{02} des Rotorstromes bekannt ist. Wir erhalten, wenn mit n_1 die Tourenzahl bei Synchronismus bezeichnet wird,

$$\frac{\overline{bc}}{ab} = \frac{V_{R2}}{V_r}$$

$$V_{R2} = V_r \frac{n_1 - n_0}{n_0} = V_r \frac{s_0}{100 - s_0} = V_r \frac{f_{02}}{f_1 - f_{02}} \quad \ldots \quad (794)$$

Wäre uns dagegen $ac = V_{R2} + V_r = L_{01} - V_{R1} - V_{e1}$, die verlustlos vom Stator auf den Rotor übertragene Leistung bekannt, so würden wir erhalten

$$V_{R2} = ac \frac{n_1 - n_0}{n_1} = ac \cdot \frac{s}{100} = ac \frac{f_{02}}{f_1} \quad \ldots \ldots \quad (795)$$

von welcher Gleichung wir später bei Bestimmung des Wirkungsgrades Gebrauch machen werden.

Die in Abb. 193 dargestellte Konstruktion zur Ermittlung des Reibungsverlustes liefert etwas zu geringe Werte, wie sich aus folgender Überlegung ergibt. Wenn wir den Motor mit konstanter Drehzahl, aber variabler Spannung leer laufen lassen, so ist das Drehmoment, das der Rotor zur Überwindung des Reibungswiderstandes äußern muß, konstant. Das Drehmoment ist proportional dem Produkt $J_2 \cdot \mathfrak{B}_l$. $\mathfrak{B}_l$ aber ist proportional der Statorspannung. Wird daher die Spannung immer kleiner, so muß im selben Verhältnis I_{02} zunehmen, um das konstante Drehmoment auszuüben. Die in Abb. 193 gezeichneten Kurven vereinigen sich daher nicht im Punkt y, sondern die Ordinaten $b\,c$, die den Ohmschen Verlust im Rotor darstellen, wachsen mit abnehmender Spannung. Würde die Drehzahl konstant gehalten, so würde bei der Spannung Null auch ein unendlich großer Rotorstrom nicht mehr genügen, um ein Drehmoment zu erzeugen und den Reibungsverlust zu decken.

Den theoretischen Verlauf der Kurven zeigt Abb. 194 A, und man sieht daraus, daß sich bei der Spannung Null für die Leistungsaufnahme und für die Ohmschen Verluste unendlich große Werte ergeben, was einen praktisch unmöglichen Zustand bedingen würde.

Das wirkliche Verhalten des Motors wird durch Abb. 193 B geschildert; mit abnehmender Spannung vergrößert sich die Schlüpfung, die Drehzahl und der Verlust durch Reibung nimmt demgemäß ab und der Motor bleibt stehen, bevor die Statorspannung Null geworden ist.

Hieraus ist zu ersehen, daß die in Abb. 193 angegebene Methode stets den Reibungsverlust V_r zu gering liefert, daß aber die Abweichung vom wahren Wert nur klein ist. Auf diese Ungenauigkeit wurde zuerst von Dr. Benischke hingewiesen.

b) Hilfsmotormethode.

Der zu untersuchende Drehstrommotor wird mit einem Hilfsmotor direkt gekuppelt. Riemenantrieb ist, wenn man genaue Werte erhalten will, zu vermeiden. Als Hilfsmotor verwendet man am besten eine Gleichstromnebenschlußmaschine mit sehr fein abgestuftem Nebenschlußregulator, damit die Drehzahl möglichst genau eingestellt werden kann. Von der Gleichstrommaschine muß man den Leerlaufverlust kennen, den sie bei der Leerlaufdrehzahl des Drehstrommotors besitzt und außerdem muß ihr Ankerwiderstand bekannt sein, damit man die Verluste durch Stromwärme berechnen kann. Die Gleichstrommaschine ist an eine Stromquelle von möglichst konstanter EMK, am besten eine Akkumulatorenbatterie, angeschlossen. An der Gleichstrommaschine muß die elektrische Leistung, wenn sie als Motor oder Generator läuft, gemessen werden, daher ist ein Amperemeter und ein Voltmeter, nach Belieben auch ein Wattmeter, in ihren Ankerstromkreis einzubauen.

Der Asynchronmotor ist an eine Stromquelle, die sehr konstante Klemmenspannung und Periodenzahl liefert, anzuschließen.

In den Statorstromkreis ist Amperemeter, Voltmeter und Wattmeter einzubauen.

Man läßt nun das Aggregat in der Nähe des Synchronismus laufen und zwar mindestens so lange, bis die Maschinen, insbesondere die Lager, so weit erwärmt sind, daß die Reibungsverluste als konstant angesehen werden können.

Nun kann man mit den Messungen beginnen. Da beide Maschinen gleichzeitig an ihre Stromquellen angeschlossen sind, genügt eine sehr geringe Änderung des Nebenschlußwiderstandes, um den Asynchronmotor in einen Asynchrongenerator, den Gleichstromgenerator in einen Gleichstrommotor umzuwandeln, und wie schon erwähnt, muß deshalb die Abstufung des Nebenschlußreglers so fein als möglich sein, denn die Messungen sind gerade bei den Belastungszuständen vorzunehmen, bei denen die Maschinen ihren Charakter als Motor und Generator sehr leicht umkehren.

Wir machen nun in möglichst feiner Abstufung Messungen bei verschiedener Drehzahl, indem wir bei einer Belastung beginnen, bei der die Asynchronmaschine ausgesprochen als Motor, die Gleichstrom-

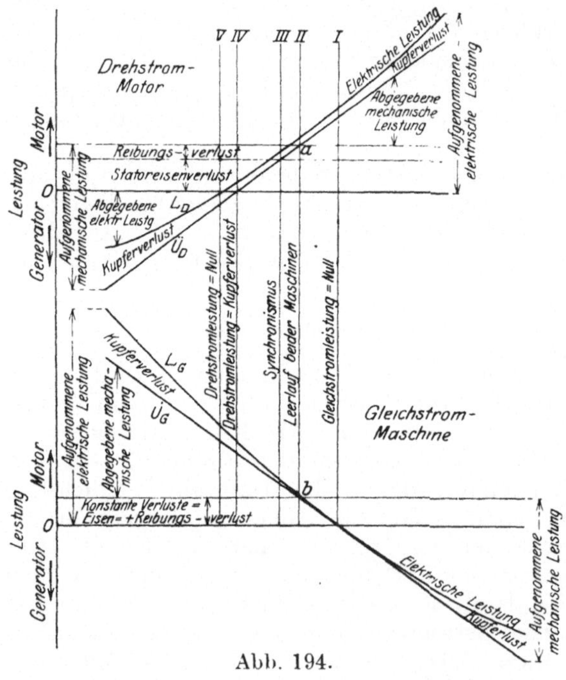

Abb. 194.

maschine als Generator läuft. Zu messen sind Leistungsaufnahme auf der Drehstromseite, Leistungsabgabe auf der Gleichstromseite. beide Stromstärken und die Drehzahl bzw. Schlüpfung. Wir erhalten Punkte auf der rechten Seite der stark ausgezogenen Kurven L_D und L_G der Abb. 194.

Wenn wir die Gleichstrommaschine etwas weniger erregen, werden wir den Zustand I erreichen, bei dem die abgegebene Gleichstromleistung Null ist. Der Asynchronmotor nimmt hierbei so viel Leistung auf, als zur Deckung aller Verluste nötig ist, nämlich

$$L_D = V_{R1} + V_{e1} + V_r + V_e' + V_r' \quad . \quad . \quad . \quad . \quad . \quad (796)$$

wenn man mit L_D die Leistung auf der Drehstromseite und mit V_e' und V_r' die Eisen- und Reibungsverluste auf der Gleichstromseite bezeichnet. Der Kupferverlust V_R' auf der Gleichstromseite ist bei dieser Belastung gleich Null.

Reduzieren wir die Erregung der Nebenschlußmaschine noch mehr, so erreichen wir den Zustand II, bei dem beide Maschinen ihren Leerlaufstrom, den sie bei Einzelbetrieb nötig haben, aufnehmen. Jede Maschine entnimmt ihrer Stromquelle so viel Leistung, als sie zur Deckung ihrer eigenen Verluste braucht. Es ist also

$$\left.\begin{aligned} L_D &= V_{R1} + V_{e1} + V_r \\ L_G &= V_R' + V_e' + V_r' \end{aligned}\right\} \quad . \quad . \quad . \quad . \quad . \quad . \quad . \quad (797)$$

und es ist gut, diese Werte für jede Maschine einzeln nochmals vor Beginn oder nach Beendigung der Versuchsreihe zu messen, wenn die Kupplung des Aggregates gelöst ist.

Bei noch weiterer Schwächung des Erregerfeldes der Gleichstrommaschine erreichen wir den vollkommenen Synchronismus des Drehstrommotors, also die Schlüpfung Null, und der Gleichstrommotor übernimmt nun die Deckung der Reibungsverluste des Drehstrommotors. Die aufgenommenen Leistungen sind daher im Zustand III

$$\left.\begin{aligned} L_D &= V_{R1} + V_{e1} \\ L_G &= V_R' + V_e' + V_r' + V_r \end{aligned}\right\} \quad . \quad . \quad . \quad . \quad . \quad (798)$$

Im Synchronismus ist sowohl der Eisenverlust wie der Joulesche Verlust im Rotor Null.

Wenn man aus den Meßresultaten den Diagrammkreis ableiten will (Abschnitt 151), so hängt die Richtigkeit des Kreises sehr davon ab, mit welcher Genauigkeit der Statorstrom, die Spannung und die Leistungsaufnahme des Drehstrommotors bestimmt worden sind, und es ist daher besonders bei dieser Messung alle erdenkliche Sorgfalt aufzuwenden. Auch der Leistungsfaktor muß aus der Beziehung

$$\cos\varphi_s = \frac{\text{aufgenommene Leistung (Watt)}}{\text{aufgenommene scheinbare Leistung (Voltampere)}}$$

recht genau ermittelt werden. Zeigen die Maschinen bei Synchronismus Neigung zu einer Unstabilität, was sich insbesondere durch das Auftreten eines Wattmetersprunges äußert, so ist in den Ankerstromkreis der Gleichstrommaschine ein Beruhigungswiderstand während der ganzen Versuchsreihe einzubauen, aus den Gründen, die auf den nächsten Seiten angegeben sind.

Steigern wir die Drehzahl nochmals um eine Kleinigkeit, indem wir den Erregerstrom schwächen, so übernimmt die Gleichstrommaschine auch die Deckung der Statoreisenverluste, und der Drehstrommotor nimmt nur so viel Leistung auf, als zur Deckung der Kupferverluste in der Statorwicklung nötig ist. Es ist daher im Zustand IV

$$\left.\begin{aligned} L_D &= V_{R1} \\ L_G &= V_R' + V_e' + V_r' + V_{e1} + V_r \end{aligned}\right\} \quad \ldots\ldots (799)$$

Durch noch weiteres Vermindern des Nebenschlußstromes erreichen wir schließlich den Zustand, bei dem der Drehstrommotor keine Leistung, also nur Blindstrom, aufnimmt und die Gleichstrommaschine die Deckung aller Verluste übernimmt. Es ist daher im Zustand V:

$$\left.\begin{aligned} L_D &= 0 . \\ L_G &= R_R' + V_e' + V_r' + V_{R1} + V_{e1} + V_r \end{aligned}\right\} \quad \ldots (800)$$

Es genügt nun schon die kleinste Verringerung des Erregerstromes der Gleichstrommaschine, um den Drehstrommotor zum Generieren zu bringen, so daß er elektrische Leistung an seine Stromquelle abgibt. Die Leistungen beider Maschinen sind dann:

$$\left.\begin{aligned} L_D &= \text{Nutzleistung als Generator} \\ L_G &= L_D + \text{Deckung aller Verluste} \end{aligned}\right\} \quad \ldots (801)$$

Die aufgenommenen Kurven L_D und L_G der Abb. 195 lassen sich in folgender Weise ausnützen. Da wir die zu den einzelnen Leistungen gehörenden Ströme gemessen haben, können wir durch Rechnung die Jouleschen Verluste V_{R1} und V_R' bestimmen. Subtrahieren wir von der aufgenommenen Leistung die Jouleschen Verluste, wenn die betreffende Maschine als Motor läuft, so bleibt als Rest die auf die andere Maschine übertragbare Leistung; es ist also die

$$\begin{aligned} \text{übertragbare Leistung eines Motors} &= L_D - V_{R1} \\ &= L_G - V_R' . \end{aligned}$$

Wenn aber eine Maschine als Generator läuft, hat sie eine übertragene Leistung aufgenommen, die um die Jouleschen Verluste größer ist als die abgegebene Nutzleistung. Es ist daher die

$$\begin{aligned} \text{auf einen Generator übertragene Leistung} &= -L_D - V_{R1} \\ &= -L_G - V_R' . \end{aligned}$$

Führen wir graphisch diese Operationen aus, so erhalten wir die Kurven $Ü_D$ und $Ü_G$ in Abb. 195.

$Ü_D$ schneidet die Synchronismusordinate III in dem Punkt, der dem Statoreisenverlust des Drehstrommotors entspricht. $Ü_D$ schneidet die Leerlaufordinate II in dem Punkt, der der Summe aus dem Statoreisenverlust und dem Reibungsverlust entspricht. Die Differenz beider Ordinaten liefert den Reibungsverlust.

Damit ist die gestellte Aufgabe gelöst.

Um das Verständnis der geschilderten Messungen zu erleichtern, ist in der Abb. 195 die Annahme gemacht, daß die beiden Linien $Ü_D$ und $Ü_G$ Gerade sind, und es wurden aus den Kupferverlusten die Kurven L_D und L_G berechnet. Die Vereinfachung für die Abbildung ist deshalb ganz wesentlich, weil die Linie $Ü_G$ durch den Verlauf von $Ü_D$ vollständig bestimmt ist. Betrachtet man bei der Gleichstrommaschine den Punkt b, bei der Asynchronmaschine den Punkt a als Abszissennullpunkt, so sind die Ordinaten von $Ü_G$ den Ordinaten von $Ü_D$ an Größe gleich, aber von entgegengesetztem Vorzeichen. Der Gleichstrommaschine wird daher bei den Messungen eine ganz bestimmte $Ü_G$- und natürlich auch L_G-Kurve aufgezwungen, und das ist auch möglich, weil wir durch entsprechende Regulierung des Erregerstromes jeden von der Asynchronmaschine geforderten Belastungszustand herbeiführen können. Ist eine der Linien L_D, $Ü_D$, L_G, $Ü_G$ bekannt, so sind alle drei übrigen vollkommen bestimmt.

Nur in einem Falle sind die $Ü$-Kurven wirklich gerade Linien und mit den L-Kurven identisch, wenn nämlich der Widerstand der Statorwicklung und des Gleichstromankers Null wäre. Diese Forderung ist aber in aller Strenge niemals zu erfüllen.

Damit man das Verhalten der beiden Maschinen vollständig verstehen kann, ist noch folgende Überlegung anzustellen. Die $Ü_D$-Kurve ist durch das Kreisdiagramm der Asynchronmaschine vollkommen bestimmt, sie ist etwas Gegebenes, und läßt sich durch die Gleichstrommaschine nicht beeinflussen, sondern durch die Nebenschlußregulierung wird im Gegenteil die Gleichstrommaschine der $Ü_D$- und damit der $Ü_G$-Kurve angepaßt.

Die $Ü_G$-Kurve darf nicht mit der Kurve verwechselt werden, die man erhält, wenn man die Leistung der Gleichstrommaschine bei konstantem Widerstand ihres Ankerstromkreises als Funktion der Drehzahl bei k o n s t a n t e r Erregung darstellt. In Abb. 195 zeigt die ausgezogene Linie diese Abhängigkeit wie sie sein soll, wenn die Versuchsreihe gut gelingen soll. Je kleiner der Ankerwiderstand der Gleichstrommaschine ist, um so steiler wird diese Linie zur Abszisse stehen. Zufällig könnte der Ankerwiderstand gerade so groß sein, daß die Neigung der Linie genau so groß ist wie die Neigung der $Ü_G$ Linie in Abb. 194. Dieser Fall ist in Abb. 195 durch die gestrichelte Linie dargestellt. Die Folge dieses Zufalls würde sein, daß im ganzen in Abb. 194 dargestellten Bereich bei u n v e r ä n d e r t e r Erregung der Belastungszustand unstabil wäre. Jede auf der Zeichnung enthaltene Belastung könnte eintreten und sprungweise könnten beide Maschinen ihre Rolle als Generator und Motor tauschen. Die Methode würde versagen und eine Messung der Verluste wäre unmöglich. Man könnte aber sofort einen stationären Zustand herbeiführen, wenn man durch einen dem Gleichstromanker vorgeschalteten konstanten Widerstand die Neigung der gestrichelten Linie in Abb. 195 verkleinern und in die Neigung der ausgezogenen Linie überführen würde.

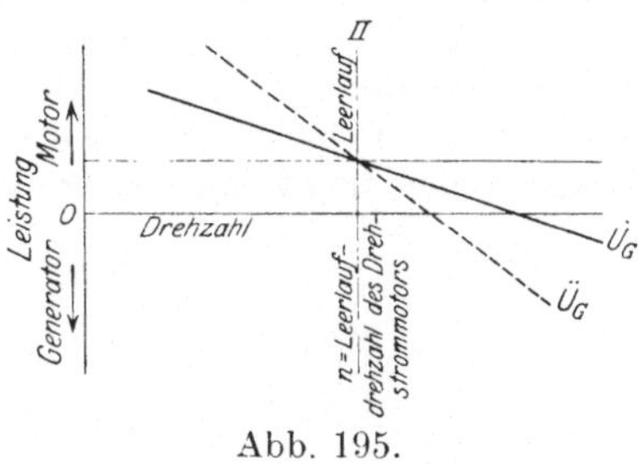

Abb. 195.

So kraß, wie es hier geschildert wurde, werden die Verhältnisse in der Praxis nicht auftreten, da die Ü-Kurven in Wirklichkeit keine geraden Linien sind. Der unstabile Zustand wird sich daher in der Praxis nicht über einen bedeutenden Leistungsbereich ausdehnen. sondern vielleicht nur bei einer einzigen Belastung vorhanden sein. Daß dieser Fall möglich ist, wurde wiederholt experimentell nachgewiesen. Ein interessanter Briefwechsel über diesen Wattmetersprung knüpfte sich an einen Artikel von Benischke in der ETZ. 1910. Seite 238, und es beteiligten sich an diesen Erörterungen Bragstad. Radt, Zipp, Simons, Harpuder, wie auf den Seiten 497, 522, 625 nachzulesen ist.

Aus der hier gegebenen Darstellung folgt, daß eine Unstabilität und damit ein Wattmetersprung auftreten kann, aber nicht auftreten muß, und daß die Unstabilität dadurch zu beseitigen ist, daß man dem Gleichstromanker einen konstanten Widerstand vorschaltet.

c) Zusammenhang der Meßresultate mit dem Diagrammkreis.

Vor allem ist klar, daß für die experimentelle Untersuchung eines Motors nur der Eisenkreis, also das Sumec-Diagramm, in Frage kommen kann, da es am richtigsten die wirklichen Verhältnisse darstellt. Wenn man mit dem einfachen Heyland-Diagramm, also dem Streuungskreis, theoretisch arbeitet, müssen sich unter Umständen Widersprüche mit den Meßresultaten ergeben, und manche experimentell gefundene Tatsachen können mittels des Heyland-Diagrammes nicht ganz befriedigend gedeutet werden.

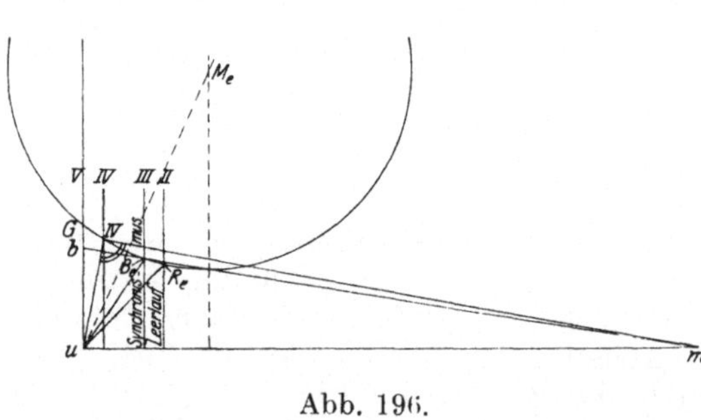

Abb. 196.

Der untere Teil des Diagrammes Abb. 197 ist in Abb. 196 herausgezeichnet, und es sind die Abszissen II, III, IV, V eingetragen, die den Betriebszuständen der Abb. 194 entsprechen. Die Abszisse I der Abb. 194 entspricht der Gleichstromleistung Null, hat daher keine weitere Bedeutung für den Drehstrommotor und ist deshalb in Abb. 196 weggelassen.

Die Leerlaufsabszisse II in Abb. 195 entspricht im Kreisdiagramm Abb. 196 dem Punkt R_e mit dem Statorstrom $u\,R_e$, der beim Leerlauf unter Berücksichtigung des Reibungsverlustes vorhanden ist.

Die Abszisse III des Synchronismus entspricht dem wichtigen Punkt B_e mit dem Statorstrom $u\,B_e$ und dem Rotorstrom Null. B_e ist der Fixpunkt, von dem aus bei jeder beliebigen Belastung das graphische Bild des Rotorstromes $B_e\,s$ nach der Spitze s des Stromdreiecks zu ziehen ist.

Der Abszissenpunkt IV, in dem die $\ddot{U}_D$-Linie die Abszissenachse schneidet, entspricht dem Diagrammpunkt IV, in dem der Statorstrom uIV senkrecht auf der dem Motor aufgedrückten EMK $IV-m$ steht. Es ist $u\bar{m}$ = Klemmenspannung, uIV = Spannungsverlust in der Statorwicklung und die Abszissendifferenz $V-IV$ in der Abb. 197 ist der Joulesche Verlust in der Statorwicklung.

Der Abszissenpunkt V endlich entspricht dem Punkt G auf dem Diagrammkreis, also dem Punkt, in dem die Senkrechte ud den Eisenkreis schneidet und der Drehstrommotor zu einem Generator wird.

Zwischen III und IV ist der Statorstrom ein Minimum, sein Vektor liegt daher in der Verbindungslinie des Punktes u mit dem Kreismittelpunkt M_e. Man kann diese Eigenschaft aber leider zu der Ermittlung des Diagrammkreises nicht vorteilhaft verwenden, weil sich der Statorstrom in der Nähe seines kleinsten Wertes nur sehr allmählich nähert. Das Minimum ist daher nicht scharf genug ausgeprägt.

Die wichtigen Beziehungen zwischen der Abb. 195 und dem Kreisdiagramm 197 werden uns gute Dienste leisten, wenn wir den Diagrammkreis aus den an der Maschine gewonnenen Meßresultaten ableiten wollen. Von ausschlaggebender Bedeutung ist der Punkt B_e. Die Ableitung findet man im 151. Abschnitt.

150. Ermittlung des Wirkungsgrades.

In den Normalien für elektrische Maschinen und Transformatoren, die vom Verband deutscher Elektrotechniker aufgestellt sind, ist eine größere Anzahl von Methoden zur Bestimmung des Wirkungsgrades angeführt. Mehrere dieser Methoden lassen sich indes nur in ganz speziellen Fällen anwenden, und der Gang der Untersuchung ist dann so einfach und selbstverständlich, daß es unnötig ist, hier näher auf diese Methoden einzugehen. Es sollen nur nachstehende Methoden besprochen werden.

a) Direkte Bremsmethode.

Bei den Versuchen ist die Spannung konstant zu halten, und es sind zu messen: die aufgenommene Leistung L_1 in Watt, die Drehzahl n und die Belastung des Bremszaumes. Ist die ausbalancierte Bremse mit P kg im Horizontalabstand l (in Metern gemessen) vom Wellenmittel belastet, während der Rotor n Touren in der Minute macht, so ist die gebremste mechanische Leistung, also die Nutzleistung des Motors

$$L_2 = \frac{2\pi \cdot l \cdot n \cdot P}{60 \cdot 75} = \frac{l \cdot P \cdot n}{717} \text{PS} \quad \ldots \ldots (802)$$

Wird hierbei eine Leistungsaufnahme des Motors von L_1 Watt gemessen, so wird der Wirkungsgrad bei dieser Belastung

$$\eta = \frac{736 \cdot L_2}{L_1} \quad \ldots \ldots \ldots \ldots (803)$$

Man bemerkt, daß in diesen Formeln die Periodenzahl f_1 des zugeführten Stromes und die Schlüpfung nicht enthalten ist, und daraus ergibt sich die schätzenswerte Eigenschaft, daß die direkte Bremsmethode unabhängig von der Periodenzahl des Mehrphasenstromes ist. Wenn daher die Messung der Drehzahl mit einem Fehler von $x^0/_0$ behaftet ist, so wird der Wirkungsgrad nur um den gleichen Prozentsatz falsch gemessen, nicht um ein Vielfaches, wie es dann eintritt, wenn die geschlüpfte Drehzahl $n_1 - n$ zu bestimmen wäre.

Die Messung der Statorstromstärke pro Phase ist zur Berechnung des Wirkungsgrades zwar nicht erforderlich, man führt sie aber zweckmäßigerweise aus, damit man die Möglichkeit hat, den Leistungsfaktor zu berechnen und empirisch den geometrischen Ort der Spitze s des Stromdreiecks und damit den Diagrammkreis festzulegen, wenn eine größere Anzahl von Beobachtungen bei verschiedenen Belastungen vorgenommen worden sind.

Wenn man vollkommen fehlerfrei messen könnte, so müßten schon drei Belastungszustände, z. B. Leerlauf, Normalleistung und Kurzschlußversuch, genügen, um den Diagrammkreis festzulegen, denn durch drei gegebene Punkte kann man nur einen Kreis beschreiben. Meistens nimmt man aber eine ganze Schar von Punkten auf, und man kann die Genauigkeit noch dadurch erhöhen, daß man den Motor auch im Übersynchronismus als Generator arbeiten läßt.

Natürlich braucht man dazu einen Antriebsmotor, am besten eine Gleichstrommaschine, die auch zur Belastung der Asynchronmaschine an Stelle des Zaumes dienen kann, wenn die Asynchronmaschine als Motor und die Gleichstrommaschine als Generator läuft. Voraussetzung ist, daß der Wirkungsgrad der Gleichstrommaschine genau bekannt ist.

b) Leerlaufsmethode.

Man mißt bei verschiedenen Klemmenspannungen und konstanter Periodenzahl des zugeführten Mehrphasenstromes bei kurzgeschlossenem leerlaufenden Rotor die vom Stator aufgenommene elektrische Leistung L_{01} und zeichnet ein Diagramm (Abb. 193 B), indem man auf der Abszisse die Quadrate der Spannungen und als Ordinaten zu den Spannungen die aufgenommene Leistung aufträgt. Die Kurve, die durch Verbindung der erhaltenen Punkte gefunden wird, verlängert man bis zu ihrem Durchschnittspunkt y mit der y-Achse. $o\,y$ stellt, im Wattmaßstab gemessen, den Reibungsverlust des Motors V_r dar.

Beim Leerlauf mit der Normalspannung ist die Leistungsaufnahme L_{01}, der Statorstrom J_{01} und der Rotorstrom J_{02} zu messen. Ferner muß der Stator- und der Rotorwiderstand bekannt sein, damit die Ohmschen Verluste bei Leerlauf, V_{0R1} und V_{0R2}, berechnet werden können.

Die bei Leerlauf aufgenommene Leistung dient ausschließlich zur Deckung der Verluste, und es ist nach Gleichung (793)

$$L_{01} = V_{0R1} + V_{0R2} + V_{e1} + V_{e2} + V_r \quad . \quad . \quad . \quad . \quad . \quad (804)$$

Von diesen Verlusten sind uns bekannt V_r, V_{0R1}, V_{0R2}, ferner wissen wir, daß beim leer und nahezu synchron laufenden Motor V_{e2} nahezu Null ist. Wir erhalten daher den Eisenverlust im Stator

$$V_{e1} = L_{01} - V_{0R1} - V_{0R2} - V_r \quad \ldots \ldots \quad (805)$$

Bei größeren Motoren mit gutem Leistungsfaktor und gutem Wirkungsgrad wird V_{0R1} und V_{0R2} gegenüber V_r sehr klein sein, und der Ausdruck vereinfacht sich daher

$$V_{e1} \approx L_{01} - V_r \quad \ldots \ldots \ldots \quad (806)$$

Es stellt nun L_{01} bzw. $V_{e1} + V_r$ einen nahezu konstanten Verlust des Motors dar, während $V_{R1} + V_{R2}$ von der Belastung abhängen, V_{e2} dagegen immer nahezu Null ist. Wird daher bei einem beliebigen Belastungszustand die Leistungsaufnahme L_1, der Statorstrom J_1, der Rotorstrom J_2 gemessen und daraus die Ohmschen Verluste V_{R1} und V_{R2} berechnet, so sind die Gesamtverluste des Motors

$$V = V_r + V_{e1} + V_{R1} + V_{R2} \quad \ldots \ldots \quad (807)$$

und da der Wirkungsgrad $= \dfrac{\text{Nutzleistung}}{\text{aufgenommene Leistung}}$, so wird

$$\eta = \frac{L_1 - (V_r + V_{e1} + V_{R1} + V_{R2})}{L_1} \quad \ldots \ldots \quad (808)$$

und die Nutzleistung des Motors in Pferdekräften

$$L_2 = \frac{L_1 - (V_r + V_{e1} + V_{R1} + V_{R2})}{736} = \eta \frac{L_1}{736} \text{ PS} \quad \ldots \quad (809)$$

Bei dem beschriebenen Verfahren braucht die Periodenzahl des zugeführten Stromes nicht genau gemessen zu werden. Kann man aber den Rotorstrom nicht messen, weil der Motor mit Kurzschlußanker versehen ist oder aus einem anderen Grunde, so muß der Rotorverlust durch die Schlüpfung bestimmt werden, und es ist hierzu die Kenntnis der Periodenzahl f_1 bzw. der Drehzahl im Synchronismus erforderlich.

Wird bei Leerlauf mit Normalspannung eine Leistungsaufnahme L_{01}, ein Ohmscher Verlust im Stator V_{0R1}, die Periodenzahl des Rotorstromes f_2, bzw. die prozentuale Schlüpfung s_0 bzw. die Leerlaufsdrehzahl n_0 gemessen, so stellt, wenn V_{e1} der uns noch unbekannte Eisenverlust im Stator ist,

$$L_{01} - V_{e1} - V_{0R1}$$

die Leistung dar, die nach dem Rotor übertragen wird. Im Rotor wird durch die Verluste $V_{e2} + V_{0R2}$ die übertragene Leistung auf das

$$\frac{n_0}{n_1} = \frac{100 - s_0}{100} = \frac{f_1 - f_{02}}{f_1} \text{ fache}$$

reduziert. Von dieser mechanisch transformierten Leistung wird durch die Reibung nochmals V_r vernichtet. Bei Leerlauf müssen daher die Beziehungen bestehen:

$$(L_{01} - V_{e1} - V_{0R1})\cdot\frac{n_0}{n_1} - V_r = 0$$

$$(L_{01} - V_{e1} - V_{0R1})\cdot\frac{100 - s_0}{100} - V_r = 0$$

$$(L_{01} - V_{e1} - V_{0R1})\cdot\frac{f_1 - f_{02}}{f_1} - V_r = 0$$

und hieraus erhalten wir den Eisenverlust im Stator

$$\left.\begin{aligned} V_{e1} &= L_{01} - V_{0R1} - V_r\cdot\frac{n_1}{n_0} \\ &= L_{01} - V_{0R1} - V_r\cdot\frac{100}{100 - s_0} \\ &= L_{01} - V_{0R1} - V_r\cdot\frac{f_1}{f_1 - f_{02}} \end{aligned}\right\} \quad \ldots\ldots (810)$$

Die abgegebene Leistung wird bei einer beliebigen Belastung, wenn L_1 und s oder n oder f_2 gemessen wird,

$$\left.\begin{aligned} L_2 &= \frac{1}{736}\left[(L_1 - V_{R1} - V_{e1})\frac{n}{n_1} - V_r\right]\text{PS} \\ &= \frac{1}{736}\left[(L_1 - V_{R1} - V_{e1})\frac{100 - s}{100} - V_r\right]\text{PS} \\ &= \frac{1}{736}\left[(L_1 - V_{R1} - V_{e1})\frac{f_1 - f_2}{f_1} - V_r\right]\text{PS} \end{aligned}\right\} \quad \ldots (811)$$

und der Wirkungsgrad

$$\left.\begin{aligned} \eta &= \frac{1}{L_1}\left[(L_1 - V_{R1} - V_{e1})\frac{n}{n_1} - V_r\right] \\ &= \frac{1}{L_1}\left[(L_1 - V_{R1} - V_{e1})\frac{100 - s}{100} - V_r\right] \\ &= \frac{1}{L_1}\left[(L_1 - V_{R1} - V_{e1})\frac{f_1 - f_2}{f_1} - V_r\right] \\ &= \frac{736\cdot L_2}{L_1}. \end{aligned}\right\} \quad \ldots\ldots (812)$$

c) Hilfsmotormethode.

Ist durch die Hilfsmotormethode, die im Abschnitt 149, 3 ausführlich besprochen wurde, die Trennung der Leerlaufsverluste vorgenommen, so ist der Reibungs- und Eisenverlust V_r und V_{e1} schon bekannt, und es lassen sich ohne weiteres die Formeln (811) und (812) benützen.

151. Ermittlung des Kreisdiagrammes aus Meßresultaten.

Um das Kreisdiagramm aus Meßergebnissen herzuleiten, sind nur zwei Messungen nötig, die eine im Synchronismus, die andere beim stillstehenden Motor. Bei der zweiten Messung braucht der Rotor nicht unbedingt kurzgeschlossen zu sein (Kurzschlußversuch), man kommt fast ebenso leicht zum Ziel, wenn in den Rotorstromkreis Widerstände eingeschaltet sind. Natürlich müssen die Vorschaltwiderstände in allen Rotorphasen gleich groß sein, und außerdem muß man ihre Größe und die Größe des Widerstandes der Rotorwicklung kennen. Über diese Methode ist in diesem Abschnitt am Schluß des 3. Absatzes das Nähere angegeben. Zuerst soll aber als 2. Messung der Kurzschlußversuch angenommen werden, einesteils weil diese Methode bekannter sein dürfte, anderenteils, weil sie unter allen Umständen, also auch bei Motoren mit Kurzschlußanker, anwendbar ist.

a) Die Messung des Synchronismus

liefert den Punkt B_e in Abb. 197.

Die Ausführung der Messung ist im Abschnitt 149, *b* ausführlich besprochen, und für unseren jetzigen Zweck brauchen wir nur die zwei Größen

$$\left.\begin{array}{ll}\text{Statorstrom im Synchronismus} & = I_s \text{ Ampere} \\ \text{Leistungsfaktor im } \quad " & = \cos\varphi_s\end{array}\right\} \quad . \quad . \quad (813)$$

Vom Nullpunkt eines Koordinatensystems $u\,m$, $u\,d$, Abb. 197, tragen wir unter dem Winkel φ_s den Vektor des Statorstromes $u\,B_e$ in beliebiger Länge auf:

$$I_s = u\,B_e \text{ mm} \quad . \quad . \quad . \quad . \quad . \quad . \quad . \quad . \quad . \quad (814)$$

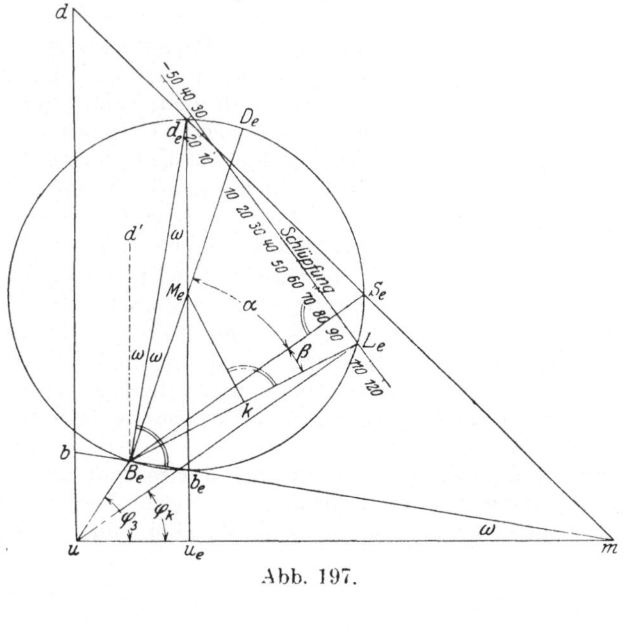

Abb. 197.

Durch die Wahl der Länge $u\,B_e$ haben wir gleichzeitig schon die Konstante des Statorstromes des werdenden Diagrammes festgelegt, denn es ist

$$C_{I_1} = \frac{I_s \text{ Amp.}}{u\,B_e \text{ mm}} \quad \ldots\ldots\ldots\ldots (815)$$

Auch die Leistungskonstante C_{L_1} liegt bereits fest, denn die Abszisse von $u\,B_e$ mit C_{L_1} multipliziert, muß die gemessene Leistungsaufnahme im Synchronismus ergeben.

Es wird ausdrücklich darauf aufmerksam gemacht, daß sich die Messung im Synchronismus durch einen einfachen Leerlaufsversuch ohne Hilfsmotor auch dann nicht ersetzen läßt, wenn der Reibungsverlust bekannt ist. Es ergibt sich dies sofort aus der Überlegung, daß der Leerlaufsversuch in Abb. 196, den Punkt R_e liefern würde, aus dem wir auch bei Kenntnis der Reibungsverluste B_e nicht ermitteln können, solange der Diagrammkreis unbekannt ist.

b) Der Kurzschlußversuch

liefert den Punkt L_e in Abb. 197.

Von den Meßresultaten benötigen wir bei der normalen Klemmenspannung

$$\left.\begin{array}{l}\text{den Statorstrom beim Kurzschluß} = I_k \\ \text{„ Leistungsfaktor beim „} = \varphi_k\end{array}\right\} \quad \ldots (816)$$

und in die Zeichnung tragen wir von u aus unter dem Winkel φ_k zur Abszisse den Vektor des Statorkurzschlußstromes auf

$$u\,L = \frac{I_k}{C_{I_1}} \quad \ldots\ldots\ldots\ldots (817)$$

Abb. 198.

Den Kurzschlußversuch nimmt man in folgender Weise vor: der Rotor wird kurzgeschlossen und festgebremst, daß er sich nicht drehen kann und der Stator wird mit variabler Spannung, aber konstanter Periodenzahl erregt. Man wird dabei mit kleiner Spannung beginnen und sie allmählich steigern, soweit es die Verhältnisse zulassen. Nur bei kleinen Motoren wird man die Spannung bis zu ihrem Normalwert steigern können, häufig und insbesondere bei großen Motoren wird man vorher die Versuchsreihe abbrechen müssen, um die Maschinen und die Meßinstrumente nicht zu gefährden. In diesen Fällen muß man die Kurve extrapolieren.

Man trägt zu diesem Zwecke als Abszisse den Kurzschlußstrom, als Ordinate die dazugehörige Spannung und die aufgenommene Leistung auf Abb. 198. Man erhält für die Spannung als Funktion der Kurzschlußstromstärke mit großer Annäherung eine gerade Linie, für die Leistung sehr angenähert eine Parabel von der Form

$$y = C \cdot x^2.$$

c) Der Diagrammkreis,

und zwar der Eisenkreis, wird in folgender Weise gefunden:

Bei Synchronismus ist der Spannungsverlust in der Statorwicklung $I_s \cdot R_1$ und im gleichen Maßstab ist die Phasenspannung $= u\,m$. Wir finden daher den Punkt m aus der Beziehung

$$u\,m = \frac{E_1}{I_s \cdot R_1} \cdot u\,B_e \quad \text{. . . . . (818)}$$

Nun ziehen wir die Gerade $m\,B_e$, errichten im Punkt B_e die Senkrechte

$$B_e d_e \perp B_e m\,.$$

Den Punkt d_e kennen wir noch nicht, werden ihn aber sofort finden. Wir ziehen von B_e aus eine Gerade in Richtung D_e, die mit der Richtung $B_e d_e$ den Winkel ω einschließt. Es ist also

$$\sphericalangle\, B_e m\,u = \sphericalangle\, d_e B_e D_e = \omega.$$

Der Kreismittelpunkt M_e liegt auf der Geraden $B_e D_e$, und um ihn zu finden errichten wir auf $B_e L_e$ (dem Rotorkurzschlußstrom) die Mittelsenkrechte $k\,M_e$. Es ist daher

$$B_e k = k\,L_e$$

$$k\,M_e \perp B_e L_e$$

und man findet

M_e = Kreismittelpunkt,

$B_e M_e$ = Radius des Diagrammkreises,

$B_e D_e$ = Durchmesser des Diagrammkreises.

Durch das Beschreiben des Kreises ist gleichzeitig der Punkt d_e festgelegt, und der Schnittpunkt der Geraden $d_e m$ mit dem Kreis ist der wichtige Punkt S_e.

Die beiden so wichtigen Winkel α und β, die vom Stator- und Rotorwiderstand abhängen, sind schon im Diagramm enthalten. Sie sind

$$\sphericalangle\, \alpha = D_e B_e S_e$$

$$\sphericalangle\, \beta = S_e B_e L_e$$

$$\sphericalangle\, (\alpha + \beta) = D_e B_e L_e$$

wenn wir die Reibung nicht berücksichtigen, und die Verlustlinien sind

$$B_e S_e \qquad \text{und} \qquad B_e L_e\,.$$

Der Schlüpfungsmaßstab geht durch den Punkt L_e und schneidet $R_e S_e$ rechtwinklig.

Um den Streuungskoeffizienten τ des Motors zu finden, ziehen wir die Senkrechte $d_e u_e$, die den Kreis im Punkt b_e schneidet. Es ist

$$\tau = \frac{u_e b_e}{b_e d_e} \quad \text{. . . . . (819)}$$

oder
$$\tau = \frac{u\,b}{b\,d} \quad \ldots\ldots\ldots\ldots \quad (820)$$

denn den Durchmesser des Streuungskreises $b\,d$ und den zugehörigen Magnetisierungsstrom $u\,b$ haben wir als Nebenprodukt miterhalten.

Bei Motoren mit kleinem Statorwiderstand wird die Strecke $u\,m$ so groß, daß man sie zeichnerisch nicht mehr bequem darstellen kann. Es gelingt aber trotzdem die Ermittlung des Diagrammkreises, wenn man folgendermaßen verfährt:

Man berechnet zuerst den Ausdruck

$$\operatorname{tg}\omega = \frac{u\,B_e \cdot \sin\varphi_s}{u\,m - u\,B_e \cdot \cos\varphi_s} \quad \ldots\ldots \quad (821)$$

Nun zieht man durch B_e senkrecht zur Richtung $u\,m$, also senkrecht zum Vektor der Spannung, die gestrichelte Gerade $B_e\,d'$, und trägt unter dem Winkel ω eine Gerade $B_e\,d_e$ auf.

Die übrige Konstruktion ist genau wie sie vorher beschrieben wurde. Das die Gerade $b\,b_e$ nun dadurch erhalten wird, das man

$$b\,b_e \parallel B_e\,d_e$$

zieht, ist selbstverständlich. Auch der Punkt d läßt sich bestimmen infolge der Proportion

$$\frac{u\,d}{u_e\,d_e} = \frac{u\,b}{u_e\,b_e},$$

denn es ist
$$u\,d = u\,b\,\frac{u_e\,d_e}{u_e\,b_e} \quad \ldots\ldots\ldots\ldots \quad (822)$$

Führt man den Kurzschlußversuch aus, wenn der Rotor nicht kurzgeschlossen, sondern z. B. der Rotoranlasser eingeschaltet ist, so wird der Statorkurzschlußstrom kleiner, der Punkt L_e liegt auf dem Diagrammkreis weiter unten und der Winkel

$$\beta = \sphericalangle\, S_e\,B_e\,L_e$$

wird größer. Andere Veränderungen treten im Diagramm nicht ein. Durch das Vorschalten des Anlassers erreicht man unter Umständen mehrere Vorteile: erstens wird die Kurzschlußstromstärke kleiner und dadurch werden die Maschinen und Apparate geschont, und zweitens läßt sich die Genauigkeit erhöhen, weil man durch passende Wahl der Vorschaltwiderstände statt des einen Punktes L_e beliebig viele Kurzschlußpunkte bestimmen kann, die alle auf dem gleichen Diagrammkreis liegen müssen.

d) Die Diagrammkonstanten.

Die Diagrammkonstante des Statorstromes ist nach Gleichung (815)

$$C_{I_1} = \frac{I_s \text{ Amp.}}{u\, B_e \text{ mm}} \quad \ldots \ldots \ldots \quad (823)$$

und hieraus lassen sich alle übrigen Diagrammkonstanten ableiten.

Es ist die Konstante der elektrischen Leistung

$$C_{L_1} = a_1 \cdot E_1 \cdot C_{I_1} \quad \ldots \ldots \ldots \quad (824)$$

die der mechanischen Leistung

$$C_{L_2} = \frac{C_{L_1}}{736} \quad \ldots \ldots \ldots \quad (825)$$

die des Drehmomentes $\qquad C_M = \frac{C_{L_1}}{9{,}81 \cdot \omega} \quad \ldots \ldots \ldots \quad (826)$

Eine Kenntnis der Drahtzahlen N_1 und N_2 der Stator- und der Rotorwicklung ist nur zur Bestimmung der Konstanten des Rotorstromes nötig. Es ist, wenn Stator und Rotor dieselbe Phasenzahl haben,

$$C_{I_2} = (1 + \tau_1)\, C_{I_1} \cdot \frac{N_1}{N_2} \quad \ldots \ldots \ldots \quad (827)$$

bei zweiphasigem Stator und dreiphasigem Rotor

$$C_{I_2} = (1 + \tau_1)\, C_{I_1} \cdot \frac{\sqrt{2}}{2} \frac{N_1}{N_2} \quad \ldots \ldots \ldots \quad (828)$$

bei dreiphasigem Stator und zweiphasigem Rotor

$$C_{I_2} = (1 + \tau_1)\, C_{I_1} \cdot \frac{2}{\sqrt{2}} \frac{N_1}{N_2} \quad \ldots \ldots \ldots \quad (829)$$

bei zweiphasigem Stator und Kurzschlußanker

$$C_{I_2} = (1 + \tau_1)\, C_{I_1} \cdot \frac{\pi}{\sqrt{2}} \cdot \frac{N_1}{N_K} \quad \ldots \ldots \ldots \quad (830)$$

bei dreiphasigem Stator und Kurzschlußanker

$$C_{I_2} = (1 + \tau_1)\, C_{I_1} \cdot \pi \cdot \frac{N_1}{N_K} \quad \ldots \ldots \ldots \quad (831)$$

wenn N_K = Anzahl aller Kurzschlußstäbe ist.

Ist nur der Streuungskoeffizient τ des Motors, nicht τ_1 und τ_2 bekannt, so setzt man $\tau_1 = \tau_2$, also

$$1 + \tau_1 = 1 + \tau_2 = \frac{1 + \tau}{2 + \tau} \quad \ldots \ldots \ldots \quad (832)$$

Aus den Winkeln α und β lassen sich die Widerstände der Wicklungen berechnen, und im Kurzschlußversuch dürfte die einzige Möglichkeit bestehen, wie sich der Widerstand einer Kurzschlußwicklung überhaupt messen läßt.

Es ist der Widerstand einer Phase der Statorwicklung

$$R_1 = \frac{C_{L_1}}{a_1 \cdot C_{I_1}^2} \cdot \frac{\operatorname{tg}\alpha}{B_e\, D_e} \quad \text{. . . . . (833)}$$

und der Widerstand einer Phase der Rotorwicklung bei einem Schleifringanker

$$R_2 = \frac{C_{L_1}}{a_2 \cdot C_{I_2}^2} \cdot \frac{\operatorname{tg}(\alpha+\beta) - \operatorname{tg}\alpha}{B_e\, D_e} \quad \text{. . . . . . (834)}$$

Bei einem Kurzschlußanker wird der Widerstand eines Stabes nebst dem Widerstand der dazugehörenden Ringsegmente

$$R_K = \frac{C_{L_1}}{N_K \cdot C_{I_2}^2} \cdot \frac{\operatorname{tg}(\alpha+\beta) - \operatorname{tg}\alpha}{B_e\, D_e} \quad \text{. . . . . . (835)}$$

152. Ermittlung der Streuungskoeffizienten durch Spannungsmessungen.

Diese Methode ist nur anwendbar bei Motoren mit gewickelten Rotoren, ist aber bei diesen sehr bequem und einfach durchzuführen. Die Messung wird folgendermaßen ausgeführt:

Bei stillstehendem Rotor wird der Stator mit seiner normalen Betriebsspannung erregt, und es wird diese Statorklemmenspannung E_{r1}, der Magnetisierungsstrom J_1, die Leistungsaufnahme L_1, endlich die im Rotor induzierte EMK E_2 mit größter Genauigkeit gemessen.

Die Klemmenspannung E_{r1} ist die Resultante aus zwei Komponenten, dem Spannungsverlust $J_1 \cdot R_1$ und der dem Stator aufgedrückten EMK E_1. Da sich cos φ aus dem Verhältnis

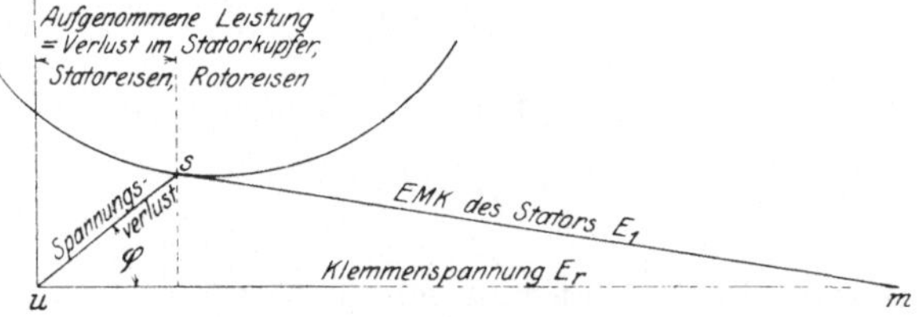

Abb. 199.

$$\cos\varphi_1 = \frac{L_1}{a_1 \cdot E_{r1} \cdot I_1} \quad \text{. . . . . (836)}$$

berechnen läßt, können wir die EMK E_1 ermitteln, denn es ergibt sich durch die Anwendung des Kosinussatzes auf das Spannungsdreieck usm (Abb. 199)

$$E_1 = \sqrt{E_{r1}^2 + (I_1 \cdot R_1)^2 - 2\, E_{r1} \cdot I_1 \cdot R_1 \cdot \cos\varphi_1} \quad \text{. . . (837)}$$

Nach den Ausführungen des VIII. Kapitels erhalten wir

$$\tau_1 = \frac{E_1}{E_2} \cdot \frac{N_2}{N_1} - 1 \quad \text{. . . . . (838)}$$

Die Leistungsaufnahme L_1 ist ziemlich beträchtlich, selbst bei großen Motoren mit hohem Wirkungsgrad, da das Rotoreisen seiner maximalen Induktion bei der hohen Periodenzahl f_2 ausgesetzt ist. Die Eisenverluste sind daher bei dem stillstehenden Motor wesentlich größer als bei irgendeinem anderen Betriebszustand. E_{r1} ist daher immer um ein oder mehrere Prozente größer als E_1, und es würde sich daher ein total falscher Wert für τ_1 ergeben, wenn wir einfach die gemessene Statorphasenspannung E_{r1}, statt E_1 in die Gleichung (838) einsetzen würden. Es kann daher bei der Ermittlung des Streuungskoeffizienten nach dieser Methode auf die Strom- und Wattmessung nicht verzichtet werden. Nimmt man die gleichen Messungen bei verschiedenen Klemmenspannungen E_{r1} vor, so kann auf diese Weise untersucht werden, ob der Streuungskoeffizient τ_1 konstant ist. oder ob er von der Eisensättigung abhängt.

Genau so wird verfahren, um τ_2 zu ermitteln, nur wird dann der Rotor an die Stromquelle angeschlossen, und der Rotorstrom J_2, die aufgenommene Leistung L_2, die Schleifringspannung E_{r2} und die im Stator induzierte EMK E_1 gemessen. Es ergibt sich

$$\cos \varphi_2 = \frac{L_2}{a_2 \cdot E_{r2} \cdot I_2} \quad . \quad . \quad . \quad . \quad . \quad . \quad . \quad . \quad (839)$$

$$E_2 = \sqrt{E_{r2}^2 + (I_2 \cdot R_2)^2 - 2\, E_{r2} \cdot I_2 \cdot R_2 \cdot \cos \varphi_2} \quad . \quad . \quad . \quad (840)$$

$$\tau_2 = \frac{E_2}{E_1} \cdot \frac{N_1}{N_2} - 1 \quad . \quad . \quad . \quad . \quad . \quad . \quad . \quad . \quad . \quad (841)$$

Selbstverständlich ist unter E_{r1}, E_{r2} die Phasenspannung zu verstehen, und es ist daher die Voltmeterablesung eventuell auf Phasenspannung durch Division mit $\sqrt{3}$ zu reduzieren, wenn Sternschaltung angewendet ist und das Voltmeter nicht am neutralen Punkt angeschlossen wird. Ebenso bezeichnet J_1, J_2 den Strom pro Phase, und es ist daher bei Dreieckschaltung die Amperemeterablesung durch $\sqrt{3}$ zu dividieren. L_1. L_2 ist die Leistungsaufnahme in sämtlichen a_1 bzw. a_2 Phasen.

Da die in den Gleichungen (838 und 841) enthaltenen Quotienten nur um wenige Prozente verschieden sind, müssen die Messungen mit größter Sorgfalt ausgeführt werden, und es empfiehlt sich, wenn E_1 und E_2 nicht sehr verschieden sind, die Stator- und Rotorspannung mit demselben Voltmeter zu messen. Werden verschiedene Voltmeter benützt, so müssen sie bis auf Bruchteile eines Prozentes richtig zeigen. Ferner überzeuge man sich, ob die im sekundären Teil (Rotor bei Bestimmung von τ_1, Stator bei Bestimmung von τ_2) induzierte EMK von der Relativstellung zwischen Stator und Rotor unabhängig ist. Sollte sie variabel sein, was übrigens nur in ganz verschwindendem Maße eintreten kann, so sind die Messungen bei der Rotorstellung vorzunehmen, in der bei konstanter Klemmenspannung an der primären Wicklung in der sekundären die maximale EMK induziert wird.

Endlich ist zu bemerken, daß der stromliefernde Generator symmetrischen Mehrphasenstrom liefern muß, daß er also symmetrisch gebaut sein muß und während der Messungen nicht in seinen Phasen ungleichmäßig belastet sein darf. Er darf auch keine zu ungünstige EMK-Kurve haben, sondern sie soll von der Sinuslinie nicht zu sehr abweichen. Der Generator muß daher mindestens zwei Nuten pro Spulenseite haben, Generatoren mit Einlochwicklung sind für diese Untersuchungen nicht geeignet. Wenn bei sterngeschalteten Dreiphasenwicklungen die neutralen Punkte zugänglich sind, ist es vorteilhaft, direkt die Phasenspannungen zu messen, also das Voltmeter am neutralen Punkt anzuschließen. Selbstredend wird die Genauigkeit des Resultates erhöht, wenn sämtliche Phasenspannungen gemessen werden.

Der totale Streuungskoeffizient des Motors ergibt sich aus der bekannten Beziehung

$$\tau = \tau_1 + \tau_2 + \tau_1 \cdot \tau_2 \quad \ldots \ldots \ldots \quad (842)$$

τ läßt sich noch in anderer Weise direkt durch Messung ermitteln. Es wird der Stator mit einer Klemmenspannung E_{k1} erregt und hieraus unter Benützung der Gleichungen (836 und 837) die EMK E_1 berechnet und die im Rotor induzierte EMK $E_{(1-2)}$ gemessen. Erregen wir nun den Rotor mit einer solchen Klemmenspannung E_{k2}, daß die im Stator induzierte EMK $E_{(2-1)}$ der bei der vorigen Messung dem Stator aufgedrückten EMK E_1 gleich ist, so ist

$$E_1 = E_{(2-1)}$$

$$\tau = \frac{E_2}{E_{(1-2)}} - 1 \quad \ldots \ldots \ldots \quad (843)$$

Der Beweis für die Richtigkeit ist sehr leicht zu erbringen. Nach Gleichung (838) ist

$$\tau_1 = \frac{E_1}{E_{(1-2)}} \cdot \frac{N_2}{N_1} - 1$$

und wenn aus der Rotorklemmenspannung E_{k2} mittels der Gleichungen (839) und (840) E_2 berechnet ist, ergibt sich nach Gleichung (841)

$$\tau_2 = \frac{E_2}{E_{(2-1)}} \cdot \frac{N_1}{N_2} - 1.$$

Haben wir die Klemmenspannungen so gewählt, daß unserer Voraussetzung entsprechend $E_1 = E_{(2-1)}$, so ergibt sich

$$1 + \tau = (1 + \tau_1)(1 + \tau_2) = \frac{E_2}{E_{(1-2)}},$$

also das in Gleichung (843) enthaltene Resultat.

XIX. Der asynchrone Generator.

153. Das Heyland-Diagramm für Schlüpfungen von $+\infty$ bis $-\infty$.

Bisher haben wir das Verhalten der Asynchronmotoren von ihrem Stillstand bis zu ihrem synchronen Gang untersucht. Zwischen diese Grenzen fallen alle Betriebsstadien, die unter normalen Verhältnissen auftreten, und die Schlüpfung eines Motors variiert dabei von 100% bei Stillstand bis zu 0 bei Synchronismus.

Die Zahl der möglichen Fälle, unter denen ein Motor unter Umständen zu arbeiten hat, ist jedoch damit keineswegs erschöpft. Es ist denkbar, daß ein mittels Asynchronmotor angetriebenes Hebezeug derart überlastet wird, daß das von der Last entwickelte Drehmoment größer ist als das Anzugsdrehmoment des Motors, und infolgedessen wird nach Lösen der Bremsvorrichtung beim Einschalten der Motor nicht imstande sein, ein Heben der Last zu bewirken, sondern er wird durch die Last entgegengesetzt der seinem Erregerfeld entsprechenden Drehrichtung bewegt und es tritt ein Senken der Last ein. Die Schlüpfung des Motors wird dadurch größer als 100%. Es ist nun von großer Bedeutung zu wissen, wie sich bei diesem Betriebszustand der Motor verhält. Angenommen, sein Drehmoment würde bei dieser Rückwärtsbewegung steigen, so würde bei einer bestimmten Geschwindigkeit ein stationärer Zustand eintreten und der Motor ließe sich praktisch als Bremse benutzen, vorausgesetzt, daß die dem stationären Zustand entsprechende Geschwindigkeit noch innerhalb zulässiger Grenzen liegt. Tritt jedoch eine Abnahme des Drehmomentes ein, so würde die sinkende Last eine fortwährende Beschleunigung verursachen, und um Unglücksfälle zu vermeiden, wäre es dann nötig, durch andere Bremsvorrichtungen das Sinken der Last zu verhindern.

Es ist noch aus einem weiteren Grunde von Interesse, das Verhalten eines Drehstrommotors bei einer Schlüpfung von mehr als 100% zu untersuchen, da die Wirkungsweise eines Einphasenmotors durch die zweier Drehstrommotoren ersetzt gedacht werden kann, von denen der eine mit einer Schlüpfung kleiner als 100%, der andere mit einer solchen größer als 100% arbeitet, wie im XX. Kapitel gezeigt ist.

Eine weitere Möglichkeit, unter der ein Asynchronmotor zu arbeiten hat, ist dadurch gegeben, daß eine äußere mechanische Kraft ihn zwingt, schneller als synchron zu laufen. Nennt man die Schlüpfung, die einer Drehzahlverminderung entspricht, positiv, so muß die durch eine erhöhte Drehzahl hervorgerufene Schlüpfung als negativ oder als Voreilung bezeichnet werden. Auch dieser Fall kann praktisch eintreten, z. B. bei einer Talfahrt eines elektrisch betriebenen Wagens, beim Senken einer Last, beim Parallelarbeiten eines Asynchronmotors mit einem anderen Motor auf die gleiche Transmission. Es ist auch in diesem Falle von Wichtigkeit, das Verhalten des Motors genau angeben zu können, und im nachstehenden werden wir sehen, daß die in den vorhergegangenen Kapiteln behandelten Diagramme sich in einfachster Weise derart erweitern lassen, daß sie das Verhalten des Motors bei allen Schlüpfungen von $+\infty$ bis $-\infty$ charakterisieren.

Im Interesse der Klarheit und leichten Verständlichkeit der kommenden Ableitungen mag es angebracht sein, einige Worte über die angewandte Bezeichnungsweise zu sagen. Es ist unschwer einzusehen, daß unter den oben erwähnten Betriebsverhältnissen eine Maschine teils als Motor, teils als Generator arbeiten wird. Streng genommen, funktioniert die Maschine in beiden Fällen als Transformator, indem sie entweder elektrische Leistung in mechanische, oder mechanische in elektrische umwandelt. Da nach dem Prinzip der Erhaltung der Energie zugeführte und abgegebene Leistungen, abgesehen von Verlusten, einander gleich sind, muß bei der analytisch-geometrischen Darstellung in einem rechtwinkligen Koordinatensystem die eine als positiv, die andere als negativ eingetragen werden. Welche als positiv aufgefaßt wird, ist an und für sich gleichgültig; im nachstehenden ist die zugeführte Leistung als negativ, die angegebene als positiv aufgefaßt und zwar auf Grund folgender Vorstellung.

Mechanische Leistung ist dem Produkt $P \times v$ gleich, und ein arbeitleistendes System ist dadurch definiert, daß P und v gleichgerichtet sind, also in demselben Sinne wirken, während bei einem Widerstand leistenden, also Leistung aufnehmenden System die Kraft der Bewegungsrichtung entgegengesetzt sein muß. Bezeichnet man die Richtung abwärts als positiv, so ergibt sich ohne weiteres das positive Vorzeichen für eine beim Senken geleistete, das negative für eine zum Heben erforderliche zugeführte Leistung. Genau das gleiche Resultat erhält man bei der Betrachtung eines elektrischen Systems. Eine Gleichstromdynamo erzeugt eine EMK, und diese ruft einen gleichgerichteten Strom J hervor und die elektrische Leistung der Maschine ist positiv

$$E \cdot J.$$

Bei einer Batterie, die mittels dieses Stromes geladen wird, ist die Richtung des Stromes der Richtung der EMK entgegengesetzt, das Produkt

$$E \cdot J$$

hat das negative Vorzeichen und die Batterie nimmt daher Leistung auf.

Läßt man die Dynamo mit Hilfe der Batterie als Motor laufen, so bemerkt man, daß sich zwar die Stromrichtung umgekehrt hat, daß aber die Richtung der EMK dieselbe geblieben ist, nur bezeichnet man diese jetzt mit dem Ausdruck elektromotorische Gegenkraft.

Die hier besprochenen Verhältnisse sind bei Gleichstrom so einfach, daß es überflüssig erscheinen mag, hierüber ein Wort zu verlieren, jedoch wird die Sache sofort komplizierter, sobald man die gleichen Anschauungen auf ein Wechselstromsystem anwendet. Hier stehen zugeführte EMK und elektromotorische Gegenkraft (EMK der Selbstinduktion) in einem Phasenabstand von 180^0, die Stromstärken setzen sich im allgemeinen aus zwei Komponenten, einer Wirk- und einer Blindkomponente zusammen, von denen die erstere mit ihrem sie erzeugenden Spannungsvektor zusammenfällt, die letztere in Quadratur steht; die resultierenden Stromstärken können ihren Spannungsvektoren voraneilen oder folgen, die Leistung ist repräsentiert durch das Produkt $E \times I \times \cos\varphi$, wobei der Winkel φ im Sinne einer Vor- oder Nacheilung des Stromes auftreten kann. Da in einem Asynchronmotor der Primärstrom von der zugeführten EMK erzeugt wird, falls er als Motor läuft, dagegen von der elektromotorischen Gegenkraft, wenn er von einer äußeren Kraft angetrieben als Generator arbeitet, die beiden genannten elektromotorischen Kräfte jedoch in einem Phasenabstand von 180^0 zueinander stehen, würde es nicht möglich sein, einen stetigen Übergang von der einen Betriebsart zur anderen darzustellen, wenn man das eine Mal die zugeführte Generatorspannung, das andere Mal die nun den Strom hervorrufende EMK des Stators in Betracht ziehen wollte.

Es sind daher die Stromvektoren I_1 immer auf die EMK E_g, die beim Arbeiten der Maschine als Motor als elektromotorische Gegenkraft auftritt, und nicht auf die Generator-EMK bzw. Klemmenspannung E_1 bezogen. Die Leistungsgleichung bekommt dadurch die Form:

$$L_1 = a_1 \cdot E_1 \cdot I_1 \cdot \cos(180^0 + \varphi),$$

in welche Gleichung E und J immer als positiv einzusetzen sind. Wird $\cos(180^0 + \varphi)$ positiv, so wird elektrische Leistung von der Maschine abgegeben, ist der Kosinus dagegen negativ, so wird elektrische Leistung aufgenommen. φ bezeichnet in der üblichen Weise den Verschiebungswinkel, der zwischen der Netzspannung und dem Primärstrom gebildet wird.

Abb. 200 stellt das Heyland-Diagramm eines Drehstrommotors dar. Diese Figur und mehrere folgende sind einem in der ETZ 1900, Heft 4 und 5, erschienenen Artikel des Verfassers entnommen, und die Bezeichnung der charakteristischen Punkte des Diagrammes weicht teilweise etwas ab von den Bezeichnungen, die in allen übrigen Abbildungen beibehalten sind. Der Leser wird aber mit dem Diagramm nunmehr so vertraut sein, daß das Verständnis der Abbildungen und des Textes dadurch nicht erschwert wird. Die Abbildungen enthalten auch die früher übliche Bezeichnung elektrische Energie statt Leistung, und an Stelle des Drehmomentes ist die Zugkraft angegeben.

Bei Synchronismus fällt die Spitze e des Stromdreiecks mit dem Punkt b zusammen, und mit wachsender Schlüpfung wandert sie bis zum Punkt q, der dem Stillstand des Motors und einer

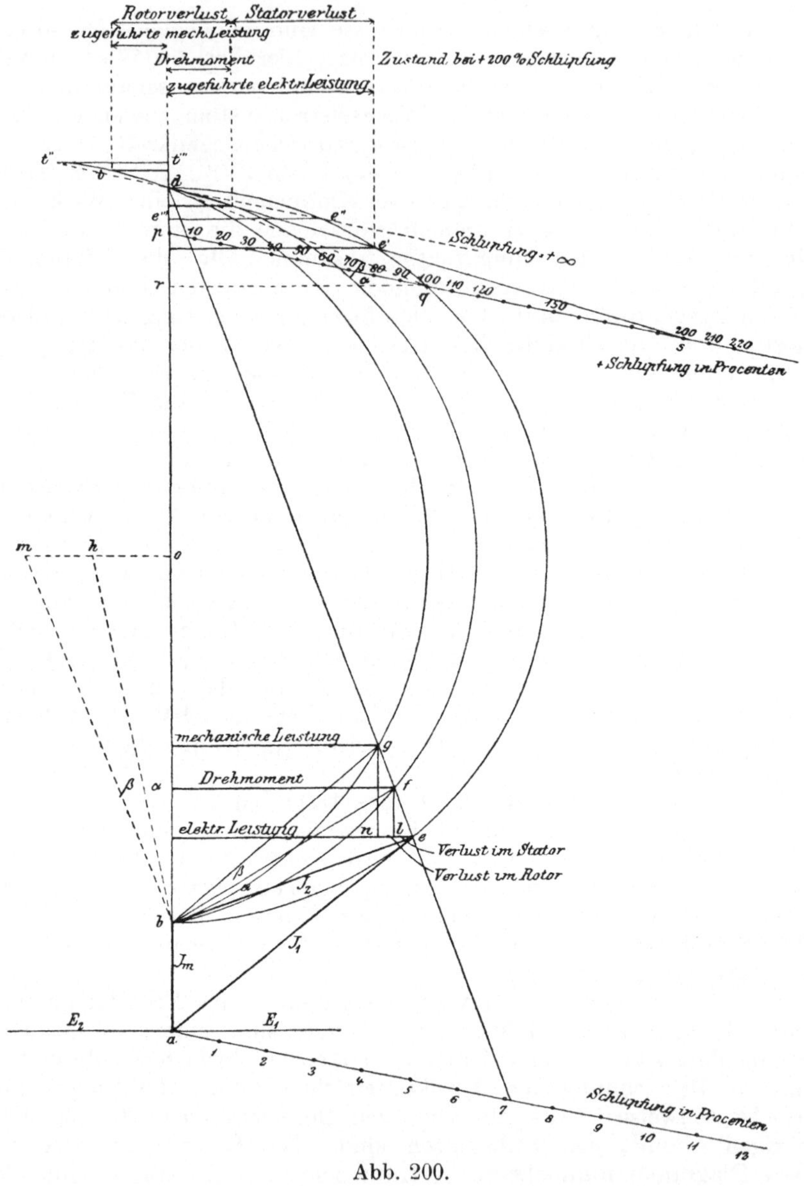

Abb. 200.

Schlüpfung von 100 $^0/_0$ entspricht. Vergrößert man die Schlüpfung noch weiter, indem man den Rotor entgegen seiner ursprünglichen Drehrichtung, also rückwärts dreht, so nähert sich die Spitze des Stromdreiecks e dem Punkte d noch weiter, beispielsweise bis e', und der Schlüpfungsmaßstab $\overline{pq}$ muß über q hinaus verlängert werden, damit noch ein Schneiden der Geraden $d\,e'$ mit dem Schlüpfungsmaßstab eintritt. Die einzelnen Intervalle auf diesem Maßstab sind außerhalb des Kreises gleich groß wie innerhalb.

Es wurde schon früher darauf hingewiesen, daß bei Stillstand der Schlüpfungszeiger de zu dq und damit zur Tangente an den von m aus beschriebenen Kreisbogen wird. Die vom Motor abgegebene Leistung ist in diesem Falle also 0. Damit der Schlüpfungszeiger ds bei einer Schlüpfung größer als 100% den genannten Kreisbogen schneiden kann, muß er über d hinaus gezogen werden, und man erhält nun den Schnittpunkt t links von der Diagrammbasis ad. Der senkrechte Abstand des Punktes t von der verlängerten Geraden ad stellt die nunmehrige mechanische Leistung des Motors dar, sie hat jedoch einen Richtungswechsel gegenüber den normalen Betriebsstadien vorgenommen. die mechanische Leistung wird vom Motor nicht abgegeben. sondern muß ihm zugeführt werden. Der Motor absorbiert also nicht nur elektrische, sondern auch mechanische Leistung, beide werden im Motor vernichtet bzw. in Wärme umgesetzt, und der Wirkungsgrad des Motors wird negativ.

Arbeitet der Motor mit immer größerer Schlüpfung, wird er also entgegengesetzt seiner normalen Drehrichtung in immer schnellere Rotation versetzt, so entfernt sich der Schnittpunkt s immer weiter vom Punkt q, und bei unendlich großer Schlüpfung liegt derselbe in der Unendlichkeit. Die Spitze des Stromdreiecks nähert sich infolgedessen dem Punkt d noch weiter und erreicht ihre Endstellung bei unendlich großer Schlüpfung in e'', wenn ihre Verbindungslinie mit d, also die Gerade $d e''$ parallel zu $\overline{pq}$ wird. In diesem Moment wird $d e''$ Tangente an den von h aus mit dem Radius bh beschriebenen Kreis, das Drehmoment wird also 0. Die aufgenommene elektrische Leistung hat den Wert $e'' e'''$, und die ebenfalls absorbierte mechanische hat einen Maximalwert $t'' t'''$. Da unendlich große Schlüpfung praktisch nicht erreichbar ist, könnte man korrekter sagen: Bei stets wachsender Schlüpfung nähert sich die aufgewendete elektrische, ebenso die aufgewendete mechanische Leistung einem Grenzwert von bestimmbarer endlicher Größe und das Drehmoment dem Grenzwert Null asymptotisch.

Um das Verhalten des Motors bei Voreilung, also negativer Schlüpfung, beurteilen zu können, muß man sich vorerst Klarheit darüber verschaffen, in welcher Richtung die einzelnen Ströme im Motor fließen. Die Lösung dieser Frage wird erleichtert, wenn man zuerst einen streuungsfreien und verlustlos arbeitenden Motor untersucht und erst auf Grund der so gewonnenen Resultate die Untersuchung unter Berücksichtigung der Streuung und Verluste wiederholt. Bei einem streuungsfreien Motor wird das Stromdreieck rechtwinklig, und wenn er mit positiver Schlüpfung arbeitet, steht der Rotorstrom J_2, Abb. 201, rechtwinklig im Sinne einer Nacheilung zu dem blinden Magnetisierungsstrom J_m, und J_2 wird durch die Wirkkomponente des Primärstromes balanciert. J_m und J_W nach dem Kräfteparallelogramm zusammengesetzt liefern als Resultante den Primärstrom J_1. In die Richtung von $J_{II'}$ fällt außerdem die Klemmenspannung E_1 und ebenso in die Richtung J_2 die elektromotorische Gegenkraft E_g. Das zugehörige Generatordiagramm ist sehr leicht zu konstruieren, der Generator liefert die Spannung E_1 und den Strom J_1 um den Winkel φ verzögert, seine Leistung ist $E_1 \cdot J_1 \cdot \cos\varphi$ und sie ist positiv, wird also vom Generator abgegeben. Der Strom J_1 ist zur elektromotorischen Gegenkraft des Motors, die der Klemmenspannung E_1 gleich ist, um $(180^0 + \varphi)$ verzögert, und die Leistung vom Motor aus betrachtet, hat den Wert $E_1 \cdot J_1 \cos(180^0 + \varphi)$ und ist negativ, sie wird vom Motor aufgenommen.

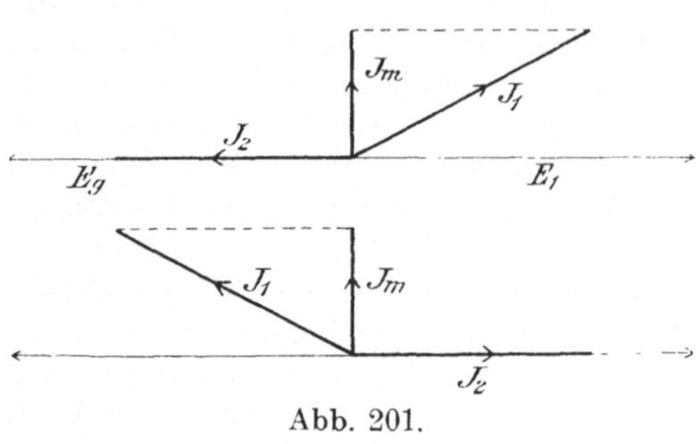

Abb. 201.

Geht man nun zu dem Fall über, daß der Motor mit negativer Schlüpfung arbeitet, so kann in erster Linie konstatiert werden, daß der Strom J_2 im Rotor seine Richtung ändert. Die Rotorwindungen sind nämlich stets dem von J_m erzeugten Feld ausgesetzt, die Kraftlinien dieses Feldes werden von den Rotorwindungen bei negativer Schlüpfung in entgegengesetztem Sinne geschnitten als bei positiver, denn die Bezeichnung positive bzw. negative Schlüpfung besagt ja eben, daß die Relativbewegung zwischen Feld und Rotor sich umkehrt. J_2 eilt daher dem Erregerstrom J_m um 90^0 voraus, und die Wirkkomponente J_W ist J_2 gleich, aber entgegengesetzt gerichtet. J_W und J_m geben den resultierenden Statorstrom J_1. Im Generatordiagramm zeigt der Strom J_1 zur ursprünglichen Klemmenspannung E_1 eine Phasenverschiebung φ, die größer als 90^0 ist. Die abgegebene elektrische Leistung der Asynchronmaschine ist daher negativ, der ursprüngliche Generator arbeitet als Synchronmotor und E_1 übernimmt nun die Rolle einer elektromotorischen Gegenkraft; daß in diesem Falle E_1 nie die Ursache des Stromes J_1 sein kann, erhellt auch aus der Tatsache, daß die Phasenverschiebung zwischen Strom und erzeugender Spannung nie größer sein kann als 90^0. In der Asynchronmaschine dagegen wird nunmehr E_g Klemmenspannung und erzeugt den Strom J_1 in einem verzögerten Phasenabstand von $(180^0 + \varphi)$. Dieser Verzögerungswinkel, der im IV. Quadranten liegen muß, entspricht einem Voreilungswinkel, der kleiner als 90^0 ist, und es ist vielfach üblich, in derartigen Fällen den kleinen spitzen Winkel mit entgegengesetztem Vorzeichen einzuführen als den großen stumpfen. Wie jedoch schon in der Einleitung bemerkt, ist in dem vorliegenden Artikel im Interesse der Eindeutigkeit, um jedes Mißverständnis auszuschließen, jeder Phasenverschiebungswinkel als verzögerter gezählt. Die Kosinuswerte der

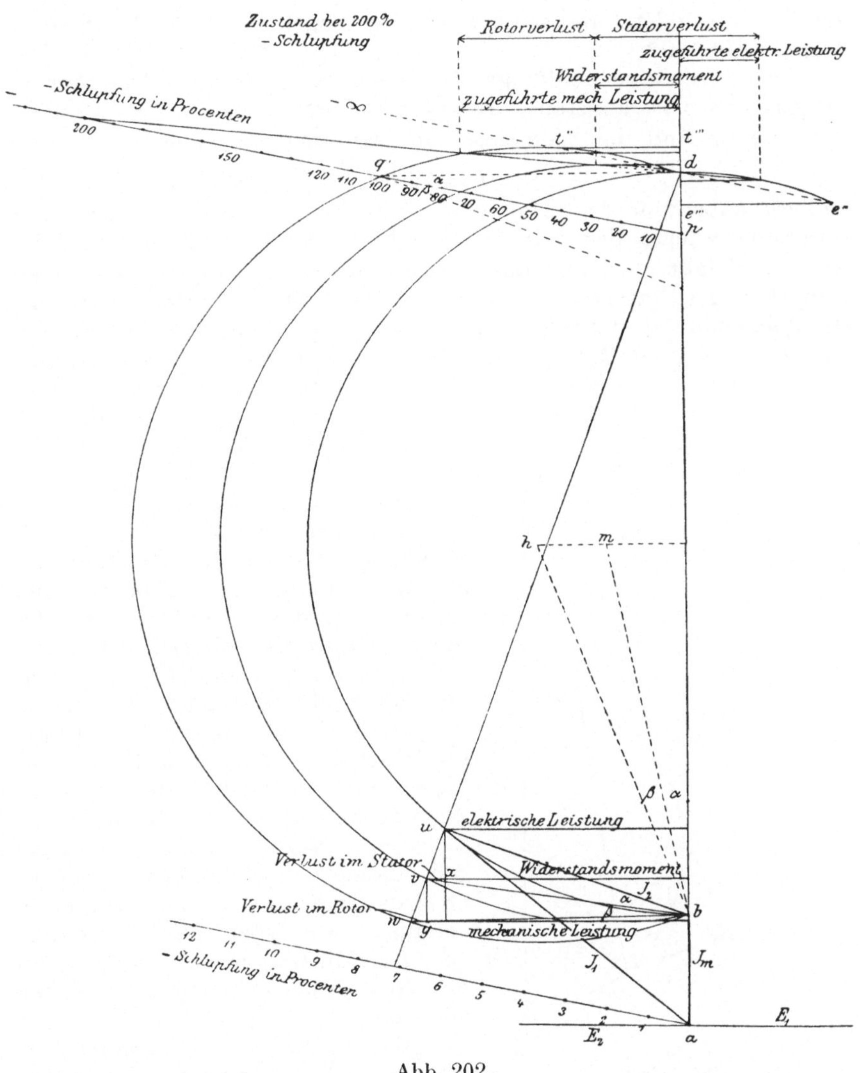

Abb. 202.

Winkel sind an und für sich identisch. Bei Berücksichtigung der Streuung verwandelt sich das rechtwinklige Stromdreieck in ein schiefwinkliges und die Spitze desselben bewegt sich bei positiver Schlüpfung bei den verschiedenen Belastungsstadien auf dem Diagrammkreis. Bei negativer Schlüpfung wandert die Spitze des Stromdreiecks auf demselben Kreis, jedoch in entgegengesetzter Richtung, vom Synchronismus aus betrachtet. Wie schon vorher gezeigt wurde, erzeugt E_g den Strom J_1, der um $(180^0 + \varphi)$ verzögert ist, wobei $\varphi > 90^0$, und das konstante J_m vervollständigt mit J_2, welch letzteres seine Richtung umgekehrt hat, das Stromdreieck Abb. 202.

Das zugehörige Felddiagramm stellt Abb. 204 dar. Das Statorerregerfeld $\overline{ac}$ ist konstant. Bei Leerlauf besteht es aus dem Primärstreufeld ab und dem gemeinsamen Hauptfeld bc, wobei

$$ab = \tau_1 \cdot bc$$

und ab außerdem dem Magnetisierungsstrom proportional ist. Bei Belastung wächst das primäre Streufeld proportional dem Primärstrom und fällt auch in seine Richtung ad. dc ist das gemeinsame Hauptfeld des Stators und Rotors, das sich mit dem primären Statorstreufeld zum konstanten Erregerfeld $\overline{ac}$, und mit dem Rotorstreufeld de, das dem Rotorstrom und τ_2 proportional ist, zum Rotorfeld $\overline{ec}$ zusammensetzt. Dies letztere erzeugt in Wechselwirkung mit dem Rotorstrom das Widerstandsmoment, ebenso wie es bei normalem Betrieb das Drehmoment erzeugt.

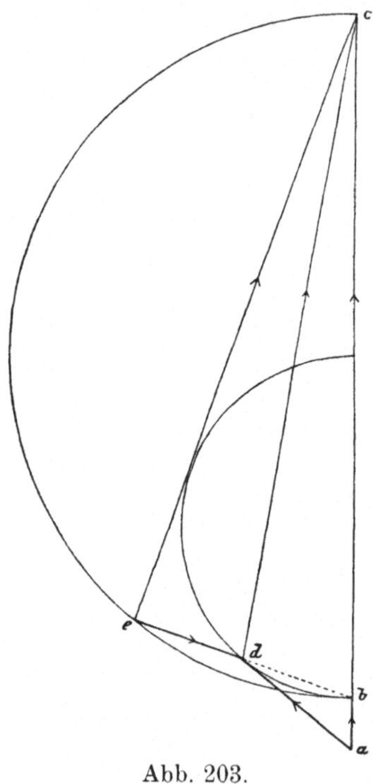

Abb. 203.

Das Diagramm läßt sich vervollständigen, wenn in ihm die Einflüsse der Widerstände im Stator und im Rotor dargestellt werden, erst dadurch können die Ohmschen Verluste und die von dem Rotorwiderstand verursachte Schlüpfung bestimmt werden.

Da die Maschine jedoch als Generator arbeitet, äußern sich die Verluste seiner normalen Betriebsweise gegenüber umgekehrt. Bedingen sie sonst eine Verminderung der abgegebenen mechanischen Leistung gegenüber der zugeführten elektrischen, so verlangen sie jetzt eine Erhöhung der zugeführten mechanischen, um die elektrische Leistung abgeben zu können.

Das Heylandsche Diagramm vernachlässigt bei Bestimmung des Spannungsverlustes im Stator den Magnetisierungsstrom und setzt Stator- und Rotorstrom einander gleich. Ist in Abb. 203 der Statorstrom $= \overline{au}$, so muß unter dieser Annahme der Schnittpunkt v des Schlüpfungszeigers auf dem von m als Mittelpunkt mit dem Radius mb beschriebenen Kreis liegen, weil tg ubv dem Statorwiderstand proportional und

$$\sphericalangle\, ubv = \sphericalangle\, obm = \alpha$$

ist.

Da die von u auf ad gefällte Senkrechte die vom Motor abgegebene elektrische Leistung darstellt, muß die von v aus gezogene

Parallele das Widerstandsmoment und die Differenz der beiden $\overline{vx}$ den Statorverlust darstellen. In derselben Weise wird durch den Rotorwiderstand die Tangente des Winkels $ubw = \text{tg}(\alpha + \beta)$ bestimmt, und dadurch ergibt sich h als Mittelpunkt des dritten Kreises mit dem Radius hb. Die auf ad von w aus gezogene Senkrechte muß infolgedessen die gesamte dem Motor zugeführte mechanische Leistung darstellen.

Der Schlüpfungsmaßstab ist in der Richtung $p'q'$ zu ziehen, wobei q' den Schnittpunkt einer von d aus gefällten Senkrechten mit dem größten Diagrammkreis bildet, mit der der Schlüpfungsmaßstab den Winkel α einschließt. Dieser Punkt q' entspricht einer Voreilung von $100\,^0/_0$, und um aus dem Diagramm Werte, die noch größeren Voreilungen entsprechen, entnehmen zu können, ist der Schlüpfungsmaßstab über q beliebig weit zu verlängern. In ähnlicher Weise, wie bei gewöhnlicher positiver Schlüpfung, wird elektrische Leistung, Drehmoment und mechanische Leistung durch die Schnittpunkte einer von d aus durch die auf dem Maßstab abgelesene Schlüpfung — gezogenen Geraden mit den von o, m, h als Mittelpunkt beschriebenen Kreisen bestimmt. Mit wachsender Voreilung nähert sich die Spitze u des Stromdreiecks längs des inneren Kreises dem Punkt d, den sie bei $100\,^0/_0$ Voreilung erreicht. dq' wird dadurch Tangente an den inneren Diagrammkreis, und die elektrische Leistung wird dadurch Null. Wird die Voreilung noch weiter getrieben, so hört die Maschine auf als Generator zu wirken; sie nimmt allerdings noch mechanische Leistung auf und entwickelt ein Widerstandsmoment, sie absorbiert jedoch gleichzeitig elektrische Leistung und alle zugeführte Leistung tritt als Verlust auf und wird in Wärme umgesetzt.

Wenn die Voreilung den Wert ∞ erreicht, wird (Abb. 203) dt'' parallel zu $p'q'$, das Drehmoment wird Null und der Motor verhält sich genau ebenso, wie wenn er mit unendlicher positiver Schlüpfung arbeiten würde, denn die Gerade $t''e''$ ist dieselbe wie $t''e''$ in Abb. 201, die das Diagramm für die Schlüpfung $+\infty$ darstellt.

Diesen Grenzpunkt erreicht die Spitze des Stromdreiecks bei positiver Schlüpfung, ohne den Punkt d zu durchlaufen. Bei negativer Schlüpfung muß jedoch vom Stromdreieck der Punkt d getroffen werden, und es tritt dieser Moment bei $100\,^0/_0$ negativer Schlüpfung ein.

Aus dem Vorhergehenden ist ersichtlich, daß die Hauptpunkte des Diagramms a, b, d, m, h für positive und negative Schlüpfung dieselben sind, und es kann daher durch ein einziges Diagramm das Verhalten eines Drehstrommotors in jedem beliebigen Belastungsstadium bei jeder möglichen Schlüpfung von $+\infty$ bis $-\infty$ dargestellt werden, wenn man die Abb. 201 und 203 zu einer einzigen vereinigt. Die folgenden Abbildungen stellen in rechtwinkligen Koordinatensystemen die einzelnen wichtigen Größen als Funktion der Schlüpfung (Abszisse) dar. Bezüglich der Wahl des Vorzeichens wurden in der Einleitung die nötigen Bemerkungen gemacht.

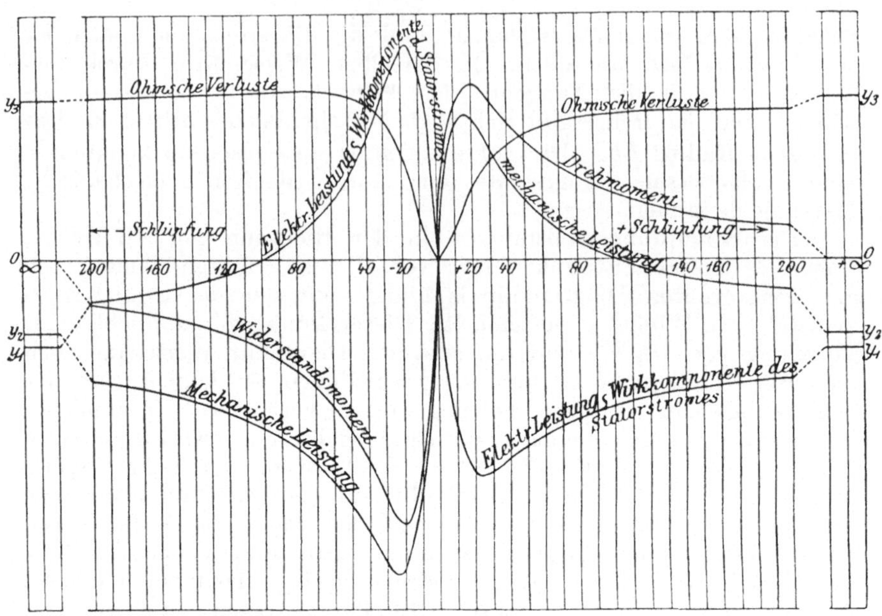

Abb. 204.

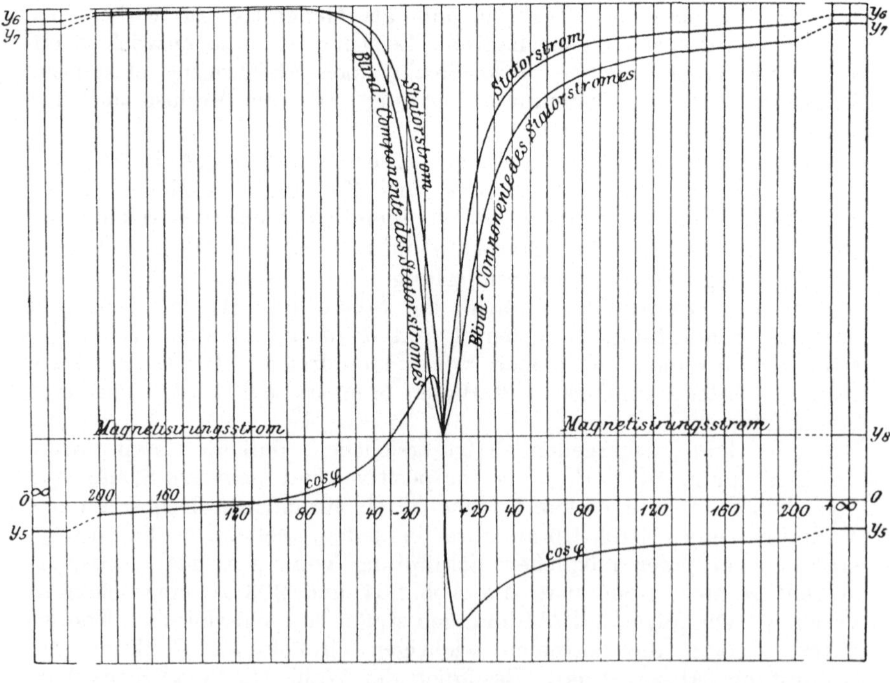

Abb. 205.

1. Die elektrische Leistung (Abb. 205) hat bei einer Schlüpfung $+\infty$ einen endlichen Wert $-y_1$, muß daher zugeführt werden, erreicht ihr Maximum kurz vor Synchronismus, geht dann rasch durch den Nullpunkt des Koordinatensystems, um bei mäßiger negativer Schlüpfung ein gleich großes Maximum, jedoch mit entgegengesetztem Vorzeichen zu erreichen und nun nach nochmaligem Schneiden der Abszisse und nochmaliger Veränderung des Vorzeichens einem dem ursprünglichen gleichen endlichen Grenzwert $-y_1$ bei unendlich großer negativer Schlüpfung zuzustreben.

2. Die mechanische Leistung (Abb. 205) beginnt mit einem negativen bestimmbaren Wert $-y_2$, schneidet bei einer positiven Schlüpfung von $+100\,^0/_0$ die Abszisse, um weiter wachsend kurz vor Synchronismus ein positives Maximum zu erreichen. Von hier ab

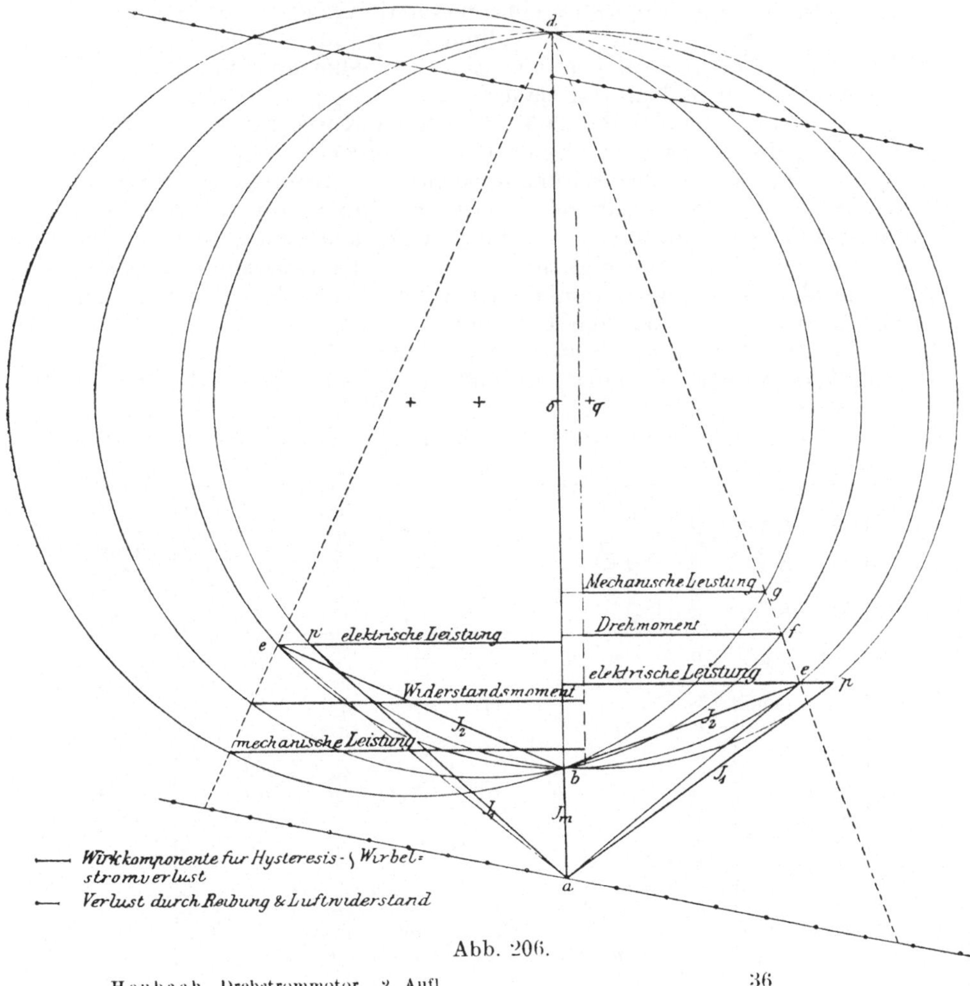

Abb. 206.

geht die abgegebene Leistung unter Durchgang durch den Koordinatennullpunkt rapid in ein bedeutend größeres negatives Maximum über, um auf der negativen Seite zu seiner ursprünglichen Größe asymptotisch abzunehmen. Je größer die Verluste im Motor sind, um so mehr unterscheiden sich diese beiden Maxima, deren Differenz gleich der Summe der Verluste in den beiden Betriebsstadien ist.

3. Die Verluste durch Ohmschen Widerstand (Abb. 204) (die Eisenverluste sind nicht berücksichtigt) nähern sich vom Synchronismus, in dem sie Null sind, bei positiver Schlüpfung einem endlichen Werte y_3 in einem aufsteigenden Aste, bei negativer Schlüpfung erreichen sie den gleichen Endwert, nachdem sie bei etwas weniger als $100^0/_0$ Voreilung ein Maximum durchlaufen haben.

4. Das Drehmoment (Abb. 204) hat bei unendlich großer positiver Schlüpfung den Wert Null, wächst dann bei abnehmender Schlüpfung, um kurz vor Synchronismus eine maximale Größe zu erreichen und nach Durchgang durch den Nullpunkt in ein negatives größeres Maximum überzugehen, von dem es bei zunehmender Voreilung sich asymptotisch dem Nullwert nähert.

5. $\cos\varphi$ verläuft (Abb. 206) ähnlich der Kurve für die elektrische Leistung, die Grenzwerte erreichen den Endwert $= y_5$.

6. Die Kurve der Wirkkomponente des Stromes Abb. 206 ist der Kurve für die elektrische Leistung ähnlich (in geometrischem Sinn) und, wenn die Werte wie hier direkt aus dem Diagramm entnommen werden und lediglich eine graphische Darstellung der Vorgänge ohne Einsetzung numerischer Werte bezwecken, identisch mit der Kurve der elektrischen Leistung.

7. Die Kurve des Statorstromes (Abb. 206) und ebenso seine Blindkomponente verlaufen angenähert so wie die Verlustkurven. Sie haben die Endwerte y_6 bzw. y_7.

8. Der Magnetisierungsstrom behält durchweg seine konstante Größe y_8.

Nr.	Schlüpfung	Elektrische Leistung	Drehmoment	Mechanische Leistung	Verluste	Wirkkomponente	Blindkomponente	Statorstrom	$\cos\varphi$	Magnetisierungsstrom	Bemerkungen
1	$+\infty$	$-y_1$	0	$-y_2$	$+y_3$	$-y_1$	$+y_7$	$+y_6$	$-y_5$	$+y_8$	
2	+100	—	—	0	—	—	—	—	—	$+y_8$	Stillstand
3	—	− max	—	—	—	− max	—	—	—	$+y_8$	
4	—	—	+ max	—	—	—	—	—	—	$+y_8$	
5	—	—	—	+ max	—	—	—	—	—	$+y_8$	
6	—	—	—	—	—	—	—	—	− max	$+y_8$	
7	0	0	0	0	0	0	$+y_8$	$+y_8$	0	$+y_8$	Synchronismus
8	—	—	—	—	—	—	—	—	+ max	$+y_8$	
9	—	+ max	—	—	—	+ max	—	—	—	$+y_8$	
10	—	—	− max	—	—	—	—	—	—	$+y_8$	
11	—	—	—	− max	—	—	—	—	—	$+y_8$	
12	—	—	—	—	—	—	—	—	—	$+y_8$	
13	−100	0	—	—	—	0	+ max	+ max	0	$+y_8$	
14	$-\infty$	$-y_1$	0	$-y_2$	$+y_3$	$-y_1$	$+y_7$	$+y_6$	$-y_5$	$+y_8$	

Man erhält somit vorstehende besonders ausgezeichnete Belastungsstadien eines Drehstrommotors. Alle Angaben sind auf die Schlüpfung bezogen, und um anzudeuten, daß ein bestimmter Grenzwert, der sich jedoch nicht einfach definieren läßt, erreicht wird, sind die allgemeinen Bezeichnungen einer endlichen Ordinate y_1, y_2, $y_3 \ldots$ eingesetzt.

Abb. 206 stellt das Heylandsche Diagramm für alle möglichen Belastungszustände dar, und es fällt besonders auf, daß die Schlüpfungsmaßstäbe für die positiven bzw. negativen Schlüpfungen verschieden sind. Diese Eigentümlichkeit ist dadurch bedingt, daß das Heyland-Diagramm den Verlust im Statorkupfer nicht ganz richtig berücksichtigt, indem in dieser Beziehung der Statorstrom dem Rotorstrom gleichgesetzt wird.

Im Ossanna-Diagramm ist die Teilung des Schlüpfungsmaßstabes für alle Betriebsstadien die gleiche.

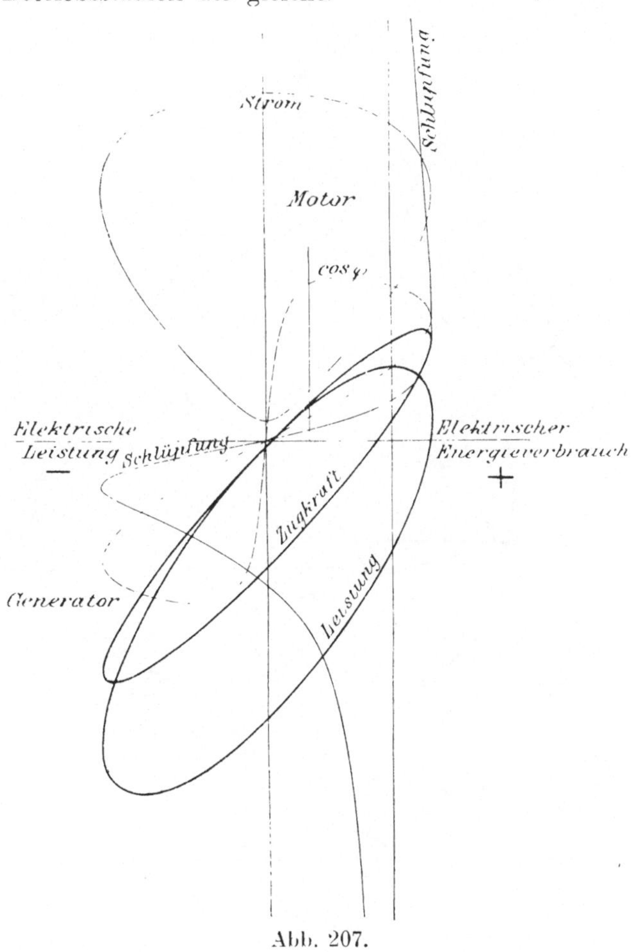

Abb. 207.

Sehr charakteristische Kurven für die mechanische Leistung. Drehmoment, $\cos\varphi$ und Statorstrom ergeben sich, wenn als Abszisse die elektrische Leistung aufgetragen wird, Abb. 207. (Siehe **Heyland**, Eine Methode zu experimentellen Untersuchungen an Induktionsmotoren. — Heft 2 des 2. Bandes der Voitschen Sammlung elektrotechnischer Vorträge.)

154. Das Ossanna-Diagramm bzw. der Eisenkreis für Schlüpfungen von $+\infty$ bis $-\infty$.

Ersetzen wir in Abb. 206 den Streuungskreis durch den Kupferkreis, so werden die im vorigen Abschnitt erhaltenen Resultate etwas modifiziert und der Wirklichkeit näher gebracht. Die beste Übereinstimmung zwischen Diagramm und Meßresultaten erhält man, wenn dem Diagramm der Eisenkreis zugrunde gelegt, wie dies in Abb. 208 geschehen ist.

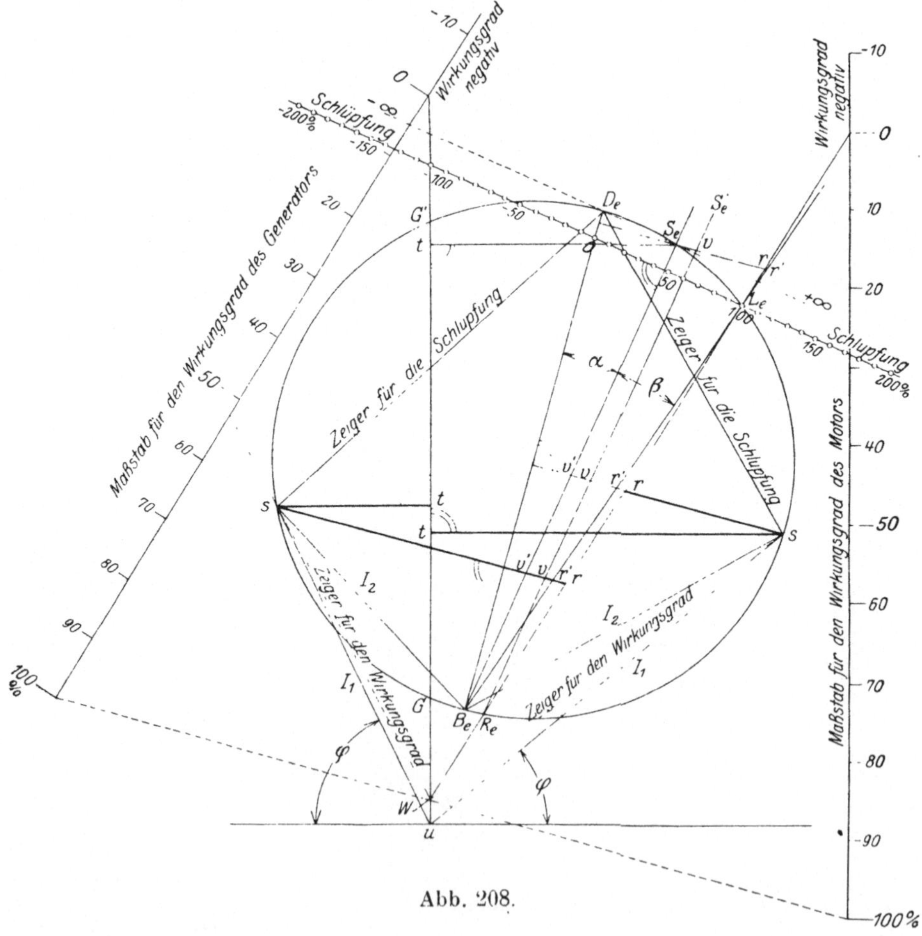

Abb. 208.

Die Konstruktion des Eisenkreises selbst ist schon so oft in den vorhergehenden Kapiteln angegeben worden, daß sie hier als bekannt vorausgesetzt werden darf. Dagegen soll die Darstellung der Verluste nochmals gegeben werden, da in der Abb. 208 die Verlustlinien verwendet wurden an Stelle der beiden Verlustkreise im Diagramm Abb. 206.

Der Durchmesser $B_e D_e$ des Kreises ist definiert durch den Punkt B_e, der dem Synchronismus der Maschine entspricht mit dem Statorstrom

$$I_s = u B_e .$$

Die Verlustlinie $B_e S_e$, deren Neigung vom Statorwiderstand abhängt, schließt mit dem Durchmesser $B_e D_e$ den Winkel ein

$$\sphericalangle \alpha = D_e B_e S_e .$$

Mit $B_e S_e$ bildet die Verlustlinie des Rotorwiderstandes $B_e L_e$ den Winkel

$$\sphericalangle \beta = S_e B_e L_e .$$

Die Winkel α und β sind mit dem Stator- und Rotorwiderstand verknüpft durch die Beziehungen

$$\operatorname{tg} \alpha = a_1 \cdot R_1 \frac{C_{I_1}^2}{C_{L_1}} B_e D_e$$

$$\operatorname{tg} (\alpha + \beta) = \operatorname{tg} a + a_2 \cdot R_2 \cdot \frac{C_{I_2}^2}{C_{L_1}} \cdot B_e D_e .$$

Der Punkt R_e auf dem Kreis entspricht dem Leerlauf beim Betrieb der Maschine als Motor. Ziehen wir

$$R_e S_e' \parallel B_e S_e ,$$

so stellt der Abstand dieser beiden Geraden $v' v$ das Drehmoment dar, das zur Überwindung des Reibungswiderstandes erforderlich ist. Der Reibungswiderstand ist als konstant angenommen

$$v' v = \text{Reibungswiderstand.}$$

Ziehen wir von R_e eine Gerade durch den Punkt L_e, so schließt sie mit der Verlustlinie $B_e L_e$ einen kleinen Winkel

$$\sphericalangle B_e L_e R_e$$

ein, und der Abstand $r' r$ der beiden Geraden voneinander ist die Leistung, die zur Überwindung der Reibung aufgewendet werden muß. Es ist also

$$r' r = \text{Reibungsverlust}$$

und die zu seiner Deckung aufzuwendende Leistung ist mit der Drehzahl variabel; sie ist ein Maximum beim Synchronismus und ist Null beim Stillstand. Die durch die Reibungsverluste verlorengehende Leistung wird im Diagramm nicht mit mathematischer Genauigkeit dargestellt, die Fehler sind aber bei Synchronismus und Stillstand Null und zwischen diesen beiden Betriebszuständen sehr klein. Beim Generatorbetrieb im Übersynchronismus wachsen die Fehler, weil im

Diagramm der Leistungsaufwand für die Reibung kleiner als bei Synchronismus angegeben. während er in Wirklichkeit größer wird. Aber selbst in diesen Belastungszuständen werden die erhaltenen Resultate bei den praktisch vorkommenden Fällen nur in ganz geringem Maße fehlerhaft.

Der Schlüpfungsmaßstab steht senkrecht auf der Verlustlinie des Statorwiderstandes und geht durch den Punkt L_e, der dem Kurzschlußversuch bei Stillstand entspricht. L_e entspricht 100 % Schlüpfung, der Nullpunkt liegt auf dem Kreisdurchmesser $B_e D_e$, und die Teilung erfolgt im Gegensatz zum Heyland-Diagramm durchwegs in gleichen Intervallen.

Für den Wirkungsgrad sind zwei Maßstäbe zu zeichnen, einer für den Motor-, der zweite für den Generatorbetrieb. Die Begründung hierfür wird am Schlusse dieses Absatzes gegeben. Man konstruiert diese Maßstäbe in folgender Weise:

Die Linie $L_e R_e$ wird bis zu ihrem Schnittpunkt W auf der Senkrechten uG verlängert. Durch W zieht man die gestrichelte Linie $100\,W\,100$ senkrecht zum Kreisdurchmesser $B_e D_e$ in beliebiger Länge

$$100\,W\,100 \perp B_e D_e.$$

Für den Maßstab des Asynchronmotors errichtet man auf der Geraden $W\,100$ rechts von W eine Senkrechte bis zu ihrem Schnittpunkt O mit der unter Umständen verlängerten Linie $R_e L_e$. Dieser Schnittpunkt ist der Nullpunkt der Teilung und der Punkt 100 liegt auf der durch W gezogenen gestrichelten Linie $100\,W\,100$. Oberhalb des Nullpunktes werden die Wirkungsgrade negativ.

Für den Maßstab des Asynchrongenerators zieht man links von W durch die gestrichelte Linie eine Parallele zu $R_e L_e$ bis zu ihrem Schnittpunkt O mit der Senkrechten uG. O ist der Nullpunkt der Teilung und der untere Schnittpunkt entspricht dem Wirkungsgrad 100 %. Auf der andern Seite des Nullpunktes wird der Wirkungsgrad negativ.

Aus der Konstrukton ergibt sich, daß man den Maßstäben leicht eine solche Länge geben kann, daß ihre Teilungen in einem einfachen Verhältnis zur Millimeterteilung stehen und möglichst bequem aufgetragen werden können.

Der Zeiger für den Wirkungsgrad ist ein Strahl, der im Punkt W beginnt und durch die Spitze s des Stromdreiecks geht.

Wir betrachten nun das Verhalten der Maschine, wenn sie als Motor und Generator arbeitet.

a) Betrieb als Motor.

Beim Leerlauf ist der Statorstrom $u\,R_e$, der Zeiger des Wirkungsgrades $W\,R_e\,L_e\,O$ zeigt den Wirkungsgrad Null an, denn die ganze vom Motor aufgenommene Leistung wird zur Deckung der Leerlaufverluste verbraucht und die abgegebene Leistung ist Null.

In einem beliebigen Belastungszustand ist

Statorstrom	$= u\,s$
Rotorstrom	$= s\,B_e$
aufgenommene elektrische Leistung	$= t\,s$
Eisen- u. Kupferverluste im Stator	$= t\,s - v'\,s$
auf den Rotor übertragene Leistung	$= v'\,s$
Drehmoment des Rotors	$= v'\,s$
Drehmoment für die Reibung	$= v'\,v$
Nutzdrehmoment	$= v'\,s - v'\,v = v\,s$
Verlust im Rotorkupfer	$= v'\,r'$
abgegebene mechan. Leistung d. Rotors	$= r'\,s$
mechanische Leistung für die Reibung	$= r'\,r$
Nutzleistung	$= r'\,s - r'\,r = r\,s$
Schlüpfung	$= 20\,\%$
Wirkungsgrad	$= 45\,\%$.

Bei Stillstand sind die betreffenden Linien in das Diagramm nicht eingetragen, um die Figur nicht unübersichtlich zu machen. Man kann aber aus der Abb. 209 folgendes entnehmen:

Statorstrom	$= u\,L_e$
Rotorstrom	$= L_e\,B_e$
abgegebene mechan. Leistung d. Rotors	= Null
abgegebene mech. Leistung f. d. Reibung	= Null
Nutzleistung	= Null
Schlüpfung	$= 100\,\%$
Wirkungsgrad	= Null.

Treiben wir den stillstehenden Motor entgegengesetzt seiner natürlichen Drehrichtung durch einen zweiten Motor an, so wirkt er als Bremse und nimmt mechanische und elektrische Leistung auf. Seine Schlüpfung ist größer als $100\,\%$ und sein Wirkungsgrad wird negativ. Wenn wir seine negative Drehzahl immer weiter steigern, so nähert er sich dem Grenzzustand bei unendlich großer positiver Schlüpfung. Dieser Grenzzustand ist in der Abbildung eingetragen und es ergeben sich folgende Größen:

Statorstrom	$= u\,S_e$
Rotorstrom	$= \bar{S}_e\,B_e$
aufgenommene elektrische Leistung	$= t\,S_e$
Eisen- u. Kupferverluste im Stator	$= \overline{t\,S_e}$
auf den Rotor übertragene elektrische Leistung	= Null
Drehmoment des Rotors durch elektr. Leistung	= Null
Drehmoment für die Reibung	$= S_e\,v$
Drehmoment d. Motors durch mech. Leistung	$= S_e\,r' + x$
Verlust im Rotorkupfer	$= S_e\,r'$
aufgenommene mechanische Leistung	$= S_e\,r' + x$
mechanische Leistung für die Reibung	$= r'\,r + x$

auf den Rotor übertragene mechan. Leistung $= S_e r' + x$
Schlüpfung $= + \infty$
Wirkungsgrad $= -37\,\% - x = -\infty$.

Bei Schlüpfungen über $100\,\%$ liefert das Diagramm keine streng richtigen Werte und zwar deshalb, weil die zur Deckung der Reibungsverluste nötige Leistung unrichtig dargestellt ist. Die Gerade $\overline{R_e L_e r}$ darf zur genauen Wiedergabe der wirklichen Verhältnisse nicht einfach über L_e hinaus verlängert werden, sondern sie müßte von L_e aus nicht links von $B_e r'$, sondern in eine nach rechts umbiegende Kurve auslaufen, die sich der gestrichelten Linie $-\infty + \infty$ asymptotisch anschmiegt, denn es ist klar, daß bei unendlich großer Drehzahl die Überwindung der Reibung eine unendlich große Leistung beansprucht. Aus demselben Grunde wird auch der Wirkungsgrad bei sehr hohen Drehzahlen falsch angegeben. In der Abbildung würde man an dem (nicht eingezeichneten) Zeiger des Wirkungsgrades bei unendlich großer Schlüpfung nur $\eta = -37\,\%$ ablesen statt $\eta = -\infty$. In der Tabelle ist bei den Größen, die durch das Diagramm nicht richtig dargestellt sind, durch die Beifügung von $\pm x$ angedeutet, daß ein Fehler vorhanden ist.

Kehren wir zum Leerlauf zurück, in dem die Schlüpfung nur wenige Prozente beträgt und der Wirkungsgrad Null ist, und treiben nun durch einen Hilfsmotor die Maschine schneller an, so wird sofort der Wirkungsgrad negativ, da die Maschine gleichzeitig mechanische und elektrische Leistung aufnimmt und natürlich keine Nutzleistung abgibt. Im Synchronismus ist die Schlüpfung Null, der Wirkungsgrad negativ aber endlich.

Bei weiterer Steigerung der Drehzahl wird die Schlüfung negativ, die Voreilung nimmt ganz allmählich zu, während der Wirkungsgrad ganz rapid weiter abnimmt und schon $-\infty$ wird, wenn der Statorstrom $= u\,G$ und dadurch reiner Blindstrom geworden ist. In diesem Moment hat aber die Maschine aufgehört ein Motor zu sein, sie ist zu einem leerlaufenden Generator geworden und hat den Wirkungsgrad Null, was der Zeiger des Wirkungsgrades auf der Generatorskala ganz richtig angibt.

b) Betrieb als Generator.

Der Leerlauf der Maschine als Asynchrongenerator ist bereits im vorhergehenden Schlußsatz besprochen. Bei steigender Drehzahl wird die in der Abb. 209 dargestellte Belastung erreicht:

Statorstrom	$= \overline{u\,s}$
Rotorstrom	$= s\,B_e$
abgegebene elektrische Leistung	$= t\,s$
Eisen- u. Kupferverluste im Stator	$= v' s - t\,s$
auf den Stator übertragene Leistung	$= \overline{v' s}$
Widerstandsmoment des Rotors	$= \overline{v' s}$
Widerstand der Reibung	$= \overline{v' v}$

Widerstandsmoment an der Riemenscheibe	$= \overline{vs}$
Verlust im Rotorkupfer	$= \overline{v'r'}$
aufgenommene mechanische Leistung	$= \overline{rs} + x$
mechanische Leistung für die Reibung	$= \overline{r'r} + x$
Nutzleistung	$= \overline{ts}$
Schlüpfung	$= -12\,^0/_0$
Wirkungsgrad	$= +53\,^0/_0 - x.$

Bei Leerlauf beansprucht der Reibungsverlust schon eine Leistung von der ungefähren Größe $B_e R_e$ und bei Übersynchronismus muß dieser Leistungsaufwand natürlich größer werden, während das Diagramm sogar den kleinen Wert $\overline{r'r}$ liefert. Infolgedessen sind in der Tabelle die Werte, die nicht ganz richtig sind, durch $\pm x$ gekennzeichnet. Die Verlustlinie $R_e L_e r$ müßte zur richtigen Darstellung der für die Reibung benötigten Leistung durch eine Kurve ersetzt werden, die in R_e beginnt, durchaus rechts von $R_e L_e$ bleibt, den Schlüpfungsmaßstab bei einem Teilstrich größer als 100 schneidet, dann stark nach rechts umbiegt und sich der Linie $-\infty + \infty$ asymptotisch nähert.

Bei einer Voreilung von ungefähr $35\,^0/_0$ hat der Statorstrom die Größe $u\,G'$, er ist reiner Blindstrom, die abgegebene elektrische Leistung ist daher Null und ebenso ist der Wirkungsgrad auf Null gefallen. Sonst ist dieser Belastungszustand nicht durch besondere Merkmale ausgezeichnet, und die Größe der Voreilung ist, wenn man so sagen will, rein zufällig $35\,^0/_0$, sie würde größer oder kleiner sein, wenn der Rotorwiderstand kleiner oder größer wäre.

Wird die Voreilung noch weiter gesteigert, so wird der Wirkungsgrad negativ und bei unendlich hoher Drehzahl wird derselbe Zustand erreicht, wie bei unendlich großer positiver Schlüpfung.

Wie der Wirkungsgrad für die Maschine verläuft, wenn sie als Motor oder Generator arbeitet, zeigt die Abb. 209.

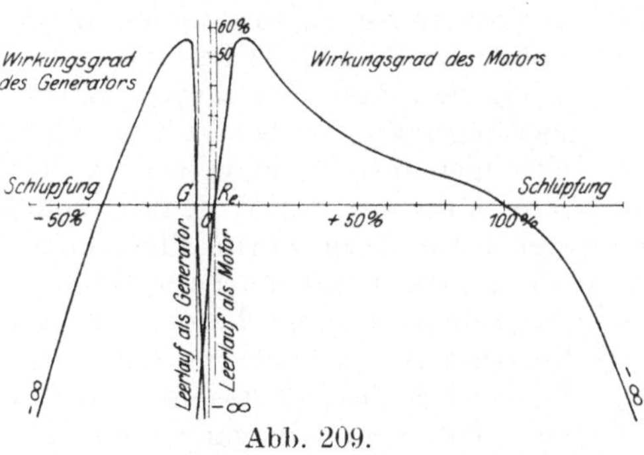

Abb. 209.

Es ließe sich ohne besondere Schwierigkeit ein Diagramm konstruieren, bei dem auch die letzten vorhandenen Fehler beseitigt sind. Es würde sich dabei zeigen, daß in Wirklichkeit bei der Schlüpfung $\pm\infty$ eine unendlich große mechanische Leistung zur Deckung der Reibungsverluste aufgewendet werden müßte und daher kann der Punkt S_e praktisch nicht erreicht werden, sondern im Grenzzustand bei großer positiver Schlüpfung kommt die Spitze des Stromdreiecks s zwischen die Punkte L_e und S_e zu liegen. Ebenso wird bei unendlich großer Voreilung die

Spitze des Stromdreiecks nicht bis zu S_e gelangen, sondern ihre Grenzlage etwas früher, also links vom Punkt S_e, finden.

Da die Fehler des Diagramms nur als Korrekturen an Verlusten auftreten, die man ihrer Größenordnung nach selbst wieder als Korrekturgrößen bezeichnen darf, wenigstens soweit praktisch vorkommende Betriebszustände in Frage kommen, so dürfte es wirklich wenig Zweck haben, die Diagramme dadurch zu verbessern, daß man an Stelle der Verlustgeraden irgendwelche Kurven einführt.

155. Die praktische Verwendbarkeit asynchroner Generatoren.

Es liegt nahe zu untersuchen, wie sich ein asynchroner Generator praktisch verwerten läßt. In erster Linie erkennt man dem gewöhnlichen synchronen Generator gegenüber den Vorteil, daß alle Schwierigkeiten beim Parallelschalten in Fortfall kommen. Schaltet man einen Asynchrongenerator zu einem in Betrieb befindlichen Synchrongenerator parallel, so kann offenbar nichts Wesentliches passieren, wenn die Asynchronmaschine beim Einschalten nicht genau synchron läuft. Ist sie etwas unterhalb ihres Synchronismus, so wird sie einfach als schwachbelasteter Motor anfangen zu arbeiten, ist sie oberhalb ihres Synchronismus, so arbeitet sie mit kleiner Belastung als Generator. Aus der Phase fallen können die beiden Maschinen nicht aus dem einfachen Grunde, weil die Asynchronmaschine selbst keine ausgesprochene Periodenzahl besitzt, sondern einfach im Stator die Periodenzahl der Synchronmaschine annimmt.

Die Asynchronmaschine kann allein nicht arbeiten, sie kann sich nicht selbst erregen und bedarf unbedingt eines parallel arbeitenden Synchrongenerators zum Takthalten der Periodenzahl.

Beim oberflächlichen Überlegen könnte man auf die Vermutung kommen, daß der übersynchron betriebene Drehstrommotor die Blindkomponente seines Statorstromes an den Synchrongenerator bzw. das Netz abgeben kann. Wäre das der Fall, dann könnte man die Synchrongeneratoren von ihrem Blindstrom befreien, und man könnte den Leistungsfaktor großer Verteilungsnetze durch verteilt aufgestellte Asynchrongeneratoren verbessern und sogar zu Eins machen. Leider ist diese Annahme nicht richtig, sondern im Gegenteil: der Asynchrongenerator kann seinen Blindstrom nicht selbst erzeugen, sondern er muß ihn den parallel arbeitenden Synchrongeneratoren entnehmen; er verschlechtert also den Leistungsfaktor der Maschine und des Netzes. Vgl. Feldmann, Asynchrone Generatoren. Berlin: Julius Springer.

Man wird diese Tatsache sogleich verstehen, wenn man sich überlegt, daß beim Übergang vom Motor- zum Generatorbetrieb der Magnetisierungsstrom seine Richtung beibehält und nicht umkehrt. Ebenso fallen die Blindkomponenten des Statorstromes immer in Richtung des Magnetisierungsstromes und nur die Wirkkomponente des Statorstromes kehrt ihre Richtung um, sobald die Maschine als Generator arbeitet. Es geht dies nicht nur aus den Kreisdiagrammen, sondern besonders deutlich aus den Abb. 205 und 206 hervor.

Da der geometrische Ort der Spitze s des Stromdreiecks durch den Diagrammkreis ein für allemal festgelegt ist, kommt jeder Wirkkomponente des Statorstromes, also jeder elektrischen Leistung, eine Blindkomponente von ganz bestimmter Größe zu und diese entnimmt die Asynchronmaschine automatisch aus dem Netz, gleichgültig, ob sie als Motor oder Generator arbeitet. Man kann daher nicht nur sagen, die Asynchronmaschine wandelt die elektrische Leistung in mechanische um und umgekehrt, sondern man kann auch sagen: der Asynchrongenerator wandelt einen dem Netz entnommenen Blindstrom bei gleichzeitiger Zuführung mechanischer Leistung in einen Wirkstrom um. Wirk- und Blindstrom stehen dabei in einem durch das Kreisdiagramm genau festgelegten Verhältnis zueinander. — Könnte der Asynchrongenerator aus einem Wirkstrom einen Blindstrom machen, so ließe er sich zur Verbesserung des Leistungsfaktors verwenden.

Wenn dem Asynchrongenerator auch diese erwünschte Eigenschaft fehlt, so besitzt er dennoch eine gewisse Verwendbarkeit. Wegen des Fortfalls aller komplizierter Schalteinrichtungen, des Synchronismuszeigers, der Erregermaschine und wegen seiner bescheidenen Ansprüche in bezug auf die Regulierung der Drehzahl, lassen sich insbesondere Wasserkräfte unter geringstem Aufwand für die Bedienung ausnützen. Weiß man z. B., daß das Drehmoment einer vollbeaufschlagten Wasserturbine sicherlich kleiner ist als das maximale Widerstandsmoment des Asynchrongenerators, und ist man ferner sicher, daß im Netz mehr Leistung verbraucht wird als die Turbine zu geben vermag, so kann man die eingeschaltete Anlage ruhig sich selbst überlassen. Die Turbine arbeitet mit einer ihrer Wasserzufuhr entsprechenden Leistung, der Asynchronmotor sorgt durch sein Widerstandsmoment dafür, daß die Turbine nicht durchgehen kann, denn er läßt ja nur eine Schlüpfung von wenigen Prozenten zu. Die Wasserkraft wird also automatisch voll ausgenützt und die Synchrongeneratoren der auf das Netz arbeitenden Dampfzentralen werden entsprechend entlastet. Die Vergrößerung des Blindstromes kann man in derartigen Fällen natürlich in Kauf nehmen.

Würde der Leistungsbedarf im Netz kleiner werden als die Leistung der Wasserturbine, so würden die Synchrongeneratoren zuerst vollkommen entlastet werden, ihre Regulatoren würden nicht mehr ansprechen, sie und die Wasserturbine würden durchgehen und die Periodenzahl im Netz würde steigen. Der Fall darf natürlich nicht eintreten.

Ebenso könnte die Wasserturbine allein durchgehen, wenn sie z. B. bei Hochwasser ein größeres Drehmoment entwickelt als das maximale Widerstandsmoment des Asynchrongenerators ist. Der Asynchrongenerator könnte dann nicht mehr die Leistung der Turbine aufnehmen, seine Voreilung würde sich vergrößern, sein Widerstandsmoment würde nach Überschreitung seines Maximums abnehmen und die Turbine würde durchgehen. — Daher war es nötig, die beiden einschränkenden Voraussetzungen zu machen, die erfüllt sein müssen, wenn eine derartige Anlage ohne Regulator und ohne Bedienung arbeiten soll.

In der Schweiz hat man mehrfach Wasserkräfte in der Weise ausgenützt, daß ein Teil der Turbinen mit Synchrongeneratoren, ein anderer Teil mit Asynchrongeneratoren ausgerüstet sind, die unter sich parallel arbeiten.

XX. Der Einphasenmotor.

156. Ableitung des Einphasenmotordiagramms aus dem Diagramm des Drehstrommotors.

a) Der Einphasenmotor im Synchronismus und im idealen Kurzschlußzustand.

Der einem Einphasenmotor zugeführte Wechselstrom erzeugt ein oszillierendes Feld, das man als die Resultante zweier in entgegengesetzter Richtung rotierender konstanter Drehfelder; deren Intensität gleich der halben des maximalen Einphasenfeldes ist, auffassen kann, Abb. 210. Die Umlaufszahl eines jeden dieser Drehfelder entspricht bei einem zweipoligen Felde der Periodenzahl des erregenden Wechselstromes. Ein Einphasenmotor läßt sich auf Grund dieser Vorstellung als ein Drehstrommotor auffassen, der mit zwei Erregerwicklungen ausgestattet und deren eine für Rechts-, deren andere für Linkslauf geschaltet ist. Die Gesamtwirkung des Erregerfeldes auf den Rotor muß sich aus den Einzelwirkungen des rechts und links laufenden Drehfeldes zusammensetzen. Kapp hat den Nachweis geliefert („El. Kraftübertragung", 2. Aufl., Seite 281), daß die im Rotor durch das rechts laufende Feld induzierten Ströme auf das links drehende weder einwirken noch von ihm beeinflußt werden, und infolgedessen kann der oben erwähnte Einphasenmotor durch zwei identisch gebaute Drehstrommotoren ersetzt gedacht werden, deren Statoren hintereinander geschaltet sind, und

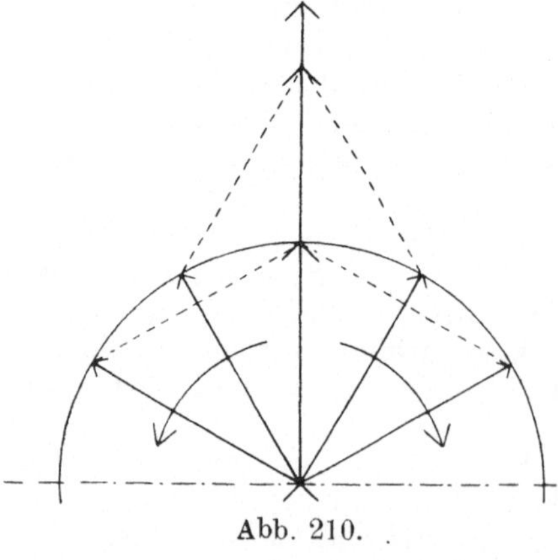

Abb. 210.

deren einzelne Phasenspulen so verbunden werden müssen, daß die beiden Drehstrommotoren in entgegengesetzter Drehrichtung laufen. Außerdem ist jeder Schleifring des einen Motors mit je einem Schleifring des zweiten Motors elektrisch zu verbinden. Werden nun die beiden Rotoren auch mechanisch gekuppelt, so verhalten sich die beiden Drehstrommotoren wie ein Einphasenmotor.

Die geschilderte Schaltung stellt eine Modifikation der Kaskadenschaltung dar. Bei der gewöhnlichen zur Abstufung der Drehzahl angewandten Kaskadenschaltung würde man den Stator I ans Netz anschließen, den Rotor I mit dem Rotor II elektrisch so verbinden, daß beide Motoren gleichen Drehsinn haben, und den Stator II würde man an den Anlaßwiderstand anschließen, wie im Abschnitt 132, d beschrieben ist. Der Motor II arbeitet in dieser Schaltung mit variabler Periodenzahl auch in seinem primären Teil, der in diesem Falle durch den Rotor gebildet ist.

Bei der Kaskadenschaltung, die die Eigenschaften des Einphasenmotors besitzt, ist der primäre Teil des Motors II (der Stator II) an das Netz in Serie mit dem Stator I angeschlossen, besitzt also stets die Periodenzahl des Netzes. Die Periodenzahlen in beiden Rotoren sind in der nachstehenden Tabelle enthalten, ihre Summe ist stets gleich der doppelten Periodenzahl des Netzes, also stets $2 \cdot f_1$.

Bei Stillstand arbeiten beide Drehstrommotoren mit je 100% Schlüpfung, jeder hat an seinen Klemmen die halbe Netzspannung, Stator- und Rotorstrom sind in beiden gleich, und die Drehmomente, die unter sich gleich groß, aber entgegengesetzt gerichtet sind, heben sich gegenseitig auf. Sobald die gekuppelten Rotoren durch eine äußere Kraft in einer beliebigen Drehrichtung in Bewegung gesetzt werden, ändert sich der beschriebene Zustand sehr wesentlich, indem der eine Motor mit geringerer, der zweite dagegen mit größerer Schlüpfung als 100% arbeitet. Der erste Motor (Motor I) bekommt dadurch ein Übergewicht über den zweiten Motor (Motor II), da er sich nicht nur im Sinne seines Statorfeldes bewegt, sondern auch ein größeres Drehmoment entwickelt. Jeder der Motoren hat nun auch einen anderen Rotorstrom von anderer Periodenzahl, die Klemmenspannung des ersten Motors steigt auf Kosten der Klemmenspannung des zweiten, und bei beiden Motoren ist nichts gleich als der Primärstrom, weil die Annahme gemacht wurde, daß die Statorwindungen in Serie geschaltet sind. Da auch das Verhalten des Einphasenmotors als Funktion der Schlüpfung angegeben werden soll, muß entschieden werden, mit welcher Schlüpfung die Motoren I und II in jedem beliebigen Falle laufen, wenn die Schlüpfung des durch sie repräsentierten Einphasenmotors zwischen ihren extremsten Werten variiert. Es ist jedoch einfacher, den umgekehrten Weg einzuschlagen und aus der Schlüpfung der beiden Drehstrommotoren die Schlüpfung des Einphasenmotors abzuleiten. Da die algebraische Summe der Schlüpfungen der beiden Motoren I und II stets 200% ergeben muß, läßt sich leicht nachstehende Tabelle aufstellen.

Periodenzahl des Wechselstromes $f_1 = 50$.

Schlüpfung des Motors I	f_2	Schlüpfung des Motors II	f_2	Schlüpfung des Einphasenmotors	Bemerkungen
		Rechtsläufig			
$-\infty$	$-\infty$	$+\infty$	$+\infty$	$-\infty$	
-100	-50	$+300$	$+150$	-100	
-50	-25	$+250$	$+125$	-50	
0	0	$+200$	$+100$	0	Synchronismus
$+50$	$+25$	$+150$	$+75$	$+50$	
$+100$	$+50$	$+100$	$+50$	$+100$	Stillstand
		Linksläufig			
$+150$	$+75$	$+50$	$+25$	$+50$	
$+200$	$+100$	0	0	0	Synchronismus
$+250$	$+125$	-50	-25	-50	
$+300$	$+150$	-100	-50	-100	
$+\infty$	$+\infty$	$-\infty$	$-\infty$	$-\infty$	

Die Tabelle zeigt, wenn man sie von der Zeile liest, die dem Stillstand der Motoren entspricht, für den Einphasenmotor eine symmetrische Anordnung der einzelnen Werte, und auch die Werte der Motoren I und II verlaufen dann symmetrisch, wenn man annimmt, daß die Motoren I und II in der einen Hälfte der Tabelle ihre Indizes vertauschen.

Die Tabelle drückt daher in anderer Form die Tatsache aus, daß ein Einphasenmotor keine bestimmte Drehrichtung hat, sondern daß er sich bei Rechts- und Linkslauf gleich verhält. Hierdurch wird für die Untersuchung eines Einphasenmotors insofern eine Vereinfachung geschaffen, als sie sich nur mit den Schlüpfungen $+100\%$ bis $-\infty$ zu beschäftigen braucht, denn wenn der Motor in entgegengesetzter Richtung mit stets wachsender Geschwindigkeit gedreht wird, so erhält man wieder die Schlüpfungen $+100$ bis $-\infty$.

Es läßt sich nun sehr leicht das Diagramm des synchronlaufenden Einphasenmotors entwickeln.

Natürlich machen wir zuerst, um möglichst einfache Verhältnisse zu schaffen, die Annahme, daß die Maschinen vollständig verlustlos arbeiten, daß sie insbesondere widerstandslose Wicklungen besitzen.

In Abb. 211 zeigt Abbildung A den Streuungskreis db eines Drehstrommotors mit den Magnetisierungsamperewindungen ub. Es ist also

$$\frac{u\,b}{b\,d} = \tau\,.$$

Schalten wir die Statoren zweier solcher identischer Drehstrommotoren in Serie, so bekommt jeder nur die halbe Klemmenspannung, jeder nimmt — bei offenen Rotoren — nur den halben Magnetisierungstrom auf, und jeder führt nur die Hälfte der Magnetisierungsamperewindungen. Dagegen ist in jedem Motor das Verhältnis

$$\frac{u_I b_I}{b_I d_I} = \frac{u_{II} b_{II}}{b_{II} d_{II}} = \tau$$

unverändert geblieben, Abb. 211 C. Wenn wir die Durchmesser

$$b_I d_I = b_{II} d_{II} = \frac{b\,d}{2}$$

und die Magnetisierungsströme

$$u_I b_I = u_{II} b_{II} = \frac{u\,b}{2}$$

also nur halb so groß zeichnen, wie beim ursprünglichen Streuungskreis $b\,d$, so haben wir damit den Vorteil erreicht, daß für alle Diagramme der Abb. 211 dieselben Diagrammkonstanten C_{I_1}, C_{I_2}, C_{L_1} usw. Geltung haben.

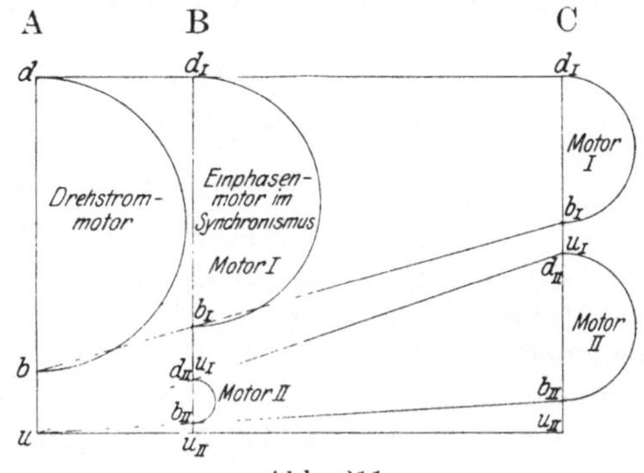

Abb. 211.

Das Diagramm Abb. 211 C gilt auch bei Stillstand beider Motoren, wenn ihre Rotoren kurzgeschlossen sind. Wir erhalten dann den idealen Kurzschlußzustand, und es ist

$$I_{1kI} = u_I d_I = \frac{\overline{u\,d}}{2}$$

$$I_{1kII} = u_{II} d_{II} = \frac{u\,d}{2}$$

und ebenso sind die Rotorströme

$$I_{2kI} = b_I d_I = \frac{b\,d}{2}$$

$$I_{2kII} = b_{II} d_{II} = \frac{b\,d}{2}.$$

Um die Verhältnisse, die im Synchronismus des Motors I bei eingeschalteten Rotoren herrschen, graphisch darzustellen, müssen wir auf die konstante Strecke $u\,d$ zwei Drehstromdiagramme auftragen, die gleich große Strecken für den Statorstrom besitzen und für die das Verhältnis

$$\frac{\text{Magnetisierungsstrom}}{\text{Kreisdurchmesser}} = \tau$$

ungeändert geblieben ist.

Abb. 211 B zeigt die Entwicklung dieser beiden Diagramme aus dem Kurzschlußdiagramm C, und die Vergrößerung von $u_I d_I$ und die Abnahme von $u_{II} d_{II}$ zeigt deutlich, wie der Motor I seine Klemmenspannung auf Kosten des Motors II erhöht und dadurch dominierend wird.

In Abb. 211 B ist

$$\frac{u_I b_I}{b_I d_I} = \frac{u_{II} b_{II}}{b_{II} d_{II}} = \tau ,$$

d. h. die Streuung der beiden Motoren ist unverändert geblieben. Ferner ist

$$u_I d_I + u_{II} d_{II} = u d ,$$

d. h. die Klemmenspannung verteilt sich auf beide Maschinen im Verhältnis

$$\frac{\text{Klemmenspannung des Motors I}}{\text{Klemmenspannung des Motors II}} = \frac{u_I d_I}{u_{II} d_{II}} .$$

Der Motor I läuft im Synchronismus, sein Statorstrom ist daher der Magnetisierungsstrom $u_I b_I$ und sein Rotorstrom ist Null, dagegen befindet sich der Motor II mit $+ 200\%$ Schlüpfung im idealen Kurzschlußzustand, sein Statorstrom ist $\overline{u_{II} d_{II}}$ und sein Rotorstrom, der $2 \cdot f_1$ Perioden besitzt, ist $b_{II} d_{II}$. Da beide Statoren in Serie geschaltet sind, muß

$$u_I b_I = u_{II} b_{II}$$

sein.

Zum leichteren Verständnis der weiteren Schlußfolgerungen zeichnen wir die Abb. 211 A und B nochmals heraus, indem wir die Diagramme der Motoren I und II in anderer Reihenfolge anordnen, Abb. 212, und gleichzeitig die Bezeichnung vereinfachen.

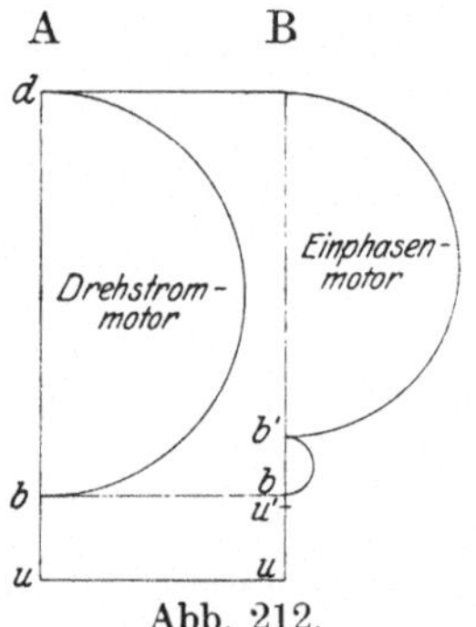

Abb. 212.

Es stellt also Abb. 212 A das Diagramm des ursprünglichen Drehstrommotors dar und Abbildung B zeigt, wie sich derselbe Motor im Synchronismus verhält, wenn er nur mit Einphasenstrom gespeist wird. Diesen kühnen Schluß dürfen wir ziehen, denn wir können uns vorstellen, daß der Motor I außer seiner Statorwicklung auch noch die Statorwicklung des Motors II trägt. Der Rotor des Motors I ist im Synchronismus stromlos, der Rotor II führt dagegen seinen Kurzschlußstrom $b\,b'$, und bei der Vereinigung beider Motoren zu einem einzigen, dem Einphasenmotor, müssen wir natürlich annehmen, daß sein synchronlaufender Rotor vom Kurzschlußstrom des Rotors II durchflossen ist.

Im Synchronismus des Einphasenmotors ist daher der Statorstrom

$$I_{e1} = \overline{u\,b'}$$

und der Rotorstrom von $2 f_1$ Perioden

$$I_{e2} = b\,b' .$$

Es ist sehr leicht, diese Größen mit dem Magnetisierungsstrom des Drehstrommotors in Beziehung zu bringen, denn man erhält:

$$\frac{u\,b}{b\,d} = \tau$$

$$\frac{u\,u'}{b'\,d} = \frac{u'\,b'}{b'\,d} = \frac{u'\,b}{b\,b'} = \tau$$

$$\frac{b'\,d}{b\,d} = \frac{\text{Streuungskreis des Einphasenmotors}}{\text{Streuungskreis des Drehstrommotors}} = \frac{1+\tau}{1+2\,\tau} \quad . \quad (844)$$

$$\frac{u\,b'}{u\,b} = \frac{\text{Magnetisierungsstrom des Einphasenmotors}}{\text{Magnetisierungsstrom des Mehrphasenmotors}} = \frac{2+2\,\tau}{1+2\,\tau} \quad (845)$$

$$\frac{u\,b'}{b'\,d} = \frac{\text{Magnetisierungsstrom des Einphasenmotors}}{\text{Streuungskreisdurchmesser des Einphasenmotors}} = 2\,\tau \quad (846)$$

$$b\,b' = \frac{u'\,b'}{1+\tau} = \frac{\tau}{1+\tau}\,b'\,d = \frac{\tau}{1+2\,\tau}\,b\,d = \frac{u\,b}{1+2\,\tau} \quad . \; . \; . \; . \; . \quad (847)$$

Die Abb. 212 bis 216 sind unter der Annahme gezeichnet

$$\left.\begin{aligned}
\tau &= 0{,}21 \\
b\,d &= 200 \text{ mm} \\
u\,b &= \tau \cdot b\,d = 0{,}21 \cdot 200 = 42 \text{ mm} \\
b'\,d &= \frac{1+\tau}{1+2\,\tau} \cdot b\,d = \frac{1{,}21}{1{,}42} \cdot 200 = 170{,}5 \text{ mm} \\
u\,b' &= 2 \cdot \tau \cdot b'\,d = 0{,}42 \cdot 170{,}5 = 71{,}7 \text{ mm} \\
&= \frac{2+2\,\tau}{1+2\,\tau} \cdot u\,b = \frac{2{,}42}{1{,}42} \cdot 42 = 71{,}7 \text{ mm} \\
b\,b' &= b\,d - b'\,d = 200 - 170{,}5 = 29{,}5 \text{ mm}
\end{aligned}\right\} \quad . \; . \quad (848)$$

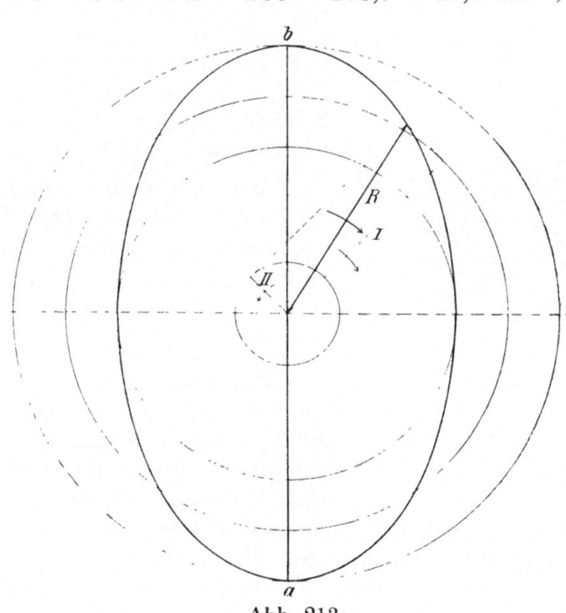

Abb. 213.

Abb. 213 zeigt das elliptische Drehfeld eines Einphasenmotors im Synchronismus, das als Resultante aus dem rechts und links laufenden Drehfeld entsteht.

Wir haben nun für die Schlüpfungen 0 und $100\,^0/_0$, für den Synchronismus und den idealen Kurzschlußzustand das Verhalten des Einphasenmotors auf das Diagramm eines Drehstrommotors bezogen und festgelegt, aber wir sind noch nicht in der Lage, für alle zwischen diesen Extremen liegenden Schlüpfungen — und das ist der für die Praxis wichtigste Bereich — die Eigenschaften des Motors anzugeben. Wir schlagen zur Lösung dieser Fragen folgenden Weg ein.

b) Der Streuungskreis des Einphasenmotors.

Um das Verhalten des Einphasenmotors bei Belastung zu ergründen, wollen wir vorläufig die unbewiesene Annahme machen, daß sich der Statorstrom $\overline{us}$ (Abb. 214) auf dem Kreis $b'd$ bewegt. Wir tragen auf der Diagrammbasis ud die uns bereits bekannten Punkte $u'bb'$ auf, beschreiben den Streuungskreis des Einphasenmotors $b'd$ und zeichnen den Statorstrom — genauer gesagt die Statoramperewindungen — $\overline{us}$ ein. Von der Strecke us entfällt die eine Hälfte $\overline{us_I}$ auf den Motor I, die Hälfte $\overline{s_I s}$ auf den Motor II. Der geometrische Ort für s_I muß ein Kreis sein mit dem Durchmesser $u'c$, und der Punkt c ergibt sich aus dem idealen Kurzschluß, denn es müssen stets die Bedingungen erfüllt sein

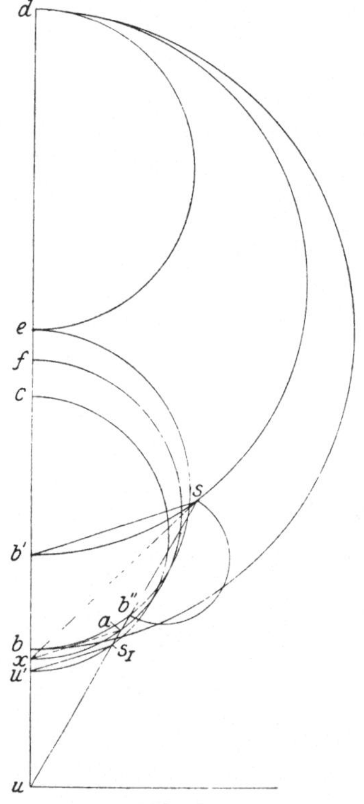

Abb. 214.

$$uu' = u'b' \quad \text{Synchronismus.}$$
$$\overline{us_I} = \overline{s_I s} \quad \text{beliebige Belastung,}$$
$$\overline{uc} = cd \quad \text{idealer Kurzschluß.}$$

und es ist also

$$\overline{uc} = \frac{\overline{ud}}{2}.$$

Der Motor II hat stets eine große Schlüpfung, $100\,^0/_0$ bei Stillstand, $200\,^0/_0$ bei Synchronismus, er befindet sich daher immer im absoluten Kurzschlußzustand. Wir können daher seinen Rotorstrom $b''s$ = dem Durchmesser des Streuungskreises für den Motor II ohne weiteres einzeichnen. Der geometrische Ort für b'' ist ein Kreis mit dem Durchmesser $b''e$ und der Punkt e wird aus der Beziehung gefunden, daß

$$\overline{be} = \overline{ed} = \frac{\overline{bd}}{2}$$

sein muß. Im idealen Kurzschluß ist ced das Diagramm des Motors II, und es ist natürlich

$$\frac{ce}{ed} = \tau.$$

In bezug auf den Rotorstrom müssen wir uns erinnern (siehe Abb. 92), daß er im idealen Kurzschluß nicht einfach dem Kreisdurchmesser gleich ist, sondern daß diese dem Diagramm entnommene Länge noch mit $(1 + \tau_1)$ multipliziert werden muß, um die wahre Größe des Rotorstromes zu liefern. Der Rotorstrom des Motors II ist bei Belastung in Abb. 214 nicht einfach $\overline{b'' s}$, sondern

$$\text{Rotorstrom} = (1 + \tau_1)\, \overline{b'' s} = \overline{as}.$$

Diese Multiplikation führen wir im vorliegenden Falle graphisch aus, indem wir den geometrischen Ort des Punktes a bestimmen. Im Synchronismus erhalten wir den Kurzschlußstrom

$$\overline{xb'} = (1 + \tau_1)\, \overline{bb'},$$

im idealen Kurzschluß

$$\overline{fd} = (1 + \tau) \cdot \overline{ed}$$

und der gesuchte geometrische Ort für den Punkt a ist ein Kreis mit dem Durchmesser $\overline{xf}$.

Für den Motor I können wir bei Belastung den Rotorstrom $\overline{u' s_I}$ sofort dem Diagramm entnehmen, aber wir müssen auch diese Länge mit dem Faktor $(1 + \tau_1)$ multiplizieren, um die wahre Größe des Rotorstromes zu erhalten. Führen wir auch diese Multiplikation graphisch aus, so müssen wir

$$\overline{u' x} = \tau_1 \cdot \overline{u u'}$$
$$\overline{s_I a} = \tau_1 \cdot \overline{u s_I}$$

zeichnen, wir erhalten daher die uns schon bekannten Punkte x und a und es ist der Rotorstrom des Motors I

$$\overline{xa} = (1 + \tau_1) \cdot \overline{u' s_I}.$$

Da uns der Kreis, der den geometrischen Ort des Punktes a bildet, schon bekannt ist, kennen wir daher diesen Rotorstrom bei jeder beliebigen Belastung.

Die Abb. 214 ist nun in folgender Weise zu deuten.

1. Synchronismus.

Im Synchronismus ist (Abb. 215)

der Statorstrom des Motors I $= \overline{u u'}$
„ Rotorstrom „ „ I = Null
„ Statorstrom „ „ II $= \overline{u' b'}$
„ Rotorstrom „ „ II $= \overline{b' x}$

und daher beim Einphasenmotor

der Statorstrom $= \overline{u b'}$
„ Rotorstrom $= \overline{b' x}$.

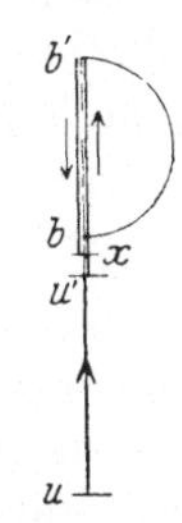

Abb. 215.

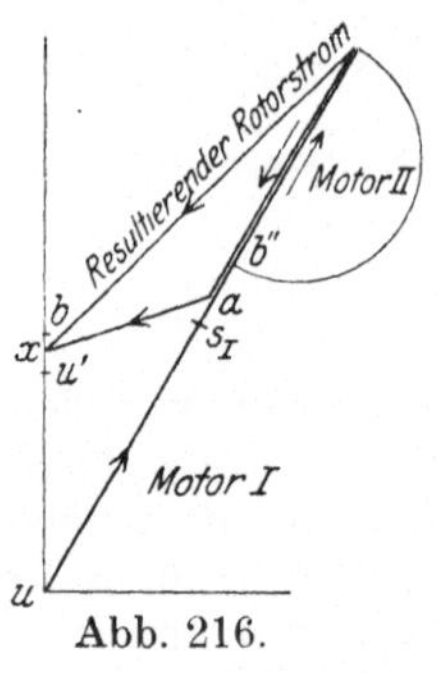

Abb. 216.

2. Belastung.

Bei beliebiger Belastung ist (Abb. 216)
der Statorstrom des Motors I $= u s_I$
„ Rotorstrom „ „ I $= a x$
„ Statorstrom „ „ II $= s_I s$
„ Rotorstrom „ „ II $= s a$.

$s a$ und a ergeben als Resultante $s x$, und daher ist beim Einphasenmotor
der Statorstrom $= u s$
„ Rotorstrom $= s x$.

3. Idealer Kurzschluß.

Im idealen Kurzschluß ist Abb. 214
der Statorstrom des Motors I $= u c$
„ Rotorstrom „ „ I $= x f = (1 + \tau_1) u' c$
„ Statorstrom „ „ II $= c d$
„ Rotorstrom „ „ II $= f d = (1 + \tau_1) e d$

und beim Einphasenmotor
der Statorstrom $= u d$
„ Rotorstrom $= x d$.

In bezug auf die Leistung des Einphasenmotors läßt sich das Diagramm Abb. 214 in zweifacher Weise deuten:

1. Man kann sagen: Der Motor II befindet sich stets im idealen Kurzschluß, er nimmt daher nur Blindstrom auf, leistet nichts und der Einphasenmotor verhält sich daher wie der Drehstrommotor I allein. Der Motor I hat das Kreisdiagramm $u u' c$, den Statorstrom $u s_I$ und den Rotorstrom $s_I u'$. Man müßte bei Ausnützung dieser Vorstellung gleichzeitig mit 2 Diagrammen arbeiten, in bezug auf die Stromstärken mit dem Diagramm des Einphasenmotors $u b' d$, in bezug auf die Leistungen mit dem Drehstromdiagramm $u u' c$ und für beide Diagramme müßte man verschiedene Diagrammkonstanten C_{I_1} usw. bestimmen. Die Methode würde daher sehr schwerfällig sein, und man kommt viel einfacher zum Ziel auf Grund folgender Anschauung.

2. Das Diagramm des Motors I $u u' c$ mit dem Statorstrom $\overline{u s_I}$ und dem Rotorstrom $\overline{s_I u'}$ ist ähnlich in geometrischem Sinne dem Diagramm des Einphasenmotors $u b' d$ mit dem Statorstrom $\overline{u s}$ und einem fingierten Rotorstrom $s b'$, denn es ist

$$\frac{u u'}{u b'} = \frac{\overline{u c}}{u d} = \frac{u s_I}{s u} = \frac{s_I u'}{s b'} = \frac{1}{2}.$$

Den fingierten Rotorstrom $\overline{s b'}$ brauchen wir künftig überhaupt nicht mehr einzuzeichnen, denn es genügt zur Berechnung der Leistung die Kenntnis der Abszisse des Punktes s. Wir können daher alle nun überflüssigen Linien und Kreise der Abb. 214 fortlassen und benötigen nur die Punkte $u x b' d$ und den Streuungskreis $\overline{b'd}$. Ferner kommen wir mit einem Satz der Diagrammkonstanten aus, deren Berechnung im 111. Abschnitt angegeben ist.

Die Abb. 214 ist unter der Annahme gezeichnet, daß

$$\tau = 0{,}21 \cdot 1 + \tau_1 = 1 + \tau_2 = \sqrt{1+\tau} = \sqrt{1{,}21} = 1{,}1$$
$$\tau_1 = \tau_2 = 0{,}1$$
$$b\,d = 200 \text{ mm}$$
$$u\,b = \tau \cdot b\,d = 0{,}21 \cdot 200 = 42 \text{ mm}$$

und es ergibt sich hieraus:

$$b'd = \frac{1+\tau}{1+2\tau} \cdot b\,d = \frac{1{,}21}{1{,}42} \cdot 200 = 170{,}5$$
$$b\,b' = \frac{u\,b}{1+2\tau} = \frac{42}{1{,}42} = 29{,}5$$
$$= b\,d - b'd = 200 - 170{,}5 = 29{,}5 \text{ mm}$$
$$u'b = \tau \cdot b\,b' = 0{,}21 \cdot 29{,}5 = 6{,}2 \text{ mm}$$
$$u'b' = (1+\tau_1)\,b\,b' = 1{,}21 \cdot 29{,}5 = 35{,}7 \text{ mm}$$
$$= u'b + b\,b' = 6{,}2 + 29{,}5 = 35{,}7 \text{ mm}$$
$$u\,u' = u'\,b' = 35{,}7 \text{ mm}$$
$$u\,x = (1+\tau_1)\,u\,u' = 1{,}1 \cdot 35{,}7 = 39{,}25 \text{ mm}$$
$$x\,b' = (1+\tau_1)\,b\,b' = 1{,}1 \cdot 29{,}5 = 32{,}45 \text{ mm}$$
$$u\,b' = \overline{u\,x} + x\,b' = 39{,}25 + 32{,}45 = 71{,}7.$$

Wählt man den Kreisdurchmesser $b'd$ für den Streuungskreis des Einphasenmotors beliebig, ohne ihn von einem Drehstromdiagramm abzuleiten, so sind insbesondere folgende Beziehungen von Wichtigkeit:

$$\left.\begin{aligned} \overline{b'd} &= \text{beliebig} \\ u\,b' &= 2\,\tau \cdot b'd \\ \overline{u\,x} &= (1+\tau_1) \cdot \tau \cdot b'd \\ x\,b' &= \frac{1+\tau_1}{1+\tau} \cdot \tau \cdot \overline{b'd} \\ \frac{u\,x}{x\,b'} &= 1+\tau \end{aligned}\right\} \quad \ldots \ldots \ldots (849)$$

Kennt man τ_1 nicht, sondern nur τ, so ist $(1+\tau_1)$ nach der Gleichung zu berechnen

$$1 + \tau_1 = \sqrt{1+\tau} \quad \ldots \ldots \ldots (850)$$

157. Das vollständige Kreisdiagramm.

a) Das Heyland-Diagramm.

Um den Streuungskreis Abb. 214 zum Heyland-Diagramm auszubilden, ziehen wir in Abb. 217 unter dem Winkel α und β die beiden Verlustlinien $b'v''$ und $b's''$.

Bis jetzt entspricht das Diagramm einem Drehstrommotor, dessen Magnetisierungsstrom $\overline{u\,b'}$ und dessen Statorkurzschlußstrom $u\,s'$, dessen Rotorkurzschlußstrom $(1+\tau_1)\,b'\,s'$ wäre und der beim Stillstand ein Anzugsmoment $\overline{v'\,s'}$ entwickelte.

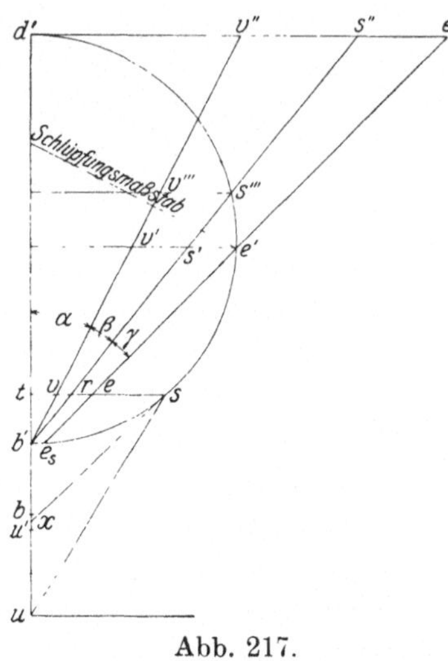

Abb. 217.

Um das Diagramm in das eines Einphasenmotors zu verwandeln, müssen wir nochmals die beiden Ersatzdrehstrommotoren zu Hilfe nehmen. In bezug auf den Motor I ist das bisher gezeichnete Diagramm gültig. In bezug auf Motor II müssen wir aber unsere frühere Annahme — daß er in Abb. 214 sich im idealen Kurzschluß $s\,b\,s$ befindet, keine Leistung aufnimmt und abgibt und kein Drehmoment entwickelt — aufgeben, denn sie war nur berechtigt, als wir den Rotor als widerstandslos annahmen. Sobald der Rotor Widerstand besitzt, ist der Motor II nicht mehr im idealen, sondern nur im gewöhnlichen Kurzschlußzustand, er nimmt Leistung auf, d. h. er verursacht einen Verlust und entwickelt ein Drehmoment. Nutzleistung kann er nicht abgeben, da er entgegengesetzt zu laufen bestrebt ist wie Motor I, und daher wirkt auch sein Drehmoment schädlich, es ist besser als Widerstandsmoment zu bezeichnen und wirkt bremsend.

Über die Größe des Verlustes, den Motor II bewirkt, kann man sich leicht Rechenschaft geben:

Bei Synchronismus ist der Rotorverlust des Motors I gleich Null, der des Motors II, dessen Rotorstrom $x\,b'$ ist, muß sein

$$V_{R2IIs} = a_2 \cdot I_2^2 \cdot R_2 = a_2 \cdot R_2\,(C_{I_2} \cdot x\,b')^2 = b'\,e_s \quad . \; . \; . \; (851)$$

Durch diese Formel finden wir den Punkt e_s in Abb. 217.

Um den Verlust im Rotor II bei Stillstand zu finden, deutet man am besten zuerst die Verlustlinie $b'\,v''$ und $b'\,s''$ in folgender Weise:

Das Heyland-Diagramm vernachlässigt in bezug auf die Statorkupferverluste den Magnetisierungsstrom $u\,b'$. Statt des idealen Statorkurzschlußstromes $u\,d$ berücksichtigt daher das Heyland-Diagramm nur einen solchen von der Größe $b'\,d$. Im idealen Kurzschluß sind daher nur die Statorverluste berücksichtigt

$$V_{R1} = \frac{a_1 \cdot R_1 \cdot (C_{I_1} \cdot b'\,d)^2}{C_{L_1}} = d\,v'' \quad . \; . \; . \; . \; . \; . \; (852)$$

Die Kupferverluste im Rotor I mit dem Rotorstrom $(1+\tau_1) \cdot b'\,d$ sind beim idealen Kurzschluß

$$V_{R2I} = \frac{a_2 \cdot R_2 \cdot ((1+\tau_1)\,C_{I_2} \cdot b'\,d)^2}{C_{L_1}} = v''\,s'' \quad . \; . \; . \; . \; (853)$$

Tatsächlich ist aber der Rotor vom Strom xd durchflossen und daher ist der Joulesche Verlust im Rotor insgesamt

$$V_{R2} = \frac{a_2 \cdot R_2 (C_{I_2} \cdot xd)^2}{C_{L_1}} = \overline{v'' e''} \quad \ldots \ldots \quad (854)$$

Diese Gleichung liefert uns den Punkt e''. Der Verlust im Rotor II ist daher

$$V_{R2IIk} = V_{R2} - V_{R2I} = \overline{s'' e''} \quad \ldots \ldots \quad (855)$$

Wir ziehen nun die Gerade $\overline{e_s e''}$ und ihr Schnittpunkt e' liefert uns den wirklichen Kurzschlußzustand beim Stillstand des Motors. Die Leistungsaufnahme $t' s'$ wird vollständig zur Deckung der Verluste verbraucht

$t' v'$ = Verlust im Statorkupfer
$\overline{v' s'}$ = „ „ Rotorkupfer des Motors I
$s' e'$ = „ „ „ „ „ II
$\overline{v' e'}$ = „ „ „ „ Einphasenmotors.

Bei Stillstand ist die abgegebene Leistung Null und $\overline{e_s e'}$ bildet auch für alle Belastungen die Leistungslinie. Wir wissen aber, daß beim Stillstand des Einphasenmotors auch das Drehmoment Null ist. und wir müssen daraus den Schluß ziehen, daß — wenigstens mit sehr großer Annäherung $\overline{e_s e'}$ auch die Linie für das Drehmoment darstellt. Dieser Schluß ist um so mehr gerechtfertigt, als bei ausgeführten Motoren die Strecken $b' e_s$ und $s'' e''$ sehr klein sind.

Bei einer beliebigen Belastung ist daher im Diagramm

Statorstrom	$= \overline{us}$
Rotorstrom	$= \overline{xs}$
Aufgenommene Leistung	$= ts$
Kupferverlust im Stator	$= tv$
„ „ Rotor	$= \overline{ve}$
Drehmoment des Motors I	$= vs$
Widerstandsmoment des Motors II	$= ev$
Drehmoment des Einphasenmotors	$= es$
Abgegebene Nutzleistung	$= es$.

Der ganze Verlust im Rotorkupfer $v\bar{e}$ tritt gleichzeitig als schädliches Widerstandsmoment in Erscheinung, und daraus folgt, daß man den Rotorwiderstand so klein als möglich machen muß. Allerdings wird der Anlauf eines Kurzschlußankers um so schwieriger, je kleiner sein Widerstand ist, und man muß in der Praxis ein Kompromiß mit diesen beiden Forderungen schließen, und es ist nicht leicht, die günstigsten Verhältnisse zu finden.

b) Das Ossanna-Diagramm.

Die Konstruktion des Kupferkreises für den Einphasenmotor ist vollkommen dieselbe wie beim Drehstrommotor. Wir tragen in Abb. 218 auf der Senkrechten ud die Punkte x und b' auf, berechnen den Magnetisierungsstrom I_m ohne Rücksicht auf den Statorwiderstand zu nehmen, also unter Zugrundelegen der vollen EMK E_1, und tragen dann die Strecke $\overline{um}$ auf von der Größe

$$um = \frac{E_1}{I_m \cdot R_1} \cdot ub'.$$

Nun ziehen wir die Linien dm, $b'm$, $\overline{xm}$, errichten ud_0 senkrecht auf $b'm$ und fällen das Lot d_0u_0 senkrecht auf $\overline{um}$. Es ist

uB = Magnetisierungsstrom

d_0b_0 = Durchmesser des Kupferkreises.

Wir können nun den Durchmesser BD und die Winkel α und β für die Verlustlinien BS und BL eintragen. — Das Diagramm Abb. 218 vernachlässigt beim Verlust im Rotorkupfer die Komponente xb' Abb. 214 und berücksichtigt nur die fingierte Komponente $b's$ des Rotorstromes. Das Diagramm Abb. 218 begeht daher

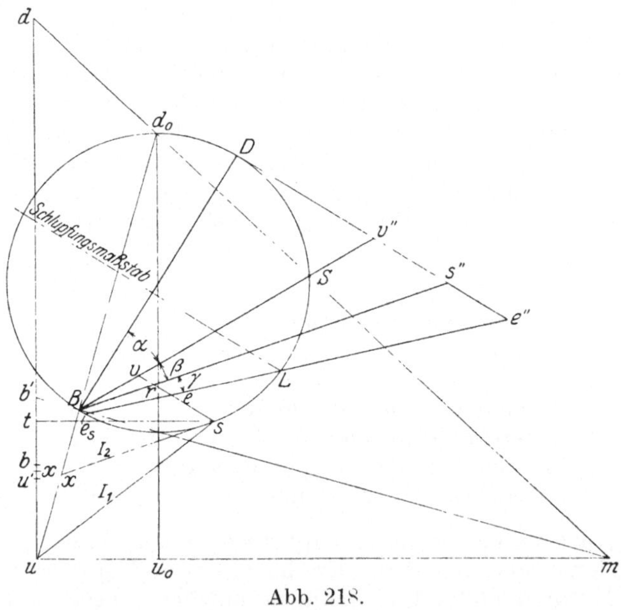

Abb. 218.

in bezug auf den Rotorstrom genau dieselbe Vernachlässigung wie das Heyland-Diagramm in bezug auf den Statorstrom. Diese Ungenauigkeit ließe sich durch dieselbe Methode beseitigen, die bei der Kaskadenschaltung (vgl. die Abb. 154 und 155) angewandt worden ist, die Kleinheit des Fehlers rechtfertigt aber kaum den Mehraufwand an Arbeit.

Es genügt daher vollkommen, wenn wir genau wie in Abb. 217 im Wattmaßstab die Strecken Be_s und $\overline{s''e''}$ eintragen.

Wenn man will, kann man das Diagramm noch weiter ausbauen, indem man den Kupferkreis durch den Eisenkreis ersetzt und den Reibungsverlust berücksichtigt, genau wie es beim Diagramm des Drehstrommotors geschehen ist.

158. Beispiel.

Als Beispiel für den Gang der Rechnung soll untersucht werden, wie sich der im 14. Kapitel berechnete Drehstrommotor verhält, wenn wir eine seiner Zuleitungen unterbrechen und ihn so als Einphasenmotor laufen lassen. Die Wicklung einer Drehstromphase ist dadurch außer Betrieb gesetzt, die beiden anderen Drehstromphasen sind in Serie geschaltet und bilden eine Einphasenwicklung mit

$$N_1 = 2 \cdot 594 = 1188$$

Drähten. Von den 9 Nuten sind nur 6 aktiv für die Hauptwicklung, die anderen 3 enthalten die Hilfswicklung zum Anlassen, in diesem Falle die dritte ausgeschaltete Drehstromphase. Die Betriebsklemmenspannung des Einphasenmotors ist die verkettete Spannung zwischen zwei Drehstromleitungen, beträgt daher 220 Volt.

Wir haben daher folgende Angaben zur Verfügung:

$$\begin{array}{ll} E_1 = 220 \text{ Volt} & \tau_1 = 0{,}032 \\ N_1 = 1188 & R_1 = 4{,}4 \text{ Ohm} \\ N_2 = 144 & R_2 = 0{,}09 \quad \text{„} \\ \tau = 0{,}093 & \end{array}$$

Wir berechnen zuerst die Luftinduktion, wobei wir die Koeffizienten c_1 und k_1 der beigedruckten Tabelle entnehmen und erhalten

$$\mathfrak{B}_l = \frac{E_1 \cdot 10^8}{2{,}22\,(1+\tau_1)\cdot c_1 \cdot k_1 \cdot N_1 \cdot F_l \cdot f_1}$$

$$= \frac{220 \cdot 10^8}{2{,}22 \cdot 1{,}032 \cdot 0{,}667 \cdot 0{,}852 \cdot 1188 \cdot 59{,}5 \cdot 50} \quad . \quad . \quad (856)$$

Die Luftinduktion ist daher bei diesem Einphasenmotor viel kleiner als beim Betrieb mit Drehstrom, und schon hieraus können wir schließen, daß die Einphasenleistung nur klein sein wird. Würden wir die Maschine speziell als Einphasenmotor zu berechnen und zu wickeln haben, so würden wir die Drahtzahl N_1 vermindern, um auf höhere Luftinduktion und größere Leistung zu kommen. Das Drehmoment und die Leistung sind dem Quadrat der Luftinduktion proportional, und bei der niedrigen Induktion von 4800 ist das Eisen nicht bis zu seiner zulässigen Erwärmung ausgenützt.

Zur Magnetisierung des Drehstrommotors hatten wir bei

$$\mathfrak{B}_l = 5400$$

1110 Amperewindungen nötig. Um nicht für das Eisen die ganze Rechnung nochmals durchführen zu müssen, setzen wir die Amperewindungen einfach der Luftinduktion proportional und erhalten für die Magnetisierung des Einphasenmotors

$$A_m = 1110 \cdot \frac{4800}{5400} = 990 \text{ Amperewindungen.}$$

Der Magnetisierungsstrom wird daher nach Gleichung (640) bei Einphasenstrom

$$I_m = \frac{\sqrt{2} \cdot A_m}{N_1} = \frac{1{,}414 \cdot 990}{1188} = 1{,}18 \text{ Amp.} \quad \ldots \quad (857)$$

Feld- und Spulenfaktoren bei Einphasenmotoren.

Nuten pro Pol	Nutenzahl der Hauptwicklung	Nutenzahl der Hilfswicklung	c		k	
4	3	1	$\frac{2}{3}$	0,667	$\frac{5}{6}$	0,833
6	4	2	$\frac{2}{3}$	0,667	[illegible]	0,865
8	6	2	$\frac{5}{8}$	0,625	[illegible]	0,822
9	6	3	$\frac{2}{3}$	0,667	[illegible]	0,852
12	8	4	$\frac{2}{3}$	0,667	[illegible]	0,844

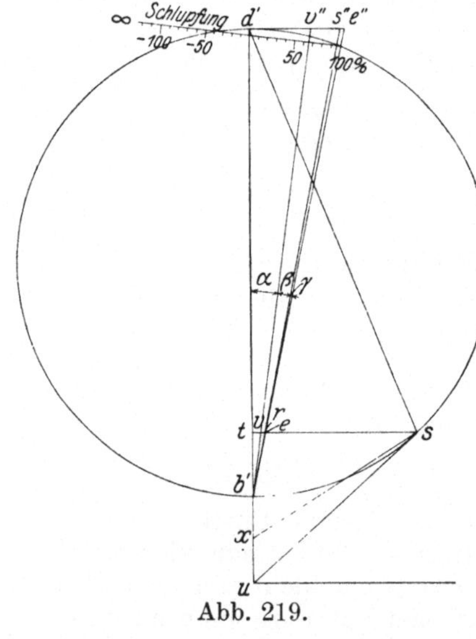

Abb. 219.

a) Heyland-Diagramm.

Wir könnten nun den Durchmesser $b'd$ des Streuungskreises beliebig annehmen und nach den Gleichungen (849) die Strecke

$$u b' = 2\,\tau \cdot b' d$$

berechnen. Das Beispiel wird aber noch instruktiver wirken, wenn wir vom ursprünglichen Drehstromdiagramm $u\,b\,d$ ausgehen und die Länge der Diagrammbasis $u\,d$ beibehalten. Wir erhalten in Abb. 219

$$b\,d = 100 \text{ mm}$$

$$u\,b = 9{,}3 \text{ mm}$$

$$b'd = \frac{1+\tau}{1+2\tau} \cdot b'd = \frac{1{,}093}{1{,}186} \cdot 100 = 92{,}3 \text{ mm}$$

$$u\,b' = 109{,}3 - 92{,}3 = 17 \text{ mm}$$

$$= 2 \cdot \tau \cdot \overline{b'd} = 2 \cdot 1{,}093 \cdot 92{,}3 = 17 \text{ mm}$$

$$\overline{u\,x} = (1+\tau_1)\,\tau \cdot b'd = 1{,}032 \cdot 0{,}093 \cdot 92{,}3 = 8{,}9 \text{ mm}$$

$$x\,b' = \frac{1+\tau_1}{1+\tau} \cdot \tau \cdot b'd = \frac{1{,}032}{1{,}093} \cdot 0{,}093 \cdot 92{,}3 = 8{,}1 \text{ mm}$$

$$u\,x + x\,b' = u\,b' = 8{,}9 + 8{,}1 = 17 \text{ mm.}$$

Jetzt können die Diagrammkonstanten berechnet werden, und es ist

$$C_{I_1} = \frac{I_m}{u\,b'} = \frac{1{,}18}{17} = 0{,}0694 \quad . \; . \; . \; . \; (858)$$

Die Kleinheit dieser Konstanten gegenüber 0.142 bei Drehstrom rührt in erster Linie davon her, daß die Strecke $u\,b'$ ungefähr doppelt so groß ist wie $u\,b$. Eine weitere Ursache ist die geringe Luftinduktion von 4800. Wir sehen schon aus dem Wert 0,0694, daß wir vom Einphasenmotor nur eine geringe Leistung erwarten dürfen.

Die Konstante des Rotorstromes berechnen wir nach Gleichung (403), die im 67. Abschnitt abgeleitet ist, nämlich

$$C_{I_2} = C_{I_1} \frac{a_1 \cdot N_1}{a_2 \cdot N_2} = 0{,}0694 \frac{1 \cdot 1188}{3 \cdot 144} = 0{,}19 \quad . \; . \; (859)$$

Die Kleinheit der Konstanten des Statorstromes zieht sich wie ein roter Faden durch alle übrigen Konstanten, denn es ist

$$C_{L_1} = a_1 \cdot E_1 \cdot C_{I_1} = 1 \cdot 220 \cdot 0{,}0694 = 15{,}3 \quad . \; . \; . \; . \; (860)$$

$$C_{L_2} = \frac{C_{L_1}}{736} = 0{,}0207 \quad . \; . \; . \; . \; . \; . \; . \; . \; . \; . \; . \; . \; (861)$$

$$C_M = \frac{C_{L_1}}{9{,}81 \cdot \omega} = \frac{15{,}3}{9{,}81 \cdot 104{,}7} = 0{,}0149 \quad . \; . \; . \; . \; (862)$$

$$\operatorname{tg} \alpha = a_1 \cdot R_1 \frac{C_{I_1}^2}{C_{L_1}} \cdot b'd = 1 \cdot 4{,}4 \cdot \frac{0{,}0694^2}{15{,}3}\, 92{,}3 = 0{,}128 \quad (863)$$

$$\operatorname{tg}(\alpha + \beta) = \operatorname{tg} \alpha + a_2 \cdot R_2 \cdot \frac{C_{I_2}^2}{C_{L_1}} \cdot b'd \quad . \; . \; . \; . \; . \; . \; . \; . \; . \; . \; (864)$$

$$= 0{,}128 + 3 \cdot 0{,}09 \cdot \frac{0{,}19^2}{15{,}3} \cdot 92{,}3 = 0{,}128 + 0{,}059 = 0{,}187.$$

Um den Punkt e'' des Diagramms zu finden, müssen wir eine kleine Rechnung anstellen, die am leichtesten zu verstehen ist, wenn man die Winkel α und β bzw. die Strecken $d\,v''\,s''\,e''$ in folgender Weise berechnet:

Das Heyland-Diagramm vernachlässigt in bezug auf die Jouleschen Verluste den Magnetisierungsstrom, berücksichtigt beim idealen Kurzschluß nicht den ganzen Statorstrom $C_{I_1} \cdot u\,d$ Ampere, sondern nur den Teil

$$C_{I_1} \cdot b\,d = 0{,}0694 \cdot 92{,}3 = 6{,}4 \text{ Ampere.}$$

Der Joulesche Verlust ist daher

$$I_1^2 \cdot R_1 = 6.4^2 \cdot 4{,}4 = 180 \text{ Watt,}$$

und es ist die Strecke

$$d\,v'' = \frac{180}{C_{L_1}} = \frac{180}{15{,}3} = 11{,}8 \text{ mm.}$$

In der Rotorentwicklung des Motors I ist der Strom im idealen Kurzschluß

$$C_{I_2} \cdot (1 + \tau_1) \cdot b\,d = 0{,}19 \cdot 1{,}032 \cdot 92{,}3 = 18 \text{ Ampere,}$$

der Joulesche Verlust infolgedessen

$$a_2 \cdot I_2^2 \cdot R_2 = 3 \cdot 18^2 \cdot 0{,}09 = 87{,}5 \text{ Watt},$$

und es wird die Strecke

$$v'' s'' = \frac{87{,}5}{C_{L_1}} = \frac{87{,}5}{15{,}3} = 5{,}73 \text{ mm}.$$

Der totale Rotorstrom, d. h. die Summe der Rotorströme in den Motoren I und II ist im idealen Kurzschluß nicht 18 Ampere, sondern

$$C_{I_2} \cdot x\,d = 0{,}19 \cdot 100 = 19 \text{ Ampere}$$

und der Joulesche Verlust

$$a_2 \cdot I_2^2 \cdot R_2 = 3 \cdot 19^2 \cdot 0{,}09 = 97{,}5 \text{ Watt}.$$

Es tritt daher in der Rotorwicklung ein zusätzlicher Verlust von

$$97{,}5 - 87{,}5 = 10 \text{ Watt}$$

auf, der durch die Strecke $s''e''$ berücksichtigt werden soll. Mithin wird

$$s''e'' = \frac{10}{C_{L_1}} = \frac{10}{15{,}3} = 0{,}655 \text{ mm}.$$

Noch kleiner ist der Verlust, der in der Rotorwicklung bei Leerlauf entsteht. Im Synchronismus ist der Rotorstrom

$$C_{I_2} \cdot x\,b = 0{,}19 \cdot 8{,}1 = 1{,}53 \text{ Ampere}$$

und der Joulesche Verlust daher

$$a_2 \cdot I_2^2 \cdot R_2 = 3 \cdot 1{,}53^2 \cdot 0{,}09 = 0{,}63 \text{ Watt}.$$

Die in Abb. 217 mit $b'e_s$ bezeichnete Strecke wird daher nur

$$b'e_s = \frac{0{,}63}{15{,}5} = 0{,}04 \text{ mm}$$

groß, ist daher zeichnerisch überhaupt nicht mehr darzustellen. In Abb. 219 ist daher die Leistungslinie $e''b'$ direkt vom Punkt b' aus zu ziehen.

In die Abb. 219 ist der Belastungszustand eingezeichnet, bei dem der Leistungsfaktor ein Maximum ist. Es ergeben sich hierbei folgende Werte:

Statorstrom $= C_{I_1} \cdot \overline{us} = 0{,}0694 \cdot 43{,}5 = 3{,}02$ Amp.

Rotorstrom $= C_{I_2} \cdot \overline{sx} = 0{,}19 \cdot 38 = 7{,}23$ Amp.

Aufgenommene Leistung $= C_{L_1} \cdot ts = 15{,}3 \cdot 31{,}8 = 486$ Watt

Abgegebene Leistung $= C_{L_2} \cdot \overline{es} = 0{,}0207 \cdot 29 = 0{,}6$ PS

Drehmoment $= C_M \cdot \overline{es} = 0{,}0149 \cdot 29 = 0{,}432$ kgm

Wirkungsgrad $\eta = \dfrac{es}{ts} = \dfrac{29}{31{,}8} = 0{,}91$

Leistungsfaktor $\cos\varphi = \dfrac{ts}{\overline{us}} = \dfrac{31{,}8}{43{,}5} = 0{,}73$

Schlüpfung $= 4\%$.

Der Wirkungsgrad erscheint so hoch, weil der Verlust im Statorkupfer nicht genau berücksichtigt und die Reibung vollständig vernachlässigt ist. Der Motor ist sehr wenig überlastungsfähig und er fällt, bevor er $10^0/_0$ Schlüpfung erreicht hat, schon aus dem Tritt, wie an Hand der Abb. 220 gezeigt wird.

Wie schon eingangs erwähnt, ließe sich der Motor verbessern und seine Leistung erhöhen, wenn man seine Drahtzahl N_1 kleiner und dadurch seine Luftinduktion erhöhen würde.

b) Ossanna-Diagramm.

Um das Ossanna-Diagramm Abb. 220 konstruieren zu können, berechnen wir nach Gleichung (670) die Konstante

$$K = \frac{I_m \cdot R_1}{E_1} = \frac{1{,}18 \cdot 4{,}4}{220} = 0{,}0236 \quad . \; . \; . \; . \; . \; (865)$$

und nach Gleichung (671) die Konstante

$$B = \frac{2\tau}{(1+2\tau)} + K^2 = \frac{0{,}186}{1{,}186} + 0{,}0236^2$$
$$= 0{,}157 + 0{,}0005 = 0{,}158 \; . \; (866)$$

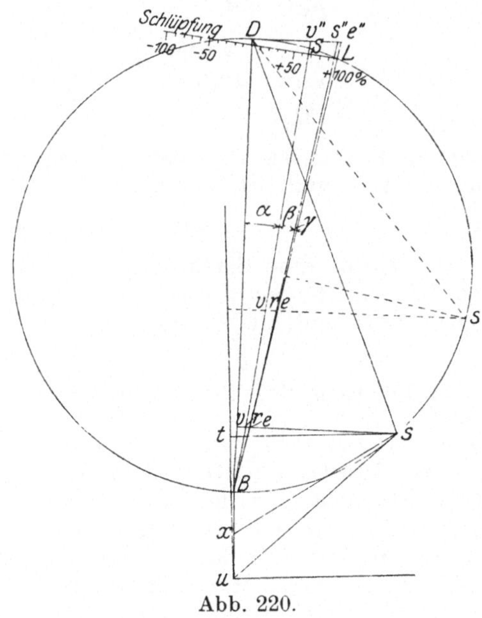

Abb. 220.

In den Ausdruck für B muß natürlich der Gleichung (671) gegenüber 2τ statt τ eingesetzt werden, da der Einphasenmotor einen doppelt so großen Streuungskoeffizienten besitzt wie der Drehstrommotor.

Nun erhält man die Mittelpunktsabszisse des Ossannakreises nach Gleichung (672)

$$a = \frac{K}{B} \cdot u\, b' = \frac{0{,}0236}{0{,}158} \cdot 17 = 2{,}57 \text{ mm} \quad . \; . \; . \; . \quad (867)$$

die Mittelpunktsordinate nach Gleichung (673), wobei wieder $2\,\tau$ statt τ zu schreiben ist

$$b = \frac{1 + 4\,\tau}{2\,B\,(1 + 2\,\tau)}\, u\, b' = \frac{1{,}372}{2 \cdot 0{,}158 \cdot 1{,}186}\, 17 = 62{,}4 \text{ mm} \quad . \quad (868)$$

Der Radius des Ossannakreises ist nach Gleichung (674)

$$R_0 = \frac{u\, b'}{2\,B\,(1 + 2\,\tau)} = \frac{17}{2 \cdot 0{,}158 \cdot 1{,}186} = 45{,}3 \text{ mm.}$$

In das Diagramm ist die Belastung, bei der der Leistungsfaktor ein Maximum ist, eingezeichnet, und es ergeben sich folgende Werte:

Statorstrom $= C_{I_1} \cdot \overline{u\,s} = 0{,}0694 \cdot 43{,}5 = 3{,}02$ Ampere

Rotorstrom $= C_{I_2} \cdot \overline{x\,s} = 0{,}19 \cdot 38 = 7{,}23$ Ampere

Aufgenommene Leistung $= C_{L_1} \cdot t\,s = 15{,}3 \cdot 33 = 504$ Watt

Abgegebene Leistung $= C_{L_2} \cdot \overline{e\,s} = 0{,}0207 \cdot 29 = 0{,}6$ PS

Drehmoment $= C_M \cdot \overline{e\,s} = 0{,}0149 \cdot 29 = 0{,}432$ kgm.

Wirkungsgrad $\eta = \dfrac{\overline{e\,s}}{t\,s} = \dfrac{29}{33} = 88\,\%$

Leistungsfaktor $\cos\varphi = \dfrac{t\,s}{\overline{u\,s}} = \dfrac{33}{43{,}5} = 0{,}76$

Schlüpfung $= 4\,\%$.

Mit gestrichelten Linien ist der Zustand eingezeichnet, in dem das Drehmoment ein Maximum ist, nämlich

$$\text{Drehmoment} = C_M \cdot \overline{e\,s} = 0{,}0149 \cdot 36{,}5 = 0{,}544 \text{ kgm}$$

und hierbei hat der Motor eine Schlüpfung von nur $7\,\%$. Sobald dies Drehmoment überschritten wird oder überhaupt erreicht ist, fällt der Motor aus dem Tritt und bleibt stehen.

c) Leistung des Einphasenmotors.

In der Praxis verlangt man von einem Modell, daß es als Einphasenmotor $\frac{2}{3}$ seiner Drehstromleistung hergibt. Die Minderleistung von einem Drittel ist nicht nur deshalb berechtigt, weil der Einphasenmotor insofern ungünstiger arbeitet, da er sich sein Drehfeld mittels seiner Rotorströme selbst künstlich erzeugen muß, sondern insbesondere, weil er für seine Hauptphase nur $\frac{2}{3}$ der Nuten zur Verfügung hat, weil $\frac{1}{3}$ zur Unterbringung der Hilfswickluug benötigt wird.

Um festzustellen, welche Luftinduktion der Einphasenmotor haben muß, damit er die gewünschte Leistung abgeben kann, schlagen wir folgenden Weg ein.

Beim Drehstrommotor ist die Leistungskonstante

$$C_{L\,d} = 3 \cdot E_d \cdot C_{I_1\,d}.$$

Die Drahtzahl einer Phasenwicklung im Stator ist proportional der Phasenspannung E_d und indirekt proportional der Luftinduktion, also

$$N_d \sim \frac{E_d}{\mathfrak{B}_d}.$$

Der Magnetisierungsstrom ist daher

$$I_{md} \sim \frac{A_{md}}{\sqrt{2}\, N_d} \sim \frac{\mathfrak{B}_d^2}{\sqrt{2}\, N_d}$$

und die Diagrammkonstante des Statorstromes

$$C_{I_1 d} = \frac{I_{md}}{ub} \sim \frac{\mathfrak{B}_d^2}{\sqrt{2} \cdot E_d \cdot ub}$$

und endlich die Leistungskonstante

$$C_{L_1 d} = 2 \cdot E_d \cdot C_{I_1 d} \sim \frac{3\, \mathfrak{B}_d^2}{\sqrt{2} \cdot ub} \quad \ldots \ldots (869)$$

Für den Einphasenmotor ist die Leistungskonstante nur

$$C_{L_1 e} = E_e \cdot C_{I_1 e}.$$

Für die Drahtzahl der Statorwicklung ergibt sich wieder die Proportionalität

$$N_e \sim \frac{E_e}{\mathfrak{B}_e}$$

und der Magnetisierungsstrom ist

$$I_{me} = \frac{A_{me} \cdot \sqrt{2}}{N_e} \sim \frac{\sqrt{2}\, \mathfrak{B}_e^2}{N_e}.$$

Das Diagramm des Einphasenmotors unterscheidet sich von dem eines Drehstrommotors dadurch, daß bei gleichem Kreisdurchmesser der Magnetisierungsstrom ub' doppelt so groß erscheint wie die Strecke ub beim Drehstrommotor. Die Diagrammkonstante des Statorstromes wird daher beim Einphasenmotor

$$C_{I_1 e} = \frac{I_{me}}{2 \cdot ub} \sim \frac{\sqrt{2}\, \mathfrak{B}_e^2}{2 \cdot E_e \cdot ub}$$

und daher wird die Leistungskonstante

$$C_{L_1 e} = E_e \cdot C_{I_1 e} \sim \frac{\sqrt{2}\, \mathfrak{B}_e^2}{2\, ub} \quad \ldots \ldots (870)$$

Soll nun die Forderung erfüllt werden, daß

$$C_{L_1 e} = \tfrac{2}{3} C_{L_1 d} \quad \ldots \ldots (871)$$

ist, so ergibt sich

$$\frac{\sqrt{2}\, \mathfrak{B}_e^2}{2 \cdot ub} = \frac{2}{3} \frac{3 \cdot \mathfrak{B}_d^2}{\sqrt{2} \cdot ub}$$

$$\mathfrak{B}_e = \sqrt{2}\, \mathfrak{B}_d \quad \ldots \ldots (872)$$

Damit ein Modell als Einphasenmotor zwei Drittel seiner Drehstromleistung abgeben kann, muß die Luftinduktion ungefähr 1,5 mal größer sein, wie wenn das Modell als Drehstrommotor gebaut wird.

Wir hätten also um eine Normalleistung von $\frac{2}{3} \cdot 1{,}5 = 1$ PS bei dem als Beispiel berechneten Einphasenmotor zu erhalten, die Luftinduktion, die beim Drehstrommotor 5400 betragen hat, nicht auf 4800 heruntersetzen dürfen, sondern hätten sie auf

$$\sqrt{2} \cdot 5400 = 7600$$

steigern müssen.

Unter Beibehaltung der Drahtzahl

$$N_1 = 1188$$

können wir die Normalleistung von 1 PS erhalten, wenn wir den Einphasenmotor nicht mit 220, sondern mit

$$220 \cdot \frac{7600}{4800} = 350 \text{ Volt}$$

betreiben.

Dann wird der Magnetisierungsstrom

$$I_m = 1{,}18 \cdot \frac{7600}{4800} = 1{,}86 \text{ Ampere},$$

die Diagrammkonstante des Statorstromes

$$C_{I_1} = \frac{1{,}86}{u\, b} = \frac{1{,}86}{17} = 0{,}11$$

und die Leistungskonstante

$$C_{L_1} = E_1 \cdot C_{I_1} = 350 \cdot 0{,}11 = 38{,}5,$$

sie hat also nahezu $\frac{2}{3}$ ihres Wertes von 54,1 beim Drehstrommotor

$$\tfrac{2}{3} \cdot 54{,}1 = 36.$$

Die Abweichung von 36 gegenüber 38,5 ist dadurch verursacht, daß wir bei dieser überschlägigen Rechnung die Feld- und Wicklungsfaktoren nicht berücksichtigt haben.

159. Anlassen der Einphasenmotoren.

Der stillstehende Einphasenmotor entwickelt kein Drehmoment und er muß daher durch irgendein Hilfsmittel auf Touren gebracht werden. Bei kleinen Motoren genügt ein kräftiger Zug am Riemen, um sie hoch zu bringen, aber diese Methode, die mit dem Ankurbeln der Explosionsmotoren vergleichbar ist, hat in die Praxis keinen Eingang finden können. Es wird daher ganz allgemein folgendes Verfahren in Anwendung gebracht:

Man wickelt auf den Stator außer seiner Hauptwicklung, die im normalen Betrieb arbeitet, eine Hilfswicklung, die nur während der Anlaufperiode eingeschaltet ist und die in Kombination mit Hauptwicklung ein, wenn auch nur unvollkommenes Drehfeld erzeugt. Die Hilfswicklung steht senkrecht zur Hauptwicklung, die Spulen beider Wicklungen haben einen Abstand von 90 elektrischen Graden oder von einer halben Polteilung. Die Drahtzahl der Hilfswicklung kann größer oder kleiner sein als die der Hauptwicklung, man macht sie daher, um Wickellöhne zu sparen, meistens kleiner.

Damit ein Drehfeld entsteht, müssen die Ströme in der Haupt- und Hilfswicklung gegeneinander in der Phase verschoben sein und man erreicht dies dadurch, daß man der einen Wicklung mit der kleineren Drahtzahl einen induktionsfreien Widerstand, der anderen Wicklung mit der höheren Drahtzahl eine Drosselspule vorschaltet, um ihre Selbstinduktion noch mehr zu erhöhen, Abb. 221. Beim Anlassen sind beide Stromkreise parallel geschaltet, der Stromkreis mit hohem Widerstand führt mehr Wirkstrom, der Stromkreis mit hoher Selbstinduktion mehr Blindstrom, es entsteht daher ein elliptisches Drehfeld, das genügt, um den wenig oder gar nicht belasteten Motor zum Anlaufen zu bringen. Sobald der Motor nahezu im Synchronismus ist, schaltet man Hilfswicklung, Drosselspule und Widerstand aus und legt die Hauptwicklung an die volle Klemmenspannung.

An Stelle des induktionsfreien Widerstandes hat man mehrfach Apparate verwendet, die man euphemistisch Kapazität nannte, und die in folgender Weise gebaut waren: In einem gußeisernen emaillierten Trog sind abwechselnd Metallplatten und Preßspanscheiben eingebaut und der ganze Einbau ist mit Sodalösung oder Schmierseife getränkt. Die Eigenschaften eines Kondensators konnte ich bei allen derartigen Apparaten niemals durch Messungen nachweisen, sie verhielten sich vielmehr stets wie ein induktionsfreier Widerstand.

Die günstigen Anlaufverhältnisse, die häufig mit derartigen Kapazitäten erzielt wurden, dürften wohl darauf zurückzuführen sein, daß sie erstens induktionsfreier sind als Widerstände aus Drahtspiralen, und daß zweitens ihr Widerstand mit der Temperatur stark veränderlich ist. Unter glücklichen Umständen kann daher bei einem launischen Einphasenmotor während der längeren Anlaufsperiode die „Kapazität" sich etwas erwärmen und ihr Widerstand kann dadurch einen für den Anlauf besonders günstigen Wert annehmen. Ein weiterer Vorteil dieser „Kapazitäten" besteht darin, daß man ihren Widerstand sehr leicht ändern kann, wenn man die Stromzuleitungen an Metallplatten anlötet und einfach zwischen die Platten des Kondensators einschiebt. Will man den Widerstand verändern, so zieht man die Stromzuführungsplatte heraus und schiebt sie an anderer Stelle wieder ein. In neuerer Zeit scheinen aber derartige Apparate nicht mehr verwendet zu werden, sondern man begnügt sich mit Drahtwiderständen und Drosselspulen, nicht einmal die elektrolytischen Kapazitäten-Aluminiumplatten in Lösung von doppeltkohlensaurem Natron, die wirklich die Eigenschaften von Kondensatoren zeigen, haben Anwendung zum Anlassen von Einphasenmotoren gefunden.

In vielen Fällen läßt sich die in Abb. 221 skizzierte Anlaßvorrichtung noch dadurch vereinfachen, daß man den Widerstand weglässt, also die Hauptwicklung schon während der Anlaßperiode an die volle Klemmenspannung legt.

Um den Anlaufstrom möglichst niedrig zu halten, wendet man auch die in Abb. 222 dargestellte Schaltung an, bei der Haupt- und Hilfswicklung in Reihe und parallel zur Hilfswicklung ein Widerstand geschaltet ist. Bei dieser Schaltung ist zu beachten, daß im Betrieb der aus Hilfswicklung und Widerstand gebildete Stromkreis unbedingt unterbrochen werden muß, sonst werden durch das Drehfeld — auch der Einphasenmotor arbeitet ja mit einem Drehfeld — in diesem Stromkreis elektromotorische Kräfte induziert, Verluste hervorgerufen und die Leistung des Motors empfindlich vermindert.

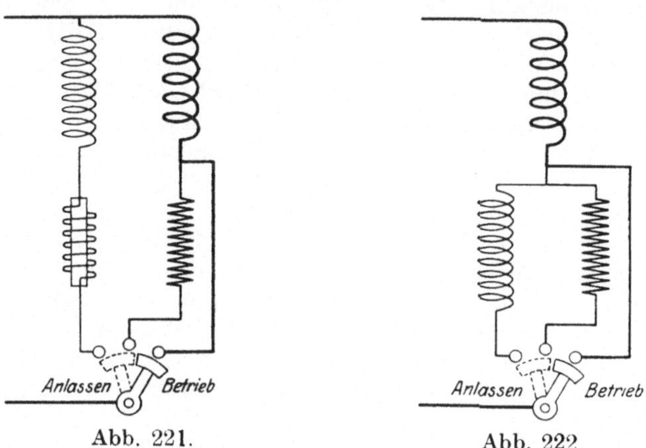

Abb. 221. Abb. 222.

Wenn man recht sicher gehen will, kann man die Widerstände im Anlasser in einige Stufen teilen, so daß der Widerstand etwas verkleinert werden kann, wenn der Motor auf dem ersten Kontakt nicht hoch kommen sollte.

Die Einphasenmotoren sind begreiflicherweise im Anlauf sehr empfindlich gegen eine zu hohe Belastung. Ebenso empfindlich sind sie in bezug auf den Widerstand des Rotors. Es gibt Motoren, die im Sommer tadellos anziehen, dagegen bei großer Kälte lange brauchen, um hochzukommen; die Temperaturerhöhung während der Anlaßperiode genügt also, um den Widerstand des Kurzschlußankers so zu erhöhen, daß ein genügendes Anlaufdrehmoment entwickelt wird.

Viel günstiger verhalten sich Schleifringanker beim Anlauf, sie brauchen weniger Strom nnd entwickeln ein höheres Drehmoment.

160. Schlußbemerkung.

Die meisten Leser werden dieses Buch nicht von der ersten bis zur letzten Seite durcharbeiten, sondern sie werden sich nach Bedürfnis einzelne Kapitel zum Studium auswählen. Den Studenten und Ingenieuren, die sich wirklich eingehend mit den Fragen beschäftigen wollen, wie sich eine Asynchronmaschine unter den verschiedensten Betriebsmöglichkeiten verhält, dürfte vielleicht der Hinweis nicht unwillkommen sein, daß im vorliegenden Buch ein und derselbe Drehstrommotor behandelt ist, wenn er unter folgenden Bedingungen arbeitet:

1. Berechnung des Motors mit Schleifringanker, Kapitel 14, Abschnitte 114—117.
2. Berechnung des Motors mit Kurzschlußanker, Abschnitt 122.
3. Heyland-Diagramm mit Streuungskreis, Abschnitt 118.
4. Ossanna-Diagramm mit Kupferkreis, Abschnitt 119.
5. Sumec-Diagramm mit Eisenkreis, Abschnitt 120.
6. Graphische Ermittlung des Kupfer- und Eisenkreises aus dem Streuungskreis, Abschnitt 121.
7. Änderung der Klemmenspannung, Kapitel 16, Abschnitt 133.
8. Änderung des Luftzwischenraumes, Abschnitt 134.
9. Änderung der Periodenzahl, Abschnitt 135.
10. Änderung des Rotorwiderstandes (Anlaßwiderstand), Abschnitt 136.
11. Änderung des Rotorwiderstandes (Regulierwiderstand), Abschnitt 137.
12. Rotor mit Gegenschaltung, Abschnitt 138.
13. Statoranlasser, Abschnitt 139.
14. Drosselspule im Statorstromkreis, Abschnitt 140.
15. Drosselspule im Rotorstromkreis, Abschnitt 141.
16. Kaskadenschaltung zweier Motoren, Abschnitt 142.
17. Asynchroner Generator, Abschnitt 154.
18. Berechnung als Einphasenmotor, Abschnitt 158.
19. Heyland-Diagramm mit Streuungskreis, Abschnitt 158.
20. Ossanna-Diagramm mit Kupferkreis, Abschnitt 158.

Namen- und Sachverzeichnis.